Précis de recherche opérationnelle

Méthodes et exercices d'application

Robert Faure
était professeur de la chaire
de recherche opérationnelle au CNAM

Bernard Lemaire
est professeur émérite de la chaire
de recherche opérationnelle au CNAM

Christophe Picouleau
est professeur des universités au CNAM

7e édition

DUNOD

REMERCIEMENTS

Nous remercions toutes les personnes qui ont contribué à la réalisation de cette édition du *Précis de recherche opérationnelle.* En particulier :

Mme Nacera SEGHOUANI-BENNACER Enseignante-chercheuse à Supélec, pour le chapitre portant sur la simulation ;

M. Patrick SIARRY, Professeur à l'Université Paris XII, pour le chapitre traitant des métaheuristiques ;

M Daniel VANDERPOOTEN, Professeur à l'Université Paris-Dauphine pour le chapitre introductif à l'aide multicritère à la décision.

Mme Agnès PLATEAU-ALFANDARI, maître de conférences au CNAM, pour ses remarques pertinentes.

Illustration de couverture ©Kentoh-Fotolia.com

ISBN 978-2-10-070612-9

Table des Matières

AVANT-PROPOS

Le « Précis de recherche opérationnelle » a été publié pour la première fois en 1968, puis a fait l'objet de cinq autres éditions, puis d'une sixième édition en 2009 refondue et complétée. En voici une 7e édition révisée.

Cet ouvrage se distingue principalement par son caractère pédagogique très marqué, par son souci de replacer l'exposé des principales méthodes de la recherche opérationnelle dans un contexte appliqué. Il a connu, depuis sa première version, une très large diffusion qui en a fait un vecteur privilégié d'initiation et de formation à la recherche opérationnelle pour des générations d'étudiants, d'ingénieurs, de cadres. Aussi nous a-t-il semblé important de l'actualiser pour lui permettre de continuer d'assurer cette mission.

Ce livre peut être abordé par un large public : il privilégie un langage d'explication naturelle, en évitant, sous prétexte de rigueur académique, un exposé par trop abstrait s'appuyant sur un formalisme mathématique ou un jargon qui ne le rendrait que beaucoup plus difficilement accessible.

Il comporte plusieurs niveaux de lecture, les paragraphes les plus « pointus » ayant été placés en fin de chapitre. Ainsi convient-il tout à fait à une découverte de la R.O., comme on la pratique en deuxième ou troisième année de l'enseignement supérieur. Il est accessible à des lecteurs dont la formation de base est variée, pas nécessairement spécialisés en mathématiques et/ou en informatique.

Certes la diffusion, désormais large, de logiciels intégrant les méthodes ici décrites, facilite et accélère l'application de la R.O. par l'ingénieur dans l'entreprise, mais encore faut-il pour mieux les utiliser connaître les méthodes qui les sous-tendent : nous exposons ici les principales. Il convient aussi d'apprendre à formuler, modéliser les problèmes concrets que peut rencontrer l'ingénieur.

Le souci des auteurs, pour la présente édition, a été de moderniser et de compléter le contenu de ce manuel, tout en conservant le caractère pédagogique. Depuis les premières éditions, l'algorithmique a connu et continue de connaître de nombreux progrès. Ainsi dans le domaine de la complexité des algorithmes et des problèmes (qu'ils soient polynomiaux ou bien « NP-complets »), avec l'approximabilité des problèmes difficiles, avec la démonstration du caractère polynomial de la programmation linéaire (même si les algorithmes polynomiaux de résolution des programmes linéaires, les « méthodes intérieures », sortent du cadre de cet ouvrage) ; les avancées dans les structures de données et les algorithmes de « parcours des graphes » ont permis de construire des algorithmes de faible complexité résolvant des problèmes classiques tant de théorie des graphes non valués (connexité, forte connexité, etc.) que d'optimisation dans les graphes valués. Dans le domaine stochastique (aléatoire), on a assisté notamment au développement de la sûreté de fonctionnement des systèmes et de l'évaluation de leurs performances.

Nous avons eu le souci de présenter des méthodes spécifiques qui sont éprouvées, opérationnelles. En fin d'ouvrage le lecteur trouvera trois chapitres traitant de méthodes générales de résolution de problèmes : d'une part un chapitre sur les techniques de simulation, d'autre part un chapitre sur les méta-heuristiques (recuit simulé, tabou, algorithmes génétiques, colonies de fourmis, etc.) qui permettent à l'ingénieur d'obtenir rapidement une première solution (généralement sous-optimale) au problème de R.O. qu'il doit traiter (souvent en un temps bien limité !), enfin un chapitre consacré à l'aide à la prise de décision face à plusieurs critères (analyse multicritère).

Nous nous sommes gardés du souci d'exhaustivité qui aurait conduit à un ouvrage pléthorique, pour nous limiter aux bases de la discipline et à ses problèmes centraux. Aussi des domaines, tels que : les SIAD (systèmes interactifs d'aide à la décision), les réseaux de Petri, les bases de la programmation non linéaire, la programmation convexe, les méthodes polyédrales, ne sont pas abordés ici ; toutefois leurs prérequis y sont développés. Dans le domaine des graphes nous ne traitons pas directement certains problèmes avancés (emplois du temps, tournées de véhicules, affectations de ressources et de fréquences en télécommunications, etc.), même si les modèles et algorithmes présentés ici peuvent contribuer à leur résolution.

Nous serons tout à fait satisfaits si ce livre est jugé, par ses lecteurs, comme approprié à son but, qui est de transmettre des connaissances et de fournir une ouverture d'esprit sur la modélisation et l'optimisation appliquées. Nous espérons aussi qu'il les incitera à un approfondissement !

Pr B. LEMAIRE
bernard.lemaire@cnam.fr

Pr C. PICOULEAU
christophe.picouleau@cnam.fr

INTRODUCTION À LA RECHERCHE OPÉRATIONNELLE

À première vue, la recherche opérationnelle est un ensemble de techniques récentes, datant tout au plus de la Seconde Guerre mondiale. Et, en fait, c'est bien à son application aux *opérations* militaires qu'elle doit son nom.

En réalité, elle est bien plus ancienne, car, dès le XVIIe siècle, Blaise Pascal et Pierre de Fermat, inventeurs de la notion *d'espérance mathématique* (1654), cherchaient, suivis de peu par Jacques Bernoulli puis Waldegrave, à résoudre des problèmes de *décision dans l'incertain.* Avant la fin de l'ancien régime, Gaspard Monge s'était proposé et avait résolu analytiquement un problème économique de nature *combinatoire* : celui des déblais et remblais (1776). Sous la monarchie de Juillet, Augustin Cournot s'était attaqué à la théorie *mathématique des richesses* (1838), devenant ainsi le précurseur de l'économétrie. Au début du XXe siècle, Emile Borel introduisait la *théorie mathématique des jeux,* sous sa forme moderne, à l'Académie des Sciences (1921-1925), tandis qu'Erlang fondait celle des *files d'attente,* qu'il utilisait à la conception des réseaux téléphoniques (1917). Enfin, à la veille de la guerre 1939-1945, Leonid Kantorovitch concevait et appliquait la *programmation linéaire* à la planification, peu après que Dénes König eut systématisé les *graphes* (1936).

On peut donc dire que, lorsque le physicien anglais Patrick Blackett fut, en 1940, appelé à diriger la première équipe de chercheurs opérationnels, d'illustres devanciers l'avaient précédé. Cependant, Blackett eut l'immense mérite de trouver, notamment, l'organisation lui permettant de traiter rapidement et avec succès les difficiles questions telles que l'implantation optimale des radars de surveillance des côtes britanniques ou encore de la protection des convois de navires marchands reliant la Grande Bretagne et les États-Unis, qui devaient jouer un rôle déterminant dans la *bataille d'Angleterre.* L'efficacité de son entreprise était due aux trois faits suivants : l'équipe qu'il avait rassemblée était très *hétérogène* (autrement dit elle rassemblait des compétences variées, complémentaires ; ainsi, les points de vue qu'elle exprimait étaient plus pertinents) ; aucune *information* (même secrète) ne fut jugée trop noble pour échapper à sa compétence : les *données,* nécessaires à ses études, étaient complètes et fiables ; enfin il réservait la *décision* à l'état-major (il n'y eut pas de substitution de pouvoir : son équipe ne s'est pas arrogé le pouvoir de décision. L'amirauté britannique restait libre d'adopter les conclusions des travaux de Blackett et de son équipe, ou bien de les rejeter). Ces règles s'appliquent encore aujourd'hui, et font partie de la déontologie de la recherche opérationnelle d'entreprise.

Dès la fin des hostilités, furent tentés de nombreux essais d'application à l'économie industrielle des méthodes jusqu'alors éprouvées seulement par les états-majors alliés. Depuis les années cinquante, nombre de publications scientifiques et techniques témoignent de leur réussite et de leurs heureux développements.

C'est pourquoi l'on peut légitimement se demander pourquoi l'apparition de la recherche opérationnelle d'entreprise a été si tardive. Il est bon de citer ici quelques-unes des principales raisons de cette naissance laborieuse :

a) les modèles mathématiques qui ont, de longue date, conquis la physique et, peu à peu, bien d'autres sciences expérimentales, n'ont pas été acceptés d'emblée par les spécialistes des sciences économiques, particulièrement de la micro-économie et surtout de l'économie d'entreprise. Il ne faut pas méconnaître que les économistes avaient quelques raisons de suspecter des modèles inertes, simplistes, rigides et abstraits, d'être peu propres à représenter le milieu vivant, complexe, flexible et terriblement concret de l'économie. Toutefois, dès que la connaissance économique fut suffisamment avancée et consentit à se parer du nom de science, il fallut bien se rendre à l'évidence : comme dans toutes les autres sciences expérimentales, parvenues à une certaine maturité, le recours à la mathématique était incontournable ;

b) c'est seulement à partir des années cinquante que les problèmes économiques sont devenus irrémédiablement complexes, en raison de la taille croissante des firmes et de l'intrication extraordinaire des liens qui les unissent entre elles ;

c) enfin, les acquis théoriques de la recherche opérationnelle ne seraient rien sans la puissance de calcul : les ordinateurs sont indispensables pour résoudre les problèmes dans la pratique. Or, les premiers ordinateurs n'ont été commercialisés qu'en 1955-1956.

À ce propos, il peut être utile de remarquer qu'il en va de la recherche opérationnelle comme des ordinateurs. Ces derniers ont suscité des espoirs démesurés ou des craintes infondées. Il faut répéter que la machine doit être considérée comme un instrument, un outil au service de son créateur : *l'homme.* Il faut se persuader que lorsque l'on confie à une machine l'exécution d'opérations qui, naguère encore étaient l'apanage de l'esprit humain, le caractère de cette besogne se transforme, du même coup, radicalement : le *travail intellectuel devient un simple travail d'exécution.* Il n'y a donc aucune chance qu'une machine *dépasse* un jour son auteur, bien qu'il n'y ait pas d'impossibilité à ce qu'elle *démontre* une conjecture, voire découvre un théorème inconnu (par une combinaison logique inattendue...). De la même manière, la recherche opérationnelle est *l'auxiliaire de la décision humaine* : elle lui est, par essence, *subordonnée* et il n'existe pas plus de chance qu'elle la supplante un jour. C'est pourquoi on considère souvent que la recherche opérationnelle est une composante majeure de *l'aide à la décision.*

UNE DÉFINITION DE LA R.O.

Plutôt qu'un simple arsenal de méthodes mathématico-informatiques destiné à l'optimisation des processus de production et de diffusion des produits ou à celle d'organisations dans le secteur tertiaire, la recherche opérationnelle peut se définir comme *l'ensemble des méthodes et techniques rationnelles d'analyse et de synthèse des phénomènes d'organisation utilisables pour élaborer de meilleures décisions.* Chaque fois que des hommes, des machines, des produits se trouvent en relations actives, on dira que l'on a affaire à un *phénomène d'organisation.* Les problèmes relatifs à ces phénomènes d'organisation se signalent tout d'abord, généralement, par leur caractère hautement combinatoire. Pour peu que le hasard y soit mêlé et que la concurrence s'y manifeste, les situations deviennent encore plus compliquées.

Il a été longtemps de mode de penser que les décisions, à propos des phénomènes d'organisation qui existent dans l'entreprise, la région, voire la nation, étaient du ressort du seul bon sens. C'est particulièrement vrai en France, où la formation des dirigeants et des entrepreneurs est fortement teintée de cartésianisme et où l'on confond volontiers la puissance de l'esprit humain avec les ressources du *sens commun.*

Aussi, la recherche opérationnelle n'est pas le moyen d'échapper aux jugements de bon sens. Bien au contraire, elle constitue la méthode adéquate pour ramener l'attention de l'homme aux domaines où sa raison individuelle peut s'exercer efficacement, c'est-à-dire au niveau des choix – une fois résolus et explorés, par des techniques adéquates, les problèmes combinatoires, aléatoires ou concurrentiels qui dépassent l'esprit humain même le mieux constitué.

LES DOMAINES D'APPLICATION

L'idée à retenir est que la R.O. ne s'occupe pas des problèmes dans lesquels une solution de bon sens intervient tout naturellement. Son domaine réservé est celui des situations dans lesquelles, pour une raison quelconque, le sens commun se révèle faible ou impuissant.

Tels sont :

1) Les problèmes combinatoires ;
2) Les domaines de l'aléatoire ;
3) Les situations de concurrence.

1) Il est bien connu que l'homme envisage difficilement la multiplicité des combinaisons qui se présentent, dans les moindres faits de la vie, lorsque plusieurs variables peuvent prendre, chacune, des états différents.

Ainsi, si l'on pose à l'homme de la rue cette question : combien faut-il de temps à une famille de huit personnes, prenant en commun deux repas journaliers, pour épuiser les diverses possibilités de se grouper autour de la table familiale ?, on recevra des réponses variées, dont les moins optimistes fixeront un délai de quelques mois pour la réalisation de ce modeste objectif. On sait qu'en réalité, à raison de deux repas par jour (2), douze mois par an (3×4), trente jours par mois (5×6), il faudra cinquante-six ans (7×8) pour en venir à bout, car :

$$8! = 1 \times 2 \times 3 \times 4 \times 5 \times 6 \times 7 \times 8,$$

le nombre des dispositions différentes, est déjà un nombre très grand. Soit :

$$8! = 40\,320$$

Dans tous les problèmes fortement combinatoires (le précédent étant encore de taille modeste), l'esprit humain ne peut envisager le nombre astronomique des arrangements, permutations, combinaisons. Il lui faut un *fil d'Ariane* s'il veut choisir, entre telle ou telle de ces dispositions, relativement à un critère quelconque, car, même avec une puissante machine, le principe fondamental en matière combinatoire demeure de proscrire *toute énumération.* Pour s'en convaincre, il suffit de constater que l'énumération de 20! solutions (nombre des affectations de vingt personnes à vingt postes), à raison d'un million d'affectations par seconde, prendrait 77 096 ans ; le lecteur notera que même avec un ordinateur mille fois plus rapide, qui pourrait donc énumérer un milliard d'affectation par seconde, il faudrait encore 77 ans ! Or les compagnies aériennes sont confrontées à de tels problèmes, mais à la dimension 100 ou davantage... Ou bien d'imaginer un instant qu'il est possible d'énumérer les fonctions différentes de 9 variables booléennes seulement ; or celles-ci sont au nombre de :

$$2^{2^9} = 2^{512} \cdot 1{,}134076087.10^{155},$$

qui dépasse le nombre estimé des électrons et des protons dans l'Univers !

2) Devant les problèmes de l'aléatoire, la situation du décideur n'est guère meilleure.

Considérons l'exemple (d'école) qui suit : dans une grande entreprise, la moyenne des entrées des personnels au bureau du correspondant de la sécurité sociale, est d'une personne par 4 minutes ; l'employé de ce bureau peut servir, en moyenne, une personne toutes les 3 minutes 18 secondes. On peut en conclure[1] que l'employé de bureau, recevant $\frac{8 \times 60}{4} = 120$ clients par jour et leur consacrant 3mn 18 $\times$ 120 = 6 h 36 mn, sur sa journée de 8 heures, peut largement suffire à ce service.

Mais cette solution par les moyennes est mauvaise, comme on le verra plus loin, car le temps perdu par les personnels, en attente d'être servis, peut atteindre de nombreuses heures qui, étant donnée la perte à la production correspondante, reviennent incroyablement plus cher que l'embauche d'un second employé, pourtant destiné seulement à *absorber les pointes de trafic.*

Pour que cette véritable solution puisse apparaître, il est nécessaire de considérer le phénomène aléatoire dans toute son ampleur ; il faut tenir compte de toutes les incidences du hasard et minimiser l'espérance mathématique du coût global des opérations.

1. Tant il est vrai que la croyance à la *compensation* est ancrée dans la conscience de l'homme social, alors que les conditions ne sont évidemment pas réunies pour qu'elle puisse jouer au niveau de l'entreprise.

3) Enfin, les situations de « duel » (sinon de concurrence multiple, cas encore plus difficiles) demandent à être étudiées avec le plus grand soin. Il est bien clair, en effet, que le choix d'une *stratégie,* dans une situation donnée, dépend des décisions des concurrents. Et, comme celles-ci sont éventuelles, il s'agit, à la fois, d'un problème *combinatoire* et d'une *situation de hasard.*

Imaginons, par exemple, qu'un fabricant A hésite, à chaque campagne de vente, entre la hausse, le maintien et la diminution de ses prix de vente, sachant parfaitement que la concurrence peut lui opposer les mêmes *stratégies.* Supposons, en outre, qu'il ait été en mesure de déterminer les gains (les gains étant négatifs sont des pertes) qu'il réaliserait pour chaque paire de choix (son propre choix et celui du concurrent) par rapport au chiffre normal. Ces situations sont résumées par le tableau ci-dessous :

		Stratégies de la concurrence +	=	−
Stratégies	+	10	−1	−4
de	=	6	0	−2
A	−	10	−1	2

On verra, dans le chapitre 9 portant sur la théorie des jeux, que la solution (nullement immédiate) de ce problème est la suivante : le fabricant doit, au hasard, mais trois fois sur cinq, maintenir ses prix et, deux fois sur cinq, les abaisser, pendant que son concurrent, s'il est habile (ce qui est évidemment postulé) doit, quatre fois sur cinq, les maintenir et, une fois sur cinq, les diminuer, moyennant quoi A ne perdra, en moyenne, que 0,4 à chaque « coup ».

Les domaines d'application de la recherche opérationnelle peuvent donc se classer en :

– *problèmes combinatoires* ; exemples : définition des investissements les plus rentables ; optimisation des programmes de production, des niveaux d'activité, des affectations, des transports et de la logistique ; ordonnancements, etc. ;
– *problèmes stochastiques* (c'est-à-dire où intervient le hasard) ; exemples : files d'attente, fiabilité des équipements et sûreté de fonctionnement des systèmes, gestion de la production, etc. ;
– *problèmes concurrentiels* ; exemples : définition de politiques d'approvisionnement, de vente, etc.

Difficultés et dangers de l'optimisation

a) Un entrepreneur pourrait avoir le sentiment qu'en minimisant ses investissements, optimisant ses fabrications (productivité maximale, coût minimal), déterminant le prix de vente le plus convenable, etc., il fera le profit maximal.

Mais le mathématicien est souvent désemparé face à un problème dans lequel existent simultanément plusieurs fonctions à optimiser. *L'aide multicritère à la décision* vise à traiter de tels problèmes (à laquelle est consacré un chapitre en fin de cet ouvrage).

C'est pourquoi, dans la majorité des cas, l'entrepreneur doit se borner à indiquer les limites de ses investissements, des dépenses en études et recherches, en service commercial, les capacités de fabrication et de stockage, etc., pour permettre au chercheur opérationnel d'optimiser une seule et unique fonction, par exemple maximiser une fonction de revenu.

Les limites indiquées fournissent les *contraintes* du problème. Par exemple, si des produits P_1, P_2 et P_3, fabriqués en quantités respectives x_1, x_2 et x_3, occupent respectivement un volume de 1, 2, et 2 m^3 par unité fabriquée, et si l'on dispose d'une capacité totale de stockage de 4 000 m^3, on écrira :

$$x_1 + 2x_2 + 2x_3 \leqslant 4\,000\,;$$

c'est la contrainte de capacité de stockage.

Si ces produits laissent des profits nets respectifs de 4, 12 et 3 unités monétaires et si l'on désire maximiser le revenu, on posera :

$$[\max]\; z = 4x_1 + 12x_2 + 3x_3\,;$$

C'est la *fonction économique* ou *critère d'optimisation* du problème.

Les différentes contraintes limitent, dans un espace à n dimensions (s'il y a n variables), un volume à l'intérieur ou à la périphérie duquel se trouvent les points dont les coordonnées constituent une solution possible du problème. Il reste alors à trouver et à utiliser des techniques permettant de choisir, parmi cette infinité de points, celui (ou ceux) qui donne(nt) à la fonction économique sa valeur optimale.

Fréquemment il y aura *unicité* de la fonction (ou critère) à optimiser. Remarquons que cette idée n'est pas en opposition avec la démarche de *l'analyse multicritère* introduite en fin de cet ouvrage.

b) On se rend compte qu'il est bien difficile d'imaginer – et, a fortiori, en général impossible de bâtir – un modèle *complet* du fonctionnement d'une entreprise.

En conséquence, l'entrepreneur propose, souvent, au chercheur opérationnel, de se borner à un aspect de ses préoccupations (fixation des niveaux d'activité, optimisation de la gestion des stocks, par exemple). Dans ces conditions, il ne s'agit que d'une *sous-optimisation,* qui risque de provoquer des perturbations sérieuses dans des domaines connexes de l'entreprise (ou de son environnement).

Une sous-optimisation comporte donc des dangers ; avant de l'appliquer, il faut prendre garde à ses conséquences sur les éléments qui ne figurent pas dans le modèle. Ainsi une optimisation des stocks chez *B,* qui a comme fournisseur *A,* et *C* comme client, peut entraîner des difficultés inattendues chez ce fournisseur et ce client !

c) Un critère d'optimisation peut se dégrader, voire même être périmé lorsque un certain temps a passé. Cela est dû, avant tout, à la grande variabilité du monde économique, aux progrès de la technique, à l'obsolescence des produits, aux fluctuations des réglementations, aux renversements de la mode, etc. et parfois, tout simplement, à la succession des saisons.

Ce qui est bon pour l'année n peut devenir mauvais pour l'année $n + 1$; ce qui est à conseiller en été peut être à rejeter en hiver...

Bref, en recherche opérationnelle, l'évolution est de règle, même pour le critère de choix.

Objectifs et critères

La définition des objectifs et la détermination du critère d'optimisation sont du ressort de l'entrepreneur.

Ce serait avoir une vue technocratique de la recherche opérationnelle que d'imaginer que c'est à l'analyste de fixer les valeurs limites définissant les contraintes et de fixer le(s) critère(s) de choix.

Au contraire, ce sont là des domaines qui appartiennent en propre à l'entrepreneur. Si, par exemple, l'analyste se voit confier l'étude des politiques d'exploitation d'une société concessionnaire de services, il ne peut décider, de lui-même, d'optimiser la rémunération du capital, en limitant le service aux exigences du cahier des charges, ou, au contraire, d'optimiser le service au meilleur profit des usagers, en assignant au capital tel ou tel rendement qui lui plaît. C'est aux dirigeants de la société, ou, dans certains cas, aux autorités de tutelle, de choisir entre ces deux situations opposées. Le mieux étant sans doute, dans le cas présent comme dans beaucoup d'autres, d'obtenir un éventail de solutions favorisant ainsi un choix éclairé.

Car le chercheur opérationnel ne saurait non plus se substituer à l'entrepreneur, dont c'est la fonction de décider quelle solution lui paraît la plus convenable ou la plus praticable.

Il faut affirmer bien haut que la R.O., loin d'entraver l'exercice des prérogatives de l'entrepreneur, autorise ce dernier à décider en meilleure connaissance de cause, donc élève finalement le niveau où se manifeste la liberté du choix.

La R.O. : une pratique à caractère scientifique

Les méthodes et le but de la recherche opérationnelle en font bien plus une pratique à caractère scientifique qu'une science. En effet, elle ne cherche pas tant à *expliquer* les phénomènes qu'elle prendrait en compte en découvrant des lois, qu'à permettre d'agir sur l'évolution de ces phénomènes.

Un *modèle* (ou, plus modestement, un *schéma d'intervention*) est utile voire indispensable à un agent économique déterminé pour obtenir – de son point de vue – les meilleurs résultats possibles dans des circonstances déterminées.

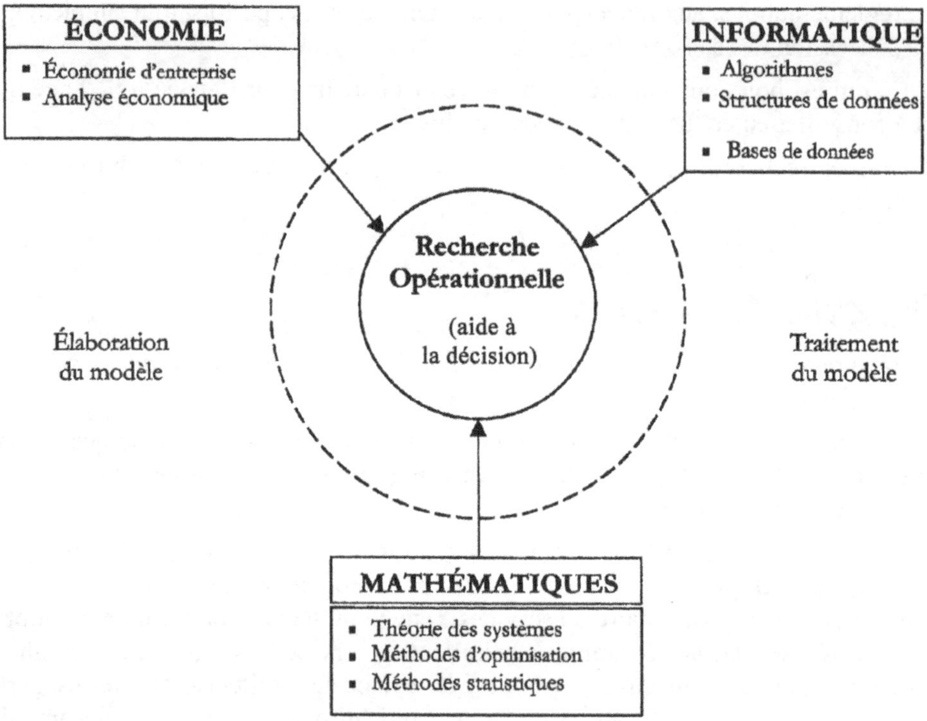

En tout cas, la recherche opérationnelle apparaît comme une discipline-carrefour, associant étroitement les méthodes et les résultas de l'économie d'entreprise, la mathématique et l'informatique. L'élaboration du schéma d'intervention (ou modèle) utilise les ressources conjuguées de l'analyse économique et de la théorie des systèmes ; elle a besoin aussi de données à collecter puis à saisir, justiciables de méthodes statistiques. Le traitement algorithmique du modèle, après que la mathématique ait permis de choisir une voie (le plus souvent un algorithme) pour atteindre une bonne solution (voire l'optimum, s'il est bien défini et accessible), entraîne un recours à l'informatique. Enfin la critique des résultats exige, une fois de plus, la réunion des différents acteurs.

Rentabilité de la R.O.

On se doute bien que la R.O. n'est pas gratuite. Le plus fréquemment, elle est mise en œuvre par des consultants n'appartenant pas à l'entreprise ; il s'agit donc de savoir si, au plan financier, l'application des résultats de leurs études procure ou non un bénéfice, compte tenu des charges entraînées par l'étude elle-même et quelle est la durée du « retour sur investissement ».

Même dans la société la mieux administrée, un certain nombre de problèmes combinatoires peuvent être mal résolus.

Nous nous permettrons de citer, à ce sujet, deux exemples empruntés à A. Kaufmann :

1) une société de transports aériens, ayant 400 vols et 600 liaisons à effectuer entre 13 villes souhaitait améliorer le plan de ses vols, conçu jusqu'alors par un bureau d'études travaillant selon une méthode « habituelle ». À première vue d'ailleurs, le programme des vols établi par cette méthode semblait donner satisfaction, mais la direction désirait en obtenir confirmation. À cause de nombreuses contraintes de caractère économique ou social (temps maximal de pilotage, temps supplémentaire passé au sol, repos obligatoire, retour périodique des équipages et des appareils au port d'attache, entretien préventif, indemnités de déplacement, etc), le calcul apparaissait comme compliqué. Néanmoins, l'ordinateur, après implémentation d'un programme d'affectation approprié, fournit, en un temps minime, un solution qui procurait un gain de 18 % par rapport au plan obtenu manuellement...

2) Une usine sidérurgique possédait trois chaînes de laminoirs, dont la première était très moderne et la dernière très vétuste. Chaque mois, un bureau de planification répartissait entre les trois chaînes les productions à réaliser, selon le carnet de commandes et les prévisions du service commercial. Un simple programme linéaire, dont la solution sur ordinateur peut être obtenue en bien moins d'une seconde, établit une répartition qui faisait gagner 6 % du coût total de fabrication, par rapport au plan, particulièrement soigné, calculé par le bureau compétent. Et, bien entendu, tout plan et toute modification pouvaient être désormais obtenus dans les minutes qui suivaient, quasiment en temps réel...

Cependant, il est bien clair, néanmoins, qu'on ne doit pas toujours s'attendre à des gains de cet ordre, à chaque intervention. Néanmoins le « retour sur investissements » se chiffre en mois bien plus souvent qu'en années. Et plusieurs sous-optimisations non contradictoires peuvent conduire à des bénéfices cumulés dignes d'être pris en considération.

D'autre part, la recherche opérationnelle apparaît, de jour en jour davantage, dans un rôle moins ponctuel *d'aide à la décision,* qui lui convient bien mieux. Pour le jouer convenablement, il lui faut revenir à une composition plus hétérogène des équipes d'analystes (qui ne sauraient notamment se passer ni des compétences *d'économistes,* ni *d'organisateurs* – au sens de spécialistes de la vie des entreprises –) et à une prolongation des interventions au-delà de la remise du rapport d'étude (maintenance, cycle de vie).

En effet, le temps est révolu du rapport alambiqué, hérissé de formules et de jargon, dont les conclusions ne seront jamais mises en application. Les analystes, après le dépôt de leur rapport, qui sera rédigé le plus simplement possible dans le langage le plus courant, devront encore convaincre les responsables de la possibilité d'agir en tenant compte de leurs recommandations et les aider à les mettre en œuvre.

Le conseiller en recherche opérationnelle apporte un œil neuf et des méthodes raffinées d'analyse et de synthèse. Sa fonction n'est pas d'émettre des oracles, mais d'aider ceux qui le consultent à comprendre les implications des différentes décisions qu'ils pourraient prendre, de les aider à choisir, puis finalement de les assister dans la mise en pratique de la décision retenue. Sans cette volonté *d'accompagner l'action,* il risquerait, le plus souvent, d'abandonner le *décideur* à ses préjugés ou ses impulsions irrationnelles ou – pire – de se substituer au décideur.

R.O. et gestion

Naguère encore, le souci d'une bonne gestion se traduisait par un soin spécial apporté à la comptabilité. Initialement, la comptabilité est *l'histoire du passé* de l'activité et elle comporte plusieurs buts, dont l'un est de permettre de connaître la situation financière de l'entreprise (les éléments passifs et actifs) et l'autre de fournir au fisc les bases d'imposition.

Puis la comptabilité est aussi devenue un instrument de *prévision.* L'étude des ratios permet de surveiller le développement de l'entreprise et facilite l'élaboration de certaines décisions : le contrôle budgétaire autorise une certaine planification interne et un contrôle permanent de l'utilisation et de la croissance des ressources.

La comptabilité doit concourir à une gestion de plus en plus *scientifique.* Une des conditions de ce développement est *l'intégration* des données, qui vise à saisir le fait élémentaire, une fois pour toutes, dans sa « pureté », c'est-à-dire au plus près de sa source. Il faut remarquer que cette exigence ne contrarie en rien la réalisation d'un système *d'information* adapté à une structure plus ou moins décentralisée de l'entreprise et s'accommode, sans difficulté, de tout système informatique correspondant au type d'organisation retenu.

Par exemple, l'étude de la distribution statistique des ventes nécessitait hier une ventilation particulière des commandes des clients; aujourd'hui, les codes-barre à une ou deux dimensions (QR-codes) ou les puces électroniques, sur lesquels ont été enregistrées les données, en vue d'établir les bons de livraison, bordereaux, factures, etc., peuvent servir, sans autre apprêt, à un rapide dépouillement.

But et plan de l'ouvrage

Le présent ouvrage reproduit en grande partie des conférences, puis des cours, professés depuis plus de cinquante ans, principalement au CNAM, où ils ont bénéficié du meilleur accueil. Sans doute faut-il rechercher la raison de ce bon accueil dans le fait que les élèves du Conservatoire National des Arts et Métiers étant déjà pour la plupart des praticiens, ont, plus que d'autres élèves-ingénieurs souvent plus jeunes, le sens des réalités économiques, la connaissance de l'entreprise, et la notion des difficultés à vaincre dans ces domaines.

Dans l'entreprise ou l'administration classiques, dans les groupements économiques horizontaux ou verticaux, privés ou publics, les méthodes de gestion scientifique et, en particulier, la recherche opérationnelle ont gagné bien du terrain. Et encore davantage en période de crise...

Ces méthodes sont désormais indispensables : la société tout entière étant confrontée à *l'automatisation* et à *l'informatisation.* Car ces mots, dans le domaine industriel, n'évoquent plus seulement la création, pour les productions de masse, de chaînes où les manipulations des éléments en cours de fabrication sont effectuées mécaniquement. Il s'agit, bien davantage, de l'association des ordinateurs à la production et au contrôle :

a) *commande et contrôle numérique* des machines-outils ou des robots en vue de l'usinage des pièces complexes, de grandes dimensions, à tolérances serrées ;

b) *conduite et régulation des processus* dans les industries de transformation physique, chimique ou physico-chimique ;

c) commande et contrôle en *temps réel* d'un ensemble de processus industriels et administratifs.

Il en va de même dans le secteur tertiaire (notamment en transport et logistique).

Les solutions implémentées informatiquement doivent être capables à tout moment :

1) d'élaborer des instructions ayant pour but de corriger une action en cours ou de la modifier;

2) de rendre compte sur-le-champ de leur activité aux intéressés immédiats ;

3) d'informer succinctement, au fur et à mesure, les dirigeants.

Il est donc naturel que les ingénieurs des diverses spécialités, au CNAM comme ailleurs, et au premier rang, ceux qui s'occuperont justement du traitement des données et de l'optimisation, soient intéressés par les méthodes et les techniques de la recherche opérationnelle.

Cet ouvrage didactique, pédagogique est destiné à leur venir en aide.

L'exposé a été divisé en quatre grandes parties.

• *La R.O., fil d'Ariane dans les problèmes combinatoires discrets*

Après avoir donné quelques éléments *d'algèbre de Boole* binaire, de *théorie des graphes, des parcours des graphes* et *programmation dynamique* en univers certain, on examine leurs principales applications en recherche opérationnelle.

Pour l'algèbre de Boole : *codage et énumération implicite. Recherches arborescentes.*

Pour les graphes :

- problèmes de *chemins de valeur optimale* ;
- problèmes *d'ordonnancement* ;
- problèmes de *flot maximal* ;
- problèmes d'*affectation* ;
- problèmes de *transport* ;
- problème du *voyageur de commerce.*

La théorie des graphes constitue d'ailleurs le lien implicite entre les deux premières parties du livre.

• *La R.O. contre le hasard (stochastique)*

Dans cette partie, on étudie tout d'abord, notamment au moyen des graphes, les bases de la théorie des processus stochastiques (essentiellement les *chaînes et les processus de Markov*) et l'on donne un aperçu de la *programmation dynamique* en univers aléatoire.

Puis on en envisage les importantes applications :
– *fiabilité des équipements et sûreté de fonctionnement des systèmes* ;
– *phénomènes d'attente.*

Enfin, un chapitre particulier, en fin d'ouvrage, est consacré aux *méthodes de simulation.*

• *La R.O. dans les problèmes combinatoires continus*

Cette partie est entièrement dévolue à la programmation mathématique. En fait, vu le niveau auquel on se place ici, on se bornera à la programmation linéaire, selon le plan suivant :
– *présentation des programmes linéaires* ; leur aspect géométrique ;
– *algorithme du simplexe* ;
– *notion de dualité* ;
– *paramétrisation* : paramétrages de la fonction économique et du second membre.

En dépit du titre de cette troisième partie, on apportera quelques indications sur les troncatures réalisables *en programmation « discrète »*, avec les programmes linéaires en nombres entiers.

• *La R.O. et les situations concurrentielles*

On se borne, dans cette partie, à présenter la *théorie des jeux* et ses liens avec la programmation linéaire (*dualité*).

La R.O. dans sa pratique

Ce précis n'est qu'un ouvrage didactique, aussi n'abordons-nous que brièvement les conditions dans lesquelles la R.O. intervient dans la pratique.

Hâtons-nous de préciser d'abord, que, dans la vie, on ne rencontre que rarement des situations assez simples pour être justiciables directement d'un des algorithmes élémentaires. Bien souvent, un problème concret nécessite la mise en œuvre d'un ensemble de méthodes, les unes s'inspirant des procédés classiques, les autres résultant de recherches originales. Parfois, pris par le temps, l'analyste se contente d'adapter une méta-heuristique (auxquelles nous avons réservé un chapitre en fin d'ouvrage) à son problème et n'obtient qu'une solution approchée. Pour certaines « heuristiques » (algorithmes approchés), il existe des « garanties de performance ».

Répétons aussi que l'on peut avoir avantage, dans la pratique, à substituer à la notion d'optimum (mathématique), utilisée dans les schémas les plus simples, le concept de solution « très satisfaisante », ou même seulement « bonne ». C'est notamment le cas lorsqu'un critère unique et précis n'a pu être défini.

Insistons enfin sur les relations entre chercheurs opérationnels et « utilisateurs ». Toute équipe de R.O. doit, sous peine d'échec, travailler en parfait accord avec les utilisateurs, et préparer, en collaboration avec eux et leur organisateur, les améliorations et changements qu'elle préconise et dont il lui faut établir clairement l'efficacité. Tout ceci est valable, qu'il s'agisse d'une décision exceptionnelle prise au niveau le plus élevé, ou qu'il soit tout simplement question d'améliorer des procédures décisionnelles répétitives. Dans ce dernier cas, il y a intérêt à instituer une collaboration, généralement acceptée, entre l'homme et la machine.

1

STRUCTURES ORDONNÉES APPLICATIONS DES TREILLIS ET DE L'ALGÈBRE DE BOOLE EN RECHERCHE OPÉRATIONNELLE

1.1 NOTIONS SUR LES STRUCTURES ORDONNÉES[1]

1.1.1 Relations. Relations binaires. Propriétés

On nomme *relation* tout sous-ensemble du « produit cartésien » de deux ou plusieurs ensembles.

Ainsi, $R = \{(a,\beta);\ (c,\alpha);\ (c,\delta)\}$ est par définition un sous-ensemble de :
$\{(a,\alpha);(a,\beta);(a,\gamma);(a,\delta);(b,\alpha);(b,\beta);(b,\gamma);(b,\delta);(c,\alpha);(c,\beta);(c,\gamma);(c,\delta)\}$,
qui n'est autre que le produit cartésien, noté $A \times B$ de $A = \{a,b,c\}$
par $B = \{\alpha,\beta,\gamma,\delta\}$.

En particulier, une *relation binaire* sur un ensemble de E (ainsi que l'on dit par abus de langage) est un sous-ensemble du produit $E \times E$. Prenons par exemple $E = \{x,y,z\}$. Nous représentons le produit cartésien sous forme d'un tableau :

1. Ce sous chapitre ne constitue qu'un rapide rappel. Au cas où le lecteur voudrait approfondir les questions concernant les relations et les structures ordonnées, il pourra se reporter à des livres spécialisés.

	x	y	z
x	(x, x)	(x, y)	(x, z)
y	(y, x)	(y, y)	(y, z)
z	(z, x)	(z, y)	(z, z)

Produit cartésien ExE

	x	y	z
x	(x, x)		(x, z)
y		(y, y)	
z	(z, x)		

Relation R_1

	x	y	z
x	(x, x)	(x, y)	
y			(y, z)
z	(z, x)		(z, z)

Relation R_2

On nomme tout naturellement relation *diagonale* : $\Delta = \{(x,x); (y,y); (z,z)\}$.

Une relation est, par définition, *réflexive* si elle contient la diagonale. La relation R_1, est symétrique, mais elle n'est pas réflexive. Pour qu'une relation soit *symétrique*, il faut, quels que soient α et β, qu'elle contienne le couple (β, α) si le couple (α, β) lui appartient. La relation R_2 est *antisymétrique*, mais elle n'est pas réflexive. Pour qu'une relation soit antisymétrique, il faut, quels que soient α et β, qu'elle ne contienne pas le couple (β, α) si le couple (α, β) lui appartient, sauf si α = β, c'est-à-dire s'il s'agit d'un élément de la diagonale.

	x	y	z
x	(x, x)	(x, y)	(x, z)
y			
z			(y, z)
			(z, z)

Relation R_3

x	y	z	t
(x, x)	(x, y)		(x, t)
(y, x)	(y, y)		(y, t)
		(z, z)	
(t, x)	(t, y)		(t, t)

Relation R_4

Pour qu'une relation soit *transitive*, il faut qu'elle contienne (α, γ) si elle contient (α, β) et (β, γ), quels que soient α, β, γ.

La relation R_3 est *transitive* ; elle n'est pas non plus réflexive ; elle est antisymétrique. La relation R_4 est *transitive* ; elle est réflexive ; elle est symétrique.

NB : Le contraire de réflexif, symétrique, transitif est, respectivement, irréflexif, asymétrique, intransitif. Une relation est *irréflexive* si elle ne contient *aucun* élément de Δ ; elle est *asymétrique,* si elle n'est symétrique pour *aucun couple* ; elle est *intransitive* si elle n'est transitive pour aucune paire de couples ; c'est le cas de la relation R_5.

	x	y	z
x		(x, y)	
y			(y, z)
z	(z, x)		

Relation R_5

	x	y	z
x	(x, x)	(x, y)	(x, z)
y			(y, z)
z	(z, x)		

Relation R_6

Il faut se garder de confondre ces qualificatifs avec non réflexif (il y a des éléments dans la diagonale, mais non tous), non symétrique (il existe des éléments symétriques, mais tous ne le sont pas), non transitif (la transitivité existe pour certains couples, mais pas pour d'autres). La relation R_6 est, à la fois, non réflexive, non symétrique et non transitive.

1.1.2 Préordre. Équivalence. Ordre

a) une relation *réflexive* et *transitive* est une relation de *préordre.*

Exemple. Le Criterium des champions a donné les résultats suivants (tableau 1.1) :

1er Camille	
2e ex aequo	Anatole Désiré
4e Ernest	
5e Bernard	

Tableau 1.1

	A	B	C	D	E
A	(A,A)	(A,B)		(A,D)	(A,E)
B		(B,B)			
C	(C,A)	(C,B)	(C,C)	(C,D)	(C,E)
D	(D,A)	(D,B)		(D,D)	(D,E)
E		(E,B)			(E,E)

Tableau 1.2: relation R

Classons-les d'après la relation R « avoir obtenu un rang meilleur ou aussi bon que ». Dans le tableau 1.2, le couple (A, B) signifie qu'Anatole a obtenu un rang meilleur ou aussi bon que Bernard : $A \geq B$. La relation est évidemment réflexive, puisqu'elle contient la diagonale; elle est aussi transitive puisque si X a obtenu un rang meilleur ou aussi bon que Y et Y un rang meilleur ou aussi bon que Z, X a évidemment un rang meilleur ou aussi bon que Z : $[X \geq Y$ et $Y \geq Z]$ entraîne $[X \geq Z]$. Mais elle n'est pas symétrique, bien que $A \geq D$ et $D \leq A$; par exemple, $A \geq E$, mais $E \not\leq A$; elle n'est pas non plus antisymétrique, puisque $[A \geq D$ et $D \geq A]$ n'entraîne pas $[A \equiv D]$ (Anatole ne peut pas être confondu avec Désiré).

b) une relation *réflexive*, *transitive* et *symétrique* est une **relation d'*équivalence.***

Par exemple, envisageons deux groupes de droites parallèles : d'une part $A \parallel C$; d'autre part $B \parallel D \parallel E$. Le tableau 1.3 ci-dessous correspond à la relation $\parallel$: « être parallèle à ou confondu avec ». Le tableau 1.4, résulte de la partition des droites en classes d'équivalence. Il y a deux classes $\{A, C\}$ et $\{B, D, E\}$.

À titre d'exemple, reprenons maintenant le classement du Criterium des champions dans l'ordre d'arrivée (A et D étant indifférents). L'existence d'une relation l'équivalence (donc réflexive, symétrique et transitive), « avoir le même rang que », est manifeste pour A et D. Si l'on fait le *quotient* du préordre par cette relation d'équivalence, on trouve en réalité quatre classes; $\{C\}$, $\{A, D\}$, $\{E\}$, $\{B\}$ et, désormais : $C > \{A, D\} > \{E\} > \{B\}$, la relation stricte S ayant le sens : « avoir un meilleur rang que ».

Posons $\{C\} = \alpha, \{A, D\} = \beta, \{E\} = \gamma$ et $\{B\} = \delta$; si l'on représente par le tableau 1.6 la relation sur l'ensemble $\{\alpha, \beta, \gamma, \delta\}$, on constate qu'elle est irréflexive, asymétrique ; en revanche, elle est transitive.

	A	B	C	D	E
A	A, A		A, C		
B		B, B		B, D	B, E
C	C, A		C, C		
D		D, B		D, D	D, E
E		E, B		E, D	E, E

TABLEAU 1.3: RELATION ||

	A	C	B	D	E
A	A, A	A, C			
C	B, B	C, C			
B			B, B	B, D	B, E
D			D, B	D, D	D, E
E			E, B	E, D	E, E

TABLEAU 1.4: RELATION ||

	C	A	D	E	B
C	(C,C)	(C,A)	(C,D)	(C,E)	(C,B)
A		(A,A)	(A,D)	(A,E)	(A,B)
D		(D,A)	(D,D)	(D,E)	(D,B)
E				(E,E)	(E,B)
B					(B,B)

TABLEAU 1.5

	α	β	γ	δ
α	·	α, β	α, γ	α, δ
β	·	·	β, γ	β, δ
γ	·	·	·	γ, δ
δ	·	·	·	·

TABLEAU 1.6: RELATION S

c) Une relation *réflexive*, *antisymétrique*, *transitive* est, par définition, **une *relation* d'*ordre*** *(large par définition).*

Exemple. Considérons $\mathbb{N}^*$ l'ensemble des entiers naturels privé du zéro, et la relation $x \mid y$ (x divise exactement y, sans reste), étant entendu que x divise x, quel que soit x $\mathbb{N}^*$. En raison de cette dernière hypothèse, la relation est réflexive (ce que l'on traduit en disant que l'ordre est large). Elle est évidemment transitive, car si $x \mid y$ et $y \mid z$, alors $x \mid z$. De plus, elle est antisymétrique : en effet si $x \mid y$ et $y \mid x$, c'est que $x = y$.

Soit $X = \{1, 2, 3, 5, 10, 20, 30\}$ une partie de $\mathbb{N}$. Le tableau 1.7 représente la relation $x \mid y$ sur cet ensemble.

	1	2	3	5	10	20	30
1	(1,1)	(1,2)	(1,3)	(1,5)	(1,10)	(1,20)	(1,30)
2		(2,2)			(2,10)	(2,20)	(2,30)
3			(3,3)				(3,30)
5				(5,5)	(5,10)	(5,20)	(5,30)
10					(10,10)	(10,20)	(10,30)
20						(20,20)	
30							(30,30)

TABLEAU 1.7

On vérifie aisément sur le tableau la réflexivité et l'antisymétrie. On vérifie (moins facilement) la transitivité sur ce tableau par les "rectangles" dont un des sommets est sur la diagonale :

(1, 2) ... (1, 10)	(1, 10) ... (1, 30)	(1, 3) ... (1, 30)
(2, 2) ... (2, 10)	(10, 10) ... (10, 30)	(3, 3) ... (3, 30)
(1, 2) ... (1, 30)	(5, 10) ... (2, 30)	(1, 5) ... (1, 20)
(2, 2) ... (2, 30)	(10, 10) ... (10, 30)	(5, 5) ... (5, 20)
(1, 5) ... (1, 10)	(5, 10) ... (5, 30)	(1, 10) ... (1, 20)
(5, 5) ... (5, 10)	(10, 10) ... (10, 30)	(10, 10) ... (10, 20)
(1, 5) ... (1, 30)	(1, 2) ... (1, 20)	(2, 10) ... (2, 20)
(5, 5) ... (5, 30)	(2, 2) ... (2, 20)	(10, 10) ... (10, 20)
		(5, 10) ... (5, 20)
		(10, 10) ... (10, 20)

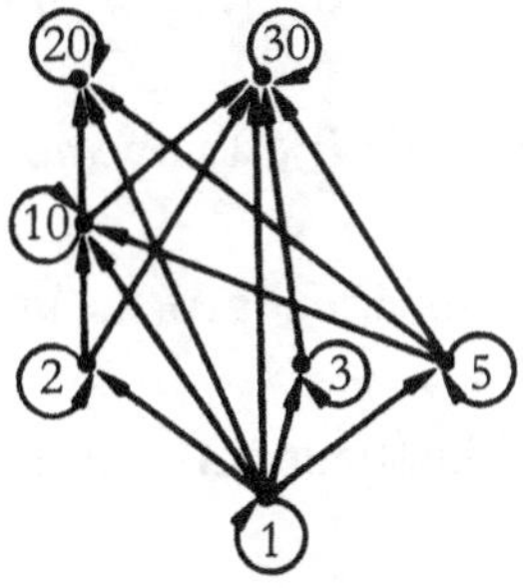

Figure 1.1

Ainsi le rectangle en haut à gauche se lit : 1/2 et 2/2 et 2/10 entraîne 1/10.

Contrairement à ce qui se passe pour le tableau 1.5, la partie supérieure du tableau (au-dessus de la diagonale) ne fait pas apparaître tous les couples. C'est qu'au sens de la relation tous les éléments ne sont pas deux à deux comparables. Ainsi, par exemple, on n'a pas $2 \mid 3$ ni $2 \mid 5$ (et pas davantage $3 \mid 2$ ou $5 \mid 2$).

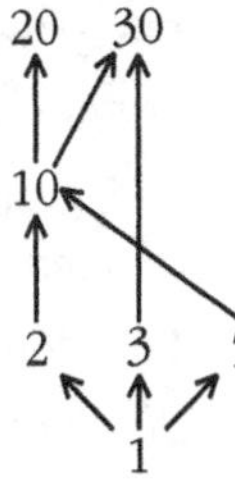

Figure 1.2

On exprime ce fait en disant que l'ordre est *partiel*. Dans le cas contraire, l'ordre est *total*. La relation $\leqslant$ sur $\mathbb{N}$, $\mathbb{Z}$, $\mathbb{Q}$ ou $\mathbb{R}$ (ou tout sous-ensemble de ceux-ci) est une relation d'ordre total. On peut donner une représentation « sagittale » de la relation (figure 1.1) :

Figure 1.3

Deux éléments a et b, représentés chacun par un point, sont réunis par un arc si et seulement si $a \mid b$. Il y a autant d'arcs que de couples dans le tableau 1.7 soit 22, y compris 7 boucles. Mais on peut réduire le nombre de ces arcs, en supprimant ceux qui résultent de la réflexivité et de la transitivité. On obtient alors un *diagramme de Hasse* (fig. 1.2), plus lisible.

Le diagramme de Hasse d'un ensemble totalement ordonné est une *chaîne* (fig. 1.3) (en fait, en termes de graphes orientés, il s'agira d'un *chemin*).

À toute relation d'ordre large correspond une et une seule relation d'ordre *strict*. Une relation d'ordre strict est *irréflexive, asymétrique* et *transitive.* Elle peut induire un ordre partiel ou un ordre total.

Pour obtenir la représentation de la relation d'ordre strict correspondant à | (divise), c'est-à-dire la relation (divise et n'est pas égal), il suffit de supprimer la diagonale du tableau 1.7 et les boucles (arcs fermés sur eux-mêmes) de la fig. 1.1. Ici, l'ordre strict n'est que partiel (tout comme l'ordre large d'où il provient).

À toute relation d'ordre $\leq$ (ou $<$) correspond une relation converse $\geq$ (ou $>$).

Le diagramme de Hasse (fig 1.2) s'obtient en supprimant dans la fig. 1.1, les boucles et les arcs de transitivité : ainsi 1 divise 2 et 2 divise 10 entraîne 1 divise 10 : l'arc (1,10) est un arc de transitivité.

1.1.3 Éléments particuliers d'un ensemble ordonné

Un ensemble sur lequel est définie une relation d'ordre (partiel ou total) est nommé *ensemble ordonné* (partiellement ou totalement).

Certains éléments particuliers des ensembles partiellement ordonnés jouent un grand rôle en recherche opérationnelle.

Considérons un ensemble X, partiellement ordonné par la relation $\leq$ (être inférieur ou égal à) et une partie P de cet ensemble. S'il existe (bien noter cette restriction) :

a) Un élément m de X qui est inférieur ou égal à tout élément x de P, m est un *minorant* de P.

Un élément M de X qui est supérieur ou égal à tout élement x de P, est un *majorant* de P.

b) Un élément M de P, tel qu'il n'existe pas d'éléments de P supérieur à M, est un *élément maximal* de P.[1]

Un élément m de P, tel qu'il n'existe pas d'éléments de P inférieur à M, est un *élément minimal* de P.

De même les éléments définis ci-dessous peuvent exister ou ne pas exister :

c) Le *plus grand élément* E (ou encore : *le maximum*) de P est l'élément de P, tel que, pour tout $x \in P$, on a : $E \geq x$.

Le *plus petit élément* e (ou encore : *le minimum*) de P est l'élément de P, tel que, pour tout $x \in P$, on a : $e \leq x$.

d) La *borne supérieure* (b.s.) B de P (ou *supremum* de P, notée aussi sup P) est le plus petit élément de l'ensemble des majorants de P.

La *borne inférieure* (b.i.) b de P (ou *infimum* de P, notée aussi inf P) est le plus grand élément de l'ensemble des minorants de P.

e) L'*élément universel* de X est le plus grand élément de X.

L'*élément nul* de X est le plus petit élément de X.

1. L'Académie des sciences recommande d'employer les termes « maximum, minimum, optimum » uniquement comme substantifs; les adjectifs correspondants étant « maximal, minimal, optimal ». Ainsi on doit dire « élément maximal » (et non pas « élément maximum »).

Insistons sur le fait que les éléments particuliers définis en a), b), c), d) et e) n'existent pas nécessairement dans un ensemble partiellement ordonné, ce qui est illustré par l'exemple ci-dessous.

Exemples. Soit $X = \{1, 2, 3, 5, 10, 20, 30\}$ un ensemble partiellement ordonné par la relation $x \mid y$ (x divise y). Nous invitons le lecteur à se reporter au diagramme de Hasse associé (Fig. 1.2).

1. Prenons $P = \{2, 3, 5, 10\}$. P est inclus dans X

Il existe un majorant de P : 30, un minorant : 1, deux éléments maximaux : 3 et 10, trois éléments minimaux : 2, 3, 5, ni plus grand élément, ni plus petit élément de P. La b.s. de P est 30, la b.i. est 1. X n'admet pas d'élément universel, mais un élément nul : 1.

2. Prenons maintenant $P = \{2, 5, 10\}$.

P compte trois majorants : 10, 20, 30, un minorant : 1, un élément maximal : 10, deux éléments minimaux : 2 et 5, un plus grand élément : 10, pas de plus petit élément. La borne supérieure de P est 10, la borne inférieure est 1.

Pour une partie réduite à deux éléments (ou « paire ») $\{x, y\}$, d'un ensemble ordonné, il peut exister une borne supérieure et/ou une borne inférieure ; la b.s., lorsqu'elle existe, est notée $x \vee y$ et la b.i. par $x \wedge y$.

1.1.4 Treillis

a) On appelle *treillis* (ou encore *lattis* ou ensemble *réticulé*) un ensemble partiellement ordonné dans lequel, pour toute paire d'éléments, existent une borne supérieure (b.s.) et une borne inférieure (b.i.).

À cette définition on peut substituer la définition axiomatique suivante. Soit un ensemble T, dont les éléments sont munis de deux lois de composition, $\vee$ et $\wedge$, vérifiant, quels que soient x, y et $z \in T$, les propriétés ci-après :

1. $x \vee y = y \vee x$	(commutativité)	1′. $x \wedge y = y \wedge x$
2. $x \vee (y \vee z) = (x \vee y) \vee z$	(associativité)	2′. $x \wedge (y \wedge z) = (x \wedge y) \wedge z$
3. $x \vee x = x$	(idempotence)	3′. $x \wedge x = x$
4. $x \vee (x \wedge y) = x$	(absorption)	4′. $x \wedge (x \vee y) = x$

alors T constitue un ensemble ordonné par la relation $\preceq$ telle que :

5. $[x \preceq y]$ équivaut à $[x \wedge y] = x$ et équivaut à $[x \vee y] = y$.

On appelle alors T un *treillis*. On peut aisément démontrer l'équivalence de ces deux définitions.

Exemple. Considérons, par exemple, les diviseurs de 30 : 1, 2, 3, 5, 6, 10, 15, 30 (ils sont au nombre de 8 car $(1+1)\cdot(1+1)\cdot(1+1) = 8$ et $30 = 2^1 \cdot 3^1 \cdot 5^1$), ordonnés par la relation $x \mid y$ (x divise y). Rappelons que si, $n = p^\alpha \cdot q^\beta \cdot r^\gamma \cdots$ est la décomposition en produit de facteurs premiers de l'entier $n (n \geqslant 2)$, alors n admet $(\alpha+1)(\beta+1)(\gamma+1)\cdots$ diviseurs (y compris 1 et n).

Ces diviseurs forment un treillis dont le diagramme de Hasse est donné par la figure 1.4. La b.s. de deux éléments quelconques est leur p.p.c.m ; la b.i., leur p.g.c.d. Ainsi : $5 \vee 6 = 5 \times 6 = 30$ et $5 \wedge 6 = 1$; $6 \vee 15 = 2 \times 3 \times 5 = 30$ et $6 \wedge 15 = 3$, etc.

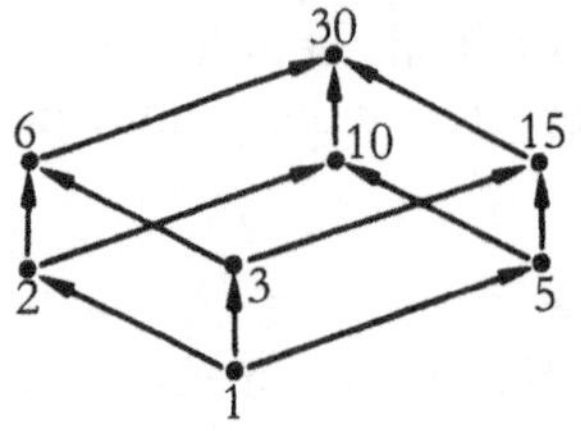

Figure 1.4

L'élément universel de ce treillis est 30, l'élément nul, 1. D'une manière générale $\mathbb{N}^* = \mathbb{N} - \{0\}$, ordonné par la relation $x \mid y$ (x divise y), présente une structure de treillis infini. L'élément nul est toujours 1 ; il n'y a pas d'élément universel. On montre que tout treillis T ayant un nombre fini d'éléments comporte un élément nul et un élément universel.

b) Un treillis, comportant un élément nul et un universel, que nous désignerons, respectivement par n et U, est *complémenté* si, à tout élément x de T, on peut associer au moins un élément de T, noté $\bar{x}$ tel que :

$$6.\ x \vee \bar{x} = U \quad \text{et} \quad 6'.\ x \wedge \bar{x} = n.$$

Le treillis de la figure 1.4 est complémenté. En effet : $1 \vee 30 = 30$, $1 \wedge 30 = 1$; $2 \vee 15 = 30$, $2 \wedge 15 = 1$; $3 \vee 10 = 30$, $3 \wedge 10 = 1$; $5 \vee 6 = 30$, $5 \wedge 6 = 1$. Ainsi $n = 1$ est le complément de $U = 30$ et réciproquement ; de même 3 et 10 sont le complément l'un de l'autre, tout comme 5 et 6.

Propriété. *On a, d'après* 4 : $x \wedge (x \vee \bar{x}) = x$. *Or,* $x \wedge (x \vee \bar{x}) = x \wedge U = x$. *D'où :*

$$x \wedge U = x.$$

De même :

$$x \vee n = x.$$

N.B. *Le système d'axiomes* (1 à 4), (1′ à 4′) *n'est pas minimal; mais il est pratique pour le calcul. On peut, en effet, montrer que l'absorption entraîne l'idempotence.*

c) Un treillis est distributif lorsqu'aux axiomes 1 à 4 et 1′ à 4′, s'ajoute le suivant :

$$7.\ x \wedge (y \vee z) = (x \wedge y) \vee (x \wedge z), \text{ quels que soient } x,\ y \text{ et } z \in T.$$

Cet axiome entraîne (cf. Execrcice 1 ci-dessous) :

$$7'.\ x \vee (y \wedge z) = (x \vee y) \wedge (x \vee z).$$

Inversement, 7′ entraîne 7.

Exercices.

1. Soit à démontrer, à partir des axiomes 1 à 4, 1′ *à* 4′ *et* 7, que :

$$7'.\ x \vee (y \wedge z) = (x \vee y) \wedge (x \vee z).$$

Grâce à 4, on peut écrire le premier membre de 7′ sous la forme :

$$[x \vee (x \wedge y)] \vee (y \wedge z), \text{ en remplaçant } x \text{ par } x \vee (x \wedge y).$$

Grâce à 2, cette expression est égale à :

$$x \vee [(x \wedge y) \vee (y \wedge z)] \text{ (par associativité de } \vee\text{)}.$$

et, en vertu de 1′, elle est aussi égale à :

$$x \vee [(y \wedge x) \vee (y \wedge z)] \text{ (par commutativité de } \wedge\text{)}.$$

De ce fait, grâce à 7, le crochet est égal à $y \wedge (x \vee z)$ et cette expression devient :

$$x \vee [(y \wedge (x \vee z)]$$

Remplaçons x par sa valeur d'après 4′ ; l'expression devient :

$$[x \wedge (x \vee z] \vee [(y \wedge (x \vee z)];$$

il vient alors, en appliquant 7 :

$$(x \vee y) \wedge (x \vee z) \text{ (par distributivité).}$$

et c'est précisément le deuxième membre de 7′, qu'il fallait obtenir *par un calcul fondé sur les seuls axiomes 1 à 7 et 1′ à 6′.*

2. Dans un treillis distributif, la complémentation est unique.

Raisonnons par l'absurde et supposons que l'élément x ait deux compléments différents, $\bar{x}$ et x^* ; on aurait :

$$x \vee \bar{x} = x \vee x^* = U$$

et

$$x \wedge \bar{x} = x \wedge x^* = n, \text{avec } \bar{x} \neq x^*$$

On peut écrire :

$$\begin{aligned}\bar{x} = \bar{x} \wedge U = \bar{x} \wedge (x \vee x^*) &= (\bar{x} \wedge x) \vee (\bar{x} \wedge x^*) \\ &= n \vee (\bar{x} \wedge x^*) = \bar{x} \wedge x^*,\end{aligned}$$

De même :

$$\begin{aligned}x^* = x^* \wedge U = x^* \wedge (x \vee \bar{x}) &= (x^* \wedge x) \vee (x^* \wedge \bar{x}) \\ &= n \vee (x^* \wedge \bar{x}) = x^* \wedge \bar{x} = \bar{x} \wedge x^*\end{aligned}$$

Finalement $\bar{x} = x^*$, contrairement à l'hypothèse et ainsi la complémentation est unique.

d) Un treillis à la fois distributif et complémenté est appelé *treillis de Boole*. Il est isomorphe à une *algèbre de Boole*.

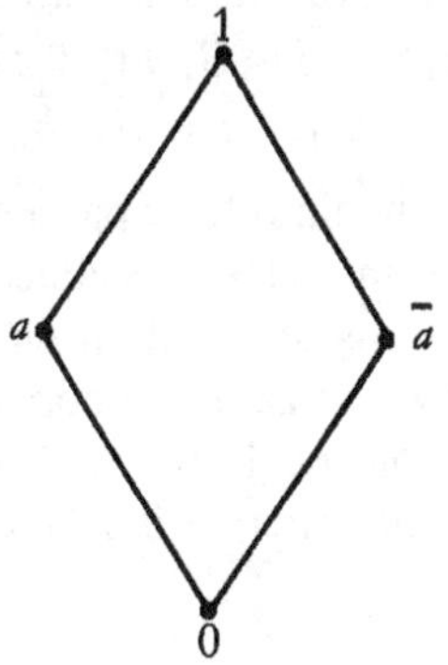

Figure 1.5

Une algèbre de Boole B est donc un ensemble partiellement ordonné, doté d'un élément nul et d'un élément universel, dont les éléments vérifient les axiomes 1 à 4; 1′ à 4′; 6, 6′ et 7 (et donc aussi 7′).

La relation d'ordre est définie par l'une des quatre relations équivalentes suivantes :

5*. $x \leq y$ équivaut à $x \wedge y = x$ ou $x \vee y = y$ ou $x \wedge \bar{y} = 0$ ou $\bar{x} \vee y = 1$

0 et 1 désignant, respectivement, n et U.

Une algèbre de Boole comportant un seul *générateur a,* différent de 0 et de 1, comporte quatre éléments (fig. 1.5).

La figure 1.6 représente un hypercube, qui n'est autre que le diagramme de Hasse d'une algèbre de Boole à deux générateurs, *a* et *b,* différents de 0 et 1. Elle comporte $2^4 = 16$ éléments. Les éléments diagonalement opposés sur la figure sont le complément l'un de l'autre. Ainsi : $a \wedge b$ et $\overline{a} \vee \overline{b}$, $\overline{a} \vee b$ et $a \wedge \overline{b}$, etc. Plus généralement une algèbre de Boole avec m atomes comporte 2^m éléments.

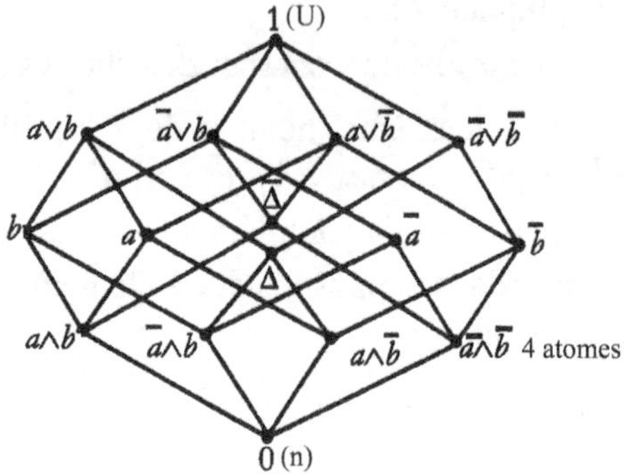

Figure 1.6

Noter que : $\Delta = (a \wedge \overline{b} \vee (\overline{a} \wedge b) = (a \vee b) \wedge (\overline{a} \vee \overline{b})$ désigne la somme disjonctive (ou « différence symétrique ») de *a* et *b* : $\Delta = a \oplus b$;

$\overline{\Delta} = (\overline{a} \vee b) \wedge (a \vee \overline{b}) = (a \wedge b) \vee (\overline{a} \vee \overline{b})$ est le complément de Δ.

Comme toute algèbre de Boole finie, l'algèbre à deux générateurs est *atomique.* Ses *atomes,* ou éléments qui couvrent 0 (c'est-à-dire sont immédiatement supérieurs à 0) sont $a \wedge b, \overline{a} \wedge b, a \wedge \overline{b}$ et $\overline{a} \wedge \overline{b}$.

Le *théorème de Stone,* dont la démonstration n'est pas immédiate[1] énonce que tout algèbre de Boole est isomorphe à un « corps d'ensembles » (cf. NB ci-dessous).

Ainsi, à l'algèbre de Boole de la figure 1.6, on peut faire correspondre le schéma de la figure 1.7. On suppose que $a \neq b$ et $a \wedge b \neq 0$.

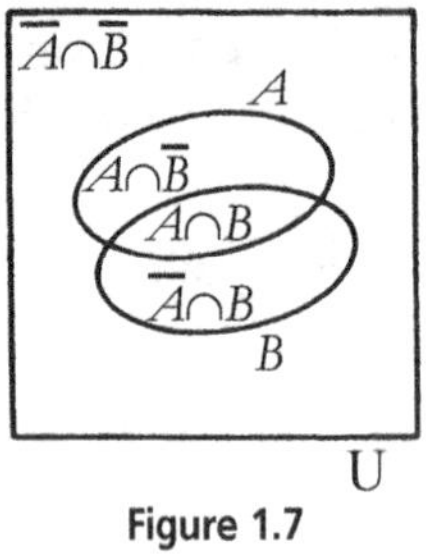

Figure 1.7

Alors apparaissent clairement sur la figure, dont le carré représente l'univers U, les « régions » $A \cap B, \overline{A} \cap B, A \cap \overline{B}$ et $\overline{A} \cap \overline{B}$, correspondant aux atomes $a \wedge b, \overline{a} \wedge b, a \wedge \overline{b}$ et $\overline{a} \wedge \overline{b}$.

NB : On appelle « corps d'ensembles » une famille de parties d'un ensemble, munie des opérations ensemblistes classiques (réunion, interjection, complémentation); dans le cas d'un ensemble fini *E,* la famille de ses parties $\mathcal{P}(E)$ constitue le corps d'ensembles. Notons que l'algèbre de Boole de la figure 1.5 est isomorphe au treillis des diviseurs de tout entier de la forme

1. Voir : R. FAURE et E. HEURGON, Structures ordonnées et algèbre de Boole, Gauthier-Villars, 1971.

$n = p \cdot q$ (où p et q sont des nombres premiers différents). Pour la figure 1.6, il s'agirait du treillis des diviseurs de $n = p \cdot q \cdot r \cdot s$ (p, q, r, s premiers); par exemple pour $n = 210 = 2^1 \cdot 3^1 \cdot 5^1 \cdot 7^1$. Cette isomorphie se traduit par l'identité des deux diagrammes de Hasse. Une conséquence du théorème de Stone est que toute algèbre de Boole comportant m atomes (donc finie) comporte 2^m éléments.

1.2 Représentation ensembliste des algèbres de Boole. Application à la logique élémentaire

1.2.1 Principes de la logique aristotélicienne

Soit un ensemble fondamental R, appelé *référentiel*, dont les éléments sont susceptibles de présenter certaines propriétés. Étant donnée une propriété p déterminée, les éléments qui la vérifient forment le sous-ensemble $A(p)$ de R, que nous désignerons plus brièvement par A. On connaît aussi le sous-ensemble $\overline{A}$ des éléments de R qui vérifient la propriété non-p (ou, de manière équivalente, n'ont pas la propriété P). C'est le complémentaire du sous-ensemble A. Un diagramme d'Euler-Venn illustre ces définitions (figure 1.8). En logique classique, le *principe de non contradiction* enseigne qu'aucun élément ne peut, à la fois, vérifier et ne pas vérifier une propriété, c'est-à-dire présenter, en même temps, la propriété p et la propriété non-p. Ce principe se traduit, en mathématique, par le fait que A *et* $\overline{A}$ sont disjoints. Un autre principe de la logique aristotélicienne, le *principe du tiers exclu,* indique que l'on ne trouvera jamais plus de deux classes en triant un ensemble d'éléments par rapport à une propriété p : les uns, qui vérifient la propriété p, constituent le sous-ensemble A du référentiel; les autres, qui ont la propriété non-p (ou de manière équivalente, ne vérifient pas la propriété p), forment le complémentaire $\overline{A}$ de A. Si l'une de ces deux classes est vide, l'autre se confond avec le référentiel.

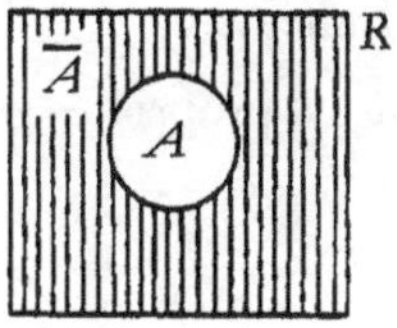

Figure 1.8

Remarque. Si l'on prend le complément de l'ensemble $\overline{A}$, soit $\overline{\overline{A}}$, on retombe évidemment sur l'ensemble A.
La complémentation est dite, pour cette raison, *involutive*.

1.2.2 Expression du principe de non-contradiction

Considérons maintenant une propriété p, à laquelle correspond le sous-ensemble A du référentiel R, et une propriété q, à laquelle correspond le sous-ensemble B de R. Si les deux propriétés ne sont pas contradictoires, il y aura des éléments vérifiant à la fois les deux propriétés. On aura donc, dans R (fig. 1.9) :

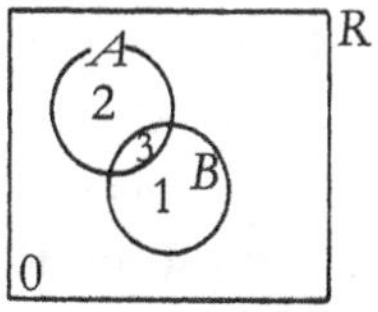

Figure 1.9

- des éléments vérifiant la propriété p seule (région 2) ;
- des éléments vérifiant la propriété q seule (région 1) ;
- des éléments vérifiant les propriétés p *et* q (région 3) ;
- des éléments ne vérifiant ni la propriété p, ni la propriété q (région 0).

Par définition, les éléments possédant les propriétés p *et* q sont dits constituer l'*intersection* des sous-ensembles A et B (région 3) et l'on désigne ce sous-ensemble par la notation $A \cap B$, où le symbole $\cap$ indique que l'on a appliqué l'opération d'intersection aux sous-ensembles A et B.

On voit que :

- les éléments de la région 2 forment un sous-ensemble de R qui peut être noté $A \cap \overline{B}$;
- les éléments de la région 1 forment le sous-ensemble $\overline{A} \cap B$;
- les éléments de la région 0 constituent le sous-ensemble $\overline{A} \cap \overline{B}$.

De plus, le principe de contradiction peut maintenant s'exprimer par :

$$A \cap \overline{A} = \varnothing, \tag{1.1}$$

le symbole $\varnothing$ désignant le sous-ensemble vide (le plus souvent nommé *ensemble vide*).

1.2.3 Formules de de Morgan. Principe du tiers exclu

Revenons aux sous-ensembles A et B précédents et préoccupons-nous de savoir si nous pouvons trouver un sous-ensemble de R dont les éléments vérifient les propriétés p ou q.

Hâtons-nous de dire que cette formulation est ambigüe. Les latins, par exemple, avaient deux mots pour exprimer la conjonction de coordination ou : *vel* et *aut.* Nous traduisons aut par : ou bien et vel simplement par : ou ; c'est dire que, dans le premier cas, il s'agit du ou *exclusif* (c'est-à-dire : soit l'un, soit l'autre), tandis que, dans le second, il s'agit du ou *non-exclusif* (ou inclusif), le ou habituel du français.

Aussi quand nous voulons rechercher les éléments qui vérifient les propriétés p ou q, nous entendons retenir :

- les éléments qui vérifient la propriété p seule ;
- les éléments qui vérifient la propriété q seule ;
- les éléments qui vérifient les propriétés p *et* q, à la fois.

Ces éléments sont tous ceux qui, compris dans les régions 1, 2 et 3 de la figure 1.10 constituent ce que l'on appelle la réunion des sous-ensembles A et B, que l'on note : $A \cup B$.

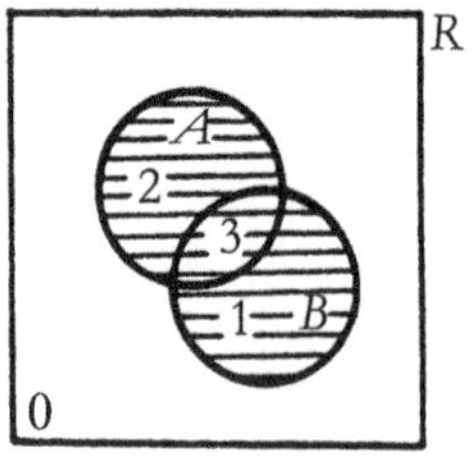

Figure 1.10

On constate, sur le diagramme, que le complément de $A \cup B$ est formé par les éléments de la région 0, c'est-à-dire le sous-ensemble $\overline{A} \cap \overline{B}$. On a donc :

$$\boxed{\overline{A \cup B} = \overline{A} \cap \overline{B}} \tag{1.2}$$

Remplaçons, dans cette formule, A par $\overline{A}$ et B par $\overline{B}$; on obtient :

$$\overline{\overline{A} \cup \overline{B}} = \overline{\overline{A}} \cup \overline{\overline{B}} = A \cap B.$$

Prenons maintenant le complémentaire de chaque membre ; il vient :

$$\overline{\overline{\overline{A} \cup \overline{B}}} = \overline{A \cap B};$$

mais, d'après l'involution $\overline{\overline{\overline{A} \cup \overline{B}}} = \overline{A} \cup \overline{B}$; on a donc :

$$\boxed{\overline{A \cap B} = \overline{A} \cup \overline{B}} \tag{1.3}$$

Les expressions (1.2) et (1.3) sont dites formules de de Morgan.

En revenant à la figure 1.8 on voit que le principe du tiers exclu s'exprime par :

$$A \cup \overline{A} = R. \tag{1.4}$$

1.2.4 Commutativité. Idempotence. Éléments neutres

Les opérations $\cap$ et $\cup$ sont évidemment *commutatives* :

$$A \cap B = B \cap A; \tag{1.5}$$

$$A \cup B = B \cup A. \tag{1.5bis}$$

On montre, étant donné le contexte logique sous-jacent, qu'elles sont aussi associatives :

$$A \cap (B \cap C) = (A \cap B) \cap C; \tag{1.6}$$

$$A \cup (B \cup C) = (A \cup B) \cup C. \tag{1.6bis}$$

Il n'est pas difficile de voir que :

$$A \cap A = A \tag{1.7}$$

et que :

$$A \cup A = A; \tag{1.7bis}$$

on dit alors que les deux opérations $\cap$ et $\cup$ sont *idempotentes* (cette propriété se traduit par l'inutilité d'exposants et de coefficients en algèbre de Boole).

Revenons à l'ensemble vide, $\varnothing$; il ne comprend aucun élément ; en conséquence, on a :

$$A \cup \varnothing = A. \tag{1.8}$$

Prenons maintenant l'intersection de A et du référentiel R ; elle est évidemment identique à A :

$$A \cap R = A. \tag{1.9}$$

Les éléments $\varnothing$ et R sont, respectivement, les éléments neutres (ou unités), respectivement, des opérations $\cup$ et $\cap$.

1.2.5 Distributivité

Les opérations $\cap$ et $\cup$ doivent être mutuellement *distributives*. C'est-à-dire que l'on a :

$$A \cap (B \cup C) = (A \cap B) \cup (A \cap C) \tag{1.10}$$

et

$$A \cup (B \cap C) = (A \cup B) \cap (A \cup C). \tag{1.10bis}$$

Il est facile de le vérifier, par exemple au moyen des diagrammes d'Euler-Venn. Construisons, à cet effet, le sous-ensemble correspondant à l'expression formant le membre gauche de (1.10bis) : il s'agit de réunir les régions A (hachures verticales) et $B \cap C$ (hachures horizontales) ; on obtient ainsi une région, comportant un type ou l'autre des hachures, qui a été entourée d'un trait gras sur la figure 1.11.

Construisons maintenant le sous-ensemble correspondant au second membre de (1.10bis) : il s'agit de trouver l'intersection des réunions $A \cup B$ (hachures verticales) et $A \cup C$ (hachures horizontales) ; on obtient ainsi une région comportant l'un et l'autre type de hachures ; elle a été entourée d'un trait gras sur la figure 1.12 et l'on voit qu'elle coïncide avec la région distinguée de la figure 1.11.

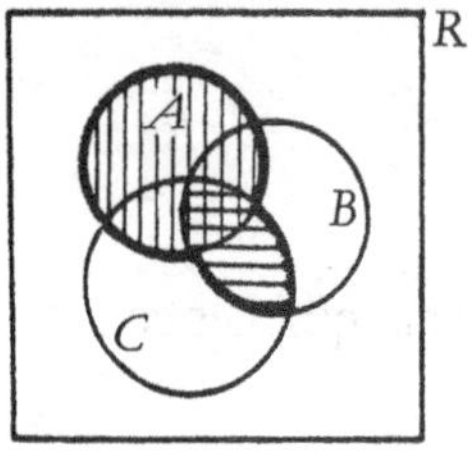

Figure 1.11 $A \cup (B \cap C)$

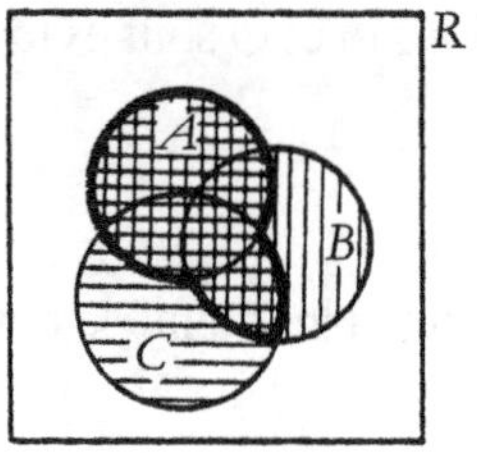

Figure 1.12 $(A \cup B) \cap (A \cup C)$

Le lecteur est invité à vérifier lui-mème la formule (1.10), au moyen d'une construction analogue.

> ***Remarque.*** Il ne s'agit ici que de vérification ; elle ne se hausserait au rang d'une démonstration que si l'on prenait soin de considérer les seize cas de figure. On peut donner une démonstration, et pas seulement une vérification de (1.10), étant donné (1.10bis), considéré comme un axiome, et à condition d'ajouter les axiomes d'absorption :
>
> $$A \cap (A \cup B) = A \cup (A \cap B) = A,$$
>
> le lecteur pourra s'inspirer du paragraphe consacré aux treillis distributifs.

1.2.6 Vers une axiomatique

On a l'habitude, en algèbre de Boole, de désigner l'ensemble vide par 0 et le référentiel par 1 (plutot que n et U).

On montre qu'un ensemble dans lequel existent deux opérations binaires, $\cap$ et $\cup$, et une opération unaire, $\overline{\ }$, telles que les axiomes suivants soient vérifiés :

$$\left.\begin{aligned} A \cup B &= B \cup A \\ A \cap B &= B \cap A \end{aligned}\right\} \quad \text{(Commutativité)}$$

$$\left.\begin{aligned} A \cup (B \cup C) &= (A \cup B) \cup C \\ A \cap (B \cap C) &= (A \cap B) \cap C \end{aligned}\right\} \quad \text{(Associativité)}$$

$$\left.\begin{aligned} A \cup A &= A \\ A \cap A &= A \end{aligned}\right\} \quad \text{(Idempotence)}$$

$$\left.\begin{aligned} A \cup 0 &= A \\ A \cap 1 &= A \end{aligned}\right\} \quad \text{(Éléments neutres)}$$

$$\left.\begin{aligned} A \cup \overline{A} &= 1 \\ A \cap \overline{A} &= 0 \end{aligned}\right\} \quad \text{(Définition du complément)}$$

$$\left.\begin{aligned} A \cup (B \cap C) &= (A \cup B) \cap (A \cup C) \\ A \cap (B \cup C) &= (A \cap B) \cup (A \cap C) \end{aligned}\right\} \quad \text{(Distributivité mutuelle)}$$

$$A \cap (A \cup B) = A = A \cup (A \cap B) \qquad \text{(Absorption)}$$

constitue une algèbre de Boole comprenant au moins deux éléments, 0 et 1.

Dans cette algèbre on a, notamment, les propriétés :

$$\overline{\overline{A}} = A \qquad \text{(Involution de la complémentation)}$$

$$\overline{A \cap B} = \overline{A} \cup \overline{B} \text{ et } \overline{A \cup B} = \overline{A} \cap \overline{B} \qquad \text{(Formules de de Morgan)}$$

On remarque que le deuxième axiome de chacune des six paires d'axiomes ci-dessus peut être obtenu à partir du premier axiome de la paire, en changeant tout signe $\cup$ en $\cap$, tout signe $\cap$ en $\cup$ et tout 0 en 1.

Les correspondances :

$$\cup \leftrightarrow \cap \ ; \ \cap \leftrightarrow \cup \ ; \ 0 \leftrightarrow 1$$

permettent donc de passer d'un axiome quelconque à l'axiome qui lui correspond dans la même paire. En appliquant les règles de la logique (en particulier deux des axiomes de la liste : contradiction et tiers exclu), cette propriété sera conservée. Ainsi, à toute propriété générale, établie pour une algèbre de Boole, correspond une propriété duale, obtenue en effectuant les échanges de symboles indiqués ci-dessus.

1.2.7 Implication. Inclusion

On remarque que l'opération d'intersection correspond à la conjonction logique « *et* », l'opération de réunion à la conjonction logique « *ou* » (inclusif) et la complémentation à la négation.

On utilise aussi en logique l'*implication* : la propriété p implique la propriété q, et l'on écrit : $p \Rightarrow q$, si et seulement si tous les éléments qui vérifient la propriété p vérifient aussi la propriété q. Dans ces conditions, le sous-ensemble $A(p)$ est inclus dans le sous-ensemble $B(q)$ et l'on écrit :

$$A \subset B.$$

La relation d'*inclusion*, que nous avons désignée par le symbole $\subset$, est une relation d'ordre (large) :

1) elle est réflexive, car, quel que soit p, on a : $p \Rightarrow p$, d'où :

$$A \subset A;$$

2) elle est transitive, car :

$$(p \Rightarrow p \text{ et } q \Rightarrow r) \Rightarrow (p \Rightarrow r),$$

d'où :

$$(A \subset B \text{ et } B \subset C) \Rightarrow (A \subset C);$$

3) elle est antisymétrique, car si l'on a, à la fois : $p \Rightarrow q$ et $q \Rightarrow p$, c'est que

$$A(p) = B(q),$$

d'où:

$$\left.\begin{matrix} A \subset B \\ \text{et} \\ B \subset A \end{matrix}\right\} \Rightarrow A = B.$$

Sur le diagramme d'Euler-Venn (figure 1.13), on remarque que, si $A \subset B$:

$$A \cup B = B \quad \text{et} \quad A \cap B = A.$$

On verrait facilement aussi que, si $A \subset B$:

$$\overline{A} \cup B = 1 \quad \text{et} \quad A \cap \overline{B} = 0.$$

Ce sont là quatre expressions équivalentes de l'inclusion :

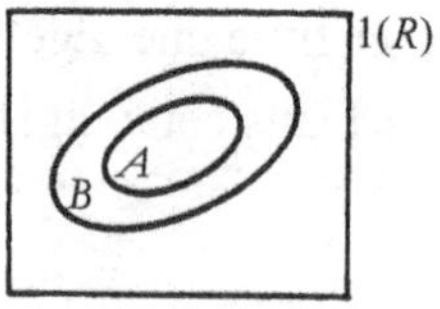

Figure 1.13

$$(A \subset B) \Leftrightarrow A \cap B = A \Leftrightarrow A \cup B = B \Leftrightarrow \overline{A} \cup B = 1 \Leftrightarrow A \cap \overline{B} = 0.$$

L'expression de $p \Rightarrow q$ par $\overline{A} \cup B = 1$ est fréquemment employée en logique.

Remarque. Le fait d'écrire : $p \Rightarrow p$, c'est-à-dire que toute proposition s'implique elle-même, revient à formuler le *principe d'identité.*

1.2.8 Formes canoniques

Au lieu de parler de sous-ensembles $A_1, A_2, \cdots$ d'un référentiel, nous pourrons, grâce au paragraphe 1.2.6, parler maintenant de variables $A_1, A_2, \cdots$.

Soient n variables booléennes (n, nombre fini) : $A_1, A_2, A_3, \cdots, A_i, \cdots, A_n$.

Désignons par X_i la variable A_i sous l'un de ses deux aspects : A_i (affirmatif) ou $\overline{A_i}$ (négatif). On appelle *minterme* de l'algèbre de Boole à n variables toute expression :

$$X_1 \cap X_2 \cap X_3 \cap \cdots \cap X_i \cap \cdots \cap X_n ,$$

où chaque variable figure sous un et un seul de ses aspects.

Dualement, on appelle *maxterme* toute expression de la forme :

$$X_1 \cup X_2 \cup X_3 \cup \cdots \cup X_i \cup \cdots \cup X_n ,$$

où chaque variable figure sous un et un seul de ses aspects.

Il est facile de voir que le nombre des mintermes de n variables est 2^n ; de même le nombre des maxtermes.

La notion de minterme (ou atome) est très importante ; en effet, d'une part, les mintermes de n variables sont deux à deux disjoints (ils diffèrent, en effet, l'un de l'autre au moins par l'aspect d'une variable: affirmée ou niée ; d'autre part, la réunion des 2^n mintermes de n variables est égale au référentiel (en effet, 2^{n-1} mintermes s'écrivent $A \cap (X_2 \cap X_3 \cap \cdots \cap X_n)$ et les 2^{n-1} autres $\overline{A} \cap (X_2 \cap X_3 \cap \cdots \cap X_n)$; ainsi, leur réunion est $X_2 \cap X_3 \cap \cdots \cap X_n$ et, en diminuant à chaque fois d'une variable, on finit par tomber sur $X_n \cup \overline{X_n} = 1$). Par conséquent, les mintermes constituent une *partition* du référentiel.

Tout minterme peut être désigné par m_i , i étant la valeur décimale du nombre binaire obtenu en faisant correspondre 1 à toute variable affirmée et 0 à toute variable niée.

Exemple. Pour quatre variables A, B, C et D, $n = 4$, on a 2^4 mintermes, soit 16. On écrira, par exemple :

$$\begin{array}{ccccccccc} m_{13} = & A & \cap & B & \cap & \overline{C} & \cap & D \\ & 1 & & 1 & & 0 & & 1 \end{array}$$

car la valeur décimale du nombre binaire 1101 est 13.

On montre que toute fonction booléenne

$$f(A_1, A_2, \cdots, A_i, \cdots A_n)$$

peut être mise sous une forme unique de réunion de mintermes appelée *forme canonique disjonctive*.

Dualement, il existe, bien entendu, une *forme canonique conjonctive*, qui est une intersection de maxtermes.

Soit un vecteur ligne $\boldsymbol{\varepsilon} = [\varepsilon_0, \varepsilon_1, \cdots, \varepsilon_{2^n-1}]$ de 2^n éléments, ε_i étant égal à 1 si le minterme m_i existe dans la forme canonique disjonctive, et à 0, sinon. La forme canonique disjonctive peut donc être symbolisée par le produit scalaire :

$$\boldsymbol{\varepsilon} \cdot \mathbf{m} = \sum_{i=0}^{2^n-1} \varepsilon_i \cdot m_i, \text{ noté plus bas : } \bigcup(\boldsymbol{\varepsilon} \cap \mathbf{m}),$$

m étant le vecteur colonne :

$$\mathbf{m} = \begin{bmatrix} m_0 \\ m_1 \\ \vdots \\ m_i \\ \vdots \\ m_{2^n-1} \end{bmatrix}$$

à condition d'interpréter le produit de deux composantes comme une intersection et la somme des produits comme une réunion.

Exemple. Soit la fonction booléenne ϕ, à trois variables A, B et C :

$$\phi = \{\overline{[(A \cap B) \cup C]} \cap (A \cap \overline{B})\} \cup [(B \cap \overline{C}) \cap (\overline{A} \cup C)]$$

Appliquons d'abord la formule généralisée de de Morgan :

$$\phi = \{[(\overline{A} \cup \overline{B}) \cap \overline{C}] \cap (A \cap \overline{B})\} \cup [(B \cap \overline{C}) \cap (\overline{A} \cup C)]$$

Développons ensuite en utilisant la distributivité de l'opération $\cap$ par rapport à l'opération $\cup$:

$$\phi = \{[(\overline{A} \cap \overline{C}) \cup (\overline{B} \cap \overline{C})] \cap (A \cap \overline{B})\} \cup \{[(B \cap \overline{C}) \cap \overline{A}] \cup [(B \cap \overline{C}) \cap C]\}$$

$$\phi = [(\overline{A} \cap \overline{C}) \cap (A \cap \overline{B})] \cup [(\overline{B} \cap \overline{C}) \cap (A \cap \overline{B})] \cup [(\overline{A} \cap B \cap \overline{C}) \cup (B \cap C \cap \overline{C}]$$

$$\phi = (A \cap \overline{A} \cap \overline{B} \cap \overline{C}) \cup (A \cap \overline{B} \cap \overline{B} \cap \overline{C}) \cup (\overline{A} \cap B \cap \overline{C}) \cup (B \cap C \cap \overline{C})$$

Éliminons ensuite les termes tels que $X \cap \overline{X} = 0$ et remplaçons $X \cap X$ par X :

$$\begin{aligned} \phi &= 0 \cup (A \cap \overline{B} \cap \overline{C}) \cup (\overline{A} \cap B \cap \overline{C}) \cup 0 \\ &= (A \cap \overline{B} \cap \overline{C}) \cup (\overline{A} \cap B \cap \overline{C}). \end{aligned}$$

Le minterme $A \cap \overline{B} \cap \overline{C}$ se code 100 ; $\overline{A} \cap B \cap \overline{C}$ se code 010 .
On a donc :

$$\phi = m_4 \cup m_2 .$$

On peut obtenir $\overline{\phi}$ de deux façons :

- ou bien, sous la forme d'une réunion de mintermes, en ne prenant que ceux qui n'appartiennent pas à ϕ :

$$\overline{\phi} = m_7 \cup m_6 \cup m_5 \cup m_3 \cup m_1 \cup m_0$$

- ou bien, sous la forme d'une intersection de maxtermes, en prenant le complémentaire de l'expression de ϕ sous la forme d'une réunion de mintermes :

$$\overline{\phi} = \overline{m_4 \cup m_2} = \overline{m_4} \cap \overline{m_2} = M_3 \cap M_5 = (\overline{A} \cup B \cup C) \cap (A \cup \overline{B} \cup C)$$

(on observe, en effet, qu'en prenant le complémentaire d'un minterme d'indice i on obtient le maxterme d'indice $2^n - 1 - i$).

Dans ces conditions, on peut obtenir ϕ sous la forme d'une intersection de maxtermes de deux façons, en effet, on a d'abord :

$$\overline{\overline{\phi}} = \phi = \overline{m_7 \cup m_6 \cup m_5 \cup m_3 \cup m_1 \cup m_0} = M_0 \cap M_1 \cap M_2 \cap M_4 \cap M_6 \cap M_7 ,$$

puis, aussi bien :

$\overline{\overline{\phi}} = \phi$, intersection de tous les maxtermes, à l'exception de ceux qui figurent dans $\overline{\phi}$:

$$\overline{\overline{\phi}} = \phi = M_0 \cap M_1 \cap M_2 \cap M_4 \cap M_6 \cap M_7 .$$

1.3 L'ALGÈBRE DE BOOLE BINAIRE

1.3.1 Fonction caractéristique. Opérations binaires

Appelons fonction *caractéristique* $f_A(x)$ d'un élément x, par rapport à un sous-ensemble A du référentiel, une fonction qui prend la valeur 1 si et seulement si $x \in A$ et, sinon, la valeur 0.

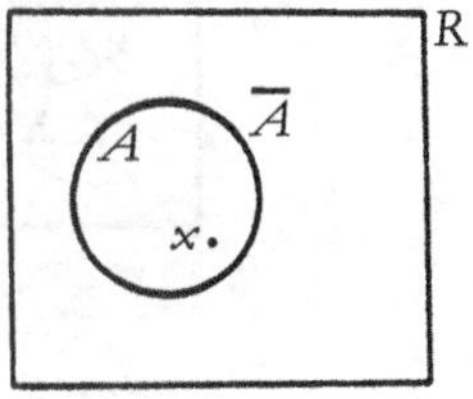

Figure 1.14

On voit clairement (figure 1.14) que $f_A(x) = 1$, alors $f_{\overline{A}}(x) = 0$ et inversement. C'est la complémentation ou *négation logique.*

Considérons maintenant deux sous-ensembles A et B d'un référentiel R (figure 1.15) et étudions la valeur de $f_{A \cap B}(x)$ par rapport aux valeurs de $f_A(x)$ et $f_B(x)$ pour toutes les positions possibles de x.

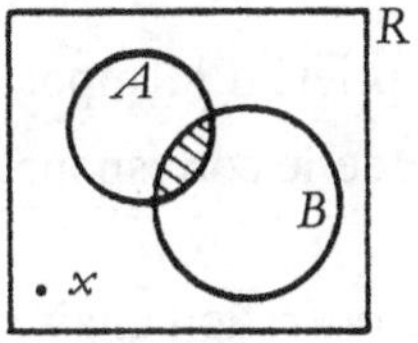

$f_A(x) = 0 ; f_B(x) = 0 ; f_{A \cap B}(x) = 0$

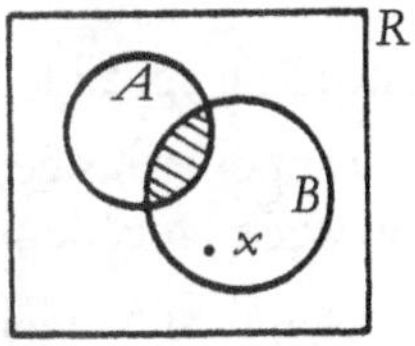

$f_A(x) = 0 ; f_B(x) = 1 ; f_{A \cap B}(x) = 0$

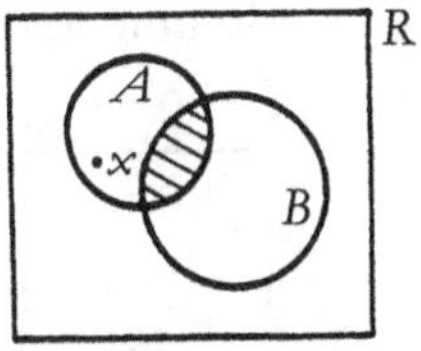

$f_A(x) = 1 ; f_B(x) = 0 ; f_{A \cap B}(x) = 0$

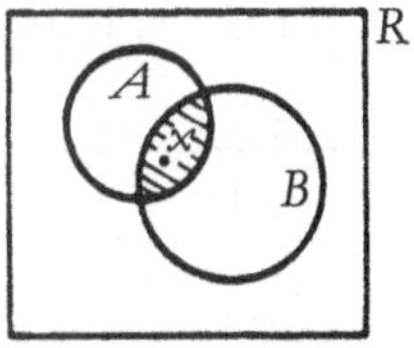

$f_A(x) = 1 ; f_B(x) = 1 ; f_{A \cap B}(x) = 1$

Figure 1.15

On constate que l'on a dans tous les cas possibles : $f_{A \cap B}(x) = f_A(x) \cdot f_B(x)$ avec les règles habituelles du produit, que nous appellerons néanmoins, ici *produit logique*, car il n'est pas difficile de découvrir qu'il s'agit bien de l'opération *et,* envisagée plus haut. Effectuons maintenant l'étude pour $f_{A \cup B}(x)$, dans les mêmes conditions (figure 1.16).

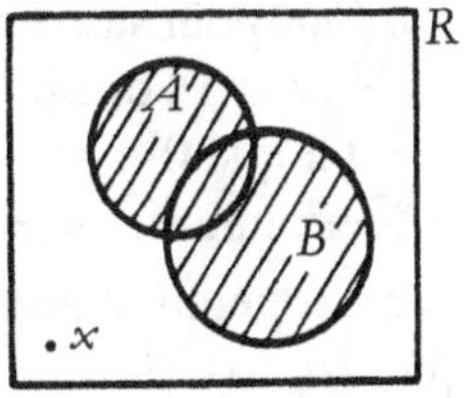

$f_A(x) = 0 ; f_B(x) = 0 ; f_{A \cup B}(x) = 0$

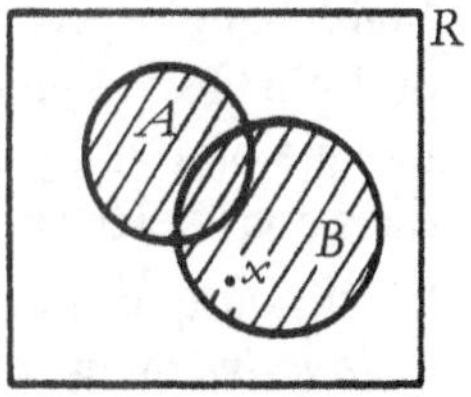

$f_A(x) = 0 ; f_B(x) = 1 ; f_{A \cup B}(x) = 1$

$f_A(x) = 1 \quad f_B(x) = 0$
$f_{A \cup B}(x) = 1$

$f_A(x) = 1 \quad f_B(x) = 1$
$f_{A \cup B}(x) = 1$

Figure 1.16

Cette fois, on remarque que l'on a :

$$f_{A\cup B}(x) = f_A(x) \dot{+} f_B(x)$$

avec une règle spéciale qui veut que : $1 \dot{+} 1 = 1$ (propriété d'idempotence).

Nous appellerons cette opération la *somme logique* ; elle correspond à l'opération *ou,* envisagée précédemment.

En résumé, sur l'ensemble $\{0, 1\}$, nous avons une opération unaire et deux opérations binaires, dont les tables sont données ci-dessous :

Négation logique

$-$	0	1
	1	0

Produit logique

$\cdot$	0	1
0	0	0
1	0	1

Somme logique

$\dot{+}$	0	1
0	0	1
1	1	1

Nous utiliserons en particulier ces opérations en théorie des graphes, lors de la détermination de la « fermeture transitive » d'un graphe.

Remarque.

L'élément 0 apparaît comme l'élément neutre de l'opération $\dot{+}$ et le 1, comme l'élément neutre de l'opération $\cdot$: $0 \dot{+} a = a \dot{+} 0$ et $1 \cdot a = a \cdot 1$, pour tout a $\in \{0, 1\}$

Mais, faute de symétrique pour chaque élément, tant pour la somme logique où 1 n'a pas de symétrique ($\nexists\, x \in \{0,1\}$ tel que $1 \dot{+} x = 0$) que pour le produit logique où 0 n'a pas de symétrique ($\nexists\, x \in \{0,1\}$ tel que $0 \cdot x = 1$), les opérations considérées ne confèrent pas une structure de groupe à l'ensemble $\{0,1\}$.

C'est pourquoi l'on introduit souvent une nouvelle opération appelée *somme disjonctive* ou encore *somme modulo 2*, telle que $\forall a, b \in \{0, 1\}$:

$$a \oplus b = a \cdot \overline{b} \dot{+} \overline{a} \cdot b.$$

Du fait que $A \oplus B$ représente la zone hachurée sur la figure 1.17, on voit que :

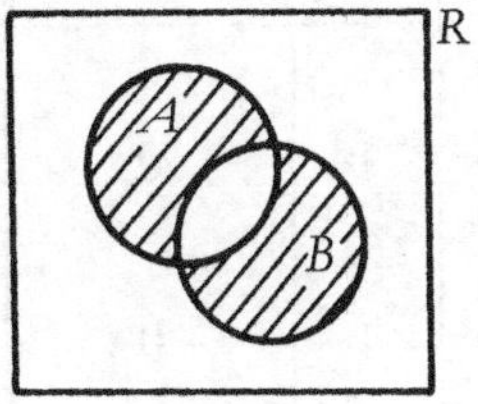

$\oplus$	0	1
0	0	1
1	1	0

Figure 1.17

La somme disjonctive confère à l'ensemble {0,1} une structure de groupe abélien, car elle est associative, commutative, admet un élément neutre (0), et chaque élément a un symétrique : lui même.

Or, le produit logique est associatif, commutatif et distributif par rapport à la somme disjonctive ; ces propriétés entraînent que la somme disjonctive et le produit logique munissent l'ensemble {0,1} d'une structure *d'anneau abélien*, qui, en outre, est unitaire ; 1 est l'unité (ou élément neutre du produit logique).

Il est alors à remarquer que, 1 admettant un symétrique pour l'opération produit logique, l'anneau abélien unitaire défini ci-dessus est un corps.

1.3.2 Tables de vérité

Soit une fonction booléenne des variables a, b, c (valant 0 ou 1) :

$$\phi = \overline{(a \cdot b \dotplus c)} \cdot a \cdot \bar{b} \;\dotplus\; b \cdot \bar{c} \cdot (\bar{a} \dotplus c).$$

On la ramène par la formule de de Morgan à la forme :

$$\begin{aligned}\phi &= [(\bar{a} \dotplus \bar{b}) \cdot \bar{c}] \cdot a \cdot \bar{b} \dotplus \bar{a} \cdot b \cdot \bar{c} \\ &= a \cdot \bar{b} \cdot \bar{c} \dotplus \bar{a} \cdot b \cdot \bar{c} = m_4 \dotplus m_2.\end{aligned}$$

Montrons que l'on aurait pu obtenir directement sa décomposition canonique en utilisant un tableau de valeurs, où les variables *a, b, c* prennent toutes les valeurs possibles.

Dans la colonne 15, on a fait la somme logique des valeurs contenues dans les colonnes 11 et 14, un calcul direct ayant été pratiqué à partir de la forme initiale de ϕ.

On retrouve bien : $\phi = m_4 \dotplus m_2$; ce sont les deux seuls mintermes à apparaître dans la décomposition.

1	2	3	4	5	6	7	8	9	10	11	12	13	14	15	16
a	b	c	$\bar{a}$	$\bar{b}$	$\bar{c}$	$a{\cdot}b$	$a{\cdot}b \dotplus c$	$\overline{a{\cdot}b \dotplus c}$	$a{\cdot}\bar{b}$	$\overline{(ab \dotplus c)}{\cdot}a{\cdot}\bar{b}$	$b{\cdot}\bar{c}$	$\bar{a} \dotplus c$	$b{\cdot}\bar{c}{\cdot}(\bar{a} \dotplus c)$	ϕ	$a{\cdot}b{\cdot}c$
0	0	0	1	1	1	0	0	1	0	0	0	1	0	0	m_0
0	0	1	1	1	0	0	1	0	0	0	0	1	0	0	m_1
0	1	0	1	0	1	0	0	1	0	0	1	1	1	1	m_2
0	1	1	1	0	0	0	1	0	0	0	0	1	0	0	m_3
1	0	0	0	1	1	0	0	1	1	1	0	0	0	1	m_4
1	0	1	0	1	0	0	1	0	1	0	0	1	0	0	m_5
1	1	0	0	0	1	1	1	0	0	0	1	0	0	0	m_6
1	1	1	0	0	0	1	1	0	0	0	0	1	0	0	m_7

1.3.3 Minimisation d'une fonction booléenne

Considérons deux fonctions des variables binaires $(x_1, x_2, \cdots, x_n)$. On dit que la fonction f implique la fonction g et l'on écrit : $f \Rightarrow g$, si $f = 1$ entraîne $g = 1$, c'est-à-dire si f est une partie de g : les mintermes de f figurent aussi dans ceux de g.

Soit alors la fonction :

$$F = x_1{\cdot}x_2 \dotplus \bar{x}_2{\cdot}x_1 \dotplus \bar{x}_1{\cdot}x_3.$$

Si l'on choisit des valeurs telles que l'un des produits $x_1{\cdot}x_2$ ou bien $\bar{x}_2{\cdot}x_1$ ou bien $\bar{x}_1{\cdot}x_3$, soit égal à 1, on a évidemment $F = 1$. La fonction F est impliquée par l'un quelconque de ces produits.

Considérons alors la fonction $\phi(x_1, x_2) = x_1{\cdot}x_2$; si l'on y fait $x_1 = 1$ ou bien $x_2 = 1$, on obtient :

$$\phi(1, x_2) = x_2\,;\, \phi(x_1, 1) = x_1;$$

la fonction ϕ n'est impliquée ni par x_1, ni par x_2 ; en effet :

$$(x_1 = 1 \not\Rightarrow \phi = 1;\, (x_2 = 1) \not\Rightarrow \phi = 1.$$

Comme ϕ implique F et ϕ n'est impliqué ni par x_1, ni par x_2, on dit que ϕ est un *constituant premier* (ou encore *monôme premier*) de F.

Au contraire, si l'on fait $x_3 = 1$ dans F, on obtient :

$$F(x_3 = 1) = x_1{\cdot}x_2 \dotplus \overline{x_2} \dotplus \bar{x}_1$$

et, si l'on construit le tableau des valeurs (voir tableau ci-dessous),

x_1	x_2	$F = x_1 \cdot x_2 \dotplus \overline{x}_2 \dotplus \overline{x}_1$
0	0	$= 0 \dotplus 1 \dotplus 1 = 1$
0	1	$= 0 \dotplus 0 \dotplus 1 = 1$
1	0	$= 0 \dotplus 1 \dotplus 0 = 1$
1	1	$= 1 \dotplus 0 \dotplus 0 = 1$

on s'aperçoit que :

$$(x_3 = 1) \Rightarrow F.$$

C'est que $\psi = \overline{x}_2 \cdot x_3$ ou $\theta = \overline{x}_1 \cdot x_3$ ne sont pas des constituants (monômes) premiers de *F.* Il est important de pouvoir obtenir la liste de tous les constituants (monômes) premiers d'une fonction booléenne.

Considérons, à cet effet, les fonctions :

$$\phi_1 = C \cdot y \dotplus C$$
$$\phi_2 = A \cdot \overline{x} \dotplus B \cdot x.$$

Dans la fonction ϕ_1, C est un produit booléen (monôme) qui ne comporte la variable y sous aucun de ses aspects.

On peut écrire :

$$\phi_1 = C \cdot (1 \dotplus y) = C$$

et seul le constituant C est premier, car $C \cdot y \subset C$.

On en déduit que :

1) dans une liste de constituants (monômes), on peut simplifier en supprimant tout constituant qui est contenu (inclus) dans un autre.

Supposons maintenant que dans la fonction ϕ_2 , ni A ni B ne contiennent x ou $\overline{x}$. On a :

$$A \cdot \overline{x} = 1 \Leftrightarrow \overline{A} \dotplus x = 0$$
$$B \cdot x = 1 \Leftrightarrow \overline{B} \dotplus \overline{x} = 0$$

d'où :

$$[(\overline{A} \dotplus x = 0) \text{ ou } (\overline{B} \dotplus \overline{x} = 0)] \Leftrightarrow [(A \cdot \overline{x} = 1) \text{ ou } (B \cdot x = 1)] \Rightarrow F = 1$$

Or :

$$[(\overline{A} \dotplus x = 0) \text{ ou } (\overline{B} \dotplus \overline{x} = 0)] \Leftrightarrow [(\overline{A} \dotplus x) \cdot (\overline{B} \dotplus \overline{x})] = 0;$$

donc :

$$[(\overline{A} \dotplus x) \cdot (\overline{B} \dotplus \overline{x}) = 0] \Rightarrow F = 1$$

ou :

$$(\overline{A}\cdot\overline{B} \dotplus \overline{A}\cdot\overline{x} \dotplus \overline{B}\cdot x = 0) \Rightarrow F = 1$$

ou encore :

$$[(A \dotplus B)\cdot(A \dotplus x)\cdot(B \dotplus \overline{x}) = 1] \Rightarrow F = 1.$$

En faisant le produit, on obtient :

$$(A\cdot B \dotplus A\cdot\overline{x} \dotplus B\cdot x = 1) \Rightarrow F = 1.$$

On en déduit donc que :

2) Lorsqu'une fonction se présente sous la forme $A\cdot\overline{x} \dotplus B\cdot x$, on peut lui ajouter $A\cdot B$, nommé « **consensus** » de $A\cdot\overline{x} \dotplus B\cdot x$, comme constituant (ce qui ne présente d'intérêt que s'il n'est pas identiquement égal à 0).

Ce sont ces remarques qui constituent le fondement de la « méthode de Quine » pour l'obtention des constituants premiers. Leur application systématique et itérative permet de calculer la liste complète des constituants premiers d'une fonction.

Reprenons à cet effet la fonction :

$$F = x_1\cdot x_2 \dotplus \overline{x}_2\cdot x_3 \dotplus \overline{x}_1\cdot x_3$$

Elle n'est pas simplifiable par la première règle. Écrivons-la sous la forme d'un tableau à double entrée pour faciliter l'application de la seconde.

On a ainsi le tableau I, qui permet de comparer deux à deux les constituants initiaux de F et de calculer, selon la règle 2), des constituants supplémentaires.

Ainsi, si l'on pose :

$$A\cdot\overline{x} = x_1\cdot x_2\text{ , c'est-à-dire } A = x_1 \text{ et } \overline{x} = x_2,$$

on a aussi :

$$B\cdot x = x_3\cdot\overline{x}_2\text{ , c'est-à-dire } B = x_3 \text{ et } x = \overline{x}_2,$$

d'où l'apparition du constituant (consensus) :

$$A\cdot B = x_1\cdot x_3.$$

De même : $x_1\cdot x_2$ et $\overline{x}_1\cdot x_3$ donnent le consensus : $x_2 \cdot x_3$.

			$\overline{x}_2\cdot x_3$	$\overline{x}_1\cdot x_3$	$x_1\cdot x_3$	$x_2\cdot x_3$
II	I	$x_1\cdot x_2$		$x_1\cdot x_3$	$x_2\cdot x_3$		
II	I	$\overline{x}_2\cdot x_3$					x_3
II	I	$\overline{x}_1\cdot x_3$				x_3	
II		$x_1\cdot x_3$					
II		$x_2\cdot x_3$					

On n'écrirait, évidemment pas, le constituant supplémentaire s'il était déjà contenu dans F, en raison de l'idempotence ; on ne l'écrirait pas non plus s'il était contenu dans un des constituants déjà connus ou s'il était identique à l'un de ces constituants.

Après l'achèvement du tableau I on applique la règle 1), mais ici elle ne fournit pas de simplification ; on a alors :

$$F = x_1 \cdot x_2 \dotplus \overline{x}_2 \cdot x_3 \dotplus x_1 \cdot x_3 \dotplus x_2 \cdot x_3 .$$

Avec les constituants de cette liste, on forme le tableau II ; on trouve, à deux reprises, grâce à l'application de la règle 2), le constituant nouveau x_3, que l'on n'écrit qu'une fois. La règle de simplification 1) s'applique maintenant : en effet, $\overline{x}_2 \cdot x_3$, $\overline{x}_1 \cdot x_3$, $x_1 \cdot x_3$ et $x_2 \cdot x_3$ sont contenus dans x_3 et il reste donc :

$$F = x_1 \cdot x_2 \dotplus x_3 .$$

On pourrait constituer un tableau III pour examiner ces deux constituants, mais c'est inutile, car, la fonction n'étant pas de la forme ϕ_2, la règle 2) ne peut plus s'appliquer.

C'est à ce moment que l'on a la liste de tous les constituants premiers de F.

> ***Remarque.*** Une autre manière commode, dite « méthode de double duale », d'obtenir la liste des constituants premiers consiste à :
>
> 1) prendre le complément $\overline{F}$ de F ;
>
> 2) développer ; supprimer les termes nuls ou redondants (c-à-d absorbés).
>
> 3) prendre alors le complément $\overline{\overline{F}}$ de $\overline{F}$ et supprimer les termes nuls ou redondants.
>
> On peut prouver que l'expression obtenue après développement, puis réduction, constitue la liste des constituants premiers de F.

Exemple.

Soit $\quad F = a \cdot b \cdot \overline{c} \dotplus \overline{a} \cdot \overline{b} \cdot c \dotplus b \cdot c$. Calculons $\overline{F}$:

$$\overline{F} = (\overline{a} \dotplus \overline{b} \dotplus c) \cdot [(a \dotplus b \dotplus \overline{c}) \cdot (\overline{b} \dotplus \overline{c})] = (\overline{a} \dotplus \overline{b} \dotplus c) \cdot [(a \cdot \overline{b} \dotplus \overline{c})]$$

$$= \overline{a} \cdot \overline{c} \dotplus a \cdot \overline{b} \dotplus \overline{b} \cdot \overline{c} \dotplus a \cdot \overline{b} \cdot c = \overline{a} \cdot \overline{c} \dotplus a \cdot \overline{b} \dotplus \overline{b} \cdot \overline{c},$$ car $a \cdot \overline{b}$ absorbe $a \cdot \overline{b} \cdot c$

Puis calculons $\overline{\overline{F}}$, qui n'est autre que F :

$$F = \overline{\overline{F}} = (a \dotplus c) \cdot (\overline{a} \dotplus b) \cdot (b \dotplus c) = (a \dotplus c) \cdot (b \dotplus \overline{a} \cdot c)$$

$$= a \cdot b \dotplus b \cdot c \dotplus \overline{a} \cdot c .$$

En fait, cette méthode équivaut à la précédente car $G = \phi_1 \dotplus \phi_2$ donne :

$$\overline{G} = \overline{\phi}_1 \cdot \overline{\phi}_2 = \overline{C} \cdot (\overline{A} \cdot \overline{B} \dotplus \overline{A} \cdot \overline{x} \dotplus \overline{B} \cdot x)$$

puis $G = \overline{\overline{G}} = C \dotplus A \cdot B \dotplus A \cdot \overline{x} \dotplus Bx$, comme en page 24

on a ici obtenu, pour la fonction F, sa forme minimale. Mais ce n'est pas toujours le cas. Soit, par exemple, de nouveau :

$$F = a \cdot b \cdot \overline{c} \dotplus \overline{a} \cdot \overline{b} \cdot c \dotplus b \cdot c ;$$

le lecteur pourra vérifier facilement, par la méthode indiquée plus haut, la liste complète des constituants premiers de cette fonction :

$$F = a \cdot b \dotplus \bar{a} \cdot c \dotplus b \cdot c;$$

or, cette liste n'est pas la forme minimale de F. En effet, si nous développons F sous la forme canonique disjonctive (somme de mintermes), nous trouvons :

$$F = a \cdot b \cdot \bar{c} \dotplus \bar{a} \cdot \bar{b} \cdot c \dotplus a \cdot b \cdot c \dotplus \bar{a} \cdot b \cdot c.$$

Si maintenant nous développons : $F' = a \cdot b \dotplus \bar{a} \cdot c$, sous forme canonique disjonctive nous aurons également :

$$F' = a \cdot b \cdot \bar{c} \dotplus \bar{a} \cdot \bar{b} \cdot c \dotplus a \cdot b \cdot c \dotplus \bar{a} \cdot b \cdot c \text{ ; ainsi } F' = F.$$

c'est donc que les deux constituants premiers $a \cdot b$ et $\bar{a} \cdot c$ suffisent à représenter la fonction F.

Pour mieux nous en rendre compte, dressons un tableau à double entrée dans lequel nous mentionnerons, en colonnes, les mintermes de la forme canonique et, en lignes, les constituants premiers.

	$a \cdot b \cdot \bar{c}$	$\bar{a} \cdot \bar{b} \cdot c$	$a \cdot b \cdot c$	$\bar{a} \cdot b \cdot c$
$a \cdot b$	⊗		×	
$\bar{a} \cdot c$		⊗		×
$b \cdot c$			×	×

Marquons d'une croix, sur chaque ligne, les mintermes que l'on obtiendrait en développant chacun des constituants premiers. On constate que les mintermes $a \cdot b \cdot \bar{c}$ et $a \cdot \bar{b} \cdot c$ ne sont contenus, respectivement, que dans $a \cdot b$ et $\bar{a} \cdot c$; au contraire, les mintermes $a \cdot b \cdot c$ et $\bar{a} \cdot b \cdot c$ peuvent être obtenus respectivement, soit par développement de $a \cdot b$ et $\bar{a} \cdot c$, soit encore par développement de $b \cdot c$.

Les constituants premiers $a \cdot b$ et $\bar{a} \cdot c$ sont des constituants (premiers) essentiels ; l'absence de l'un d'entre eux dans la forme minimale n'est pas possible, puisqu'ils engendrent des mintermes qui ne sont contenus dans aucun autre constituant premier.

Il se trouve que les constituants essentiels suffisent ici à représenter la fonction et que $b \cdot c$ est un constituant premier redondant, donc qu'il ne faut pas faire figurer dans la forme minimale. Mais il arrive souvent que, pour obtenir une forme minimale, on doive employer, outre les constituants essentiels, un certain nombre de constituants non essentiels ; le problème qui consiste à trouver un ensemble minimal de ces constituants n'est guère plus difficile, mais sortirait de notre sujet (il s'agit du problème de « recouvrement », bien connu en recherche opérationnelle). Notons qu'une même fonction peut admettre plusieurs formes minimales (cf ci-dessous).

Remarque. La manipulation des formules de l'algèbre de Boole exige parfois des calculs très longs. En effet, les problèmes rencontrés sont le plus souvent *NP*-complets (le lecteur se reportera au chapitre 2). Nous verrons, plus loin dans cet ouvrage, dans la partie définissant ces problèmes, qu'ils ne peuvent pas être résolus sans avoir recours à des méthodes énumératives très lourdes en temps de calcul.

Cependant, pour des exemples particuliers de petite taille, un raisonnement spécifique au problème considéré permet de s'affranchir d'une grande part de l'énumération. Voici un exemple où le raisonnement permet d'éviter des longueurs.

Soit : $F = \overline{(a \dotplus \bar{b})\cdot(c \dotplus \bar{d})}\cdot(\bar{a}\cdot b) \dotplus (a \dotplus b \dotplus \bar{c})\cdot(c \dotplus \bar{d}) \dotplus \bar{c}\cdot(\bar{a} \dotplus b)$.
On obtient :

$$\bar{F} = a\cdot\bar{b}\cdot\bar{c}\cdot d \dotplus \bar{a}\cdot\bar{b}\cdot c \quad \text{puis} \quad F = \bar{\bar{F}} = b \dotplus a\cdot c \dotplus a\cdot\bar{d} \dotplus \bar{c}\cdot\bar{d} \dotplus \bar{a}\cdot\bar{c}.$$

On voit facilement que $\bar{F}$ ne contient que trois mintermes : $a\cdot\bar{b}\cdot\bar{c}\cdot d, \bar{a}\cdot\bar{b}\cdot c\cdot d$ et $\bar{a}\cdot\bar{b}\cdot c\cdot\bar{d}$ (soit m_9, m_3 et m_2); d'où $\bar{\bar{F}}$ en comporte treize. Il serait donc très fastidieux d'avoir recours à un tableau tel que celui de la page 26 pour chercher les constituants essentiels et la forme minimale. Mais la simple inspection de la liste des constituants premiers permet d'éviter ici tout calcul : b est évidemment un constituant essentiel; $a\cdot c$ également, puisque $a\cdot\bar{b}\cdot c\cdot d$ n'est couvert par aucun autre constituant; de même $\bar{a}\cdot\bar{c}$, à cause de $\bar{a}\cdot\bar{b}\cdot\bar{c}\cdot d$. Restent les constituants premiers $a\cdot\bar{d}$ et $\bar{c}\cdot\bar{d}$; un développement ne faisant apparaître que des mintermes non couverts par b ne peut admettre b comme facteur; d'où : $a\cdot\bar{b}\cdot d$ et $\bar{b}\cdot\overline{cd}$.

Mais alors, tout développement du premier (resp. second) constituant, non couvert par $a\cdot c$ (resp. $\bar{a}\cdot\bar{c}$), ne peut admettre c (resp. $\bar{a}$) comme facteur. L'un ou l'autre, ne pouvant plus servir à couvrir que le minterme $a\cdot\bar{b}\cdot\bar{c}\cdot\bar{d}$, peut être choisi pour être adjoint aux constituants essentiels. Ainsi y a-t-il deux formes minimales :

$$F_1 = b \dotplus a\cdot c \dotplus \bar{a}\cdot\bar{c} \dotplus a\cdot\bar{d} = b \dotplus a\cdot(c \dotplus \bar{d}) \dotplus \bar{a}\cdot\bar{c},$$

$$F_2 = b \dotplus a\cdot c \dotplus \bar{a}\cdot\bar{c} \dotplus \bar{c}\cdot\bar{d} = b \dotplus a\cdot c \dotplus \bar{c}(\bar{a} \dotplus \bar{d}).$$

1.4 APPLICATIONS ÉLÉMENTAIRES

L'algèbre de Boole se prête à l'analyse et à la synthèse des circuits logiques, s'applique en électricité, en électronique et en automatique, à l'étude de certaines questions de logique, etc. Nous allons voir quelques-unes de ses applications élémentaires en recherche opérationnelle, notamment à des problèmes combinatoires.

NB. Nous voulons simplement montrer, au travers des exemples suivants, comment l'algèbre de Boole permet de résoudre certains problèmes de la recherche opérationnelle. Les méthodes présentées ne sont pas nécessairement celles utilisées en pratique pour la résolution de ces problèmes. Nous verrons en effet, au long de cet ouvrage, qu'il peut exister des méthodes plus efficaces que celles présentées ici.

1.4.1 Étude d'un itinéraire

Une personne veut, partant de la ville A et y revenant, choisir parmi les moyens de transport ceux qui lui permettront de se rendre dans les villes B, C et D, de manière à ce que son absence totale soit de durée minimale.

Elle peut partir de *A* pour *B* par bateau à 8h00, la durée du trajet étant de trois heures ou bien par avion, à 9h00, le trajet ne durant alors qu'une heure. Elle pourra revenir de *B* vers *A* par ces moyens respectifs en partant à 17h00 et 21h00, les durées de trajet étant inchangées.

Entre *B* et *C*, elle peut prendre le train, qui met deux heures pour effectuer le trajet et part à 10h30 ; elle peut, par le même moyen, revenir de *C* vers *B*, en partant à 13h00.

Entre *B* et *D* existe un service ferroviaire : départ à 11h30, retour à 14h30, durée du trajet : deux heures, et aussi un service aérien : départ à 12h00, retour à 14h00 durée du trajet : une heure.

Enfin, entre *C* et *D* existe un train express, qui part de *D* à 12h30 et de *C* à 14h00, et dont le trajet dure une heure dans chaque sens.

Pour être plus concrets, établissons un schéma des liaisons (figure 1.18) et un tableau récapitulatif des horaires. Affectons des variables booléennes latines aux trajets *AB, BC, BD, CD* et des variables booléennes grecques aux trajets inverses.

HORAIRES

	a	$\bar{a}$	α	$\bar{\alpha}$
A	08h00	09h00	20h00	22h00
B	11h00	10h00	17h00	21h00

	b	β
B	10h30	15h00
C	12h30	13h00

	c	$\bar{c}$	$\bar{\gamma}$	γ
B	11h30	12h00	15h00	16h30
D	13h30	13h00	14h00	14h30

	δ	d
D	12h30	15h00
C	13h30	14h00

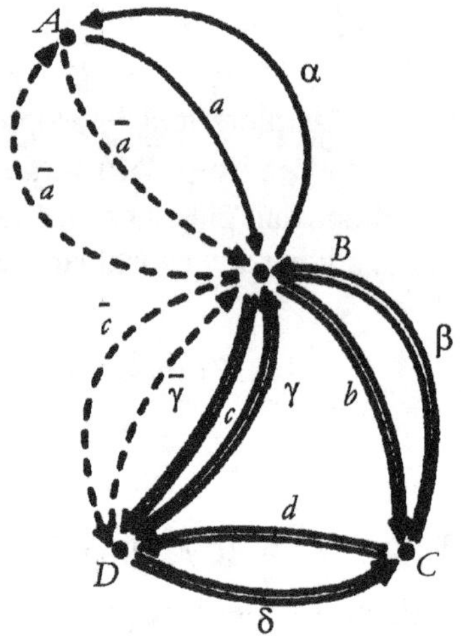

Figure 1.18

Il est évident (figure 1.18) qu'il y a deux sens de circulation : *ABCDBA* ou *ABDCBA.*

On pourrait évidemment énumérer toutes les solutions possibles en développant les expressions :

$$(a \dotplus \bar{a})\cdot b\cdot d\cdot(\gamma \dotplus \bar{\gamma})\cdot(\alpha \dotplus \bar{\alpha})$$

$$\text{et } (a \dotplus \bar{a})\cdot(c \dotplus \bar{c})\cdot\delta\cdot\beta(\alpha \dotplus \bar{\alpha})$$

qui correspondent, respectivement, à ces deux sens ; on trouverait ainsi 16 possibilités. Mais étudions plutôt les suites de deux lettres de façon à faire apparaître les changements de date si l'emploi d'un moyen oblige à attendre le lendemain pour emprunter le suivant.

Nous indiquerons ces changements de date par une barre verticale :

sens $ABCDBA$		sens $ABDCBA$	
parcours ABC :	$\bar{a}b\ ;\ a\vert b$	parcours ABD :	$ac\ ;\ a\bar{c}\ ;\ \bar{a}c\ ;\ \bar{a}\bar{c}$
BCD :	bd	BDC :	$c\vert\delta\ ;\ \bar{c}\vert\delta$
CDB :	$d\vert\bar{\gamma}\ ;\ d\vert\gamma$	DCB :	$\delta\vert\beta$
DBA :	$\bar{\gamma}\alpha\ ;\ \bar{\gamma}\bar{\alpha}\ ;\ \gamma\alpha\ ;\ \gamma\bar{\alpha}$;	CBA :	$\beta\alpha\ ;\ \beta\bar{\alpha}$

Dans la deuxième colonne (sens $ABDCBA$), nous remarquons qu'il y a toujours deux changements de date. Dans la première colonne, il n'y en a qu'un si nous empruntons la suite $\bar{a}b$. Il reste finalement à examiner les suites :

$$\bar{a}bd\bar{\gamma}\alpha\ ;\ \bar{a}bd\bar{\gamma}\bar{\alpha}\ ;\ \bar{a}bd\,\gamma\,\alpha\ ;\ \bar{a}bd\,\gamma\,\bar{\alpha}.$$

En utilisant les moyens indiqués, le voyageur pourra partir un jour quelconque et de retour le lendemain. Il n'est pas difficile de voir que les suites :

$$\bar{a}bd\,\bar{\gamma}\alpha \text{ et } \bar{a}bd\,\gamma\,\alpha$$

sont équivalentes, comme faisant partir le voyageur le jour J, à 09h00 et le faisant, toutes deux, rentrer le jour $J+1$, à 20h00.

Ville	J						$J+1$			
		A	B	C	D		D	B	A	
Solution	d	a	d	a	d	a	d	a	d	a
							avion	avion		
$\bar{a}bd\bar{\gamma}\alpha$	09h00	10h00	10h30	12h30	14h00	15h00	14h00	15h00	17h00	20h00
$\bar{a}bd\,\gamma\,\alpha$	09h00	10h00	10h30	12h30	14h00	15h00	14h30	16h30	17h00	20h00
	avion	avion	train	train	train	train	train	train	bateau	bateau

La seconde solution est plus économique, mais la première procure un arrêt plus long dans la ville B, au retour.

1.4.2 Choix d'investissements

Un atelier reçoit trois commandes C_1, C_2, C_3, qui peuvent être exécutées au moyen d'au plus cinq machines M_1, M_2, M_3, M_4 et M_5. On désigne par c_i ($i = 1, 2, 3$) la variable booléenne égale à 1 si la commande C_i est exécutée (et à 0 sinon); de même la variable booléenne x_j $(j = 1, 2, \cdots, 5)$ est égale à 1 si la machine M_j est utilisée (et à 0 sinon).

Pour exécuter C_1, on peut avoir recours aux machines M_1 et M_3 ou à la machine M_4, ce qui peut s'écrire :

$$c_1 = x_1 \cdot x_3 \dotplus x_4.$$

On a, de même, pour C_2 et C_3 :

$$c_2 = x_2 \cdot x_4 \dotplus x_1 \cdot x_5,$$

$$c_3 = x_2 \cdot x_5 \dotplus x_3.$$

D'autre part, une contrainte technique t_1 exige que l'on utilise x_2 ou que l'on n'utilise pas x_4 :

$$t_1 = x_2 \dotplus \bar{x}_4 = \overline{\bar{x}_2 \cdot x_4};$$

une autre contrainte technique peut s'écrire :

$$t_2 = x_1 \cdot \bar{x}_2 \dotplus x_4 \cdot x_5 \dotplus x_2 \cdot x_3.$$

Pour que les commandes soient honorées, il faut et il suffit que l'on ait :

$$c_1 = c_2 = c_3 = 1;$$

pour que les contraintes soient observées, il faut et il suffit que :

$$t_1 = t_2 = 1.$$

Tous les ensembles de cinq valeurs binaires $(x_1, x_2, x_3, x_4, x_5)$ tels que :

$$F = c_1 \cdot c_2 \cdot c_3 \cdot t_1 \cdot t_2 = 1$$

sont solutions du problème.

Imaginons maintenant que l'achat et l'installation des machines entraîne les dépenses suivantes (en milliers d'unités monétaires) :

	M_1	M_2	M_3	M_4	M_5
A_1	7	5	3	6	2

On désire minimiser la dépense totale I, c'est-à-dire :

$$I = \sum_{j=1}^{5} A_j \cdot x_j.$$

Il importe donc de trouver tous les *constituants premiers* de $F(x_1, x_2, \cdots, x_5)$ et de calculer, pour chacun d'eux, la valeur de I, de manière à pouvoir sélectionner la plus faible. En effet, un constituant premier implique la fonction (si ce constituant vaut 1) et il n'est impliqué par aucun autre constituant impliquant lui-même la fonction, si bien que les ensembles de machines représentés par les constituants premiers sont les ensembles minimaux qui couvrent la fonction, donc permettent les fabrications, tout en assurant le respect des contraintes. Calculons d'abord F :

$$F = (x_1 \cdot x_3 \dotplus x_4) \cdot (x_2 \cdot x_4 \dotplus x_1 \cdot x_5) \cdot (x_2 \cdot x_5 \dotplus x_3) \cdot (x_2 \dotplus \bar{x}_4) \cdot (x_1 \cdot \bar{x}_2 \dotplus x_4 \cdot x_5 \dotplus x_2 \cdot x_3)$$

$$= x_2 \cdot x_4 \cdot x_5 \dotplus x_2 \cdot x_3 \cdot x_4 \dotplus x_1 \cdot x_2 \cdot x_3 \cdot x_5 \dotplus x_1 \cdot \bar{x}_2 \cdot x_3 \cdot \bar{x}_4 \cdot x_5,$$

puis, par une méthode quelconque, par exemple celle de Quine, constatons que les constituants $x_1 \cdot x_2 \cdot x_3 \cdot x_5$ et $x_1 \cdot \bar{x}_2 \cdot x_3 \cdot \bar{x}_4 \cdot x_5$ donnent le constituant $x_1 \cdot x_3 \cdot \bar{x}_4 \cdot x_5$ (qui est le consensus de ces deux termes).

Or $x_1 \cdot \bar{x}_2 \cdot x_3 \cdot \bar{x}_4 \cdot x_5$ est inclus dans $x_1 \cdot x_3 \cdot \bar{x}_4 \cdot x_5$.

D'où la liste des constituants premiers de F :

$$F = x_2 \cdot x_4 \cdot x_5 \dotplus x_2 \cdot x_3 \cdot x_4 \dotplus x_1 \cdot x_2 \cdot x_3 \cdot x_5 \dotplus x_1 \cdot x_3 \cdot \bar{x}_4 \cdot x_5.$$

Seules les valeurs affirmées nous intéressent dans chacun de ces constituants premiers pour établir les prix, car elles seules impliquent des achats de machines ; d'où :

	7	5	3	6	2	
A_i	x_1	x_2	x_3	x_4	x_5	Total
$x_2 \cdot x_4 \cdot x_5$		1		1	1	13
$x_2 \cdot x_3 \cdot x_4$		1	1	1		14
$x_1 \cdot x_3 \cdot x_5 \cdot \bar{x}_4$	1		1		1	12

On a volontairement omis le troisième de ces constituants premiers : il conduirait à acquérir les machines M_1, M_2, M_3 et M_5 alors qu'avec le quatrième constituant, il suffit d'acquérir M_1 et M_3 et M_5 (il y figure $\bar{x}_4$, ce qui signifie qu'on n'a pas à acheter M_4).

La dernière solution est la moins coûteuse : son coût est I = 12 (au lieu de 13 et 14 pour les deux autres).

On vérifie bien que, pour : $x_1 = x_3 = x_5 = 1, x_2 = x_4 = 0$, on a :

$$c_1 = x_1 \cdot x_3 \dotplus x_4 = 1$$
$$c_2 = x_2 \cdot x_4 \dotplus x_1 \cdot x_5 = 1$$
$$c_3 = x_2 \cdot x_5 \dotplus x_3 = 1$$
$$t_1 = x_2 \dotplus \bar{x}_4 = 1$$
$$t_2 = x_1 \cdot \bar{x}_2 \dotplus x_4 \cdot x_5 \dotplus x_2 \cdot x_3 = 1$$

1.4.3 Fonction à variables binaires à optimiser sous contraintes

Le chapitre 8 consacré à la programmation linéaire, définira le cadre d'application et la terminologie utilisée pour toute une famille de problèmes appelés *programmes linéaires.* Les méthodes permettant de résoudre l'exemple suivant (programme linéaire en variables booléennes) seront reprises aux chapitres 4 et 9.

Nous exposons ci-dessous la méthode booléenne de Faure et Malgrange. Il s'agit d'une des toutes premières méthodes de recherche arborescente (1962). Elle utilise une stratégie « gourmande » dans une exploration « en profondeur d'abord » : ces termes seront précisés aux chapitres 3 et 4.

Variables booléennes (binaires)

Soit à maximiser la fonction économique : $F = 3x_1 + 5x_2 - x_3 + 2x_4$, où x_1, x_2, x_3, et x_4 sont des variables ne pouvant prendre que les valeurs 0 ou 1, sachant qu'elles sont soumises aux inégalités suivantes :

$$\begin{array}{ccccccccc} 3x_1 & + & 4x_2 & - & 2x_3 & + & x_4 & \leqslant & 5 \\ 2x_1 & - & x_2 & + & 3x_3 & - & x_4 & \leqslant & 4 \\ 4x_1 & - & x_2 & - & x_3 & + & 2x_4 & \leqslant & 5, \end{array}$$

exprimant les contraintes du problème.

1. Nous allons transformer toute variable x_i ayant un coefficient négatif dans l'une des inégalités ou dans la fonction économique, de manière à n'avoir que des coefficients positifs, comme suit : $x_i + \bar{x}_i = 1$, donc : $-x_i = \bar{x}_i - 1$.

Le problème s'écrit alors :

$$[MAX]F = 3x_1 + 5x_2 + \bar{x}_3 + 2x_4 - 1$$

sous les contraintes :

$$\begin{array}{ccccccccc} 3x_1 & + & 4x_2 & + & 2\bar{x}_3 & + & x_4 & \leqslant & 7 \\ 2x_1 & + & \bar{x}_2 & + & 3x_3 & + & \bar{x}_4 & \leqslant & 6 \\ 4x_1 & + & \bar{x}_2 & + & \bar{x}_3 & + & 2x_4 & \leqslant & 7 \end{array}$$

2. Rangeons les coefficients de la fonction économique dans l'ordre décroissant de leur contribution à la valeur F :

$$F = 5x_2 + 3x_1 + 2x_4 + \bar{x}_3 - 1,$$

car c'est dans cet ordre que nous tenterons, ultérieurement, de donner aux variables la valeur 1.

3. Remarquons que F ne peut pas dépasser la valeur 10. On peut ainsi écrire :

$$\begin{aligned} 10 - F &= 10 - 5x_2 - 3x_1 - 2x_4 - \bar{x}_3 + 1 \\ &= 5\bar{x}_2 + 3\bar{x}_1 + 2\bar{x}_4 + x_3, \end{aligned}$$

d'où :

$$F = 10 - (5\bar{x}_2 + 3\bar{x}_1 + 2\bar{x}_4 + x_3).$$

4. Dressons un tableau où les variables x_1 et $\bar{x}_i$ figurent dans l'ordre : $x_2, \bar{x}_2$; $x_1, \bar{x}_1$; $x_4, \bar{x}_4$; $x_3, \bar{x}_3$ et où nous inscrivons les valeurs des coefficients des inégalités dans les colonnes et sur les lignes appropriées. La valeur du second membre de chaque inégalité prend place dans la colonne 0, à droite du tableau.

Notons, sur la dernière ligne du tableau, immédiatement au-dessous de la valeur du second membre de la dernière inégalité, la valeur que ne peut pas dépasser la fonction économique F. Chaque fois que nous ne pourrons pas prendre $x_i = 1$ (i = 1, 2 ou 4), nous serons contraints d'adopter $\bar{x}_i = 1$ et ainsi F sera diminuée de la valeur du coefficient de x_i dans $F = 10 - (5\bar{x}_2 + 3\bar{x}_1 + 2\bar{x}_4 + x_3)$; c'est évidemment le contraire pour x_3.

Dans ces conditions, nous écrirons les coefficients de $10 - F = 5\bar{x}_2 + 3\bar{x}_1 + 2\bar{x}_4 + x_3$, sur la dernière ligne du tableau, dans les colonnes voulues.

5. Nous disposons alors des instruments nécessaires pour résoudre le problème par *énumération implicite*, c'est-à-dire en n'énumérant qu'un *petit* nombre de solutions *admissibles* (ce qui veut dire qu'elles vérifient les contraintes, sans être nécessairement optimales), parmi les meilleures du problème, jusqu'à ce que l'on ait trouvé la solution optimale et montré qu'elle est unique ou, au contraire, exhibé toutes les solutions équivalentes.

Coefficients des contraintes et de la fonctionnelle								Seconds membres							
x_2	$\bar{x}_2$	x_1	$\bar{x}_1$	x_4	$\bar{x}_4$	x_3	$\bar{x}_3$	0	1	2	2*a*	2	2*a*	2*b*	1
4		3		1			2	7	3	0	0	3	2	0	7
	1	2			1	3		6	6	4	0	6	6	6	5
	1	4		2			1	7	7	3	3	7	5	4	6
	5		3		2	1		10	10	10	7	7	7	7	5
1*		2*			2	2		Résultat : $x_1 = x_2 = x_3 = 1$; $x_4 = 0$; $F = 7$							
			2*	2′			2′	Résultat : $x_2 = x_4 = 1$; $x_1 = x_3 = 0$; $F = 7$							
	1*							$F \leqslant 5$. Sans intérêt							

Les deux phases de cette méthode sont illustrées par la Fig. 1.19

Il est conseillé de suivre la résolution en parallèle avec cette figure.

• *Première phase : obtention d'une « bonne » solution admissible*

Nous avons, semble-t-il, tout intérêt à prendre $x_2 = 1$, si c'est possible, puisque x_2 a le coefficient le plus élevé dans F (cette démarche est qualifiée de « *gourmande* »).

Essayons donc $x_2 = 1$; nous dirons que nous effectuons le choix 1* et nous noterons ce choix sur la ligne et dans la colonne appropriées du tableau. Les valeurs figurant au second membre ne peuvent plus être celles de la colonne 0 ; en effet, si l'on fait $x_2 = 1$, la première inégalité devient $3x_1 + x_4 + 2\bar{x}_3 \leqslant 3$; en revanche, la seconde et la troisième ne sont pas modifiées et nous conservons l'espoir que F atteigne 10. C'est ce que nous traduisons avec les nouvelles valeurs du second membre figurant dans la colonne 1. Examinons alors si rien ne s'oppose maintenant à la liberté de nos choix ultérieurs. Pour cela, comparons les coefficients des colonnes du tableau, au-delà de x_2, et pour chaque ligne, avec les valeurs de la colonne 1 du second membre. On constate que tous les choix sont possibles car les coefficients de ces colonnes sont inférieurs ou égaux, à la valeur du second membre (et ceci dans chacune des lignes).

Prenons donc le meilleur, apparemment, en essayant $x_1 = 1$. Ce sera notre choix 2*, que nous noterons sur la ligne des choix. Ses conséquences apparaissent à la colonne 2 du second membre.

Nous nous apercevons alors que les choix ultérieurs ne seront plus libres. En effet, nous ne pouvons faire ni $x_4 = 1$, ni $\bar{x}_3 = 1$, car le second membre deviendrait négatif, ce qui est impossible évidemment.

Contraints de prendre $x_4 = 0$ et $x_3 = 1$, nous dirons que ces affectations sont des *implications* du choix 2*. C'est pourquoi sur la ligne des choix, nous écrirons 2 (sans astérisque) dans les colonnes correspondantes. Mettons à jour le second membre (2*a*).

Étant parvenus au bord droit du tableau des coefficients, nous avons donc une solution. C'est $x_1 = 1$; $x_2 = 1$; $x_3 = 1$; $x_4 = 0$, qui donne bien à F la valeur 7 qui figure au bas de la colonne 2*a*. En effet :

$$F = 10 - (5 \times 0 + 3 \times 0 + 2 \times 1 + 1 \times 1) = 10 - 3 = 7.$$

Mais nous ne savons pas si cette solution est optimale.

- *Deuxième phase : recherche de la solution optimale (ou des solutions équivalentes à la précédente, si elle se révèle optimale)*

S'il existe une meilleure solution que la précédente, c'est que nos choix n'ont pas été heureux. C'est pourquoi nous allons les remettre en question, *systématiquement,* en remontant de proche en proche.

1. Lorsque nous avons effectué le choix 2*, nous aurions aussi bien pu prendre $\bar{x}_1 = 1$ (en effet, notre choix était libre) et c'est ce que nous ferons maintenant. Ce choix entraîne un nouveau second membre numéroté 2, à droite du double trait, et l'on remarque déjà que l'on ne pourra pas ainsi trouver une solution meilleure que la précédente , puisque ce choix implique $F \leqslant 7$. Continuons, dans l'espoir de découvrir une solution équivalente.

Nos choix sont libres : autrement dit, le nouveau choix 2* n'implique aucune affectation. Il faut néanmoins, pour notre choix 3*, prendre $x_4 = 1$, car, sans cela, F serait inférieure ou égale à 5. Dans ces conditions, nous écrirons, non pas 3*, mais $2'$, d'où un nouveau second membre, 2*a*.

Notre choix est encore libre, en apparence. Mais si nous prenions $x_3 = 1$, il en résulterait $F \leqslant 6$. C'est pourquoi nous choisissons $\bar{x}_3 = 1$ et nous obtenons le second membre 2*b*.

Une nouvelle fois, nous sommes arrivés au bord droit du tableau des coefficients. La nouvelle solution obtenue est équivalente à la précédente : $x_1 = 0, x_2 = 1$; $x_3 = 0$;

$$x_4 = 1 ; F = 7.$$

2. Nous ne sommes pas encore certains que les deux solutions obtenues soient optimales, car il nous faut encore remettre en question le tout premier choix, 1*, que nous avons effectué.

Ce faisant, nous obtenons un nouveau second membre 1, écrit tout à droite du tableau des seconds membres et constatons que $F \leqslant 5$. Il est donc inutile de poursuivre le calcul.

Conclusion. Les deux solutions équivalentes déterminées précédemment sont optimales.

L'exploration réalisée peut être schématisée par l'arborescence ci-après.

Nous verrons ultérieurement, au chapitre consacré à la théorie des graphes, qu'il s'agit d'une procédure de recherche arborescente avec la stratégie « en profondeur d'abord » (appelée aussi *procédure d'évaluation et séparation séquentielle*). Les traits doubles indiquent des implications du choix immédiatement réalisé ; ainsi, si après avoir choisi $x_2 = 1$ (qui n'a pas d'implication directe), on choisit $x_1 = 1$, on a alors les implications (conséquences) : $x_4 = 0$ et $x_3 = 1$. De même si l'on fait $x_2 = 1$ puis $x_1 = 0$, on a les implications $x_4 = 1$ et $x_3 = 0$.

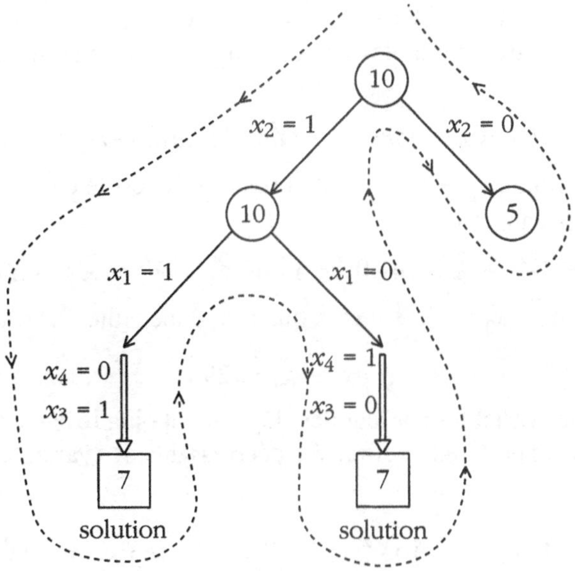

Figure 1.19

Variables positives entières quelconques

L'exemple présenté ci-dessous est l'exemple résolu aussi dans le chapitre 4 dédié aux méthodes de résolution par séparation et évaluation.

Soit à résoudre le problème suivant :

$$[MAX]\ F = 3x_1 + 8x_2$$

sous les contraintes :

$$\begin{aligned} x_1 + 4x_2 &\leqslant 20 \quad (1)\\ x_1 + 2x_2 &\leqslant 11 \quad (2)\\ 3x_1 + 2x_2 &\leqslant 19 \quad (3)\\ 4x_1 - x_2 &\leqslant 22 \quad (4), \end{aligned}$$

les variables x_1 et x_2 étant astreintes à être entières, positives ou nulles.

1. *Obtention de bornes supérieures des variables*

La première inégalité entraîne : $x_2 \leqslant 5$. Une combinaison linéaire positive des deux dernières : $1 \times (3) + 2 \times (4)$ fourni $11x_1 \leqslant 63$, d'où $x_1 \leqslant 5$ puisque x_1 est entier.

2. *Remplacement des variables entières par des variables booléennes*

On peut écrire : $x_1 = 4X_1^1 + 2X_1^2 + X_1^3$, les variables X_1^1, X_1^2 et X_1^3 étant binaires; cela revient en somme, tenant compte de sa borne supérieure, à décomposer x_1 en ses poids binaires.

De même : $x_2 = 4X_2^1 + 2X_2^2 + X_2^3$. Si $X_2^1 = X_2^2 = X_2^3 = 1$, alors $x_2 = 7$, ce qui viole (1) et (2) : ces trois variables ne pourront donc pas être simultanément égales à 1.

3. *Transformation des expressions pour faire disparaître les coefficients négatifs*

On a, par exemple : $x_2 + \overline{x}_2 = 7$ (attention : ici $\overline{x}_2$ est le complément de x_2 à 7 et non pas à 1), en posant :

$$\overline{x}_2 = 4\overline{X}_2^1 + 2\overline{X}_2^2 + \overline{X}_2^3;\ \text{en effet : } X_2^1 + \overline{X}_2^1 = X_2^2 + \overline{X}_2^2 = X_2^3 + \overline{X}_2^3 = 1.$$

Par conséquent : $-x_2 = \overline{x}_2 - 7$ et la quatrième inégalité s'écrira :

$$4x_1 + \overline{x}_2 \leqslant 29.$$

Remplaçons les variables par leur développement binaire dans toutes les relations et ordonnons par rapport aux coefficients décroissants des variables binaires dans F. On obtient :

$$[MAX]F = 32X_2^1 + 16X_2^2 + 12X_1^1 + 8X_2^3 + 6X_1^2 + 3X_1^3$$

sous les contraintes :

$$\begin{aligned} 16X_2^1 + 8X_2^2 + 4X_1^1 + 4X_2^3 + 2X_2^2 + X_1^3 &\leqslant 20\\ 8X_2^1 + 4X_2^2 + 4X_1^1 + 2X_2^3 + 2X_2^2 + X_1^3 &\leqslant 11\\ 8X_2^1 + 4X_2^2 + 12X_1^1 + 2X_2^3 + 6X_2^2 + 3X_1^3 &\leqslant 19\\ 4\overline{X}_2^1 + 2\overline{X}_2^2 + 16X_1^1 + \overline{X}_2^3 + 8X_2^2 + 4X_1^3 &\leqslant 29 \end{aligned}$$

Ainsi les coefficients de F et des contraintes sont désormais tous positifs.

Le tableau correspondant s'écrit :

Coefficients des contraintes et de F												Seconds membres									
X_2^1	$\overline{X}_2^1$	X_2^2	$\overline{X}_2^2$	X_1^1	$\overline{X}_1^1$	X_2^3	$\overline{X}_2^3$	X_1^2	$\overline{X}_1^2$	X_1^3	$\overline{X}_1^3$	0	1	1*a*	2	2*a*	2	2*a*	1	1*a*	1*b*
16		8		4		4		2		1		20	4	4	0	0	4	1	20	4	4
8		4		4		2		2		1		11	3	3	1	1	3	0	11	1	1
8		4		12		2		6		3		19	11	11	9	9	11	2	19	1	1
	4		2	16			1	8		4		29	29	27	27	27	26	14	25	9	9
	32		16		12		8		6		3	77	77	49	49	40	41	41	45	45	39
1*			1		1	2*			2		2	Résultat : $x_1 = 0, x_2 = 5$; $F = 40$									
							2*	2′		2′		Résultat : $x_1 = 3, x_2 = 4$; $F = 41$									
	1*	1′		1′		1′			1			$F \leqslant 39$. Sans intérêt									

et le déroulement des calculs (cf aussi l'arborescence de la fig. 1.21) est analogue au cas a). La première solution obtenue vaut 40, avec $x_1 = 0$ et $x_2 = 5$. Elle n'est pas optimale, puisque la seconde, à laquelle on aboutit en remettant en cause le choix 2*, fournit $F = 41$, avec $x_1 = 3$ et $x_2 = 4$.

Enfin, la remise en question du choix 1* implique $F \leqslant 39$ (en fait $F = 36$), d'où l'arrêt de l'exploration.

Remarque. Le problème se prête à une interprétation dans le plan, car il ne comporte que deux variables, x_1 et x_2. La figure 1.20 fait apparaître le domaine admissible, avec ses 28 solutions entières (cf les 28 points gras).

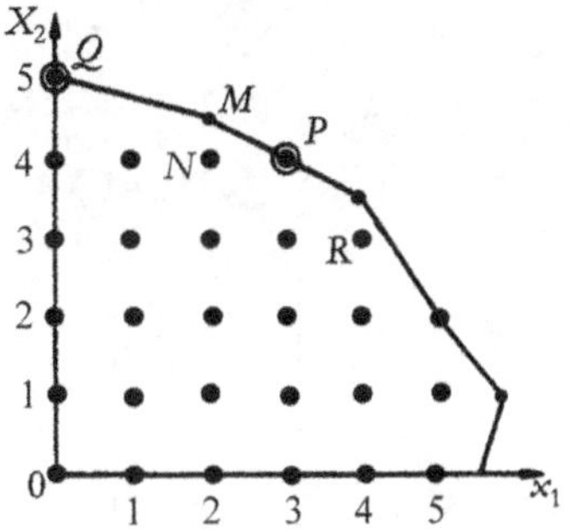

Figure 1.20

En nombres rationnels fractionnaires, la solution optimale est :

$$x_1 = 2, x_2 = \frac{9}{2} \text{ avec } F = 42 \text{ (point } M\text{)};$$

mais x_1 et x_2 doivent avoir, ici, des valeurs entières.

On aurait tort de croire que la partie entière (l'arrondi à la valeur inférieure) des valeurs des variables constituant la solution optimale en rationnels donne l'optimum entier ; en effet :

$$E(x_1) = 2,\ E(x_2) = 4, \text{ d'où } F = 38 \text{ (cf le point } N).$$

L'exploration arborescente conduit d'abord au point Q, avec $F = 40$, ensuite au point P, avec $F = 41$ et c'est l'optimum entier. Toute autre solution, avec le deuxième choix 2* ne peut que donner $F < 41$ (ex. $x_1 = 4$, $x_2 = 2$, $F = 38$) ; c'est pourquoi cette solution n'est pas explorée.

Avec la remise en cause du choix 1*, on aboutirait au point R ($F = 36$), mais on ne s'y rend pas, puisque l'on s'arrête dès que l'on constate que $F \leqslant 39$ si $X_2^1 = 0$.

Voici l'arborescence illustrant cette recherche (et son parcours) :

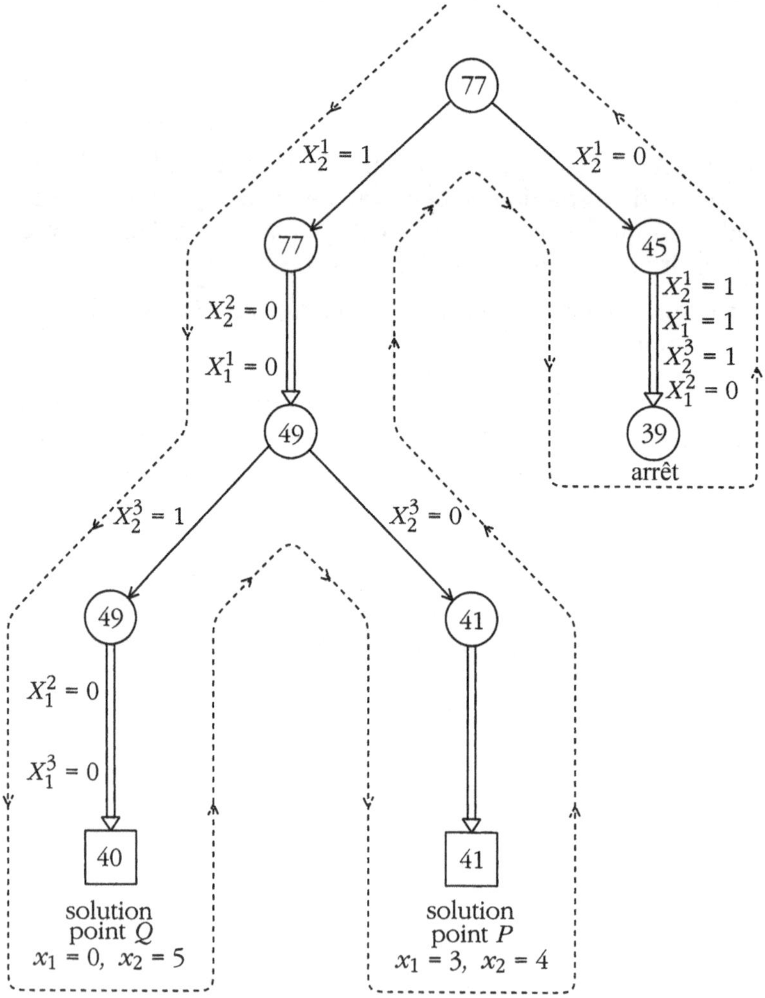

Figure 1.21

EXERCICES

**1.1 Un problème de logique (?) résolu par l'algèbre de Boole

Un enfant gâté et capricieux a exprimé ses vœux au père Noël par une lettre interceptée par ses parents.

1. Entre le jeu électronique et la poupée (qui parle), je veux recevoir au moins l'un des deux.

2. Je ne veux pas à la fois une boîte de LEGO et le coffret de personnages de PLAYMOBIL, mais je veux l'un des deux.

3. Si je reçois un train électrique, alors il me faut une boîte de LEGO.

4. Je veux avoir en même temps le jeu électronique et le coffret de PLAYMOBIL ou bien aucun des deux.

5. Si vous m'offrez la poupée, alors il me faut le train électrique et le jeu électronique.

Pouvez-vous aider ces parents faibles(!!) et perplexes à démêler l'écheveau des conditions de leur joyeux bambin. Algèbre de Boole oblige !

On notera *A, B, C,* etc. les jeux, dans leur ordre d'apparition dans ce texte.

**1.2 Résolution booléenne d'une situation difficile...

Un secret militaire a fait l'objet d'une fuite et le ministre demande une enquête. Le général qui en est chargé décèle rapidement cinq suspects : un directeur de secteur, une secrétaire, un technicien, un inspecteur et un honorable « correspondant ».

Il décide de les soumettre à un interrogatoire plus approfondi puis se rend chez le ministre ... Nous assistons alors à leur dialogue :

- « Monsieur le ministre, j'ai établi un résumé des déclarations des suspects les plus intéressantes et vais vous les communiquer » :
- la secrétaire dit que le correspondant ment et que le directeur ne ment pas ;
- le directeur dit que la secrétaire a entendu l'inspecteur dire que le technicien ment ;
- l'inspecteur dit que la secrétaire ment ;
- le technicien...

Le ministre interrompt alors le général : tout ceci est très bien, mais quelles conclusions en avez-vous tirées ?

Eh bien, réplique le général, c'est-à-dire que l'affaire est extrêmement complexe ; j'ai cependant la *certitude* qu'il ne peut pas s'agir d'un complot de très grande envergure, et il est sûr que deux personnes au plus sont coupables! Mais si vous le voulez bien, je vais poursuivre ma lecture des déclarations.

Le ministre, occupé à griffonner sur un papier, l'interrompt : « non! je pense que c'est inutile, vous en avez dit assez, je peux démasquer les coupables »...

Le général, quelque peu ébahi, regarde le ministre et, sentant que celui-ci ne plaisantait pas, prend congé, perplexe!

Sachant que les coupables mentent systématiquement (et les innocents jamais), et que *chaque suspect connaît l'attitude des autres,* reconstituer le raisonnement du ministre logicien ... (On pourra coder D la proposition « le directeur dit la vérité » et $\overline{D}$, « il ment » ; etc.)

**1.3 Programmation d'une production sur différentes machines

On dispose de trois machines sur lesquelles on a à fabriquer quatre séries de pièces. L'occupation d'une machine par une série de pièces est codée au moyen d'une variable ou d'un produit booléens, comme l'indique le tableau ci-contre; ils signifient, par exemple : la série 1 peut être exécutée sur la machine 1 ou la machine 3; si l'on choisit la machine 1, alors $L_1 = 1$; si l'on choisit la machine 3, alors $\overline{L}_1 = 1$; etc.; la série 4 peut être exécutée sur l'une quelconque des machines; si l'on choisit la machine 1, alors $L_4 M_4 = 1$; etc.

Machine / Série	1	2	3
1	L_1		$\overline{L}_1$
2	L_2	$\overline{L}_2$	
3		L_3	$\overline{L}_3$
4	$L_4 M_4$	$L_4 \overline{M}_4$	$\overline{L}_4 M_4$

D'autre part, les séries doivent être exécutées dans les fenêtres de temps données par le tableau ci-dessous, qui signifie, par exemple : la série 1 peut être exécutée pendant les temps 1 et 2 et alors $A_1 = 1$, ou pendant les temps 2 et 3, et alors $\overline{A}_1 = 1$; etc.

Série	Codage	1	2	3	4	5
1	A_1	—	—			
	$\overline{A}_1$		—	—		
2	A_2		—	—		
	$\overline{A}_2$			—	—	
3	$A_3 B_3$			—		
	$A_3 \overline{B}_3$				—	
	$\overline{A}_3 B_3$					—
4	A_4				—	
	$\overline{A}_4$					—

On appelle T_{ij}^k la variable booléenne qui vaut 1 si la série i est exécutée sur la machine j pendant le temps k et 0 au contraire. Par exemple, $T_{11}^1 = A_1 L_1$, et $A_1 L_1 = 1 \Leftrightarrow$ la série 1 est usinée sur la machine 1 pendant le temps 1. On aura alors nécessairement $T_{11}^2 = 1$ car l'usinage de la série 1 sur la machine 1 commence au temps 1 et devra s'y poursuivre au temps 2.

Mais une machine ne peut être employée à usiner deux séries différentes en même temps. Par exemple : $T_{11}^2 = A_1 L_1 + \overline{A}_1 l_1 = L_1$ et $T_{21}^2 = A_2 L_2$; donc, nécessairement, la somme arithmétique $T_{11}^2 + T_{21}^2$ est inférieure ou égale à 1 :

$$T_{11}^2 + T_{21}^2 = L_1 + A_2 L_2 \leqslant 1.$$

1. Exprimer les neuf inéquations relatives aux machines 1, 2 et 3.

2. Montrer que le système se réduit à $A_4\,L_4\,M_4 = 0$ si $A_1 = A_3 = B_3 = L_2 = L_1 = 1$ et $A_2 = 0$. Combien y a-t-il alors de solutions ?

3. Combien de solutions, parmi celles énumérées en 2), permettent d'employer toutes les machines à la production ?

4. On se propose enfin, parmi les solutions du 3), de choisir parmi celles qui affectent la série 3 à la machine 3 et réduisent le temps total de production à 4 périodes successives. Combien en reste-t-il ? Lesquelles ?

*1.4 Forme minimale d'une fonction booléenne

Soit la fonction :

$$F = abc \dotplus b\bar{c}d \dotplus c\bar{d} \dotplus \bar{a}b.$$

1. Donner les 9 minterms de F, puis déterminer ses constituants premiers.

2. La mettre sous forme minimale.

3. On remplace F par G :

$$G = abc \dotplus b\bar{c}d \dotplus c\bar{d} \dotplus \bar{a}bc.$$

En utilisant les résultats précédents et en réduisant les calculs au minimum, donner la forme minimale de G.

**1.5 Programme linéaire en variables booléennes (0-1)

1. Résoudre, par la méthode arborescente de Faure et Malgrange, le programme suivant :

$$[MAX]F = 2x_1 - 4x_2 + x_3 + 3x_4$$

sous les contraintes :

$$\begin{array}{rcrcrcrcl} 2x_1 & + & 3x_2 & + & x_3 & - & x_4 & \leqslant & 4 \\ 3x_1 & - & 2x_2 & + & 2x_3 & + & x_4 & \leqslant & 5 \\ x_1 & + & x_2 & + & x_3 & + & x_4 & \leqslant & 3. \end{array}$$

les variables x_1, x_2, x_3 et x_4 ne pouvant prendre que les valeurs 0 ou 1.

2 Notions de complexité

2.1 Complexité des algorithmes

Un même problème peut être, le plus souvent, résolu par plusieurs algorithmes, c'est pourquoi il est très important, dans le cadre de la recherche opérationnelle, de pouvoir comparer l'efficacité des différents algorithmes pouvant être mis en œuvre pour résoudre ce problème. Deux critères principaux sont généralement considérés quand le chercheur opérationnel étudie l'efficacité d'un algorithme : le premier est le *temps de calcul,* le second est l'*espace mémoire* nécessaire à l'exécution de l'algorithme. Si l'espace mémoire reste un critère important de l'évaluation de l'efficacité d'un algorithme, en pratique, dans la grande majorité des problèmes que le chercheur opérationnel doit résoudre, le temps de calcul devient le paramètre principal mesurant l'efficacité d'un algorithme. En effet, que le problème soit à traiter en temps réel ou que le chercheur opérationnel dispose de quelques heures, la quantité de temps dont il dispose pour obtenir une réponse au problème posé est toujours limitée.

Dans ce chapitre, nous nous intéresserons d'abord à la complexité en temps d'un algorithme que, par abus de langage, nous appellerons simplement « complexité d'un algorithme ». Après avoir donné les outils mathématiques nécessaires, nous définirons les différentes notions de complexité utilisées et fournirons quelques exemples du calcul de la complexité d'algorithmes classiques.

2.1.1 La notation *O*

Soit f une fonction croissante définie sur l'ensemble des entiers positifs. Nous définissons $O(f)$ la classe des fonctions g définies sur l'ensemble des entiers positifs telles que : $\exists c > 0, \exists n_0 > 0$ tels que $\forall n \geqslant n_0, g(n) \leqslant c \cdot f(n)$ (soit en langage usuel : il existe une constante c strictement positive et il existe un entier naturel n_0 tels que pour tout entier naturel n supérieur à n_0, la valeur de la fonction g calculée pour n est inférieure ou égale au produit de la constante c et de la valeur de la fonction f calculée pour ce même n). La figure 2.1 illustre cette définition formelle. Nous noterons alors : $g \in O(f)$.

Nous noterons $O(1)$ l'ensemble des fonctions majorées par une constante à partir d'un certain rang; par exemple $g(n) = \frac{1}{n} \in O(1)$ car pour $n \geqslant 1$, on a : $\frac{1}{n} \leq 1$.

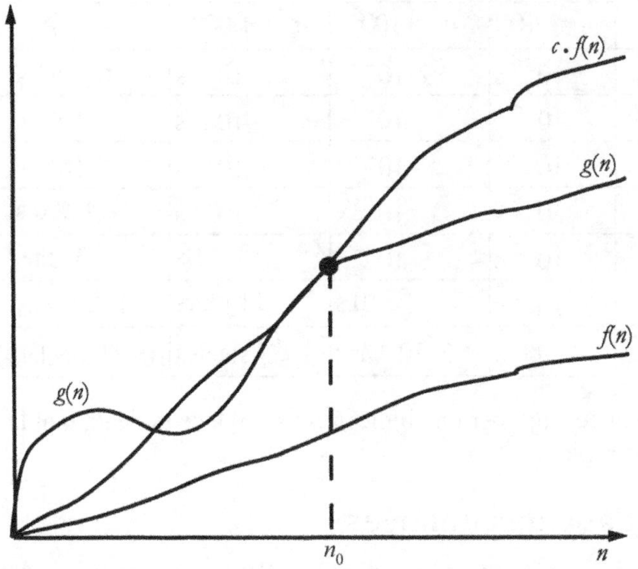

Figure 2.1 *g* une fonction appartenant à $O(f)$.
À partir de n_0, la courbe $g(n)$ est comprise entre les courbes $f(n)$ et $c{\cdot}f(n)$.

Le comportement asymptotique des fonctions considérées étant étudié à une constante multiplicative positive près, de nombreuses classes de fonctions sont équivalentes. Ainsi on pourra vérifier, par exemple, que $O(10\,000n^2) = O(0{,}001n^2) = O(n^2)$ et $O(e^n) = O(e^{n+173})$ car $e^{n+173} = e^n{\cdot}e^{173}$ et e^{173} est une constante et, plus généralement, $O(c{\cdot}f) = O(f)$ pour toute constante positive c.

Nous allons donner, pour les fonctions les plus couramment utilisées, quelques exemples d'utilisation de cette notation. Le lecteur est encouragé à vérifier ces exemples à partir de la définition précédente. Pour tout polynôme $P(n) = a_p n^p + a_{p-1}n^{p-1} + \cdots + a_1 n + a_0$, on a $P \in O(n^p)$.

Ainsi $12n^5 - 4n^3 + 2n^2 + n - 1 \in O(n^5)$.

Nous donnons maintenant des relations d'inclusion pour les classes de fonctions les plus usuelles : $O(1) \subset O(\log \log n) \subset O(\log n) \subset O(\sqrt{n}) \subset O(n) \subset O(n \log n) \subset O(n^2) \subset O(n^3) \subset \cdots \subset O(n^{10}) \cdots \subset O(2^n) \subset O(e^n) \subset O(n!) \subset O(n^n)$.

Rappelons, au passage, la formule de Stirling : $n! \sim (n/e)^n\sqrt{2\pi n}$.[1]

Dans le tableau ci-dessous, nous allons illustrer le comportement des fonctions les plus usuelles. Pour une fonction f et une donnée de taille n, nous avons reporté le temps nécessaire à un ordinateur qui exécuterait un milliard d'opérations par seconde, pour effectuer $f(n)$ opérations.

(1) $n! \notin O(n^{n+\frac{1}{2}})$ car $(1/e)^n$ n'est pas une constante.

	$n = 10$	$n = 100$	$n = 1\,000$	$n = 10^6$	$n = 10^9$
$f(n) = \log n$	10^{-9} s	$2 \cdot 10^{-9}$ s	$3 \cdot 10^{-9}$ s	$6 \cdot 10^{-9}$ s	$9 \cdot 10^{-9}$ s
$f(n) = n$	10^{-8} s	10^{-7} s	10^{-6} s	10^{-3} s	1 s
$f(n) = n \log n$	10^{-8} s	$2 \cdot 10^{-7}$ s	$3 \cdot 10^{-6}$ s	$6 \cdot 10^{-3}$ s	9 s
$f(n) = n^2$	10^{-7} s	10^{-5} s	10^{-3} s	1 000 s	32 ans
$f(n) = n^3$	10^{-6} s	10^{-3} s	1 s	32 ans	$32 \cdot 10^9$ ans
$f(n) = n^5$	10^{-4} s	10 s	11 jours	$3 \cdot 10^{13}$ ans	$3 \cdot 10^{34}$ ans
$f(n) = 2^n$	10^{-6} s	$3 \cdot 10^{14}$ ans	10^{281} siècles	$10^{3 \cdot 10^5}$ siècles	$10^{3 \cdot 10^8}$ siècles

Nous avons renoncé à ajouter une ligne $f(n) = n!$ à ce tableau, tant la croissance de la factorielle est rapide.

2.1.2 Le codage des données

Avant la résolution proprement dite d'un problème, une première étape consiste à stocker en mémoire les données du problème à traiter, afin de pouvoir les lire au cours du traitement. La comparaison de deux algorithmes résolvant un même problème se fera par l'intermédiaire d'un même paramètre que nous appellerons "*taille*" de la donnée d'entrée qui correspond, à une constante multiplicative près, aux nombres de bits nécessaires à l'écriture de cette donnée (en pratique, l'espace mémoire pour stocker cette donnée). Un même objet mathématique pouvant être représenté sous différentes formes (voir, par exemple, le chapitre consacré à la représentation en machine d'un graphe), nous prendrons garde à ce que le codage de cette donnée soit fait de manière raisonnable, ainsi un entier n pourra être représenté en binaire ou en hexadécimal, mais en aucun cas en unaire (par n bâtons, comme le faisaient nos lointains ancêtres).

Comme exemple considérons un algorithme effectuant la multiplication de deux matrices de format carré $n \times n$. Le nombre d'éléments de chaque matrice est donc n^2. En supposant que chaque élément de la matrice soit un entier de valeur bornée par une constante K (ceci à fin d'éviter le cas de nombres très grands demandant éventuellement quelques milliards de caractères pour être écrits), une matrice pourra être codée en utilisant $n^2[\log_2 K]$ caractères binaires ; donc la donnée d'entrée du problème sera de taille $2n^2[\log_2 K]$ soit $O(n^2)$.

($[x]$ désigne la partie entière supérieure de x, par exemple : $[7,34] = 8$).

2.1.3 Le temps de calcul

Nous allons, à travers un exemple simple, estimer le temps nécessaire à l'exécution d'un algorithme. Dans ce but, nous compterons le nombre d'opérations élémentaires effectuées à chaque étape de l'algorithme. Considérons l'algorithme suivant calculant C, la matrice résultat de la multiplication de deux matrices carrées A et B de taille n si $K = 2^p$, $[\log_2 k] = p$, mais il faut p+1 bits pour le coder.

```
1. pour i ← 1 à n
2.    pour j ← 1 à n
3.       C(i,j) ← 0
4.       pour k ← 1 à n
5.          C(i,j) ← C(i,j) + A(i,k) × B(k,j)   (où × a la priorité sur +).
```

Considérons, pour débuter l'étude de complexité, la ligne 5 de l'algorithme. Lors d'une exécution de cette instruction, il doit être effectué la lecture des trois valeurs $C(i, j)$, $A(i, k)$, $B(k, j)$, une multiplication et une addition, et l'écriture de la nouvelle valeur de $C(i, j)$. Ainsi, six opérations élémentaires sont nécessaires pour l'exécution de cette instruction. Notre objectif étant de déterminer le temps de calcul de l'algorithme à une constante multiplicative près, nous estimerons à $O(1)$ le nombre constant d'opérations de l'instruction 5. Cette ligne 5 est exécutée n fois consécutivement au cours de l'exécution de la ligne 4, donc une exécution de la ligne 4 suivie de la ligne 5 correspondra à $O(n)$ opérations élémentaires. De façon analogue, la ligne 2 sera exécutée n fois au cours de chaque exécution de la boucle de la ligne 1, la ligne 3 exécutant $O(1)$ opération, pour chacune des exécutions de la boucle 1, il y a $n(O(1) + O(n)) = O(n^2)$ opérations effectuées. L'instruction 1 étant, elle-même, exécutée n fois, la complexité de l'algorithme est $O(n^3)$.

Remarque. Un autre algorithme, dû à Strassen, de complexité $O(n^{2.81})$ a été conçu pour effectuer la multiplication de matrices. Le lecteur intéressé par cet algorithme plus sophistiqué et son calcul de complexité pourra consulter les ouvrages d'algorithmique référencés en bibliographie ; $2{,}81 \simeq \log_2 7$.

2.1.4 Les différentes mesures de complexité

Contrairement à l'exemple présenté plus haut qui, pour une valeur n donnée, exécute toujours le même nombre d'opérations élémentaires, un algorithme peut avoir des comportements fort différents pour des données différentes de taille identique. Considérons comme exemple l'algorithme suivant qui détermine quelle est la position de la valeur v dans un tableau T contenant n valeurs, sachant que v apparaît une et une seule fois dans T.

```
1. i ← 1
2. tant que T(i) ≠ v
3. i ← i + 1
4. sortir i
```

Le nombre d'opérations élémentaires exécutées dépend de la position de v dans le tableau. En effet plus la position de v est éloignée du début de T, plus le nombre de passages dans la boucle 2 sera important.

Nous allons alors définir trois notions différentes de complexité, la *complexité dans le pire des cas*, la *complexité dans le meilleur des cas* et la *complexité en moyenne.* Ces trois définitions complémentaires de complexité permettent au chercheur opérationnel, quand elles peuvent être déterminées, de juger pratiquement de l'efficacité en temps d'un algorithme.

Considérons un algorithme A et D la donnée d'un problème résolu par A. Nous notons par n la taille de D et définissons $T_A(D,n)$, le nombre d'opérations élémentaires exécutées par A lors de son exécution pour D.

La complexité dans le pire des cas

La *complexité dans le pire des cas* pour un algorithme A est le maximum sur toutes les données D de même taille n des valeurs $T_A(D,n)$, soit $\max_{D \in \mathcal{D}_n} \{T_A(D,n)\}$, où $\mathcal{D}_n$ est l'ensemble des données de taille n.

Pour l'exemple ci-dessus, le pire des cas intervient lorsque la valeur v se trouve dans la dernière position de T. La complexité dans le pire des cas de l'algorithme est donc $O(n)$.

La complexité dans le meilleur des cas

La *complexité dans le meilleur des cas* de A est le minimum sur toutes les données D de taille n des valeurs $T_A(D,n)$, soit $\min\limits_{D \in \mathcal{D}_n} \{T_A(D,n)\}$, où $\mathcal{D}_n$ est l'ensemble des données de taille n.

Ainsi dans notre exemple, le meilleur des cas intervient lorsque la valeur v se trouve dans la première position de T. La complexité dans le meilleur des cas de l'algorithme est donc $O(1)$.

La complexité en moyenne

La *complexité dans le cas moyen* de A est la moyenne arithmétique sur toutes les données D de taille n, des valeurs $T_A(D,n)$, soit $\frac{1}{\text{Card } \mathcal{D}_n} \sum\limits_{D \in \mathcal{D}_n} T_A(D,n)$, où $\mathcal{D}_n$ est l'ensemble des données de taille n.

La complexité en moyenne d'un algorithme est généralement très difficile à évaluer. Des hypothèses probabilistes doivent être faites sur la distribution des données. Ainsi pour notre exemple, nous supposerons que toutes les positions de l'élément v dans T sont équiprobables. Même ces hypothèses faites, à ce jour rares sont les algorithmes pour lesquels la complexité en moyenne a pu être déterminée.

Pour notre exemple, nous allons pouvoir calculer la complexité en moyenne en considérant que les positions de l'élément v dans T sont équiprobables. Supposons que v soit en position k dans T alors $k \times O(1)$ opérations sont exécutées pendant le déroulement de l'algorithme. En sommant sur les n positions possibles de v dans T et en divisant par ce nombre de positions nous obtenons la complexité en moyenne suivante :

$$\frac{1}{n}\sum_{k=1}^{n} kO(1) = O(n) \quad \text{car} \quad \frac{1}{n}\sum_{k=1}^{n} k = \frac{1}{n}\left[\frac{n(n+1)}{2}\right] = \frac{n+1}{2} \in O(n) .$$

Remarque. Dans notre exemple les complexités dans le pire des cas et dans le cas moyen sont asymptotiquement les mêmes : $O(n)$. En effectuant plus précisément le calcul des deux complexités, on constatera que le temps moyen pour l'exécution de l'algorithme est deux fois moindre que le temps dans le pire des cas. Cependant comme $O\left(\frac{1}{2}n\right) = O(n)$, à une constante multiplicative près ces deux complexités sont les mêmes.

2.1.5 Conclusion

Nous venons de voir que les trois mesures de complexité définies, le sont à une constante multiplicative près, et pour des données de taille suffisamment grande. Cela pourrait paraître quelque peu imprécis et ne pas refléter véritablement l'efficacité d'un algorithme. Cependant, pour être pertinente, l'étude d'un algorithme doit se faire indépendamment de l'ordinateur sur lequel il devra s'exécuter. D'une machine à l'autre, les opérations « élémentaires » effectivement exécutées peuvent être différentes. Le plus généralement, ce sont des problèmes de grande taille qui doivent être traités efficacement; pour un problème de taille réduite un "mauvais" algorithme car lent, voire une résolution manuelle peuvent être suffisants. Pour ces différentes raisons, il apparaît que le comportement "asymptotique" (c-à-d sur les problèmes de grande taille) d'un algorithme est une mesure pertinente de son efficacité pratique.

La connaissance actuelle de la complexité de la majeure partie des algorithmes est essentiellement concentrée sur la complexité dans le pire des cas. Cette mesure n'est pas nécessairement la plus pertinente, le pire des cas pouvant ne se présenter que très occasionnellement. L'étude probabiliste d'un algorithme, l'espérance et la variance du temps de calcul sont certainement des mesures plus précises mais, malheureusement, les outils mathématiques actuels n'ont permis de mener à bien cette étude que pour très peu d'algorithmes (certains algorithmes de tri, par exemple). Cependant une étude statistique plus facile à mener, ainsi que la complexité dans le pire des cas d'un algorithme, sont des informations souvent suffisantes pour le chercheur opérationnel.

2.2 Complexité des Problèmes

Très souvent, plusieurs algorithmes sont susceptibles de résoudre un même problème donné. Le chapitre dédié à la complexité des algorithmes fournit les éléments permettant de comparer les efficacités d'algorithmes résolvant un même problème. Après s'être informé de l'efficacité d'un algorithme particulier, le chercheur opérationnel doit se poser la question suivante : l'algorithme proposé est-il le « meilleur possible » pour résoudre le problème à traiter. Par « meilleur possible » nous entendons, de complexité moindre que celle de tout autre algorithme susceptible de résoudre le problème considéré. La théorie de la complexité des problèmes a pour objectif de répondre à ce point. La problématique de cette théorie est la suivante : étant donné un problème, déterminer, si possible, la complexité minimale d'un algorithme pouvant le résoudre. Nous nous limiterons ici aux conséquences de cette théorie dans le quotidien du chercheur opérationnel. Le lecteur intéressé par les aspects théoriques pourra consulter les ouvrages traitant de ce sujet cités dans la bibliographie.

Dans ce chapitre, nous définirons deux classes importantes de problèmes puis, à partir de ces deux classes, nous illustrerons les conséquences concrètes des résultats de la théorie de la complexité sur le traitement des problèmes d'optimisation. Nous verrons qu'il est très souvent difficile de résoudre exactement certains problèmes usuels. Pour cette raison, nous examinerons comment envisager une résolution approchée de ces problèmes *a priori* difficiles.

2.2.1 *P* et *NP*

Nous ferons ici la distinction entre un *problème de décision* et un *problème d'optimisation.* Nous concentrant sur les *problèmes de décision,* nous définirons formellement les classes *P* et *NP* dont font partie les problèmes les plus couramment rencontrés par le chercheur opérationnel. Signalons que la notation *NP* ne signifie pas "Non Polynomial" mais "Non Déterministe Polynominal"; la notation *NDP* aurait été préférable; mais l'usage prime.

Un problème de *décision* est constitué d'une donnée et d'une question ne pouvant admettre que deux réponses : « oui » ou « non ». Illustrons cette définition par quelques exemples. Le problème de la parité a pour donnée un entier n et pour question : n est-il pair ? La réponse à cette question étant « oui » ou « non », nous avons affaire à un problème de décision. Le problème de décision du plus court chemin (la longueur d'un chemin étant le nombre de ses arcs) est défini de la façon suivante. La donnée est $G = (X, U)$[(1)] un graphe (non valué), a et b deux sommets de G et B un nombre entier ; la question posée est : « Existe-t-il un chemin d'origine a et d'extrémité b de longueur inférieure à B ? » De manière identique, le problème du plus long chemin est le suivant : la donnée est $G = (X, U)$ un graphe, a et b deux sommets de G et B un nombre entier ; la question posée est « Existe-t-il un chemin élémentaire (c'est-à-dire ne passant pas deux fois par un même sommet) d'origine a et d'extrémité b, de longueur supérieure à B ? » Nous donnons comme dernier exemple le problème hamiltonien où la donnée est un graphe G et la question est « G admet-il un cycle hamiltonien (c'est-à-dire passant une fois et une seule par chaque sommet) ? ».

La définition des problèmes de décision étant donnée, nous sommes à même de définir P la classe des problèmes de décision *polynomiaux.* La mesure de complexité considérée pour définir la classe P est la complexité temporelle (ou nombre d'opérations élémentaires) dans le pire des cas, définie plus haut. Un problème de décision appartient à la classe P, s'il peut être résolu par un algorithme A de complexité $O(n^k)$ où k est une constante et n est la taille de la donnée du problème. Montrons que certains problèmes, définis plus haut, appartiennent à P. Le problème de parité est résolu

(1) G comporte n (= card X) sommets et m (= card U) arcs.

avec une complexité $O(1)$ en effectuant une division de n par 2. Pour le problème du plus court chemin, nous verrons (dans la partie dédiée aux parcours dans les graphes) comment un parcours en largeur de G non valué permet de déterminer les plus courts chemins issus de a. En comparant la valeur trouvée pour le sommet b avec l'entier B fourni dans la donnée du problème, nous obtenons un algorithme de complexité $O(m + n)$ répondant à la question posée. En revanche, pour ce qui concerne les problèmes du plus long chemin et du cycle hamiltonien, la recherche d'un algorithme polynomial pouvant les résoudre est restée vaine jusqu'à ce jour. Nous allons voir dans le paragraphe ci-après qu'un des principaux résultats de la théorie de la complexité permet de conjecturer que de tels algorithmes n'existent pas.

Nous allons maintenant définir *NP*, la classe des problèmes de décision pouvant être résolus en temps polynomial par un *algorithme non déterministe.* Plutôt que de définir la notion d'algorithme non déterministe, nous allons donner une définition de la classe *NP* ne faisant appel qu'aux algorithmes déterministes. Un problème de décision appartient à *NP* si et seulement si pour toute instance (jeu de données) du problème ayant pour réponse « oui », il existe un *certificat*[1] (ce certificat est donné) permettant, avec un algorithme en temps polynomial, de vérifier que la réponse au problème est effectivement « oui ».

Voici quelques exemples. Considérons le problème du plus court chemin (de a à b dans un graphe non valué) ; il est aisé de concevoir un algorithme polynomial vérifiant si chemin de a à b (c'est le « certificat » utilisé pour ce problème) a une longueur inférieure à B. De façon identique, pour le problème du plus long chemin élémentaire, il est possible de vérifier, par un algorithme polynomial si un chemin donné est élémentaire, s'il relie effectivement a et b et s'il est de longueur supérieure à B. Ces deux problèmes appartiennent donc à *NP*. De même, pour le problème du cycle hamiltonien, lorsqu'un graphe G admet un cycle hamiltonien, en prenant un tel cycle pour certificat, il est possible de vérifier en temps polynomial que ce cycle passe effectivement une et une seule fois par tous les sommets de G.

Considérons le problème de décision de la *non primalité* défini de la façon suivante. La donnée est n un nombre entier et la question est « n est-il divisible par un entier autre que 1 et lui-même ? » Montrons que ce problème appartient à *NP*. Premièrement nous considérons une instance de ce problème ayant pour réponse « oui », c'est-à-dire un entier n qui n'est pas premier. Lorsque n n'est pas premier, il admet pour diviseur un entier $a, a \neq 1, a \neq n$; en prenant cet entier a comme certificat, la division de n par a pouvant s'effectuer avec un algorithme polynomial, nous en concluons que ce problème est dans la classe *NP*. Considérons maintenant le problème complémentaire, le problème de la *primalité* dans lequel la donnée est n un nombre entier et la question : « n est-il premier ? » Ici la détermination d'un certificat permettant la vérification en temps polynomial de la primalité de n est moins aisée. Le lecteur intéressé pourra consulter la démonstration de l'appartenance à *NP* du problème de la primalité dans des ouvrages spécialisés consacrés à la théorie de la complexité.

1. Nous verrons dans les exemples suivants le sens que l'on donne ici au terme « certificat ».

NB : le lecteur se convaincra facilement que $P \subset NP$.
S. Cook a conjecturé que cette inclusion est stricte : $P \neq NP$.
En dépit de nombreux effort, cette conjecture – à ce jour – n'a pas pu être démontrée : elle fait partie des "7 problèmes du millénaire" proposés en 2000 par le Clay Mathematics Institute, chacun doté d'un million de dollars...

2.2.2 Les problèmes *NP*-complets

Au début des années 70, S. Cook a montré que parmi les problèmes de décision de la classe *NP*, certains étaient plus difficiles à résoudre que d'autres. Il est conjecturé que seuls des algorithmes énumératifs, de complexité de l'ordre de $O(2^n)$, permettent la résolution de ces problèmes appelés *NP-complets.* Le lecteur pourra consulter les ouvrages que nous citons en bibliographie pour s'informer des preuves mathématiques de *NP*-complétude. Avant de donner quelques exemples de problèmes *NP*-complets, nous allons, de manière informelle, décrire les conséquences pratiques de ces résultats théoriques dans le quotidien du chercheur opérationnel. Contrairement à un problème polynomial, il est généralement vain d'essayer de résoudre optimalement des problèmes *NP*-complets de grande taille. Seuls des problèmes de taille souvent très inférieure aux tailles rencontrées dans le monde de l'entreprise peuvent être résolus en temps raisonnable. En étant moins exigeant sur les contraintes des problèmes ou sur la qualité des solutions demandées, le chercheur opérationnel, comme nous le verrons plus loin, pourra toutefois envisager d'obtenir une solution acceptable (approchée) au problème qui lui est posé.

Nous allons maintenant donner quelques exemples de problèmes *NP*-complets. Le premier problème à avoir été montré *NP*-complet, est le problème de *satisfiabilité,* défini de la manière suivante. Les données sont d'une part un ensemble de n variables bimaires $x_1, \cdots, x_n$, et, d'autre part, un ensemble de m « *clauses* » : une clause est un sous-ensemble des $2n$ littéraux $x_1, \cdots, x_n, \overline{x}_1, \cdots, \overline{x}_n$, où $\overline{x}_i$ désigne la variable complémentaire de x_i ; ainsi $\{x_1, \overline{x}_4, \overline{x}_{10}\}$ est une clause. La question posée est : « Existe-t-il une affectation de la valeur *vrai* ou *faux* à chacune des variables x_i de sorte que pour chacune des m clauses, au moins l'un des littéraux la constituant ait la valeur *vrai*? » Par exemple, pour l'instance (jeu de données) construite sur l'ensemble des trois variables x_1 , x_2 , x_3 et constituée des deux clauses $\{x_1, \overline{x}_2, \overline{x}_3\}$ et $\{\overline{x}_1, x_3\}$ en affectant les valeurs *vrai* à x_2 et *faux* à x_1 et x_3, les deux clauses sont satisfaites.

> ***Remarque.*** En algèbre de Boole, on peut voir ces clauses comme des sommes de variables booléennes affirmées ou niées : $x_1 \vee \overline{x}_2 \vee \overline{x}_3$ et $\overline{x}_1 \vee x_3$. La question revient alors à déterminer si l'expression booléenne $(x_1 \vee \overline{x}_2 \vee \overline{x}_3) \wedge (\overline{x}_1 \vee x_3)$ peut être rendue égale à 1 en affectant à chaque variable une valeur égale à 0 ou 1.

Les problèmes du plus long chemin élémentaire (au sens du nombre d'arcs) et du cycle hamiltonien dans un graphe quelconque (non valué), que nous avons définis plus haut, ont eux aussi été montrés comme étant *NP*-complets ; par contre, le problème du plus long chemin élémentaire dans un graphe sans circuit est polynomial, en $O(m)$ pour un graphe de m arcs. De nombreux autres problèmes rencontrés tout aussi fréquemment que ceux cités précédemment par le chercheur opérationnel font aussi partie de la classe des problèmes *NP*-complets. Nous indiquons, tout au long de cet ouvrage, le caractère *NP*-complet d'un problème à chaque fois qu'il a lieu. Une longue liste de problèmes *NP*-complets pourra être consultée dans l'ouvrage de Garey et Johnson cité dans la bibliographie.

2.2.3 Les problèmes d'optimisation *NP*-difficiles

Les problèmes d'optimisation sont définis de la manière suivante. Pour une donnée (instance) du problème, l'algorithme doit déterminer une structure particulière répondant à un critère d'optimisation. Ainsi, dans la version optimisation du problème du plus court chemin (tout arc de A étant valué), la donnée est :

$G = (S, A)$ un graphe, a et b deux sommets de G, v la fonction de valuation des arcs et il est demandé de trouver un chemin d'origine a et d'extrémité b de valeur minimale. Dans la version optimisation du problème du plus long chemin élémentaire, c'est un chemin élémentaire reliant a et b de valeur maximale qui doit être trouvé. Pour le problème de l'arbre couvrant de poids (ou coût) minimal, étudié plus loin dans cet ouvrage, la structure à déterminer est un arbre couvrant, et le critère à optimiser est le poids (coût) de cet arbre. Le plus souvent, en recherche opérationnelle, le critère d'optimisation consistera à minimiser un coût ou à maximiser un gain.

Nous venons de voir au paragraphe précédent que le problème de décision du plus long chemin élémentaire est *NP*-complet, donc de résolution difficile. La version optimisation de ce problème est donc au moins aussi difficile à résoudre. De manière plus générale, à tout problème d'optimisation on peut associer un problème de décision[1] ; lorsque ce problème de décision est *NP*-complet, le problème d'optimisation sera qualifié de problème *NP-difficile*. La résolution exacte de problèmes *NP-difficiles* ne pourra se faire qu'avec des procédures énumératives de type séparation et évaluation (recherches arborescentes) ou pour une certaine sous-classe de problèmes en utilisant la programmation dynamique (deux paragraphes de ce précis sont dédiée à ces techniques de résolution). Cette résolution menée jusqu'à obtention de l'optimum ne pourra être effectuée en pratique que pour des problèmes de petite taille.

Citons maintenant quelques types de problèmes classiques d'optimisation *NP*-difficiles rencontrés en recherche opérationnelle (le lecteur retrouvera les exemples cités dans les différents chapitres de cet ouvrage) : le problème du voyageur de commerce et, plus généralement, les problèmes de tournées de véhicules, de nombreux problèmes d'ordonnancement lorsque des contraintes de ressource sont nécessaires pour l'exécution des tâches, les problèmes d'emploi du temps, la programmation linéaire en nombres entiers (même dans le cas plus particulier du problème du sac à dos qui comporte, pourtant, une seule contrainte). Par contre la programmation linéaire en variables continues est un problème polynomial (même si l'algorithme du

1. Dans un problème de minimisation d'une fonction économique f, on se fixe une borne B (qui sera l'une des données du problème de décision associé). La question du problème de décision associé étant : « existe-t-il une solution de coût inférieur ou égal à B ? ».

simplexe, « bon » en pratique, n'est pas polynomial comme le sont des « méthodes intérieures »).

2.2.4 Approximation et approximabilité des problèmes *NP*-difficiles

La résolution exacte des problèmes d'optimisation *NP*-difficiles n'étant pas envisageable pour des problèmes de taille industrielle, une résolution approchée peut souvent être satisfaisante pour l'utilisateur. Deux critères sont alors importants à considérer. Premièrement, l'algorithme fournissant la solution approchée doit être de faible complexité, donc polynomial. Deuxièmement, une garantie sur la qualité des solutions obtenues, c'est-à-dire une borne de leur écart par rapport à une solution optimale, doit être fournie. Nous allons voir dans les deux paragraphes suivants des solutions ayant pour objectif la satisfaction de ces deux critères.

Les algorithmes polynomiaux avec garantie relative de performance

Nous allons définir ici la notion d'algorithme approché polynomial avec garantie relative de performance. Nous donnerons cette définition pour les problèmes de minimisation. Une définition similaire pourra aisément être établie pour les problèmes de maximisation. Nous notons $\hat{C}$ le coût de la solution approchée fournie par l'algorithme approché et C^*,[1] le coût minimal des solutions de l'instance traitée. L'algorithme d'approximation est un algorithme polynomial avec garantie relative de performance si et seulement si il s'exécute en temps polynomial et si il existe une constante $r \geqslant 1$ telle que pour toute instance du problème on ait : $\frac{\hat{C}}{C^*} \leqslant r$ (ou bien : $\frac{C^*}{\hat{C}} \leqslant r$ pour un problème de maximisation). Il est d'autant meilleur que r est proche de 1 ; pour un algorithme optimal on a : $r = 1$.

Avec ces algorithmes, nous serons assurés que, dans le pire des cas, la solution proposée sera éloignée au plus d'un facteur r de la solution optimale. Ces algorithmes répondent donc parfaitement à la problématique posée puisqu'ils sont de faible complexité et que l'erreur commise sur le coût de la solution obtenue est toujours bornée par une constante. Cependant une telle garantie n'est pas toujours aisée à obtenir; il est même montré, qu'elle ne peut pas exister pour certains problèmes. Le lecteur pourra consulter le livre de Hochbaum cité dans la bibliographie pour les résultats concernant l'approximabilité des problèmes *NP*-difficiles. Dans le chapitre consacré au problème du voyageur de commerce et aux méthodes arborescentes, un algorithme approché polynomial avec garantie relative de performance est présenté. De nombreux autres exemples d'algorithmes approchés, polynomiaux, avec garantie relative de performance peuvent être trouvés dans la « littérature ».

(1) en pratique difficile, voire impossible à obtenir…

Exemple d'un algorithme polynomial avec garantie de performance pour le problème du voyageur de commerce euclidien

Nous allons ici donner l'exemple d'un algorithme polynomial ayant une garantie relative de performance pour le problème du voyageur de commerce dans le cas où les distances vérifient les inégalités triangulaires (cf. ci-dessous). Le problème du voyageur de commerce ainsi qu'un algorithme (non polynomial) fournissant une solution optimale sont présentés dans la section 4.10.1.

Nous considérons $G = (X, A)$ un graphe non orienté complet de n sommets où chaque arête $[i, j]$ est valuée par un entier naturel c_{ij}, appelé coût de l'arête $[i, j]$. On suppose que les coûts satisfont *l'inégalité triangulaire* : pour tout triplet de sommets $\{i, j, k\}$ on a : $c_{ij} \leq c_{ik} + c_{kj}$. Le problème du voyageur de commerce consiste à déterminer un cycle hamiltonien de longueur minimale.

L'instance suivante, comportant six sommets $\{a, b, c, d, e, f\}$, servira d'illustration pour le déroulement de l'algorithme. Voici le tableau des coûts qui est symétrique :

	b	c	d	e	f
a	1	2	3	2	2
b		3	4	4	2
c			2	2	3
d				1	2
e					1

L'algorithme est constitué de trois étapes, cf. Fig 2.2 ci-dessous :

La première consiste en la détermination d'un arbre couvrant de coût minimal qui s'effectue en temps polynomial (le lecteur pourra se référer à la section 4.8). L'ensemble d'arêtes $F = \{[a, b], [a, c], [a, e], [e, f], [e, d]\}$ forme un arbre $H = (X, F)$ couvrant G de coût 7, minimal, pour l'exemple traité.

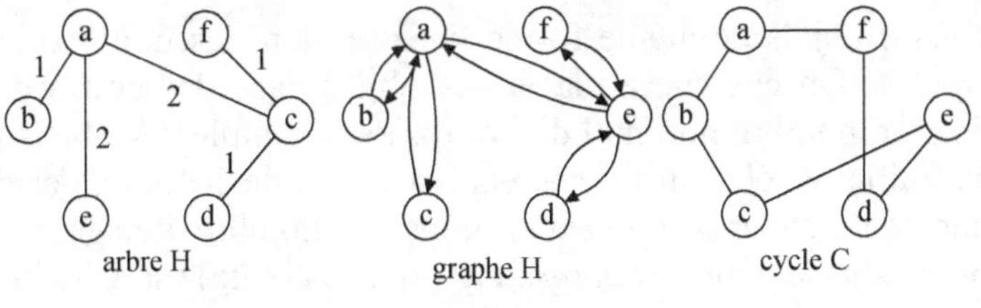

Figure 2.2 La construction d'un cycle hamiltonien c

La seconde étape consiste à construire le graphe orienté symétrique H' qui est déduit de H en remplaçant chacune des ses arêtes $[x, y]$ par les deux arcs (x, y) et (y, x). Puis on construit dans H' un circuit eulérien E (c-à-d empruntant tous les arcs de H' une fois et une seule). Dans notre exemple :

$E = (a, b, a, c, a, e, d, e, f, e, a)$, qui a pour coût 14.

Dans la dernière étape on construit un cycle hamiltonien à partir du circuit E. Ce cycle est obtenu en considérant uniquement la première occurrence de chaque sommet dans E puis en ajoutant en dernière position le sommet initial (ici : a). Le cycle $C = (a, b, c, e, d, f, a)$ est la solution approchée, son coût est : $\hat{C} = 11$. Le coût de l'optimum (inconnu ici) est noté C^*.

Nous allons montrer que pour toute instance du problème du voyageur de commerce euclidien l'algorithme précédant construit une solution de coût $\hat{C}$ vérifiant $\frac{\hat{C}}{C^*} \leq 2$: notons $c(H)$ le coût d'un arbre couvrant de coût minimal. Le coût du circuit eulérien E est : $l(E) = 2\,c(H)$. Puisque que tous les coûts vérifient l'inégalité triangulaire, nous avons : $l(E) \geq \hat{C}$; en effet : $l(E) = c_{ab} + (c_{ba} + c_{ac}) + (c_{ca} + c_{ae}) + c_{ed} + (c_{de} + c_{ef}) + (c_{fe} + c_{ea}) \geq c_{ab} + c_{bc} + c_{ce} + c_{ed} + c_{df} + c_{fa} = \hat{C}$. D'autre part tout cycle hamiltonien est la réunion d'une chaîne élémentaire P couvrant les sommets de G et de l'arête $[k, l]$ joignant les deux extrémités k et l de cette chaîne. Toute chaîne qui couvre les sommets de G est aussi un arbre couvrant ; ainsi en notant $l(P)$ le coût de la chaîne P, nous avons : $c(H) \leq l(P)$ puisque H est un arbre couvrant de coût minimal. Comme les valuations (coûts) des arêtes sont positives, tout cycle hamiltonien C a un coût $l(C) = l(P) + c_{kl}$ qui vérifie : $l(C) \geq l(P) \geq c(H)$. En particulier un cycle hamiltonien de longueur minimale est tel que $C^* \geq c(H)$. En regroupant les inégalités nous obtenons : $\hat{C} \leq l(E) = 2\,c(H) \leq 2\,C^*$ et ainsi $\frac{\hat{C}}{C^*} \leq 2$. En fait, ici, $C^* = 9$ *avec* (a, b, f, e, d, c, a) et $\frac{\hat{C}}{C^*} = \frac{11}{9} = 1{,}22$.

On peut montrer que l'algorithme permettant d'obtenir cette solution approchée est polynomial ; nous avons donc un algorithme polynomial avec une garantie relative de performance de rapport 2 pour le problème du voyageur de commerce euclidien (ce problème étant prouvé NP-difficile, il n'exite pas d'algorithme polynomial fournissant une solution optimale, sauf si $P = NP$: ce qui est très improbable !).

Autre exemple : un algorithme polynomial avec garantie de performance pour le problème du *bin packing*

Considérons n objets de même forme linéaire, dont les tailles $a_1, \cdots, a_n$ vérifient : $0 < a_i < A$. On cherche à placer ces objets dans des boîtes de taille A de façon à utiliser un nombre minimal de boîtes. Par exemple ces objets peuvent être des livres ; la 'taille' de chacun est son épaisseur ; on désir les ranger dans des étagères, chacune de longueur A ; on veut minimiser le nombre d'étagères à acheter. Ce problème connu sous le nom de *bin packing* (mise en boîte) est NP-difficile. L'algorithme suivant permet d'obtenir une solution approchée : les objets sont placés un à un dans les boîtes suivant l'ordre arbitraire $1, \cdots, n$. L'étape i $(i = 1, \cdots, n)$ de l'algorithme consiste à placer l'objet i dans une des boîtes déjà partiellement remplie (sauf pour l'objet 1 rangé dans une boîte vide), si cela est possible (la somme des tailles des objets placés dans chacune des boîtes ne doit pas dépasser la capacité A). Si ce n'est pas possible, l'objet i est placé dans une nouvelle boîte.

Nous allons montrer que cet algorithme très simple possède une garantie relative de performance.

Les boîtes étant de capacité A, une solution optimale vérifie $C^* \geq \frac{1}{A}\sum_{i=1}^{n} a_i$, car chaque objet est placé dans une boîte. Maintenant nous montrons une propriété de l'algorithme : à toute étape de l'exécution de l'algorithme, il est impossible que deux boîtes aient leur contenu inférieur ou égal à $\frac{A}{2}$: en effet, si tel était le cas, les objets placés dans l'une de ces deux boîtes auraient du être placés dans l'autre boîte. Ainsi, lorsque l'exécution de l'algorithme est achevée, au plus une boîte peut avoir un contenu inférieur ou égal à $\frac{A}{2}$, les $\hat{C} - 1$ autres boîtes ayant un contenu supérieur à $\frac{A}{2}$, nous avons ainsi : $\frac{\hat{C} - 1}{2} < \frac{1}{A}\sum_{i=1}^{n} a_i$. En regroupant les inégalités, nous obtenons : $\frac{\hat{C} - 1}{2} < \frac{1}{A}\sum_{i=1}^{n} a_i \leq C^*$; alors en divisant chaque membre par $\hat{C}$ il vient : $\frac{1}{2} - \frac{1}{2\hat{C}} \leq \frac{C^*}{\hat{C}}$ et, $\hat{C}$ et C^* étant entiers : $\frac{1}{2} \leq \frac{C^*}{\hat{C}}$, soit $\frac{\hat{C}}{C^*} \leq 2$.

Dans l'exemple, au pire le nombre d'étagères achetées sera toujours inférieur au double du nombre minimal. En fait, on peut montrer que le rapport d'approximation de cet, algorithme est de l'ordre de 1, 7.

L'algorithme est de complexité polynomiale, nous avons donc un algorithme polynomial avec une garantie relative de performance pour le problème du bin packing (ce problème étant NP-difficile, il n'existe pas d'algorithme polynomial pour le résoudre exactement sauf si $P = NP$).

Le lecteur pourra également se référer au chapitre 4, à la fin du paragraphe 10 de cet ouvrage où un deuxième algorithme polynomial avec une garantie relative de performance pour le problème du bin packing est présenté.

Les métaheuristiques

Les *métaheuristiques* les plus fréquemment utilisées pour fournir des solutions approchées à des problèmes NP-difficiles ont pour principal attrait d'être suffisamment génériques pour s'adapter facilement à de nombreux problèmes. Si ces heuristiques fournissent généralement assez rapidement des solutions approchées, elles ne fournissent cependant aucune garantie sur l'écart entre le coût de la solution fournie et le coût d'une solution optimale. Des études statistiques faites sur les métaheuristiques telles que le recuit simulé et la recherche "tabou" ont montré, pour certains types de problèmes, la bonne qualité des solutions obtenues. Le recuit simulé et la recherche tabou sont deux méthodes de voisinage : c'est-à-dire des méthodes dans lesquelles, à chaque itération, à partir d'une solution courante S, un voisinage $V(S)$ de cette solution est déterminé. Ensuite, une nouvelle solution S' appartenant à ce voisinage $V(S)$ est choisie, suivant un critère probabiliste. Contrairement aux classiques méthodes dites "de descente", la nouvelle solution courante S' peut être de moins bonne qualité que la solution précédente *S*. Pour chacune de ces deux méthodes, seuls deux paramètres sont à déterminer : la définition de voisinage dépendant uniquement du problème à résoudre, et la taille de la liste tabou pour la recherche tabou ou bien la vitesse de décroissance de la « température » pour le recuit simulé. Le lecteur est invité à consulter le chapitre 11 pour trouver de nombreux exemples d'application de ces métaheuristiques. D'autres méthodes ont été conçues avec de mêmes objectifs, mais sans être toujours plus efficaces que la recherche tabou ou le recuit simulé : méthodes neuronales, algorithmes génétiques, méthode de bruitage, colonies de fourmis : cf. le chapitre 11.

Une tendance actuelle est de combiner des métaheuristiques entre elles pour obtenir des méthodes hybrides qui se révèlent parfois plus efficaces pour certaines classes de problèmes.

EXERCICES

*2.1 Le tri par transpositions et sa complexité

On veut trier, par ordre croissant, n nombres rangés dans un tableau (à une seule ligne, ou « vecteur »), par transpositions successives. Par exemple pour trier :

1	2	3	4
5	4	9	1

, on opère comme suit :

5	4	9	1

$5 > 4$: on les transpose

4	5	9	1

$5 < 9$: on ne les transpose pas

4	5	9	1

$9 > 1$: on les transpose

4	5	1	9

fin de la 1ère phase

En fin de la 1ère phase, le nombre le plus grand (ici 9) est à sa place définitive : la case n. Puis on entreprend une seconde phase avec les $n - 1$ nombres des cases 1 à $n - 1$ (ici $n - 1 = 3$) :

4	5	1

$4 < 5$: on ne transpose pas

4	5	1

$5 > 1$: on les transpose

4	1	5

En fin de seconde phase, le second plus grand nombre est à sa place. Ici, il n'y a que 3 phases ($n - 1 = 3$)

4	1

$4 > 1$: on transpose

1	4

FIN.

Ce tableau trié par ordre croissant est donc :

1	4	5	9

1) Évaluer le nombre de comparaisons entre deux nombres effectuées dans l'exemple. Puis donner la complexité de ce tri, avec n nombres.

2) Écrire une procédure générale pour le tri par transpositions de n nombres.

**2.2 Complexité du tri par fusion

Considérons 2 tableaux $T1$ et $T2$ comportant n_1 et n_2 éléments, respectivement. Les éléments des deux tableaux sont déjà triés, suivant un ordre croissant par exemple. L'objectif est de fusionner ces deux tableaux en un tableau T unique contenant les $n = n_1 + n_2$ éléments de $T1$ et $T2$, T devant être lui aussi trié suivant le même ordre croissant.

Considérons l'algorithme suivant effectuant la fusion de $T1$ et $T2$ (par la suite, nous noterons $T = T1 \oplus T2$ le résultat de cette opération) :

1. $i_1 \leftarrow 1\,;\, i_2 \leftarrow 1\,;\, i \leftarrow 1\,;$
2. Tant que $i_1 \leqslant n_1$ et $i_2 \leqslant n_2$
3. si $T1(i_1) \leqslant T2(i_2)$ alors : $T(i) \leftarrow T1(i_1)$; $i_1 \leftarrow i_1 + 1$
4. sinon : $T(i) \leftarrow T2(i_2)$; $i_2 \leftarrow i_2 + 1$
5. $i \leftarrow i + 1$
6. si $i_1 \leqslant n_1$ alors tant que $i_1 \leqslant n_1$: $T(i) \leftarrow T1(i_1)$; $i_1 \leftarrow i_1 + 1\,;\, i \leftarrow i + 1$
7. sinon tant que $i_2 \leqslant n_2$: $T(i) \leftarrow T2(i_2)$; $i_2 \leftarrow i_2 + 1\,;\, i \leftarrow i + 1$

1) Appliquer cet algorithme aux tableaux suivants :

7	5	2	8

T_1

4	1	3	9	6

T_2

2) Après avoir montré que l'algorithme effectue correctement la fusion de deux tableaux triés en un seul, montrer que la complexité dans le pire des cas de cet algorithme est $O(n)$. Quelles sont les complexités dans le meilleur des cas et dans le cas moyen ?

Considérons maintenant un tableau T contenant n éléments. L'objectif est de trier les éléments de T suivant un ordre croissant par exemple.

Si $n \geqslant 2$, nous notons $m = \left\lfloor \frac{n}{2} \right\rfloor$ (l'arrondi par défaut de $\frac{n}{2}$).

Nous désignons par T_{gauche} la première moitié de T (c'est-à-dire le tableau constitué des éléments $T(1), \cdots, T(m)$), et par T_{droite} la seconde moitié de T (le tableau constitué des éléments $T(m + 1), \cdots, T(n)$).

Considérons l'algorithme $Tri(T)$ suivant :

1. $Tri(T)$
2. si $n \geqslant 2$ alors $T \leftarrow Tri(T_{gauche}) \oplus Tri(T_{droite})$
3. sinon $Tri(T) \leftarrow T$

3) Montrer que la complexité de l'algorithme est $O(n \log n)$.

ÉLÉMENTS DE LA THÉORIE DES GRAPHES

3

3.1 ÉLÉMENTS DE LA THÉORIE DES GRAPHES

3.1.1 Qu'est-ce qu'un graphe?

Un des plus anciens problèmes combinatoires, est la détermination d'un itinéraire à travers la ville de Königsberg (aujourd'hui Kaliningrad) en n'utilisant qu'une fois et une seule chacun des sept ponts qui enjambaient les bras de la rivière ou conduisaient à deux îles, dont Euler montra en 1735 l'impossibilité en utilisant un argument simple, de parité, semble constituer le premier témoignage de l'emploi des graphes :

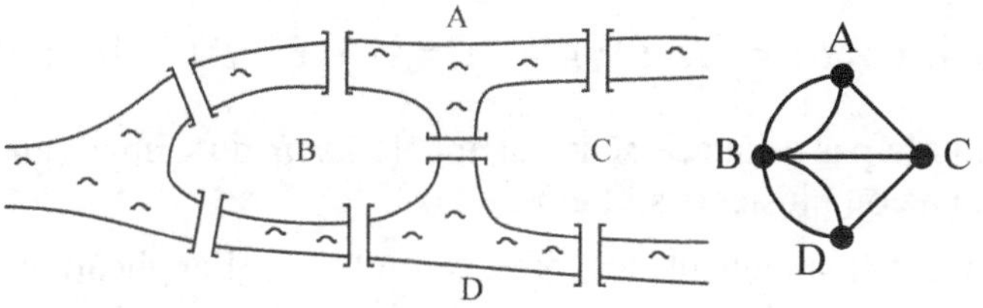

Figure 3.1

La preuve de l'impossiblité est donnée dans l'exercice 3.2.

Plus tard, J. Petersen, avec ses graphes réguliers (1891), André Sainte-Laguë, ancien professeur du CNAM, avec la première thèse sur les *réseaux* (ou *graphes*), en 1926, et surtout Dénes König, publiant sa *Theorie der endlichen und unendlichen Graphen* (1936), développèrent ce concept. C'est en 1958 que Claude Berge fit paraître sa *Théorie des graphes et applications,* considérablement amplifiée dans

Graphes et hypergraphes (1971), d'où un renouvellement, un essor des recherches, notamment en France, en Hongrie, aux États-Unis, en Union Soviétique (aujourd'hui Russie) et au Japon.

La théorie des graphes est devenue l'un des instruments les plus efficaces pour représenter (modéliser), puis résoudre de nombreux problèmes discrets que pose la recherche opérationnelle. Claude Berge a reconnu que la R.O. contribue aux progrès de la théorie des graphes, en suscitant de nouvelles recherches (voir, par exemple, l'avant-propos de *Graphes et hypergraphes*).

3.1.2 Vocabulaire de la théorie des graphes; connexité, arbres

Considérons les « points » A, B, C, D et E et un certain nombre de « flèches » joignant entre eux plusieurs couples de ces points (figure 3.2). Désormais ces points seront nommés *sommets* et ces flèches, *arcs*.

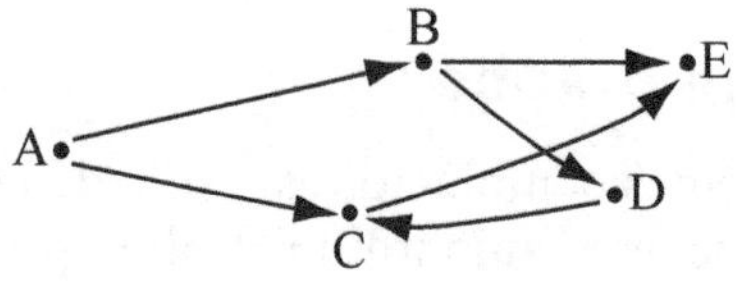

Figure 3.2

À chaque sommet de l'ensemble $X = \{A, B, C, D, E\}$ correspond par l'application Γ^+ (nommée *application successeurs*), un sous-ensemble de X; ainsi en suivant les arcs (flèches), on voit que :

$$\Gamma^+(A) = \{B,C\}; \Gamma^+(B) = \{D, E\}; \Gamma^+(C) = \{E\}; \Gamma^+(D) = \{C\}; \Gamma^+(E) = \emptyset.$$

le sommet E, qui n'a pas de successeur, est appelé *sortie* du graphe (un graphe peut comporter zéro, une ou plusieurs sorties).

Si l'on remonte maintenant les arcs, on obtient l'application réciproque, nommée *application prédécesseurs* et notée Γ^- : $\Gamma^-(A) = \emptyset$; $\Gamma^-(B) = \{A\}$; $\Gamma^-(C) = \{A, D\}$; $\Gamma^-(D) = \{B\}$; $\Gamma^-(E) = \{B, C\}$;

Le sommet A, qui n'a pas de prédécesseur, est appelé *entrée* du graphe.

Le sommet E, qui n'a pas de successeur, est appelé *sortie* du graphe.

Ainsi un graphe est défini lorsque l'on connaît l'ensemble X de ses sommets et l'application successeur Γ^+, d'où l'écriture $G = (X, \Gamma^+)$. Ou bien si l'on connaît X et Γ^- ; on note alors : $G = (X, \Gamma^-)$.

Tout arc u peut être désigné par le couple formé par son sommet, extrémité initiale, puis son extrémité extrémale. Par exemple l'arc reliant A à B est noté :

(A, B). Soit U l'ensemble de tous les arcs du graphe ; le graphe peut aussi être noté : $G = (X, U)$. Pour le graphe de la figure 3.2, on a :

$$U = \{(A, B), (A, C), (B, D), (B, E), (C, E), (D, C)\}$$

U étant un ensemble de couples, U est donc une relation binaire sur l'ensemble X des sommets (rappel : une relation binaire sur un ensemble X est un sous-ensemble du produit cartésien $X \times X$: $U \subset X \times X$; le produit cartésien $X \times X$ est, par définition, l'ensemble de tous les couples (x, y) où x et y appartiennent à X).

Dans certaines applications, on n'a pas besoin de noter (ou de conserver) l'orientation initiale des arcs : à tout *graphe orienté* correspond un *graphe non orienté*. Ses arcs « désorientés » sont nommés *arêtes* ; ainsi l'arc (A, B), sans son orientation, donne l'arête $[A, B]$ (qui peut être notée tout aussi bien : $[B, A]$). Mais si un graphe G comporte à la fois l'arc (x, y) et l'arc (y, x), le graphe non orienté associé comporte une seule arête : $[x, y]$ (qu'on peut noter aussi : $[y, x]$).

Dans un graphe, on appelle *chemin* une séquence d'arcs dont l'extrémité terminale de chacun, sauf pour le dernier, est l'extrémité initiale du suivant.

Un chemin qui se ferme sur lui-même est un *circuit*.

On exige, le plus souvent, qu'un chemin soit *simple* : un chemin est simple s'il ne passe qu'une fois par chacun de ses arcs ; il est *élémentaire* s'il ne passe pas plus d'une fois chacun de ses sommets. (NB : un chemin élémentaire est nécessairement simple, mais la réciproque est fausse).

La *longueur* d'un chemin est le nombre de ses arcs. Un circuit de longueur 1 est une *boucle*.

La figure 3.3 représente un graphe dans lequel : (D, A, E, A, E, A) est un chemin, (A, C, D, A) un circuit ; en B existe une *boucle*. (D, A, E, A, E, A) n'est pas simple, (D, A, E, A) est simple, mais pas élémentaire ; (D, A, E) est élémentaire.

Le "demi-degré extérieur" du sommet x est : $d_x^+ = \text{card}\, \Gamma^+(x)$: c'est le nombre d'arcs ayant leur extrémité initiale en x (en excluant les boucles) ; le "demi-degré intérieur" du sommet x est : $d_x^- = \text{card}\, \Gamma^-(x)$: c'est le nombre d'arcs ayant leur extrémité terminale en x (boucles exclues).

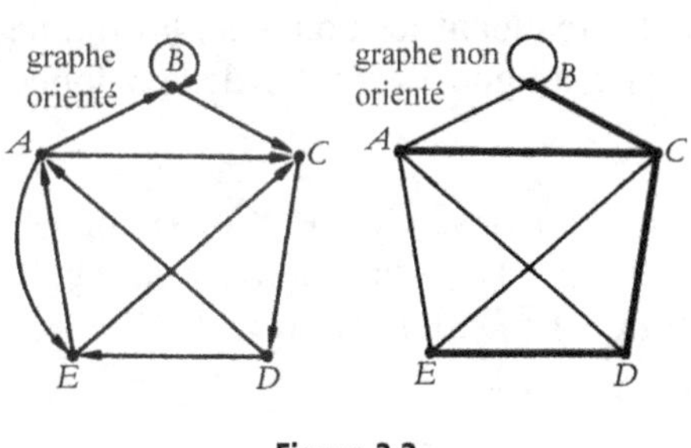

Figure 3.3

Considérons maintenant le graphe de la figure 3.3 comme **non orienté**. C'est le graphe $G = (X, V)$, où V est l'ensemble des arêtes. On appelle *chaîne* une suite d'arêtes, dont chacune a une extrémité commune avec l'arête précédente (sauf la première) et l'autre commune avec l'arête suivante (sauf la dernière). Ainsi

$[A, D, E, C]$ est une chaîne.

Une chaîne qui se ferme sur elle-même (et qui est simple) est un *cycle*.

Un graphe est *connexe* s'il existe au moins une chaîne entre toute paire de sommets ; s'il n'est pas connexe, les sous-ensembles maximaux (au sens de l'inclusion) de sommets tels qu'entre deux sommets quelconques d'un même sous-ensemble existe une chaîne, sont nommés « *composantes connexes* » du graphe. Ce concept ne fait donc pas appel à l'orientation du graphe.

N.B. Nous définirons plus loin la *forte connexité* qui, elle, concerne les graphes orientés.

Le graphe ci-dessus est connexe ; la suppression des arêtes $[A, B]$, $[A, C]$, $[D, A]$, $[D, E]$ et $[E, C]$ le rendrait non connexe, le graphe restant comporterait $p = 2$ composantes connexes : $\{A, E\}$ et $\{B, C, D\}$.

Le *degré* d'un sommet x est le nombre d'arêtes ayant une extrémité en x : $d_A = 4, d_B = 2$ (la boucle est exclue), $d_C = 4$, etc.

Un *arbre* est un graphe connexe et sans cycle (cette notion ne fait donc pas appel à l'orientation du graphe) ; dans la figure 3.3 si l'on supprime les arcs (A, B), (B, B), (D, A), (E, A) et (C, E), le graphe restant est un arbre (illustré par les arêtes grasses de la fig. 3.3). Un arbre de n sommets comporte $n - 1$ arêtes (arcs). Insistons sur le fait qu'un arbre n'est pas orienté *a priori*.

Une *arborescence*, dans un graphe orienté, est un arbre comportant un sommet particulier r, nommé *racine* de l'arborescence ; depuis r, il existe dans l'arborescence un chemin (et un seul) vers tout autre sommet (cette notion fait donc bien appel à l'orientation du graphe) ; en supprimant tous les arcs de la fig. 3.3 sauf les $n - 1 = 4$ arcs suivants : (B, C), (C, D), (D, A) et (D, E), on obtient une arborescence de racine B.

N.B. Certains informaticiens nomment "arbre" ce qui – en théorie des graphes – est une arborescence.

$M =$	A	B	C	D	E
A	0	1	1	0	1
B	0	1	1	0	0
C	0	0	0	1	0
D	1	0	0	0	1
E	1	0	1	0	0

Figure 3.4 Matrice booléenne associée

Tout graphe peut être défini par sa *matrice d'adjacence* M qui est booléenne. L'existence d'un arc de X vers Y se traduit par la présence d'un 1 à l'intersection de la ligne X et de la colonne Y de la matrice M ; l'absence d'arc, par la présence d'un 0. La matrice d'adjacence relative au graphe de la figure 3.3 est donnée ci-contre. En excluant les boucles : la somme des termes de la ligne X est : d^+_x, de la colonne Y : d^-_y.

À une matrice associée symétrique (voir le chap. 1 sur les relations) correspond un graphe *symétrique* : si $(x, y) \in U$ alors $(y, x) \in U$ une matrice associée antisymétrique, un graphe *antisymétrique* : si $(x, y) \in U$ alors $(y, x) \notin U$.

Un graphe est *complet* si, pour tout arc (x, y), on a :

$$[(x, y) \notin U] \text{ entraîne } [(y, x) \in U]$$

Le graphe complet symétrique de n sommet est noté K_n (ou *clique* de n sommets), en honneur au mathématicien polonais **Kuratowski**.

Une autre manière de décrire un graphe est d'utiliser sa matrice d'incidence sommets/arcs : chaque ligne de cette matrice est associée à un sommet, et chaque colonne est associée à un arc du graphe.

Dans la colonne correspondant à un arc (i, j) autre qu'une boucle, figurent la valeur $+1$ sur la ligne correspondant au sommet i, la valeur -1 sur la ligne correspondant au sommet j et la valeur 0 sur toutes les autres lignes.

Dans une colonne correspondant à une boucle (i, i) figurent la valeur $+1$ sur la ligne correspondant au sommet i et la valeur 0 sur toutes les autres lignes. La figure 3.5 donne cette matrice pour le graphe de notre exemple (les valeurs 0 ont été omises).

	(A, B)	(B, B)	(B, C)	(A, C)	(A, E)	(C, D)	(D, A)	(D, E)	(E, C)	(E, A)
A	+1			+1	+1		−1			−1
B	−1	+1	+1							
C			−1	−1		+1			−1	
D						−1	+1	+1		
E					−1			−1	+1	+1

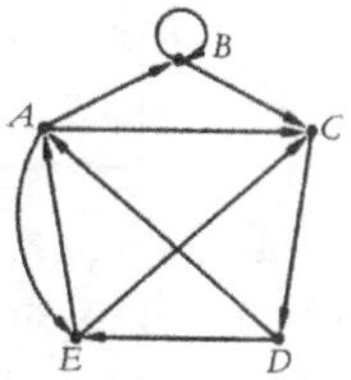

Figure 3.5 Matrice d'incidence

Une autre manière de représenter un graphe est d'utiliser la liste chaînée de ses successeurs[1]. La figure 3.5 bis donne la liste des successeurs pour notre exemple. Cette représentation compacte d'un graphe est aisée à obtenir en machine en utilisant les structures de données dynamiques existant désormais dans tous les langages de programmation.

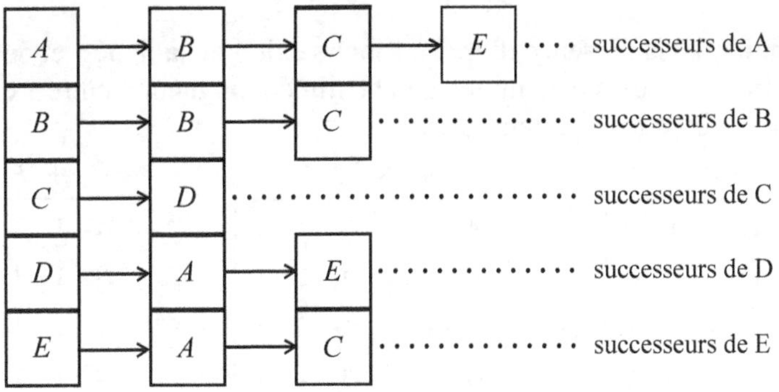

Figure 3.5 bis Listes de successeurs

1. Rappelons que l'ensemble des successeurs d'un sommet x se note : $\Gamma^+(x)$, ou bien $\Gamma(x)$.

3.1.3 Chemins de longueur *k*. Fermeture transitive

Considérons la matrice M du graphe de la figure 3.3. On peut se proposer de l'élever au carré, au cube, etc. On obtient ainsi $M^2, M^3, M^4, \ldots$ où l'élément (i, j) de M^k est le nombre de chemins de longueur k allant du sommet i au sommet j (ce que l'on peut prouver par récurrence sur k).

Rappelons que le produit d'une matrice A, de format $p \times q$, par une matrice B, de format $q \times r$, est la matrice $C = A \cdot B$ de format $p \times r$, telle que

$$c_{ij} = a_{i1} \cdot b_{1j} + a_{i2} \cdot b_{2j} + \ldots + a_{iq} \cdot b_{qj}.$$

$M^2 =$

	A	B	C	D	E
A	1	1	2	1	0
B	0	1	1	1	0
C	1	0	0	0	1
D	1	1	2	0	1
E	0	1	1	1	1

$M^3 =$

	A	B	C	D	E
A	1	2	2	2	2
B	1	1	1	1	1
C	1	1	2	0	1
D	1	2	3	2	1
E	2	1	2	1	1

$M^4 =$

	A	B	C	D	E
A	4	3	5	2	3
B	2	2	3	1	2
C	1	2	3	2	1
D	3	3	4	3	3
E	2	3	4	2	3

Dans un graphe de n sommets, un plus long chemin élémentaire comporte, évidemment, s'il existe, $n - 1$ arcs. Il passe alors une fois et une seule par tous les sommets du graphe : on l'appelle *chemin hamiltonien*. Un chemin hamiltonien qui se referme sur lui-même est un *circuit hamiltonien*. Dans le graphe de la figure 3.3 on n'a qu'un circuit hamiltonien : (A, B, C, D, E, A), alors qu'on avait plusieurs chemins hamiltoniens.

On peut également calculer les « puissances » successives de M en utilisant comme loi « multiplicative » le produit logique et, comme loi « additive » la somme logique dont nous rappelons les tables ci-dessous. Ainsi, $M^{[k]}$ sera encore une matrice booléenne :

$\times$	0	1
0	0	0
1	0	1

$\dot{+}$	0	1
0	0	1
1	1	1

Dans ces conditions, la présence d'un 1 à l'intersection de la ligne x et de la colonne y de $M^{[k]}$ signifie : « il existe au moins un chemin de longueur k entre x et y ». Dans l'exemple choisi, on a les résultats suivants :

$M^{[2]} =$

	A	B	C	D	E
A	1	1	1	1	0
B	0	1	1	1	0
C	1	0	0	0	1
D	1	1	1	0	1
E	0	1	1	1	1

$M^{[3]} =$

	A	B	C	D	E
A	1	1	1	1	1
B	1	1	1	1	1
C	1	1	1	0	1
D	1	1	1	1	1
E	1	1	1	1	1

$M^{[4]} =$

	A	B	C	D	E
A	1	1	1	1	1
B	1	1	1	1	1
C	1	1	1	1	1
D	1	1	1	1	1
E	1	1	1	1	1

Tous les termes $M^{[4]}$ sont égaux à 1 car dans G il existe au moins un chemin de longueur 4 de tout sommet x vers tout sommet y : le vérifier sur la Fig. 3.3.

Si l'on fait la somme booléenne :

$M \dotplus M^{[2]} \dotplus M^{[3]} \dotplus M^{[4]}$ et, plus généralement, $M \dotplus M^{[2]} \dotplus \cdots \dotplus M^{[k-1]}$,

on trouve une matrice (qui, dans le cas particulier de l'exemple est entièrement formée de 1) dans laquelle la présence d'un 1 à l'intersection de la ligne x et de la colonne y signifie : « il existe dans le graphe au moins un chemin de longueur inférieure ou égale à $k - 1$ de x vers y ».

On appelle *fermeture transitive* d'un sommet x, d'un graphe $G = (X, \Gamma)$, l'expression :

$$\hat{\Gamma}(x) = \{x\} \cup \Gamma(x) \cup \Gamma^2(x) \cup \cdots \cup \Gamma^{n-1}(x),$$

où, pour simplifier, on a noté $\Gamma^+(x) = \Gamma(x)$ et $\Gamma^k(x) = \Gamma(\Gamma^{k-1}(x))$.

$\hat{\Gamma}(x)$ désigne l'ensemble des descendants de x, c'est-à-dire des sommets accessibles depuis x par des chemins (y compris x lui-même).

Il est facile de montrer que l'on obtient la fermeture transitive de l'ensemble X des sommets du graphe en calculant la matrice $(I \dotplus M)^{[n-1]}$ (car la longueur maximale des chemins élémentaires de G est : n−1).

$$\hat{M} = I \dotplus M \dotplus M^{[2]} \dotplus \cdots \dotplus M^{[n-1]} = (I \dotplus M)^{[n-1]}$$

où I est la matrice booléenne unité (qui ne comporte que des 1 dans la diagonale et des 0 partout ailleurs).

En effet, en calcul booléen, la formule du binôme de Newton est plus simple :

$$(A \dotplus B)^{[n-1]} = A^{[n-1]} \dotplus A^{[n-2]}.B \dotplus A^{[n-3]}.B^{[2]} \dotplus \cdots \dotplus B^{[n-1]}.$$

(À cause de l'*idempotence* de la somme booléenne : $1 \dotplus 1 = 1$, le triangle de Pascal (des C_n^p) a tous ses éléments égaux à 1 en calcul booléen !)

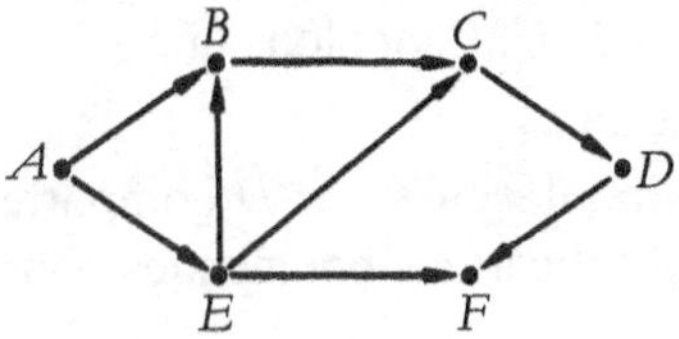

Figure 3.6

Considérons, par exemple, le graphe de la figure 3.6. On a d'abord écrit M, puis en portant des 1 dans la diagonale, $I \dotplus M$.

Calculons $(I \dotplus M)^{[2]}$, $(I \dotplus M)^{[3]}$, puis $(I \dotplus M)^{[5]}$. Nous obtenons :

$M =$

	A	B	C	D	E	F
A	0	1	0	0	1	0
B	0	0	1	0	0	0
C	0	0	0	1	0	0
D	0	0	0	0	0	1
E	0	1	1	0	0	1
F	0	0	0	0	0	0

$I \dotplus M =$

	A	B	C	D	E	F
A	1	1	0	0	1	0
B	0	1	1	0	0	0
C	0	0	1	1	0	0
D	0	0	0	1	0	1
E	0	1	1	0	1	1
F	0	0	0	0	0	1

$(I \dotplus M)^{[2]} =$

	A	B	C	D	E	F
A	1	1	1	0	1	1
B	0	1	1	1	0	0
C	0	0	1	1	0	1
D	0	0	0	1	0	1
E	0	1	1	1	1	1
F	0	0	0	0	0	1

$$(I \dot{+} M)^{[3]} = \begin{array}{c|cccccc|} & A & B & C & D & E & F \\ \hline A & 1 & 1 & 1 & 1 & 1 & 1 \\ B & 0 & 1 & 1 & 1 & 0 & 1 \\ C & 0 & 0 & 1 & 1 & 0 & 1 \\ D & 0 & 0 & 0 & 1 & 0 & 1 \\ E & 0 & 1 & 1 & 1 & 1 & 1 \\ F & 0 & 0 & 0 & 0 & 0 & 1 \\ \hline \end{array} \qquad (I \dot{+} M)^{[5]} = \begin{array}{c|cccccc|} & A & B & C & D & E & F \\ \hline A & 1 & 1 & 1 & 1 & 1 & 1 \\ B & 0 & 1 & 1 & 1 & 0 & 1 \\ C & 0 & 0 & 1 & 1 & 0 & 1 \\ D & 0 & 0 & 0 & 1 & 0 & 1 \\ E & 0 & 1 & 1 & 1 & 1 & 1 \\ F & 0 & 0 & 0 & 0 & 0 & 1 \\ \hline \end{array} = \widehat{M}$$

Remarques.

• $(I \dot{+} M)^{[k]}$ est la matrice codant l'existence des chemins d'au plus k arcs dans le graphe.

• M comporte, dans l'exemple, une colonne entièrement formée de 0 ; c'est une *entrée* du graphe (ici, le sommet A) ; elle comporte aussi une ligne constituée uniquement de 0 : c'est une *sortie* du graphe (ici, F).

• Dans un graphe de n sommets, il ne peut y avoir de chemin élémentaire de longueur supérieure à $n-1$ (sans répétition de sommet), si bien que lorsqu'on recherche la fermeture transitive, (ou ensemble des *descendants* de tous les sommets) on peut s'arrêter à la puissance $n-1$ de $I \dot{+} M$. En pratique, on peut d'ailleurs s'arrêter dès que :

$$(I \dot{+} M)^{[k]} = (I \dot{+} M)^{[k-1]}.$$

Donnons deux schémas possibles pour le calcul de $\hat{M}$. Posons $A = I \dot{+} M$. Le premier schéma consiste à calculer :

$$A^{[2]} = A \cdot A, \text{puis } A^{[3]} = A^{[2]} \cdot A, \text{puis } A^{[4]}, \cdots, \text{puis } A^{[n-1]} = A^{[n-2]} \cdot A,$$

soit $n-2$ produits de matrices.

Or le produit de deux matrices $n \times n$ requiert n^3 multiplications booléennes ; en effet, soient B, C, D des matrices $n \times n$ telles que : $D = B \cdot C$. Rappelons que :

$$d_{ij} = b_{i1} \cdot c_{1j} \dot{+} b_{i2} \cdot c_{2j} \dot{+} \cdots \dot{+} b_{in} \cdot c_{nj}.$$

L'évaluation de d_{ij} requiert donc n multiplications booléennes ; or D comporte n^2 termes : au total, il faut effectuer $n^2 \times n$, soit n^3 multiplications booléennes pour calculer D.

Finalement pour évaluer $\hat{M}$, on aura $(n-2) \times n^3$ multiplications booléennes. La complexité de ce schéma est donc $O(n^4)$.

Ainsi pour un graphe de $n = 240$ sommets, l'on calculerait :

$$A^2 = A \cdot A, A^3 = A^2 \cdot A, \cdots, A^{239} = A^{238} \cdot A$$

soit 238 produits de matrices.

On peut donc améliorer ce schéma comme suit : on a vu plus haut que : $(I \dot{+} M)^{[n-1]} = (I \dot{+} M)^{[n]} = \cdots = [I \dot{+} M]^{[n+p]}$ (p entier $\geqslant -1$).

Pour ce graphe $\hat{M} = A^{239}$; comme : $2^7 = 128 < 239 < 2^8 = 256$, on a aussi : $\hat{M} = A^{256}$. D'où le schéma de calcul amélioré :

$$A^2 = A \cdot A \text{, puis } A^4 = A^2 \cdot A^2 \text{, } A^8 = A^4 \cdot A^4 \text{, } \cdots \text{, } A^{256} = A^{128} \cdot A^{128}.$$

où à chaque itération, on calcule le carré de la matrice de l'itération précédente. Ce schéma ne nécessite que 8 produits de matrices (au lieu de 238...) et dans le cas général : $E^*\,[\log_2(n-1)]$ produits de matrices, où $E^*[x]$ désigne la partie entière de x par excès : ici $n-1=239$; puisque $2^7 < 239 < 2^8$, on a : $7 < \log_2 239 < 8$ et $E^*\left[\log_2 239\right] = 8$. La complexité de la méthode matricielle avec ce schéma amélioré n'est plus que de $O(n^3 \log_2 n)$, qui est effectivement moindre que $O(n^4)$.

Nous allons maintenant donner l'algorithme de Roy-Warshall, de complexité moindre : $O(n^3)$ qui, lui aussi, détermine la fermeture transitive d'un graphe (cet algorithme a été aussi trouvé indépendamment par le Pr Louis Nolin).

1. $A \leftarrow M$
2. pour $i = 1$ à n faire
3. $\quad A(i, i) \leftarrow 1$
4. pour $k = 1$ à n faire
5. $\quad$ pour $j = 1$ à n faire
6. $\quad\quad$ pour $i = 1$ à n faire
7. $\quad\quad\quad A(i,j) \leftarrow A(i,j) \dot{+} A(i,k) \times A(k,j)$

La figure 3.7 illustre sur l'exemple précédent le déroulement de cet algorithme; lors de chaque itération k on a encadré certains [1] : ils correspondent aux arcs ajoutés, lors de cette itération, au graphe courant. Les sommets sont considérés dans l'ordre A, B, C, D, E, F et les relations de réflexivité (boucles) ne sont pas prises en compte. Ci-dessous ces sommets sont notés a, b, c, d, e et f (pour éviter la confusion entre la matrice A et le sommet A).

$A =$

Initialisation

	a	b	c	d	e	f
a	1	1	0	0	1	0
b	0	1	1	0	0	0
c	0	0	1	1	0	0
d	0	0	0	1	0	1
e	0	1	1	0	1	1
f	0	0	0	0	0	1

$k = 1$ (*cf* *a*)

	a	b	c	d	e	f
a		1	0	0	1	0
b	0		1	0	0	0
c	0	0		1	0	0
d	0	0	0		0	1
e	0	1	1	0		1
f	0	0	0	0	0	

$k = 2$ (*cf* *b*)

	a	b	c	d	e	f
a		1	[1]	0	1	0
b	0		1	0	0	0
c	0	0		1	0	0
d	0	0	0		0	1
e	0	1	1	0		1
f	0	0	0	0	0	

$k = 3$ (*cf* *c*)

	a	b	c	d	e	f
a		1	1	[1]	1	0
b	0		1	[1]	0	0
c	0	0		1	0	0
d	0	0	0		0	1
e	0	1	1	[1]		1
f	0	0	0	0	0	

$k = 4$ (*cf* *d*)

	a	b	c	d	e	f
a		1	1	1	1	[1]
b	0		1	1	0	[1]
c	0	0		1	0	[1]
d	0	0	0		0	1
e	0	1	1	1		1
f	0	0	0	0	0	

$k = 5$ (*cf* *e*)

	a	b	c	d	e	f
a		1	1	1	1	1
b	0		1	1	0	1
c	0	0		1	0	1
d	0	0	0		0	1
e	0	1	1	1		1
f	0	0	0	0	0	

$k = 6$ (*cf* *f*)

	a	b	c	d	e	f
a		1	1	1	1	1
b	0		1	1	0	1
c	0	0		1	0	1
d	0	0	0		0	1
e	0	1	1	1		1
f	0	0	0	0	0	

$= \overline{M}$

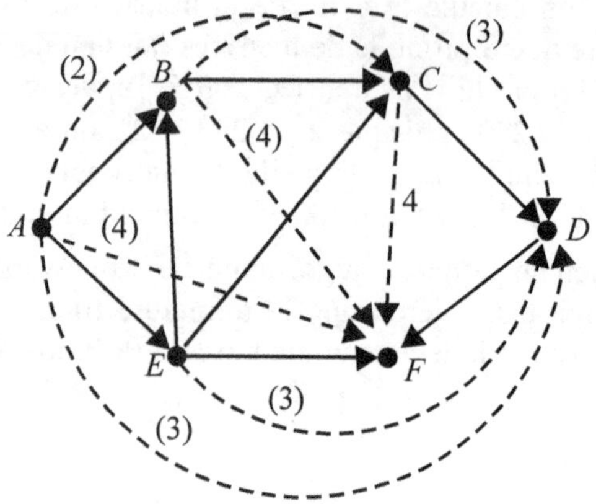

Figure 3.7 : Un exemple d'exécution de l'algorithme de Roy-Warshall

L'itération $k = 1$ n'ajoute aucun arc car a est une entrée. L'itération 2 ajoute l'arc (a, c) car le graphe courant comporte (a, b) et (b, c), l'itération 3 ajoute les arcs (a, d), (b, d) et (e, d) etc. L'itération 6 n'ajoute aucun arc car f est une sortie. La matrice $\hat{M}$ se déduit de $\overline{M}$ en égalant à 1 tous les termes de sa diagonale : $\hat{M} = \overline{M} \dotplus I$, où $\overline{M}$ est la matrice obtenue en fin d'application de l'algorithme.

Le lecteur intéressé pourra consulter les ouvrages cités en bibliographie pour trouver la preuve de cet algorithme.

3.1.4 Forte connexité

Cette notion, contrairement à celle de la connexité, fait appel à l'orientation du graphe. Soit la relation binaire définie sur l'ensemble des sommets X : « il existe au moins un chemin de x à y et au moins un chemin de y à x » ; elle est réflexive (de tout sommet x vers lui-même existe un chemin de longueur 0), symétrique, (par définition), et transitive : s'il existe un chemin de x à y et un chemin de y à z, la mise bout à bout ou « concaténation » de ces deux chemins fournit un chemin de x à z ; de même avec un chemin de y à x et un chemin de z à y.

C'est donc une relation d'équivalence. Les classes de cette relation d'équivalence se nomment les *composantes fortement connexes* du graphe[1].

Un graphe est *fortement connexe* s'il comporte une seule composante fortement connexe. Si l'on ajoute l'arc (d, a) au graphe de la Figure 3.6 (ou 3.7), il devient fortement connexe.

Considérons, à titre d'exemple, le graphe de la figure 3.8 pour lequel $|X| = n = 7$. Si l'on observe la matrice $\hat{M} = (I \dotplus M)^{[6]}$, on constate qu'un nouvel arrangement des colonnes et des lignes permet de faire apparaître des matrices carrées, uniquement formées de 1, s'appuyant sur la diagonale principale.

1. Dans toute composante fortement connexe $\mathscr{C}$, il existe donc un chemin entre tout couple de sommets de $\mathscr{C}$.

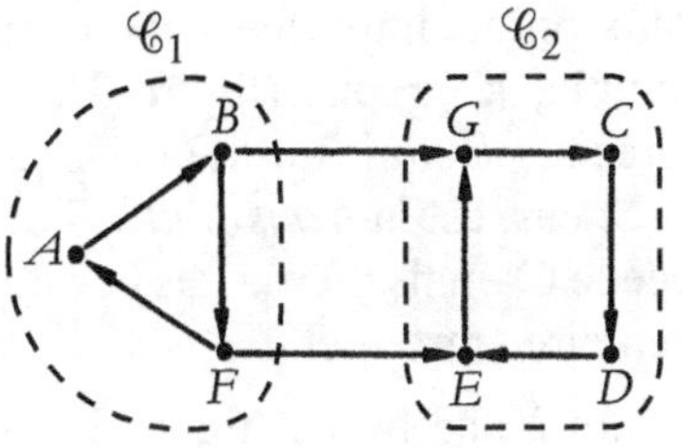

Figure 3.8

$$\hat{M} = \begin{array}{c|ccccccc|} & A & B & C & D & E & F & G \\ \hline A & 1 & 1 & 1 & 1 & 1 & 1 & 1 \\ B & 1 & 1 & 1 & 1 & 1 & 1 & 1 \\ C & 0 & 0 & 1 & 1 & 1 & 0 & 1 \\ D & 0 & 0 & 1 & 1 & 1 & 0 & 1 \\ E & 0 & 0 & 1 & 1 & 1 & 0 & 1 \\ F & 1 & 1 & 1 & 1 & 1 & 1 & 1 \\ G & 0 & 0 & 1 & 1 & 1 & 0 & 1 \\ \hline \end{array} \qquad \begin{array}{c|ccc|cccc|} & A & B & F & C & D & E & G \\ \hline A & 1 & 1 & 1 & 1 & 1 & 1 & 1 \\ B & 1 & 1 & 1 & 1 & 1 & 1 & 1 \\ F & 1 & 1 & 1 & 1 & 1 & 1 & 1 \\ \hline C & 0 & 0 & 0 & 1 & 1 & 1 & 1 \\ D & 0 & 0 & 0 & 1 & 1 & 1 & 1 \\ E & 0 & 0 & 0 & 1 & 1 & 1 & 1 \\ G & 0 & 0 & 0 & 1 & 1 & 1 & 1 \\ \hline \end{array}$$

À chacune de ces matrices carrées correspond une composante fortement connexe du graphe. $\mathscr{C}_1 = \{A, B, F\}$ et $\mathscr{C}_2 = \{C, D, E, G\}$ sont les ensembles de sommets des deux composantes fortement connexes du graphe de la figure 3.8.

Remarques. 1) Lorsqu'un graphe comporte un circuit hamiltonien, il est fortement connexe et la matrice $(I \dot{+} M)^{[n-1]}$ ne contient que des 1. Mais le fait que la matrice $(I \dot{+} M)^{[n-1]}$ soit uniquement formée de 1 n'implique pas l'existence d'un circuit hamiltonien : cela veut simplement dire que le graphe est fortement connexe. Par exemple $G = (X, U)$ où :

$$X = (\{A, B, C, D\}\,;\, U = \{(A, B); (B, C); (C, A); (C, D); (D, B)\}$$

2) Tous les sommets appartenant à un même circuit, appartiennent nécessairement à la même composante fortement connexe.

Un algorithme très efficace, dû à Tarjan, permet de déterminer les composantes fortement connexes d'un graphe. Cet algorithme effectue un seul parcours en profondeur du graphe (cf. 3.2.d) et est de complexité $O(m)$, où m est le nombre d'arcs (supposé ici supérieur ou égal à n). Le lecteur pourra consulter la référence [8] pour la description et la preuve de cet algorithme. Nous conseillons au lecteur l'exercice corrigé en fin de ce chapitre donnant l'algorithme plus simple mais efficace, dû à Kosaraju et Sharis, également en $O(m)$, aboutissant au même résultat, mais en effectuant deux parcours en profondeur.

3.1.5 Utilité du concept de graphe en recherche opérationnelle

Un graphe peut représenter toutes sortes de situations dans les phénomènes d'organisation. Par exemple, un *réseau de transport,* c'est-à-dire un graphe comportant une entrée et une sortie, peut correspondre à des canalisations où circule un fluide (liquide, gaz). Dans ce cas, il vérifie la loi des nœuds ou loi de Kirchhoff, bien connue en électricité, et selon laquelle les quantités entrantes (par unité de temps) en un sommet sont égales aux quantités sortantes (par unité de temps) en ce même sommet (figure 3.9). Il est facile, en effet, de comprendre que, si trois canalisations apportent en un sommet A des débits respectifs de 2, 3 et 1 litres/mn, soit en tout 6 ℓ/mn, les canalisations qui partent de A doivent avoir un débit total de 6 ℓ/mn.

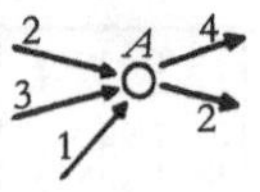

Figure 3.9

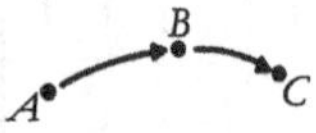

Figure 3.10

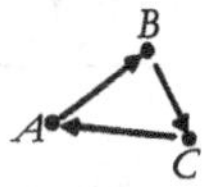

Figure 3.11

Mais un graphe n'est pas toujours un réseau représentant des circulations quelconques.

Souvent, une flèche (arc) entre deux points implique seulement une relation de succession : par exemple, le graphe (figure 3.10) peut vouloir dire seulement que *A* précède *B,* qui, lui-même, précède *C.* Une propriété évidente, dans ce cas, est la *transitivité.* Si *A* précède *B* et *B* précède C, alors *A* précède *C* ; mais on n'a pas besoin de l'indiquer par une flèche supplémentaire entre *A* et *C.*

Si dans cette interprétation, on aboutit à une figure (figure 3.11) comportant un *circuit,* le problème n'est pas cohérent, car on ne saurait avoir à la fois : *A* précède *C* (par transitivité) et *C* précède *A.* Les graphes des problèmes d'*ordonnancement* présentés plus loin ne sauraient comporter de circuit.

On dit qu'un graphe est *valué* si, à tout arc qui le constitue, correspond une valeur numérique, qu'on écrit seulement, sur la figure, à proximité de cet arc. Ces valeurs peuvent être des quantités transportées, des débits, des coûts, des durées, etc.

Signalons que les graphes permettent de représenter aisément les « systèmes » pouvant se trouver dans des « états », les changements d'états étant des « transitions ». Tout état est alors représenté par un sommet, toute transition par un arc. Nous rencontrerons plus loin des exemples de systèmes états/transitions : il s'agira des chaînes de Markov, puis des processus de Markov. Un autre exemple en est donné par les réseaux de Petri.

3.2 Parcours des graphes

Nous présentons ici une méthode générale appelée *parcours d'un graphe* qui, appliquée à un graphe orienté ou non orienté, permet la conception de toute une famille d'algorithmes particulièrement efficaces. Ces algorithmes, appliqués à un graphe donné, en déterminent des propriétés spécifiques (par exemple si le graphe est connexe, ou encore s'il est fortement connexe) ou bien calculent des quantités caractéristiques de ce graphe (nombre de composantes connexes ; longueurs de chemins ; etc.). Le lecteur pourra constater tout l'intérêt de cette méthode au travers des exemples classiques présentés dans ce sous-chapitre.

Le principe de la méthode est de parcourir un graphe, c'est-à-dire l'ensemble de ses sommets et de ses arcs (ou arêtes). Le parcours du graphe doit se faire en respectant quelques règles simples assurant, d'une part, que tout sommet et toute arête (ou arc) ont bien été visités et, d'autre part, une complexité minimale de la procédure **en évitant toute redondance**.

Informellement, la procédure de parcours d'un graphe peut s'énoncer de la manière qui suit : on choisit un sommet initial que l'on commence à visiter, la visite d'un sommet étant terminée lorsque l'on est allé visiter tous ses successeurs si le graphe est orienté (ou tous les sommets qui lui sont adjacents, si le graphe est non orienté). Ensuite, à chaque étape, on choisit un sommet en cours de visite et on poursuit sa visite. Lorsqu'il n'est plus possible de poursuivre la visite d'aucun sommet du graphe, pour le sommet initial choisi, la procédure s'arrête si tous les sommets du graphe sont visités; dans le cas contraire, on reprend le parcours à partir d'un sommet non encore visité.

Tout au long de la procédure de parcours d'un graphe, chaque sommet passe par trois états successifs : initialement, un sommet n'est pas atteint par le parcours, il est alors dit *non marqué,* puis lorsqu'un sommet est atteint pour la première fois, sa visite débute, le sommet est alors dans l'état *ouvert,* enfin lorsque la visite d'un sommet est terminée, le sommet est alors dans l'état *fermé.* Un parcours débute alors par l'ouverture d'un sommet du graphe (le sommet initial) et se termine lorsque tous les sommets sont fermés.

Les algorithmes effectuant des parcours de graphe se distinguent par la *stratégie* de choix, à chaque étape, du sommet à ouvrir, à partir duquel est poursuivie la visite. Ainsi la stratégie utilisée par un algorithme de parcours induit deux ordres pour les sommets du graphe :

- l'ordre dans lequel les sommets sont ouverts, appelé *ordre de prévisite*;
- l'ordre dans lequel les sommets sont fermés, appelé *ordre de postvisite.*

La complexité algorithmique du parcours d'un graphe dépend du type de stratégie utilisée. Cependant, dans un premier temps, si l'on suppose que le choix du sommet à ouvrir à chaque étape peut se faire en un temps constant (c'est-à-dire avec une complexité $O(1)$, voir le chapitre 2), la complexité du parcours est $O(n + m)$. En effet, si le graphe est représenté sous la forme de listes de successeurs (ou bien de listes de sommets adjacents pour un graphe non orienté) (cf. 3.1.2), chacune des n listes associées aux n sommets du graphe est parcourue entièrement une fois et une seule. Chacun des éléments d'une liste correspondant à l'un des m arcs (ou des m arêtes) du graphe, nous en déduisons la complexité annoncée.

Après avoir donné deux exemples de parcours dans les graphes orientés et les graphes non orientés, nous consacrerons les deux dernières parties de ce sous-chapitre à deux stratégies de parcours sur lesquelles sont fondés de nombreux algorithmes : le parcours en *largeur* et le parcours en *profondeur*. Nous verrons qu'en utilisant des structures de données appropriées, ces deux derniers types de parcours ont une complexité $O(n + m)$. En R.O. on a souvent affaire à des graphes denses : $m \gg n$; alors celle-ci est $O(m)$.

3.2.1 Parcours d'un graphe non orienté

Dans ce paragraphe, nous donnons un algorithme générique effectuant le parcours d'un graphe non orienté. Nous allons voir ensuite, par l'intermédiaire d'un exemple, comment un tel parcours permet de déterminer efficacement les composantes connexes d'un graphe. L'algorithme est le suivant :

1. Initialement tous les sommets sont non marqués;
2. tant qu'il existe s un sommet non marqué, ouvrir s;
3.   tant que cela est possible exécuter l'une des instructions 4 ou 5;
4.   ouvrir un sommet y non marqué s'il est adjacent à un sommet x ouvert;
5.   fermer un sommet x si tous ses sommets adjacents sont ouverts ou fermés.

Les figures 3.13 à 3.17 illustrent un déroulement possible de l'algorithme pour le graphe représenté dans la figure 3.12 ; remarquons que ce graphe n'est pas connexe et comporte $p = 3$ composantes connexes. Dans ces figures, les sommets grisés sont les sommets ouverts et les sommets cerclés d'un trait épais et non grisés sont les sommets fermés. Tout arc (x, y) représenté par une flèche épaisse indique le sommet x à partir duquel s'effectue l'ouverture du sommet y.

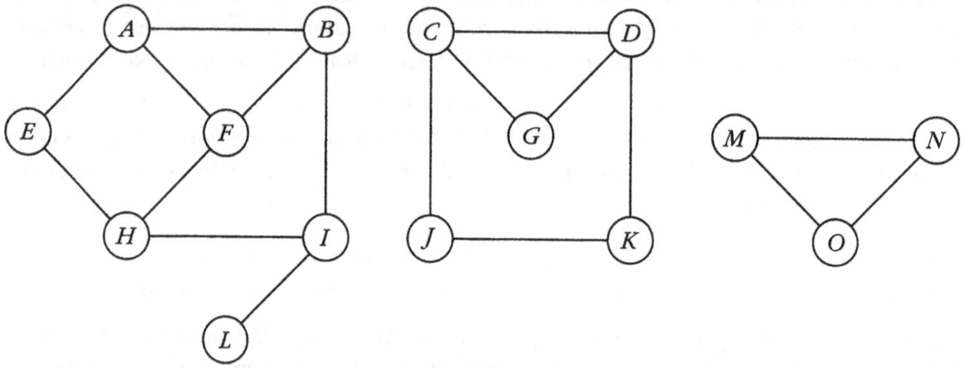

Figure 3.12

Nous détaillons maintenant la façon dont le parcours est effectué, le lecteur pourra suivre ce parcours sur les figures 3.13 et 3.17.

Le premier sommet ouvert est le sommet *A*. Ensuite, le sommet *B* adjacent à *A* est ouvert ; à noter cependant, que les sommets *E* ou *F* auraient tout aussi pu être ouverts à cette étape. Les sommets *I*, puis *E*, puis *H* sont ensuite successivement ouverts. Le sommet *E* est alors fermé (*L* ou *F* auraient pu être ouverts à cette étape), le graphe correspondant est alors le dernier de la figure 3.14. *L* est ensuite ouvert, puis *I* fermé. À ce moment, la reprise de la visite du sommet *A*, permet l'ouverture du sommet *F*. Les sommets *H, A, B, F, L* (fig. 3.16 en haut) sont alors successivement fermés ; remarquons encore que tout autre ordre de fermeture de ces cinq derniers sommets aurait été compatible avec l'algorithme. À ce moment, plus aucun sommet n'est ouvert : c'est la fin de la première passe mais tous les sommets ne sont pas fermés : le sommet non marqué *C* est alors ouvert : c'est le début de la seconde passe. Le parcours se poursuit par l'ouverture du sommet *J*. Puis successivement s'exécutent les ouvertures de *K* puis de *D*, la fermeture de *J* suivie de l'ouverture de *G*, puis des fermetures successives des sommets *C, K, G* et *D* (fig. 3.16, en bas). À nouveau, aucun sommet n'est ouvert, mais tous les sommets ne sont pas fermés. Le parcours se poursuit (troisième passe) par l'ouverture du sommet *M*, puis celles de *N* et *O*, successivement. Les sommets *N, M, O* sont alors successivement fermés (fig. 3.17, second graphe) ; ici encore, tout autre ordre de fermeture de ces trois derniers sommets aurait pu convenir. Tous les sommets sont fermés à cette étape de l'algorithme ; le parcours du graphe est alors terminé.

Un parcours peut se résumer, d'une part par les deux ordres d'ouverture (on dit aussi de prévisite) et de fermeture (on dit aussi de postvisite) des sommets du graphe, et, d'autre part, par la forêt couvrante (une *forêt* est un graphe dont chaque composante connexe est une arborescence) définie par l'ensemble des arcs (x, y) telle que l'ouverture du sommet y s'est effectuée au cours de la visite du sommet x ; elle « couvre » tous les sommets. Dans cet exemple ces deux ordres sont, en partie, arbitraires. Ce ne sera plus le cas pour les parcours en largeur ou en profondeur qui sont décrits plus loin.

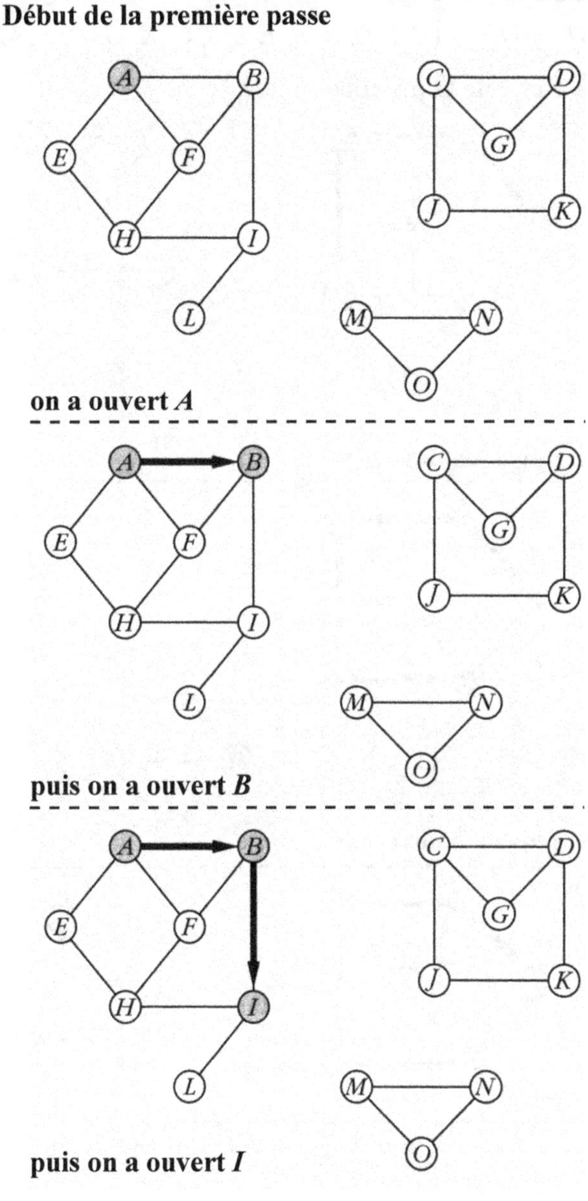

Figure 3.13

Pour le parcours effectué dans l'exemple fourni précédemment, la forêt obtenue est représentée par l'ensemble des arcs épais figurant au bas de la figure 3.17.

L'ordre de prévisite, c'est-à-dire l'ordre dans lequel les sommets du graphe sont ouverts, correspond à la liste :

$$PRÉVISITE = (A, B, I, E, H, L, F, C, J, K, D, G, M, N, O)$$

L'ordre de postvisite, c'est-à-dire l'ordre dans lequel les sommets du graphe sont fermés, correspond à la liste :

$$POSTVISITE = (E, I, H, A, B, F, L, J, C, K, G, D, N, M, O)$$

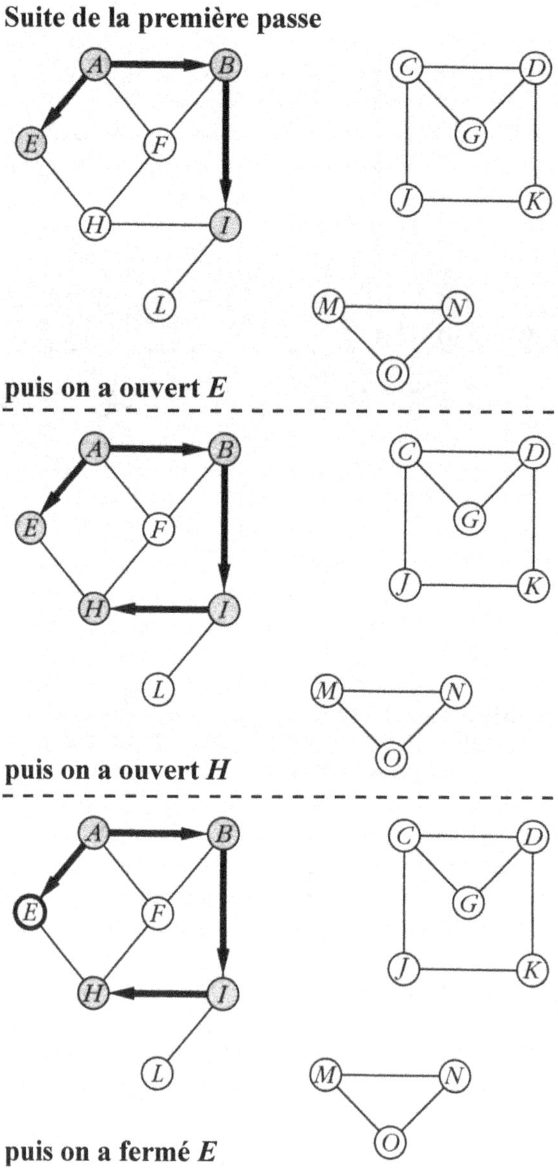

Figure 3.14

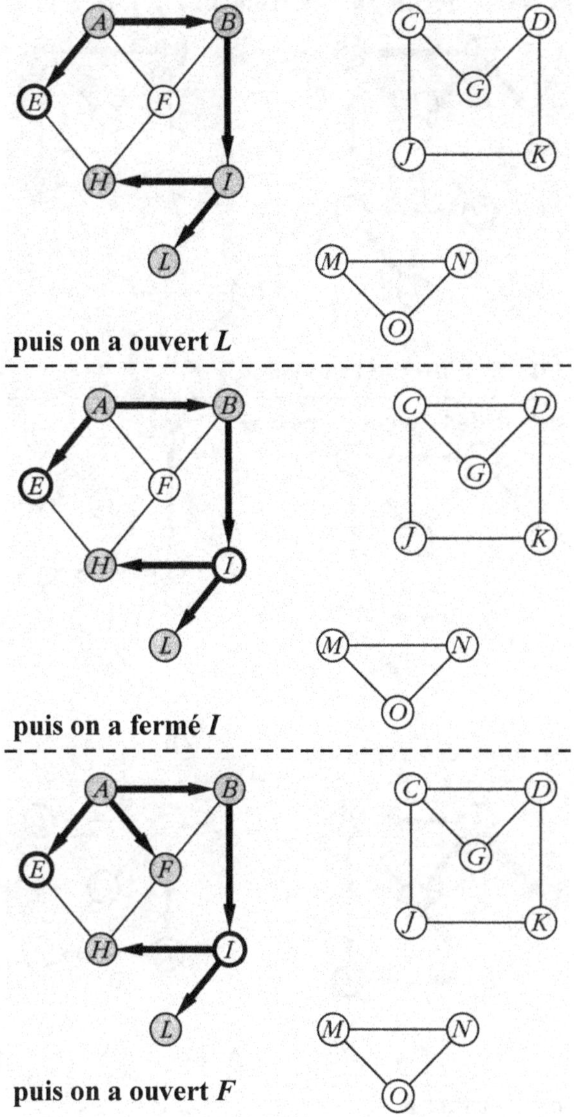
A B C D
E F G
H I J K
L M N O
puis on a ouvert *L*
A B C D
E F G
H I J K
L M N O
puis on a fermé *I*
A B C D
E F G
H I J K
L M N O
puis on a ouvert *F*

Figure 3.15

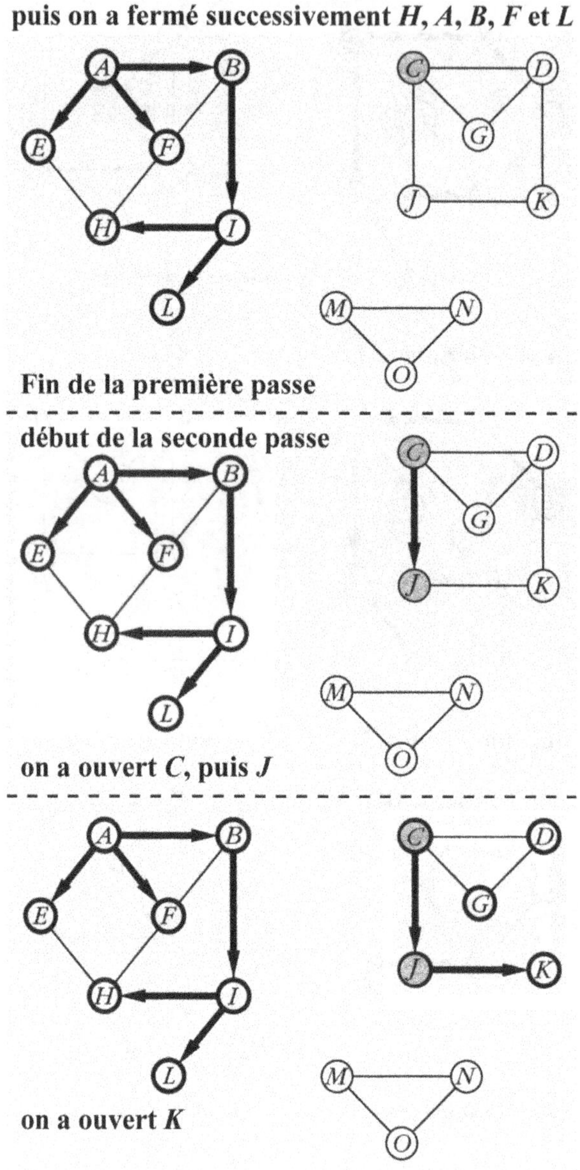
puis on a fermé successivement H, A, B, F et L :
A
B
C
D
E
F
G
H
I
J
K
L
M
N
O
Fin de la première passe
début de la seconde passe
on a ouvert C, puis J
on a ouvert K

Figure 3.16

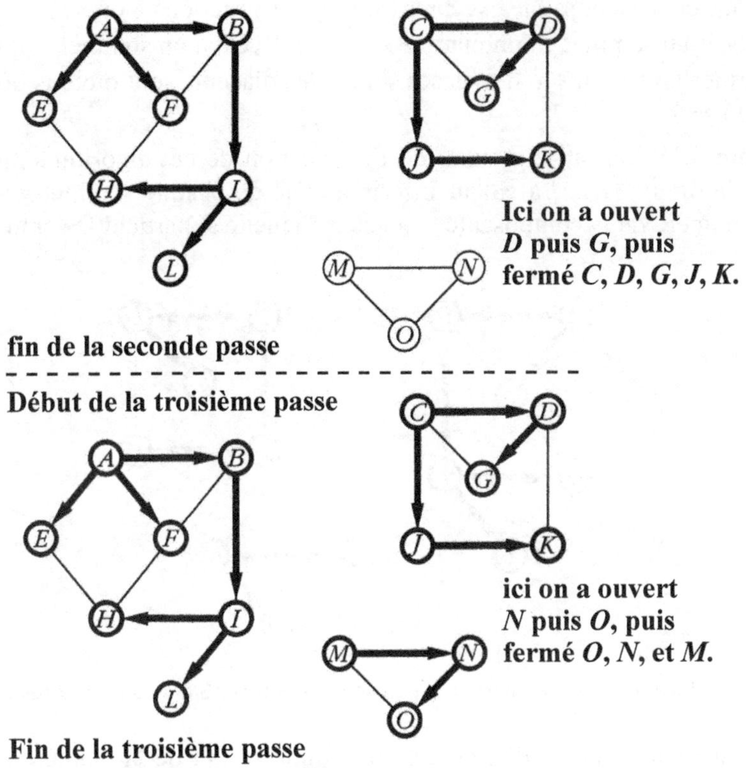

Figure 3.17 En traits gras : on a obtenu, en fin du parcours, une forêt couvrante.

Nous allons montrer, dans les exemples qui suivent, comment des algorithmes de parcours des graphes peuvent utiliser les positions relatives des sommets dans ces deux ordres et la forêt couvrante (définie précédemment), pour déterminer efficacement certaines propriétés et/ou quantités caractéristiques du graphe parcouru.

Connexité d'un graphe

Le problème de la connexité consiste à déterminer si le graphe donné est connexe et sinon à déterminer p, le nombre de composantes connexes du graphe. Si le graphe n'est pas connexe (c'est-à-dire, $p \geqslant 2$), il est demandé de déterminer, pour chaque sommet du graphe, la composante connexe à laquelle il appartient. Ce problème peut se formuler pour les graphes non orientés ou orientés : dans ce dernier cas, un arc est assimilé à une arête et deux arcs symétriques (x, y) et (y, x) sont fusionnés en une seule arête $[x, y]$.

Nous montrons qu'une simple adaptation de l'algorithme de parcours donné plus haut résout ce problème. On note c(x) le numéro de la composante connexe à laquelle appartient le sommet x.

Considérons l'algorithme suivant (le lecteur constatera qu'il est similaire à celui présenté plus haut) :

1. initialement tous les sommets sont non marqués ; $p \leftarrow 0$;
2. tant qu'il existe s un sommet non marqué, ouvrir s ; $p \leftarrow p + 1$;

3. tant que cela est possible exécuter l'une des instructions 4 ou 5 ;
4. ouvrir un sommet y non marqué s'il est adjacent à un sommet x ouvert ;
5. fermer un sommet x si tous ses sommets adjacents sont ouverts ou fermés ; $c(x) \leftarrow p$.

La figure 3.18 fournit le résultat de l'application de cet algorithme au graphe donné par la figure 3.12. La valeur inscrite à côté de chaque sommet x, soit $c(x)$, indique le numéro de la composante connexe à laquelle appartient le sommet x.

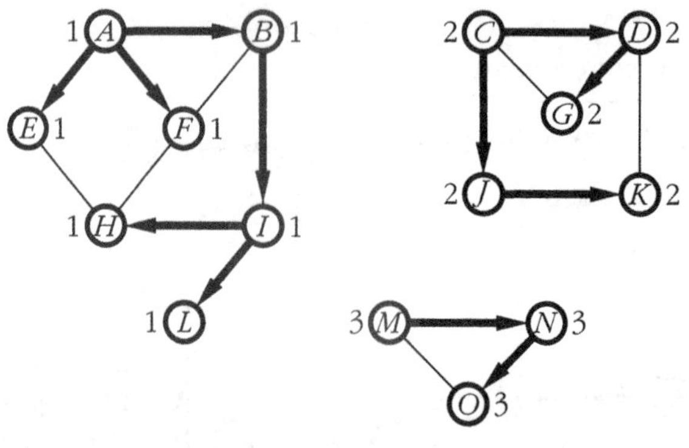

Figure 3.18 La forêt couvrante importe $p = 3$ arborescences : G a 3 composantes connexes.

La justification de la validité de cet algorithme se fait de la manière suivante : soit x le sommet le premier ouvert d'une composante connexe (donc dans l'ordre de prévisite). Dans la forêt couvrante (c'est-à-dire à l'ensemble des arborescences) relative au parcours effectué, x n'a pas de prédécesseur (sinon x ne pourrait pas être le premier sommet prévisité de sa composante connexe), x est donc une racine. Si un sommet y appartient à la même composante que x, il existe une chaîne du graphe reliant x et y. Il est aisé de vérifier que, dans ce cas, il y a un chemin de x à y dans la forêt couvrante. Réciproquement, si un sommet y n'appartient pas à la composante connexe de x, il n'existe pas de chaîne reliant x et y dans le graphe et, a fortiori, il n'y a pas de chemin de x à y dans la forêt couvrante relative au parcours effectué. Donc chaque arborescence de la forêt correspond à une composante connexe du graphe et réciproquement. Il est aisé de vérifier que les sommets ouverts lors des exécutions de l'instruction 2 sont les racines de la forêt couvrante : A, C et M dans la figure 3.18. Ceci termine notre démonstration.

Nous pouvons facilement remarquer que la complexité de cet algorithme est identique à celle du parcours, soit $O(m + n)$.

3.2.2 Parcours d'un graphe orienté

Nous présentons dans ce paragraphe un algorithme générique effectuant le parcours d'un graphe orienté. La similitude avec l'algorithme présenté plus haut pour les graphes non orientés étant importante, le lecteur est invité à se reporter au paragraphe précédent pour tout ce qui concerne la terminologie utilisée. L'algorithme est le suivant.

1. Initialement tous les sommets sont non marqués ;
2. tant qu'il existe s un sommet non marqué, ouvrir s ;
3. tant que cela est possible, exécuter l'une des instructions 4 ou 5 ;
4. ouvrir un sommet y non marqué s'il est successeur d'un sommet x ouvert ;
5. fermer un sommet x si tous ses sommets successeurs sont ouverts ou fermés.

Les figures 3.20 et 3.21 illustrent un déroulement possible de l'algorithme pour le le graphe représenté sur la figure 3.19.

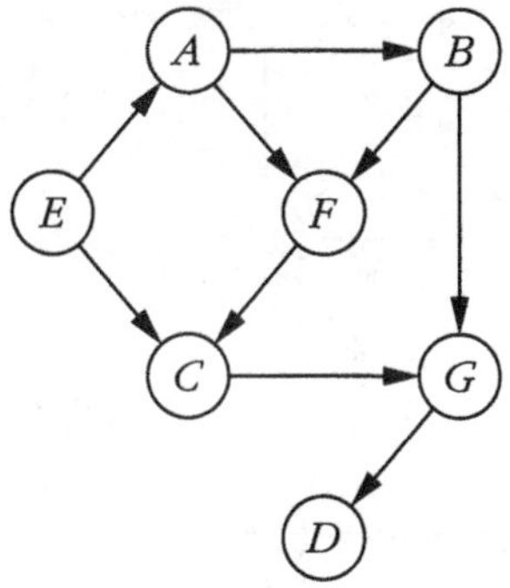

Figure 3.19

Les étapes successives du parcours sont les suivantes. A est le premier sommet ouvert, puis vient ensuite l'ouverture de B, suivie de celle de G. À l'étape suivante, F est ouvert lors de la poursuite de la visite du sommet B, ce qui justifie l'introduction de l'arc (B, F) dans la forêt représentative du parcours. Ensuite, le sommet A est fermé, puis le sommet D est ouvert. Les sommets B et G sont successivement fermés avant que C soit ouvert. Il vient ensuite les fermetures successives des sommets D, C et F. À cette étape, aucun sommet n'est ouvert et le sommet E est encore non marqué. E est alors ouvert, puis n'ayant pas de successeur non marqué, E est fermé. Le parcours est alors terminé.

La forêt finalement obtenue est représenté par l'ensemble des arcs épais du graphe au bas à droite de la figure 3.21. Elle comporte deux arborescences ; celle de racine E est réduite à une seul sommet.

L'ordre dans lequel les sommets du graphe sont ouverts, correspond à la liste :

$$PRÉVISITE = (A, B, G, F, D, C, E)$$

et l'ordre de postvisite correspond à la liste

$$POSTVISITE = (A, B, G, D, C, F, E).$$

Nous allons montrer, dans le paragraphe suivant, comment en adaptant très simplement l'algorithme générique que nous venons de présenter, nous obtenons un algorithme efficace permettant de déterminer l'ensemble des descendants d'un sommet donné. Le lecteur est invité à constater que l'algorithme de Dijkstra, présenté au chapitre 4, qui calcule les valeurs de plus courts chemins issus d'une origine s, est un parcours de graphe utilisant une stratégie spécifique d'ouverture et de fermeture des sommets.

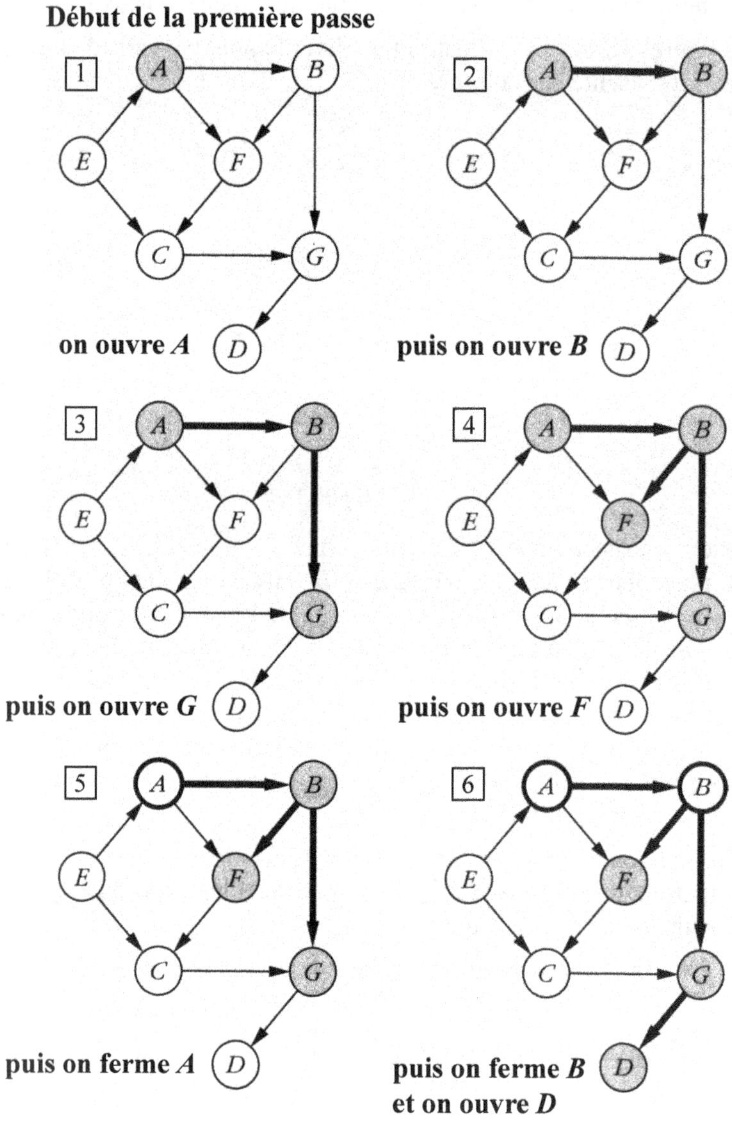
Début de la première passe
1
on ouvre A
2
puis on ouvre B
3
puis on ouvre G
4
puis on ouvre F
5
puis on ferme A
6
puis on ferme B
et on ouvre D

Figure 3.20

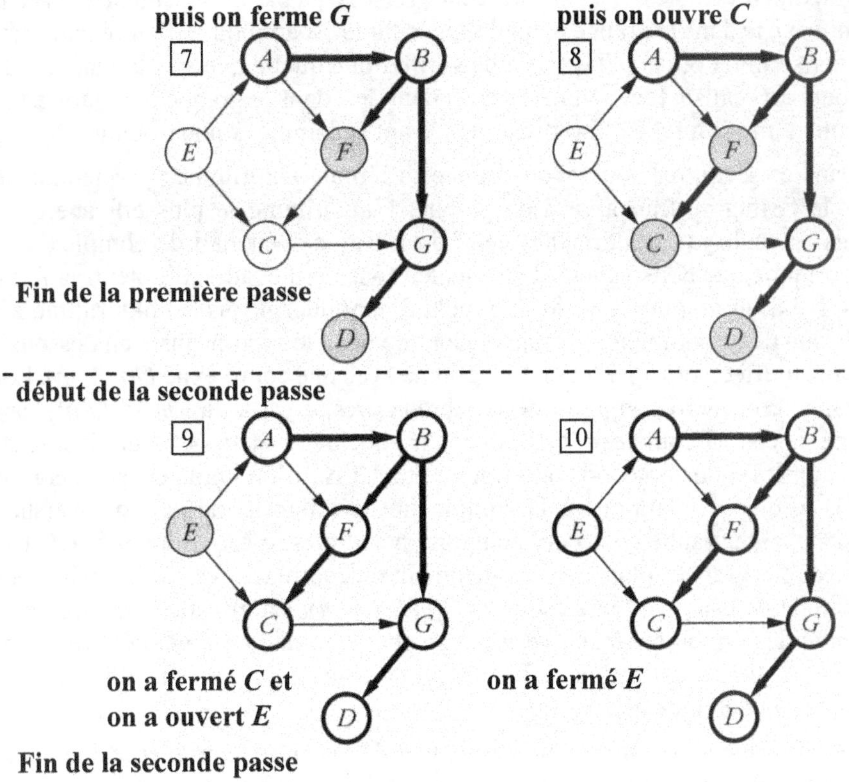

Figure 3.21

Accessibilité

Le problème de l'*accessibilité* dans un graphe consiste à déterminer l'ensemble des descendants d'un sommet donné s (que l'on a nommé en 3.1.3 : « fermeture transitive » de s). Nous allons montrer ici qu'un algorithme résolvant ce problème peut être simplement obtenu en adaptant l'algorithme générique présenté précédement. Considérons l'algorithme suivant.

1. Initialement tous les sommets sont non marqués ;
2. ouvrir s ;
3. tant que cela est possible exécuter l'une des instructions 4 ou 5 ;
4. ouvrir un sommet y non marqué s'il est successeur d'un sommet x ouvert ;
5. fermer un sommet x si tous ses sommets successeurs sont ouverts ou fermés.

Le résultat de l'application de cet algorithme au graphe donné par la figure 3.19, pour le sommet $s = A$, est représenté en bas à droite de la figure 3.21. Les sommets descendants de A sont les sommets appartenant à l'arborescence (en traits épais) ayant A pour racine.

Cet algorithme se justifie par la propriété suivante : si s est le premier sommet ouvert dans un parcours, alors il existe un chemin du sommet s au sommet x dans l'arborescence relative au parcours, si et seulement si, il existe un chemin de s à x dans le graphe parcouru. La preuve de cette propriété est la suivante : d'une part le chemin de s à x existe dans l'arborescence relative au parcours seulement si ce même chemin existe dans le graphe auquel l'algorithme est appliqué ; d'autre part, s étant le premier sommet ouvert, il est aisé de vérifier que quelle que soit la manière dont le parcours est réalisé, tout sommet descendant de s dans le graphe parcouru est nécessairement un sommet de l'arborescence ayant le sommet s pour racine.

Dans ce chapitre, nous avons donné différents algorithmes permettant de calculer la fermeture transitive d'un graphe. L'algorithme le plus efficace que nous avions présenté jusqu'alors était celui dû à Roy et Warshall de complexité $O(n^3)$. L'algorithme que nous venons de présenter nous permet aussi d'obtenir la fermeture transitive d'un graphe. Il suffit pour cela d'appliquer n fois cet algorithme à partir de chacun des n sommets du graphe. Comme nous le verrons juste en dessous, il est possible d'effectuer le parcours d'un graphe avec une complexité $O(n + m)$. Lorsque le graphe considéré comporte de nombreux arcs, c'est-à-dire $m = O(n^2)$, la complexité de ces parcours est $O(n^2)$, donc en effectuant n parcours (un depuis chacun des sommets) nous obtenons la fermeture transitive d'un graphe avec la complexité $O(n^3)$, ce qui est identique à la complexité de l'algorithme de Roy-Warshall. En revanche, si le graphe considéré comporte peu d'arcs, c'est-à-dire $m = O(n)$, ce qui est le cas des graphes planaires fréquemment rencontrés en recherche opérationnelle, la complexité d'un parcours est alors $O(m) = O(n)$. En effectuant n parcours, nous obtenons la fermeture transitive d'un graphe avec une complexité $O(n^2)$. Pour ce type de graphes, l'algorithme effectuant n parcours est alors plus efficace que ceux présentés au début de ce chapitre.

Tarjan a donné un algorithme permettant de résoudre le problème de l'accessibilité, de complexité $O(m + n)$, utilisant un seul parcours du graphe.

3.2.3 Parcours en largeur

Nous définissons dans cette section une stratégie particulière de parcours de graphe appelée *parcours en largeur*. Ce type de parcours est défini dans ce paragraphe pour les graphes orientés, l'adaptation immédiate des algorithmes, proposés ici, aux graphes non orientés est laissée au lecteur. Nous verrons comment en utilisant une *file* comme structure de données, la complexité d'un algorithme de parcours en largeur est $O(n + m)$ (nous rappelons plus bas en quoi consiste une *file*). Nous illustrerons ensuite l'efficacité des parcours en largeur en montrant comment déterminer les plus courts chemins d'un graphe depuis un sommet s donné.

La stratégie pour effectuer un parcours en largeur obéit aux deux règles suivantes : tous les successeurs non marqués du sommet en cours de visite sont ouverts successivement et leurs numéros d'ordre de prévisite seront donc consécutifs ; le sommet visité à toute étape est, parmi les sommets ouverts, celui qui a été ouvert le premier.

Comme nous l'avons montré un peu plus haut, si les opérations permettant de mettre en œuvre une stratégie particulière de parcours peuvent s'effectuer en temps constant, la complexité globale des opérations nécessaires à un parcours est $O(n + m)$. Nous allons voir comment, en utilisant une file, il est possible de réaliser cet objectif.

Une file est une liste ordonnée d'éléments pour laquelle *seulement* deux opérations élémentaires peuvent être réalisées : la première opération supprime le premier élément en tête de la file ; la seconde insère un élément en queue de la file. Ces deux opérations peuvent s'effectuer en temps constant en utilisant une représentation des données appropriée (le lecteur pourra obtenir tous les détails techniques nécessaires en consultant les nombreux ouvrages traitant d'algorithmique et/ou de programmation). On n'a pas accès aux autres éléments de la file. Par suite les deux ordres "PREVISITE" (celui d'ouverture) et "POSTVISITE" (celui de fermeture) sont identiques.

TÊTE QUEUE

L'algorithme générique effectuant le **parcours en largeur** d'un graphe orienté s'énonce de la manière suivante :

1. initialement tous les sommets sont non marqués ;
2. tant qu'il existe s un sommet non marqué, ouvrir s et insérer s dans la file ;
3. tant que la file n'est pas vide faire ;
4. supprimer le sommet x en tête de la file ;
5. ouvrir et insérer successivement en queue la file tous les sommets y non marqués, successeurs de x ;
6. fermer le sommet x.

La figure 3.22 en page suivante illustre le parcours en largeur d'un graphe orienté commençant par le sommet B. Pour chacune des étapes de l'algorithme, le contenu de la file est représenté sous le graphe correspondant (la tête de file étant à gauche).

Plus courts chemins

Nous montrons comment déterminer les plus courts chemins depuis le sommet s et les autres sommets d'un graphe. Nous rappelons que la *longueur* d'un chemin est le nombre d'arcs de ce chemin ; il convient de la distinguer de la *valeur* d'un chemin pour un graphe dont les arcs sont valués. Considérons l'algorithme suivant (le lecteur pourra constater sa similitude avec l'algorithme présenté plus haut), où $d(x)$ représente la longueur du chemin le plus court de s à x.

1. Initialement tous les sommets sont non marqués ;
2. ouvrir s et insérer s dans la file ; $d(s) \leftarrow 0$;
3. tant que la file n'est pas vide faire ;
4. supprimer le sommet x en tête de la file ;
5. ouvrir et insérer successivement dans la file tous les sommets y non marqués successeurs de x ;
   $$d(y) \leftarrow d(x) + 1 ;$$
6. fermer le sommet x.

La figure 3.23 (deux pages plus bas) illustre le déroulement de l'algorithme à partir du sommet $s = A$. Les valeurs inscrites à côté des sommets sont les longueurs des plus courts chemins issus du sommet A : ainsi les plus courts chemins de A à E comportent 3 arcs.

La justification de la validité de l'algorithme se fait de la manière suivante. Nous allons montrer que pour tout sommet x du graphe, le chemin de s à x dans l'arborescence

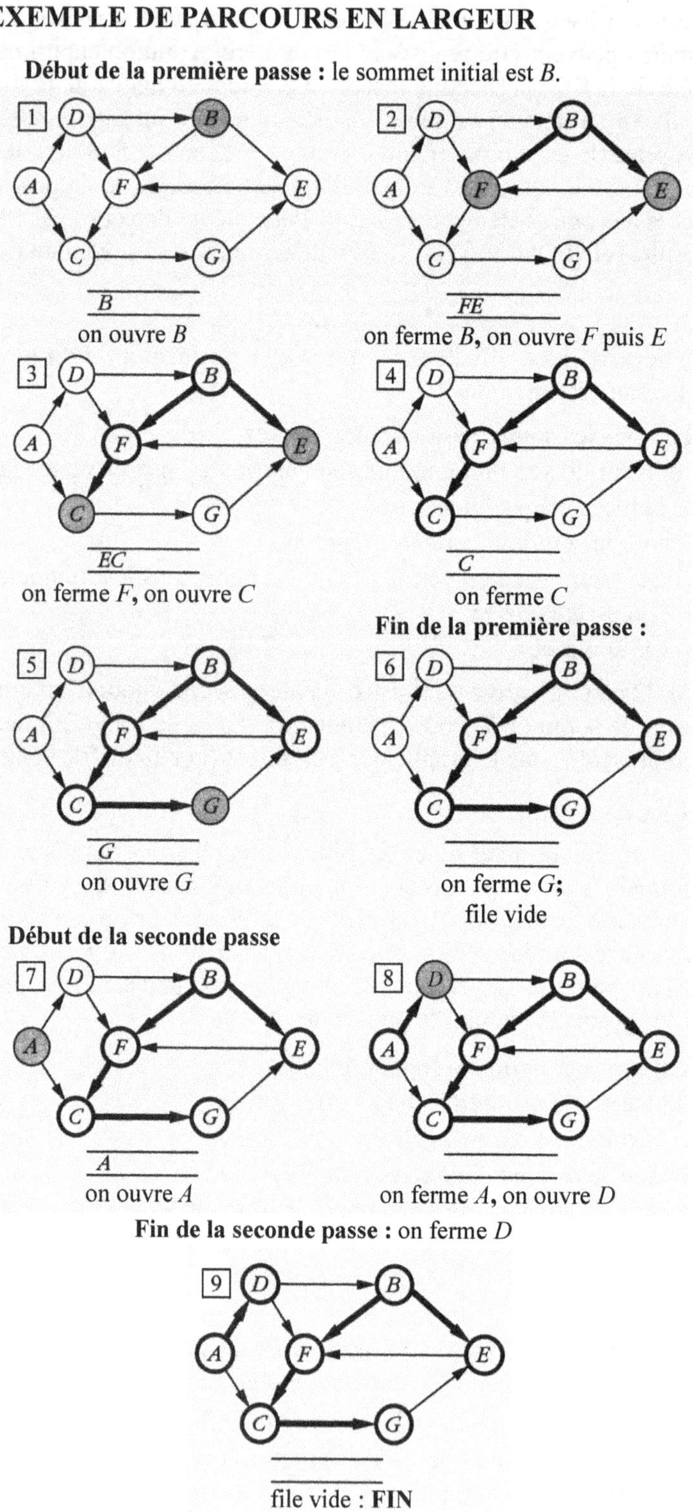
EXEMPLE DE PARCOURS EN LARGEUR
Début de la première passe : le sommet initial est B.
1
B
on ouvre B
2
FE
on ferme B, on ouvre F puis E
3
EC
on ferme F, on ouvre C
4
C
on ferme C
Fin de la première passe :
5
G
on ouvre G
6
on ferme G;
file vide
Début de la seconde passe
7
A
on ouvre A
8
on ferme A, on ouvre D
Fin de la seconde passe : on ferme D
9
file vide : FIN

Figure 3.22

PARCOURS EN LARGEUR : PLUS COURTS CHEMINS DEPUIS A

Début de la première passe : le sommet initial est A.

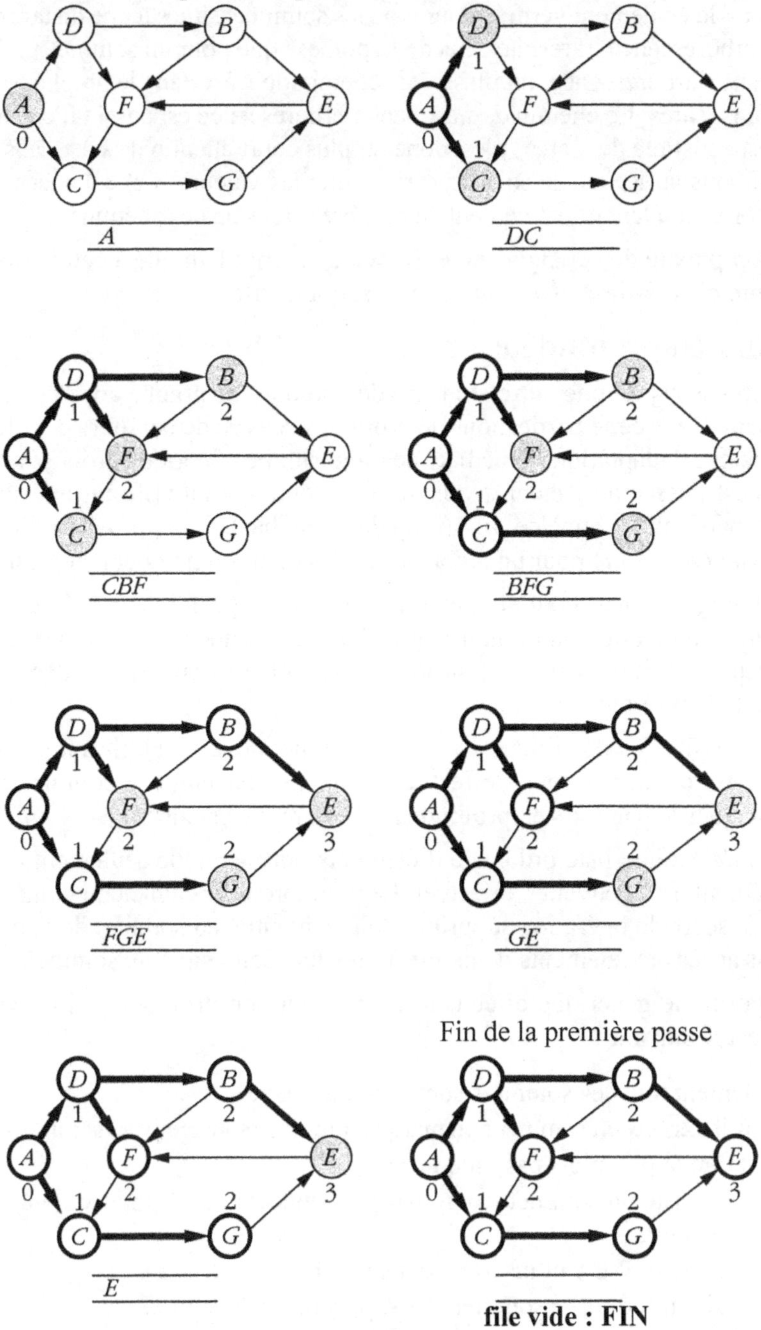

N B : ici, le parcours comprend une seule passe.

Figure 3.23

relative au parcours est un plus court chemin de s à x dans le graphe. Nous montrons cette propriété en effectuant une récurrence sur la longueur du chemin de s à x dans l'arborescence. La propriété est évidemment vraie pour le sommet s : $d(s) = 0$. Supposons-la également vérifiée pour tous les sommets situés à une distance $d - 1$ de s dans l'arborescence. Il résulte de cette hypothèse que pour un sommet x à la distance d de s dans l'arborescence, un plus court chemin de s à x dans le graphe est constitué d'au moins d arcs. Le chemin de s à x dans l'arborescence est aussi un chemin du graphe, il est constitué de d arcs; c'est donc un plus court chemin de s à x dans le graphe. Nous laissons au lecteur le soin de vérifier que les valeurs $d(x)$ calculées par l'algorithme correspondent effectivement au nombre d'arcs de ces chemins.

La complexité de cet algorithme est évidemment identique à celle d'un parcours en largeur, c'est-à-dire $O(n + m)$ en utilisant une file.

Parcours en profondeur

Nous définissons ici une autre stratégie de parcours de graphe appelée *parcours en profondeur*. Dans cette partie, nous déterminons ce type de parcours pour les graphes non orientés; l'adaptation immédiate de l'algorithme générique proposé aux graphes orientés est laissée au lecteur. Nous verrons comment en utilisant une structure de données particulière appelée *pile* (rappelée plus bas), il est possible d'obtenir une complexité $O(n + m)$ pour un algorithme effectuant un parcours en profondeur.

La stratégie utilisée pour effectuer un parcours en profondeur obéit à la règle suivante : un sommet qui était non marqué n'est ouvert que s'il est adjacent au dernier sommet précédemment ouvert; si un tel sommet n'existe pas, le dernier sommet ouvert est alors fermé.

Il est possible de déterminer le dernier sommet ouvert en utilisant une pile. Dans ce cas, cette opération peut s'effectuer en temps constant. La complexité obtenue pour effectuer le parcours en profondeur d'un graphe est alors $O(n + m)$.

Une *pile* est une liste ordonnée d'éléments pour laquelle seulement deux opérations élémentaires peuvent s'effectuer. La première insère un élément au sommet de la pile; la seconde opération supprime l'élément situé au sommet de la pile. On n'a donc pas accès aux éléments de la pile autres que celui situé au sommet.

L'algorithme générique effectuant un parcours en profondeur d'un graphe non orienté est le suivant :

1. initialement tous les sommets sont non marqués;
2. tant qu'il existe s un sommet non marqué, ouvrir s et insérer s au sommet de la pile;
3.   tant que la pile n'est pas vide faire;
4.   s'il existe un sommet y non marqué, adjacent au sommet x situé au sommet de la pile;
5.   alors ouvrir y et insérer y dans la pile;
6.   sinon fermer le sommet x et supprimer x de la pile.

On rencontre les synonymes suivants : « empiler » pour « insérer (en haut) dans la pile » et « dépiler » pour « supprimer (du haut) de la pile ».

Les figures 3.24 à 3.26 illustrent le parcours en profondeur d'un graphe. Pour chacune des étapes de l'algorithme, le contenu de la pile est représenté à la droite du graphe correspondant.

Début de la première passe

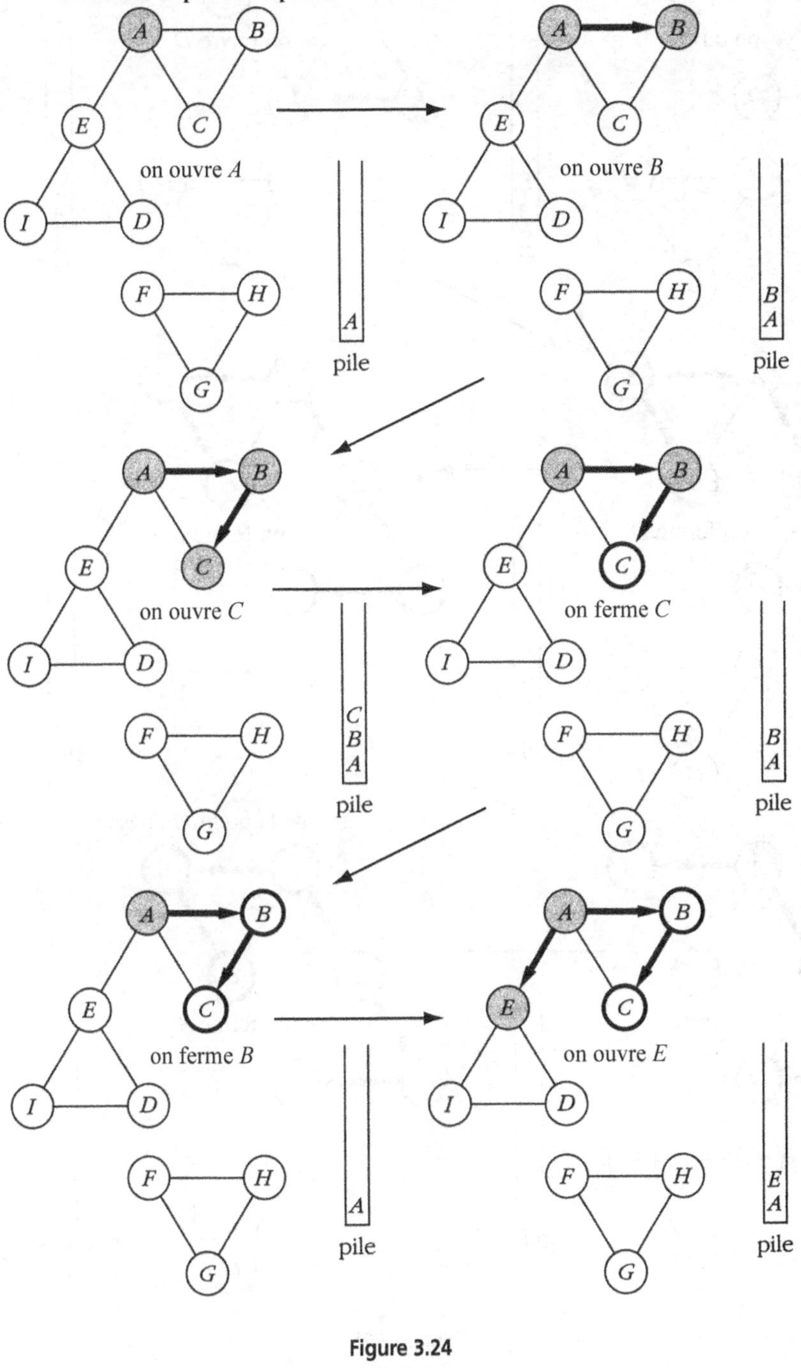

Figure 3.24

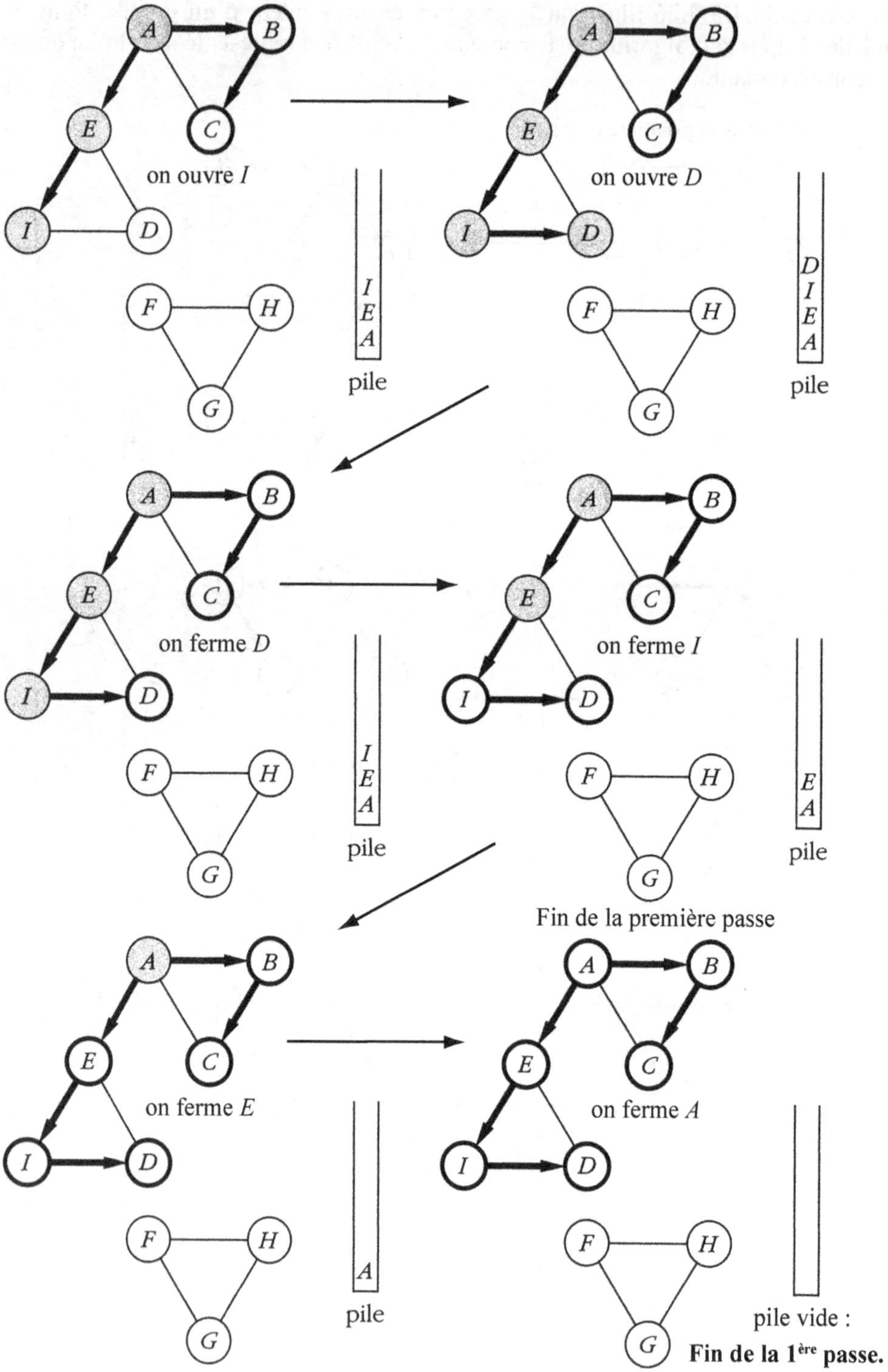
on ouvre I
I
E
A
pile
on ouvre D
D
I
E
A
pile
on ferme D
I
E
A
pile
on ferme I
E
A
pile
Fin de la première passe
on ferme E
A
pile
on ferme A
pile vide :
Fin de la 1ère passe.

Figure 3.25

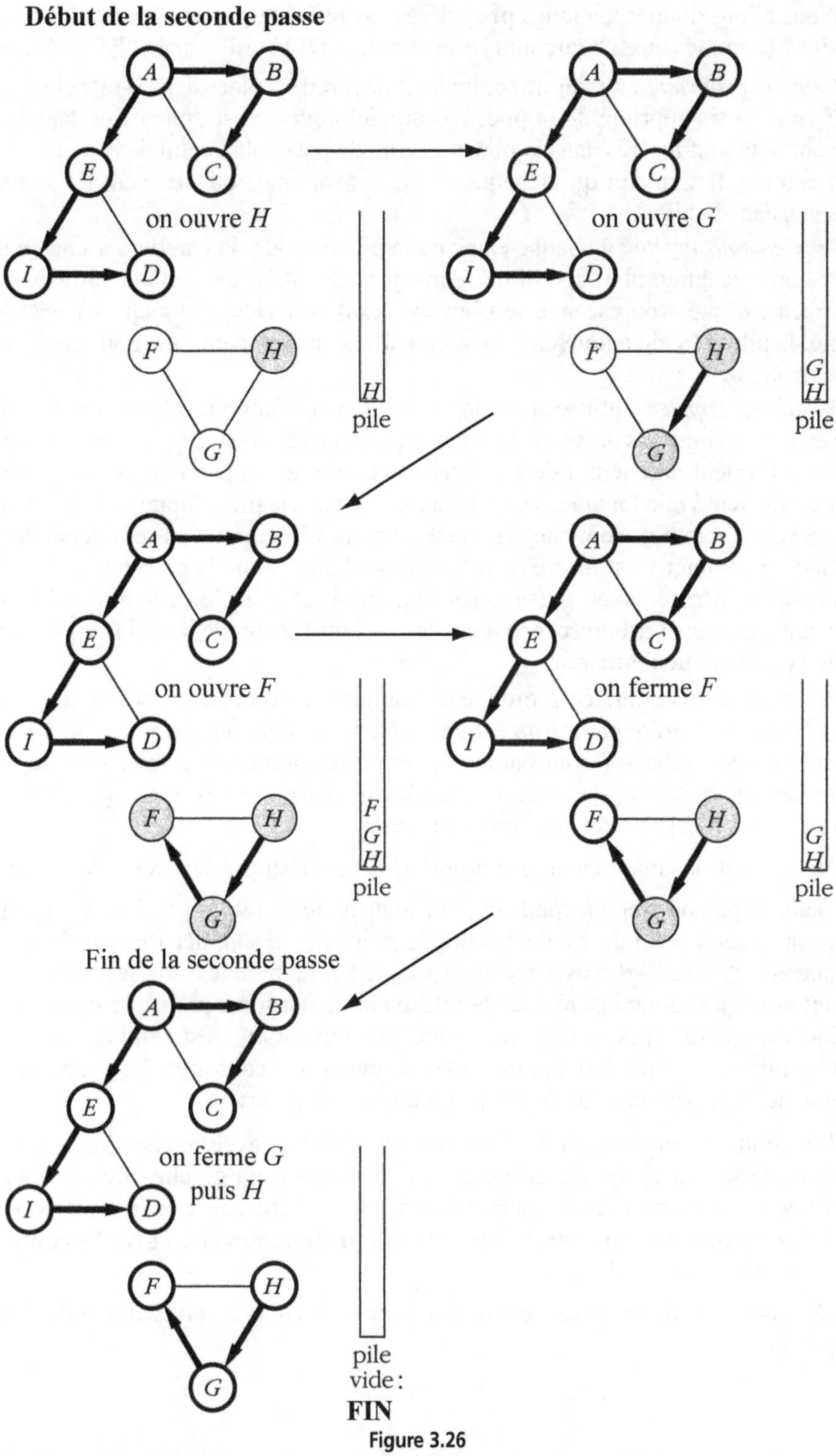
Début de la seconde passe
A
B
E
C
I
D
F
H
G
on ouvre H
pile
H
on ouvre G
pile
G
H
on ouvre F
pile
F
G
H
on ferme F
pile
G
H
Fin de la seconde passe
on ferme G
puis H
pile
vide :
FIN

Figure 3.26

Nous allons donner quelques **propriétés caractéristiques des parcours en profondeur** (nommés aussi “Parcours en Profondeur D’Abord”, notés “P.P.D.A”.).

• *Première propriété* : lorsqu’un sommet est ouvert il est placé dans la pile et lorsqu’il est fermé il est supprimé de la pile. L’ordre de prévisite est donc celui dans lequel les sommets sont insérés dans la pile et l’ordre de postvisite, celui dans lequel, ils en sont extraits. Il s’en suit qu’à chaque étape, les sommets ouverts sont les sommets présents dans la pile.

• *Deuxième propriété* : à chaque étape où la pile est vide, le parcours d’une composante connexe du graphe est terminé. Ainsi juste avant qu’un sommet correspondant à la racine d’une arborescence soit ouvert, la pile est vide, et lorsqu’il vient d’être fermé, la pile est vide à nouveau. La racine d’une arborescence est donc toujours au fond de la pile.

• *Troisième propriété* (utilisée pour la conception de nombreux algorithmes) : à chaque étape, les sommets présents dans la pile, considérés dans le même ordre que dans celle-ci, forment un chemin de l’arborescence relative au parcours. Cette propriété est trivialement vraie lorsque, seule, la racine est dans la pile. Supposons-la satisfaite lorsque $h-1$ sommets sont dans la pile. Soit alors x le sommet au sommet de la pile. Lorsqu’un sommet y est inséré (h sommets sont alors dans la pile) un arc (x, y) est ajouté à l’arborescence et, puisque par hypothèse, il existe un chemin de la racine au sommet x, dans l’arborescence il existe aussi un chemin de la racine au sommet y ayant (x, y) comme dernier arc.

À l’issue du parcours en profondeur d’un graphe non orienté, ses arêtes sont de deux types : une *arête de liaison* est une arête $[x, y]$ telle que (x, y) est un arc de(s) arborescence(s) relative(s) au parcours; les autres arêtes du graphe sont appelées *arêtes de retour*. Ainsi pour le parcours effectué dans notre exemple, $[C, B]$ est une arête de liaison et $[C, A]$ est une arête de retour.

Nous montrons maintenant une propriété caractéristique des arêtes de retour.

Dans un parcours en profondeur, pour toute arête de retour $[x, y]$ avec y ayant un rang supérieur à celui de x dans l’ordre de prévisite, le sommet x est sur le chemin unique allant, dans l’arborescence, de la racine à y. La preuve est la suivante : x a été ouvert avant y et donc inséré dans la pile avant y; si x n’est pas sur le chemin de la racine à y, d’après la propriété précèdente, au moment où y est empilé, x n’est plus dans la pile; x est donc fermé, mais cela est impossible car l’arête $[x, y]$ appartenant au graphe, x ne peut pas être fermé avant que y soit ouvert.

Remarquons que toute arête de retour $[x, y]$ ferme, avec le chemin de x à y de l’arborescence, un cycle. De même pour le parcours d’un graphe orienté : tout *arc de retour* (y, x) ferme, avec le chemin de x à y de l’arborescence, un circuit. **Ainsi on peut déterminer, par un simple parcours en profondeur, si un graphe comporte des circuits ou non.**

De nombreux algorithmes, comme celui présenté ci-après, utilisent ces différentes propriétés.

Sommets d'articulation

Nous allons, à présent, montrer comment un parcours en profondeur permet de déterminer les sommets d'articulation d'un graphe. Sans perte de généralité, dans ce qui suit, nous considérons un graphe non orienté et connexe. En effet, la notion de sommet d'articulation ne fait pas appel à l'orientation du graphe.

Un sommet x est appelé *sommet d'articulation*, si et seulement si sa suppression rend le graphe non connexe. Ainsi les sommets A et E de la figure 3.27 sont des sommets d'articulation.

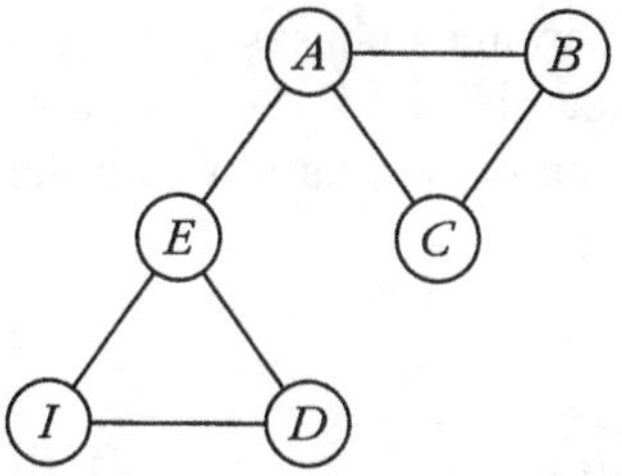

Figure 3.27

Nous laissons le soin au lecteur de démontrer, à titre d'exercice, la propriété : un sommet x d'un graphe est un sommet d'articulation si et seulement si il existe deux sommets u et v différents de x, tels que toute chaîne reliant u à v passe par x. Ainsi dans notre exemple, toute chaîne de I à B passe par $x = A$ (et aussi par $x' = E$) : A et E, nous l'avons déjà vu, sont des sommets d'articulation. Ces propriétés sont utilisées plus loin lors de la justification de la validité de l'algorithme que nous proposons.

Nous donnons ci-après un algorithme déterminant les sommets d'articulation d'un graphe supposé connexe. Cet algorithme effectue un parcours en profondeur à partir d'un sommet initial s (choisi arbitrairement). L'ensemble d'arcs A, déterminé au cours de l'algorithme, correspond en fin d'application de l'algorithme aux arcs de l'arborescence relative au parcours effectué. Pour chaque sommet x du graphe, deux valeurs sont calculées : *prévisite*(x) est le rang de x dans l'ordre de prévisite et hauteur(x) (qui est définie plus bas dans l'algorithme) ; nous verrons plus loin comment la comparaison des valeurs *prévisite*(x) avec les valeurs *hauteur*(x), permet de déterminer les sommets d'articulation.

1. Initialement tous les sommets sont non marqués ; *prévisite* $\leftarrow 1$; $A \leftarrow \emptyset$;
2. ouvrir le sommet s et insérer s au sommet de la pile ;
3. *prévisite*(s) $\leftarrow$ *prévisite* ; *prévisite* $\leftarrow$ *prévisite* $+ 1$;
4.   tant que la pile n'est pas vide faire (x étant le sommet en haut de la pile) ;
5.   s'il existe un sommet y non marqué, adjacent au sommet x ;
6.   alors ouvrir y ; insérer y dans la pile ; $(x, y) \in A$;
7.   *prévisite*(y) $\leftarrow$ *prévisite* ; *prévisite* $\leftarrow$ *prévisite* $+ 1$;
8.   *hauteur*(y) $\leftarrow$ *prévisite*(y) ;

9. sinon fermer le sommet x et supprimer x de la pile ;
10. pour tout sommet z successeur de x tel que $(z, x) \notin A$ faire ;
11. $hauteur(x) \leftarrow \min(hauteur(x), hauteur(z))$;
12. si s a, au moins, deux successeurs dans A alors s est un sommet d'articulation ;
13. pour $x \neq s$, s'il existe y successeur de x dans A tel que $hauteur(y) \geqslant prévisite(x)$ alors x est un sommet d'articulation

Les figures 3.28 et 3.29 illustrent l'application de l'algorithme à partir du sommet initial *A*. Les valeurs *prévisite* (x) et *hauteur* (x) sont inscrites respectivement à gauche et à droite dans le rectangle situé à côté de chaque sommet x. Le choix du sommet initial ainsi que certaines phases de l'algorithme étant arbitraires, nous allons effectuer une autre exécution de l'algorithme sur le même graphe. La figure 3.30 illustre le résultat d'une autre application de l'algorithme à partir, cette fois-ci, du sommet initial *B*.

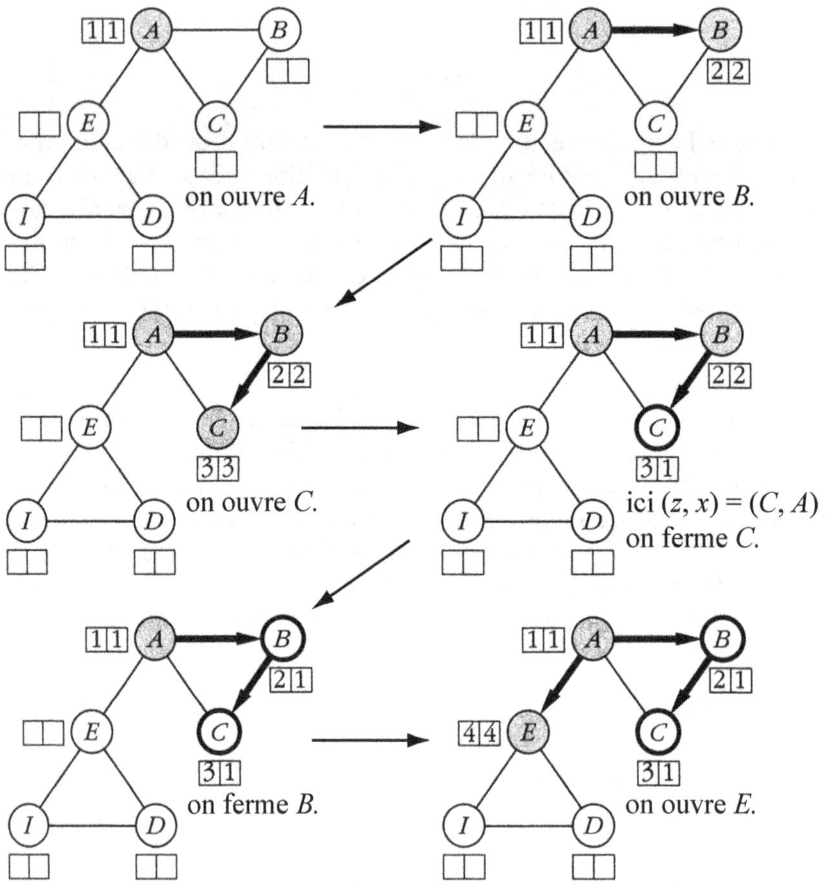

Figure 3.28

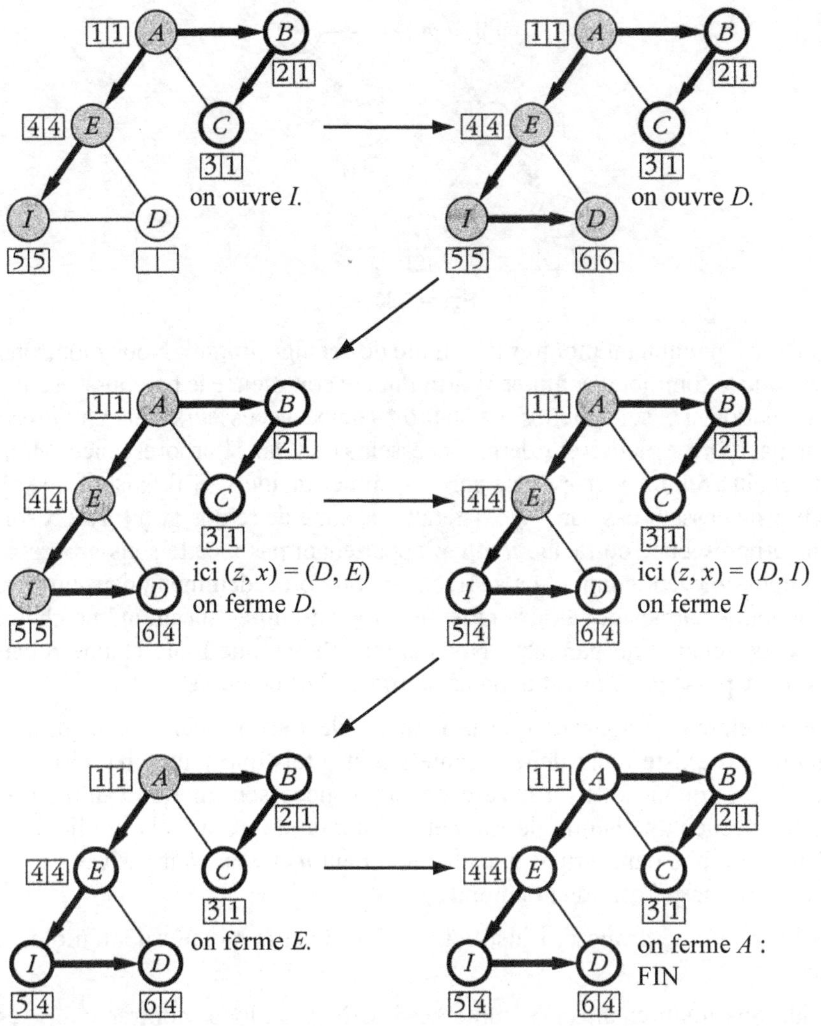

Figure 3.29

En fin d'application, la racine A de l'arborescence a deux successeurs : A est un sommet d'articulation. I, successeur de E dans l'arborescence, a pour hauteur $h(I) = 4$; E a pour numéro d'ordre de prévisite : prévisite $(E) = 4$;
puisque $h(I) \geqslant$ prévisite (E), E est un sommet d'articulation.

Voici brièvement une autre application, mais avec B comme sommet initial :

En fin d'application (fig. 3.30), la racine B de l'arborescence a un seul successeur : B n'est pas un sommet d'articulation; hauteur $(E) = 4 \geqslant$ prévisite $(A) = 3$, donc A est un sommet d'articulation; puis $h(I) = 4 \geqslant$ prévisite $(E) = 4$: E en est un aussi.

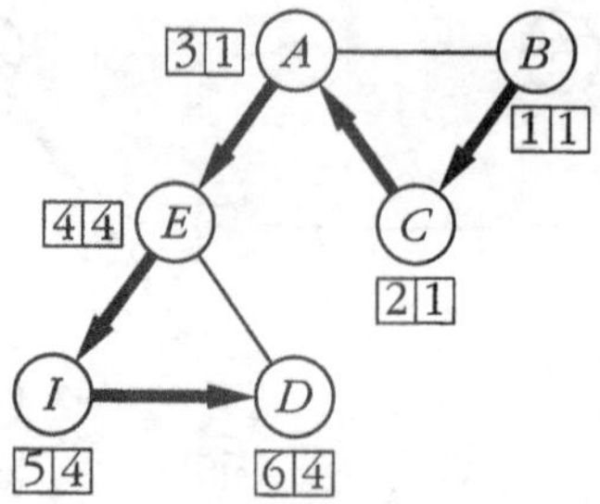

Figure 3.30

Nous allons maintenant montrer la validité de cet algorithme[1]. Nous montrons premièrement que le sommet s, sommet à partir duquel commence le parcours, est un sommet d'articulation si et seulement si s a au moins deux successeurs dans l'arborescence relative au parcours. Soient u et v deux successeurs de s dans l'arborescence. Montrons que toute chaîne reliant u et v passe par le sommet racine s. S'il existait une chaîne reliant u et v ne passant pas par s, il existerait une arête de retour $\{x, y\}$ avec x sommet de la sous-arborescence de racine u et y n'appartenant pas à cette sous-arborescence. Cela est impossible, car comme nous l'avons montré précédemment, dans un parcours en profondeur, les arêtes de retour ont leurs deux extrémités sur un même chemin de l'arborescence relative au parcours. Nous en concluons que toute chaîne reliant les sommets u et v passe par s : s est donc un sommet d'articulation.

Réciproquement, supposons que la racine s de l'arborescence soit un sommet d'articulation. Il existe alors deux sommets u et v tels que toute chaîne les reliant passe par s. Si la racine s de l'arborescence a un successeur unique x, alors il existe dans l'arborescence un chemin de x à u et un chemin de x à v. Cela implique l'existence, dans le graphe parcouru, d'une chaîne reliant u et v passant par x et ne passant pas par s. La propriété est donc démontrée.

Dans l'algorithme proposé, l'instruction 12 teste si la racine s a, au moins, deux successeurs.

Considérons maintenant un sommet $x \neq s$. Nous allons montrer que x est un sommet d'articulation, si et seulement si, il n'existe pas d'arête de retour $\{u, t\}$ telle que le sommet u soit un descendant de x (successeur non nécessairement immédiat) et le sommet t soit un prédécesseur de x dans l'arborescence relative au parcours. S'il existe une arête de retour $\{u, t\}$ satisfaisant à la définition précédente, alors il existe une chaîne reliant u et t passant par le sommet x, cette chaîne correspondant au chemin allant de t à u dans l'arborescence ; il existe aussi une chaîne reliant u et t ne passant pas par le sommet x, cette chaîne est constituée de la seule arête $\{u, t\}$. La réunion de ces deux chaînes forme un cycle passant par x, le sommet x n'est donc pas un sommet d'articulation. Réciproquement, si pour tout descendant u et prédécesseur t de x dans l'arborescence, il n'existe pas d'arête de retour $\{u, t\}$, les arêtes de retour dans un parcours en profondeur ayant leurs deux extrémités sur un même chemin de l'arborescence, toute chaîne reliant t et u passe nécessairement par le sommet x. x est donc un sommet d'articulation. La propriété est alors démontrée.

1. le lecteur pourra sauter cette preuve, en première lecture.

Les valeurs *hauteur*(y), calculées par l'algorithme, déterminent pour chaque sommet y de l'arborescence le premier sommet t précédant y dans l'ordre de prévisite tel que $\{u, t\}$ soit une arête de retour, u étant le sommet y ou un descendant de y. L'instruction 13 de l'algorithme permet de tester si la propriété montrée au paragraphe précédant est satisfaite. La preuve de l'algorithme est alors terminée.

Rappelons que, sur l'exemple traité, pour le parcours effectué à partir de A, la racine A a deux successeurs dans l'arborescence. D'autre part, le sommet E, qui est un sommet d'articulation, est le quatrième dans la liste de prévisite et son successeur, le sommet I, a pour valeur *hauteur*$(I) = 4$. Dans le parcours effectué à partir de B (figure 3.30), la racine B qui n'est pas un sommet d'articulation n'a qu'un seul successeur dans l'arborescence. Le sommet A de rang 3 dans la liste de prévisite, a pour successeur E pour lequel *hauteur*$(E) = 4 \geqslant 3$. En revanche, le sommet C qui n'est pas un sommet d'articulation, qui a le deuxième rang dans l'ordre de prévisite, a pour successeur dans l'arborescence le sommet A pour lequel *hauteur*$(A) = 1 < 2$.

L'algorithme proposé étant appliqué à des graphes connexes, nous avons $m \geqslant n - 1$ et la complexité obtenue est $O(n + m) = O(m)$. En effet, les opérations autres que celles effectuant le parcours sont en nombre inférieur à celles du parcours.

NUMEROTATION "TOPOLOGIQUE" DES SOMMETS :

Si un graphe ne comporte pas de circuit, on peut numéroter ses sommets de manière « topologique », c'est-à-dire que pour tout arc (x_i, x_j), on ait : $i < j$.

On a vu plus haut que par un parcours en profondeur on peut déterminer si un graphe comporte des circuits ou non.

Pour un graphe sans circuit, on peut trouver une numérotation topologique en associant à tout sommet x_k le numéro :

$(n + 1) - (\text{numéro de fermeture de } x_k) = N(x_k)$

Exemple : en gras, on a figuré l'arborescence d'un parcours en profondeur.

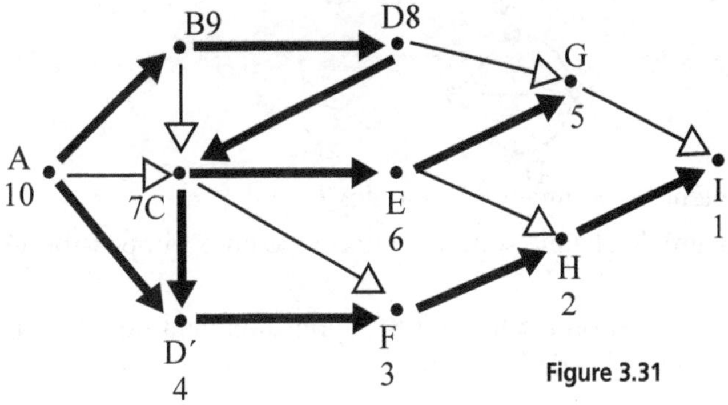

Figure 3.31

On a figuré à côté de chaque sommet son numéro d'ordre de fermeture : 1 pour I, 2 pour H,..., 10 pour A.

Une numérotation topologique est alors :

$N(I) = 11 - 1 = 10, N(H) = 9, N(F = 8), N(D') = 7, N(G) = 6, N(E) = 5,$ $N(C) = 4, N(D) = 3, N(B) = 2, N(A) = 1.$

La figure 3. 32 illustre ce graphe avec ses sommets ainsi numérotés.

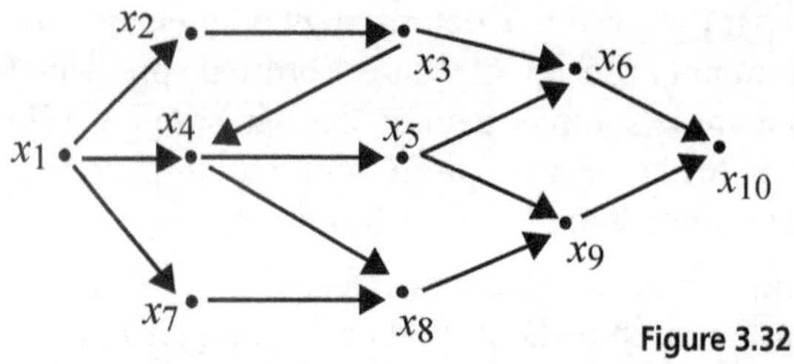

on vérifie que pour tout arc (x_i, x_j), on a bien : $i < j$.

Figure 3.32

EXERCICES

*3.1 Vocabulaire et concepts de base des graphes

Soit le graphe G ci-dessous

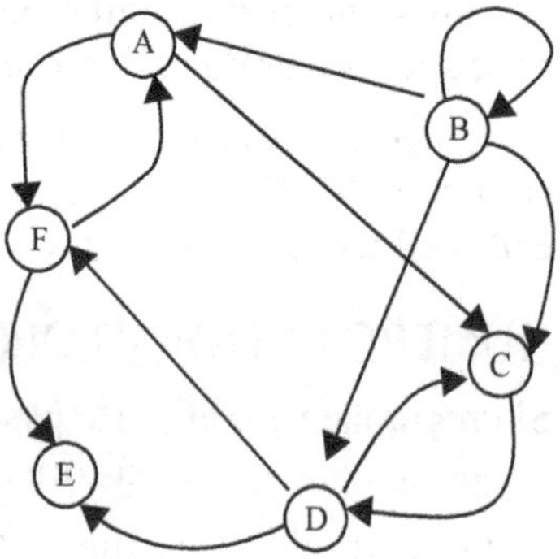

1. Donner $\Gamma^+(A), \Gamma^+(B), \Gamma^-(A), \Gamma^-(B)$.

2. Donner les demi-degrés intérieurs et extérieurs des sommets A et B. Donner les éventuelles entrée(s) et sortie(s) de G.

3. Donner un exemple de chemin simple mais non élémentaire.

4. Existe-t-il un circuit hamiltonien dans G ? Un chemin hamiltonien ?

5. G est-il fortement connexe ? Justifier en détail.

6. Donner plusieurs arborescences différentes, de racine B, extraites du graphe.

**3.2 Problème des 7 ponts de Königsberg (CF. 3.1.1.)

On peut associer le diagramme ci-dessous, à ce problème :

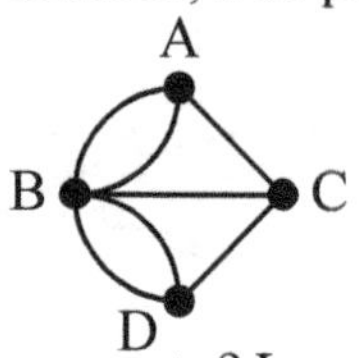

1. Que représentent les sommets ? Les arêtes ?

2. Calculer le degré de chaque sommet, puis en déduire l'impossibilité du problème.

3. Que se passerait-il si on ajoutait un 8ème pont, joignant directement la rive nord A et la rive sud D de la rivière ?

*3.3 Degrés des sommets d'un graphe non orienté

1. Montrer que la somme des degrés de tous les sommets de G est un nombre pair

2. Montrer qu'il n'existe pas de graphe ayant un seul sommet de degré impair

**3.4 Connexité d'un graphe

Considérons le graphe ayant la matrice d'adjacence symétrique suivante :

	A	B	C	D	E	F	G	H	I
A	0	1	0	0	0	1	0	0	1
B	1	0	0	0	0	1	1	0	1
C	0	0	1	0	0	0	0	1	0
D	0	0	0	0	1	0	1	0	0
E	0	0	0	1	1	0	1	0	0
F	1	1	0	0	0	1	0	0	0
G	0	1	0	1	1	0	0	0	0
H	0	0	1	0	0	0	0	0	0
I	1	1	0	0	0	0	0	0	1

1. Utiliser un parcours de ce graphe pour déterminer son nombre de composantes connexes.

2. Déterminer les sommets d'articulation de ce graphe à l'aide d'un parcours en profondeur.

**3.5 Reconnaissance d'un graphe biparti

Nous rappellons qu'un graphe est biparti, s'il est possible de partitionner l'ensemble de ses sommets en deux sous-ensembles X et Y tels que chaque arête a du graphe ait une extrémité $x \in X$ et l'autre extrémité $y \in Y$. Autrement dit : il n y a pas d'arête entre deux sommets de X (ou de Y).

1. Montrer qu'un graphe est biparti si et seulement si il n'admet pas de cycle de longueur impaire.

2. Montrer qu'un parcours d'un graphe permet de déterminer si celui-ci est ou non biparti.

*3.6 Détection de circuits par un parcours en profondeur

Lors d'un parcours d'un graphe orienté, un *arc arrière* est un arc (y, x) du graphe tel qu'il existe un chemin du sommet x au sommet y dans une des arborescences de la forêt relative au parcours effectué.

1. Montrer qu'un graphe contient un circuit si et seulement il existe un arc arrière dans tout parcours en profondeur de ce graphe.

2. En déduire un algorithme de complexité $O(\max(n, m))$ qui permet de déterminer si un graphe est sans circuit.

3. Pour le graphe de la Figure 3.8, déterminer ses circuits : les arcs notés d'un trait double donnent l'arborescence d'un parcours en profondeur, de sommet initial A.

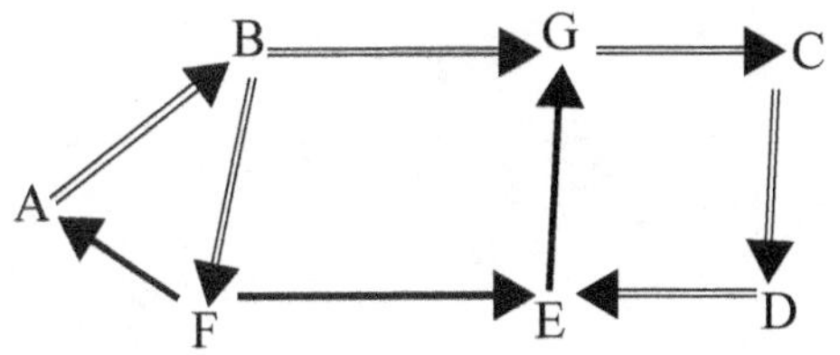

**3.7 Détermination des composantes fortement connexes d'un graphe : Algorithme de Kosaraju et Sharis

Données : un graphe **g** = (X, U) où **X** = $\{x_1, x_2,\ldots, x_n\}$

1. Effectuer un parcours en profondeur sur le graphe **g**, à partir du sommet x_1 : on obtient ainsi une arborescence de racine x_1 ; si des sommets n'ont pas été visités (ils n'appartiennent donc pas à cette arborescence), recommencer à partir du sommet de plus faible indice non encore visité.

Et ainsi de suite jusqu'à ce que tous les sommets aient été visités. Le « rang » $\pi(x_i)$ du sommet x_i est par définition, le numéro d'ordre de fin d'exploration de x_i (c-à-d de « postvisite », ou « fermeture »).

2. Construire le graphe « miroir » $\mathbf{g}^t = (\mathbf{X}, \mathbf{U}^t)$ obtenu à partir de **g** en inversant tout arc de **U** ; **g** et $\mathbf{g}^t$ ont le même ensemble de sommets ;

3. Effectuer un parcours en profondeur sur $\mathbf{g}^t$, à partir du sommet de plus fort rang; noter l'arborescence associée; si tous les sommets n'ont pas été visités, recommencer à partir du sommet de plus fort rang non encore visité. Et ainsi de suite jusqu'à ce que tous les sommets aient été visités.

On peut démontrer qu'à chacune des arborescences obtenues dans le parcours en profondeur de $\mathbf{g}^t$ *correspond une composante fortement connexe de* **g** *et une seule.*

➤ **APPLICATION :** Appliquer l'algorithme de KOSARAJU et SHARIS au graphe **g** ci-dessous :

(par commodité, on a noté A pour x_1, B pour x_2, etc., H pour x_8).

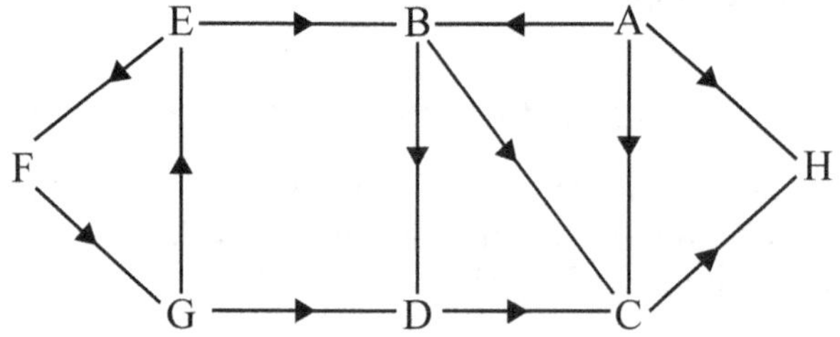

N.B : dans le parcours en profondeur de **g**, si vous avez le choix entre plusieurs successeurs ouvrables (non marqués), ouvrir celui d'indice le plus petit

4 APPLICATIONS DES GRAPHES À LA RECHERCHE OPÉRATIONNELLE

4.1 NOTIONS DE PROGRAMMATION DYNAMIQUE (PRD)

La programmation dynamique, implicitement contenue dans l'œuvre de P. de Fermat (1601-1665), auteur du principe fondamental de l'optique, a été utilisée en recherche opérationnelle en France par P. Massé (1944), puis aux États-Unis R. Bellman (1952). Fondée sur le *principe d'optimalité,* sur lequel nous reviendrons, elle s'est beaucoup développée, au cours de ces dernières années.

Sous des conditions, peu restrictives dans la pratique, quant à la forme du critère d'optimisation et à la manière dont le graphe est valué[1], *toute partie (sous--chemin) d'un chemin optimal est, elle-même, optimale.* En effet, s'il n'en était pas ainsi, on pourrait lui substituer une partie « meilleure », ce qui améliorerait la valeur de l'ensemble du chemin, préalablement supposé optimal, d'où une contradiction. Cette idée fondamentale (qui est un théorème lorsque les conditions ci-dessus sont remplies) a été généralisée sous forme d'un principe : *toute sous-politique d'une politique optimale est elle-même, optimale,* qui est utile mais bien trop général pour être accepté sans démonstration dans chaque cas d'espèce. Mais nos applications de PRD se ramènent toutes à la détermination des chemins optimaux dans les graphes.

Le cas discret est particulièrement simple et nous en donnerons un exemple avant de formuler les équations générales de récurrence qui en facilitent l'application.

Exemple. Imaginons la fig. que nous ayons à construire une autoroute entre les villes A et K, ainsi que l'indique la Figure 4.1, les points (sommets) intermédiaires pouvant être classés en groupes ou (phases) et les arcs du graphe ayant été valués par l'indication des coûts totaux (coûts de réalisation = coûts des chaussées, ouvrages d'art, etc. + coûts sociaux, coûts de "regrets", etc.).

---

1. Ce critère se traduit par une fonction « de retour » (de revenu) qui doit être « décomposable » (condition de Mitten) et, par exemple, pour un critère « multiplicatif » (produit de revenus élémentaires), les valuations du graphe doivent être positives.

Notons $(x_0, x_1, x_2, x_3, x_4)$ (où $x_0 = A$ et $x_4 = K$) une politique de construction. Son coût est $F(x_0, x_1, x_2, x_3, x_4) = v(x_0, x_1) + v(x_1, x_2) + v(x_2, x_3) + v(x_3, x_4)$, avec :

$$x_0 = \{A\}, x_1 \in \{B, C, D\}, x_2 \in \{E, D, G, H\}, x_3 \in \{I, J\}, x_4 = \{K\}.$$

Les vraies inconnues du problème sont donc x_1, x_2 et x_3. La meilleure politique est alors celle qui minimise ce coût F.

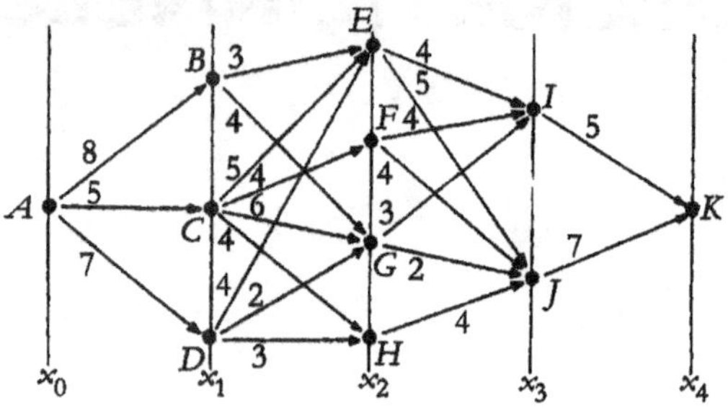

Figure 4.1

On peut, par exemple, déterminer, pour la variable attachée à chaque phase de la progression sur le terrain, le chemin optimal depuis l'origine ; cela revient à déterminer d'abord, pour les deux premières phases, le sous-chemin optimal entre A et chacun des sommets de l'ensemble $X_2 = \{E, F, G, H\}$; puis, en *ne retenant que les sous-chemins optimaux de l'étape précédente*, à calculer les sous-chemins optimaux entre A et chacun des sommets de l'ensemble $X_3 = \{I, J\}$, etc. D'où les quatre tableaux ci-dessous.

x_1	chemin opt	coût
B	AB	8
C	AC	5
D	AD	7

x_2	chemins possibles	chemin opt.	coût
E	ABE, ACE, ADE	ACE	10
F	ACF	ACF	9
G	ABG, ACG, ADG	ADG	9
H	ACH, ADH	ACH	9

x_3	chemins possibles	chemin opt.	coût
I	ACEI, ACFI, ADGI	ADGI	12
J	ACEJ, ACFJ, ADGJ, ACHJ	ADGJ	11

$x_4 = K$	chemins possibles	chemin opt.	coût
	ADGIK, ADGJK	ADGIK	17

Le chemin de coût minimal est (A, D, G, I, K), noté en abrégé ADGIK ; son coût est 17 *u.m.* La meilleure politique est donc de construire les tronçons d'autoroute AD, DG, GI et IK.

4.1.1 Équations de récurrence

Appelons $f_k^*(x_k)$ la valeur optimale des chemins entre A et chacun des sommets x_k de l'ensemble X_k; soit $v_{k+1}(x_k, x_{k+1})$ la valeur de l'arc (x_k, x_{k+1}) pour tout $x_{k+1} \in X_{k+1}$. On a la formule d'optimisation séquentielle (récurrence) :

$$f_{k+1}^*(x_{k+1}) = \underset{x_k \in X_k}{\text{OPT}} \left[f_k^*(x_k) + v_{k+1}(x_k, x_{k+1}) \right].$$

Revenant à l'exemple, pour la première phase, aucun calcul n'est nécessaire pour obtenir $f_1^*(x_1)$. En effet :

$$f_1^*(B) = 8; f_1^*(c) = 5; f_1^*(D) = 7.$$

Cherchons maintenant, pour chaque $x_2 \in \{E, F, G, H\}$, les valeurs optimales $f_2^*(x_2)$. Il vient :

$$\begin{aligned} f_2^*(E) &= \underset{x_1 \in X_1}{\text{OPT}} \left[f_1^*(x_1) + v_2(x_1, E) \right] \\ &= \text{OPT} \left[f_1^*(B) + v_2(B, E); f_1^*(C) + v_2(C, E); f_1^*(D) + v_2(D, E) \right] \\ &= \text{OPT}[8 + 3; 5 + 5; 7 + 4] = 10, \end{aligned}$$

d'où le choix : (*A, C, E*) pour la valeur 10;

$$\begin{aligned} f_2^*(F) &= \underset{x_1 \in X_1}{\text{OPT}} \left[f_1^*(x_1) + v_2(x_1, F) \right] \\ &= \text{OPT} \left[f_1^*(C) + v_2(C, F) \right] \\ &= 5 + 4 = 9, \text{car F a un seul prédécesseur} : C. \end{aligned}$$

d'où le choix : (*A, C, F*), pour la valeur 9;

$$\begin{aligned} f_2^*(G) &= \underset{x_1 \in X_1}{\text{OPT}} \left[f_1^*(x_1) + v_2(x_1, G) \right] \\ &= \text{OPT} \left[f_1^*(B) + v_2(B, G); f_1^*(C) + v_2(C, G); f_1^*(D) + v_2(D, G) \right] \\ &= \text{OPT}[8 + 4; 5 + 6; 7 + 2] = 9 \end{aligned}$$

d'où le choix : (*A, D, G*), pour la valeur 9.
Et ainsi de suite.

L'économie de calcul provient de l'*affaiblissement du caractère combinatoire du problème.* Au lieu d'énumérer 64 chemins de quatre arcs, on ne prend en compte que 3 sous-chemins d'un arc, 9 sous-chemins de deux arcs, dont on ne conserve que quatre, 7 sous-chemins de trois arcs, dont on ne conserve que deux, 2 sous-chemins de quatre arcs, dont on ne conserve qu'un. On n'a fait que 18 additions de deux nombres, au lieu de 192.

Dans ce type de problème, dit faiblement ordonné, le calcul aurait aussi bien pu commencer à partir du point K en remontant vers A, ou encore être relatif à des groupes de phases contiguës, pris séparément.

La présente méthode s'étend au cas d'autres fonctions que les fonctions additives; il n'est pas nécessaire que les ensembles dans lesquels s'opèrent les choix soient discrets, ils peuvent être continus, pourvu qu'ils soient bornés. En programmation dynamique, on n'a pas toujours affaire à un problème non ordonné; souvent, la décomposition et l'optimisation ne peuvent se faire que selon des ordres particuliers ; dans les problèmes fortement ordonnés, une seule décomposition et un seul ordre d'optimisation sont possibles.

Même en avenir déterminé, les problèmes de caractère économique se posent différemment lorsque l'horizon est limité ou, au contraire, illimité. Si, par exemple, le nombre de phases augmente indéfiniment, il se peut qu'on ait des difficultés à comparer des fonctions qui, elles aussi, augmentent indéfiniment. Dans ce cas, on a souvent recours à une procédure d'*actualisation*, qui est légitime à la fois du point de vue mathématique et du point de vue économique, lorsque les phases se succèdent dans le temps. Dans le cas contraire, on essaie parfois d'obtenir la convergence « en moyenne » :

$$\lim_{N \to +\infty} \frac{F(x_0, \cdots, x_N)}{N}.$$

4.1.2 Exemple d'application : détermination d'un ensemble stable de cardinal maximal dans un arbre

Voici un exemple particulièrement efficace d'utilisation de la programmation dynamique. Nous considérons $G = (X, E)$ un arbre pour lequel nous désirons calculer le *nombre de stabilité* $\alpha(G)$. Nous dirons qu'un ensemble de sommets $S \subset X$ est *stable* si, pour toute paire de sommets $x, y \in S$, l'arête $[x, y]$ n'est pas dans G, autrement dit deux sommets quelconques de S ne sont pas adjacents. $\alpha(G)$ est alors la plus grande cardinalité d'un ensemble stable, c'est-à-dire le nombre de sommets d'un ensemble stable de cardinal maximal (qui comporte le plus grand nombre de sommets).

Bien que le nombre de stabilité soit généralement difficile à calculer pour un graphe quelconque, nous allons montrer que dans le cas d'un arbre (rappelons qu'un arbre est un graphe d'au moins deux sommets, connexe et sans cycle ; la figure 4.2 représente un arbre), ce nombre peut être calculé rapidement avec un algorithme de programmation dynamique.

En choisissant arbitrairement un sommet r de l'arbre, nous définissons de **manière unique** une orientation des arêtes de manière à déduire de cet arbre une arborescence de racine r. Par souci de simplification, nous appellerons aussi G cette arborescence et confondrons les arêtes de l'arbre avec les arcs de l'arborescence. Nous noterons G_i la sous-arborescence extraite de l'arborescence G de racine i[1] et, par extension, le sous-graphe correspondant.

L'algorithme est fondé sur la propriété évidente suivante :

si S^* est un ensemble stable pour G_i alors soit le sommet $i \in S^*$, soit $i \notin S^*$.

Pour chaque G_i nous allons calculer deux valeurs : R_i la taille d'un ensemble stable maximal (au sens de l'inclusion) contenant i, et $\overline{R}_i$ la taille d'un ensemble stable maximal ne contenant pas i. Ainsi il est aisé de constater que $\alpha(G_i) = \max(R_i, \overline{R}_i)$. Nous allons maintenant montrer comment obtenir les deux valeurs R_i et $\overline{R}_i$ à partir des valeurs R_j et $\overline{R}_j$ des successeurs j de i. Rappelons que $\Gamma(i)$ désigne l'ensemble des successeurs j du sommet i.

1. Pour alléger les notations, tout sommet x_i est désigné ci-dessous par son numéro : i.

Premièrement, si G_i ne compte que le seul sommet i (qui est alors une « feuille » – ou « sommet pendant » – de l'arborescence G) nous avons immédiatement $R_i = 1$ et $\overline{R_i} = 0$. Maintenant, si i a des successeurs et i appartient à un sous-ensemble stable de G_i, alors aucun de ses successeurs j ne peut appartenir à ce stable ; donc $R_i = 1 + \sum_{j \in \Gamma(i)} \overline{R_j}$; si i n'appartient pas à un stable de G_i, ces successeurs j peuvent ou non appartenir à ce stable, donc $R_i = \sum_{j \in \Gamma(i)} \alpha(G_j)$. La formule récursive suivante, appliquée à partir d'un sommet quelconque d'une arborescence G, calcule $\alpha(G_i)$:

- si $\Gamma(i) = \varnothing$: $R_i = 1$; $\overline{R_i} = 0$; $\alpha(G_i) = 1$ (initialisation).
- sinon : $R_i = 1 + \sum_{j \in \Gamma(i)} \overline{R_j}$; $\overline{R_i} = \sum_{j \in \Gamma(i)} \alpha(G_j)$; $\alpha(G_i) = \max(R_i, \overline{R_i})$.

La figure 4.2 illustre l'application de la formule précédente. Les premières valeurs sont calculées à partir des feuilles de l'arbre puis remontées de proche en proche jusqu'à la racine. Pour tout sommet i sont notées les deux valeurs $(R_i, \overline{R_i})$, on en déduit aisément $\alpha(G_i) = \max(R_i, \overline{R_i})$. Les sommets cerclés sont les 10 sommets formant un ensemble stable de cardinal maximal. Notons que l'ensemble stable optimal obtenu n'est pas unique, la figure 4.3 montre une deuxième solution équivalente. L'optimum n'est pas unique ici ; mais la valeur α(G) est toujours unique.

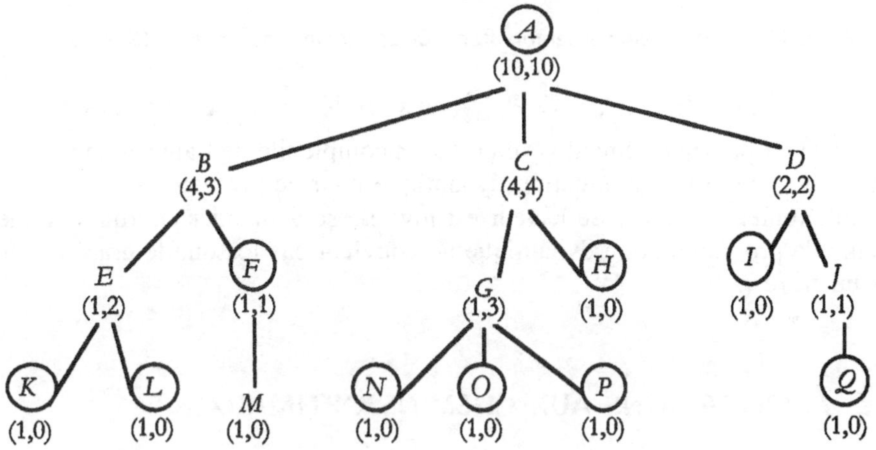

Figure 4.2 Calcul du nombre de stabilité d'un arbre A : ici $\alpha(G) = 10 = R_A$

$S^* = \{A, F, H, I, K, L, N, O, P, Q\}$: on a cerclé en gras ses sommets

L'ensemble stable représenté dans la figure 4.2 a été obtenu de la manière suivante : puisque $R_A = \overline{R_A} = 10$, le sommet A peut soit appartenir soit ne pas appartenir à un ensemble stable de 10 éléments : choisissons la solution qui contient A (remarquons que celle représentée par la figure 4.3 ne contient pas A). Les sommets B, C, D, successeurs de A dans l'arborescence n'appartiennent donc pas au stable ; pour le sous-graphe correspondant à l'arborescence de racine B, un ensemble stable maximal ne contenant pas B est de taille $\overline{R_B} = 3$ et consiste en la réunion des ensembles stables maximaux correspondant aux sous-arborescences issues de B (de racines E et F). La même procédure que celle utilisée pour le sommet A peut alors s'effectuer pour les sous-graphes correspondant aux arborescences de racines E et F ; les arborescences de racines C puis D sont traitées de manière analogue à l'arborescence de racine B. Il est laissé, pour exercice au lecteur, le soin d'adapter l'algorithme présenté plus haut afin qu'il fournisse un ensemble stable maximal au sens de l'inclusion.

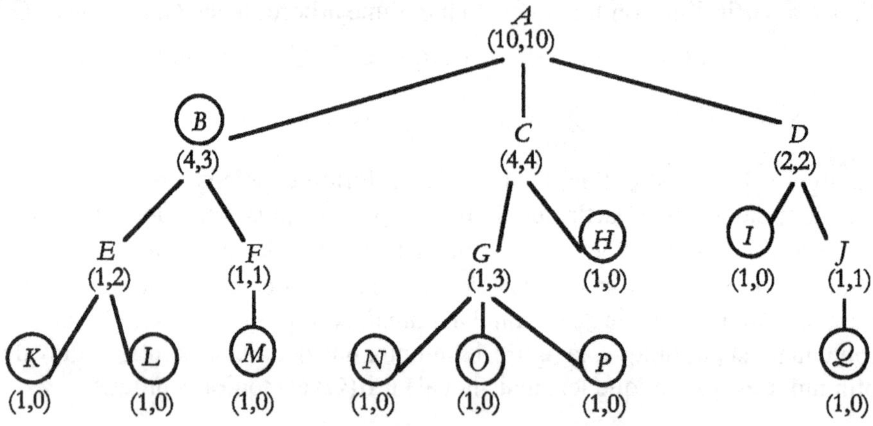

Figure 4.3 Un deuxième ensemble stable de cardinalité maximale : $\alpha(G) = 10 = \bar{R}_A$

$\{B, H, I, K, L, M, N, O, P, Q\}$: on a cerclé en gras ses sommets.

Le lecteur pourra aisément vérifier que la complexité de l'algorithme est $O(n)$. L'utilisation de la programmation dynamique pour ce problème se montre donc particulièrement efficace. Le lecteur est invité à se demander pourquoi ce même schéma de programmation dynamique ne convient pas lorsque le graphe G n'est plus un arbre...

4.2 Applications aux chemins optimaux

4.2.1 Problèmes de chemins de valeur optimale

Les problèmes de chemins de valeur minimale (ou, respectivement, maximale) se rencontrent très fréquemment en recherche opérationnelle. Nous considérons ici des graphes finis, connexes dont les arcs sont valués par des nombres réels.

On doit alors vérifier l'absence de circuit de valeur négative (resp. positive), appelé « circuit absorbant ». En effet, s'il existait un tel circuit, la valeur minimale des chemins de tout sommet x vers tout sommet de ce circuit (ou tout descendant d'un sommet de ce circuit) serait rejetée à $-\infty$ (resp. $+\infty$). Notons que si les arcs du graphe sont valués par des nombres tous positifs, il ne saurait exister de circuit absorbant dans la recherche de chemin de valeur minimale.

Exemple. (chemins de valeur minimale).

Soit un croquis géographique, représentant les routes qui existent entre deux points *A* et *F* : les valeurs indiquées sur chaque route sont des distances kilométriques ; de plus, comme il s'agit d'un pays de montagne à routes étroites, la circulation y a lieu à sens unique : d'où les flèches portées sur le dessin (figure 4.4). Il existe évidemment un certain nombre de chemins conduisant de *A* en *F*, mais on voudrait en trouver un de longueur minimale, sans les énumérer.

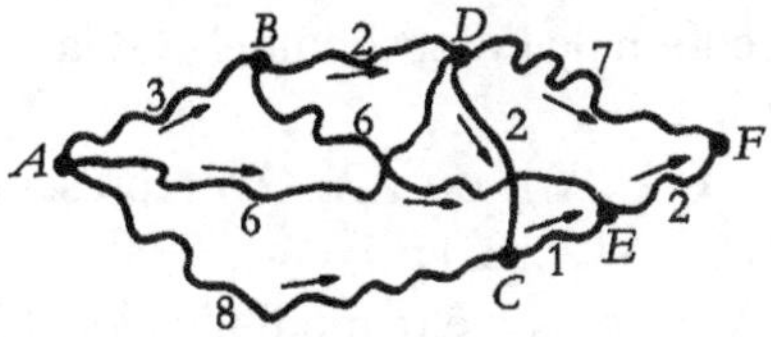

Figure 4.4

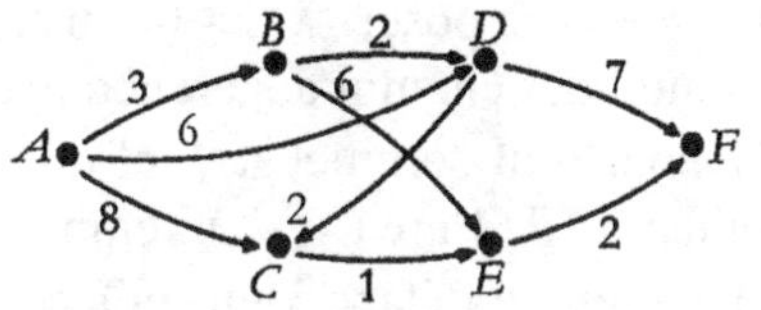

Figure 4.5

Employons à cet effet un graphe valué, dont les sommets représentent les points de passage possible et les arcs (flèches) les routes praticables (figure 4.5).

Nous allons examiner, pour chaque point, la longueur kilométrique (ou « valeur ») du plus court chemin y conduisant à partir de *A*.

Pour *B*, c'est la route $AB = 3$; pour *D*, la route $(A, B, D) = 3 + 2 = 5$ (et non l'arc (*A*, *D*)) ; pour *C*, la route $(A, B, D, C) = 3 + 2 + 2 = 7$ (et non l'arc (*A*, *C*)) ; pour *E* la route $(A, B, D, C, E) = 3 + 2 + 2 + 1 = 8$ (et non (*A*, *B*, *E*), ou (*A*, *C*, *E*) ou (*A*, *D*, *C*, *E*)). Il en résulte que, pour aller de *A* en *F* par le plus court chemin, il faut passer par *B*, *D*, *C* et *E*. On a un chemin de valeur minimale 10.

Plus généralement, on s'intéresse au problème de détermination des chemins de valeur minimale : soit d'un sommet donné vers un autre sommet (cas 1) comme ici de *A* à *F*, ou bien d'un sommet donné vers tous les autres sommets (cas 2) ou encore entre tout couple de sommets (cas 3).

Algorithme de Ford[1] (chemins de valeur minimale)

Pour un graphe comportant de nombreux sommets, une procédure aussi peu assurée risquerait de conduire à de longs calculs et sans doute à des oublis. Il est d'autre part évident, par exemple, que lorsque les plus courtes distances de *A* aux points *B*, *C* et *D* ont été calculées, il est inutile, pour avoir la plus courte distance entre *A* et *E*, de remonter au-delà des prédécesseurs de *E*, c-à-d des points qui sont directement liés par un arc (une flèche) à *E* : en d'autres termes, il suffit de comparer les chemins (*A*, *B*, *E*) et (*A*, *B*, *D*, *C*, *E*), car on sait que le plus court chemin entre *A* et *B* est $AB = 3$ et le plus court chemin entre *A* et *C*, $(A, B, D, C) = 7$. Finalement, entre *A* et *E*, c'est

1. On rappelle que le mot *algorithme* résulte de la corruption du nom du grand mathématicien arabe Al Khwarizmi qui vivait au IXe siècle, et qui signifie simplement : procédé permettant de résoudre un problème en un nombre fini d'opérations.

le chemin $(A, B, D, C, E) = 8$ qui est plus court que $(A, B, E) = 9$. On utilise ainsi le principe d'optimalité de la programmation dynamique.

Le mathématicien Ford a donné, parmi les nombreux algorithmes qui peuvent être employés pour faire ce calcul d'une manière systématique, un algorithme très simple pour la recherche d'un chemin de valeur minimale et qui consiste à :

1) numéroter les sommets du graphe dans un ordre quelconque, en observant toutefois que le sommet de départ doit être marqué X_0 et celui d'arrivée X_{n-1}, si n est le nombre total de sommets du graphe ;

2) affecter provisoirement à tout sommet $X_i (i \neq 0)$ une valeur ou « marque » : $\lambda_i = +\infty$ et poser : $\lambda_0 = 0$; en cours d'exécution de l'algorithme, λ_i est la valeur du meilleur chemin déjà rencontré, de X_0 à X_i ;

3) pour tout sommet X_j, tel que $\lambda_j - \lambda_i > v(X_i, X_j)$, où $v(X_i, X_j)$ représente la valuation de l'arc (X_i, X_j), remplacer λ_j par $\lambda_i + v(X_i, X_j)$;

4) reprendre l'étape 3) jusqu'à ce qu'aucun λ_i ne puisse être modifié : alors FIN.

On montrera plus bas, qu'en fin d'application de l'algorithme, les λ_i sont optimaux.

En fait, l'algorithme de Ford en résolvant le cas 1 résout aussi le cas 2 : celui de la recherche des chemins optimaux de X_0 vers tous les autres sommets (qui évidemment englobe le cas 1 : de X_0 seulement vers X_{n-1}).

Les figures 4.6, 4.7 et 4.8 illustrent le déroulement de l'algorithme de Ford, le sommet A étant celui à partir duquel les chemins de valeur minimale (qu'on appellera plus bas, par abus de langage, plus courts chemins) seront calculés. Les valeurs λ_i sont indiquées à côté de chacun des sommets. Dans la figure 4.6 sont calculées les valeurs λ_i après les étapes consistant à considérer les modifications dues aux arcs[1] (A, E), (E, D), (D, C), (D, B), (A, B), (C, F) successivement. À cette étape, l'arc (B, C) vérifie : $\lambda_C - \lambda_B > -3$, une meilleure valeur $\lambda_C = \lambda_B + v(B, C) = 1$ est donc déterminée. Dans la figure 4.7 sont reportées les valeurs λ_i à l'issue de l'étape suivante : en gras sont représentés les arcs permettant d'effectuer de nouvelles modifications aux valeurs λ_i. Enfin l'arc (F, D) (cf Fig 4.8) entraîne : $\lambda_D := \lambda_F + v(F, D) = -1 + 1 = 0$. À ce stade, pour tout arc (X_i, X_j) on a : $\lambda_j \leqslant \lambda_i + v(X_i, X_j)$: c'est le critère d'arrêt. La situation à la fin de l'exécution de l'algorithme de Ford est représentée à la figure 4.8. Les valeurs λ_i sont alors les longueurs des plus courts chemins issus du sommet A. Les arcs représentés en traits épais sont ceux utilisés lors de la dernière modification de la valeur λ_i associée à chacun des sommets. Il est à noter qu'ils forment une arborescence de racine A appelée *arborescence des plus courts chemins.* Pour tout sommet i du graphe, le chemin de la racine à ce sommet i dans cette arborescence est un plus court chemin dans le graphe ; pour tout arc (x_i, x_j) de l'arborescence on a : $\lambda_j = \lambda_i + v(X_i, X_j)$.

Le lecteur vérifiera aisément sur l'exemple donné par la figure 4.9, graphe comportant un circuit absorbant de valeur -2, que l'algorithme de Ford ne se termine pas. Un cyclage apparaît et les valeurs $\lambda_B, \lambda_C, \lambda_D$ peuvent être rendues arbitrairement petites, donc jusqu'à la valeur $-\infty$.

1. Ford n'a pas préconisé un ordre pour le balayage des arcs.

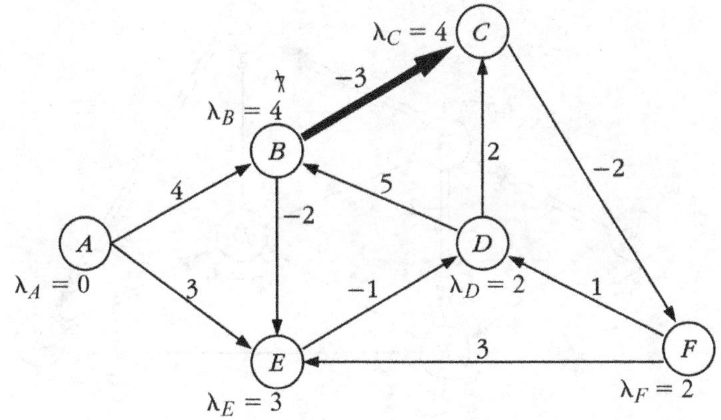

Figure 4.6 $\lambda_C - \lambda_B > -3 \Rightarrow \lambda_C := \lambda_B - 3 = 1$: cf ci dessous.

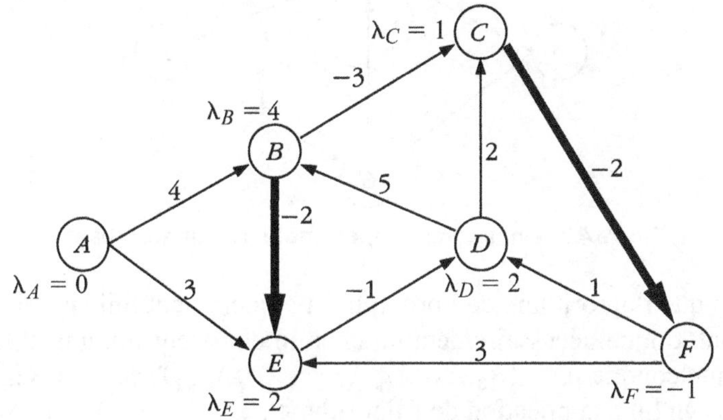

Figure 4.7 La situation après la modification précédente puis la modification λ_E entraînée par l'utilisation de l'arc (B, E) et celle de λ_F entraînée par (C, F).

Lorsqu'il n'est plus possible de modifier les λ_i, on a donc trouvé la valeur minimale soit λ_{n-1}, des chemins entre X_0 et X_{n-1} (pourvu qu'il existe au moins un chemin entre X_0 et X_{n-1}). Les λ_i, pour chaque X_i, donnent la valeur minimale des chemins entre X_0 et X_i : on a alors résolu le cas 2.

Pour retrouver le chemin de valeur minimale lui-même de X_0 à X_{n-1}, il suffit de déterminer, partant de X_{n-1}, le prédécesseur X_{p1}, tel que $\lambda_{n-1} - \lambda_{p1} = v(X_{p1}, X_{n-1})$, puis le prédécesseur X_{p2} de X_{p1}, tel que : $\lambda_{p1} - \lambda_{p2} = v(X_{p2}, X_{p1})$, etc. et de remonter jusqu'à X_0. Il peut naturellement y avoir plusieurs chemins de valeur minimale (mais leur valeur est évidemment unique).

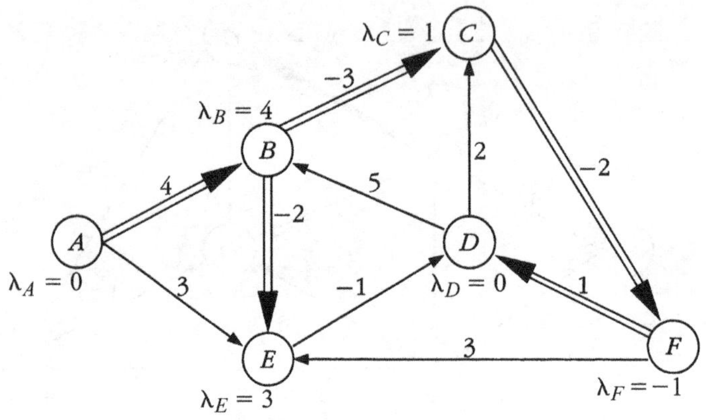

Figure 4.8 L'arborescence des plus courts chemins d'origine *A* est donnée par les arcs en traits doubles

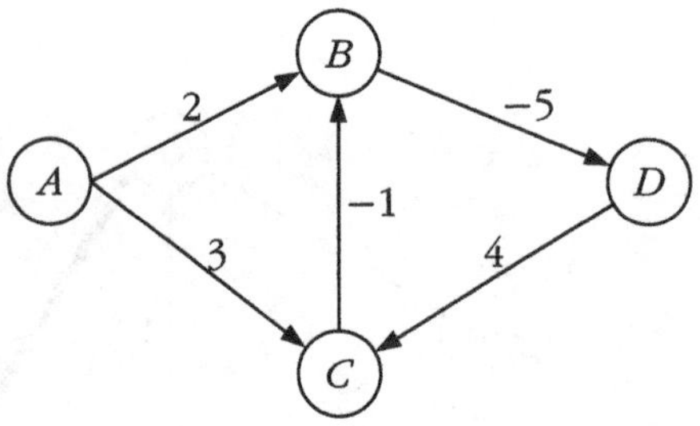

Figure 4.9 Un graphe comportant un circuit absorbant

Montrons que l'algorithme de Ford, qui est évidemment fini en l'absence de circuit absorbant, donne nécessairement un chemin de valeur minimale. En effet, soit un chemin quelconque $\mu = (X_0, X_{k_\ell}, X_{k_{\ell-1}}, \cdots, X_{k_1}, X_{n-1})$ de X_0 à X_{n-1}, on a avec les λ_i obtenus en fin d'application de l'algorithme :

$$\lambda_{k_\ell} - 0 \leqslant v(X_0, X_{k_\ell})$$
$$\lambda_{k_{\ell-1}} - \lambda_{k_\ell} \leqslant v(X_{k_\ell}, X_{k_{\ell-1}})$$
$$\cdots\cdots\cdots\cdots\cdots\cdots\cdots$$
$$\lambda_{n-1} - \lambda_{k_1} \leqslant v(X_{k_1}, X_{n-1}),$$

d'où, en additionnant membre à membre :

$$\lambda_{n-1} \leqslant v(X_0, X_{k_\ell}) + v(X_{k_\ell}, X_{k_{\ell-1}}) + \cdots + v(X_{k_1}, X_{n-1}) :$$

la valeur du chemin μ est supérieure ou égale à celle du chemin μ^* déterminé par l'algorithme de Ford qui est λ_{n-1} ; μ étant un chemin *quelconque* de X_0 à X_{n-1}, on en déduit que μ^* est un chemin de valeur minimale de X_0 à X_{n-1}.

La complexité de l'algorithme de Ford est $O(2^n)$. Cet algorithme n'est donc pas polynomial; cependant en ordonnant la manière dont les arcs sont traités, des algorithmes polynomiaux peuvent en être directement dérivés. Le lecteur pourra obtenir les preuves concernant les aspects de complexité de cet algorithme en consultant les nombreux ouvrages traitant d'algorithmique dans les graphes, en particulier la référence [8].

Rappelons enfin que l'algorithme de Ford peut-être transposé à la recherche de chemins de valeur maximale. Dans ce cas, un circuit est absorbant si sa valeur est strictement positive. Il suffit de modifier l'initialisation comme suit : $\lambda_i = -\infty (i \neq 0)$ et $\lambda_0 = 0$; puis au 3), remplacer « > » par « < ».

Méthode matricielle

Voici maintenant un algorithme qui permet d'obtenir les chemins de valeur minimale *entre toute paire de sommets* du graphe : c'est le cas 3. Il est dû notamment à G. Demoucron et a été publié indépendamment aux États-Unis par R. W. Floyd.

Après avoir numéroté les sommets de 1 à n (et non de 0 à $n-1$ comme ci-dessus), poser :

$$v'_{ij} = \begin{cases} v(X_i, X_j) & \text{si } (X_i, X_j) \in U \\ +\infty & \text{si } (X_i, X_j) \notin U, \end{cases}$$

et mettre ces valeurs dans une matrice $n \times n$, notée D_0.

À chaque étape, $k \geqslant 1$, de l'algorithme, calculer :

$$v'^{(k-1)}_{ij} = v^{(k-1)}_{ik} + v^{(k-1)}_{kj},$$

$$\text{puis :} \quad v^{(k)}_{ij} = \min\left\{v'^{(k-1)}_{ij} \,;\, v^{(k-1)}_{ij}\right\},$$

$$\text{d'où : } D_k = \min\left\{D'_{k-1}, D_{k-1}\right\}, \text{ où } D_k = \left[v^{(k)}_{ij}\right], \text{ matrice } n \times n.$$

Arrêter dès que : $D_k = D_{k-1}$.

Si le graphe comporte un circuit absorbant, alors à une certaine étape p, on aura $v^{(p)}_{ii} < 0$: il convient alors d'arrêter.

Appliquons cet algorithme à l'exemple ci-dessous :

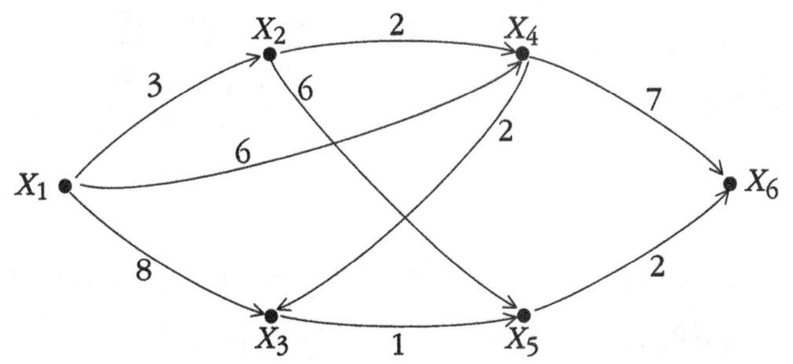

On a successivement (en notant $+\infty$ par un tiret) :

$$D_0 = D_1 = \begin{array}{c|cccccc|} & 1 & 2 & 3 & 4 & 5 & 6 \\ \hline 1 & - & 3 & 8 & 6 & - & - \\ 2 & - & - & - & 2 & 6 & - \\ 3 & - & - & - & - & 1 & - \\ 4 & - & - & 2 & - & - & 7 \\ 5 & - & - & - & - & - & 2 \\ 6 & - & - & - & - & - & - \\ \hline \end{array} \qquad D_2 = \begin{array}{c|cccccc|} & 1 & 2 & 3 & 4 & 5 & 6 \\ \hline 1 & - & 3 & 8 & 5 & 9 & - \\ 2 & - & - & - & 2 & 6 & - \\ 3 & - & - & - & - & 1 & - \\ 4 & - & - & 2 & - & - & 7 \\ 5 & - & - & - & - & - & 2 \\ 6 & - & - & - & - & - & - \\ \hline \end{array}$$

En effet, $D_0 = D_1$, car aucun chemin n'a X_0 comme sommet intermédiaire, X_0 étant une entrée.

D'autre part : $v'^{(1)}_{14} = v^{(1)}_{12} + v^{(1)}_{24} = 5$, et $v'^{(1)}_{15} = v^{(1)}_{12} + v^{(1)}_{25} = 9$,

d'où : $v^{(2)}_{14} = \min\{5, 6\} = 5$; $v^{(2)}_{15} = \min\{9, +\infty\} = 9$.

$$D_3 = \begin{array}{c|cccccc|} & 1 & 2 & 3 & 4 & 5 & 6 \\ \hline 1 & - & 3 & 8 & 5 & 9 & - \\ 2 & - & - & - & 2 & 6 & - \\ 3 & - & - & - & - & 1 & - \\ 4 & - & - & 2 & - & 3 & 7 \\ 5 & - & - & - & - & - & 2 \\ 6 & - & - & - & - & - & - \\ \hline \end{array} \quad D_4 = \begin{array}{c|cccccc|} & 1 & 2 & 3 & 4 & 5 & 6 \\ \hline 1 & - & 3 & 7 & 5 & 8 & 12 \\ 2 & - & - & 4 & 2 & 5 & 9 \\ 3 & - & - & - & - & 1 & - \\ 4 & - & - & 2 & - & 3 & 7 \\ 5 & - & - & - & - & - & 2 \\ 6 & - & - & - & - & - & - \\ \hline \end{array} \quad D_5 = \begin{array}{c|cccccc|} & 1 & 2 & 3 & 4 & 5 & 6 \\ \hline 1 & - & 3 & 7 & 5 & 8 & 10 \\ 2 & - & - & 4 & 2 & 5 & 7 \\ 3 & - & - & - & - & 1 & 3 \\ 4 & - & - & 2 & - & 3 & 5 \\ 5 & - & - & - & - & - & 2 \\ 6 & - & - & - & - & - & - \\ \hline \end{array}$$

Les calculs les plus longs ont lieu pour $k = 4$:

$$\begin{array}{ll|ll} v'^{(3)}_{13} = v^{(3)}_{14} + v^{(3)}_{43} & = 7 & v'^{(3)}_{23} = v^{(3)}_{24} + v^{(3)}_{43} & = 12 \\ v'^{(3)}_{15} = v^{(3)}_{14} + v^{(3)}_{45} & = 8 & v'^{(3)}_{25} = v^{(3)}_{24} + v^{(3)}_{45} & = 5 \\ v'^{(3)}_{16} = v^{(3)}_{14} + v^{(3)}_{46} & = 9 & v'^{(3)}_{26} = v^{(3)}_{24} + v^{(3)}_{46} & = 9 \end{array}$$

d'où :

$$\begin{array}{ll|ll} v^{(4)}_{13} = \min\{7, 8\} & = 7 & v^{(4)}_{23} = \min\{4, +\infty\} & = 4 \\ v^{(4)}_{15} = \min\{8, 9\} & = 8 & v^{(4)}_{25} = \min\{5, 6\} & = 5 \\ v^{(4)}_{16} = \min\{12, +\infty\} & = 12 & v^{(4)}_{26} = \min\{9, +\infty\} & = 9 \end{array}$$

Ici l'arborescence des plus courts chemins se résume au seul chemin : $(X_1, X_2, X_4, X_3, X_5, X_6)$.

La procédure de la figure 4.10, très simple, résume l'algorithme :

pour $k = 1$ à n faire
  pour $i = 1$ à n faire
    pour $j = 1$ à n faire
      $v_{ij} \leftarrow \min\left[(v_{ik} + v_{kj}), v_{ij}\right]$.

Figure 4.10

Tel quel, l'algorithme n'exige qu'un seul balayage de la matrice.

L'avantage de cet algorithme est de donner le chemin de valeur minimale entre tout couple de sommets, c'est le "cas 3". L'algorithme est évidemment fini ; de plus, il procède par extension optimale de sous-chemins minimaux ; il atteint donc le chemin de valeur minimale (ce qui résulte de la programmation dynamique).

Le lecteur remarquera l'analogie entre cet algorithme et celui de Roy-Warshall (pour déterminer la fermeture transitive d'un graphe) donné au chapitre 2.

4.2.2 Cas des valuations positives : algorithme de Dijkstra

L'ordre dans lequel les arcs sont examinés dans l'algorithme de Ford calculant les plus courts chemins issus d'un sommet donné s, est arbitraire. Il s'en suit que, pour certains exemples, le nombre d'itérations effectuées au cours de l'algorithme peut être très élevé. Dans le cas où les valuations des arcs sont **positives**[1], nous allons donner un algorithme dû à Dijkstra qui évite cet inconvénient. Ce dernier reprend le même principe que l'algorithme de Ford, en ajoutant une règle établissant l'ordre dans lequel les arcs du graphe sont examinés. On part du sommet s pour aboutir au sommet t : c'est le cas 1 (mais, en fait, on va résoudre le cas 2 qui englobe le cas 1).

Dans cet algorithme, le traitement d'un sommet i consistera à examiner successivement tous les arcs d'origine i. Tous les sommets du graphe seront traités une fois et une seule, suivant un ordre déterminé dynamiquement au cours de l'algorithme.

1. initialement $\lambda_i \leftarrow +\infty$, pour $i \neq s$; $\lambda_s \leftarrow 0$; tout sommet est « non traité » ;
2. tant que tout les sommets ne sont pas traités faire
3.   soit i un sommet non traité, de valeur λ_i minimale (parmi les sommets non traités)
4.   pour tout arc (i, j) faire
5.   si $\lambda_i + v(i,j) < \lambda_j$ alors $\lambda_j \leftarrow \lambda_i + v(i,j)$
6. le sommet i est « traité »

La figure 4.11 illustre sur un exemple le déroulement de l'algorithme. Le graphe traité est représenté en haut à gauche après la phase d'initialisation. Les plus courts chemins à déterminer ont pour origine le sommet A. Les sommets traités sont grisés

1. Ce qui entraîne l'absence de circuit absorbant (de valeur < 0) dans une minimisation.

tandis que le sommet en cours de traitement est cerclé d'un filet épais. Les arcs modifiant les valeurs λ_i sont représentés en gras les sommets situés à gauche des traitillés sont ceux dont le λ est définitif. Sur la dernière figure (en bas) les arcs en gras sont ceux utilisés lors de la dernière modification des valeurs λ_i. En remontant ces arcs nous obtenons l'arborescence des plus courts chemins issus du sommet A.

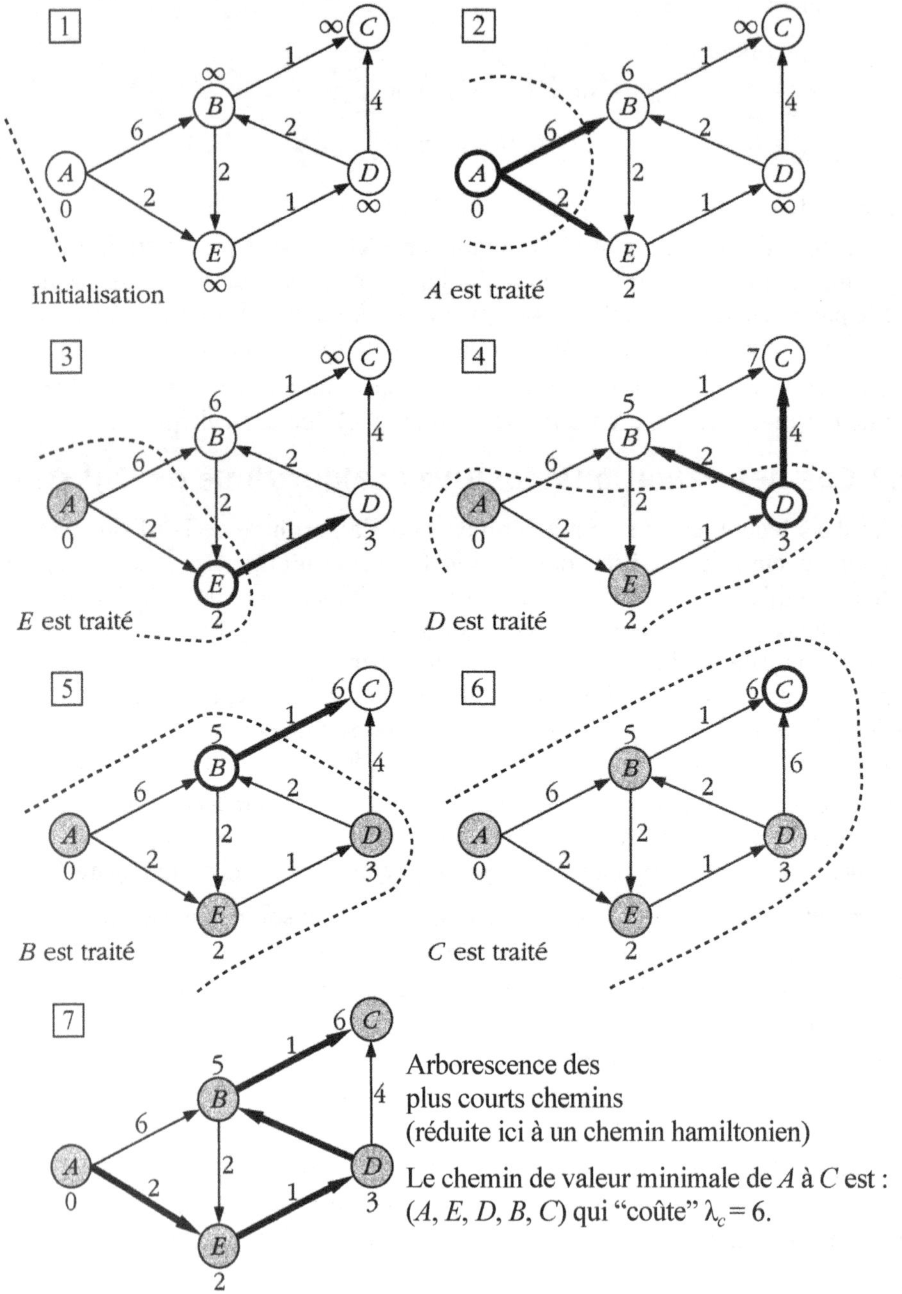

Figure 4.11 Exemple d'exécution de l'algorithme de Dijkstra

En utilisant des structures de données appropriées, la complexité de l'algorithme de Dijkstra est $O(m \log n)$. Le lecteur pourra consulter [3] ou [8] pour la démonstration de la validité et le calcul de la complexité de cet algorithme. Enfin indiquons que cet algorithme **ne peut pas** être adapté à la recherche de chemins de valeur maximale.

4.2.3 Cas des graphes sans circuit : algorithme de Bellman

Nous allons considérer ici le cas le plus simple : celui des graphes sans circuit (donc a fortiori sans circuit absorbant). Nous donnons un algorithme dû à Bellman calculant les plus courts chemins à partir d'une origine s. Reprenant le principe de l'algorithme de Ford, en ajoutant une règle supplémentaire déterminant un ordre d'examen des arcs du graphe, cet algorithme a une complexité plus faible $O(m)$.

Avant de donner l'algorithme de Bellman, nous allons définir la notion d'*ordre topologique* dans un graphe. Un ordre topologique est une numérotation des sommets d'un graphe sans circuit satisfaisant les contraintes suivantes : si $n(i)$ est le numéro affecté à un sommet i, $n(i)$ est compris entre 1 et n; en outre deux sommets différents reçoivent un numéro différent; et, pour tout arc (i, j) du graphe, on a : $n(i) < n(j)$. Il est aisé de démontrer qu'un graphe est sans circuit si et seulement si il admet un ordre topologique (cf. fin du §3.2). D'autre part, des algorithmes de complexité $O(m)$ peuvent aisément être mis en œuvre pour déterminer une numérotation topologique ou prouver qu'elle n'existe pas. Dans la suite de cette partie, nous confondrons le nom et le numéro attribué à un sommet dans la numérotation topologique. De plus nous supposerons que les plus courts chemins à déterminer ont pour origine le sommet 1 et que le sommet n est une sortie.

Comme dans l'algorithme de Dijkstra, le traitement d'un sommet i consistera à examiner successivement tous les arcs d'origine i. Tous les sommets du graphe seront traités une fois et une seule, suivant une numérotation topologique des sommets déterminée préalablement. L'algorithme de Bellman s'écrit de la manière suivante :

1. initialement $\lambda_i \leftarrow +\infty, i \neq 1$; $\lambda_1 \leftarrow 0$
2. pour $i = 1$ à $n - 1$ faire
3. pour tout arc (i, j) faire
4. si $\lambda_i + v(i,j) < \lambda_j$ alors $\lambda_j \leftarrow \lambda_i + v(i,j)$

Le lecteur vérifiera ci-après qu'on a bien la numérotation topologique des sommets : pour tout arc (i, j), on a : $i < j$ (cf. fig 4.12[0]).

La figure 4.12 illustre sur un exemple le déroulement de l'algorithme. Le graphe traité est représenté en haut à gauche, après la phase d'initialisation. Pour chaque itération, le sommet en cours de traitement est cerclé en épais et les arcs modifiant les valeurs λ_i sont représentés en gras. Sur la figure en bas à droite, les arcs en traits doubles sont ceux utilisés lors de la dernière modification des valeurs λ_1. En remontant ces arcs nous obtenons un plus court chemin issu du sommet 1.

Remarque. Nous avons traité jusqu'à présent le cas des chemins de *valeur minimale*; nous allons voir que, dans quelques problèmes comme ceux d'ordonnancement, ce sont, au contraire, les chemins de *valeur maximale* qui importent.

Il est facile de transformer certains algorithmes valables pour le premier cas en algorithmes utilisables pour le second, tel l'algorithme de Ford. Les circuits absorbants sont alors de valeur strictement positive et les tests de type : « $\lambda_i + v(i,j) < \lambda_j$ » sont remplacés par : « $\lambda_i + v(i,j) > \lambda_j$ ». (Attention : l'algorithme de Dijkstra ne s'adapte pas au cas d'une maximisation.)

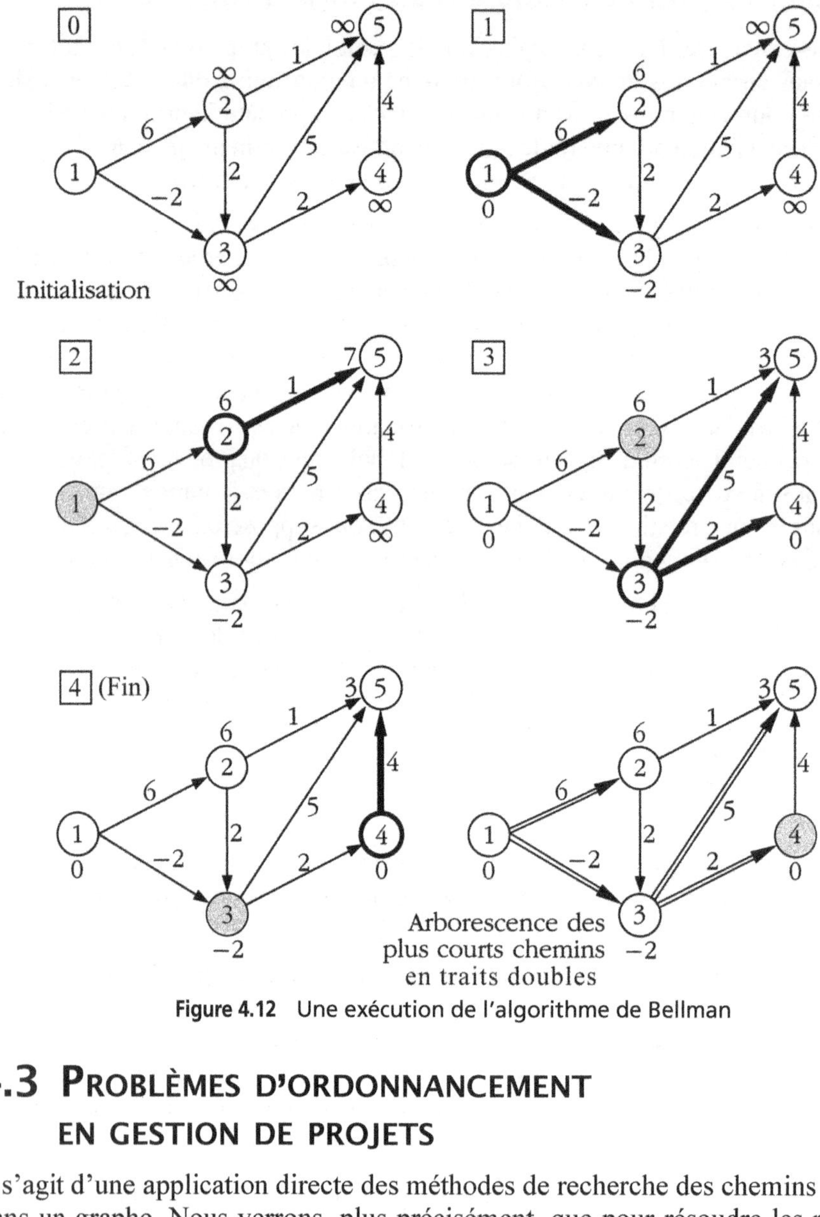

Figure 4.12 Une exécution de l'algorithme de Bellman

4.3 Problèmes d'ordonnancement en gestion de projets

Il s'agit d'une application directe des méthodes de recherche des chemins optimaux dans un graphe. Nous verrons, plus précisément, que pour résoudre les problèmes d'ordonnancement ci-dessous, l'on détermine des chemins de valeur maximale.

On dit que l'on a affaire à un problème d'ordonnancement lorsque, en vue de la réalisation d'un objectif quelconque, il faut accomplir un ensemble de *tâches* (ou

« opérations »), elles-mêmes soumises à un ensemble de contraintes. La durée de chaque tâche est suppossér connue : d_i pour la tâche i.

Les contraintes auxquelles sont soumises les diverses tâches qui concourent à la réalisation de l'objectif sont de divers types. On distingue :

– ***les contraintes du type potentiel,*** qui sont des contraintes de *localisation temporelle* (la tâche i ne peut pas commencer avant telle date ou, au contraire, doit être achevée pour telle date), ou les contraintes de *succession* (la tâche j ne peut pas commencer avant que la tâche i ne soit terminée, ou simplement, parvenue à un certain degré d'achèvement) ; Si i commence à la date t_i (et j à t_j) et dure d_i, il vient : $t_i + d_i \leqslant t_j$ soit $d_i \leqslant t_j - t_i$. Dans cette inégalité, les inconnues t_i et t_j n'interviennent que par leur différence ; par analogie avec les différences de potentiel en électricité, les inconnues t_i, t_j sont nommées "potentiels".

– ***les contraintes du type disjonctif,*** imposant la disjonction de deux intervalles de temps, relatifs, par exemple, à l'exécution de deux tâches i et j, qui ne peuvent être réalisées simultanément (par exemple si elles utilisent une même ressource). Si les tâches i et j sont en disjonction (exclusion mutuelle), on a : $[t_i, t_i + d_i] \cap [t_j, t_j + d_j] = \varnothing$

– ***les contraintes du type cumulatif,*** concernant l'évolution dans le temps du volume total des moyens humains et matériels consacrés à l'exécution des tâches. Il est plus délicat de tenir compte de telles contraintes : on se contente, le plus souvent, de solutions approchées, obtenues par des heuristiques.

Quand le processus de réalisation d'un objectif est décomposé en tâches,[1] ces tâches étant soumises à des contraintes diverses, il importe de déterminer un calendrier d'exécution des tâches, compatible avec les contraintes. Trouver un tel calendrier, c'est obtenir une solution du problème d'ordonnancement. Toutefois, parmi les diverses solutions, il en est de meilleures et de moins bonnes relativement à un critère donné.

Ainsi, il existera probablement une solution moins coûteuse, une autre plus rapide, une troisième plus équilibrée que les autres. Au sens de la recherche opérationnelle, résoudre un problème d'ordonnancement c'est choisir, parmi toutes les solutions, une solution optimale (ou, du moins, proche de l'optimum si une heuristique doit être employée), par rapport à un critère fixé à l'avance. Dans la plupart des cas, ce critère consiste à réaliser l'objectif le plus tôt possible. C'est celui adopté ci-dessous.

Jusqu'à 1958, les praticiens de l'ordonnancement ne disposaient guère que du *planning* à barres, dit encore graphique de Gantt, pour aborder ce genre de problèmes (de manière approchée, non systématique). De plus, les chercheurs opérationnels connaissaient les algorithmes de Johnson, applicables dans quelques cas bien particuliers (tâches à exécuter sur deux ou trois machines successivement, soumises donc seulement à des contraintes disjonctives).

C'est donc avec un grand intérêt qu'on a vu apparaître à cette époque simultanément et indépendamment, deux méthodes nouvelles, fondées sur la théorie

1. Pour le moment, nous n'examinons pas comment cette décomposition est réalisée ; nous pouvons, par exemple, nous borner à considérer toutes les tâches « élémentaires ».

des graphes. Ce sont la méthode américaine *CPM* (Critical Path Method), avec sa variante, incluant d'éventuelles données aléatoires, *PERT* (Program Evaluation and Review Technique ou Program Evaluation Research Task), d'une part, et la méthode française des *potentiels (MPM),* d'autre part. Désormais, le sigle PERT a supplanté celui de CPM, même en l'absence de données (durées) aléatoires.

Prenant en compte seulement les contraintes du type potentiel ou se ramenant à ce type, les méthodes PERT ou MPM permettent :

- d'établir un ordonnancement, dès lors qu'aucune contrainte n'est contradictoire avec une autre ; ce qui revient à calculer pour chaque tâche *i* sa date de début au plus tôt t_i :
- de minimiser le temps total nécessaire à la réalisation de l'objectif : tel est le critère ;
- de déterminer les tâches critiques, c'est-à-dire celles dont l'exécution ne peut être ni retardée ni ralentie, sans que la fin de l'ensemble des travaux ne soit décalée du temps correspondant.
- d'évaluer les *marges* des tâches non critiques.

Des méthodes ou algorithmes annexes permettent, en outre, certains paramétrages : obtention du coût le plus bas par aménagement des tâches non critiques ; accélération du programme initial au moindre coût par raccourcissement du temps d'exécution des tâches critiques dont la compression temporelle revient relativement le moins cher ; etc.

La méthode PERT est très répandue en pratique, alors que la méthode des potentiels est plus facile à mettre en œuvre.

Pour utiliser la **méthode PERT**, on construit un graphe orienté, sans boucle, dont les *sommets* constituent des *événements* (étapes de la réalisation ou, si l'on veut, objectifs intermédiaires, inconnus au départ) et les *arcs* représentent les *opérations* (*tâches élémentaires* en lesquelles on a décomposé le processus de réalisation de l'objectif final). Les arcs étant valués par les durées d'exécution, il sera aisé, une fois le graphe tracé, de rechercher, au moyen d'un algorithme approprié, le chemin de valeur maximale dans le graphe et d'obtenir ainsi le (ou les) chemins(s) critique(s), comme nous le verrons dans l'exemple ci-dessous, d'autant que – le plus souvent – il ne comporte pas de circuits. Mais nous verrons que le tracé du graphe PERT peut comporter quelques difficultés.

La **méthode des potentiels** (MPM) repose sur un graphe différent, dont le tracé est immédiat : les *sommets* représentent les *opérations* et les arcs, les *contraintes* ; tout arc est valué par un nombre indiquant la durée minimale devant s'écouler entre le début de la tâche associée à son extrémité initiale et celui de la tâche associée à son extrémité terminale. En pratique, souvent ce graphe n'est pas tracé, il est simplement représenté par une structure de données adaptée (liste des prédécesseurs). Contrairement au PERT, ici tous les sommets et arcs sont connus au départ.

Nous examinerons sur un même exemple l'une et l'autre des méthodes.

Exemple. Un éditeur veut passer commande d'un ouvrage technique à un auteur scientifique. Les étapes à suivre sont indiquées dans le tableau ci-après, avec leur durée et la mention des opérations qui doivent précéder chacune d'entre elles.

	Opérations	Durée (en quinzaines)	Opérations antérieures
a	approbation du plan de l'ouvrage	1	néant
b	signature du contrat	1	*a*
c	remises du manuscrit	12	*b*
d	approbation du comité de lecture	2	*c*
e	composition du texte	3	*d*
f	correction par les correcteurs de l'imprimerie	1	e
g	clichage et tirage des hors-texte	3	*d*
h	exécution des dessins, des figures	4	*d*
i	révision des dessins par l'auteur	1	*h*
j	correction de dessins ; clichage des figures	2	*i*
k	première correction des épreuves par l'auteur	2	*f*
l	exécution des premières corrections à l'imprimerie	1	*k*
m	seconde correction des épreuves par l'auteur ; indication de l'emplacement des clichés ; approbation des hors-texte	2	*g, j, l*
n	exécution des secondes corrections à l'imprimerie ; mise en page	1	*m*
o	tirage du livre	2	*n*
p	établissement de la prière d'insérer, des listes d'exemplaires presse et d'hommage	1	*m*
q	pliage	1	*o*
r	brochage	1	*q*
s	reliure de certains exemplaires	2	*q*
t	impression de la prière d'insérer	1/2	*p*
u	envoi des exemplaires de presse	1/4	*r* et *t*
v	envoi des hommages	1/8	*s* et *t*
w	envoi des contingents aux libraires	1/2	*r* et *s*

4.3.1 Méthode PERT

Pour établir le *graphe de la méthode PERT*, il convient de définir les ***événements***, inconnus au départ, qui en formeront les sommets et d'introduire des ***tâches fictives*** afin de traduire fidèlement les contraintes, (ces tâches sont inconnues au départ). Cette détermination, ici aisée, est souvent délicate : c'est un point faible de la méthode PERT.

Liste des événements :

0. début des opérations ;
1. plan approuvé ;
2. contrat signé ;
3. manuscrit remis ;
4. manuscrit approuvé ;
5. texte composé ;
6. texte corrigé par l'imprimerie ;
7. premières épreuves corrigées par l'auteur ;
8. dessins exécutés ;
9. dessins revus par l'auteur ;
10. premières corrections exécutées par l'imprimerie, secondes épreuves tirées ; clichage terminé pour les figures ; impression achevée pour les hors-texte ; envoi à l'auteur des secondes épreuves, après exécution des premières corrections, de spécimens des hors-texte et des épreuves des clichés des dessins ;
11. retour des secondes épreuves ;
12. secondes corrections exécutées ;
13. tirage exécuté ;
14. pliage exécuté ;
15. brochage exécuté ;
16. reliure exécutée ;
17. prière d'insérer, liste des services de presse et des hommages remises ;
18. prière d'insérer imprimée ;
19. début de l'envoi des contingents aux libraires ;
20. début de l'envoi des hommages ;
21. début de l'envoi des exemplaires de presse ;
22. achèvement des opérations.

Le graphe obtenu, sans boucle, est aussi sans circuit ; il représente donc un ordonnancement dans lequel les contraintes de succession ne sont pas contradictoires (fig. 4.13).

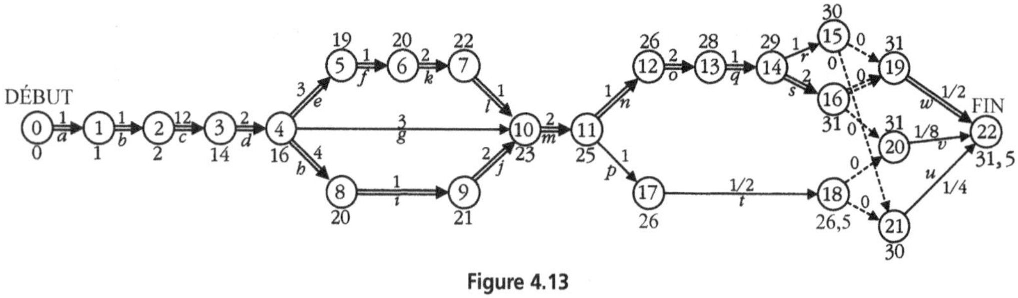

Figure 4.13

Pour déterminer les dates attendues (au plus tôt) des divers événements, il suffit d'examiner pour tout sommet (événement) la date la plus proche de réalisation (date attendue), le début global des opérations étant supposé avoir lieu à la date 0 ; lorsqu'il existe plusieurs chemins entre deux sommets, la date attendue est évidemment celle qui est obtenue en suivant le (ou les) chemin(s) de valeur la plus grande. Par exemple, bien que l'impression des hors-texte puisse être achevée à 16 + 3 = 19, l'événement 10 n'aura lieu que lorsque les secondes épreuves du texte auront été tirées, ainsi que celles des dessins ; sa date attendue, notée θ_{10}, est donc :

$$\theta_{10} = \max\left[16 + 3, 16 + 3 + 1 + 2 + 1, 16 + 4 + 1 + 2\right] = 23,$$

ce qui revient à appliquer l'algorithme de Bellman transposé au cas d'une maximisation[1].

L'exemple étant particulièrement simple, il n'y a aucune difficulté à obtenir la date attendue (au plus tôt) de l'achèvement des opérations qui est $\theta_{22} = 31{,}5$. Pour l'obtenir on a, en fait, déterminé les deux chemins de durée maximale du sommet 0 (début du projet) au sommet 22 (fin du projet).

On remarquera, sur le graphe, l'emploi d'arcs de valeur 0 entre les événements 15 et 19, 15 et 21, 16 et 19, 16 et 20, 18 et 20, 18 et 21. En effet, les événements 15 et 21 ne peuvent être confondus : 15 représente la fin du brochage, 21 le début de l'envoi des exemplaires de presse, une fois achevée l'impression du prière d'insérer ; si l'on confondait 15 et 21, l'arc *t* aboutirait à 15 et alors l'opération *w*, qui suit *r* et *s*, devrait suivre également *t*, ce qui serait une contrainte étrangère au problème. Le lecteur examinera pourquoi les autres sommets, où aboutissent des arcs de valeur 0, ne peuvent pas être confondus. Ces arcs ne correspondent à aucune des opérations (on dit aussi : « tâches ») du projet ; on dit qu'ils représentent des « *opérations fictives* » ou encore des *« tâches fictives »*. Nous détaillons plus bas la question des tâches fictives.

Le *chemin critique* (ou les chemins critiques, car il n'est pas nécessairement unique) comporte les tâches qui, si elles subissaient un retard, retarderaient d'autant la date attendue de l'achèvement du projet ($\theta_{22} = 31{,}5$). Il est jalonné par les événements (dits critiques) dont la date attendue est égale à la différence entre la date attendue de l'événement suivant, sur le chemin critique, et la valeur de l'arc qui les relie. L'événement « début des opérations » et l'événement « fin des opérations » marquent évidemment le début et la fin du chemin critique. Tout arc dont la suppression rendrait le graphe PERT non connexe fait nécessairement partie du chemin critique : par exemple, l'une quelconque des opérations *a* à *d*, ou encore l'opération *m*.

L'événement 22 étant sur le chemin critique, faisons les différences 31,5 − 1/2, 31,5 − 1/8, 31,5 − 1/4, afin de remonter les arcs aboutissant à 21 ; seul l'événement 19 est tel que sa date attendue est égale à 31,5 − 1/2 = 31 ; il fait donc partie du chemin critique. Continuons, avec 31 − 0 (événement 15) et 31 − 0 (événement 16) ; seul l'événement 16, tel que sa date attendue est égale à 31 − 0 = 31, fait partie du chemin critique. On remonte ainsi, de proche en proche, jusqu'au premier sommet du graphe. Noter qu'en remontant à partir de l'événement 10, on doit calculer 23 − 1, 23 − 3, 23 − 2, pour voir si les dates attendues coïncident avec celles des événements 7,4 et 9 : or, 23 − 1 = 22, date attendue de l'événement 7 et 23 − 2 = 21,

1. Le lecteur remarquera que pour déterminer un ordonnancement de durée **minimale**, on cherche dans le graphe un chemin de durée **maximale** !

date attendue de l'événement 9 : le chemin critique a donc deux branches. Ses arcs sont figurés par un trait double dans la Fig. 4.13.

Nous devrions ici revenir sur la signification pratique de la notion de chemin critique; nous verrions alors que, dans le problème proposé, il existe des chemins « presque critiques », surtout vers la fin de l'ensemble des opérations; nous constaterions probablement que le découpage en tâches que nous avons réalisé doit être revu : comme nous l'avions annoncé précédemment, nous avons simplement considéré la liste de toutes les opérations « élémentaires »; cette méthode peut conduire à des difficultés si l'on a des tâches de durée très inégale (exemple : 12 et 1/8, c'est-à-dire dans un rapport de 1 à 100); pour cette raison, il convient souvent, en pratique, de regrouper certaines tâches, de façon à obtenir des durées du même ordre.

L'une des difficultés, déjà signalée plus haut, du tracé du graphe PERT réside dans le fait que l'on peut être amené à y introduire des ***tâches fictives***, pour traduire correctement les contraintes, sans introduire de contraintes étrangères au problème et donc risquant de le fausser. Ainsi, pour l'exemple ci-dessous :

Tâches (opérations)	Contraintes	Durée (en jours)
A	peut débuter au moins 5 jours après l'origine	16
B	peut débuter dès l'origine	14
C	peut débuter au moins 3 jours après l'origine	20
D	*A, B* finis	8
E	*B* fini	18
F	*B, C* finis	25
G	*D, E, F* finis	15
H	*E* fini; *C* à moitié fini	17
I	*D, E, F* finis	10

La difficulté vient ici du fait que la tâche *B* est préalable à la fois à *D*, *E* et *F*, mais pas en compagnie des mêmes tâches : *B* et *A* précèdent *D*; *B* seule précède *E*; mais *B* et *C* précèdent *F*; il convient alors de ne pas réunir l'événement « fin de *B* » avec d'autres événements, et de figurer un arc du sommet « fin de *B* » vers le sommet « début de *D* » (tracé en pointillés ci-dessous); de même, on a figuré un arc du sommet « fin de *B* » vers le sommet « début de *F* »; tout se passe comme si l'on avait une tâche fictive, notée φ_3, de durée nulle, pouvant commencer lorsque *B* est finie, et préalable au début de *D* (et une tâche fictive φ_4 préalable à *F*).

De même, dans la liste des contraintes, si l'on remarque que *D* et *F* sont préalables au démarrage des tâches *G* et *I*, il convient de remarquer que la tâche *E* pose le même type de problème que la tâche *B* ci-dessus : elle intervient, certes, conjointement avec *D* et *F*, comme préalable à *G* et *I*; mais *E* intervient avec la fin de la 1ère moitié de *C*, comme préalable à *H* : pour éviter l'introduction de contraintes étrangères au problème, il convient de laisser l'événement « fin de *C* » libre, c'est-à-dire de ne pas le fusionner avec d'autres événements.

Enfin, on observe que les tâches G et I ont les mêmes préalables : D, E et F, elles-mêmes, sont préalables à un même événement (ici, la fin du projet). Si l'on ne prenait pas de précaution, on les tracerait ainsi :

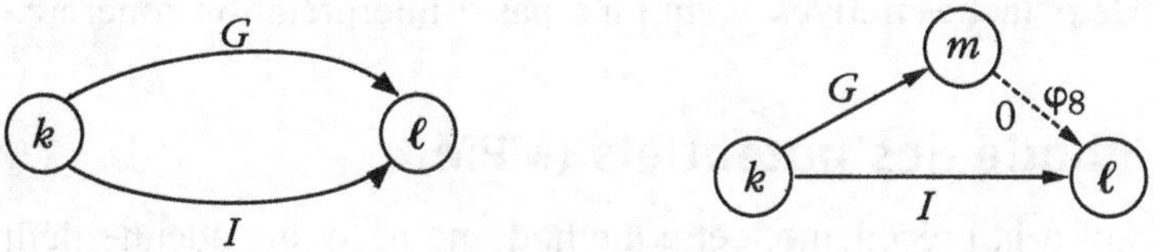

Figure 4.14

À gauche, la représentation est mauvaise : on a figuré deux arcs du sommet k vers le sommet ℓ, ce qui est impossible dans un graphe. En pratique, d'ailleurs, une tâche sera désignée par le couple : numéro du sommet « début » de cette tâche puis numéro du sommet « fin » de cette tâche, soit ici (k,ℓ); si l'on adoptait la représentation de gauche, alors G et I seraient homonymes, puisque toutes deux désignées par le même couple (k, ℓ). Pour « casser » cette homonymie, il convient d'ajouter un sommet supplémentaire : m, qui sera soit le début de G soit la fin de G, ou le début de I ou la fin de I, et une tâche fictive φ_8 de durée nulle du sommet m vers le sommet ℓ. Sur la figure 4.14 à droite, on a choisi, arbitrairement, de prendre la fin de G comme sommet m; on a alors : $m = 9$ et $\ell = 11$.

Enfin, notons que pour représenter les contraintes « A ne peut débuter qu'au moins 5 jours après l'origine », de même que « C ne peut débuter qu'au moins 3 jours après l'origine », on a introduit deux tâches fictives de durée non nulle, respectivement du sommet « début » vers le sommet « début de A » (φ_1, durée 5) et vers le sommet « début de C » (φ_2, durée 3). Le lecteur notera donc que la durée d'une tâche fictive n'est pas nécessairement nulle.

Voici un graphe PERT représentant le projet décrit, (et évitant l'introduction de contraintes étrangères au problème, ce qui pourrait, évidemment, en fausser la résolution) :

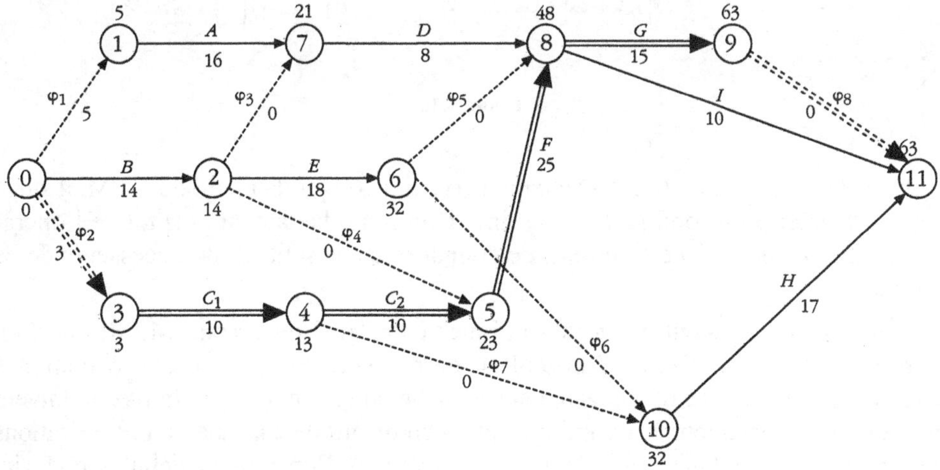

Figure 4.15

Nous laissons au lecteur le soin de vérifier le calcul du chemin critique (unique, ici) : (0, 3, 4, 5, 8, 9, 11) de durée 63 jours qui est la durée minimale pour ce projet; les tâches critiques étant C (éclatée ici en C_1 et C_2), F et G ; le chemin critique comporte aussi deux tâches fictives, ce qui n'a pas d'interprétation concrète.

4.3.2 Méthode des potentiels (MPM)

Contrairement à la précédente, cette méthode ne nécessite aucune définition préalable d'événements ni de tâches fictives. Conceptuellement elle repose sur un graphe $G = (X, U)$ dans lequel les sommets représentent les tâches (opérations) du projet (ainsi qu'une tâche « début » : D, et une tâche « fin » : F), et les arcs représentent les contraintes. La notion de tâche fictive n'existe pas ici et on n'a pas non plus à créer des événements. Voici, pour notre premier exemple, le graphe MPM (fig 4.16).

Par exemple, l'opération d précède e, g et h, et, comme elle est de durée 2, on a créé les arcs (d, e), (d, g) et (d, h), chacun valué par 2. Le (ou les) chemin(s) de valeur maximale entre le sommet D et le sommet F représente(nt) le (ou les) chemin(s) critique(s). Ici il y en a deux : $(D, a, b, c, d, e, f, k, \ell, m, n, o, p, s, w, F)$ et $(D, a, b, c, d, h, i, j, m, n, o, q, s, w, F)$ de durée 31,5. Le lecteur tracera sans difficulté le graphe MPM de notre second exemple et retrouvera le chemin critique (D, c, f, g, F) de durée 63 jours.

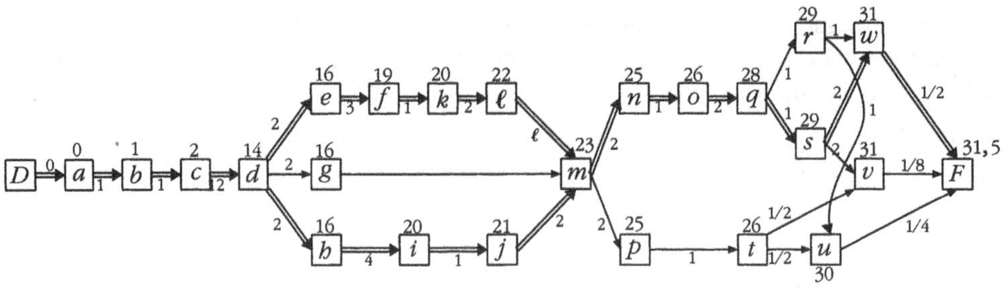

Figure 4.16

Dans la recherche du (ou des) chemin(s) critique(s) par la méthode MPM, il suffit pour « calculer » un sommet (c'est-à-dire déterminer la date au plus tôt de l'opération (tâche) associée à ce sommet), de connaître quels sont les prédécesseurs de ce sommet.

Aussi, pour ce calcul, peut-on s'affranchir du tracé du graphe MPM, que l'on représente alors sous forme d'un tableau de prédécesseurs : à chaque opération k correspond une colonne du tableau, dans laquelle on inscrit les opérations qui doivent précéder immédiatement k; on indique aussi, en regard de chacune de ces opérations préalables, sa durée. On ajoute à la liste des opérations, l'opération « début » (notée ici D) et l'opération fin (notée F). Quand une opération ℓ n'est précédée par aucune autre (elle peut commencer dès le démarrage du projet), on inscrit D en colonne ℓ, et l'on indique à droite de D sa durée, c'est-à-dire 0. Ce tableau des prédécesseurs est donc créé directement à partir du tableau des données (répétons le : sans tracé du graphe).

Opérations	0	a	1	b	2	c	14	d	16	e	19	f	16	g	16	h
Préalables	0	D : 0	0	a : 1	1	b : 1	2	c : 2	14	d : 2	16	e : 3	14	d : 2	14	d : 2

Opérations	20	i	21	j	20	k	22	ℓ	23	m	25	n	26	o	25	p
Préalables	16	h : 4	20	i : 1	19	f : 1	20	k : 2	16	g : 3	23	m : 2	25	n : 1	23	m : 2
									21	j : 2						
									22	ℓ : 1						

Opérations	28	q	29	r	29	s	26	t	30	u	31	v	31	w	$31\frac{1}{2}$	F
Préalables	26	o : 2	28	q : 1	28	q : 1	25	p : 1	29	r : 1	26	$t : \frac{1}{2}$	29	r : 1	30	$u : \frac{1}{4}$
									26	$t : \frac{1}{2}$	29	s : 2	29	s : 2	31	$v : \frac{1}{8}$
															31	$w : \frac{1}{2}$

Passons au calcul des dates au plus tôt de début des tâches et à l'obtention des tâches critiques. La date de démarrage du projet est $t_D = 0$.

On a donc écrit 0, en face (à gauche) de D, dans la sous-colonne correspondant aux opérations qui comportent un D. Comme il y a sûrement au moins une opération qui comporte un D (et seulement un D) dans sa colonne, on a immédiatement une colonne « complète », c'est-à-dire dont la colonne et la sous-colonne sont remplies : ici il s'agit de la colonne a ; on fait la somme des chiffres inscrits dans la colonne et la sous-colonne et l'on obtient : $0 + 0 = 0$; on en déduit que la date de début de l'opération a est 0 et l'on écrit cette valeur en tête de colonne à gauche de a. Ensuite, partout où apparaît un a, on marquera 0 dans la sous-colonne correspondante, à gauche de a. Ici, on opère ainsi dans la colonne b : on a ainsi une nouvelle colonne « complète » et l'on inscrit $0 + 1 = 1$ en tête de la colonne à gauche de b, et ainsi de suite.

On arrivera fatalement (sauf en cas de graphe linéaire, où toutes les opérations se suivraient sur un seul chemin mais alors, il n'y aurait pas de problème !), à une colonne où figurent plusieurs opérations préalables. Lorsque la colonne est « complète », au sens ci-dessus, on fait les additions des nombres inscrits sur la même ligne dans la colonne et la sous-colonne et l'on inscrit, en tête de colonne, le maximum des résultats obtenus. Ainsi, pour la colonne m, on a, sur la ligne g : $16 + 3 = 19$, sur la ligne j : $21 + 2 = 23$ et sur la ligne ℓ : $22 + 1 = 23$. On inscrit donc 23 en tête de colonne à gauche de *m*; 23 est la date la plus proche (“au plus tôt”) à laquelle peut commencer l’opération *m*.

En continuant ainsi, on arrive à marquer la colonne *F*; le nombre qui est indiqué en tête de cette colonne indique la date au plus tôt d’achèvement de l’ensemble des opérations, c’est-à-dire la durée minimale du projet. Pour trouver le chemin critique, il suffit de reprendre dans le tableau, et en partant de la fin, les opérations enchaînées dont la ligne a fourni le nombre indiqué en tête de colonne. Ainsi, dans la colonne *F*, c’est *w*; dans la colonne *w*, c’est *s*; dans la colonne *s*, c’est *q*; etc.

Le graphe MPM illustre le problème de façon parfaite, mais on se rend bien compte qu’il n’est pas du tout nécessaire de le tracer pour résoudre le problème.

> ***Remarque.*** Dans le cas où le graphe aurait un circuit (c’est-à-dire comporterait la contradiction signalée plus haut), l’algorithme s’arrêterait de lui-même, car on ne trouverait plus de colonne complète, à un stade déterminé de son application (voir l’exemple ci-dessous, tableau et graphe 4.17 ; ici *k* précède *l* qui précède m ... qui précède *k* : *k* devrait être fini pour pouvoir commencer !).

k		*ℓ*		*m*		*n*	
12	*j* : 5		*k* : 2		*ℓ* : 3		*m* : 4
	m : 4						

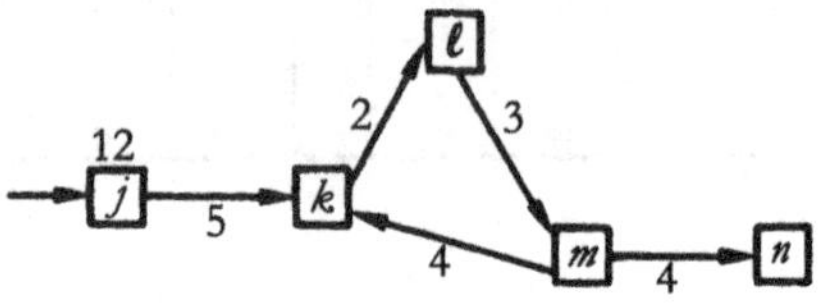

Figure 4.17

4.3.3 Intervention de modifications : souplesse de la méthode MPM

Supposons maintenant que des *modifications* interviennent dans notre exemple :

- le tirage *o* peut commencer lorsque la mise en pages *n* a été effectuée seulement à moitié ;
- le pliage *q* peut commencer avec un décalage d’une quinzaine seulement sur le début du tirage *o*, mais alors la durée de *q* est augmentée de moitié et passe donc à $1\frac{1}{2}$ quinzaines. Cependant *q* est toujours précédée par *n*.
- on ne désire demander à l’auteur le prière d’insérer et les listes d’envoi des exemplaires de presse et des hommages que lorsque le pliage est achevé : *q* précède alors *p*.
- le brochage *r* et la reliure *s* sont toujours précédés par *o*.

Si l’on entreprend de modifier le graphe PERT,, on va devoir effacer des arcs, en créer de nouveaux et, en outre, introduire de nouveaux événements. Nous ne reprendrons ici le graphe qu’à partir de l’événement 11 (figure 4.18).

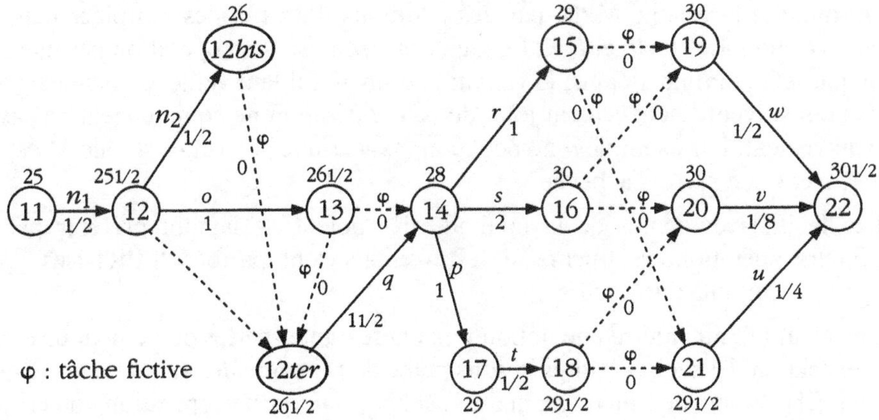

Figure 4.18 En comparant avec le graphe PERT initial, on constate que de grandes modifications ont dû lui être apportées...

Pour reprendre le même problème par la méthode des potentiels MPM, il suffit de remplacer ou ajouter quelques chiffres dans le tableau :

25	n	$25\frac{1}{2}$	o	28	p	$26\frac{1}{2}$	q	28	r	28	s
23	$m : 2$	25	$n : \frac{1}{2}$	$26\frac{1}{2}$	$q : 1\frac{1}{2}$	25	$n : 1$	$25\frac{1}{2}$	$o : 2$	$25\frac{1}{2}$	$o : 2$
				23	$m : 2$	$25\frac{1}{2}$	$o : 1$	$26\frac{1}{2}$	$q : 1\frac{1}{2}$	$26\frac{1}{2}$	$q : 1\frac{1}{2}$

29	t	$29\frac{1}{2}$	u	30	v	30	w	$30\frac{1}{2}$	F
28	$p : 1$	28	$r : 1$	28	$s : 2$	28	$r : 1$	$29\frac{1}{2}$	$u : \frac{1}{4}$
		29	$t : \frac{1}{2}$	29	$t : \frac{1}{2}$	28	$s : 2$	30	$v : \frac{1}{8}$
								30	$w : \frac{1}{2}$

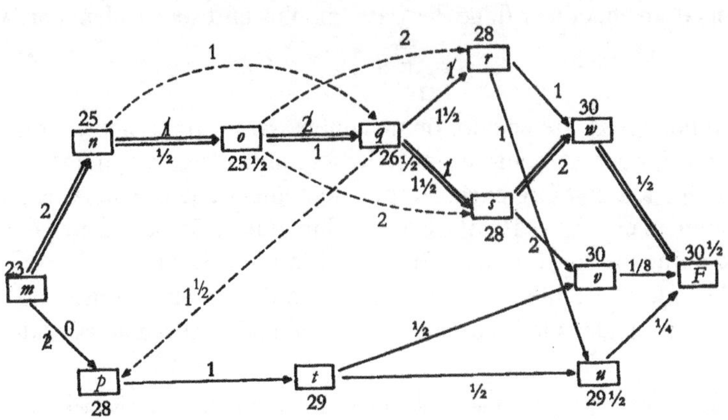

Figure 4.19 En comparant avec le graphe MPM initial, on voit que l'on a ajouté seulement quelques arcs (en pointillés) et modifié quelques durées.

On modifie le graphe MPM par des additions d'arcs et des remplacements de nombres (figure 4.19). Noter que, lorsque l'on remplace une opération par une opération partielle, diminuant ainsi la valuation d'un arc, il faut veiller à ce que les opérations qui suivent l'achèvement total de cette opération ne commencent pas avant cet achèvement. Par exemple q ne peut commencer que si n (durée totale 1) est terminée ; r et s que si o est achevée.

Les facilités évidentes de la méthode des potentiels la font préférer par les chercheurs opérationnels, même si les résultats sont parfois "PERT-isés" pour complaire à certains utilisateurs...

Le calcul fait apparaître une notion très intéressante ; certes on ne peut pas retarder l'exécution des tâches critiques, sous peine de faire prendre un retard correspondant à l'achèvement de l'ouvrage, mais il est bien clair qu'une opération non critique peut au contraire soit débuter après sa date au plus tôt, soit être ralentie : nous allons quantifier cette notion (« marge ») au paragraphe ci-dessous.

4.3.4 Calculs pratiques. Marges

Un des algorithmes les plus employés pour la recherche du chemin critique dans la méthode PERT, comme dans la méthode MPM, est l'algorithme de Bellmann : dans l'un et l'autre cas, avec les contraintes potentielles utilisées jusqu'ici, le graphe associé ne comporte pas de circuit.[1]

Dans la méthode PERT, θ_i désigne *la date attendue* (ou *date au plus tôt*) pour l'événement i (c'est une inconnue), et d_{ij} la durée de l'opération (i, j) (c'est une donnée). Le calcul de ces dates, même directement sur le graphe pour notre exemple, revient à appliquer la formule :

$$\theta_j = \max_{i \in \Gamma^-(j)} [\theta_i + d_{ij}].$$

La *date au plus tard*, notée θ_i^* pour l'événement i, est égale, pour tout événement (sommet) i d'un chemin critique ζ, à la date au plus tôt : $\theta_i^* = \theta_i$, si $i \in \zeta$.

En dehors d'un chemin critique, les dates au plus tard se calculent par la formule :

$$\theta_i^* = \min_{j \in \Gamma^+(i)} [\theta_j^* - d_{ij}].$$

Le calcul fait apparaître une notion très intéressante ; il est bien clair qu'une tâche non critique (i, j) peut, au contraire, soit débuter après la date θ_i marquant son début possible au plus tôt, soit être exécutée plus lentement que prévu. Ainsi, la tâche (4, 10) peut commencer à $\theta_4 = 16$, mais elle ne dure que 3. On peut donc, si on le désire, soit ne la commencer qu'à la date 20 (date limite, « au plus tard » de son début, soit θ_4^*), c'est-à-dire décaler son début de 4, soit allonger sa durée de 4 (puisque $\theta_4 + 3 + 4 = \theta_{10}^*$). Dans les deux cas, cette tâche deviendrait alors critique.

1. Si l'on avait affaire à des contraintes telles que « la tâche B doit s'enchaîner sans délai avec la tâche A » ou « D commence **au plus tard** 6 jours après la fin de C », le graphe comporterait un circuit et un (ou des) arc(s) de valeur négative. Il conviendrait alors d'employer l'algorithme de Ford. L'ordonnancement ne serait possible que si le graphe ne comportait pas de circuit absorbant.

On dit que sur la tâche (opération) (4, 10), on bénéficie d'une marge libre de 4.

La *marge libre* m_{ij} de l'opération (i, j) est définie par : $m_{ij} = \theta_j - (\theta_i + d_{ij})$.

Les marges libres jouent un grand rôle dans le paramétrage des ordonnancements. En effet, on peut vouloir ralentir l'exécution d'une opération non critique, afin de la rendre moins coûteuse, mais on ne peut pas allonger la durée d'une opération au-delà de la marge libre sans modifier les dates au plus tôt (et donc les marges libres) des opérations ultérieures. On ne dispose de la totalité de la marge libre m_{ij} pour l'opération (i, j) que si les opérations qui lui sont préalables ont effectivement commencé à leur date au plus tôt. Remarquons que la marge libre d'une opération, si elle est nulle le long du chemin critique, peut être nulle sans que pour autant cette opération soit critique. Ainsi, pour l'opération p, notée (11, 17) dans le graphe PERT de la figure 4.13, on a : $m_{11,17} = 26 - (25 + 1) = 0$. En effet, la marge libre apparaît comme la « réserve de temps » dont on dispose sur une tâche qui permet – si elle est consommée – de ne pas retarder les dates *au plus tôt* des tâches ultérieures : il s'agit donc d'une interprétation bien restrictive de la notion de marge ; c'est pourquoi les spécialistes utilisent aussi d'autres marges.

La *marge totale* de l'opération (i, j) est par définition : $M_{ij} = \theta_j^* - (\theta_i + d_{ij})$: c'est la réserve de temps sur l'opération (i, j) qui – si elle est consommée – fait que (i, j) se terminera à sa date au plus tard, c'est-à-dire que l'opération deviendra critique lors de l'exécution du projet. L'opération (i, j) ne pourra bénéficier effectivement de la marge totale M_{ij}, que si les dates au plus tôt (θ_k) des événements préalables à (i, j) ont été respectées : les marges totales ne sont donc pas indépendantes. Par exemple, pour l'opération non critique $p = (11, 17)$, on a : $M_{11,17} = 30{,}75 - (25 + 1) = 4{,}75$; de même pour $t = (17, 18)$, on a : $M_{17,18} = 31{,}25 - (26 + 0{,}5) = 4{,}75$. Si l'on retarde, lors de l'exécution, la tâche p de 4,75 (quinzaines), alors l'opération t n'a plus de marge et devient critique !

Passons maintenant à la méthode MPM. Le calcul des dates de début au plus tôt (t_i), au plus tard (t_i^*) et celui de la marge libre (m_i) et totale (M_i) pour l'opération (ou tâche) i se pratique de manière analogue.

• Pour les *dates au plus tôt* : $t_j = \max_{i \in \Gamma^-(j)} [t_i + v_{ij}]$, où v_{ij} est la valuation de l'arc (i, j) ; le plus souvent on a simplement : $v_{ij} = d_i$ (durée de la tâche i).

• Pour les *dates au plus tard* on a $t_i^* = t_i$ si la tâche i est critique, et $t_i^* = \min_{j \in \Gamma^+(i)} [t_j^* - v_{ij}]$ sinon,

la *marge libre* m_i vaut : $m_i = \left[\min_{j \in \Gamma^-(i)} [t_j - v_{ij}\right] - t_i$

la *marge totale* m_i vaut par définition : $m_i = \left[\min_{j \in \Gamma^+(i)} (t_j^* - t_i - v_{ij})\right]$; on montre aisément qu'elle vaut simplement : $M_i = t_i^* - t_i$.

Dans l'exemple, pour la tâche p, on a obtenu $t_p = 25$.

Puisque p n'a qu'un seul successeur : t, la marge libre de p vaut :

$$m_p = t_t - (d_p + t_p) = 26 - (25 + 1) = 0.$$

Pour les dates au plus tard, il vient : $t_t^* = 30{,}75$ et $t_p^* = 29{,}75$. (rappel : $t_p = 25$).

D'où la marge totale : $M_p = 29{,}75 - 25 = 4{,}75$. On a, bien sûr, retrouvé les mêmes valeurs que celles obtenues dans la méthode PERT.

4.4 Problème du flot de valeur maximale

4.4.1 Flot dans un réseau de transport

On appelle *réseau de transport* un graphe fini, de p sommets, sans boucle comportant une entrée x_1 et une sortie x_p telles que : depuis x_1 il existe un chemin vers tout autre sommet x_k et de tout sommet x_k il existe un chemin vers x_p (on dit alors que x_1 est une « *source* » et x_p, un « *puits* »). Tout arc u est valué par un entier positif $c(u)$, nommé « *capacité* » de l'arc u, qui représente une capacité de transport associée à la liaison figurée par cet arc : ces capacités de transport peuvent représenter des tonnages disponibles sur des bateaux, des camions, des wagons, ou encore des débits dans des canalisations, oléoducs, voies de transmission, etc.

Le problème à résoudre, étant donné un réseau de transport, consiste à acheminer une quantité maximale de x_1 à x_p, en tenant compte des capacités de transport. La quantité $\varphi(u)$ transportée sur chaque arc u est nommée « *flux* sur l'arc u » ; elle vérifie donc : $0 \leqslant \varphi(u) \leqslant c(u)$.

En tout sommet x, différent de la source x_1 et du puits x_p, on a une loi de conservation (analogue à la loi des nœuds en électricité, ou « loi de Kirchhoff ») : la somme des flux arrivant sur le sommet x est égale à la somme des flux partant du sommet x :

$$\sum_{y \in \Gamma^-(x)} \varphi(y, x) = \sum_{y \in \Gamma^+(x)} \varphi(x, y), \text{ où } \quad x \neq x_1, x_p.$$

Un flot ϕ est déterminé par la donnée du flux pour tous les arcs du réseau de transport ; la « *valeur d'un flot* », notée $V(\phi)$, est par définition la somme des flux partant de la source x_1 (on montre aisément que $V(\phi)$ est aussi égale à la somme des flux des arcs arrivant sur le puits x_p).

Voici un exemple.

Soient trois châteaux d'eau, A, B et C, gérés par un syndicat intercommunal, alimentant quatre villages D, E, F et G. Le château d'eau A bénéficie d'une alimentation et d'une réserve capables de débiter 45 l/s ; le château d'eau B peut seulement débiter 25 1/s et le château d'eau C, 20 1/s. Plusieurs canalisations existent et leur débit maximal, en 1/s, est mentionné, pour chacune, sur la figure (figure 4.20). Le village D aurait besoin d'un débit de 30 1/s, le village E, 10 1/s, le village F, 20 1/s et, enfin, le village G, 30 1/s. On demande d'établir la meilleure alimentation possible et de déterminer, s'il y a lieu, entre quels points il conviendrait de construire des canalisations supplémentaires.

Constatons tout d'abord que, si nous ajoutons au graphe représentant les canalisations avec leur débit, une source O et un puits P, toutes deux fictives, on obtient un réseau de transport. On value les arcs (O, A), (O, B) et (O, C) en leur attribuant comme capacité les disponibilités respectives en A, B et C. De même, on value les arcs (D, P), (E, P), (F, P) et (G, P) par les besoins respectifs en D, E, F et G.

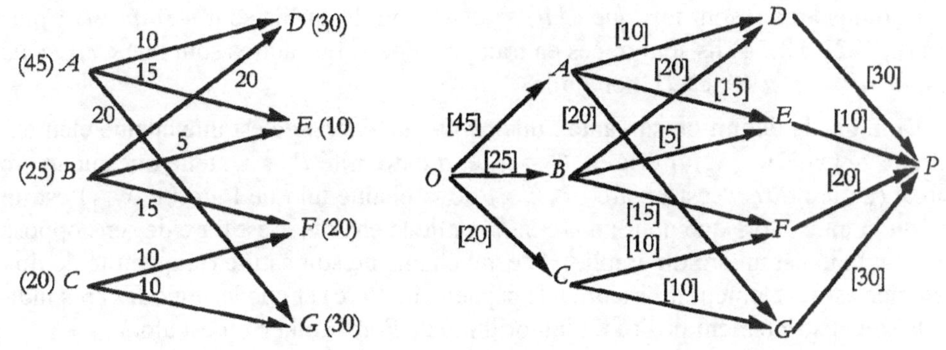

Figure 4.20 Construction d'un réseau de transport

Le problème se ramène alors à faire passer un flot de valeur maximale de O vers P (ou, si l'on veut, sur un arc imaginaire, dit « de retour », qui reviendrait de P vers O).

Voici un flot ϕ sur ce réseau de transport :

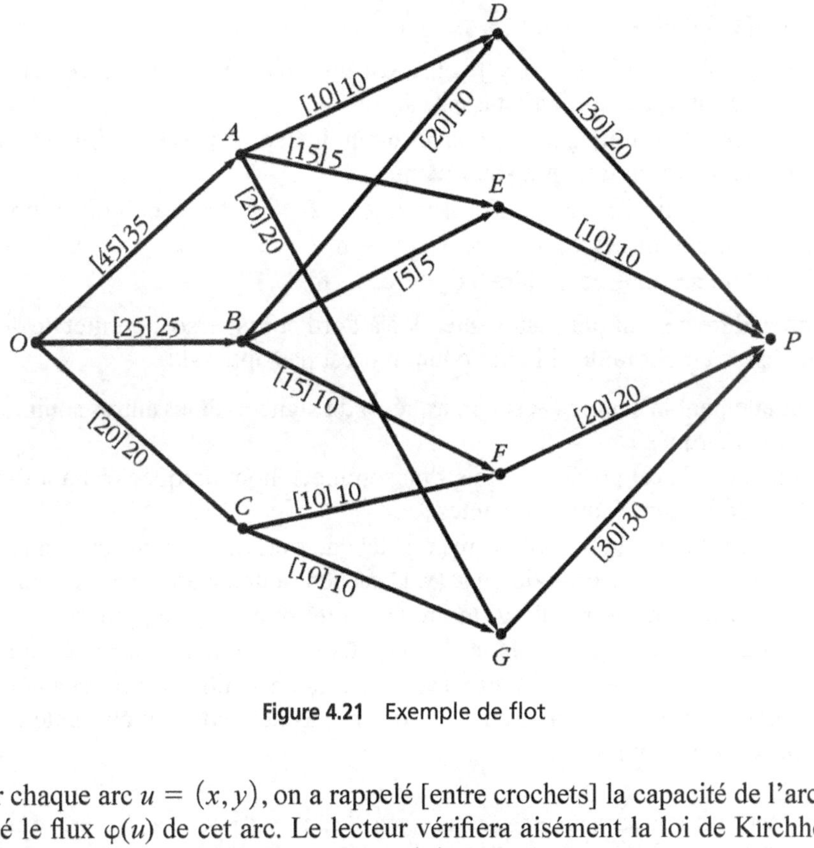

Figure 4.21 Exemple de flot

Sur chaque arc $u = (x, y)$, on a rappelé [entre crochets] la capacité de l'arc, puis indiqué le flux $\varphi(u)$ de cet arc. Le lecteur vérifiera aisément la loi de Kirchhoff en tout sommet autre que O et P. La valeur $V(\phi)$ de ce flot initial est 80 (1/s).

Certains arcs u sont tels que $\varphi(u) = c(u)$: on dit qu'ils sont « *saturés* »; plus bas (fig 4.22 à 4.24) ils sont tracés en trait gras épais. Les autres sont une « *capacité résiduelle* » : $c(u) - \varphi(u)$, non nulle.

Donnons la définition suivante : une *chaîne améliorante* est une chaîne élémentaire $\mu = (x_1, \cdots, x_p)$ d'origine $O = x_1$ et d'extrémité $P = x_p$, telle que aucun arc direct (un arc *direct*[1] est un arc (x_i, x_{i+1}) de la chaîne tel que l'arc (x_i, x_{i+1}) est un arc du graphe, alors que pour un arc *indirect* de la chaîne, c'est l'arc de sens opposé (x_{i+1}, x_i) qui est un arc du graphe) de cette chaîne ne soit saturé (la quantité de flux associée est strictement inférieure à la capacité de l'arc) et que les flux des arcs indirects soient strictement positifs. L'algorithme de Ford-Fulkerson est alors :

1. tant qu'il existe μ, une chaîne améliorante, faire
2. augmenter le flux sur μ

En fait, Ford et Fulkerson ont donné une procédure de marquage permetttant de trouver une chaîne améliorante μ (si elle existe) : nous la détaillons plus bas.

On montrera aussi plus loin que, lorsqu'il n'existe plus de chaîne améliorante, le flot est optimal (de valeur maximale).

L'opération consistant à augmenter le flux sur une chaîne améliorante C s'énonce de la manière suivante :

1. calculer $\delta^+ = \min\{c_u - \varphi_u\}$, où u est un arc direct de C; nécessairement : $\delta^+ > 0$ car aucun arc direct n'est saturé.
2. calculer $\delta^- = \min\{\varphi_u\}$, où u est un arc indirect de C; nécessairement : $\delta^- > 0$ car aucun arc indirect n'a son flux nul.
3. poser $\delta = \min\{\delta^+, \delta^-\}$; nécessairement : $\delta > 0$ car δ^+ et δ^- sont positifs.
4. pour tout arc direct u faire : $\varphi_u \leftarrow \varphi_u + \delta$
5. pour tout arc indirect u faire : $\varphi_u \leftarrow \varphi_u - \delta$

La procédure de marquage suivante, due à Ford et Fulkerson, permet de déterminer une chaîne améliorante si le flot courant n'est pas optimal :

1. initialement la source O est « marquée » du signe + et les autres sommets sont « non marqués »
2. tant que cela est possible, choisir un sommet x non marqué vérifiant l'une des deux définitions 3 ou 4 suivantes :
3. si y est extrémité initiale d'un arc (x, y) tel que x est déjà marqué et y non marqué, avec $\varphi_{(x,y)} < c_{(x,y)}$, c'est-à-dire que (x, y) est non saturé, marquer $+x$ le sommet y
4. si x est extrémité initiale d'un arc (x, y) tel que y est déjà marqué et x non marqué, avec $\varphi_{(x,y)} > 0$, c'est-à-dire de flux non nul, marquer $-y$ le sommet x
5. En fin de marquage : si le puits p est marqué, alors le flot courant est améliorable. Si le puits p n'est pas marqué, il n'existe pas de chaîne améliorante et le flot courant est optimal.

1. Autrement dit, si l'on parcourt la chaîne de O vers P, les arcs *directs* sont parcourus dans le sens de leur orientation, tandis que les arcs indirects (ou « rétrogrades ») sont parcourus en sens inverse de leur orientation.

Inversement, il est aisé de démontrer, en se reportant à la définition d'une chaîne améliorante, qu'une chaîne améliorante existe si et seulement si le sommet *P* est marqué. Une telle chaîne est obtenue, à l'issue de l'application de la procédure de marquage, en remont aut le marguage récursivement depuis *P* jusqu'au sommet *O*.

Appliquons l'algorithme à notre exemple ; il est facile d'obtenir un flot initial ; nous reprenons celui de la figure précédente, en indiquant les arcs saturés par un trait gras.

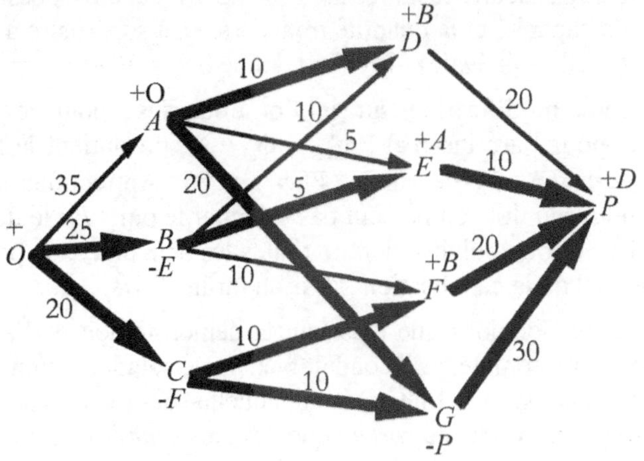

Figure 4.22 Marquage des sommets

On peut remarquer que l'on ne peut pas améliorer trivialement la valeur du flot courant : tout chemin de *O* vers *P* comportant au moins un arc saturé (on dit alors que le flot est « *complet* »).

Appliquons la procédure de marquage des sommets : l'initialisation consiste à marquer *O* d'un + ; puis *A,* extrémité terminale de l'arc (*O, A*), non saturé, est marqué du signe $+O$; *E,* extrémité terminale de l'arc (*A, E*), non saturé, est marqué $+A$; *B,* extrémité initiale de l'arc (*B, E*), transportant un flot non nul, est marqué $-E$; *D,* extrémité terminale de l'arc (*B, D*), non saturé, est marqué $+B$; enfin, *P,* extrémité terminale de l'arc non saturé (*D, P*), est marqué $+D$: le flot courant n'est donc pas un flot de valeur maximale.

Considérons alors la chaîne améliorante [*O, A, E, B, D, P*] : on l'obtient à partir du puits *P* en remontant le chaînage arrière contenue dans les marques. En effet *p*(*P*) = *D,* puis *p*(*D*) = *B,* puis *p*(*B*) = *E,* puis *p*(*E*) =*A* et enfin *p*(*A*) = *O*, où *p*(*Y*) est le prédécesseur de *Y* sur la chaîne améliorante.

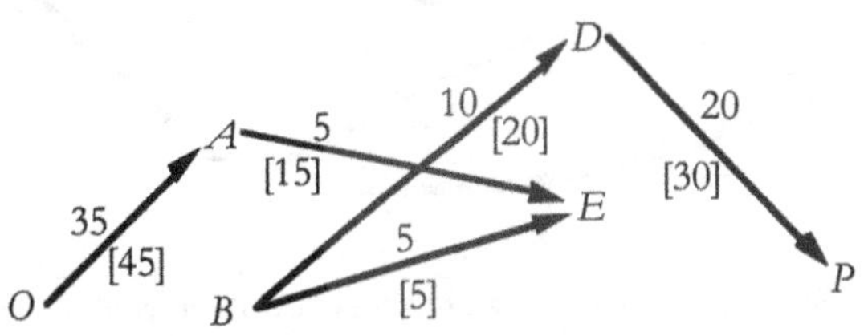

Figure 4.23 Chaîne améliorante

Si nous désirons améliorer le flot, il faudra augmenter les flux transportés par (O, A), (A, E), (B, D) et (D, P) (les arcs de la chaîne améliorante qui ont donné lieu à un marquage +), mais il faudra diminuer d'autant le flux transporté par (B, E) (arc de la chaîne améliorante ayant donné lieu à un marquage -), de manière qu'aux sommets A, E, B et D, la loi Kirchhoff continue d'être respectée. Nous voyons immédiatement que l'on ne peut diminuer le flot de (B, E) que de 5 l/s; par conséquent, nous ne pouvons augmenter les flux de chacun des autres arcs que de 5 l/s et c'est possible parce que la différence entre la capacité et la quantité transportée est supérieure à 5 pour tous ces arcs (il suffirait qu'elle soit égale) : le calcul donne $\delta^+ = 10$ et $\delta^- = 5$. D'où $\delta = 5$.

Effectuons cette modification sur le flot ci-dessus; pour les arcs directs : $\phi'_u = \phi_u + \delta$ et pour l'arc indirect : $\phi'_u = \phi_u - \delta$; on obtient la figure 4.24. On obtient un nouveau flot $\boldsymbol{\phi}'$, de valeur $V(\boldsymbol{\phi}') = 85$. Appliquons la procédure de marquage à ce nouveau flot; on ne peut pas marquer le puits P : le flot obtenu est de valeur maximale. Si l'on voulait satisfaire toutes les demandes, on pourrait augmenter le débit maximal de la canalisation AD d'au moins 5 l/s.

Bien que nous ne donnions que plus loin la démonstration de l'algorithme, nous allons déjà nous rendre compte qu'il conduit bien à une solution optimale. Considérons une ligne fermée (ou *coupe*), à l'intérieur de laquelle sont tous les sommets marqués. Vers l'extérieur de cette courbe ne *sortent* que des arcs *saturés* (NB : l'arc (B, D) ayant son extrémité initiale et son extrémité terminale à l'extérieur de la courbe, ne doit être considéré ni comme arc sortant, ni comme arc entrant); vers l'intérieur de cette courbe ne *pénètrent* que des arcs de flux nul, ici un seul (l'arc (B, E)). Il est évidemment impossible de faire sortir un flot de valeur supérieure à celui qui est indiqué, puisque tous les arcs sortants sont saturés et qu'il est impossible de réduire le flot entrant, puisqu'il est nul. Comme la courbe contient la source O, c'est bien le flot maximal qui part de la source.

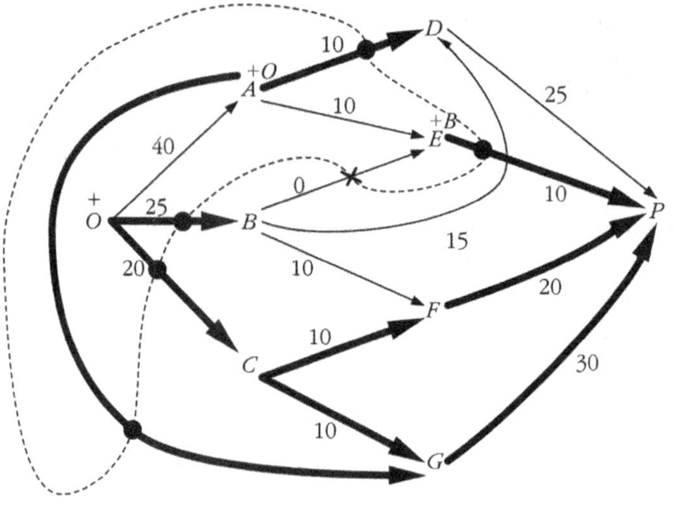

Figure 4.24 Flot de valeur maximale et coupe de valeur minimale.

NB. Sur cet exemple, l'optimum est obtenu en une seule itération. Bien entendu, dans le cas général, il peut y en avoir plusieurs.

4.4.2 Théorème de Ford-Fulkerson

Nous allons donner le théorème, dû à Ford et Fulkerson, justifiant l'algorithme présenté plus haut. Rappelons les définitions et notations utilisées.

Nous noterons, ici, s le sommet source $(\Gamma^{-}(s) = \emptyset)$ et p le sommet puits $(\Gamma^{+}(p) = \emptyset)$ du réseau de transport. Pour tout arc (i, j) du réseau, c_{ij} est la capacité cet arc et φ_{ij} est son flux. Les contraintes que doivent respecter un flot sont les suivantes :

1. pour tout arc (i, j), on a : $0 \leqslant \varphi_{ij} \leqslant c_{ij}$
2. pour tout sommet $i \neq s, p$, on a : $\sum_{j \in \Gamma^{-}(i)} \varphi_{ji} = \sum_{j \in \Gamma^{+}(i)} \varphi_{ij}$ (loi de Kirchhoff).

Par définition la valeur d'un flot $\mathbf{\Phi} = (\varphi_1, \cdots, \varphi_m)$, notée $V(\mathbf{\Phi})$, est la quantité suivante : $V(\mathbf{\Phi}) = \sum \varphi_{si}$. (Par abus de notation, dans cette partie, nous écrivons $\sum \varphi_{si}$ pour $\sum_{i \in \Gamma^{+}(s)} \varphi_{si}$.); on a désigné par φ_k le flux sur l'arc u_k $(k = 1, \cdots, m)$.

Considérons S un sous-ensemble de sommets du réseau de transport contenant la source mais ne contenant pas le puits : $s \in S, p \notin S$. Cet ensemble et son complémentaire $\overline{S} = X - S$ forment une « *coupe* » et $C(S)$, la « *capacité* » de cette coupe, est par définition :

$$C(S) = \sum_{i \in S, j \in \overline{S}} c_{ij}$$

Montrons la propriété suivante : pour toute coupe $(S, \overline{S})$ et tout flot $\mathbf{\Phi}$, on a :

$$V(\mathbf{\Phi}) = \sum_{i \in S, j \notin S} \varphi_{ij} - \sum_{i \in S, j \notin S} \varphi_{ji}.$$

La valeur du flot, $v(\mathbf{\Phi})$, égale la somme des flux sortants de S, diminuée de la somme des flux entrants dans S.

En utilisant la loi de Kirchhoff pour chaque sommet $i \neq s$, appartenant à l'ensemble S, et la définition de la valeur du flot $\mathbf{\Phi}$ nous obtenons :

$$V(\mathbf{\Phi}) = \sum \varphi_{si} + \sum_{i \in S,\, i \neq s} \underbrace{\left(\sum \varphi_{ij} - \sum \varphi_{ji}\right)}_{= 0}$$

La source s n'ayant pas de prédécesseur $\left(\sum \varphi_{js} = 0\right)$, il vient :

$$V(\mathbf{\Phi}) = \sum_{i \in S} \varphi_{ij} - \sum_{i \in S} \varphi_{ji}$$

en décomposant chacune de ces deux sommes, suivant que j appartient ou non à l'ensemble S nous avons :

$$V(\mathbf{\Phi}) = \sum_{i \in S, j \in S} \varphi_{ij} - \sum_{i \in S, j \in S} \varphi_{ji} + \sum_{i \in S, j \notin S} \varphi_{ij} - \sum_{i \in S, j \notin S} \varphi_{ji}$$

les deux premières sommes étant identiques (chaque arc $(i,j), i \in S, j \notin S$, apparaît une fois dans chacune), nous obtenons :

$$V(\phi) = \sum_{i \in S, j \notin S} \varphi_{ij} - \sum_{i \in S, j \notin S} \varphi_{ji}$$

Cette propriété montre que pour tout ensemble de sommets S contenant la source et ne contenant pas le puits, la somme des flux sortant diminuée de la somme des flux entrant est égale à la valeur du flot.

Nous allons montrer une seconde propriété reliant la valeur d'une coupe à celle d'un flot. L'énoncé de cette propriété est le suivant :

Pour toute coupe C (de capacité $C(S)$) et tout flot $\mathbf{\Phi}$ (de valeur $V(\mathbf{\Phi})$), on a : $C(S) \geqslant V(\mathbf{\Phi})$.

En effet, pour tout arc (i, j) nous avons : $0 \leqslant \varphi_{ij} \leqslant c_{ij}$, d'où nous obtenons :

$$C(S) = \sum_{i \in S, j \notin S} c_{ij} \geqslant \sum_{i \in S, j \notin S} \varphi_{ij} \geqslant \sum_{i \in S, j \notin S} \varphi_{ij} - \sum_{i \in S, j \notin S} \varphi_{ji} = V(\mathbf{\Phi}).$$

On en déduit, en raisonnant par l'absurde, que s'il existe une coupe S^* et un flot ϕ^* tels que : $C(S^*) = V(\phi^*)$, alors ϕ^* est un flot de valeur maximale et S^*, une coupe de capacité minimale.

Nous sommes maintenant en mesure de montrer le théorème de Ford-Fulkerson qui s'énonce de la façon suivante :

Dans tout réseau de transport, la capacité minimale des coupes est égale à la valeur maximale des flots.

Soit $\mathbf{\Phi}$ le dernier flot obtenu par appplication de l'algorithme, pour lequel il n'existe donc pas de chaîne améliorante. Nous avons déjà observé que dans ce cas, après l'application de la procédure de marquage, p n'est pas marqué. Considérons alors S l'ensemble des sommets marqués. s étant marqué, et p n'étant pas marqué, l'ensemble S et son complémentaire $\overline{S}$ (les sommets non marqués) sont non vides et définissent bien une coupe. Tout arc (i, j) avec $i \in S, j \notin S$ est nécessairement saturé, c'est-à-dire nous avons $\varphi_{ij} = c_{ij}$ car, sinon, j aurait été marqué. D'autre part, pour tout arc (j, i) avec $j \notin S$, et $i \in S$, on a nécessairement $\varphi_{ji} = 0$, puisque j n'a pas été marqué. Nous obtenons alors :

$$C(S) = \sum_{i \in S, j \notin S} c_{ij} = \sum_{i \in S, j \notin S} \varphi_{ij} - \sum_{i \in S, j \notin S} \varphi_{ij} = V(\mathbf{\Phi}).$$

En utilisant la propriété précédente nous arrivons au résultat annoncé. Celui-ci justifie l'algorithme puisque l'algorithme se termine lorsqu'il n'y a plus de chaîne améliorante et permet d'exhiber une coupe et un flot de même valeur. Le flot considéré à cette étape est donc optimal (de valeur maximale).

4.5 Flot de valeur maximale à coût minimal

Dans de nombreux problèmes, outre les capacités limitées de transport, le coût d'acheminement d'une marchandise (ou d'une certaine quantité de produit) doit être pris en compte. Le problème de la recherche d'un flot maximal(1) à coût minimal permet de prendre en compte ce second objectif dans le cadre d'un réseau de transport. D'autant que, si la valeur maximale V^* d'un flot est évidemment unique, il existe fréquemment de nombreux flots différents de même valeur V^* ; parmi ceux-ci, il est intéressant d'en trouver un de moindre coût. Ce problème se formalise de la manière suivante : R est un réseau de transport où s et p désignent respectivement la source et le puits. À chaque arc (i, j) sont associées deux valeurs positives : $[c_{ij}, p_{ij}]$ où c_{ij} est la capacité et p_{ij} est le coût unitaire associés à l'arc. Le coût d'un flot Φ s'obtient de la façon suivante : $\varphi_{ij} \cdot p_{ij}$ est le coût du flux φ_{ij} circulant le long de l'arc (i, j) ; le coût de $\mathbf{\Phi}$ est alors la somme de ces coûts sur tous les arcs du réseau : $\sum_{(i,j)} \varphi_{ij} \cdot p_{ij}$.

La partie gauche de la figure 4.25 montre un réseau de transport dans lequel un flot de valeur 5 et de coût 20 est déterminé.

Avant de donner un algorithme de résolution pour ce problème, nous allons revenir au problème du flot maximal[1]. Pour tout réseau de transport R nous définissons G^e_Φ, le *graphe d'écart associé au flot* $\mathbf{\Phi}$ (nous supposerons R *antisymétrique* : il ne comporte pas de couple d'arcs (i, j) et (j, i) ; (si tel n'était pas le cas, nous pourrions y remédier en scindant l'arc (i, j) en deux arcs (i, k) et (k, j), tous deux de capacité c_{ij} et de coût $\frac{1}{2} p_{ij}$).

Le graphe d'écart G^e_Φ et le réseau de transport R ont les mêmes sommets. Pour tout arc (i, j) de R, les arcs du graphe d'écart et leur valuation sont obtenus de la façon suivante :

1. si $0 < \varphi_{ij} < c_{ij}$, alors G^e_Φ comporte un arc (i, j) de valuation $r_{ij} = c_{ij} - \varphi_{ij}$ et un arc (j, i) de valuation $r_{ji} = \varphi_{ij}$
2. si $\varphi_{ij} = 0$, G^e_Φ comporte un arc (i, j) de valuation $r_{ij} = c_{ij}$, mais pas d'arc (j, i)
3. si $\varphi_{ij} = c_{ij}$, G^e_Φ comporte un arc (j, i) de valuation $r_{ji} = \varphi_{ij}$, mais pas d'arc (i, j).

Nous pouvons remarquer que pour le flot nul : $\mathbf{\Phi} = (0, \cdots, 0)$, le graphe d'écart et le réseau de transport coïncident.

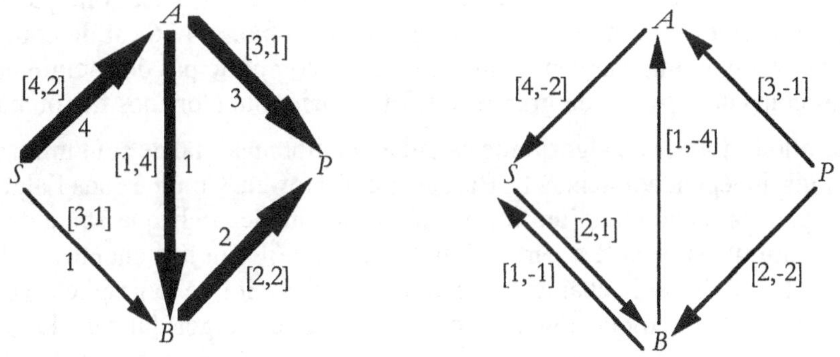

Figure 4.25 À gauche, un flot F avec 4 arcs saturés ; à droite G^e_Φ le graphe d'écart associé

D'autre part il est aisé de constater qu'à une chaîne améliorante pour R correspond un chemin de la source au puits dans G^e_Φ et réciproquement. Ainsi un flot est maximal si et seulement si il n'existe pas de chemin de s à p dans G^e_Φ.

1. Par abréviation, nous appelons ici *flot maximal*, tout flot de *valeur maximale*.

Soit l'arc (i, j) du réseau de transport; dans le graphe d'écart G^e_Φ le coût de l'arc (i, j) (qui existe si $\varphi_{ij} < c_{ij}$) est $+p_{ij}$ et celui de l'arc (j, i) (qui existe si $\varphi_{ij} > 0$) est $-p_{ij}$. La figure 4.25 illustre cette construction; le réseau de transport et le flot sont représentés à gauche, le graphe d'écart correspondant est à droite.

Nous allons maintenant donner, sans le démontrer, le théorème de Roy fournissant une condition nécessaire et suffisante d'optimalité : *un flot* $\mathbf{\Phi}$ *est de coût minimal parmi les flots de valeur* $v(\phi)$*, si et seulement si il n'existe pas de circuit de coût strictement négatif dans* G^e_Φ.

(NB. : ce théorème est énoncé pour tout flot $\mathbf{\Phi}$, $\mathbf{\Phi}$ n'est donc pas nécessairement de valeur maximale.)

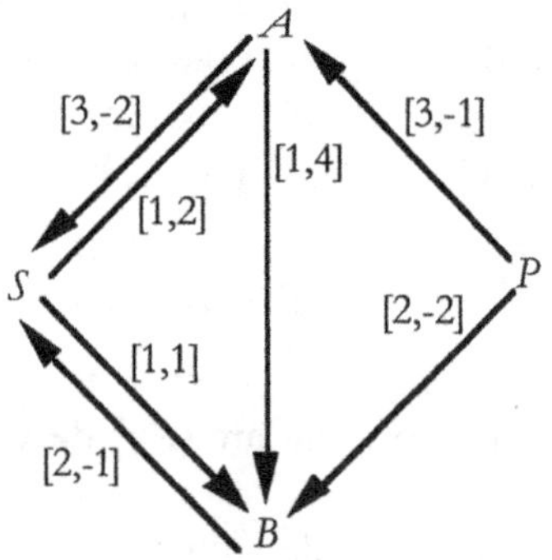

Figure 4.26 Un flot maximal de coût minimal

Pour le flot maximal de coût 20 considéré dans la figure 4.25, le circuit (A, S, B, A) est de coût -5 : en vertu du théorème précédent, ce flot n'est donc pas de coût minimal. En effet le flot maximal représenté dans la figure 4.26 est de coût 15. Ce dernier flot est maximal car son graphe d'écart ne comporte pas de chemin de S à P. (NB : les coûts des circuits du graphe d'écart associé sont alors positifs ou nuls).

Nous allons donner un algorithme calculant un flot maximal de coût minimal dû à B. Roy puis, indépendamment, à R. Busacker et P. Gowen. Comme dans l'algorithme présenté pour la recherche d'un flot de valeur maximale, à chaque étape de l'algorithme un flot $\mathbf{\Phi}$ est calculé à partir d'un flot $\mathbf{\Phi}'$ en utilisant une chaîne améliorante (cf 4.4.1). Le choix de la chaîne améliorante utilisée fait que le graphe d'écart $G^e{}_\Phi$ associé n'a pas de circuit de coût strictement négatif. Cet algorithme est le suivant :

1. initialement $\mathbf{\Phi} = (0, \cdots, 0)$; $G^e_\Phi = R$ car on part du flot nul : $\varphi_{ij} = 0$ pour tout arc (i, j) ;
2. tant qu'il existe un chemin de s à p dans G^e_Φ faire
3.   déterminer C, un chemin de coût minimal de s à p
4.   modifier le flux sur tout arc (i, j) de C : si $\delta = \min\limits_{(i,j) \in C} r_{ij}$, le flux est augmenté de δ si (i, j) est un arc du réseau de transport; le flux est diminué de δ si (j, i) est un arc du réseau de transport.
5.   tracer le graphe d'écart G^e_Φ du flot ainsi modifié.

La détermination d'un chemin de coût minimal peut se faire en utilisant l'algorithme de Ford présenté plus haut. Le lecteur remarquera que le calcul des nouveaux flux sur le chemin C se fait de manière analogue à celle présentée dans le paragraphe précédent consacré aux flots de valeur maximale.

La figure 4.27 illustre sur l'exemple précédent le déroulement de l'algorithme. Les flèches épaisses correspondent, ici à chaque étape, au chemin de coût minimal de S vers P. (et non pas à des arcs saturés, comme plus haut).

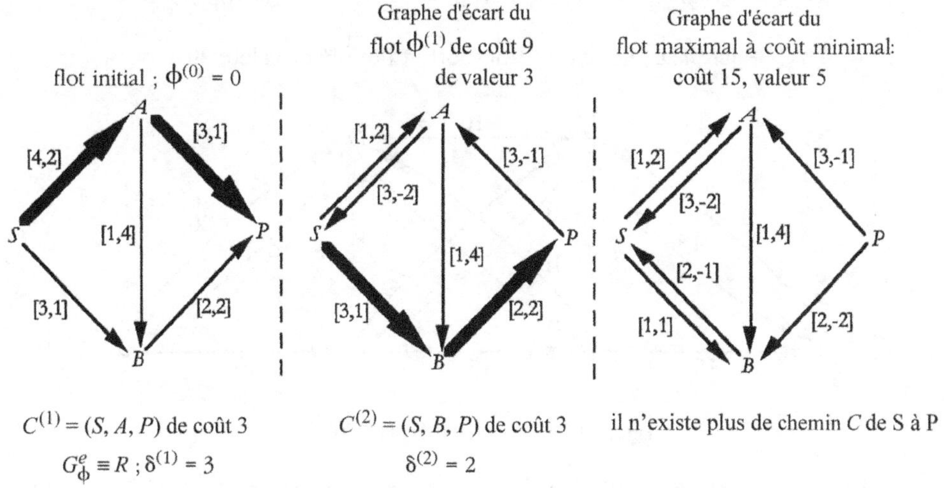

Figure 4.27 Une exécution de l'algorithme de Roy-Busacker-Gowen

Remarquons enfin, en revenant au problème de flot de valeur maximale, que l'on peut aisément **reformuler l'algorithme de Ford-Fulkerson en termes de graphe d'écart** : soit $\phi^{(0)}$ le flot initial.

1. Poser $\phi \leftarrow \phi^{(0)}$. Pour tout arc $u = (x, y)$ du réseau de transport, poser $v(u) \leftarrow \varphi_{(x,y)}$.
2. Construire le graphe d'écart $G^e(\phi)$ (comme dans le Fig. 4.25).
3. Tant que $G^e(\phi)$ comporte un chemin de s vers p
4. choisir un tel chemin, soit : μ

   poser $\varepsilon = \min_{u \in \mu} v(u)$;
5. pour tout arc $u = (x, y)$ du chemin μ faire

   $v(x,y) \leftarrow v(x,y) - \varepsilon$; si $v(x,y) = 0$, supprimer l'arc u dans $G^e(\phi)$;

   $v(y,x) \leftarrow v(y,x) + \varepsilon$; si $v(y,x)$ était nul, ajouter u dans $G^e(\phi)$

Voici un exemple du problème de flot de valeur maximale, ci-dessous, avec un flot initial (arbitraire) $\phi^{(0)}$, traité par l'algorithme de Ford-Fulkerson reformulé en termes de graphe d'écart :

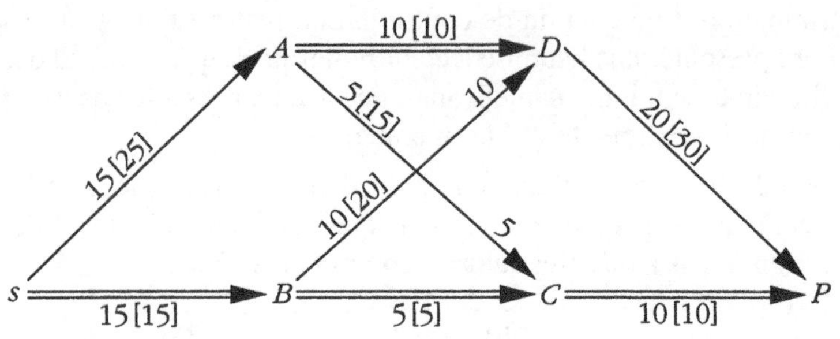

Figure 4.28 Réseau de transport et flot $\phi^{(0)}$ de valeur 30

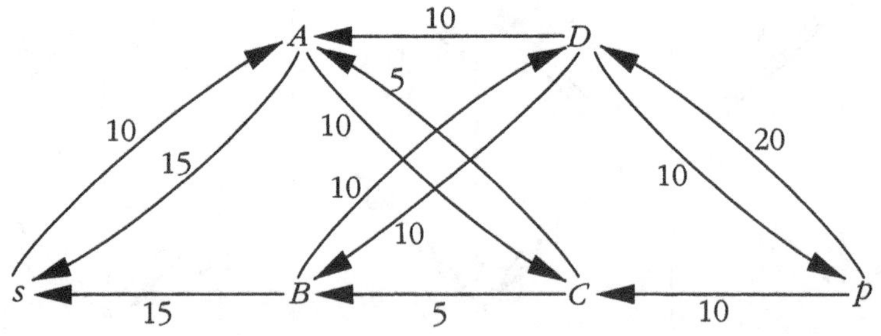

Figure 4.29 Graphe d'écart $G^e(\phi^{(0)})$.

$G^e(\phi^{(0)})$ comporte un (seul) chemin μ de s vers p : $\mu = (s, A, C, B, D, p)$; on a : $\varepsilon = \min(10, 5, 10, 10) = 5$. La valeur du flot va donc être augmentée de 5 unités.

Voici le nouveau graphe d'écart $G^e(\phi^{(1)})$, il ne comporte pas de chemin de s à p : le flot associé $\phi^{(1)}$ est donc optimal, il est valeur $v^* = 35$.

On nomme désormais S l'ensemble des sommets qu'on peut atteindre depuis s par des chemins ; ici $S = \{s, A, C\}$; S est aussi l'ensemble des sommets marqués quand on applique la procédure de marquage de Ford-Fulkerson au flot $\phi^{(1)}$.

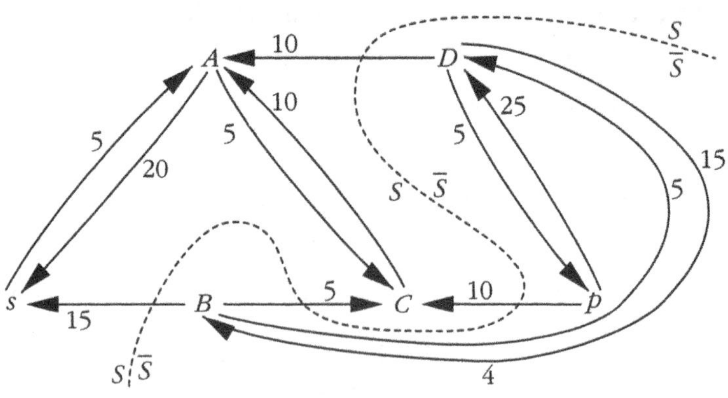

Figure 4.30 Graphe d'écart $G^e(\phi^{(1)})$.
avec le cocircuit $(S, \overline{S})$ en pointillé

Voici, sur le réseau de transport, le flot optimal $\phi^{(1)}$:

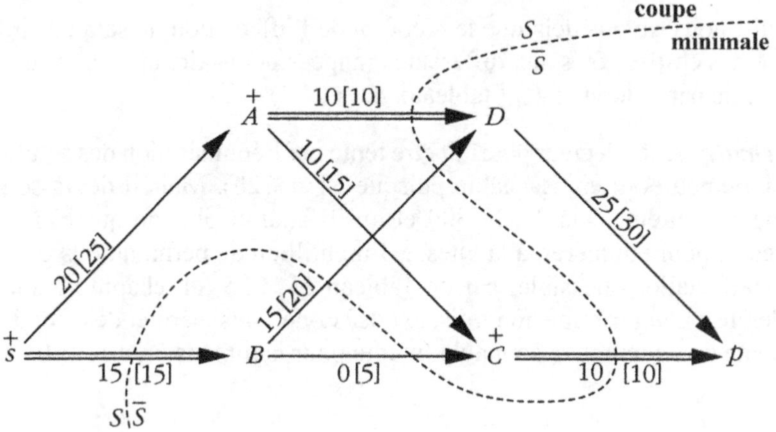

Figure 4.31 Flot optimal $\phi^{(1)}$ avec la coupe minimale $(S, \overline{S})$

Notes. • L'arc (B, D) ne traverse pas en fait la coupe minimale puisque B et $D \in \overline{S}$.

• À **la coupe minimale** du réseau de transport R correspond un « ***co-circuit*** » dans $G^e(\phi^*)$. L'ensemble des arcs du graphe d'écart allant des sommets de S vers ceux de $\overline{S}$ est vide : $U_S^+ = \varnothing$. Tout arc ayant une extrémité et une seule dans S est orienté dans le sens de $\overline{S}$ vers S. Ici $S = \{s, A, C\}$ et $\overline{S} = \{B, D, p\}$.

4.6 Problèmes d'affectation

Nous les présentons ici comme une application de l'algorithme de Ford-Fulkerson.

Exemple. On désire procéder aux mutations de cinq personnes A, B, C, D et E, et on leur offre les postes a, b, c, d et e. Ces personnes désirant maximiser leur satisfaction, décident chacune de noter de 1 à 5 les postes offerts et obtiennent le tableau suivant regroupant leurs avis (tableau 4.1) ; la note 1 est donnée au poste préféré, ..., la note 5 à celui le moins apprécié :

	a	b	c	d	e
A	1	2	3	4	5
B	1	4	2	5	3
C	3	2	1	5	4
D	1	2	3	5	4
E	2	1	4	3	5

Tableau 4.1

Il est évident qu'il convient, pour maximiser la satisfaction générale, de choisir un chiffre et un seul par ligne et par colonne, de manière à ce que la somme des cinq chiffres choisis soit minimale (si chacun pouvait obtenir le poste qu'il a classé n° 1, la somme minimale serait 5) ; mais c'est ici impossible : trois personnes ont classé le poste a en premier.

On ne change pas le problème en soustrayant, ligne par ligne, puis colonne par colonne, le plus petit élément de la ligne ou de la colonne (ceci se prouve aisément).

Si l'on pouvait, dans le tableau 4.3 ainsi obtenu, choisir un zéro par ligne et par colonne, on aurait déjà la solution, mais ce n'est pas possible.

De plus, nous savons déjà que le « coût » de l'affectation ne sera pas inférieur à 9 (somme des chiffres ôtés aux différentes rangées pour faire apparaître un zéro par ligne : 5, puis par colonne : 4, cf tableaux 4.2 et 4.3).

> ***Remarque.*** Le lecteur pourrait être tenté par l'énumération des solutions (qui, ici, demeurerait envisageable puisque $5! = 120$). Mais il devra se souvenir que $10!$ atteint déjà 3 628 800 et qu'il faudrait plus de quatre millions de siècles pour énumérer, à la vitesse d'un million de permutations par seconde, les affectations possibles sur un Tableau 25×25 (cf. chapitre 2 sur la complexité). L'algorithme hongrois, exposé ci-dessous, permet de résoudre le problème en un temps raisonnable (même pour la dimension $n = 100$).

	a	*b*	*c*	*d*	*e*
A	0	1	2	3	4
B	0	3	1	4	2
C	2	1	0	4	3
D	0	1	2	4	3
E	1	0	3	2	4

Tableau 4.2 On a soustrait 1 : le plus petit élément de chaque ligne

	a	*b*	*c*	*d*	*e*
A	0	1	2	1	2
B	0	3	1	2	0
C	2	1	0	2	1
D	0	1	2	2	1
E	1	0	3	0	2

Tableau 4.3 On a ensuite soustrait le plus petit élément de chaque colonne (2 en colonnes *d* et *e*)

Affectons le zéro unique de la ligne *A* du tableau 4.3 ; nous ne pouvons plus affecter, sur la ligne *B,* que le zéro de la colonne *e* ; affectons encore le zéro unique de la ligne *C* ; nous ne pouvons plus affecter aucun zéro de la ligne *D,* l'unique zéro qu'elle contenait ayant été exclu de l'affectation par le choix du zéro de la ligne *A* ; enfin, sur la ligne *E,* nous avons le choix entre le zéro de la colonne *b* et celui de la colonne *d* ; retenons, par exemple, le premier. Mais nous n'avons affecté que quatre personnes, pas cinq…

Nous n'avons pas obtenu la solution, mais il convient de vérifier qu'il est impossible d'affecter davantage de zéros.

Pour cela, considérons le réseau de transport comportant une source fictive *O* et un puits fictif *S,* dont les arcs, tous de capacité 1, correspondent, entre les sommets *A, B, C, D, E,* d'une part, et les sommets *a, b, c, d* et *e,* d'autre part, aux zéros du tableau 4.3 (figure 4.32) ; les autres arcs relient *O* à *A, B, C, D* et *E,* ainsi que *a, b, c, d* et *e* à *S* ; leur capacité est 1.

Associons un flot dans ce réseau de transport, à l'affectation partielle ci-dessus.

Ayant affecté les zéros comme au tableau 4.4, nous fixons à 1 le flux sur les arcs (*A, a*), (*B, e*), (*C, c*) et (*E, b*), qui sont saturés.

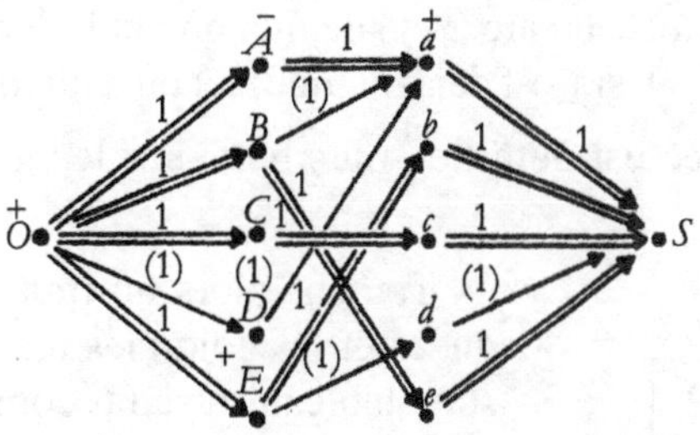

Figure 4.32

Par suite, (*O*, *A*), (*O*, *B*), (*O*, *C*) et (*O*, *E*), d'une part, (*a*, *S*), (*b*, *S*), (*c*, *S*) et (*e*, *S*), d'autre part, sont aussi saturés. La procédure de marquage permet de marquer seulement : *O* (+), *D* (+*O*), *a* (+*D*) et *A* (–*a*).

S n'est pas marqué ; nous avons donc bien un flot maximal, ce qui veut dire que, quels que soient les choix des zéros sur le tableau 4.3, nous n'arriverons pas à affecter plus de quatre zéros.

Pour résoudre le problème, nous devons maintenant avoir recours à la *méthode hongroise*.

	a	*b*	*c*	*d*	*e*
A	[0]				
B	~~0~~				[0]
C			[0]		
D	~~0~~				
E		[0]		~~0~~	

Tableau 4.4

	a	*b*	*c*	*d*	*e*	
A	[0]					−
B	~~0~~				[0]	
C			[0]			
D	~~0~~					+
E		[0]		~~0~~		
	+					

Tableau 4.5

Reprenons le tableau 4.4 où on a mentionné également les zéros que nous avons dû éliminer pour les choix ultérieurs, par suite d'une affectation d'un autre zéro sur la même ligne ou la même colonne : ces zéros seront dits : *zéros barrés* ; les zéros affectés seront dits : *zéros encadrés.* La transposition du marquage de Ford-Fulkerson à ce tableau (zéro « barré » : arc de flux nul ; zéro « encadré » : arc saturé) fournit (cf Tab. 4.5) :

a) marquer + toute une ligne n'ayant pas de zéro encadré (ici la ligne *D*) ;

b) marquer ensuite + toute colonne ayant un zéro barré sur une ligne marquée (ici la colonne *a*) ;

c) marquer alors – toute ligne ayant un zéro encadré dans une colonne marquée (ici, la ligne *A*) et revenons à b), etc., jusqu'à ce que le marquage ne soit plus possible (c'est le cas, dès à présent, dans l'exemple).

En effet, a) correspond à pratiquer le marquage (+) pour les sommets *x* tels que l'arc (*O*, *x*) n'est pas saturé : ici, seul (*O*, *D*) est dans ce cas : on a marqué *D* ; b) correspond à pratiquer le marquage (+) pour les sommets *y* tels qu'il existe un arc (*x*, *y*) non saturé, si *x* est déjà marqué. Ici, seul (*D*, *a*) est dans ce cas : *a* est marqué + ; c) correspond à pratiquer le marquage (−) pour les sommets x tels qu'il existe un arc (x, y) de flux non nul (donc ici saturé puisque tous les arcs ont pour capacité 1), si y est déjà marqué ; ici on a marqué – le sommet A.

Cette correspondance est détaillée plus bas : sur les graphes des figures 4.33 et 4.34.

	a	b	c	d	e	
A	~~0~~	1	2	1	2	−
B	~~0~~	~~3~~	~~1~~	~~2~~	~~0~~	
C	~~2~~	~~1~~	~~0~~	~~2~~	~~1~~	
D	~~0~~	1	2	2	1	+
E	~~1~~	~~0~~	~~3~~	~~0~~	~~2~~	
	+					

Tableau 4.6

Traçons alors un trait sur les lignes non marquées et les colonnes marquées (tableau 4.6). Le sous-tableau restant comprend les cases associées aux arcs « utiles » c'est-à-dire tels que, si l'un d'eux était ajouté au graphe précédent, on pourrait marquer de nouveaux sommets. Considérons le plus petit nombre du tableau restant : retranchons-le de tous les éléments non rayés et ajoutons-les aux éléments rayés deux fois (tableau 4.7). Cela revient à ajouter au graphe le (ou les) arc(s) « utile(s) » de plus faible coût : il y a en quatre ici, ceux de coût 1 (tableau 4.6), dans le tableau restant. On obtient alors le tableau 4.7.

	a	b	c	d	e
A	[0]	0	1	0	1
B	1	3	1	2	[0]
C	3	1	[0]	2	1
D	0	[0]	1	1	0
E	2	0	3	[0]	2

Tableau 4.7

Sur le tableau 4.7, il est maintenant possible d'affecter un zéro par ligne par colonne, et cela de trois manières différentes qui constituent les solutions équivalentes du problème, en ce sens qu'elles donnent toutes, en revenant au tableau 4.1, la somme (coût) 10.

On remarquera que le coût de 10 correspond bien à la somme de la borne inférieure 9 trouvée précédemment, et du plus petit élément soustrait postérieurement au tableau. Plus généralement, soit γ la borne du coût lors d'une itération quelconque ; notons X_M les sommets marqués du premier niveau et Y_M, ceux du second niveau. On montre que la borne inférieure du coût passe de γ à $\gamma + \alpha$ (Card X_M − Card Y_M) où α est le plus petit coût du « tableau restant », c'est-à-dire du sous-tableau dont les lignes sont marquées (X_M) et dont les colonnes ne sont pas marquées ($Y_{\overline{M}}$) ; le lecteur pourra prouver que nécessairement on a : Card $X_M >$ Card Y_M.

Au cas où le Tableau 4.7 n'aurait pas fourni la solution, il aurait fallu reprendre l'algorithme, après avoir affecté le plus possible de zéros, (ce que l'on vérifie en résolvant un problème de flot maximal comme ci-dessus), à la procédure de marquage, et ainsi de suite jusqu'à l'obtention de la solution (qui nécessite en général plusieurs itérations).

Une solution optimale consiste à affecter : A à a ; B à e ; C à c ; D à b et E à d. Elle a pour coût 10.

Telle est la méthode *hongroise,* à laquelle on a donné ce nom en souvenir de deux mathématiciens hongrois, Egervary et König, qui ont contribué, avec Kuhn, à en fonder la théorie.

Nous n'avons pas l'intention de démontrer ici la validité de l'algorithme, mais le lecteur sera sûrement intéressé de constater que la colonne rayée correspond au sommet marqué $(+D)$, soit a, et que les lignes non rayées correspondent également aux sommets marqués $(-a)$ et $(+\mathrm{O})$, soient A et D (figure 4.33), d'après le marquage réalisé à partir de la figure 4.32.

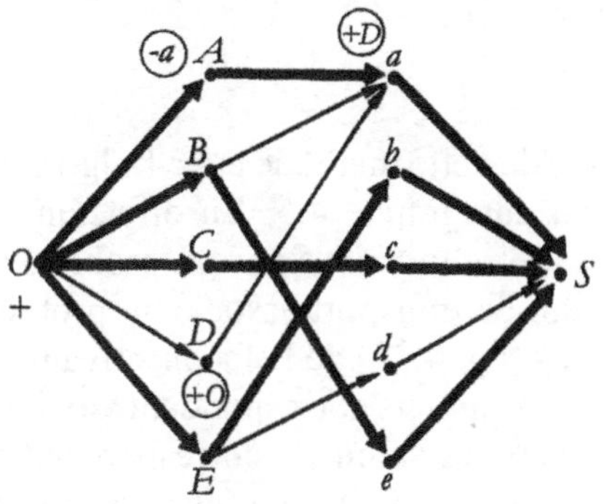

Figure 4.33

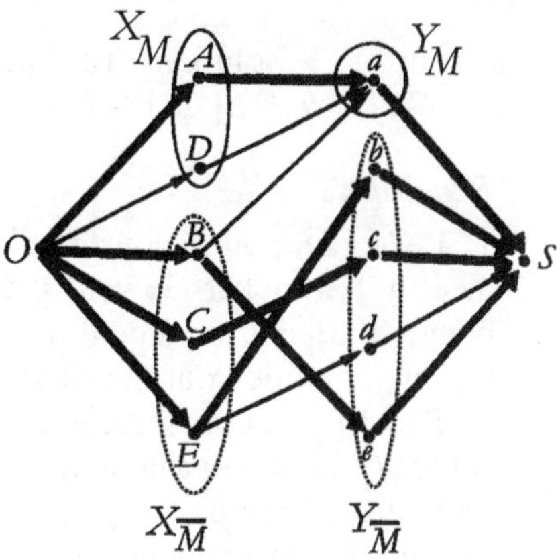

Figure 4.34

La figure 4.34 présente la situation de telle sorte qu'il est visible que, pour résoudre le problème, il importe de trouver l'arc de moindre coût (ou un arc de moindre coût) entre l'ensemble des sommets marqués du premier niveau, soit X_M, et l'ensemble des sommets non marqués du second niveau, soit $Y_{\overline{M}}$: on vise à effectuer une augmentation du flot en utilisant cet arc (ou l'un de ces arcs) par une progression du marquage.

En regroupant le tableau des coûts sous la forme correspondant à la figure 4.34, on obtient le tableau 4.8. On voit que l'on ne change rien à la situation existant entre les sommets marqués si l'on soustrait le plus petit élément des éléments non rayés de la matrice et si on l'ajoute aux éléments rayés deux fois. En effet, dans les cases (A, a) et (D, a), le coût demeurera 0.

		Y_M	$Y_{\overline{M}}$				
		a	b	c	d	e	
X_M	A	0	1	2	1	2	−1
	D	0	1	2	2	1	−1
$X_{\overline{M}}$	B	0	3	1	2	0	
	C	2	1	0	2	1	
	E	1	0	3	0	2	
		+1					

Tableau 4.8

Mais on crée ainsi quatre arcs de coût zéro entre l'ensemble des sommets marqués du premier niveau et l'ensemble des sommets non marqués du second niveau ; ce sont les arcs : (A, b); (A, d); (D, b); (D, e).

Les échanges concernant le flot les plus simples sont les suivants (au choix) :

1) faire circuler un flux saturant de 1 sur (A, d), saturant (d, S) ; faire circuler un flux saturant de 1 sur (O, D) et saturer (D, a) ;

2) ou bien faire circuler un flux saturant de 1 sur (*O, D*) et saturer (*D, b*), reporter le flux saturant de 1 de (*E, b*) à (*E, d*), ce qui sature (*d, S*).

3) Une troisième possibilité nous est offerte : Saturer (*A, b*) et (*O, D*) ; acheminer le flux de (*O, D*) sur (*D, a*) ; enfin reporter le flux de (*E, b*) à (*E, d*), ce qui sature (*d, S*). L'arc (*D, e*) ne permet pas de modification intéressante, car le coût de l'arc (*B, d*) est 2 et non 0.

On a donc 3 solutions (de coût 10) : [*A-a, B-e, C-c, D-b, E-d*] ou [*A-b, B-e, C-c, D-a, E-d*] ou [*A-d, B-e, C-c, D-a, E-b*].

Remarques.

1. Le lecteur pourra constater l'analogie de cette méthode avec l'algorithme de Roy (Busacker-Gowen) présenté au paragraphe 4.5. En effet, un problème d'affectation à coût minimal peut être modélisé par un problème de flot maximal de coût minimal. Le réseau de transport associé au problème d'affectation est obtenu comme ci-dessus (fig. 4.32) de la façon suivante : la source *O* du réseau a pour successeurs les sommets correspondant aux lignes du tableau, le puits *S* a pour prédécesseurs les sommets correspondant aux colonnes ; tout sommet correspondant à une ligne a pour successeurs tous les sommets (qui correspondent aux colonnes) ; ainsi à toute case du tableau correspond un arc dans le réseau de transport ; les capacités des arcs valent toutes 1 ; les coûts unitaires associés aux arcs sont les suivants : 0 pour les arcs ayant la source *O* pour origine ou le puits *S* pour extrémité ; le coût p_{ij} associé à l'arc (*i, j*) est le coefficient de la case situé sur la ligne *i* et la colonne *j* du tableau initial des coûts.

L'affectation partielle donnée dans le tableau 4.4 correspond au flot représenté par la figure 4.32. Ce flot est obtenu après 4 itérations de l'algorithme de Roy (Busacker-Gowen). À chacune de ces itérations, le chemin de coût minimal dans le graphe d'écart était de coût 0. À cette étape, le flot de valeur 4 n'est pas maximal. Le chemin de coût minimal dans le graphe d'écart, correspondant au flot représenté par la figure 4.32, est le chemin (*O, D, b, E, d, P*) de coût 1. Le flot suivant est alors de valeur maximale 5 et de coût minimal 10. Ce flot correspond à l'affectation représentée dans le tableau 4.7

2. La démonstration de la validité de l'algorithme hongrois (ou « méthode hongroise ») présente une analogie intéressante avec celle de l'algorithme de Ford-Fulkerson ; le lecteur intéressé pourra se reporter à [1].

4.7 Notions d'arbre et d'arborescence

Nous approfondissons des notions que nous avions définies au chapitre 3.

Au préalable définissons le "*nombre cyclomatique*" d'un graphe G : $V(G)$. Si G comporte n sommets, m arcs et p composantes connexes, on pose $V(G) = m - n + p$. Par récurrence on peut montrer que $V(G) = 0$ si et seulement si G n'a pas de cycle et $V(G) = 1$ si et seulement si G comporte un cycle unique.

4.7.1 Arbre. Définition et propriétés élémentaires

Étant donné un graphe non orienté de n sommets $(n \geqslant 2)$, on obtient un *arbre* en « connectant » tous les sommets sans former de cycle (c'est-à-dire en reliant les sommets deux à deux par des arêtes). Par définition, un arbre est un graphe connexe et sans cycle.

Un arbre comporte $n - 1$ arêtes. En effet, G est connexe entraîne $p = 1$; G est sans cycle entraîne $V(G) = 0$, d'ou $V = m - n + 1$ et $m = n - 1$.

Une définition équivalente d'un arbre est qu'il constitue un graphe connexe de $n - 1$ arêtes. En effet $p = 1$ et $m = n - 1$ entraîne $V(G) = m - (n - 1) + 1 = 0$: donc G est sans cycle.

Une propriété qui nous sera utile pour les applications (cf. les programmes de transport) est que l'addition à un arbre d'une arête entre deux sommets (en particulier, deux sommets non-adjacents dès que $n \geqslant 3$) crée un cycle et un seul. En effet, si l'on relie par une arête supplémentaire les deux sommets d'un arbre on crée un cycle unique : ces deux sommets, dans l'arbre, étant reliés par une chaîne unique, l'addition d'une arête crée alors un cycle et un seul. En effet $V(G) = 0$; l'ajout d'une arête se traduit par : $m' = m + 1$ et $V(G') = V(G) + 1 = 1$.

Il est aisé de prouver que dans un arbre deux sommets quelconques x et y sont reliés par une chaîne unique : s'il n'existait pas de chaîne entre x et y le graphe ne serait pas connexe (or un arbre est connexe par définition). S'il existait plusieurs chaînes entre x et y, on pourrait alors exhiber au moins un cycle (or un graphe est sans cycle par définition).

Dans l'exemple de la figure 4.35, l'addition de l'arête $[D, P]$ crée un cycle et un seul :

$$[D, C, B, E, G, H, L, P, D].$$

Dans l'arbre, D et P sont reliés par une chaîne unique :

$$[D, C, B, E, G, H, L, P].$$

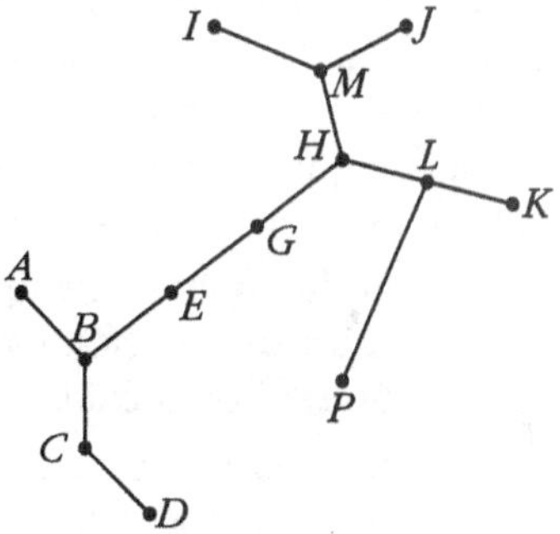

Figure 4.35

4.7.2 Arborescence

Dans un graphe $G = (X, U)$, on nomme « *racine* », tout sommet à partir duquel part au moins un chemin vers tout autre sommet. Un graphe peut comporter 0 ou 1 ou plusieurs racines; ainsi dans un graphe fortement connexe, tout sommet est une racine; dans un « réseau de transport » (cf Flot 4.4.1) la source est une racine, alors unique.

On définit une « *arborescence* » comme un graphe qui, sans son orientation, est un arbre et, avec son orientation, comporte une racine.

Cette racine est unique (sinon si r et r' étaient deux racines différentes, par r et r' passerait un circuit et le graphe sans l'orientation comporterait un cycle, ce qui contredit le fait qu'une arborescence soit, sans l'orientation, un arbre.

En recherche opérationnelle on utilise fréquemment la notion d'arborescence (d'ailleurs nous avons déjà dû nous en servir plus haut). Nous en donnons plus loin (au paragraphe 4.10), une autre application : au fameux « problème du voyageur de commerce » (« *Traveling Salesman Problem* », ou « TSP »).

Notons un abus de langage : la plupart des « arbres » des informaticiens sont en fait des arborescences, au sens de la théorie des graphes.

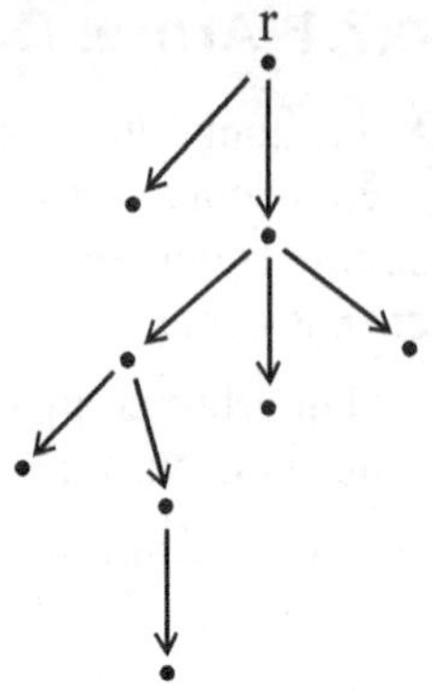

Figure 4.36

4.8 Applications aux arbres optimaux

En recherche opérationnelle, on rencontre assez souvent des problèmes faisant appel à la notion d'arbre de valeur minimale, par exemple en optimisation des réseaux.

Étant donné un graphe valué $G = (X, V)$, de n sommets et connexe, on veut construire, en utilisant $n - 1$ de ses arêtes, un arbre dont la somme des *valeurs* (ou *coûts*) des arêtes sera minimale.

En 1956, J.B. Kruskal a donné un algorithme simple pour résoudre ce problème. Il consiste à :

a) établir une liste des arêtes par valeurs croissantes ;

b) choisir une arête de valeur minimale puis, successivement, au fur et à mesure de la construction de l'arbre, l'arête suivante dans la liste ne formant pas un cycle avec les arêtes retenues jusque-là. S'arrêter lorsque tous les sommets du graphe sont connectés (ou, ce qui revient au même, lorsque le nombre d'arêtes retenues égale $n - 1$). Pour un exemple se reporter à la Fig 4.37.

Il s'agit du premier exemple de « *méthode gourmande* » (ou « gloutonne » ; en anglais : « greedy algorithm »), car à chaque pas on choisit l'élément le plus intéressant (comme si l'on prenait le plus gros morceau dans le partage d'un gâteau).

Un autre algorithme a été proposé en 1961, par G. Sollin, alors chef de travaux au CNAM, pour optimiser des réseaux de canalisation ; le voici :

Initialement aucun sommet n'a été « retenu ».

a) Choisir arbitrairement un sommet x en dehors de ceux qui ont déjà été retenus ; relier, par l'arête de valeur la plus faible, ce sommet x à l'un des sommets (déjà retenu ou non) auxquels il est adjacent ; soit y ce dernier sommet : y est alors « retenu », de même que x.

b) Lorsque tous les sommets ont été retenus :

- soit on a obtenu un arbre et le problème est résolu : cet arbre est de coût minimal.
- soit on a seulement plusieurs sous-arbres. Contracter chacun en un sommet unique ; créer le multigraphe[1] dont chaque sommet est associé à l'un de ces sous-arbres et dont

1. On appelle *multigraphe* un graphe dont deux sommets au moins sont reliés par plus d'un arête.

les arêtes sont les arêtes du graphe initial, susceptibles de connecter deux à deux ces sous-arbres (elles ont la même valeur dans le graphe initial et dans le sous-graphe).

Passer à a).

La validité de cet algorithme est justifiée comme suit : la procédure, qui est nécessairement finie, ne peut engendrer que des sous-arbres (ou un arbre) puisque, à chaque étape, on prend un sommet x non encore retenu et donc on ne peut pas ainsi créer un cycle. On montre, par l'absurde, qu'à chaque étape de l'algorithme ces sous-arbres sont optimaux. Finalement, on construit un arbre à partir de ses sous-arbres optimaux.

Exemple. Considérons un graphe $G = (X, U)$, dont les arêtes sont valuées par des coûts ; on veut trouver dans ce graphe, qui représente le projet d'un réseau de distribution, un arbre de coût minimal (fig. 4.37).

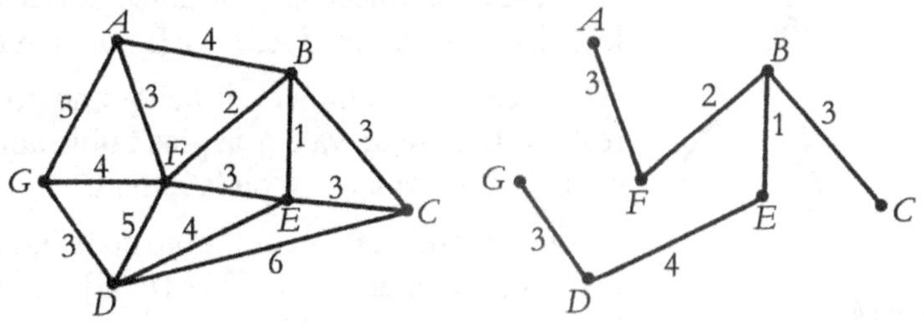

Figure 4.37

Opérons selon l'algorithme de Kruskal :

La liste par coûts croissants est : $[B, E]$: 1 ; $[B, F]$: 2 ; $[A, F]$: 3 ; $[B, C]$: 3 ; $[C, E]$: 3 ; $[D, G]$: 3 ; $[E, F]$: 3 ; $[D, E]$: 4 ; $[F, G]$: 4 ; etc.

La première arête choisie est $[B, E]$; puis $[B, F]$, puis $[A, F]$, puis $[B, C]$; on rejette $[C, E]$ qui forme un cycle avec les arêtes déjà retenues ; puis on prend $[D, G]$, on rejette $[E, F]$, puis on prend $[D, E]$: fin car $n - 1 = 6$ arêtes ont été retenues ; l'arbre optimal a pour coût 16 (cf fig. 4.37, à droite).

Opérons maintenant selon l'algorithme de Sollin :

1) choix dans X de A : sélection de l'arête $[A, F]$;

2) choix dans $X - \{A, F\}$ de B : sélection de l'arête $[B, E]$;

3) choix dans $X - \{A, F, B, E\}$ de C : sélection de l'arête $[C, B]$;

4) choix dans $X - \{A, F, B, E, C\}$ de D : sélection de l'arête $[D, G]$.

La liste des sommets est épuisée : on a trois sous-arbres entre lesquels subsiste un certain nombre d'arêtes (ici, toutes les autres, sauf $[C, E]$, qui, si on l'ajoutait, formerait un cycle dans l'un des sous-arbres) : cf fig. 4.38.

Nous désignerons maintenant par α, β et γ les sous-arbres $\{A, F\}$, $\{B, C, E\}$ et $\{D, G\}$, considérés désormais comme les sommets d'un multigraphe (figures 4.38 et 4.39, avant et après « contraction »), formé par ces sommets et les arêtes qui les relient entre eux. Ce sont, on le voit, toutes les arêtes autres que celles déjà retenues, à l'exception de $[C, E]$ qui ne relie pas deux sous-arbres (et, pour cette raison, ferme un cycle dans $\{B, C, E\}$).

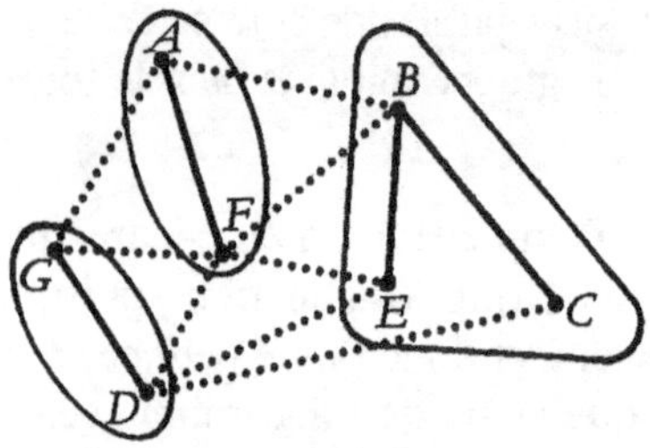

Figure 4.38

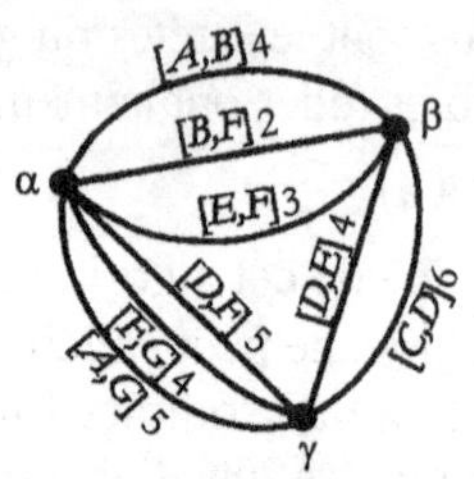

Figure 4.39

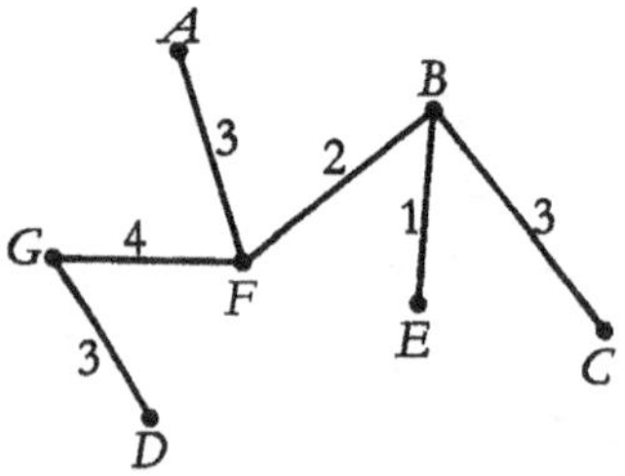

Figure 4.40

Sélectionnons, par exemple, le sommet α.

L'arête de valeur la plus faible adjacente à α est [*B*, *F*], de valeur 2, qui relie α à β : on la retient.

Prenons un sommet, en dehors de {α, β} ; seul reste γ. L'arête de valeur la plus faible adjacente à γ est [*F*, *G*], de valeur 4 : on la retient.

On obtient finalement l'arbre de la figure 4.40, de coût 16, en ajoutant [*B*, *F*] et [*F*, *G*] aux trois sous-arbres de la figure 4.38.

Il y a d'autres solutions de même coût : [*F*, *G*] peut être remplacée par [*D*, *E*] (cf partie droite de la fig. 4.37) et [*B*, *C*] par [*C*, *E*].

Nous présentons maintenant un dernier algorithme, lui aussi très simple, dû à Prim :

1. marquer arbitrairement un sommet
2. tant qu'il existe un sommet non marqué faire
3. choisir une arête de coût minimal ayant une de ses deux extrémités marquée et l'autre non marquée et l'inclure dans l'arbre en formation; marquer cette autre extrémité.

Il est aisé de montrer que l'ensemble des arêtes choisies à l'issue de l'algorithme constitue un arbre de coût minimal.

Un exemple d'exécution de l'algorithme est présenté dans la figure 4.41 Les sommets marqués sont grisés et les arêtes choisies sont en trait épais. On a pris arbitrairement *F* comme sommet initial.

L'arbre optimal ainsi obtenu a pour valeur (ou coût) 16, comme avec l'algorithme de Kruskal et celui de Sollin. Mais il diffère de l'arbre optimal de Sollin; cependant en remplaçant l'arête [*F*, *G*] dans la Fig 4.40, par l'arête [*D*, *E*] de même coût (égal à 4), on obtient l'arbre optimal de Prim de la Fig 4.41 (qui est le même que celui fourni par l'algorithme de Kruskal).

En utilisant des structures de données appropriées, la complexité des algorithmes présentés est $O(m \log m)$ pour l'algorithme de Kruskal et $O(m + n \log n)$ pour celui dû à Prim. Le lecteur pourra consulter [8] pour trouver les arguments justifiant ces complexités.

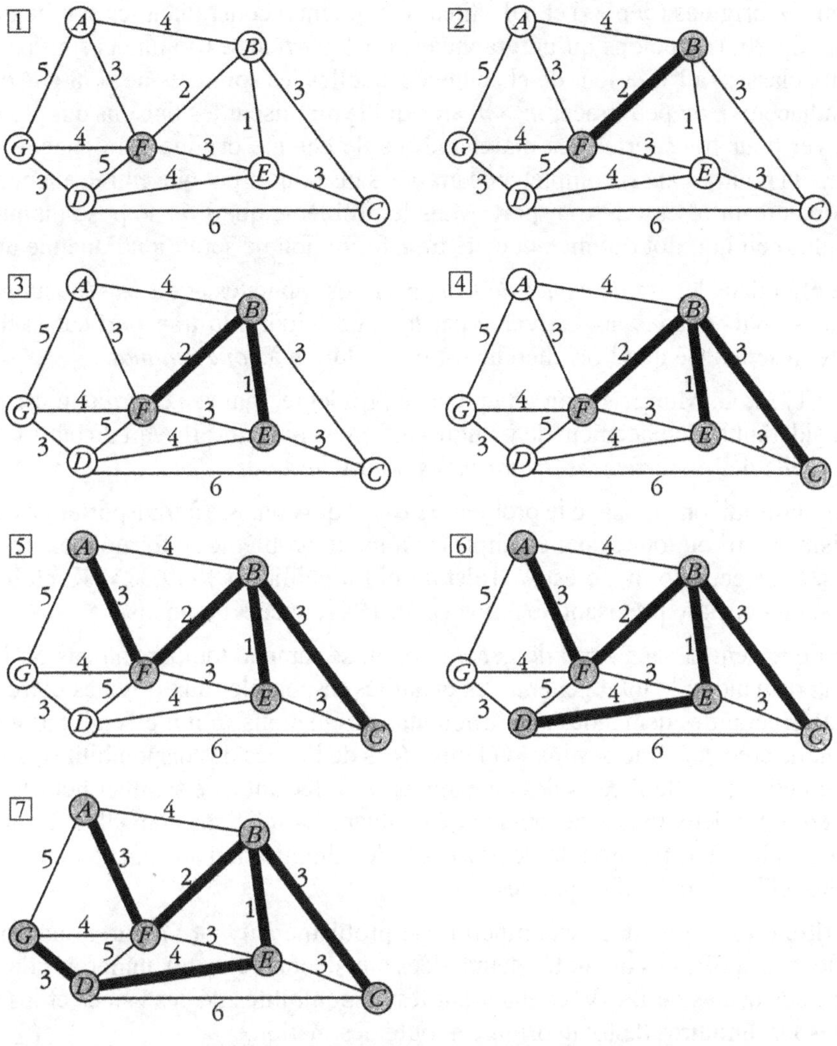

Figure 4.41 Une exécution de l'algorithme de Prim

Le lecteur aura certainement remarqué que les trois algorithmes que nous venons de présenter, basés tous les trois sur une stratégie « gourmande » (on dit aussi : « gloutonne » ; en anglais : « greedy »), se révèlent particulièrement efficaces. Le lecteur consultera les chapitres consacrés aux *matroïdes* dans les ouvrages traitant d'algorithmique [8] ou de théorie des graphes pour trouver les justifications théoriques de cette efficacité.

4.9 Les programmes de transport

Les notions sur les arbres, présentées dans les paragraphes précédents, vont nous être utiles pour résoudre un problème pratique des plus courants en recherche opérationnelle : celui des programmes de transport, que nous définissons ci-dessous.

Entre m origines (dépôts) et n destinations (clients) constituant les sommets d'un graphe biparti, (rappelons qu'un graphe est dit *biparti* si ses sommets sont partagés en deux classes, à l'intérieur de chacune desquelles les sommets ne sont pas deux à deux adjacents), on peut tracer $m \times n$ arcs qui symbolisent les liaisons que l'on peut employer pour transporter des marchandises de chaque origine vers chaque destination. On pourrait aussi compléter ce graphe sans boucle par une entrée et une sortie pour obtenir un réseau de transport. Mais le problème que l'on se pose maintenant n'est plus celui du flot optimal, et cette transformation ne serait ici d'aucune utilité.

En effet dans les *programmes de transport,* les capacités des arcs sont supposées illimitées, mais chaque arc est valué par le coût unitaire du transport sur la liaison qu'il représente. Ce que l'on cherche est une solution à *coût minimal.*

Dès 1776, G. Monge s'était attaqué à ce problème, mais *en continu,* c'est-à-dire en considérant le déplacement de volumes infinitésimaux dv ; il avait dû bâtir la théorie nouvelle des *congruences de normales* pour le résoudre.

Aujourd'hui, on envisage le problème *discret* qui consiste à transporter des unités indivisibles (m^3 ou tonnes par exemple) et ainsi le problème se formule en nombres entiers. Sous cette forme, c'est A. Tolstoï qui l'a publié en 1939, L.V. Kantorovitch et F.L. Hitchcock le précisant de nouveau en 1941, avec Koopmans.

Pratiquement et sans perte de généralité, on se ramène toujours au cas où l'offre égale la demande : le total général des quantités disponibles aux origines correspond au total général des demandes aux différentes destinations. S'il n'en était pas ainsi, il suffirait de créer soit une destination fictive (cas de l'excès des disponibilités) soit une origine fictive (cas de l'excès des demandes), en affectant à ce sommet fictif la différence entre les deux totaux généraux et en valuant les relations nouvelles par un coût nul, de manière à ne pas troubler le processus de minimisation du coût de transport des quantités effectivement transportées.

À titre d'exemple, nous examinerons le problème suivant : assurer, au moindre coût, les transports des quantités demandées aux dépôts (clients) numérotés de 1 à 6, à partir des usines de I à IV, connaissant les disponibilités de ces usines et les coûts de transport unitaires de toute origine à toute destination.

Matrice des coûts unitaires

$i \backslash j$	1	2	3	4	5	6	Quantités disponibles (a_i)
I	12	27	61	49	83	35	18
II	23	39	78	28	65	42	32
III	67	56	92	24	53	54	14
IV	71	43	91	67	40	49	9
Quantités demandées (b_j)	9	11	28	6	14	5	73

a) On observe que la somme des demandes (ici 73) est égale à la somme des disponibilités.

On note m le nombre d'origines et n celui des destinations.

b) Soient a_i les quantités disponibles, b_j les quantités demandées, c_{ij} les coûts de transport ; la solution du problème revient à trouver les valeurs numériques des mn nombres non négatifs x_{ij} qui représente la quantité livrée depuis l'origine i à la destination j, tels que :

$$\sum_{i=1}^{m} a_i = \sum_{j=1}^{n} b_j \text{ : offre } = \text{ demande} \tag{4.1}$$

toute origine i livre entièrement sa quantité disponible a_i :

$$\sum_{j=1}^{n} x_{ij} = a_i \; (i = 1, 2, \cdots, m) \tag{4.2}$$

à toute destination j est livrée toute sa demande b_j :

$$\sum_{i=1}^{m} x_{ij} = b_j \; (j = 1, 2, \cdots, n) \tag{4.3}$$

et que la fonction économique (coût global du transport) :

$$\sum_{i=1}^{m}\sum_{j=1}^{n} c_{ij} \cdot x_{ij} = z \tag{4.4}$$

soit minimale.

Nous verrons plus tard que ce type de problème appartient à la classe des programmes linéaires, mais il n'est pas nécessaire de lui appliquer les méthodes générales de la programmation mathématique : ce que nous nous garderons de faire, même si l'on peut interpréter les méthodes particulières qui vont suivre en termes de programmation mathématique.

Considérations préliminaires

Pour résoudre un tel problème, on peut tout d'abord d'obtenir une solution admissible, c-à-d conforme aux relations (4.1), (4.2) et (4.3) sans se préoccuper de la fonction économique (4.4). Pour qu'une telle solution soit utilisable pour la suite de l'algorithme, il convient qu'elle ne soit pas dégénérée, c'est-à-dire qu'elle comporte exactement :

$$n \cdot m - (n + m - 1) = (n - 1) \cdot (m - 1)$$

variables nulles[1], et donc $m + n - 1$ variables positives.

Nous verrons d'ailleurs que, sur le graphe biparti associé à une solution, seule une *solution de base*, c'est-à-dire répondant à la condition ci-dessus, fournit un arbre.

Il existe une méthode extrêmement facile pour en obtenir une ; malheureusement elle n'a pas de but économique, alors que nous serons ensuite confrontés à un pro-

1. Il y a $n \cdot m$ inconnues, liées par $n + m$ relations ; mais ces $n + m$ relations ne sont pas indépendantes, puisque la somme des seconds membres des n premières est la même que la somme des seconds membres des m autres, il y a au plus $n + m - 1$ relations indépendantes. Il doit donc y avoir, dans une solution admissible, au moins $n \cdot m - (n + m - 1)$ variables nulles.

blème économique. Décrivons-la néanmoins pour introduire les éléments théoriques de la question.

Il s'agit de la *procédure* dite *du coin Nord-Ouest,* consistant à transporter d'abord sur la relation (I, 1) (qui est le coin Nord-Ouest du tableau) la quantité maximale possible, c'est-à-dire le minimum du couple (demande, disponibilité), soit ici min(9, 18) = 9; puis, le dépôt 1 étant servi et l'usine I étant encore approvisionnée de 9 unités, à transporter sur la relation (I, 2), min(11, 9) = 9. Cette fois, c'est l'usine I dont le stock est épuisé, mais il manque 2 unités au dépôt 2, qu'on acheminera sur la relation (II, 2) et ainsi de suite... On aboutit au tableau ci-dessous :

$i \backslash j$	1	2	3	4	5	6	a_i
I	9	9	0	0	0	0	18
II	0	2	28	2	0	0	32
III	0	0	0	4	10	0	14
IV	0	0	0	0	4	5	9
b_j	9	11	28	6	14	5	

solution de base obtenue par la méthode du coin Nord-Ouest : tableau des $[x_{ij}]$

On constate que, dans le cas général, cette procédure se traduit, à chaque choix d'une relation, par l'élimination d'une destination ou bien d'une origine et, parfois, des deux (sauf toutefois lors de la dernière affection : au coin Sud-Est, pour laquelle on achève de servir le dernier dépôt en épuisant le stock de la dernière usine). Elle donne une solution sans cycle, qui est ici une solution de base.

En effet, elle a conduit ici à sélectionner en tout $m + n - 1$ relations utilisées pour les transports, alors qu'on ne transporte rien sur les autres, ce qui correspond bien à la condition selon laquelle il faut *exactement* $n \cdot m - (n + m - 1) = (n - 1)(m - 1)$ variables nulles dans la solution.

Dans l'exemple ci-dessus, $m = 4, n = 6$; on doit avoir $3 \times 5 = 15$ « zéros » (c'est-à-dire x_{ij} nuls) dans la solution : on le vérifie aisément.

La figure 4.42 montre que le graphe du transport effectif est bien un arbre puisque nous avons un graphe sans cycle (ou encore connexe) de $N = n + m$ sommets et $N - 1 = n + m - 1$ arêtes (rappelons que, par définition, un arbre est connexe et sans cycle). Ses 9 arêtes représentent les 9 liaisons (i, j) telles que : $x_{ij} > 0$.

Bien entendu, le tableau ci-dessus donnant les quantités transportées x_{ij} vérifie les équations (4.1), (4.2) et (4.3) :

1. $\sum_{i=1}^{4} a_i = 18 + 32 + 14 + 9 = 73;$

   $\sum_{j=1}^{6} b_j = 9 + 11 + 28 + 6 + 14 + 5 = 73,$

   car on avait pris $\sum_{i=1}^{4} a_i = \sum_{j=1}^{6} b_j$: l'offre est, ici, égale à la demande;

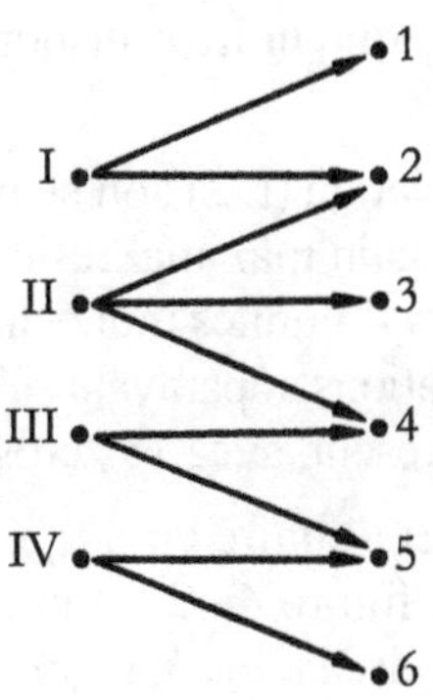

Figure 4.42
Arbre associé à la solution de base du coin Nord-Ouest.

2. $\sum_{j=1}^{6} x_{1_j} = 9 + 9 + 0 + 0 + 0 + 0 = 18 = a_1$;

$\sum_{j=1}^{6} x_{2_j} = 0 + 2 + 28 + 2 + 0 + 0 = 32 = a_2$; etc.

3. $\sum_{i=1}^{4} x_{i1} = 9 + 0 + 0 + 0 = 9 = b_1$;

$\sum_{i=1}^{4} x_{i2} = 9 + 2 + 0 + 0 = 11 = b_2$; etc.

et, rappelons-le, nous ne nous sommes, jusqu'à présent, pas occupé du seul problème de recherche opérationnelle que contient la question, c'est-à-dire la minimisation du coût de transport.

Dans chaque programme de transport, il y aura donc nécessairement une phase d'optimisation. Nous allons indiquer comment la théorie des graphes va faciliter le travail. Monétairement, la solution que nous avons trouvée coûte :

$$9 \times 12 + 9 \times 27 + 2 \times 39 + 28 \times 78 + \cdots + 5 \times 49 = 3\,700\ u.m.$$

mais on peut imaginer, du moment qu'elle a ignoré le coût de transport, que des modifications ultérieures vont pouvoir améliorer ce coût...

Or, comment la modification la plus élémentaire se présente-t-elle?

Admettons qu'on veuille transporter une unité de marchandise sur la relation (I, 3) jusqu'à présent inutilisée. Si nous réalisions cette opération, il nous faudrait retrancher une unité transportée sur la relation (I, 2) et également sur la relation (II, 3), de manière à ne pas changer les totaux des x_{ij} sur la ligne I et dans la colonne 3 ; il faudrait aussi ajouter une unité sur la relation (II, 2) de manière à rétablir l'équilibre sur la ligne II et dans la colonne 2.

	2	3	
I	9	0	9
II	2	28	30

Extrait du tableau des $[x_{ij}]$ (avant modification)

	2	3	
I	$9 - 1$	$+1$	9
II	$2 + 1$	$28 - 1$	30

(modification unitaire)

	2	3
I	27	61
II	39	78

Extrait du tableau des coûts $[c_{ij}]$

	2	3	
I	0	9	9
II	11	19	30

Extrait du nouveau tableau des $[x_{ij}]$ (après modification maximale)

D'autre part, nous sommes en mesure d'évaluer le *coût marginal* $\delta_{I,3}$ de l'opération, puisque nous connaissons les coûts unitaires de transport pour toutes les relations. On a donc dans ce cas :

$$\delta_{I,3} = c_{I3} + c_{II2} - c_{I2} - c_{II3} = +61 + 39 - 27 - 78 = 100 - 105 = -5,$$

ce qui signifie que l'on va gagner 5 unités monétaires pour chaque unité transportée sur la relation (I, 3).

Sur combien d'unités ce gain peut-il porter ? On le voit, à la relation (I, 2) : on ne peut soustraire que 9 unités transportées (au lieu de 28 sur (II, 3)); le gain maximal résultant de cet échange portera donc sur 9 unités et se montera à $9 \times 5 = 45$ unités monétaires. Remarquons d'ailleurs que seul un échange libérant l'une des relations auparavant sélectionnés conduit de nouveau à une solution de base (dans le cas présent, avec 15 zéros).

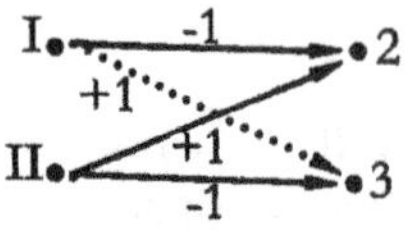

Figure 4.43

Mais à quelle modification le transfert unitaire envisagé ci-dessus correspond-il sur le graphe de la figure 4.42 ? Simplement à l'ajout d'un arc (I, 3), ce qui engendre *un cycle et un seul* dans l'arbre représentatif de la solution, comme nous l'avons souligné en 4.7.1. Ce cycle (I, 3), (3, II), (II, 2), (2, I) a deux arêtes parcourues dans le sens des flèches, deux autres parcourues en sens inverse (fig. 4.43). Du point de vue des quantités, la loi de Kirchhoff est respectée : il y a équilibre entre $+1$ et -1, en chacun des quatre sommets I, 3, II et 2.

Monétairement, on ajoute les coûts d'une unité sur les arcs (I, 3) et (II, 2) et l'on en retranche les coûts sur les arcs (I, 2) et (II, 3) : on retrouve exactement -5.

Mais la structure d'arbre va encore faciliter les calculs. En effet, un arbre constitue un graphe sur lequel on peut définir, fixant arbitrairement le *potentiel* d'un sommet et les différences de potentiel entre les sommets adjacents, un ensemble *unique* de potentiels (à une constante additive près). La propriété est triviale et résulte d'ailleurs du fait que, dans un arbre, il existe une chaîne et une seule entre deux sommets quelconques.

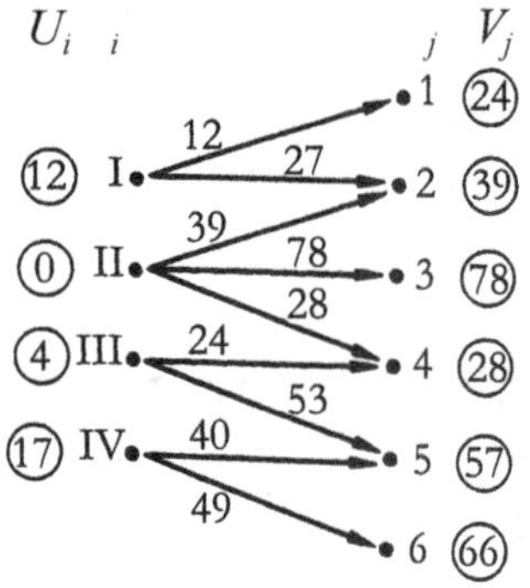

Figure 4.44

Considérons alors le réseau « électrique » formé par l'arbre de la figure 4.44; sur chaque arc, indiquons la différence de potentiel qui est égale au coût unitaire de transport sur la relation correspondante.

De plus, fixons arbitrairement à 0 le potentiel du sommet II : $U_{\text{II}} = 0$. On peut ainsi, de proche en proche, calculer le potentiel de tous les autres sommets, notés U_i pour les sommets du premier niveau et V_j pour ceux du second niveau; pour tout arc (i, j) de l'arbre on aura : $V_j - U_i = c_{ij}$.

Mais alors, lorsque nous rajoutons la relation (I,3), du coût 61, on peut écrire :

$$\delta_{\text{I},3} = U_{\text{I}} + c_{\text{I},3} - V_3 = 12 + 61 - 78 = -5.$$

et plus précisément :

$$\delta_{i,j} = U_i + c_{ij} - V_j = c_{ij} - (V_j - U_i)$$

formule qui permettra de calculer rapidement le coût marginal $\delta_{i,j}$ de toute relation (i, j) inutilisée c-à-d telle que $x_{ij} = 0$, sans avoir à rechercher le cycle de substitution (ce qui peut être long). Ainsi, pour la relation (I, 6) :

$$\delta_{\text{I},6} = U_{\text{I}} + c_{\text{I},6} - V_6 = 12 + 35 - 66 = -19,$$

ce qui résume en fait le calcul ci-dessous associé au cycle de substitution de la relation (I, 6), qui est de longueur 8 ; on obtient ce cycle en rajoutant l'arc (I, 6) à l'arbre ci-dessus : [I, 6, IV, 5III, 4, II, 2, I] :

$$\begin{aligned}\delta_{I,6} &= c_{I6} - c_{IV6} + c_{IV5} - c_{III5} + c_{III4} - c_{II4} + c_{II2} - c_{I2}\\ &= 35 - 49 + 40 - 53 + 24 - 28 + 39 - 27 = -19.\end{aligned}$$

Nous profiterons de toutes ces remarques dans les applications.

On en déduit une méthode d'améliorations successives de la solution initiale, permettant de passer d'une solution de base à une autre solution de base plus économique, qui nécessitera, à chaque étape, de déterminer tous les coûts marginaux $\delta_{i,j}$, pour les relations inutilisées, et, d'après les quantités déplaçables sur le cycle de substitution, le gain total correspondant à chacun de ceux qui sont négatifs. On choisira à chaque pas la meilleure modification possible. Si tous les $\delta_{i,j}$ deviennent non-négatifs, on peut montrer qu'on a atteint l'optimum. Cet optimum sera unique si tous les $\delta_{i,j}$ sont strictement positifs à la dernière étape ; il y aura plusieurs solutions équivalentes si certains sont égaux à 0.

La démonstration de la convergence de cet algorithme, qui serait très aisée si le coût total du transport diminuait strictement à chaque étape, est compromise par le fait qu'il se présente, comme on le verra ci-dessous, des risques de retour à une solution déjà rencontrée antérieurement, si le coût total de transport ne varie pas pour certains échanges : il s'agit du cas de solutions dégénérées.

Remarque. Jusqu'à présent nous n'avons pas encore envisagé le cas où la solution initiale obtenue ne serait pas une solution de base, c'est-à-dire comporterait plus de zéros qu'il n'en faut.

Tel serait le cas du problème considéré plus haut si l'on échangeait la première ligne contre la troisième et la première colonne contre la cinquième avant d'appliquer la méthode du coin Nord-Ouest.

$i \backslash j$	5	1	2	3	4	6	a_i
III	53	67	56	92	26	54	14
I	65	12	27	61	49	35	18
II	65	23	39	78	28	42	32
IV	40	71	43	91	67	49	9
b_j	14	9	11	28	6	3	

Tableau des c_{ij} (réordonné)

$i \backslash j$	5	1	2	3	4	6	a_i
III	14						14
I		9	9				18
II			2	28	2		32
IV					4	5	9
b_j	14	9	11	28	6	5	

Tableau des x_{ij}

On obtiendrait une solution *dégénérée,* avec 16 zéros au lieu de 15, dont le graphe comprendrait deux sous-arbres, ce qui ne permettrait plus de calculer tous les $\delta_{i,j}$. Bien entendu, une telle solution dégénérée peut se présenter aussi à une itération quelconque de la résolution du problème.

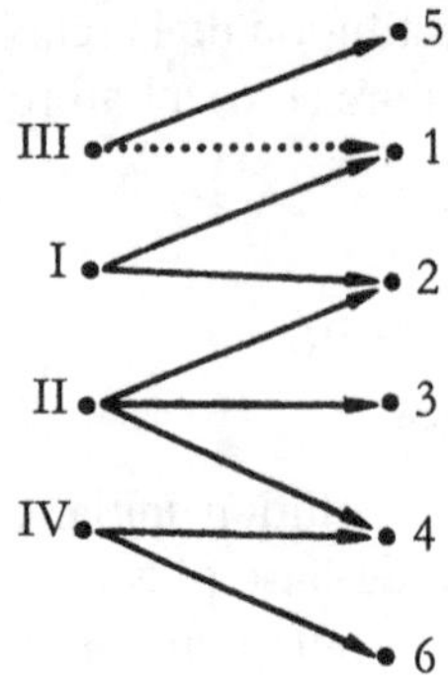

Figure 4.45

La manière de remédier à cette situation est simple. Elle consiste à « reconnecter » les sous-arbres, de manière à obtenir de nouveau un arbre.

Dans le présent cas (fig. 4.45), cela peut se faire de 8 de façons différentes ; par exemple on peut ajouter un arc (III, 1), représentant le transport fictif d'une quantité très petite, $\varepsilon > 0$. Une fois l'optimum obtenu, on fera $\varepsilon = 0$. On obtient alors une solution de base, non dégénérée, pour laquelle on peut calculer les 15 $\delta_{i,j}$.

$i \backslash j$	5	1	2	3	4	6	
III	14	ε					$14 + \varepsilon$
I		9	9				18
II			2	28	2		32
IV					4	5	9
	14	$9 + \varepsilon$	11	28	6	5	

Remarque pratique importante. Lorsque, dans un problème dégénéré, si un $\delta_{i,j}$ est négatif et si la seule quantité associée déplaçable vaut ε, il ne faudrait pas en conclure que l'on a atteint l'optimum et l'on doit poursuivre l'algorithme (en veillant à ne pas retomber sur une solution antérieure). On montre en effet que le critère d'optimalité pour une solution est que tout coût marginal $\delta_{i,j}$ de liaison non employée $(x_{ij} = 0)$ doit être positif ou nul.

Résolution pratique du problème de transport

- *Première phase (obtention d'une solution de base initiale)*

Il est bien évident que si la solution de base initiale du problème a été construite en tenant compte des faits économiques, c'est-à-dire en essayant d'obtenir un coût total peu élevé, la procédure d'optimisation décrite au paragraphe précédent risque d'être considérablement abrégée.

Les praticiens ont proposé un très grand nombre d'heuristiques pour parvenir à fournir une bonne première solution de base. Commençons par les heuristiques « gourmandes » : certains ont préconisé la procédure MINILI, consistant à affecter la quantité maximale à la relation de coût unitaire minimal dans la première ligne, puis à la relation de coût minimal, parmi celles qui subsistent, dans la seconde ligne, etc., ou encore MINICO (méthode correspondante utilisant, cette fois, les coûts unitaires minimaux en colonne). Plus utilement, l'affectation successive aux relations de coûts minimaux croissants du tableau, en partant du minimum minimorum, a ses partisans : c'est la procédure MINITAB.

À titre de comparaison, le lecteur pourra essayer MINILI, qui donne un coût de 3 734 (pas de chance on a obtenu 3 700 par la méthode du coin Nord-Ouest !), MINICO, pour laquelle le coût tombe à 3 658 et MINITAB qui fournit 3 634. La faiblesse de ces trois heuristiques gourmandes provient du fait qu'on ne modifie pas le problème en ajoutant à tous les coûts d'une même ligne i (ou d'une même colonne j) une même quantité u_i (resp. v_j) ce qui revient à remplacer c_{ij} par $c'_{ij} = c_{ij} + u_i + v_j$. Cette transformation bouleverse le classement des coûts c_{ij} par valeur croissante : par exemple on peut ajouter 1 000 à tous les coûts d'une même ligne (ou d'une même colonne) sans changer le classement des solutions suivant leur coût total. La méthode suivante n'a pas le même inconvénient.

Une procédure, généralement très efficace, est celle de la *différence maximale* (ou heuristique de Balas-Hammer) qui favorise l'obtention d'une solution initiale ayant un coût total assez proche de l'optimum.

Elle consiste à calculer pour chaque rangée (ligne ou colonne), la différence entre le coût le plus petit et le coût immédiatement supérieur ou égal. Puis à affecter à la relation de coût le plus petit dans la rangée présentant la différence maximale, la quantité la plus élevée possible, ce qui a pour effet de « saturer » une ligne ou une colonne. Ensuite, de reprendre le processus jusqu'à ce que toutes les rangées soient saturées. Si on sature à chaque fois une seule ligne ou une seule colonne, sauf au dernier pas, où plusieurs rangées sont saturées à la fois, on utilise bien $n + m - 1$ relations, dans le cas général, et l'on obtient une solution de base. S'il arrive que l'on sature à la fois une ligne et une colonne (excluons le dernier pas), alors la solution sera dégénérée. Ci-dessus, on note Δ_ℓ les différences en ligne et Δ_c, celles en colonne.

Donnons les premiers pas pour la matrice proposée plus haut :

1er pas

	1	2	3	4	5	6	a_i	Δ_ℓ
I	12	27	61	49	83	35	18	15
II	23	39	78	28	65	42	32	5
III	67	56	92	24 •	53	54	14	(29)
IV	71	43	91	67	40	49	9	3
b_j	9	11	28	6	14	5	73	
Δ_c	11	12	17	4	13	7		

2e pas

$j \backslash i$	1	2	3	5	6	a'_1	Δ_ℓ
I	12	27	61 •	83	35	18	15
II	23	39	78	65	42	32	16
III	67	56	92	53	54	8	1
IV	71	43	91	40	49	9	3
b'_j	9	11	28	14	5	67	
Δ_c	11	12	(17)	13	7		

- 1er pas. La différence maximale $53 - 24 = 29$ est relative à la ligne III. À la relation (III,4), correspondant au coût le plus petit de la ligne III, on affecte la quantité 6, ce qui sature la colonne 4, qui disparaît alors du problème.

Observations. On remarque que c'est une idée de « regret » qui constitue le fondement économique de la méthode ; plutôt que d'affecter le maximum d'unités à tran-

sporter à la relation qui comporte le plus petit coût de la matrice (ici I, 1), puis passer à celle à laquelle correspond le plus petit coût dans le reste du tableau, et ainsi de suite (méthode MINITAB), *on préfère rechercher une relation telle que, si l'on ne lui affecte pas la quantité la plus grande possible, on sera obligé, dans la suite du problème, d'affecter cette quantité, à une ou plusieurs relations de coût de beaucoup supérieur*.
Puis on passe à la relation qui est désignée par la différence maximale dans le tableau restant (cf tableau "2ᵉ pas" ci-dessus), et ainsi de suite.

• 2ᵉ pas. Sur la matrice réduite, la différence maximale est 17, ce qui amène à affecter la quantité 18 à la relation (I, 3) saturant ainsi la ligne I, qui disparaît du problème.

3ᵉ pas

$j \backslash i$	1	2	3	5	6	a_i	$\Delta\ell$
II	23	39	78	65	42	18	16
III	67	56	92	53	54	32	1
IV	71	43	91	40	49	14	3
b_j	9	11	10	14	5	49	
Δc	(44)	4	13	13	7		

4ᵉ pas

$j \backslash i$	2	3	5	6	a_i	$\Delta\ell$
II	39	(78)	65	42	18	16
III	56	92	53	54	32	1
IV	43	91	(40)	49	14	3
b_j	11	10	14	5	40	
Δc	4	13 ↑	13 ↑	7		

• 3ᵉ pas. Le tableau restant fait apparaître la différence maximale 44, correspondant à la relation (II,1). On y affecte la quantité 9, ce qui sature la colonne 1, qui disparaît.

• 4ᵉ pas. Au quatrième pas, le tableau restant se présente comme il est indiqué ci-dessus. Deux colonnes fournissent la même différence maximale : 13 ; les relations (II,3) et (IV, 5) leur correspondent, avec des affectations possibles de 10 et 9 respectivement.

Trois solutions sont ici acceptables, que nous ne discuterons pas plus à fond :

1) affecter 10 à la relation (II, 3) ;
2) affecter 9 à la relation (IV, 5) ;
3) faire les deux affectations en même temps (elles sont indépendantes).

Tout à fait arbitrairement,[1] décidons d'affecter 9 à la relation (IV,5), ce qui sature la ligne IV.

À ce moment, grâce aux affectations pratiquées, quatre relations sont utilisées et quatre rangées sont saturées. En continuant ainsi, on affecte ensuite 11 en (II, 2), 5 en (II, 6), 5 en (III, 5), 7 en (II, 3) et, enfin, 3 en (III, 3).

(1) Les autres affectations conduisant ici directement à l'optimum, nous priveraient de la possibilité d'exposer concrètement la deuxième phase de résolution des problèmes de transport.

Le plan de transport $[x_{ij}]$ qui en résulte :

$j \backslash i$	1	2	3	4	5	6	a_i
I			18				18
II	9	11	7			5	32
III			3	6	5		14
IV					9		9
b_j	9	11	28	6	14	5	73

a) vérifie les équations (4.1), (4.2) et (4.3) :

1) $\sum_{i=1}^{4} a_i = 18 + 32 + 14 + 9 = 73$

$\sum_{j=1}^{6} b_j = 9 + 11 + 28 + 6 + 14 + 5 = 73$

et $\sum a_i = \sum b_j$

2) $\sum_{j=1}^{6} x_{1j} = 0 + 0 + 18 + 0 + 0 + 0 = 18 = a_1$

$\sum_{j=1}^{6} x_{2j} = 9 + 11 + 7 + 0 + 0 + 5 = 32 = a_2$, etc.

3) $\sum_{i=1}^{4} x_{i1} = 0 + 9 + 0 + 0 = 9 = b_1$

$\sum_{i=1}^{4} x_{i2} = 0 + 11 + 0 + 0 = 11 = b_2$

$\sum_{i=1}^{4} x_{i3} = 18 + 7 + 3 + 0 = 28 = b_3$, etc.

b) en outre, le nombre des relations inutilisées est de 15 ; il est précisément égal à :

$$nm - (n + m - 1) = 6 \times 4 - (6 + 4 - 1) = 24 - 9 = 15,$$

la solution obtenue n'est donc pas dégénérée.

On a bien affaire à une solution *de base.* Ce que l'on vérifie en traçant le graphe biparti associé : c'est bien un arbre.

- *Deuxième phase : optimisation de la solution de base par la méthode du « stepping-stone ».*

On ne sait pas encore si la solution obtenue optimise la fonction économique (4.4) :

$$z = \sum_i \sum_j c_{ij} \cdot x_{ij} = 12x_{11} + 27x_{12} + 61x_{13} + \cdots$$
$$+ 23x_{21} + 39x_{22} + \cdots + 40x_{45} + 49x_{46}.$$

On peut calculer la valeur de la fonction économique pour les affectations obtenues ; on trouve :

$$z = 61 \times 18 + 23 \times 9 + 39 \times 11 + 78 \times 7 + 42 \times 5 + 92 \times 3 + 24 \times 6 + 53 \times 5 + 49 \times 9 = 3\,535.$$

Cette solution est donc, comme on s'y attendait, meilleure que celle du coin Nord-Ouest (3 700). Pour reconnaître si la solution *de base* initiale, *obtenue par une procédure quelconque,* est optimale, il faut bien entendu calculer les coûts marginaux relatifs aux relations inutilisées. Il est bon d'avoir recours, à cet effet, au calcul des différences de potentiel sur l'arbre représentatif de la solution ; c'est ce que nous ferons en revenant à l'exemple ci-dessus, pour le plan de transport ci-dessus.

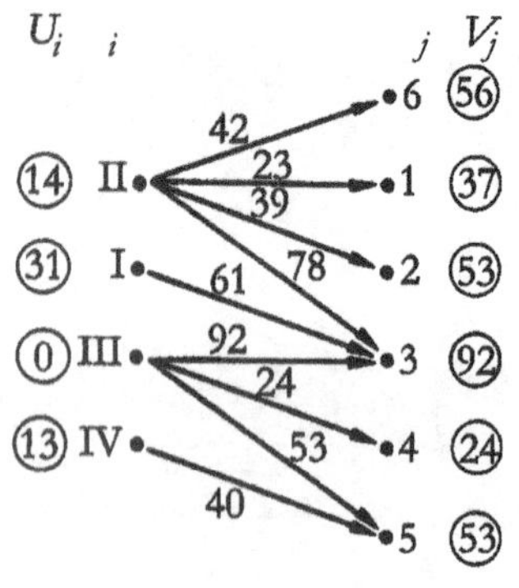

Figure 4.46

Grâce à l'arbre de la figure 4.46, on pourra calculer tous les coûts marginaux par la formule :

$$\delta_{i,j} = U_i + c_{i,j} - V_j = c_{ij} - (V_j - U_i)$$

Par exemple :

$$\delta_{\text{I},1} = 31 + 12 - 37 = 6;$$

$$\delta_{\text{I},2} = 31 + 27 - 53 = 5;$$

etc.

$$\delta_{\text{II},4} = 14 + 28 - 24 = 18;$$

etc.

$i \backslash j$	1	2	3	4	5	6	U_i
I	12	27	(18) 61	49	83	35	31
II	(9) 23	(11) 39	(7) + 78	28	65	(5) − 42	14
III	67	56	(3) − 92	(6) 24	(5) 53	+ 54	0
IV	71	43	91	67	40	42	13
V_j	37	53	92	24	53	56	

Il n'est d'ailleurs pas nécessaire de tracer la figure elle-même ; on peut opérer directement sur la matrice, en ayant soin de diviser chaque case en deux parties, l'une, celle du bas, recevant (de façon définitive) le coût de transport de la relation correspondante et l'autre, celle du haut, la quantité affectée dans la solution courante (chaque quantité x_{ij} a été cerclée dans le tableau ci-contre).

Pour calculer les potentiels U_i et V_j, on choisit alors la relation affectée du coût le plus grand [ici, (III, 3)] et l'on écrit 0 (origine des potentiels) face à la ligne III, sur la droite de la matrice, ce qui revient à poser $U_{\text{III}} = 0$; on a alors :

$$c_{\text{III},3} = V_3 - U_{\text{III}}$$

d'où :

$$V_3 = c_{III,3} - 0 = 92 - 0 = 92,$$

et, par suite, l'inscription du potentiel 92 sous la colonne 3 au bas de la matrice. Du fait que $U_{III} = 0$, on a immédiatement $V_4 = 24$ et $V_5 = 53$, puisque les relations (III,4) et (III,5) sont affectées. Ayant $V_5 = 53$, on obtient :

$$U_{IV} = V_5 - c_{IV,5} = 53 - 40 = 13,$$

et ainsi de suite. La procédure équivaut très exactement à celle que l'on a pratiquée sur l'arbre de la figure 4.48, mais elle évite le recours à un son tracé.

Pour calculer alors le coût marginal d'une liaison inutilisée, on la repère d'abord sur le tableau (la partie haute de la case étant vide), par exemple (III, 2), et l'on lit $c_{III,2} = 56$. On a :

$$\delta_{III,2} = U_{III} + c_{III,2} - V_2 = 0 + 56 - 53 = 3,$$

car on remarque que U_{III} est le potentiel lu sur la ligne III à droite de la matrice, alors que V_2 est celui que l'on lit au bas de la colonne 2, sous la matrice.

Le lecteur s'exercera à calculer de cette façon tous les coûts marginaux. Il en trouvera un seul négatif (c'est-à-dire un seul économiquement intéressant) ; c'est :

$$\delta_{III,6} = 0 + 54 - 56 = -2.$$

Il faut ensuite, pour tout coût marginal négatif δ_{ij}, rechercher le cycle de substitution permettant de réaliser la modification du transport auquel il correspond. C'est le cycle unique qu'on obtient en rajoutant à l'arbre (Fig. 4.46) l'arête $[ij]$; quand un tel cycle ne comporte que 4 arêtes, il est aisé de le trouver directement sur le tableau des $[x_{ij}]$ de la solution de base courante.

Dans le cas présent, posons un signe + dans la case (III,6) ; il nous faut un signe – en (II,6), un signe + en (II,3) et, enfin, un signe – en (III,3). On contrôle d'ailleurs que $54 - 42 + 78 - 92 = -2$. Les cases marquées sont associées aux arcs du cycle de substitution. Cherchons maintenant la quantité maximale déplaçable : les signes –, dans les cases (II, 6) et (III, 3), permettent de constater que si l'on peut diminuer de 5 la quantité inscrite en (II,6), en revanche on ne peut diminuer que de 3 celle portée en (III,3) : finalement, il est seulement possible de déplacer trois unités. Le résultat de cette substitution sera $3 \times (-2) = -6$, c'est-à-dire un gain total de 6. La solution obtenue alors a pour coût : 3 529 ; nous montrons plus bas qu'elle est optimale.

S'il y avait plusieurs $\delta_{i,j}$ négatifs, on calculerait le gain relatif à chacune des substitutions possibles et l'on choisirait de réaliser celle qui apporte le gain total le plus grand.

Parfois, plusieurs substitutions sont possibles simultanément et rien n'empêche alors de les réaliser ensemble ; il suffit qu'elles se traduisent par des cycles de substitution indépendants (sans arcs ni sommets communs).

Exercice. Le lecteur pourra s'exercer, en partant de la solution de base obtenue par la méthode du coin Nord-ouest. Il trouvera 5 coûts marginaux négatifs, dont les deux plus intéressants peuvent être réalisés ensemble, faisant tomber le coût total du transport à 3 607. Après avoir effectué ces substitutions simultanées, il trouvera encore deux substitutions compatibles, l'amenant au coût total de 3 529.

Revenons à notre problème. Effectuons les substitutions indiquées plus haut. Nous obtenons un nouveau plan de transport (cf tableau ci-dessous), vérifiant toujours les équations (4.1), (4.2) et (4.3) et réalisant une solution de base. Après avoir posé $U_{\text{II}} = 0$ puis établi le système de potentiels, calculons les coûts marginaux :

$$\delta_{\text{I},1} = 7 + 12 - 23 = 6 \ ; \ \delta_{\text{I},2} = 17 + 27 - 39 = 5, \text{ etc.}$$

Ils sont tous positifs et l'on a donc atteint l'optimum. Le coût de transport total est :

3 529 = coût de la solution antérieure – coût fourni par la substitution = 3535 − 6.

NB : dans le tableau suivant, pour toute relation (i, j) inutilisée (c'est-à-dire telle que $x_{ij} = 0$), on a donné la valeur numérique du δ_{ij} associé : il figure en haut de la case ij, précédé de son signe, qui ici est le signe +, car l'optimum est atteint.

$j \backslash i$	1	2	3	4	5	6	U_i
I	+6 / 12	+5 / 27	(18) / 61	+54 / 49	+59 / 83	+10 / 35	17
II	(9) / 23	(11) / 39	(10) / 78	+16 / 28	+24 / 65	(2) / 42	0
III	+32 / 67	+29 / 56	+2 / 92	(6) / 24	(5) / 53	(3) / 54	−12
IV	+49 / 71	+5 / 43	+14 / 91	+56 / 67	(9) / 40	+8 / 49	1
V_j	23	39	78	12	41	42	

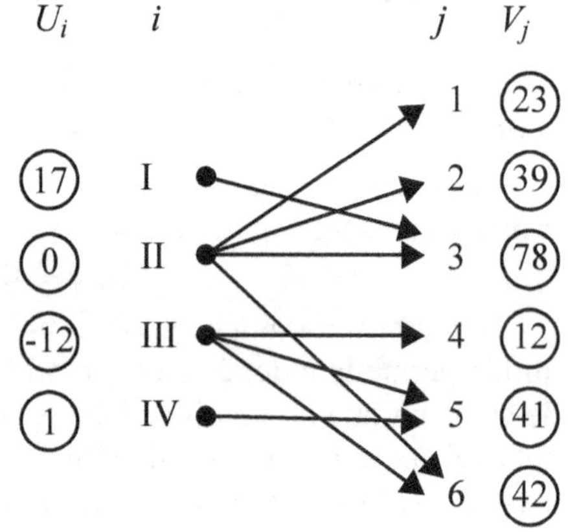

L'optimum est unique du fait que tous les coûts marginaux sont, ici, strictement positifs. Si certains étaient nuls, on ferait apparaître d'autres solutions équivalentes (grâce à des substitutions de gain nul). En clair : $x_{\text{I},3} = 18$; $x_{\text{II},1} = 9$; $x_{\text{II},2} = 11$; $x_{\text{II},3} = 10$; $x_{\text{II},6} = 2$; $x_{\text{III},4} = 6$; $x_{\text{III},5} = 5$; $x_{\text{III},6} = 3$; $x_{\text{IV},5} = 9$ pour un coût minimal de 3 529 unités monétaires.

> ***Remarque***[1] ***1*** La formulation de ce programme de transport en tant que programme linéaire amène à introduire $N = m \times n = 24$ variables puis à écrire $M = m + n = 10$ contraintes (certes liées par une relation de dépendance; on peut supprimer l'une d'entre elle, ce qui amène à $M' = m + n - 1 = 9$ contraintes); ces contraintes étant en égalité, on doit introduire une variable artificielle dans chacune d'elles pour obtenir une base (artificielle) initiale; la résolution de la « première phase » par l'algorithme du simplexe conduirait (après un minimum de $m + n - 1$ itérations) à une base réalisable. L'avantage de la méthode du stepping-stone, que nous venons de décrire, est d'éviter toutes les itérations de cette « première phase », puisqu'on part d'une base réalisable; de plus, si l'on utilise la méthode de Balas-Hammer, la base réalisable initiale, on le sait, sera « bonne », c'est-à-dire que l'on évitera de nombreuses itérations lors de la « seconde phase » pour atteindre l'optimum.

(1) La compréhension de cette remarque suppose la connaissance du chapitre 8 du présent livre.

Remarque 2 L'heuristique de Balas-Hammer a fourni ici une solution de coût 3 535, très voisin du coût optimal 3 529 : ceci en illustre la qualité...

4.10 Recherches arborescentes

4.10.1 Problème du voyageur de commerce

Imaginons un voyageur de commerce qui doit visiter de nombreuses villes (chacune une fois et une seule) et revenir à son point de départ. Si l'on dispose de la matrice des coûts de transport de ville à ville (qu'on pourra supposer non symétrique pour corser le problème), le voyageur de commerce recherche un *circuit hamiltonien de valeur minimale.*

Pendant de longues années, de nombreux chercheurs ont tenté d'inventer un algorithme conduisant à l'optimum de ce problème (*NP*-difficile) ; on n'en trouvait pas et l'on n'était pas certain de la validité des solutions ingénieuses proposées par les uns et les autres pour des exemples numériques relativement importants pour l'époque, modestes aujourd'hui... (entre 40 et 50 villes). Bien entendu, ces solutions étaient obtenues à l'aide d'heuristiques, car il n'était pas question d'énumérer les $(n - 1)!$ circuits possibles. C'est alors que Little *et al.* (1963) ont appliqué au problème une procédure de recherche arborescente, qui a permis d'obtenir des solutions optimales, mais en des temps de calcul parfois assez long.

De nombreux perfectionnements sont apportés continuellement à des méthodes de ce type, qui sortent du cadre de cet ouvrage ; on résout désormais, optimalement, des problèmes dépassant le millier de villes.

En fait de recherches arborescentes, nous traitons ici d'abord l'exemple du voyageur de commerce (mais sans aborder la convergence et la finitude de la méthode employée).

Signalons, que les initiales SEP., très employées en France pour caractériser la classe des méthodes arborescentes mises au point, en 1964-65, par B. Roy et son équipe, signifient « Séparation et Evaluation Progressives ». Nous allons justement donner un exemple d'un principe de séparation dichotomique, consistant à augmenter ou non un ensemble d'un élément, en mesurant l'efficacité de l'une ou de l'autre décision par l'évaluation de la borne inférieure d'un coût. Tandis que les initiales SES : « Séparation et Evaluation Séquentielle » correspondent à une stratégie de parcours en profondeur d'abord (cf. chapitre 3) ; la méthode booléenne de Faure et Malgrange (1962) employait déjà implicitement cette stratégie (elle est décrite en fin de chapitre 1).

Pour éviter des longueurs, l'exemple choisi, à $n = 5$ villes, sera celui d'un voyageur de commerce demeurant dans la ville A et désireux de se rendre une fois et une seule dans les villes B, C, D, E et F, avant de revenir chez lui. La matrice des coûts est donnée ci-après (les tirets remplacent des valeurs infinies) ; il s'agit évidemment de déterminer, parmi les $(n - 1)! = 120$ circuits hamiltoniens, celui de valeur minimale. L'énumération exhaustive de $(n - 1)!$ est impraticable dès que $n > 15$ ou 20 (cf chapitre 2).

Nous diviserons les itérations en blocs.

– **Bloc A.** *On soustrait le plus petit élément de chaque rangée* (d'abord dans les lignes, puis dans les colonnes) ; la matrice résultante comporte donc au moins un zéro par rangée : alors il se pourrait que l'optimum ait un coût nul. Cette opération (comme dans les problèmes d'affectation) conduit à un problème équivalent.

– **Bloc B.** On calcule une *borne inférieure de la valeur du circuit de valeur minimale* cherché. Elle est égale à la somme des valeurs soustraites de la matrice, au bloc A. En effet, si la matrice 3 permettait de trouver un circuit hamiltonien utilisant uniquement des arcs de coût 0, la valeur de ce circuit coïnciderait avec la somme des coûts retranchés à la matrice initiale.

	A	*B*	*C*	*D*	*E*	*F*	
A	–	6	7	3	1	3	1
B	7	–	8	2	9	7	2
C	5	10	–	10	1	7	1
D	8	6	5	–	5	1	1
E	7	7	6	7	–	4	4
F	9	8	8	5	3	–	3

1. Matrice des coûts : à droite de chaque ligne on a figuré son plus petit coût.

Dans le cas présent, cette borne vaut :

$$B = (1 + 2 + 1 + 1 + 4 + 3) + (3 + 3 + 2) = 20.$$

La racine R de l'arborescence recevra la valuation $B = 20$.

– **Bloc C.** On calcule les *coûts de substitution* (ou *regrets*) des arcs de coût nul (ou "zéros") et l'*on retient le maximum* d'entre eux (ou l'un d'eux en cas d'égalité).

	A	*B*	*C*	*D*	*E*	*F*
A	–	5	6	2	0	2
B	5	–	6	0	7	5
C	4	9	–	9	0	6
D	7	5	4	–	4	0
E	3	3	2	3	–	0
F	6	5	5	2	0	–
	3	3	2	0	0	0

2. Après soustraction du plus petit élément de chaque ligne. Au dessous de chaque colonne on a figuré son plus petit coût.

	A	*B*	*C*	*D*	*E*	*F*
A	–	2	4	2	0	2
B	2	–	4	0	7	5
C	1	6	–	9	0	6
D	4	2	2	–	4	0
E	0	0	0	3	–	0
F	3	2	3	2	0	–

3. Après soustraction du plus petit élément de chaque colonne de la matrice 2.

Expliquons d'abord cette notion de regret : soit, par exemple, le 0 qui value l'arc (B, D) dans la matrice 3 ; il signifie qu'on a intérêt à employer l'arc (B, D) qui, a priori, est à recommander, étant de coût résiduel le plus petit sur la ligne B. Combien paierait-on en plus si l'on décidait de ne pas l'utiliser ? Comme il faudrait tout de même passer par les points B et D, la meilleure solution consisterait à atteindre D par (A, D) : coût 2 – ou encore (F, D) : coût 2 – et à quitter B par (B, A) : coût 2.

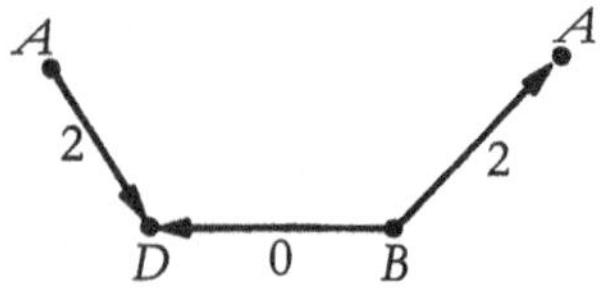

Figure 4.47

La somme de ces deux minima, soit $2 + 2 = 4$, donne le regret (minimal) relatif au zéro de la relation (B, D).

On détermine ainsi le coût de substitution (regret) pour tout zéro de la matrice 3 (cf matrice 4). Puis, on choisit d'examiner les conséquences qu'auraient la sélection ou le rejet de l'arc correspondant au plus fort des regrets minimaux.

En cas d'égalité, on se donne une règle arbitraire pour retenir l'un des regrets maximaux, par exemple le premier rencontré lors du balayage de la matrice ligne après ligne.

On obtient ainsi la matrice 4, où le regret maximal, soit 4, concerne l'arc (*B, D*).

– **Bloc D.** On sait à présent, après que l'on ait procédé à l'évaluation des regrets des zéros d'une matrice, et cela à toute étape du problème, qu'il reste possible :

- soit de *renoncer à utiliser l'arc* (*X, Y*), de regret *p*(*X, Y*), le plus fort parmi les regrets. Alors la valeur de ce regret doit être *ajoutée à la borne inférieure,* calculée plus haut, pour obtenir une borne du coût des solutions évitant l'arc (*X, Y*) ;
- soit de *choisir d'utiliser l'arc* (*X, Y*). Restent à examiner les conséquences de ce choix.

	A	*B*	*C*	*D*	*E*	*F*
A					2	
B				**(4)**		
C					1	
D						2
E	1	2	2			0
F					2	

4. Regrets correspondant aux zéros de la matrice 3.

C'est ainsi que se développera l'arborescence décrivant la recherche, par la création d'un sommet de type I : NON (*X, Y*) et d'un sommet de type II : (*X, Y*) : cf Fig 4.48.

D'où déjà, pour le sommet de type I, correspondant à la décision NON (*X, Y*), c'est-à-dire la décision de renoncer à l'utilisation de (*X, Y*), ce qui a le surcoût *p*(*X, Y*) :

$$B := B + p(X, Y).$$

Dans l'exemple cité, la borne du sommet NON (*B, D*) de l'arborescence est :

$$B := 20 + 4 = 24.$$

– **Bloc E.**

1) Au contraire, si l'on inclut l'arc (*X, Y*), il faut *supprimer la ligne X et la colonne Y*, de la matrice des coûts réduits, puis, par l'introduction d'un coût infini, interdire l'arc qui fermerait un circuit « parasite » (c'est-à-dire un circuit qui serait de longueur inférieure à *n*, donc non hamiltonien). Notons que les circuits parasites n'existent plus lorsque l'on est parvenu à une matrice de dimension 1 × 1.

2) Il faut maintenant vérifier s'il existe toujours dans la matrice réduite (matrice 5) un zéro par ligne et par colonne. Sinon, faire apparaître un zéro par rangée (matrice 5 bis). Dans l'exemple, il n'y a rien à modifier ; ici la matrice 5 bis se confond avec la matrice 5.

	A	*B*	*C*	*E*	*F*
A	–	2	4	0	2
C	1	6	–	0	6
D	4	∞	2	4	0
E	0	0	0	–	0
F	3	2	3	0	–

Matrice 5 et 5 bis

3) La borne du sommet (*X, Y*) de l'arborescence devient, le cas échéant :

$B := B +$ somme des éléments ôtés au § 2 du bloc E.

Dans notre exemple, elle reste égale à 20.

4) Si l'on a atteint une matrice 1 × 1, *arrêter les calculs,* car on a la solution. Sinon passer au bloc suivant.

C'est ce qu'on doit faire en poursuivant le traitement de l'exemple.

– **Bloc F.**

1) À cette étape du problème, inspecter d'abord les bornes des sommets pendants de l'arborescence et *choisir le sommet pendant de borne la plus petite*.

Dans l'exemple, on a NON (*B*, *D*) : 24, et (*B*, *D*) : 20; on choisit donc (*B*, *D*) (cf. fig. 4.48).

2) Si ce sommet correspond au *type II* : (*X*, *Y*), il faut revenir *au bloc C*. Sinon, il faut *aller au bloc G*.

Dans l'exemple, on ira au bloc C, puisque l'on a choisi un sommet de type II : (*B*, *D*).

– **Bloc G.** Il s'agit du cas où l'on a choisi, au bloc F, d'après la valeur de sa borne, un sommet de type I, c'est-à-dire NON (*X*, *Y*).

Dans ce cas, *interdire l'arc* (*X*, *Y*) en mettant un coût infini dans la case correspondante de la matrice des coûts réduits. Puis *soustraire le plus petit élément de la ligne X et de la colonne Y*, ce qui correspond à l'emploi de la substitution envisagée au bloc C.

Enfin, revenir au bloc C. (Ne pas modifier la borne du sommet de l'arborescence associé : la somme des éléments ainsi retranchés est égale au regret du zéro en case (*X*, *Y*), soit $p(X, Y)$, qui a déjà été rajouté à la borne : cf. bloc D.)

Suite de l'exemple (le lecteur consultera en parallèle l'arborescence p. 169).

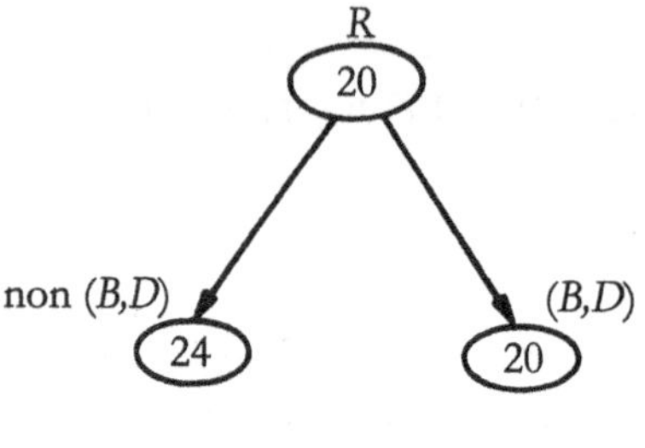

Figure 4.48

Rappelons d'abord la situation à laquelle la procédure nous a conduit. Le problème se ramène maintenant à l'étude de la matrice 5 bis (qui se confond avec la matrice 5, dans l'exemple). Sur l'arborescence, on a créé les deux sommets NON (*B*, *D*) et (*B*, *D*); le premier a 24 pour valeur de la borne inférieure, le second, 20. On a choisi le sommet (*B*, *D*), de type II; il faut donc revenir au bloc C pour évaluer les regrets des zéros de la matrice.

1. Prendre en considération le regret concernant (*A*, *E*), qui est un des regrets maximaux dans la matrice 6.

À partir du sommet (*B*, *D*), de borne 20, développer la branche de l'arborescence : NON (*A*, *E*), la borne passant à 20 + 2 = 22.

Supprimer la ligne *A* et la colonne *E* de la matrice 5 bis, interdire l'arc (*E*, *A*) qui fermerait un circuit parasite, d'où la *matrice 7*.

Cette matrice ne comportant plus un zéro sur chacune de ses rangées, il faut soustraire 1 de la ligne *C* et 2 de la ligne *F*.

	A	*B*	*C*	*E*	*F*
A				(2)	
C				1	
D					2
E	1	2	2		0
F				2	

Matrice 6.
Regrets des zéros de la matrice 5

	A	*B*	*C*	*F*	
C	1	6	–	6	–1
D	4	∞	2	0	
E	[∞]	0	0	0	
F	3	2	3	–	–2

Matrice 7.

On obtient la *matrice 7 bis* et la borne du sommet (A, E) : $20 + 3 = 23$.

Choisir le sommet pendant de la borne la plus petite : c'est NON (A, E), de type I, qui a pour borne 22.

2. Il faut évidemment reprendre la matrice 5 (matrice des coûts relative au sommet de l'arborescence précédant celui que l'on vient d'adopter) pour exécuter le bloc G, d'où la *matrice 8*. Revenir à C.

	A	B	C	F
C	0	5	–	5
D	4	∞	2	0
E	∞	0	0	0
F	1	0	1	–

Matrice 7 bis.

	A	B	C	E	F
A	–	0	2	[∞]	0
C	1	6	–	0	6
D	4	∞	2	4	0
E	0	0	0	–	0
F	3	2	3	0	–

Matrice 8.

Matrice 9. Évaluation des regrets des zéros de la matrice 8. Le plus petit vaut 2, la borne de NON (D, F) devient $22 + 2 = 24$.

Matrice 10. Obtenue par suppression de la ligne D et de la colonne F de la *matrice 8*, puis interdiction de (F, B) : elle comporte au moins un zéro dans toute rangée :

Borne de $(D, F) = 22 + 0 = 22$.

Calcul du $\min\{24, 24, 23, 22\} = 22$ pour trouver le sommet pendant de plus petite borne.

Repartir de (D, F), qui est de type II.

	A	B	C	E	F
A		0			0
C				1	
D					(2)
E	1	0	2		0
F				2	

Matrice 9. (regrets)

	A	B	C	F
A	–	0	2	∞
C	1	6	–	0
E	0	0	0	–
F	3	[∞]	3	0

Matrice 10. l'arc (F, B) fermerait un circuit parasite avec les arcs déjà retenus : (B, D) puis (D, F)

3. La *matrice 11* donne les regrets de la matrice 10 ; le plus fort vaut 3 : (F, E).

Borne de NON $(F, E) = 22 + 3 = 25$.

Borne de $(F, E) = 22 + 1 = 23$ (passage de la *matrice 12* à la *matrice 12 bis*).

Calcul du $\min\{24, 24, 25, 23, 23\} = 23$.

On décide de continuer à partir de (F, E), de borne 23. L'arc parasite est (E, B).

	A	B	C	E
A		2		
C				1
E	1	0	2	
F				(3)

Matrice 11. (regrets)

	A	B	C	
A	–	0	2	
C	1	6	–	–1
E	0	∞	0	

Matrice 12.

	A	B	C
A	–	0	2
C	0	5	–
E	0	[∞]	0

Matrice 12 bis : on a soustrait à la ligne C

4. La *matrice 13* des regrets de la matrice 12 bis désigne (A, B), de plus fort regret :

Borne de NON $(A, B) = 23 + 7 = 30$.

Borne de $(A, B) = 23 + 0$ (*matrice 14*).

Calcul du $\min\{24, 24, 25, 30, 23, 23\} = 23$.

On décide de continuer à partir de (A, B) de borne 23. L'arc parasite est (E, B).

5. La *matrice 15* laisse le choix entre (C, A) et (E, C). Arbitrairement : choix de (C, A).

Borne de NON $(F, E) = 23 + \infty = +\infty$.

Borne de $(C, A) = 23 + 0$ (*matrice 16*).

	A	B	C
A		(7)	
C	5		
E	0		2

Matrice 13. (regrets)

A	C
0	–
∞	0

Matrice 14.

La *matrice 16* est de format 1 × 1 : se garder d'interdire l'arc (*E*, *C*).

6. Prendre (*E*, *C*).
Borne de NON $(E, C) = 23 + \infty = +\infty$.
Borne de $(E, C) = 23 + 0 = 23$.

	A	C
C	∞	
E		∞

Matrice 15. regrets

	C
E	0

Matrice 16.

On a le circuit hamiltonien : (*B*, *D*, *F*, *E*, *C*, *A*, *B*), de valeur 23.

6 bis. On remarque que la borne du sommet (*A*, *E*) est également 23 ; au numéro **5,** on a d'ailleurs choisi de continuer en prenant (*E*, *C*) parce que la matrice 16 était de format 1 × 1.

Il se pourrait donc qu'il existe un autre circuit hamiltonien utilisant l'arc (*A*, *E*). Revenant à la matrice 7 bis, on évalue les regrets de ses zéros et l'on choisit ainsi l'arc (*C*, *A*). On a ensuite : borne de NON $(C, A) = 23 + 6 = 29$ et borne de $(C, A) = 23 + 1 = 24$.

	A	B	C	F
C	⑥			
D				2
E		0	1	0
F		1		

Matrice 17 regrets.

	B	C	F
D	∞	2	0
E	0	∞	0
F	0	1	–
		−1	

Matrice 18.

	B	C	F
D	∞	1	0
E	0	∞	0
F	0	0	∞

Matrice 18 bis.

Toutes les autres bornes des sommets pendants de l'arborescence étant maintenant strictement supérieures à 23, on est sûr que le circuit optimal trouvé en **6.** est unique.

La figure 4.49 représente l'arborescence parcourue ; elle est relativement peu étendue par rapport à l'arborescence « potentielle », celle associée aux $(6 - 1)!$, soit 120 circuits hamiltoniens.

> ***Remarque.*** Une méthode « gourmande » pour résoudre de manière approchée (heuristiquement) cet exemple consisterait à choisir un arc de plus petit coût, soit (*A*, *E*) de coût 1, puis, sans remettre en cause ce choix, choisir un arc de plus petit coût compatible avec (*A*, *E*) : (*D*, *F*) de coût 1, et ainsi de suite. On choisit ensuite (*B*, *D*) de coût 2, puis (*C*, *A*) de coût 5 ; on doit alors obligatoirement prendre les arcs (chers !) (*E*, *B*) de coût 7 et (*F*, *C*) de coût 8, pour fermer un circuit hamiltonien : (*A*, *E*, *B*, *D*, *F*, *C*, *A*) de coût 24, non optimal.
>
> Certes sur cet exemple, l'heuristique gourmande a fourni une solution proche de l'optimum : ce n'est pas le cas en général, même sur des graphes de petite taille. Ainsi, pour l'exemple ci-dessous, cf. Matrice 19, cette méthode gourmande fournit le circuit hamiltonien (*A*, *B*, *D*, *C*, *A*) de coût 103... alors que l'optimum (*A*, *D*, *B*, *C*, *A*) a pour coût seulement 5.

Le lecteur observera que dans la méthode gourmande, le choix initial d'arcs de faible coût peut avoir pour conséquence (implication) l'obligation de prendre des arcs « chers » en fin d'application de la méthode.

	A	B	C	D
A	–	1	1	2
B	1	–	2	1
C	1	2	–	100
D	2	1	100	–

Matrice 19.

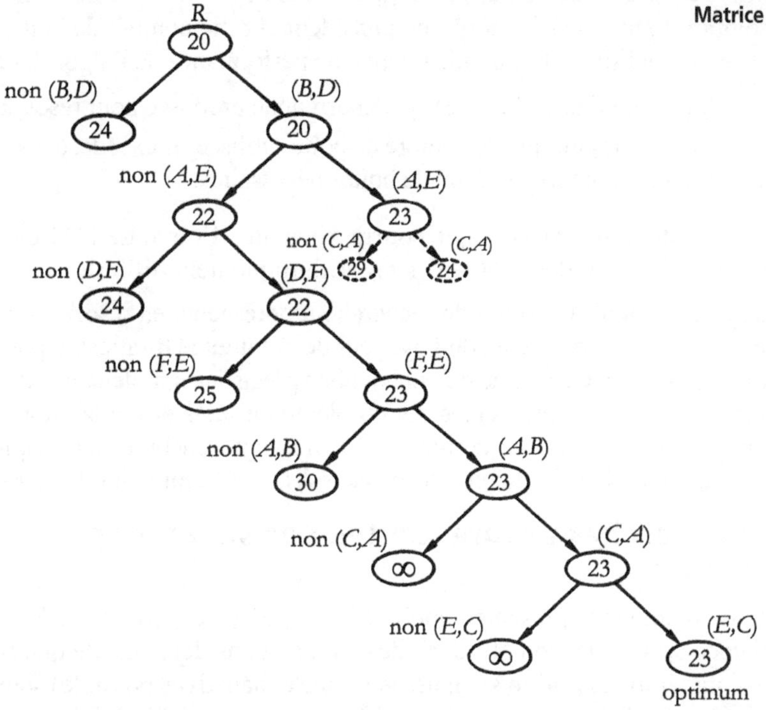

Figure 4.49 L'optimum est le circuit hamiltonien (*B, D, F, E, C, A, B*) de coût 23.

Il se pose alors la question de l'existence d'une garantie de performance pour une heuristique donnée : peut-on borner l'écart entre le coût de l'optimum c^* d'un problème et le coût c_H d'une solution heuristique calculée en temps polynomial ? Pour le problème du voyageur de commerce, on peut montrer qu'il n'existe pas de garantie relative de performance, c'est-à-dire qu'il existe des exemples (ou *instances*) pour lesquels le rapport c_H/c^* peut être rendu arbitrairement grand.

En revanche, pour ce même problème du voyageur de commerce, si le tableau des coûts (ou distances) est euclidien, c'est-à-dire s'il vérifie les inégalités triangulaires : pour tout $i, j, k : c_{ij} \leqslant c_{ik} + c_{kj}$, comme le font les distances géographiques, il existe des heuristiques pour lesquelles $c_H / c^* \leqslant 2$, quelle que soit l'instance considérée.

Montrons comment pour un autre problème, une heuristique gourmande (gloutonne) fournit une garantie de performance. Le problème appelé *bin packing* s'énonce de la façon suivante : n objets non sécables, l'objet i étant de taille a_i, $0 < a_i < A$, sont à placer dans un nombre minimal de boîtes toutes de taille A (la somme des tailles des objets placés dans une même boîte ne doit pas être supérieure à la taille de la boîte). Un algorithme glouton fournissant une solution approchée au problème est le suivant : initialement, les objets sont triés par taille décroissante : $a_1 \geqslant a_2 \geqslant \cdots \geqslant a_i \geqslant a_{i+1} \geqslant \cdots \geqslant a_n$; les objets sont placés un à un, suivant l'ordre résultant du tri effectué, dans la première boîte pouvant les contenir; si aucune boîte déjà utilisée ne peut contenir un objet, l'objet est placé dans une boîte vide. Le mathématicien américain D. Johnson a montré que, pour toute instance du problème de bin packing, en notant c_{H} le nombre de boîtes utilisées par une solution fournie par l'algorithme précédent et c^* le nombre de boîtes utilisées dans une solution optimale, la garantie relative de performance de l'algorithme vérifie : $c_{\mathrm{H}}/c^* \leqslant \frac{11}{9}$. Ainsi en utilisant l'heuristique gourmande proposée pour résoudre ce problème, nous sommes assurés que le nombre de boîtes utilisées n'excède, dans le pire des cas, que de 22,3 % le nombre minimal de boîtes nécessaires.

Le lecteur intéressé par ce sujet pourra consulter l'ouvrage [11] entièrement dédié à l'approximation des problèmes algorithmiquement difficiles.

Après avoir introduit la notion de recherche arborescente en résolvant par l'algorithme de Little *et al.* le problème du voyageur de commerce (praticable pour des instances ayant moins d'une centaine de villes), nous précisons maintenant cette notion et l'appliquons à deux autres problèmes. Le problème du sac à dos et la programmation linéaire en nombres entiers (ce dernier problème, déjà rencontré au chapitre 1, est repris ultérieurement dans le chapitre 8 consacré à la programmation linéaire).

4.10.2 Recherches arborescentes par séparation et évaluation

Nous allons maintenant présenter une méthode générale permettant la résolution des problèmes d'optimisation NP-difficiles. Nous avons déjà signalé que seules des méthodes énumératives (qu'on souhaite le moins exhaustives possible) sont à même de résoudre ces problèmes : la méthode décrite ici a pour objectif de mener à bien l'énumération des solutions réalisables du problème traité en essayant d'éviter le plus possible l'énumération explicite de cet ensemble.

Dans cet ouvrage, cette méthode est illustrée à travers trois exemples très classiques de la recherche opérationnelle. Deux de ces exemples ayant pour cadre la programmation linéaire en nombres entiers sont situés plus bas dans ce paragraphe; le troisième, l'algorithme dû à Little *et al.*, résolvant le problème du voyageur de commerce vient d'être présenté, a servi d'introduction pour ce paragraphe.

Le principe de la méthode est le suivant :

• Une arborescence est développée au cours de l'algorithme. Chaque sommet de cette arborescence correspond à un sous-ensemble de solutions admissibles (on dit aussi : réalisables) du problème; la racine de l'arborescence correspondant à l'ensemble de toutes les solutions réalisables.

• **Évaluation.** Pour chacun des sommets S_i, une valeur $E(S_i)$ appelée *évaluation du sommet,* est calculée via, le plus souvent, une fonction appelée *fonction d'évaluation.* Pour un problème de maximisation, cette valeur $E(S_i)$ doit être un majorant de la valeur de la meilleure solution contenue dans l'ensemble des solutions correspondant au sommet de l'arborescence S_i. Au contraire, $E(S_i)$ doit être un minorant de cette valeur dans un problème de minimisation (comme dans l'algorithme de Little et al.).

• Si l'évaluation $E(S_i)$ d'un sommet est inférieure (pour un problème de maximisation, supérieure pour un problème de minimisation) à la valeur d'une solution connue du problème, le sommet S_i n'est pas exploré. Dans ce cas, S_i ne peut pas contenir une solution meilleure que celle déjà obtenue.

• Lorsque pour un sommet S_i la (ou l'une des) meilleure(s) solution(s) de l'ensemble correspondant est obtenue ou bien s'il apparaît que S_i ne contient pas de solution, l'exploration de S_i est terminée et S_i n'a pas de successeur dans l'arborescence.

• **Séparation.** Lorsque l'on n'est pas dans le cas précédent, l'ensemble S_i est séparé en plusieurs sous-ensembles non vides, chacun comportant moins de solutions que S_i, tels que toute solution admissible contenue dans S_i soit contenue dans l'un de ces sous-ensembles. Les successeurs de S_i dans l'arborescence sont les sommets correspondant à ces ensembles.

Une stratégie de parcours de l'arborescence doit être adoptée. Les stratégies les plus couramment utilisées sont soit un parcours en profondeur d'abord ou "S.E.S" (cf. chapitre 3), soit un parcours où le sommet à explorer en priorité est celui (ou l'un de ceux) possédant la meilleure évaluation parmi ceux non encore explorés, ou "S.E.P".

Les principes de séparation et d'évaluation dépendent du problème traité. L'efficacité de la méthode dépend fortement des principes utilisés. En pratique, on considérera comme de « bonnes » évaluations, des évaluations rapides à obtenir et dont l'écart avec la solution optimale du sous-problème associé au sommet S_i considéré est petit. Par ailleurs, le développement d'une heuristique rapide permettant d'obtenir une bonne solution approchée au problème est généralement nécessaire à l'efficacité de la méthode. En effet, plus petit est l'écart entre l'évaluation d'un ensemble de solutions et la valeur d'une solution admissible connue, plus grandes sont les possibilités d'arrêter après peu d'étapes (séparations) l'exploration du sommet considéré et plus rapide sera la résolution du problème.

Problème du sac à dos (knapsack)

Le problème nommé *sac à dos* ou encore *knapsack* est l'un des problèmes les plus classiques de la recherche opérationnelle. Il peut se présenter informellement de la façon suivante. Un randonneur dispose d'un sac à dos de volume B ; il a devant lui n objets chacun de volume donné a_i ; chacun de ces objets a une utilité que le randonneur note c_i, c_i étant un nombre entier positif ; le volume cumulé des n objets étant supérieur au volume du sac, le randonneur devra choisir parmi les objets ceux qu'il emportera ; son objectif est de maximiser la somme des utilités des objets emportés. Le problème se formalise de la manière suivante :

$$\begin{cases} \max \sum_{i=1}^{n} c_i x_i \\ \sum_{i=1}^{n} a_i x_i \leqslant B \\ x_i \in \{0, 1\}, 1 \leqslant i \leqslant n. \end{cases}$$

Dans la solution obtenue, les objets mis dans le sac à dos sont ceux pour lesquels la variable correspondante x_i vaut 1. Ceux pour lesquels x_i vaut 0 ne sont pas emportés.

Sans perte de généralité, dans tout ce qui suit, nous supposerons que $a_i \leqslant B$ pour tout indice i et que :

$$\sum_{i=1}^{n} a_i > B \text{ (sinon on pourrait mettre les } n \text{ objets dans le sac !).}$$

Nous supposerons aussi que ces objets sont indicés de sorte que :

$$\frac{c_1}{a_1} \geqslant \frac{c_2}{a_2} \geqslant \cdots \geqslant \frac{c_n}{a_n}.$$

et sont donc classés par utilité décroissante.

Pour illustrer l'efficacité des méthodes par séparation et évaluation, considérons le problème du sac à dos suivant :

$$\begin{cases} \max z = 15x_1 + 18x_2 + 4x_3 + 7x_4 + 2x_5 + x_6 \\ \quad 3x_1 + 4x_2 + x_3 + 3x_4 + x_5 + x_6 \leqslant 5 \\ \quad x_i \in \{0, 1\}, 1 \leqslant i \leqslant 6. \end{cases}$$

On vérifie que $15/3 > 18/4 > 4/1 > 7/3 > 2/1 > 1/1$.

La figure 4.50 représente l'arborescence que nous allons obtenir au long de la résolution de cet exemple :

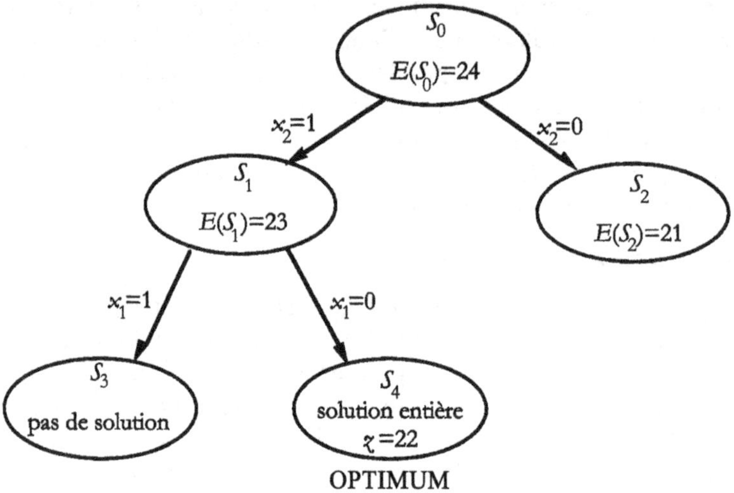

Figure 4.50 Arborescence obtenue pour la résolution du problème de sac à dos.

Une borne supérieure de la solution optimale, l'évaluation de la racine de l'arborescence, est obtenue en "relâchant" les contraintes d'intégrité sur les variables, c'est-à-dire en remplaçant les contraintes $x_i = 0$ ou $x_i = 1$ par : $0 \leqslant x_i \leqslant 1$. Dans le cas spécifique du problème du sac à dos, la solution optimale du programme linéaire correspondant est facilement obtenue sans même utiliser les algorithmes présentés dans le chapitre 8. Pour notre exemple, nous obtenons la solution relâchée (continue) :

$x_1 = 1, x_2 = 1/2, x_3 = x_4 = x_5 = x_6 = 0$, de valeur $z = 24$. L'évaluation de la racine S_0 sera donc $\mathrm{E}(S_0) = 24$.

Cette solution continue obtenue n'étant pas entière ($x_2 = 0{,}5$), l'ensemble S_0 des solutions admissibles est séparé en S_1 : l'ensemble des solutions telles que $x_2 = 1$, et S_2 : l'ensemble des solutions telles que $x_2 = 0$. Le problème associé à S_1 est alors :

$$\begin{cases} \max z = 15x_1 + 4x_3 + 7x_4 + 2x_5 + x_6 \\ \qquad 3x_1 + x_3 + 3x_4 + x_5 + x_6 \leqslant 1 \\ \qquad x_i \in \{0,1\}, 1 \leqslant i \leqslant 6. \end{cases}$$

Celui associé à S_2 est :

$$\begin{cases} \max z = 15x_1 + 4x_3 + 7x_4 + 2x_5 + x_6 \\ \qquad 3x_1 + x_3 + 3x_4 + x_5 + x_6 \leqslant 5 \\ \qquad x_i \in \{0,1\}, 1 \leqslant i \leqslant 6. \end{cases}$$

Ces deux problèmes sont aussi des problèmes de sac à dos, nous pouvons leur appliquer le même traitement que celui effectué à S_0. Nous obtenons, pour S_1, la solution optimale en variables continues :

$$x_1 = \frac{1}{3}, x_2 = 1, x_3 = x_4 = x_5 = x_6 = 0, \text{ de valeur } z = 23,$$

et, pour S_2, la solution en variables continues :

$$x_1 = 1, x_2 = 0, x_3 = 1, x_4 = \frac{1}{3}, x_5 = x_6 = 0, \text{ de valeur } z = 21.$$

Pour ces deux problèmes les solutions obtenues ne sont pas entières, les ensembles correspondant devront être à nouveau séparés.

En appliquant le principe d'exploration consistant à examiner en priorité l'ensemble ayant la meilleure évaluation, S_1 est partitionné en S_3, l'ensemble des solutions telles que $x_1 = 1$ et S_4, l'ensemble des solutions telles que $x_1 = 0$. Le problème associé à S_3 n'admet pas de solution, la contrainte de capacité du sac à dos étant violée ; l'exploration de S_3 est terminée. Le problème associé à S_4 est :

$$\begin{cases} \max z = 4x_3 + 7x_4 + 2x_5 + x_6 \\ \qquad x_3 + 3x_4 + x_5 + x_6 \leqslant 1 \\ \qquad x_1 \in \{0,1\}, 1 \leqslant i \leqslant 6 \end{cases}$$

qui admet pour solution en variables continues ($x_1 = 0, x_2 = 1,$) $x_3 = 1, x_4 = x_5 = x_6 = 0$, de valeur $z = 22$. Cette solution est entière, l'exploration de S_4 se termine et une solution réalisable du problème initial est trouvée.

Nous revenons alors au sommet S_2. Son évaluation $E(S_2) = 21$ est inférieure à la valeur de la solution que nous venons de trouver, l'ensemble des solutions contenues dans S_1, qu'on sait être a priori moins intéressantes que celles contenues dans S_4, n'est donc pas exploré. Tous les sommets de l'arborescence ont alors été explorés, l'algorithme s'arrête. La solution optimale (unique) est celle obtenue pour S_4 :

$x_1 = 0, x_2 = 1, x_3 = 1, x_4 = x_5 = x_6 = 0$ d'utilité 22, de volume (maximal) 5.

Remarquons qu'à l'optimum, le sac-à-dos n'est pas nécessairement plein comme c'est le cas ici. Ceci résulte du caractère non sécable des objets.

Programmation linéaire en nombres entiers

L'exemple que nous allons traiter est celui présenté dans le chapitre consacré aux applications de l'algèbre de Boole au chapitre 1.

Considérons le programme linéaire (PL) en nombres entiers suivant :

$$\begin{cases} \max z = 3x_1 + 8x_2 \\ x_1 + 4x_2 \leqslant 20 \\ x_1 + 2x_2 \leqslant 11 \\ 3x_1 + 2x_2 \leqslant 22 \\ x_1, \quad x_2 \in \mathbb{N} \end{cases}$$

À chacun des sommets de l'arborescence est associé un programme linéaire[(1)] obtenu en ajoutant une contrainte supplémentaire au problème-père. L'évaluation calculée est la valeur optimale du programme linéaire continu correspondant (voir le chapitre 8 pour la résolution de programme linéaire continu). L'arrêt de l'exploration se fait lorsque la solution du programme linéaire continu se trouve être entière ou bien s'il n'admet pas de solution. Dans le cas contraire, l'ensemble des solutions associé au sommet considéré est séparé en deux de la manière suivante : si x_i est une variable de valeur v non entière dans la solution continue, le premier sous-ensemble de solutions est obtenu en ajoutant la contrainte $x_i \leqslant \lfloor v \rfloor$ et le second sous-ensemble est obtenu en ajoutant la contrainte $x_i \geqslant \lceil v \rceil$ (où $\lfloor v \rfloor$ et $\lceil v \rceil$ désignent respectivement la partie entière inférieure et la partie entière supérieure du nombre v).

La figure 4.51 représente l'arborescence que nous allons obtenir au long de la résolution de cet exemple que le lecteur pourra vérifier en résolvant graphiquement le PL associé à chacun des sommets (ces PL n'ayant que deux variables).

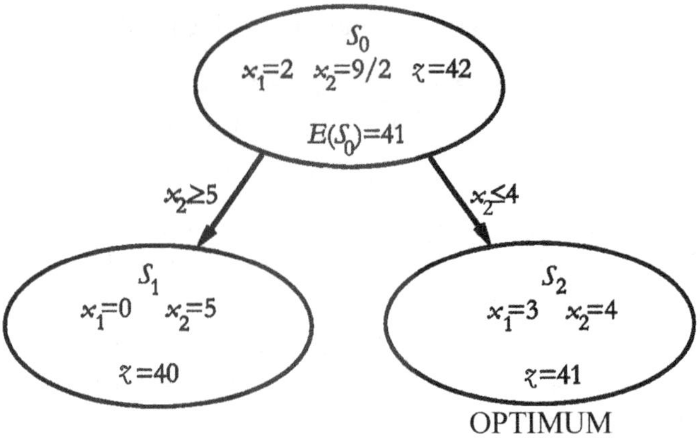

Figure 4.51 Arborescence pour la résolution du programme linéaire en nombres entiers.

(1) au besoin se reporter au chapitre 8

La racine S_0 de l'arborescence correspond au problème initial qui a pour solution optimale continue :

$$x_1 = 2, x_2 = \frac{9}{2}, \text{ de coût } z = 42.$$

La solution optimale du programme linéaire continu étant unique, toute autre solution en nombres entiers aura un coût strictement inférieur à 42, l'évaluation (entière) de S_0 est alors $E(S_0) = 41$.

En ajoutant la contrainte $x_2 \geqslant 5$, nous obtenons le problème suivant associé au sommet S_1, successeur de S_0 dans l'arborescence :

$$\begin{cases} \max z = 3x_1 + 8x_2 \\ x_1 + 4x_2 \leqslant 20 \\ x_1 + 2x_2 \leqslant 11 \\ 3x_1 + 2x_2 \leqslant 22 \\ x_2 \geqslant 5 \\ x_1, \quad x_2 \in \mathbb{N} \end{cases}$$

La solution continue de ce problème donne $x_1 = 0, x_2 = 5$ de coût $z = 40$. Cette solution étant entière, l'exploration du sommet S_1 s'arrête. Une première solution réalisable de coût 40 est obtenue.

S_2, le second successeur de la racine S_0, est obtenu en ajoutant la contrainte $x_2 \leqslant 4$ au problème initial. Le programme associé à S_2 est alors :

$$\begin{cases} \max z = 3x_1 + 8x_2 \\ x_1 + 4x_2 \leqslant 20 \\ x_1 + 2x_2 \leqslant 11 \\ 3x_1 + 2x_2 \leqslant 22 \\ x_2 \leqslant 4 \\ x_1, \quad x_2 \in \mathbb{N} \end{cases}$$

La solution continue de ce problème donne $x_1 = 3, x_2 = 4$ de coût $z = 41$. Cette solution est entière, de coût égal à l'évaluation de S_0, elle est donc optimale.

EXERCICES

I PROGRAMMATION DYNAMIQUE

**4.1 Problème du sac à dos : résolution par la programmation dynamique

Un alpiniste choisit les aliments qu'il va emporter dans son sac-à-dos. Pour chacun des aliments possibles, on connaît sa valeur nutritive c_i et son poids a_i

Nous considérons le programme linéaire en variables $0-1$ suivant :

L'alpiniste peut porter au plus b kilos. Il veut maximiser la valeur nutritive globale des aliments emportés.

$$\begin{cases} \max z = \sum_{i=1}^{n} c_i x_i \\ \sum_{i=1}^{n} a_i x_i \leqslant b \\ x_i \in \{0,1\}, 1 \leqslant i \leqslant n; x_i = 1 \text{ si l'aliment } i \text{ est emporté, } = 0 \text{ sinon.} \end{cases}$$

où les coefficients a_i, c_i, b sont entiers et positifs. L'objectif de cet exercice est de montrer comment résoudre ce problème en utilisant un principe de programmation dynamique. Le problème est décomposé en n phases de la façon suivante :

à la phase k, $1 \leqslant k \leqslant n$, on calcule la valeur nutritive optimale du sac chargé à d kilos en choisissant des aliments seulement parmi les k premiers aliments

$$z_k(d) = \max\left\{ \sum_{i=1}^{k} c_i x_i \,\middle|\, \sum_{i=1}^{k} a_i x_i \leqslant d,\ x_i \in \{0,1\} \right\}$$

pour toutes les valeurs de $d, 0 \leqslant d \leqslant b$. On note $z(b)$ la solution (valeur nutritive) optimale du problème de sac-à-dos à résoudre, en considérant ici les n aliments.

1. Montrer que $z(b) = z_n(b)$.

Notre objectif est alors de calculer $z_n(b)$ à partir des valeurs de z_{n-1} qui seront elles-mêmes calculées à partir de z_{n-2} et ainsi de suite.

2. Montrer que la récurrence est initialisée par $z_1(d) = \begin{cases} c_1 \text{ si } a_1 \leqslant d \\ 0 \text{ si } a_1 > d \end{cases}$

(ici $k = 1$: on ne considère que le premier aliment)

3. Supposons qu'à la phase k, pour la valeur d, $x_k = 1$ soit dans une solution optimale. Montrer que $d - a_k \geqslant 0$. En déduire que dans ce cas que :

$$z_k(d) = c_k + z_{k-1}(d - a_k).$$

4. Supposons maintenant qu'à la phase k, pour la valeur d, $x_k = 0$ soit dans une solution optimale.

Montrer que dans ce cas $z_k(d) = z_{k-1}(d)$.

5. Déduire des questions précédentes que pour $k = 2, \cdots, n$ et $d = 0, \cdots, b$ on a :

$$z_k(d) = \begin{cases} z_{k-1}(d) & \text{si } a_k > d, \\ max\,(z_{k-1}(d), c_k + z_{k-1}(d - a_k)) & \text{si } a_k \leqslant d. \end{cases}$$

6. Considérons l'exemple suivant :

$$\begin{array}{l} \max 16x_1 + 19x_2 + 23x_3 + 28x_4 = z \\ \quad 2x_1 + 3x_2 + 4x_3 + 5x_4 \leqslant 7 \\ \quad x_1, \quad x_2, \quad x_3, \quad x_4 \in \{0, 1\} \end{array}$$

Appliquer l'algorithme de programmation dynamique à cet exemple. On pourra tracer le graphe des décisions pour illustrer le calcul de l'optimum.

***4.2 Détermination de la plus longue sous-séquence commune à deux séquences, par application de la programmation dynamique

Soit deux séquences (ou mots) $A = a_1 \cdots a_n$ et $B = b_1 \cdots b_k$. On dira que $B = b_1 \cdots b_k$ est une **sous-séquence** de A, s'il existe une suite d'indices $i_1, \cdots, i_k$ strictement croissante (mais non nécessairement consécutifs) extraite de $1, \cdots, n$ telle que, pour tout $j = 1, \cdots, k$, on ait : $a_{i_j} = b_j$. Par exemple, la séquence $B = cnam$ est une sous-séquence de la séquence $A = reconstituames$.

Étant données deux séquences A et B, Z est une **sous-séquence commune** de A et B si et seulement si Z est une sous-séquence de A et de B. Par exemple $Z = mai$ est une sous-séquence commune de $A = combinatoire$ et $B = optimisation$.

Le problème que l'on veut résoudre est la détermination d'une sous-séquence commune à deux séquences données, qui soit de longueur maximale.

Ce problème admet de nombreuses applications, notamment dans l'étude de séquences d'ADN en biologie.

1. Montrer que le nombre de sous-séquences d'une séquence de longueur n est 2^n (par convention la séquence vide, de longueur nulle, est une sous-séquence de toute séquence). En déduire la complexité d'un algorithme qui calculerait toutes les sous-séquences de A et de B et les comparerait deux à deux pour déterminer une plus longue sous-séquence commune.

L'objet de cet exercice est de concevoir un algorithme de programmation dynamique de complexité moindre.

Soit une séquence $A = a_1 \cdots a_n$, on définit le $i$ème **préfixe** de A, pour $i = 0, \cdots, n$, par $A_i = a_1 \cdots a_i$. Par exemple, si $A = modélisation$ alors $A_4 = mode$.

Soient A_i et B_j respectivement le $i$ème préfixe d'une séquence A et le $j$ème préfixe d'une séquence B. Soit $Z = z_1 \cdots z_k$ une plus longue sous-séquence commune de ces deux préfixes.

2. Montrer que si $a_i = b_j$ alors $z_k = a_i$ et $z_1 \cdots z_{k-1}$ est une plus longue sous-séquence commune de A_{i-1} et de B_{j-1}.

3. Montrer que si $a_i \neq b_j$ alors Z est une plus longue sous-séquence commune de A_{i-1} et de B_j, ou de A_i et de B_{j-1}.

Soit $f(i, j)$ la longueur maximale d'une sous-séquence commune de A_i et B_j.

4. Justifier l'équation de récurrence suivante :

$$f(i,j) = \begin{cases} 0 & \text{si } i = 0 \text{ ou } j = 0, \\ f(i-1, j-1) + 1 & \text{si } i,j > 0 \text{ et } a_i = b_j, \\ max\,(f(i, j-i), f(i-1, j)) & \text{si } i,j > 0 \text{ et } a_i \neq b_j. \end{cases}$$

Afin de ne pas calculer plusieurs fois une même valeur $f(i, j)$, ces valeurs seront conservées un tableau bidimensionnel T.

5. Expliquer comment déduire directement la valeur $T(i, j)$ des valeurs $T(k, l)$, où : $0 \leqslant k \leqslant i$ et $0 \leqslant l \leqslant j$.

6. Décrire un algorithme de complexité $O(nm)$ pour calculer toutes les valeurs $f(i, j)$, $i \in \{0, \cdots, n\}$ et $j \in \{0, \cdots, n\}$.

7. Appliquer cet algorithme aux deux séquences A = *parité* et B = *arrêt.*

La longueur d'une plus longue sous-séquence commune étant calculée, une plus longue sous-séquence commune peut être obtenue à partir de cette valeur et du tableau T.

8. Donner le principe d'un algorithme de complexité $O(m + n)$ pour calculer une plus longue sous-séquence commune de A et B.

**4.3 D'un problème ancien à l'étagement des fusées

Une bête de somme, consommant 0,5 kg de nourriture par kilomètre parcouru et pouvant transporter une charge de 100 kg au maximum, se trouve en un dépôt qui contient 500 kg de nourriture.

1. De quelle distance maximale cette bête peut-elle s'écarter de son point de départ en utilisant complètement la réserve ? (1er cas).

2. Quelle quantité maximale de nourriture pourrait-elle apporter à une distance de 100 km de son point initial ? (2e cas).

II CHEMINS OPTIMAUX

*4.4 Algorithme de FORD : cas d'une minimisation

On donne le graphe ci-dessous et l'on demande d'appliquer à la recherche du chemin de valeur minimale, l'algorithme de Ford, entre A et F.

NB : l'arc (B, D) est valué : -2 ; les arcs (A, D) et (B, E) sont valués : 6.

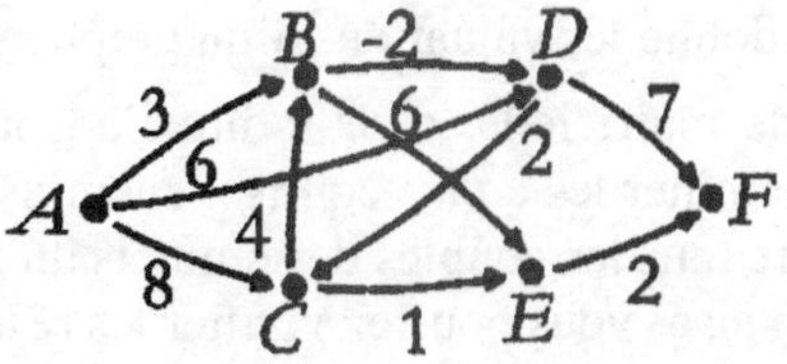

*4.5 Algorithme de FORD : cas d'une maximisation

On donne le graphe ci-dessous.

1. Montrer que G est sans circuit : a fortiori, G ne comporte pas de circuit absorbant. Pour cela vous trouverez une numérotation topologique des sommets (rappel : dans celle-ci, tout arc (x_i, x_j) est tel que $i < j$).

2. Appliquer l'algorithme de Ford pour déterminer les chemins de valeur maximale, d'origine x_1 vers tous les autres sommets (traiter les sommets dans l'ordre de cette numérotation topologique).

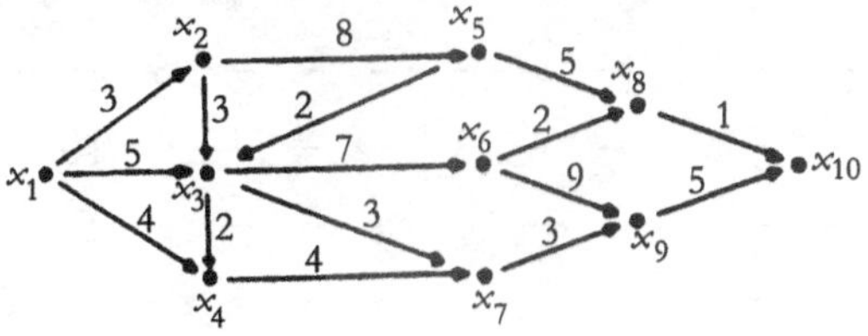

*4.6 Algorithme de Dijkstra

Un livreur de pizzas doit livrer une commande en moins de 14 minutes. Chaque arête du graphe représenté par la figure ci-dessous indique la durée, exprimée en minutes, des trajets entre les différents carrefours de son arrondissement. La société fabriquant les pizze se situe au sommet A du graphe et la livraison doit s'effectuer au sommet H.

1. Dire pour quelles raisons le livreur peut résoudre ce problème en utilisant l'algorithme de Dijkstra ; au préalable chaque arête [x,y] sera remplacée par deux arcs de sens opposés : (x,y) et (y,x) ; sauf pour celles issues de A et de H.

2. Le livreur arrivera-t-il à temps ?

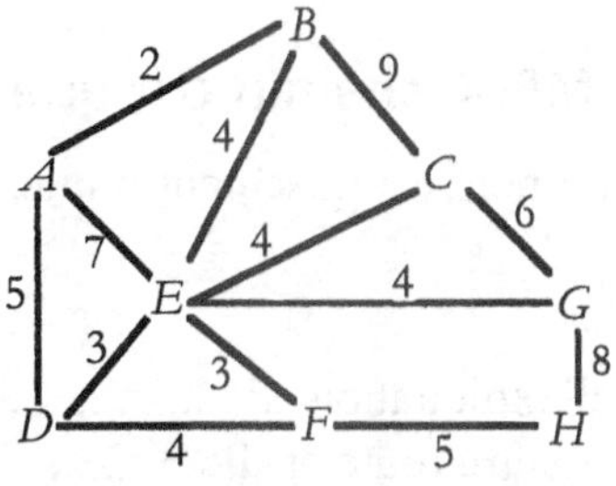

**4.7 Méthode matricielle

La matrice 1 ci-dessous donne les valuations d'un graphe.

Appliquer la méthode matricielle, c'est-à-dire l'adaptation de l'algorithme de Roy-Warshall, pour déterminer les « plus courts » chemins (c'est-à-dire les chemins de valeur minimale) entre tous les couples de sommets du graphe ; il est conseillé de l'implémenter, ce qui est aisé. Vous pourrez vérifier les résultats en traçant le graphe (qui est sans circuit).

	1	2	3	4	5	6	7	8	9	10	11	12	13	14	15	16
1	–	5	9	4	–	–	–	–	–	–	–	–	–	–	–	–
2	–	–	–	–	3	2	–	–	–	–	–	–	–	–	–	–
3	–	–	–	4	–	1	–	–	–	–	–	–	–	–	–	–
4	–	–	–	–	–	–	7	–	–	–	–	–	–	–	–	–
5	–	–	–	–	–	–	–	4	2	9	–	–	–	–	–	–
6	–	–	–	–	–	–	3	–	–	9	6	–	–	–	–	–
7	–	–	–	–	–	–	–	–	–	–	7	–	–	–	5	–
8	–	–	–	–	–	–	–	–	–	–	–	5	–	–	–	–
9	–	–	–	–	–	–	–	3	–	–	–	–	10	–	–	–
10	–	–	–	–	–	–	–	–	6	–	–	–	5	1	–	–
11	–	–	–	–	–	–	–	–	–	–	–	–	–	2	–	–
12	–	–	–	–	–	–	–	–	–	–	–	–	–	–	–	9
13	–	–	–	–	–	–	–	–	–	–	–	4	–	3	–	–
14	–	–	–	–	–	–	–	–	–	–	–	–	–	–	–	4
15	–	–	–	–	–	–	–	–	–	–	–	–	–	4	–	3
16	–	–	–	–	–	–	–	–	–	–	–	–	–	–	–	–

III ORDONNANCEMENTS

*4.8 Graphes PERT et MPM, chemin critique et marges

La mise en exploitation d'un nouveau gisement minier nécessite la réalisation des opérations ci-dessous :

	Durée
a) Obtention d'un permis d'exploitation	8 mois*
b) Construction d'une piste entre route et site	3 mois

c) Installation de trois sondeuses .... 3 semaines
d) Édification de baraquements provisoires .... 1 mois
e) Asphaltage de la piste .... 3 semaines
f) Adduction d'eau .... 6 semaines
g) Campagne de sondage .... 8 mois
h) Fonçage et équipement des puits .... 5 mois
i) Installation au fond du matériel d'exploitation .... 2 mois
j) Construction de logements pour le personnel .... 13 semaines
k) Traçage et aménagement du fond .... 38 semaines
l) Construction d'une laverie .... 42 semaines

* Les mois seront comptés chacun pour 4 semaines.

On a constaté que l'opération b devait être précédée de l'opération a et qu'elle précède les opérations c, d, e et f; que les opérations c et d devaient précéder l'opération g; que les opérations h et j, enfin, devaient être précédées par les opérations e, f, g et qu'elles précèdent les opérations i, k et l.

A. 1. Tracer le graphe *événements-opérations* (graphe PERT), relatif à l'ensemble de ces opérations.

2. Rechercher le chemin critique.

3. Calculer les dates au plus tôt, dates au plus tard, marges totales, marges libres.

B. Effectuer le même calcul en utilisant la méthode des potentiels MPM.

*4.9

Un projet comporte les tâches : A, B, …, H, I. Voici leurs durées et les contraintes auxquelles elles sont soumises :

A	16 jours	peut commencer au moins 5 jours après le début global
B	14 jours	peut commencer dès le début global
C	20 jours	peut commencer au moins 31 jours après le début
D	8 jours	nécessite A et B finis
E	18 jours	nécessite B fini
F	25 jours	nécessite B et C finis
G	15 jours	nécessite D, E et F finis
H	17 jours	nécessite E et la 1re moitié de C finis
I	10 jours	nécessite D, E et F finis

1. Tracer un graphe PERT pour ce projet ; attention aux tâches fictives (8 au minimum sont nécessaires).

2. Puis calculer la durée minimale du projet ; donner le chemin critique.

**4.10 Modifications survenant dans le déroulement d'un projet

On donne le graphe ci-dessous et l'on demande de rechercher le chemin critique.

NB. Sur ce diagramme les sommets sont des *événements,* les arcs des *opérations.*

On introduit alors les modifications suivantes :

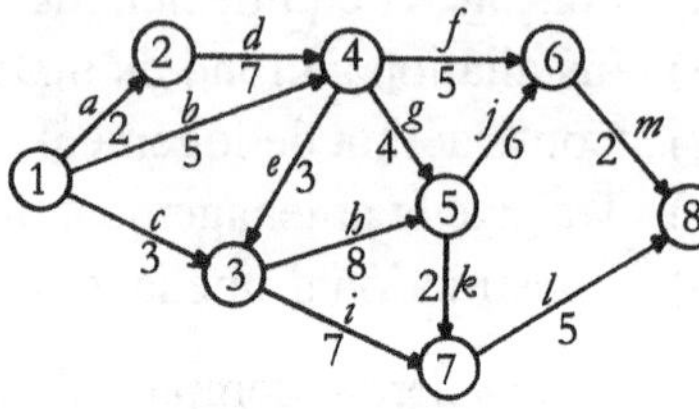

1. l'opération b ne peut débuter que lorsque les 2/3 de l'opération c ont été achevés ;

2. l'opération c ne peut débuter qu'une période après le début général des opérations ;

3. l'opération k ne peut commencer que lorsque le premier tiers de l'opération j a été exécuté ;

4. l'opération h ne peut débuter qu'après l'exécution aux 2/3 de l'opération e ;

5. le début de l'opération m ne peut avoir lieu que deux périodes après l'achèvement de l'opération f.

Calculer le nouveau chemin critique en utilisant la méthode des potentiels.

Étudier aussi la modification du graphe PERT.

Comparer les deux méthodes.

IV FLOTS, AFFECTATIONS ET TRANSPORT

*4.11 Problème de flot

Trois dépôts A, B, C disposent respectivement de 30, 20 et 45 tonnes de marchandises ; cinq destinations D, E, F, G et H en demandent des quantités respectives de 10, 25, 20, 25 et 15 tonnes. Des camions, faisant route entre les points désignés, offrent les disponibilités (tonnages) ci-contre.

	D	*E*	*F*	*G*	*H*
A	5	5		20	10
B		20	10		5
C	10	5	10	10	10

Etablir le meilleur plan de transport.

*4.12 Tracé d'un réseau de transport et flot maximal

I) Un graphe de $n = 5$ sommets et $m = 8$ arcs est décrit par la liste des successeurs:

i	1	2	3	4	5
d_i^+	2	2	3	0	1

où d_i^+ le demi-degré extérieur du sommet i, est le nombre d'arcs partant du sommet i.

j	1	2	3	4	5	6	7	8
ext(j)	2	5	1	5	1	2	5	4

Le tableau ext(j) liste, dans l'ordre lexicographique, les extrémités terminales des arcs issus du sommet 1 puis celles du sommet 2, etc. Ainsi le sommet 1 a deux successeurs : ce sont les 2 premiers éléments du tableau ext(j), donc les sommets 2 et 5.

1. Tracer ce graphe. Montrer, en détail, qu'il s'agit d'un réseau de transport (la capacité de chaque arc étant donnée à la question suivante).

2. On associe à chaque arc u_j une capacité et un flux :

j	1	2	3	4	5	6	7	8
capa(j)	1	3	2	5	5	3	4	12
flux(j)	1	3	2	2	2	3	4	9

Vérifier que les flux proposés forment bien un flot sur ce réseau de transport. Déterminer, obligatoirement à l'aide de l'algorithme approprié, si ce flot est maximal. Sinon, l'optimiser. Donner la valeur du flot maximal; indiquer une coupe minimale, et rappeler sa signification concrète.

*4.13 Problème d'affectation

On a tiré au hasard les éléments de la matrice ci-dessous à six lignes et six colonnes. Affecter un élément et un seul par ligne et par colonne, de manière à obtenir la somme minimale "coût" minimal des affectations.

	a	b	c	d	e	f
A	10	90	27	14	39	52
B	29	24	79	90	23	13
C	17	43	62	02	73	70
D	58	14	06	18	16	63
E	15	41	78	44	73	70
F	25	44	81	36	80	80

*4.14 Programme de transport

En des dépôts 1, 2, 3, et 4 existent des quantités respectives de 500, 600, 200 et 900 tonnes de minerai à transporter. Les distances mutuelles des clients, au nombre de 6, aux dépôts 1, 2, 3, et 4 sont données par la matrice ci-dessous.

	1	2	3	4	5	6
1	9	12	9	6	9	10
2	7	3	7	7	5	5
3	6	5	9	11	3	11
4	6	8	11	2	2	10

Établir le plan de transport le plus économique de manière à faire parvenir, aux points de vente 1, 2, 3, 4, 5 et 6, les quantités respectives : 400, 300, 700, 200, 400 et 200 tonnes.

*4.15 Comparaison d'heuristiques pour les programmes de transport

On donne la matrice d'un programme de transport ci-dessous, comportant quatre origines et cinq destinations. Vérifier que la somme des disponibilités égale celle des demandes.

	1	2	3	4	5	Disponibilités
1	21	11	84	49	13	896
2	27	52	43	29	42	782
3	11	47	14	80	93	943
4	52	94	76	74	54	928
Demandes	800	439	50	790	1 470	

On demande de chercher la (ou les) solutions optimales(s) en utilisant, pour obtenir la première solution de base :

a) la règle du coin nord-ouest;

b) la règle de la différence maximale (méthode de Balas-Hammer).

Comparer ces deux méthodes du point de vue de la longueur des calculs.

V ARBRES, RECHERCHES ARBORESCENTES

*4.16

On considère le graphe valué donné par la figure ci-contre et l'on demande de chercher l'arbre de valeur (ou "poids") minimale :

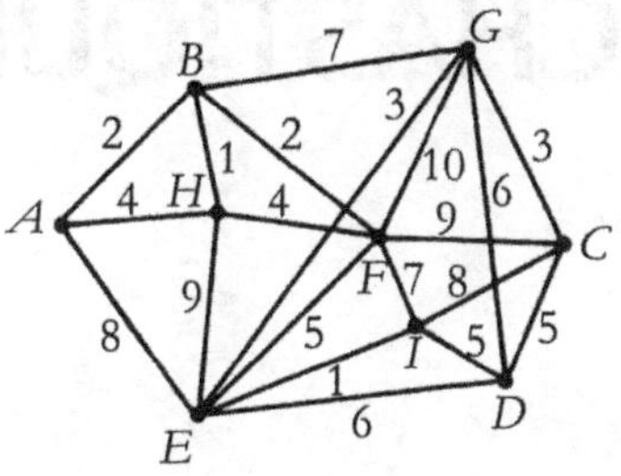

1. par l'algorithme de Prim, en respectant l'ordre alphabétique.
2. par l'algorithme de Kruskal.

Existe-t-il plusieurs solutions ?

*4.17

Résoudre le même problème que précédemment mais, cette fois, afin de trouver l'arbre de valeur maximale.

**4.18

On demande de déterminer un circuit hamiltonien de valeur minimale dans le graphe valué donné par la matrice des valeurs des arcs ci-dessous :

	A	B	C	D	E
A	–	1	0	1	2
B	0	–	4	3	5
C	1	1	–	4	0
D	4	7	2	–	1
E	0	1	2	0	–

NB. Le lecteur trouvera d'autres exercices portant sur les recherches arborescentes, en fin du chapitre 1 : exercices 1.4 et 1.6.

5 Processus stochastiques et programmation dynamique stochastique

5.1 Introduction aux problèmes stochastiques

On dit qu'on a affaire à un problème stochastique lorsque le hasard y intervient : c'est la difficulté principale de ces problèmes.

Or, le gestionnaire n'est pas totalement désarmé dans une telle situation. S'il a une connaissance statistique du passé récent et s'il estime que l'avenir proche ressemblera à ce passé, il peut songer à utiliser son information pour se prémunir contre des conséquences fâcheuses du hasard.

Cette attitude, toute naturelle dans les sciences expérimentales où les lois peuvent, à l'échelle humaine, être considérées comme permanentes et où les mêmes causes produisent les mêmes effets, ne peut être étendue aux phénomènes d'organisation qu'avec prudence. Ainsi, si l'on a reconnu que les ventes de l'année passée ont affecté la forme d'une certaine distribution statistique, de moyenne 500 par mois, par exemple, et s'il s'agit d'un produit en pleine expansion, on pourra estimer que la même allure statistique du phénomène se conservera cette année, la moyenne étant toutefois relevée de x % et l'on déterminera cette proportion par l'étude de la « tendance » (trend) sur les statistiques antérieures.

La projection du passé sur l'avenir ne peut donc pas se faire de façon automatique. Si les budgets de la publicité et du service commercial doivent subir une sérieuse augmentation, on se donnera pour objectif d'accroître les ventes de l'année précédente ; mais, si un puissant concurrent vient de s'installer, sans doute faudra-t-il prévoir que le développement du marché ne profitera pas qu'aux firmes déjà en place...

Dans ces conditions, les indications statistiques qui seront utilisées dans les divers chapitres relatifs à la lutte contre le hasard, quoique présentées, pour la facilité de l'exposé, comme des données résultant de l'étude directe du passé, devraient en réalité faire d'abord l'objet d'une critique et d'un rajustement convenable avant leur projection sur l'avenir.

Une autre méthode consisterait, dans bien des cas, tout en partant de données non rectifiées, à mettre ensuite en cause les résultats provisoires de l'optimisation mathématique, pour tenir compte des expansions ou régressions dues à la conjoncture ou aux événements particuliers à l'entreprise et à son environnement immédiat.

Une autre caractéristique commune aux chapitres en question est d'aboutir chacun à un *compromis* entre le coût correspondant à l'utilisation de moyens humains ou matériels et l'espérance mathématique du gain résultant de l'usage de ces moyens, dans des conditions connues seulement en probabilité.

Dans un problème de *files d'attente*[1], par exemple, il s'agit, en général, de déterminer le nombre des stations (où les « clients » viennent chercher un « service ») de manière à ce que ces clients ne perdent qu'un temps limité. Et cela revient à minimiser le coût total de déploiement des stations et de l'attente des clients ; donc finalement à établir un compromis entre le coût des serveurs et le coût de l'attente des clients, ces deux coûts variant évidemment en sens inverse. Mais le coût des serveurs est simplement proportionnel à leur nombre, tandis que celui de l'attente des clients dépend de données aléatoires (l'affluence de la clientèle et la durée du service).

Dans les problèmes de *maintenance*[1] (d'entretien) des équipements, c'est l'usure qui est aléatoire, et c'est sa connaissance statistique qui peut permettre de fixer les taux d'approvisionnement, de manière à obtenir le meilleur compromis entre le coût des arrêts du système (matériel) et celui du stockage des équipements (pièces) de rechange.

Tous ces problèmes font appel à la notion commune de *processus stochastique*. Il sera donc nécessaire de donner ici, tout d'abord, quelques notions sur ces processus. Nous serons aidés par le fait que presque tous, étant donné en R.O. le caractère discret (c'est-à-dire fini ou infini dénombrable) de leurs ensembles d'états, peuvent être exposés concrètement en utilisant la théorie des graphes[2].

La première idée de la théorie des processus stochastiques revient sans doute à A. Einstein qui, en 1905, soutint sa thèse sur le mouvement brownien. Ensuite, A. Markov, vers 1910, en étudiant l'œuvre de Pouchkine intitulée « Eugène Onéguine », décrivit de manière probabiliste l'alternance des consonnes et des voyelles sous la forme d'une “chaîne” qui porte son nom. Le Danois Erlang créa, vers 1914, la théorie des files d'attente (pour l'aider à résoudre des problèmes de dimensionnement de standards téléphoniques). C'est à A. Kolmogorov, que l'on doit la formalisation générale du processus stochastique (1933). Des mathématiciens comme D.G. Kendall, P. Lévy, A. Khintchine, W. Feller, J. Doob ont entrepris, dans l'intervalle ou par la suite, de développer encore cette théorie.

1. Pour le vocabulaire technique employé ici, se reporter aux paragraphes suivants.
2. Nous insisterons sur l'importante économie de pensée que procure la théorie des graphes pour la présentation des notions utiles sur les processus stochastiques et leurs applications.

5.2 Définition d'un processus stochastique

Un *processus stochastique* (ou *processus aléatoire*) est une famille de variables aléatoires X_t :

$$\{X_t, t \in T\}$$

où t parcourt l'ensemble T (qui représente, le plus souvent, un ensemble de temps). Si T est discret, on parle plus volontiers de *suite stochastique*, l'appellation de *processus* étant alors réservée au cas de T continu. Dans les applications, X_t représentera l'état pris par un système à l'instant t : ainsi pour une file d'attente, X_t sera le nombre de clients présents à t.

La lettre T a donc été choisie en raison du fait que, très souvent, elle désigne un ensemble de dates ; lorsque T est discret, $t_1, t_2, \cdots, t_n, \cdots$ sont des instants donnés ; lorsque T est continu ($T = \mathbb{R}^+$ par exemple), t désigne un instant quelconque ($t \geqslant 0$).

Lorsque X_t peut prendre un ensemble fini ou infini dénombrable de valeurs (ou états), le processus est dit à *espace d'états discret* : c'est très souvent le cas en recherche opérationnelle. Si, au contraire, ses valeurs appartiennent à un ensemble continu (un intervalle de $\mathbb{R}$ par exemple), on dit qu'il est à *espace d'états continu* : c'est fréquemment le cas en physique.

Un processus aléatoire $\{X_t, t \in T\}$ est *markovien* si, pour tout instant u, pour toute valeur $X_u = x$ donnée, la probabilité pour que le processus prenne la valeur y (passe par l'état y) à un instant quelconque t ultérieur (c'est-à-dire pour tout $t > u$) ne dépend pas des valeurs prises par le processus avant l'instant u :

$$P[X_t = y \,|\, X_s \text{ pour } s < u \,;\, X_u = x] = P[X_t = y \,|\, X_u = t]$$

On dit aussi que le processus est *sans mémoire*.

5.3 Chaînes de Markov à espace d'états discret

C'est ainsi qu'on nomme une suite stochastique (le temps est donc discret) à espace d'états discret et vérifiant la propriété « sans mémoire » ci-dessus ; nous supposerons, en outre, le processus homogène.

On a donc $T = \{t_0, t_1, \cdots, t_n, \cdots\}$; le plus souvent on confondra T avec $\mathbb{N}$: on étudiera les états X_t par lesquels passe un système à $t = 0, 1, 2, \ldots$

Soit un ensemble d'états :

$$\mathscr{E} = \{E_1, E_2, \cdots, E_n, \cdots\},$$

fini ou infini. On dit que « le processus est passé par l'état E_k à l'instant n » si : $X_n = k$.

Par définition, une chaîne de Markov possède la propriété « sans mémoire ».

$$P[X_n = j \,|\, X_0 = i_0, X_1 = i_1, \cdots, X_{n-1} = i_{n-1}] = P[X_n = j \,|\, X_{n-1} = i_{n-1}] = p_{ij}^{(n)}.$$

On dit alors que la chaîne est *markovienne d'ordre 1.* Elle serait d'ordre p si la probabilité de l'état atteint à l'instant n ne dépendait que des p états antérieurs (atteints respectivement à $t - p, t - p + 1, \cdots, t - 1$) ; par une démultiplication des états, on peut ramener une chaîne d'ordre p à une chaîne d'ordre 1.

Les probabilités conditionnelles $P[X_n = j | X_{n-1} = i]$ sont appelées *probabilités de transition.* On fera le plus souvent l'hypothèse que la chaîne est *homogène*(1) : alors les probabilités de transition $p_{ij}^{(n)}$ seront indépendantes de l'instant n de la transition (c'est pourquoi on les qualifie, parfois, de *stationnaires dans le temps*) :

$$p_{ij}^{(n)} = P[X_n = j | X_{n-1} = i] = p_{ij}.$$

Ainsi, par exemple, la probabilité de passer de l'état E_{12} à l'état E_{37} entre les instants $t = 0$ et $t = 1$, ou encore entre $t = 1\,321$ et $1\,322$ est la même : elle vaut $p_{12,37}$.

Dans la suite, nous supposons que l'ensemble $\mathscr{E}$ des états est fini, de cardinal r. Les probabilités de transition p_{ij} vérifient;

$$0 \leqslant p_{ij} \leqslant 1 \text{ et :}$$

pour $i = 1, 2,... n$: $\sum_{j=1}^{r} p_{ij} = 1$, car il est certain que si la chaîne est dans l'état E_i à $t = n - 1$, elle sera dans l'un quelconque des états $E_1, E_2,..., E_r$ à $t = n$.

Ainsi une chaîne de Markov homogène, à espace d'état fini, est donnée par une matrice $\mathbf{M}$ carrée $r \times r$, à terme positifs : $[p_{ij}] = \mathbf{M}$, dont la somme des termes, pour toute ligne, est égale à un. Une telle matrice est dite *stochastique*.

Nous désignons par $\Pi(n)$ le vecteur (stochastique) des probabilités des états :

$$\Pi(n) = [\pi_1(n), \pi_2(n), \cdots, \pi_r(n)], \text{ où :}$$

$$\pi_k(n) = P[X_n = k] \text{ et } \sum_{i=1}^{\pi_d} \pi_i(n) = 1 \text{ pour tout n = 0,1,...}$$

Ainsi $\Pi(0)$ sera la distribution initiale des probabilités des états.

Évaluons $\Pi(1)$ connaissant $\Pi(0)$; on peut exprimer $\pi_j(1)$ à l'aide de la formule des probabilités totales. Rappelons que : $P[B] = \sum_i P[B|A_i] \cdot P[A_i]$, où B est un événement et les A_i forment un système complet d'événements, c'est-à-dire une partition de l'ensemble fondamental Ω. Ainsi, en prenant pour A_i l'événement $X_0 = i$:

$$P[X_1 = j] = \sum_{i=1}^{r} P[X_1 = j | X_0 = i] \cdot P[X_0 = i], \text{ soit :}$$

$$\pi_j(1) = \sum_{i=1}^{r} \pi_i(0) \cdot p_{ij}; \text{ soit, matriciellement :}$$

$$\Pi(1) = \Pi(0) \cdot \mathbf{M} \text{ ; De même on a :}$$

$$\Pi(n) = \Pi(n-1) \cdot \mathbf{M}$$

(1) Un processus $\{X_t, t \in T\}$ est *homogène* si, pour tout intervalle $[s, t]$, la probabilité $P[X_t = y | X_s = x]$ dépend seulement de la longueur $t - s$ de cet intervalle. Alors, pour tout θ : $P[X_{t+\theta} = y | X_{s+\theta} = x] = P[X_t = y | X_s = x]$. En particulier, cette probabilité est égale à : $P[X_{t-s} = y | X_0 = x]$.

On peut écrire aussi :

$$\Pi(n-1) = \Pi(n-2)\cdot\mathbf{M}$$

et ainsi de suite, jusqu'à :

$$\Pi(2) = \Pi(1)\cdot\mathbf{M}$$

$$\text{et} \quad \Pi(1) = \Pi(0)\cdot\mathbf{M}$$

En remplaçant $\Pi(1)$ par sa valeur dans l'expression de $\Pi(2)$, $\Pi(2)$ par sa valeur dans l'expression de $\Pi(3), \cdots$, on obtient évidemment :

$$\Pi(n) = \Pi(0)\cdot\mathbf{M}^n,$$

ce qui signifie que la « situation du système » (c'est-à-dire les probabilités des états) après la $n^{\text{ième}}$ transition ne dépend que de la distribution initiale $\Pi(0)$ et des probabilités de transition, $[p_{ij}] = \mathbf{M}$. Notons que si les probabilités de transition possèdent la propriété "sans mémoire", ce n'est pas le cas pour les probabilités des états.

Nous notons $p_{ij}^{(n)}$ la probabilité de passer de l'état E_i à l'état E_j, en *exactement n* transitions(1). Dans ces conditions, on a évidemment pour $n = 2$ transitions :

$$p_{ij}^{(2)} = \sum_{k=1}^{r} p_{ik}\cdot p_{kj}$$

car, pour aller de E_i à E_j en exactement deux transitions, il faut passer par un état intermédiaire E_k, qui peut être n'importe lequel des r états formant l'espace d'état $\mathscr{E}$ (fig. 5.1). De la même façon, on a aussi pour $n = 1 + (n-1)$ transitions :

$$p_{ij}^{(n)} = \sum_{k=1}^{r} p_{ik}\cdot p_{kj}^{(n-1)},$$

puis, d'une manière plus générale pour $n = p+q$ transitions :

$$p_{ij}^{(p+q)} = \sum_{k=1}^{r} p_{ik}^{(p)}\cdot p_{kj}^{(q)}.$$

Cette dernière relation est appelée relation de Chapman-Kolmogorov ; elle est caractéristique du fait que la chaîne est « sans mémoire ».

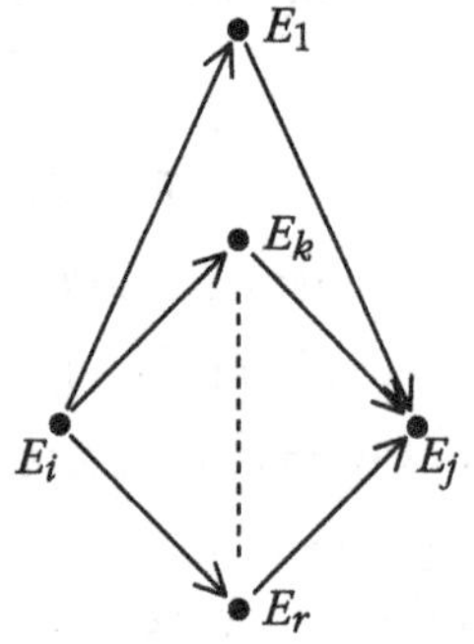

Figure 5.1

Il est facile de montrer que la probabilité de passer de l'état E_i à l'état E_j en exactement n transitions, soit $p_{ij}^{(n)}$, est égale à l'élément (i, j) de la matrice $\mathbf{M}^n$:

$$[p_{ij}^{(n)}] = [p_{ij}]^n, \text{ soit } \mathbf{M}^{(n)} = \mathbf{M}^n.$$

En effet, on a bien : $p_{ij}^{(2)} = \sum_{k=1}^{r} p_{ik}\cdot p_{kj}$; on reconnaît la formule du produit matriciel et donc $[p_{ij}^{(2)}] = \mathbf{M}^2$.

(1) Nous poserons, en outre, $p_{ij}^{(0)} = \delta_{ij}$, δ_{ij} étant le symbole de Kronecker ($\delta_{ij} = 1$ si et seulement si $i = j$ et $\delta_{ij} = 0$ sinon).

Par récurrence, il est aisé de montrer que, si la propriété est vraie pour $n - 1$, elle est vraie aussi pour n : supposons que $[p_{ij}^{(n-1)}] = \mathbf{M}^{n-1}$. Comme $p_{ij}^{(n)} = \sum_{k=1}^{r} p_{ij} \cdot p_{kj}^{(n-1)}$, soit : $\mathbf{M}^{(n)} = \mathbf{M} \cdot \mathbf{M}^{n-1}$, on a aussi : $\mathbf{M}^{(n)} = \mathbf{M}^{n}$.

Matriciellement, la relation de Chapman-Kolmogorov revient à : $\mathbf{M}^{(p+q)} = \mathbf{M}^{(p)} \cdot \mathbf{M}^{(q)}$, vrai car $\mathbf{M}^{p+q} = \mathbf{M}^{p} \cdot \mathbf{M}^{q}$.

5.4 Classification des états d'une chaîne de Markov finie à l'aide du graphe des transitions

À la matrice $\mathbf{M} = [p_{ij}]$, faisons correspondre le graphe $G = (X, U)$, tel que $X = \mathscr{E}$, c'est-à-dire que les sommets du graphe ne sont autres que les états de la chaîne de Markov, et $U = \{(E_i, E_j) \mid E_i . E_j \in \mathscr{E} ; p_{ij} > 0\}$, c'est-à-dire qu'il existe un arc dans le graphe G de l'état E_i vers l'état E_j si la probabilité de transition p_{ij} est strictement positive.

Exemple. Un système peut se trouver dans l'un des 12 états : $A, B, C. \cdots, L$. On a donc $\mathscr{E} = \{A, B, \cdots, L\}$, (plutôt que $\mathscr{E} = \{E_1, E_2, \cdots, E_{12}\}$: ceci pour alléger la notation).

Toutes les minutes, ce système subit une transition, c'est-à-dire un changement d'état (ou bien reste dans l'état antérieur). Voici la matrice $\mathbf{M} = [p_{ij}]$ donnant les probabilités de transition et le graphe $G = (\mathscr{E}, U)$ associé (fig 5.2) : (les cases vides correspondent à un zéro)

$\mathbf{M}$ =	A	B	C	D	E	F	G	H	I	J	K	L
A	0, 1	0, 5						0, 4				
B		0, 2						0, 5			0, 3	
C						1						
D				0, 3	0, 7							
E				0, 4	0, 2						0, 4	
F							1					
G			1									
H		0, 6	0, 3					0, 1				
I									0, 2			0, 8
J										1		
K				0, 4	0, 5						0, 1	
L									0, 8	0, 1		0, 1

Le lecteur vérifiera que la somme des termes, dans toute ligne de $\mathbf{M}$, vaut 1.

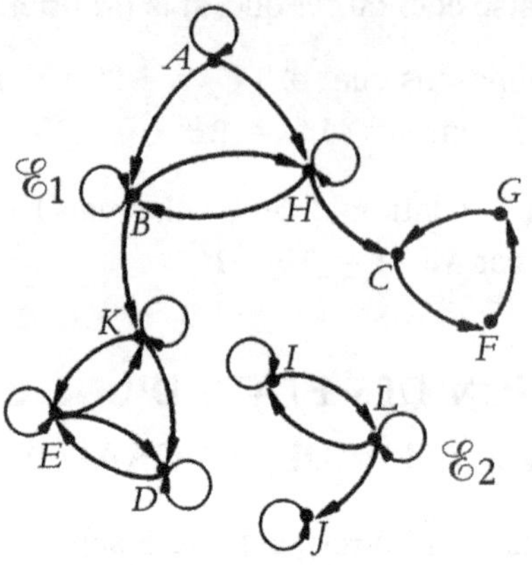

Figure 5.2

On dit qu'un état E_j est « *accessible* » à partir de l'état E_i si, pour au moins une certaine valeur de l'entier q, on a : $p_{ij}^{(q)} > 0$. En termes de graphe cela signifie qu'il existe un chemin de longueur q (composé de q arcs) du sommet E_i vers le sommet E_j.

Deux états E_i et E_j mutuellement accessibles sont dits « *communicants* ». En termes de graphe : il existe alors un chemin de E_i vers E_j et un chemin de E_j vers E_i. Autrement dit, E_i et E_j appartiennent à une même composante fortement connexe du graphe.

Le graphe comporte deux composantes connexes : en termes de chaînes de Markov, on dit que la chaîne comporte deux *sous-chaînes*, ayant pour ensemble d'états respectivement;

$$\mathscr{E}_1 = \{A, B, C, D, E, F, G, K\} \text{ et } \mathscr{E}_2 = \{I, J, L\}.$$

Si l'état initial du système appartient à $\mathscr{E}_1$ la chaîne ne passera jamais par les états de $\mathscr{E}_2$, et réciproquement. La matrice $\mathbf{M} = [p_{ij}]$ est alors « décomposable » :

		A	B	C	D	E	F	G	H	K	I	J	L
$\mathscr{E}_1$	A	·1	·5						·4				
	B		·2						·5	·3			
	C						1						
	D				·3	·7							
	E				·4	·2				·4		0	
	F							1					
	G			1									
	H		·6	·3					·1				
	K				·4	·5				·1			
$\mathscr{E}_2$	I										·2		·8
	J					0						1	
	L										·8	·1	·1

NB. Ici ·4 représente : 0,4.

Déterminons, pour chaque sous-chaîne, les « *classes d'états communicants* » qui d'après la remarque ci-dessus, coïncident avec les composantes *fortement* connexes du graphe (cette détermination peut se faire algorithmiquement : par un algorithme fondé sur un parcours en profondeur du graphe, donc de faible complexité). Pour $\mathcal{E}_1$, on trouve 4 composantes fortement connexes et donc 4 classes :

$$\mathcal{C}_1 = \{A\}\,,\, \mathcal{C}_2 = \{B, H\}\,,\, \mathcal{C}_3 = \{C, F, G\}\,,\, \mathcal{C}_4 = \{D, E, K\}.$$

Pour $\mathcal{E}_2$, on trouve 2 composantes fortement connexes et donc 2 classes :

$$\mathcal{C}_5 = \{I, L\}\,,\, \mathcal{C}_6 = \{J\}.$$

On peut alors retracer le graphe en faisant apparaître l'ordre sur ces composantes fortement connexes. Rappelons que « $\mathcal{C}_k$ précède $\mathcal{C}_\ell$ » ($\mathcal{C}_k \leqslant \mathcal{C}_\ell$) si et seulement si, dans G, il existe un chemin d'un sommet quelconque de $\mathcal{C}_k$ vers un sommet quelconque de $\mathcal{C}_\ell$; cette relation étant réflexive, antisymétrique et transitive, il s'agit d'une relation d'ordre sur les classes, dont voici le diagramme de Hasse :

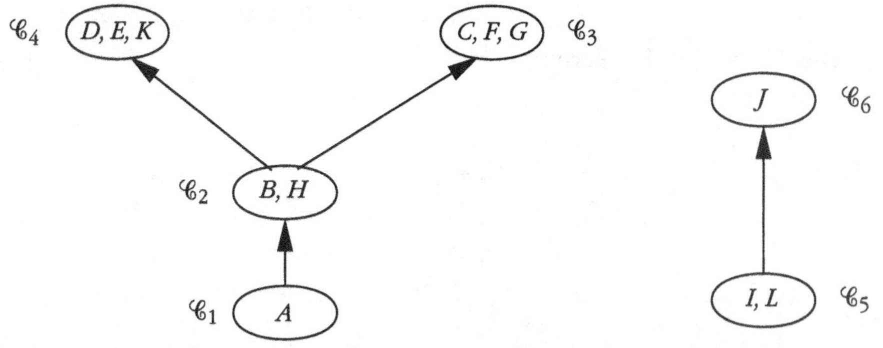

Les classes $\mathcal{C}_1$, $\mathcal{C}_2$ et $\mathcal{C}_5$ sont des *classes d'états transitoires* : si le système est initialement dans l'un des sommets de ces classes, il finira par le quitter définitivement (pour tout état transitoire $E_i, p_{ij}^{(q)} \to 0$ quand le nombre de transitions $q \to \infty$). Dans le diagramme ci-dessus toute classe transitoire $\mathcal{C}_k$ a une classe « au dessus » d'elle, c'est-à-dire que $\mathcal{C}_k$ précède une autre classe.

Au contraire, les classes $\mathcal{C}_3$, $\mathcal{C}_4$ et $\mathcal{C}_6$ – qui sont des « éléments maximaux » (sans classe « au dessus » d'elles) – sont nommées « *classes récurrentes* » (on dit aussi *persistantes* ou *finales*) ; lorsque le système atteint un état d'une classe récurrente $\mathcal{C}_r$, tous les états par lesquels il passera ultérieurement appartiennent à cette même classe $\mathcal{C}_r$.

Mais il existe des différences entre les classes récurrentes ; ainsi entre la classe $\mathcal{C}_4 = \{D, E, K\}$ et la classe $\mathcal{C}_3 = \{C, F, G\}$: en effet si le système passe par l'état C lors de la $k^{\text{ième}}$ transition, il est certain qu'il passera par F lors de la $k + 1^{\text{ième}}$, par G lors de la $k + 2^{\text{ième}}$, de nouveau par C lors de la $k + 3^{\text{ième}}$ et ainsi de suite : il s'agit d'une « *classe périodique* ». Nous préciserons plus loin, dans une annexe, la notion de périodicité.

Au contraire pour la classe $\{D, E, K\} = \mathscr{C}_4$, l'évolution sera toute différente : on dit qu'il s'agit d'une « *classe apériodique* ». On peut calculer la probabilité pour que le système se trouve dans chacun des états de $\mathscr{C}_4$ au bout d'un grand nombre de transitions, sachant qu'initialement (à $t = 0$), le système y était déjà : $\pi_D(0) + \pi_E(0) + \pi_K(0) = 1$ (ou bien si l'on est sûr qu'au bout d'un certain nombre de transitions, le système a atteint l'un des états *D*, *E*, ou *K*).

Soit $\mathbf{M}'$ la sous-matrice des probabilités des transitions entre les états de la classe $\mathscr{C}_4$; nous supposerons l'existence d'une distribution stationnaire des probabilités des états (atteinte après un grand nombre de transitions), soit $\Pi^* = [\pi^*_D, \pi^*_E, \pi^*_K]$. Cette distribution étant stationnaire, on retrouve la même après une transition : $\Pi^* = \Pi^* \cdot \mathbf{M}'$, soit, en posant (pour alléger les notations) $\Pi^* = [a, b, c]$:

$$[a, b, c] = [a, b, c]\,\mathbf{M}', \text{où: } \mathbf{M}' = \begin{matrix} & D & E & K \\ D & 0,3 & 0,7 & 0 \\ E & 0,4 & 0,2 & 0,4 \\ K & 0,4 & 0,5 & 0,1 \end{matrix}$$

Le système $\Pi^* = \Pi^* \cdot \mathbf{M}'$ s'écrit :

$$\begin{cases} 0,3a + 0,4b + 0,4c = a & (1) \\ 0,7a + 0,2b + 0,5c = b & (2) \\ \quad 0,4b + 0,1c = c & (3) \\ a \quad b + c = 1 & (4) \end{cases}$$

Remarquons que (4) – (1) – (2) redonne l'équation (3), si bien que ce système comporte 3 équations indépendantes, pour 3 inconnues. L'équation (5.3) fournit $b = \frac{9}{4}c$; en reportant dans (2), il vient : $a = \frac{13}{7}c$. En reportant dans (4), il vient :

$$\left(\frac{13}{7} + \frac{9}{4} + 1\right)c = 1,$$

d'où : $c = \frac{28}{143}$; puis $b = \frac{63}{143}$ et $a = \frac{52}{143}$, soit $\Pi^* = \left[\frac{52}{143}, \frac{63}{143}, \frac{28}{143}\right]$: ce sont donc les probabilités de trouver le système en *D, E* ou *K* au bout d'un grand nombre de transitions. Supprimons les 9 autres états pour garder seulement la sous-chaîne ayant comme ensemble d'états $\mathscr{C}_4$ et pour matrice $\mathbf{M}'$; on constate ici que les probabilités des états tendent vers une limite Π^* indépendante de la distribution initiale $\Pi(0)$ et strictement positive.

À cause de cette propriété particulière, la sous-chaîne est qualifiée d'*ergodique,* car elle assure (comme en théorie cinétique des gaz) un certain équilibre statistique, qu'on nomme *ergodisme.*

On admettra qu'une chaîne de Markov finie est *ergodique* (alors $\Pi^* \geqslant 0$) si et seulement si elle comporte une seule classe récurrente[1] et si, de plus, cette classe est *a-périodique* (voir page suivante). Une chaîne de Markov est *fortement ergodique* (alors $\Pi^* > 0$) si elle est constituée d'une seule classe d'états, tous apériodiques ; cette classe unique est récurrente, il n'existe pas alors de classe transitoire ; en termes de graphes, une chaîne de Markov finie est fortement ergodique si son graphe est fortement connexe (ce qui assure l'existence d'une classe fortement connexe et d'une seule) et comporte une boucle (ce qui assure que la classe soit apériodique) ; cette condition d'apériodicité est suffisante mais elle n'est pas nécessaire : cf. la fin de ce paragraphe.

Remarquons que, dans la sous-chaîne $\{I, J, L\}$, les états I et L sont transitoires, tandis qu'elle comporte une seule classe récurrente et apériodique contenant, en fait, un seul état : J. Dans ce cas, un tel état est qualifié d'« *absorbant* » (noter l'analogie avec les *états-piège* dans les automates). Notons que cette sous-chaîne est ergodique, mais pas fortement ergodique puisque : $\Pi^* = [\underset{I}{0} \;\; \underset{J}{1} \;\; \underset{L}{0}]$

Remarques.

- Une chaîne de Markov *finie* possède nécessairement au moins une classe récurrente (qui peut être apériodique ou périodique).
- Pour une chaîne fortement ergodique, la matrice $\mathbf{M}^* = \lim\limits_{n \to \infty} \mathbf{M}^n$ a toutes ses lignes identiques et égales au vecteur Π^*, ainsi :

$$\lim_{n \to \infty} \mathbf{M}'^n = \frac{1}{143}\begin{bmatrix} 52 & 63 & 28 \\ 52 & 63 & 28 \\ 52 & 63 & 25 \end{bmatrix}$$

Cette propriété permet de comprendre le paradoxe (qui n'est qu'apparent) suivant :

Nous avons vu que : $\Pi(n) = \Pi(0) \cdot \mathbf{M}^n$.

Pour une chaîne ergodique, on sait que $\mathbf{M}^n$ possède une limite $\mathbf{M}^*$ quand $n \to \infty$, et que **$\Pi(n)$ tend vers une limite Π^* indépendante de la distribution initiale $\Pi(0)$**. Prenons la limite de chaque membre de l'équation ci-dessus quand n tend vers l'infini, il vient :

$$\Pi^* = \Pi(0) \cdot \mathbf{M}^*.$$

ce qui semble contredire notre propos : apparemment Π^*, dans cette relation, dépendrait de $\Pi(0)$. Mais il faut savoir que $\mathbf{M}^*$ a toutes ses lignes égales à Π^*.

1. Elle peut donc comporter plusieurs classes transitoires.

Ainsi, pour la sous-chaîne $\{D, E, K\}$, prenons une répartition initiale quelconque $\Pi(0) = [\alpha, \beta, \gamma]$ où α, β et $\gamma \geqslant 0$ et $\alpha + \beta + \gamma = 1$.

Effectuons $\Pi(0) \times \mathbf{M}^*$, il vient :

$$\frac{1}{143}[\alpha, \beta, \gamma] \cdot \begin{bmatrix} 52 & 63 & 28 \\ 52 & 63 & 28 \\ 52 & 63 & 28 \end{bmatrix} = \Pi^*$$

d'où :

$$\Pi^* = \frac{1}{143}[52(\alpha + \beta + \gamma), 63(\alpha + \beta + \gamma), 28(\alpha + \beta + \gamma)] = \left[\frac{52}{143}, \frac{63}{143}, \frac{28}{143}\right].$$

Π^*, ne dépendant pas de α, β et γ, est donc bien indépendant de $\Pi(0)$!

- **Valeurs propres de la matrice $\mathbf{M} = [p_{ij}]$.**

La matrice **M** est une matrice à éléments positifs ou nuls; la somme des termes de chaque ligne étant égale à 1 (on dit alors que **M** est « *stochastique* »). Toute matrice stochastique admet au moins une valeur propre égale à 1 et toutes les valeurs propres ont un module inférieur ou égal à 1. L'ordre de multiplicité de la valeur propre $\lambda = 1$ est égal au nombre de classes récurrentes de la chaîne de Markov donnée par **M**. Si une classe récurrente est périodique de période d, alors les d racines $d^{\text{ièmes}}$ de l'unité sont valeurs propres de **M**.

Ainsi pour $\mathbf{M}'$, le polynôme caractéristique : dét$(\mathbf{M} - \lambda I)$, est :

$$\lambda^3 - 0,6\,\lambda^2 - 0,37\,\lambda - 0,03 = (\lambda - 1)(\lambda + 0,3)(\lambda + 0,1).$$

Les valeurs propres de $\mathbf{M}'$ sont donc : 1, −0,3 et −0,1. En particulier, on retrouve le fait que la chaîne associée à $\mathbf{M}'$ comporte une seule classe ($\lambda = 1$ étant d'ordre 1) et apériodique (aucune racine $d^{\text{ième}}$ de l'unité parmi les valeurs propres).

En revanche, pour $\mathbf{M}'' = \begin{matrix} & C & F & G \\ C & 0 & 1 & 0 \\ F & 0 & 0 & 1 \\ G & 1 & 0 & 0 \end{matrix}$, le polynôme caractéristique est :

$$\lambda^3 - 1 = (\lambda - 1)(\lambda - j)(\lambda - \bar{j}) \text{ où } j = -\frac{1}{2} + i\frac{\sqrt{3}}{2} \text{ et } \bar{j} = -\frac{1}{2} - i\frac{\sqrt{3}}{2}.$$

Les valeurs propres de $\mathbf{M}''$ sont les racines cubiques de l'unité : $1, j, \bar{j}$; la chaîne associée à $\mathbf{M}''$ comporte donc une seule classe, récurrente, de période $d = 3$.

- **Retour sur la notion de périodicité**

Par définition, la période d_i d'un état récurrent E_i est : $d_i = \text{PGCD}\{n \mid p_{ij}^{(n)} > 0\}$, où $p_{ii}^{(n)}$ est la probabilité que le système, partant de E_i, y repasse après n transitions; la période d_i est donc aussi le PGCD des longueurs des circuits passant par E_i.

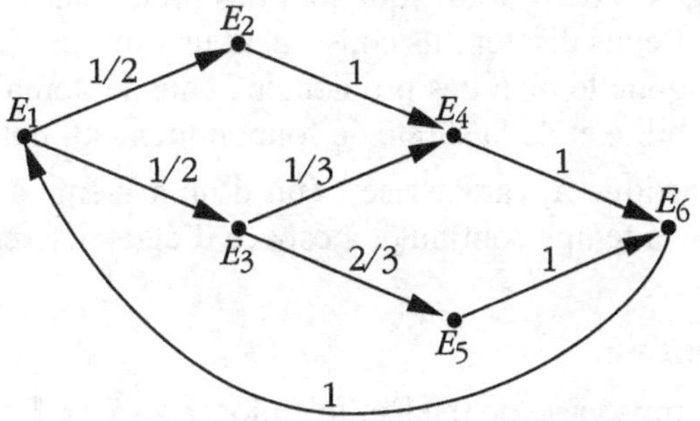

Ainsi pour la chaîne ci-dessus comportant une seule classe d'états (qui est donc récurrente) car son graphe est fortement connexe, la période de E_4 est : $d_4 = \text{PGCD}\{4, 8, 12, \cdots\} = 4$. On vérifie que les circuits passant par E_4 ont une longueur qui est un multiple de 4. L'exemple ci-dessus montre que la périodicité d pour l'état E_i n'exige pas que : $p_{ii}^{(n)}$ soit égal à 1. Ainsi $p_{55}^{(4)} = \dfrac{1}{3}$.

Un état E_i est dit « *apériodique* » si $d_i = 1$. Une condition suffisante d'apériodicité pour E_i est que le graphe possède une boucle au sommet E_i : alors $p_{ii}^{(1)} = p_{ii} > 0$ et $d_i = \text{PGCD}\{1, \cdots\} = 1$.

Cette condition n'est pas nécessaire : Pour la chaîne ci-dessous :

$$d_i = \text{PGCD}\{2, 3, \cdots\} = 1.$$

En effet il y a un circuit de longueur 2 passant par E_j, et un autre de longueur 3.

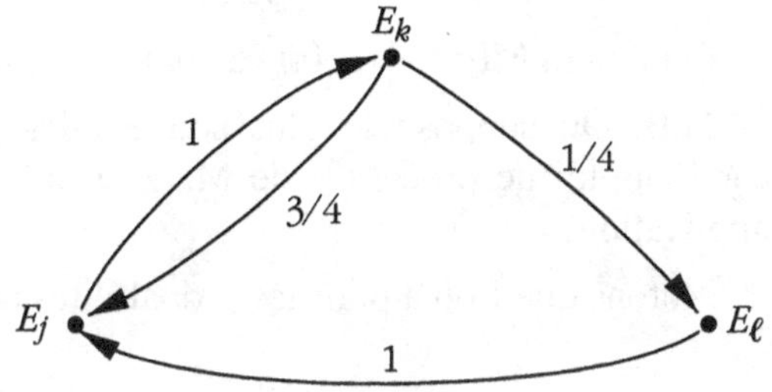

Enfin on peut montrer que *tous les états d'une même classe (récurrente) ont la même période* : il s'agit en fait d'un résultat concernant les longueurs des circuits à l'intérieur d'une composante fortement connexe d'un graphe.

- Si l'on résolvait le système $\Pi^* \cdot \mathbf{M}'' = \Pi^*$, on obtiendrait $\pi_C^* = \pi_F^* = \pi_G^* = \dfrac{1}{3}$.

Cela ne correspond pas à une limite aux probabilités des états $\Pi(n)$ quand $n \to \infty$, mais seulement à une limite en moyenne : « au sens de Cesaro » (toutes les 3 transitions, le système passe par C, F ou G). $\Pi(n)$ n'a pas de limite, puisqu'il oscille entre les 3 vecteurs ; $[1, 0, 0]$, $[0, 1, 0]$ et $[0, 0, 1]$.

5.5 Processus de Markov à espace d'états discret

Nous avons étudié dans le paragraphe précédent les chaînes de Markov ; ce sont des processus stochastiques à **temps discret** et à espace d'états discret. Nous présentons maintenant les processus de Markov, qui sont des processus stochastiques à **temps continu** et à espace d'états discret : ils constituent un outil privilégié pour modéliser en recherche opérationnelle bien des problèmes : dans le domaine des phénomènes d'attente ou de la fiabilité et de la sûreté de fonctionnement, notamment.

Un processus stochastique X_t caractérise l'état d'un système à l'instant t. C'est un processus de Markov à temps continu et à espace d'états discret s'il vérifie les trois propriétés suivantes :

1) **le temps t est continu.**

Le plus souvent le temps varie de 0 à l'infini ; alors : $t \in T = \mathbb{R}^+$;

2) **X_t appartient à un espace d'états $\mathscr{E}$ qui est discret** (c'est-à-dire, comme nous l'avons déjà dit, fini ou infini dénombrable) : $X_t \in \mathscr{E} = \{E_1, E_2, \cdots, E_m, \cdots\}$. Dans la suite on omettra de rappeler à chaque fois ce caractère discret. Mais dans ce paragraphe, $\mathscr{E}$ peut être infini.

3) **Le processus stochastique X_t vérifie la propriété « *sans mémoire* »** (ou propriété de Markov) : la probabilité pour que le système passe par l'état E_j à l'instant $t + \tau$, sachant qu'il était dans l'état E_i à l'instant t, ne dépend pas des états par lesquels le système est passé entre les instants 0 et t^- :

$$P[X_{t+\tau} = E_j | X_u \text{ pour } 0 \leqslant u < t, X_t = E_i] = P[X_{t+\tau} = E_j | X_t = E_i].$$

4) Nous supposerons en outre dans la suite que **les processus de Markov sont « *homogènes* »** (de même que nous l'avons fait pour les chaînes de Markov) : la probabilité de transition ci-dessus sera supposée indépendante de t et dépendra donc seulement de la durée τ d'évolution du système (entre t et $t + \tau$) :

$$P[X_{t+\tau} = E_j | X_t = E_i] = p_{ij}(\tau).$$

On notera $\mathbf{M}(\tau) = [p_{ij}(\tau)]$ la matrice de ces probabilités de transition.

N.B. On suppose le plus souvent les processus de Markov « homogènes » car l'emploi de processus de Markov non homogènes est des plus rares dans les applications.

Notons que l'on a pour les probabilités de transition :

$$\sum_{E_j \in \mathscr{E}} p_{ij}(\tau) = 1 \text{ pour tout état } E_i.$$

En effet, sachant qu'à l'instant t le processus est dans l'état E_i, il est certain qu'à l'instant $t + \tau$ il se trouvera dans l'un quelconque des états de $\mathscr{E}$ (le processus ne peut pas « s'échapper » de son espace d'états), et la probabilité d'un événement certain vaut 1.

Donnons maintenant la relation de Chapman-Kolmogorov pour les probabilités des transitions : $p_{ij}(\theta + \tau) = \sum_{E_k \in \mathscr{E}} p_{ik}(\theta) \cdot p_{kj}(\tau)$, dont voici la démonstration :

$$p_{ij}(\theta + \tau) = P[X_{\theta+\tau} = E_j | X_0 = E_i] = \sum_{E_k \in \mathscr{E}} P[X_{\theta+\tau} = E_j \text{ et } X_\theta = E_k | X_0 = E_i].$$

En appliquant la définition des probabilités conditionnelles :
$P[U|V] = P[U \text{ et } V] / P[V]$, le lecteur vérifiera aisément que :
$P[A \text{ et } B|C] = P[A|B \text{ et } C] \cdot P[B|C]$. D'où :

$$p_{ij}(\theta + \tau) = \sum_{E_k \in \mathscr{E}} P[X_{\Theta+\tau} = E_j | X_0 = E_i \text{ et } X_\Theta = E_k] \cdot P[X_\Theta = E_k | X_0 = E_i].$$

D'après la propriété sans mémoire, la première probabilité de ce produit ne dépend pas de l'événement $X_0 = E_i$, qui est antérieur à θ ; elle est alors égale à :

$$P[X_{\Theta+\tau} = E_j | X_\Theta = E_k] = p_{kj}(\tau),$$

ceci en tenant compte de la propriété d'homogénéité. Par ailleurs, par définition :

$$P[X_\Theta = E_k | X_0 = E_i] = p_{ik}(\theta).$$

Finalement : $p_{ij}(\theta + \tau) = \sum_{E_k \in \mathscr{E}} p_{ik}(\theta) \cdot p_{kj}(\tau)$.
Matriciellement, cette relation fournit : $\mathbf{M}(\theta + \tau) = \mathbf{M}(\theta) \cdot \mathbf{M}(\tau)$.

Donnons maintenant l'expression des probabilités de transitions sur un intervalle de temps infinitésimal : $\tau = \Delta t$. Sous des hypothèses très larges, vérifiées notamment si $\mathscr{E}$ est fini, on peut montrer que les propriétés 1), 2), 3) et 4) font que :

$$\begin{cases} p_{ij}(\Delta t) = \lambda_{ij} \cdot \Delta t + o(\Delta t) & \text{où } i \neq j \\ p_{ii}(\Delta t) = 1 - \sum_{\substack{E_j \in \mathscr{E} \\ j \neq i}} \lambda_{ij} \cdot \Delta t + o(\Delta t) = 1 - q_i \Delta t + o(\Delta t) & \end{cases}$$

Rappelons que $o(\Delta t)$ est la notation de Landau ; $\lim_{\Delta t \to 0} o(\Delta t) = 0$ et que

$$\lim_{\Delta t \to 0} \frac{o(\Delta t)}{\Delta t} = 0.$$

On dit que les termes en $o(\Delta t)$ sont « *d'ordre supérieur à un en* Δt ».

Notons que λ_{ij} est le taux de transition de E_i vers E_j ; en effet :

$$\lim_{\Delta t \to 0} [p_{ij}(\Delta t)/\Delta t] = \lambda_{ij}.$$

Ce taux est nécessairement positif ou nul (puisque $p_{ij}(\Delta t) \geqslant 0$).

On peut alors montrer que la probabilité que, étant dans l'état E_i à l'instant t, le processus reste constamment dans cet état entre t et $t + \tau$ vaut $e^{-q_i \tau}$; on peut aussi prouver que la probabilité pour que le processus, étant dans l'état E_i à l'instant t, quitte pour la première fois cet état E_i pour passer dans l'état E_j vaut : $\lambda_{ij}/q_i = m_{ij}$ $(i \neq j$, sinon $m_{ij} = 0)$. La matrice $[m_{ij}]$ étant telle que $\sum_{E_j \in \mathscr{E}} m_{ij} = 1$, est une matrice stochastique.

Le « *générateur infinitésimal* » du processus de Markov est une matrice $A = [a_{ij}]$ où $a_{ij} = \lambda_{ij}$ pour $j \neq i$ et $a_{ii} = -q_i$. La somme des éléments de toute ligne de cette matrice est donc nulle. En notant $\mathbf{M}(\tau) = [p_{ij}(\tau)]$ et $\mathbf{M}'(\tau) = \left[\frac{\mathrm{d}}{\mathrm{d}t} p_{ij}(\tau)\right]$, on montre que l'on a les équations « du passé » : $\mathbf{M}'(\tau) = A \cdot \mathbf{M}(\tau)$ et les équations « du futur » :

$\mathbf{M}'(\tau) = \mathbf{M}(\tau) \cdot \mathbf{A}$. On obtient ainsi des systèmes d'équations différentielles linéaires pour les probabilités de transition sur un intervalle de temps quelconque τ (que l'on ne peut résoudre analytiquement que dans des cas simples, comme ci-dessous).

Donnons un exemple simple de processus de Markov : dans un bureau travaille un ingénieur. Des collègues se présentent aléatoirement à la porte de ce bureau (sans rendez-vous !) : si l'ingénieur est déjà occupé, ces collègues renoncent à attendre et reviendront une autre fois. Si notre ingénieur n'est pas déjà occupé avec un autre collègue, le visiteur entre et une discussion, de durée aléatoire..., s'engage. La probabilité pour qu'un visiteur se présente pendant un intervalle de temps Δt est : $\lambda \Delta t + o(\Delta t)$; celle que plusieurs visiteurs se présentent est négligeable (en $o(\Delta t)$. Une conversation en cours à t se terminera entre t et $t + \Delta t$ avec la probabilité $\mu\, \Delta t + o(\Delta t)$. On peut alors associer un processus de Markov au « fonctionnement » de ce bureau ; l'ensemble des états est $\mathscr{E} = \{E_0, E_1\}$ où E_0 (resp. E_1) désigne l'état pour lequel il n'y a pas de visite en cours dans le bureau de l'ingénieur (resp. une visite est en cours). Voici les probabilités de transition entre t et $t + \Delta t$:

$$p_{01}(\Delta t) = \lambda \Delta t + o(\Delta t)\,;\; p_{00}(\Delta t) = 1 - \lambda \Delta t + o(\Delta t)$$
$$p_{10}(\Delta t) = \mu \Delta t + o(\Delta t)\,;\; p_{11}(\Delta t) = 1 - \mu \Delta t + o(\Delta t)$$

Le générateur infinitésimal est alors : $\boldsymbol{A} = \begin{bmatrix} -\lambda & \lambda \\ \mu & -\mu \end{bmatrix}$; on vérifie que la somme des éléments de toute ligne est nulle.

On peut associer à un processus de Markov homogène un graphe $G = (\mathscr{E}, U)$ où à chaque état du processus est associé un sommet du graphe et où, à chaque transition de probabilité non nulle (ou non négligeable), est associé un arc qui sera valué par la probabilité de la transition entre t et $t + \Delta t$. Ainsi pour notre exemple :

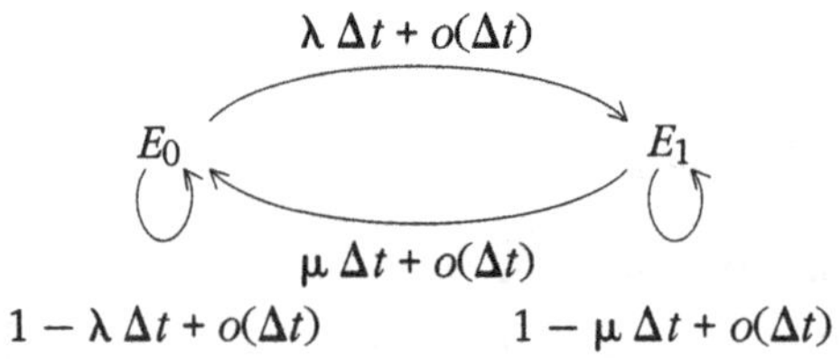

⇒

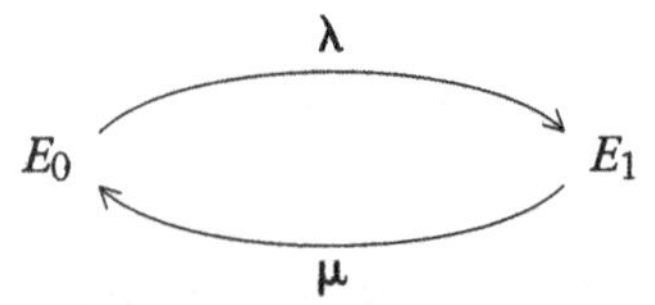

Graphe simplifé

Du graphe des transitions entre t et $t + \Delta t$, on déduit le « *graphe simplifié* » $G = (\mathscr{E}, U')$ déduit du précédent en supprimant les boucles et en valuant tout arc (E_i, E_j) par le taux λ_{ij} (rappel : $\lambda_{ij} > 0,\ i \neq j$).

5.6 Probabilités des états

Dans les applications (modélisations par processus de Markov), les paramètres significatifs du fonctionnement des systèmes ainsi modélisés s'évaluent à partir des valeurs des probabilités des états : d'où l'intérêt pratique de cette notion.

Soit une distribution initiale des probabilités des états : $\Pi(0) = [\pi_0(0), \pi_1(0), \cdots]$ où $\pi_i(0)$ désigne la probabilité initiale (à $t = 0$) de l'état E_i : $\pi_i(0) = P[X_0 = E_i]$.

La probabilité de l'état E_j à l'instant t est : $\pi_j(t) = P[X_t = E_j]$ (elle n'a de sens que si la distribution initiale $\Pi(0)$ a été spécifiée). Par application de la « formule des probabilités totales » (cf p. 189), on a :

$$\pi_j(t) = P[X_t = E_j] = \sum_{E_i \in \mathscr{E}} P[X_t = E_j | X_0 = E_i] \cdot P[X_0 = E_i],$$

soit : $\pi_j(t) = \sum_i \pi_i(0) \cdot p_{ij}(t)$. En posant $\Pi(t) = [\pi_0(t), \pi_1(t), \cdots]$ et $\mathbf{M}(t) = [p_{ij}(t)]$, cette relation s'écrit matriciellement : $\Pi(t) = \Pi(0) \cdot M(t)$. Plus généralement, on peut montrer la relation : $\Pi(t + \tau) = \Pi(t) \cdot M(\tau)$. En effet la relation de Chapman-Kolmogorov :

$$p_{ij}(t + \tau) = \sum_k p_{ik}(t) \cdot p_{kj}(\tau)$$

fournit, après multiplication de chaque membre par $\pi(0)$, puis en sommant pour tous les états E_i de $\mathscr{E}$:

$$\pi_j(t + \tau) = \sum_i \pi_i(0) \cdot p_{ij}(t + \tau) = \sum_i \sum_k \pi_i(0) \cdot p_{ik}(t) \cdot p_{kj}(\tau)$$

$$= \sum_k \left(\sum_i \pi_i(0) \cdot p_{ik}(t) \right) \cdot p_{kj}(\tau) = \sum_k \pi_k(t) \cdot p_{kj}(\tau).$$

En résumé : $\pi_j(t + \tau) = \sum_k \pi_k(t) \cdot p_{kj}(\tau)$, qui s'écrit bien matriciellement :

$$\Pi(t + \tau) = \Pi(t) \cdot \mathbf{M}(\tau).$$

Posons $\tau = \Delta t$ dans la relation ci-dessus et utilisons les expressions des probabilités $p_{kj}(\Delta t)$ données plus haut :

$$\pi_j(t + \Delta t) = \sum_k \pi_k(t) \cdot p_{kj}(\Delta t) = \sum_{k \neq j} \pi_k(t) \cdot \lambda_{kj} \cdot \Delta t + (1 - q_j \Delta t) \cdot \pi_j(t) + o(\Delta t)$$

Retranchons $\pi_j(t)$ à chaque membre, puis divisons chacun par Δt :

$$\frac{\pi_j(t + \Delta t) - \pi_j(t)}{\Delta t} = \sum_{k \neq j} \pi_k(t) \cdot \lambda_{kj} - q_j \pi_{jt} + \frac{o(\Delta t)}{\Delta t}.$$

Prenons la limite pour Δt tendant vers 0 :

$$\pi'_j(t) = \sum_{k \neq j} \pi_k(t) \cdot \lambda_{kj} - q_j \cdot \pi_j(t).$$

Soit, matriciellement, $\Pi'(t) = \Pi(t) \cdot \boldsymbol{A}$.

Remarquons qu'on aurait pu établir directement cette relation matriciellement; en effet en posant $\tau = \Delta t$ dans la relation $\Pi(t + \tau) = \Pi(t) \cdot \mathbf{M}(\tau)$ puis en retranchant $\Pi(t)$à chaque membre et enfin en divisant chacun par Δt: $\dfrac{\Pi(t + \Delta t) - \Pi(t)}{\Delta t} = \Pi(t) \cdot \dfrac{\mathbf{M}(\Delta t) - I}{\Delta t}$.

Par passage à la limite pour Δt tendant vers 0, il vient : $\Pi'(t) = \Pi(t) \cdot \boldsymbol{A}$.

5.7 Ergodicité

Nous commencerons par prendre un exemple : celui de l'ingénieur dans son bureau. Nous connaissons les expressions des probabilités de transition entre t et $t + \Delta t$, c'est-à-dire sur un intervalle de temps infinitésimal Δt; calculons maintenant ces probabilités pour un intervalle de temps quelconque, d'amplitude t. Dans l'équation de Chapman-Kolmogorov faisons $\tau = \Delta t$ et $i = j = 0$:

$$p_{00}(t + \Delta t) = \sum_k p_{0k}(t) \cdot p_{k0}(\Delta t) = p_{00}(t)(1 - \lambda \Delta t) + p_{01}(t) \cdot \mu \Delta t + o(\Delta t).$$

D'où : $$\frac{p_{00}(t + \Delta t) - p_{00}(t)}{\Delta t} = -\lambda \cdot p_{00}(t) + \mu \cdot p_{01}(t) + \frac{o(\Delta t)}{\Delta t}.$$

Par passage à la limite pour Δt tendant vers 0, il vient :

$$p'_{00}(t) = -\lambda \cdot p_{00}(t) + \mu \cdot p_{01}(t);$$

Or $p_{00}(t) + p_{01}(t) = 1$, d'où :

$p'_{00}(t) = -\lambda \cdot p_{00}(t) + \mu(1 - p_{00}(t))$, soit : $p'_{00}(t) + (\lambda + \mu) \cdot p_{00}(t) = \mu$.

Il s'agit d'une équation différentielle du premier ordre, à coefficients constants et avec second membre. Sa solution, $p_{00}(t)$, sera la somme de l'« intégrale générale » sans second membre, soit $K \cdot \exp[-(\lambda + \mu)t]$, et d'une intégrale particulière avec le second membre, soit $\mu/(\lambda + \mu)$. On a donc : $p_{00}(t) = K e^{-(\lambda+\mu)t} + \dfrac{\mu}{\lambda + \mu}$.

Sachant que $p_{00}(0) = 1$, la constante K vaut : $K = \lambda/(\lambda + \mu)$.

Finalement $$p_{00}(t) = \frac{\lambda}{\lambda + \mu} e^{-(\lambda+\mu)t} + \frac{\mu}{\lambda + \mu}.$$

On en déduit $p_{01}(t) = -\dfrac{\lambda}{\lambda + \mu} e^{-(\lambda+\mu)t} + \dfrac{\lambda}{\lambda + \mu}$, car $p_{01}(t) = 1 - p_{00}(t)$.

De même on montrerait que :

$$p_{10}(t) = -\frac{\mu}{\lambda + \mu} e^{-(\lambda+\mu)t} + \frac{\mu}{\lambda + \mu}$$

$$p_{11}(t) = \frac{\mu}{\lambda + \mu} e^{-(\lambda+\mu)t} + \frac{\lambda}{\lambda + \mu}, \text{ avec } p_{10}(t) + p_{11}(t) = 1.$$

Matriciellement :

$$\mathbf{M}(t) = \begin{bmatrix} p_{00}(t) & p_{01}(t) \\ p_{10}(t) & p_{11}(t) \end{bmatrix} = \frac{e^{-(\lambda+\mu)t}}{\lambda + \mu} \begin{bmatrix} \lambda & -\lambda \\ -\mu & \mu \end{bmatrix} + \frac{1}{\lambda + \mu} \begin{bmatrix} \mu & \lambda \\ \mu & \lambda \end{bmatrix}$$

Remarque importante. Si l'on fait tendre t vers l'infini, les probabilités de transition $p_{00}(t)$ et $p_{10}(t)$ ont la même limite : $\dfrac{\mu}{\lambda + \mu}$ (car : $e^{-\infty} = 0$).

De même, $p_{01}(t)$ et $p_{11}(t)$ ont la même limite : $\dfrac{\lambda}{\lambda + \mu}$.

Ces limites sont les mêmes quelque soit l'état initial : E_0 ou E_1.

Ce fait a une conséquence importante pour les probabilités des états : supposons qu'à $t = 0$ on ait une répartition quelconque des probabilités des états, soit : $\pi_0(0) = a$ et $\pi_1(0) = b$, soit $\Pi(0) = [a, b]$, où a et b sont des réels positifs ou nuls, tels que $a + b = 1$.

Évaluons les probabilités d'états E_0 et E_1 à l'instant t :

$$\pi_0(t) = \sum_i \pi_i(0) \cdot p_{ij}(t) = \pi_0(0) \cdot p_{00}(t) + \pi_1(0) \cdot p_{10}(t) = ap_{00}(t) + bp_{10}(t).$$

D'où : $\pi_0(t) = (a + b)\dfrac{\mu}{\lambda + \mu} + e^{-(\lambda+\mu)t} \cdot \dfrac{a\lambda - b\mu}{\lambda + \mu}$,

et : $\pi_1(t) = (a + b)\dfrac{\lambda}{\lambda + \mu} - e^{-(\lambda+\mu)t} \cdot \dfrac{a\lambda - b\mu}{\lambda + \mu}$. On vérifie : $\pi_0(t) + \pi_1(t) = 1$.

Prenons alors les limites de ces probabilités d'états quand t tend vers l'infini :

$$\pi_0(t) \text{ tend vers } \pi_0^* = \frac{\mu}{\lambda + \mu}; \text{ de même : } \pi_1^* = \frac{\lambda}{\lambda + \mu} \quad (\text{car } a + b = 1).$$

Ainsi, les probabilités des états tendent, ici, vers une limite positive, indépendante de la distribution initiale. On dit alors que le processus de Markov est « *fortement ergodique* ».

D'une manière générale, nous dirons d'un processus de Markov (homogène) qu'il est « *fortement ergodique* » si toute probabilité de transition $p_{ij}(t)$ admet, quand t tend vers l'infini, une limite **positive** p_j^*, indépendante de l'état initial E_i. La matrice $\mathbf{M}(t)$ aura alors pour limite la matrice $\mathbf{M}^*$ dont toutes les lignes sont identiques et égales à $[p_0^*, p_1^*, p_2^*, \cdots]$. Ainsi dans notre exemple :

$$\mathbf{M}^* = \begin{bmatrix} \dfrac{\mu}{\lambda + \mu} & \dfrac{\lambda}{\lambda + \mu} \\ \dfrac{\mu}{\lambda + \mu} & \dfrac{\lambda}{\lambda + \mu} \end{bmatrix}$$

Par conséquent, le vecteur des probabilités des états admet une limite Π^*, positive, indépendante de la distribution initiale.

En effet, puisque $\Pi(t) = \Pi(0) \cdot \mathbf{M}(t)$, par passage à la limite, il vient : $\Pi^* = \Pi(0) \cdot \mathbf{M}^*$.

Exemple. Sans perte de généralité, on peut considérer un processus de Markov, fortement ergodique, avec 3 états : $\mathscr{E} = \{E_0, E_1, E_2\}$; prenons une répartition initiale quelconque $\Pi(0) = [a, b, c]$ où a, b, c sont positifs ou nuls et $a + b + c = 1$. Détaillons le produit matriciel ci-dessus :

$$\Pi^* = [a, b, c] \cdot \begin{bmatrix} p_0^* & p_1^* & p_2^* \\ p_0^* & p_1^* & p_2^* \\ p_0^* & p_1^* & p_2^* \end{bmatrix} = [p_0^*(a+b+c), p_1^*(a+b+c), p_2^*(a+b+c)],$$

soit $\Pi^* = [p_0^*, p_1^*, p_2^*]$: cette limite est, elle aussi, positive et indépendante de la distribution initiale $\Pi(0)$. Remarquons, en outre, que pour tout état E_i, on a : $\pi_i^* = p_i^*$.

On peut donner une *condition suffisante de forte ergodicité* (admise ici) pour un processus de Markov : c'est que son graphe soit fortement connexe et fini. Ce qui était le cas dans notre exemple. Rappelons que « graphe fini » équivaut à : « $\mathscr{E}$ fini ».

Nous verrons ultérieurement que, pour un processus de Markov comportant un nombre infini d'états, la forte ergodicité peut avoir lieu ou pas, selon les valeurs relatives des différents taux λ_{ij} (comme plus bas, dans les processus de naissance et de mort).

Précisons enfin qu'un processus de Markov est « *ergodique* » (on dit aussi « *simplement ergodique* ») si toute probabilité de transition $p_{ij}(t)$ admet, quand t tend vers l'infini, une limite **positive ou nulle** p_j^* indépendante de l'état initial E_i. Les états E_j, tels que $p_j^* = 0$, sont des *états transitoires*.

5.8 Calcul des probabilités des états en régime permanent–théorème des coupes

Soit un processus de Markov homogène, fortement ergodique. On dit que ce processus est en « *régime permanent* », si t est suffisamment grand pour que les probabilités des états aient atteint leur limite; alors : $\pi_i(t) = \pi_i^*$.

On se propose de calculer ces probabilités des états en régime permanent. Ce calcul peut se pratiquer soit en résolvant un système d'équations linéaires, soit en appliquant le théorème des coupes (qui conduit à un calcul plus aisé, en particulier si le graphe associé au processus de Markov présente une structure régulière).

5.8.1 Théorème des coupes

On nomme « *fréquence des transitions de l'état E_i vers l'état E_j en régime permanent* », la quantité $\varphi_{ij} = \pi_i^* \cdot \lambda_{ij}$.

Soit B un sous-ensemble d'états : $B \subset \mathscr{E}$. La « coupe », associée à B (ou « coupe B »), désigne l'ensemble des arcs ayant une extrémité et une seule dans B (en théorie des graphes, on utilise le terme : « cocycle associé à B », noté $\omega(B)$). Cet ensemble d'arcs comporte deux parties : $\omega^+(B)$ (resp. $\omega^-(B)$), l'ensemble des arcs ayant leur extrémité initiale (resp. terminale) dans B et leur extrémité terminale (resp. initiale) dans $\bar{B}$.

On nomme « *fréquence des transitions vers l'extérieur de B* » la quantité :

$$\varphi_{B \to \bar{B}} = \sum_{E_i \in B} \sum_{E_j \in \bar{B}} \pi_i^* \cdot \lambda_{ij} = \sum_{(E_i, E_j) \in \omega^+(B)} \pi_i^* \cdot \lambda_{ij}.$$

De même, la « *fréquence des transitions vers l'intérieur de B* » est la quantité :

$$\varphi_{\overline{B}\to B} = \sum_{E_i \in B} \sum_{E_j \in \overline{B}} \pi_i^* \cdot \lambda_{ij} = \sum_{(E_i, E_j) \in \omega^-(B)} \pi_i^* \cdot \lambda_{ij}.$$

On peut alors énoncer le **théorème des coupes** :

pour tout processus de Markov, homogène, fortement ergodique, en régime permanent, la fréquence des transitions vers l'extérieur de toute coupe B est égale à la fréquence des transitions vers l'intérieur de B.

Soit, pour tout $B \subset \mathscr{E}$,

$$\varphi_{B\to\overline{B}} = \varphi_{\overline{B}\to B}.$$

Donnons un premier exemple d'application (bureau de l'ingénieur).

En prenant $B = \{E_0\}$ et $\overline{B} = \{E_1\}$, il vient :

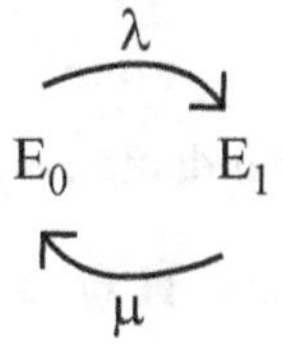

$$\varphi_{B\to\overline{B}} = \varphi_{01} = \lambda\pi_0^* \quad ; \quad \varphi_{\overline{B}\to B} = \varphi_{10} = \mu\,\pi_1^*.$$

D'où : $\lambda\pi_0^* = \mu\pi_1^*$. Puisque $\pi_0^* + \pi_1^* = 1$, on en déduit :

$$\pi_0^* = \frac{\mu}{\lambda + \mu} \text{ et } \pi_1^* = \frac{\lambda}{\lambda + \mu}.$$

On retrouve les valeurs obtenues au paragraphe précédent, en prenant la limite de $\pi_0(t)$ et $\pi_1(t)$ quand t tend vers l'infini : le lecteur appréciera le gain de temps obtenu en appliquant le théorème des coupes.

Voici une **démonstration du théorème des coupes** :

On a montré que :

$$\pi_i(t + \tau) = \sum_k \pi_k(t) \cdot p_{ki}(\tau).$$

En prenant $\tau = \Delta t$, et en exprimant les probabilités de transition $p_{ki}(\tau)$ sur cet intervalle de temps infinitésimal, il vient :

$$\pi_i(t + \Delta t) = \left[\sum_{k \neq i} \pi_k(t) \cdot \lambda_{ki} \Delta t\right] + \pi_i(t)(1 - q_i \Delta t) + o(\Delta t).$$

En régime permanent, les probabilités des états ont atteint leur valeur limite, soit : $\pi_i(t + \Delta t) = \pi_i(t) = \pi_i^*$. D'où :

$$\pi_i^* = \left[\sum_{k \neq i} \pi_k^* \cdot \lambda_{ki}\right] \Delta t + \pi_i^*(1 - q_i \Delta t) + o(\Delta t).$$

En simplifiant dans chaque membre π_i^*, puis en divisant par Δt que l'on fait alors tendre vers 0, il vient :

$$0 = \left[\sum_{k \neq i} \pi_k^* \lambda_{ki}\right] - \pi_i^* \sum_{j \neq i} \lambda_{ij}, \text{ car } q_i = \sum_{j \neq i} \lambda_{ij}.$$

Soit pour tout état E_i : $\sum_{j \neq i} \pi_i^* \cdot \lambda_{ij} = \sum_{k \neq i} \pi_k^* \cdot \lambda_{ki}$, c'est-à-dire $\sum_{j \neq i} \varphi_{ij} = \sum_{k \neq i} \varphi_{ki}$.

On reconnaît (par analogie avec la loi des nœuds en électricité) la « *loi de Kirchhoff* » appliquée au sommet E_i. Les φ_{ij} constituent donc un flot sur le graphe simplifié du processus de Markov (au besoin se reporter au sous-chapitre 4.4).

On montre aisément que, si la loi de Kirchhoff appliquée est vérifiée en tout sommet d'un graphe, elle est aussi vérifiée pour tout ensemble de sommets B:

$\varphi_{B \to \overline{B}} = \varphi_{\overline{B} \to B}$; ainsi le théorème est prouvé.

5.8.2 Calcul algébrique de Π^*

Le calcul des probabilités des états en régime permanent peut aussi se faire en résolvant un système linéaire.

On a vu que : $\Pi'(t) = \Pi(t) \cdot \boldsymbol{A}$. En régime permanent $\Pi(t)$ atteint une limite Π^* (indépendante de la distribution initiale $\Pi(0)$) :

Alors $\Pi'(t) = \frac{\mathrm{d}}{\mathrm{d}t}\, \Pi^* = \mathbf{0}$ où $\mathbf{0} = [0, 0, \cdots, 0]$, car la dérivée d'un vecteur constant est le vecteur nul $\mathbf{0}$ ici de format $1 \times r$ (on a supposé que Card $\mathscr{E} = r$: le processus comporte r états). D'où le système :

$$0 = \pi^* \cdot \boldsymbol{A}\ ;\ \sum_{i=1}^{r} \pi_i^* = 1 \text{ (ce qui s'écrit aussi : } \Pi^* \cdot \mathbf{1} = 1 \text{ où } \mathbf{1} = [1, 1, \cdots, 1]).$$

On montre que pour un processus de Markov fortement ergodique, ce système admet une solution unique, strictement positive. Ainsi, pour notre exemple :

$$[0, 0] = [\pi_0^*, \pi_1^*] \cdot \begin{bmatrix} -\lambda & \lambda \\ \mu & -\mu \end{bmatrix} \text{ et } \pi_0^* + \pi_1^* = 1.$$

On retrouve le système $\lambda \cdot \pi_0^* = \mu \cdot \pi_1^*$ et $\pi_0^* + \pi_1^* = 1$, puis:

$$\pi_0^* = \frac{\mu}{\lambda + \mu} \text{ et } \pi_1^* = \frac{\lambda}{\lambda + \mu}.$$

Exemple. Un atelier comporte deux machines identiques ; chacune à une « fiabilité » exponentielle de taux λ c'est-à-dire que la probabilité qu'une machine donnée en marche à t, tombe en panne entre t et $t + \mathrm{d}t$, vaut $\lambda\, \mathrm{d}t + o(\mathrm{d}t)$. Lorsque panne survient, la réparation requiert l'intervention de deux réparateurs : R_1 puis R_2 (et toujours dans cet ordre) ; l'atelier ne dispose que d'un seul réparateur R_1 et d'un seul réparateur R_2. Les durées des réparations chez R_1 comme chez R_2 suivent des lois exponentielles de taux respectifs μ_1 et μ_2 (la probabilité qu'une réparation, en cours à t chez R_1, se termine entre t et $t + \mathrm{d}t$ vaut : $\mu_1\, \mathrm{d}t + o(\mathrm{d}t)$ et $\mu_2\, \mathrm{d}t + o(\mathrm{d}t)$ pour R_2. Toute machine réparée est immédiatement remise en service. Les délais d'intervention des réparateurs, si ceux-ci sont disponibles, sont négligeables. On se propose de modéliser le fonctionnement de cet atelier par un processus de Markov ; on montrera qu'il est fortement ergodique, puis on calculera les probabilités des états en régime permanent (par application du théorème des coupes) dans le cas où $\mu_1 = \mu_2 = \mu$. On en déduira la valeur de deux paramètres intéressants : la « *disponibilité* » D^* de l'atelier, c'est-à-dire la probabilité, en régime permanent, qu'au moins l'une des deux machines soit en état de marche, ainsi que $\overline{d}$: durée moyenne d'une période de disponibilité. Les états du système (atelier) sont les suivants :

E_0 : aucune machine en panne ;

E_1 : une machine en panne, chez R_1 ;

E_2 : une machine en panne, chez R_2 ;

E_3 : deux machines en panne : l'une chez R_1, l'autre attend R_1 ;

E_4 : deux machines en panne : l'une chez R_1, l'autre chez R_2 ;

E_5 : deux machines en panne : l'une chez R_2, l'autre attend R_2.

Ainsi: $\mathscr{E} = \{E_0, E_1, \cdots, E_5\}$.

Voici le graphe des transitions entre t et $t + dt$, puis le graphe simplifié :

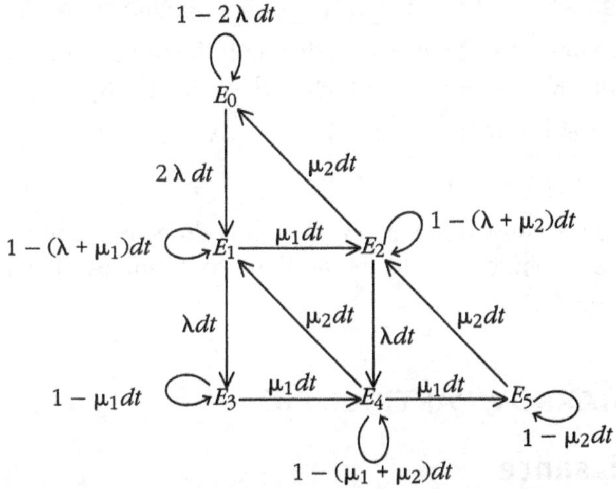

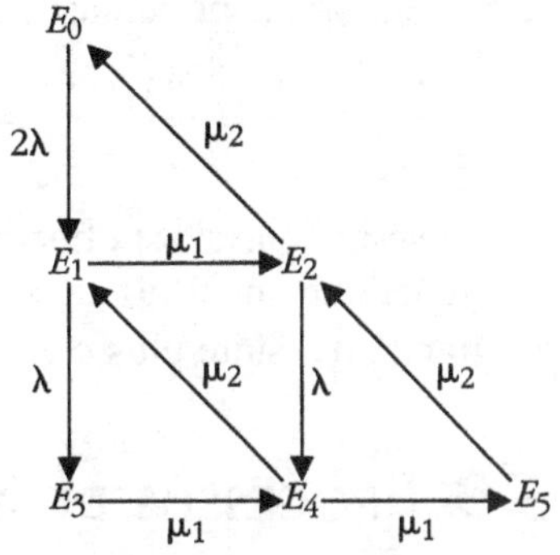

Remarquer que lorsque deux machines sont en marche à t, la probabilité que l'une des deux tombe en panne entre t et $t + dt$ est : $\mathbf{2\lambda} dt + o(dt)$.

Le graphe est fortement connexe (en effet, il comporte un circuit hamiltonien : (0, 1, 3, 4, 5, 2, 0)) et fini : le processus est donc fortement ergodique.

Pour calculer les probabilités des états en régime permanent, on pourrait résoudre le système $\Pi^* \cdot A = 0$ avec $\sum_{i=0}^{4} \pi_i^* = 1$, mais il est plus pratique d'utiliser le théorème des coupes (on a posé $\mu_1 = \mu_2 = \mu$) :

$\{E_0\}$: $2\lambda \cdot \pi_0^* = \mu \cdot \pi_2^*$; $\{E_1\}$: $(\lambda + \mu) \cdot \pi_1^* = 2\lambda \cdot \pi_0^* + \mu \cdot \pi_4^*$;

$\{E_2\}$: $(\lambda + \mu) \cdot \pi_2^* = \mu \cdot \pi_1^* + \mu \cdot \pi_5^*$; $\{E_3\}$: $\mu \cdot \pi_3^* = \lambda \cdot \pi_1^*$;

$\{E_4\}$: $2\mu \cdot \pi_4^* = \lambda \cdot \pi_2^* + \mu \cdot \pi_3^*$; $\{E_5\}$: $\mu \cdot \pi_5^* = \mu \cdot \pi_4^*$;

et : $\pi_0^* + \pi_1^* + \cdots + \pi_5^* = 1$.

On a donc $\pi_4^* = \pi_5^*$ d'après (5) : puis (0) et (1) donnent :

$$\mu \cdot \pi_4^* + \mu \cdot \pi_2^* = (\lambda + \mu) \cdot \pi_1^*$$

et (2) et (5) donnent :

$$\mu \cdot \pi_4^* + \mu \cdot \pi_1^* = (\lambda + \mu)\pi_2^*.$$

La différence membre à membre de ces deux relations fournit : $\mu \cdot (\pi_2^* - \pi_1^*) = -(\lambda + \mu) \cdot (\pi_2^* - \pi_1^*)$, d'où : $\pi_1^* = \pi_2^*$; (2) s'écrit alors : $\mu \cdot \pi_5^* = \lambda \cdot \pi_2^*$ et (3) : $\lambda \cdot \pi_2^* = \mu \cdot \pi_3^*$. D'où : $\pi_3^* = \pi_5^*$. Finalement :

$$\pi_0^* = \pi_1^* = \frac{2\lambda}{\mu} \cdot \pi_0^* \quad \text{et} \quad \pi_3^* = \pi_4^* = \pi_5^* = \frac{2\lambda^2}{\mu^2} \cdot \pi_0^*.$$

$$\text{Or, } \pi_0^* + \pi_1^* + \cdots + \pi_5^* = 1, \text{ soit } \pi_0^* \cdot \left(1 + \frac{4\lambda}{\mu} + \frac{6\lambda^2}{\mu^2}\right) = 1 \text{ et :}$$

$$\pi_0^* = \frac{1}{1 + 4\lambda/\mu + 6\lambda^2/\mu^2}.$$

La disponibilité D^* est : $D^* = \pi_0^* + \pi_1^* + \pi_2^* = \dfrac{1 + 4\lambda/\mu}{1 + 4\lambda/\mu + 6\lambda^2/\mu^2}$.

On montre que la durée moyenne $\bar{d}$ d'une période de disponibilité (c'est-à-dire de séjour, en régime permanent, dans le sous-ensemble d'états $B = \{E_0, E_1, E_2\}$) vaut :

$$\bar{d} = \frac{\pi_B^*}{\varphi_{B \to \bar{B}}} = \frac{\pi_0^* + \pi_1^* + \pi_2^*}{\varphi_{B \to \bar{B}}} = \frac{\pi_0^*(1 + 4\lambda/\mu)}{\lambda(\pi_1^* + \pi_2^*)} = \frac{1 + 4\lambda/\mu}{4\lambda^2/\mu} = \frac{4\lambda + \mu}{4\lambda^2} = \frac{1}{\lambda} + \frac{\mu}{4\lambda^2}.$$

On vérifie que $\bar{d}$ est effectivement supérieure à $1/\lambda$, qui est la durée moyenne de bon fonctionnement d'une seule machine. Plus les réparations sont rapides, plus μ est grand : par suite plus $\bar{d}$ est grand.

5.9 Processus de Markov particuliers

5.9.1 Processus de naissance

Utilisés dès 1940 par Lundberg pour des statistiques d'accidents, puis vers 1943 par Arley à propos du rayonnement cosmique, ils ont été employés vers 1950 par Kendall, Bartlett et Feller en biologie. Nous les utiliserons en recherche opérationnelle, par exemple pour représenter des arrivées aléatoires de clients dans des files d'attente ou encore des occurrences de pannes d'équipements.

Par définition, un processus de Markov homogène X_t est un *processus de naissance* si les probabilités de transition entre t et $t + \Delta t$, ont pour expression :

$$\begin{cases} p_{i,\,i+1}(\Delta t) = \lambda_i \cdot \Delta t + o(\Delta t) \\ p_{i,\,i}(\Delta t) = 1 - \lambda_i \cdot \Delta t + o(\Delta t) \end{cases}$$

où $\lambda_i = \lambda_{i,\,i+1}$ est le « *taux de naissance* » à partir de l'état E_i. Les probabilités de transition de i vers $i + 2, i + 3, \ldots$, sont négligeables. Celles de i vers $i - 1, i - 2, \ldots$, sont nulles.

X_t peut être vu comme la taille d'une « population » (au sens statistique du terme), à l'instant t, exprimée en nombres d'« individus » présents. Dans l'état E_k, k individus sont présents (on confond donc le plus souvent l'ensemble des états $\mathscr{E}$ avec $\mathbb{N}$). La probabilité d'apparition (ou « *naissance* ») d'un nouvel individu entre t et $t + \Delta t$, lorsque la population comporte i individus à t, est : $\lambda_i \, \Delta t + o(\Delta t)$; celle d'apparition de plusieurs individus entre t et $t + \Delta t$ est négligeable (en $o(\Delta t)$).

Notons qu'ici aucune disparition (ou « *mort* ») ne peut se produire. Voici le graphe des transitions entre états, entre t et $t + \Delta t$:

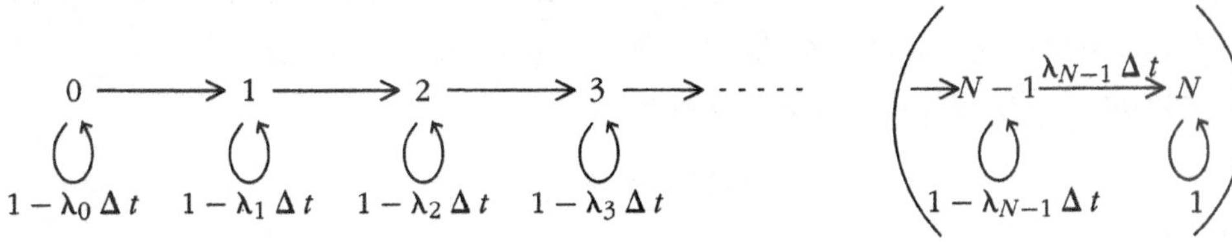

Le processus est dit « *ouvert* » si λ_i est strictement positif pour toute taille (état) i de la population. Alors cette taille tend vers l'infini quand t tend vers l'infini : le processus n'est pas ergodique. Toutefois, pour t fini, on peut chercher à calculer les probabilités des états $\pi_i(t)$, sachant qu'initialement elle est de taille nulle : $X_0 = 0$. C'est ce que nous ferons ci-dessous pour les processus de Poisson.

Indiquons que ce calcul n'est possible que si λ_i ne croît pas « trop vite » avec i ; on montre que les probabilités des états à t (fini) n'existent que si la série $\sum 1/\lambda_i$ diverge. Intuitivement, puisque $1/\lambda_i$ est le temps moyen de séjour de l'état i, la somme $1/\lambda_0 + 1/\lambda_1 + \cdots + 1/\lambda_n$ représente l'espérance du temps passé dans les états 0, $1, \cdots n$. Si la série converge, la population atteint une taille moyenne infinie en un temps fini... Ce serait le cas, par exemple, pour $\lambda_i = (i + 1)^2 \cdot \lambda$.

Au contraire, le processus est dit « *fermé* » s'il existe une taille N telle que $\lambda_N = 0$ (sachant que λ_i est positif pour tout $i = 0, 1, \cdots, N - 1$). La population devient « stérile » dès qu'elle a atteint la taille N. En pratique, c'est le cas des systèmes à capacité limitée à N unités : lorsque cette capacité est atteinte, il n'y a plus d'arrivée (naissance). Ainsi si un standard téléphonique est saturé (ses N lignes étant occupées) les appels qui arrivent alors sont perdus.

Le processus fermé est ergodique (mais pas fortement ergodique) : quand t tend vers l'infini, on a : $\pi_0^* = \pi_1^* = \cdots = \pi_{N-1}^* = 0$ et $\pi_N^* = 1$. L'état N est « *absorbant* ».

5.9.2 Processus de Poisson

Par définition, un processus de Poisson est un processus de naissance ouvert pour lequel le taux de naissance ne dépend pas de la taille de la population :

$\lambda_i = \lambda$ pour $i = 0, 1, 2, \cdots$

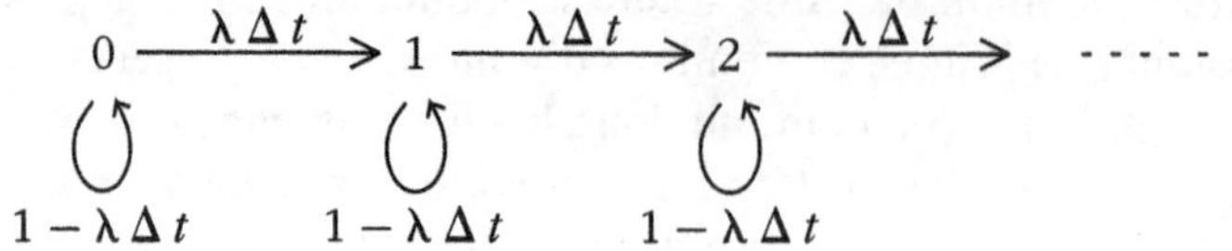

Supposons qu'à $t = 0$, la taille de la population soit nulle : $X_0 = 0$ et exprimons les probabilités des états à $t + \Delta t$ en fonction de celles-ci à t, et du taux de naissance λ.

$$\begin{cases} \pi_0(t + \Delta t) = \pi_0(t)\cdot(1 - \lambda\, \Delta\, t) + o(\Delta t) & (5.1) \\ \pi_n(t + \Delta t) = \pi_{n-1}(t)\cdot\lambda\, \Delta t + \pi_n(t)\cdot(1 - \lambda\, \Delta\, t) + o(\Delta t)\ (n = 1, 2, \cdots). & (5.2) \end{cases}$$

La relation (5.1) entraîne $\pi'_0(t) = -\lambda\cdot\pi_0(t)$, d'où : $\pi_0(t) = K\cdot e^{-\lambda t}$.

Puisque $\pi_0(0) = 1$, il vient $K = 1$ et :

$$\boldsymbol{\pi_0(t) = e^{-\lambda t}}.$$

La relation (5.2) :

- pour $n = 1$ fournit : $\pi'_1(t) = \lambda\cdot\pi_0(t) - \lambda\cdot\pi_1(t)$, soit $\pi'_1(t) + \lambda\cdot\pi_1(t) = \lambda e^{-\lambda t}$, qui a pour solution $\pi_1(t) = \lambda t\, e^{-\lambda t}$.
- Pour $n = 2$, on obtient alors : $\pi'_2(t) + \lambda\cdot\pi_2(t) = \lambda^2 e^{-\lambda t}$ qui a pour solution

$\dfrac{\lambda^2 t^2}{2}\cdot e^{-\lambda t}$.

- Pour $n = 3$, on trouve : $\pi_3(t) = \dfrac{\lambda^3 t^3}{6} e^{-\lambda t}$.
- Pour $n = 4$, on trouve : $\dfrac{\lambda^4 t^4}{24} e^{-\lambda t} = \dfrac{(\lambda t)^4}{4!} e^{-\lambda t}$.

On fait alors l'hypothèse de récurrence :

$$\boldsymbol{\pi_n(t) = \frac{(\lambda t)^n}{n!} e^{-\lambda t}}$$

et l'on montre que $\pi_{n+1}(t)$ a la forme analogue : $\pi_{n+1}(t) = \dfrac{(\lambda t)^{n+1}}{(n+1)!} e^{-\lambda t}$.

Connaissant, désormais, les probabilités des états d'un processus de Poisson, on peut calculer l'espérance et la variance du nombre de naissances entre 0 et t (ou entre θ et $\theta + t$ puisque le processus est homogène) :

$$\begin{aligned} E(X_t) &= \sum_{n=0}^{\infty} n\cdot\pi_n(t) = e^{-\lambda t}\sum_{n=1}^{\infty} n\frac{(\lambda t)^n}{n\cdot(n-1)!} = e^{-\lambda t}\cdot\lambda t\sum_{n=1}^{\infty}\frac{(\lambda t)^{n-1}}{(n-1)!} \\ &= e^{-\lambda t}\cdot\lambda t\cdot e^{\lambda t} = \lambda t. \end{aligned}$$

Par abus de langage, nous dirons que le « nombre moyen » de naissances sur un intervalle de temps d'amplitude t est λt. La variance est :

$$\operatorname{var} X_t = E(X_t^2) - (E(X_t))^2 = \sum_{n=0}^{\infty} n^2 \cdot \pi_n(t) - (\lambda t)^2;$$

par un calcul analogue à celui ci-dessus, il vient : $\operatorname{var} X_t = \lambda t$.

Rappelons, en résumé, les **propriétés importantes du processus de Poisson** :

- il est homogène, ce qui se traduit par le fait que le taux de naissance λ est indépendant du temps ;
- c'est une loi à « *accroissements indépendants* » : les nombres de naissances X^1 et X^2 sur deux intervalles de temps T^1 et T^2 disjoints, sont des variables aléatoires indépendantes ;
- la probabilité d'occurrence « simultanée » (c'est-à-dire entre t et $t + \Delta t$) de plusieurs événements (naissances) est négligeable : elle est en $o(\Delta t)$;
- le processus n'est pas ergodique : le nombre de naissances X_t tend vers l'infini quand t tend vers l'infini.

Remarque. Le processus (ou loi) de Poisson se rencontre fréquemment en pratique : arrivées d'usagers à un arrêt d'autobus, à un guichet de banque ; occurrence de pannes de composants électroniques (ou de certains moteurs) ; arrivées d'appels à un standard téléphonique ; arrivées de processus (requêtes) dans un système ou réseau informatique.

5.9.3 Loi exponentielle

Soit un processus de Poisson de taux μ ; considérons l'intervalle de temps T séparant deux événements (naissances) consécutifs. En remarquant que T sera supérieur à t si et seulement si aucune naissance n'a lieu entre 0 et t, il vient :

$$P[T > t] = P\begin{bmatrix} \text{0 naissance sur un intervalle} \\ \text{de temps d'amplitude } t \end{bmatrix} = \pi_0(t) = e^{-\mu t},$$

la variable aléatoire T est donc régie par une loi exponentielle. La densité de probabilité de T, notée $f(t)$, vaut :

$$f(t)\mathrm{d}t = P[t < T \leqslant t + \mathrm{d}t] = d(P[T \leqslant t]) = d(1 - e^{-\mu t}) = \mu e^{-\mu t}\mathrm{d}t.$$

La durée moyenne entre deux naissances consécutives, autrement dit $E(T)$, est :

$$E(T) = \int_0^{\infty} t \cdot f(t) \cdot \mathrm{d}t = \int_0^{\infty} t\,\mu\, e^{-\mu t}\mathrm{d}t = \frac{1}{\mu}.$$

On peut aussi calculer $\operatorname{var} T = \sigma_T^2$. Elle est égale à : $\frac{1}{\mu^2}$.

Une propriété importante de la loi exponentielle est la suivante :

cherchons la probabilité d'occurrence d'un événement entre t et $t + \mathrm{d}t$, sachant qu'il y a eu un événement à $t = 0$, puis aucun événement entre 0^+ et t :

$$P[t < T \leqslant t + \mathrm{d}t | T > t] = \frac{P[t < T \leqslant t + \mathrm{d}t \text{ et } T > t]}{P[T > t]} = \frac{P[t < T \leqslant t + \mathrm{d}t]}{P[T > t]}$$

$$= \frac{\mu \cdot e^{-\mu t} \cdot \mathrm{d}t}{e^{-\mu t}} = \mu \cdot \mathrm{d}t.$$

Notons la simplification par $e^{-\mu t}$ qui a une conséquence importante :

On trouve $\mu \cdot \mathrm{d}t$: cette valeur est **indépendante de t** (ce qui est lié à la propriété « sans mémoire » du processus de Markov qu'est le processus de Poisson de taux μ, considéré ici). En pratique, prenons deux exemples :

- supposons d'abord qu'une conversation téléphonique, se déroulant dans une cabine publique, suive une loi exponentielle et qu'à l'extérieur une personne attende que la cabine se libère... Alors, que cette personne ait attendu 10 secondes, 5 minutes ou 1 heure, la probabilité que la conversation se termine dans la seconde qui suit ($\mathrm{d}t = 1$ s) est la même ! Tout se passe comme si, à chaque instant, la conversation venait de commencer...
- Considérons ensuite un équipement de fiabilité exponentielle (c'est-à-dire que si T est la date de sa panne, on a $P[T > t] = e^{-\mu t}$). À tout instant, tout se passe comme si l'équipement était neuf. Aussi, pratiquer un renouvellement préventif sur un tel équipement reviendrait... à mettre à la poubelle un équipement neuf !

Terminons par une remarque. Pour la loi exponentielle, le carré du coefficient de variation : $\sigma_T^2/(E(T))^2$ est égal à 1. Pour des lois moins dispersées que la loi exponentielle, ce coefficient est inférieur à 1 : tel est le cas pour la loi d'Erlang-k (déduite d'un processus de Poisson de taux $k\mu$, dans lequel on regroupe les événements en groupes de k événements) dont la densité de probabilité est : $f(t) = \dfrac{(k\mu)^k t^{k-1} e^{-k\mu t}}{(k-1)!}$; alors $E(T) = \dfrac{1}{\mu}$ et $\sigma_T^2 = 1/k\mu^2$; le carré du coefficient de variation vaut donc $1/k$: k étant un entier positif, on a donc : $\sigma_T^2/(E(T))^2 < 1$.

Au contraire, pour des lois plus dispersées que la loi exponentielle, ce coefficient est supérieur à 1 ; ainsi pour les lois hyper-exponentielles dont la densité de probabilité est : $f(t) = \sum_{i=1}^{r} a_i \lambda_i e^{-\lambda_i t}$, où $\sum_{i=1}^{r} a_i = 1$ et $a_i > 0$. Alors $\mathrm{E(T)} = \sum_{i=1}^{\pi} \dfrac{a_i}{\lambda_i}$ et $\sigma_T^2/(\mathrm{E(T)})^2 > 1$.

5.9.4 Processus de mort

Soit le processus stochastique X_t, où X_t s'interprète comme la taille d'une population à l'instant t, initialement non nulle : $X_0 = M$. La probabilité de disparition d'un individu (on dit aussi *mort*, ou départ) entre t et $t + \Delta t$, lorsque la population comporte i individus est : $\mu_i \Delta t + o(\Delta t)$. Il ne se produit pas de naissance.

On a alors affaire à un processus de Markov dont voici le graphe des transitions entre t et $t + \Delta t$:

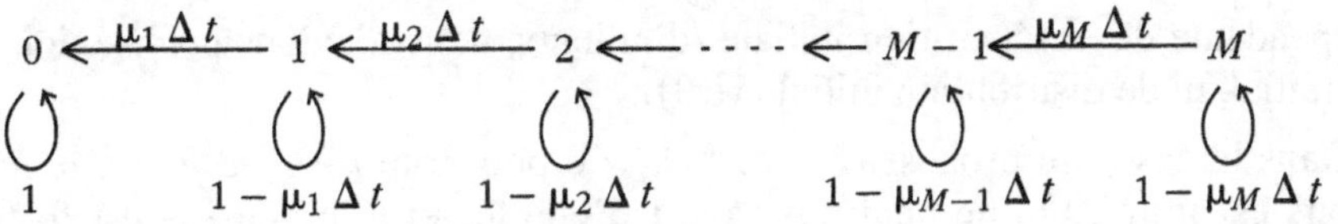

On suppose que $\mu_0 = 0$ et $\mu_i > 0$ pour $i = 1, 2, \cdots, M$.

Le processus de mort est ergodique ; quand t tend vers l'infini, on a les limites : $\pi_0^* = 1$ et $\pi_1^* = \pi_2^* = \cdots = \pi_M^* = 0$. E_0 est un *état absorbant*.

5.9.5 Processus de naissance et de mort

Nous passons maintenant à ce processus, très employé pour modéliser notamment des phénomènes d'attente ou encore des systèmes sujets à des pannes réparables. Le processus de naissance et de mort est obtenu en superposant un processus de naissance et un processus de mort. Ce processus de Markov X_t, où X_t représente la taille d'une population à l'instant t, est donné par les probabilités de transition entre t et $t + dt$ ci-dessous :

$$\begin{cases} p_{i,i+1}(\Delta t) = \lambda_i \Delta t + o(\Delta t) & \text{: une naissance entre } t \text{ et } t + dt \\ p_{i,i-1}(\Delta t) = \mu_i \Delta t + o(\Delta t) & \text{: une mort entre } t \text{ et } t + dt \\ p_{i,i}(\Delta t) = 1 - (\lambda_i + \mu_i) \Delta t + o(\Delta t) & \text{: ni naissance, ni mort entre } t \text{ et } t + dt \end{cases}$$

Voici le générateur infinitésimal associé, noté $\boldsymbol{A}$:

$$\boldsymbol{A} = \begin{bmatrix} -\lambda_0 & \lambda_0 & 0 & 0\cdots \\ \mu_1 & -(\lambda_1 + \mu_1) & \lambda_1 & 0\cdots \\ 0 & \mu_2 & -(\lambda_2 + \mu_2) & \lambda_2 \\ \vdots & \ddots & \ddots & \ddots \end{bmatrix}.$$

Dans le cas d'un processus *fermé* ($\lambda_N = 0$; $\lambda_i > 0$ pour $i = 1, 2, \cdots, N - 1$ et $\mu_i > 0$ pour $i = 1, 2, \cdots, N$), on a le graphe simplifié :

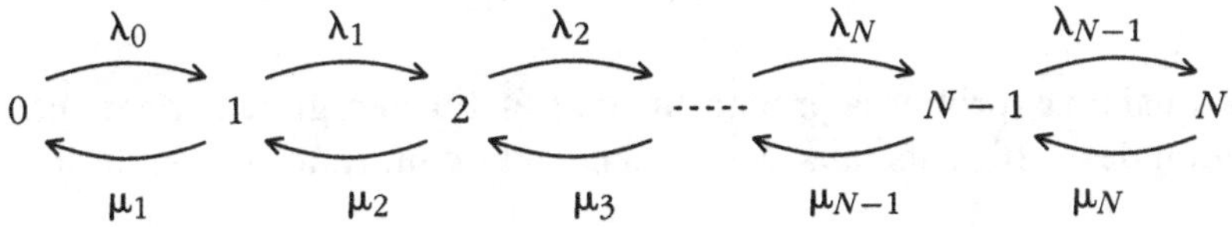

Le graphe étant fortement connexe et fini, le processus de naissance et de mort fermé est fortement ergodique (quelles que soient les valeurs relatives des taux de naissance et de mort). Rappelons qu'alors les probabilités des états tendent vers une limite :

$$\Pi^* = [\pi_0^*, \pi_1^*, \cdots, \pi_N^*] \text{ solution de } \boldsymbol{O} = \Pi^* \cdot \boldsymbol{A},$$

indépendante de la répartition initiale (d'ailleurs, nous n'avions précisé, ici, aucun état initial, ni de distribution initiale $\Pi(0)$).

Dans le cas d'un processus ouvert ($\lambda_i > 0$ pour tout $i = 1, 2, \cdots$), le nombre d'états est infini. On ne peut pas savoir d'emblée si le processus est fortement ergodique ou pas ; nous ferons cependant, l'hypothèse de forte ergodicité et trouverons, a posteriori, une condition portant sur les valeurs relatives des taux de naissance et de mort pour que cette hypothèse soit vérifiée. Reprenons le graphe simplifié :

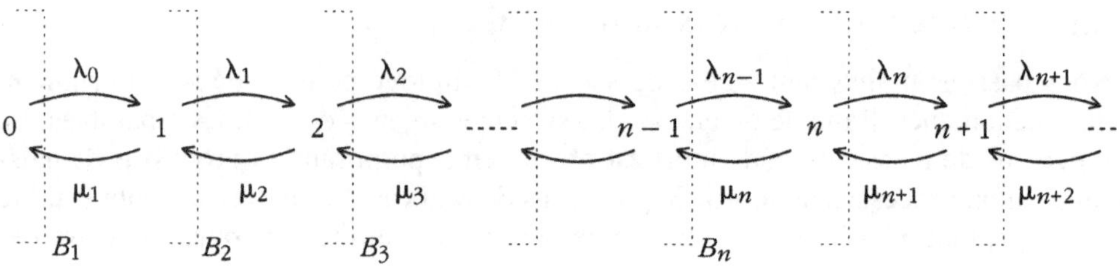

Soit B_n la « coupe » : $B_n = \{E_0, E_1, \cdots, E_{n-1}\}$. Plaçons-nous en régime permanent et appliquons le théorème des coupes à B_n, puis à B_{n-1}, $\cdots$, puis B_1 :

$$\begin{array}{rcl}
\lambda_{n-1} \cdot \pi_{n-1}^* & = & \mu_n \cdot \pi_n^* \\
\lambda_{n-2} \cdot \pi_{n-2}^* & = & \mu_{n-1} \cdot \pi_{n-1}^* \\
\vdots & & \vdots \\
\lambda_1 \cdot \pi_1^* & = & \mu_2 \cdot \pi_2^* \\
\lambda_0 \cdot \pi_0^* & = & \mu_1 \cdot \pi_1^* \\
\hline
\lambda_{n-1} \cdot \lambda_{n-2} \cdot \cdots \cdot \lambda_0 \cdot \pi_0^* & = & \mu_n \cdot \mu_{n-1} \cdot \cdots \cdot \mu_1 \cdot \pi_n^*
\end{array}$$

Le produit membre à membre de ces n relations fournit, après simplifications :

$$\pi_n^* = \frac{\lambda_{n-1} \cdot \lambda_{n-2} \cdot \cdots \cdot \lambda_0}{\mu_n \cdot \mu_{n-1} \cdot \cdots \cdot \mu_1} \cdot \pi_0^*.$$

On a ainsi pu exprimer la probabilité de l'état n en régime permanent, soit π_n^*, en fonction des différents taux de naissance et de mort, ainsi que de π_0^*. Reste à calculer π_0^*.

Cas du processus fermé, on écrit : $\sum_{n=0}^{N} \pi_n^* = 1$, d'où :

$$\pi_0^* = 1 \Big/ \left[1 + \sum_{n=1}^{N} \left(\prod_{k=1}^{n} \frac{\lambda_{k-1}}{\mu_k} \right) \right].$$

Ainsi, dans le cas simple : $\lambda_0 = \lambda_1 = \cdots = \lambda_{N-1} = \lambda$ et $\mu_1 = \mu_2 = \cdots = \mu_N = \mu$ (que l'on rencontrera plus loin dans les files d'attente) il vient :

$\pi_0^* = 1 \Big/ \left[1 + \frac{\lambda}{\mu} + \frac{\lambda^2}{\mu^2} + \cdots + \frac{\lambda^N}{\mu^N} \right]$; si $\lambda \neq \mu$, on a alors :

$$\pi_0^* = 1 \Bigg/ \frac{1 - \left(\frac{\lambda}{\mu}\right)^{N+1}}{1 - \frac{\lambda}{\mu}} = \frac{1 - \frac{\lambda}{\mu}}{1 - \left(\frac{\lambda}{\mu}\right)^{N+1}}, \text{ et si } \lambda = \mu \text{ , } \pi_0^* = \frac{1}{N+1}.$$

Cas du processus ouvert, $\sum_{n=0}^{\infty} \pi_\mu^*$ est une série (somme infinie de termes) qui doit converger vers 1 (la somme des probabilités des états étant égale à 1). Appliquons le critère de convergence de d'Alembert (qui est une condition suffisante de convergence) : si, à partir d'un certain rang N_0 (c'est-à-dire pour tout $n > N_0$) le rapport π_n^*/π_{n-1}^* est inférieur ou égal à $\alpha < 1$, la série est convergente.

Or $\frac{\pi_n^*}{\pi_{n-1}^*} = \frac{\lambda_{n-1}}{\mu_n}$; la condition $\frac{\lambda_{n-1}}{\mu_n} < 1$ peut s'interpréter ici comme suit : à partir d'une certaine taille N_0 , le taux de naissance doit être inférieur au taux de mort, pour toute coupe B_n ; sinon, on « sent » que la taille de la population s'accroîtrait jusqu'à l'infini : il ne saurait exister alors un régime permanent. On interprètera encore mieux cette condition pour les files d'attente (*M/M/*1 ou *M/M/S*, par exemple).

Dans le cas simple $\lambda_0 = \lambda_1 = \lambda_2 = \cdots = \lambda$ et $\mu_1 = \mu_2 = \mu_3 = \cdots = \mu$ avec $\lambda < \mu$, (nous verrons plus loin que c'est le cas de la file *M/M/*1) il vient : $\pi_n^* = \frac{\lambda^n}{\mu^n} \cdot \pi_0^*$; le calcul de π_0^* dans le cas ouvert conduit donc à sommer la série géométrique : $\pi_0^* \cdot \left[1 + \frac{\lambda}{\mu} + \frac{\lambda^2}{\mu^2} + \cdots + \frac{\lambda^n}{\mu^n} + \cdots \right] = 1$. Cette série est convergente lorsque $\frac{\lambda}{\mu} < 1$ et a pour somme $1 \Big/ \left(1 - \frac{\lambda}{\mu}\right)$. D'où,

$$\pi_0^* = 1 - \frac{\lambda}{\mu} \text{ et } \pi_n^* = \left(\frac{\lambda}{\mu}\right)^n \cdot \left(1 - \frac{\lambda}{\mu}\right) \text{ pour } n = 0, 1, 2, \cdots$$

5.10 Notion de programmation dynamique stochastique

Nous avons étudié au chapitre 4 la programmation dynamique se rapportant à des situations où le hasard n'intervient pas. Ici, au contraire, nous nous intéresserons aux cas où le *hasard* joue un rôle. Bien entendu, de ce fait, nous ne pourrons plus comparer directement les résultats de telle ou telle politique, mais seulement des espérances mathématiques de gain ou de coût. L'introduction de cette mesure des résultats impose un certain nombre de précautions et, notamment, ne peut donner des indications valables que si la loi des grands nombres s'applique dans le contexte du problème.

Nous donnerons d'abord un exemple simple de la manière dont peut se pratiquer le calcul, en présence d'événements soumis au hasard.

Exemple. Supposons que nous ayons affaire à un joueur qui connaît, au début du jeu, la position qu'il occupe : A, B ou C et reçoit, en phase 1, l'autorisation de changer de position ou de rester dans sa position selon les flèches (arcs) pleines du dessin (fig. 5.3). Le hasard intervient ensuite en imposant au joueur un déplacement aléatoire, suivant les flèches (arcs) dessinées en pointillés sur lesquelles sont indiqués le gain correspondant à chaque déplacement puis la probabilité de celui-ci. À la fin de la phase 1, le joueur se trouve donc dans une des trois positions *A, B* ou *C* et reçoit de nouveau – c'est la phase 2 – le droit de se déplacer à son gré, puis de participer à un nouveau tirage (fig. 5.4).

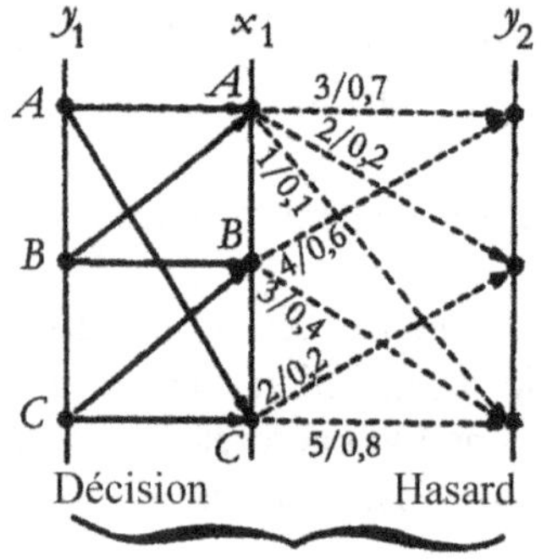

1ère phase

Figure 5.3

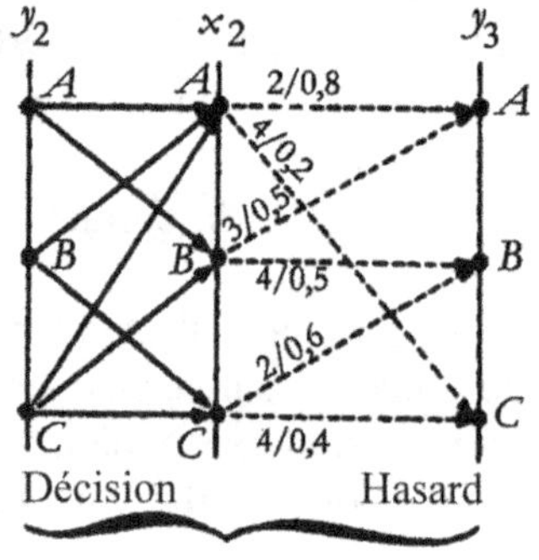

2ème phase

Figure 5.4

Étudions quelles doivent être les stratégies optimales de ce joueur dans un jeu comportant de nombreuses parties de même type.

Appelons $\bar{z}_2(y_2, x_2)$ l'espérance mathématique du joueur qui, se trouvant en y_2, décide d'aller en x_2 (cf Fig. 5.4) ; on a, en prenant $y_2 = A$:

$$\bar{z}_2(A, A) = 2 \times 0,8 + 4 \times 0,2 = 2,4$$

$$\bar{z}_2(A, B) = 3 \times 0,5 + 4 \times 0,5 = \boxed{3,5}$$

et l'on voit que le joueur doit choisir la seconde décision, comme donnant une espérance de gain plus forte que la première.

Des calculs analogues pour $y_2 = B$ puis $y_2 = C$ donnent les résultats suivants :

$$\bar{z}_2(B,A) = 2,4\,;\,\bar{z}_2(B,C) = \boxed{2,8}\,; \text{ puis :}$$
$$\bar{z}_2(C,A) = 2,4\,;\,\bar{z}_2(C,B) = \boxed{3,5}\,;\,\bar{z}_2(C,C) = 2,8,$$

d'où le choix $x_2 = C$ si $y_2 = B$ et le choix $x_2 = B$ si $y_2 = \text{C}$.

Remontons à la 1ère phase et calculons de la même manière, l'espérance $\bar{z}_1\,(y_1, x_1)$; on a pour $y_1 = A$:

$$\bar{z}_1(A,A) = (3 + 3,5) \times 0,7 + (2 + 2,8) \times 0,2 + (1 + 3,5) \times 0,1 = 5,96\,;$$
$$\bar{z}_1(A,C) = (2 + 2,8) \times 0,2 + (5 + 3,5) \times 0,8 = \boxed{7,76},$$

d'où l'on déduit que, si $y_1 = A$, il faut choisir $x_1 = C$.

On obtient également :

$$\bar{z}_1(B,A) = 5,96\,;\,\bar{z}_1(B,B) = \boxed{7,10}\,;$$
$$\bar{z}_1(C,B) = 7,10\,;\,\bar{z}_1(C,C) = \boxed{7,76}\,,$$

d'où les stratégies :

si $y_1 = B$, choisir : $x_1 = B$;

si $y_1 = C$, choisir : $x_1 = C$.

Stratégies optimales :

En phase I		En phase II	
Si le joueur se trouve en	il choisit	Si le joueur se trouve en	il choisit
A	C	A	B
B	B	B	C
C	C	C	B

On remarque que, dans ces calculs, **on utilise déjà les résultats de la phase suivante**, c'est-à-dire qu'on admet que les déplacements futurs seront conformes aux stratégies optimales déjà déterminées : le calcul remonte du futur vers le passé.

Il faut observer que l'on a été obligé, ici, de remonter du futur au passé pour effectuer les calculs, car sinon on n'aurait pas bénéficié d'une réduction du caractère combinatoire du problème : il aurait fallu énumérer 556 chemins possibles, comme si l'on ignorait la notion d'espérance mathématique.

Le problème est dit « *fortement ordonné* ».

Bien entendu, l'exemple n'est relatif qu'à deux phases, mais on peut imaginer un nombre élevé de phases successives. Il arrive parfois que les diverses phases se déroulent exactement selon le même schéma, contrairement à ce qui se passe dans l'exemple choisi ci-dessus ; il est alors indiqué de faire appel également à la théorie des chaînes de Markov (méthode de Howard).

Le théorème d'optimalité, relatif à un phénomène s'étendant sur N périodes, s'énonce alors : *une sous-stratégie optimale de N à N − n ne peut être formée que par une sous-stratégie optimale de N à N − n + 1.*

On peut évidemment considérer, en avenir aléatoire, des choix discrets ou continus, un horizon (nombre de phases) limité ou un horizon illimité.

Essayons de formuler les équations de récurrence dans le cas aléatoire, comme nous l'avons fait pour le cas certain, avec des choix discrets et un horizon limité.

Nous choisirons un processus où, à chaque phase, le hasard intervient pour faire évoluer la situation, après que l'on ait pris une décision ; pour cette raison, on qualifie un tel processus de processus *D.H.* (décision-hasard) ; il existe, bien entendu, le processus inverse, *H.D.*, un peu plus difficile cependant à manier.

Soient donc :

• $E_1^{t-1}, E_2^{t-1}, \cdots, E_i^{t-1}, \cdots, E_{p(t)}^{t-1}$, les états dans lesquels peut se trouver le système au début de la phase t; p(t) désigne le nombre d'états possibles lors de ce début de phase.

• $D_1^t, D_2^t, \cdots, D_j^t, \cdots, D_{q(t)}^t$, les états vers lesquels le décideur peut transférer le système par la décision qu'il prend à la phase t ;

• c_{ij}^t, le coût de la décision de transférer le système de l'état E_i^{t-1} à l'état D_j^t (dans l'exemple ci-dessus ce coût était nul).

Observons toutefois qu'à partir de l'état E_i^{t-1}, seule une partie des D_j^t, soit $\Gamma^+(E_i^{t-1})$, est accessible ;

• p_{jk}^t, la probabilité de passer de l'état D_j^t à l'état E_k^t à la fin de la phase t, et r_{jk}^t le revenu résultant de ce passage (cf les arcs en pointillés de la Fig 5.3).

Rappelons qu'on appelle « *stratégie* » la collection des décisions qui doivent être prises, pour chaque phase, quand le système est dans un état déterminé.

Supposons que nous connaissions la sous-stratégie optimale du début de la phase $t + 1$ jusqu'à la fin de la phase N, donc les $\bar{z}_t^*(E_k^t)$, c'est-à-dire les $p(t)$ valeurs optimales de l'espérance mathématique du revenu en chacun des états possibles E_k^t à la fin de la phase t (ou début de la phase $t + 1$).

Nous écrirons $\bar{z}_t^*(E_k^t)$ sous la forme plus simple $\bar{z}_k^{*t}$. Nous voulons évaluer les $\bar{z}_i^{*t-1}$, c'est-à-dire espérances mathématiques optimales lorsque, au début de la phase t, le système se trouve dans l'état E_i^{t-1}. On a :

$$\bar{z}_t^{*t-1} = \max_{j \in \Gamma^+(E_i^{t-1})} \left\{ -c_{ij}^t + \sum_{k=1}^{p(t)} p_{jk}^t \cdot (r_{jk}^t + \bar{z}_k^{*t}) \right\}.$$

où $\Gamma^+(E_i^{t-1})$ désigne les décisions possibles à t, à partir de l'état E_i^{t-1}. Notons que c_{ij}^t est précédé du signe moins car un coût est un revenu négatif.

Ces équations montrent que le calcul est mené, comme nous l'avons déjà remarqué, partant de la fin de la phase N, en remontant dans le temps de proche en proche.

Le lecteur trouvera une application des processus $D - H$ au chapitre 6, à propos de l'optimisation de stratégies de remplacement d'équipements.

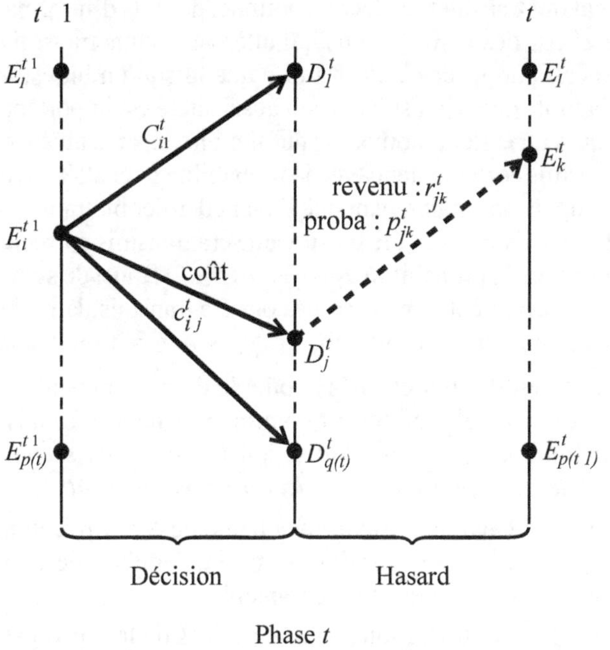

EXERCICES

I CHAÎNES DE MARKOV

*5.1 Qualité d'un canal de transmission

On considère un canal qui transmet, de façon continue, des bits d'information. Mais ce canal peut être affecté par des perturbations qui altèrent les bits transmis. Les erreurs se produisent en général par groupes, c'est-à-dire que lorsqu'un bit est altéré par une perturbation, la probabilité que le bit suivant soit aussi altéré est importante. Plus précisément, supposons qu'à un certain moment le dernier bit transmis ait été correct : le bit suivant sera alors transmis correctement avec la probabilité p_0 et altéré avec la probabilité q_0 ($p_0 + q_0 = 1$) ; supposons maintenant que l'avant dernier bit transmis était correct et que le dernier bit transmis est faux : le bit suivant sera transmis correctement avec la probabilité p_1 et altéré avec la probabilité q_1 ($p_1 + q_1 = 1$) ; ainsi de suite : si depuis le dernier bit transmis correctement, k bits erronés ont été transmis, la probabilité que le bit suivant soit correct est p_k et qu'il soit faux, q_k ($p_k + q_k) = 1$ où $0 \leqslant k \leqslant N$.

Lorsque N bits consécutifs sont erronés depuis le dernier transmis correctement, la probabilité que le suivant soit correct est comme plus haut p_N ; mais si le bit suivant est faux (probabilité q_N) une ré-initialisation fait que *tout se passera ensuite comme si l'on venait de transmettre un bit faux après un bit exact.*

1. Modéliser ce canal à l'aide d'une chaîne de Markov comportant $n + 1$ états, $E_0, E_1, \cdots, E_k, \cdots, E_N$: dans l'état E_k, depuis le dernier bit transmis correctement k bits erronés ont été transmis.

Tracer le graphe des transitions entre états lors de la transmission d'un bit, et le valuer.

À quel arc correspond la ré-initialisation ? À cet arc près, dans quel problème classique avez-vous rencontré des graphes de ce type ?

2. Pour $N = 3$, sachant que $p_0 = 0{,}95$ $p_1 = 0{,}20$ $p_2 = 0{,}15$ $p_3 = 0{,}10$,

a) donner la matrice $\mathbf{M}$ des probabilités de transition pour une transmission ;

b) en supposant qu'initialement un bit ait été transmis correctement, donner le vecteur $\pi(0)$ des probabilités d'états ; calculer la probabilité pour que les deux suivants soient faux, à l'aide de $\mathbf{M}$, $\pi(0)$, $\pi(1)$ et $\pi(2)$.

3. a) La chaîne précédente admet-elle un régime permanent, au bout d'un grand nombre de transmissions de bits, indépendant de l'état initial ? (Justifier *en détail* votre réponse.)

b) Si oui, calculer *numériquement* les probabilités $\pi_k^*(0 \leqslant k \leqslant 3)$ de chaque état en régime permanent (supprimer la première équation qui est redondante ; exprimer les π_k^* en fonction de π_1^*, puis calculer π_1^*).

c) En déduire la probabilité pour qu'*une* transmission de bit prise au hasard en régime permanent soit correcte. Que pensez-vous de la qualité de ce canal ?

*5.2 Chaîne de Markov régulière (fortement ergodique)

Montrer que la matrice d'une chaîne de Markov :

$$\mathbf{M} = \begin{bmatrix} 0,2 & 0,2 & 0,3 & 0,3 \\ 0 & 0,1 & 0,8 & 0,1 \\ 0,1 & 0 & 0,2 & 0,7 \\ 0,6 & 0,2 & 0,1 & 0,1 \end{bmatrix}$$

élevée à la puissance n, tend vers :

$$\mathbf{M}^* = \frac{1}{1668} \begin{bmatrix} 457 & 220 & 458 & 533 \\ 457 & 220 & 458 & 533 \\ 457 & 220 & 458 & 533 \\ 457 & 220 & 458 & 533 \end{bmatrix} \quad \text{lorsque } n \to +\infty.$$

NB Sans calculer explicitement $\mathbf{M}^n$: tracer d'abord le graphe G associé puis montrer que G est fortement connexe et que la chaîne est apériodique.

*5.3 Sous-chaînes de Markov

Étant donné la matrice d'une chaîne de Markov :

$$\mathbf{M} = \begin{array}{c} \\ 0 \\ 1 \\ 2 \\ 3 \\ 4 \end{array} \begin{array}{c} \begin{array}{ccccc} 0 & 1 & 2 & 3 & 4 \end{array} \\ \begin{bmatrix} 0,2 & 0 & 0,4 & 0 & 0,4 \\ 0 & 0,3 & 0 & 0,7 & 0 \\ 0,6 & 0 & 0,2 & 0 & 0,2 \\ 0 & 0,5 & 0 & 0,5 & 0 \\ 0,4 & 0 & 0,2 & 0 & 0,4 \end{bmatrix} \end{array}$$

étudier la limite de la puissance $n^{\text{ième}}$ de $\mathbf{M}$ lorsque n tend vers l'infini sans calculer explicitement $\mathbf{M}^n$, en vous aidant du graphe associé.

**5.4 États transitoires, États récurrents. Ergodicité simple

Soit la matrice d'une chaîne de Markov :

$$\mathbf{M} = \begin{array}{c} \\ 0 \\ 1 \\ 2 \\ 3 \\ 4 \end{array} \begin{array}{c} \begin{array}{ccccc} 0 & 1 & 2 & 3 & 4 \end{array} \\ \begin{bmatrix} 0{,}2 & 0 & 0 & 0{,}8 & 0 \\ 0{,}1 & 0{,}2 & 0{,}3 & 0{,}3 & 0{,}1 \\ 0{,}2 & 0{,}1 & 0{,}5 & 0{,}1 & 0{,}1 \\ 0{,}4 & 0 & 0 & 0{,}6 & 0 \\ 0{,}2 & 0{,}1 & 0{,}2 & 0{,}1 & 0{,}4 \end{bmatrix} \end{array}$$

Tracer le graphe et déterminer la classe des états transitoires et celle des états récurrents.

On demande d'étudier le comportement de $\mathbf{M}^n$ lorsque n augmente indéfiniment et de trouver $\Pi^* = \Pi^*(\infty)$.

**5.5 Chaîne périodique

On donne la matrice stochastique ci-dessous et l'on demande d'examiner ce qui se passe lorsqu'on l'élève à la puissance n. (NB : tracer d'abord le graphe)

En particulier, existe-t-il une limite pour M^n lorsque n tend vers l'infini ?

$$\mathbf{M} = \begin{array}{c} \\ 0 \\ 1 \\ 2 \\ 3 \\ 4 \end{array} \begin{array}{c} \begin{array}{ccccc} 0 & 1 & 2 & 3 & 4 \end{array} \\ \begin{bmatrix} 0 & 0{,}4 & 0{,}6 & 0 & 0 \\ 0{,}8 & 0 & 0 & 0{,}2 & 0 \\ 0{,}9 & 0 & 0 & 0{,}1 & 0 \\ 0 & 0{,}2 & 0{,}5 & 0 & 0{,}3 \\ 0{,}3 & 0 & 0 & 0{,}7 & 0 \end{bmatrix} \end{array}$$

***5.6 Périodicité d'ordre 3

Soit la chaîne de Markov donnée par le graphe ci-dessous.

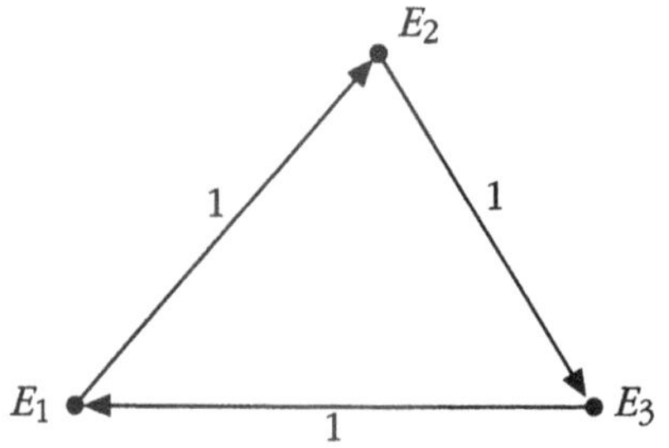

1. Écrire la matrice des probabilités de transition **M** et montrer que :

$$\mathbf{M}^n = \begin{bmatrix} a_n & a_{n-1} & a_{n+1} \\ a_{n+1} & a_n & a_{n-1} \\ a_{n-1} & a_{n+1} & a_n \end{bmatrix} \text{ où } a_n = \frac{1}{3}\left[1 + 2\cos\frac{2\pi n}{3}\right].$$

Expliciter $\mathbf{M}^n$ selon que $n = 3k$, $3k + 1$ ou $3k + 2$.

2. Soit $\Pi(0) = [1, 0, 0]$, calculer $\Pi(n)$ selon que $n = 3k$ ou $n = 3k + 1$ ou $n = 3k + 2$, où k est un entier positif ou nul.

3. Que peut-on dire de $\Pi(\infty)$ lorsque $\Pi(0) = \left[\frac{1}{3}, \frac{1}{3}, \frac{1}{3}\right]$?

***5.7 Valeurs propres des matrices stochastiques

Montrer que :

1. la matrice de l'exercice 5.2 admet une valeur propre égale à 1 ;

2. la matrice de l'exercice 5.3, admet deux valeurs propres égales à 1 ;

3. la matrice de l'exercice 5.5, admet une valeur propre égale à 1 et une valeur propre égale à –1 ;

4. la matrice de l'exercice 5.6, admet une valeur propre égale à 1, une deuxième égale à : $j = \frac{\cos 2\pi}{3} + i \sin\frac{2\pi}{3}$ et une troisième égale à : $\bar{j} = j^2 = \cos\frac{4\pi}{3} + i\sin\frac{4\pi}{3} (= \bar{j})$.; qui sont les racines cubiques de 1. (Rappel : $j^3 = 1$ et $\bar{j}^3 = 1$).

II PROCESSUS DE MARKOV

*5.8 Processus de Poisson

Considérons un processus de Poisson de taux α.

1. Quelle est la probabilité que quatre événements se produisent entre t et $2t$? Entre $3t$ et $5t$?

2. On rappelle que $\pi_n(t) = \frac{(\alpha t)^n}{n!} e^{-\lambda t}$ pour toute durée d'intervalle t.

En faisant $t := \Delta t$, retrouver la probabilité d'avoir respectivement 0 événement, 1 événement, au moins 2 événements entre θ et $\theta + \Delta t$.

3. Soit $\overline{X_t}(t) = \alpha t$ le nombre moyen d'événements se produisant sur un intervalle de durée t et $\sigma^2_{X_t}$ la variance de ce nombre. Évaluer $\sigma^2_{X_t}$.

4. Quelle est la durée moyenne séparant deux « naissances » (événements) consécutifs ? Évaluer la variance de cette durée.

**5.9 Un autre processus de naissance

Pour un certain micro-organisme, la probabilité de se séparer en deux micro-organismes pendant l'intervalle de temps $[t, t + dt]$ est indépendante de t et égale à $\lambda\, dt + o(dt)$; la probabilité qu'il y ait plus d'une séparation dans cet intervalle est négligeable (en $o(dt)$).

On suppose qu'il existe un seul micro-organisme à l'instant initial ($t = 0$).

Montrer que la probabilité $\pi_n(t)$ pour qu'il y ait n micro-organismes à l'instant t est :

$$\pi_n(t) = e^{-\lambda t} \cdot (1 - e^{-\lambda t})^{n-1}, (m \geq 1).$$

Généraliser au cas où il y aurait N micro-organismes présents à $t = 0$.

***5.10 Lien entre processus de Markov et chaîne de Markov

Soit un processus de Markov fini.

1. Sachant qu'à $t = 0$ le processus est dans l'état E_i, montrer que la probabilité pour que – en quittant l'état E_i pour la première fois – le processus passe par l'état E_j est :

$$p_{ij} = \lambda_{ij}/q_i \text{ (où } q_i = \sum_{j \neq i} \lambda_{ij})$$

Vérifier que $\sum_{j \neq i} p_{ij} = 1$

2. Évaluer la probabilité d'une « trajectoire » suivie entre $t = t_0$ et $t = t_n$:

$$P[X_{t_0} = E_{i_0}, X_{t_1} = E_{i_1}, \cdots, X_{t_{n-1}} = E_{i_{n-1}}, X_{t_n} = E_{i_n}],$$

où t_k est la date d'entrée dans l'état E_{ik} et : $t_0 < t_1 < \cdots < t_{n-1} < t_n$

On se donne $\pi_{i_0}(0) = P[X_{t_0} = E_{i_0}]$

*5.11 Étude de la ligne téléphonique d'un abonné

Lorsqu'un abonné décroche son combiné pour passer un appel, une première phase s'engage (phase 1) pendant laquelle il compose au cadran le numéro de son correspondant puis attend d'être relié à celui-ci (en fin de phase 1, le téléphone commence à sonner chez le correspondant). Le correspondant, qui n'est jamais absent et dont la ligne est toujours libre, décroche au bout d'un certain temps après le début de la sonnerie, puis une conversation s'établit (l'ensemble sonnerie et conversation formant la phase 2).

La durée aléatoire de la phase 1 (resp. 2) est régie par une loi exponentielle de taux ω (resp. μ).

Le processus formé par les instants de début d'appel par l'abonné est un processus de Poisson de taux λ (en neutralisant les périodes d'occupation de la ligne étudiée).

L'abonné reçoit aussi des appels, lorsque la ligne est libre, arrivant suivant un processus de Poisson de taux α ; la durée aléatoire d'une telle conversation est *encore* régie par une loi de Poisson de taux μ. On remarquera que dans ce cas de réception d'un appel, la phase 1 n'a pas lieu pour la ligne étudiée.

1. Associer au fonctionnement de la ligne un processus de Markov à 3 états E_0, E_1, E_2, ; décrire en détail chaque état.

Tracer le graphe associé ; valuer chaque arc par le taux de la transition correspondant.

2. Ce processus est-il ergodique ? Justifier.

3. Sachant que $\lambda = \alpha = 3$ appels/heure, qu'une conversation dure en moyenne 3 minutes et que la phase 1 dure en moyenne 20 secondes, calculer numériquement les probabilités des états en régime permanent (appliquer le théorème des coupes à E_0 et E_1). On prendra l'heure comme unité commune de temps.

Déterminer pendant combien de temps, en moyenne et par heure, la ligne est libre.

**5.12 Application des processus de naissance et de mort

Une société d'informatique possédant un puissant ordinateur a installé N terminaux identiques dans certains de ses bureaux. Chaque terminal peut tomber en panne avec un taux a : la probabilité qu'un terminal en état de marche à t tombe en panne entre t et $t + \mathrm{d}t$ vaut $a\,\mathrm{d}t$; les pannes des différents terminaux sont indépendantes.

Les bureaux souhaitant une intervention rapide après une panne, la société étudie deux politiques de maintenance entre lesquelles elle devra choisir.

La politique $P1$ consiste à engager R réparateurs ($R < N$) et à en envoyer un dès qu'une panne se produit dans un bureau, s'ils ne sont pas tous déjà occupés ; lorsque les réparateurs sont tous occupés et que des pannes surviennent, les réparations ont lieu ultérieurement dans l'ordre d'occurrence de ces pannes.

La politique $P2$ consiste à engager un seul réparateur, et constituer un stock de S terminaux de rechange. Lorsqu'une panne survient dans un bureau et que le stock de terminaux n'est pas nul, le terminal hors d'état est immédiatement remplacé par un terminal pris dans le stock ; celui hors-service est envoyé à l'atelier de réparation où le réparateur, s'il est libre, remet ce terminal en état puis le replace dans le stock. Si le stock est nul, le bureau doit attendre la réparation de son terminal.

Dans tous les cas la durée d'une réparation obéit à une loi exponentielle de taux b.

On suppose négligeable le temps nécessaire au déplacement des réparateurs ou au remplacement d'un terminal par un autre.

Soient les valeurs numériques suivantes : $N = 4, \frac{1}{a} = 6$ jours, $\frac{1}{b} = 1$ jour, $R = 2$, $S = 2$. (Elles sont peu réalistes mais permettent des calculs simples.)

1. *Étude de la politique P1*

a) On désigne par E_k l'état pour lequel k terminaux sont en état de marche. Montrer que l'évolution du parc de terminaux est régie par un processus de naissance et de mort ; on tracera le graphe associé à ce processus et l'on valuera ses arcs en fonction de a et b (sans valeur numérique). Existe-t-il un régime permanent pour ce processus ? Pourquoi ? Dans la suite du problème, on utilisera *directement* les valeurs numériques.

b) On suppose le régime permanent atteint. Notons alors p_k^* la probabilité de l'état E_k.

Exprimer p_k^* en fonction de p_0^* ; puis montrer que $p_0^* = \frac{1}{805}$; en déduire les valeurs numériques des probabilités p_k^*.

c) Déterminer le nombre moyen $\overline{\rho}$ de réparateurs *inoccupés* ainsi que le nombre moyen $\overline{r}$ de terminaux *en panne.*

2. *Étude de la politique P2*

a) Appelons F_k l'état pour lequel k terminaux sont en état de marche (dans les bureaux et dans le stock).

Associer à l'évolution du parc des terminaux un processus de naissance et de mort ; tracer le graphe associé à ce processus et le valuer en fonction de a et b.

b) On suppose le régime permanent atteint ; on note alors q_k^* la probabilité de l'état F_k.

Calculer les valeurs numériques des probabilités q_k^*.

c) Déterminer le nombre moyen $\overline{\rho'}$ de réparateurs inoccupés, le nombre moyen $\overline{r'}$ de terminaux en panne (pour le parc complet) ainsi que le nombre moyen $\overline{t}$ de terminaux en panne dans les différents services de la société.

3. *Comparaison économique des deux politiques*

On donne les coûts suivants :

- la charge salariale journalière d'un réparateur est 50 € ;
- le coût estimé de non-fonctionnement d'un terminal dans un bureau est de 200 € par journée d'indisponibilité ;
- le coût d'amortissement d'un terminal est évalué à 30 € par jour.

Choisir la politique qui minimise le coût journalier : coût de l'inactivité des réparateurs + coût d'indisponibilité + coût d'amortissement des terminaux.

***5.13 Application de la programmation dynamique stochastique : processus D-H

Au cours d'une transformation chimique, qui dure plusieurs heures, on procède à un réglage qui a lieu toutes les dix minutes. Dans l'intervalle des réglages, qui sont supposés sans durée appréciable, la réaction évolue d'elle-même.

La masse traitée peut se trouver dans les états E_1, E_2 ou E_3. Si elle est dans l'état E_1 le réglage peut l'y maintenir ou la faire passer à E_2 ; si elle est dans l'état E_2, le réglage peut la faire passer à E_1 ou E_3 ; si, enfin, elle est dans l'état E_3, le réglage peut la faire passer à E_1 ou E_2.

Or, lorsque la réaction évolue ensuite à partir de l'état E_1, elle conduit 3 fois sur 10 à l'état E_2 (avec une économie de 5 unités monétaires : u.m.) et 7 fois sur 10 à l'état E_3 (avec une perte de 2 u.m.) ; lorsqu'elle évolue à partir de E_2, une fois sur deux elle passe à E_1 (gain de 1 u.m.) ou à E_2 (perte de 1 u.m.) ; lorsqu'enfin elle évolue à partir de E_3, six fois sur dix il y a passage à E_2 (gain de 3 u.m.) et quatre fois sur dix, on reste en E_3 (perte de 2 u.m.).

Quel réglage opérer, dans chaque hypothèse, de manière à obtenir la transformation la plus économique ?

N.B. Il est indifférent que la matière traitée soit finalement sous l'un quelconque des trois états, pourvu que la durée de la transformation, prévue à l'avance, ait été observée.

Quel gain réalise-t-on sur 100 réglages, en appliquant la politique optimale ?

6 FIABILITÉ DES COMPOSANTS, SÛRETÉ DE FONCTIONNEMENT DES SYSTÈMES

L'usure et le renouvellement des équipements (ou composants) peuvent être envisagés dans le cas de *l'usure certaine*, ce qui donne lieu à des problèmes de mathématiques financières classiques, l'actualisation étant alors le moyen de comparer les équipements entre eux.

Nous ne nous occuperons pas ici de ce point de vue. Au contraire, lorsqu'il s'agit d'*usure aléatoire*, celle-ci ne peut être connue qu'en probabilité ; dans ces conditions, c'est bien à un problème de recherche opérationnelle que l'on a affaire. L'étude de ce genre de question doit conduire à un compromis entre le coût d'approvisionnement et le coût de panne des matériels.

L'étude de l'usure et du renouvellement des équipements au plan théorique doit beaucoup à V. Volterra (1931), bien que des ingénieurs comme T.C. Fry s'en soient préoccupés dès 1928. Elle a fait ensuite des progrès avec M. Fréchet, W. Feller et, d'une façon générale, tous ceux qui ont travaillé dans les domaines d'application de la théorie des processus stochastiques.

Nous terminerons ce chapitre par l'étude de la sûreté de fonctionnement de « systèmes », vus comme assemblages d'équipements (composants ou modules).

6.1 DONNÉES DISCRÈTES. COURBES DE SURVIE EXPÉRIMENTALE

Pour commencer, nous allons examiner comment, à partir d'un simple fichier de maintenance ou de sources comptables élémentaires, on peut définir la *courbe de survie* d'un matériel, car c'est de la loi de survie que nous déduirons le taux d'approvisionnement.

Exemple. Considérons une société de location de voitures, comptant 500 véhicules, tous du même modèle, équipés chacun de cinq pneus identiques. Moyennant une organisation très simple, on peut connaître, sur un lot de 2 500 pneus combien ont duré moins d'un mois, de un mois à deux mois, de deux mois à trois mois, etc. Les données du problème se présentent sous la forme du tableau ci-après. En fait nous avons ici « contracté » le temps afin que l'exemple garde une taille raisonnable (en réalité les durées de vie des pneus sont, heureusement, bien supérieures).

Classe de durée t	Durée t'	Durée des pneus	Nombre de pneus restants : $n(t)$	$n(t-1)-n(t)$	Nombre cumulé de pneus défaillants	Mortalité relative $p_i = \frac{n(t-1)-n(t)}{n(0)}$
0			2 500		0	
1	0,5	moins de 1 mois	2 495	5	5	0,002
2	1,5	de 1 mois à 2 mois	2 480	15	20	0,006
3	2,5	de 2 mois à 3 mois	2 440	40	60	0,016
4	3,5	de 3 mois à 4 mois	2 350	90	150	0,036
5	4,5	de 4 mois à 5 mois	2 190	160	310	0,064
6	5,5	de 5 mois à 6 mois	1 990	200	510	0,080
7	6,5	de 6 mois à 7 mois	1 740	250	760	0,100
8	7,5	de 7 mois à 8 mois	1 390	350	1 110	0,140
9	8,5	de 8 mois à 9 mois	790	600	1 710	0,240
10	9,5	de 9 mois à 10 mois	340	450	2 160	0,180
11	10,5	de 10 mois à 11 mois	90	250	2 410	0,100
12	11,5	de 11 mois à 12 mois	30	60	2 470	0,024
13	12,5	de 12 mois à 13 mois	10	20	2 490	0,008
14	13,5	de 13 mois à 14 mois	0	10	2 500	0,004
		plus de 14 mois	0	0	2 500	0
						$\sum = 1$

Tableau 6.1

La sixième colonne du tableau donne le nombre de pneus restants, $n(t)$, à chaque date t de la gestion du lot considéré : le lecteur s'y reportera avant de lire les colonnes 4 et 5.

On obtient donc facilement la courbe $n(t)$; un simple changement d'échelle sur l'axe des ordonnées permet de représenter la *courbe de survie* :

$$v(t) = \frac{n(t)}{n(0)};$$

$v(t)$ peut être interprété comme la probabilité de survie ou « *fiabilité* » d'un pneu à toute époque déterminée t, en raison du fait qu'on a étudié un lot assez nombreux d'équipements a priori identiques (tableau 6.1).

Par exemple, la probabilité pour qu'un pneu dure plus de 8 mois est :

$$\frac{n(8)}{n(0)} = \frac{1\,390}{2\,500} = 0,556, \text{ soit encore } 55,6\ \%.$$

La probabilité pour qu'un pneu cesse d'être en état de rouler entre l'époque $t-1$ et l'époque t n'est autre que :

$$p_t = \frac{n(t-1) - n(t)}{n(0)};$$

on lit les résultats ("*mortalité relative*") dans la septième colonne. Ainsi, la probabilité pour qu'un pneu soit réformé entre 8 et 9 mois vaut :

$$p_9 = \frac{n(8) - n(9)}{n(0)} = \frac{1\,390 - 790}{2\,500} = \frac{600}{2\,500} = 0,24,$$

qui est une valeur très élevée (mais nos données du tableau 6.1 sont artificielles).

On remarque que l'on a aussi :

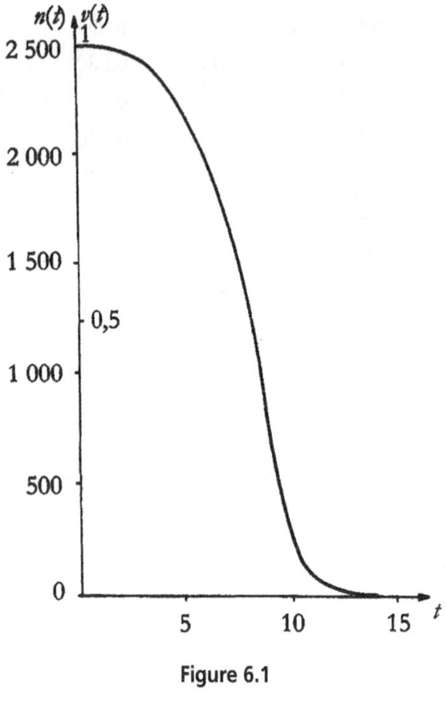

Figure 6.1

$$p_t = \frac{n(t-1) - n(t)}{n(0)} = v(t-1) - v(t).$$

La probabilité pour qu'un pneu soit réformé entre t et $t + \Delta t$ peut s'écrire :

$$v(t) - v(t + \Delta t).$$

Or, si Δt tend vers 0, le rapport

$$\frac{v(t) - v(t + \Delta t)}{\Delta t}$$

tend, par définition, vers $-v'(t)$. Il en résulte que $-v'(t)$. Δt est la probabilité pour qu'un pneu soit réformé entre t et $t + \Delta t$, lorsque Δt tend vers zéro.

Il est important de connaître la "*probabilité d'avarie*" $p_c(t)$, c'est-à-dire la probabilité pour qu'un pneu encore en état à $t-1$ cesse d'être apte à rouler entre $t-1$ et t; c'est une probabilité conditionnelle. Pour la calculer, remarquons que la probabilité p_t pour qu'un pneu cesse d'être en état entre $t-1$ et t est le produit de la probabilité pour qu'il ait survécu jusqu'à $t-1$, soit $v(t-1)$, par la probabilité d'avarie $p_c(t)$ (on note T sa date de réforme) :

$$p_c(t) = p[t - 1 < T \leq t \mid T > t - 1] = p_t \,/\, v(t-1).$$

d'où :

$$p_c(t) = \frac{p_t}{v(t-1)} = \frac{n(t-1)-n(t)}{n(0)} \times \frac{n(0)}{n(t-1)} = \frac{n(t-1)-n(t)}{n(t-1)} = 1 - \frac{n(t)}{n(t-1)}.$$

Évaluons ainsi $p_c(9)$; on a :

$$p_c(9) = 1 - \frac{n(9)}{n(8)} = 1 - \frac{790}{1\,390} \simeq 0,432.$$

Ce résultat est fort significatif puisqu'il nous apprend que plus de 43 % des pneus encore en service au bout de 8 mois auront cessé d'être aptes à rouler avant la fin du neuvième mois.

La formule de calcul de la "*durée de vie moyenne*", approximation de l'espérance mathématique de la durée de vie $E(T)$, s'écrit :

$$\bar{t} = \sum_{1}^{14} t \cdot p_t$$

donne ici la valeur 8,334, qu'on peut toutefois rectifier[1] si l'on tient compte de la durée t' pour chaque classe (deuxième colonne) , on obtient alors :

$$\bar{t}' = \sum_{1}^{14} t' \cdot p_t \simeq 7,8(34) \text{ mois, où : } t' = t - \frac{1}{2},$$

on calculera aussi très facilement la variance :

$$\sigma_t^2 = \sum_{1}^{14} t'^2 \cdot p_t - \bar{t}'^2 \simeq 1,98, \text{ soit} \simeq 2$$

d'où un écart-type de :

$$\sigma_t = \sqrt{1,98} \simeq 1,4(1) \text{ mois.}$$

La figure 6.2 montre que :

$$t \cdot p_t = t[v(t-1) - v(t)] = t \cdot \Delta v.$$

Si donc on fait la somme $\sum t \cdot p_t$, pour toutes les valeurs de t, on obtient une aire qui est très légèrement supérieure à l'aire sous-tendue par la courbe $v(t)$.

Dans le cas où $v(t)$ est une fonction continue, on peut faire tendre Δv vers zéro et l'on obtient exactement l'aire comprise entre la courbe de survie et l'axe des temps. On peut donc écrire, dans ce cas :

$$\bar{t} = \int_0^{\infty} v(t)\,\mathrm{d}t.$$

1. Cette rectification donnera : $\bar{t}' = \bar{t} - 0,5$ car $\sum_{1}^{14}\left(t - \frac{1}{2}\right) \cdot p_t = \sum_{1}^{14} t \cdot p_t - \frac{1}{2}\sum_{1}^{14} p_t = \bar{t} - \frac{1}{2}$.

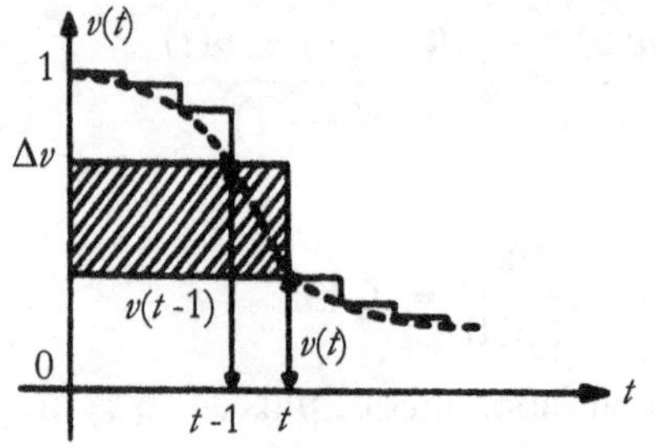

Figure 6.2

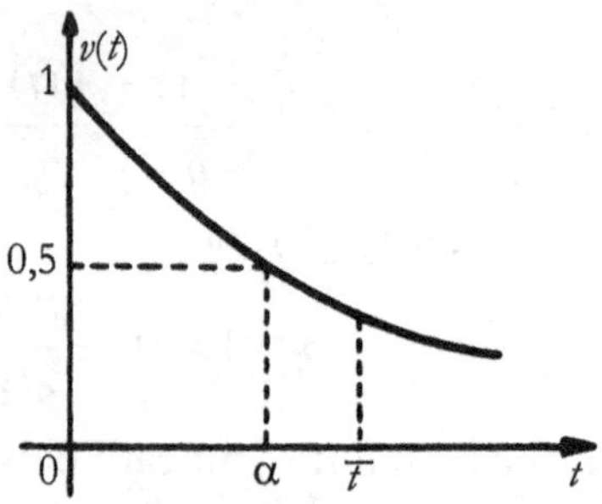

Figure 6.3

En général, la forme même de la courbe de survie peut déjà renseigner sur le type d'équipement auquel on a affaire. Plus elle se rapproche d'une exponentielle décroissante (figure 6.3) et plus la probabilité d'avarie tend vers une constante.

En effet, si l'on avait : $v(t) = e^{-\lambda t}$ (cas d'une loi exponentielle, temps continu), on aurait :

$$-v'(t)\cdot\Delta\, t = v(t)\cdot\pi_c(t)\cdot\Delta\, t,$$

en désignant par $\pi_c(t)\cdot\Delta\, t$ la probabilité d'avarie entre t et $t + \Delta t$, lorsque Δt tend vers 0. La quantité $\pi_c(t)$, dans ce cas, sera notée plus bas : $\lambda(t)$.

Il viendrait donc :

$$\pi_c(t) = -\frac{v'(t)}{v(t)}.$$

Ainsi pour la valeur particulière de $v(t) = e^{-\lambda t}$, cette quantité est constante :

$$\pi_c(t) = -\left[-\lambda\, e^{-\lambda t}\right]\cdot\frac{1}{e^{-\lambda t}} = \lambda.$$

Calculons la « *durée de vie*[1] *moyenne* » $\bar{t}$ dans le cas d'une courbe de survie exponentielle (il s'agit en réalité, ici, de l'espérance de la durée de vie : $E(T)$) :

$$\bar{t} = \int_0^\infty e^{-\lambda t}\cdot \mathrm{d}t = \frac{1}{\lambda};$$

or, la valeur α, correspondant à $v(t) = 0{,}5$, est telle que : $0{,}5 = e^{-\lambda t}$ ou encore : $\alpha = \frac{ln\, 2}{\lambda}$. On a donc $\alpha < \bar{t}$ puisque $\ln 2 = 0{,}693$ est inférieur à 1.

Plus la courbe de survie se rapproche d'un échelon rectangulaire, plus la probabilité d'avarie, qui était nulle jusqu'à l'âge $\alpha = \bar{t}$, subit un saut brusque ; v(t) vaut alors 1 (figure 6.4) pour $t < \alpha$ puis vaut 0 pour $t \geqslant \alpha$.

1. Par abus de langage ; on devrait dire « espérance mathématique de la durée de vie »

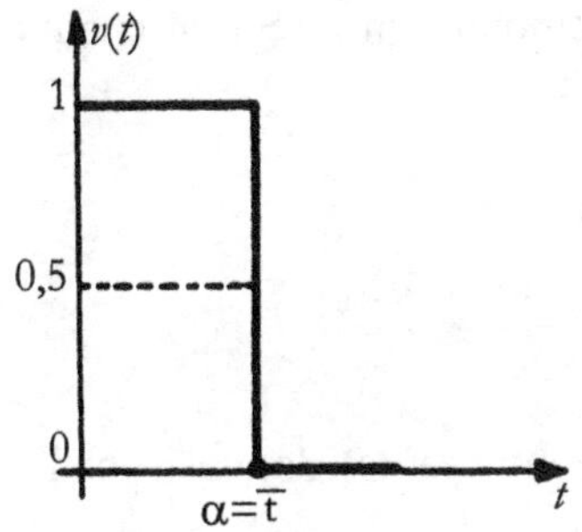

Figure 6.4

Ces remarques permettent d'affirmer que, dans le premier cas (celui de la figure 6.3) on a affaire à des pièces dites « *de fatigue* », dont la probabilité d'avarie est constante ; dans ces conditions, il n'y a aucun intérêt à pratiquer un entretien préventif sur ce genre de matériel, puisqu'une pièce neuve présente la même fragilité qu'une pièce usagée, comme nous le verrons plus loin.

Dans le second cas (figure 6.4), on a, au contraire, affaire à des pièces constituant un lot parfaitement homogène ; les matériels dont la courbe de survie affecte une forme presque rectangulaire sont des pièces « *d'usure* ». Il y a intérêt à les réformer juste avant $\bar{t}$.

6.2 Loi de survie : forme analytique

Dans le cas « continu », c'est-à-dire le cas où l'on dispose de la *loi de survie* sous forme analytique (par ex. $v(t) = e^{-\lambda t}$) on a les définitions et résultats suivants :

• la *durée de vie* est une variable aléatoire T, représentant le temps écoulé depuis la mise en service jusqu'à la défaillance de l'équipement. Si l'on pose :

$$v(t) = Pr\{T \geqslant t\},$$

$v(t)$ est la probabilité pour que l'équipement accomplisse sans défaillance des fonctions déterminées pendant le temps donné t : pour cette raison, cette probabilité prend le nom de *fiabilité,* car elle caractérise le degré de confiance que l'on peut accorder au matériel (ce degré est décroissant, évidemment, avec t).

• À la mortalité relative, calculée dans le cas discret, correspond ici la densité de probabilité $i(t)$, telle que :

$$i(t)\,\mathrm{d}t = Pr\{t \leqslant T < t + \mathrm{d}t\} = Pr\{T < t + \mathrm{d}t\} - Pr\{T < t\}, \text{d'où :}$$

$$i(t)\,dt = [1 - v(t + dt)] - [1 - v(t)]$$

représente la probabilité de défaillance entre t et $t + \mathrm{d}t$;

On remarque ainsi que :

$$i(t)\cdot \mathrm{d}t = -\mathrm{d}v(t) \text{ et que : } i(t) = -\frac{d}{\mathrm{d}t}v(t) = -v'(t).$$

Notons que : $1 - v(t) = \int_0^t i(u)\,\mathrm{d}u.$

• À la probabilité d'avarie $p_c(t)$ du cas « discret », correspond, dans le cas « continu » la probabilité conditionnelle $\lambda(t)\cdot dt$, pour qu'un équipement d'âge t, subisse une défaillance entre t et $t + dt$; en effet :

$$Pr\{t \leqslant T < t + dt\} = Pr\{T \geqslant t\}\cdot\lambda(t)\cdot dt, \text{ soit } i(t)\cdot \mathrm{d}t = -v(t)\cdot\lambda(t)\cdot \mathrm{d}t, \text{ d'où :}$$

$$\lambda(t) = \frac{i(t)}{v(t)} = -\frac{v'(t)}{v(t)}.$$

On nomme $\lambda(t)$ « *taux d'avarie* ». On obtient évidemment en intégrant chaque membre de cette relation :

$$v(t) = e^{-\int_0^t \lambda(u)\,\mathrm{d}u}, \quad \text{car} \int_0^t \lambda(u)\,\mathrm{d}u = -\left[\log v(u)\right]_0^t.$$

Les courbes $\lambda(t)$, pour des types d'équipements (composants) donnés, ont les allures ci-dessous (courbes « en baignoire »).

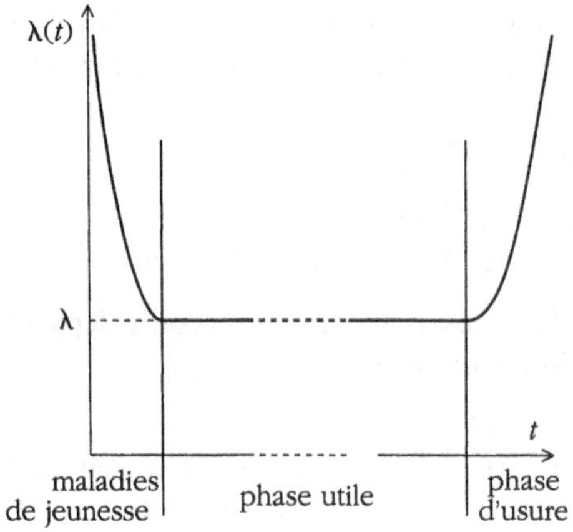

Figure 6.5

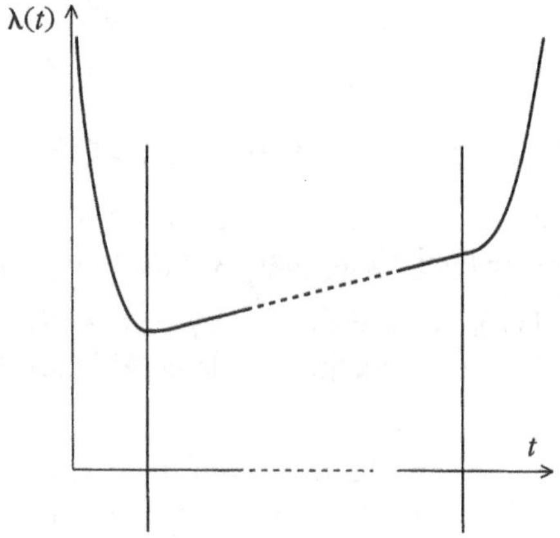

Figure 6.6

Pendant une brève période, $\lambda(t)$ peut être initialement décroissant : il s'agit de la période d'élimination de composants affectés de défauts de fabrication (« maladies de jeunesse »). Suit une période longue pendant laquelle $\lambda(t)$ est soit constant (équipements dits de *fatigue*, de fiabilité exponentielle), soit croissant modérément (équipements dits d'*usure*). Soit enfin, une phase pendant laquelle $\lambda(t)$ brusquement se met à croître de plus en plus vite : il s'agit d'une phase d'usure prononcée (généralement on remplace les équipements atteignant cette phase).

• Calculons l'âge moyen $\bar{t}$ d'apparition de l'avarie ou la "*durée de vie moyenne*" d'un équipement (qui est en réalité l'espérance mathématique E[T]). Il vient :

$$\bar{t} = \int_0^\infty t\cdot i(t)\cdot \mathrm{d}t = \int_0^\infty t\cdot \mathrm{d}[-v(t)] = [-t\cdot v(t)]_0^\infty - \int_0^\infty -v(t)\mathrm{d}t = \int_0^\infty v(t)\cdot \mathrm{d}t,$$

car, en intégrant par parties, le terme $-t\cdot v(t)$ est nul entre 0 et l'infini. On a supposé : $\lim_{t\to\infty} t\cdot v(t) = 0$, ce qui est physiquement évident, aucun équipement n'étant éternel.

C'est cette durée de vie moyenne qui est appelée MTTF ou MTF (*Mean Time To Failure*) par les industriels : Temps Moyen jusqu'à la Panne, qui a remplacé le terme ancien de MTBF[1] désormais réservé au cas de systèmes réparables (et non pas d'un composant ou un équipement isolé).

Bien entendu la loi « continue » n'est qu'une loi idéale, tirée de l'observation par le statisticien, d'après des données du même type que celles dont nous avons fait usage dans l'exemple traité plus haut (Tab. 6.1).

Dans beaucoup de problèmes pratiques, on n'a pas besoin de cette loi. C'est le cas lorsque, pour exécuter un calcul sur ordinateur, il est nécessaire de « discrétiser » la loi continue qu'on vient de tirer des données expérimentales discrètes. En revanche, les méthodes statistiques sont très utiles si les données expérimentales contiennent des points aberrants ou bien des « trous ».

Par des méthodes statistiques que nous ne précisons pas ici, on a pu trouver l'expression continue suivante pour l'exemple cité plus haut :

$$v(t) = e^{-(0,12t)^5},$$

ce qui correspond à une loi dite « *de Weibull* », de la forme $v(t) = e^{-(\alpha t)^{\beta}}$ avec les valeurs $\alpha = 0{,}12$; $\beta = 5$.

On a alors $\bar{t} = 7{,}64$ au lieu de la valeur expérimentale 7,8 et des écarts entre la courbe idéale et la courbe pratique (figure 6.8).

Donnons quelques compléments sur la loi de Weibull. Cette loi dépend de deux paramètres positifs : β est le paramètre de « forme » (cf. courbes ci-dessous Fig 6.7) et α, celui de « durée de vie ».

La fiabilité est $v(t) = e^{-(\alpha t)^{\beta}}$.

La densité de probabilité de défaillance est : $i(t) = -v'(t) = \alpha\beta\cdot(\alpha t)^{\beta-1}\cdot e^{-(\alpha t)^{\beta}}$.

Le taux d'avarie est : $\lambda(t) = \alpha\beta\cdot(\alpha t)^{\beta-1}$.

Ce taux est strictement croissant pour $\beta > 1$; il est constant pour $\beta = 1$ (on retrouve alors la loi exponentielle : $v(t) = e^{-\alpha t}$). Ce taux serait décroissant pour $\beta < 1$ (cas peu réaliste).

Notons que pour $\beta = 2$, on obtient la *loi de Rayleigh-Maxwell* pour laquelle le taux d'avarie croît linéairement avec t ; en effet, on a alors : $\lambda(t) = 2\,\alpha^2 t$. On montre en outre que pour $\beta = 3{,}25$ et $\alpha = 1$, la loi de Weibull donne une bonne approximation de la loi normale (gaussienne).

La « durée de vie moyenne » MTTF (Mean Time To Failure), en fait $E(T)$, vaut :

$$\bar{t} = \int_0^{\infty} i(t)\mathrm{d}t = \frac{1}{\alpha}\Gamma\left(1 + \frac{1}{\beta}\right)$$

où $\Gamma(x) = \displaystyle\int_0^{\infty} t^{x-1}e^{-t}\mathrm{d}t$ est la fonction factorielle, qui vaut $(x-1)!$ pour x entier positif, nommée aussi fonction « gamma ».

1. Voir, plus loin, le paragraphe sur la sûreté de fonctionnement des systèmes.

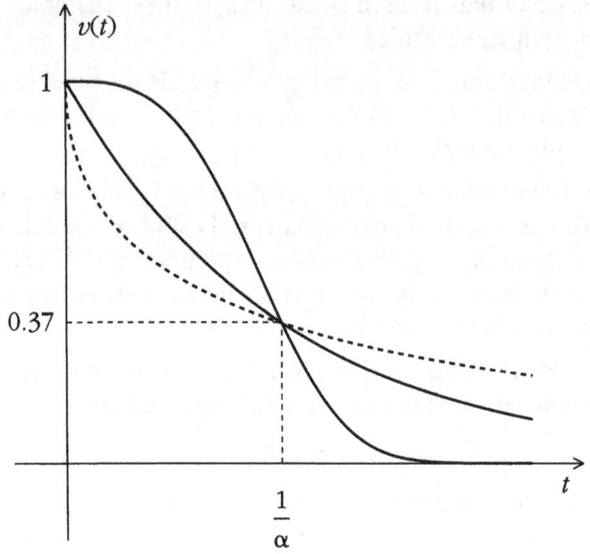

Figure 6.7

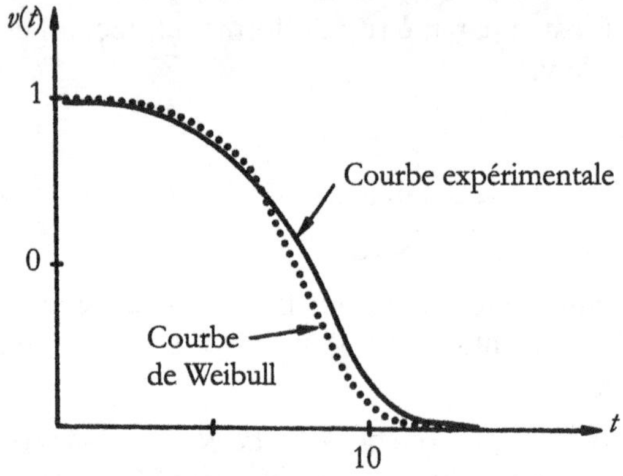

Figure 6.8

La loi de Weibull, en raison de la large gamme de lois observées qu'elle permet de représenter, est l'une des plus utilisées en pratique. On utilise aussi la loi « *log-normale* » : cf le paragraphe 6.6.

6.3 Probabilité de consommation. approvisionnements

L'étude des courbes (et fonctions) de survie est de nature à favoriser la connaissance de nombreuses quantités significatives, telles que la probabilité de consommation et le taux d'approvisionnement que nous définissons ci-après :

On appelle *probabilité de consommation* durant le temps t, la probabilité d'avoir à remplacer une quantité déterminée d'équipements défaillants. On désignera par $q_m(t)$ la probabilité d'avoir m défaillances dans l'intervalle de temps $[0, t]$. D'après la définition même de la courbe de survie on a :

$$q_0(t) = \frac{n(t)}{n(0)} = v(t),$$

car, si un équipement survit à t, on n'aura pas à le remplacer jusqu'à cette date…

Cherchons maintenant à évaluer $q_1(t)$. Pour cela, supposons que l'intervalle de temps $[0, t]$ soit divisé en r sous-périodes de durée τ ; pour qu'à l'époque t on n'ait qu'un remplacement à exécuter, il faut que l'équipement initial ait été défaillant entre $(k-1)\tau$ et $k\tau$ $(1 \leqslant k \leqslant r)$ et que l'équipement neuf substitué à l'équipement remplacé ait survécu de $k\tau$ à t.

La probabilité pour qu'il y ait une défaillance entre $(k-1)\tau$ et $k\tau$ est égale à :

$$p_{k\tau} = \frac{n[(k-1)\tau] - n(k\tau)}{n(0)};$$

celle de survie du nouvel équipement n'est autre que :

$$v(t-k\tau) = \frac{n(t-k\tau)}{n(0)};$$

le produit de ces deux probabilités :

$$p_{k\tau} \cdot v(t-k\tau) = \frac{n[(k-1)\tau] - n(k\tau)}{n(0)} \times \frac{n(t-k\tau)}{n(0)},$$

doit être considéré pour chaque valeur de k, de 1 à r, d'où :

$$q_1(t) = \sum_{k=1}^{k=r} \frac{n[(k-1)\tau] - n(k\tau)}{n(0)} \times \frac{n(t-k\tau)}{n(0)} = \sum_{k=1}^{k=r} p_{k\tau} \cdot v(t-k\tau).$$

D'une manière analogue, on obtiendrait la formule de récurrence :

$$q_m(t) = \sum_{k=1}^{k=r} q_{m-1}(t-k\tau) \cdot p_{k\tau},$$

En présence d'une fonction $v(t)$ continue, $q_{\mathrm{m}}(t)$ est donné par la convolution :

$$q_m(t) = -\int_0^t q_{m-1}(t-u) \cdot v'(u) \cdot \mathrm{d}u = \int_0^t q_{m-1}(t-u) \cdot i(u) \cdot \mathrm{d}u$$

puisque $p_{k\tau}$ peut être remplacé par $-v'(t) \cdot \Delta t$ lorsque τ tend vers zéro.

Lorsque la fiabilité est exponentielle : $v(t) = e^{-\lambda t}$, cette récurrence se résout aisément ; on trouve : $q_m(t) = \dfrac{(\lambda t)^m}{m!}e^{-\lambda t}$, c'est-à-dire que l'on retrouve une loi de Poisson. En effet, on sait que la loi exponentielle est la loi de la durée des intervalles de temps séparant deux événements consécutifs (ici : deux pannes) dans un processus de Poisson.

Le taux d'approvisionnement permet le calcul, pour une période t donnée, du nombre d'équipements nécessaires pour couvrir les besoins en pièces de rechange dans une limite déterminée. Supposons, par exemple, qu'on veuille assurer le dépannage avec la probabilité au moins égale à 95%. On aura à calculer m tel que :

$$\sum_{k=0}^{k=m} q_k(t) \geqslant 0,95,$$

On cherchera donc la plus petite valeur de m réalisant cette condition. Notons que si l'on voulait assurer le dépannage avec la probabilité 1, il faudrait avoir un stock de pièces de rechange... infini[1] ! En pratique au lieu de 1, on adapte 0,99 ou 0,999 ou...

Les conditions d'approvisionnement durant une période de gestion sont précisées par la considération du *taux d'approvisionnement.* Pour mettre en évidence cette notion, il est nécessaire de connaître, en fonction du temps, le nombre d'équipements que l'on veut maintenir en état : c'est la fonction d'utilisation $\mathcal{N}(t)$.

Soit, par exemple, à mettre en service N équipements au temps $t = 0$, puis à porter le nombre de ces équipements à N' au temps $t = t_1$, pour le maintenir à cette valeur jusqu'à t_2, puis le laisser décroître régulièrement de N à 0 entre t_2 et t_3. La figure 6.9 représente la fonction d'utilisation.

Imaginons maintenant que l'axe des temps soit divisé en périodes égales de durée τ. Pour la période $[(k-1)\tau, k\tau]$, le nombre d'approvisionnement $\rho(\tau)$ est :

$$\rho(k\tau) = n(k\tau) - n[(k-1)\tau],$$

si l'on appelle $n(k\tau)$ le nombre d'équipements remplacés jusqu'au temps $k\tau$.

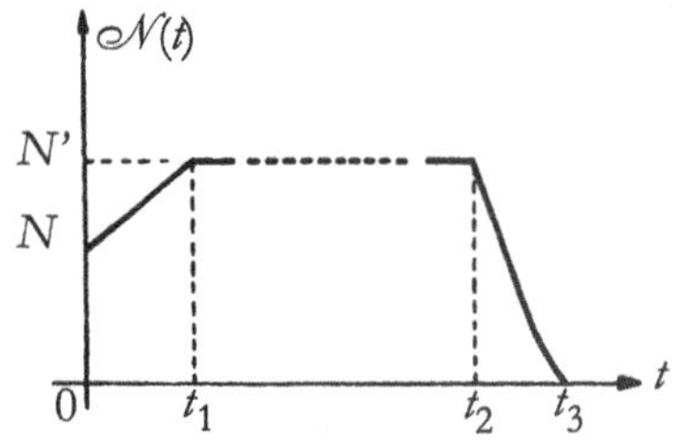

Figure 6.9

À chaque période $i\tau$, les équipements remplacés, au nombre de $\rho(i\tau)$, étant neufs, seront soumis à la loi de survie $v(t - i\tau)$, si bien qu'il en restera en service au temps t :

$$\rho(i\tau)\cdot v(t - i\tau)$$

À toute époque t, on devra avoir, si $t = r\tau$:

$$\mathcal{N}(t) = N\cdot v(t) + \sum_{k=1}^{k=r} \rho(k\tau)\cdot v(t - k\tau)$$

1. Ceci est inhérent à la nature stochastique (aléatoire) de l'occurrence des défaillances.

puisqu'à chaque époque τ, 2τ, $\cdots$, $k\tau$, $\cdots$, on a procédé au remplacement de $\rho(k\tau)$ équipements. Dans le cas d'une fonction continue, on obtient une intégrale dite de Volterra :

$$\mathcal{N}(t) = N \cdot v(t) + \int_0^t R'(\tau) \cdot v(t-\tau) \cdot d\tau,$$

où $R'(\tau)$ désigne la dérivée par rapport au temps du nombre d'équipements $R(\tau)$, remplacés jusqu'à τ.

Il est très remarquable que si l'on désire maintenir un niveau constant, égal à N_0, d'équipements en service, on ne tend que lentement vers le taux $\frac{N_0}{\bar{t}}$, qui est la limite, pour t tendant vers l'infini, de $R'(t)$. Pendant une période plus ou moins longue, le taux d'approvisionnement oscille autour de cette valeur limite, dont, au début, il s'en écarte beaucoup. Cela est dû au fait que le phénomène demeure longtemps transitoire et n'évolue que lentement vers un régime permanent.

t	$n(t)$	$n(t)\,/\,n(t-1)$	$p_c(t)$
0	2 500	–	
1	2 495	0, 998	0, 002
2	2 480	0, 993 988	0, 006 012
3	2 440	0, 983 871	0, 016 129
4	2 350	0, 963 115	0, 036 885
5	2 190	0, 931 915	0, 068 085
6	1 990	0, 908 676	0, 091 324
7	1 740	0, 874 372	0, 125 628
8	1 390	0, 798 851	0, 201 149
9	790	0, 568 345	0, 431 655
10	340	0, 430 380	0, 569 620
11	90	0, 264 706	0, 735 294
12	30	0, 333 333	0, 666 667
13	10	0, 333 333	0, 666 667
14	0	0	1

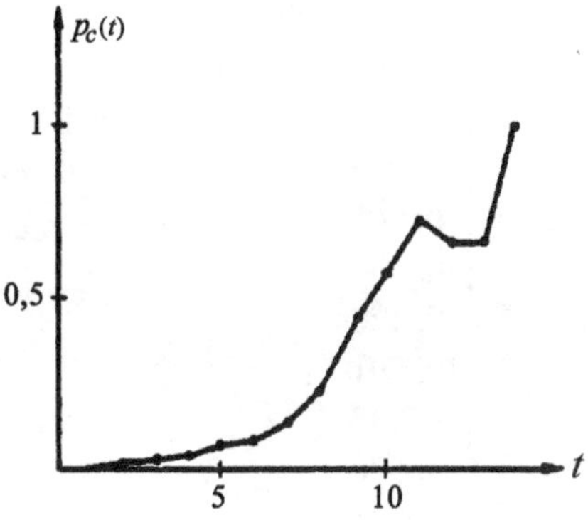

Figure 6.10

6.4 Calcul des approvisionnements

Reprenons l'exemple ci-dessus et calculons cette fois, pour chaque valeur de t, la quantité $p_c(t)$ ou « *probabilité d'avarie* ».

Remarque. On note une « irrégularité » de la courbe représentative de $p_c(t)$. Il n'y a pas lieu de s'alarmer de cette constatation, les faibles effectifs des dernières classes ne permettant pas d'espérer des résultats d'expérience plus vraisemblables.

La probabilité pour qu'un équipement, parvenu à l'âge t, soit défaillant dans l'intervalle $[t, t+1]$ étant $p_c(t)$, la probabilité pour qu'il survive n'est autre que $1 - p_c(t)$. Donc, si nous considérons les états $0, 1, 2, \cdots, 13$ (âges) du matériel, les probabilités de transition des états précédents à l'état 0 (panne suivie du remplacement) sont :

$$0,002 \,;\, 0,006 \,;\, \cdots \,;\, 0,667 \,;\, 1,$$

tandis que les probabilités de transition des états précédents aux états $1, 2, 3, \cdots$ (survie pendant une période) sont :

$$0,998 \,;\, 0,994 \,;\, \cdots \,;\, 0,333 \,;\, 0.$$

Nous obtenons ainsi la matrice des probabilités de transition[1] de dimension 14×14, qui est stochastique et définit une chaîne de Markov (ce point est détaillé à la fin de ce paragraphe) ; le lecteur vérifiera que la somme des termes dans chaque ligne de M, vaut 1 :

$$
\begin{array}{r|cccccccccccccc|}
 & 0 & 1 & 2 & 3 & 4 & 5 & 6 & 7 & 8 & 9 & 10 & 11 & 12 & 13 \\
\hline
0 & 0,002 & 0,998 & & & & & & & & & & & & \\
1 & 0,006 & & 0,994 & & & & & & & & & & & \\
2 & 0,016 & & & 0,984 & & & & & & & & & & \\
3 & 0,037 & & & & 0,963 & & & & & & & & & \\
4 & 0,068 & & & & & 0,932 & & & & & & & & \\
5 & 0,091 & & & & & & 0,909 & & & & & & & \\
M = 6 & 0,126 & & & & & & & 0,874 & & & & & & \\
7 & 0,201 & & & & & & & & 0,799 & & & & & \\
8 & 0,432 & & & & & & & & & 0,568 & & & & \\
9 & 0,570 & & & & & & & & & & 0,430 & & & \\
10 & 0,735 & & & & & & & & & & & 0,265 & & \\
11 & 0,667 & & & & & & & & & & & & 0,333 & \\
12 & 0,667 & & & & & & & & & & & & & 0,333 \\
13 & 1 & & & & & & & & & & & & & 0
\end{array}
$$

dont le graphe G est donné par la figure 6.11 ; cette chaîne est non décomposable (car G est fortement connexe) et apériodique (car G comporte une boucle), elle est donc fortement ergodique ; mais ici nous allons étudier le régime transitoire).

(1) les probabilités non spécifiées, telle p_{02}, sont nulles.

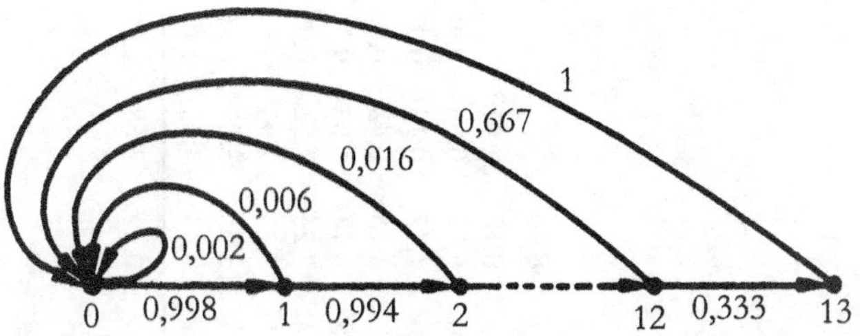

Figure 6.11

En faisant le produit du vecteur $\mathbf{N}(0)$[1], dont les éléments sont les nombres d'équipements d'âges déterminés mis en service à la date 0, par la matrice **M**, on obtiendra $\mathbf{N}(1)$[1], les éléments de ce vecteur étant les nombres d'équipements d'âges déterminés: à remplacer (colonne 0) ou survivants (colonnes 1 à 13) à la date 1. En multipliant $\mathbf{N}(1)$ par **M**, on obtiendra $\mathbf{N}(2)$[1], et ainsi de suite. Nous ferons le calcul dans l'hypothèse où l'on a, initialement, 2 500 équipements neufs :

$$\mathbf{N}(0) = [2500\,;0\,;\cdots;0]$$

Il vient successivement :

$$\mathbf{N}(1) = \mathbf{N}(0)\cdot\mathbf{M} = [5\,;2\,495\,;0\,;0\,;\cdots;0];$$

$$\mathbf{N}(2) = \mathbf{N}(1)\cdot\mathbf{M} = [14{,}98\,;4{,}99\,;2\,480{,}03\,;0\,;0\,;\cdots;0], \text{etc.}$$

pour les âges des équipements aux périodes successives. On remarque que la première composante $N_0(k)$ de chaque vecteur $\mathbf{N}(k)$ donne la quantité à réapprovisionner en chaque début de période : initialement, 2 500; après une période, 5; après deux périodes : 14,98; etc. Bien entendu, les nombres non entiers qui apparaissent sur le tableau correspondent à un calcul théorique. Dans la pratique, on remplace un nombre d'équipements évidemment entier et les effectifs des différentes classes d'âge s'expriment également en nombres entiers (cf. tableau 6.3).

La « courbe » de la figure 6.12 (pour rendre plus visible l'évolution, on a réuni les points par des segments de droite) est extrêmement intéressante. Elle montre que les quantités à approvisionner oscillent très largement autour de la valeur moyenne $\frac{N}{\bar{t}} = \frac{2500}{8{,}334} \simeq 300$ équipements par période. La poursuite du calcul montrerait que ce n'est qu'à partir d'une lointaine période que l'on aurait une différence de moins de 1 % entre réapprovisionnements calculés et le réapprovisionnement moyen $\frac{N}{\bar{t}}$. Cela signifie que l'on a renouvelé, en moyenne, six à sept fois le matériel avant d'être parvenu à l'équilibre ($52/8{,}33 \approx 6{,}24$).

1. les vecteurs $\mathbf{N}(0)$, $\mathbf{N}(1)$, $\mathbf{N}(2)$, etc., sont égaux aux vecteurs de probabilité des états : $\mathbf{\Pi}(0)$, $\mathbf{\Pi}(1)$, $\mathbf{\Pi}(2)$, multipliés par 2 500.

	0	1	2	3	4	5	6	7	8	9	10	11	12	13
0	2500													
1	5	2495												
2	14,98	4,99	2480,03											
3	39,74	14,95	4,96	2440,35										
4	90,54	39,66	14,86	4,88	2350,06									
5	160,64	90,36	39,42	14,62	4,70	2190,25								
6	201,67	160,32	89,82	38,79	14,08	4,38	1990,94							
7	256,45	201,26	159,36	88,38	37,36	13,12	3,98	1740,08						
8	361,53	255,94	200,06	156,81	85,11	34,82	11,93	3,48	1390,32					
9	623,04	360,81	254,40	196,86	151,01	79,32	31,65	10,43	2,78	789,70				
10	489,67	621,79	358,64	250,33	189,57	140,74	72,10	27,66	8,33	1,58	339,57			
11	314,14	488,69	618,06	352,91	241,07	176,68	127,93	63,02	22,10	4,73	0,68	89,99		
12	160,53	313,51	485,76	608,17	339,85	224,68	160,60	111,81	50,35	12,55	2,03	0,18	29,97	
13	169,25	160,21	311,63	477,98	585,67	316,74	204,23	140,37	89,34	28,60	5,40	0,54	0,06	9,98
14	215,81	168,91	159,25	306,64	460,30	545,85	287,92	178,50	1 12,15	50,74	12,30	1,43	0,18	0,02
15	255,97	215,38	167,90	156,70	29,00	429,00	496,17	251,64	142,62	63,70	21,82	3,26	0,48	0,06
16	299,02	255,46	214,08	165,21	150,90	275,22	389,96	433,66	2 389,96	81,01	27,39	5,78	1,09	0,16
17	341,18	298,42	253,93	210,66	159,10	140,64	250,17	340,82	346,49	114,20	34,83	7,26	1,93	0,36
18	384,84	340,50	296,63	249,87	202,87	148,28	127,84	218,65	272,32	196,81	49,11	9,23	2,42	0,64
19	378,47	384,07	338,45	291,88	240,62	189,07	134,79	111,73	174,70	154,68	84,63	13,01	3,07	0,80
20	329,66	377,72	381,77	333,04	281,08	224,26	171,86	117,81	89,27	99,23	66,51	22,43	4,33	1,02
Régim. perm.	299,96	299,36	297,56	292,80	281,97	262,79	238,88	208,78	166,82	94,75	40,74	10,80	3,60	1,20

Tableau 6.3 DES LIGNES **N**(0) à **N**(20) ET DU RÉGIME PERMANENT **N***

Pour la comparaison avec le régime stationnaire, calculons π_0^*, d'après :

$$1 = \pi_0^* + 0,998\,\pi_0^* + 0,998 \times 0,994\,\pi_0^* + 0,998 \cdots 0,994 \times 0,984\pi_0^* + \cdots \times 0,333\pi_0^*,$$

soit : $\pi_0^* = 0,1198$, d'où : $2500 \cdot \pi_0^* = 300$ et, en arrondissant approximativement à l'entier le plus proche :

$$2\,500 \cdot \Pi^* = [300 \quad 299 \quad 297 \quad 293 \quad 282 \quad 263 \quad 239 \quad 209 \quad 167 \quad 95 \quad 41 \quad 11 \quad 3 \quad 1]$$

Il faut en tirer la conclusion, très importante, que les phénomènes permanents sont en général de peu d'intérêt en matière de renouvellement des équipements. En effet, on n'aura pas encore atteint le régime permanent lorsque, frappé d'obsolescence, l'équipement considéré sera déjà à remplacer par un nouveau type d'équipement! On peut donc, avec avantage, se laisser guider par ce calcul simple pour dresser les tableaux de commande du matériel à renouveler, période par période, quitte à instituer un certain stock de sécurité, pour éviter les conséquences d'aléas éventuels. Le gain, souvent considérable, qui résulte de commandes cadencées, selon la méthode ci-dessus, pour le réapprovisionnement des équipements, est calculé comme en matière de stockage.

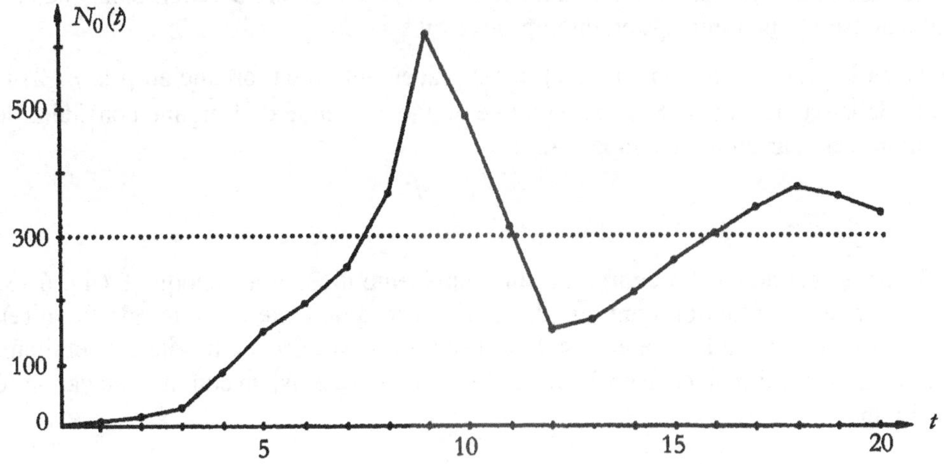

Figure 6.12

La matrice **M** ci-dessus, étant stochastique, définit une chaîne de Markov finie (à 14 états). Le graphe associé (figure 6.11) est un graphe fini fortement connexe (car il comporte un circuit hamiltonien (0, 1, 2, · · ·, 12, 13, 0)) : ainsi, la chaîne de Markov comporte-t-elle une seule classe d'états, donc tous récurrents. De plus, le graphe quand $n \to +\infty$ comporte une boucle : l'arc (0, 0); ainsi cette classe est apériodique.

La chaîne de Markov est donc fortement ergodique : le vecteur de probabilités des états $\mathbf{\Pi}(n)$ tend vers une limite $\mathbf{\Pi}^*$, indépendante de la distribution initiale $\mathbf{\Pi}(0)$ quand $n \to +\infty$: $\mathbf{\Pi}^*$=[300, 299, 297, 293, 282, 263, 239, 209, 167, 95, 41, 11, 3, 1].

Rappelons qu'entre le vecteur des âges $\mathbf{N}(n)$ et $\mathbf{\Pi}(n)$, on a la relation : $\mathbf{\Pi}(n) = \dfrac{1}{2500} \cdot \mathbf{N}(n)$; ainsi le vecteur des âges admet-il une limite $\mathbf{N}^*$ quand $n \to \infty$: $\mathbf{N}^* = 2500 \cdot \mathbf{\Pi}^*$. Mais, dans le cas de ce calcul d'approvisionnement, cette limite est très longue à atteindre : répétons que souvent le type d'équipement étudié devient obsolète avant que cette limite soit atteinte ! Néanmoins, ce calcul permet de positionner l'asymptote de la courbe d'approvisonnement, correspondant à la quantité d'équipements N_0^* (première composante du vecteur $\mathbf{N}^*$) : $N_0^* = 2500\,\pi_0^*$. On peut montrer que $\pi_0^* = \frac{1}{\bar{t}} = 1/8{,}334$, pour retrouver $N_0^* = \frac{2500}{\bar{t}} \simeq 300$.

6.5 Un autre compromis : l'entretien préventif

Il sera commode de considérer ici qu'une machine (ou un système) comporte un organe particulièrement fragile et d'étudier quelles sont les conséquences des décisions contraires que l'on peut prendre au sujet du remplacement de cet organe : soit attendre sa défaillance et subir, de ce fait, une panne coûteuse; soit envisager de le remplacer à une période θ (restant à déterminer), de manière à éviter, dans une certaine mesure, une interruption intempestive du service.

• Dans le premier cas, on paie : 1) le remplacement de cet organe au prix p; 2) le coût de la panne, soit P. Si $\bar{t}'$ est la durée de vie moyenne de l'organe considéré, le coût moyen, par unité de temps, vaut :

$$C_1 = \frac{p + P}{\bar{t}}.$$

• Dans le second cas, la courbe de survie présente un saut à l'époque θ (fig. 6.13) et, si $v(t)$ est la fonction continue de survie correspondante (fonction de fiabilité), les conséquences de la panne ne se feront sentir que si l'organe fragile est défaillant avant θ, c'est-à-dire avec la probabilité $1 - v(\theta)$. On a ainsi un coût moyen par unité de temps :

$$C_2(\theta) = \frac{p + [1 - v(\theta)]\cdot P}{\bar{t}_\theta},$$

$\bar{t}_\theta$ étant la durée de vie moyenne d'un organe dont la courbe de survie subit un saut à θ, soit :

$$\bar{t}_\theta = \int_0^\theta v(t)\,\mathrm{d}t.$$

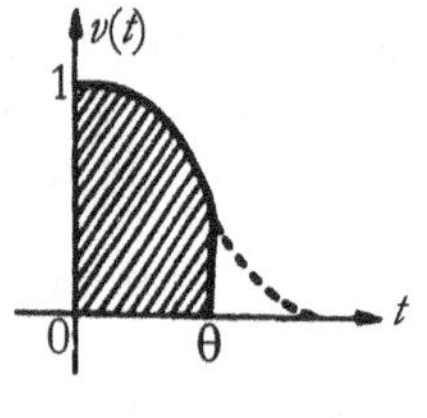

Figure 6.13

En effet, nous sommes dans le cas d'une loi de probabilité tronquée :

$$\bar{t}_\theta = \int_0^\theta t\cdot f(t)\cdot \mathrm{d}t + \theta\cdot Pr(T > \theta),$$

avec :

$$f(t) = \frac{\mathrm{d}}{\mathrm{d}t}v(t) \text{ et } P_r(T > \theta) = v(\theta)$$

Montrons que les deux expressions de $\bar{t}_\theta$ ci-dessous sont bien égales :

$$\int_0^\theta t\cdot f(t)\cdot \mathrm{d}t = -\int_0^\theta t\cdot \mathrm{d}v(t) = -[tv]_0^\theta + \int_0^\theta v(t)\cdot \mathrm{d}t = -\theta v(\theta) + \int_0^\theta v(t)\cdot \mathrm{d}t;$$

ainsi :

$$\bar{t}_\theta = \int_0^\theta t\cdot f(t)\cdot \mathrm{d}t + \theta\cdot v(\theta) = -\theta\cdot v(\theta) + \int_0^\theta v(t)\cdot \mathrm{d}t + \theta\cdot v(\theta) = \int_0^\theta v(t)\cdot \mathrm{d}t \;\blacksquare$$

Pour que l'entretien préventif soit avantageux, il faut qu'il existe au moins une époque θ telle que l'on ait : $C_2(\theta) < C_1$, c'est-à-dire :

$$\frac{p + [1 - v(\theta)]P}{\bar{t}_\theta} < \frac{p + P}{\bar{t}}$$

ou :

$$p\cdot\bar{t} + P\cdot\bar{t} - P\cdot v(\theta)\cdot\bar{t} < (p + P)\cdot\bar{t}_\theta\,;$$

mais :

$$\bar{t}_\theta = \bar{t} - \bar{\tau}_\theta \quad \text{avec : } \bar{\tau}_\theta = \int_\theta^\infty v(t)\cdot \mathrm{d}t.$$

Il vient donc :

$$-P\cdot v(\theta)\cdot\bar{t} < -(p + P)\cdot\bar{\tau}_\theta,$$

d'où :

$$\frac{p + P}{P} < \frac{v(\theta)\cdot\bar{t}}{\bar{\tau}_\theta},$$

soit encore :

$$C_1 < P\cdot\frac{v(\theta)}{\bar{\tau}_\theta}.$$

Dans ces conditions, c'est-à-dire si : $C_1 < P\cdot\dfrac{v(\theta)}{\bar{\tau}_\theta}$, l'époque la plus favorable pour l'entretien préventif sera évidemment la valeur θ rendant $C_2(\theta)$ minimal.

Or, $C_2(\theta)$ est généralement une fonction tout d'abord décroissante, puis croissante de θ (on écrit plus bas, en abrégé : v, au lieu de : $v(\theta)$).

Calculons $\dfrac{\mathrm{d}C_2(\theta)}{\mathrm{d}\theta}$; on a :

$$\frac{dC_2(\theta)}{d\theta} = \frac{-\bar{t}_\theta \cdot P \cdot \dfrac{dv}{d\theta} - [p + (1 - v)P] \cdot \dfrac{d\bar{t}_\theta}{d\theta}}{\bar{t}_\theta^{-2}}$$

Sachant que : $\dfrac{d\bar{t}_\theta}{d\theta} = v(\theta)$; il en résulte que $C_2(\theta)$ est minimal pour :

$$-\bar{t}_\theta \cdot P \cdot \frac{dv}{d\theta} - [p + (1 - v) \cdot P] \cdot v = 0$$

ou encore :

$$-\bar{t}_\theta \cdot \frac{v'}{v} + v = \frac{p + P}{P}. \qquad (6.1)$$

Remarquons au passage que pour une fiabilité exponentielle :

$$\bar{t}_\theta = \int_0^\theta e^{-\lambda t} \cdot dt = \frac{1 - e^{-\lambda\theta}}{\theta} \quad \text{et : } v'(\theta) = -\lambda e^{-\lambda\theta}.$$

L'équation (6.1) donne alors :

$$-\frac{(1 - e^{-\lambda\theta})}{\lambda} \cdot \frac{(-\lambda e^{-\lambda\theta})}{e^{-\lambda\theta}} + e^{-\lambda\theta} = \frac{p + P}{P},$$

soit après simplifications : $1 = \dfrac{p + P}{P}$,

ce qui supposerait que le prix de l'équipement p soit nul ! En fait, pratiquer de l'entretien (remplacement) préventif avec un matériel de fiabilité exponentielle est absurde : le taux de panne λ étant constant, cette démarche reviendrait à mettre à la poubelle des équipements neufs ! En effet, un tel équipement n'a pas d'« âge » (au sens habituel du terme). En pratique, λ est constant sur une très longue période, mais la phase d'usure finit par apparaître : cf. Fig 6.5.

Appliquons maintenant ces résultats à un exemple dans lequel la loi de survie serait conforme au tableau mais oublions qu'il s'agissait de pneumatiques, les conséquences économiques de la panne étant, dans ce dernier cas, trop faibles pour que le problème soit intéressant. Considérons, au contraire, et successivement, que :

$$1)\, p = 0{,}1 \,;\, P = 1 \quad ; \quad 2)\, p = 1 \,;\, P = 1.$$

Le tableau ci-dessous permet de tirer des conclusions intéressantes.

θ	$v(\theta)$	$1-v(\theta)$	$\Delta v / \Delta\theta$	$\bar{t}_\theta$ (1)	$\bar{t}_\theta / v(\theta)$	$\bar{\tau}_\theta = \bar{t}' - \bar{t}_\theta$	$v(\theta)/\bar{\tau}_\theta$	$-\dfrac{\bar{t}_\theta}{v(\theta)}\dfrac{\Delta v}{\Delta\theta}+v(\theta)$	$C_2(\theta)$	
									Cas 1	Cas 2
1	0,998	0,002	−0,002	0,999	1,001	6,835	0,146	1	0,102	1,003
2	0,992	0,008	−0,006	1,994	2,010	5,840	0,170	1,004	0,054	0,506
3	0,976	0,024	−0,016	2,978	3,051	4,856	0,201	1,025	0,042	0,344
4	0,940	0,060	−0,036	3,936	4,187	3,898	0,241	1,091	**0,041**	0,269
5	0,876	0,124	−0,064	4,844	5,530	2,990	0,293	1,230	0,046	0,232
6	0,796	0,204	−0,080	5,680	7,136	2,154	0,370	1,367	0,054	0,212
7	0,696	0,304	−0,100	6,426	9,233	1,408	0,494	1,619	0,063	**0,203**
8	0,556	0,444	−0,140	7,052	12,683	0,782	0,711	2,332	0,077	**0,205**
9	0,316	0,684	−0,240	7,488		0,346	0,913		0,105	0,225
10	0,136	0,864	−0,180	7,714		0,120	1,133		0,125	0,242
11	0,036	0,964	−0,100	7,800		0,034	1,059		0,136	0,252
12	0,012	0,988	−0,024	7,824		0,010	1,200		0,139	0,254
13	0,004	0,996	−0,008	7,832		0,002	2		0,140	0,255
14	0	1	− 0,004	7,834		0	–		0,140	0,255
				$=\bar{t}'$					$=C_1$	$=C_1$

Pour calculer $\bar{t}_\theta$, on trace la courbe $v(\theta)$ en joignant les points $(\theta, v(\theta))$, où $\theta = 0, 1, \cdots, 14$, par des segments de droite : la « courbe » $v(\theta)$ est alors une ligne brisée. Puis on évalue l'aire comprise entre la courbe et l'axe des temps entre $t = 0$ et $t = \theta$: $\bar{t}_\theta$ u est alors la somme des aires de θ trapèzes. En outre, comme $v(t) = 0$ pour $t \geqslant 14$, on a : $\bar{t}_{14} = \bar{t}'$.

1) Dans le premier cas, on a pour tout θ : $C_1 > P\cdot\dfrac{v(\theta)}{\bar{\tau}_\theta}$. En effet

$C_1 = \dfrac{1,1}{7,834} = 0,140\,4$ et $P = 1$. Ici $C_2(\theta) = \dfrac{0,1 + 1 - v(\theta)}{\bar{t}_\theta}$.

Le minimum de $C_2(\theta)$ a lieu pour $\theta = 4$ et l'on constate que l'on aura : $-\frac{\bar{t}_\theta}{v(\theta)} \cdot \frac{\Delta v}{\Delta \theta} + v(\theta) = \frac{p + P}{P} = 1{,}1$ pour une valeur de θ très légèrement supérieure à $\theta = 4$.

Il est très intéressant de pratiquer l'entretien préventif et d'adopter la date $\theta = 4$; le gain relatif $\frac{C_1 - C_2}{C_1}$ est de 70 % ;

2) dans le second cas on a : $C_1 = 0,255$; on n'a donc $C_1 < \frac{v(\theta)}{\bar{\tau}_\theta}$ qu'à partir de $\theta = 5$; le minimum de $C_2(\theta)$ a lieu entre l'époque 7 et 8 ; pour $\theta = 7{,}5$ on peut calculer : $-\frac{\bar{t}_\theta}{v} \cdot \frac{\Delta v}{\Delta \theta} + v \approx 1,950$, c'est-à-dire pratiquement : $\frac{p + P}{p} = 2$.

Il est intéressant de pratiquer l'entretien préventif, en adoptant une valeur $\theta \approx 7,5$; mais le gain relatif n'est alors que de 20 %.

N.B. La comparaison des diverses courbes de survie (fiabilité) est facilitée par l'adoption d'une variable auxiliaire :

$$x = \frac{\ell n(t/\alpha)}{\mu},$$

μ étant un paramètre de dispersion. On constate, en effet, que la variable x est distribuée selon une loi de Laplace-Gauss. Ce passage par une loi lognormale[1] est très fructueux, car les pièces de fatigue sont alors caractérisées par une valeur de paramètre μ de l'ordre de 0,9, tandis que les pièces d'usure le sont par des valeurs comprises entre 0,2 et 0,6.

Si $v(t)$ est la fonction de survie, on peut calculer la « *médiane* », soit la valeur de t pour laquelle $v(t) = 0{,}5$; appelons α cette valeur. Considérons alors la variable auxiliaire :

$$x = \frac{\ell n(t/\alpha)}{\mu} = \frac{\ell n t - \ell n \alpha}{\mu} = \frac{\ell n t - m}{\mu}, \text{ où } m = \ell n\, \alpha.$$

On montre que, pour beaucoup de pièces, la dérivée de la loi de survie peut s'écrire :

$$-\frac{\mathrm{d}v(t)}{\mathrm{d}t} = \frac{1}{\mu\sqrt{2\pi t}}\, e^{-\frac{(\ell n\, t - m)^2}{2\mu^2}},$$

d'où, avec : $t = e^{\mu x + m}$ puis $\mathrm{d}t = \mu \cdot e^{\mu x + m} \cdot \mathrm{d}x$, la loi de survie (fiabilité) :

1. Kelly a fondé l'étude de l'entretien préventif sur l'utilisation d'une représentation lognormale des courbes de survie.

$$v(x) = 1 - \frac{1}{\sqrt{2\pi}} \int_{-\infty}^{x} e^{-\frac{x^2}{2}} \mathrm{d}x = 1 - Pr(x).$$

On reconnaît dans l'intégrale la fonction de répartition de la loi normale centrée réduite.

Représentons (figure 6.14) un certain nombre de courbes de survie, en fonction de $\frac{t}{\alpha}$; elles passent toutes, dans ces conditions, par le point de coordonnées :

$$\frac{t}{\alpha} = 1 \,;\, v = 0{,}5.$$

On remarque, de plus, que ces courbes vont de la loi rectangulaire pour $\mu = 0$ à la loi exponentielle décroissante pour $\mu = 0,84$, c'est-à-dire balaient le champ habituel des courbes de survie.

Il est aisé de calculer :

$$\bar{t}_\theta = e^{m + \frac{\mu^2}{2}}, \text{ soit: } \bar{t}_\theta = e^{m + \frac{\mu^2}{2}} Pr(\tau + \mu) + e^{\mu\tau + m}[1 - Pr(\tau)]$$

où : $$\tau = \frac{\ell n\, \theta - m}{\mu}.$$

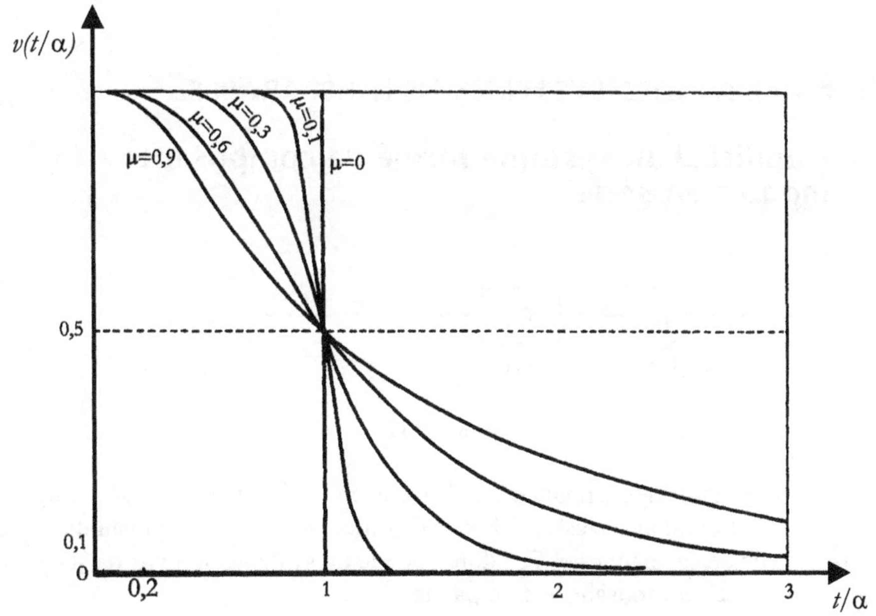

Figure 6.14

On obtient alors :

$$\frac{C_2}{C_1} = \frac{p + [1 - v(\theta)]P}{\bar{t}_\theta} \cdot \frac{\bar{t}}{p + P} = \frac{(p/P) + Pr(\tau)}{(p/P) + 1} \cdot \frac{1}{Pr(\tau - \mu) + e^{\mu\left(\tau - \frac{\mu}{2}\right)} \cdot [1 - Pr(\tau)]}.$$

Il est intéressant de constater que les pièces d'*usure*, pour lesquelles le coefficient μ est compris entre 0,3 et 0,6, donnent des minima bien marqués du rapport C_2/C_1, ceci d'autant mieux que p/P est petit (nous l'avons constaté sur l'exemple numérique précédent, où l'on pourrait prendre $\mu \approx 0{,}4$, tout au moins pour la partie supérieure de la courbe de survie). Il est donc, en général, avantageux de pratiquer l'entretien préventif : une pièce d'usure (courroie, garniture de frein, chaîne, etc.) est, le plus souvent, de peu de prix devant le coût d'une panne.

Au contraire, les pièces de *fatigue* (composants électroniques, axes, roulements, fleurets, vilebrequins, etc.), pour lesquelles le coefficient μ est voisin de 0,9, ne donnent de minima significatifs du rapport C_2/C_1 que lorsque p/P est vraiment faible, de l'ordre de 0,05, par exemple. Or, les pièces de fatigue sont généralement coûteuses et ainsi le rapport p/P dépasse largement la limite indiquée ci-dessus, si bien que l'on n'a pas souvent intérêt à pratiquer l'entretien préventif.

D'ailleurs, puisque les pièces de fatigue survivent selon une courbe qui s'apparente à l'exponentielle décroissante, il est à peu près évident qu'on n'a pas d'avantage à remplacer une vieille pièce par une pièce neuve de *fragilité égale,* comme nous l'avons déjà souligné plus haut, ceci tant que la phase d'usure n'est pas atteinte (Fig. 6.5).

6.6 Fiabilité des systèmes non réparables

6.6.1 Fiabilité d'un système formé de composants montés en série

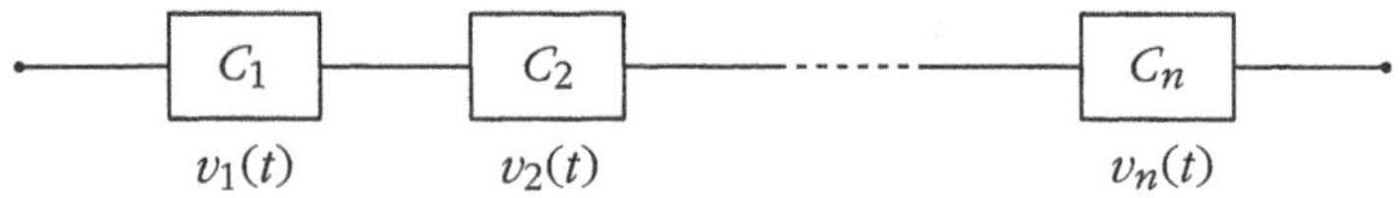

Figure 6.15

Nous supposerons l'indépendance de l'occurrence des pannes des composants $C_1, C_2, \cdots, C_n$. Soient alors les variables aléatoires $T_1, T_2, \cdots, T_n$: instants d'occurrence respectifs de ces pannes et T_S : durée de vie du système-série (qui est en panne dès que l'un de ses composants est en panne).

La fiabilité de ce système est : $V_S(t) = P[T_S > t]$, on a :
$V_S(t) = P[T_1 > t \text{ et } T_2 > t \text{ et} \cdots \text{et } T_n > t]$; puisque $T_1, T_2, \cdots, T_n$ sont indépendantes :
$V_s(t) = P[T_1 > t]\cdot P[T_2 > t]\cdot \cdots \cdot P[T_n > t] = v_1(t)\cdot v_2(t)\cdot \cdots \cdot v_n(t)$

Monter des composants en série fragilise un système : pour fixer les idées, supposons que l'on ait $n = 6$ composants montés en série, la fiabilité au bout de 1 000 heures de chacun valant : $v_k(1\,000) = 0{,}9$.

La fiabilité du système série vaut alors : $V_S = (1\,000) = 0{,}9^6$, soit seulement 0,53 : même si la fiabilité individuelle de chaque composant peut être jugée correcte, la fiabilité du système-série sera souvent inacceptable, car trop faible.

Notons que, pour des fiabilités « exponentielles » : $v_i(t) = e^{-\lambda it}$, on a : $V_S(t) = e^{-(\Sigma\lambda i)t}$, soit : $\lambda_S = \sum_{i=1}^{n} \lambda_j$: les taux de panne, dans ce cas, s'ajoutent. Le MTTF vaut : $\bar{t}_S = 1/\lambda_S$; ainsi, pour n composants de même taux de panne : $\lambda_i = \lambda$, il vient $\bar{t}_S = \dfrac{1}{n\lambda}$; la durée de vie moyenne du système-série est alors n fois plus faible que celle d'un de ses composants...

6.6.2 Fiabilité d'un système monté en parallèle

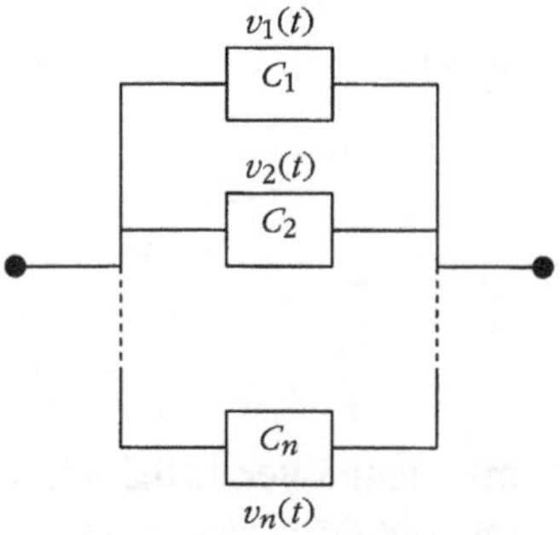

Figure 6.16

Avec les mêmes notations que ci-dessus, la fiabilité $V_p(t)$ de ce système parallèle est :

$$V_p(t) = P[T_p > t].$$

Ce système est en panne seulement lorsque les n composants sont en panne. D'où :

$$\begin{aligned} 1 - V_p(t) &= P[T_p < t] \\ &= P[T_1 < t \text{ et } T_2 < t \text{ et} \cdots \text{et } T_n < t] \\ &= P[T_1 < t]\cdot P[T_2 < t]\cdot \cdots \cdot P[T_n < t] \\ &= [1 - v_1(t)]\cdot[1 - v_2(t)]\cdot \cdots \cdot [1 - v_n(t)] \end{aligned}$$

En particulier, si $n = 2$, il vient : $V_p(t) = v_1(t) + v_2(t) - v_1(t)\cdot v_2(t)$.

Monter des composants en parallèle permet d'accroître la fiabilité d'un système ; ainsi avec $n = 3$ composants et (comme ci-dessus) $v_k(1\,000) = 0{,}9$, il vient :

$1 - V_p(1\,000) = [1 - 0{,}9]^3$ soit $V_p(1\,000) = 0{,}999$: bien meilleur que 0,9 !

Doubler, tripler des composant est largement utilisé dans des systèmes embarqués, satellites, navettes spatiales, etc.

Notons que pour des fiabilités exponentielles $v_i(t) = e^{-\lambda t}$ et pour $n = 3$, $1 - V_p(t) = [1 - e^{-\lambda t}]^3$ d'où $V_p(t) = 3e^{-\lambda t} - 3e^{-2\lambda t} + e^{-3\lambda t}$: la fiabilité du système ne suit plus une loi exponentielle; en outre, $\bar{t}_p = \frac{3}{\lambda} - \frac{3}{2\lambda} + \frac{1}{3\lambda} = \frac{11}{6}\lambda$, soit près du double de la durée de vie $(1/\lambda)$ d'un seul composant.

6.6.3 Fiabilité de montages série-parallèle

La fiabilité $V(t)$ s'obtient en combinant les résultats des deux paragraphes précédents. Ainsi pour le système ci-dessous :

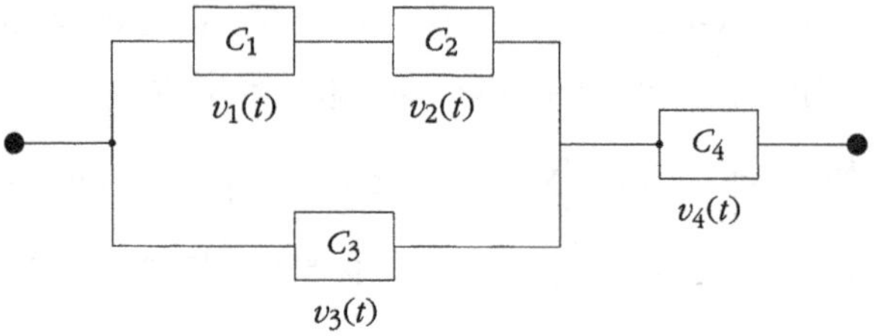

Figure 6.17

on peut remplacer les deux composants C_1 et C_2 par un composant unique $C_{1,2}$ de fiabilité $v_1(t)\cdot v_2(t)$. On a alors $C_{1,2}$ et C_3 en parallèle : la fiabilité de ce sous-système parallèle est : $(v_1\cdot v_2) + v_3 - (v_1 v_2)\cdot v_3$ et finalement ce sous-système étant en série avec C_4, il vient :

$$V(t) = [v_1(t)\cdot v_2(t) + v_3(t) - v_1(t)\cdot v_2(t)\cdot v_3(t)]\cdot v_4(t).$$

Pour des fiabilités exponentielles, toutes de même taux λ, on aurait :

$$\bar{t} = \frac{1}{3\lambda} + \frac{1}{2\lambda} - \frac{1}{4\lambda} = \frac{7}{12\lambda}.$$

6.6.4 Cas des systèmes quelconques

On a intérêt à utiliser, pour calculer la fiabilité $V(t)$ du système à employer, le théorème des « probabilités totales ». Par exemple, pour un système en pont de Wheatstone :

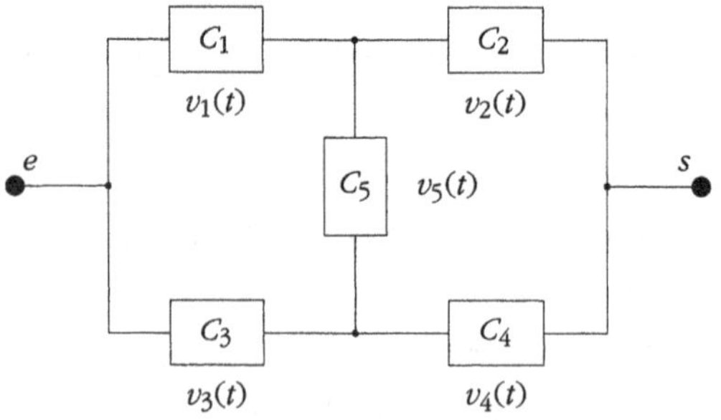

Figure 6.18

Ce système fonctionne tant qu'il existe une chaîne de composants entre e et s, sans aucun composant en panne.

Le théorème des probabilités totales s'écrit ici :

$$V(t) = P[T > t] = P[T > t \mid T_5 \geqslant t]\cdot P[T_5 \geqslant t] + P[T > t \mid T_5 < t]\cdot P[T_5 < t]. \quad (6.1)$$

Pour le premier terme de cette somme (6.1), on sait que la panne de T_5 surviendra après t : pour évaluer $P[T > t | T_5 \geqslant t]$, on peut alors considérer C_5 comme un court-circuit ; le système devient alors :

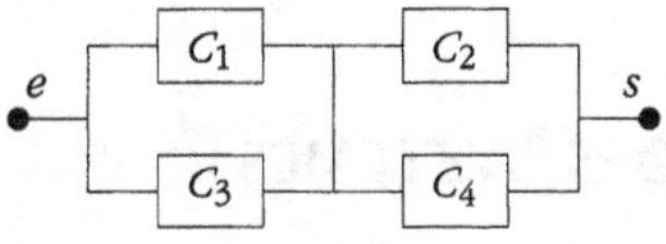

Figure 6.19

équivalent à :

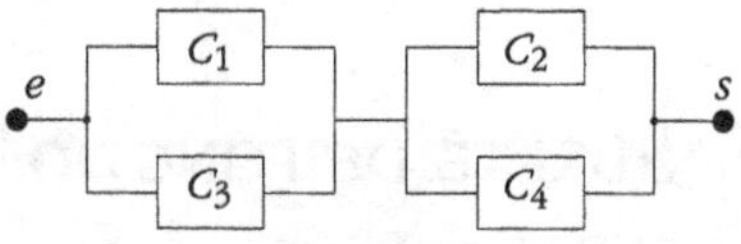

Figure 6.20

qui est un sous-système série/parallèle de fiabilité :

$$(v_1 + v_3 - v_1v_3)\cdot(v_2 + v_4 - v_2v_4).$$

Pour le second terme de la somme (6.1), on sait que la panne surviendra avant t : pour évaluer $P[T > t | T_5 < t]$, on peut considérer alors que C_5 est en panne ouverte : tout se passe comme si C_5 avait été supprimé :

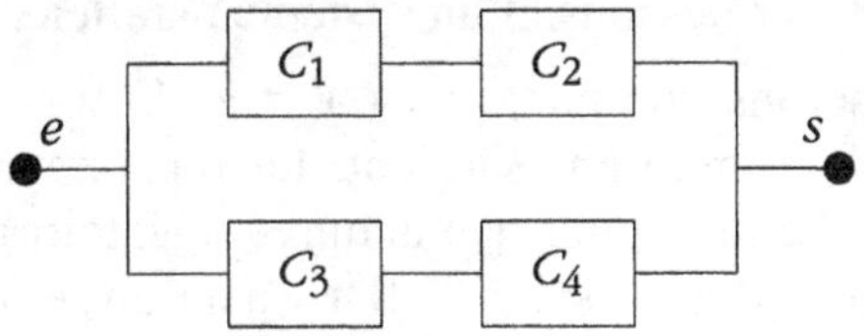

Figure 6.21

On obtient un autre sous-système série-parallèle de fiabilité :

$$v_1v_2 + v_3v_4 - v_1v_2v_3v_4.$$

Finalement, en remarquant que :

$$P[T_5 \geqslant t] = v_5(t) \text{ et } P[T_5 < t] = 1 - v_5(t),$$

on obtient :

$$V = [(v_1 + v_3 - v_1v_3)\cdot(v_2 + v_4 - v_2v_4)]\cdot v_5 + [v_1v_2 + v_3v_4 - v_1v_2v_3v_4]\cdot(1 - v_5)$$

Si $v_i(t) = v(t)$ pour tout i, on a : $V(t) = 2v^5(t) - 5v^4(t) + 2v^3(t) + 2v^2(t)$.

Pour $v_i(t) = e^{-\lambda t}$, on obtient alors $\bar{t} = \dfrac{2}{5\lambda} - \dfrac{5}{4\lambda} + \dfrac{2}{3\lambda} + \dfrac{2}{2\lambda} = \dfrac{49}{60\lambda}$.

L'approche utilisée ici pour évaluer $V(t)$ est plus efficace que celle consistant à énumérer toutes les chaînes de composants de e à s, puis à appliquer la *formule du crible* (que nous donnons ici à l'ordre 4) :

$P\,[A_1$ ou A_2 ou A_3 ou $A_4]$

$= P[A_1] + P[A_2] + P[A_3] + P[A_4] - P[A_1 \text{ et } A_2] - P[A_1 \text{ et } A_3] - P[A_1 \text{ et } A_4]$
$- P[A_2 \text{ et } A_3] - P[A_2 \text{ et } A_4] - P[A_3 \text{ et } A_4] + P[A_1 \text{ et } A_2 \text{ et } A_3] + P[A_1 \text{ et } A_2 \text{ et } A_4]$
$+ P[A_1 \text{ et } A_3 \text{ et } A_4] + P[A_2 \text{ et } A_3 \text{ et } A_4] - P[A_1 \text{ et } A_2 \text{ et } A_3 \text{ et } A_4]$.

Pour l'exemple ci-dessus, on trouve les quatre chaînes :

$A_1 = [C_1, C_2]$; $A_2 = [C_1, C_5, C_4]$; $A_3 = [C_3, C_5, C_2]$; $A_4 = [C_3, C_4]$.

$P\,[A_1]$ désigne ici la fiabilité de C_1 et C_2 en série, soit $P[A_1] = v_1 \cdot v_2$. Ainsi, on aura :

$P[A_2 \text{ et } A_4] = v_1 \cdot v_3 \cdot v_4 \cdot v_5$ (et non pas $v_1v_5v_4 \cdot v_3v_4$, on ne doit pas répéter v_4 !).

De même, $P\,[A_1 \text{ et } A_2 \text{ et } A_3 \text{ et } A_4] = v_1 \cdot v_2 \cdot v_3 \cdot v_4 \cdot v_5$.

Le lecteur vérifiera (au moins dans le cas où $v_1 = v$) que l'on retrouve le résultat précédent.

6.7 Sûreté de fonctionnement des systèmes réparables

Pour des systèmes de fonctionnement constant (sauf, bien sûr en période de panne), on définit plusieurs grandeurs dépendant, d'une part, de la fiabilité individuelle des composants, mais aussi de la politique de maintenance (réparations) choisie. Ces systèmes n'ont, en général, pas de panne « cataleptique » (ou binaire) comme une lampe qui peut claquer, mais ont des modes de fonctionnement dégradé, correspondant à des pannes partielles.

Notre exposé reposera sur l'exemple simple, ci-dessous, d'un système parallèle.

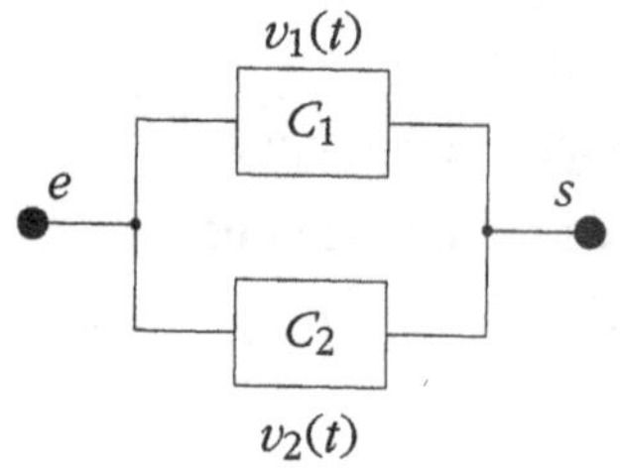

Figure 6.22

Nous supposerons que $v_1(t) = v_2(t) = e^{-\lambda t}$. Lorsqu'une panne de composant survient, un réparateur intervient ; la probabilité pour que la durée (aléatoire) d'une réparation dépasse t est : $e^{-\mu t}$. Il n'y a qu'un seul réparateur pour ce système.

6.7.1 Modélisation markovienne

Le système ci-dessus a trois états :

– E_0 : les deux composants fonctionnent (donc le taux global de panne est $2 \cdot \lambda$) ;

– E_1 : un seul composant fonctionne, l'autre est en cours de réparation ;

– E_2 : les deux composants sont en panne : l'un est en cours de réparation, l'autre attend d'être réparé.

Voici alors le graphe des transitions entre t et $t + \mathrm{d}t$:

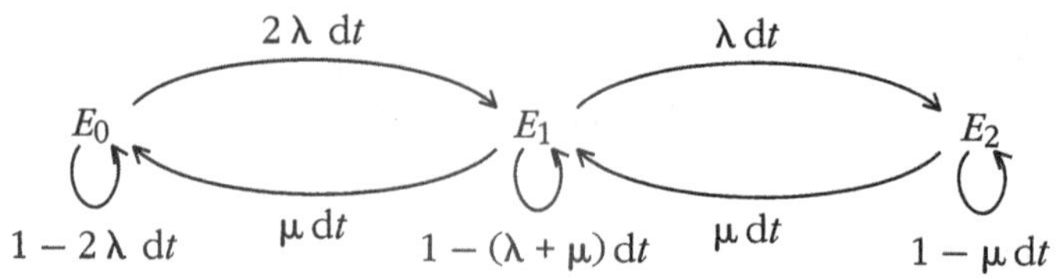

Figure 6.23

Le processus de Markov, qui modélise le système, a un graphe fini, fortement connexe : il est fortement ergodique, c'est-à-dire que les probabilités des états tendent vers une limite quand $t \to +\infty$: $\Pi^* = [\pi_0^*, \pi_1^*, \pi_2^*]$ positive, indépendante de la distribution initiale $\Pi(0)$.

6.7.2 Disponibilité asymptotique D^*

On définit la « disponibilité » asymptotique D^* de ce système, comme la probabilité pour, qu'en régime permanent, le système remplisse, au moins, une fonction minimale spécifiée à l'avance. Ici, on demandera qu'au moins l'un des deux composants fonctionne. On a alors : $D^* = \sum\limits_{E_i \in FC} \pi_i^*$, où FC est l'ensemble des états pour lesquels cette fonction minimale est assurée.

Il convient alors, pour évaluer D^*, de calculer les probabilités des états en régime permanent $(t \to \infty)$: on résout le système linéaire $\begin{cases} 0 = \Pi^* \cdot \mathbf{A} \\ 1 = \sum \pi_i^* \end{cases}$, où $\mathbf{A}$ désigne le générateur infinitésimal du processus de Markov. Ici, on a :

$$\mathbf{A} = \begin{matrix} & 0 & 1 & 2 \\ 0 & -2\lambda & 2\lambda & 0 \\ 1 & \mu & -(\lambda + \mu) & \lambda \\ 2 & 0 & \mu & -\mu \end{matrix}.$$

On peut aussi appliquer le théorème des coupes (pour lequel il suffit de considérer le graphe simplifié):

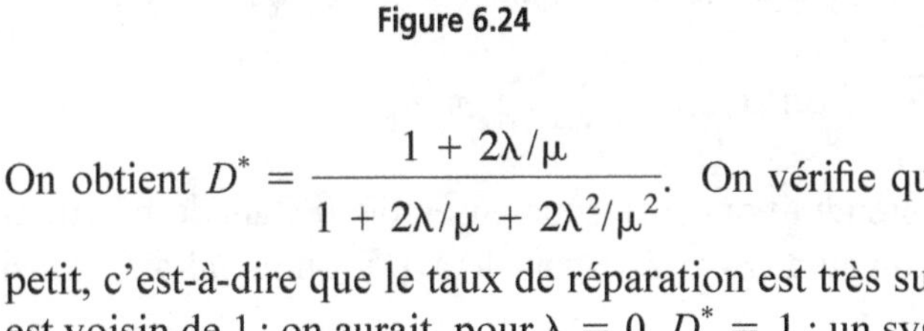

Figure 6.24

– Pour $C_0 = \{E_0\}$:

$$2\lambda \cdot \pi_0^* = \mu \cdot \pi_1^*.$$

– Pour $C_1 = \{E_0, E_1\}$:

$$\lambda \cdot \pi_1^* = \mu \cdot \pi_2^*,$$

et : $\pi_0^* + \pi_1^* + \pi_2^* = 1.$

On obtient $D^* = \dfrac{1 + 2\lambda/\mu}{1 + 2\lambda/\mu + 2\lambda^2/\mu^2}$. On vérifie que $D^* < 1$ et que, si λ / μ est petit, c'est-à-dire que le taux de réparation est très supérieur au taux de panne, D^* est voisin de 1 ; on aurait, pour $\lambda = 0$, $D^* = 1$: un système sans panne est toujours disponible !

On pourrait aussi chercher la disponibilité à l'instant t : $D(t)$, connaissant la distribution initiale des probabilités des états, mais ce calcul de régime transitoire est plus délicat.

6.7.3 MUT, MDT et MTBF

Les grandeurs ci-dessous sont définies en régime permanent. Ci-dessous nous continuons à parler de “durées moyennes” alors que, stricto sensu, il s’agit d’espérances mathématiques.

Le MUT (*Mean Up Time*) est la durée moyenne d’une période de fonctionnement correct du système (après réparation).

Le MDT (*Mean Down Time*) est la durée moyenne d’une période d’indisponibilité. Elle inclut les durées de détection, d’intervention et de réparation.

Ainsi, le MTBF (*Mean Time Between Failure*) : moyenne du temps entre pannes, apparaît-il comme la somme du MUT et du MDT.

Remarquons que la disponibilité asymptotique D^* vaut alors :

$$D^* = \frac{\text{MUT}}{\text{MDT} + \text{MUT}} = \frac{\text{MUT}}{\text{MTBF}}.$$

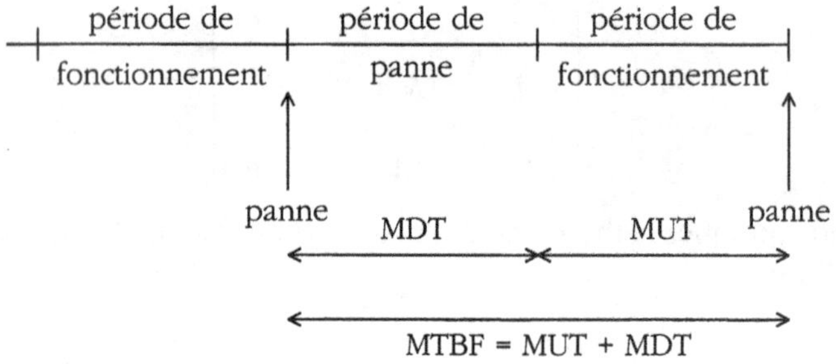

Figure 6.25

On peut aisément calculer les quantités dans le cas d’une modélisation markovienne. Rappelons **la formule des temps** (cf. chapitre 5) :

L’ensemble des états $\mathscr{E}$ étant partitionné en F et $\overline{F}$, le temps moyen de séjour parmi les états de F, entre deux passages par ceux de $\overline{F}$, vaut : $\overline{T}_F = \pi^*_F / \varphi_{F \to \overline{F}}$, où :

$$\pi^*_F = \sum_{E_i \in F} \pi^*_i \quad \text{et} \quad \varphi_{F \to \overline{F}} = \sum_{E_i \in F} \sum_{E_j \in \overline{F}} \pi^*_i \lambda_{ij}.$$

Pour évaluer le MUT, on prendra pour F le sous-ensemble d’états de fonctionnement correct : dans ce cas, on aura $\pi^*_F = D^*$; pour le MDT, on prendra $\overline{F}$. Ainsi dans l’exemple :

$$F = \{E_0, E_1\}\,;\ \overline{F} = \{E_2\}\,;\ \varphi_{F \to \overline{F}} = \lambda \cdot \pi^*_1 = \varphi_{\overline{F} \to F} = \mu \cdot \pi^*_2$$

$$\text{MUT} = \frac{\pi^*_0 + \pi^*_1}{\lambda \cdot \pi^*_1} = \frac{(\mu / 2\lambda + 1) \cdot \pi^*_1}{\lambda \cdot \pi^*_1} = \frac{2\lambda + \mu}{2\lambda^2},$$

$$\text{MDT} = \frac{\pi_2^*}{\lambda \cdot \pi_1^*} = \frac{\pi_2^*}{\mu \cdot \pi_2^*} = \frac{1}{\mu}\ ;\ \text{MTBF} = \frac{2\lambda + \mu}{2\lambda^2} + \frac{1}{\mu}$$

On retrouve : $D^* = \dfrac{\text{MUT}}{\text{MTBF}} = \dfrac{(2\,\lambda + \mu)/2\lambda^2}{(2\,\lambda\,\mu + \mu^2 + 2\,\lambda^2)/2\,\lambda^2\mu} = \dfrac{2\,\lambda\,\mu + \mu^2}{2\,\lambda\,\mu + \mu^2 + 2\lambda^2}$.

En divisant le numérateur et le dénominateur par μ^2, on retrouve bien :

$$D^* = \frac{1 + (2\,\lambda\,/\,\mu)}{1 + (2\,\lambda\,/\,\mu) + (2\,\lambda^2\,/\,\mu^2)}.$$

Remarquons enfin que le fonctionnement d'un système (pour lequel les durées de réparations sont petites par rapport aux temps entre défaillances) est modélisable par un processus de Markov... à deux états :

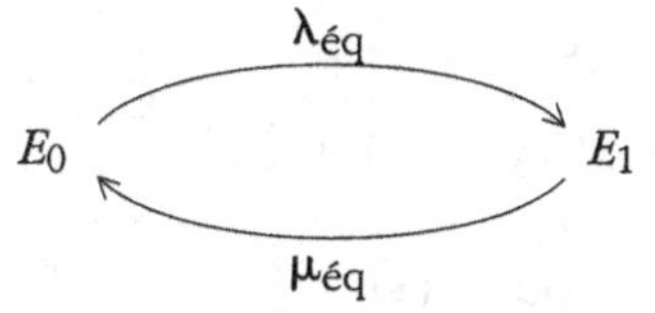

Figure 6.26

où E_0 désigne le macro-état de fonctionnement correct et E_1, celui de défaillance. On a les taux équivalents : $\lambda_{éq} = \dfrac{1}{\text{MUT}}$ et $\mu_{éq} = \dfrac{1}{\text{MDT}}$.

Dans ce cas, on a simplement : $D^* = \pi_0^* = \dfrac{\text{MUT}}{\text{MUT} + \text{MDT}}$ car d'après le théorème des coupes $\lambda_{éq} \cdot \pi_0^* = \mu_{éq} \cdot \pi_1^*$ et, en outre, $\pi_0^* + \pi_1^* = 1$, conduisent à :

$$\pi_0^* = \frac{\mu_{éq}}{\lambda_{éq} + \mu_{éq}} = \frac{1\,/\,\text{MDT}}{1\,/\,\text{MUT} + 1\,/\,\text{MDT}},\ \text{c'est-à-dire : } \frac{\text{MUT}}{\text{MUT} + \text{MDT}}.$$

6.7.4 Fiabilité des systèmes réparables

On définit dans ce cas la fiabilité $V(t)$ comme la probabilité que la durée de fonctionnement T en mode correct du système (à partir de $t = 0$) dépasse la durée t : $V(t) = P[T > t]$.

Pour un système modélisé par un processus de Markov, on rend alors absorbant l'état (ou les états) correspondant à des modes de fonctionnement dégradé inacceptables. Ainsi, dans notre exemple :

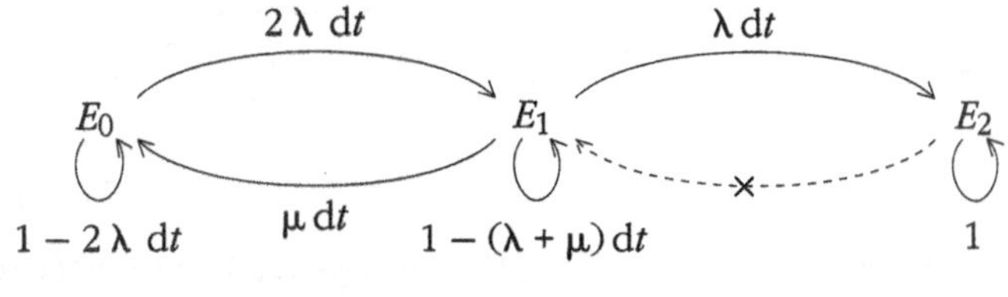

Figure 6.27

L'arc (E_2, E_1) a été supprimé : l'état de panne E_2 a été rendu absorbant (il comporte une boucle valuée par une probabilité de transition égale à 1).

Sachant qu'à $t = 0$ aucune panne n'est survenue (le système est dans l'état E_0), le problème revient à calculer $\pi_0(t)$ et $\pi_1(t)$ (donc en régime transitoire), puisque :

$$V(t) = \pi_0(t) + \pi_1(t).$$

Soit **A** le générateur infinitésimal du processus de Markov. On résout $\Pi'(t) = \Pi(t)\cdot\mathbf{A}$, de préférence à l'aide de la transformée de Carson-Laplace[(1)] :

$$\widetilde{V}(s) = s\int_0^{\infty} V(t)e^{-st}\,\mathrm{d}t).$$

$$\pi_0'(t) = -2\lambda\cdot\pi_0(t) + \mu\cdot\pi_1(t)\,;\,\pi_1'(t) = -(\lambda + \mu)\cdot\pi_1(t) + 2\,\lambda\cdot\pi_0(t)$$

avec, comme condition initiale : $\pi_0(0) = 1$.

On trouve $\widetilde{V}(s) = \dfrac{s\cdot(s + 3\lambda + \mu)}{s^2 + s(3\lambda + \mu) + 2\lambda^2}$. Or, l'original de $\dfrac{s(s + c)}{(s + a)(s + b)}$ est : $\dfrac{a - c}{a - b}e^{-at} - \dfrac{b - c}{a - b}e^{-bt}$. D'où : $V(t) = \dfrac{1}{\sqrt{\Delta}}[\alpha e^{-\beta t} - \beta e^{-\alpha t}]$, où :

$$\Delta = \lambda^2 + 6\lambda\mu + \mu^2\ ;\ \alpha = \frac{3\,\lambda + \mu + \sqrt{\Delta}}{2}\ ;\ \beta = \frac{3\,\lambda + \mu - \sqrt{\Delta}}{2}.$$

Notons que, pour $\mu = 0$, (c'est-à-dire en l'absence de réparation), on retrouve :

$$V(t) = 2e^{-\lambda t} - e^{-2\lambda t}$$

(alors $\sqrt{\Delta} = \lambda, \alpha = 2\lambda, \beta = \lambda$), expression que l'on avait aisément obtenue au paragraphe consacré aux systèmes parallèles non réparables.

Le lecteur en a déjà été averti : le calcul formel d'un régime transitoire est souvent lourd, voire impraticable (même en disposant d'un logiciel du type Mathematica).

Cependant, nous allons voir que le calcul du MTFF (*Mean Time To First Failure*) : temps moyen jusqu'à la première panne paralysante, peut se pratiquer plus aisément.

Certes, si l'on a déjà évalué $V(t)$ comme ci-dessus, on a : $\text{MTFF} = \int_0^{\infty} V(t)\cdot\mathrm{d}t$; sachant que : $\int_0^{\infty} e^{-\gamma t}\cdot\mathrm{d}t = \dfrac{1}{\gamma}$ $(\gamma > 0)$, il vient :

$$\text{MTFF} = \frac{1}{\sqrt{\Delta}}\left[\frac{\alpha}{\beta} - \frac{\beta}{\alpha}\right] = \frac{(\alpha + \beta)(\alpha - \beta)}{\sqrt{\Delta}\cdot\alpha\,\beta} = \frac{(3\,\lambda + \mu)\cdot\sqrt{\Delta}}{\sqrt{\Delta}\cdot 2\lambda^2} = \frac{3\,\lambda + \mu}{2\lambda^2}.$$

(1) Si le lecteur ne connaît pas la transformée de Carson-Laplace, il peut sauter ce développement et passer au paragraphe ci-dessous (commençant par "cependant, nous...").

(En fait, en utilisant un théorème de calcul opérationnel : $\int_0^\infty V(t)\,dt = \lim_{s \to 0} \frac{\widetilde{V}(s)}{s}$, on obtient plus rapidement : MTFF $= \lim_{s \to o} \frac{1}{s} \cdot \frac{s \cdot (s + 3\lambda + \mu)}{s^2 + s(3\lambda + \mu) + 2\lambda^2} = \frac{3\lambda + \mu}{2\lambda^2}$)

• Mais le calcul direct du MTFF est possible sans avoir à évaluer la fiabilité $V(t)$ (ni même la transformée de Carson-Laplace $\widetilde{V}(s)$), si on utilise l'absorption dans les processus de Markov. Considérons les états transitoires $E_0, E_1, \cdots, E_{k-1}$ (les autres états étant absorbants) ; notons $\bar{t}_j$ le temps moyen passé dans l'état transitoire E_j, avant absorption ; extrayons du générateur infinitésimal $\mathbf{A}$ la sous-matrice carrée $\mathbf{A}_{\text{tr}}$ de dimension $k \times k$ relative aux états transitoires. Enfin, notons $\overline{\mathbf{T}}_{\text{tr}}$ le vecteur-ligne : $[\bar{t}_0, \bar{t}_1, \cdots, \bar{t}_{k-1}]$ et $\Pi_{\text{tr}}(0) = [\pi_0(0), \pi_1(0), \cdots, \pi_{k-1}(0)]$.

On montre que l'on a la relation : $\overline{\mathbf{T}}_{\text{tr}} = \Pi_{\text{tr}}(0) \cdot [\mathbf{A}_{\text{tr}}]^{-1}$.

En pratique, on résout le système linéaire de k équations à k inconnues :

$$\overline{\mathbf{T}}_{\text{tr}} \cdot \mathbf{A}_{\text{tr}} = -\Pi_{\text{tr}}(0).$$

On calcule alors : MTFF $= \sum_{k=0}^{k-1} \bar{t}_i$

Ainsi pour l'exemple : $\Pi(0) = [1, 0]$, $\mathbf{A}_{\text{tr}} = \begin{bmatrix} -2\lambda & 2\lambda \\ \mu & -(\lambda + \mu) \end{bmatrix}$, $\overline{\mathbf{T}}_{tr} = [\bar{t}_0, \bar{t}_1]$.

D'où le système : $-2\lambda \cdot \bar{t}_0 + \mu \cdot \bar{t}_1 = -1$ et $2\lambda \cdot \bar{t}_0 - (\lambda + \mu) \cdot \bar{t}_1 = 0$, qui a pour solution :

$$\bar{t}_0 = \frac{\lambda + \mu}{2\lambda^2} \quad \text{et} \quad \bar{t}_1 = \frac{1}{\lambda}.$$

Finalement on retrouve le résultat obtenu plus haut :

$$\text{MTFF} = \bar{t}_0 + \bar{t}_1 = \frac{3\lambda + \mu}{2\lambda^2}.$$

6.8 Stratégie de remplacement

Il est conseillé de relire d'abord le sous-chapitre 5.10.

Considérons un équipement qui peut se trouver dans quatre états. S'il devient défaillant au cours d'une période, il est remplacé en fin de période. S'il se trouve, en début de période, dans l'état 0, il a "deux chances sur dix" d'être défaillant en cours de période et, par différence, "huit chances sur dix" de survivre. Dans l'état 1, en début de période, la probabilité pour qu'il soit défaillant au cours de la période est 0,5 ; la probabilité de survie, 0,5. Dans l'état 2, en début de période, les probabilités respectives de défaillance et de survie sont 0,7 et 0,3. Enfin, si l'équipement se trouve dans l'état 3 en début de période, il sera sûrement défaillant avant la fin de la période et sera remplacé en fin de période.

Étudions la stratégie de remplacement des équipements de ce type, sachant que le prix de l'équipement est de 175 unités monétaires, le coût de la panne est 300 u.m., les coûts de l'entretien 40, 60, 100 et 160 u.m., respectivement durant les première, deuxième, troisième et dernière périodes de vie. Ces coûts sont dus en début de période.

La figure 6.28 va nous servir pour traiter ce problème en utilisant la programmation dynamique, car il s'agit évidemment d'un processus DH : Décision-Hasard

Envisageons d'abord la phase N. Si l'équipement se trouve initialement dans l'état E_0^{N-1}, le gestionnaire n'a pas de véritable décision à prendre, il se retrouve en D_0^N, où l'espérance mathématique des coûts n'est autre que :

$$0,2 \times 515^1 + 0,8 \times 40 = 135$$

d'ou : $\bar{z}_0^{*N} = 135$.

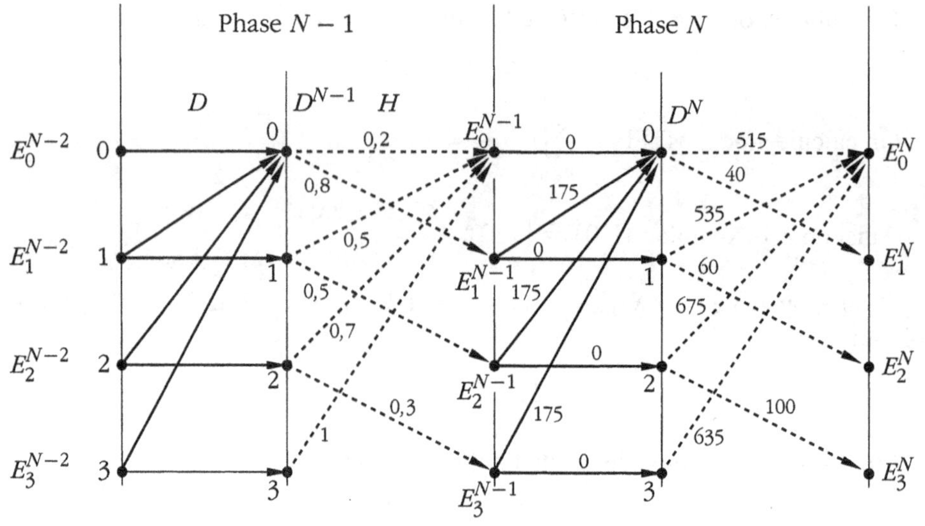

Figure 6.28

Pour ne pas surcharger, les probabilités de transition ont été indiquées à la phase $N - 1$, les coûts à la phase N.

Si l'équipement se trouve en E_1^{N-1}, le décideur a le choix entre D_0^N et D_1^N : soit remplacer l'équipement par un neuf (D_0^N), soit de le conserver pour la phase N (D_1^N).

Dans le premier cas, cela coûte, en moyenne :

$$175 + (0,2 \times 515) + (0,8 \times 40) = 310,$$

puisque D_0^N entraîne le changement de matériel au coût de 175 ; dans le second cas :

$$0 + (0,5 \times 535) + (0,5 \times 60) = 297,5.$$

1. Le coût 515 est la somme du prix de l'équipement (175), du coût de la panne (300) et du coût de l'entretien en première période (40).

On voit que cette deuxième solution est préférable, d'où : $\bar{z}_1^{*N} = 297,5$. Cela signifie que pour la phase N il ne faut pas changer le matériel s'il trouve dans l'état 1.

On calcule de même $\bar{z}_2^{*N} = \bar{z}_3^{*N} = 310$, ce qui signifie qu'à la phase N, il faut remplacer le matériel s'il a déjà atteint l'âge 2 ou l'âge 3.

Passons maintenant à la phase $N-1$. En modifiant légèrement la formule de récurrence (du § 2, ch. 5, puisqu'il n'y a ici que des coûts), on obtient :

$$\bar{z}_i^{*N-1} = \min_{D_j^{N-1}} \left\{ c_{ij} + \sum_k p_{jk} \left(\gamma_{jk} + \bar{z}_k^{*N} \right) \right\}$$

où : $c_{ij} = 175$ si $j \neq i$ et $= 0$ si $i = j$; $\gamma_{jk} = 515, 535, 575$ et 635, si $j = 0, 1, 2, 3$ et si $k = 0$; $\gamma_{jk} = 40, 60, 100, 160$, si $k = j + 1, j < 3$; les p_{jk} sont les probabilités de transition.

On a :

1) $\bar{z}_0^{*N-1} = c_{00} + p_{00} \cdot (\gamma_{00} + \bar{z}_0^{*N}) + p_{01} \cdot (\gamma_{01} + \bar{z}_1^{*N})$
$= 0 + 0,2 \times (515 + 135) + 0,8 \times (40 + 297,50) = 400;$

2) $$\bar{z}_1^{*N-1} = \min_{D_0^{N-1} \cdot D_1^{N-1}} \left\{ \left[c_{10} + p_{00} \cdot \left(\gamma_{00} + \bar{z}_0^{*N} \right) + p_{01} \cdot \left(\gamma_{01} + \bar{z}_1^{*N} \right) \right]; \left[c_{11} + p_{10} \cdot \left(\gamma_{10} + \bar{z}_0^{*N} \right) + p_{12} \cdot \left(\gamma_{12} + \bar{z}_2^{*N} \right) \right] \right\}$$

$$= \min \{[175 + 0,2 \times (515 + 135) + 0,8 \times (40 + 297,5)]; [0 + 0,5 \times (535 + 135) + 0,5 \times (60 + 310)]\}$$

$$= \min (575 ; 520) = 520;$$

ce résultat signifie qu'à la phase $N-1$, il ne faut pas remplacer un matériel qui est dans l'état 1 ;

3) $\bar{z}_2^{*N-1} = \min \{[575] ; [0 + 0,7(575 + 135) + 0,3(100 + 310)]\}$
$= \min (575, 620) = 575;$

cela indique que tout matériel dans l'état 2, au début de la phase $N-1$, doit être remplacé ;

4) $\bar{z}_3^{*N-1} = \min (575, 770) = 575;$

d'où l'on conclut qu'il faut aussi remplacer, au début de la phase $N-1$, tout matériel dans l'état 3.

En remontant dans le temps, on peut essayer de contrôler si la stratégie ainsi définie est « permanente » (valable pour toutes les périodes) ou seulement adaptée à certaines périodes (début, fin), etc.

Comme on l'a dit plus haut, la *méthode de Howard* permet de calculer la stratégie optimale sans calcul inutile, mais elle sort du cadre de cet ouvrage.

EXERCICES

*6.1 Fiabilité et remplacement

Soit un matériel de fiabilité $v(t) = P[T > t]$, où $v(t) = (1 + at)e^{-at}$.

1. Calculer la densité de probabilité associée à l'instant de la panne, soit $i(t)$, puis le MTTF $\bar{t}$ de ce matériel. Évaluer le taux d'avarie $\lambda(t)$.

2. Dès que ce matériel tombe en panne, on le remplace sans délai par un matériel neuf identique ; déterminer la probabilité $p_m(t)$ de consommer m matériels entre 0 et t. Justifier l'expression obtenue pour $p_m(t)$, en se fondant sur un processus de Poisson de taux a.

**6.2 Fiabilité d'un montage en pont double

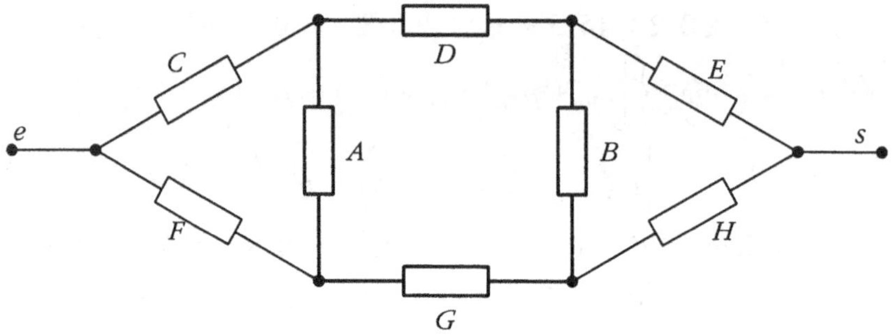

Calculer la fiabilité $V(t)$ de ce pont double connaissant les fiabilités des composants :

$$v_A(t), v_B(t), \cdots, v_H(t).$$

Indication : on aura intérêt à appliquer la formule des probabilités totales :

$$V(t) = P[T > t] = P[T > T | T_A > t] \cdot P[T_A > T] + P[T > t | T_A \leqslant t] \cdot P[T_A \leqslant t]$$

où T_A (resp. T) est la variable aléatoire « durée de vie » du composant A (resp. « durée de vie » du montage en pont double).

Pour évaluer le premier terme de cette somme, on pourra remplacer A par un court-circuit ; pour le second, on pourra supprimer A.

NB. Poursuivre le calcul seulement dans le cas où $v_A(t) = v_B(t) = \cdots = v_H(t) = v(t)$.

**6.3 Durée de vie résiduelle d'un matériel

Soit un matériel de fiabilité $v(t) = P[X > t]$ où X désigne la variable aléatoire « durée de vie du matériel ». On note $\bar{r}_\theta$ la durée de vie résiduelle moyenne, sachant que ce matériel a déjà atteint l'âge θ : $\bar{r}_\theta = E[X - \theta | X > \theta]$.

1. Montrer $i_\theta(t)\cdot dt = P[t < X \leq t + dt | X > \theta]$ est égal à :

$-v'(t)\cdot dt / v(\theta)$, puis que : $\bar{r}_\theta = \int_\theta^\infty t\cdot i_\theta(t)\cdot dt - \theta = \int_\theta^\infty v(t)\cdot dt / v(\theta)$.

2. Dans le cas d'une fiabilité exponentielle $v(t) = e^{-\lambda t}$, évaluer $\bar{r}_\theta$ et commenter le résultat obtenu.

*6.4 Calcul de réapprovisionnement et chaîne de Markov

Une société de location de voitures, comptant 200 véhicules, tous de même modèle, dotés chacun de cinq pneus, entreprend d'étudier la survie de ces derniers. D'après le fichier de l'atelier de maintenance, sur un échantillon initial de 1 000 pneus, on a pu établir les fréquences indiquées par le tableau ci-après.

1. Dresser la courbe de survie des pneumatiques. Calculer la vie moyenne et l'écart-type de l'âge du remplacement des pneus. Compléter le tableau par l'indication des mortalités relatives et des probabilités d'avarie.

Nombre de pneus ayant duré	
moins d'un mois	5
de 1 à 2 mois	10
de 2 à 3 mois	40
de 3 à 4 mois	80
de 4 à 5 mois	130
de 5 à 6 mois	250
de 6 à 7 mois	200

Nombre de pneus ayant duré	
de 7 à 8 mois	120
de 8 à 9 mois	70
de 9 à 10 mois	50
de 10 à 11 mois	25
de 11 à 12 mois	15
de 12 à 13 mois	3
de 13 à 14 mois	2

2. À supposer que les 1 000 pneus soient renouvelés ensemble à une date $t = 0$, étudier les conditions du réapprovisionnement à instituer pour maintenir ensuite le nombre de pneus en service à cette valeur.

*6.5 Pertinence économique de l'entretien préventif

Une pièce, appartenant à un matériel, est caractérisée par la fonction de survie (fiabilité) suivante :

t	1	2	3	4	5	6	7	8	9	10
	0, 95	0, 85	0, 70	0, 50	0, 30	0, 15	0, 10	0, 05	0, 025	0

Lorsque cette pièce est défaillante, elle met en panne le matériel sur lequel elle est montée. On examinera s'il y a intérêt à pratiquer l'entretien préventif dans les deux cas suivants :

1. le prix p de la pièce est cinq fois inférieur au coût P de la panne ;
2. le prix de la pièce est la moitié du coût de la panne.

**6.6 Comparaison économique de deux matériels concurrents

Un matériel est payé 25 000 € à l'achat et, durant ses trois premières années de fonctionnement, nécessite des frais annuels de 3 000 € pour l'entretien. Ensuite, le coût de l'entretien s'accroît de 1 000 € chaque année.

Un matériel concurrent serait payé 17 000 € à l'achat, mais son entretien reviendrait à 5 000 € par an durant les quatre premières années et, ensuite, à 6 000 € pour la cinquième année, 7 000 € pour la sixième, 8 000 € pour la septième, etc.

L'un et l'autre sont prévus pour durer 15 ans et sont supposés sans valeur résiduelle appréciable au bout de quelques années.

Quel est le matériel le plus avantageux ? Au bout de combien d'années devient-il plus avantageux que le concurrent ?

Le taux d'actualisation sera pris (pour faciliter les calculs) égal à 10 %. Les frais d'entretien sont supposés payés à la fin de chaque année.

*6.7 Priorité de réparation entre deux systèmes et chaîne de Markov

Dans une entreprise, on a des systèmes de type S_1 et des systèmes de type S_2, qui tombent en panne avec une probabilité de 1/2 par journée pour le premier système et une probabilité de 1/3 par journée pour le système S_2 (valeurs peu réalistes, mais facilitant les calculs !).

La réparation d'un système du type S_1 demande une journée, celle d'un système S_2 trois journées. On notera $R_2^{(1)}, R_2^{(2)}, R_2^{(3)}$ un système S_2 en 1re, 2e, 3e semaine de réparation.

L'atelier de l'entreprise se charge de la réparation dans les conditions suivantes : si, tel jour, une seule tâche se présente, on l'entreprend sans tergiverser, mais si deux tâches de type différent sont proposées, on hésite à entreprendre l'une par priorité sur l'autre... On a pour critère de minimiser l'inactivité de l'atelier de réparation.

Sachant que les travaux non entrepris par l'atelier local sont immédiatement confiés à l'extérieur, déterminer la politique la meilleure.

6.8 Disponibilité asymptotique d'un appareil de fonctionnement intermittent

Soit un appareil fonctionnant de façon intermittente (par exemple, un appareil de signalisation). Il peut être en état de fonctionnement (état E_F), inactif (état E_I), en attente de réparation (état E_A) ou, enfin, en réparation (état E_R). On appelle :

$\alpha \cdot \Delta t$, la probabilité pour que l'appareil fonctionnant à t, tombe en panne entre t et $t + \Delta t$.

$\beta \cdot \Delta t$, la probabilité pour que l'appareil en fonctionnement à t, devienne inactif entre t et $t + \Delta t$.

$\mu \cdot \Delta t$, la probabilité pour que l'appareil en réparation à t, soit fini d'étre réparé entre t et $t + \Delta t$ (il sera alors rendu à l'état inactif).

$\lambda \cdot \Delta t$, la probabilité pour que l'appareil inactif à t, soit mis en fonctionnement entre t et $t + \Delta t$.

$\omega \cdot \Delta t$, la probabilité pour que l'appareil en attente de répartition t, commence à être réparé entre t et $t + \Delta t$.

Justifier que le processus de Markov associé admet un régime permanent pour les probabilités de ces états, indépendant des conditions initiales (d'ailleurs non spécifiées dans cet énoncé !). Évaluer alors la probabilité de l'état E_F, qui est l'utilisation asymptotique de l'appareil, notée U*.

6.9 Paramètres de la sûreté de fonctionnement d'un atelier.

On considère un atelier de fabrication comportant N machines identiques, d'utilisation constante (quand elles ne sont pas en panne). Chaque machine a la même fiabilité $v(t) = e^{-\lambda t}$.

Dès qu'une machine tombe en panne, un technicien vient la réparer ; on peut faire appel à autant de techniciens qu'il est nécessaire. La probabilité pour qu'une réparation dure plus que le laps de temps t est : $e^{-\mu t}$.

1. Modéliser le fonctionnement de l'atelier par un processus de Markov. Quels sont les $N + 1$ états de ce processus ?

Tracer le graphe des transitions entre t et $t + dt$ et valuer chaque arc par la probabilité de transition associée.

2. Justifier le fait que ce processus est fortement ergodique. Évaluer alors la probabilité de chaque état en régime permanent, puis le nombre moyen $\bar{n}$ de machines en marche. Quelle est la disponibilité D* de cet atelier (au moins une machine en marche) ?

3. Pouvez-vous expliciter la simplicité des expressions obtenues à l'aide de la loi binomiale ? (Indication : considérer d'abord le cas d'un atelier avec une seule machine et un seul réparateur, puis considérer le problème comme N fois la répétition de ce cas élémentaire.)

4. Sur un intervalle de temps τ, quelle est la durée moyenne de paralysie (*indisponibilité*) de l'atelier ?

6.10 Étude d'un système composé de modems, d'un ordinateur et d'un automate câblé

Le système que nous décrivons a été proposé pour équiper chacun des postes asservis (PA) d'une compagnie produisant de l'électricité. Ce système reçoit des commandes en provenance de l'ordinateur du poste centralisé (PC), les traite, puis les retransmet à un automate câblé (EAP) qui gère les lignes à haute tension et les ouvrages hydrauliques. Le système émet vers le poste centralisé des acquittements pour les commandes reçues ainsi que diverses mesures.

La qualité essentielle exigée d'un tel système est la sécurité, et, dans ce but, une étude qualitative a été réalisée. Toutefois, de façon à assurer une bonne *disponibilité,* certains éléments ont été doublés et des marches en fonctionnement dégradé sont possibles :

- les informations échangées avec le poste centralisé sont transmises simultanément sur deux voies ; les éléments assurant ces transferts sont donc doublés (lignes, modems et cartes de couplage-modem) ;
- les cartes d'entrée-sortie, destinées aux échanges avec l'automate câblé, sont réparties sur deux bacs. En cas de défaillance d'un bac, le système réalise partiellement sa tâche avec l'autre bac. Ci-dessous, on désigne par « bac *E/S* » chacun de ces bacs ;
- lorsque les deux voies de communication avec le poste centralisé sont défaillantes un fonctionnement en mode local est possible.

Le système peut être schématiquement représenté par la figure suivante :

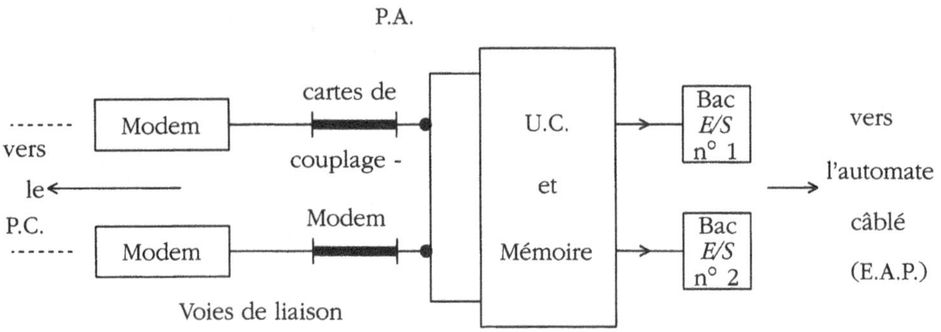

Nous ferons, pour le calcul de la disponibilité de ce système, les hypothèses simplificatrices suivantes :

- toute panne de l'unité centrale (U.C.) est fatale,
- une panne de périphériques locaux ne perturbe pas la marche du système (on n'en tiendra donc pas compte dans le calcul),
- on ne distingue pas les pannes de coupleurs ne perturbant pas le bus *E/S,* toute panne d'un coupleur avec l'EAP provoque la coupure de l'alimentation correspondant,
- on ne considère pas les pannes transitoires et les pannes dues au logiciel.

On note *A, B, C* les événements suivants :

A : panne d'un bac coupleur avec l'automate (EAP)

B : panne d'un modem ou d'un coupleur modem

C : panne fatale pour le système.

On fera l'hypothèse que l'occurrence de ces événements est régie par des lois exponentielles de taux respectifs λ_1, λ_2, λ_3 , (λ_3 est en fait, ici, la somme des taux de panne des éléments dont la défaillance entraîne une panne fatale).

On supposera de plus que, de tout état correspondant à fonctionnement dégradé ou à une panne fatale, on retourne – après réparation – à un état de fonctionnement normal : ceci se traduira, sur le graphe simplifié du processus de Markov associé, par un arc joignant chacun de ces états à l'état de fonctionnement normal (qu'on notera « État 1 »), valué par un arc de taux μ ; on a en effet supposé que toutes les réparations *quelle que soit leur importance,* ont des durées aléatoires régies par une *même* loi exponentielle de taux μ.

1. Déterminer les 7 états du processus de Markov associé ; on notera :

E_1 : l'état de fonctionnement normal ;

E_5 : l'état de fonctionnement en local (mais avec les deux bacs d'*E/S* en état de marche) ;

E_7 : l'état pour lequel le système est en panne (fatale ou les deux bacs *E/S* en panne).

2. Faire la liste des événements qui causent des changements d'états (on pourra noter *D* une fin de réparation), pour chacun des états. Tracer alors le graphe simplifié (c'est-à-dire sans boucles et avec les arcs valués par des taux), en disposant comme suit les sommets :

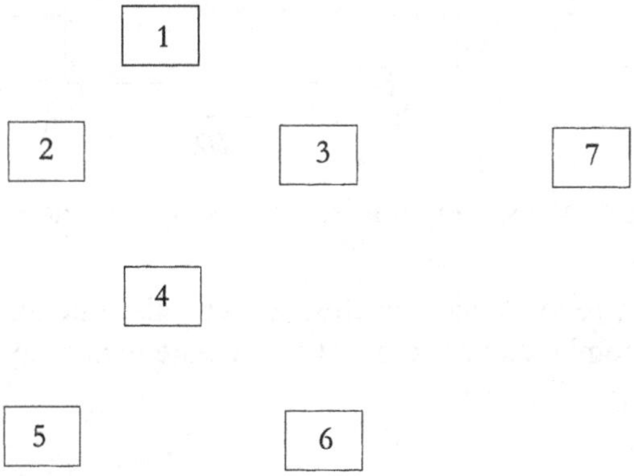

Le processus de Markov obtenu est-il fortement ergodique ?

3. Soit A l'ensemble des 3 états que l'on peut quitter par des arcs de taux $2\lambda_1$ et aussi de taux λ_3. Déterminer ces 3 états.

Soit B l'ensemble des 3 états, que l'on peut quitter par des arcs de taux $\lambda_3 + \lambda_1$ et aussi μ. Déterminer ces 3 états (en remarquant que $B \cap A$ est vide).

4. On estime que le système remplit sa fonction s'il se trouve dans l'un des états $E_1, E_2, \cdots, E_6$. Autrement dit, sa « disponibilité asymptotique » est : $D^* = \pi_1^* + \pi_2^* + \cdots + \pi_6^*$ où π_i^* est la probabilité de l'état E_i en régime permanent.

On note $\pi_A^* = \sum_{E_i \in A} \pi_i^*$ et $\pi_B^* = \sum_{E_i \in B} \pi_i^*$. Montrer que : $D^* = \pi_A^* + \pi_B^*$.

En appliquant le théorème des coupes à A, montrer que :

$$\pi_A^* = \frac{\mu}{\mu + 2\lambda_1 + \lambda_3}\text{; puis avec } B\text{, que : } (\mu + \lambda_1 + \lambda_3)\pi_B^* = 2\lambda_1\pi_A^*.$$

En déduire D^*. Vérifier que $\lim_{\mu \to \infty} D^* = 1$: expliquer pourquoi.

Vérifier que : $D^* = 0$ si $\mu = 0$: expliquer pourquoi.

Pouvez-vous expliquer pourquoi D^* ne dépend pas de λ_2? Peut-on alors envisager une modélisation plus simple (3 états) ?

5. À l'aide de cette modélisation simplifiée, évaluer le MTTF et le MUT. Commenter.

6.11 Disponibilité et fiabilité d'un système informatique

Un système informatique comprend un premier ordinateur A suivi de deux processeurs identiques $B1$ et $B2$:

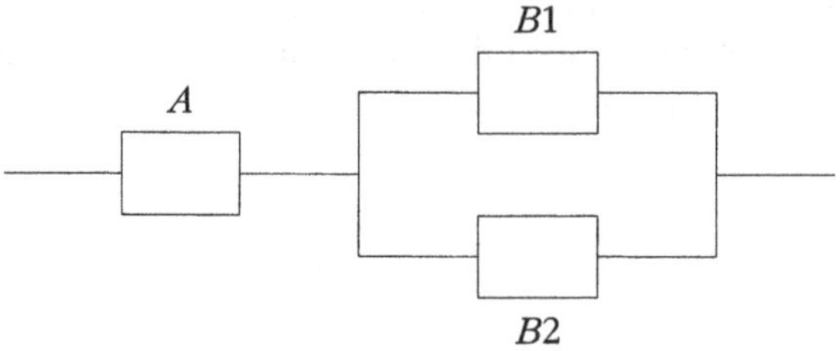

Ce système peut donc assurer sa mission si A fonctionne et si $B1$ ou $B2$ (ou les deux) fonctionnent.

$B1$ et $B2$ sont en redondance sélective active : ils fonctionnent en parallèle en permanence ; si $B1$ tombe en panne, il est immédiatement relayé par $B2$ (si $B2$ n'est pas déjà en panne).

1. a) On suppose connues les fiabilités $R_A(t)$ et $R_B(t)$, respectivement de l'ordinateur A et d'un processeur. ($B1$ et $B2$ ont la même fiabilité.)

Calculer la fiabilité $R(t)$ du système et son MTTF (durée de vie moyenne), en l'absence de toute réparation, en fonction de $R_A(t)$ et $R_B(t)$.

b) Application : $R_A(t) = e^{-at}$; $R_B(t) = e^{-bt}$: expliciter $R(t)$ et le MTTF.

2. On désire modéliser le fonctionnement de ce système par un processus de Markov à trois états (sachant que des réparations sont possibles, cf. ci-dessous) : $E0$, $E1$ et $E2$, où $E2$ est une *panne paralysante* (A en panne, ou bien $B1$ et $B2$ sont en panne).

Préciser les états $E0$ et $E1$.

Dès qu'une panne paralysante est intervenue, une réparation du (ou des éléments) en panne démarre : la probabilité pour que la durée aléatoire d'une réparation dépasse t est $e^{-\mu t}$ (ceci, quel que soit le nombre d'éléments à réparer). À partir de l'état $E1$, on n'entreprend pas de réparation.

a) Tracer le graphe simplifié du processus de Markov associé. Valuer chacun de ses quatre arcs par le taux convenable : vous commencerez par recenser, pour chaque état, quels sont les éléments qui fonctionnent et donc sont susceptibles de tomber en panne. Montrer, en particulier, que le taux λ_{12}, qui value l'arc ($E1$, $E2$) égale $a + b$.

b) Ce processus est-il ergodique ? Justifier votre réponse.

Si oui, appliquer le théorème des coupes à $E0$ puis à $E1$ et en déduire les probabilités, en régime permanent, sachant que $a = b$ et $\mu = 10a$.

3. On considère le même système, mais en l'absence de réparations.

a) Tracer et valuer le graphe (non simplifié) des transitions entre t et $t + dt$.

b) Montrer que les probabilités des états à l'instant t satisfont aux équations différentielles ci-dessous, (utiliser la matrice du générateur du processus de Markov) :

$$\begin{cases} \pi_0'(t) = -(a + 2b)\pi_0(t) \\ \pi_1(t) = 2b\pi_0(t) - (a + b)\pi_1(t) \\ \pi_2'(t) = a\pi_0(t) + (a + b)\pi_1(t). \end{cases}$$

Sachant qu'à $t = 0$, le système est dans l'état $E0$, c'est-à-dire que $\pi_0(0) = 1$, calculer $\pi_0(t)$ et $\pi_1(t)$.

c) Justifier pourquoi on a l'égalité $R(t) = \pi_0(t) + \pi_1(t)$.

Remplacer $\pi_0(t) + \pi_1(t)$ par leur expression trouvée au 3)b) et vérifier qu'on retrouve le résultat du 1)b).

d) Facultatif : associer un réseau de Petri, dont le graphe des marquages accessibles ("GMA") coïncide avec le graphe simplifié, déduit du 3)a). Donner le marquage initial (possible avec 4 places et 3 transitions).

7 Les phénomènes d'attente

7.1 Généralités sur les phénomènes d'attente

Les phénomènes d'attente sont, hélas, d'observation courante dans la vie quotidienne. Quand nous nous rendons à la poste, à la gare, à la banque, bien souvent nous devons « faire la queue » pour obtenir des timbres, un billet, de l'argent. On a l'habitude d'appeler *clients* les individus qui constituent la file d'attente et *station* le lieu (par ex. guichet) où un *serveur* leur procure un service déterminé.

La file d'attente ne se manifeste pas toujours d'une manière physique : par exemple si, dans un atelier, des machines tombées en panne « attendent » la visite et les soins du mécanicien-réparateur, elles ne se constituent pas en file. De même, les patients qui sollicitent une consultation chez un spécialiste, ou des processus à traiter dans un système informatique. Il est néanmoins facile, à chaque fois, de déterminer quels sont les « clients », la ou les « station(s) », le ou les « serveur(s) ».

Remarquons qu'il s'agit de phénomènes stochastiques. En effet, les clients arrivent en général au hasard; par ailleurs la durée d'occupation de la station par chaque client n'est en général pas constante. Il suffit en effet que l'une de ces deux caractéristiques se présente comme un phénomène aléatoire pour qu'il s'agisse déjà d'un problème stochastique.

Considérons le cas très simple (figure 7.1) où il n'existe qu'une station, donc qu'une seule file d'attente (en l'absence de priorités). Chaque client pénètre dans l'enceinte où fonctionne la station (en passant par un tambour) : il se dirige aussitôt (c'est-à-dire en temps négligeable) vers la file d'attente et y prend la dernière place (ou passe immédiatement à la station, si elle est libre); dès qu'un client a reçu le service qu'il attendait de la station, il s'en va aussitôt; le premier de ceux qui attendaient dans la file entre dans la station (si la file est vide, la station reste inoccupée jusqu'à l'arrivée du prochain client).

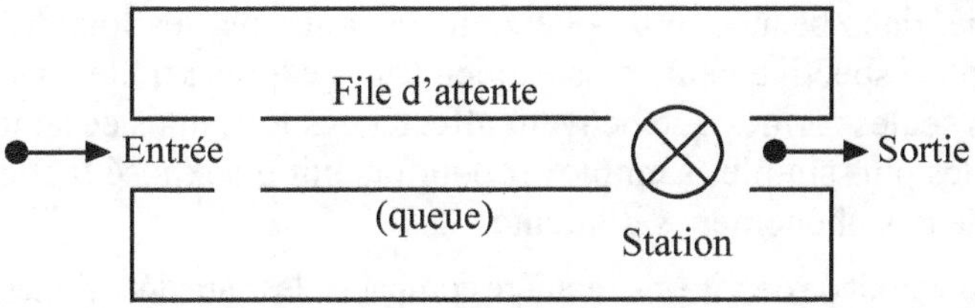

Figure 7.1

Cette matérialisation du passage des clients d'un état dans un autre est simplement utile pour préciser le vocabulaire employé dans la théorie des phénomènes d'attente.

On a, en effet, coutume d'appeler *file d'attente* l'ensemble des clients qui attendent d'être servis, à l'exclusion de celui ou ceux en train de se faire servir.

On nomme *système avec attente* l'ensemble des clients qui font la queue, y compris celui ou ceux au service. Le *phénomène d'attente* s'étend à tous les clients possibles (dans le cas de systèmes bouclés, nommés *réseaux de files d'attente*, les mêmes clients reviennent plus tard à l'entrée – par exemple des machines qui tombent en panne dans un atelier –, le nombre des clients est alors, en général, fini). Ces appellations se généralisent et prennent surtout leur intérêt dans les situations où coexistent plusieurs stations et plusieurs files d'attente. Attention : en américain "*queue*" désigne tout le système d'attente.

Nous distinguerons donc deux types principaux de systèmes avec attente : le système *ouvert*, dans lequel le nombre de clients potentiels est très élevé (cas des guichets publics, des grands magasins, etc.), au point qu'on peut considérer qu'il est illimité ; le système avec attente *fermé*, dans lequel le nombre de client est limité (cas d'un atelier dans lequel existe un service de réparation de machines) ; dans les deux cas il peut y avoir une ou plusieurs files d'attente.

La théorie des files d'attente remonte aux premiers travaux du Danois K. Erlang, en 1917, sur le calcul du nombre d'organes de chaque type à installer dans un central téléphonique automatique. Développé aussi par Engset (1918), cette théorie s'est amplifiée sous l'impulsion de nombreux chercheurs, parmi lesquels il faut citer E. Borel, D. Kendall, A. Kolmogorov, Khintchine, LC. Palm, F. Pollaczek, L. Feller, etc. Les informaticiens l'utilisent, notamment pour l'évaluation de performances – à titre prévisionnel – des systèmes ou des réseaux informatiques depuis les années 1970.

7.2 Loi des arrivées. Loi des services

Revenons au phénomène d'attente le plus simple où il n'existe qu'une queue et qu'une station.

Le cas intéressant est celui où deux phénomènes aléatoires sont conjugués : les clients arrivent au hasard et le temps passé à la station par chaque client est aléatoire.

Par exemple, les automobilistes arrivent au hasard à un parc de stationnement (cela veut dire : l'heure d'arrivée de chacun est aléatoire) ; ils y stationnent un temps variable qui ne peut être prévu pour chacun d'eux (c'est encore une variable aléatoire).

Peut-on caractériser statistiquement la manière dont les clients arrivent au parc et la durée de leur stationnement ? L'occupation des places de ce parking ?

L'expérience montre que, dans beaucoup de phénomènes d'attente, les lois des arrivées et des services sont, respectivement, poissonniennes et exponentielles. Ce ne sont évidemment pas les seules formes que peuvent affecter ces lois, mais ce sont les plus fréquentes et aussi les plus simples à employer pour obtenir un exposé facile des principes et de la théorie des phénomènes d'attente.

La notation de Kendall a pour but de décrire, de manière compacte, les caractéristiques d'un système avec attente, en lui associant une chaîne de caractères comme ci-dessous :

$$A/B/S/N/\text{ discipline}$$

• A est le *code de la loi des arrivées* ; pour la loi de Poisson on a $A = M$ (M, en fait ici, pour Markov) ; pour des arrivées déterministes, c'est-à-dire à intervalles constants, on a $A = D$; pour une loi quelconque, générale, on aurait $A = G$, etc.

• B est le *code de la loi des services* ; pour la loi exponentielle on a $B = M$; on aurait $B = D$ pour des services de durée constante, $B = G$ pour une loi générale.

On peut rencontrer d'autres codes, le cas Markovien étant le plus fréquent. Ainsi E_k désigne une loi d'Erlang-k (moins dispersée que la loi de Poisson), H_r désigne une loi Hyper-expotentielle d'ordre r (davantage dispersée que la loi de Poisson), C_n une loi de Cox d'ordre n. L'exposé de ces lois sort du cadre de cet ouvrage ; contentons-nous de signaler que des services régis par ces trois lois peuvent être simulés par un réseau de k (resp. r, n) guichets fictifs délivrant chacun un service régi par une loi exponentielle. Cela permet de modéliser des fils d'attente où interviennent de telles lois, à l'aide d'un processus de Markov mais moyennant une démultiplication des états.

• S est le *nombre de stations* fonctionnant en parallèle ; en l'absence de précision, toutes ces stations sont réputées équivalentes : elles ont le même taux moyen de service.

• N est la « *capacité* », c'est-à-dire le nombre maximal de clients admissibles dans le système (file et station(s)). Si cette indication est omise, c'est que $N = \infty$: le système a une capacité illimitée (ou assez grande pour que tout se passe comme si $N = \infty$).

• La *discipline* n'est spécifiée que dans la règle n'est pas « premier arrivé, premier à être servi » (PAPS ; en anglais : FIFO). D'autres disciplines existent, notamment « processeur partagé » (« *round robin* ») ou DAPS (en anglais LIFO) : « dernier arrivé, premier au service », qui se rencontrent en informatique.

7.3 File à une station. Système ouvert : file $M/M/1$

Considérons le cas où il existe une seule station, les arrivées des clients formant un processus de Poisson de taux λ et le temps de service suivant une loi exponentielle de taux μ. On observera que λ est le nombre moyen d'arrivées par unité de temps, μ, le nombre moyen de clients pouvant être servis par unité de temps ; ainsi $\frac{1}{\mu}$ est la durée moyenne d'un service. Nous avons étudié en détail le processus de Poisson et la loi exponentielle au chapitre 5 auquel le lecteur pourra se reporter (de 5.2.1 à 5.2.3).

Nous pourrions nous contenter, pour ce qui est de la modélisation de cette file, de renvoyer le lecteur aux processus de naissance et de mort que nous avons envisagés également au chapitre 5. Nous reprendrons cependant ici, à titre d'exercice, le raisonnement élémentaire de la méthode différentielle.

Si n personnes ($n \geqslant 1$) sont dans le système d'attente à $t + \Delta t$, cela ne peut provenir[1] que des trois situations à l'instant t ci-après :

Tableau 7.1

Nombre de personnes présentes à t	Entrées pendant Δt	Sorties pendant Δt	Nombre de personnes présentes à $t + \Delta t$
$n - 1$	1	0	n
n	0	0	n
$n + 1$	0	1	n

Les probabilités d'entrée et de sortie pendant Δt étant, respectivement, $\lambda \cdot \Delta t$ et $\mu \cdot \Delta t$ et les probabilités complémentaires $(1 - \mu \cdot \Delta t)$ et $(1 - \lambda \cdot \Delta t)$, on a :

$$p_n(t + \Delta t) = p_{n-1}(t)[\lambda \cdot \Delta t(1 - \mu \cdot \Delta t)] + p_n(t)[(1 - \lambda \cdot \Delta t)(1 - \mu \cdot \Delta t)] + p_{n+1}(t)[(1 - \lambda \cdot \Delta t) \cdot \mu \cdot \Delta t],$$

où l'on a noté $p_n(t)$ la probabilité de la situation (ou état) : n personnes sont dans le système à t ; on a ici noté $p_n(t)$ – au lieu de $\pi_n(t)$ comme au chapitre 5 car il n'y a pas de risque de confusion, ici, entre les probabilités des états et celles des transitions – la probabilité pour que n personnes soient présentes dans le système à la date t.

En négligeant les produits en Δt^2 (c'est-à-dire en $o(\Delta t)$), on obtient :

$$p_n(t + \Delta t) = p_{n-1}(t)\lambda \cdot \Delta t + p_n(t)[1 - (\lambda + \mu) \cdot \Delta t] + p_{n+1}(t)\mu \cdot \Delta t,$$

d'où :

$$\frac{p_n(t + \Delta t) - p_n(t)}{\Delta t} = \lambda \cdot p_{n-1}(t) - (\lambda + \mu) \cdot p_n(t) + \mu \cdot p_{n+1}(t),$$

sauf pour $n = 0$, auquel cas on a seulement les situations du tableau ci-dessous :

Tableau 7.2

Nombre de personnes à t	Entrées	Sorties	Nombre de personnes à $t + \Delta t$
0	0	0	0
1	0	1	0

d'où : $$\frac{p_0(t + \Delta t) - p_0(t)}{\Delta t} = -\lambda\, p_0(t) + \mu p_1(t),$$

1. Ainsi que nous l'avons remarqué au chapitre 5 dans un processus de naissance et de mort, on n'a pas à envisager une entrée **et** une sortie pendant le temps Δt, la probabilité de cet événement étant négligeable : en Δt^2, donc $o(\Delta t)$. Le lecteur qui commettrait cette erreur par inadvertance verrait d'ailleurs le terme correspondant disparaître ensuite de l'équation donnant $p_n(t + \Delta t)$.

(on observera que, si aucun client n'est présent à t, la probabilité pour qu'il n'en sorte pas du système pendant le Δt suivant est 1, et non $1 - \mu\,\Delta\,t$).

Revenons au cas $n \geqslant 1$. On a donc, en faisant tendre Δt vers 0 :

$$p_n'(t) = \lambda p_{n-1}(t) - (\lambda + \mu)p_n(t) + \mu p_{n+1}(t) \tag{7.1}$$

et

$$p_0'(t) = -\lambda\, p_0(t) + \mu p_1(t) \tag{7.2}$$

Supposons le phénomène stationnaire : les probabilités des états ont alors atteint une limite. On a donc :

$p_n(t) = p_n^* =$ constante ; d'où :

$$p_0'(t) = p_1'(t) = \cdots = p_n'(t) = \cdots = 0.$$

Les équations différentielles (7.1) et (7.2) se transforment alors en équations linéaires algébriques : $-\lambda p_0^* + \mu\, p_1^* = 0$

et, pour $n \geqslant 1 : 0 = \lambda p_{n-1}^* - (\lambda + \mu)\, p_{n+\mu}^*\; p_{n+1}^*$

On obtient facilement, de $-\lambda\, p_0^* + \mu p_1^* = 0$[1] :

$$p_1^* = \frac{\lambda}{\mu} p_0^*$$

En portant dans : $\lambda p_0^* + (\lambda + \mu)p_1^* + \mu p_2^* = 0$, on obtient :

$$p_2^* = \left(\frac{\lambda}{\mu}\right)^2 p_0^*$$

et, ainsi de suite, d'où :

$$p_n^* = \left(\frac{\lambda}{\mu}\right)^n p_0^* \tag{7.3}$$

Or,

$$p_0^* + p_1^* + \cdots + p_n^* + \cdots = 1, \tag{7.4}$$

d'où, d'après la formule (7.3) :

$$p_0^* + p_1^* + \cdots + p_n^* + \cdots = p_0^* + \frac{\lambda}{\mu} p_0^* + \left(\frac{\lambda}{\mu}\right)^2 p_0^* + \cdots + \left(\frac{\lambda}{\mu}\right)^n p_0^* + \cdots$$

$$= p_0^* \left[1 + \frac{\lambda}{\mu} + \left(\frac{\lambda}{\mu}\right)^2 + \cdots + \left(\frac{\lambda}{\mu}\right)^n + \cdots \right].$$

1. On remarquera que la quantité de $-\lambda\, p_{n-1} + \mu p_n$ est un « invariant » car elle ne dépend pas de n ; de plus, cette quantité est nulle, ce qui simplifie la résolution de la récurrence. Cet invariant découle de la conservation des fréquences de transition exprimée par le théorème des coupes (cf. chapitre 5)

Rappelons que la somme des termes d'une progression géométrique illimitée :

$$1 + q + q^2 + \cdots + q^m + \cdots \text{ vaut : } 1/(1 - q) \text{ si } q < 1.$$

Or $\frac{\lambda}{\mu} < 1$, comme nous le justifions au paragraphe suivant ; d'où :

$$1 = p_0^* \cdot \frac{1}{1 - \frac{\lambda}{\mu}}, \tag{7.5}$$

en faisant la somme de la progression géométrique illimitée (« série géométrique »). On observera que cette série est convergente, car il est physiquement nécessaire que $\frac{\lambda}{\mu} < 1$, autrement dit que le taux d'arrivées des clients soit inférieur au taux de service, pour qu'il n'y ait pas engorgement. Il vient alors :

$$p_0^* = 1 - \frac{\lambda}{\mu}.$$

La simplicité de cette formule s'explique par la notion de *conservation des clients* : en régime permanent le taux des entrées dans le système *M/M/*1 est égal à λ ; celui des sorties serait égal à μ si la station était occupée en permanence, mais celle-ci n'est occupée qu'avec la probabilité $1 - p_0^*$. Le taux des sorties valant alors $\mu \cdot (1 - p_0^*)$ est égal, en régime permanent, au taux des entrées, soit λ, d'où : $\lambda = \mu(1 - p_0^*)$. Puis on obtient :

$$p_n^* = \left(\frac{\lambda}{\mu}\right)^n \cdot \left(1 - \frac{\lambda}{\mu}\right).$$

Comme nous l'avons dit plus haut, on peut aussi traiter cette file d'attente comme un processus de naissance et de mort. L'état n (ou E_n) désigne la situation où n clients sont présents. Les arrivées des clients, de loi poissonienne, constituent (nous l'avons vu au chapitre 5) un processus de naissance ; de plus le taux de naissance à partir de l'état n vaut ici : $\lambda_n = \lambda$ $(n = 0, 1, 2, \cdots)$. Les départs de clients, dus aux fins de services, constituent un processus de mort pour lequel $\mu_n = \mu$ $(n = 1, 2, 3, \cdots)$.

Voici alors le graphe des transitions entre états, entre t et $t + \Delta t$:

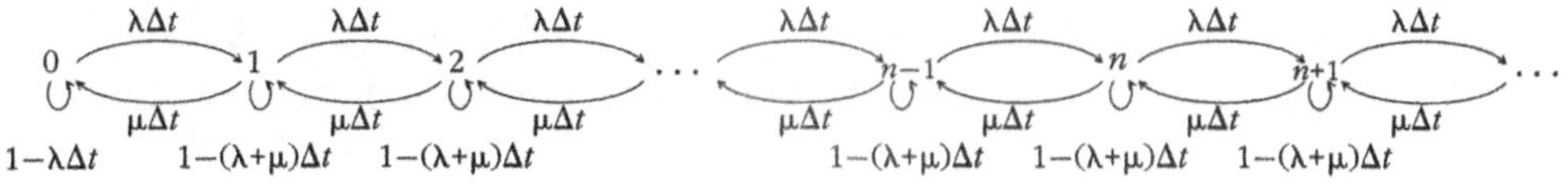

Figure 7.2

Le graphe « simplifié » est le suivant :

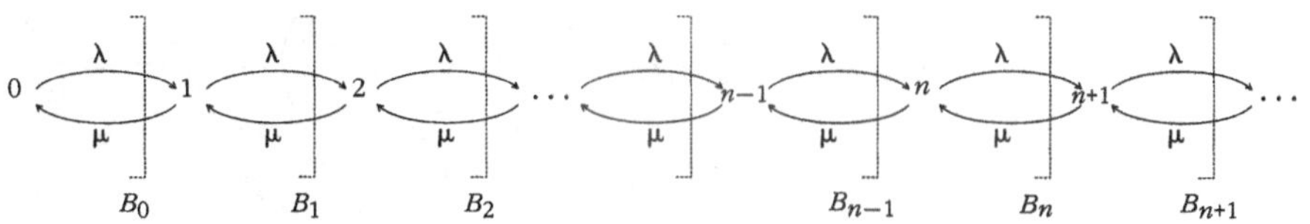

Figure 7.3

En appliquant le théorème des coupes à $B_0 = \{E_0\}$, puis $B_1 = B_0 \cup \{E_1\}$, puis $\cdots$, puis $B_{n-1} = B_{n-2} \cup \{E_{n-1}\} = \{E_0, E_1, \cdots, E_{n-1}\}$, il vient:

$$\lambda \cdot p_0^* = \mu \cdot p_1^* \ ; \ \lambda \cdot p_1^* = \mu \cdot p_2^* \ ; \ \cdots \ ; \ \lambda \cdot p_{n-1}^* = \mu \cdot p_n^*.$$

On retrouve ainsi directement : $p_n^* = \left(\frac{\lambda}{\mu}\right)^n \cdot p_0^*$.

Observons que le théorème des coupes nous a fourni directement l'invariant : $\lambda p_{n-1}^* - \mu p_n^* = 0$, qui avait facilité la résolution de la récurrence (portant initialement sur trois termes consécutifs : p_{n-1}, p_n et p_{n+1}, au lieu de deux ici : p_{n-1} et p_n).

On aurait pu aller encore plus vite, en appliquant la relation valable pour les processus de naissance et de mort fortement ergodiques (c'est le cas ici si $\lambda/\mu < 1$) :

$$p_n^* = \frac{\lambda_{n-1} \cdot \lambda_{n-2} \cdot \cdots \cdot \lambda_0}{\mu_n \cdot \mu_{n-1} \cdot \cdots \cdot \mu_1} \cdot p_0^* \qquad \text{soit ici : } p_n^* = \left(\frac{\lambda}{\mu}\right)^n.$$

Calculons la “moyenne” de cette distribution (en fait l'espérance du nombre de clients présents) :

$$\bar{n} = \sum_0^\infty n \cdot p_n^* = 0 \cdot p_0^* + 1 \cdot p_1^* + 2 \cdot p_2^* + \cdots + n \cdot p_n^* + \cdots$$

$$= \left[\left(\frac{\lambda}{\mu}\right) + 2\left(\frac{\lambda}{\mu}\right)^2 + 3\left(\frac{\lambda}{\mu}\right)^3 + \cdots + n\left(\frac{\lambda}{\mu}\right)^n + \cdots\right]$$

Or :

$$\frac{\lambda}{\mu} + 2\left(\frac{\lambda}{\mu}\right)^2 + \cdots + n\left(\frac{\lambda}{\mu}\right)^n + \cdots = \frac{\lambda}{\mu}\left[1 + 2\frac{\lambda}{\mu} + 3\left(\frac{\lambda}{\mu}\right)^2 + \cdots + n\left(\frac{\lambda}{\mu}\right)^{n-1} + \cdots\right]$$

et l'on reconnaît, dans le crochet, la dérivée, par rapport à $q = \frac{\lambda}{\mu}$ de la progression :

$$q + q^2 + q^3 + \cdots + q^n + \cdots = q(1 + q + q^2 + \cdots) = \frac{q}{1 - q}.$$

En dérivant cette dernière expression par rapport à q, on obtient $\frac{1}{(1 - q)^2}$ et ainsi

le crochet vaut $\frac{1}{\left(1 - \frac{\lambda}{\mu}\right)^2}$; d'où : $\bar{n} = \sum n \cdot p_n^* = \frac{\lambda}{\mu} \cdot \frac{1}{\left(1 - \frac{\lambda}{\mu}\right)^2}\left(1 - \frac{\lambda}{\mu}\right) = \frac{\frac{\lambda}{\mu}}{1 - \frac{\lambda}{\mu}} = \frac{\lambda}{\mu - \lambda}.$

On observera que si $\lambda \to \mu^-$; le dénominateur tend vers 0^+ et $\bar{n} \to \infty$: on voit se profiler la saturation !

Il est facile de calculer le temps moyen qu'attend un client dans la file ; lors de son arrivée il trouve en moyenne une file de $\bar{n}$ clients qui s'écoulera en un temps moyen $\bar{n} \times \frac{1}{\mu}$, $\frac{1}{\mu}$ étant le temps moyen passé par chaque client à la station (y compris pour celui au service, car la loi exponentielle est « sans mémoire » : pour un service de loi exponentielle, tout se passe, à chaque instant, comme si ce service venait de commencer). On a donc :

$$\bar{t}_f = \bar{n} / \mu = \frac{\lambda}{\mu(\mu - \lambda)}.$$

De même si $\lambda \to \mu^-$, alors $\bar{t}_f \to \infty$; c'est l'engorgement.

Remarque. On observe qu'on a :

$$\bar{n} = \lambda \cdot \bar{t},$$

$\bar{t}$ étant le temps de séjour *dans le système* (et non dans la file). On a aussi : $\bar{v} = \lambda \cdot \bar{t}_f$, $\bar{v}$ étant le nombre moyen de clients *dans la file*, à l'exception de celui qui se fait servir, quand le service est occupé. Ces deux relations sont les *formules de Little*. Les méthodes dites de *conservation* (ou encore d'*invariants*) permettent d'expliquer, notamment, les formules de Little : $\bar{n} = \lambda \cdot \bar{t}$ et $\bar{v} = \lambda \cdot \bar{t}_f$. La différence entre $\bar{t}$ et $\bar{t}_f$ est évidemment égale à la moyenne du temps de service : moyenne du temps d'attente dans le système – moyenne du temps d'attente dans la file = moyenne du temps de service.

Ainsi : $\bar{t} - \bar{t}_f = \frac{1}{\mu}$, d'où $\bar{n} - \bar{v} = \lambda(\bar{t} - \bar{t}_f) = \frac{\lambda}{\mu}$ et $\bar{v} = \bar{n} - \frac{\lambda}{\mu}$.

Dans notre cas *M/M/*1 où λ ne dépend pas de n, on retrouve bien $\bar{t}_f = \bar{v} / \lambda = \bar{n} / \mu$. Lorsque λ dépend de n, on définit un taux d'arrivée moyen λ^*_{eq} tel que :

$$\bar{n} = \lambda^*_{eq} \cdot \bar{t} \quad \text{et} \quad \bar{v} = \lambda^*_{eq} \cdot \bar{t}_f.$$

Ainsi, si la file est limitée à N personnes et comporte une station (file *M/M/*1/*N*) :

$$\lambda^*_{eq} = \sum_{n=0}^{N-1} \lambda \cdot p^*_n = \lambda \cdot (1 - p^*_N) ;$$

si un atelier comporte N machines, chacune de taux de panne λ, et un seul réparateur de taux μ :

$$\lambda^*_{eq} = \sum_{n=0}^{N-1} (N - n) \cdot \lambda \cdot p^*_n = \mu \cdot (1 - p^*_0).$$

Application. Dès à présent, le lecteur peut se rendre compte des raisons pour lesquelles on attend si longtemps chez le médecin… Par exemple, si la durée d'une consultation est, *en moyenne*, de 15 min, le médecin convoque ses patients toutes les 20 min, mais, dans notre société où l'inexactitude est devenue la règle, ceux-ci arrivent finalement au hasard... On a : $\lambda = 3$, $\mu = 4$ (par heure). Il est alors facile de calculer :

$$\bar{n} = \frac{\lambda}{\mu - \lambda} = \frac{3}{4-3} = 3 \text{ et } \bar{t}_f = \frac{\bar{n}}{\mu} = \frac{3}{4},$$

ce qui veut dire que le nombre moyen de patients (!) présents est 3 et que leur attente *moyenne* est de 3/4 d'heure !

7.4 File à S stations, système ouvert : file $M/M/S$

Lorsque S stations sont disponibles, le phénomène n'est guère plus compliqué à décrire ; tant que les stations ne sont pas toutes occupées, il n'y a pas de file d'attente: autrement dit, les taux de traitement du système d'attente sont : μ lorsqu'une station est occupée, 2μ lorsque deux stations sont occupées, etc., jusqu'à $S\mu$.

Reprenons le modèle d'un processus de naissance et de mort (chapitre 5). On a, bien sûr $\lambda_i = \lambda$, pour tout i, car le nombre d'arrivées ne dépend pas du nombre de clients présents dans le système.

En revanche, on a : $\mu_n = n\mu$, pour $1 \leqslant n < S$, et $\mu_n = S\mu$, pour $n \geqslant S$. Ainsi l'on peut tracer le graphe simplifié de ce processus de Markov particulier :

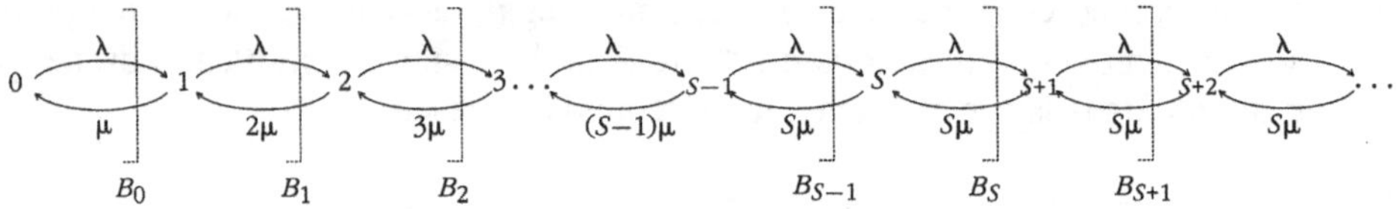

Figure 7.4

Bien entendu, la condition pour que le système ne s'engorge pas est ici : $\dfrac{\lambda}{\mu S} < 1$.

Appliquons le théorème des coupes à B_0, puis à B_1, etc. Il vient:

$$\lambda \cdot p_0^* = \mu \cdot p_1^*,\ \lambda \cdot p_1^* = 2\,\mu \cdot p_2^*,\ \lambda \cdot p_2^* = 3\,\mu \cdot p_3^*,\ \cdots,\ \lambda \cdot p_{S-1}^* = S\,\mu \cdot p_S^*.$$

D'où : $p_1^* = \dfrac{\lambda}{\mu} p_0^*$; $p_2^* = \dfrac{1}{2}\left(\dfrac{\lambda}{\mu}\right)^2 p_0^*$; $p_3^* = \dfrac{1}{6}\left(\dfrac{\lambda}{\mu}\right)^3 p_0^*$, $\cdots$

et, plus généralement, pour $n \leqslant S$:

$$p_n^* = \frac{1}{n!}\left(\frac{\lambda}{\mu}\right)^n p_0^*.$$

Ainsi, pour $n = S$:

$$p_s^* = \frac{1}{S!}\left(\frac{\lambda}{\mu}\right)^S p_0^*.$$

Au-delà de S clients présents, on obtient : $\lambda \cdot p_{S+k}^* = S\,\mu \cdot p_{S+k+1}^*$.

On obtient l'expression de p^*_{S+1} (en faisant $k = 0$) aisément par: $p^*_{S+1} = \dfrac{\lambda}{S\mu} p^*_S$:

$$p^*_{S+1} = \frac{1}{S \cdot S!} \cdot \left(\frac{\lambda}{\mu}\right)^{S+1} \cdot p^*_0.$$

puis, de proche en proche, pour $n \geqslant S$:

$$p^*_n = \frac{1}{S^{n-S}\, S!} \cdot \left(\frac{\lambda}{\mu}\right)^n \cdot p^*_0.$$

En fait, ces expressions peuvent s'obtenir plus rapidement en appliquant la relation établie pour les processus de naissance et de mort[1].

Comme la somme illimitée des p^*_n vaut 1 :

$$1 = p^*_0 \Bigg[\underbrace{\frac{\lambda}{\mu} + \frac{1}{2!}\left(\frac{\lambda}{\mu}\right)^2 + \cdots + \frac{1}{n!}\left(\frac{\lambda}{\mu}\right)^n + \cdots}_{n < S} \Bigg]$$

$$+ p^*_0 \left[\frac{1}{S!}\left(\frac{\lambda}{\mu}\right)^s + \frac{1}{SS!}\left(\frac{\lambda}{\mu}\right)^{S+1} + \cdots + \frac{1}{S^{n-S} S!}\left(\frac{\lambda}{\mu}\right)^n + \cdots \right]$$

Dans le second crochet, le terme général égale $\dfrac{S^s}{S!}\left(\dfrac{\lambda}{S\mu}\right)^n$: on reconnaît une série géométrique de raison $\dfrac{\lambda}{S\mu}$ et de premier terme $\dfrac{S^s}{S!}\left(\dfrac{\lambda}{S^o}\right)^S$. D'où :

$$p^*_0 = 1 \Bigg/ \sum_{n=0}^{S-1} \frac{\left(\dfrac{\lambda}{\mu}\right)^n}{n!} + \frac{S^s\left(\dfrac{\lambda}{S\mu}\right)^S}{S!\left(1 - \dfrac{\lambda}{S\mu}\right)}$$

Le nombre moyen de clients dans la file d'attente est: $\bar{v} = \sum_{k=1}^{\infty} k \cdot p^*_{S+k}$. En effet la file n'existe que si au moins $(S+1)$ clients sont présents.

Or $p^*_{S+k} = p^*_S \cdot \left(\dfrac{\lambda}{S\mu}\right)^k$. Ainsi $\bar{v} = p^*_S \cdot \sum_{k=1}^{\infty} k\left(\dfrac{\lambda}{S\mu}\right)^k = p^*_S \cdot \dfrac{\lambda}{S\mu} \sum_{k=1}^{\infty} k \cdot \left(\dfrac{\lambda}{S\mu}\right)^{k-1}$.

---

1. En effet : $p^*_n = \dfrac{\lambda_0 \cdot \lambda_1 \cdot \cdots \cdot \lambda_{n-1}}{\mu_1 \cdot \mu_2 \cdot \cdots \cdot \mu_n} p^*_0$; pour $n \leqslant S$ il vient : $p^*_n = \dfrac{\lambda \cdot \lambda \cdot \cdots \cdot \lambda}{1\mu \cdot 2\mu \cdot \cdots \cdot n\mu} p^*_0$, soit : $p^*_n = \dfrac{\lambda^n}{n!\mu^n} \cdot p^*_0$. Pour $n \geqslant S$: $p^*_n = \dfrac{\lambda \cdot \lambda \cdot \cdots \cdot \lambda \cdot \lambda \cdot \lambda \cdot \cdots \cdot \lambda}{1\mu \cdot 2\mu \cdot \cdots \cdot (S-1)\mu \cdot S\mu \cdot \underbrace{S\mu \cdot \cdots \cdot S\mu}_{n-S \text{ fois}}} p^*_0$

c'est-à-dire : $p^*_n = \dfrac{\lambda^S}{S!\mu^S} \cdot \left(\dfrac{\lambda}{S\mu}\right)^{n-S} \cdot p^*_0 = \dfrac{1}{S^{n-S} S!} \cdot \left(\dfrac{\lambda}{\mu}\right)^n \cdot p^*_0$, car : $S^s\left(\dfrac{\lambda}{S\mu}\right)^s = \left(\dfrac{\lambda}{\mu}\right)^s$.

$$\text{D'où : } \bar{v} = p_S^* \cdot \frac{\lambda}{S\mu} \cdot \frac{1}{\left(1 - \frac{\lambda}{S\mu}\right)^2} = \frac{\left(\frac{\lambda}{\mu}\right)^{S+1}}{S \cdot S! \cdot \left(1 - \frac{\lambda}{S\mu}\right)^2} \cdot p_0^*.$$

On obtient le temps moyen d'attente $\bar{t}_f$ par la relation de Little : $\bar{v} = \lambda \cdot \bar{t}_f$, d'où :

$$\bar{t}_f = \frac{(\lambda/\mu)^S}{S\mu \cdot S! \cdot \left(1 - \frac{\lambda}{S\mu}\right)^2} \cdot p_0^*.$$

Le nombre moyen de clients présents dans le système est $\bar{n}$; en notant $\bar{g}$ le nombre moyen de stations (guichets) occupées, on a :

$$\bar{n} = \bar{v} + \bar{g}.$$

Certes l'on pourrait calculer $\bar{g}$ par : $\bar{g} = \sum_{k=1}^{S-1} k \cdot p_k^* + \sum_{k=S}^{\infty} S \cdot p_k^*$, (en effet si le nombre de clients présents est inférieur à S, le nombre de guichets occupés est égal à k : tout client est à un guichet ; sinon, tous les S guichets sont occupés, pour tout $k \geqslant S$). Mais ce calcul est lourd ; il est plus élégant d'appliquer la **propriété de conservation des clients** : en régime stationnaire (permanent) le taux des entrées dans le système, soit λ, est égal au taux des sorties du système ; celui-ci serait $S\mu$ si les S guichets étaient *tous* occupés en permanence, ce qui est faux lorsque le nombre de clients présents est inférieur au nombre de guichets. En fait, le taux des sorties est le produit du taux de service d'un guichet, soit μ, par le nombre moyen de guichets occupés, soit $\bar{g}$. D'où $\lambda = \mu\bar{g}$ et la valeur (très simple !) $\bar{g} = \lambda/\mu$.

Ce que l'on peut vérifier à l'aide des relations de Little : on a $\bar{g} = \bar{n} - \bar{v}$; or $\bar{n} = \lambda \cdot \bar{t}$ et $\bar{v} = \lambda \cdot \bar{t}_f$ d'où $\bar{g} = \lambda(\bar{t} - \bar{t}_f)$. Mais : $\bar{t} = \bar{t}_f + \frac{1}{\mu}$. Finalement : $\bar{g} = \lambda \cdot \left(\frac{1}{\mu}\right) = \frac{\lambda}{\mu}$.

7.5 Application numérique

Dans une entreprise existe un bureau spécialisé, auquel le personnel a accès pendant les heures de travail. Le chef du personnel (D.R.H.), qui a remarqué l'affluence des intéressés à ce bureau, demande qu'une étude relative au fonctionnement de ce service lui soit présentée. *Ce contexte est certes artificiel, mais permet de fixer les idées.*

Un analyste est désigné pour déterminer le temps moyen d'attente des employés dans la file et la durée moyenne de l'entretien que chacun a avec le responsable de ce bureau.

Il s'agit bien d'un problème d'attente à une station.

Le premier travail de l'analyste sera de définir les périodes pendant lesquelles le phénomène peut être considéré comme *stationnaire* : durant la première demi-heure et la dernière de la journée, ainsi que l'heure du repas, l'affluence au bureau est très fluctuante et faible ; au contraire, durant les autres périodes de la journée, le phénomène stationnaire est établi et l'on peut examiner les entrées et services du point de vue statistique.

7.5.1 Études des arrivées

Pendant cent intervalles de cinq minutes, successifs ou non, mais tous situés dans la période de stationnarité, le nombre de « clients » arrivant durant chaque intervalle de cinq minutes a été compté.

Supposons que les résultats soient ceux du tableau ci-dessous :

Tableau 7.3

Nombre d'ouvriers arrivant pendant une période de 5 min	Féquences observées *fn*
0	29
1	34
2	24
3	9
4	3
5	1
6	0
	100

La moyenne de cette loi de distribution est facile à calculer :

$$\sum_0^6 n\cdot\frac{f_n}{100} = \frac{1}{100}(0 \times 29 + 1 \times 34 + 2 \times 24 + 3 \times 9 + 4 \times 3 + 5 \times 1) = 1{,}26.$$

L'emploi d'un test statistique va permettre de vérifier si la loi observée se rapproche d'une loi théorique classique, en l'espèce celle de Poisson.

La formule : $q_n(t) = \frac{(\lambda t)^n}{n!}e^{-\lambda t}$, avec $\lambda t = 1{,}26$ et $e^{-1{,}26} = 0{,}2837$ permet de calculer les fréquences théoriques d'une loi de Poisson de moyenne 1,26 arrivées/5 min ; ce sont cent fois les valeurs :

$$q_0 = 0{,}28\,;\ q_1 = 0{,}36\,;\ q_2 = 0{,}23\,;\ q_3 = 0{,}09\,;\ q_4 = 0{,}03\,;\ q_5 = 0{,}01$$

(q_5, en réalité, a été prise égale à la différence entre 1 et la somme des autres q_n jusqu'à q_4).

Employons, par exemple, le test du χ^2 de Pearson, qui s'applique à des classes dans lesquelles, le nombre d'événements attendus est ou moins de l'ordre de 5 (il suffira de regrouper les deux dernières classes pour satisfaire grossièrement à cette exigence).

Ce test consiste à calculer les carrés des différences entre les fréquences théoriques de la loi à vérifier et les fréquences observées, puis à diviser chacun de ces carrés par la fréquence théorique de la classe à laquelle les fréquences sont relatives.

Tableau 7.4

n	Fréquences observées (f_n)	Fréquences théoriques (f_{th})	$\|\Delta\|$	Δ^2	Δ^2/f_{th}
0	29	28	1	1	0, 0357
1	34	36	2	4	0, 1111
2	24	23	1	1	0, 0435
3	9	9	0	0	0
>4	4	4	0	0	0
					$\Sigma = 0,1903$ $= \chi^2$ calculé

Le nombre de degrés de liberté du système est $d = c - 1 - p$, c étant le nombre de classes (ici 5) et p le nombre de paramètres de la loi théorique tirés de l'observation (ici un seul : la moyenne λt); on a donc : $d = 5 - 1 - 1 = 3$.

Or, en se reportant à une table des χ^2, on trouve, pour 3 degrés de liberté :

$$\chi^2_{0,95} = 0{,}352.$$

Comme le χ^2 calculé (0,19) est inférieur à cette valeur, l'analyste décide d'admettre que le phénomène observé suit une loi de Poisson. (avec un seuil de confiance de 95 %).

La conclusion à tirer de l'étude des arrivées est qu'elles se font « à la Poisson », avec un taux de $\frac{1{,}26}{5} \approx 0{,}25$ arrivée par minute.

Remarque. Lorsque, pour le même nombre de degrés de liberté, le χ^2 calculé avec les données de l'expérience, moyennant l'hypothèse que celles-ci suivent telle ou telle loi théorique, est comparé aux valeurs inscrites sur la même ligne de la table, la valeur calculée se situe entre deux valeurs du tableau, lues dans des colonnes adjacentes, p_1 et p_2 ($p_1 > p_2$), cela veut dire que, si la variable suivait la loi théorique envisagée, la probabilité d'obtenir un écart dû au hasard supérieur au χ^2 calculé serait supérieure à p_2.

Si la valeur p_2 est très petite (disons, inférieure à 0,05), l'hypothèse est très peu vraisemblable; si, au contraire, elle est très grande (disons, par exemple, supérieure à 0,50), l'hypothèse est vraisemblable.

Entre ces deux valeurs, y a-t-il place pour une hypothèse « assez vraisemblable » ou, du moins, « n'introduisant pas de contradiction dangereuse » ? Selon les raisons que l'on a d'être exigeant, on fixe quelquefois le seuil de rejet à 0,10, voire 0,20 ; en recherche opérationnelle, il n'est pas rare que l'on soit beaucoup plus exigeant que cela. À l'inverse, certains se méfient des χ^2 calculés inférieurs à $\chi^2_{0,98}$ ou, a fortiori, $\chi^2_{0,99}$ et rejettent l'hypothèse, car les résultats sont jugés « trop bons pour être honnêtes », les écarts dus au hasard devant, la plupart du temps, être plus importants. Nous nous garderons d'adopter systématiquement ce point de vue. À moins d'avoir de sérieuses raisons de douter des données collectées, il est rare que l'on repousse, en recherche opérationnelle, une hypothèse donnant un excellent χ^2, le cas est d'ailleurs assez rare !

Les seuils indiqués plus haut sont arbitraires. Mais, en tout cas, avant chaque test, il convient de se donner a priori le seuil d'acceptation (le plus souvent : 0,95).

7.5.2 Études des services

À cent reprises, consécutives ou non, mais prises dans la période stationnaire, on relève la durée du service, c'est-à-dire le temps passé par un client au "service".

Supposons que les résultats obtenus soient les suivants :

Tableau 7.5

Durée des services	Nombre de services observés	Durée des services	Nombre de services observés
< 1 min	23	de 7 à 8 min	5
de 1 à 2 min	20	de 8 à 9 min	3
de 2 à 3 min	14	de 9 à 10 min	2
de 3 à 4 min	12	de 10 à 11 min	2
de 4 à 5 min	9	de 11 à 12 min	1
de 5 à 6 min	5	>12 min	0
de 6 à 7 min	4		

La moyenne est ici :

$$\frac{1}{100}(0{,}5 \times 23 + 1{,}5 \times 20 + 2{,}5 \times 14 + 3{,}5 \times 12 + 4{,}5 \times 9 + 5{,}5 \times 5 + 6{,}5 \times 4$$

$$+ 7{,}5 \times 5 + 8{,}5 \times 3 + 9{,}5 \times 2 + 10{,}5 \times 2 + 11{,}5 \times 1) = 3{,}27 \text{ min.}$$

Le nombre de clients servis par minute est donc :

$$\frac{1}{3{,}27} \approx 0{,}30.$$

On fait alors l'hypothèse que la loi des services est une loi exponentielle, de densité :

$$0{,}30\, e^{-0{,}30t},$$

et de taux : $\mu = 0{,}30$.

Se ramenant au centre des classes : 0,5 ; 1,5 ; 2,5 etc., et réduisant à huit classes (6 degrés de liberté), on a $\chi^2_{calculé} = 0{,}906$; le $\chi^2_{0{,}95}$, lu dans la table, s'élève à 1,635 et l'analyste décide d'admettre qu'il a bien une loi exponentielle de taux : $\mu = 0{,}30$.

7.5.3 Premiers calculs

Les formules données précédemment pour une station unique (file M/M/1) permettent de calculer :

– le nombre moyen de “clients” dans le système :

$$\bar{n} = \frac{\lambda}{\mu - \lambda} = \frac{0,25}{0,30 - 0,25} = 5;$$

– le temps moyen d'attente dans la file pour chaque client :

$$\bar{t}_f = \frac{\bar{n}}{\mu} = \frac{5}{0,30} = 16 \text{ min } \frac{2}{3}.$$

On se rend compte que le temps perdu par les « clients » (les employés de l'entreprise qui, pendant ce temps, n'exécutent pas leur tâche habituelle) est considérable ; pour une journée de travail de 8 h et 0,25 client par minute, attendant chacun en moyenne $16\frac{2}{3}$ min, cela fait au total :

$$8 \times 60 \times 0,25 \times 16\frac{2}{3} \text{ min} = 33 \text{ h } \frac{1}{3}.$$

Pourtant, le responsable du bureau n'est occupé en moyenne que :

$$8 \times 60 \times 0,25 \times 3,27 \text{ min} \approx 6 \text{ h } \frac{1}{2}, \text{ par pour.}$$

7.5.4 Optimisation du nombre de guichetiers

La « solution par les moyennes » consisterait pratiquement à adopter un nombre de « préposés » permettant d'assurer le service et l'on trouverait ainsi que l'unique préposé, c-à-d le responsable du bureau, suffit à sa tâche.

La solution économique, fondée sur la recherche opérationnelle, a pour but d'établir un bilan total de l'opération qui consisterait à embaucher 1, 2, … autres préposés (cette décision accroissant le coût de fonctionnement du service), en vue de diminuer le temps perdu par les employés (ce résultat faisant réaliser un gain sur le temps total de travail). Définir le nombre de préposés correspondant au bilan optimal est justement l'objet du problème.

Il ne faudrait surtout pas imaginer que si, par exemple, on double le nombre de préposés, le nombre moyen d'employés dans la file diminuera de moitié et qu'en conséquence le temps d'attente sera également diminué de moitié...

Du reste, appelant S le nombre de “stations” (ici : le nombre de préposés), et le rapport $\Psi = \frac{\lambda}{\mu}$, on a, d’après les résultats du paragraphe 7.4 :

– probabilité d’une attente nulle (probabilité de l’absence de tout client dans le système) :

$$p_0^* = \frac{1}{\dfrac{\Psi^S}{S!\left(1 - \dfrac{\Psi}{S}\right)} + \displaystyle\sum_{n=0}^{S-1} \frac{\Psi^n}{n!}};$$

– attente moyenne dans la file :

$$\bar{t}_f = \frac{\Psi^S}{\mu \cdot S \cdot S!\left(1 - \dfrac{\Psi}{S}\right)^2} \cdot p_0^*;$$

– nombre moyen de clients dans le système :

$$\bar{n} = \Psi \cdot [\mu \bar{t}_f + 1].$$

On désigne, de plus, par $\bar{\rho}$ le taux moyen d’inactivité des “stations”.

Dans le cas qui nous occupe, on calcule facilement :

– pour $S = 1$,

$$p_0^* = 1 - \Psi = 1 - 0{,}833 = 0{,}167;$$

– pour $S = 2$,

$$p_0^* = \frac{1}{\dfrac{(0{,}833)^2}{2!\left(1 - \dfrac{0{,}833}{2}\right)} + 1 + \dfrac{0{,}833}{1!}} = 0{,}411;$$

– pour $S = 3$,

$$p_0^* = \frac{1}{\dfrac{(0{,}833)^3}{3!\left(1 - \dfrac{0{,}833}{3}\right)} + 1 + \dfrac{0{,}833}{1!} + \dfrac{(0{,}833)^2}{2!}} = 0{,}432.$$

On peut alors calculer aussi :

– pour $S = 1$, $\bar{t}_f = 16 \text{ min } \frac{2}{3}$, $\bar{\rho} = 0{,}167$;

– pour $S = 2, \bar{t_f} = 0{,}70$ min, $\overline{\rho} = 1{,}167$;

– pour $S = 3, \bar{t_f} = 0{,}09$ min, $\overline{\rho} = 2{,}167$.

Supposant alors que le coût de l'inactivité des préposés de ce bureau représente le salaire (et les charges) correspondant à la durée de cette inactivité, soit, par exemple, 12 euros de l'heure et que le temps perdu en attente par les employés peut être évalué à 50 euros de l'heure, on obtient les coûts totaux suivants :

– pour $S = 1$, $\Gamma(1) = 120 \times 16\frac{2}{3} \times \frac{50}{60} + 480 \times 0{,}167 \times \frac{12}{60} = 1\,682{,}70$ euros ;

– pour $S = 2$, $\Gamma(2) = 120 \times 0{,}70 \times \frac{50}{60} + 480 \times 1{,}167 \times \frac{12}{60} = \mathbf{182{,}03}$ **euros** ;

– pour $S = 3$, $\Gamma(3) = 120 \times 0{,}09 \times \frac{50}{60} + 480 \times 2{,}167 \times \frac{12}{60} = 217{,}03$ euros.

On constate qu'il suffit d'avoir deux préposés pour atteindre le coût minimal (il faudrait connaître le taux d'absentéisme des préposés pour être à même d'examiner s'il ne serait pas plus rationnel, finalement, d'en prévoir trois).

7.6 File à S stations, cas du système fermé : file $M/M/S/N$

Reprenons le système précédent mais imposons maintenant au nombre d'unités (clients) présentes dans le système d'être limité, par exemple par le nombre N qui apparaît alors comme la capacité du système.

Nous supposons que le nombre de stations S est inférieur à ce nombre N : sinon il n'y aurait jamais d'attente.

Nous nous intéressons au cas où le taux de naissance à partir de l'état E_n (noté n plus bas), soit λ_n, est proportionnel au nombre $N - n$ d'unités non encore présentes dans le système : $\lambda_n = (N - n) \cdot \lambda$ (où $n = 0, 1, \cdots, N - 1$).

Tel serait le cas d'un atelier comportant N machines de fonctionnement permanent (sauf panne) et S réparateurs ($S < N$) ; le taux de panne individuel de chaque machine est λ et vaut $(N - n)\,\lambda$ si n machines sont en panne, le taux de service d'un réparateur donné étant μ. Dans l'état E_n :

- si $0 \leqslant n < S$, il y a n réparations en cours et $\mu_n = n \cdot \mu$; mais
- si $S \leqslant n \leqslant N$, il y a S réparations en cours et $\mu_n = S \cdot \mu$.

Voici le graphe simplifié du processus de naissance et de mort associé au système :

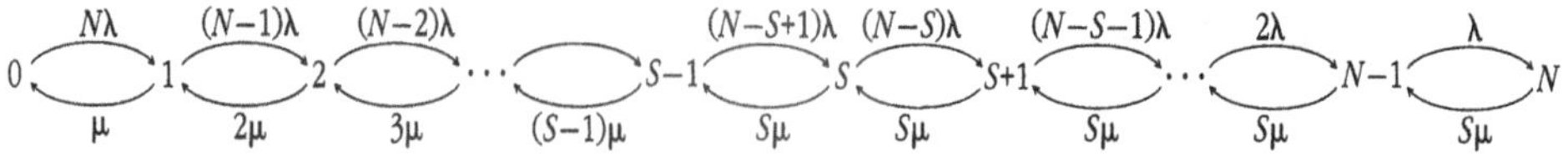

Figure 7.5

Pour évaluer les probabilités des états en régime stationnaire (permanent) il suffit alors d'instancier le résultat général des processus de naissance et de mort :

$$p_k^* = \frac{\lambda_0 \cdot \lambda_1 \cdot \cdots \cdot \lambda_{k-1}}{\mu_1 \cdot \mu_2 \cdot \cdots \cdot \mu_k} p_0^*$$

avec les valeurs de λ_n et μ_n ci-dessus, puis d'évaluer p_0^*, ce que nous faisons dans l'exemple ci-dessous. Notons que ce processus de Markov est fortement ergodique (les probabilités des états tendent, quand $t \to \infty$, vers des limites indépendantes de leur valeur à $t = 0$), car le graphe est fortement connexe et fini.

Exemple. Un atelier dispose de cinq machines, tombant en panne au taux $\lambda = \frac{1}{3}$ par heure. On a un mécanicien pour réparer les machines, le taux de service est $\mu = \frac{1}{2}$ (autrement dit, il faut deux heures en moyenne au mécanicien pour réparer une machine). Le salaire, charges comprises, d'un mécanicien est 30 euros de l'heure. Trois ouvriers travaillent dans l'atelier ; mais, pour produire, chacun a besoin d'une machine (en état de marche). Lorsqu'un ouvrier est immobilisé la perte (salaire + charges + perte de production) est estimée à 50 euros par heure. Ne vaudrait-il pas mieux augmenter le nombre de mécaniciens ?

NB : ici les valeurs numériques ne sont pas réalistes, mais elles permettent des calculs simples !

1) Pour 5 machines et un seul mécanicien, on a :

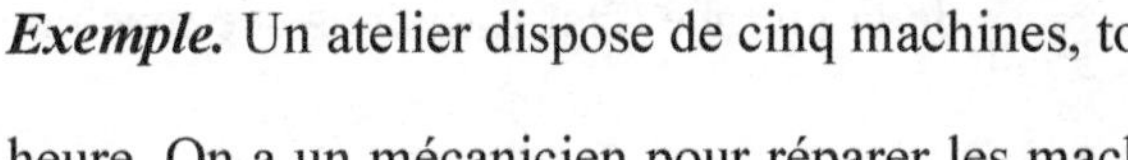

Figure 7.6

$$\begin{cases} \lambda_n = n \cdot \lambda \, (n = 0, 1, \cdots, 4) \\ \mu_n = \mu \, (n = 1, 2, \cdots, 5) \end{cases}$$

où $\lambda = \frac{1}{3}$ et $\mu = \frac{1}{2}$.

$$p_1^* = \frac{5\lambda}{\mu} p_0^* \,;\, p_2^* = \frac{5\,\mu \cdot 4\lambda}{\mu \cdot \mu} p_0^* \,;\, p_3^* = \frac{5\,\lambda \cdot 4\,\lambda \cdot 3\lambda}{\mu \cdot \mu \cdot \mu} p_0^* \,;\, p_4^* = \frac{5\,\lambda \cdot 4\,\lambda \cdot 3\,\lambda \cdot 2\lambda}{\mu \cdot \mu \cdot \mu \cdot \mu} p_0^* \,;$$

$$p_5^* = \frac{5\lambda \cdot 4\lambda \cdot 3\lambda \cdot 2\lambda \cdot \lambda}{\mu \cdot \mu \cdot \mu \cdot \mu \cdot \mu} p_0^*, \text{ or : } p_0^* + p_1^* + p_2^* + p_3^* + p_4^* + p_5^* = 1. \text{ Il vient :}$$

$$p_1^* = \frac{10}{3} p_0^* \;;\; p_2^* = \frac{80}{9} p_0^* \;;\; p_3^* = \frac{160}{9} p_0^* \;;\; p_4^* = \frac{640}{27} p_0^* \;;\; p_5^* = \frac{1280}{81} p_0^*.$$

$$p_0^* \left(\frac{81}{81} + \frac{270}{81} + \frac{720}{81} + \frac{1440}{81} + \frac{1920}{81} + \frac{1280}{81} \right) = 1, \text{ d'où } p_0^* = \frac{81}{5711}, \text{ et :}$$

$$p_1^* = \frac{270}{5711}, p_2^* = \frac{720}{5711}, p_3^* = \frac{1440}{5711}, p_4^* = \frac{1920}{5711}, p_5^* = \frac{1280}{5711}.$$

Le mécanicien est inoccupé les $\dfrac{81}{5711}$ de la journée (c'est bien peu !), d'où un coût de :

$$\frac{81}{5711} \times 8 \times 30 = 3{,}40 \text{ euros/jour.}$$

Les ouvriers ne peuvent pas travailler pendant les cas suivants :

– les trois, pendant les $\dfrac{1280}{5711}$ de la journée (état E_5: toutes les 5 machines en panne);

– deux d'entre eux, pendant les $\dfrac{1920}{5711}$ de la journée (état E_4 : une seule machine en marche);

– un seul, enfin, pendant les $\dfrac{1440}{5711}$ de la journée (état E_3 : deux machines en marche).

La perte totale journalière pour les ouvriers, par impossibilité de travailler, est donc :

$$\left(3 \times \frac{1280}{5711} + 2 \times \frac{1920}{5711} + \frac{1440}{5711}\right) \times 8 \times 50 = 638{,}77 \text{ euros/jour.}$$

d'où un coût total se montant à :

$$638{,}77 + 3{,}40 = 642{,}17 \text{ euros par jour.}$$

2) Dans les mêmes conditions, mais avec deux mécaniciens, on a :

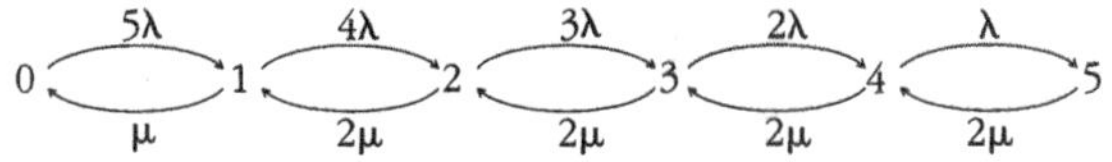

Figure 7.7

on trouve :

$$p_0^* = \frac{81}{1391}\,;\, p_1^* = \frac{270}{1391}\,;\, p_2^* = \frac{360}{1391}\,;\, p_3^* = \frac{360}{1391}\,;\, p_4^* = \frac{240}{1391}\,;\, p_5^* = \frac{80}{1391}.$$

On obtient finalement un coût total de 74,536 + 310,567 = 385,10 euros par jour, moindre que le précédent.

3) Essayons d'augmenter encore le nombre de mécaniciens. Le lecteur vérifiera sans peine que le coût total s'élève à 447,67 euros par jour dans l'hypothèse où l'on a un effectif de trois mécaniciens. On remarquera que le manque à gagner a pour expression :

$$(3p_5^* + 2p_4^* + 1p_3^*) \times 8 \times 50 + (3p_0^* + 2p_1^* + 1p_2^*) \times 8 \times 30.$$

En conclusion, la meilleure solution est d'engager deux mécaniciens. Cependant le problème est loin d'être épuisé, car on pourrait penser aussi à paramétrer, c'est-à-dire à faire varier, le nombre d'ouvriers ou encore tenir compte de l'absentéisme des mécaniciens...

7.7* Probabilité de dépasser une certaine attente : cas de la file M/M/1

Cette étoile indique qu'il s'agit d'un paragraphe d'approfondissement, qui peut être omis en première lecture.

Revenons d'abord au cas d'un système ouvert à une station, c'est-à-dire la file $M/M/1$, en régime permanent. La probabilité que l'attente dépasse t est :

$$P[T_f > t] = \sum_{n=1}^{\infty} P[T_f > t | N = n] \cdot P[N = n],$$

obtenue en appliquant la formule « des probabilités totales ».

T_f est une variable aléatoire; nous noterons $f(t)$ sa densité de probabilité :

$$f(t) = \frac{\mathrm{d}}{\mathrm{d}t}\{P[T_f \leqslant t]\}. \text{ Or, on a : } P[T_f \leqslant t] = 1 - P[T_f > t],$$

$$\text{d'où : } f(t) = -\frac{\mathrm{d}}{\mathrm{d}t}\{P[T_f > t]\}.$$

Nous notons ici N la variable aléatoire « nombre de clients trouvés dans le système par un nouveau client y arrivant »; on montre que $P[N = n] = p_n^*$, c'est-à-dire que cette probabilité coïncide avec celle de trouver n clients dans le système à un instant quelconque. En outre pour qu'il y ait attente, il faut que le nouveau client arrivant trouve, lors de son arrivée, au moins un client déjà présent dans le système : $n \geqslant 1$.

Évaluons $P[T_f > t \,|N = n]$: l'attente T_f dépassera t pour un nouveau client arrivant, disons à θ, si entre θ et $\theta + t$ le serveur a servi soit 0, soit $1, \cdots$, soit $n - 1$ clients (mais pas n, sinon le nouveau client arrivé à θ serait en cours de service à $\theta + t$, et donc plus en attente). Or les fins de service, lorsque le serveur ne connaît pas de période d'inactivité (faute de clients à servir), forment un processus de Poisson de taux μ (les services représentent les intervalles de temps entre deux événements consécutifs de ce processus : on sait que la loi de ces services est alors une loi exponentielle de taux μ). En notant $q_k(t) = \dfrac{(\mu t)^k}{k!} e^{-\mu t}$, la probabilité d'avoir n événements dans ce processus entre θ et $\theta + t$, il vient :

$$P[T_f > t|N = n] = q_0(t) + q_1(t) + \cdots + q_{n-1}(t)$$

$$= e^{-\mu t} \cdot \left[1 + \frac{\mu t}{1!} + \frac{(\mu t)^2}{2!} + \cdots + \frac{(\mu t)^{n-1}}{(n-1)!}\right] = U.V$$

dont la dérivée $U' \cdot V + V' \cdot U$ vaut :

$$-\mu\, e^{-\mu t} \cdot \left[1 + \frac{\mu t}{1!} + \cdots + \frac{(\mu t)^{n-1}!}{(n-1)!}\right] + e^{-\mu t} \cdot \left[\mu + 2\mu \frac{\mu t}{2!} + \cdots + \frac{(n-1)\mu \cdot (\mu t)^{n-2}}{(n-1)!}\right]$$

Le second crochet vaut : $\mu \cdot \left[1 + \frac{\mu t}{1!} + \cdots + \frac{(\mu t)^{n-2}}{(n-2)!}\right]$. D'où :

$$\frac{\mathrm{d}}{\mathrm{d}t}\{P[T_f > t \mid N = n]\} = -\mu \cdot e^{-\mu t} \cdot \frac{(\mu t)^{n-1}}{(n-1)!}$$

$$f(t) = -\frac{\mathrm{d}}{\mathrm{d}t}P[T_f > t] = -\frac{\mathrm{d}}{\mathrm{d}t}\left\{\sum_{n=1}^{\infty} P[T_f > t \mid N = n] \cdot p_n^*\right\}.$$

Rappelons que : $p_n^* = \left(1 - \frac{\lambda}{\mu}\right) \cdot \left(\frac{\lambda}{\mu}\right)$.

$$f(t) = \mu \cdot \left(1 - \frac{\lambda}{\mu}\right) \cdot e^{-\mu t} \sum_{n=1}^{\infty} \frac{(\mu t)^{n-1}}{(n-1)!}\left(\frac{\lambda}{\mu}\right)^n$$

$$= (\mu \cdot \lambda) \cdot e^{-\mu t} \cdot \frac{\lambda}{\mu} \sum_{n=1}^{\infty} \frac{(\lambda t)^{n-1}}{(n-1)!}.$$

Puisque $\sum_{n=1}^{\infty} \frac{x^{n-1}}{(n-1)!} = e^x$, le sigma vaut $e^{\lambda t}$; il vient :

$$f(t) = (\mu - \lambda)\frac{\lambda}{\mu} e^{-(\mu - \lambda)t}.$$

D'où : $P[T_f > t] = 1 - \int_0^t f(u)\,\mathrm{d}u = \frac{\lambda}{\mu} e^{-(\mu - \lambda)t}$.

Il est alors aisé de retrouver l'attente moyenne (qui n'est autre que l'espérance de T_f) :

$$\bar{t}_f = E(T_f) = \int_0^{\infty} t \cdot f(t)\,\mathrm{d}t = \frac{\lambda}{\mu(\mu - \lambda)} \text{ (valeur déjà trouvée au 7.3).}$$

Connaissant $f(t)$, on peut calculer les moments $E(T_f^k)$. En particulier :

$$\text{var } (T_f) = E(T_f^2) - [E(t_f)]^2 = \frac{\lambda}{\mu(\mu - \lambda)^2}.$$

De la même manière, on peut établir que pour le temps total de séjour dans le système, soit T, comprenant l'attente et le service, on a : $P[T > t] = e^{-(\mu - \lambda)t}$: on reconnaît une loi exponentielle de taux $\alpha = \mu - \lambda$. Aussi, la durée moyenne de séjour est :

$$\bar{t} = E(T) = \frac{1}{\alpha} = \frac{1}{\mu - \lambda} \text{ (valeur déjà trouvée au 7.3).}$$

En outre, on montre que le processus des sorties d'une file *M/M/*1 (comme d'une file *M/M/S*) est un processus de Poisson de taux λ. Ceci est important pour les réseaux de files d'attente, dont le pionnier a été J. JACKSON, mais dont l'étude sort du cadre de cet ouvrage. Le lecteur pourra généraliser à la file *M/M/S,* le calcul de $P[T_f > t]$ et celui $f(t)$. Soit $P[T_f > 0]$ la probabilité d'une attente non nulle; on a :

$$P[T_f > 0] = p_S^* + p_{S+1}^* + \cdots = p_S^*\left[1 + \frac{\lambda}{S\mu} + \left(\frac{\lambda}{S\mu}\right)^2 + \cdots\right] = \frac{p_S^*}{1 - \lambda/S\mu}$$

où : $p_S^* = \dfrac{p_0^*(\lambda/\mu)}{S!}$. On obtient : $f(t) = P[T_f > 0] \cdot (S\mu - \lambda) \cdot e^{-(S\mu-\lambda)t}$.

Ce qui permet de retrouver : $\bar{t}_f = E(T_f) = \int_0^{\infty} t \cdot f(t) \cdot dt$, d'où : $\bar{t}_f = P[T_f > 0] \cdot \dfrac{1}{S\mu - \lambda}$.

On retrouve bien l'expression de $\bar{t}_f$ déjà donnée plus haut :

$$\bar{t}_f = \frac{p_0^* \cdot (\lambda/\mu)^S}{S!(1 - \lambda/S\mu)} \cdot \frac{1}{S \cdot \mu \cdot (1 - \lambda/S\mu)} = \frac{(\lambda/\mu)^S}{S\,\mu \cdot S! \cdot (1 - \lambda/S\mu)^2} \cdot p_0^*.$$

Exemple d'application : un processeur informatique doit traiter des travaux qui arrivent aléatoirement, selon un processus de Poisson de taux λ fixé. La nature de ces travaux et les caractéristiques techniques du processeur font que la durée aléatoire d'exécution de chaque travail suit une loi exponentielle de taux μ.

Le cahier des charges pour ce processeur exige que les deux spécifications ci-dessous soient respectées :

1) le temps de « réponse » moyen (attente et exécution) doit être inférieur à une durée donnée : θ ;

2) dans 90 % des cas, le temps de réponse T doit être inférieur à $k \cdot \theta$ (k est un entier, en pratique de l'ordre de 2 ou 3).

Nous reprenons ci-dessous les résultats établis pour la file *M/M/*1.

Il faudra donc trouver un processeur tel que la vitesse d'exécution pour les travaux considérés, soit μ, vérifie :

1) $\bar{t} = \dfrac{1}{\mu - \lambda} < \theta$ soit $\mu > \lambda + \dfrac{1}{\theta}$ (on savait déjà que nécessairement : $\mu > \lambda$) ;

2) $P[T < k\theta] \geqslant 0,9$. Or :

$$P[T < k\theta] = \int_0^{k\theta} f(t) \cdot \mathrm{d}t, \text{ soit : } \int_0^{(\mu-\lambda)k\theta} e^{-x}\,\mathrm{d}t, \text{ en posant } x = (\mu - \lambda)t.$$

D'où : $1 - e^{-(\mu-\lambda)k\theta} \geqslant 0,9$, c'est-à-dire $0,1 \geqslant e^{-(\mu-\lambda)k\theta}$. En prenant le logarithme népérien de chaque membre : $-2,3 \geqslant -(\mu - \lambda) \cdot k \cdot \theta$. Finalement :

$$\mu - \lambda \geqslant \frac{2,3}{k\theta} \text{ soit } \mu \geqslant \lambda + \frac{2,3}{k\theta}.$$

Il y a donc deux cas :

- pour $k > 2,3$, c'est la spécification 1 qui détermine μ : $\mu > \lambda + 1/\theta$;
- pour $k < 2,3$, c'est la spécification 2 qui détermine μ : $\mu > \lambda + 2,3/k\theta$.
- pour $k = 2,3$, les deux spécifications donnent $\mu = \lambda + 1/8$.

EXERCICES

*7.1 La file d'attente la plus simple : file M/M/1

Dans un phénomène d'attente, les arrivées sont poissoniennes et le service exponentiel. Un seul employé dessert un guichet ouvert de 10 heures à 16 heures, sans interruption. Le nombre moyen des clients est 54 par jour ; la durée moyenne du service, 5 minutes.

1. On demande de déterminer : le nombre moyen, $\bar{n}$ des clients dans le système d'attente ; le nombre moyen, $\bar{v}$, des clients dans la file ; le temps moyen d'attente, $\bar{t}_f$.

2. Quelle est la probabilité d'attendre plus d'une demi-heure ?

**7.2 La file d'attente avec plusieurs stations banalisées : file M/M/S

Le tableau ci-contre résume les observations qu'on a faites sur un système d'attente, dans lequel la durée moyenne du service est de 8 min 3/4.

Nombre d'arrivées	Fréquence observée
0	0
1	4
2	7
3	13
4	18
5	18
6	15
7	9
8	8
9	4
10	2
11	1
12	1
13	0

1. On envisage un service proportionnel au nombre de clients présents[1] ; quel est le nombre maximal de stations à prévoir, dans cette hypothèse, de manière à couvrir sans attente le service de la clientèle (on admettra qu'il n'y a pas d'attente appréciable si plus de 99 % des clients sont servis immédiatement).

2. On trouve que la solution, dans l'hypothèse précédente, est coûteuse. On envisage alors de réduire le nombre des stations ; quel est le nombre optimal de stations à mettre en œuvre si le coût d'attente d'un client est de 90 unités monétaires/heure, tandis que le salaire d'un guichetier peut être estimé à 48 u.m./h ?

Commentaires

a) Le nombre des entrées dans le système, objet du tableau ci-dessus, a été observé pendant des périodes d'un quart d'heure.

b) On pourra établir le bilan des opérations pour une journée de travail de 8 heures.

1. C'est-à-dire que le nombre de stations en opération est égal au nombre de clients présents.

**7.3 Cas de plusieurs stations à taux de service différent

On considère un phénomène d'attente constitué par un système ouvert à deux stations. Le taux moyen d'arrivée des clients est λ et la loi de ces arrivées est la loi de Poisson. Les deux stations ont un taux moyen de service différent. La première station S_1 a un taux μ_1, la seconde station S_2 a un taux μ_2 ; toutefois, dans ces deux stations, la loi des durées de service est la loi exponentielle. On admet que, si un client se présente et que les deux stations sont inoccupées, il choisit l'une des stations par tirage au sort donnant la même probabilité, soit $\frac{1}{2}$, à S_1 et S_2 d'être choisies. En ce qui concerne ces clients la règle est : premier arrivé, premier au service.

1. On demande d'établir les équations différentielles des probabilités d'état en appelant : $\pi_n(t)$ où $n = 0, 2, 3, 4, \cdots$ $(i \quad 1)$, la probabilité pour qu'il y ait n clients dans le système ; $\pi_{0.1}(t)$ la probabilité pour qu'il y ait 1 client dans le système et que S_1 soit inoccupée ; $\pi_{1.0}(t)$ la probabilité pour qu'il y ait 1 client dans le système et que S_2 soit inoccupée.

2. On fait l'hypothèse que $\psi = \dfrac{\lambda}{\mu_1 + \mu_2} < 1$, cette condition entraînant l'existence d'un régime permanent. Donner les équations d'état en régime permanent.

3. Exprimer, $\pi_0^*, \pi_{0,1}^*, \pi_{1,0}^*, \pi_2^*, \pi_3^*, \cdots, \pi_n^*, \cdots$ en fonction de : λ, μ_1 et μ_2.

4. Calculer $\overline{n}$ qui représente le nombre moyen de clients dans le système en régime permanent.

*7.4 Réparations de machines : files M/M/2/6, ..., M/M/6/6

Un atelier compte six machines, chacune ayant un taux de panne poissonien égal à 1/6 (par heure). Deux mécaniciens sont chargés des réparations : les durées des réparations, valant en moyenne à 4 heures, suivent une loi exponentielle.

1. Quel est le nombre moyen de machines en panne en régime permanent ?

2. Même question pour $n = 3$, puis $n = 4$, ..., puis $n = 6$.

**7.5 Cabinet médical : files M/M/1 et M/M/2

Un médecin spécialiste a observé que la durée moyenne d'une consultation est de 15 minutes. Il se dit qu'en convoquant ses patients à des heures fixées, séparées par un intervalle de 20 min, il verra décroître l'excessive occupation de son cabinet. La salle d'attente est très grande…

En fait, la durée des consultations suit une loi exponentielle et l'arrivée des clients, qui ont toujours une bonne excuse (encombrements, difficultés à trouver un stationnement, etc.) pour se présenter aléatoirement, peut être assimilée à une loi de Poisson de moyenne 3 arrivées par heure.

1. Calculer le temps d'attente et les probabilités (en se limitant à celle supérieures à 0,05) pour qu'il y ait $1, 2, \cdots$ personnes chez le médecin.

2. Quelle est la probabilité qu'un patient (c'est le cas de le dire !) attende plus d'une heure ? plus de deux heures ?

3. **a)** Qu'arriverait-il si le médecin décidait de ne convoquer ses patients que toutes les 25 min car la fréquentation moyenne de son cabinet est tombée à 2,4 patients/h. ?

b) Quel serait l'intervalle au-delà duquel moins de 10 % des patients auraient à attendre ?

4. Le médecin s'adjoint un jeune confrère (mais qui n'apporte pas de nouvelle clientèle) ; tout patient peut-être reçu indifféremment par l'un ou l'autre des médecins.

a) Pendant quelques jours, des rendez-vous étant déjà pris, l'intervalle de 20 minutes entre convocations est maintenu. Calculer le temps moyen d'attente et montrer que la probabilité d'une attente supérieure à 1 heure est négligeable.

b) Pour que chacun des deux médecins assure trois consultations par heure en moyenne, il faudrait convoquer les patients à des intervalles de 10 min (il en arriverait en moyenne 6 par heure). Quels seraient alors le temps moyen d'attente ? La probabilité pour que l'attente dépasse 1 heure ?

c) Les deux médecins décident de ne pas imposer à leurs patients une attente *moyenne* supérieure à 10 min. Combien doivent-ils recevoir de patients en moyenne par heure ? Quelle est alors la probabilité d'attendre plus d'1 heure ?

*7.6 Poste de douane et... processus de naissance et de mort

À un poste de douane, habituellement peu fréquenté, un seul agent est normalement affecté au contrôle des automobiles ; toutefois dès qu'au moins trois autos sont présentes, un second douanier vient à la rescousse et contrôle les voitures en parallèle avec son collègue et indépendamment. Chaque voiture n'est contrôlée qu'une fois. Une étude statistique a permis d'établir que les arrivées aléatoires des autos sont régies par une loi de Poisson de taux λ et, d'autre part, que les durées aléatoires des contrôles suivent une loi exponentielle, de durée moyenne $1/\mu$.

1. **a)** Donner la condition pour que le poste de douane ne soit pas engorgé.

b) Associer un processus de Markov et tracer son graphe simplifié. On notera E_k, l'état pour lequel k voitures sont présentes. Quel processus particulier reconnaissez-vous ? (justifier en détail et exprimer λ_k pour tout $k \geqslant 0$; déterminer μ_k selon que $k \leqslant 2$ ou $k \geqslant 3$).

2. **a)** On suppose l'existence d'un régime permanent. Soit alors π_k^*, la probabilité de E_k. En posant $\Psi = \lambda/\mu$, exprimer π_k^* en fonction de π_0^*, Ψ et k (distinguer $k \leqslant 2$ et $k \geqslant 3$).

b) Évaluer π_k^* à l'aide de la relation $\sum_{k=0}^{\infty} \pi_k^* = 1$; on écrira cette somme sous la forme $1 = \pi_0^* + \pi_1^* + \pi_2^*(1 + q + q^2 + q^3 + \cdots)$.

On rappelle que pour $q < 1, 1 + q + q^2 + q^3 + \cdots = \dfrac{1}{1-q}$.

Montrer alors que $\pi_0^* = \dfrac{2 - \Psi}{2 + \Psi + \Psi^2}$.

3. **a)** Prouver que le nombre moyen $\overline{d}$ de douaniers occupés au contrôle des voitures est : $\overline{d} = 2 - (2 \cdot \pi_0^*) - (1 \cdot \pi_1^*) - (1 \cdot \pi_2^*)$.

b) En remplaçant alors π_0^*, π_1^* et π_2^* par leur valeur en fonction de Ψ, prouver que $\overline{d} = \Psi$. Interpréter cette relation en terme de conservation de clients (égalité du taux d'arrivée des voitures à la douane et du taux de départ de voitures contrôlées).

*7.7 Comment améliorer un système informatique ? (Files M/M/1/S et M/M/2/S)

Un ordinateur, initialement monoprocesseur, peut placer en mémoire de masse les données relatives à quatre travaux élémentaires (job), tout en traitant un cinquième en mémoire centrale. Si l'ordinateur n'est pas saturé, les travaux prennent place – lors de leur arrivée – dans la file (avec la discipline : premier arrivé, premier servi) ; sinon le sixième est régulièrement refusé. Les arrivées aléatoires des travaux suivent une loi de Poisson de taux λ et les durées aléatoires des services, une loi exponentielle de taux μ.

1. Modéliser le problème à l'aide d'un processus de naissance et de mort comportant six états (indicés de 0 à 5). Tracer le graphe des transitions entre t et $t + dt$.

Donner la notation de Kendall de cette file (*A/B/m/n*).

Ce processus est-il fortement ergodique ? Justifier en détail.

2. On se place en régime permanent ; calculer les probabilités des états en fonction de λ, μ et π_0^* (probabilité d'avoir aucun travail en traitement). Puis calculer π_0^*.

Rappel : $1 + \alpha + \alpha^2 + \cdots + \alpha^k = (1 - \alpha^{k+1})/(1 - \alpha)$ si $\alpha \neq 1$; $= k + 1$ si $\alpha = 1$.

3. A.N. En moyenne, il arrive 24 travaux par minute, traité chacun en deux secondes. Quelle est l'utilisation U du processeur (probabilité que le processeur soit actif)?

Quel est le temps moyen d'unité centrale (processeur) perdu par heure ?

Quel est le nombre moyen de travaux $\bar{r}$ refusés par heure (« *déchet* ») ?

Vérifiez que $\lambda(1 - \pi_5^*) = \mu \cdot U$ et interpréter cette relation en termes de conservation des clients.

4. Ce déchet étant jugé inacceptable, on a le choix entre deux politiques :

a) doubler la mémoire de masse (on pourra alors accepter 9 travaux au maximum dans le système) ; on notera U_1', et $\bar{r}_1'$ (au lieu de U et $\bar{r}$ au **3.**)

b) installer un second processeur, travaillant en parallèle avec le premier (on pourra alors traiter deux travaux simultanément et six pourront prendre place, au maximum dans le système). Dans ce cas, U_2' désigne le nombre moyen de processeurs actifs et $\bar{r}_2'$, le déchet.

Reprendre la modélisation dans chacun de ces deux cas puis calculer U' et le nombre moyen $\bar{r}'$ de travaux refusés par heure.

Quel serait votre choix ? Donner brièvement ses implications financières.

5. On décide d'installer un second processeur (comme au 4-b) mais en augmentant en outre la mémoire de masse :

a) si cette mémoire est doublée par rapport à la configuration initiale (cf. le 1), donner la notation de Kendall de cette file d'attente, évaluer U'' et $\bar{r}''$ et commenter ces résultats ;

b) si cette mémoire était illimitée : donner la condition d'existence d'un régime permanent et évaluer U''' et $\bar{r}'''$. Retrouver la valeur (simple) de U''' à l'aide de la notion de conservation des clients.

LA PROGRAMMATION LINÉAIRE

8

Soit un phénomène économique y, résultat de plusieurs effets élémentaires :

$$e_1, e_n, \cdots, e_n.$$

Si l'on suppose que les effets élémentaires considérés sont additifs, on a :

$$y = e_1 + e_2 + \cdots + e_n;$$

Par exemple, y pourrait représenter une quantité de produit, qui est fabriqué dans n ateliers ; si l'on suppose, en outre, que chacun des effets élémentaires est proportionnel à sa cause x_i, on peut écrire :

$$y = a_1x_1 + a_2x_2 + \cdots + a_nx_n \tag{8.1}$$

$a_1, a_2, \cdots, a_n$ étant les coefficients de proportionnalité.

Pour notre exemple, e_i représenterait la quantité fabriquée dans un atelier i, qui, elle-même, est proportionnelle au temps de fabrication x_i (a_i étant une vitesse de fabrication) : $e_i = a_ix_i$.

L'égalité (8.1) est du premier degré par rapport aux *variables* $x_1, x_2, \cdots, x_n$: on dit encore qu'elle est une fonction *linéaire* de ces variables.

Il arrive que, dans beaucoup de problèmes, les $m + 1$ effets soient tous proportionnels aux causes (au moins de façon suffisamment approchée) ; le problème peut alors se décrire uniquement au moyen d'équations linéaires :

$$\begin{aligned} y_1 &= a_{11}x_1 + a_{12}x_2 + \cdots + a_{1n}x_n \\ &\cdots\cdots\cdots\cdots\cdots\cdots \\ y_m &= a_{m1}x_1 + a_{m2}x_2 + \cdots + a_{mn}x_n \\ y_{m+1} &= a_{m+1,1}x_1 + a_{m+1,2}x_2 + \cdots + a_{m+1,n}x_n \end{aligned}$$

Comme nous l'avons déjà précisé dans le chapitre 1, en limitant supérieurement ou inférieurement les m premiers effets :

$$y_1 \leqslant b_1 \text{ ou } y_1 \geqslant b_1 \ ; \ y_2 \leqslant b_2 \text{ ou } y_2 \geqslant b_2 \ ; \ \cdots \ ; \ y_m \leqslant b_m \text{ ou } y_m \geqslant b_m,$$

c'est-à-dire qu'en écrivant *m contraintes*, on permet l'optimisation du $(m + 1)^e$ effet :

$[\max]\ y_{m+1} = \lambda_j{\cdot}x_1 + \lambda_2{\cdot}x_2 + \cdots + \lambda_n{\cdot}x_m$ où $\lambda_j = a_{m+1,j}$ pour $j = 1$ à n

est la fonction économique du problème ; y_{m+1} est souvent noté : z ;

$\lambda_j = a_{m+1,j}$ est le plus souvent noté c_j.

Les m contraintes, si elles sont compatibles, délimitent dans un espace à n dimensions (autant que de variables) un hypervolume *convexe*[1] à l'intérieur ou à la périphérie duquel se trouve(nt) le (ou les) point(s) dont les coordonnées $(x_1, x_2, \cdots, x_n)$ satisfont aux contraintes. En outre **les variables $x_1, x_2, \cdots, x_n$ sont toujours positives ou nulles.**

La programmation linéaire a pour objet de résoudre le problème d'optimisation qui consiste à maximiser une fonctionnelle linéaire (la « *fonction économique* ») dans le domaine ainsi défini.

Nous pensons qu'il sera plus adapté, au niveau que nous nous fixons, de l'exposer sur un exemple concret.

8.1 Exemple de programme linéaire – Aspect géométrique

8.1.1 Problème de maximisation

Une entreprise peut fabriquer, sur une machine donnée, travaillant 45 heures par semaine[2] trois produits différents P_1, P_2 et P_3. Cette machine peut fabriquer un seul type de produits à la fois ; ses temps de réglage sont négligeables. Une unité du produit P_1 laisse un profit net de 4 euros, une de P_2, un profit de 12 euros, et enfin, pour P_3, de 3 euros. Les rendements de la machine sont, respectivement pour les trois produits, et dans le même ordre : 50, 25 et 75 unités par heure. On sait d'autre part, grâce à une étude de marché, que les possibilités de vente ne dépassent pas 1 000 unités de P_1, 500 unités de P_2 et 1 500 unités de P_3, par semaine. On se pose le problème de répartir la capacité de production entre les trois produits, de manière à maximiser le profit hebdomadaire.

8.1.2 Formulation algébrique

Posons maintenant le problème sous forme algébrique. Appelons x_1, x_2 et x_3 les quantités respectives (inconnues) des produits P_1, P_2 et P_3 que nous avons à fabriquer pour obtenir le profit maximal. Les quantités des produits P_1, P_2 et P_3 ne doivent pas dépasser, respectivement 1 000, 500 et 1 500 par semaine ; on peut donc écrire :

$$1)\ x_1 \leqslant 1000;$$
$$2)\ x_2 \leqslant 500;$$
$$3)\ x_3 \leqslant 1500.$$

D'autre part, le temps employé pour produire x_1 unités de P_1 est en heures : $x_1 \times \dfrac{1}{50}$; celui qui correspond à la fabrication de x_2 unités de P_2 est : $x_2 \times \dfrac{1}{25}$; enfin, pour confectionner x_3 unités de P_3, il faudra $x_3 \times \dfrac{1}{75}$ heures. Or, la somme des temps

1. "Convexe" signifie que si l'on prend deux points situés à l'intérieur (ou à la surface) de ce volume $\mathcal{D}$, le segment les joignant ne sort pas de $\mathcal{D}$.

2. Ce qui n'entraîne pas, bien sûr, que chaque ouvrier doive travailler 45 h par semaine !

de fabrication ne doit pas dépasser 45 h, disponibilité totale de la machine. On aura donc (en négligeant les durées des réglages de la machine lors des changements de gammes de produits) :

$$\frac{1}{50}x_1 + \frac{1}{25}x_2 + \frac{1}{75}x_3 \leqslant 45$$

ou encore, en multipliant les deux membres de cette inégalité par le dénominateur commun 150 :

$$4)\ 3x_1 + 6x_2 + 2x_3 \leqslant 6750.$$

Les inégalités 1), 2), 3) et 4) sont les contraintes exprimées par l'énoncé ; les variables y figurent au premier degré : ces contraintes sont pour cela appelées linéaires. On les appelle par la suite : « *contraintes explicites* ».

En réalité, il y a encore, dans l'énoncé, trois contraintes cachées ; les quantités x_1, x_2 et x_3 ont un sens physique précis : ce sont des nombres d'unités de produits dont la fabrication est envisagée ; elles ne peuvent donc qu'être positives ou nulles ou, comme on dit, *non-négatives.* On écrira :

$$5)\ x_1 \geqslant 0; \quad 6)\ x_2 \geqslant 0; \quad 7)\ x_3 \geqslant 0.$$

Ces contraintes sont appelées par la suite : « *contraintes implicites* ».

Il reste enfin à exprimer l'objectif du problème, qui est de choisir x_1, x_2 et x_3 de manière que le profit hebdomadaire soit maximal. Le profit z est égal à :

$$4x_1 + 12x_2 + 3x_3 \text{ (euros)},$$

cette exigence pourra être notée :

$$8)\ [\max]\, z = 4x_1 + 12x_2 + 3x_3;$$

on remarque que cette fonctionnelle, appelée *fonction économique,* est elle aussi linéaire.

8.1.3 Signification géométrique

Cas de n = 2 variables

Nous commencerons par examiner un sous-problème du problème précédent. Supposons que l'entreprise ait éliminé le produit P_3 de sa gamme et ait réduit l'activité de l'atelier à 35 heures par semaine. Le problème devient :

$$x_1 \leqslant 1000; \quad x_2 \leqslant 500; \quad \frac{1}{50}x_1 + \frac{1}{25}x_2 \leqslant 35 \text{ soit } x_1 + 2x_2 \leqslant 1750;$$

$$x_1 \geqslant 0; \quad x_2 \geqslant 0; \quad [\max]\, z = 4x_1 + 12x_2.$$

Rien ne nous empêche ici de recourir à la méthode géométrique, puisque nous n'avons que deux variables et qu'il est facile de représenter le problème dans l'espace à deux dimensions (le plan) dont les axes porteront les quantités x_1 et x_2 . Toute solution du problème est représentée par un point du plan, de coordonnées x_1 et x_2, déterminées. Les contraintes $x_1 \geqslant 0$ et $x_2 \geqslant 0$ font que nous pourrons nous contenter du premier quadrant du plan dans lequel les deux coordonnées sont positives ou nulles.

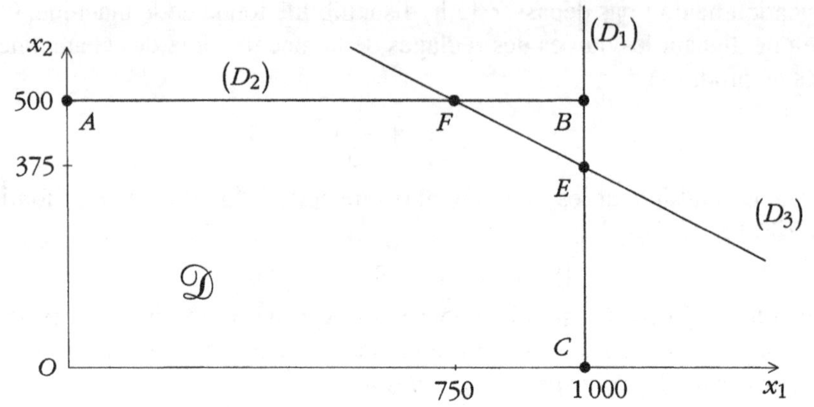

Figure 8.1

Les contraintes sont aisées à représenter. Ainsi la contrainte $x_1 \leqslant 1000$ signifie que dans le quadrant positif, les points dont la coordonnée x_1 excède 1 000 sont exclus du domaine des solutions. Or, $x_1 = 1000$ représente une droite D_1 verticale, orthogonale à l'axe Ox_1 au point $x_1 = 1000$: à toutes les solutions respectant cette contrainte, sont associés des points compris entre D_1 et l'axe Ox_2 (et au-dessus de l'axe Ox_1). On raisonnerait de même pour la contrainte $x_2 \leqslant 500$ (la droite D_2, horizontale, a pour équation $x_2 = 500$).

Si le problème ne comportait que les contraintes $0 \leqslant x_1 \leqslant 1000$ et $0 \leqslant x_2 \leqslant 500$ le domaine « admissible », c'est-à-dire le domaine des points associés aux solutions vérifiant ces contraintes, serait le rectangle *OABC*. Mais $x_1 + 2x_2 = 1750$ est aussi l'équation d'une droite D_3 dont l'intersection avec la droite D_1 est le point E $(x_1 = 1000, x_2 = 375)$ et l'intersection avec D_2 est le point F $(x_1 = 750, x_2 = 500)$. Le domaine des solutions admissibles $\mathscr{D}$ de notre problème est donc le polygone convexe *OAFEC*, à la frontière ou à l'intérieur duquel se trouvent les points associés à ces solutions admissibles.

Jusqu'à présent nous ne nous sommes occupés que des contraintes ; pour choisir parmi les solutions admissibles une solution qui soit optimale, nous devons chercher à maximiser la fonctionnelle $z = 4x_1 + 12x_2$ (« fonction économique »), cf fig. 8.2. L'ensemble (ou « *lieu* ») des points tels que $z = 0$, est la droite Δ_0 d'équation $x_2 = -\frac{1}{3}x_1$; elle n'a qu'un seul point commun avec le domaine admissible : c'est le point O (production nulle et donc bénéfice nul !). Le lieu des points tels que $z = 4000$ est la droite Δ_{4000}, parallèle à Δ_0 et passant par le point C $(x_1 = 1000, x_2 = 0)$.

Pour une valeur donnée arbitrairement à la fonction économique, soit $z = \alpha$, on peut montrer que la distance de l'origine O à la droite Δ_α est : $\overline{OH} = \dfrac{\alpha}{\sqrt{4^2 + 12^2}}$.

Ainsi la valeur α de la fonction économique est-elle proportionnelle à $\overline{OH}$. Dès lors, pour maximiser z, il suffira de tracer une droite parallèle à Δ_0 dont la distance à l'origine soit la plus grande possible et qui ait encore au moins un point en commun avec le polygone $\mathcal{D}$ des solutions admissibles *OAFEC*.

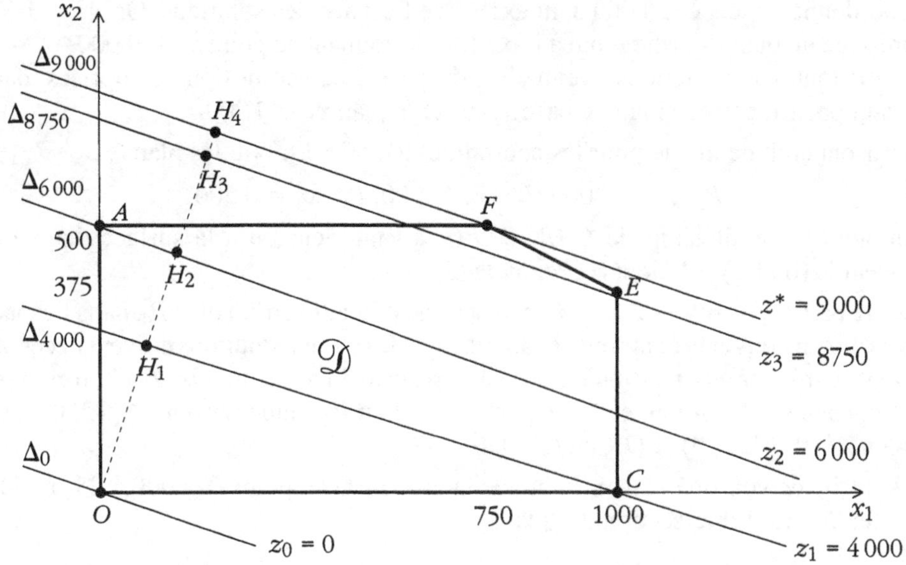

Figure 8.2

Il est facile de voir que cette droite est obtenue pour $\alpha = 9000$; cette droite a un seul point en commun avec le polygone : c'est le point *F*. D'où la solution optimale :

$$x_1^* = 750, x_2^* = 500, z^* = 9000 \text{ euros.}$$

Cette méthode géométrique permet de résoudre tous les programmes linéaires à deux variables ; en résumé, elle consiste à écarter la droite de la fonction économique passant par un point initial évident (ici *O*), parallèlement à elle-même, tant que l'intersection de la droite courante avec le polygone $\mathcal{D}$ des solutions admissibles n'est pas vide. La résolution s'arrête lorsque la droite courante n'a plus qu'un seul point de contact (ou une arête de contact) avec ce polygone (on a évidemment supposé que $\mathcal{D}$ n'est pas vide c-à-d que les contraintes ne sont pas contradictoires).

N.B. Si on avait $z = 4x_1 + 8x_2$, les droites Δ_α seraient parallèles à *FE* : alors tous les points de l'arête seraient optimaux, y compris les sommets *F* et *E*.

Cas de n = 3 variables

Rien ne nous empêche ici de recourir encore à la méthode géométrique puisque nous n'avons que trois variables et qu'il est possible de représenter en clair les trois axes (orthonormés) qui porteront les quantités x_1, x_2 et x_3.

A priori, toute solution du problème est représentée par un point de l'espace, de coordonnées x_1, x_2 et x_3, déterminées. Reportons nous à la formulation du 8.1.2 :

Les contraintes 5), 6) et 7) signifient d'ailleurs que nous pourrons nous contenter de représenter l'*octant* positif de ce système de coordonnées, puisque nous avons :

$$x_1,\ x_2 \text{ et } x_3 \geqslant 0 \qquad \text{(figure 8.3).}$$

Nous allons voir que les contraintes 1) à 4) s'interprètent également d'une manière très aisée. Par exemple, la contrainte 1) signifie que, dans l'octant positif, les points dont la coordonnée x_1 excède 1 000 sont exclus de l'espace des solutions. Or, $x_1 = 1000$ représente un plan P_1 orthogonal à l'axe Ox_1, le coupant au point $x_1 = 1000, x_2 = 0, x_3 = 0$; toutes les solutions éventuelles du problème seront donc comprises, dans l'octant positif, entre le plan de base x_2Ox_3 et le plan $x_1 = 1000$.

On raisonnerait de même pour les contraintes 2) et 3). En fait, les plans :

$$P_1 : x_1 = 1000, P_2 : x_2 = 500, P_3 : x_3 = 1500$$

délimitent le parallélépipède *OABCDEFG,* à l'intérieur ou à la surface duquel se trouvent la (ou les) solution(s) éventuelle(s).

D'autre part $3x_1 + 6x_2 + 2x_3 = 6750$ est aussi l'équation d'un plan P_4, dans l'espace à trois dimensions et la contrainte 4) signifie que les points-solutions doivent nécessairement se trouver aussi à l'intérieur ou à la surface du tétraèdre $OA'B'C'$, formé par les trois plans de coordonnées et le plan P_4; le plan P_4 coupe Ox_1 en A' (2 250, 0, 0), Ox_2 en B' (0, 1 125, 0) et Ox_3 en C' (0, 0, 3 375).

Il est facile de voir que le plan P_4 coupe la droite *FG* au point *P* (1 000, 125, 1 500); en effet, *FG* est l'intersection des plans :

$$\begin{cases} x_1 = 1000 \\ x_3 = 1500 \end{cases}$$

et P_4 a comme équation :

$$3x_1 + 6x_2 + 2x_3 = 6750;$$

si l'on remplace, dans cette équation x_1 et x_3 par leur valeur, on obtient :

$$3000 + 6x_2 + 3000 = 6750,$$

d'où :

$$6x_2 = 750 \text{ et } x_2 = 125.$$

On établirait de même que P_4, coupe *GD* en *Q* (250, 500, 1 500) et *GB* en *R* (1 000, 500, 375).

C'est le solide commun au parallélépipède *OABCDEFG* et au tétraèdre (pyramide triangulaire de sommet *O* : $OA'B'C'$) qui contiendra les solutions; on constate qu'il faut enlever au parallélépipède le (petit) tétraèdre *GPQR.*

Finalement, pour satisfaire aux contraintes, un point solution doit nécessairement se trouver à l'intérieur ou à la surface du polyèdre *OABCDEFPQR*, noté $\mathcal{D}$.

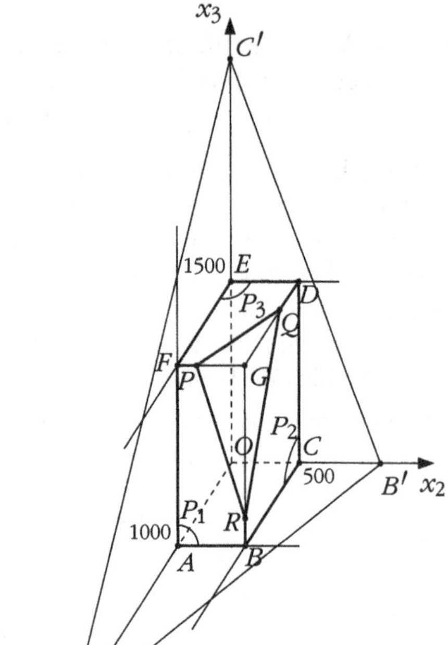

Figure 8.3

Jusqu'à présent, nous ne nous sommes occupés que des contraintes ; pour choisir entre les solutions que nous venons de déterminer celle (celles) qui est (sont) optimale(s), nous devons chercher à maximiser la fonction économique :

$$z = 4x_1 + 12x_2 + 3x_3.$$

Pour chaque point $M(x_1 = \xi, x_2 = \eta, x_3 = \theta)$ de l'espace des solutions, z a une valeur donnée :

$$z(\xi, \eta, \theta) = 4\xi + 12\eta + 3\theta.$$

Par exemple, pour le point C (0, 500, 0), on a :

$$z = (4 \times 0) + (12 \times 5000) + (3 \times 0) = 6000.$$

Mais, les points qui, tel C, donnent à z la valeur 6 000 forment un plan $P_{(z=6000)}$ d'équation :

$$4x_1 + 12x_2 + 3x_3 = 6000.$$

Représentons ce plan, qui coupe les axes Ox_1, Ox_2 et Ox_3 aux points I (1 500, 0, 0), C (0, 500, 0) et J (0, 0, 2 000) (figure 8.4). Son intersection avec le polyèdre $\mathfrak{D}$ est le pentagone $STUVC$.

Tout plan P_z, quelle que soit la valeur de z :

$$z = 4x_1 + 12x_2 + 3x_3,$$

représente un plan parallèle au plan $P_{(z=6000)}$.

La distance de l'origine à un plan P_z est :

$$\overline{OH} = \frac{z}{\sqrt{4^2 + 12^2 + 3^2}} = \frac{z}{13}.$$

On a donc :

$$z = 13 \cdot \overline{OH}.$$

Dès lors, pour maximiser z, il suffira de tracer un plan parallèle au plan ICJ, dont la distance à l'origine soit la plus grande possible et qui ait encore au moins un point commun avec le polyèdre $OABCDEFPQR$.

Il est facile de voir que ce plan est obtenu pour $z = 11500$.

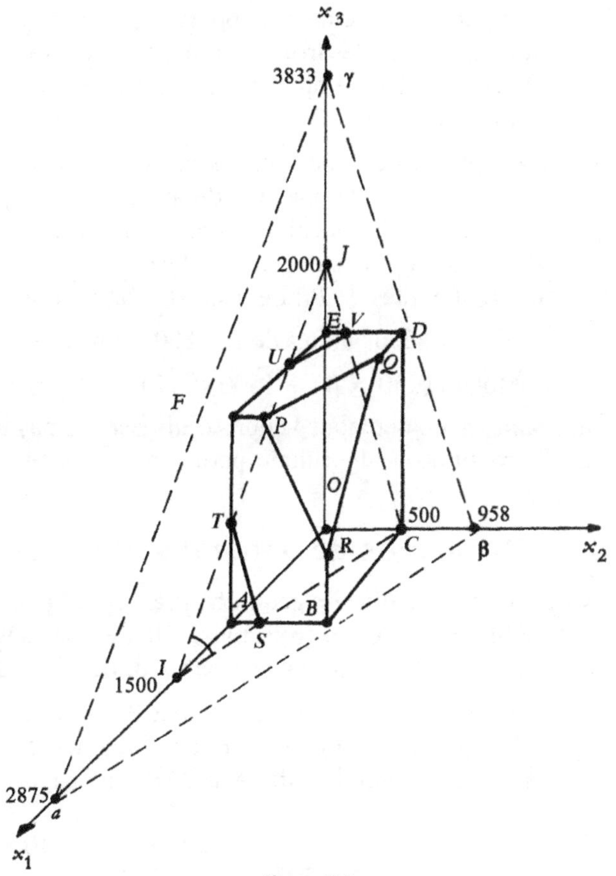

Figure 8.4

Il coupe Ox_1 en α (2 875 ; 0 ; 0), Ox_2 en β (0 ; 958,33 ; 0) et Ox_3 en γ (0; 0; 3 833,33). Son unique point de contact avec le polyèdre des solutions est le point Q (250, 500, 1 500), d'où la solution optimale :

$$x_1^* = 250; x_2^* = 500;$$

$$x_3^* = 1500; z^* = 11500.$$

8.1.4 Raisonnement économique

On remarque qu'un raisonnement purement économique suffit, ici, à résoudre la question. En effet, les rendements horaires peuvent aussi être exprimés en unités monétaires ; ils sont respectivement, pour les produits P_1, P_2 et P_3 : 4 euros × 50 = 200 euros/h, 12 euros × 25 = 300 euros/h ; 3 euros × 75 = 225 euros/h. Il apparaît donc que, si l'on désire maximiser le profit, il faut fabriquer d'abord la plus grande quantité possible du produit P_2, puisqu'il fournit le profit horaire le plus élevé ; s'il reste du temps, on fabriquera ensuite des unités P_3, dont le rendement monétaire vient au second rang ; en dernier lieu, si l'on n'a pas épuisé le temps de production (45 h), il faudra produire des unités de P_1.

En fait, ce raisonnement s'appuie sur le fait que, si l'on voulait fabriquer les quantités maximales des trois produits, on devrait faire fonctionner la machine pendant 60 heures. Comme on dispose de 45 heures seulement, il est indispensable de les employer au mieux.

Il n'est pas difficile de voir que la solution consiste à fabriquer toutes les unités P_2, ce qui occupe la machine durant 20 heures, puis toutes les unités de P_3, ce qui occupe encore la machine pendant 20 heures ; finalement, il ne reste plus que 5 heures pour fabriquer des unités de P_1, ce qui correspondant à une quantité de 5 × 50 = 250 unités de P_1. Le résultat s'établit donc ainsi :

unités de P_1 : 250 ; unités de P_2 : 500 ; unités de P_3 : 1 500 ;

profit total : (250 × 4) + (500 × 12) + (1 500 × 3) = 11 500 euros/semaine.

Mais la méthode que nous venons d'utiliser n'a pas un caractère général. Notre but est d'introduire un algorithme permettant la résolution générale des programmes linéaires.

8.1.5 Difficultés de généralisation

Évidemment **la résolution géométrique ne peut pas s'étendre au cas d'un nombre de variables supérieur à trois**, puisqu'il n'est pas possible d'effectuer des représentations géométriques dans un espace à n dimensions dès que n dépasse 3.

D'autre part, même avec seulement 3 variables, le raisonnement économique échoue lorsque le nombre de contraintes augmente. Supposons seulement que nous ajoutions ici une contrainte de capacité de stockage :

$$x_1 + 2x_2 + 2x_3 \leqslant 4000$$

On peut encore espérer, par des raisonnements du type « fausse hypothèse », et des substitutions mutuelles d'unités des différents produits, se tirer d'affaire et trouver le nouvel optimum (point W) que confirmerait la construction géométrique :

$$x_1 = 375; \quad x_2 = 500; \quad x_3 = 2\,625/2; \quad z = 11437,5.$$

Notons qu'en W, la variable x_3 n'a pas une valeur entière.

En effet, la présence d'une nouvelle contrainte conduit à tronquer le polyèdre des solutions, qui se réduit alors au solide *OABCDEFXWR* et c'est le point W dont les coordonnées forment la solution optimale.

Mais, avec m contraintes (m grand), il n'est plus possible de s'y retrouver dans des raisonnements de ce type, qui deviennent par trop combinatoires.

Il faut donc tenter d'utiliser les informations obtenues jusqu'ici pour tenter de généraliser le problème par une autre voie.

Nous allons énoncer, dans le théorème qui suit, une propriété qui nous permettra de caractériser une solution optimale d'un programme linéaire (PL).

Théorème. *Si l'ensemble des contraintes d'un programme linéaire forme un polyèdre*[1] ***non vide****, il existe (au moins) une solution optimale qui est un sommet de ce polyèdre.*

Preuve. Le polyèdre formé par les contraintes du PL étant supposé non vide, le PL admet au moins une solution optimale. Nous allons supposer dans un premier temps, que cette solution est unique. Ci-dessous, z désigne un point du polyèdre (et non pas la fonction économique)

La démonstration se fait par récurrence sur la dimension d du polyèdre. Si $d = 0$, le polyèdre se réduit à un point qui est aussi un sommet, le résultat est donc vérifié. Supposons maintenant $d > 0$. Montrons que le point représentatif de la solution ne peut se trouver à l'intérieur du polyèdre. Soit z un point situé à l'intérieur du polyèdre et supposons que z corresponde à la solution optimale. Considérons P_z l'hyperplan passant par z et dont la direction est fixée par les coefficients de la fonction économique. P_z partage le polyèdre en deux parties non vides. Il existe alors un point z' à l'intérieur de l'une de ces deux parties, correspondant à une solution réalisable du PL dont la valeur sera strictement supérieure à la valeur du point z. Cela contredit le fait que z soit la solution optimale. La solution optimale est donc située sur une face du polyèdre. Une face d'un polyèdre de dimension d étant un polyèdre de dimension $d' < d$, en appliquant à nouveau le même raisonnement, nous avons montré le résultat, mais seulement lorsque la solution optimale est unique. ❑

Dans le cas général où la solution optimale n'est pas nécessairement unique (cf le N.B. du cas de $n = 2$ variables), un raisonnement analogue peut s'appliquer, dans lequel le point z' considéré correspond à une solution de valeur supérieure ou égale (mais non nécessairement strictement) à la valeur du point z. Le théorème est alors démontré.

L'ensemble des contraintes d'un PL ne forme pas toujours un polyèdre convexe. En effet, il peut arriver que cet ensemble comporte des points à l'infini et donc forme un polytope convexe **ouvert** (un polyèdre étant un polytope fermé). Dans ce dernier

1. Par définition un polyèdre est fini (il ne possède pas de points à l'infini).

cas, bien que des solutions réalisables du PL existent, il n'existe pas nécessairement de solution optimale (les solutions optimales peuvent être rejetées à l'infini). Alors, si une solution optimale finie existe, on peut montrer avec une démonstration similaire à la précédente qu'il existe une solution optimale située en un sommet du polytope. Mais, dans les applications de R.O. ce cas est pratiquement exclu : les ressources, les temps, les capacités, etc. y sont en effet finis !

Dans d'autres cas, les contraintes capacités peuvent être contradictoires : alors le polyèdre est vide et le PL est impossible.

On pourrait alors en déduire qu'il suffit de déterminer les coordonnées de tous les sommets du polyèdre et de calculer la valeur de la fonction économique qui correspond à chacun d'eux : il resterait à choisir la plus grande de ces valeurs. Mais, s'il y a n variables et m contraintes, il y a $n + m$ plans, dont les intersections n à n sont au nombre de :

$$C_{n+m}^{n} = \frac{(m + n)!}{m!n!},$$

pour $n = 15$ et $m = 10$, on a 3 268 760 points d'intersection et pourtant il ne s'agit encore que d'un petit programme linéaire. Même avec de très puissants ordinateurs, d'aujourd'hui ou de demain, l'énumération de tous les sommets est impraticable dès que n et m dépassent 20 : elle conduirait à des durées prohibitives sur des P.L. de taille industrielle, pouvant dépasser des milliards d'années, ou plus ![1] **Il est exclu d'énumérer dans le combinatoire !**

L'algorithme le plus connu pour la résolution des programmes linéaires : l'algorithme du simplexe, au lieu de calculer la valeur de z pour tous les sommets (donc en les énumérant), la calcule seulement pour une suite de sommets telle que la valeur de z pour le $n^{\text{ième}}$ ne soit pas inférieure à la valeur z pour le $(n - 1)^{\text{ième}}$. Ainsi, on est sûr de parvenir à l'optimum au bout d'un nombre de pas fini, puisque le nombre de sommets est fini, à condition que la valeur de la fonction économique z augmente strictement pour un certain nombre de ces pas. Rappelons que l'on maximise z.

Les sommets qui constituent la suite envisagée sont adjacents, c'est-à-dire le $k^{\text{ième}}$ et le $(k + 1)^{\text{ième}}$ sont les extrémités d'une même arête ; il est donc nécessaire que, quelque soit le sommet de départ, on puisse toujours trouver, étant donné un sommet auquel on est parvenu, un sommet adjacent dont les coordonnées donnent une valeur non inférieure à z, tant qu'on n'est pas arrivé à l'optimum.

Or, ceci est possible, en raison d'une propriété des polyèdres engendrés par des contraintes linéaires : la « *convexité* ».

---

1. Les points d'intersection ne sont pas tous des sommets du polyèdre des solutions dans l'espace à n dimensions ; autrement dit, les coordonnées de certains de ces points ne vérifient pas une ou plusieurs contraintes. Ainsi, le polyèdre que nous avons considéré plus haut, comme exemple, ne compte que 10 sommets, alors qu'il existe $C_7^3 = 35$ points d'intersection des plans 3 à 3. Mais ce fait ne restreint pas le problème, puisqu'il faudrait examiner toutes les intersections pour déterminer les sommets « admissibles » c'est-à-dire vérifiant toutes les contraintes.

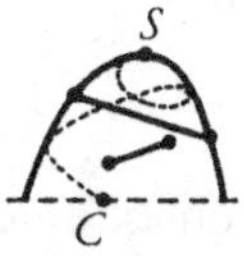

Figure 8.5

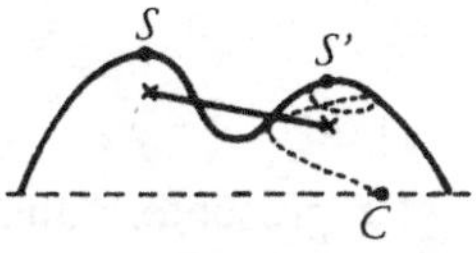

Figure 8.6

Considérons d'abord (figure 8.5) une montagne en forme de pain de sucre. Partant d'un point quelconque *C*, on peut toujours atteindre le sommet *S*, pourvu qu'on monte toujours (les itinéraires comportant des paliers horizontaux limités sont autorisés). Ce n'est pas vrai pour une montagne qui présenterait un sommet « parasite » *S'*, auquel on risquerait de parvenir en appliquant la méthode précédente (figure 8.6).

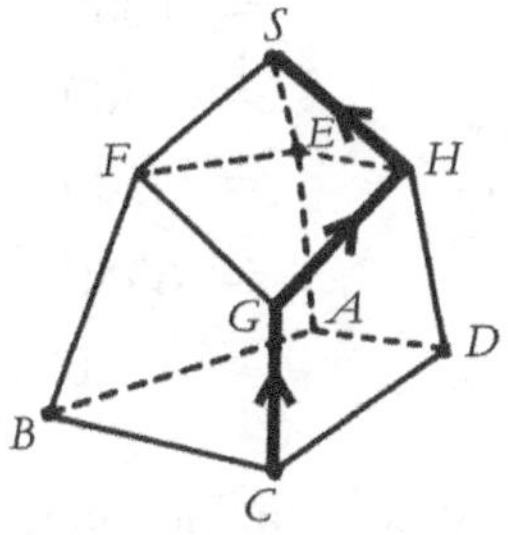

Figure 8.7

Cela s'explique par le fait que la première montagne est *convexe* (si l'on joint deux points quelconques de l'intérieur ou de la surface, le segment de droite qui les joint est tout entier contenu dans le volume), tandis que la seconde ne l'est pas. Or, tout polyèdre (non vide) engendré par des contraintes linéaires est nécessairement convexe et l'on peut trouver au moins un chemin (figure 8.7) qui, à partir de n'importe quel sommet, conduise (de sommet en sommet adjacent) au sommet donnant la valeur maximale à la fonction économique (autrement dit : il existe toujours au moins un sommet adjacent, situé, par rapport à l'origine au-delà du plan (ou sur le plan) de la fonction économique correspondant à un sommet quelconque, à moins que ce dernier ne soit l'optimum). Ici c'est le chemin *CGHS*.

En bref, l'algorithme du simplexe a un fondement purement géométrique : il consiste, en disposant d'un point de départ, qui est un sommet du polyèdre, supposé connu, de passer lors de toute itération d'un sommet *M* à un sommet voisin *M'* – c'est-à-dire à décrire une arête du polyèdre – en lequel la valeur de la fonction économique, est meilleure (ou au moins aussi bonne) qu'en *M*. Lorsqu'on atteint un sommet *Q* pour lequel aucun sommet voisin n'est meilleur, alors l'algorithme s'arête : le sommet *Q* est optimal.

8.2 Algorithme du simplexe : méthode algébrique, méthode des tableaux

8.2.1 Méthode algébrique du simplexe

On commence par ramener le programme linéaire (PL) à une forme « standard » pour laquelle toutes les contraintes sont en *égalités* et les seconds membres sont positifs (ceci moyennant l'introduction de nouvelles variables, dites « *variables d'écart* »). Toutes les variables sont positives ou nulles. La fonction économique est à maximiser (ce qui n'est pas restrictif car minimiser une fonction équivaut à maximiser son opposée). Reportons nous au PL formulé au 8.1.2.

Ainsi, la contrainte $x_1 \leqslant 1000$ signifie que x_1 étant inférieur (resp : égal) à 1 000, il faut lui ajouter une quantité positive (resp. nulle) que nous noterons x_4, pour amener sa valeur à 1 000 :

$$x_1 \leqslant 1000 \text{ équivaut à : } \quad x_1 + x_4 = 1000 \quad \textbf{et} \quad x_4 \geqslant 0^1.$$

La variable x_4 est nommée « variable d'écart » et représente, dans le contexte de l'exemple, l'écart à la saturation du marché en produit P_1. Les contraintes (1) à (5) peuvent s'écrire sous forme d'équations en introduisant des variables d'écart x_4, x_5, x_6 et x_7 :

$$\begin{array}{l} (1) \\ (2) \\ (3) \\ (4) \\ (5) \end{array} \left\{ \begin{array}{ccccccccccccccc} x_1 & & & & & + & x_4 & & & & & & & = & 1000 \\ & & x_2 & & & & & + & x_5 & & & & & = & 500 \\ & & & & x_3 & & & & & + & x_6 & & & = & 1500 \\ 3x_1 & + & 6x_2 & + & 2x_3 & & & & & & & + & x_7 & = & 6750 \\ x_1 & , & x_2 & , & x_3 & , & x_4 & , & x_5 & , & x_6 & , & x_7 & \geqslant & 0 \end{array} \right.$$

(x_7 représente 150 fois le nombre d'heures de travail par semaine non employées : l'atelier est disponible 45 heures par semaine; le facteur 150 vient du fait que pour chasser les dénominateurs de (4), on a multiplié chaque membre par 150; ainsi : $6750 = 45 \times 150$).

Les variables d'écart[2] ont une contribution nulle à la fonction économique z :

$$z = 4x_1 + 12x_2 + 3x_3 + \mathbf{0}x_4 + \mathbf{0}x_5 + \mathbf{0}x_6 + \mathbf{0}x_7.$$

En effet ne pas saturer un marché, ou encore ne pas utiliser des machines à 100 %, cela ne rapporte aucun bénéfice.

Prenons comme solution initiale le sommet $O : x_1 = 0, x_2 = 0, x_3 = 0$ (c'est la solution « du mois d'août » : on ne fabrique rien, on ne gagne rien; mais cette solution est *admissible* au sens mathématique puisque les contraintes du PL sont vérifiées).

Les $m = 4$ variables qui sont alors positives (autant que de contraintes) sont x_4, x_5, x_6 et x_7. On les nomme *variables de base en O*. De même, les variables nulles au sommet O : x_1, x_2 et x_3 sont nommées *variables hors-base* en O (on écarte de cet exposé introductif les cas de dégénérescence – dits de « seconde espèce » – où une variable de base serait nulle : tel serait le cas si, par exemple, quatre plans délimitant des contraintes étaient concourants en un même sommet. Ce cas sera traité en détail plus loin).

On peut exprimer facilement les variables de base en O (qui forment l'ensemble $\mathcal{B}_0$) en fonction des variables hors base en O, de même que la fonction économique z :

1. Si l'on avait affaire à une contrainte en sens inverse, par exemple $2x_1 + x_2 + 5x_3 \geqslant 1000$, on retrancherait une variable d'écart (x_8) pour obtenir $2x_1 + x_2 + 5x_3 - x_8 = 1000$ **et** $x_8 \geqslant 0$.
2. On aurait pu noter différement les variables d'écart : x_1^-, x_2^-, x_3^- et x_4^-.

$$\mathcal{B}_0 = \{x_4, x_5, x_6, x_7\} \quad O\begin{cases} x_4 = 1000 - x_1 \\ x_5 = 500 \qquad\quad - x_2 \\ x_6 = 1500 \qquad\qquad\quad - x_3 \\ x_7 = 6700 - 3x_1 - 6x_2 - 2x_3 \\ z = 0 + 4x_1 + 12x_2 + 3x_3 \end{cases}$$

L'examen de z montre que, pour augmenter sa valeur numérique, il faut donner à l'une des variables hors base, actuellement nulle au sommet considéré (O), une valeur positive. Puisque dans z, x_2 a le coefficient (bénéfice marginal) le plus élevé, nous choisissons d'accroître x_2 en posant $x_2 = \theta$, où θ est un paramètre que nous prenons positif croissant; nous gardons, pour cette itération, les autres variables hors base nulles : $x_1 = x_3 = 0$.

Le système devient :

$$\begin{cases} x_4 = 1000 \\ x_5 = 500 - \theta \\ x_6 = 1500 \\ x_7 = 6750 - 6\theta \\ z = 0 + 12\theta \end{cases}$$

Jusqu'à quelle valeur peut-on accroître θ (c'est-à-dire x_2) ?

Le bénéfice global z est proportionnel à θ : l'entreprise peut-elle devenir très riche en donnant à θ une valeur très élevée ? En fait non, car il ne faut pas oublier que *toutes* les variables sont positives ou nulles, et doivent le demeurer (« *contraintes implicites* ») :

$$x_5 \geqslant 0 \text{ entraîne } \theta \leqslant 500$$

$$x_7 \geqslant 0 \text{ entraîne } \theta \leqslant 6750/6 = 1125$$

Ainsi, la plus grande valeur de θ qui respecte la positivité de **toutes** les variables est $\theta = 500$ (et non pas 1 125 qui rendrait x_5 négatif). Si l'on pose donc $\theta = 500$, il vient numériquement :

$$\begin{cases} x_4 = 1000 \quad x_1 = 0 \\ x_5 = 0 \quad x_2 = 500 \\ x_6 = 1500 \quad x_3 = 0 \\ x_7 = 3750 \\ z = 6000 \end{cases}$$

On reconnaît alors les coordonnées du sommet C : le programme de production (0, 500, 0) qui engendre un bénéfice $z = 6000$ euros.

On vient donc de trouver un procédé algébrique qui nous a permis de passer d'un sommet (O) d'un polyèdre à un sommet « voisin » (C), en décrivant une arête de ce polyèdre : l'arête OC, en augmentant z.

Pour pouvoir encore progresser il convient d'exprimer les variables de base en C, c'est-à-dire celles qui sont positives en C, en fonction des variables hors-base en C. Or, désormais, x_2 est devenue positive et x_5 s'est annulée : on va donc falloir procéder à un *échange* : la variable x_2 entrant dans la base et la variable x_5 sortant de la base.

Repartons du système associé au sommet O et transformons-le pour obtenir celui associé au sommet C :

$$O\begin{cases} x_4 = 1000 - x_1 \\ x_5 = 500 - x_2 \qquad (*) \\ x_6 = 1500 - x_3 \\ x_7 = 6750 - 3x_1 - 6x_2 - 2x_3 \\ z = 0 + 4x_1 + 12x_2 + 3x_3 \end{cases}$$

Nous allons exprimer les variables de bases en C (celles positives en ce sommet) en fonction des variables hors base (celles nulles en C). On commence, *à partir de l'équation de l'échange,* qui est la relation qui a fixé la valeur maximale à donner à la variable entrante (ici x_2), à exprimer la variable entrante en fonction de la variable sortante (ici x_5) (et, éventuellement, des autres variables hors base) ; il vient :

$$x_2 = 500 - x_5.$$

Puis chacune des autres variables qui restent en base : x_4, x_6, x_7, de même que z doit être exprimée en fonction des variables hors base en C, c'est-à-dire : x_1, x_5 et x_3. Pour ce faire, il suffit dans l'expression de chacune des autres variables de base en O de substituer à la variable x_2 (la variable entrante) son expression issue de l'équation de l'échange (ici $x_2 = 500 - x_5$). Ici seules x_7 et z sont concernées (x_2 étant absente de l'expression de x_4 et x_6 ci-dessus). Il vient donc :

$$\mathcal{B}_c = \{x_4, x_2, x_6, x_7\}\ C\begin{cases} x_4 = 1000 - x_1 \qquad (*) \\ x_2 = 500 - x_5 \\ x_6 = 1500 - x_3 \\ x_7 = 6750 - 3x_1 - 2x_3 - 6(500 - x_5) \\ \quad\ = 3750 - 3x_1 - 2x_3 + 6x_5 \\ z = 0 + 4x_1 + 3x_3 + 12(500 - x_5) \\ \quad\ = 6000 + 4x_1 + 3x_3 - 12x_5 \end{cases}$$

On peut alors, partant du sommet C (où le bénéfice est de 6 000 euros), pratiquer une nouvelle itération afin d'accroître ce bénéfice. La variable entrante est la variable hors base qui a le plus grand coefficient positif[1] dans l'expression de z en fonction des variables hors base ; soit ici x_1. On pose donc $x_1 = \theta$ où θ est positif croissant, en gardant $x_3 = x_5 = 0$ (x_3 et x_5 étant nulles en C). Il vient :

1. On pourrait se contenter de choisir comme variable entrante, une variable hors-base ayant un coefficient positif dans l'expression de z en fonction des variables hors-base.

$$\begin{cases} x_4 = 1000 - \theta \\ x_2 = 500 \\ x_6 = 1500 \\ x_7 = 3750 - 3\theta \\ z = 6000 + 4\theta \end{cases}$$

L'accroissement du bénéfice étant proportionnel à θ, on a intérêt à prendre θ le plus grand possible.

Pour respecter la positivité des variables, on prend au mieux $\theta = 1000$: x_4 alors s'annule et sort de la base ; l'équation de l'échange est $x_4 = 1000 - x_1$; en substituant dans les autres équations du système associé au sommet C, à x_1 la valeur $1000 - x_4$, il vient, avec $\mathcal{B}_B = \{x_1, x_2, x_6, x_7\}$:

$$B \begin{cases} x_1 = 1000 - x_4 \\ x_2 = 500 - x_5 \\ x_6 = 1500 - x_3 \\ x_7 = 3750 - 2x_3 - 3(1000 - x_4) + 6x_5 \\ \quad = 750 - 2x_3 + 3x_4 + 6x_5 \quad (*) \\ z = 6000 + 3x_3 + 4(1000 - x_4) - 12x_5 \\ \quad = 10000 + 3x_3 - 4x_4 - 12x_5 \end{cases}$$

On reconnaît en effet le système associé au sommet B : l'expression des variables de base en B : x_1, x_2, x_6, x_7, en fonction des variables hors base en B : x_3, x_4, x_5.

Puisque z, ainsi exprimé, comporte encore un coefficient positif : 3, sur une variable hors base (x_3), on peut pratiquer une nouvelle itération ; on pose $x_3 = \theta$ positif et croissant, et $x_4 = x_5 = 0$; il vient :

$$\begin{cases} x_1 = 1000 \\ x_2 = 500 \\ x_6 = 1500 - \theta \\ x_7 = 750 - 2\theta \\ z = 10000 + 3\theta \end{cases}$$

On prend $\theta = 375$: en effet la variable x_7 est la première à s'annuler quand θ croît ; x_7 est donc la variable sortante ; l'équation de l'échange est :

$$x_7 = 750 - 2x_3 + 3x_4 + 6x_5 ;$$

d'où : $x_3 = 375 + \frac{3}{2}x_4 + 3x_5 - \frac{1}{2}x_7$.

En substituant à x_3 cette valeur dans les autres équations du système associé à B, il vient, avec $\mathcal{B}_R = \{x_1, x_2, x_6, x_3\}$:

$$R\begin{cases} x_1 = 1000 - x_4 \\ x_2 = 500 - x_5 \\ x_6 = 1125 - \dfrac{3}{2}x_4 - 3x_5 + \dfrac{1}{2}x_7 \quad (*) \\ x_3 = 375 + \dfrac{3}{2}x_4 + 3x_5 - \dfrac{1}{2}x_7 \\ z = 11125 + \dfrac{1}{2}x_4 - 3x_5 - \dfrac{3}{2}x_7 \end{cases}$$

On reconnaît le sommet R (1 000, 500, 375) où le bénéfice vaut : 11 125 euros.

Nouvelle (et dernière) itération : la variable hors base x_4 ayant dans z un coefficient positif (1/2), entre en base : on pose $x_4 = \theta$, positif croissant et on garde $x_5 = x_7 = 0$; il vient :

$$x_1 = 1000 - \theta, x_2 = 500, x_6 = 1125 - \frac{3}{2}\theta, x_3 = 375 + \frac{3}{2}\theta, z = 11125 + \frac{1}{2}\theta.$$

La variable sortante est donc x_6 (avec $\theta = 1125 \Big/ \left(\dfrac{3}{2}\right) = 750$).

L'équation de l'échange est : $x_6 = 1125 - \dfrac{3}{2}x_4 - 3x_5 + \dfrac{1}{2}x_7$; d'où, en l'inversant :

$\dfrac{3}{2}x_4 = 1125 - 3x_5 - x_6 + \dfrac{1}{2}x_7$ et donc : $x_4 = 750 - 2x_5 - \dfrac{2}{3}x_6 + \dfrac{1}{3}x_7$.

En substituant à x_4 cette valeur dans les autres équations du système associé à R, il vient, avec $\mathcal{B}_Q = \{x_1, x_2, x_3, x_4\}$.

$$Q\begin{cases} x_1 = 250 + 2x_5 + \dfrac{2}{3}x_6 - \dfrac{1}{3}x_7 \\ x_2 = 500 - x_5 \\ x_3 = 1500 - x_6 \\ x_4 = 750 - 2x_5 - \dfrac{2}{3}x_6 + \dfrac{1}{3}x_7 \\ z = 11500 - 4x_5 - \dfrac{1}{3}x_6 - \dfrac{4}{3}x_7 \end{cases}$$

On reconnaît le sommet Q : $x_1 = 250, x_2 = 500, x_3 = 1500$ avec un bénéfice de $z = 11500$ euros. Le sommet est optimal : il n'est pas possible d'améliorer z par le procédé ci-dessus car tous les coefficients des variables (hors base) figurant dans z sont négatifs; on peut alors démontrer, en utilisant un argument de convexité et de dualité que, dans ces conditions, l'optimum est effectivement atteint : nous y reviendrons plus loin dans le paragraphe 8.7 consacré à la dualité.

Systématisons la procédure ci-dessus employée dans l'algorithme du simplexe.

Nous avons vu que l'algorithme consiste à progresser d'un sommet initial vers un sommet adjacent en ayant soin de ne pas diminuer la valeur de la fonction économique; d'autre part, nous savons aussi que toutes les variables (principales ou d'écart) doivent demeurer non-négatives. Nous repartons ci-dessous du sommet initial O, et présentons sous forme de tableaux le système associé à O.

	i	j	$\mathbf{A}^1$	$\mathbf{A}^2$	$\mathbf{A}^3$	$\mathbf{A}^4$	$\mathbf{A}^5$	$\mathbf{A}^6$	$\mathbf{A}^7$	$\boldsymbol{\beta}$
Sommet O	4		1	0	0	1	0	0	0	1000
	5		0	1	0	0	1	0	0	500
	6		0	0	1	0	0	1	0	1500
	7		3	6	2	0	0	0	1	6750
		Δj	4	12	3	**0**	**0**	**0**	**0**	$z - 0$

Reprenons, dans ces conditions, la représentation matricielle initiale et notons les colonnes par un indice $j = 1, 2, \cdots, 7$, de manière que les vecteurs-colonnes puissent être dénommés $A_1, A_2, \cdots, A_7$: notons aussi $\boldsymbol{\beta}$ le vecteur second membre.

Inscrivons maintenant, à gauche et face à la valeur qu'elle a dans la solution (base) initiale, l'indice i de la variable x_i (ici, au départ : $x_4 = 1000, x_5 = 500, x_6 = 1500, x_7 = 6750$; les indices i sont donc : 4, 5, 6 et 7) ; ces indices i serviront à désigner les lignes de la matrice ; ils sont associés aux variables de base : la colonne tout à gauche est donc un *descriptif de la base*.

Lors de toute itération, l'élément de la matrice situé à l'intersection d'une ligne i et d'une colonne j sera désigné par α_{ij} ; l'élément de la colonne $\boldsymbol{\beta}$ situé sur la ligne i sera simplement désigné par β_i. Initialement, la colonne $\boldsymbol{\beta}$ coïncide avec la colonne des seconds membres des contraintes, notée traditionnellement **b** comme ci-dessus.

Enfin, écrivons séparément la ligne de la fonction économique : $z = 4x_1 + 12x_2 + 3x_3$, dont les coefficients seront écrits dans la ligne du bas ; le coefficient en colonne A_j sera noté dans la suite : Δ_j. **Lors de toute itération, z sera exprimé uniquement en fonction des variables hors base ; par suite $\Delta_j = 0$ si x_j est une variable de base**

NB. Sur la ligne des Δ_j dans les colonnes $\mathbf{A}^4$, $\mathbf{A}^5$, $\mathbf{A}^6$, $\mathbf{A}^7$, on a écrit des **0**, car la fonction économique peut s'écrire :

$$4x_1 + 12x_2 + 3x_3 + \mathbf{0}x_4 + \mathbf{0}x_5 + \mathbf{0}x_6 + \mathbf{0}x_7 = z - 0,$$

car les variables d'écart sont de profit nul. De plus, initialement, $z = 0$.

Les formules du changement(1) de coordonnées, réalisé par la sortie d'un vecteur $\mathbf{A}^s$ de la base et l'entrée d'un vecteur $\mathbf{A}^e$ sont les suivantes (autrement dit : x_s est la variable sortante et x_e, la variable entrante) :

• *nouvelle valeur de la fonction économique* : $z' = z + \dfrac{\beta_s}{\alpha_{se}} \cdot \Delta_e$, z étant l'ancienne valeur ;

le coefficient α_{se} est nommé « *pivot* ».

(1) Le lecteur pourra préférer les règles pratiques de transformation : p. 317.

• *nouvelles valeurs des variables de base (l'élément de la ligne k dans le vecteur second membre* $\boldsymbol{\beta}$ est la valeur de x_k) :

$$\beta'_k = \beta_k - \alpha_{ke}\frac{\beta_s}{\alpha_{se}} \quad (k \neq s) \quad \text{et} \quad \beta'_s = \frac{\beta_s}{\alpha_{se}} \quad \text{(valeur de la variable entrante } x_e)$$

β_k (resp. β_s) étant l'ancienne valeur;

• *nouvelle valeur de l'élément de la ligne k et de la colonne* A_ℓ $(k \neq s)$:

$$\alpha'_{k\ell} = \alpha_{k\ell} - \alpha_{ke}\frac{\alpha_{s\ell}}{\alpha_{se}},$$

$\alpha_{k\ell}$ étant l'ancienne valeur;

• *nouvelle valeur de l'élément de la ligne s de la colonne* A_ℓ :

$$\alpha'_{s\ell} = \frac{\alpha_{s\ell}}{\alpha_{se}},$$

$\alpha_{s\ell}$ étant l'ancienne valeur : on divise la ligne *s*, celle du pivot, par le pivot : α_{se} qui est nécessairement positif, cf le second critère de Dantzig.

Dans ces conditions, comme à chaque pas on désire que z' soit supérieur (ou égal) à z, il faudra prendre Δ_e positif ($\frac{\beta_s}{\alpha_{se}}$ sera positif, car $\beta_s > 0$ est positif ou – exceptionnellement – nul et le pivot α_{se} sera pris positif). Heuristiquement, on a intérêt à prendre $\Delta_e > 0$ le plus élevé possible. C'est pourquoi le ***premier critère de Dantzig*** s'énonce ainsi :

« *Pour déterminer la colonne* $\mathbf{A}^e$ *qui doit entrer dans la base, on choisit celle qui comporte le* Δ_j *positif le plus grand ». Si tous les* Δ_j *sont négatifs ou nuls: fin, l'optimum est atteint (propriété admise ici).*

Le premier critère de Dantzig vise à minimiser le nombre d'itérations effectuées au cours du déroulement de l'algorithme. Mais ceci n'est pas toujours le cas, il existe même des exemples, certes rares, pour lesquels l'utilisation de ce critère peut être particulièrement désastreuse et l'algorithme ne jamais se terminer. C'est pourquoi d'autres critères ont été donnés évitant ceci. Citons le **critère de Bland** : *pour déterminer la colonne* $\mathbf{A}^e$, *qui doit entrer dans la base, on choisit celle pour laquelle l'indice j est le plus petit, parmi celles pour lesquelles* $\Delta_j > 0$. Bland a montré que l'utilisation de ce critère assurait la terminaison de l'algorithme. En pratique, des stratégies mixtes combinant les deux critères de Bland et Dantzig, ou bien encore d'autres stratégies basées sur des tirages aléatoires peuvent être utilisées.

On veut encore que, pour tout *k*, β'_k soit non-négatif :

$$\beta'_k = \beta_k - \alpha_{ke}\cdot\frac{\beta_s}{\alpha_{se}} \geqslant 0. \text{ Cela s'écrit aussi : } \beta_k \geqslant \alpha_{ke}\cdot\frac{\beta_s}{\alpha_{se}}.$$

Si l'on prend $\frac{\beta_s}{\alpha_{se}}$ positif, alors β_k, qui est positif, est sûrement plus grand que $\alpha_{ke} \cdot \frac{\beta_s}{\alpha_{se}}$ lorsque α_{ke} est négatif. Au contraire, lorsque α_{ke} est positif, on peut diviser les deux membres de l'inégalité par α_{ke} et l'on a :

$$\frac{\beta_s}{\alpha_{se}} \leqslant \frac{\beta_k}{\alpha_{ke}}.$$

La condition sera donc réalisée si l'on a soin de prendre, parmi les quotients $\frac{\beta_k}{\alpha_{ke}}$ obtenus pour toutes les valeurs k, le plus petit positif d'entre eux (obtenu pour $k = s$).

D'où le ***deuxième critère de Dantzig*** :

« *Pour déterminer la colonne* $\mathbf{A}^s$ *qui doit sortir de la base, on choisit celle d'indice* s *tel que* $\frac{\beta_k}{\alpha_{ke}}$ *soit le plus petit positif (l'indice e ayant été déterminé par l'application du premier critère)* ».

N.B. Si tous ces rapports sont négatifs, alors l'optimum *est rejeté à l'infini : fin*. Ce cas ne se présente pas dans les PL ayant un contexte économique.

Tels sont les deux critères sur lesquels est fondé l'*algorithme de Dantzig*.

L'optimum sera atteint dès que le premier critère ne sera plus applicable, c'est-à-dire lorsque tous les Δ_j relatifs aux variables hors base seront négatifs ou nuls, ceux relatifs aux variables de base étant nécessairement nuls.

> ***Remarque.*** Le premier critère est *heuristique* (on tente localement de s'approcher au plus vite de l'optimum, c'est une démarche « gourmande » : ce critère est donc *facultatif*. Le second, en revanche, est *obligatoire* pour aller de solution réalisable en solution réalisable, (c'est-à-dire pour préserver la positivité des variables de base).

8.2.2 Règle pratique (maximisation) : méthode des tableaux

Pour rendre pratique l'application manuelle des critères de Dantzig, perfectionnons le tableau initial en lui ajoutant une colonne à gauche où seront indiqués les c_i (coefficients de la fonction économique sous sa forme initiale, pour chaque valeur i des indices de ligne figurant dans le tableau, c-à-d pour toute variable de base x_i) et une ligne sous le tableau principal où seront notés les c_j (coefficients de la fonction économique sous sa forme initiale, correspondant cette fois aux indices j immuables, des colonnes). Dans le tableau de droite, la colonne $\boldsymbol{\beta}$, on indique les valeurs des variables de la base courante. (Pour la base initiale associée au sommet O, rappelons que l'on a : $\boldsymbol{\beta} = \mathbf{b}$.)

Lors de toute itération le repérage de la colonne e qui doit entrer dans la base est simple : il suffit de lire la ligne des Δ_j et de sélectionner celui des Δ_j qui est le plus grand et positif, si l'on applique le premier critère de Dantzig.

Ici, c'est $\Delta_2 = 12$, dans la colonne 2 ; on a donc : $e = 2$ et c'est x_2 qui est associé à la deuxième colonne, qui entrera dans la base.

	c_i	i	j	1	2	3	4	5	6	7	$\boldsymbol{\beta}$	$\dfrac{\beta_i}{\alpha_{ie}}$
	0	4		1	0	0	1	0	0	0	1 000	∞
$s = 5 \leftarrow$	0	5		0	pivot ①	0	0	1	0	0	500	500 (*)
	0	6		0	0	1	0	0	1	0	1 500	∞
	0	7		3	6	2	0	0	0	1	6 750	1 125
			c_j	4	12	3	0	0	0	0		
			Δ_j	4	12	3	0	0	0	0	$z - 0$	
					$\uparrow$ $e = 2$							

Dans la suite nous n'écrivons que rarement la ligne c_j (car il s'agit de données initiales).

Calculons maintenant les quotients $\dfrac{\beta_i}{\alpha_{ie}}$ c'est-à-dire $\dfrac{\beta_i}{\alpha_{i2}}$ puisque e est désormais connu : $e = 2$; les valeurs de i sont : 4, 5, 6 et 7 et l'on a donc :

$$\frac{\beta_4}{\alpha_{42}} = \frac{1000}{0}^{(1)} = \infty\,;\ \frac{\beta_5}{\alpha_{52}} = \frac{500}{1};\ \frac{\beta_6}{\alpha_{62}} = \frac{1500}{0} = \infty\,;\ \frac{\beta_7}{\alpha_{72}} = \frac{6750}{6} = 1\,125;$$

on peut écrire ces résultats sur une nouvelle colonne $\dfrac{\beta_i}{\alpha_{ie}}$ (e, indice de la colonne entrante), immédiatement à droite de $\boldsymbol{\beta}$, le vecteur courant des seconds membres.

Prenons le rapport le plus petit positif : c'est 500, qui correspond à l'indice $i = 5$; ce sera donc la 5e colonne (soit x_5) qui sortira de la base; l'indice de la variable sortant de la base est donc $s = 5$.

Il faut maintenant appliquer les formules de changement de coordonnée (avec $e = 2$ et $s = 5$) :

$$z' = z + \frac{\beta_5}{\alpha_{52}} \cdot \Delta_2 \qquad \beta'_k = \beta_k - \alpha_{k2} \cdot \frac{\beta_5}{\alpha_{52}}$$

$$\alpha'_{kl} = \alpha_{kl} - \alpha_{k2} \cdot \frac{\alpha_{5l}}{\alpha_{52}} (k \neq 5) \qquad \alpha_{5l} = \frac{\alpha_{5l}}{\alpha_{52}} \text{ et } \beta'_5 = \frac{\beta_5}{\alpha_{52}}.$$

L'élément α_{se} (ici α_{52}) qui joue un rôle fondamental a été appelé *élément distingué* ou ***pivot*** de la transformation. Rappelons que le pivot est nécessairement strictement positif : ceci résulte du second critère de Dantzig.

(1) On ne s'inquiètera pas du fait que l'on pose ici : $\dfrac{1000}{0} = \infty$, c'est une simple convention.

Plutôt que d'appliquer, élément par élément, les formules ci-dessus, on emploie les règles pratiques de transformation du tableau très simples (qui leur sont équivalentes) suivantes :

1) on repère le pivot α_{se} qui est à l'intersection de la ligne s et de la colonne e. C'est l'indice de ligne correspondant à l'indice de la colonne (associée à x_s) qui sort de la base et de la colonne e : indice de la colonne (associée à x_e) qui entre dans la base ;
2) on divise les éléments de la ligne s par le pivot α_{se} c'est-à-dire dans le tableau central et la colonne de droite, donc pour $j = 1, 2, \cdots, 7$ et on remplace l'indice du tableau de gauche, 2e colonne, par l'indice e de la colonne qui entre dans la base ; on remplace le coefficient c_s du tableau de gauche, 1ère colonne, par la valeur c_e du coefficient de la fonction économique ;
3) parmi les autres lignes du tableau, celles qui comportent un 0 dans la colonne e qui entre dans la base ($\alpha_{ke} = 0$, où $k \neq s$), ne sont pas modifiées : la variable entrante x_e est absente dans l'expression de la variable de l'ancienne base x_k (qui reste dans la nouvelle base).
4) les éléments des autres lignes du tableau qui comportent un élément différent de 0 dans la colonne qui entre dans la base ($\alpha_{ke} \neq 0$, où $k \neq s$), sont modifiés comme suit :

- on multiplie les éléments de la nouvelle ligne du pivot (désormais ligne e) par cet élément α_{ke} (non nul) et on soustrait les résultats aux éléments correspondants de la ligne à modifier ;
- ce traitement est applicable aux éléments du vecteur des seconds membres (« colonne $\boldsymbol{\beta}$ ») ;
- il s'applique également aux éléments de la ligne z de la fonction économique ; en particulier pour le second membre de la ligne z, on inscrit $z - \frac{\beta_s}{\alpha_{se}} \cdot \Delta_e$.

Par exemple, revenant au tableau précédent (cf p. 313), on aura :

1) l'élément distingué (pivot) est le 1 de ligne 5 et de la colonne 2 ;
2) la ligne 5, divisée par le pivot égal à 1 reste donc la même ; on remplace, dans le tableau de gauche, 5 par 2 (c'est-à-dire 5 par e) et immédiatement à gauche 0 par 12 (c'est-à-dire c_5 par c_2) ;
3) les lignes 4 et 6 ne subissent pas de modification (car elles comportent un 0 dans la colonne entrante, c'est-à-dire la colonne 2) ;
4) la ligne 7 est modifiée comme suit :

		↓							
	3	6	2	0	0	0	1	6750	anciens éléments de la ligne 7
−	0	6	0	0	6	0	0	3000	− les éléments de la ligne 5 multipliée par 6
	3	0	2	0	−6	0	1	3750	nouvelle ligne 7 : $(7') = (7) - 6 \times (5)$

La ligne z est modifiée de la façon suivante :

	↓							
4	12	3	0	0	0	0	$z - 0$	anciens éléments de la ligne de la fonction économique
– 0	12	0	0	12	0	0	6 000	– les éléments de la ligne 5 multipliée par 12
4	0	3	0	–12	0	0	$z - 6\,000$	nouvelle ligne de la fonction économique : $(z)' = (z) - 12 \times (5)$

Dans ces conditions le nouveau tableau se présente ainsi :

	c_i	i	j 1	2	3	4	5	6	7	0
	0	4	(1)	0	0	1	0	0	0	1 000
	12	2	0	1	0	0	1	0	0	500
$s = 6$ ←	0	[6]	0	0	1	0	0	1	0	1 500
	0	7	3	0	2	0	–6	0	1	3 750
	z		Δ_j: 4	0	3	0	–12	0	0	6 000
			↑ $e = 1$							

et l'on est prêt pour une nouvelle itération.

Les calculs suivants sont donnés en annexe. Ils ne sont nullement difficiles. Il est conseillé au lecteur de les mener lui-même, crayon en main, en se contrôlant pas à pas. Rappelons que, lors de toute itération, les Δ_j sont nuls pour les variables de base.

Note. La règle pratique énoncée ci-dessus est conçue pour les problèmes de maximisation. En fait, elle peut s'appliquer aussi aux problèmes de *minimisation,* à condition de changer les signes des coefficients c_j de la fonction économique (car maximiser $-z$ revient à minimiser z) ; il faut naturellement qu'il y ait au moins un coefficient positif après ce changement de signe (sinon l'optimum serait déjà atteint).

On a donné, en annexe, le tableau associé à chaque itération.

Le dernier tableau fourni par la règle pratique est le suivant :

c_i	i	j	1	2	3	4 $(\bar{1})$	5 $(\bar{2})$	6 $(\bar{3})$	7 $(\bar{4})$	
4	1		1	0	0	0	-2	$-\frac{2}{3}$	$\frac{1}{3}$	250
12	2		0	1	0	0	1	0	0	500
0	4		0	0	0	1	2	$\frac{2}{3}$	$-\frac{1}{3}$	750
3	3		0	0	1	0	0	1	0	1500
		Δ_j	0	0	0	0	-4	$-\frac{1}{3}$	$-\frac{4}{3}$	$z = 11500$

L'optimum est atteint, puisque tous les Δ_j relatifs aux variables hors base, sont négatifs. Nous sommes évidemment parvenus à la même solution que nous avions trouvée plus haut par d'autres voies : $x_1 = 250, x_2 = 500, x_3 = 1500, z = 11500$ euros.

En se reportant à l'annexe, qui contient les calculs intermédiaires, le lecteur constatera que, partant du sommet O, l'origine des axes $(x_1 = x_2 = x_3 = 0, z = 0)$, nous sommes successivement passés, dans l'espace à trois dimensions, par :

le sommet C $(x_1 = x_3 = 0, x_2 = 500, z = 6000)$,

puis le sommet B $(x_1 = 1000, x_2 = 500, x_3 = 0, z = 10000)$

puis le sommet R $(x_1 = 1000, x_2 = 500, x_3 = 375, z = 11125)$,

enfin au sommet Q $(x_1 = 1000, x_2 = 500, x_3 = 1500, z = 11500)$.

Mais il va sans dire que nous n'avons pu mener ce problème à bien, par des calculs manuels, que parce que le nombre de variables est très petit. Lorsque le nombre de variables dépasse la dizaine, il ne peut être question de calculer à la main ; l'algorithme s'implémente informatiquement et il est capable de résoudre des programmes linéaires comportant des centaines de milliers de variables et des dizaines de milliers de contraintes(1). Le cas échéant, on fait appel à des *méthodes de décomposition,* lorsque le problème est de grande taille.

Ces résultats témoignent de la puissance de l'outil d'exploration du combinatoire constitué par la programmation linéaire et l'algorithme du simplexe.

8.2.3 Annexe : détails des itérations

Ayant donné le détail de la pratique de la première itération, nous donnons pour les itérations suivantes le résultat du calcul (à chaque itération le coefficient pivot est marqué par un astérisque), à suivre crayon en main.

(1) Voire même au-delà, pour des programmes linéaires dont les données ont des structures particulières

sommet B

	i \ j	1	2	3	4	5	6	7	$\boldsymbol{\beta}$	$\frac{\beta_i}{\alpha_{ie}}$
	1	1	0	0	1	0	0	0	1000	∞
	2	0	1	0	0	1	0	0	500	∞
	6	0	0	1	0	0	1	0	1500	1500/1
$s \leftarrow$	7	0	0	2*	−3	−6	0	1	750	750/2 = 375 (*)
		0	0	3	−4	−12	0	0	$z - 10\,000$	
				$\uparrow e$						

sommet R

	i \ j	1	2	3	4	5	6	7	$\boldsymbol{\beta}$	$\frac{\beta_i}{\alpha_{ie}}$
	1	1	0	0	1	0	0	0	1000	1000/1
	2	0	1	0	0	1	0	0	500	∞
$s \leftarrow$	6	0	0	0	$\frac{3^*}{2}$	3	1	$-\frac{1}{2}$	1125	1125/(3/2) = 750 (*)
	3	0	0	1	$-\frac{3}{2}$	−3	0	$\frac{1}{2}$	375	négatif
		0	0	0	$\frac{1}{2}$	−3	0	$-\frac{3}{2}$	$z - 11\,125$	
					$\uparrow e$					

sommet Q

i \ j	1	2	3	4	5	6	7	$\boldsymbol{\beta}$
1	1	0	0	0	−2	$-\frac{2}{3}$	$\frac{1}{3}$	250
2	0	1	0	0	1	0	0	500
4	0	0	0	1	2	$\frac{2}{3}$	$-\frac{1}{3}$	750
3	0	0	1	0	0	1	0	1500
	0	0	0	0	−4	$-\frac{1}{3}$	$-\frac{4}{3}$	$z - 11\,500$

L'optimum est atteint en 4 itérations (tous les Δ_j sont alors négatifs ou nuls : c'est le test de fin). On reconnaît le sommet Q avec $x_1 = 250$ ($= \beta_1$), $x_2 = 500$ ($= \beta_2$), $x_3 = 1500$ ($= \beta_3$). Le bénéfice étant de 11 500 euros par semaine.

NB : si lors de la seconde itération on avait fait entrer en base x_3 au lieu de x_1, on serait parvenu à l'optimum en 3 itérations : une de moins.

Connaissant désormais l'algorithme du simplexe et son implémentation sous forme de la méthode des tableaux, nous sommes en mesure de présenter des cas particuliers (ou dégénérescences) qui s'illustrent aisément graphiquement.

8.3 Dégénérescences

8.3.1 Dégénérescence de première espèce

Pour certains programmes linéaires, l'optimum peut être réalisé en plusieurs points de la frontière du domaine admissible : tous les points d'une arête ou d'une facette (ou...) sont alors optimaux.

Ainsi soit le programme :

$$[\max]\, z = 6x_1 + 4x_2$$

sous les contraintes :

$$\begin{cases} -3x_1 + 2x_2 \leqslant 4 \\ 3x_1 + 2x_2 \leqslant 16 \\ x_1 \leqslant 3 \\ x_1\ ,\ x_2 \geqslant 0 \end{cases} \quad \text{soit} \quad \begin{cases} -3x_1 + 2x_2 + x_{\bar 1} = 4 \\ 3x_1 + 2x_2 + \quad + x_{\bar 2} = 16 \\ x_1 + x_{\bar 3} = 3 \\ x_1\ ,\ x_2\ ,\ x_{\bar 1}\ ,\ x_{\bar 2}\ ,\ x_{\bar 3} \geqslant 0 \end{cases}$$

Les tableaux successifs conduisant à la solution se présentent de la manière suivante : (les suivre en parallèle avec la figure 8.8) :

Sommet O

	c_i	i	1	2	$\bar 1$	$\bar 2$	$\bar 3$	$\beta^{(0)} = b$
	0	$\bar 1$	−3	2	1	0	0	4
$s \leftarrow$	0	$\bar 2$	3		0	1	0	16
	0	$\bar 3$	①	0	0	0	1	3
		Δ_j	6	4	0	0	0	$z - 0$
			↑ e					

Sommet D

	c_i	i	1	2	$\bar 1$	$\bar 2$	$\bar 3$	$\beta^{(1)}$
	0	$\bar 1$	0	2	1	0	3	13
$s \leftarrow$	0	$\bar 2$	0	②	0	1	−3	7
	6	1	1	0	0	0	1	3
		Δ_j	0	4	0	0	−6	$z - 18$
				↑ e				

Sommet C

	c_i	i	1	2	$\bar 1$	$\bar 2$	$\bar 3$	$\beta^{(2)}$
$s \leftarrow$	0	$\bar 1$	0	0	1	−1	⑥	6
	4	2	0	1	0	$\frac{1}{2}$	$-\frac{3}{2}$	$\frac{7}{2}$
	6	1	1	0	0	0	1	3
		Δ_j	0	0	0	−2	**0**	$z - 32$
							↑ e	

Sommet B

c_i	i	1	2	$\bar 1$	$\bar 2$	$\bar 3$	$\beta^{(3)}$
0	$\bar 3$	0	0	$\frac{1}{6}$	$-\frac{1}{6}$	1	1
4	2	0	1	$\frac{1}{4}$	$\frac{3}{4}$	0	5
6	1	1	0	$-\frac{1}{6}$	$\frac{1}{6}$	0	2
	Δ_j	0	0	**0**	−2	0	$z - 32$

N.B. Lors de chaque itération (pas), on a cerclé le pivot.

Sur le troisième tableau, on constate que $\Delta_{\bar{3}} = 0$, alors que la colonne $\bar{3}$ est hors base.

Bien qu'on ait atteint la valeur optimale de la fonction économique, si l'on considère que $\Delta_{\bar{3}}$ est le plus grand des Δ_j non-négatifs correspondant aux variables hors base (troisième tableau), on peut faire entrer la variable $x_{\bar{3}}$ dans la base, d'où sort la variable $x_{\bar{1}}$, et l'on a alors $\Delta_{\bar{1}} = 0$ (quatrième tableau).

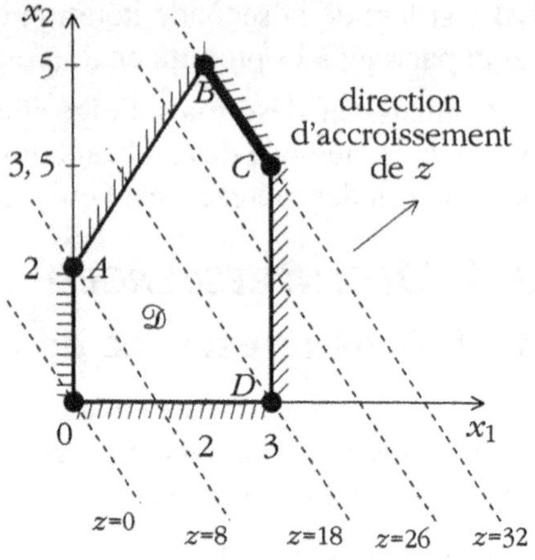

Figure 8.8

Ce fait traduit que la fonction économique $z = 6x_1 + 4x_2$ est parallèle à l'hyperplan (ici, la droite) limitant le demi-plan déterminé par la contrainte $3x_1 + 2x_2 \leqslant 16$; les sommets B et C sont tous deux optimaux. L'enveloppe convexe de ces sommets, c'est-à-dire le segment BC, est telle que chacun de ses points donne à z la valeur optimale 32. C'est le cas dit de « *dégénérescence de première espèce* ».

8.3.2 Dégénérescence de deuxième espèce

Pour certains programmes linéaires, une (ou plusieurs) variable(s) de la base optimale peut être nulle. Voici un exemple détaillé : ajoutons au programme précédent la contrainte :

$$x_1 + 4x_2 \leqslant 22 \text{ soit } x_1 + 4x_2 + x_{\bar{4}} = 22$$

et prenons comme fonction économique :

$$[\max]\, z = x_1 + x_2 \quad \text{(au lieu de } [\max]\, z = 6x_1 + 4x_2\text{)}$$

Il en résulte la figure 8.9. Traitons néanmoins le programme par la méthode des tableaux. On obtient les résultats suivants, ayant choisi arbitrairement, au deuxième tableau, de faire sortir la variable $x_{\bar{4}}$ de la base (on avait le choix entre $x_{\bar{2}}$ et $x_{\bar{4}}$).

	c_i	i	j 1	2	$\bar{1}$	$\bar{2}$	$\bar{3}$	$\bar{4}$	β_i
$s \leftarrow$	0	$\bar{1}$	−3	(2)	1	0	0	0	4
	0	$\bar{2}$	3	2	0	1	0	0	16
	0	$\bar{3}$	1	0	0	0	1	0	3
	0	$\bar{4}$	1	4	0	0	0	1	22
Sommet O			1	1	0	0	0	0	$z-0$
			↑ e						

	c_i	i	j 1	2	$\bar{1}$	$\bar{2}$	$\bar{3}$	$\bar{4}$	β_i	β_i/α_{ie}
	1	2	−3/2	1	1/2	0	0	0	2	<0
	0	$\bar{2}$	6	0	−1	1	0	0	12	2 *
	0	$\bar{3}$	1	0	0	0	1	0	3	3
$s \leftarrow$	0	$\bar{4}$	(7)	0	−2	0	0	1	14	2 *
Sommet A			5/2	0	−1/2	0	0	0	$z-2$	
			↑ e							

c_i	i	j 1	2	$\bar{1}$	$\bar{2}$	$\bar{3}$	$\bar{4}$	β_i	β_i/α_{ie}
1	2	0	1	$\frac{1}{14}$	0	0	$\frac{3}{14}$	5	70
$s \leftarrow$ 0	$\bar{2}$	0	0	$\textcircled{\frac{5}{7}}$	1	0	$-\frac{6}{7}$	**0**	0 *
0	$\bar{3}$	0	0	$\frac{2}{7}$	0	1	$-\frac{1}{7}$	1	7/2
1	1	1	0	$-\frac{2}{7}$	0	0	$\frac{1}{7}$	2	négatif
Sommet B		0	0	$\frac{3}{14}$	0	0	$-\frac{5}{14}$	$z-7$	
				$\uparrow$ e					

c_i	i	j 1	2	$\bar{1}$	$\bar{2}$	$\bar{3}$	$\bar{4}$	β_i
1	2	0	1	0	$-\frac{1}{10}$	0	$\frac{3}{10}$	5
0	$\bar{1}$	0	0	1	$\frac{7}{5}$	0	$-\frac{6}{5}$	**0**
0	$\bar{3}$	0	0	0	$-\frac{2}{5}$	1	$\frac{1}{5}$	1
1	1	1	0	0	$\frac{2}{5}$	0	$-\frac{1}{5}$	2
Sommet B		0	0	0	$-\frac{3}{10}$	0	$-\frac{1}{10}$	$z-7$

Alors, au troisième tableau apparaît une valeur nulle pour l'une des variables de base : $x_{\bar{2}}$. Le plus petit des rapports $\frac{\beta_i}{\alpha_{i\bar{1}}}$ positifs ou nuls est, évidemment : $0 = \frac{0}{5/7}$. Après pivotage, on retrouve une autre variable de base nulle, c'est $x_{\bar{1}}$. Notons aussi que la base associée à ce troisième tableau est optimale ($z = 7$). C'est un effet de la dégénérescence.

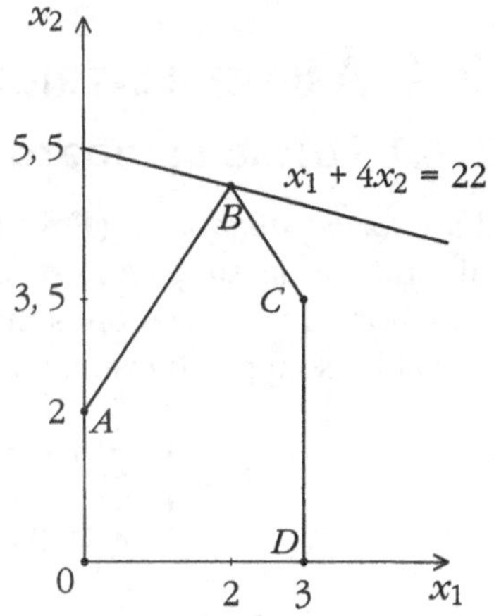

Figure 8.9

Chaque fois qu'on obtient une ou plusieurs variables de base nulles, on est dans le cas de dégénérescence de seconde espèce. La raison géométrique en est qu'il passe, par un des sommets au moins, un ou plusieurs hyperplans (ici droites) supplémentaires (ici, par le sommet B, au lieu de passer $n = 2$ droites, il en passe trois).

Remarques.

1. Au cas où l'on aurait, au deuxième tableau, fait sortir la variable $x_{\bar{2}}$, au lieu de la variable $x_{\bar{4}}$, on ne se serait pas aperçu de la dégénérescence autrement que par l'apparition de la valeur $x_{\bar{4}} = 0$, $\Delta_{\bar{1}}$ et $\Delta_{\bar{2}}$ étant négatifs. Cela montre que la ligne $\bar{4}$ et la colonne $\bar{4}$ pouvaient être supprimées (la contrainte (4) est redondante : cf. la remarque 2.) : cf. ci-dessous le tableau associé.

2. Multiplions la première inéquation: $-3x_1 + 2x_2 \leqslant 4$ par 5/6 et la seconde : $3x_1 + 2x_2 \leqslant 16$ par 7/6 et ajoutons-les : nous trouvons la dernière contrainte : $x_1 + 4x_1 \leqslant 22$ qui est donc une conséquence des deux autres. Cette dernière inéquation ne joue aucun rôle dans le problème et peut-être supprimée (cf. aussi la notion de dominance en théorie des jeux, cf le chapitre 9).

c_i	i	1	2	$\bar{1}$	$\bar{2}$	$\bar{3}$	$\bar{4}$	β_i
1	2	0	1	1/4	1/4	0	0	5
1	1	1	0	–1/6	1/6	0	0	2
0	$\bar{3}$	0	0	1/6	–1/6	1	0	1
0	$\bar{4}$	0	0	–5/6	–7/6	0	1	**0**
		0	0	–1/12	–5/12	0	0	$z-7$

Cas où, au deuxième tableau, on fait sortir $x_{\bar{2}}$ *au lieu de* $x_{\bar{4}}$ *:* $\Delta_{\bar{1}}$, *et* $\Delta_{\bar{2}}$ *sont négatifs, mais* $x_{\bar{4}} = 0$.

8.4 Aspect matriciel

8.4.1 Forme standard

La « *forme standard* » (**F.S.**) d'un programme linéaire (PL) pour la résolution par algorithme du simplexe est la suivante : toutes les contraintes explicites sont des équations dont les seconds membres sont des nombres positifs ou nuls ; toutes les variables sont positives ou nulles ; la fonction économique z est à maximiser :

$$\textbf{F.S.}\left\{\begin{array}{l}\sum_{j=1}^{n} a_{ij}x_j = b_i \text{ (où } b_i \geqslant 0) \text{ pour } i = 1, 2, \cdots, m ;\\ x_j \geqslant 0 \text{ pour } j = 1, 2, \cdots, n ; \ \max z = \sum_{j=1}^{n} c_j x_j\end{array}\right\}$$

Notons $\mathbf{A} = [a_{ij}]$ la matrice $m \times n$ des coefficients des premiers membres des contraintes explicites ; b, le vecteur-colonne $m \times 1$ des seconds membres de ces contraintes ; c, le vecteur-ligne $1 \times n$ des coefficients de la fonction économique ; x, le vecteur-colonne $n \times 1$ des variables du PL. La forme standard s'écrit alors matriciellement :

$$\textbf{F.S.}\left\{\mathbf{A}\cdot\mathbf{x} = \mathbf{b} \text{ (où } \mathbf{b} \geqslant \mathbf{0}) \ ; \mathbf{x} \geqslant \mathbf{0} \ ; \ \max z = \mathbf{c}\cdot\mathbf{x}\right\}.$$

On remarquera que le résultat du produit $c\cdot x$ est une matrice de dimensions 1×1, donc comportant un élément unique, égal à z.

En désignant par $\mathbf{A}^j$ la $j^{\text{ième}}$ colonne de la matrice $\mathbf{A}$ $(j = 1, 2, \cdots, n)$, le système des contraintes explicites peut s'écrire sous forme d'une combinaison linéaire des vecteurs-colonne extraits de $\mathbf{A}$: $x_1\cdot\mathbf{A}^1 + x_2\cdot\mathbf{A}^2 + \cdots + x_n\cdot\mathbf{A}^n = \mathbf{b}$.

Indiquons maintenant comment ramener tout PL à la forme standard :

- si l'objectif du *PL* est de minimiser z, on le remplace par maximiser z', où $z' = -z$;
- si le signe d'une variable n'est pas connu à l'avance : par exemple pour $x_j \geqslant -273$, on pose $x_j' = x_j + 273$ et l'on aura : $x_j' \geqslant 0$. Mais si l'on ne connaît pas de borne inférieure pour x_j (comme ci-dessus), on peut poser $x_j = x_j' - x_j''$ avec x_j' et x_j'' positifs ou nuls. En effet tout nombre réel x_j peut être représenté comme la différence de deux nombres positifs ou nuls ;

• si une contrainte i comporte un second membre négatif : $b_i < 0$, on multiplie par -1 chaque membre de cette contrainte ;
• si certaines contraintes sont initialement en inégalité, on peut les ramener à des égalités par introduction de nouvelles variables, nommées « *variables d'écart* » .

Ainsi $3x_1 + 4x_2 \leqslant 5$ équivaut à : $3x_1 + 4x_2 + x_e = 5$ et $x_e \geqslant 0$.

De même, $2x_1 + 7x_2 \geqslant 11$ équivaut à : $2x_1 + 7x_2 - x'_e = 11$ et $x'_e \geqslant 0$.

Donc, dans le cas de contraintes $\sum a_{ij}x_j \leqslant b_i$, on *ajoute* une variable d'écart, tandis que dans le cas inverse : $\sum a_{ij}x_j \geqslant b_i$, on *retranche* une variable d'écart (après avoir rendu b_i positif, si nécessaire). Observons que ces variables d'écart, tout comme les variables « principales » (c'est-à-dire les variables d'origine, introduites pour formuler le problème) sont toutes *positives ou nulles.* Ainsi, lors de la résolution, on ne fera pas de distinction entre les variables d'écart et les variables principales.

Nous ferons les deux hypothèses suivantes sur la forme standard FS :

1) le nombre de lignes de **A** (contraintes explicites) est inférieur au nombre de colonnes de **A** (qui est égal au nombre de variables) : $m < n$.

Remarquons que, si les contraintes explicites du PL étaient initialement des inégalités, on introduit une variable d'écart dans chacune, soit en tout m variables d'écart. Alors le nombre total de variables devient nécessairement supérieur à m. Cette hypothèse est donc, en pratique, peu limitative.

2) Nous supposerons que l'on peut extraire de **A**, m colonnes différentes qui, regroupées dans une matrice carrée **B**, sont telles que le déterminant de **B** n'est pas nul (ce qui équivaut à dire que les m vecteurs-colonnes ainsi extraits, sont indépendants ; on dit alors que le « *rang* » de la matrice **A** est égal à m).

Remarquons à nouveau que si les contraintes explicites du PL étaient initialement des inégalités, les m colonnes de **A** associées aux variables d'écart forment la matrice $m \times m$:

$$\begin{pmatrix} \pm 1 & 0 & 0 & \dots & 0 \\ 0 & \pm 1 & 0 & \dots & 0 \\ 0 & 0 & \pm 1 & \dots & 0 \\ \vdots & \vdots & \dots & \ddots & \vdots \\ 0 & 0 & 0 & \dots & \pm 1 \end{pmatrix}$$

Cette matrice diagonale a pour déterminant le produit des éléments diagonaux, qui vaut donc $+1$ ou -1 : il est donc non nul.

À nouveau, cette hypothèse est, en pratique, peu restrictive.

Dans ces conditions, le système linéaire $\mathbf{A}\cdot\mathbf{x} = \mathbf{b}$ de m équations à n inconnues admet au moins une solution (et, en général, une infinité). C'est un système *« sous déterminé »* comportant plus d'inconnues que d'équations. Notons que si l'on connaît deux solutions différentes $\mathbf{x}'$ et $\mathbf{x}''$ de ce système, alors tout $\mathbf{x}$ de la forme $\mathbf{x} = \lambda\cdot\mathbf{x}' + (1 - \lambda)\cdot\mathbf{x}''$, où $0 \leqslant \lambda \leqslant 1$, est aussi une solution du système ; $\mathbf{x}$ est nommé : "*combinaison linéaire convexe*" de $\mathbf{x}'$ et de $\mathbf{x}''$.

Base

Par définition, une « *base* » d'un PL est un ensemble de m vecteurs-colonne indépendants, extraits de **A**. Ainsi si l'on découpe **A** en colonne :

$$\mathbf{A} = \begin{array}{|c|c|c|c|c|}\hline \mathbf{A}^1 & \mathbf{A}^2 & \mathbf{A}^3 & \cdots & \mathbf{A}^n \\ \hline \end{array}$$

et que l'on ait extrait de **A** les m colonnes d'indices $j_1, j_2, \cdots, j_m$, à la *base* **B** est associée une matrice carrée $m \times m$, de déterminant non nul :

$$\mathbf{B} = \begin{array}{|c|c|c|c|}\hline \mathbf{A}^{j_1} & \mathbf{A}^{j_2} & \cdots & \mathbf{A}^{jm} \\ \hline \end{array} \qquad \mathbf{x}_B = \begin{bmatrix} x_{j_1} \\ x_{j_2} \\ \vdots \\ x_{j_m} \end{bmatrix}$$

Les « *variables de base* » sont les variables $x_{j1}, x_{j2}, \cdots, x_{jm}$ associées aux colonnes constituant la base ; on note $\mathbf{x}_B$ le vecteur colonne des m variables de base. Les $n - m$ autres variables sont dites « *variables hors base* » et l'on note $\mathbf{x}_N$ leur vecteur-colonne.

Réécriture du programme linéaire associée à une base B

Par permutation des colonnes de **A**, on place en tête (calées à gauche) les colonnes de base qui forment la sous-matrice **B**, puis on place, immédiatement à droite de celles-ci, les colonnes hors base (qui forment la sous-matrice **N**). On permute dans le même ordre les variables ; ainsi $\mathbf{A} = (\mathbf{B}, \mathbf{N})$

et $\mathbf{x} = \begin{pmatrix} \mathbf{x}_B \\ \mathbf{x}_N \end{pmatrix}$:

$$\mathbf{A} = \underbrace{\begin{array}{|c|c|c|c|}\hline \mathbf{A}^{j_1} & \mathbf{A}^{j_2} & \cdots & \mathbf{A}^{jm} \\ \hline \end{array}}_{\mathbf{B}}\underbrace{\begin{array}{|c|c|c|c|}\hline \quad & \quad & \cdots & \quad \\ \hline \end{array}}_{\mathbf{N}}$$

Alors le système des contraintes explicites $\mathbf{A}\cdot\mathbf{x} = \mathbf{b}$, calculé par blocs, devient :

$$(\mathbf{B}, \mathbf{N})\cdot\begin{pmatrix} \mathbf{x}_B \\ \mathbf{x}_N \end{pmatrix} = \mathbf{b}, \text{ soit } \mathbf{B}\cdot\mathbf{x}_B + \mathbf{N}\cdot\mathbf{x}_N = \mathbf{b}.$$

Donnons un exemple de cette réécriture (avec $m = 2$ contraintes) :

$$\begin{cases} 2x_1 + 3x_2 - x_3 + x_4 + 3x_5 = 12 \\ 7x_1 - x_2 + 2x_3 + 5x_4 + x_5 = 6 \end{cases}$$

$$\text{soit : } \begin{array}{c} \quad \mathbf{A}^1 \quad \mathbf{A}^2 \quad \mathbf{A}^3 \quad \mathbf{A}^4 \quad \mathbf{A}^5 \\ \boxed{\begin{matrix} 2 & 3 & -1 & 1 & 3 \\ 7 & -1 & 2 & 5 & 1 \end{matrix}} \end{array} \cdot \boxed{\begin{matrix} x_1 \\ x_2 \\ x_3 \\ x_4 \\ x_5 \end{matrix}} = \boxed{\begin{matrix} 12 \\ 6 \end{matrix}} \text{ soit } \mathbf{A} \cdot \mathbf{x} = \mathbf{b}.$$

Les $m = 2$ colonnes A^2 et A^5 forment une base $\mathbf{B} = (\mathbf{A}^2, \mathbf{A}^5) = \begin{pmatrix} 3 & 3 \\ -1 & 1 \end{pmatrix}$ puisque le déterminant de cette matrice n'est pas nul : dét $\mathbf{B} = 6$.

La réécriture fournit :

$$\begin{array}{c} \mathbf{A}^2 \quad \mathbf{A}^5 \quad \mathbf{A}^1 \quad \mathbf{A}^3 \quad \mathbf{A}^4 \\ \boxed{\begin{matrix} 3 & 3 \\ -1 & 1 \end{matrix}\,\Bigg|\,\begin{matrix} 2 & -1 & 1 \\ 7 & 2 & 5 \end{matrix}} \\ \mathbf{B} \qquad\qquad \mathbf{N} \end{array} \cdot \begin{matrix} \left.\boxed{\begin{matrix} x_2 \\ x_5 \end{matrix}}\right\} \mathbf{x}_B \\ \left.\boxed{\begin{matrix} x_1 \\ x_3 \\ x_4 \end{matrix}}\right\} \mathbf{x}_N \end{matrix} = \left.\boxed{\begin{matrix} 12 \\ 6 \end{matrix}}\right\} \mathbf{b}$$

$$\text{soit : } \boxed{\begin{matrix} 3 & 3 \\ -1 & 1 \end{matrix}} \cdot \boxed{\begin{matrix} x_2 \\ x_5 \end{matrix}} + \boxed{\begin{matrix} 2 & -1 & 1 \\ 7 & 2 & 5 \end{matrix}} \cdot \boxed{\begin{matrix} x_1 \\ x_3 \\ x_4 \end{matrix}} = \boxed{\begin{matrix} 12 \\ 6 \end{matrix}} \quad \text{c'est-à-dire } \mathbf{B} \cdot \mathbf{x}_B + \mathbf{N} \cdot \mathbf{x}_N = \mathbf{b}.$$

Solution de base

Posons $\mathbf{x}_N = \mathbf{0}$, il reste alors $\mathbf{B} \cdot \mathbf{x}_B = \mathbf{b}$, qui est un système de m équations à m inconnues, de déterminant non nul (système de Cramer), admettant une solution unique :

$$\mathbf{x}_B = \mathbf{B}^{-1} \cdot \mathbf{b}$$

- si $\mathbf{x}_B$ vérifie aussi les contraintes « implicites » de positivité, c'est-à-dire si $\mathbf{x}_B$ est positif ou nul, $\mathbf{x}_B$ est alors une « *solution de base admissible* ».

Reprenons l'exemple ci-dessus ; pour la base $\mathbf{B} = (\mathbf{A}^2, \mathbf{A}^5)$, on obtient la solution de base associée en posant $x_1 = x_3 = x_4 = 0$, soit $\mathbf{x}_N = \mathbf{0}$. Il reste le système :

$$\boxed{\begin{matrix} 3 & 3 \\ -1 & 1 \end{matrix}} \cdot \boxed{\begin{matrix} x_2 \\ x_5 \end{matrix}} = \boxed{\begin{matrix} 12 \\ 6 \end{matrix}},$$

or $\mathbf{B}^{-1} = \frac{1}{6} \boxed{\begin{matrix} 1 & -3 \\ 1 & 3 \end{matrix}}$, d'où : $\boxed{\begin{matrix} x_2 \\ x_5 \end{matrix}} = \frac{1}{6} \boxed{\begin{matrix} 1 & -3 \\ 1 & 3 \end{matrix}} \cdot \boxed{\begin{matrix} 12 \\ 6 \end{matrix}} = \boxed{\begin{matrix} -1 \\ 5 \end{matrix}} = \mathbf{x}_B$: on n'a **pas** $\mathbf{x}_B \geqslant \mathbf{0}$:

cette solution de base n'est **pas** admissible car $x_2 = -1 < 0$. Par contre avec la base $\mathbf{B}' = (\mathbf{A}^2, \mathbf{A}^3)$ on obtient une solution de base admissible car $\mathbf{x}_B = \boxed{\begin{matrix} 6 \\ 6 \end{matrix}}$, puisque ici on a : $\mathbf{x}_B \geqslant \mathbf{0}$.

D'une manière générale une « *solution admissible* » (on dit aussi « *réalisable* » ou même « *faisable* » : mauvaise re-traduction de l'anglais « *feasible* ») est une solution (pas nécessairement de base) du système : $\mathbf{A} \cdot \mathbf{x} = \mathbf{b}$, avec $\mathbf{x} \geqslant \mathbf{0}$.

Le théorème suivant (que nous admettons sans démonstration) précise la correspondance entre les sommets du polyèdre $\mathcal{D}$ et les solutions de base admissibles : il fait le lien entre l'aspect géométrique et l'aspect algébrique en programmation linéaire.

Théorème. *À toute solution de base admissible correspond un sommet du polyèdre des solutions admissibles et un seul.*

La réciproque n'est vraie qu'en l'absence de dégénérescence de deuxième espèce, c'est-à-dire si x_B est strictement positif (aucune variable de base nulle).

• À titre d'exemple, reprenons le problème restreint de l'atelier (deux produits, 35 heures de travail hebdomadaire)

$$\begin{cases} x_1 + \quad\quad + x_3 \quad\quad\quad\quad = 1000 \\ \quad\quad x_2 \quad\quad + x_4 \quad\quad = 500 \\ x_1 + 2x_2 \quad\quad\quad\quad + x_5 = 1750 \end{cases}$$

où x_3, x_4 et x_5 sont des variables d'écart.

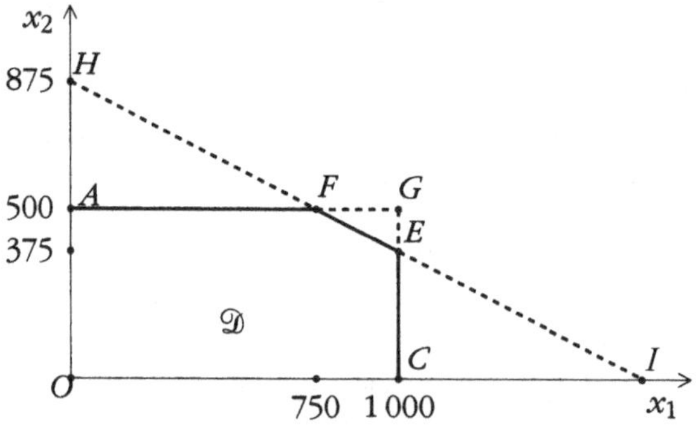

Le lecteur vérifiera que :

– au sommet O correspond la base $\mathbf{B}_O = \begin{bmatrix} 1 & 0 & 0 \\ 0 & 1 & 0 \\ 0 & 0 & 1 \end{bmatrix}$ (colonnes 3, 4, 5) et $\mathbf{x}_{B_O} = \begin{bmatrix} 1000 \\ 500 \\ 1750 \end{bmatrix}$ (lignes 3, 4, 5)

– au sommet A correspond la base $\mathbf{B}_A = \begin{bmatrix} 0 & 1 & 0 \\ 1 & 0 & 0 \\ 2 & 0 & 1 \end{bmatrix}$ (colonnes 2, 3, 5) et $\mathbf{x}_{B_A} = \begin{bmatrix} 500 \\ 1000 \\ 750 \end{bmatrix}$ (lignes 2, 3, 5)

– au sommet F correspond la base $\mathbf{B}_F = \begin{array}{c}\begin{matrix}1 & 2 & 3\end{matrix}\\ \begin{bmatrix}1 & 0 & 1\\ 0 & 1 & 0\\ 1 & 2 & 0\end{bmatrix}\end{array}$ et $\mathbf{x}_{B_F} = \begin{bmatrix}750\\ 500\\ 250\end{bmatrix}\begin{matrix}1\\ 2\\ 3\end{matrix}$

– au sommet E correspond la base $\mathbf{B}_E = \begin{array}{c}\begin{matrix}1 & 2 & 4\end{matrix}\\ \begin{bmatrix}1 & 0 & 0\\ 0 & 1 & 1\\ 1 & 2 & 0\end{bmatrix}\end{array}$ et $\mathbf{x}_{B_E} = \begin{bmatrix}1000\\ 375\\ 125\end{bmatrix}\begin{matrix}1\\ 2\\ 4\end{matrix}$

– au sommet C correspond la base $\mathbf{B}_C = \begin{array}{c}\begin{matrix}1 & 4 & 5\end{matrix}\\ \begin{bmatrix}1 & 0 & 0\\ 0 & 1 & 0\\ 1 & 0 & 1\end{bmatrix}\end{array}$ et $\mathbf{x}_{B_C} = \begin{bmatrix}1000\\ 500\\ 750\end{bmatrix}\begin{matrix}1\\ 4\\ 5\end{matrix}$

Remarquons qu'aux sommets G, H et I (I étant l'intersection de la droite FE avec l'axe Ox_1) qui sont à l'extérieur du domaine admissible $\mathcal{D}$ correspondent des bases *non admissibles* c'est-à-dire pour lesquelles certaines variables de bases seraient négatives :

$$\mathbf{B}_G = \begin{array}{c}\begin{matrix}1 & 2 & 5\end{matrix}\\ \begin{bmatrix}1 & 0 & 0\\ 0 & 1 & 0\\ 1 & 2 & 1\end{bmatrix}\end{array} \text{ et } \mathbf{x}_{B_G} = \begin{bmatrix}1000\\ 500\\ -250\end{bmatrix}\begin{matrix}1\\ 2\\ 5\end{matrix}$$

$$\mathbf{B}_H = \begin{array}{c}\begin{matrix}2 & 3 & 4\end{matrix}\\ \begin{bmatrix}0 & 1 & 0\\ 2 & 0 & 1\\ 1 & 0 & 0\end{bmatrix}\end{array} \text{ et } \mathbf{x}_{B_H} = \begin{bmatrix}875\\ 1000\\ -375\end{bmatrix}\begin{matrix}2\\ 3\\ 4\end{matrix}$$

$$\mathbf{B}_I = \begin{array}{c}\begin{matrix}1 & 3 & 4\end{matrix}\\ \begin{bmatrix}1 & 1 & 0\\ 0 & 0 & 1\\ 1 & 0 & 0\end{bmatrix}\end{array} \text{ et } \mathbf{x}_{B_I} = \begin{bmatrix}1750\\ -750\\ 500\end{bmatrix}\begin{matrix}1\\ 3\\ 4\end{matrix}$$

On peut aussi illustrer le cas de dégénérescence de deuxième espèce en se reportant à l'exemple du paragraphe 8.3.2 et la Fig. 8.9 : au sommet B, par lequel passent trois droites, on peut associer trois bases différentes (données ci-dessous par la liste des variables de base) :

$$\mathcal{B}_1 = \{x_1, x_2, x_{\bar{3}}, x_{\bar{1}}\}\ ,\ \mathcal{B}_2 = \{x_1, x_2, x_{\bar{3}}, x_{\bar{4}}\} \text{ et } \mathcal{B}_3 = \{x_1, x_2, x_{\bar{3}}, x_{\bar{2}}\}.$$

8.4.2 Fonction économique

Matriciellement z peut s'écrire $z = \mathbf{c}\cdot\mathbf{x}$, où $\mathbf{c}$ est le vecteur-ligne $1 \times n$ des coefficients (initiaux) de la fonction économique. Rappelons que les coefficients initiaux des variables d'écart sont nuls, et que $\mathbf{x}$ est le vecteur-colonne $n \times 1$ des variables du PL.

Dans le problème de l'atelier (3 produits, 45 h/semaine), on a :

$\mathbf{c} = [4,12, 3, 0, 0, 0, 0]$ et $\mathbf{x}^T = [x_1, x_2, x_3, x_4, x_5, x_6, x_7]^T$. On peut aussi séparer, dans le vecteur **c**, les coefficients associés aux variables de base qui forment le sous vecteur-ligne $1 \times m$ noté $\mathbf{c}_B$, des autres coefficients qui, eux, sont associés aux variables hors-base et forment le sous vecteur-colonne $1 \times (n - m)$, notés c_N.

Ainsi $z = \mathbf{c}\cdot\mathbf{x} = (\mathbf{c}_B, \mathbf{c}_N)\cdot\begin{pmatrix}\mathbf{x}_B \\ \mathbf{x}_N\end{pmatrix} = \mathbf{c}_B\cdot\mathbf{x}_B + \mathbf{c}_N\cdot\mathbf{x}_N$.

Pour exprimer z seulement en fonction des variables hors-base, il suffit de tirer l'expression de $\mathbf{x}_B$ à partir du système : $\mathbf{B}\cdot\mathbf{x}_B + \mathbf{N}\cdot\mathbf{x}_N = \mathbf{b}$. En multipliant à gauche par $\mathbf{B}^{-1}$ chaque membre, il vient :

$$\mathbf{B}^{-1}\cdot\mathbf{B}\cdot\mathbf{x}_B + \mathbf{B}^{-1}\cdot\mathbf{N}\cdot\mathbf{x}_N = \mathbf{B}^{-1}\cdot\mathbf{b}, \text{d'où } \mathbf{x}_B = \mathbf{B}^{-1}\cdot\mathbf{b} - \mathbf{B}^{-1}\cdot\mathbf{N}\cdot\mathbf{x}_N,$$

qui est la forme matricielle de l'expression des variables de base en fonction des variables hors-base.

Substituons alors à $\mathbf{x}_B$ cette expression dans la relation $z = \mathbf{c}_B\cdot\mathbf{x}_B + \mathbf{c}_N\cdot\mathbf{x}_N$.

Il vient : $z = \mathbf{c}_B\cdot(\mathbf{B}^{-1}\cdot\mathbf{b} - \mathbf{B}^{-1}\cdot\mathbf{N}\cdot\mathbf{x}_N) + \mathbf{c}_N\cdot\mathbf{x}_N$, soit :

$$z = \mathbf{c}_B\cdot\mathbf{B}^{-1}\cdot\mathbf{b} + (\mathbf{c}_N - \mathbf{c}_B\cdot\mathbf{B}^{-1}\cdot\mathbf{N})\cdot\mathbf{x}_N = \tilde{z}_B + \mathbf{\Delta}_N\cdot\mathbf{x}_N.$$

La valeur numérique $\tilde{z}_B$ de la fonction économique pour la solution de base $\mathbf{x}_B$ s'obtient en faisant $\mathbf{x}_N = \mathbf{0}$; elle est donc : $\tilde{z}_B = \mathbf{c}_B\cdot\mathbf{B}^{-1}\cdot\mathbf{b}$.

Puisque z est désormais exprimé seulement en fonction des variables hors-base, le coefficient de toute variable hors-base x_j, dans cette dernière expression de z, n'est autre que le coefficient noté plus haut Δ_j. Ainsi le vecteur $1 \times (n - m)$ des Δ_j, noté $\mathbf{\Delta}_N$, est :

$$\mathbf{\Delta}_N = \mathbf{c}_N - \mathbf{c}_B\cdot\mathbf{B}^{-1}\cdot\mathbf{N}$$

soit, composante par composante : $\mathbf{\Delta}_j = \mathbf{c}_j - \mathbf{c}_B\cdot(\mathbf{B}^{-1}\cdot\mathbf{N})^j$ où $\mathbf{y}^j = (\mathbf{B}^{-1}\cdot\mathbf{N})^j$ est la colonne associée à la variable hors-base x_j, dans la matrice $\mathbf{B}^{-1}\cdot\mathbf{N}$ (dans la méthode des tableaux, c'est la colonne associée à la variable hors-base x_j). On a donc :

$$\Delta_j = c_j - \sum_i c_i\cdot\alpha_{ij},$$

où la sommation est faite pour tous les indices i des m variables de base, et α_{ij} est l'élément i du vecteur-colonne $\mathbf{y}^j = (\mathbf{B}^{-1}\cdot\mathbf{N})^j$ du tableau courant.

8.5 Démarrage de l'algorithme du simplexe : problème de la base initiale

8.5.1 Cas « favorable »

Plaçons-nous dans le cas où toutes les m contraintes d'un programme linéaire sont initialement sous forme d'inéquations, comportant p *variables principales*, du type :

$$\sum_{j=1}^{p} a_{ij}\cdot x_j \leqslant b_i \quad \text{où } b_i \text{ est positif ou nul } (i = 1, 2, \cdots, m).$$

Tel est le cas dans notre exemple du problème de l'atelier.

Dans chacune des m contraintes, on ajoute une variable d'écart :

$$\sum_{j=1}^{p} a_{ij} \cdot x_j + x_{\bar{i}} = b_i.$$

Les m variables d'écart $x_{\bar{i}}$ forment une base de matrice identité I (dont les éléments diagonaux sont égaux à 1 et les non diagonaux égaux à 0). Les $p = n - m$ variables principales : $x_1, x_2, \cdots, x_p$ sont hors-base.

Le sommet associé est l'origine O (dans l'espace des variables principales : $\mathbb{R}^p$).

L'expression des variables de base en fonction des variables hors-base est immédiate :

$$x_{\bar{i}} = b_i - \sum_{j=1}^{p} a_{ij} \cdot x_j, \quad (i = 1, 2, \cdots, m).$$

Enfin, l'expression initiale de la fonction économique : $z = \sum_{j=1}^{p} c_j \cdot x_j$ fait que z est directement exprimée uniquement en fonction des variables hors-base :

$$z = \sum_{j=1}^{p} c_j \cdot x_j + (0 \cdot x_{\bar{1}} + 0 \cdot x_{\bar{2}} + \cdots + 0 \cdot x_{\bar{m}})$$

Le tableau associé à cette base initiale est :

i	1	2	$\cdots$	p	$\bar{1}$	$\bar{2}$	$\cdots$	$\bar{m}$	$\beta_i^{(0)} = b_i$
$\bar{1}$	a_{11}	a_{12}	$\cdots$	a_{1p}	1	0	$\cdots$	0	b_1
$\bar{2}$	a_{21}	a_{22}	$\cdots$	a_{2p}	0	1	$\cdots$	0	b_2
$\vdots$	$\vdots$	$\vdots$		$\vdots$	$\vdots$	$\vdots$	$\ddots$	$\vdots$	$\vdots$
$\bar{m}$	a_{m1}	a_{m2}	$\cdots$	a_{mp}	0	0	$\cdots$	1	b_m
	c_1	c_2	$\cdots$	c_p	0	0	$\cdots$	0	$z - 0$

Le lecteur se reportera à notre exemple de l'atelier pour l'illustration de ce cas.

8.5.2 Cas où une solution est connue à l'avance

Il arrive fréquemment qu'un « système » dont on veut optimiser la marche possède déjà un point de fonctionnement, c'est-à-dire dans le cadre d'un programme linéaire, une *solution admissible* (on rappelle qu'une telle solution vérifie les $m + n$ contraintes du PL). Cette solution ne sera utilisable, pour la résolution par l'algoritme du simplexe, que s'il s'agit d'une solution de base réalisable, c'est-à-dire comportant, au plus, m variables positives (les autres étant nulles) et telles que les m colonnes de la matrice **A** associées à ces variables forment une matrice régulière (inversible), notée **B**.

Le démarrage de l'algorithme du simplexe nécessite de connaître l'expression des m variables de base et de z, en fonction des variables hors-base.

Rappelons que le programme linéaire (après introduction des variables d'écart) s'écrit : $\mathbf{A}\cdot\mathbf{x} = \mathbf{b}$, $\mathbf{x} \geqslant 0$, $\max z = \mathbf{c}\cdot\mathbf{x}$. Avec la base, de matrice **B**, il vient : $\mathbf{B}\cdot\mathbf{x}_B + \mathbf{N}\cdot\mathbf{x}_N = \mathbf{b}$ et $z = \mathbf{c}_B\cdot\mathbf{x}_B + \mathbf{c}_N\cdot\mathbf{x}_N$.

Supposons que l'on connaisse $\mathbf{B}^{-1}$, il vient l'expression cherchée (cf 8.4.2) :

$$\begin{cases} \mathbf{x}_B = \mathbf{B}^{-1}\cdot\mathbf{b} - \mathbf{B}^{-1}\cdot\mathbf{N}\cdot x_N \\ z = \mathbf{c}_B\cdot\mathbf{B}^{-1}\cdot\mathbf{b} + (\mathbf{c}_N - \mathbf{c}_B\cdot\mathbf{B}^{-1}\cdot\mathbf{N})\mathbf{x}_N = \tilde{z}_B + \mathbf{\Delta}_N\cdot\mathbf{x}_N \end{cases}$$

à partir de laquelle on peut démarrer la résolution. Le tableau associé s'écrit (sous forme matricielle) :

$$\begin{cases} \mathbf{I}\cdot\mathbf{x}_B + \mathbf{B}^{-1}\cdot\mathbf{N}\cdot\mathbf{x}_N = \mathbf{B}^{-1}\cdot\mathbf{b} & (\text{le second membre est } \boldsymbol{\beta} = \mathbf{B}^{-1}\cdot\mathbf{b}) \\ \mathbf{0}\cdot\mathbf{x}_B + \mathbf{\Delta}_N\cdot\mathbf{x}_N = z - \tilde{z}_B & (\tilde{z}_B = \mathbf{c}_B\cdot\mathbf{B}^{-1}\cdot\mathbf{b}) \end{cases}$$

Remarquons que, pour obtenir les expressions ci-dessus, il suffit de connaître $\mathbf{B}^{-1}\cdot\mathbf{N}$ et $\mathbf{B}^{-1}\cdot\mathbf{b}$ (et donc, pas nécessairement, $\mathbf{B}^{-1}$ explicitement).

Voici un exemple de ce cas ; soit le PL ci-dessous :

$$\begin{cases} x_1 + x_2 - x_3 + x_4 = 1 \\ 2x_1 + 4x_3 + 2x_4 + x_5 = 7 \\ x_1 + 6x_2 + x_3 + 2x_5 = 19 \\ x_1 \;,\; x_2 \;,\; x_3 \;,\; x_4 \;,\; x_5 \geqslant 0 \\ x_1 + 3x_2 + 5x_3 + x_4 + 4x_5 = z[MAX] \end{cases}$$

Soit la « solution » : $x_1 = 0, x_2 = 2, x_3 = 1, x_4 = 0$ et $x_5 = 3$. Le lecteur vérifira aisément qu'il s'agit bien d'une solution admissible. Examinons s'il s'agit d'une solution de base ; elle comporte bien $m = 3$ variables positives : x_2, x_3 et x_5 (une solution qui comporterait plus de m variables positives ne saurait être de base). La matrice **B** associée est formée des colonnes $\mathbf{A}^2$, $\mathbf{A}^3$ et $\mathbf{A}^5$ de la matrice $\mathbf{A}$: $\mathbf{B} = \begin{bmatrix} 1 & -1 & 0 \\ 0 & 4 & 1 \\ 6 & 1 & 2 \end{bmatrix}$; on vérifie que **B** est régulière, puisque dét **B** = **I**. Le calcul de $\mathbf{B}^{-1}$ fournit :

$\mathbf{B}^{-1} = \begin{bmatrix} 7 & 2 & -1 \\ 6 & 2 & -1 \\ -24 & -7 & 4 \end{bmatrix}$. Nous invitons le lecteur à vérifier que $\mathbf{B}^{-1} \cdot \mathbf{B} = \mathbf{I}$.

Le système des contraintes explicites : $\mathbf{B}\cdot\mathbf{x}_B + \mathbf{N}\cdot\mathbf{x}_N = \mathbf{b}$ s'écrit :

$$\begin{bmatrix} 1 & -1 & 0 \\ 0 & 4 & 1 \\ 6 & 1 & 2 \end{bmatrix} \cdot \begin{bmatrix} x_2 \\ x_3 \\ x_5 \end{bmatrix} + \begin{bmatrix} 1 & 1 \\ 2 & 2 \\ 1 & 0 \end{bmatrix} \cdot \begin{bmatrix} x_1 \\ x_4 \end{bmatrix} = \begin{bmatrix} 1 \\ 7 \\ 19 \end{bmatrix}.$$

Le produit à gauche par $\mathbf{B}^{-1}$ fournit : $\mathbf{I}\cdot\mathbf{x}_B + \mathbf{B}^{-1}\cdot\mathbf{N}\cdot\mathbf{x}_N = \mathbf{B}^{-1}\cdot\mathbf{b}$, soit :

$$\begin{bmatrix} 1 & 0 & 0 \\ 0 & 1 & 0 \\ 0 & 0 & 1 \end{bmatrix} \cdot \begin{bmatrix} x_2 \\ x_3 \\ x_5 \end{bmatrix} + \begin{bmatrix} 10 & 11 \\ 9 & 10 \\ -34 & -38 \end{bmatrix} \cdot \begin{bmatrix} x_1 \\ x_4 \end{bmatrix} = \begin{bmatrix} 2 \\ 1 \\ 3 \end{bmatrix}.$$

On retrouve dans le second membre $\boldsymbol{\beta} = \mathbf{B}^{-1} \cdot \mathbf{b} = \begin{bmatrix} 2 \\ 1 \\ 3 \end{bmatrix}$, c'est-à-dire les valeurs proposées dans la solution que nous avons « parachutée » ci-dessus.

Sous forme algébrique, ce système s'écrit :

$$\begin{cases} x_2 + \quad\quad + 10x_1 + 11x_4 = 2 \\ \quad\quad x_3 \quad + 9x_1 + 10x_4 = 1 \\ \quad\quad\quad x_5 - 34x_1 - 38x_4 = 3 \end{cases}$$

Reste à exprimer $z = x_1 + 3x_2 + 5x_3 + x_4 + 4x_5$ uniquement en fonction des variables hors-base ; ceci est aisé, puisque le système ci-dessus fournit l'expression de chaque variable de base en fonction des variables hors base :

$z = x_1 + 3(2 - 10x_1 - 11x_4) + 5(1 - 9x_1 - 10x_4) + x_4 + 4(3 + 34x_1 + 38x_4)$, soit : $z = 23 + 62x_1 + 70x_4$.

Pour ce faire, nous aurions aussi pu procéder matriciellement :

$$z = \mathbf{c}_B \cdot (\mathbf{B}^{-1} \cdot \mathbf{b}) + [\mathbf{c}_N - \mathbf{c}_B \cdot (\mathbf{B}^{-1} \cdot \mathbf{N})] \cdot \mathbf{x}_N ;$$

or nous avons déjà calculé ci-dessus $\mathbf{B}^{-1} \cdot \mathbf{N} = \begin{bmatrix} 10 & 11 \\ 9 & 10 \\ -34 & -38 \end{bmatrix}$ et $\mathbf{B}^{-1} \cdot \mathbf{b} = \begin{bmatrix} 2 \\ 1 \\ 3 \end{bmatrix}$;

puisque $\mathbf{c}_B = [3, 5, 4]$ et $\mathbf{c}_N = [1, 1]$, il vient :

$$z = [3,5,4] \cdot \begin{bmatrix} 2 \\ 1 \\ 3 \end{bmatrix} + \left\{ [1,1] - [3,5,4] \cdot \begin{bmatrix} 10 & 11 \\ 9 & 10 \\ -34 & -38 \end{bmatrix} \right\} \cdot \begin{bmatrix} x_1 \\ x_4 \end{bmatrix} = 23 + 62x_1 + 70x_4.$$

Le tableau correspondant à cette solution de base est le suivant :

	i	1	2	3	4	5	$\boldsymbol{\beta}^{(0)} = \mathbf{B}^{-1} \mathbf{b}$
	2	10	1	0	11	0	2
$\Delta \leftarrow$	3	9	0	1	(10)	0	1
	5	−34	0	0	−38	1	3
		62	0	0	70	0	$z - 23$
					$\uparrow e$		

La base proposée n'est pas optimale ; en faisant entrer x_4 en base on obtient l'optimum en une seule itération : $z^* = 30$ et $x_1 = 0$, $x_2 = 0{,}9$, $x_3 = 0$, $x_4 = 0{,}1$ et $x_5 = 6{,}8$.

8.5.3 Cas d'une base « évidente » : *B* = *I*

Soit le programme linéaire :

$$\begin{cases} y_1 + 3y_4 - y_{\bar{1}} = 4 \\ y_2 + 6y_4 - y_{\bar{2}} = 12 \\ y_3 + 2y_4 - y_{\bar{3}} = 3 \\ y_1 \,,\ y_2 \,,\ y_3 \,,\ y_4 \,,\ y_{\bar{1}} \,,\ y_{\bar{2}} \,,\ y_{\bar{3}} \geqslant 0 \\ -[1000y_1 + 500y_2 + 1500y_3 + 750y_4] = z\,[\max] \end{cases}$$

Les variables d'écart $y_{\bar{1}}, y_{\bar{2}}$ et $y_{\bar{3}}$ forment certes une base de matrice $\mathbf{B}' = -\mathbf{I}$; mais cette base n'est pas admissible. En effet si l'on annule les variables hors base : y_1, y_2, y_3, et y_4, il vient : $y_{\bar{1}} = -4, y_{\bar{2}} = -12, y_{\bar{3}} = -3$, ce qui viole les contraintes de non-négativité des variables (les contraintes dites « implicites »).

En revanche, les variables y_1, y_2 et y_3 forment une base « évidente », c'est-à-dire de matrice $\mathbf{B} = \mathbf{I}$. Après avoir exprimé z en fonction des variables hors base :

$z = -14500 + 2250y_4 - 1000y_{\bar{1}} - 500y_{\bar{2}} - 1500y_{\bar{3}}$, l'optimum s'obtient alors en une itération (cf 8.7.4 pour le détail des calculs).

Le programme ci-dessus est en fait le « dual » du programme linéaire associé à notre exemple de l'atelier; il sera traité in extenso dans un paragraphe 8.7 consacré à la notion de dualité.

Il arrive que l'on puisse se ramener au cas d'une base évidente. Aussi pour le PL ci-dessous (issu d'un problème d'optimisation de découpes) :

$$\begin{cases} 3y_1 + y_2 \geqslant 36 \\ y_2 + 2y_3 \geqslant 24 \\ y_1 \,,\ y_2 \,,\ y_3 \geqslant 0 \\ 16y_1 + 27y_2 + 10y_3 = z[\min] \end{cases}$$

il suffit de diviser la première contrainte par 3 et la seconde par 2 pour avoir une base $B = I$, associée aux variables y_1 et y_3 :

$$\begin{cases} y_1 + 1/3y_2 - y_{\bar{1}} = 12 \\ 1/2y_2 + y_3 - y_{\bar{2}} = 12 \\ y_1 \,,\ y_2 \,,\ y_3 \,,\ y_{\bar{1}} \,,\ y_{\bar{2}} \geqslant 0 \\ -16y_1 - 27y_2 - 10y_3 = z'\,[\max] \end{cases}$$

l'expression de $z'(= -z)$ en fonction des variables hors-base fournit :

$$z' = -16\cdot(12 - 1/3y_2 + y_{\bar{1}}) - 27y_2 - 10\cdot(12 - 1/2y_2 + y_{\bar{2}}),$$

soit: $$z' = -312 - 50/3y_2 - 16y_{\bar{1}} - 10y_{\bar{2}}.$$

Ainsi, ici, la base « évidente » se révèle être l'optimum... trouvé en 0 itération !

8.5.4 Cas général : emploi de variables artificielles

Un programme linéaire peut comporter 3 types de contraintes (*P*), (*Q*) et (*R*) :

les contraintes du types (*P*) sont de la forme : $\sum_{j=1}^{p} a_{ij}x_j \leqslant b_i$ où b_i est positif (ou nul) ; après introduction d'une variable d'écart x_i^-, il vient : $\sum_{j=1}^{p} a_{ij}\cdot x_j + x_i^- = b_i$,

les contraintes du type *Q* sont de la forme : $\sum_{j=1}^{p} a_{kj}\cdot x_j \geqslant b_k$ (où b_k est positif ou nul) ; après introduction d'une variable d'écart x_k^-, il vient : $\sum_{j=1}^{p} a_{ij}\cdot x_j - x_k^- = b_k$.

Enfin les contraintes de type (*R*) sont celles qui, à l'origine, sont en équation : $\sum_{j=1}^{p} a_{ij}\cdot x_j = b_l$ ($b_l \geqslant 0$), donc dans lesquelles on n'introduit pas de variable d'écart.

Voici un exemple avec $m = 3$ contraintes explicites : la première de type (*P*) ; la deuxième, de type (*Q*) ; la troisième de type (*R*).

$$\begin{cases} x_1 + 2x_2 + x_3 \leqslant 5 & (P) \\ 2x_1 + x_2 + x_3 \geqslant 1 & (Q) \\ x_1 + x_2 = 4 & (R) \\ x_1 \ , \ x_2 \ , \ x_3 \geqslant 0 & \\ 4x_1 + 5x_2 + 3x_3 = z\,[\max] & \end{cases}$$

soit :

$$\begin{cases} x_1 + 2x_2 + x_3 + x_1^- = 5 \\ 2x_1 + x_2 + x_3 - x_2^- = 1 \\ x_1 + x_2 = 4 \\ x_1 \ , \ x_2 \ , \ x_3 \ , \ x_1^- \ , \ x_2^- \geqslant 0 \\ 4x_1 + 5x_2 + 3x_3 + 0x_1^- + 0x_2^- = z[\max] \end{cases}$$

Si toutes les contraintes étaient de type (*P*), on serait dans le cas « favorable », traité plus haut au 8.5.1.

Nous allons constituer une base initiale de matrice $\mathbf{B} = \mathbf{I}$; on peut inclure dans cette base les variables d'écart ajoutées dans les contraintes de type (*P*) ; en effet la colonne associée à chacune de ces variables d'écart est *unitaire* ; ainsi dans l'exemple ci-dessus la colonne associée à x_1^- est : $\begin{bmatrix} 1 \\ 0 \\ 0 \end{bmatrix}$.

On complète cette base en introduisant dans chaque contrainte de type (Q) ou (R), une nouvelle variable, de coefficient égal à 1, nommée « variable artificielle » dont la colonne associée est unitaire.

Ainsi pour notre exemple, en notant $x_{a'}$ et $x_{a''}$ les deux variables artificielles nécessaires pour constituer une base de matrice $\mathbf{B} = \mathbf{I}$, il vient :

$$\begin{cases} x_1 + 2x_2 + x_3 + x_{\bar{1}} = 5 \\ 2x_1 + x_2 + x_3 - x_{\bar{2}} + x_{a'} = 1 \\ x_1 + x_2 + x_{a''} = 4 \\ x_1, x_2, x_3, x_{\bar{1}}, x_{\bar{2}}, x_{a'}, x_{a''} \geqslant 0 \end{cases}$$

Les variables artificielles, comme les autres variables du programme linéaire sont positives ou nulles. Cependant remarquons que :

- si $x_{a'}$ n'est pas nulle, on a : $2x_1 + x_2 + x_3 - x_{\bar{2}} \neq 1$ et que,
- si $x_{a''}$ n'est pas nulle, on a : $x_1 + x_2 \neq 4$.

Ainsi la positivité d'une variable artificielle fait que la contrainte dans laquelle elle a été introduite est violée... Indiquons maintenant comment traiter un tel cas :

8.5.5 Méthode des deux phases

Il convient alors, partant d'une base comportant une ou plusieurs variables artificielles, d'obtenir, en itérant l'algorithme du simplexe, si possible une base sans variable artificielle (dans cette solution de base les variables artificielles seront nulles car hors base, et l'on obtiendra un sommet admissible du polyèdre $\mathcal{D}$).

Pour tenter d'atteindre ce but, on substitue à la fonction économique z, une autre fonction économique z' qui est la **somme des variables artificielles** ($z' = x_{a'} + x_{a''}$) dans l'exemple. L'objectif sera de **minimiser** z'. À l'optimum de ce nouveau programme linéaire, deux cas sont possibles :

Puisque pour toute solution admissible, z' est positif ou nul :

- soit $z' = 0$: on a obtenu alors un sommet du polyèdre $\mathcal{D}$, à partir duquel on reprend la résolution du PL initial (donc avec la fonction économique z, à maximiser) ;
- soit $z' > 0$: toute base admissible du nouveau PL comporte au moins une variable artificielle de valeur strictement positive ; alors le PL d'origine est impossible (le polyèdre $\mathcal{D}$ est vide : les contraintes sont contradictoires).

Ainsi, pour l'exemple, il convient d'abord d'exprimer la fonction économique z' en fonction des variables hors-base (sachant que la base initiale est formée des variables $x_{\bar{1}}$, $x_{a'}$ et $x_{a''}$) : $z' = x_{a'} + x_{a''} = (1 - 2x_1 - x_2 - x_3 + x_{\bar{2}}) + (4 - x_1 - x_2)$, soit : $z' = 5 - 3x_1 - 2x_2 - x_3 + x_{\bar{2}}$. On maximisera donc :

$$z'' = -z' = -5 + 3x_1 + 2x_2 + x_3 - x_{\bar{2}}.$$

	i	1	2	3	$\bar{1}$	$\bar{2}$	a'	a''	$\beta^{(0)}$
	$\bar{1}$	1	2	1	1	0	0	0	5
$s \leftarrow$	a'	②	1	1	0	−1	1	0	1
	a''	1	1	0	0	0	0	1	4
	Δ''_j	3	2	1	0	−1	0	0	$z''-(-5)$
		↑ e							

	i	1	2	3	$\bar{1}$	$\bar{2}$	a'	a''	$\beta^{(1)}$
	$\bar{1}$	0	3/2	1/2	1	1/2	−1/2	0	9/2
	1	1	1/2	1/2	0	−1/2	1/2	0	1/2
$s \leftarrow$	a''	0	1/2	−1/2	0	(1/2)	−1/2	1	7/2
	Δ''_j	0	1/2	−1/2	0	1/2	−3/2	0	$z''+7/2$
						↑ e			

i	1	2	3	$\bar{1}$	$\bar{2}$	a'	a''	$\beta^{(2)}$
$\bar{1}$	0	1	1	1	0	0	−1	1
1	1	1	0	0	0	0	1	4
$\bar{2}$	0	1	−1	0	1	−1	2	7
Δ''_j	0	0	0	0	0	−1	−1	$z''+0$

À l'optimum de la phase 1, nous sommes dans le premier cas : $z' = 0$ (car $z' = -z''$). C'est-à-dire que la base associée aux variables $x_{\bar{1}}$, x_1 et $x_{\bar{2}}$ est admissible pour le programme d'origine ; c'est à partir de cette base que l'on va résoudre le PL d'origine, dont la fonction économique est : $z = 4x_1 + 5x_2 + 3x_3$. Il suffit alors d'exprimer z en fonction des variables hors-base, après avoir annulé (définitivement) les variables artificielles, soit $x_{a'} = x_{a''} = 0 : z = 4\cdot(4 - x_2) + 5x_2 + 3x_3 = 16 + x_2 + 3x_3$.

Voici le tableau associé (où les colonnes a' et a'' ne figurent plus car $x_{a'}$ et $x_{a''}$ sont définitivement nulles) :

	i	1	2	3	$\bar{1}$	$\bar{2}$	β
$s \leftarrow$	$\bar{1}$	0	1	①	1	0	1
	1	1	1	0	0	0	4
	$\bar{2}$	0	1	−1	0	1	7
	Δ_j	0	1	3	0	0	$z - 16$
				↑ e			

i	1	2	3	$\bar{1}$	$\bar{2}$	β
3	0	1	1	1	0	1
1	1	1	0	0	0	4
$\bar{2}$	0	2	0	1	1	8
Δ_j	0	−2	0	−3	0	$z - 19$

On a obtenu, en une itération, lors de la phase 2, l'optimum du PL d'origine :

$$x_1 = 4\ ,\ x_2 = 0\ ,\ x_3 = 1 \text{ et } z^* = 19.\ (x_{\bar{2}} = 8\ ;\ x_{\bar{1}} = x_{\bar{3}} = 0).$$

8.5.6 Variante. Méthode du « grand M »

Nous donnons cette variante à titre d'exercice seulement : les logiciels de P.L. utilisant la méthode des 2 phases.

On peut combiner les deux phases 1 et 2 en introduisant les variables artificielles comme ci-dessus dans les contraintes, puis en les introduisant aussi dans la fonction économique d'origine : chaque variable artificielle y sera munie d'un coefficient $-M$, « très négatif » : c'est-à-dire qu'on peut prendre la valeur M arbitrairement supérieure à tout autre coefficient intervenant dans le PL.

Ainsi, si une variable artificielle n'est pas nulle, elle donnera à cette nouvelle fonction économique une valeur numérique très « mauvaise » car très négative (de valeur absolue très grande).

En maximisant la nouvelle fonction économique, notée $\hat{z}$, l'algorithme aura tendance à faire sortir les variables artificielles de la base; si, à l'optimum de ce PL, toutes les variables artificielles sont nulles, alors $\hat{z}$ coïncide avec la fonction économique d'origine z. Mais si à l'optimum du PL (avec la fonction économique $\hat{z}$) une ou plusieurs variable(s) artificielle(s) est (sont) en base et non nulles, cela signifie que le PL d'origine est impossible.

Ainsi, pour notre exemple, [MAX] $\hat{z} = z - Mx_{a'} - Mx_{a''}$,

$$\text{soit : [MAX] } \hat{z} = 4x_1 + 5x_2 + 3x_3 - Mx_{a'} - Mx_{a''}.$$

La base initiale étant associée aux variables $x_{\bar{1}}, x_{a'}$ et $x_{a''}$, l'expression de $\hat{z}$, en fonction des variables hors-base initialement, est :

$$\hat{z} = 4x_1 + 5x_2 + 3x_3 - M(1 - 2x_1 - x_2 - x_3 + x_{\bar{2}}) - M(4 - x_1 - x_2)$$

$$\hat{z} = -5M + (3M + 4)x_1 + (2M + 5)x_2 + (M + 3)x_3 - Mx_{\bar{2}}$$

La valeur initiale de la fonction économique est donc : $-5M$: très négative.

D'où le tableau :

	i	1	2	3	$\bar{1}$	$\bar{2}$	a'	a''	$\boldsymbol{\beta}^{(0)}$
	$\bar{1}$	1	2	1	1	0	0	0	5
$s \leftarrow$	a'	②	1	1	0	-1	1	0	1
	a''	1	1	0	0	0	0	1	4
	$\widehat{\Delta}_j$	$3M$ $+4$	$2M$ $+5$	M $+3$	0	$-M$	0	0	$\hat{z}+5M$
		$\uparrow$ e							

	c_i	i	1	2	3	$\bar{1}$	$\bar{2}$	a'	a''	$\boldsymbol{\beta}^{(1)}$
	0	$\bar{1}$	0	3/2	1/2	1	1/2	$-1/2$	0	9/2
	4	1	1	1/2	1/2	0	$-1/2$	1/2	0	1/2
$s \leftarrow$	$-M$	a''	0	1/2	$-1/2$	0	(1/2)	$-1/2$	1	7/2
		c_j	4	5	3	0	0	$-M$	$-M$	
		$\widehat{\Delta}_j$	0	$M/2$ $+3$	$-M/2$ $+1$	0	$M/2$ $+2$	$-3M/2$ -2	0	$\hat{z}-2+7/2M$
							$\uparrow$ e			

On fait entrer $x_{\bar{2}}$, plutôt que x_2, en base car, alors, la variable artificielle $x_{a''}$ sort de la base :

	c_i	i	1	2	3	$\bar{1}$	$\bar{2}$	a'	a''	$\boldsymbol{\beta}^{(2)}$
$s \leftarrow$	0	$\bar{1}$	0	1	①	1	0	0	-1	1
	4	1	1	1	0	0	0	0	1	4
	0	$\bar{2}$	0	1	-1	0	1	-1	2	7
		c_j	4	5	3	0	0	$-M$	$-M$	
		$\widehat{\Delta}_j$	0	1	3	0	0	$-M$	$-M$ -4	$\hat{z}-16$
					$\uparrow$ e					

On observe qu'à ce stade les variables artificielles sont sorties de la base : on peut les annuler définitivement (ce qui revient à supprimer les colonnes a' et a'' dans le tableau ci-dessus) ; on remarque aussi qu'alors, $\hat{z}$ et z coïncident. La dernière itération étant alors identique à celle de la phase 2 du paragraphe précédent, n'est pas reproduite ici.

Remarque. L'évaluation des Δ_j dans la variante « méthode du grand M » est facilitée par l'application de la formule que nous avons prouvée plus haut (cf. paragraphe 8.4) :

$$\Delta_j = c_j - \sum c_i \cdot \alpha_{ij} \quad \text{(pour } x_j \text{ hors-base)},$$

où la sommation est étendue aux indices des variables de base ; les α_{ij} étant les coefficients du tableau courant ; c_i désigne ici le coefficient (initial) de la $i^{\text{ième}}$ variable de base.

Ainsi après une itération, on a :

$$\Delta_2 = c_2 - (c_{\bar{1}} \cdot \alpha_{12} + c_1 \cdot \alpha_{22} + c_{\mathscr{A}''} \cdot \alpha_{32})$$

$$= 5 - [0, 4, \ -M] \cdot \begin{bmatrix} 3/2 \\ 1/2 \\ 1/2 \end{bmatrix} = M/2 + 3$$

Pour appliquer plus facilement cette formule on a indiqué immédiatement à gauche de chaque variable de base x_i son coefficient initial dans $\hat{z}$, soit c_i, et l'on a intercalé entre le tableau principal et la ligne des $\hat{\Delta}_j$, les valeurs des coefficients initiaux c_j de $\hat{z}$.

En pratique, les logiciels de programmation linéaire implémentant l'algorithme du simplexe utilisent la méthode en deux phases. En effet, lors de la phase 1, en minimisant la somme des variables artificielles, la variante dite du « grand M » conduit à utiliser des nombres dont les ordres de grandeur sont très différents, ce qui est source de difficultés numériques.

8.6 Notions sur la méthode révisée du simplexe

La méthode révisée du simplexe est une amélioration de l'algorithme du simplexe visant, d'une part, à réduire la masse de calculs et, d'autre part, à améliorer la précision des résultats.[1]

Considérons une base admissible du programme linéaire (PL)

$$[\mathbf{A} \cdot \mathbf{x} = \mathbf{b} ; \mathbf{x} \geqslant 0 ; \max z = \mathbf{c} \cdot \mathbf{x}], \text{ de matrice } \mathbf{B}.$$

Le système des contraintes $\mathbf{A} \cdot \mathbf{x} = \mathbf{b}$ s'écrit alors : $\mathbf{B} \cdot \mathbf{x}_B + \mathbf{N} \cdot \mathbf{x}_N = \mathbf{b}$.

Pour obtenir la valeur numérique de la solution (sommet) associée à cette base, on annule les variables hors-base : $\mathbf{x}_N = 0$; il reste donc à résoudre un **premier système** linéaire $\mathbf{B} \cdot \mathbf{x}_B = \mathbf{b}$, système de Cramer (c'est-à-dire à déterminant non nul) de m équations à m inconnues. En particulier si l'on connaît l'inverse de la matrice $\mathbf{B}$, soit $\mathbf{B}^{-1}$, on obtient directement : $\mathbf{x}_B = \mathbf{B}^{-1} \cdot \mathbf{b}$.

1. entachés par des erreurs dues à l'utilisation de l'arithmétique flottante en informatique.

Dans la méthode des tableaux, on représente en fait le système $\mathbf{B}\cdot\mathbf{x}_B + \mathbf{N}\cdot\mathbf{x}_N = \mathbf{b}$ sous la forme : $\mathbf{I}\cdot\mathbf{x}_B + \mathbf{B}^{-1}\cdot\mathbf{N}\cdot\mathbf{x}_N = \mathbf{B}^{-1}\cdot\mathbf{b}$ (où $\mathbf{I}$ est la matrice identité $m \times m$), ce qui revient à multiplier chaque membre du système, à gauche, par $\mathbf{B}^{-1}$. Mais, en fait, une seule colonne hors-base (l'une des colonnes de $\mathbf{B}^{-1}\cdot\mathbf{N}$) est utile lors de l'itération : c'est la « colonne entrante » qui permet ensuite de déterminer, à l'aide du second critère de Dantzig, la variable sortante. Aussi, le calcul de la valeur courante des autres colonnes hors-base (celles de $\mathbf{B}^{-1}\cdot\mathbf{N}$), qui sont au nombre de $n - m$, est-il *inutile* pour pratiquer l'itération. Dans la méthode révisée du simplexe, on évite ces calculs inutiles : on calcule seulement les coefficients de la colonne entrante, c'est-à-dire du vecteur-colonne $\mathbf{B}^{-1}\cdot\mathbf{N}^e = \mathbf{y}^e$, où $\mathbf{N}^e$ est la colonne d'indice e de la matrice $\mathbf{N}$ (sous-matrice de $\mathbf{A}$). Ceci revient à résoudre un **second système** linéaire : $\mathbf{B}\cdot\mathbf{y}^e = \mathbf{N}^e$ (si l'on ne connaît pas $\mathbf{B}^{-1}$, ou bien si l'on ne souhaite pas calculer explicitement cet inverse). Ainsi on résout un nouveau système linéaire, mais de même matrice $\mathbf{B}$ que le premier système, celui qui nous a permis de calculer la solution de base x_B.

Les m coefficients de $\mathbf{y}^e$ sont notés : $\alpha_{i1,e}, \alpha_{i2,e}, \cdots, \alpha_{im,e}$, sachant que la base est composée des colonnes $\mathbf{A}^{i1}, \mathbf{A}^{i2}, \cdots, \mathbf{A}^{im}$ (extraites de $\mathbf{A}$). Il est alors aisé, connaissant $\mathbf{y}^e$, de déterminer, à l'aide du second critère de Dantzig, la variable sortante x_s.

Pour déterminer la variable entrante x_e, on peut préalablement appliquer, par exemple, le premier critère de Dantzig, ce qui suppose la connaissance des coefficients Δ_j (c'est-à-dire de l'expression de z en fonction des variables hors-base). Nous allons montrer que les Δ_j peuvent être obtenus par la résolution d'un **troisième système** linéaire, à nouveau de matrice **B**.

Nous avons vu que $z = \tilde{z}_B + \mathbf{\Delta}_N\cdot\mathbf{x}_N$ où $\tilde{z}_B = \mathbf{c}_B\cdot\mathbf{B}^{-1}$ et $\mathbf{\Delta}_N = \mathbf{c}_N - \mathbf{c}_B\cdot\mathbf{B}^{-1}\cdot\mathbf{N}$.

Posons $\boldsymbol{\pi} = \mathbf{c}_B\cdot\mathbf{B}^{-1}$: ce vecteur ligne $1 \times m$ est nommé vecteur des « *multiplicateurs du simplexe* ».

Le calcul de $\boldsymbol{\pi}$ revient à résoudre le système linéaire $\boldsymbol{\pi}\cdot\mathbf{B} = \mathbf{c}_B$ Remarquons que, s'il a la même matrice **B** que les deux systèmes précédents, il fait intervenir un vecteur-ligne d'inconnues : $\boldsymbol{\pi} = [\pi_1, \pi_2, \cdots, \pi_m]$ multipliant à gauche la matrice **B**, alors que, dans les deux systèmes précédents, on avait un vecteur-colonne $m \times 1$ multipliant à droite la matrice **B**.

Une fois calculé $\boldsymbol{\pi}$, le calcul de Δ_N est trivial : $\mathbf{\Delta}_N = \mathbf{c}_N - \boldsymbol{\pi}\cdot\mathbf{N}$ et l'on peut alors déterminer la variable entrante.

Ainsi dans la méthode révisée du simplexe, chaque itération se résume à résoudre trois systèmes linéaires, de même matrice **B**, régulière. La résolution numérique de tels systèmes est du domaine de l'analyse numérique ; elle a été très investiguée et bénéficie de multiples variantes de résolution efficaces et précises. Il existe donc de nombreuses variantes de la méthode révisée du simplexe.

Une voie possible est de calculer $\mathbf{B}^{-1}$. Dans la variante EFI (forme explicite de l'inverse), on calcule explicitement $\mathbf{B}^{-1}$ à partir de l'inverse de la matrice de la base de l'itération précédente, $\mathbf{B}^{-1}$ étant représentée en mémoire centrale. Cette variante est adaptée aux programmes linéaires de taille modérée.

Pour les programmes linéaires de plus grande taille, on utilise plutôt la variante PFI (forme produit de l'inverse), où $\mathbf{B}^{-1}$ est utilisée, mais implicitement.

L'avantage de la méthode révisée (par rapport à la version initiale de l'algorithme du simplexe, par exemple implémentée par la méthode des tableaux) est double :

– Une réduction de la masse des calculs : lors de chaque itération on explicite une seule colonne hors-base : $\mathbf{y}^e$, la colonne entrante, au lieu des $n - m$ colonnes hors base dans la version initiale de l'algorithme du simplexe.

– Des gains de précision sont obtenus; en arithmétique flottante les erreurs de troncature se cumulent, ce qui peut amener, au fil des itérations, à des calculs imprécis, voire même faux. Ainsi lorsque l'on connaît l'ensemble des variables de base, on peut recalculer $\mathbf{B}^{-1}$ directement à partir des données initiales (donc non entachées d'erreurs au fil des itérations). On recalcule ainsi $\mathbf{B}^{-1}$ (« *réinversion* ») en pratique, toutes les 15 à 20 itérations environ. L'analyse numérique nous fournit, ici aussi, des méthodes efficaces et précises pour recalculer $\mathbf{B}^{-1}$.

La méthode révisée du simplexe est celle qui est implémentée dans les logiciels utilisant l'algorithme du simplexe.

Il existe d'autres méthodes pour résoudre les programmes linéaires (développées efficacement à partir de 1985) : les méthodes dites « intérieures », dont l'exposé sort du cadre de cet ouvrage (elles relèvent des techniques de la programmation non linéaire). Leur complexité (dans le pire des cas) est polynomiale, ce qui n'est pas le cas de l'algorithme du simplexe. À l'heure actuelle aucune de ces deux approches ne surclasse en pratique l'autre; d'ailleurs certains logiciels très performants les implémentent toutes deux et, lors de la résolution d'un problème, toutes les deux sont exécutées indépendamment, en parallèle : il s'opère ainsi une « course » (dont le « gagnant » varie selon les instances traitées).

8.7 Dualité

8.7.1 Définition du dual

Une des remarques les plus fructueuses que l'on peut faire à propos de la programmation linéaire, est qu'à chaque programme linéaire on peut associer, par la règle donnée ci-dessous, un autre programme linéaire, nommé « *programme dual* ». Le premier programme linéaire est alors appelé « *programme primal* ». Leurs propriétés, nous le verrons, sont étroitement liées.

Reprenons l'exemple précédent :

$$\left\{\begin{array}{ccccccll} x_1 & & & & & \leqslant & 1\,000 \\ & & x_2 & & & \leqslant & 500 \\ & & & & x_3 & \leqslant & 1\,500 \\ 3x_1 & + & 6x_2 & + & 2x_3 & \leqslant & 6\,750 \\ x_1 & , & x_2 & , & x_3 & \geqslant & 0 \\ 4x_1 & + & 12x_2 & + & 3x_3 & = & z\,[\mathbf{max}] \end{array}\right.$$

Il est de la forme : $\mathbf{A}\cdot\mathbf{x} \leqslant \mathbf{b}$, $\mathbf{x} \geqslant 0$, $\mathbf{c}\cdot\mathbf{x} = z$ [max] , que l'on appelle « *forme standard de passage au dual* ». Dans ce cas, les composantes du vecteur **b** ne sont pas astreintes à être positives, comme lors de la résolution du primal.

Par définition, le programme dual de notre exemple est :

$$\begin{cases} y_1 & & & & & + & 3y_4 & \geqslant & 4 \\ & & y_2 & & & + & 6y_4 & \geqslant & 12 \\ & & & & y_3 & + & 2y_4 & \geqslant & 3 \\ y_1 & , & y_2 & , & y_3 & , & y_4 & \geqslant & 0 \\ 1\,000y_1 & + & 500y_2 & + & 1\,500y_3 & + & 6\,750y_4 & = & z' \,[\mathbf{min}] \end{cases}$$

Ainsi le primal comporte $n = 3$ variables, positives ou nulles et $m = 4$ contraintes explicites. Dans le programme dual on a $n' = m = 4$ variables, elles aussi positives ou nulles, et $m' = n = 3$ contraintes explicites. L'objectif du primal est une *maximisation,* celui du dual est une *minimisation.* Les « seconds membres » du dual ne sont autres que les coefficients de la fonction économique du primal, c'est-à-dire le vecteur c (transposé); de même, les coefficients de la fonction économique du dual ne sont autres que les « seconds membres » du primal, c'est-à-dire le vecteur b (transposé).

Enfin les matrices des coefficients du primal : **A**, et celle du dual : **A**$'$, sont :

$$\underset{m\times n}{\mathbf{A}} = \begin{bmatrix} 1 & 0 & 0 \\ 0 & 1 & 0 \\ 0 & 0 & 1 \\ 3 & 6 & 2 \end{bmatrix} \; ; \; \underset{n\times m}{\mathbf{A}'} = \begin{bmatrix} 1 & 0 & 0 & 3 \\ 0 & 1 & 0 & 6 \\ 0 & 0 & 1 & 2 \end{bmatrix}$$

On constate que la matrice **A**$'$ du dual est la *transposée* de la matrice du primal : $\mathbf{A}' = \mathbf{A}^T$.

Enfin, on remarque que les contraintes, dans la forme standard du primal, sont des inégalités de sens : $\leqslant$, soit : $\sum_{j=1}^{n} a_{ij}\cdot x_j \leqslant b_i$ où $i = 1, 2, \cdots, m$.

Celles du dual sont de sens inverse : $\geqslant$, soit : $\sum_{i=1}^{m} y_i\cdot a_{ij} \geqslant c_j$ où $j = 1, 2, \cdots, n$.

On peut résumer matriciellement cette règle de passage : le primal, sans introduction de variable d'écart et s'il ne comporte pas de contrainte en égalité, peut s'écrire :

(P) $\boxed{\mathbf{A}\cdot\mathbf{x} \leqslant \mathbf{b}\,, \mathbf{x} \geqslant \mathbf{0}\;,\; [\max]\, z = \mathbf{c}\cdot\mathbf{x}}$ où b_i ($i = 1, 2, \cdots, m$) est ici de signe quelconque,

les formats étant les suivants : pour **A** : $m \times n$; pour **b** : $m \times 1$; pour $\boldsymbol{x}$: $1 \times n$; pour **c** : $1 \times n$.

Le programme dual, en notant **y** le vecteur-ligne $1 \times m$ des variables duales, est par définition :

$$\text{(D)} \boxed{\mathbf{y}\cdot\mathbf{A} \geqslant \mathbf{c} \ , \quad \mathbf{y} \geqslant \mathbf{0} \ , \quad [\min] \ z' = \mathbf{y}\cdot\mathbf{b} \ .}$$

Pour notre exemple, il vient pour le primal :

$$\begin{bmatrix} 1 & 0 & 0 \\ 0 & 1 & 0 \\ 0 & 0 & 1 \\ 3 & 6 & 2 \end{bmatrix} \cdot \begin{bmatrix} x_1 \\ x_2 \\ x_3 \end{bmatrix} \leqslant \begin{bmatrix} 1\,000 \\ 500 \\ 1\,500 \\ 6\,750 \end{bmatrix} ; \quad \begin{bmatrix} x_1 \\ x_2 \\ x_3 \end{bmatrix} \geqslant 0 ; \quad [\max]\, z = [4, 12, 3] \cdot \begin{bmatrix} x_1 \\ x_2 \\ x_3 \end{bmatrix}$$

et pour le dual :

$$\begin{cases} [y_1, y_2, y_3, y_4] \cdot \begin{bmatrix} 1 & 0 & 0 \\ 0 & 1 & 0 \\ 0 & 0 & 1 \\ 3 & 6 & 2 \end{bmatrix} \geqslant [4, 12, 3] \, , \\ [y_1, y_2, y_3, y_4] \geqslant 0 ; \\ \min z' = [y_1, y_2, y_3, y_4] \cdot \begin{bmatrix} 1\,000 \\ 500 \\ 1\,500 \\ 6\,750 \end{bmatrix} . \end{cases}$$

En développant, on retrouve l'expression du dual donnée plus haut. ❑

À titre d'exercice, indiquons comment passer au dual pour le PL suivant :

$$\begin{cases} & 2x_1 & + & x_2 & - & 4x_3 & \leqslant & 10 \\ & x_1 & - & 5x_2 & + & 6x_3 & \geqslant & 2 \\ & 3x_1 & - & 2x_2 & + & 7x_3 & = & 5 \\ & x_1 & , & x_2 & , & x_3 & \geqslant & 0 \\ [\min] & -\,2x_1 & + & 3x_2 & + & 4x_3 & = & z \end{cases}$$

Il convient de ramener chaque contrainte, si nécessaire, à la forme :

$\alpha x_1 + \beta x_2 + \gamma x_3 \leqslant \delta$ (où δ, ici, peut être négatif), de s'assurer de ce que toutes les variables du primal sont positives ou nulles, et - enfin - de ramener la fonction économique, si nécessaire, à une maximisation. En particulier ici on remplacera la contrainte en égalité : $3x_1 - 2x_2 + 7x_3 = 5$, par deux inéquations de sens contraires :

$$3x_1 - 2x_2 + 7x_3 \leqslant 5 \text{ et } 3x_1 - 2x_2 + 7x_3 \geqslant 5$$

cette dernière inéquation (de même que : $x_1 - 5x_2 + 6x_3 \geqslant 2$) doit être multipliée par -1 pour obtenir une inégalité de la forme $\alpha x_1 + \beta x_2 + \gamma x_3 \leqslant \delta$; de même on ramène la fonction économique à une maximisation en la multipliant par -1. Ainsi le primal devient, sous forme standard de passage au dual :

$$
(P)\begin{cases}
2x_1 + x_2 - 4x_3 \leqslant 10 \\
-x_1 + 5x_2 - 6x_3 \leqslant -2 \\
3x_1 - 2x_2 + 7x_3 \leqslant 5 \\
-3x_1 + 2x_2 - 7x_3 \leqslant -5 \\
x_1 \ , \ x_2 \ , \ x_3 \geqslant 0 \\
[\mathbf{max}] \ 2x_1 - 3x_2 - 4x_3 = -z
\end{cases}
$$

D'où le dual :

$$
(D)\begin{cases}
2y_1 - y_2 + 3(y_3 - y_4) \geqslant 2 \\
y_1 + 5y_2 - 2(y_3 - y_4) \geqslant -3 \\
-4y_1 - 6y_2 + 7(y_3 - y_4) \geqslant -4 \\
y_1 \ , \ y_2 \ , \ y_3 , y_4) \geqslant 0 \\
[\mathbf{min}] \ 10y_1 - 2y_2 + 5(y_3 - y_4) = z'
\end{cases}
$$

On a donné, ci-dessus, le dual que le lecteur obtiendra en appliquant la règle de passage que nous avons détaillée plus haut.

8.7.2 Liens entre le primal et le dual

Donnons maintenant des propriétés importantes liant le primal et le dual.

1) D'abord, si l'on a la curiosité de chercher le dual du dual pour notre premier exemple, il nous faudra commencer par ramener les contraintes du dual à des inéquations de la forme $\leqslant$, et la fonction économique à une maximisation : afin de le mettre sous forme standard de passage au dual :

$$
\text{dual}\begin{cases}
-y_1 - 3y_4 \leqslant -4 \\
-y_2 - 6y_4 \leqslant -12 \\
-y_3 - 2y_4 \leqslant -3 \\
y_1 \ , \ y_2 \ , \ y_3 \ , \ y_4 \geqslant 0 \\
-1000y_1 - 500y_2 - 1500y_3 - 6750y_4 \ [\mathbf{max}]
\end{cases}
$$

Nommons t_1, t_2 et t_3 les nouvelles variables duales :

$$
\begin{matrix}\text{dual}\\ \text{du}\\ \text{dual}\end{matrix}\begin{cases}
-t_1 \geqslant -1000 \\
-t_2 \geqslant -500 \\
-t_3 \geqslant -1500 \\
-3t_1 - 6t_2 - 2t_3 \geqslant -6750 \\
t_1 \ , \ t_2 \ , \ t_3 \geqslant 0 \\
-4t_1 - 12t_2 - 3t_3 \ [\mathbf{min}]
\end{cases}
\qquad
\begin{cases}
t_1 \leqslant 1000 \\
t_2 \leqslant 500 \\
t_3 \leqslant 1500 \\
3t_1 + 6t_2 + 2t_3 \leqslant 6750 \\
t_1 \ , \ t_2 \ , \ t_3 \geqslant 0 \\
4t_1 + 12t_2 + 3t_3 \ [\mathbf{max}]
\end{cases}
$$

En multipliant par –1 chacune des contraintes du « dual du dual », ainsi que sa fonction économique (ce qui la ramène à une maximisation), le lecteur reconnaîtra... le primal (au nom près des variables : nommées t_j ici, au lieu de x_j précédemment). D'une manière générale, on a le théorème suivant :

Théorème 1 : le dual du dual d'un programme linéaire, coïncide avec le primal.

2) On montre aussi que :

Théorème 2 : pour deux programmes linéaires en dualité (un primal et un dual), un et un seul des trois cas suivants se trouve réalisé :

• Cas 1. Le primal et le dual ont des solutions optimales finies, respectivement $\mathbf{x}^*$ et $\mathbf{y}^*$. Alors, à l'optimum, les valeurs des fonctions économiques du primal et du dual sont égales :

$$z^* = z', \quad \text{soit} \quad \mathbf{c} \cdot \mathbf{x}^* = \mathbf{y}^* \cdot \mathbf{b}$$

Ce cas est, de loin, le plus fréquent dans les applications concrètes; c'est le cas de notre exemple, comme nous allons le voir plus loin.

• Cas 2. L'un des deux PL n'a pas de solution admissible (c'est-à-dire qu'il est impossible), l'autre en admettant au moins une, mais son optimum est rejeté à l'infini.

• Cas 3. Ni le primal ni le dual n'ont de solutions admissibles.

– Illustration du cas 1

Le lecteur se reportera à notre exemple du problème de l'atelier.

– Illustration du cas 2

$$(P) \begin{cases} -x_1 + x_2 \leqslant 1 \\ -x_1 - 2x_2 \leqslant -2 \\ x_1 , x_2 \geqslant 0 \\ 3x_1 + 3x_2 = z\,[\max] \end{cases} \qquad (D) \begin{cases} -y_1 - y_2 \geqslant 3 \\ y_1 - 2y_2 \geqslant 3 \\ y_1 , y_2 \geqslant 0 \\ y_1 - 2y_2 = z'\,[\min] \end{cases}$$

On vérifie (par exemple graphiquement) que l'optimum de P est rejeté à l'infini. Le dual est impossible (son polyèdre est vide) car la somme de ses deux contraintes explicites fournit : $-3y_2 \geqslant 6$, soit : $y_2 \leqslant -2$, qui est contradictoire avec $y_2 \geqslant 0$.

– Illustration du cas 3

$$(P) \begin{cases} x_1 - x_2 \leqslant 3 & (1) \\ -x_1 + x_2 \leqslant -4 & (2) \\ x_1 , x_2 \geqslant 0 \\ 2x_1 + x_2 = z\,[\max] \end{cases} \qquad (D) \begin{cases} y_1 - y_2 \geqslant 2 & (1') \\ -y_1 + y_2 \geqslant 1 & (2') \\ y_1 , y_2 \geqslant 0 \\ 3y_1 - 4y_2 = z'\,[\min] \end{cases}$$

(P) n'a pas de solution admissible : (1) + (2) entraîne $0 \leqslant -1$: impossible.

(D) non plus, car (1′) + (2′) entraîne $0 \geqslant 3$: impossible.

8.7.3 Critère d'optimalité

Supposons que le primal et le dual aient des solutions admissibles (cas 1).

Soit $\mathbf{x}$ une solution admissible du primal et $\mathbf{y}$ une solution admissible du dual (ces solutions n'étant pas nécessairement des solutions de base). On montre aisément(1) que la valeur de la fonction économique du primal pour tout $\mathbf{x}$ est majorée par celle du dual pour tout $\mathbf{y}$:

$$z(\mathbf{x}) \leqslant z'(\mathbf{y}) \text{ soit : } \mathbf{c}\cdot\mathbf{x} \leqslant \mathbf{y}\cdot\mathbf{b}.$$

On en déduit aisément (par l'absurde) que s'il existe une solution admissible $\tilde{\mathbf{x}}$ du primal et une solution admissible du dual $\tilde{\mathbf{y}}$ telles que :

$$z(\tilde{\mathbf{x}}) = z'(\tilde{\mathbf{y}}) \text{ soit : } \mathbf{c}\cdot\tilde{\mathbf{x}} = \tilde{\mathbf{y}}\cdot\mathbf{b},$$

alors $\tilde{\mathbf{x}}$ est une solution optimale du primal et $\tilde{\mathbf{y}}$, une solution optimale du dual.

8.7.4 Correspondance entre l'optimum du primal et l'optimum du dual (cas 1)

Nous allons tout d'abord résoudre le programme dual du problème de l'atelier. Le lecteur observera que les variables d'écart doivent présenter un coefficient –1, en raison du sens des inégalités au dual : $\geqslant$; on rappelle que les variables d'écart doivent être non négatives. Il se pose le problème de la solution de départ (de la base initiale). Dans la résolution du primal nous avions annulé les variables x_1, x_2 et x_3 (variables hors-base) et obtenu $x_4 = 1\,000$, $x_5 = 500$, $x_6 = 1\,500$ et $x_7 = 6\,750$, c'est-à-dire que la base initiale était formée des $m = 4$ variables d'écart ; de plus les colonnes $\mathbf{A}_4$, $\mathbf{A}_5$, $\mathbf{A}_6$ et $\mathbf{A}_7$ étaient unitaires (et juxtaposées, constituant une matrice identité 4×4). Mais, au dual, si l'on pratiquait de même, on aurait $y_5 = -4$, $y_6 = -12$ et $y_7 = -3$: non admissible. Cependant, pour la résolution du dual, nous avons une base initiale admissible évidente puisque les colonnes 1, 2 et 3 du dual sont unitaires : les variables y_1, y_2 et y_3 forment cette base et la matrice de base est : $\mathbf{B} = \mathbf{I}$.

Il convient alors d'exprimer z' uniquement en fonction des variables hors-base, c'est-à-dire y_4, y_5, y_6 et y_7 :

$$z' = 1000y_1 + 500y_2 + 1500y_3 + 6750y_4$$
$$z' = 1000\cdot(4 - 3y_4 + y_5) + 500\cdot(12 - 6y_4 + y_6) + 1500\cdot(3 - 2y_4 + y_7) + 6750y_4$$
$$z' = 14500 - 2250y_4 + 1000y_5 + 500y_6 + 1500y_7$$

Enfin au lieu de minimiser z', nous maximiserons son opposé (ce qui est équivalent) :

$$z'' = -z' = -14500 + 2250y_4 - 1000y_5 - 500y_6 - 1500y_7.$$

(1) En effet : $[\mathbf{A}\cdot\mathbf{x} \leqslant \mathbf{b} \text{ et } \mathbf{y} \geqslant 0]$ entraîne : $\mathbf{y}\cdot(\mathbf{A}\cdot\mathbf{x}) \leqslant \mathbf{y}\cdot\mathbf{b}\ (= z'(\mathbf{y}))$ et $[\mathbf{y}\cdot\mathbf{A} \geqslant \mathbf{c} \text{ et } \mathbf{x} \geqslant 0]$ entraîne : $(\mathbf{y}\cdot\mathbf{A})\cdot\mathbf{x} \geqslant \mathbf{c}\cdot\mathbf{x}\ (= z(\mathbf{x}))$, d'où : $z(\mathbf{x}) \leqslant \mathbf{y}\cdot\mathbf{A}\cdot\mathbf{x} \leqslant z'(\mathbf{y})$.

Pour la formulation de ce dual, le lecteur se reportera au paragraphe 8.7.1. Le tableau initial pour ce dual est le suivant :

		y_1	y_2	y_3	y_4	y_5	y_6	y_7	$\beta'^{(1)}$	
$s \leftarrow$	y_1	1	0	0	(3)	−1	0	0	4	4/3*
	y_2	0	1	0	6	0	−1	0	12	12/6
	y_3	0	0	1	2	0	0	−1	3	3/2
	Δ'_i	0	0	0	2250	−1000	−500	−1500	$z''+14500$	
					↑ e					

La fonction économique du dual comporte un seul coefficient positif : $\Delta_4 = 2250$: y_4 entre en base; puis on détermine la variable sortante : y_1. On obtient alors une nouvelle base, dont voici le tableau :

					$y_{\bar{1}}$	$y_{\bar{2}}$	$y_{\bar{3}}$	
	y_1	y_2	y_3	y_4	y_5	y_6	y_7	$\beta'^{(2)}$
y_4	1/3	0	0	1	−1/3	0	0	4/3
y_2	−2	1	0	0	2	−1	0	4
y_3	−2/3	0	1	0	2/3	0	−1	1/3
Δ'_i	−750	0	0	0	−250	−500	−1500	$z''+11500$

On a atteint l'optimum :

$y_1 = 0$, $y_2 = 4$, $y_3 = 1/3$, $y_4 = 4/3$, $y_{\bar{1}} = 0$, $y_{\bar{2}} = 0$, $y_{\bar{3}} = 0$; $z'' = -11500$.
Puisque $z'' = -11500$, on a $z' = 11500$.
Rappelons le tableau optimal du primal :

				$x_{\bar{1}}$	$x_{\bar{2}}$	$x_{\bar{3}}$	$x_{\bar{4}}$	
	x_1	x_2	x_3	x_4	x_5	x_6	x_7	β
x_1	1	0	0	0	−2	−2/3	1/3	250
x_2	0	1	0	0	1	0	0	500
$x_{\bar{1}}$	0	0	0	1	2	2/3	−1/3	750
x_3	0	0	1	0	0	1	0	1500
Δ_j	0	0	0	0	−4	−1/3	−4/3	$z-11500$

On a renommé les variables d'écart du dual : $y_{\bar{1}}, y_{\bar{2}}$ et $y_{\bar{3}}$ (au lieu de y_5, y_6 et y_7) ; de même pour celles du primal : $x_{\bar{1}}, x_{\bar{2}}, x_{\bar{3}}$ et $x_{\bar{4}}$, (au lieu de x_4, x_5, x_6 et x_7).

On constate alors à l'optimum du primal et du dual que :

1) la valeur de $z' = 11\,500$ de l'optimum du dual égale celle de l'optimum du primal ;

2) les valeurs des variables de base au dual : y_2, y_3 et y_4 sont égales, au signe près, aux valeurs de $\Delta_{\bar{2}}$, $\Delta_{\bar{3}}$ et $\Delta_{\bar{4}}$ au primal ;

3) les valeurs des Δ'_j du dual : Δ'_1, $\Delta'_{\bar{1}}$, $\Delta'_{\bar{2}}$ et $\Delta'_{\bar{3}}$ sont égales, au signe près, aux valeurs de $x_{\bar{1}}$, x_1, x_2 et x_3 au primal.

On montre que cette correspondance entre l'optimum du primal et l'optimum du dual est générale :

$$\begin{cases} y_i = -\Delta_{\bar{i}} \quad \text{et} \quad x_{\bar{i}} = -\Delta'_i \text{ pour } i = 1, 2, \cdots, m \\ y_{\bar{j}} = -\Delta_j \quad \text{et} \quad x_j = -\Delta'_{\bar{j}} \text{ pour } j = 1, 2, \cdots, n. \end{cases}$$

De plus, si x_j est dans la base optimale du primal (resp. hors-base), alors $y_{\bar{j}}$ est hors-base au dual (resp. dans la base). De même si y_i est dans la base du dual (resp. hors-base), alors $x_{\bar{i}}$ est hors-base au primal (resp. dans la base). On le montrera au 8.7.5.

4) On peut donner aussi une correspondance entre les coefficients α_{kl} du tableau optimal du primal et α'_{kl}, ceux du tableau optimal du dual, en se limitant aux colonnes hors-base (les colonnes de base sont triviales, puisque unitaires) :

$$\alpha_{k,l} = -\alpha'_{\bar{l},\bar{k}} \quad \text{et} \quad \alpha'_{k,l} = -\alpha_{\bar{l},\bar{k}}.$$

Une manière pratique d'appliquer cette règle de correspondance est de condenser en un tableau unique le tableau optimal et celui du dual :

On y a réordonné la base optimale du primal : $x_1, x_2, x_3, x_{\bar{1}}$; $x_{\bar{2}}, x_{\bar{3}}, x_{\bar{4}}$ (en mettant en tête les variables de base, puis les variables hors-base) et le tableau optimal du primal en conséquence (en échangeant sa troisième et sa quatrième ligne) et l'on a fait figurer la ligne de la fonction économique à l'optimum du primal (les Δ_j et z) au-dessus du tableau (au lieu d'au-dessous).

On y a aussi réordonné la base optimale du dual : $y_{\bar{1}}, y_{\bar{2}}, y_{\bar{3}}, y_1$; y_2, y_3, y_4 (en mettant en tête les variables hors-base, puis les variables de base) et le tableau optimal du dual en conséquence (en plaçant en dernière ligne, sa première ligne, puis en réordonnant les colonnes dans l'ordre ci-dessus. Enfin le vecteur des seconds membres a été placé à gauche du tableau au lieu d'à droite. Le tableau optimal du dual est alors placé immédiatement au-dessous de celui du primal.

On déduit alors le sous-tableau non trivial du tableau optimal du dual (c'est-à-dire les colonnes hors-base, les seconds membres et les Δ' des variables hors-base), à partir du sous-tableau non trivial du tableau optimal du primal, en transposant ce dernier sous-tableau, puis en multipliant par –1 tous les éléments du sous-tableau transposé ; les deux sous-tableaux non triviaux, respectivement du primal et du dual, sont encadrés d'un trait épais :

	x_1	x_2	x_3	$x_{\bar{1}}$	$x_{\bar{2}}$	$x_{\bar{3}}$	$x_{\bar{4}}$			
Δ	0	0	0	0	−4	−1/3	−4/3	11500	z	
	1	0	0	0	−2	−2/3	1/3	250	x_1	
	0	1	0	0	1	0	0	500	x_2	
	0	0	1	0	0	1	0	1500	x_3	Primal
β'	0	0	0	1	2	2/3	−1/3	750 ↑β	$x_{\bar{1}}$	

	↓									
y_2	4	2	−1	0	−2	1	0	0		
y_3	1/3	2/3	0	−1	−2/3	0	1	0		Dual
y_4	4/3	−1/3	0	0	1/3	0	0	1		
z''	−11500	−250	−500	−1500	−750	0	0	0	Δ'	
		$y_{\bar{1}}$	$y_{\bar{2}}$	$y_{\bar{3}}$	y_1	y_2	y_3	y_4		

Les sous-tableaux relatifs aux variables de base, respectivement du primal (x_1, x_2, x_3 et $x_{\bar{1}}$) et du dual (y_2, y_3 et y_4), sont qualifiés de « triviaux » car constitués de colonnes unitaires (formant une matrice identité, de format $m \times m$ au primal et $n \times n$ au dual), et de la partie de la ligne des coefficients de la fonction économique (resp. Δ et Δ') associée à ces variables de base ; ces coefficients sont donc tous nuls.

8.7.5 Relations d'exclusion

Considérons deux programmes linéaires en dualité :

le primal (P) $[\mathbf{A}\cdot\mathbf{x} \leqslant \mathbf{b} \;,\; \mathbf{x} \geqslant 0 \;,\; \max z = \mathbf{c}\cdot\mathbf{x}]$ et

le dual (D) $[\mathbf{y}\cdot\mathbf{A} \geqslant \mathbf{c} \;,\; \mathbf{y} \geqslant 0 \;,\; \min z' = \mathbf{y}\cdot\mathbf{b}]$. Alors :

$\widetilde{\mathbf{x}}$ et $\widetilde{\mathbf{y}}$, ($\widetilde{x} = [\widetilde{x}_1, \widetilde{x}_2, \cdots, \widetilde{x}_n]$ et $\widetilde{y} = [\widetilde{y}_1, \widetilde{y}_2, \cdots, \widetilde{y}_m]$), solutions admissibles respectivement du primal et du dual, sont des solutions optimales si et seulement si :

$$\begin{cases} \widetilde{y}_i \cdot \widetilde{x}_{\bar{i}} = 0 \quad \text{soit :} \quad \widetilde{y}_i \cdot \left(b_i - \sum_{j=1}^{n} a_{ij} \cdot \widetilde{x}_j \right) = 0 \quad (i = 1, 2, \cdots, \text{m}) & (1) \\ \widetilde{y}_{\bar{j}} \cdot \widetilde{x}_j = 0 \quad \text{soit :} \quad \left(\sum_{i=1}^{m} \widetilde{y}_i \cdot a_{ij} - c_j \right) \cdot \widetilde{x}_i = 0 \quad (j = 1, 2, \cdots \text{n}) & (2) \end{cases}$$

Appliquons ces relations à notre exemple, le problème de l'atelier :

$$\begin{cases} y_1 \cdot (1000 - x_1) = 0 \;;\; y_2 \cdot (500 - x_2) = 0 \;;\; y_3 \cdot (1\,500 - x_3) = 0; \\ \qquad y_4 \cdot (6\,750 - 3x_1 - 6x_2 - 2x_3) = 0 & (1) \\ (y_1 + 3y_4 - 4) \cdot x_1 = 0 \;;\; (y_2 + 6y_4 - 12) \cdot x_2 = 0 \;;\; (y_3 + 2y_4 - 3) \cdot x_3 = 0 & (2) \end{cases}$$

Les relations d'exclusion permettent :

• de trouver aisément l'optimum de dual, si l'on connaît l'optimum du primal et réciproquement (on suppose évidemment ici que l'on ne connaît pas le tableau optimal, sinon on appliquerait la règle de correspondance du paragraphe précédent!), comme suit :

Reprenons le sous-problème de notre exemple de l'atelier à $n = 2$ variables :

$$(P)\ [x_1 \leqslant 1000; x_2 \leqslant 500; x_1 + 2x_2 \leqslant 1750; x_1, x_2 \geqslant 0; \max z = 4x_1 + 12x_2]$$

il a pour dual :

$$(D)[y_1 + y_3 \geqslant 4; y_2 + 2y_3 \geqslant 12; y_1, y_2. y_3 \geqslant 0; \min z' = 1\,000y_1 + 500y_2 + 1750y_3].$$

Les relations d'exclusion s'écrivent :

$$\begin{cases} y_1 \cdot (1\ 000 - x_1) = 0\ ;\ y_2 \cdot (500 - x_2) = 0\ ;\ y_3 \cdot (1\ 750 - x_1 - 2x_2) = 0 & (1) \\ (y_1 + y_3 - 4) \cdot x_1 = 0\ ;\ (y_2 + 2y_3 - 12) \cdot x_2 = 0 & (2) \end{cases}$$

On a résolu (graphiquement) (P) : $x_1^* = 750, x_2^* = 500, z^* = 9000$

Reportons ces valeurs dans les relations d'exclusion; il vient le système linéaire :

$$\begin{cases} y_1 \cdot (1\,000 - 750) = 0\ ;\ y_2 \cdot (500 - 500) = 0\ ;\ y_3 \cdot (1\,750 - 1\,750) = 0 & (1) \\ (y_1 + y_3 - 4) \cdot 750 = 0\ ;\ (y_2 + 2y_3 - 12) \cdot 500 = 0 & (2) \end{cases}$$

On trouve aisément : $y_1 = 0$ et, en reportant dans (2) : $y_3 = 4, y_2 = 4$. On sait en outre qu'à l'optimum $z' = z$, d'où $z' = 9\ 000$. L'optimum de (D) a donc été facilement obtenu.

• Les relations d'exclusion permettent aussi de tester si une solution admissible du primal (ou du dual) est optimale ou pas. Il suffit alors de reporter les valeurs des variables du primal (resp. du dual) dans le système des relations d'exclusion, puis de déterminer si l'on obtient une solution *admissible* du dual (resp. du primal) : *si oui,* la solution testée du primal est optimale, *sinon* elle ne l'est pas. Ainsi, sur le même exemple, testons si la solution admissible $x_1 = 850; x_2 = 450$ est optimale (certes, nous connaissons d'avance le résultat, puisque la solution optimale du problème de l'atelier est unique, mais omettons le provisoirement). Il vient :

$y_1 \cdot (1\,000 - 850) = 0$; $y_2 \cdot (500 - 450) = 0$; $y_3 \cdot (1\,750 - 1\,750) = 0$, d'où $y_1 = y_2 = 0$. Puis : $(y_3 - 4) \cdot 850 = 0$ et $(2y_3 - 12) \cdot 450 = 0$. Il y a contradiction : y_3 ne saurait être égal à la fois à 4 et à... 6.

La solution admissible de (P) : $x_1 = 850$ et $x_2 = 450$ n'est donc pas optimale.

Pour terminer soulignons que les relations d'exclusion s'appliquent à des solutions admissibles de (P) et (D), mais pas nécessairement de base (comme dans notre calcul ci-dessus). Ainsi pour l'exemple du 8.3.1, pour lequel tous les points du segment [B,C] sont optimaux, le lecteur pourra vérifier ainsi que la solution $x_1 = 2{,}2$; $x_2 = 4{,}7$; $x_1^- = 1{,}2$ (qui n'est pas de base) est optimale : le point (2,2 ; 4,7) étant sur [B, C].

Enfin ces relations impliquent que :

- **si une contrainte du primal n'est pas saturée ($\bar{x_i} \neq 0$), alors la variable duale associée à cette contrainte est nulle : $y_i = 0$;**
- **si une contrainte du dual n'est pas saturée ($\bar{y_j} \neq 0$), alors la variable primale associée à cette contrainte est nulle : $xj = 0$;**
- **si une variable du primal x_j est non nulle, alors la variable d'écart du dual $\bar{y_j}$ est nulle.**
- **si une variable du dual y_i est non nulle, alors la variable d'écart du primal $\bar{x_i}$ est nulle.**

8.8 Programme linéaire en nombres entiers Méthodes des troncatures de Gomory

En pratique il arrive fréquemment que dans un programme linéaire certaines variables soient astreintes à être entières, comme nous l'avons déjà vu en fin du chapitre 1. On parle alors de « programme linéaire en nombres entiers » (PLNE).

Ainsi une entreprise ne saurait construire 1,45 entrepôts, acquérir $x_2 = 2,37$ camions ou encore affréter $x_3 = 0,41$ avion. . . comme pourrait lui indiquer la solution optimale d'un PL en variables continues ! Malheureusement l'arrondi des variables, que ce soit par excès ou par défaut, peut ne pas être optimal ou, pire, ne pas être admissible (comme dans l'exemple du paragraphe suivant). Aussi ne pourra-t-on pas se contenter d'arrondir les variables pour passer de l'optimum du PL continu à celui du PLNE.

En outre, dans la modélisation de nombreux problèmes de recherche opérationnelle, il se révèle nécessaire d'introduire des variables binaires : $x_j = 0$ ou 1, pour représenter des contraintes non classiques, comme par exemple des discontinuités dans une courbe de tarif d'un transporteur ou dans le cas de charges fixes, s'ajoutant à un coût d'activité proportionnel au niveau de cette activité, dès lors que ce niveau n'est pas nul ; ou, plus classiquement, pour le choix d'entrepôts à construire sur des sites à déterminer dans une liste des sites possibles ; ou encore pour le choix de matériels à acquérir ou pas.

Quelques modèles classiques sont importants pour les applications en logistique comme dans les plannings de transport de personnes (autobus, métros, trains, avions) : le *problème du sac à dos* ou *knapsack* (déjà traité dans cet ouvrage), le *problème de partitionnement*, le *problème de recouvrement* (consulter, par exemple, [Roseaux, tome 3]).

Voici un exemple de « knapsack » : un camion peut transporter une charge maximale de $b = 14$ tonnes, de $n = 4$ marchandises différentes. Le poids de chacune des 4 marchandises est respectivement de 4, 6, 8 et 10 tonnes. Enfin, le bénéfice attendu de la vente de chacune des marchandises, après son transport, vaut respectivement : 2 000, 2 700, 3 600 et 4 400 euros. Déterminer le chargement du camion permettant de maximiser le bénéfice.

Le problème s'écrit :

$$\begin{cases} 4x_1 + 6x_2 + 8x_3 + 10x_4 \leqslant 14 \\ x_1 \ , \ x_2 \ , \ x_3 \ , \ x_4 = 0 \text{ ou } 1 \\ 2\,000x_1 + 2\,700x_2 + 3\,600x_3 + 4\,400x_4 = z\,[\max] \end{cases}$$

et plus généralement :

$$\begin{cases} a_1 \cdot x_1 + a_2 \cdot x_2 + \cdots + a_n \cdot x_n \leqslant b \\ x_1 \; , \; x_2 \; , \; , \; x_n = 0 \text{ ou } 1 \\ c_1 \cdot x_1 + c_2 \cdot x_2 + \cdots + c_n \cdot x_n = z \,[\max] \end{cases}$$

On résout les problèmes de knapsack à l'aide de recherches arborescentes (procédures de séparation et évaluation progressives, cf 4.10.2), ou bien à l'aide de la programmation dynamique. Pour l'exemple ci-dessus, l'optimum est : $x_1 = x_4 = 1$; $x_2 = x_3 = 0$; $z^* = 6\,400$ euros.

Donnons maintenant une brève description des problèmes de partionnement et de recouvrement : soit un ensemble $E = \{e_1, e_2, ..., e_m\}$ de m éléments et une famille F de n sous-ensembles (ou « parties ») de E, non vides : $\mathcal{F} = \{P_1, P_2 ..., P_n\}$.

Un tableau $A = [a_{ij}]$ de format $m \times n$ indique si l'élément e_i de E appartient à la partie P_j (alors $a_{ij} = 1$) ou pas ($a_{ij} = 0$). On recherche à sélectionner un ensemble de parties extraites de $\mathcal{F}$, tel que tout élément de E soit couvert une fois et une seule (problème de « *partitionnement* ») ou bien au moins une fois (problème de « *recouvrement* »).

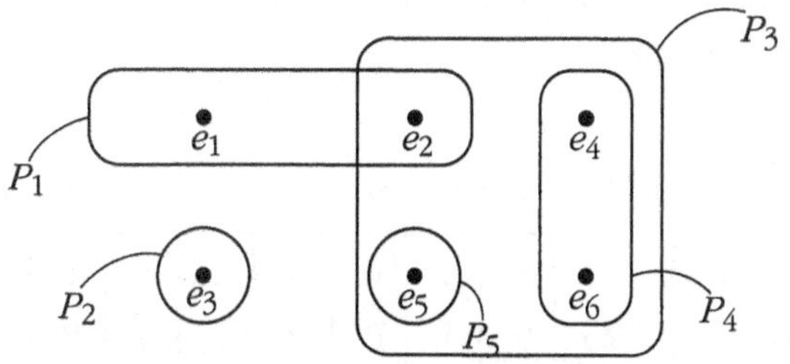

Dans l'exemple ci-dessus : $E = \{e_1, e_2, ..., e_6\}$ et $\mathcal{F} = \{P_1, P_2, ..., P_5\}$

$\{P_1, P_2, P_4, P_5\}$ est une partition de E, tandis que $\{P_1, P_2, P_3\}$ est un recouvrement (l'élément e_2 étant couvert deux fois).

On associe à chaque partie P_j un coût $c_j \geqslant 0$; le critère est alors de minimiser la somme des coûts des parties sélectionnées. La formulation du problème de partitionnement est la suivante (la variable $x_j, j = 1, \cdots, n$, sera prise égale à 1 si la partie P_j est sélectionnée et à 0 sinon).

Sur l'exemple de partitionnement ci-dessus :

$$\begin{cases} x_1 = 1 \ (e_1 \text{ couvert}) \ ; \ x_1 + x_3 = 1 \ (e_2 \text{ couvert}) \ ; \ x_2 = 1 \ (e_3 \text{ couvert}); \\ x_3 + x_4 = 1 \ (e_4 \text{ couvert}) \ ; \ x_3 + x_5 = 1 \ (e_5 \text{ couvert}) \ ; \ x_3 = x_4 = 1 \ (e_6 \text{ couvert}). \\ x_j = 0 \text{ ou } 1 \ (j = 1, 2, \cdots, 6); \text{ minimiser } c_1 \cdot x_1 + c_2 \cdot x_2 + \cdots + c_6 \cdot x_6 = z \end{cases}$$

En fait ce système de contraintes admet une seule solution : $x_1 = x_2 = x_4 = x_5 = 1$ et $x_3 = 0$ car l'exemple est de très petite taille et très contraint.

Dans le cas général :

$$\begin{cases} a_{11} \cdot x_1 & + & a_{12} \cdot x_2 + \cdots + a_{1n} \cdot x_n & = & 1 & (e_1 \text{ couvert}). \\ a_{21} \cdot x_1 & + & a_{22} \cdot x_2 + \cdots + a_{2n} \cdot x_n & = & 1 & (e_2 \text{ couvert}). \\ --- & & --- \qquad --- & & --- & \\ a_{m1} \cdot x_1 & + & a_{m2} \cdot x_2 + \cdots + a_{mn} \cdot x_n & = & 1 & (e_n \text{ couvert}). \\ x_1 & , & x_2 \quad , \cdots , \quad x_n & = & 0 \text{ ou } 1 & \\ c_1 \cdot x_1 & + & c_2 \cdot x_2 + \cdots + c_n \cdot x_n & = & x\,[\min] & \end{cases}$$

Le lecteur se convaincra facilement de ce que la formulation du problème de recouvrement se déduit de celle ci-dessus en remplaçant chacune des m contraintes explicites :

$$\sum_{j=1}^{n} a_{ij} \cdot x_j = 1 \text{ , par : } \sum_{j=1}^{n} a_{ij} \cdot x_j \geqslant 1 \text{ , où } i = 1, 2, \cdots, m.$$

Voici une application du problème de partitionnement à un problème de *tournées.*

Soient quatre points e_1, e_2, e_3, e_4 représentant quatre clients à qui l'on doit livrer respectivement 2, 4, 8 et 10 tonnes de marchandise, à partir d'un entrepôt central e_0, ceci avec un camion de capacité $C = 16$ tonnes. Le tableau (symétrique) des distances (en km) est le suivant :

	e_0	e_1	e_2	e_3	e_4
e_0	·	15	8	12	9
e_1	15	·	12	25	5
e_2	8	12	·	10	20
e_3	12	25	10	·	6
e_4	9	5	20	6	·

	P_1	P_2	P_3	P_4	P_5	P_6	P_7	P_8	P_9	P_{10}	P_{11}	
e_1	1	0	0	0	1	1	1	0	0	1	1	
e_2	0	1	0	0	1	0	0	1	1	1	1	$= A$
e_3	0	0	1	0	0	1	0	1	0	1	0	
e_4	0	0	0	1	0	0	1	0	1	0	1	
c_j	30	16	24	18	35	52	29	30	37	49	34	

On peut, ici, énumérer toutes les tournées « admissibles » P_j, c'est-à-dire respectant la contrainte de capacité (la somme des quantités livrées aux clients d'une même tournée doit être inférieure ou égale à 16 tonnes); cette énumération des 11 tournées admissibles n'a été possible que parce que cet exemple est de très petite taille. Donnons le détail du calcul du coût c_j de la tournée P_j ; ainsi pour la tournée P_{11} qui concerne les clients e_1, e_2 et e_4 (puisque $a_{1,\,11} = a_{2,\,11} = a_{3,\,11} = 1$), on cherche l'itinéraire de longueur (en km) minimale qui, partant de e_0, permet de passer une fois et une seule chez ces trois clients, puis de revenir à e_0. Ceci revient à résoudre le « problème du voyageur de commerce » (TSP) pour une instance de très petite taille, puisque comportant seulement quatre points ;

on vérifie que, parmi les 3 cycles hamiltoniens du graphe ci-contre, celui de la longueur minimale est :

$[e_0, e_2, e_1, e_4, e_0]$ avec 34 km.

Dans un exemple de taille industrielle, l'énumération exhaustive des tournées admissibles serait impraticable et l'on procéderait à une génération progressive de tournées « intéressantes », sans les énumérer toutes : il s'agit là d'une **technique de « génération de colonnes »** permettant de traiter certains PL comportant, a priori, un très grand nombre de colonnes (dont l'exposé sort du cadre de cet ouvrage). Les problèmes de tournées peuvent être résolus, de manière approchée, par des heuristiques « gourmandes » comme la méthode des écartements de Fletcher.

Voici la formulation de notre problème de tournées en tant que problème de partitionnement avec 11 variables binaires :

$$\left\{\begin{array}{lllllllllllll}
x_1 & & & & + x_5 & + x_6 & + x_7 & & & + x_{10} & + x_{11} & = & 1 \\
 & x_2 & & & x_5 + & & & + x_8 & + x_9 & + x_{10} & + x_{11} & = & 1 \\
 & & x_3 & & & + x_6 & & + x_8 & & + x_{10} & & = & 1 \\
 & & & x_4 & & & + x_7 & & + x_9 & & + x_{11} & = & 1 \\
\multicolumn{11}{l}{30x_1 + 16x_2 + 24x_3 + 18x_4 + 35x_5 + 52x_6 + 29x_7 + 30x_8 + 37x_9 + 49x_{10} + 34x_{11}} & = & z
\end{array}\right.$$

La solution optimale de ce problème est : $x_3 = x_{11} = 1$; elle a pour coût $z^* = 58$. Elle correspond aux deux tournées $[e_0, e_2, e_1, e_4, e_0]$ et $[e_0, e_3, e_0]$.

Nous passons maintenant à une méthode de résolution différente de celles évoquées ci-dessus, fondée uniquement sur la programmation linéaire et permettant de traiter des PL en variables entières.

8.8.1 Méthode des troncatures de Gomory

Soit à résoudre le PL :
$$\left\{\begin{array}{lllll}
12x_1 & - & 8x_2 & \leqslant & 3 \\
 & & 2x_2 & \leqslant & 3 \\
x_1 & , & x_2 & & \textbf{entiers} \text{ positifs ou nuls} \\
x_1 & + & x_2 & = & z\,[\max]
\end{array}\right.$$

On introduit deux variables d'écart : x_3 et x_4. Après deux itérations, on obtient l'optimum du PL « continu » (c'est-à-dire pour lesquels les variables ne sont pas astreintes à être entières) :

	1	2	3	4	β
x_1	1	0	1/12	1/3	5/4
x_2	0	1	0	1/2	3/2
Δ_j	0	0	−1/12	−5/6	$z - 11/4$

L'optimum du PL continu : $x_1 = 5/4$, $x_2 = 3/2$ n'est pas entier. En outre, si l'on arrondit x_1 par défaut à 1 : $E(5/4) = 1$, et de même pour x_2 : $E(3/2) = 1$, **on obtient un point qui n'est pas admissible** P : $(x_1 = 1, x_2 = 1)$ (en dehors du domaine $\mathcal{D}$) ; il en va de même pour l'arrondi par excès : $E^*(3/4) = 2$ et $E^*(3/2) = 2$, car le point Q : $(x_1 = 2, x_2 = 2)$ n'est pas non plus admissible.

Voici la méthode proposée par Gomory pour obtenir l'optimum d'un PLNE : pour la base optimale du PL continu, exprimons les variables de base (ici x_1 et x_2) et la fonction économique z en fonction des variables hors-base :

$$\begin{cases} x_1 & + & \left(\frac{1}{12}\cdot x_3 + \frac{1}{3}x_4\right) & = & \frac{5}{4} \\ x_2 & + & \left(\frac{1}{2}x_4\right) & = & \frac{3}{2} \\ z & + & \left(\frac{1}{12}x_3 + \frac{5}{6}x_4\right) & = & \frac{11}{4} \end{cases}$$

D'une manière générale on a, à l'optimum du PL continu :

$$\begin{cases} (1) & x_i + \sum_{x_j \in \mathcal{N}} \alpha_{ij} \cdot x_j = \beta_i & \text{pour toute variable } x_i \text{ de base} ; x_i \in \mathcal{B} \\ (2) & z + \sum_{x_j \in \mathcal{N}} \Delta_j \cdot x_j = z^* \end{cases}$$

$\mathcal{N}$ désigne ici l'ensemble des variables hors-base et $\mathcal{B}$, l'ensemble des variables de base, à l'optimum.

On a toujours $\alpha_{ij} \geqslant E(\alpha_{ij})$, car $E(\alpha_{ij})$ est le plus grand entier inférieur ou égal à α_{ij}. Prenons une variable hors-base x_j; puisqu'elle est positive ou nulle, on a $\alpha_{ij} \cdot x_j \geqslant E(\alpha_{ij}) \cdot x_j$.

Sommons toutes ces relations pour $x_j \in \mathcal{N}$; il vient : $\sum_{x_j \in \mathcal{N}} \alpha_{ij} \cdot x_{ij} \geqslant \sum_{x_j \in \mathcal{N}} E(\alpha_{ij}) \cdot x_j$.

Par ajout de x_i à chaque membre, il vient :

$$\beta_i = x_i + \sum_{x_j \in \mathcal{N}} \alpha_{ij} \cdot x_j \geqslant x_i + \sum_{x_j \in \mathcal{N}} E(\alpha_{ij}) \cdot x_j. \qquad (8.1)$$

On a aussi $\beta_i \geqslant E(\beta_i)$. Si x_i doit être entier, de même que x_j pour tout $x_j \in \mathcal{N}$, on a donc :

$$E(\beta_i) \geqslant x_i + \sum_{x_j \in \mathcal{N}} E(\alpha_{ij}) \cdot x_j \qquad (8.2)$$

Introduisons la *partie fractionnaire* f_i de β_i : $\beta_i = E(\beta_i) + f_i$ où $0 \leqslant f_i < 1$; par exemple $\frac{19}{7} = 2 + \frac{5}{7}$ donc $E\left(\frac{19}{7}\right) = 2$ et $f\left(\frac{19}{7}\right) = \frac{5}{7}$; il en va de même pour la partie fractionnaire f_{ij} de α_{ij} : $\alpha_{if} = E(\alpha_{ij}) + f_{ij}$ où $0 \leqslant f_{ij} < 1$.

La relation (1) s'écrit :

$$x_i + \sum_{x_j \in \mathcal{N}} (E(\alpha_{ij}) + f_{ij})\cdot x_j = \beta_i \tag{8.2bis}$$

Introduisons une variable d'écart $s_i \geqslant 0$ dans la relation (8.2) :

$$x_i + \sum_{x_j \in \mathcal{N}} E(\alpha_{ij})\cdot x_j + s_i = E(\beta_i) \tag{8.2ter}$$

La soustraction membre à membre (8.2bis) et (8.2ter) fournit :

$$\sum_{x_j \in \mathcal{N}} f_{ij}\cdot x_j - s_i = f_i \tag{8.3}$$

Considérons maintenant une variable de base x_i qui, à l'optimum du PL continu, ne serait pas entière; alors on a : $f_i > 0$. Pour passer aux valeurs numériques des variables à cet optimum, on annule les variables hors-base : $x_j = 0$ pour $x_j \in \mathcal{N}$; (8.3) donne alors $-s_i = f_i$, or $-s_i$ est négatif ou nul, tandis que f_i est strictement positif. Ainsi la contrainte (3) n'est pas vérifiée à l'optimum du PL continu; si on la rajoute aux contraintes du PL, elle supprime une partie du domaine admissible $\mathcal{D}$, d'où son nom de « troncature » ; on peut démontrer que la partie supprimée ne contient pas de point à coordonnées qui seraient toutes entières.

Notons que l'on peut faire subir à l'expression (2) de la fonction économique :

$$z + \sum_{x_j \in \mathcal{N}} \Delta_j\cdot x_j = z^*, \tag{8.4}$$

un traitement analogue à celui de la relation (2).

Revenons à notre exemple. Les relations (8.3) s'écrivent :

pour $i = 1$: $\frac{1}{12}x_3 + \frac{1}{3}x_4 - s_1 = f\left(\frac{5}{4}\right) = \frac{1}{4}$

pour $i = 2$: $\frac{1}{2}x_4 - s_2 = f\left(\frac{3}{2}\right) = \frac{1}{2}$

Nous choisissons d'intégrer la seconde : $\frac{1}{2}x_4 - s_2 = \frac{1}{2}$ dans notre programme linéaire; pour cette nouvelle contrainte, la solution courante du primal n'est pas admissible. Mais nous pouvons l'intégrer au primal[1], à condition d'ajouter dans

1. Cette contrainte est « *duale-admissible* » et pourrait être directement intégrée au dual. Notre démarche, ici, est seulement didactique.

cette nouvelle contrainte une variable artificielle, notée a_2, pour compléter la base précédente $\mathcal{B} = \{x_1, x_2\}$; en effet, nous avons désormais 3 contraintes explicites.

Comme plus haut : La nouvelle contrainte devient : $\frac{1}{2}x_4 - s_2 + a_2 = \frac{1}{2}$ et la fonction économique (cf 8.5.6) :

$z' = x_1 + x_2 - M \cdot a_2$ (où M est un coefficient positif très grand); a_2 étant une variable de base, il convient d'abord d'exprimer z' en fonction des variables hors-base, soit : x_3, x_4 et s_2 ; ce qui donne : $z' = \left(\frac{11}{4} - \frac{M}{2}\right) - \frac{1}{12}x_3 + \left(\frac{M}{2} - \frac{5}{6}\right)x_4$.

	c_i	x_i	x_1	x_2	x_3	x_4	s_2	a_2	
	1	x_1	1	0	1/12	1/3	0	0	5/4
	1	x_2	0	1	0	1/2	0	0	3/2
$\Delta \leftarrow$	$-M$	a_2	0	0	0	1/2	-1	1	1/2
		c_j	1	1	0	0	0	$-M$	
			0	0	$-1/12$	$M/2$ $-5/6$	$-M$	0	$z' - \left(\frac{11}{4} - \frac{M}{2}\right)$
						$\uparrow$ e			

En une itération, on fait sortir de la base courante la variable artificielle a_2 et on obtient une base sans variable artificielle (a_2 sera donc prise nulle ultérieurement) :

c_i	x_i	x_1	x_2	x_3	x_4	s_2	a_2	
1	x_1	1	0	1/12	0	2/3	$-2/3$	11/12
1	x_2	0	1	0	0	1	-1	1
0	x_4	0	0	0	1	-2	2	1
	c_j	1	1	0	0	0	$-M$	
		0	0	$-1/12$	0	$-5/3$	$-M$ $+5/3$	$z' - \frac{23}{12}$

(comme la variable artificielle a_2 est nulle, on a : z coïncide désormais avec z').
Dans la suite on supprimera donc la colonne a_2 de ce tableau.

La variable de base x_1 vaut $\frac{11}{12}$; x_1 n'étant pas entière, on peut en déduire une nouvelle troncature : $\frac{1}{12}x_3 + \frac{2}{3}s_2 - t_1 = \frac{11}{12}$, où t_1 est une nouvelle variable d'écart.

À nouveau, cette contrainte n'est pas « primal-admissible » : pour l'intégrer au primal, on y ajoute une variable artificielle, notée a_1. Elle devient :

$$\frac{1}{12}x_3 + \frac{2}{3}s_2 - t_1 + a_1 = \frac{11}{12}.$$

et la fonction économique est $z'' = x_1 + x_2 - M \cdot a_1$ (à maximiser).

Le nouveau tableau est le suivant :

	c_i	x_i	x_1	x_2	x_3	x_4	s_2	t_1	a_1	
	1	x_1	1	0	1/12	0	2/3	0	0	11/12
	1	x_2	0	1	0	0	1	0	0	1
	0	x_4	0	0	0	1	−2	0	0	1
$s \leftarrow$	$-M$	a_1	0	0	1/12	0	2/3	−1	1	11/12
		c_j	1	1	0	0	0	0	$-M$	
		Δ_j	0	0	$\frac{M-1}{12}$	0	$\frac{2M-5}{3}$	$-M$	0	$z'' - \frac{23-11M}{12}$
					$\uparrow e$					

En faisant entrer en base x_3, la variable artificielle a_1 sort de la base :

c_i	x_i	x_1	x_2	x_3	x_4	s_2	t_1	a_1	
1	x_1	1	0	0	0	0	1	−1	0
1	x_2	0	1	0	0	1	0	0	1
0	x_4	0	0	0	1	−2	0	0	1
0	x_3	0	0	1	0	8	−12	12	11
	c_j	1	1	0	0	0	0	$-M$	
	Δ_j	0	0	0	0	−1	−1	$-M+1$	$z'' - 1$

ici $z'' = z$ car $a_1 = 0$.

Puisque désormais $a_1 = 0$, on peut supprimer la colonne a_1. On est alors à l'optimum de PLNE puisque toutes les variables sont entières :

$$x_1 = 0, \quad x_2 = 1, \quad x_3 = 11, \quad x_4 = 1\,; \quad z^* = 1.$$

8.8.2 Interprétation graphique

On aurait pu, certes, profiter du fait que le PLNE ne comporte initialement que 2 variables pour le résoudre graphiquement. Mais notre propos est, ici, seulement d'illustrer comment, à chaque itération, la troncature élimine du domaine admissible initial $\mathcal{D}$, une partie ne contenant pas de point à coordonnées toutes entières (points indiqués en gras sur les figures ci-après).

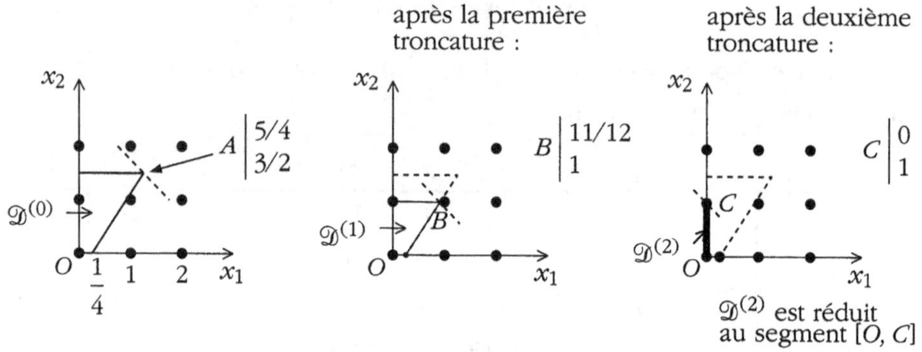

Figure 8.11

Pour obtenir l'équation de la droite qui tronque $\mathcal{D}^{(0)}$ et ainsi obtenir $\mathcal{D}^{(1)}$, il suffit, dans la première troncature : $\frac{1}{2}x_4 - s_2 = \frac{1}{2}$, de ne faire figurer que les variables principales : x_1, x_2, et s. Après introduction de la variable d'écart x_4 dans la seconde contrainte du PL initial, on avait : $2x_2 + x_4 = 3$ d'où $\frac{1}{2}x_4 = \frac{3}{2} - x_2$, que nous reportons dans la troncature : $\left(\frac{3}{2} - x_2\right) - s_2 = \frac{1}{2}$ soit $x_2 + s_2 = 1$ qui équivaut (s_2 étant une variable d'écart) à la contrainte nouvelle : $x_2 \leqslant 1$; la droite tronquant $\mathcal{D}^{(0)}$ pour obtenir $\mathcal{D}^{(1)}$ est donc : $x_2 = 1$. Pour la seconde troncature (passage de $\mathcal{D}^{(1)}$ à $\mathcal{D}^{(2)}$), il vient : $\frac{1}{12}x_3 + \frac{2}{3}s_2 - t_1 = \frac{11}{12}$; or, d'après la première contrainte du PL initial : $12x_1 - 8x_2 + x_3 = 3$, d'où : $\frac{1}{12}x_3 = \frac{1}{4} - x_1 + \frac{2}{3}x_2$. De plus nous avions, au pas précédent, $x_2 + s_2 = 1$, d'où $\frac{2}{3}s_2 = \frac{2}{3} - \frac{2}{3}x_2$. La seconde troncature s'écrit donc : $\left(\frac{1}{4} - x_1 + \frac{2}{3}x_2\right) + \left(\frac{2}{3} - \frac{2}{3}x_2\right) - t_1 = \frac{11}{12}$, soit $x_1 + t_1 = 0$, d'où la nouvelle contrainte : $x_1 \leqslant 0$; la droite tronquant $\mathcal{D}^{(1)}$ pour obtenir $\mathcal{D}^{(2)}$, qui n'est autre que le segment $[O, C]$, est donc : $x_1 = 0$.

Note. Le nombre de contraintes (troncatures) rajoutées au fil des itérations peut être exponentiel par rapport à la taille du programme linéaire d'origine : la méthode de Gomory n'est pas polynomiale. Indiquons que – plus généralement – le problème de la programmation linéaire en nombres entiers est NP-difficile (le lecteur se reportera au chapitre 2, paragraphe 2.2.1, complexité des problèmes). Même dans des cas « simples » comme le problème du sac à dos en variables entières (knapsack), c'est-à-dire un PL comportant une seule contrainte, le problème reste NP-difficile (pour des données quelconques).

EXERCICES

*8.1 Formulation et résolution graphique d'un P.L.

Une brasserie A produit 2 types de bière pour lesquels elle utilise 3 matières premières : maïs, houblon et malt.

Le tableau ci-dessous résume les données du problème.

	Maïs	Houblon	Malt	Bénéfice
Bière blonde	2,5 kg	125 g	175 kg	65 €
Bière brune	7,5 kg	125 g	10 kg	115 €
Quantités disponibles	240 kg	5 kg	595 kg	

Pour fabriquer 1 tonneau de bière blonde, le brasseur utilise 2,5 kg de maïs, 125 g de houblon et 17,5 kg de malt. La fabrication de ce tonneau lui rapporte alors un bénéfice de 65 €. Le tableau se lit de manière analogue pour la bière brune.

1. Déterminer la fabrication optimale du brasseur graphiquement ; vérifier par la méthode des tableaux.

2. Une brasserie concurrente (notée B) demande au brasseur A de lui vendre 50 % de son stock de houblon (et ce, bien entendu, avant que la fabrication déterminée au 1) ne soit lancée).

À quel prix minimum A devra-t-il lui vendre cette quantité de houblon ? Expliquer clairement votre raisonnement.

*8.2 Méthode des tableaux du simplexe et paramétrages

Dans une carrière, trois tailles t_1, t_2 et t_3 sont susceptibles de fournir une extraction maximale journalière de respectivement $e_1 = 200$, $e_2 = 500$ et $e_3 = 300$ tonnes de trois minerais.

La production journalière est d'abord stockée dans un local abrité, d'une contenance maximale de 1 800 m^3 et l'on indique les volumes spécifiques respectifs des trois minerais : 1,8 ; 2 et 2,2 m^3/t.

Le lendemain, les minerais sont lavés : la laverie débite respectivement 80, 90 et 100 tonnes à l'heure pour les produits extraits des tailles t_1, t_2 et t_3 ; en outre, son horaire journalier est limité à 10 heures de travail.

Enfin, les profits unitaires réalisés sont, respectivement : $p_1 = 4$, $p_2 = 5$, $p_3 = 6$ unités monétaires par tonne de minerai.

1. Quelle est la meilleure répartition des quantités de minerais à extraire ?

2. On conteste le profit réalisé sur le minerai extrait de la taille 1 : comment l'optimum est-il modifié si ce profit varie autour de 4 unités monétaires ? Poser : $c_1 = 4(1 + \lambda)$.

Les calculs pour la question 3 étant longs, le lecteur est invité à consulter le corrigé.

3. La quantité maximale, extraite de t_3 a été mal évaluée. Comment la répartition optimale évolue-t-elle si l'on pose : $e_3 = 300(1 + \mu)$?

NB. Cet exercice couvre une grande partie de ce chapitre de P.L.

Le niveau de la question 2 est de 2 étoiles ; celui de la 3ème, de 3 étoiles.

*8.3 Contrainte redondante. Dualité

Soit à maximiser la fonctionnelle linéaire :

$$5x_1 + 4x_2 + 3x_3 + x_4 = z$$

sous les contraintes :

$$\begin{cases} x_1 + x_2 + x_3 + x_4 \leqslant 12 & (1) \\ 3x_1 + 2x_2 + 3x_3 + x_4 \leqslant 5 & (2) \\ 2x_1 + x_2 + x_3 + 4x_4 \leqslant 7 & (3) \\ x_1 \ , \ x_2 \ , \ x_3 \ , \ x_4 \geqslant 0 & (4, 5, 6 \text{ et } 7) \text{ (cf. 3)).} \end{cases}$$

1. Résoudre ce programme par l'algorithme du simplexe.

2. Donner, sans calcul, l'optimum du programme dual correspondant.

3. Montrer que l'inéquation (1) du programme primal est redondante. Tenant compte de ce fait, simplifier le programme dual puis le résoudre graphiquement.

**8.4 Formulation d'un P.L. Paramétrage d'un second membre

On désire faire un mélange de trois gaz combustibles dans les conditions suivantes :

- le volume total doit atteindre 250 000 m^3 ;
- la teneur en soufre ne doit pas dépasser 3 grammes/m^3 ;
- le volume calorifique doit être compris entre 2 200 mth/m^3 et 2 600 mth/m^3 ;
- la proportion du troisième gaz ne doit pas excéder 28 % du volume total.

Les teneurs respectives en soufre sont de 7,5 et 2 grammes par m^3. Les pouvoirs calorifiques respectifs se montent à 1 000, 2 000 et 6 000 mth/m^3.

On prendra le millier de m^3 comme unité de volume.

1. Déterminer le mélange le moins coûteux, en admettant que les prix respectifs sont de 12, 36 et 10 unités monétaires par millier de m^3 et en notant x_1, x_2 et x_3 le volume de chacun des trois gaz contenus dans le mélange, graphiquement.

2. On pose le volume total égal à v, la quantité du troisième gaz à ne pas dépasser, à λ. Étudier la variation de l'optimum en fonction de v et de λ *(le tableau optimal du primal est donné dans le corrigé).*

**8.5 Résolution d'un P.L. avec variable artificielle

Par la méthode des tableaux, résoudre le programme linéaire :

$$\begin{array}{rcrcrcl} 2x_1 & + & 2x_2 & - & x_3 & \geqslant & 2 \\ 3x_1 & - & 4x_2 & & & \leqslant & 3 \\ & & x_2 & + & 3x_3 & \leqslant & 5 \\ x_1 & , & x_2 & , & x_3 & \geqslant & 0 \\ 5x_1 & - & 2x_2 & + & 3x_3 & = & z\,[\max] \end{array}$$

On utilisera la méthode des pénalités (« méthode du « grand M » »)

**8.6 Méthode d'élimination de Fourier

La méthode de Fourier (1824) pour le traitement direct des inéquations linéaires consiste, dans le cas d'un programme linéaire, à chercher les bornes d'une variable en fonction des autres variables et à éliminer peu à peu les variables qui ont pu être arbitrées à leur borne numérique inférieure ou supérieure, selon le signe de leur coefficient dans la fonction économique.

Soit à minimiser la fonctionnelle :

$$F = x_1 + x_2 + x_3,$$

sous les contraintes :

$$\begin{cases} -20x_1 + 12x_2 - 15x_3 \leqslant 60 & (1) \\ x_1 + 2x_2 - 3x_3 \leqslant 6 & (2) \\ 3x_1 + 6x_2 + 4x_3 \leqslant 12 & (3) \\ -20x_1 - 15x_2 + 3x_3 \leqslant 60 & (4) \\ 10x_1 + 5x_2 - 2x_3 \geqslant 10 & (5) \\ 6x_1 + 7x_2 + 42x_3 \geqslant 42 & (6) \\ x_1 \,,\ x_2 \,,\ x_3 \geqslant 0 \end{cases}$$

1. Écrire les six inéquations donnant x_1 en fonction des autres variables et montrer que l'une d'entre elles est redondante (c-à-d isoler le terme en x_1 dans les six inéquations).

2. Utilisant le fait qu'il reste une inéquation seulement du type $x_1 \leqslant f(x_2, x_3)$ et plusieurs du type $x_1 \geqslant \varphi_i(x_2, x_3)$, montrer que, quel que soit i :

$$\varphi_i(x_2, x_3) \leqslant f(x_2, x_3).$$

3. Mettre les deux inéquations qui subsistent sous la forme :

$$x_3 \leqslant g(x_2)$$

$$x_3 \geqslant \psi(x_2)$$

et en déduire les bornes numériques de x_2.

4. Montrer qu'il faut prendre $x_2 = 0$ pour minimiser F et en tirer les bornes numériques de x_3.

5. Revenant aux inéquations initiales qui ne contiennent plus x_2, déterminer les bornes numériques de x_1, puis choisir x_1 et x_3 de manière à minimiser F, tout en respectant l'ensemble des contraintes.

**8.7 Problème de découpe

Une papeterie fabrique du papier en rouleaux de largeur donnée, qui est imposée par les caractéristiques de la machine de fabrication. Par contre, les commandes des clients font état de diverses largeurs.

Ainsi, le rouleau de largeur standard, 215 cm ici, doit-il être coupé, ce qui entraîne des pertes. Le problème que le papetier veut résoudre est celui de la *minimisation des pertes* à la coupe (c'est-à-dire de la *surface* des chûtes).

On pourra considérer, dans la suite, que la longueur des rouleaux est quasiment infinie.

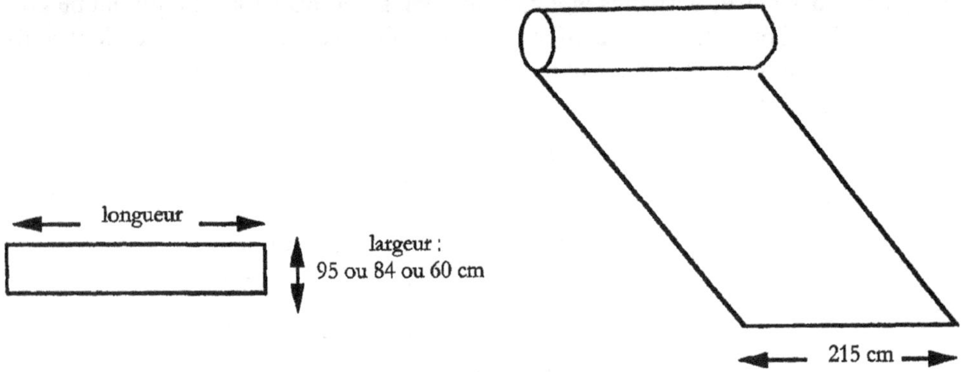

On suppose que la papeterie a reçu les commandes suivantes :

	Largeurs (en cm)	Longueurs commandées (en cm)
A	95	180
B	84	90
C	60	90

On précise que les commandes doivent être *au moins* satisfaites, mais on n'exige pas qu'elles le soient, exactement : les longueurs découpées en surplus, sur une des largeurs commandées, ne sont pas considérées comme des chutes (elles seront commercialisées ultérieurement).

1. Donner, sous la forme d'un tableau, les 6 possibilités de coupe (« *plans de coupe* ») standard en fonction des largeurs commandées, ainsi que les pertes sur la largeur (exprimées en cm). On justifiera le fait qu'on ne considère que 6 possibilités, à énumérer dans l'ordre lexicographique : 1) *AA*, 2) *AB*, ... 6) *CCC*.

2. a) En notant x_j la longueur découpée suivant le plan de coupe j ($j = 1, 2, ..., 6$), modéliser ce problème sous forme de programme linéaire.
b) Donner son dual et poser le premier tableau de la résolution de ce dual.
c) Trouver une solution optimale du dual quasi évidente (qu'implique la 3e contrainte du dual).

3. En divisant chaque contrainte du primal par un entier convenable, faire apparaître une base évidente (avec $B = I$) et poser le tableau associé. Est-il optimal ? (NB : introduire les variables d'écart seulement APRES ces divisions.) Comparer cette démarche avec l'emploi de variables artificielles pour le primal sous sa forme du 2).

4. Par inspection des contraintes exprimant que les longueurs découpées, respectivement en largeur 95 cm (*A*) et 84 cm (*B*), sont au moins égales aux longueurs respectives commandées, et en tenant compte des coefficients de la fonction économique, trouver par un raisonnement direct le (ou les) optimum(s). On justifiera le fait que les variables x_3, x_5 et x_7 sont les variables de base à l'optimum. Donner alors la surface des chûtes en m^2.

5. Donner la matrice de base **B** associée à la solution du 4) pour laquelle la longueur découpée en largeur 95 cm vaut exactement 180 m. Calculer $\mathbf{B}^{-1}$, puis dresser le tableau du simplexe associé. Conclure.

6. a) A l'aide du 5), déterminer sans calcul les valeurs optimales des variables duales.

b) Retrouver ces valeurs, à l'aide des relations d'exclusion, connaissant l'optimum du primal.

**8.8 Démarrage de l'algorithme du simplexe : problème de la base initiale

Soit le programme linéaire (PL) :

$$x_1 + 3x_2 + 5x_3 + x_4 + 4x_5 = z\,[\max]$$

$$\begin{cases} x_1 + x_2 - x_3 + x_4 = 1 \\ 3x_1 + x_2 + 3x_3 + 3x_4 + x_5 = 8 \\ 2x_1 + 7x_2 + x_4 + 2x_5 = 20 \\ x_1 \,,\; x_2 \,,\; x_3 \,,\; x_4 \,,\; x_5 \geqslant 0 \end{cases}$$

1. Vérifier que la solution $x_1 = 0$; $x_2 = 2$; $x_3 = 1$; $x_4 = 0$; $x_5 = 3$ est une solution de base ; on notera B la matrice formée des colonnes associées aux variables de cette base.

2. Exprimer chacune des variables de base en fonction des variables hors base (il sera nécessaire de calculer $\mathbf{B}^{-1}$).

3. Donner l'expression de la fonction économique, z, en fonction des variables hors base ; est-on à l'optimum du P.L. ?

4. Dresser le tableau du simplexe correspondant à cette solution de base ; au besoin itérer l'algorithme du simplexe pour obtenir l'optimum, que l'on donnera en détail.

**8.9 Problème de Klee et Minty (1972)

Il s'agit ici d'un cas extrême, pour lequel le 1er critère de Dantzig conduit à un nombre très grand d'itérations (énumératif) (c'est pourquoi on peut lui substituer le critère de Bland, par exemple).

Soit les programmes linéaires ci-dessous :

$$PL_2 \begin{cases} x_1 & & \leqslant & 1 \\ 20x_1 & + \; x_2 & \leqslant & 100 \\ x_1 & , \; x_2 & \geqslant & 0 \\ 10x_1 & + \; x_2 & = & z[\max] \end{cases}$$

$$PL_3 \begin{cases} x_1 & & & \leqslant & 100^0 \\ 20x_1 & + \; x_2 & & \leqslant & 100^1 \\ 200x_1 & + \; 20x_2 & + \; x_3 & \leqslant & 100^2 \\ x_1 & , \; x_2 & , \; x_3 & \geqslant & 0 \\ 100x_1 & + \; 10x_2 & + \; x_3 & = & z[\max] \end{cases}$$

$$PL_n \begin{cases} x_1 & \leqslant & 100^0 = 1 & \\ \left(2\sum_{j=1}^{i-1} 10^{i-j}\cdot x_j\right) + x_i & \leqslant & 100^{i-1} & (i = 2, 3, \cdots, n) \\ x_j & \geqslant & 0 & (j = 1, 2, \cdots, n) \\ \sum_{j=1}^{n} 10^{n-j}\cdot x_j & = & z & \end{cases}$$

1. Résoudre PL_2, puis PL_3 à l'aide de l'algorithme du simplexe (en utilisant le premier critère « gourmand » de Dantzig). Combien d'itérations sont alors nécessaires pour résoudre PL_2 ? PL_3 ?

2. Montrer qu'il faudrait $2^n - 1$ itérations pour résoudre ainsi PL_n... : la « gourmandise » est punie !

3. On modifie la règle de choix de la variable entrante, pour faire entrer en base la variable (hors-base) entraînant la plus forte augmentation de la fonction économique. Montrer alors que PL_n se résout en... une seule itération !

NB : le lecteur trouvera plusieurs exemples et exercices de programmation linéaire en variables 0-1 (boléennes) ou en variables entières à la fin du chapitre 1.

INTRODUCTION À LA THÉORIE DES JEUX

9

La recherche opérationnelle, comme nous l'avons constaté dans les chapitres précédents, est susceptible de rendre maints services dans les situations *combinatoires* ou *aléatoires.*

Nous examinerons à présent le rôle qu'elle peut jouer dans le domaine *concurrentiel* ou « *duel* », mais nous nous bornerons à une introduction car le sujet, dont on verra qu'il présente à la fois les caractéristiques du combinatoire et de l'aléatoire, est vaste : nous présentons ci-dessous la théorie des jeux à deux personnes et à « *somme nulle* » : les gains d'un joueur sont égaux au perte de l'autre, et réciproquement.

9.1 UN JEU D'ENFANT

Considérons le jeu des ciseaux, du papier et du caillou (on ajoute parfois le puits, nous ne le faisons pas ici, pour simplifier). Il s'agit d'un jeu bien connu des enfants qui le pratiquent par gestes : deux enfants (joueurs) s'affrontent ; ils sont face à face. Initialement, chacun a la main droite derrière le dos et choisit d'exprimer avec cette main soit le papier (main à plat), soit le caillou (poing droit fermé), soit les ciseaux (l'index et le majeur formant un V). Une fois leur choix fait, chacun tend sa main droite vers son camarade. Appelons-les Anatole et Bernard ; on donne à chacun initialement un capital de jetons. La règle du jeu, convenue préalablement entre les deux joueurs, s'exprime par le tableau (matrice) ci-dessous :

		B			
		I	*II*	*III*	
	1	0	1	−1	ciseaux
A	2	−1	0	1	papier
	3	1	−1	0	caillou
		cx	*p*	*ca*	

Lors de chaque coup, chaque joueur choisit indépendamment l'un des trois gestes ; on dit que chaque joueur a trois « *stratégies* » à sa disposition. Si Anatole joue la ligne 1 (c'est-à-dire qu'il a choisi de présenter les ciseaux), il n'y a ni gain ni perte si

Bernard a fait le même choix (colonne *I*) ; mais si Bernard présente le papier (colonne *II*), il donne un jeton à Anatole ; enfin si Bernard présente le caillou, c'est Anatole qui donne un jeton à Bernard.

Le lecteur interprétera aisément le choix par Anatole de la ligne 2 (papier) ou de la ligne 3 (caillou).

Ainsi, le tableau ci-dessus apparaît-il comme le tableau des gains de *A*, ou encore des pertes de *B*. (Un gain négatif étant une perte et réciproquement.) On dit qu'on a un « *jeu à somme nulle* » : il n'y a pas de « banque » qui, lors de chaque coup, garderait une partie des enjeux.

9.2 Jeux à deux personnes et à somme nulle

Supposons maintenant qu'Anatole (*A*) et Bernard (*B*) aient choisi un jeu dont la règle s'exprime par le tableau (matrice 1) ci-après.

		B		
		I	*II*	*III*
	1	1	0	−2
A	2	2	1	2
	3	−1	−1	0

Matrice 1

À chaque coup, chacun des joueurs doit choisir, indépendamment de l'autre, une des *stratégies pures* à sa disposition : Anatole peut choisir de jouer les stratégies (lignes) 1, 2 ou 3 ; Bernard les stratégies (colonnes) *I, II* ou *III*.

Si Anatole joue la ligne 1, cela signifie : qu'il gagnera un jeton si Bernard joue la colonne *I*, qu'il n'aura ni gain ni perte si Bernard joue la colonne *II*, enfin qu'il perdra deux jetons si Bernard joue la colonne *III*.

Si Anatole joue la ligne 2, il gagnera deux jetons si Bernard joue la colonne *I*, un jeton si Bernard joue la colonne *II* et, enfin, deux jetons si Bernard joue la colonne *III*.

Si Anatole joue la ligne 3, il perdra un jeton si Bernard joue la colonne *I* ou *II* et il n'y aura ni gain ni perte si Bernard joue la colonne *III*.

La situation est évidemment tout l'inverse pour Bernard. S'il joue la colonne *I*, il perdra un jeton si Anatole joue la ligne 1, deux jetons si Anatole joue la ligne 2 et, enfin, gagnera un jeton si Anatole joue la ligne 3. Etc.

Le tableau n'est autre que la *matrice des gains* d'Anatole (ou encore *la matrice des pertes* de Bernard). Rappelons qu'un gain négatif est en fait une perte pour Anatole et qu'une perte négative est un gain pour Bernard.

Nous avons encore ici affaire à un jeu à deux personnes à *somme nulle*, puisque chaque adversaire gagne ce que l'autre perd. Ce jeu est fort simple à étudier. En effet,

Anatole n'a pas d'intérêt à jouer les lignes 1 ou 3 ; s'il joue la ligne 1, il ne peut espérer gagner qu'un jeton, mais risque d'en perdre deux : s'il joue la ligne 3, il ne peut espérer aucun gain. Au contraire, s'il joue la ligne 2, il est assuré de gagner au moins un jeton, quelle que soit la décision de Bernard.

Dans ces conditions, Bernard, se rendant compte que son adversaire doit nécessairement jouer la stratégie 2, emploiera, de son côté, la stratégie *II,* c'est-à-dire limitera sa perte à un jeton par coup.

La *valeur du jeu* (ici le gain d'Anatole – ou la perte de Bernard – à chaque coup) est 1. L'élément situé à l'intersection de la ligne 2 et de la colonne *II,* égal à la valeur du jeu, jouit dans la matrice 1 d'une propriété bien particulière. En effet, c'est le minimum des valeurs inscrites sur la ligne 2 et le maximum des valeurs portées dans la colonne *II.* Pour cette raison, on l'appelle ***« point-selle »***. (ou « ***col*** ») : $g = a_{2,II} = 1$.

Examinons d'un peu plus près cette notion de point-selle. Supposons, à cet effet, que dans la matrice 2, l'élément a_{32} soit un point-selle (nous le supposerons ici unique). Imaginons à présent que les joueurs *A* et *B* ne se soient pas rendus compte que cet élément est le plus petit sur sa ligne et le plus grand dans sa colonne.

			B			
			q_1	q_2	q_3	q_4
			I	*II*	*III*	*IV*
	p_1		a_{11}	a_{12}	a_{13}	a_{14}
A	p_2	2	a_{21}	a_{22}	a_{23}	a_{24}
	p_3		a_{31}	a_{32}	a_{33}	a_{34}

Matrice 2

Ils auront alors tendance à jouer: le premier, *A,* les lignes 1, 2 et 3 avec des fréquences p_1, p_2 et p_3, le second, *B,* les colonnes *I, II, III* et *IV* avec des fréquences q_1, q_2, q_3 et q_4, de manière à obtenir, pour le premier, le plus grand gain possible, et pour le second, la plus petite perte.

Supposons que *A* cherche à déterminer les fréquences p_1, p_2 et p_3 de ses choix ; s'il exprime ces fréquences en probabilités, il aura d'abord :

$p_1 + p_2 + p_3 = 1$, avec, bien entendu : $p_1, p_2, p_3 \geqslant 0$.

Or, si *B* joue *I,* l'espérance de gain de *A* s'écrira :

$$a_{11} \cdot p_1 + a_{21} \cdot p_2 + a_{31} \cdot p_3;$$

si *B* joue *II,* elle deviendra :

$$a_{12} \cdot p_1 + a_{22} \cdot p_2 + a_{32} \cdot p_3;$$

si *B* joue *III, A* obtiendra :

$$a_{13} \cdot p_1 + a_{23} \cdot p_2 + a_{33} \cdot p_3;$$

enfin, si B joue IV, A recevra :

$$a_{14} \cdot p_1 + a_{24} \cdot p_2 + a_{34} \cdot p_3.$$

B fera de même et jouera les colonnes avec les fréquences q_1, q_2, q_3 et q_4, telles que : $q_1 + q_2 + q_3 + q_4 = 1$, le « *gain moyen* » [1] de A se montera finalement à :

$$\overline{G}_A = (a_{11}p_1 + a_{21}p_2 + a_{31}p_3) \cdot q_1 + (a_{12}p_1 + a_{22}p_2 + a_{32}p_3) \cdot q_2 + (a_{13}p_1 + a_{23}p_2 + a_{33}p_3) \cdot q_3 + (a_{14}p_1 + a_{24}p_2 + a_{34}p_3) \cdot q_4.$$

Parallèlement la perte moyenne de B peut s'écrire :

$$\overline{P}_B = (a_{11}q_1 + a_{12}q_2 + a_{13}q_3 + a_{14}q_4) \cdot p_1 + (a_{21}q_1 + a_{22}q_2 + a_{23}q_3 + a_{24}q_4) \cdot p_2 + (a_{31}q_1 + a_{32}q_2 + a_{33}q_3 + a_{34}q_4) \cdot p_3.$$

En développant ces deux expressions, on peut vérifier qu'on aura toujours $\overline{G}_A = \overline{P}_B$: en effet le jeu est à somme nulle. A, qui est le joueur « maximisant », désire évidemment dépasser, si c'est possible, ou, au moins, atteindre, la valeur g du jeu (dont nous supposons l'existence, y compris dans le cas général que nous rencontrerons plus loin) ; son gain doit être le plus élevé possible, même dans le cas où le joueur B se bornerait à une stratégie pure ; d'où quatre cas, selon que :

B choisirait en permanence I : $[q_1 = 1, q_2 = q_3 = q_4 = 0]$,
ou II : $[q_1 = 0, q_2 = 1, q_3 = q_4 = 0]$,
ou III : $[q_1 = q_2 = 0, q_3 = 1, q_4 = 0]$,
ou IV : $[q_1 = q_2 = q_3 = 0, q_4 = 1]$.

On obtient alors :

$$I\begin{cases} a_{11}p_1 + a_{21}p_2 + a_{31}p_3 \geqslant g\,; & \text{(dans le cas où } q_1 = 1) \\ a_{12}p_1 + a_{22}p_2 + a_{32}p_3 \geqslant g\,; & \text{(si } q_2 = 1) \\ a_{13}p_1 + a_{23}p_2 + a_{33}p_3 \geqslant g\,; & \text{(si } q_3 = 1) \\ a_{14}p_1 + a_{24}p_2 + a_{34}p_3 \geqslant g\,; & \text{(si } q_4 = 1) \\ p_1 + p_2 + p_3 = 1 & \end{cases}$$

Mais, si nous posons comme hypothèse l'existence d'un point-selle a_{32}, nous avons, avec $\beta_{31}, \beta_{33}, \beta_{34} > 0$ et $\beta_{12}, \beta_{22} > 0$:

$$a_{31} = a_{32} + \beta_{31}; \quad a_{33} = a_{32} + \beta_{33}; \quad a_{34} = a_{32} + \beta_{34},$$

car un point-selle est le plus petit élément dans sa ligne (ici d'indice i = 3). Et :

$$a_{12} = a_{32} - \beta_{12}; \quad a_{22} = a_{32} - \beta_{22},$$

car un point selle est le plus grand élement dans sa colonne (ici d'indice j = 2).

1. Il s'agit de l'espérance mathématique de gain de A, pour un *coup* donné.

Nous pourrons écrire :

$$I' \begin{cases} a_{11}p_1 + a_{21}p_2 + (a_{32}+\beta_{31})p_3 \geqslant g \\ (a_{32}-\beta_{12})p_1 + (a_{32}-\beta_{22})p_2 + a_{32}p_3 \geqslant g \\ a_{13}p_1 + a_{23}p_2 + (a_{32}+\beta_{33})p_3 \geqslant g \\ a_{14}p_1 + a_{24}p_2 + (a_{32}+\beta_{34})p_3 \geqslant g \\ p_1 + p_2 + p_3 = 1 \end{cases}$$

La deuxième inégalité peut être mise aussi sous la forme :

$$a_{32}-(\beta_{12}p_1+\beta_{22}p_2) \geqslant g,$$

dont le premier membre atteint son maximum pour $p_1 = p_2 = 0$ (car : $\beta_{12}, \beta_{22} > 0$ et $p_1, p_2 \geqslant 0$). Alors on a : $p_3 = 1$. Ainsi, $a_{32} \geqslant g$: la valeur du jeu est inférieure ou égale au point-selle.

Au contraire, pour le joueur B, joueur minimisant, sa perte doit être la plus faible possible :

$$II \begin{cases} a_{11}q_1 + a_{12}q_2 + a_{13}q_3 + a_{14}q_4 \leqslant g \\ a_{21}q_1 + a_{22}q_2 + a_{23}q_3 + a_{24}q_4 \leqslant g \\ a_{31}q_1 + a_{32}q_2 + a_{33}q_3 + a_{34}q_4 \leqslant g \\ q_1 + q_2 + q_3 + q_4 = 1. \end{cases}$$

Avec les mêmes notations que ci-dessus, on obtient :

$$II' \begin{cases} a_{11}p_1 + (a_{32}-\beta_{12})q_2 + a_{13}q_3 + a_{14}q_4 \leqslant g \\ a_{21}p_1 + (a_{32}-\beta_{22})q_2 + a_{23}q_3 + a_{24}q_4 \leqslant g \\ (a_{32}+\beta_{31})q_1 + a_{32}q_2 + (a_{32}+\beta_{33})q_3 + (a_{32}+\beta_{34})q_4 \leqslant g \\ q_1 + q_2 + q_3 + q_4 = 1 \end{cases}$$

et la dernière inégalité s'écrit :

$$a_{32}+\beta_{31}q_1+\beta_{33}q_3+\beta_{34}q_4 \leqslant g.$$

Le minimum du premier membre est obtenu pour : $q_1 = q_3 = q_4 = 0$. Alors on a : $q_2 = 1$. Ainsi, $a_{32} \leqslant g$: la valeur du jeu est supérieure ou égale au point-selle.

Finalement, $g = a_{32}$: **la valeur du jeu est égale au point-selle** et sa solution optimale est :

$$p_3 = 1;\ q_2 = 1,$$

toutes les autres fréquences étant égales à 0.

On voit donc que, dans un jeu à point-selle unique (la propriété se généraliserait évidemment), il faut prendre $p_k = 1$ et $q_\ell = 1$ si le point-selle se trouve à l'intersection de la k^e ligne et de la ℓ^e colonne.

Le comportement des deux personnes jouant le jeu dont la règle est résumée par la matrice 1 peut être aussi examiné d'un point de vue plus rudimentaire, en supposant seulement que ces joueurs sont, tous deux, *intelligents* et *prudents*.

Évidemment, le joueur A cherche à gagner le plus possible ; mais, comme il est *intelligent,* il sait que, de son côté, son adversaire cherchera à perdre le moins possible. Sa *prudence* le conduit alors à déterminer, pour chacune des stratégies à sa disposition, le gain minimal qui figure dans la ligne correspondante :

• pour la première ligne, c'est –2 ; pour la deuxième, c'est 1 ; pour la troisième, c'est –1, puis à choisir la stratégie qui correspond au maximum de ces gains minimaux, soit le choix de la ligne (ou « *stratégie* ») 2.

• le gain minimal qui se trouve sur cette ligne 2, soit $a_{22} = 1$, est appelé « ***maximin*** » (car c'est le maximum des minimums en ligne).

Le joueur B, quant à lui, est amené, par un raisonnement symétrique, à déterminer la perte maximale, colonne par colonne, c'est-à-dire stratégie par stratégie à sa disposition : pour la colonne *I,* c'est 2 ; pour la colonne *II,* c'est 1 et, enfin, pour la colonne *III,* c'est 2 ; puis il choisira la perte minimale parmi celles-ci, soit 1, qui correspond à la colonne ou à la stratégie *II.*

La perte minimale, située dans cette seconde colonne, soit $a_{22} = 1$, est appelé « ***minimax*** » (car c'est le minimum des maximums en colonne).

Pour toute matrice de jeu à deux personnes et à somme nulle, le maximin est inférieur ou égal au minimax: en effet, soit μ l'élément de cette matrice situé dans la ligne du maximin et dans la colonne du minimax. Par définition, on a :

maximin $\leqslant \mu$ et minimax $\geqslant \mu$; ainsi : maximin $\leqslant$ minimax.

On a déjà vu qu'il y a, pour le jeu donné par la matrice 1, coïncidence entre le gain de A et la perte de B; dans un jeu à « ***point-selle*** », cela résulte simplement de l'égalité ici entre le maximin et le minimax. On appelle aussi le point-selle : « *point d'équilibre* » car on peut montrer que chaque joueur, quel que soit le nombre de coups du jeu, n'a pas d'intérêt à s'écarter de la stratégie pure qui correspond, selon sa position, au maximin (pour A) ou au minimax (pour B).

Lorsqu'une matrice comporte plusieurs points-selle (nécessairement égaux), A a intérêt à jouer avec des fréquences égales les lignes comportant des pointsselle; de même B jouera au mieux, avec des fréquences égales, les colonnes comportant des points-selle.

9.3 Notion de stratégies mixtes[1]

Passons maintenant au cas où le minimax est strictement supérieur au maximin: le jeu ne comporte pas de point-selle. Considérons le jeu défini par la matrice 3 et calculons le maximin et le minimax.

1. Mauvaise traduction de l'expression : *mixed strategies* ; il aurait sans doute beaucoup mieux valu garder, en français, l'appellation de *stratégie combinée* autrefois employée par E. Borel.

		B		
		I	*II*	*III*
	1	−1	2	1
A	2	1	−2	2
	3	3	4	−3

Matrice 3

Les minimums pour les lignes 1, 2 et 3 étant respectivement : –1, –2 et –3, le maximin est –1 et correspond à la stratégie pure 1.

Les maximums pour les colonnes *I, II* et *III* étant respectivement 3, 4 et 2, le minimax est 2, correspondant à la stratégie pure *III.*

Ici, les lignes 1 et colonne *III* se coupent sur un élément qui n'est ni le maximin ni le minimax : $-1 = \text{maximin} < a_{1,III} = \mu < \text{minimax} = 2$.

Dans ces conditions, pour un jeu à plusieurs coups, l'utilisation de la « *ruse* » peut être envisagée. Ainsi, *A* peut se dire :« si je joue la ligne 2, au lieu de la ligne 1, et si *B* joue la colonne du minimax, soit *III*, je gagnerai 2, au lieu de 1. Mais il est probable que *B* imaginera ma ruse et, pour la contrecarrer, il pourra jouer la colonne *II*, pour me faire perdre 2 ; il serait donc avantageux que je joue la ligne 3 pour gagner 4 ; mais, dans cette hypothèse, peut-être *B* aura-t-il suivi mon raisonnement jusque-là et, comme il jouera alors *III*, je perdrai 3 ; peut-être, au contraire, se sera-t-il arrêté au stade précédent du raisonnement et me fera obtenir le gain convoité en jouant *II* ; etc. ».

Ce genre de spéculations montre qu'il y a probablement intérêt, pour chacun des adversaires, à jouer les différentes stratégies à sa disposition, selon des fréquences déterminées (probabilités), à condition d'être capable, à chaque coup, de laisser ignorer à l'adversaire le choix qui va suivre. Chacun disposera donc d'une « *stratégie mixte* ».

La détermination de la *stratégie mixte optimale,* c'est-à-dire des fréquences les plus favorables de jeu des stratégies pour chacun des joueurs, peut être conduite selon la méthode qui nous a servi, au paragraphe précédent, à obtenir les systèmes *I* et *II*.

Par un raisonnement identique, on aboutit dans le cas présent aux systèmes suivants :

[max] g sous les contraintes :

$$\text{pour A : } \; I \left\{ \begin{array}{ccccccc} -p_1 & + & p_2 & + & 3p_3 & \geqslant & g \\ 2p_1 & - & 2p_2 & + & 4p_3 & \geqslant & g \\ p_1 & + & 2p_2 & - & 3p_3 & \geqslant & g \\ p_1 & + & p_2 & + & p_3 & = & 1 \\ p_1 & , & p_2 & , & p_3 & \geqslant & 0 \end{array} \right.$$

$$\text{pour B : } II \begin{cases} -q_1 + 2q_2 + q_3 \leqslant g \\ q_1 - 2q_2 + 2q_3 \leqslant g \\ 3q_1 + 4q_2 - 3q_3 \leqslant g \\ q_1 + q_2 + q_3 = 1 \\ q_1 \ , \ q_2 \ , \ q_3 \geqslant 0 \end{cases} \quad [\min]\ g \text{ sous les contraintes :}$$

Ce sont deux programmes linéaires paramétrés (par g). Nous pouvons éliminer des inéquations de II l'une des variables, par exemple $q_3 \geqslant 0$, en substituant à q_3 sa valeur : $q_3 = 1 - q_1 - q_2$

Il vient :

$$II' \begin{cases} -2q_1 + q_2 \leqslant g-1 \\ -q_1 - 4q_2 \leqslant g-2 \\ 6q_1 + 7q_2 \leqslant g+3 \\ q_1 + q_2 + q_3 = 1 \\ q_1 \ , \ q_2 \ , \ q_3 \geqslant 0 \end{cases}$$

Introduisons des variables d'écart pour ramener les inéquations à des équations :

$$II'' \begin{cases} -2q_1 + q_2 + q_4 = g-1 \quad (1) \\ -q_1 - 4q_2 + q_5 = g-2 \quad (2) \\ 6q_1 + 7q_2 + q_6 = g+3 \quad (3) \\ q_1 + q_2 + q_3 = 1 \end{cases}$$

Nous allons maintenant simplifier le système, en soustrayant la deuxième équation : (2) de la première (1), et de la troisième (3), de manière à faire disparaître la valeur inconnue g ; nous avons choisi de soustraire la deuxième équation car $g - 2 < g - 1 < g + 3$: ainsi obtiendrons-nous des seconds membres positifs. On a :

$$II''' \begin{cases} -q_1 + 5q_2 + q_4 - q_5 = 1 \\ 7q_1 + 11q_2 - q_5 + q_6 = 5 \\ q_1 + q_2 + q_3 = 1 \end{cases}$$[1]

Si, compte tenu de ces trois égalités, on *minimise* la fonction $-q_1 - 4q_2 + q_5 + 2$, qui est égale à g, on obtient un programme linéaire ; en fait, nous *maximiserons* l'opposé, soit $q_1 + 4q_2 - q_5 - 2$, qu'on résoudra en utilisant la méthode des tableaux. Nous prenons donc comme fonction économique $z = q_1 + 4q_2 - q_5$, qui est à maximiser.

1. Cette équation signifie que le point représentatif de toute solution dans le système d'axes q_1, q_2, q_3 se trouve dans le plan $q_1 + q_2 + q_3 = 1$.

Note. On remarque que l'équation initiale $\Sigma q_k = 1$ est finalement conservée, l'une de ses variables (ici q_3) jouant le rôle d'une variable d'écart. Il serait dangereux d'éliminer cette équation, car on n'obtiendrait pas nécessairement un programme équivalent. Mais, même en la maintenant, étant donné qu'on a éliminé arbitrairement l'une des variables principales des autres équations, il peut se présenter des difficultés en cas dégénérescence.

Voici la résolution par la méthode des tableaux du simplexe.

			1	2	3	4	5	6	
$s \leftarrow$	0	4	−1	**[5]**	0	1	−1	0	1
	0	6	7	11	0	0	−1	1	5
	0	3	1	1	1	0	0	0	1
			1	4	0	0	−1	0	$z-0$
				$\uparrow$ e					

			1	2	3	4	5	6	
	4	2	−1/5	1	0	1/5	−1/5	0	1/5
$s \leftarrow$	0	6	**[46/5]**	0	0	−11/5	6/5	1	14/5
	0	3	6/5	0	1	−1/5	1/5	0	4/5
			9/5	0	0	−4/5	−1/5	0	$z-4/5$
			$\uparrow$ e						

Finalement:

			1	2	3	4	5	6	
	4	2	0	1	0	7/46	−4/23	1/46	6/23
	1	1	1	0	0	−11/46	3/23	5/46	7/23
	0	3	0	0	1	2/23	1/23	−3/23	10/23
Δ_j			0	0	0	−17/46	−10/23	−9/46	$z-31/23$

Pour le tableau ci-dessus, les Δ_j des variables hors base sont tous négatifs : l'optimum est atteint. Les résultats sont donc :

$$q_1 = \frac{7}{23}\,;\, q_2 = \frac{6}{23}\,;\, q_3 = \frac{10}{23}\,;\, q_4 = q_5 = q_6 = 0.$$

$$Z^* = \frac{31}{23},\text{ d'où: } \quad g = -(Z^* - 2) = \frac{15}{23},$$

car :

$$g = -q_1 - 4q_2 + q_5 + 2 = -\frac{31}{23} + 2 = \frac{15}{23}.$$

Connaissant la valeur de g, la résolution du système *I* fournit :

$$p_1 = \frac{17}{46}\ ;\ p_2 = \frac{10}{23}\ ;\ p_3 = \frac{9}{46},$$

valeurs qu'on peut aussi lire, au signe près, sur la ligne des Δ_j du tableau optimal du système *II*.

Il faut remarquer que : $g = \dfrac{15}{23} < 1$; on constate bien qu'à l'intersection de la stratégie-ligne du maximin et de la stratégie-colonne du minimax, on trouve une valeur qui, dans le cas général, diffère de la valeur du jeu, contrairement à ce qui se produit quand le jeu est à point-selle unique.

On notera :

1) que ce problème conduit à poser un type particulier de programme linéaire, ce qui découle de son caractère combinatoire ;
2) que la connaissance des fréquences (probabilités) $p_1, p_2, \cdots$, et $q_1, q_2, \cdots$, à adopter respectivement pour les stratégies 1, 2, $\cdots$, et *I*, *II*, $\cdots$, par les adversaires, se double de la mise en évidence d'une *valeur du jeu, g,* qui représente le gain (resp. la perte) moyen(ne) de chacun des joueurs, ce qui restitue la notion d'*équilibre* rencontrée précédemment ; cela veut dire qu'aucun des joueurs n'a intérêt à s'écarter des fréquences calculées, de même que, dans un jeu à point-selle, il n'a pas d'intérêt à s'écarter de la stratégie pure correspondant à ce point-selle.
3) qu'il est très important de tirer au *hasard,* tout en espectant les fréquences, la succession des stratégies pures employées, de manière à laisser toujours l'adversaire dans l'ignorance du coup suivant (le tirage doit avoir lieu comme dans les méthodes de simulation, cf. chapitre 11).

9.4 Autre méthode de calcul : les P.L. des deux joueurs sont en dualité

La méthode précédente peut se révéler délicate d'emploi, dans certains problèmes présentant des dégénérescences. C'est pourquoi nous donnons, ci-dessous, une méthode plus systématique, dans laquelle toutes les variables subsistent jusqu'à la fin des calculs.

Reprenons la matrice 3 de l'exemple précédent. Le maximin est –1, le minimax, 2 : la valeur g du jeu est comprise entre ces deux limites, et on ne peut donc pas, a priori, affirmer qu'elle est positive. En revanche, si l'on ajoutait 2 à tous les éléments de la matrice (ce qui ne change rien quant aux situations relatives des deux joueurs), on aurait : $g' = g + 2$, d'où : maximin = 1, minimax = 4 et donc l'assurance que g' est strictement positif.

En fait pour être sûr que g′ est strictement positif, il suffit d'ajouter aux éléments de la matrice du jeu un nombre tel que tous deviennent strictement positifs. Par exemple, dans le cas qui nous occupe, si l'on ajoute 4, on aura la matrice 3 bis :

	B		
	3	6	5
A	5	2	6
	7	8	1

Matrice 3bis

On se souviendra, lorsqu'on aura trouvé la valeur g' du jeu correspondant à cette matrice, que : $g = g' - 4$. Écrivons alors les programmes linéaires relatifs au nouveau jeu :

$$B \begin{cases} 3q_1 + 6q_2 + 5q_3 \leqslant g' \\ 5q_1 + 2q_2 + 6q_3 \leqslant g' \\ 7q_1 + 8q_2 + q_3 \leqslant g' \\ q_1 + q_2 + q_3 = 1 \\ q_1 \ , \ q_2 \ , \ q_3 \geqslant 0 \\ [\text{min}]\ g' \end{cases} \qquad A \begin{cases} 3p_1 + 5p_2 + 7p_3 \geqslant g'' \\ 6p_1 + 2p_2 + 8p_3 \geqslant g'' \\ 5p_1 + 6p_2 + p_3 \geqslant g'' \\ p_1 + p_2 + p_3 = 1 \\ p_1 \ , \ p_2 \ , \ p_3 \geqslant 0 \\ [\text{max}]\ g'' \end{cases}$$

*P*our *B* nous pouvons diviser chacune des inéquations ci-dessus par g' sans en changer leur sens, puisque $g' > 0$. *D*e même, par g'' pour *A,* puisque $g'' > 0$ (nous montrons plus bas que : $g' = g''$).

On obtient, en posant $x_j = q_j/g'$ et $y_i = p_i/g''$:

$$B \begin{cases} 3x_1 + 6x_2 + 5x_3 \leqslant 1 \\ 5x_1 + 2x_2 + 6x_3 \leqslant 1 \\ 7x_1 + 8x_2 + x_3 \leqslant 1 \\ x_1 \ , \ x_2 \ , \ x_3 \geqslant 0 \\ x_1 + x_2 + x_3 = \dfrac{1}{g'}\ [\text{max}] \end{cases} \qquad A \begin{cases} 3y_1 + 5y_2 + 7y_3 \geqslant 1 \\ 6y_1 + 2y_2 + 8y_3 \geqslant 1 \\ 5y_1 + 6y_2 + y_3 \geqslant 1 \\ y_1 \ , \ y_2 \ , \ y_3 \geqslant 0 \\ y_1 + y_5 + y_3 = \dfrac{1}{g''}\ [\text{min}]. \end{cases}$$

et, bien entendu, *B* désirant minimiser g' qui est positif, il maximisera son inverse :

$$z = \frac{1}{g'} = x_1 + x_2 + x_3.$$

Par suite, **les deux programmes linéaires obtenus sont en dualité** : le dual du programme de *B* est le programme de *A* et réciproquement. En particulier, à l'optimum, on a :

$$\frac{1}{g'} = \frac{1}{g''} \text{ et donc}: \mathbf{g' = g'' = g}.$$

Résolvons le programme *B* (plutôt que celui de *A*, qui nécessiterait l'introduction de trois variables artificielles) :

			1	2	3	$\bar{1}$	$\bar{2}$	$\bar{3}$	
	0	$\bar{1}$	3	6	5	1	0	0	1
	0	$\bar{2}$	5	2	6	0	1	0	1
$s \leftarrow$	0	$\bar{3}$	7	[8]	1	0	0	1	1
			1	1	1	0	0	0	$z - 0$
				$\uparrow e$					

Nous donnons sans commentaire les tableaux successifs, en faisant remarquer simplement qu'au départ il est indiqué de pivoter sur l'élément maximal de la matrice, soit 8 $(\Delta_1, \Delta_2, \Delta_3$ étant égaux à 1, on a ici choisi Δ_2 : x_2 est entré en base).

			1	2	3	$\bar{1}$	$\bar{2}$	$\bar{3}$	
$s \leftarrow$	0	$\bar{1}$	$-9/4$	0	$\boxed{17/4}$	1	0	$-3/4$	$1/4$
	0	$\bar{2}$	$13/4$	0	$23/4$	0	1	$-1/4$	$3/4$
	1	2	$7/8$	1	$1/8$	0	0	$1/8$	$1/8$
après 1 itération			$1/8$	0	$7/8$	0	0	$-1/8$	$z - 1/8$
					$\uparrow$ e				

			1	2	3	$\bar{1}$	$\bar{2}$	$\bar{3}$	
	1	3	$-\frac{9}{17}$	0	1	$-\frac{4}{17}$	0	$-\frac{3}{17}$	$\frac{1}{17}$
$s \leftarrow$	0	$\bar{2}$	$\boxed{\frac{107}{17}}$	0	0	$-\frac{23}{17}$	1	$\frac{13}{17}$	$\frac{7}{17}$
	1	2	$\frac{16}{17}$	1	0	$-\frac{1}{34}$	0	$\frac{5}{34}$	$\frac{2}{17}$
après 2 itérations			$\frac{10}{17}$	0	0	$-\frac{7}{37}$	0	$\frac{1}{34}$	$z - \frac{3}{17}$
			$\uparrow$ e						

		1	2	3	$\bar{1}$	$\bar{2}$	$\bar{3}$	
1	3	0	0	1	$\frac{13}{107}$	$\frac{9}{107}$	$-\frac{12}{107}$	$\frac{10}{107}$
1	1	1	0	0	$-\frac{23}{107}$	$\frac{17}{107}$	$\frac{13}{107}$	$\frac{7}{107}$
1	2	0	1	0	$\frac{37}{214}$	$-\frac{16}{107}$	$\frac{7}{214}$	$\frac{6}{107}$
après 3 itérations		0	0	0	$-\frac{17}{214}$	$-\frac{10}{107}$	$-\frac{9}{214}$	$z - \frac{23}{107}$

On a donc : $\frac{1}{g'} = \frac{23}{107}$, d'où $g' = \frac{107}{23}$ et $g = \frac{107}{23} - 4 = \frac{15}{23}$.

D'autre part : $q_1 = x'_1 \cdot g' = \frac{7}{107} \times \frac{107}{23} = \frac{7}{23}$; de même : $q_2 = \frac{6}{23}$; $q_3 = \frac{10}{23}$.

Enfin, par dualité, on a : $y_1 = -\Delta_1^-$, $y_2 = -\Delta_2^-$, $y_3 = -\Delta_3^-$ et $\frac{1}{g''} = \frac{23}{107}$, soit $g'' = \frac{107}{23}$, (on retrouve évidemment $g' = g'' = g$).

$$p_1 = -\Delta_1^- \cdot g'' = \frac{17}{214} \times \frac{107}{23} = \frac{17}{46} \text{ ; et de même : } p_2 = \frac{10}{23} ; p_3 = \frac{9}{46}.$$

Les résultats sont, naturellement, les mêmes que ceux fournis par la première méthode.

9.5 Exemple d'application économique
Dominance d'une stratégie, réduction d'un jeu

Une firme F est établie depuis peu sur le marché ; ses dirigeants ont remarqué que, s'ils faisaient varier leur prix de vente par rapport à ceux de la concurrence C, les variations des résultats s'établissaient comme l'indique le tableau ci-après :

		C: −5 %	0 %	+5 %	
F	−5 %	−2	−4	−4	p_1
	0 %	−1	0	−3	p_2
	+5 %	−3	2	0	p_3
		q_1	q_2	q_3	

Quelle stratégie mixte la firme F doit-elle adopter face à la concurrence ?

On a, pour les stratégies de la concurrence C :

$$\begin{cases} -2q_1 - 4q_2 - 4q_3 \leqslant g \\ -q_1 \qquad\quad - 3q_3 \leqslant g \\ -3q_1 + 2q_2 \qquad \leqslant g \\ q_1 + q_2 + q_3 = 1 \\ q_1 , q_2 , q_3 \geqslant 0. \end{cases}$$

on voit immédiatement que :

$$-q_1 - 3q_3 \leqslant g \text{ entraîne : } -2q_1 - 4q_2 - 4q_3 \leqslant g;$$

en effet : $-2q_1 - 4q_2 - 4q_3 = -q_1 - 3q_3 - (q_1 + 4q_2 + q_3)$,

d'où, puisque $q_1 + 4q_2 + q_3$ est positif, : $-2q_1 - 4q_2 - 4q_3 < -q_1 - 3q_3 \leqslant g$

et: $-2q_1 - 4q_2 - 4q_3 < g$.

On dit, dans ces conditions, que la première stratégie de F est *dominée* par sa deuxième stratégie : une ligne est *dominée* par une autre ligne si les coefficients de l'inégalité qu'exprime cette ligne sont supérieurs aux coefficients de l'inégalité qu'exprime cette autre ligne. Lorsque la *dominance* est *stricte,* c'est-à-dire lorsque les coefficients de la ligne dominante sont strictement supérieurs à ceux, correspondants, de la ligne dominée, on peut, sans modifier ni la valeur du jeu ni les fréquences à calculer, supprimer la ligne dominée. On dira encore que la première stratégie de F est *récessive* et, l'ayant supprimée, on posera $p_1 = 0$ et le tableau se réduira à :

−1	0	−3	p_2
−3	2	0	p_3
q_1	q_2	q_3	

ce qui correspond, pour la firme F, à résoudre :

$$\begin{cases} -p_2 - 3p_3 \geqslant g \\ \quad\quad\;\; 2p_3 \geqslant g \\ -3p_2 \quad\quad\; \geqslant g \end{cases} \text{avec} \begin{cases} p_2 + p_3 = 1 \\ \text{et} \\ p_2\ ,\ p_3 \geqslant 0 \end{cases}$$

On voit également que :

$$-p_2 - 3p_3 \geqslant g \text{ entraîne : } 2p_3 \geqslant g\,;$$

en effet :

$$2p_3 = -p_2 - 3p_3 + (p_2 + 5p_3)$$

d'où, puisque $p_2 + 5p_3$ est positif :

$$2p_3 > -p_2 - 3p_3 \geqslant g,$$

soit :

$$2p_3 > g. \tag{9.1}$$

On peut donc éliminer la deuxième stratégie de C, c'est-à-dire poser : $q_2 = 0$. Il s'agit, cette fois, d'une dominance stricte de colonnes. Rappelons que l'on reconnaît qu'une colonne en domine une autre si les coefficients de la première sont inférieurs à ceux, correspondants, de la seconde.

Il ne nous reste finalement que le tableau réduit ci-dessous pour lequel : maximin = 3 et minimax = -1 (donc sans point-selle). Les programmes suivants en résultent :

−1	−3	p_2
−3	0	p_3
q_1	q_3	

$$(I) \begin{cases} -p_2 - 3p_3 \geqslant g \\ -3p_2 \quad\quad\; \geqslant g \end{cases} \text{avec} \begin{cases} p_2 + p_3 = 1 \\ p_2\ ,\ p_3 \geqslant 0 \end{cases}$$

$$(II) \begin{cases} -q_1 - 3q_3 \leqslant g \\ -3q_1 \quad\quad\; \leqslant g \end{cases} \text{avec} \begin{cases} q_1 + q_3 = 1 \\ q_1\ ,\ q_3 \geqslant 0 \end{cases}$$

Une méthode rapide, pour résoudre l'un de ces programmes, est la **méthode graphique**. Prenons, par exemple, le premier et remplaçons p_3 par $1 - p_2$. Il vient :

$$-p_2 - 3p_3 = -p_2 - 3(1 - p_2) = 2p_2 - 3$$

d'où :

$$\begin{cases} [\max g] \\ 2p_2 - 3 \geqslant g \\ -3p_2 \geqslant g \\ p_2 \geqslant 0 \\ p_2 \leqslant 1 \quad (\text{car } p_3 = 1 - p_2 \geqslant 0). \end{cases}$$

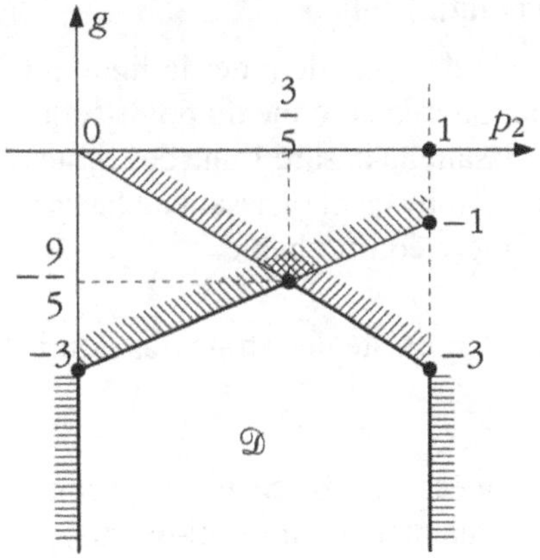

Figure 9.1

La valeur de g, sur la figure 9.1 où sont représentées les droites $g = -3p_2$ et $g = 2p_2 - 3$, en fonction de p_2 ($0 \leqslant p_2 \leqslant 1$), est le maximum des valeurs compatibles avec les deux inéquations :

$$g \leqslant -3p_2 \text{ et } g \leqslant 2p_2 - 3.$$

Ce maximum a lieu pour : $2p_2 - 3 = -3p_2$,

d'où : $5p_2 = 3$ et $p_2 = \frac{3}{5}$; on a donc :

$g = -3p_2 = 2p_2 - 3 = -\frac{9}{5}$ et

$p_3 = 1 - p_2 = 1 - \frac{3}{5} = \frac{2}{5}$. Rappelons que $p_1 = 0$.

Dès lors, g étant connu, la résolution du second programme est immédiate. Elle donne :

$q_1 = \frac{3}{5}$ et $q_3 = \frac{2}{5}$. Rappelons que $q_2 = 0$.

Par conséquent, la stratégie mixte à adopter par la firme F consistera à laisser ses prix inchangés deux périodes sur cinq et à les augmenter trois périodes sur cinq ; la concurrence aurait comme stratégie mixte celle consistant à diminuer ses prix trois fois sur cinq et à les augmenter deux fois sur cinq. Bien entendu, les fréquences étant respectées, à chaque période la décision doit provenir de tirages au hasard.

Remarques. La méthode graphique est évidemment applicable chaque fois que l'un des deux systèmes peut être réduit à deux variables seulement.

Il sera utile au lecteur qui désirerait bien comprendre la portée de la théorie des jeux en matière économique de lire, dans des ouvrages plus développés, comment la *forme normale* d'un jeu permet de représenter les situations concurrentielles.

Il est également nécessaire d'attirer l'attention sur l'importance de l'*information* dans les jeux ; dans un jeu séquentiel, où les situations du passé influencent l'avenir, la quantité d'information dont disposent les différents joueurs joue un très grand rôle et conditionne la valeur du jeu.

9.6 MÉTHODOLOGIE D'ÉTUDE DES JEUX À DEUX JOUEURS ET SOMME NULLE

Terminons en donnant une méthodologie d'étude des jeux à deux joueurs et à somme nulle.

1. Déterminer si le jeu comporte un (ou plusieurs) point(s)-selle.

S'il comporte un seul point-selle, la stratégie optimale de *A* est de jouer la ligne du point-selle lors de chaque coup ; celle du point *B*, de jouer la colonne du point-selle. S'il comporte plusieurs points-selle : *A* joue en choisissant au hasard l'une des lignes comportant un point-selle, de manière équiprobable ; *B* joue en choisissant au hasard l'une des colonnes comportant un point-selle, de manière équiprobable.

2. Si le jeu ne comporte pas de point-selle, chercher s'il existe des stratégies dominées (récessives) ; si oui, les supprimer.

3. Si, après l'éventuelle élimination des stratégies dominées, la matrice du jeu ne comporte que soit 2 lignes, soit 2 colonnes, résoudre graphiquement (comme ci-dessus).

4. Sinon, translater, si besoin est, la valeur du jeu en posant $g' = g + \alpha$ où α est l'opposé du terme le plus négatif de la matrice du jeu ; poser $a'_{ij} = a_{ij} + \alpha$ et résoudre le programme linéaire du joueur *B* (la méthode de la division par g' est conseillée). En déduire, par dualité, les fréquences optimales de jeu des stratégies pour *A*.

EXERCICES

*9.1 Jeux avec point-selle

1. Soit un jeu à deux personnes et à somme nulle, donné par le tableau des gains du joueur *A* (et donc des pertes du joueur *B*) suivant .

		B 1	2	3	4
	1	6	3	5	4
A	2	−1	2	4	−7
	3	−2	1	0	−1

Montrer qu'il comporte un point-selle (ou point d'équilibre)
Quelle stratégie doit suivre chaque joueur ?

2. Que constatez vous pour le jeu ci-dessous ?

		B 1	2	3	4
	1	4	(3)	8	(3)
A	2	2	2	−4	−7
	3	6	(3)	5	(3)
	4	1	−1	9	0

*9.2 Jeu sans point-selle. Dominance et résolution graphique

Soit un jeu à deux personnes à somme nulle, défini par la matrice des gains du joueur *A* ci-dessous.

		B 1	2	3
	1	2	−1	3
A	2	−2	3	−1
	3	−1	0	2

1. Montrer que ce jeu ne possède pas de point-selle.
2. Calculer les stratégies mixtes et la valeur du jeu graphiquement.

**9.3 Résolution d'un jeu sans point-selle par un programme linéaire

Chercher les stratégies mixtes pour le jeu rectangulaire dont la matrice est donnée ci-dessous.

1. par la première méthode (cf 9.3)
2. par la seconde méthode (cf 9.4)

		B 1	2	3	4
	1	6	3	5	4
A	2	−1	2	4	−7
	3	−2	1	0	−1

10 SIMULATION[1]

10.1 INTRODUCTION

Une simulation consiste, dans un premier temps, à pratiquer une reconstitution suffisamment fidèle de phénomènes du monde réel à travers la construction d'un *modèle* (comportant nécessairement des approximations). Puis, dans un second temps, on pratique, sur ce modèle, des expérimentations (le plus souvent numériques) permettant d'analyser l'évolution au cours du temps du phénomène faisant l'objet de l'étude; le nombre d'expériences doit être suffisamment grand pour obtenir des résultats d'un *niveau de confiance* acceptable (au sens statistique du terme).

Les techniques de simulation sont utilisées dans des domaines très divers :

- dans l'industrie automobile, on se sert de la simulation, notamment, pour étudier les effets aérodynamiques et climatiques sur la carrosserie;
- en hydraulique, des modèles réduits de canaux ou de bassins (respectant des théorèmes de similitude géométriques, mécaniques,...) servent à reproduire des phénomènes naturels d'écoulement pour la construction de barrages, de marées pour la protection des côtes, etc.
- on utilise des simulateurs de vols, pour l'entraînement, à moindres frais, au pilotage.
- en économie, on a pu simuler l'évolution du déséquilibre entre les retraites (par répartition) et les cotisations afin de prendre les décisions appropriées à long et moyen termes;
- par exemple, une simulation a été réalisée pour localiser et hiérarchiser les niveaux de risque des zones contaminées par la catastrophe nucléaire de Tchernobyl et pour prendre des décisions face à ce fléau;
- Plus récemment encore, certaines études telles que la diffusion de l'épidémie du SIDA dans une population donnée ou encore l'évolution des cellules cancérigènes dans l'organisme humain s'appuient sur des techniques de simulation.
- etc.

---

(1) Chapitre rédigé par Mme Nacéra SEGHOUANI-BENNACER, enseignante-chercheuse à l'École Supérieure d'Électricité (Supélec).

Les modèles utilisés ci-dessus sont soit *physiques* (maquettes, modèles miniatures,...) soit *numériques* (impliquant des équations et/ou des algorithmes). En *simulation analogique*, le phénomène est modélisé à l'aide d'un montage physique (électronique en général) régi par les mêmes équations que le système étudié. Dans la suite, on s'intéresse à la *simulation numérique* qui consiste à reproduire le comportement du *système* objet de l'étude, à travers un modèle sur lequel on pratique des expérimentations numériques (à l'aide d'un algorithme que l'on implémente).

10.1.1 Pourquoi utiliser la simulation?

La simulation est une approche qui peut conduire à des conclusions du type :

« *Pour un investissement de x unités, le profit serait, en tenant compte de toutes les contraintes, compris entre deux valeurs* y_1 *et* y_2 *unités monétaires, avec une probabilité égale à p* » ; mais jamais à des affirmations de la forme « *l'investissement de x unités conduit à un profit maximal de y unités monétaires* » : ce dernier type de résultat est propre aux techniques d'optimisation pour des problèmes déterministes.

En revanche, il arrive très souvent que l'on ne puisse pas construire le modèle analytique d'un système dynamique complexe (qui évolue continûment dans le temps) et dont le fonctionnement est intrinsèquement probabiliste, mais que l'on soit capable de décomposer ce fonctionnement en événements élémentaires. On parlera dans ce cas de *simulation à événements discrets*.

Prenons l'exemple d'une gestion de stocks où il s'agit de définir les quantités à approvisionner de façon à satisfaire une demande aléatoire tout en minimisant les coûts de stockage et de pénurie. Le fonctionnement de ce système peut être décomposé en événements élémentaires : la demande d'un article est suivie soit de sa livraison, soit du déclenchement d'une pénurie et, dans un système de réapprovisionnement à niveau d'alerte, du déclenchement d'une commande. La livraison d'un article est suivie elle-même de la mise à jour du stock.

La simulation est, de fait, très appropriée pour analyser des enchaînements stochastiques (c'est-à-dire liés au hasard) et multiples d'occurrences d'événements (séquences complexes), chacune provoquant un changement d'état du système étudié. On peut associer à l'évolution du système *un graphe d'états* dont les sommets représentent les états et les arcs les changements d'états (provoqués par les occurrences des événements comme mentionné ci-dessus). Ces graphes sont en général de très grande taille : seule une exploration partielle de ceux-ci peut être envisagée. Néanmoins, une exploration bien menée, « intelligente » permet d'estimer des *paramètres* intéressants, caractéristiques du fonctionnement de ce système.

Prenons l'exemple d'un protocole de communication dans un réseau informatique. Un client émet une requête et arme un « *délai de garde* » (il se fixe une durée maximale d'attente pour la « *réponse* », c'est-à-dire le retour de la requête traitée). S'il reçoit la réponse avant l'expiration de ce délai de garde, il arme un nouveau délai de préparation d'une nouvelle requête à la fin duquel il émet celle-ci. Du côté serveur, la requête arrive, elle est exécutée par le serveur qui envoie une réponse et arme un délai d'attente de l'acquittement (accusé de réception) par le client, au bout duquel ce serveur, en cas d'échec, réémet la réponse.

Dans ce protocole, tous ces envois ou réceptions ou pertes de message sont des événements. Dans un cas réel, le protocole serait plus complexe, et par conséquent, le graphe d'états pourrait être très grand (plusieurs millions d'états). Une simulation du fonctionnement du protocole permet un réglage adéquat des délais de garde afin de respecter des propriétés requises de bon fonctionnement, spécifiées dans un cahier des charges ; par exemple : la requête ne doit pas être exécutée plus d'une fois.

10.2 Définitions

Il est donc essentiel, pour effectuer une simulation, d'engendrer des séquences d'événements, à chacun étant associé une date d'occurrence. Les événements sont ordonnancés (listés), suivant leur date d'occurrence, dans un « *échéancier* ».

10.2.1 Notion d'échéancier et de noyau de synchronisation

Un échéancier est donc représenté par une structure de données qui permet de stocker les événements, leur date d'occurrence ainsi que le traitement associé. L'ensemble des procédures qui entretiennent et manipulent l'échéancier lors de chaque occurrence d'événement (insérer, supprimer des événements, etc.) s'appelle le « *noyau de synchronisation* ». L'efficacité de celui-ci dépend beaucoup de la structure de données choisie, des algorithmes d'entretien de l'échéancier, du nombre d'événements et de la distribution des intervalles de temps entre événements consécutifs dans l'échéancier.

10.2.2 Méthodes de gestion de l'échéancier

Comment évolue le temps dans une simulation ? Il y a deux schémas possibles.

Simulation dirigée par événements

Les seuls temps accessibles lors de la simulation à événements discrets sont les dates d'occurrences d'événements, l'incrémentation du temps se fait d'une date à la suivante (« *next event scheduling* »). L'échéancier est ordonnancé dans une structure de données qui peut être une *liste* ou un *arbre binaire équilibré*.

Dans le cas d'une « *liste* », les événements sont stockés par ordre croissant de date d'occurrence. Le prochain événement à traiter dans le temps est toujours en tête de liste. Lors de l'exécution de la simulation, chaque fois qu'un nouvel événement intervient, la liste est parcourue pour l'insérer à sa place (déterminée par sa date d'occurrence) ; la complexité de cette recherche pour une liste comportant N événements est de $O(N)$.

Dans le cas de la structure de données « *arbre binaire équilibré* », les événements sont organisés comme suit : chaque événement a au plus deux fils, correspondant respectivement l'un à une date inférieure et l'autre à une date supérieure à la date de cet événement (père). On élimine à chaque test toute une partie des possibilités restantes (la moitié si l'arbre est équilibré). La complexité de la recherche (pour insérer un nouvel événement dans l'arbre binaire) dans ce cas est moindre : en $O(\log_2 N)$.

Simulation dirigée par horloge

Dans ce cas, on définit une unité de temps (ou : « pas ») appropriée au problème et on dispose d'une *horloge centrale* qui progresse par pas. À chaque incrémentation de l'horloge, on explore l'échéancier pour voir si un événement est prévu à cette date ou pas. Dans cette approche, il convient de choisir soigneusement l'unité d'incrémentation de l'horloge de façon à minimiser les recherches qui se révèlent négatives (c'est-à-dire sur des intervalles de temps ne comportant aucun événement) et à traiter tous les événements programmés dans l'échéancier.

10.3 Les « entrées » d'un modèle de simulation

Reprenons l'exemple de gestion des stocks ci-dessus. Pour qu'une simulation puisse être menée, on doit disposer d'un échantillon de la demande journalière et d'un échantillon de délais de réapprovisionnement. Ces échantillons peuvent être réels, c'est-à-dire des extraits d'un historique de la gestion du stock; la simulation dans ce cas est dite « *pilotée par trace* ». Plus souvent, on dispose soit d'un histogramme de la loi construit à partir d'un certain nombre d'observations du système réel, soit d'une forme analytique de la loi de probabilité régissant les dates de demandes et de délais de réapprovisionnement. Dans les deux cas, il faut qu'on dispose d'un *générateur de nombres entiers aléatoires* uniformément distribués comme nous le détaillons ci-dessous.

10.3.1 Génération de nombres entiers pseudo-aléatoires uniformément distribués

Les premiers générateurs de nombres aléatoires étaient basés sur des phénomènes physiques, par exemple, les bruits blancs dans les résistances électriques, les émissions de particules radioactives, etc. Les propriétés statistiques de tels générateurs sont démontrées mais ils nécessitent le couplage d'un calculateur avec l'unité reproduisant le phénomène. De plus, les séquences aléatoires obtenues ne sont pas reproductibles (ce qui, en général, est fort gênant).

On a utilisé ensuite des tables de nombres aléatoires construites à partir de phénomènes physiques qui permettaient la reproductibilité. Par contre, des problèmes d'encombrement de la mémoire pour stocker de telles tables (dont la dimension est considérable) et de lenteurs dues à l'accès à celles-ci se posaient.

Pour pallier ces problèmes, on a mis au point des algorithmes fondés sur des propriétés arithmétiques qui génèrent des séquences de nombres aléatoires, sans que l'on ait besoin de les stocker. Ces séquences sont reproductibles. Par contre, dans ce type d'algorithme chaque nombre généré dépend d'une manière déterministe du ou des nombres précédents. Dans ce cas, on parle de nombres « *pseudo-aléatoires* ». Le choix de l'algorithme et des paramètres de génération est essentiel pour la qualité du générateur.

Par qualité du générateur, on entend :

• l'équi-répartition des chiffres dans les séquences obtenues en mettant bout à bout les nombres pseudo-aléatoires générés (chaque chiffre ayant la probabilité 1/10 d'apparition). Mais une séquence telle que 111122223333... satisferait à ce test d'équi-répartition. Or, avec cette séquence, il ne s'agit pas de nombres au hasard ! C'est pourquoi, on pratique des tests portant les fréquences d'apparition des « paires » (deux chiffres égaux consécutifs) ou encore des « brelans » (trois chiffres consécutifs). Plus généralement, on nomme cette famille de tests, les tests du « poker » ;
• d'autre part, par leur nature, les procédés de génération de nombres pseudo-aléatoires, comme nous le verrons plus bas, cyclent nécessairement au bout d'un certain nombre d'itérations nommé « *période* » du générateur. Un bon générateur doit avoir une période suffisamment longue.

De nombreux tests statistiques existent, permettant de s'assurer de la qualité d'un générateur en termes de corrélation et d'équi-répartition ; test du χ^2, test de Kolmogorov-Smirnov, test des intervalles, test du poker... Aucun de ces tests ne peut être déterminant à lui seul. Certaines suites de nombres pseudo-aléatoires « franchissent » mieux certains tests que d'autres. Un générateur de bonne qualité doit « franchir » plusieurs tests simultanément.

Méthodes congruentielles

Elles regroupent plusieurs méthodes basées sur les relations de congruence. Ce sont les plus utilisés, voici les principales. Rappelons que tous les nombres ci-dessous sont des entiers positifs.

• *Méthode multiplicative*

$U_k = a \cdot U_{k-1}$ (modulo m) où U_0 est la racine (seed) ; m est le diviseur (terme de congruence) et a est le multiplicateur. On rappelle que la congruence modulo m revient à prendre le reste de la division entière de l'entier $a \cdot U_{k-1}$ par l'entier m.

Les nombres ainsi générés sont indépendants et uniformément distribués dans l'intervalle $[0, m[$. La période T maximale de ce générateur ne peut à l'évidence dépasser m (le reste de la division entière par m ne peut dépasser m).

Ainsi : pour $U_k = a^k \cdot U_0$ (modulo m), on a : $T = \min\{\lambda \ / \ a^\lambda = 1 \text{ (modulo } m)\}$.
On dira que a est une racine primitive de m si $T = m - 1$.

Exemple.

Cet exemple est choisi volontairement petit ; en pratique m est très grand. Avec $U_0 = 2$, $a = 3$, $m = 5$, il vient :

$U_0 = 2, U_1 = 1, U_2 = 3, U_3 = 4, U_4 = 2, \cdots$

Dans cet exemple a est bien une racine primitive de m puisque $T = m - 1 = 4$.

Un choix intéressant pour lequel les qualités statistiques évoquées ci-dessus sont démontrées, est le suivant : sur une machine dont les mots comportent 32 bits : $m = 2^{31} - 1$, a est une racine primitive de m et U_0 est premier avec m (le calcul de la congruence modulo m se fait alors par un débordement).

- *Méthode additive : (suite de Fibonacci)*

  $U_k = U_{k-1} + U_{k-2}$ (modulo m)

- *Méthode mixte*

  $U_k = a \cdot U_{k-1} + c$ (modulo m)

Brassage de deux générateurs

Cette méthode permet de créer un générateur aléatoire de bonne qualité en utilisant deux autres générateurs quelle que soit leur qualité. On remplit une table avec le premier générateur. On utilise un second générateur pour accéder aléatoirement dans cette table. À chaque fois qu'un nombre a été utilisé, il est remplacé par un nouveau obtenu à l'aide du premier générateur. De très bons résultats sont obtenus si la taille des deux tables est supérieure à 100.

10.3.2 Génération d'un échantillon de nombres suivant une loi donnée

Dans ce qui suit, on notera U un nombre n' pseudo-aléatoire, uniformément distribué dans l'intervalle [0, 1]. On note X un nombre généré selon une loi donnée. Cette loi peut être discrète (ou discrétisée) et donnée par un histogramme cumulé (courbe en escalier) ; ou bien il peut s'agir d'une loi continue donnée par l'expression analytique de sa fonction de répartition : $F(X) = P[Y \leqslant X]$, où Y est une variable aléatoire, contrairement à X (qui est un nombre).

Loi définie par un histogramme cumulé

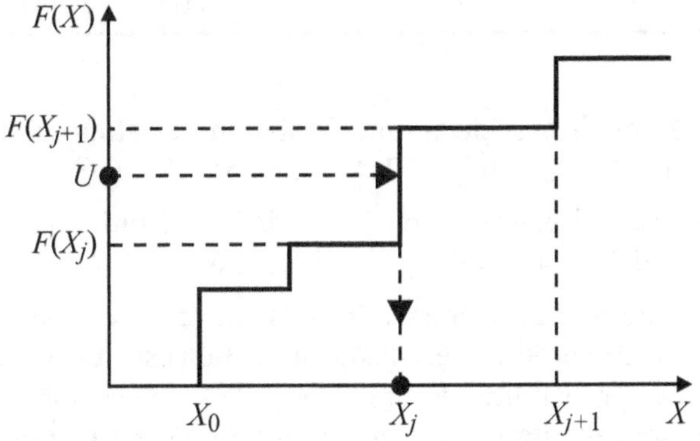

La courbe de l'histogramme cumulé qui illustre la fonction de répartition $F(X)$, est une courbe en escalier, les abscisses des « marches » de cet escalier sont : $X_0, X_1, \cdots, X_j, X_{j+1}$, etc. Soit U un nombre pseudo-aléatoire. On détermine à quel intervalle $[F(X_j), F(X_{j+1})]$ appartient U. On associe alors à U le nombre X_j suivant la loi de probabilité donnée par la courbe de sa fonction de répartition $F(X)$.

On appelle un *échantillon artificiel* de loi de probabilité $F(X)$, la séquence de nombres aléatoires $X_{j_1}, X_{j_2}, X_{j_k}$ obtenue en répétant l'opération avec k nombres pseudo-aléatoires $U_1, U_2, \cdots, U_k$.

Exemple. Imaginons que l'étude de la demande journalière, dans l'exemple de gestion des stocks, donne les résultats suivants :

Nombre de demandes X_i	Nombre d'observations (Nombre total = 100)	Fréquence relative	Fréquence cumulée $F(X_i)$
0	3	0,03	0,03
1	5	0,05	0,08
2	10	0,10	0,18
3	20	0,20	0,38
4	30	0,30	0,68
5	10	0,10	0,78
6	8	0,08	0,86
7	5	0,05	0,91
8	4	0,04	0,95
9	3	0,03	0,98
10	2	0,02	1

Supposons que l'on dispose de la suite de nombres aléatoires uniformément distribués dans l'intervalle [0, 1] : 0,07 ; 0,72 ; 0,32 ; 0,55 ; 0,51 ; 0,03 ; 0,81 ; 0,69 ; · · ·

Le lecteur vérifiera aisément qu'elle conduit à l'échantillon artificiel du nombre de demandes journalières suivant : 1, 5, 3, 4, 4, 1, 6, 5, · · · .

Dans une simulation à événements discrets, on retrouve souvent des états où il existe plusieurs transitions de sortie. Chaque transition est alors valuée par une probabilité ; la somme des probabilités des transitions de sortie est bien entendu égale à 1. Dans ce qui suit, nous montrons comment reproduire ces situations « d'aiguillage » en respectant leur loi de probabilité.

- *Cas de l'aiguillage probabiliste à deux sorties*

Supposons qu'il existe deux services A et B et que la probabilité de choisir le service A est égale à p et de choisir le service B est égale à $1 - p$.

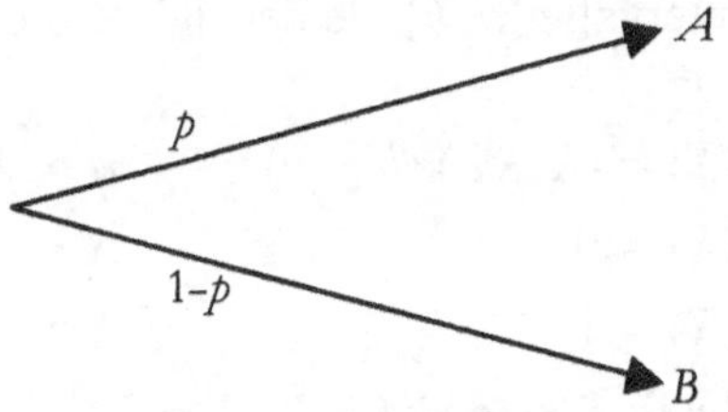

Ce type d'aiguillage se retrouve souvent dans les modèles probabilistes. On tire, dans ce cas, un nombre aléatoire U uniformément distribué dans [0, 1] et on compare U à p :

- si $U < p$, on se dirige vers A, donc avec une probabilité p ;
- si $U \geqslant p$, on se dirige vers B, donc avec une probabilité $1 - p$.

- *Aiguillage probabiliste à n sorties (voies)*

Soient $p_1, p_2, \cdots, p_n$, où p_i est la probabilité du $i^{ème}$ service avec $\sum_{i=1}^{n} p_i = 1$.

On calcule $p'_0 = 0$, $p'_1 = p_1$, $p'_2 = p_1 + p_2, \cdots$, $p'_n = p'_{n-1} + p_n = 1$. On tire un nombre aléatoire U et on choisit la voie i telle que $p'_{i-1} \leqslant U < p'_i$.

Loi dont l'expression analytique de la fonction de répartition est connue

- *Génération par loi inverse*

Soit $F(X)$ une fonction de répartition que l'on sait inverser. Prenons l'exemple d'une loi exponentielle :

$$F(X) = 1 - e^{-\lambda X} \qquad \text{pour } X \geqslant 0$$
$$F(X) = 0 \qquad \text{sinon}$$

Si on remplace $F(x)$ par le nombre pseudo-aléatoire U, il vient $U = 1 - e^{-\lambda X}$, d'où $1 - U = e^{-\lambda X}$ soit : $X = -\log(1 - U)/\lambda$.

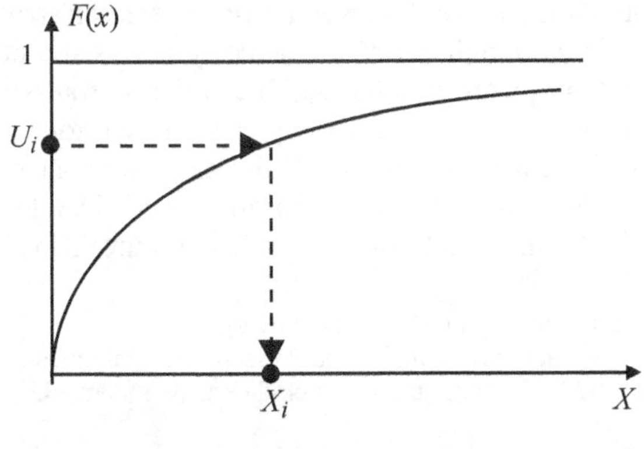

Plus généralement à un nombre pseudo-aléatoire U_i uniformément réparti correspond le nombre $X_i = F^{-1}(U_i)$ suivant la loi $F(X)$.

Voici un autre exemple illustrant le cas d'une loi de probabilité inversible, celui de la loi uniforme sur l'intervalle $[a, b]$, de densité de probabilité $f(X) = 1/(b - a)$. Sa fonction de répartition est :

$$F(X) = (X - a)/(b - a) \qquad a \leqslant X \leqslant b$$
$$F(X) = 0 \qquad X < a$$
$$F(X) = 1 \qquad X > b$$

Connaissant U, il est facile d'en déduire X : $X = F^{-1}(U) = a + U \cdot (b - a)$.

La forme analytique de $F(X)$ n'est pas toujours inversible. Cependant, $F(X)$ pour certaines lois de probabilité est obtenue par combinaison d'autres lois. C'est le cas, par exemple, de la loi normale et de toutes les lois qui dérivent de la loi exponentielle (la loi hyper-exponentielle, la loi de Cox, la loi d'Erlang).

- *Lois dont la définition est obtenue par combinaison d'autres lois*

D'après le théorème de la limite centrale, la somme de n variables indépendantes de même loi de moyenne(1) μ et d'écart type σ converge vers une loi normale de moyenne(1) $n\mu$ et de variance $n\sigma^2$ lorsque n tend vers l'infini. Si l'on prend n nombres pseudo-aléatoires u_i uniformément distribués dans $[0, 1]$, alors on sait qu'en posant :

$$X = \frac{\sum_{i=1}^{n} u_i - n\mu}{\sigma \cdot \sqrt{n}},$$ que X suit une loi normale centrée réduite.

Pour une loi normale de moyenne(1) m et d'écart type s, on déduit un échantillon artificiel : Y_k $(k = 1, 2, \cdots)$ par : $Y_k = X_k \cdot s + m$, où X_k $(k = 1, 2, \cdots)$ est l'échantillon artificiel obtenu ci- dessus.

10.4 Un exemple de simulation

Nous nous limiterons, dans un but didactique, à un exemple de petite taille. Prenons l'exemple d'un système informatique comportant un serveur qui traite des requêtes de différents clients dans l'ordre d'arrivée (PAPS : premier arrivé, premier au service). Le but de la simulation du modèle(2) de ce système est d'étudier la charge du serveur, le nombre de requêtes en attente d'être traitées et aussi la durée moyenne d'attente d'un client. On suppose que les requêtes arrivent toutes les 1 minute dans 30 % des cas, toutes les 2 minutes dans 45 % des cas et toutes les 3 minutes dans les autres cas. La durée de traitement est de 1 minute dans 15 % des cas, de 2 minutes dans 25 %, de 3 minutes dans 35 % des cas et de 4 minutes dans les autres cas.

(1) Stricto sensu on devrait dire : espérance mathématique.

(2) Si les arrivées des requêtes suivent une loi de Poisson et les traitements, une loi exponentielle on a affaire à la file $M / M / 1$: cf 7.3, qu'on peut étudier analytiquement.

Dans ce système, il y a deux types d'événements qui changent l'état du système : une arrivée d'une requête et une fin de traitement d'une requête par le serveur. Simulons le fonctionnement du système.

En utilisant la technique de l'histogramme cumulé, on génère des durées inter-arrivées (c'est-à-dire séparant les arrivées de deux clients consécutifs) : a_1, a_2, a_3, $\cdots$ et des durées de service : $s_1, s_2, s_3, \cdots$. Soit :

$$A_1 = a_1 \qquad D_1 = A_1 + s_1$$
$$A_2 = A_1 + a_2 \qquad D_2 = \max(A_2, D_1) + s_2$$
$$\ldots \qquad \ldots$$
$$A_i = A_{i-1} + a_i \qquad D_i = \max(A_i, D_{i-1}) + s_i$$

où A_i et D_i sont respectivement la date d'arrivée et de fin de traitement de la i^e requête. La durée d'attente du client pour la réponse à la i^e requête est égale à ; $T_i = D_i - A_i$. Le tableau 10.5 (échéancier) suivant retrace l'exécution d'une simulation dirigée par événements.

Dans une simulation réelle ce tableau pourrait comporter plusieurs milliers de lignes (et voire même bien davantage).

Les mesures tirées d'une simulation n'ont de sens que si l'on est capable d'évaluer la confiance qu'on peut leur accorder. Dans ce qui suit, on aborde l'analyse statistique des résultats recueillis en cours de simulation.

10.5 Les résultats (sorties) d'une simulation et analyse statistique

On effectue des simulations avec différents objectifs. Voici les trois cas possibles.

10.5.1 Cas d'une simulation dite « comportementale »

On veut simplement tester et observer le comportement d'un système et s'assurer du bon fonctionnement du système. Il s'agit d'une simulation dont le résultat est purement *qualitatif* (elle ne donne donc pas lieu à une analyse statistique).

10.5.2 Cas d'une simulation dite « terminale »

La simulation s'arrête à l'apparition d'un événement (fâcheux) particulier désigné à l'avance : il peut s'agir, dans un système informatique, d'un interblocage pour l'acquisition d'une ressource critique ou encore de l'occurrence d'un événement catastrophique dans un système sécuritaire, ou encore d'un fonctionnement non conforme aux spécifications pour un circuit intégré.

Dans ce type de simulation, on cherche à évaluer le temps nécessaire pour parvenir à une situation donnée et/ou à déterminer l'enchaînement des événements qui conduit à cette situation. Dans ce cas la durée de simulation est une variable aléatoire.

Temps de simulation t	Type d'événements	Nombre de requêtes en attente	Durée d'attente T_i	Liste d'événements A_i	D_i
0	Arrivée 1	0		0	4
2	Arrivée 2	1		2	6
4	Départ 1	0	4	5	9
5	Arrivée 3	1		6	10
6	Arrivée 4, départ 2	1	4	7	12
7	Arrivée 5	2		9	14
9	Arrivée 6, départ 3	2	4	11	15
10	Départ 4	1	4	14	16
11	Arrivée 7	2		16	19
12	Départ 5	1	5	17	23
14	Arrivée 8, départ 6	1	5	20	25
15	Départ 7	0	4	22	27
16	Arrivée 9, départ 8	0	2	24	31
17	Arrivée 10	1		26	33
19	Départ 9	0	3	28	37
20	Arrivée 11	1		29	38
22	Arrivée 12	2		30	40
23	Départ 10	1	6	32	42
24	Arrivée 13	2		34	45
25	Départ 11	1	5	37	48
26	Arrivée 14	2			
27	Départ 12	1	5		
28	Arrivée 15	2			
29	Arrivée 16	3			
30	Arrivée 17	4			
31	Départ 13	3	7		
32	Arrivée 18	4			
33	Départ 14	3	7		
34	Arrivée 19	4			
37	Arrivée 20, départ 15	4	9		
38	Départ 16	3	9		
40	Départ 17	2	10		
42	Départ 18	1	10		
45	Départ 19	0	11		
48	Départ 20	0	11		

10.5.3 Cas d'une simulation dite « infinie »

On utilise dans ce cas la suite des événements produits par la simulation pour évaluer une ou plusieurs grandeurs, par exemple le débit d'un réseau, le taux de charge d'un serveur, la fréquence d'occurrence d'une panne, etc. afin de prédire le comportement du système réel dont on simule le fonctionnement. Il faut donc prélever des observations pour effectuer des statistiques sur les échantillons ainsi recueillis des grandeurs mesurées. On arrête la simulation dès qu'une précision requise est obtenue et/ou une durée de simulation (stipulée à l'avance) est atteinte.

S'il s'agit d'observations indépendantes et identiquement distribuées, la tâche que constitue l'estimation sera aisée car il suffit dans ce cas précis de faire appel au théorème central limite pour évaluer la confiance relative qu'on peut attribuer aux résultats. Il s'avère, toutefois, que les hypothèses d'application du théorème de la limite centrale ne sont pas toujours vérifiées en pratique. En effet, on se retrouve souvent confronté aux problèmes suivants :

- le problème « d'auto-corrélation » des mesures prélevées. Par exemple, dans une file d'attente, le temps d'attente d'un client dépend souvent des clients précédents; ce qui implique que les hypothèses des méthodes statistiques classiques basées sur l'hypothèse d'indépendance des mesures ne sont plus directement applicables;
- le problème de « stationnarité » du processus échantillonné : ainsi, si l'on simule une file d'attente, il faut déterminer à partir de quel moment de la simulation le régime permanent de la file est atteint;
- l'influence des conditions initiales sur les mesures effectuées et du temps passé dans le régime transitoire avant d'atteindre le régime stationnaire (régime permanent), s'il existe.

Le moyen le plus simple de répondre au problème de corrélation entre observations est d'effectuer plusieurs répliques indépendantes en utilisant des générateurs de racines (seeds) différentes et en éliminant les premières observations de chacune afin de réduire le biais introduit par les conditions initiales. L'estimateur est la moyenne des moyennes des observations de chacune des répliques. Ce type de simulation peut nécessiter un temps de simulation trop long si le nombre d'événements nécessaire pour atteindre le régime permanent est grand.

Une autre méthode consiste à simuler le modèle sur une longue durée. Cette durée est segmentée en n périodes séparées par des périodes mortes où aucun prélèvement n'est effectué.

La méthode *des points de régénération* résout à la fois le problème de l'auto-corrélation et celui des conditions initiales. L'idée est d'identifier des instants aléatoires où le processus probabiliste se régénère. Un processus $X(t)$ possède des points de « régénération », si partant d'un état donné à l'instant $t = 0$, il peut avec une probabilité égale à 1 revenir dans le même état à un instant $t > 0$. Ces instants sont caractérisés par les mêmes conditions. On peut montrer que les moyennes d'observations recueillies entre deux instants (points) de régénération sont indépendantes. On peut alors observer le processus dans une simulation comme si elle était décomposée en plusieurs simulations indépendantes séparées par les points de régénération.

Exemples.

– Dans une chaîne de Markov ergodique, en régime permanent l'entrée dans n'importe quel état est un point de régénération.

– Dans un réseau de file d'attente ouvert, si les arrivées suivent un processus de Poisson alors chaque instant (point) où une arrivée se produit et que le réseau est vide peut être un point de régénération.

10.5.4 Construction d'un estimateur et d'un intervalle de confiance

Le but d'une simulation est d'obtenir des informations sur le processus stochastique associé à une grandeur $X = \{X(t), t > 0\}$. À partir d'observations ponctuelles de la grandeur X aux instants t_i : $(X_1, \cdots, X_i, \cdots, X_n)$ où $X_i = X(t_i)$, on veut estimer les grandeurs suivantes;

- la "moyenne" de $X(t)$: $E[X(t)] = \mu(t) = \mu$;
- la variance de $X(t)$: $V[X(t)] = \sigma^2(t) = \sigma^2$.

Pour un processus stationnaire ces deux grandeurs ne dépendent pas de l'instant d'observation.

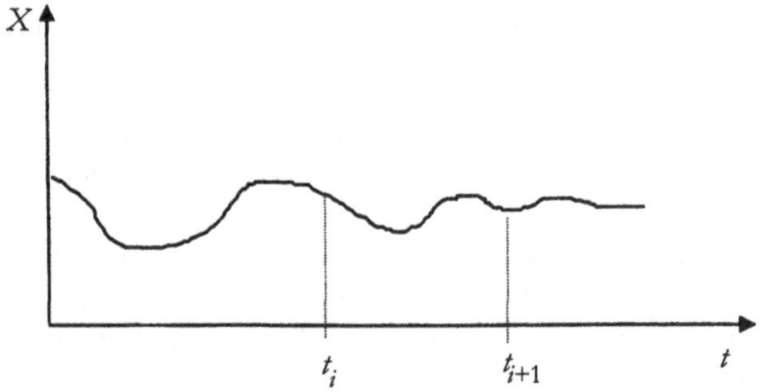

Ces deux grandeurs peuvent être estimées respectivement par :

$$\hat{\mu} = \frac{\sum_{i=1}^{n} X_i}{n}, \quad \hat{\sigma} = \frac{1}{n-1}\sum_{i=1}^{n}(X_i - \hat{\mu})^2$$

Ces deux estimateurs sont sans biais, autrement dit :

$$E[\hat{\mu}] = \mu \text{ et } E[\hat{\sigma}] = \sigma$$

Un meilleur estimateur de l'espérance qui tient compte des poids relatifs dans le temps de chaque valeur mesurée $X(t_j)$ est le suivant :

$$\hat{\mu}_t = \frac{\sum_{j=1}^{n} X(t_j) \cdot (t_j - t_{j-1})}{t_n - t_0}$$

Selon le théorème de la limite centrale, la variable $\frac{\hat{\mu} - \mu}{\hat{\sigma}/\sqrt{n}}$ suit une loi normale $\mathcal{N}(0, 1)$ lorsque $n \to \infty$ (en pratique il suffit de prendre $n > 30$).

Soit δ la probabilité (choisie) que cette variable soit comprise entre $-\varepsilon$ et $+\varepsilon$, où ε est à déterminer :

$$P\left[-\varepsilon < \frac{\hat{\mu} - \mu}{\hat{\sigma}/\sqrt{n}} < +\varepsilon\right] \geqslant \delta.$$

En consultant une table de la loi normale pour $\delta = 0{,}95$ on trouve $\varepsilon = 1{,}96$. La probabilité que le paramètre à estimer appartienne à l'intervalle ainsi défini est égale à δ :

$$P\left[\hat{\mu} - \frac{\varepsilon\hat{\sigma}}{\sqrt{n}} < \mu < \hat{\mu} - \frac{\varepsilon\hat{\sigma}}{\sqrt{n}}\right] = \delta.$$

On peut noter l'analogie de la notion d'intervalle de confiance avec la notion de "calcul d'erreur" dans les mesures physiques.

Le problème général posé dans toute simulation stochastique est celui de la construction d'estimateurs convergents des grandeurs à mesurer, avec des intervalles de confiance d'une précision satisfaisante. En outre, comme dans toute expérience d'échantillonnage, afin qu'un estimateur converge avec une précision d'un niveau acceptable, la taille de l'échantillon doit être augmentée. En effet, comme le montre la formule ci-dessus, la précision est inversement proportionnelle à la racine carrée de la taille de l'échantillon d'observations, soit $\sqrt{n}$; pour réduire la largeur de l'intervalle de 10 (c'est-à-dire que pour gagner un facteur de 10 sur la précision des résultats, on doit multiplier par 100 le nombre d'observations !).

10.5.5 Les techniques de réduction de variance

Les techniques dites de « réduction de variance » sont développées pour réduire les coûts d'échantillonnage. Leur utilisation permet de converger plus vite et d'obtenir des résultats concluants sans pour autant augmenter la taille de l'échantillon.

L'utilisation de l'une de ces techniques, « l'échantillonnage préférentiel » (« importance sampling »), est bien connue dans la simulation de systèmes comportant des événements très rares qui ne se produisent que très peu ou pratiquement jamais en cours de simulation. Le principe consiste à augmenter la probabilité d'apparition de ces événements en cours de simulation, de façon à ce qu'ils aient la même chance de se produire que les autres. L'estimateur construit à partir des observations ainsi prélevées est corrigé ensuite par un coefficient qui est le rapport de la probabilité originelle et de la probabilité modifiée de la trajectoire visitée en cours de simulation.

Soit l'exemple d'un système informatique fonctionnant avec deux processeurs analogues, le système est en panne si les deux processeurs sont en panne simultanément. Les durées de fonctionnement et de réparation suivent une loi exponentielle de taux respectifs λ et μ. On peut modéliser ce fonctionnement par un processus de Markov à trois états E_0, E_1 et E_2 ; dans l'état E_0 les deux processeurs fonctionnent, en E_1 un processeur est en panne ; en E_2 les deux processeurs sont en panne. Précisons qu'il n'y a qu'un seul réparateur lorsque le système est dans l'état E_2.

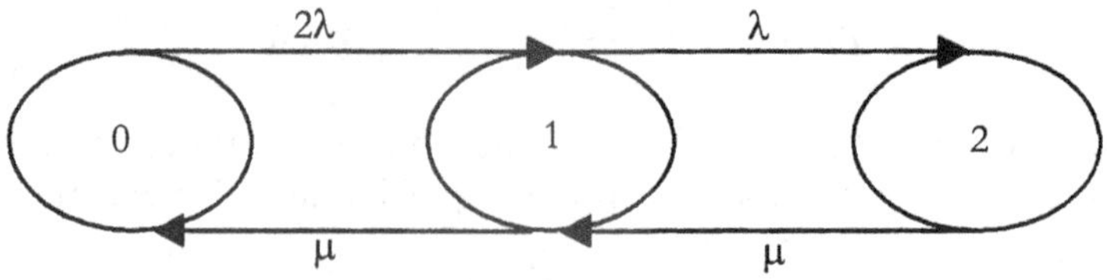

Si $\lambda \ll \mu$, comme c'est le cas dans un système de haute fiabilité, la probabilité qu'une deuxième panne se produise (égale à $\lambda/(\lambda + \mu)$) est très faible devant la probabilité d'une fin de réparation (égale à $\mu/(\lambda + \mu)$) Par conséquent, construire un estimateur de la probabilité qu'une panne du système se produise sera très difficile. La technique de l'échantillonnage préférentiel consiste à augmenter la fréquence de la panne (« failure biasing ») de façon à donner autant de chance de se produire à la panne qu'à la réparation ! L'estimateur de la probabilité d'apparition d'une panne ou de la durée nécessaire pour qu'une panne du système se produise, est ensuite corrigé par le coefficient de vraisemblance. Pour plus de détail concernant cette méthode, le lecteur pourra se référer aux ouvrages référencés ci-après.

10.6 Langages de simulation

Pour implémenter une simulation, le programmeur dispose de deux alternatives.

• Soit choisir un langage de programmation de 3e génération « procédural » tel que le Pascal, Fortran, C, ADA,... ou « orienté objet » tel que C++, Java, SmallTalk,...

Ce choix présente deux avantages principaux : l'accessibilité et la flexibilité. Le programmeur a la possibilité d'écrire un programme qui modélise parfaitement son système. En revanche, il a tout à écrire, en particulier, le noyau de synchronisation correspondant à la structure de l'échéancier choisi.

• Soit choisir un langage spécialisé. Pour la plupart de ceux-ci, il s'agit aussi de langages de modélisation. Ces langages de simulation sont soit des extensions de langages existants ou soit des langages entièrement nouveaux avec leur propre compilateur : SIMSCRIPT, GPSS (General Purpose Simulation System), QGERT (Queuing networks Graphical Evaluation Review Technique), CSS (Computer System Simulation), QNAP (Queuing Network Analysis Package), SLAM (Simulation Language of Alternative Modeling), SIMULA et encore d'autres ; chacun de ces langages s'adresse à type particulier de système : par exemple OSSL ou CSS sont dédiés aux systèmes informatiques. Ces langages comportent :

- un noyau de gestion de l'échéancier et de l'horloge ;
- un générateur des échantillons artificiels de différentes lois de probabilité ;
- une collecte de statistiques sous forme de courbes, d'histogrammes...

10.7 Conclusion

En conclusion, la simulation est une approche très intéressante dans le sens où elle permet de s'affranchir des hypothèses parfois trop simplificatrices et contraignantes des approches analytiques et de construire un modèle le plus proche possible du système réel objet de l'étude. Parfois même la simulation pallie l'absence d'approche analytique. D'autre part, comme toute technique de modélisation, le modèle construit doit avant tout être validé. Autrement dit, il faut s'assurer que celui-ci est structurellement et fonctionnellement correct et doit comporter la propriété de « prédiction ». Les aspects de validation et d'analyse statistique de la simulation sont particulièrement importants pour la pertinence et la confiance des résultats obtenus. Toutefois, il est clair, vu le caractère probabiliste des résultats, que l'approche de simulation ne s'applique que si les approches analytiques adéquates ne peuvent pas être appliquées. Le lecteur intéressé par un approfondissement pourra consulter les ouvrages cités ci-dessous.

Bibliographie

N. Bennacer, G. Florin, S. Natkin, *Probabilistic Validation Using Worst Event Driven and Importance Sampling Simulation.* 13th International Symposium on Reliable Distributed Systems. Dana Point California, p. 25-27, 1994.

A. E. Conway and A. Goyal, *Monte Carlo simulation of computer system availability/reliability models.* Proceeding 17th symposium Fault Tolerant Computing Systems, p.230-235, 1987.

A.M. Law and W.D. Kelton, *Simulation modeling and analysis,* McGraw-Hill, 1982.

J. Leroudier, *La simulation à événements discrets,* Hommes et Techniques, 1980.

Byron J. T. Morgan, *Elements of simulation,* Chapman and Hall, 1986.

11

Métaheuristiques en optimisation combinatoire

La méthode du recuit simulé, la recherche tabou, les algorithmes génétiques et les algorithmes de colonies de fourmis[1]

11.1 Introduction

Les ingénieurs se heurtent quotidiennement à des problèmes technologiques de complexité grandissante, qui surgissent dans des secteurs techniques très divers, comme dans la recherche opérationnelle, la conception assistée par ordinateur (C.A.O.) de systèmes mécaniques ou électriques, le traitement des images... Le problème à résoudre peut fréquemment être formulé sous la forme générale d'un *problème d'optimisation*, dans lequel on définit une *fonction objectif* (ou fonction de coût), que l'on cherche à optimiser par rapport à tous les paramètres concernés. Nous nous intéressons dans ce chapitre à un groupe de méthodes, comprenant notamment la méthode du recuit simulé, la méthode de recherche tabou, les algorithmes génétiques etc., apparues au cours des années 1980 avec une ambition commune : résoudre *au mieux* les problèmes dits d'*optimisation difficile*.

Deux sortes de problèmes reçoivent, dans la littérature, cette appellation, non définie strictement (et liée, en fait, à l'état de l'art en matière d'optimisation) :

- certains problèmes d'optimisation combinatoire (donc à variables discrètes), pour lesquels on ne connaît pas d'algorithme optimal *rapide* (c'est le cas, en particulier, des problèmes *NP*-difficiles) ;

1. Chapitre rédigé par M. Patrick SIARRY, Professeur à l'Université de Paris-12 ,Val de Marne.

– certains problèmes d'optimisation à variables continues, pour lesquels on ne connaît pas d'algorithme permettant de repérer un optimum *global* à coup sûr et en un nombre fini de calculs. Ce cas est moins fréquent que le précédent en recherche opérationnelle.

Un grand nombre d'algorithmes approchés ou : « *heuristiques* », qui produisent des solutions proches de l'optimum, ont été développées, historiquement, d'abord pour les problèmes d'optimisation combinatoire difficile. La plupart d'entre elles sont conçues spécifiquement pour un type de problème donné. D'autres, au contraire, appelées *méta-heuristiques*, s'adaptent à différents types de problèmes combinatoires (ou même continus). Le recuit simulé et les autres méthodes récentes énumérées plus haut sont des métaheuristiques. Ces méthodes ont en commun, en outre, les caractéristiques suivantes :

- elles sont, au moins pour partie, *stochastiques* : cette approche permet de faire face à l'*explosion combinatoire* des possibilités;
- du fait de leur origine combinatoire, elles ne peuvent s'appliquer aux problèmes continus qu'après *adaptation* (plus ou moins aisée...); en raison de cette origine, elles ont l'avantage, décisif dans le cas continu, d'être *directes*, c'est-à-dire qu'elles ne recourent pas au calcul des gradients de la fonction objectif;
- elles sont inspirées par des *analogies* : avec la physique (recuit simulé...), avec la biologie (recherche tabou, algorithmes génétiques, réseaux de neurones...) ou avec l'éthologie (algorithmes de colonies de fourmis...).

Ces méthodes ne s'excluent pas mutuellement : en effet, dans l'état actuel de la recherche, il est le plus souvent impossible de prévoir avec certitude l'efficacité d'une méthode donnée plutôt qu'une autre, quand elle est appliquée à un problème donné. De plus, la tendance actuelle est l'émergence de *méthodes hybrides* [Rend96], qui s'efforcent de tirer parti des avantages spécifiques de deux approches différentes en les combinant.

11.2 La tâche impartie aux métaheuristiques

Un problème d'optimisation peut être exprimé sous la forme générale suivante :

Minimiser f(x)

sous les contraintes : $g_i(\mathbf{x}) \geqslant b_i \quad i = 1, \ldots, m$

$$h_i(\mathbf{x}) = c_j \quad j = 1, \ldots, n$$

où **x** désigne un vecteur regroupant les « *variables de décision* », et f, g_i et h_j expriment respectivement la fonction objectif, les contraintes en inégalité et les contraintes en égalité. L'optimisation combinatoire concerne le cas où les variables de décision sont discrètes, c'est-à-dire où chaque solution est un ensemble ou bien une suite d'entiers.

En pratique, le nombre N de « degrés de liberté » (i.e. les variables de décision) peut être élevé, et la fonction f doit prendre en considération de nombreux objectifs souvent plus ou moins contradictoires. Pour illustrer cette idée par un exemple concret, nous nous intéressons au problème du « placement » et du « routage » des circuits électroniques, défini ci-dessous et traité plus loin par la méthode du recuit simulé.

11.2.1 Exemple de problème d'optimisation : le problème du placement-routage

La conception d'un circuit électronique, quelle que soit la technologie utilisée, se termine toujours par l'étape de « placement », dans laquelle les composants choisis doivent être disposés dans un plan, et de « routage », dans laquelle ces composants doivent être reliés entre eux par des conducteurs. Lorsque le nombre de composants du circuit est grand, il s'agit là d'un problème d'optimisation combinatoire qui peut être très complexe. En effet, le dessin du circuit doit répondre à plusieurs impératifs : d'une part, les connexions doivent être aussi courtes que possible, ceci pour réduire les temps de transit des signaux, et pour des raisons de fiabilité et de « *lisibilité* » du circuit (nécessaire notamment en cas de dépannage). D'autre part, les connexions entre les composants se font par des chemins conducteurs (par dépôt de métal ou par gravure dans le silicium) situés dans plusieurs plans superposés. Le passage d'un niveau à un autre nécessite un trou conducteur, qui constitue potentiellement un point faible pour le circuit : on cherche donc à minimiser le nombre de trous conducteurs, en minimisant le nombre de croisements entre les connexions. Le problème de la conception du circuit se ramène ainsi à la recherche d'un compromis entre plusieurs exigences contradictoires. À cet effet, on minimise une fonction objectif, obtenue en rassemblant les grandeurs caractéristiques du problème dans une fonctionnelle (par exemple une combinaison linéaire de ces grandeurs) ; dans celle-ci, on affecte à chaque grandeur un poids qui reflète le degré de priorité que le concepteur lui attribue. En outre, la solution recherchée doit respecter des contraintes ; par exemple : la forme et la surface de la place disponible pour l'ensemble des composants et des connexions sont souvent imposées. Pour des raisons de commodité, certaines contraintes sont incorporées dans la fonction objectif ; d'autres constituent une limitation des degrés de liberté du problème. L'allure d'une telle fonction objectif est le plus souvent non convexe, du type de celle représentée en Figure 11.1 :

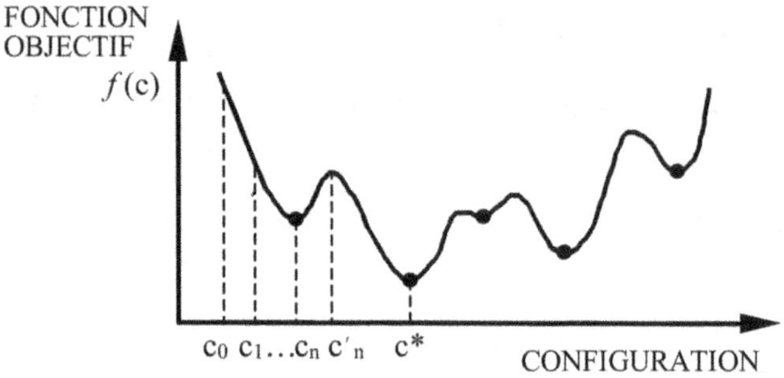

Figure 11.1 Allure de la fonction objectif d'un problème complexe en fonction de la configuration du système.

Lorsque l'espace de toutes les configurations possibles présente une structure aussi tourmentée, il est difficile de repérer le minimum global c^* de la fonction objectif : la recherche de celui-ci risque fort d'être un problème *NP*-difficile, c'est-à-dire – schématiquement – dont la résolution exacte n'est pas possible en un temps polynomial qui serait proportionnel à N^n (où n désigne un entier), plus exactement : en $O(N^n)$.

En pratique, le but d'un industriel n'est pas d'obtenir nécessairement ce minimum absolu, mais seulement une bonne solution et l'assurance qu'il n'existe pas de solution sensiblement meilleure. Pour atteindre ce but en un temps de calcul raisonnable, il est nécessaire d'avoir recours à des méthodes stochastiques, c'est-à-dire à des méthodes qui, face à l'impossibilité d'explorer la totalité des configurations du système, permettent d'évoluer vers une solution en passant par un nombre limité de configurations, le parcours étant guidé, en partie, par le hasard.

11.2.2 Piégeage de l'algorithme itératif « classique » dans un minimum local

Un algorithme classique est celui de l'« amélioration itérative », dont le principe est le suivant : on part d'une configuration initiale c_0, qui peut être choisie au hasard, ou bien – par exemple dans le cas du placement et du routage d'un circuit électronique – qui peut être celle d'un concepteur. On essaie alors une modification élémentaire, souvent appelée « *mouvement* » (par exemple, on permute deux composants choisis au hasard, ou bien on translate l'un d'entre eux), et l'on compare les valeurs de la fonction de coût, avant et après cette modification. Si le changement conduit à une diminution de la fonction de coût, il est accepté, et la configuration obtenue, qui est « *voisine* » de la précédente, sert de point de départ pour un nouvel essai. Dans le cas contraire, on revient à la configuration précédente, avant de faire une autre tentative. Le processus est itéré jusqu'à ce que toute modification rende le résultat moins bon. La Figure 11.1 montre que cet algorithme d'amélioration itérative (désigné aussi sous les termes de *méthode classique*, ou *méthode de descente*, ou *méthode de la plus grande pente*) ne conduit pas, en général, au minimum absolu, mais seulement à un minimum local (cf les points gras), qui constitue la meilleure des solutions accessibles compte tenu de l'hypothèse initiale : partant de c_0, on aboutit seulement au minimum local c_n.

Pour améliorer l'efficacité de la méthode, on peut évidemment l'appliquer plusieurs fois, avec des conditions initiales différentes choisies arbitrairement, et retenir comme solution finale le meilleur des minimums locaux obtenus ; cependant, cette procédure augmente sensiblement le temps de calcul de l'algorithme, et ne garantit pas de trouver la configuration optimale c^*.

11.2.3 Capacité des métaheuristiques à s'extraire d'un minimum local

Pour surmonter l'obstacle des minimums locaux, une autre idée s'est montrée très fructueuse, au point qu'elle est à la base de toutes les métaheuristiques dites *de voisinage* (recuit simulé, méthode tabou) : il s'agit d'autoriser, de temps en temps, des mouvements *de remontée*, autrement dit d'accepter une dégradation temporaire de la situation, lors du changement de la configuration courante. C'est le cas si l'on passe de c_n à c'_n (Figure 11.1). Un mécanisme de contrôle des dégradations – spécifique à chaque métaheuristique – permet d'éviter la non-convergence du procédé. Il devient, dès lors, possible de s'extraire du piège que représente un minimum local, pour partir explorer une autre « *vallée* » plus prometteuse… Ici, repartant de c'_n, on aboutirait à c^* (qui, par chance, se trouve être le minimum absolu de $f(c)$.

Les métaheuristiques « distribuées » (telles que les algorithmes génétiques) ont elles aussi des mécanismes permettant la sortie d'une solution particulière hors d'un minimum (ou « *puits* ») local (piège) de la fonction objectif. Ces mécanismes individuels (comme la *mutation* dans les algorithmes génétiques) viennent, dans ce cas, seconder le mécanisme collectif de lutte contre les minimums locaux, que représente le contrôle en parallèle de toute une « *population* » de solutions.

11.3 La méthode du recuit simulé

La structure complexe de l'espace des configurations d'un problème d'optimisation difficile, illustrée par la Figure 11.1, a inspiré une analogie avec des phénomènes physiques, ce qui a conduit trois chercheurs de la Société IBM : S. Kirkpatrick, C.D. Gelatt et M.P. Vecchi, à proposer, en 1982, une nouvelle méthode itérative : la méthode du recuit simulé [Kirk83], qui évite les minimums locaux. Des travaux semblables, développés indépendamment à la même époque en Slovaquie par V. Cerny, ont été publiés en 1985 [Cern85].

S. Kirkpatrick et ses collègues étaient des spécialistes de physique statistique (qui s'intéressaient précisément aux configurations de basse énergie de matériaux magnétiques désordonnés, regroupés sous le terme de *verres de spin*). La détermination numérique de ces configurations posait de redoutables problèmes d'optimisation, car le « *paysage d'énergie* » d'un verre de spin présente une multitude de *vallées* de profondeurs inégales; il est analogue au « *paysage* » de la Figure 11.1. S. Kirkpatrick et al. ont proposé de traiter ces problèmes en s'inspirant de la technique expérimentale du *recuit* utilisée par les métallurgistes pour obtenir un état solide « bien ordonné », d'énergie minimale (en évitant les structures « *métastables* », caractéristiques des minimums locaux d'énergie). La technique consiste à porter le matériau à haute température, puis cette température est abaissée lentement. Les auteurs ont simulé ce processus sur un ordinateur, en adjoignant à l'algorithme de Metropolis *et al.* – qui permet de décrire le comportement d'un ensemble d'atomes en équilibre à une certaine température – une loi empirique de décroissance (par paliers) de la température. La méthode du recuit simulé consiste à transposer ce procédé à la résolution d'un problème d'optimisation combinatoire : la fonction de coût du problème, analogue à l'énergie d'un matériau, est alors minimisée, moyennant l'introduction d'une *température* fictive, qui est, dans ce cas, un simple paramètre de contrôle de l'algorithme.

Depuis son apparition, la méthode du recuit simulé a prouvé son efficacité dans des domaines très divers. Elle s'est par contre avérée trop gourmande ou inadaptée pour certains problèmes d'optimisation combinatoire, mieux résolus par des heuristiques spécifiques (en ordonnancement par exemple).

Dans ce paragraphe, nous exposons le principe de la méthode, en nous appuyant sur l'exemple du problème du placement d'un circuit électronique. Une bibliographie complète se trouve dans les ouvrages [Siar89, VanL87] et dans l'article [Coll88] parus sur le sujet. Nous renvoyons aussi le lecteur intéressé aux présentations didactiques du recuit simulé qui figurent dans l'article [Pirl92] et dans le chapitre 2 de l'ouvrage [Reev95].

11.3.1 Analogie entre un problème d'optimisation et certains phénomènes physiques

L'idée du recuit simulé peut être illustrée par une image inspirée par les problèmes de placement et de routage des circuits électroniques : supposons qu'un électronicien peu consciencieux ait jeté au hasard les composants sur un plan, et établi les connexions comme indiqué sur la Figure 11.2(a). Il est clair que la disposition obtenue est inacceptable pour des raisons de lisibilité et de fiabilité. Le rôle d'un programme de placement-routage est de transformer cette situation désordonnée pour aboutir à un schéma électrique ordonné (Figure 11.2(b)), où toutes les connexions sont rectilignes, les composants alignés et placés de manière à minimiser la fonction objectif mentionnée plus haut. En d'autres termes, ce programme doit réaliser une transformation désordre-ordre, qui, partant d'un « *liquide* » de composants, aboutit à un « *solide* » ordonné.

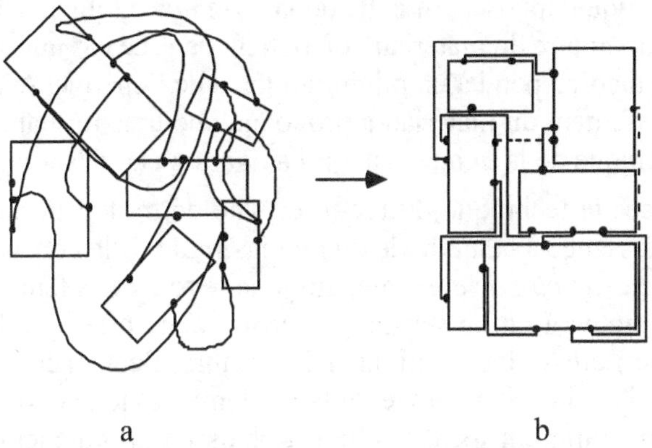

Figure 11.2 Transformation désordre-ordre réalisée par un programme de placement-routage.

Or une telle transformation se produit spontanément dans la nature si l'on abaisse progressivement la température d'un système ; il existe des techniques numériques de simulation, sur ordinateur, du comportement d'ensembles de particules en interaction en fonction de la température. Afin de transposer ces techniques aux problèmes d'optimisation, on établit l'analogie présentée dans le tableau suivant :

Problème d'optimisation	*Système physique*
fonction objectif	énergie libre
paramètres du problème	*coordonnées* des particules
trouver une *bonne* configuration (voire la configuration optimale)	trouver les états de basse énergie

Pour conduire un système physique dans un état de basse énergie, les physiciens utilisent généralement la technique du recuit : nous allons examiner comment cette méthode de traitement des matériaux (recuit réel) est mise en œuvre pour traiter un problème d'optimisation (recuit simulé).

11.3.2 Recuit réel et recuit simulé

Pour modifier l'état d'un matériau, le physicien dispose d'un paramètre de commande : la température. Le recuit est précisément une stratégie de contrôle de la température en vue d'approcher un état optimal. Pour fixer les idées, prenons l'exemple de la croissance d'un monocristal. La technique du recuit consiste à chauffer préalablement le matériau pour lui conférer une énergie élevée. Puis on refroidit très lentement le matériau, en marquant des paliers de température de durée suffisante; si la descente en température est trop rapide, il apparaît des défauts qui peuvent être éliminés par réchauffement local. Cette stratégie de baisse contrôlée de la température conduit à un état solide cristallisé, qui est un état stable, correspondant à un minimum absolu de l'énergie. La technique opposée est celle de la « *trempe* », qui consiste à abaisser très rapidement la température du matériau : on obtient dans ce cas une structure amorphe, état métastable qui correspond à un minimum local de l'énergie. Avec la technique du recuit, le refroidissement du matériau a provoqué une transformation désordre-ordre, tandis que la technique de la trempe a abouti à figer un état désordonné.

L'idée d'utiliser la technique du recuit en vue de traiter un problème d'optimisation a donné naissance à la méthode du recuit simulé. Elle consiste à introduire, en optimisation, un *paramètre de contrôle*, qui joue le rôle de la température. La « *température* » du système à optimiser doit avoir le même effet que la température du système physique : elle doit conditionner le nombre d'états accessibles et conduire vers l'état optimal si elle est abaissée de façon lente et bien contrôlée (technique du recuit) et vers un minimum local si elle est abaissée brutalement (technique de la trempe). Pour terminer la présentation de la méthode, il nous reste à exposer l'algorithme qui permet de programmer le recuit simulé sur un ordinateur.

11.3.3 Algorithme du recuit simulé

L'algorithme s'appuie sur deux résultats de la physique statistique :

- D'une part, lorsque l'équilibre thermodynamique est atteint à une température donnée T, la probabilité, pour un système physique, de posséder une énergie donnée E, est proportionnelle au facteur de Boltzmann : $\exp(-E/k_B T)$, où k_B désigne la constante de Boltzmann; la répartition des états d'énergie est alors la distribution de Boltzmann à la température considérée.
- D'autre part, pour simuler l'évolution d'un système physique vers son équilibre thermodynamique à une température donnée T, on peut utiliser l'algorithme de Metropolis : partant d'une configuration donnée (dans notre cas, un placement initial de tous les composants), on fait subir au système une modification élémentaire (par exemple, on translate un composant, ou on échange deux composants); si cette transformation a pour effet de diminuer la fonction objectif (ou *énergie*) du système, elle est acceptée; si elle provoque au contraire une augmentation ΔE de la fonction objectif, elle est acceptée tout de même, avec la probabilité $\exp(-\Delta E/T)$ (en pratique,

cette condition est réalisée de la manière suivante : on tire au hasard un nombre compris entre 0 et 1, et on accepte la configuration dégradant la fonction objectif de la quantité ΔE, si le nombre tiré est inférieur ou égal à $\exp(-\Delta E/T)$). En appliquant itérativement cette règle d'acceptation de Metropolis, on engendre une séquence de configurations qui constitue une chaîne de Markov (en ce sens que chaque configuration ne dépend que de celle qui la précède immédiatement). Avec ce formalisme, on montre que, lorsque la chaîne est de « longueur » infinie, c'est-à-dire que le nombre de transitions est illimité (en pratique : lorsque la chaîne est de longueur *suffisante*...), le système atteint (en pratique : se rapproche de) l'équilibre thermodynamique à la température considérée : autrement dit, on aboutit à une distribution de Boltzmann des états d'énergie à cette température.

On comprend le rôle confié à la température par la règle de Metropolis : à haute température, $\Delta E/T$ est voisin de 0, et donc $\exp(-\Delta E/T)$ est voisin de 1 ; par conséquent la plupart des mouvements sont acceptés : l'algorithme équivaut à une simple marche aléatoire dans l'espace des configurations. À basse température, $\Delta E/T$ est très grand, et donc $\exp(-\Delta E/T)$ est voisin de 0 ; par conséquent la plupart des mouvements augmentant l'énergie sont refusés : l'algorithme se ramène à une amélioration itérative classique. À température intermédiaire, l'algorithme autorise, de temps en temps, des transformations qui dégradent la fonction objectif : il laisse ainsi au système une chance de s'extraire d'un minimum local (comme, en Figure 11.1, le passage de c_n à c'_n, qui peut permettre ensuite d'atteindre c^*). Une fois l'équilibre thermodynamique atteint à une température donnée, on abaisse *légèrement* la température, et l'on engendre une nouvelle séquence de configurations (nouvelle chaîne de Markov) à ce nouveau palier de température (si la température est abaissée trop vite, l'évolution vers le nouvel équilibre thermodynamique est ralentie : la théorie établit une corrélation étroite entre le taux de décroissance de la température et la durée minimale des paliers de température). À l'issue des différents paliers de température, on constate une augmentation progressive de la fréquence des configurations de faible coût (de basse énergie) : lorsque la température tend vers zéro, l'algorithme converge vers la configuration de coût minimal (minimum absolu de l'énergie). En pratique, le processus est stoppé lorsque le système est *figé* : la température a atteint la valeur nulle, ou bien plus aucun mouvement de remontée du coût (accroissement de l'énergie) n'a été accepté au cours du palier. L'organigramme de l'algorithme du recuit simulé est présenté en Figure 11.3.

En résumé. Les inconvénients du recuit simulé résident d'une part dans les « réglages », comme la gestion de la décroissance par paliers de la température ; de « bons » réglages relèvent souvent du savoir-faire de l'ingénieur. D'autre part, les temps de calcul peuvent devenir selon les cas très importants (ce qui a conduit à des parallélisations de la méthode). Par contre, les méthodes de recuit simulé ont l'avantage d'être souples et rapidement implémentables lorsqu'on veut résoudre des problèmes d'optimisation combinatoire, le plus souvent de grande taille. Elles ont donné d'excellents résultats pour nombre de problèmes, et notamment pour le problème du voyageur de commerce (TSP), sur des instances comportant plusieurs centaines, voire plusieurs milliers de villes.

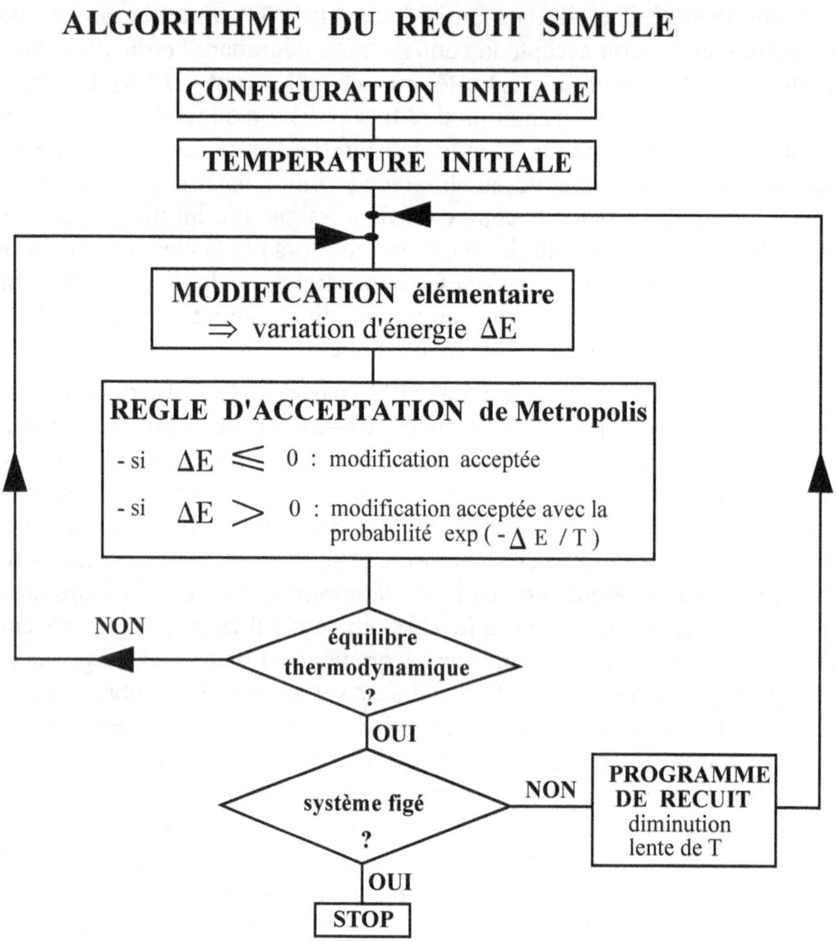

Figure 11.3 Organigramme de l'algorithme du recuit simulé.

11.4 La recherche tabou

Comme le recuit simulé, la méthode de recherche tabou, ou simplement méthode tabou (« tabu search » en anglais), est une technique d'optimisation combinatoire conçue en vue de résoudre le problème du piégeage dans les minimums locaux de la fonction objectif. Elle a été formalisée en 1986 par F. Glover [Glov86] et, indépendamment, sous une appellation différente, par Hansen [Hans86], mais elle tire son origine de concepts antérieurs (du domaine de l'intelligence artificielle), notamment d'idées développées par F. Glover [Glov77].

La principale particularité de la méthode tient dans la mise en œuvre de mécanismes inspirés de la mémoire humaine. La méthode tabou prend, sur ce plan, le contre-pied du recuit simulé, totalement dépourvu de mémoire, et donc incapable de tirer les leçons du passé. En revanche, la modélisation de la mémoire introduit de multiples degrés de liberté, qui s'opposent – de l'avis même de l'auteur [Glov97] – à toute analyse mathématique rigoureuse de la méthode tabou.

Le principe de base de la méthode *Tabou* est simple. À partir d'une solution initiale quelconque, Tabou engendre une succession de solutions, ou *configurations*, qui doit aboutir à une solution optimale. À chaque itération, le mécanisme de passage d'une configuration, soit s, à la suivante, soit t, est le suivant :

- on construit l'ensemble des *voisins* de *s*, c'est-à-dire l'ensemble des configurations accessibles en un seul *mouvement* élémentaire à partir de *s* (si cet ensemble est trop vaste, on en extrait aléatoirement un sous-ensemble de taille fixée); soit $V(s)$ l'ensemble (ou le sous-ensemble) de ces voisins;
- on évalue la fonction objectif f du problème pour chacune des configurations appartenant à $V(s)$. La configuration *t*, qui succède à *s* dans la chaîne construite par Tabou, est la configuration de $V(s)$ pour laquelle f prend la valeur minimale.

Notons que la configuration *t* est adoptée même si t est moins bonne que *s*, i.e. si $f(t) > f(s)$: c'est grâce à cette particularité que Tabou permet d'éviter le piégeage dans les minimums locaux de f.

Cependant, telle quelle, la procédure ne fonctionne généralement pas, car il y a un risque important de retourner à une configuration déjà retenue lors d'une itération précédente, ce qui provoque un cyclage : si le meilleur voisin de *s*, soit *t*, est moins bon que *s*, le meilleur voisin de *t*, recherché à l'itération suivante, risque fort d'être *s*... Pour éviter ce phénomène, qui concerne plutôt des configurations peu éloignées (au sens du nombre de mouvements), on tient à jour, à chaque itération, une « liste tabou » de mouvements interdits; cette liste circulaire – qui a donné son nom à la méthode – contient *m* mouvements « inverses » ($t \rightarrow s$). Il s'agit des inverses des *m* derniers mouvements ($s \rightarrow t$) effectués (on prend souvent $m = 7$ pour la taille de la liste tabou; choix qui, empiriquement, se révèle bon). La recherche du successeur de la configuration courante *s* est alors restreinte aux voisins de *s* qui peuvent être atteints sans utiliser un mouvement de la liste tabou.

La procédure peut être stoppée dès que l'on a effectué un nombre donné d'itérations sans améliorer la meilleure solution courante.

> ***Remarque.*** Si l'on s'en tient au mécanisme de base décrit jusqu'ici, la méthode tabou est *déterministe*, dans le cas où les voisins de la solution courante sont explorés exhaustivement. Cependant des éléments supplémentaires, exposés plus loin, et qui sont le plus souvent introduits dans la méthode, donnent un aspect *stochastique* à la méthode tabou, même dans le cas précédent.

L'algorithme ainsi présenté est dit « *Tabou simple* ». Son organigramme est représenté en Figure 11.4. Selon De Werra [DeWe90], il serait en particulier plus efficace que le recuit simulé pour le problème du "coloriage d'un graphe" (associer une couleur à tout sommet d'un graphe, sans que deux sommets adjacents n'aient la même couleur) qui intervient, notamment, dans les problèmes d'« emploi du temps »).

Cependant, le mode de construction de la liste tabou – qui, pour des raisons pratiques d'économie de place mémoire et de rapidité lors de l'exploration, contient des *mouvements* interdits, et non des *configurations* interdites – peut bloquer l'accès à certaines solutions, pourtant non encore visitées. En effet, l'on ne sauvegarde généralement dans la liste tabou que la définition des mouvements interdits (qui ne s'expriment pas en fonction des configurations que l'on voudrait interdire). Nous illustrons ci-dessous ce phénomène par un exemple simple, emprunté à De Werra.

Étant donné l'ensemble $\{A, B, C, D, E\}$ des 5 premières lettres de l'alphabet, intéressons-nous aux « configurations » formées par les paires (non ordonnées) de deux lettres différentes. Les « mouvements » assurant le passage d'une configuration à une voisine sont les changements d'une seule lettre de la configuration. On récapitule dans le tableau suivant les résultats de quelques mouvements effectués à partir de la configuration $\{A, B\}$:

configuration courante	*mouvement effectué*	*liste des mouvements tabous*
$\{A, B\}$	B remplacé par C	C remplacé par B
$\{A, C\}$	A remplacé par D	C remplacé par B D remplacé par A
$\{D, C\}$	C remplacé par E	C remplacé par B D remplacé par A E remplacé par C
$\{D, E\}$		

À l'issue de trois mouvements, on voit que la configuration $\{A, E\}$ ne peut pas être atteinte à partir de la configuration courante $\{D, E\}$, puisque le mouvement « D remplacé par A » est tabou. Pourtant, cette configuration $\{A, E\}$ n'a pas encore été visitée : ainsi la liste tabou, créée dans le seul but d'empêcher le retour à une solution visitée récemment, peut-elle aussi interdire l'accès à une solution non encore visitée…

Pour éviter cet inconvénient, on peut employer la méthode plus complexe dite *Tabou généralisée*, qui prévoit la possibilité d'annuler le statut tabou d'un mouvement, lorsque le bénéfice escompté est *suffisant*. Cette circonstance est appréciée à l'aide de la notion de *niveau d'aspiration*, qu'il serait trop long d'expliciter ici.

En outre, l'algorithme décrit jusqu'ici n'exploite qu'une forme rudimentaire de mémoire, la *mémoire à court terme* des solutions visitées récemment, au moyen de la liste tabou. Deux mécanismes supplémentaires, nommés *intensification* et *diversification*, sont souvent mis en œuvre pour doter aussi l'algorithme d'une *mémoire à long terme*. Ces mécanismes n'exploitent plus la proximité dans le temps d'événements particuliers, mais plutôt la fréquence de leur occurrence, sur une période plus longue. L'intensification consiste à approfondir l'exploration de certaines régions de l'espace des solutions, identifiées comme particulièrement prometteuses. La diversification est, au contraire, la réorientation périodique de la recherche d'un optimum vers des régions trop rarement visitées jusqu'alors. De nombreuses stratégies d'intensification et de diversification ont été publiées. Enfin, de multiples perfectionnements de l'une ou l'autre des composantes de base de Tabou ont été proposés : par exemple, une gestion dynamique de la taille de la liste tabou, ou de la taille du voisinage de la solution courante. Malheureusement, la plupart des variantes publiées reposent sur une analyse empirique spécifique au problème particulier traité : une amélioration significative de l'efficacité se paye par une perte de généralité de la démarche.

Pour un exposé complet et très détaillé de la méthode, nous renvoyons le lecteur à l'ouvrage récent de F. Glover et M. Laguna [Glov97]. Des présentations didactiques de Tabou figurent dans les articles [Pirl92, Sori97] et dans le chapitre 3 de l'ouvrage [Reev95].

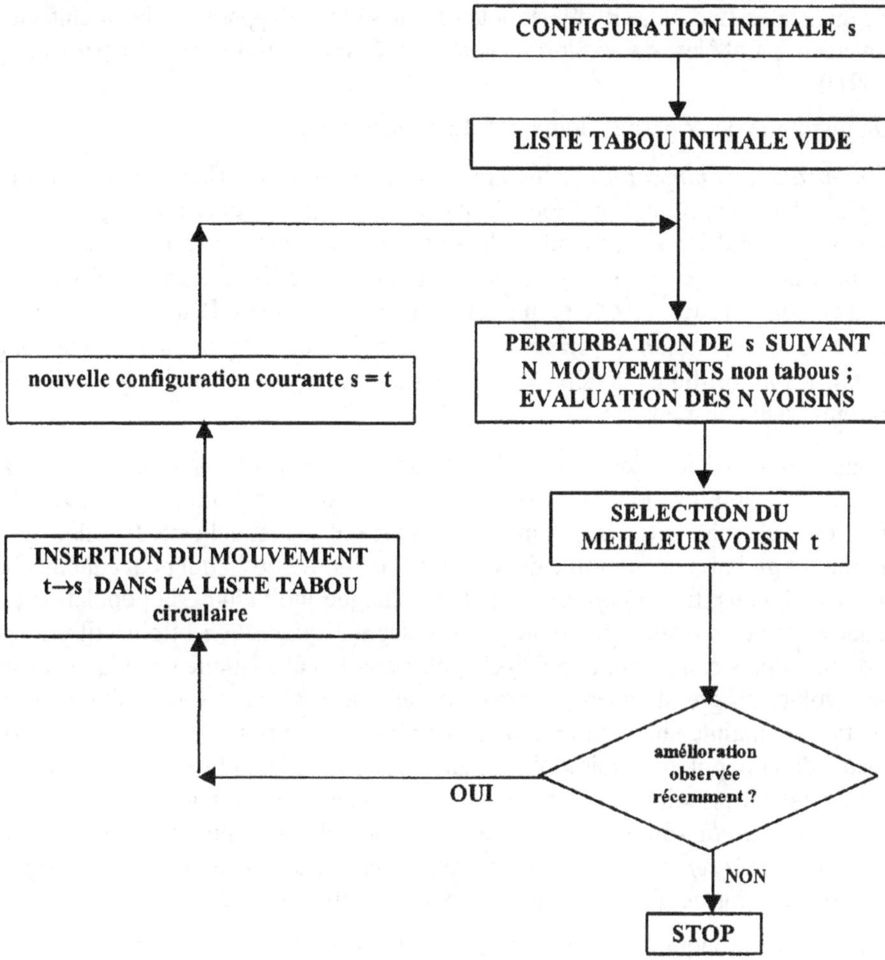

Figure 11.4 Organigramme de l'algorithme Tabou simple.

En résumé. Pour certains problèmes d'optimisation combinatoire, comme des problèmes de coloriage de graphes ou d'emploi du temps, Tabou a donné d'excellents résultats. En outre, sous sa forme élémentaire (« Tabou simple »), la méthode comporte moins de paramètres de réglage que le recuit simulé, ce qui la rend plus simple d'emploi. Cependant, les divers mécanismes annexes (comme l'intensification, la diversification et l'aspiration) apportent une notable complexité. De plus, la méthode souffre de l'inexistence de fondements théoriques bien établis.

11.5 Les algorithmes génétiques

Les algorithmes génétiques sont des techniques de recherche stochastiques, inspirées par l'évolution biologique des espèces. Introduits par J.H. Holland au début des années soixante-dix [Holl75], ils ont d'abord eu un développement limité, du fait de leur important coût d'exécution informatique. Ils connaissent un regain d'intérêt (voir les présentations générales [Holl92, Gold94]), notamment suite à l'apparition des architectures massivement parallèles, qui exploitent leur parallélisme intrinsèque (voir par exemple [Coho91]).

On distingue deux grands domaines d'applications :

- *l'optimisation combinatoire* : les algorithmes génétiques risquent moins d'être « piégés » dans des minimums locaux que les algorithmes classiques, parce qu'ils explorent en parallèle un ensemble de solutions possibles au problème posé; en outre, ils n'utilisent pas les gradients des fonctions objectifs. Ces caractéristiques les placent en concurrence avec le recuit simulé (voir notamment [Davi87]);
- *l'intelligence artificielle* : grâce à leur extension aux "systèmes de classeurs" [Holl92], les algorithmes génétiques servent à étudier et à résoudre les problèmes d'apprentissage par machine.

Nous présentons le principe des algorithmes génétiques (voir Figure 11.5), dans le seul cas de l'optimisation. Soit, par exemple, une fonction f comportant n variables réelles : on recherche le (ou un) point x de l'espace $\mathbb{R}^n$ en lequel cette fonction atteint un minimum global. Un ensemble de N points (ou "*individus*"), qui peuvent être choisis au hasard, constitue la *population* initiale; chaque individu de la population possède une certaine *compétence*, qui mesure son degré d'*adaptation* à l'objectif visé : ici, x est d'autant plus *compétent* que $f(x)$ est plus petit. Un algorithme génétique consiste à faire évoluer progressivement, par *générations* successives, la composition de cette population, en maintenant sa taille constante : d'une génération à la suivante, la « compétence » de la population doit globalement s'améliorer. Un tel résultat est obtenu en mimant les deux principaux mécanismes qui régissent l'évolution des êtres vivants : *la sélection naturelle* (qui détermine quels membres d'une population survivent et se reproduisent) et *la reproduction* (qui assure le brassage et la recombinaison des gènes parentaux, pour former des descendants aux potentialités nouvelles).

En pratique, chaque individu est généralement *codé par une chaîne de bits* de longueur donnée (de même qu'un chromosome est formé d'une chaîne de gènes). Pour fixer les idées, nous supposons ci-après que cette longueur est égale à 8. Le passage d'une génération à la suivante se déroule en deux phases : une phase de reproduction et une phase de remplacement.

La phase de reproduction consiste à appliquer des opérateurs, dits *génétiques*, sur les individus de la population courante, pour engendrer de nouveaux individus. Les

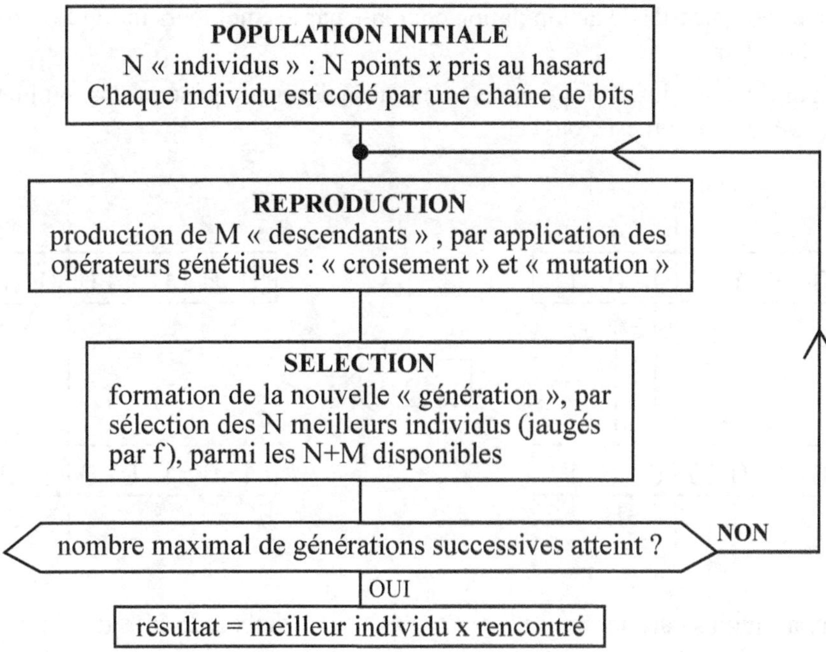

Figure 11.5 Organigramme de principe d'un algorithme génétique.

opérateurs les plus utilisés sont le *croisement* (« crossover ») et la *mutation*, dont le principe est illustré par la Figure 11.6 :

• le croisement produit deux descendants à partir de deux parents, selon le mécanisme suivant (Figure 11.6(a) : croisement mono-point) : les deux chaînes parents sont coupées au même niveau (choisi aléatoirement), formant ainsi chacune deux sous-chaînes; deux chaînes descendantes sont alors construites en mettant bout à bout la sous-chaîne de gauche d'un parent et la sous-chaîne de droite de l'autre parent;
• la mutation produit un nouvel individu à partir d'un seul individu, dont certains bits de la chaîne de bits qui le code, sont *complémentés* (Figure 11.6(b) : mutation d'un seul bit).

La phase de reproduction est organisée selon les règles suivantes :

• elle comporte un nombre donné d'opérations génétiques (succession pseudo-aléatoire de croisements ou de mutations, selon des taux fixés; généralement, les mutations sont rares);
• les individus de la population qui prennent part à la reproduction sont préalablement *sélectionnés*, en respectant le principe suivant : plus un individu est compétent, plus sa probabilité de sélection est élevée;
• les descendants ainsi produits n'éliminent pas leurs parents, qui demeurent dans la population courante; mais ces descendants sont mémorisés séparément.

La *phase de remplacement* consiste à sélectionner les membres de la nouvelle génération : on peut, par exemple, remplacer les plus « mauvais » individus (au sens de la fonction objectif) de la population courante par les meilleurs individus produits (en nombre égal).

L'algorithme est interrompu après un nombre donné de générations, ou bien dès qu'une *bonne* solution est trouvée.

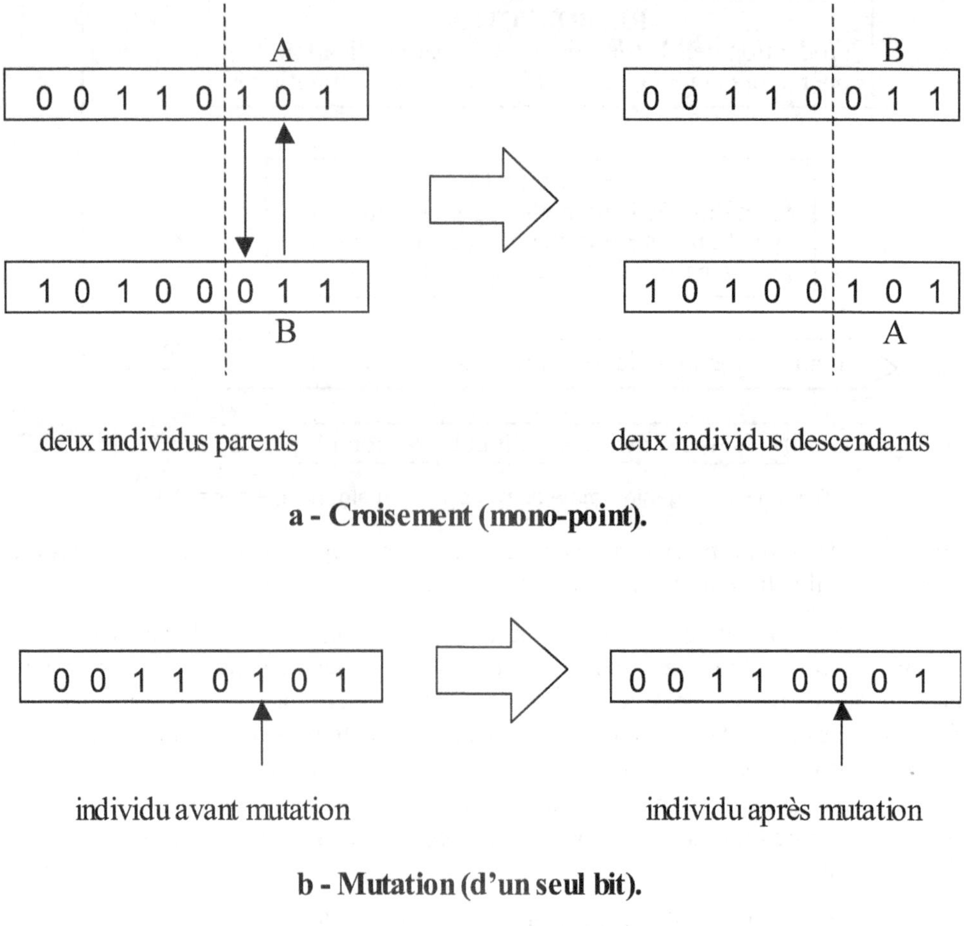

Figure 11.6 Principe des opérateurs de croisement et de mutation, dans le cas d'individus codés sous la forme de chaînes de 8 bits.

Cependant, dans l'état actuel de la théorie des algorithmes génétiques [Holl92], il n'existe aucune garantie que la méthode découvre la solution optimale. En outre, le succès de la méthode dépend beaucoup du *codage* des individus, qui est lui-même fonction du problème d'optimisation combinatoire traité. Cette importance du codage s'explique de la manière suivante. Une chaîne de bits appartient à toutes les *régions* que ses bits définissent. Par exemple, la chaîne 1101 appartient aux régions 11**, *1*1, *101, etc ... : où les * indiquent que la valeur du bit n'est pas spécifiée. Il en résulte qu'un algorithme génétique, qui manipule au total, typiquement, quelques milliers de chaînes, échantillonne en réalité un nombre bien supérieur de régions (en gros, *le* *cube* du nombre de chaînes [Gold94]) : c'est le *parallélisme implicite* proclamé par Holland.

Chaque région de l'espace des solutions est caractérisée par un *motif* (par exemple : 11**), qui *dépend du codage choisi*; ce motif possède un *ordre* (le nombre de bits spécifiés) et une *longueur* (la distance entre le premier et le dernier bit spécifié). L'efficacité d'un algorithme génétique est fonction des motifs associés aux *bonnes* régions (i.e. aux régions qui contiennent une proportion élevée de *bonnes* solutions) : *plus ces motifs sont courts et compacts, mieux l'algorithme fonctionne*. En effet, lorsqu'une chaîne située dans une *bonne* région prend part à un croisement, le motif associé à cette région a peu de chances d'être coupé, s'il est court : le plus souvent, il est transmis au descendant, qui se retrouve alors dans la même région; comme il s'agit d'une *bonne* région, le parent et son descendant ont de bonnes chances d'appartenir à la génération suivante, et d'être sélectionnés pour la reproduction, ce qui amorce une réaction en chaîne...

On montre que, d'une génération à la suivante, la répétition des croisements accroît exponentiellement le nombre de chaînes testées dans une *bonne* région, lorsque l'ordre et la longueur du motif de cette région sont *suffisamment* petits par rapport à la longueur des chaînes (*théorème fondamental* des algorithmes génétiques [Gold94]).

En multipliant ainsi les chaînes testées dans les *bonnes* régions, l'algorithme accroît évidemment les chances de rencontrer la solution optimale recherchée, qui correspond au regroupement, dans une même chaîne, des *bons* motifs précédents, dénommés *blocs de construction.*

Cependant, ces considérations théoriques ont des conséquences opérationnelles limitées : en pratique, le choix du codage relève encore plus souvent de l'art que de la science ... Dans les problèmes combinatoires, le codage est souvent suggéré par la nature même du problème, ce qui induit des performances inégales des algorithmes génétiques.

> ***En résumé.*** Pour des problèmes concrets très divers, relevant par exemple de l'ingénierie (optimisation de structures mécaniques), de la médecine (imagerie médicale) ou de la théorie des jeux, les algorithmes génétiques ont donné d'emblée pleine satisfaction. Sur d'autres applications par contre, comme l'optimisation de fonctions à variables continues, leur emploi s'est avéré décevant, faute de la mise en évidence d'un codage « approprié » du problème. Ce comportement inégal s'oppose au succès plus global du recuit simulé et, dans une moindre mesure, de la méthode tabou.

11.6 Les algorithmes de colonies de fourmis

Cette approche, due à Dorigo et al [Dori91], s'efforce de simuler la capacité collective de résolution de certains problèmes, observée chez une colonie de fourmis, dont les membres sont pourtant individuellement dotés de facultés très limitées. Apparues sur Terre il y a quelque 100 millions d'années, les fourmis sont en effet l'une des espèces les plus prospères : 10 millions de milliards d'individus, répartis partout dans la planète. Leur poids total est du même ordre de grandeur que celui des humains ! Le succès de cette espèce soulève de nombreuses questions.

En particulier, les entomologistes ont analysé la collaboration qui s'établit entre les fourmis pour aller chercher de la nourriture à l'extérieur de la fourmilière : il est remarquable que les fourmis suivent toujours le même chemin, et que ce chemin est le plus court possible. Ce comportement est le résultat d'un mode de communication indirecte, via l'environnement : la « stigmergie ». Chaque fourmi dépose, le long de son chemin, une substance chimique, la « phéromone » ; tous les membres de la colonie perçoivent cette substance, et orientent préférentiellement leur marche vers les régions les plus « odorantes ».

Une colonie est ainsi capable de choisir, sous certaines conditions, le plus court chemin à exploiter, sans que les individus aient une vision globale du trajet. Ce phénomène est illustré sur la Figure 11.7 par la sélection des branches les plus courtes. En effet, les fourmis le plus rapidement arrivées au nid, après avoir visité la source de nourriture, sont celles qui empruntent les deux branches les plus courtes. Ainsi, la quantité de phéromone présente sur le plus court chemin est légèrement plus importante que celle présente sur le chemin le plus long. Or, une piste présentant une plus grande concentration en phéromone est plus attirante pour les fourmis, elle a donc une probabilité plus grande d'être empruntée. La piste courte va alors être davantage renforcée que la longue et elle sera à terme choisie par la grande majorité des fourmis.

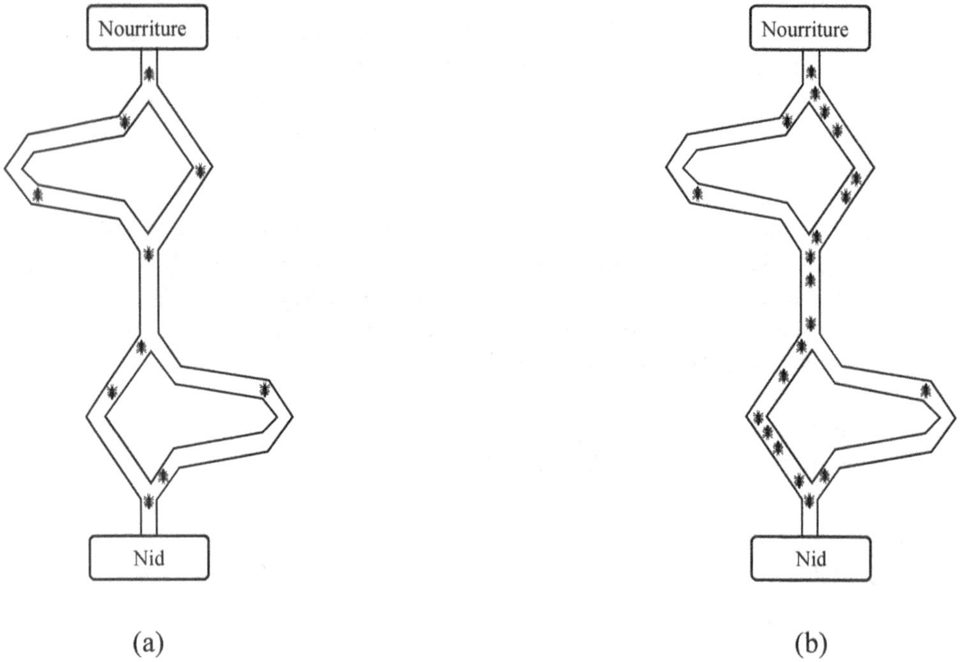

Figure 11.7 Expérience de sélection des branches les plus courtes par une colonie de fourmis : (a) au début de l'expérience, (b) à la fin de l'expérience.

En s'inspirant de la modélisation de ce comportement, Dorigo *et al.* ont proposé un nouvel algorithme pour la résolution du célèbre problème du voyageur de commerce. Depuis ces travaux, la démarche a été étendue à beaucoup d'autres problèmes d'optimisation, combinatoires ou mêmes continus.

> ***En résumé.*** Les algorithmes de colonies de fourmis possèdent plusieurs caractéristiques intéressantes; mentionnons notamment le *parallélisme intrinsèque* élevé, la *flexibilité* (une colonie de fourmis est capable de s'adapter à des modifications de l'environnement), la *robustesse* (une colonie est apte à maintenir son activité, même si quelques individus sont défaillants), la *décentralisation* (une colonie n'obéit pas à une autorité centralisée) et l'*auto-organisation* (une colonie trouve d'elle-même une solution, qui n'est pas connue à l'avance). Cette démarche paraît de ce fait particulièrement indiquée pour les problèmes *distribués* par nature, susceptibles d'*évolution dynamique*, ou qui requièrent une *forte tolérance aux pannes*. À ce stade de développement de ces algorithmes récents, la transposition à chaque problème d'optimisation ne va cependant pas de soi : elle doit faire l'objet d'un traitement spécifique, plus ou moins ardu...

11.7 Les méthodes hybrides

Le succès rapide des métaheuristiques est dû aux difficultés rencontrées par les méthodes classiques d'optimisation dans les problèmes d'ingénierie complexes. Après le triomphalisme des débuts des tenants de telle ou telle métaheuristique, l'heure est venue de faire un bilan réaliste et d'accepter la complémentarité de ces nouvelles méthodes entre elles, ainsi qu'avec d'autres approches : d'où l'émergence actuelle de *méthodes hybrides* [Rend96].

RÉFÉRENCES

[Cern85] V. Cerny, "Thermodynamical approach to the traveling salesman problem : an efficient simulation algorithm", J. of Optimization Theory and Applications, Vol. 45, N° 1, p. 41-51, 1985.

[Coho91] J.P. Cohoon, S.U. Hegde, W.N. Martin, D.S. Richards, "Distributed genetic algorithms for the floorplan design problem", IEEE Trans. on CAD, Vol. 10, N° 4, p. 483-492, April 1991.

[Coll88] N.E. Collins, R.W. Eglese, B.L. Golden, "Simulated annealing – An annotated bibliography", American Journal of Mathematical and Management Sciences, Vol. 8, p. 209-307, 1988.

[Davi87] L. Davis (Ed.), "Genetic algorithms and simulated annealing", London : Pitman, 1987.

[DeWe90] D. De Werra, "Heuristics for graph coloring", Computing Suppl., Vol. 7, p. 191-208, 1990.

[Dori91] A. Colorni, M. Dorigo, V. Maniezzo, "Distributed Optimization by Ant Colonies", Proceedings of the European Conference on Artificial Life ECAL'91, p. 134-142. Elsevier Publishing, 1991.

[Glov77] F. Glover, "Heuristics for integer programming using surrogate constraints", Decision Science, Vol. 8, p. 156-166, 1977.

[Glov86] F. Glover, "Future paths for integer programming and links to artificial intelligence", Computers and Operations Research, Vol. 5, p. 533-549, 1986.

[Glov97] F. Glover, M. Laguna, "Tabu Search", Kluwer Academic Publishers, 1997.

[Gold94] D.E. Goldberg, "Algorithmes génétiques. Exploration, optimisation et apprentissage automatique", Addison-Wesley France, 1994.

[Hans86] P. Hansen, "The steepest ascent mildest descent heuristic for combinatorial programming", Congress on Numerical Methods in Combinatorial Programming, Capri, Italy, 1986.

[Holl75] J.H. Holland, "Adaptation in natural and artificial systems", Ann Arbor : The University of Michigan Press, 1975.

[Holl92] J.H. Holland, "Les algorithmes génétiques", Pour la Science, N° 179, p. 44-51, septembre 1992.

[Kirk83] S. Kirkpatrick, C.D. Gelatt, M.P. Vecchi, "Optimization by simulated annealing", Science, Vol. 220, N° 4598, p. 671-680, 1983.

[Pirl92] M. Pirlot, "General local search heuristics in Combinatorial Optimization : a tutorial", Belgian Journal of Operations Research, Statistics and Computer Science, Vol. 32, p. 8-67, 1992.

[Reev95] C.R. Reeves, ed., "Modern Heuristic Techniques for Combinatorial Problems", Advances topics in computer science series, Mc Graw-Hill, 1995.

[Rend96] J.M. Renders, S.P. Flasse, "Hybrid methods using genetic algorithms for global optimization", IEEE Trans. on Systems, Man, and Cybernetics – Part B : Cybernetics, Vol. 26, N° 2, 1996.

[Siar89] P. Siarry, G. Dreyfus, "La méthode du recuit simulé : théorie et applications", Ouvrage de synthèse, Editeur : ESPCI – IDSET, 10 rue Vauquelin, 75005 Paris, 1989.

[Sori97] P. Soriano, M. Gendreau, "Fondements et applications des méthodes de recherche avec tabous", Recherche opérationnelle / Operations Research, Vol. 31, N° 2, p. 133-159, 1997.

[VanL87] P.J.M. Van Laarhoven, E.H.L. Aarts, "Simulated annealing : theory and applications", D. Reidel Publishing Company, Dordrecht (The Netherlands), 1987.

INTRODUCTION À L'AIDE MULTICRITÈRE À LA DÉCISION[1]

12

12.1 INTRODUCTION

Dans tous les problèmes traités jusqu'à présent, nous n'avons considéré qu'un critère unique à optimiser (profit, coût, durée,...). Cette approche *monocritère* est tout à fait légitime dès lors qu'un point de vue principal prédomine. C'est le cas, par exemple, de nombreux problèmes opérationnels (élaboration d'un plan de production où il s'agit de fabriquer des produits à moindre coût, constitution d'une tournée de distribution où il s'agit de minimiser la distance parcourue,...). Néanmoins certains problèmes de décision nécessitent la prise en compte de plusieurs points de vue. Citons par exemple :

- les décisions d'investissement financier où il convient d'arbitrer entre un critère de rentabilité et un critère de risque,
- le routage dans un réseau où il convient de déterminer un compromis entre un critère économique et un critère de qualité de service,
- le choix d'un site pour implanter une nouvelle usine où il convient de prendre en compte des critères liés aux coûts (d'investissement et de fonctionnement), à l'existence d'un tissu industriel dans la région (présence de main d'œuvre qualifiée à proximité, existence de liaisons de transports adaptées,...), à l'impact sur l'environnement,...
- la sélection d'un candidat à un poste qu'il convient de raisonner en fonction de critères liés à l'expérience, la formation, la motivation, le coût,...

Il apparaît, notamment à travers les exemples précédents, que les critères sont :

- souvent **conflictuels** : si l'on cherche à améliorer la performance sur un critère donné, cela entraîne souvent une dégradation sur d'autres critères. Il s'ensuit que la notion d'*optimum*, concept central dans un contexte monocritère, perd toute

(1) Chapitre rédigé par Daniel VANDERPOOTEN, Professeur à l'Université Paris-Dauphine.

signification dans un contexte *multicritère* : il est en général impossible d'optimiser simultanément tous les critères.

- souvent **incommensurables** : les critères sont exprimés selon des unités différentes. Toute comparaison faisant intervenir des critères exprimés sur des échelles différentes est difficile (ex : rentabilité vs risque, coût vs qualité de service, coût vs impact sur l'environnement, puissance vs confort).
- parfois **qualitatifs** : les aspects pris en compte sont difficiles à mesurer quantitativement (ex : impact sur l'environnement, motivation). Ils peuvent néanmoins se révéler déterminants dans la décision.

Nous présentons trois exemples qui serviront à illustrer les concepts présentés tout au long de ce chapitre.

Exemple 1 « Choix d'un produit »

Pour certains produits de grande consommation (automobiles, appareils électroménagers, etc.) des évaluations comparatives sont souvent proposées dans des magazines ou dépliants publicitaires. Vous effectuez une première sélection de 4 produits évalués sur une note technique (g_1) et une note par classe de prix (g_2). Ces deux notes sont définies sur une même échelle de 0 à 20 (où 0 correspond à la pire évaluation et 20 à la meilleure). Quel produit choisir ?

NB $g_2(x)$ n'est pas ici le prix de x ; au contraire : plus $g_2(x)$ est élevé, meilleur est x pour le critère g_2.

Produit x	g_1 : Note technique	g_2 : Classe de Prix
a	18	4
b	10	10
c	4	18
d	9	7

TAB. 12.1 ÉVALUATION DES PRODUITS SUR LES CRITÈRES NOTE TECHNIQUE ET PRIX

Exemple 2 « Choix d'un logement »

Vous recherchez un 2 pièces à louer sur Paris ou en proche région parisienne. Disposant d'un budget mensuel logement d'au plus 1 000 €, vous avez retenu 6 logements candidats évalués selon les aspects qui vous semblent importants afin de guider votre décision, à savoir :

- g_1 *: le montant du loyer mensuel, charges comprises,*
- g_2 *: le temps de trajet logement-lieu de travail,*
- g_3 *: la superficie.*

Afin d'établir votre choix, vous décidez de recourir à une méthodologie multicritère.

Logement	g_1 : Loyer c.c. (en €/mois)	g_2 : Temps de trajet (en mn)	g_3 : Superficie (en m^2)
ℓ_1	700	30	35
ℓ_2	660	50	45
ℓ_3	1000	15	50
ℓ_4	720	20	40
ℓ_5	600	45	25
ℓ_6	800	30	38

TAB. 12.2 – TABLEAU DE PERFORMANCES SUR LES CRITÈRES PRIX, TEMPS DE TRAJET ET SUPERFICIE

Exemple 3 « Plan de production »

Une entreprise chimique fabrique deux produits P_1 et P_2 à partir de trois matières premières M_1, M_2 et M_3. Toute unité de P_1 requiert une unité de M_1, une unité de M_2 et trois unités de M_3. Toute unité de P_2 requiert trois unités de M_1, quatre unités de M_2 et deux unités de M_3. Pour le plan de fabrication du mois prochain, les disponibilités de M_2 et M_3 sont respectivement de 40 et 60 unités. La disponibilité de M_1 ne constitue pas une limite ; en revanche, il s'agit d'une matière très toxique et l'entreprise s'est engagée, pour des raisons écologiques, à réduire son utilisation. Les marges (bénéfices) unitaires dégagées par P_1 et P_2 sont respectivement de 2 000 € et 3 000 €. L'entreprise doit produire au moins 4 unités de P_1. Il convient de définir un plan de production tenant compte à la fois des critères économique et écologique.

12.2 CADRE GÉNÉRAL

12.2.1 L'ensemble des actions

Une *action* (solution, variante, plan...) représente ce sur quoi porte la décision. On notera A l'ensemble des actions potentielles. Cet ensemble peut être défini :

- *explicitement* : par une liste exhaustive de toutes les actions (ex : liste des produits ou logements – cf exemple 1 ou 2)
- *implicitement* : à travers certaines propriétés caractéristiques (ex : l'ensemble des plans de production, qui peut être modélisé à l'aide de variables de décision soumises à des contraintes – cf exemple 3).

On recourt à une définition implicite lorque A est infini ou de grande taille.

12.2.2 Le concept de critère

Définition : Un *critère* est une fonction $g : A \to \mathbb{R}$ (qui associe donc à une action a une valeur numérique $g(a)$) qui permet, relativement à un point de vue donné et pour un acteur identifié, de comparer deux actions quelconques a et b :

$$g(a) \geqslant g(b) \Rightarrow aSb$$

où S est une relation binaire, définie sur $A \times A$, signifiant « est au moins aussi bon que ». Par définition, $g(a)$ est la « performance » de l'action a sur le critère g.

Nous supposons ici, sans perte de généralité, que g est un critère à maximiser.

Un critère est souvent utilisé de la façon suivante (« *vrai-critère* ») :

$$\begin{cases} g(a) > g(b) \Leftrightarrow aPb \\ g(a) = g(b) \Leftrightarrow aIb \end{cases}$$

où P et I sont des relations binaires, respectivement de « *préférence stricte* » et d'« *indifférence* ».

Il est parfois abusif de considérer que toute différence de performance sur un critère est significative d'une situation de préférence stricte (imprécision des données, part d'arbitraire dans le mode de construction du critère, plusieurs options différentes étant souvent envisageables,...). De plus, le passage d'une situation d'indifférence à une situation de préférence stricte est parfois trop brutal. On peut donc vouloir modéliser une situation d'hésitation entre ces deux états, ce qui donne lieu à une nouvelle relation binaire Q dite de « *préférence faible* ».

Afin de prendre en compte ces deux aspects on introduit le concept suivant.

Un *pseudo-critère* g est un critère doté de deux seuils q (*seuil d'indifférence*) et p (*seuil de préférence*) où $p \geqslant q$, qui permet de modéliser les situations de préférence stricte (P), préférence faible (Q) et indifférence (I). On a donc (cf. aussi figure 12.1) :

$$\begin{cases} g(a) \geqslant g(b) + p & \Leftrightarrow & aPb \\ g(b) + q < g(a) < g(b) + p & \Leftrightarrow & aQb \\ g(b) - q \leqslant g(a) \leqslant g(b) + q & \Leftrightarrow & aIb \end{cases}$$

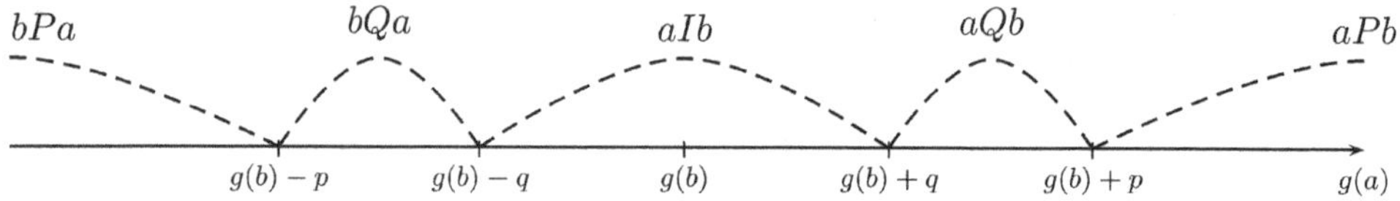

Fig. 12.1 Pseudo-critère

Observons que si l'on ne souhaite pas introduire la situation de préférence faible, il suffit de poser $q = p$ (ce qui donne lieu à un *quasi-critère*). De plus, si l'on pose $q = p = 0$ on se retrouve dans le cas particulier du *vrai-critère*.

Exemple 2 « Choix d'un logement » (suite)

L'évaluation des critères g_1, g_2 et g_3 est entachée d'une part d'arbitraire irréductible qui devrait conduire à prendre des précautions lorsqu'on compare deux logements. Ainsi, l'évaluation du temps de trajet (g_2) ne peut être effectuée de façon suffisamment précise (et à quel moment de la journée effectuer cette mesure ?) pour que l'on puisse donner un sens à une différence de quelques minutes. De même, le montant du loyer (g_1), bien qu'il puisse apparaître relativement précis puisqu'annoncé contractuellement, recèle en fait des incertitudes (montant réel des charges) et n'appréhende pas complètement la totalité du coût du logement (taxe d'habitation, frais de fonctionnement non inclus dans ces charges,...). Enfin, une différence de quelques m^2 sur le critère superficie (g_3) n'est certainement guère perceptible. Pour toutes ces raisons, il apparaît pertinent de définir des seuils d'indifférence en-deçà desquels toute différence de performance sur un critère ne sera pas jugée significative. Nous fixerons ainsi $q_1 = 50$, $q_2 = 5$ et $q_3 = 3$. Par souci de simplicité, nous fixerons $q_j = p_j$, $(j = 1,2,3)$ utilisant donc nos critères comme des quasi-critères.

12.2.3 Espace des décisions - Espace des critères

Dans la suite, on considère :

- un ensemble A d'actions potentielles,
- une famille de p critères : $g_1, \ldots, g_p$ $(p \geqslant 2)$.

L'*espace des décisions* permet de représenter l'ensemble A des actions. Cet espace est défini formellement lorsque A est défini implicitement. Ainsi, il s'agit de $\mathbb{R}^n$, $\mathbb{Z}^n$ ou $\{0,1\}^n$ si A est défini à l'aide de n variables de décision. Il peut aussi s'agir d'un ensemble d'arrangements particuliers d'arcs d'un graphe (chemins, circuits,...). En revanche, cet espace n'est pas défini lorsque A est défini explicitement par une liste nominative (exhaustive).

Il est plus aisé de travailler dans un espace toujours défini formellement : l'*espace des critères* où chaque action $a \in A$ est représentée par ses performances sur les p critères : $(g_1(a), \ldots, g_p(a))$. De plus, il s'agit bien là de l'espace « *significatif* », puisque, dans une approche multicritère, l'appréciation d'une action s'effectue précisément à travers les valeurs qu'elle prend sur chaque critère.

Soit donc Z l'espace des critères (à ne pas confondre avec $\mathbb{Z}$); on a $Z \subset \mathbb{R}^p$. L'image de A dans l'espace des critères est notée Z_A. À chaque action $a \in A$ correspond un *vecteur critère* (ou point) $z \in Z_A$ avec $z(a) = (g_1(a), \ldots, g_p(a))$. On a :

$$Z_A = \mathbf{g}(A) = \{z \in Z : z_j = g_j(a)\ (j = 1, \ldots, p), a \in A\}$$

Exemple 1 « Choix d'un produit » (suite)

L'ensemble A des actions est représenté par la liste des 4 produits candidats. On peut représenter ces actions dans l'espace des critères en associant à chaque action son vecteur critère (cf. figure 12.2).

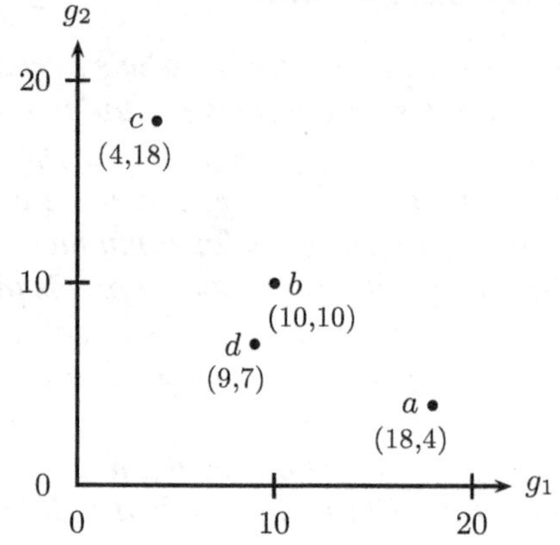

Fig. 12.2 Représentation des actions dans l'espace des critères – Exemple 1

Exemple 3 « Plan de production » (suite)

L'ensemble A des actions est caractérisé, dans l'espace des décisions, par les contraintes suivantes :

$$\begin{cases} x_1 + 4x_2 \leqslant 40 \\ 3x_1 + 2x_2 \leqslant 60 \\ x_1 \geqslant 4 \\ (x_1 \geqslant 0) \quad x_2 \geqslant 0 \end{cases}$$

où x_i représente la quantité de produit P_i à fabriquer ($i = 1{,}2$). Notons que la première contrainte de non-négativité : $x_1 \geqslant 0$ est redondante du fait de la dernière contrainte principale : $x_1 \geqslant 4$.

Les deux critères (ou fonctions objectifs) à considérer sont :

- *la marge totale (bénéfice) engendrée, exprimée en milliers d'euros (à maximiser) :*

$$\max z_1 = 2x_1 + 3x_2$$

- *la quantité totale de matière toxique utilisée, exprimée en unités de produit M_1 (à minimiser) :*

$$\min \quad x_1 + 3x_2$$

que l'on exprimera, de façon équivalente, comme un critère à maximiser :

$$\max z_2 = -x_1 - 3x_2$$

Afin de caractériser Z_A, l'image de A dans l'espace des critères, réexprimons en fonction de z_1 et z_2 les contraintes caractérisant A (en n'oubliant pas la contrainte de non-négativité non redondante $x_2 \geqslant 0$). Pour ce faire, on s'appuie sur l'expression des valeurs des fonctions objectifs z_1 et z_2 en fonction des variables de décision x_1 et x_2

(ce qui permet de déduire : $x_1 = z_1 + z_2$ *et* $x_2 = -\frac{1}{3}z_1 - \frac{2}{3}z_2$*).*

Ainsi, Z_A *est caractérisé par :*

$$\begin{cases} -z_1 - 5z_2 \leqslant 120 \\ 7z_1 + 5z_2 \leqslant 180 \\ z_1 + z_2 \geqslant 4 \\ z_1 + 2z_2 \leqslant 0 \end{cases}$$

Les représentations de l'ensemble des actions dans l'espace des décisions et dans l'espace des critères sont proposées en figure 12.3.

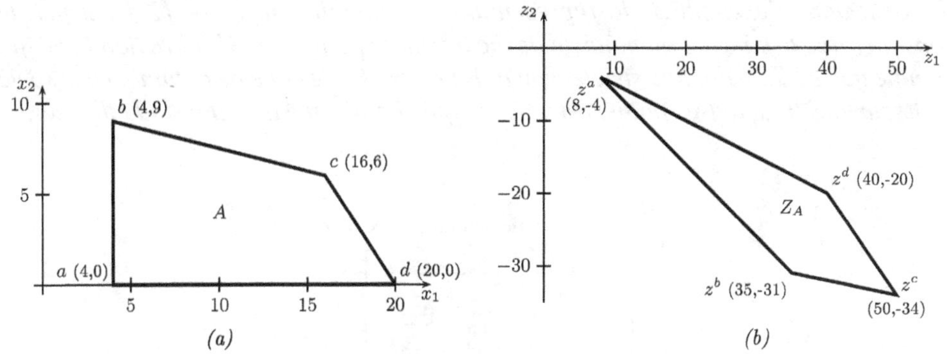

Figure 12.3 Espace des décisions (a) et espace des critères (b) – Exemple 3.

12.2.4 Le concept de dominance

Pour comparer deux actions quelconques a et b, il convient de comparer les deux vecteurs de performances correspondants :

$\mathbf{g}(a) = (g_1(a), \ldots, g_j(a), \ldots, g_p(a))$ et $\mathbf{g}(b) = (g_1(b), \ldots, g_j(b), \ldots, g_p(b))$

Le seul cas où une comparaison peut être effectuée, sans information supplémentaire, est le cas de *dominance* :

$$a\underline{\Delta}b \Leftrightarrow g_j(a) \geqslant g_j(b) \quad (j = 1, \ldots, p)$$

où Δ[1] est la relation binaire de dominance au sens large, dont la partie stricte, notée Δ[1], est telle que :

$$a\Delta b \quad \Leftrightarrow \quad a\underline{\Delta}b \quad \text{et} \quad \text{non}\ (b\underline{\Delta}a)$$

$$\Leftrightarrow \quad g_j(a) \geqslant g_j(b) \quad (j = 1, \ldots, p)$$, avec au moins l'une des inégalités strictes.

Une action $a \in A$ est dite *efficace* si il n'existe pas d'action $b \in A$ qui domine strictement a, c'est-à-dire telle que $b\Delta a$.

(1) Noter l'analogie avec l'ordre large sur $\mathbb{R}$: $\geqslant$ et l'ordre strict : $>$.

Exemples 1, 2 et 3 (suite)

Dans l'exemple 2, une comparaison par paire des actions permet d'établir que $\ell_4 \Delta \ell_6$ *(cf. Tableau 12.2). Ainsi, en s'appuyant sur les trois critères considérés, on peut écarter du choix* ℓ_6 *qui est dominé strictement. Tous les autres logements:* $\ell_1 \ldots \ldots \ell_5$ *constituent l'ensemble des actions efficaces.*

Dans le cas bicritère (p = 2), on peut utiliser la représentation graphique dans l'espace des critères pour identifier les vecteurs critères (ou points) non dominés. En effet, considérant un point à tester, il suffit de représenter le « cône de dominance » associé à ce point (c'est-à-dire, pour des critères à maximiser, l'orthant positif ayant pour origine ce point – cf. exemples ci-dessous). Il reste alors à observer si ce cône contient ou non au moins un point correspondant à une action réalisable.

Ainsi dans l'exemple 1, la représentation graphique en figure 12.4 permet de constater que le cône de dominance de d contient le point associé à l'action b, ce qui signifie que bΔ*d : b domine strictement d. En revanche, le cône de dominance associé à chacun des trois autres points est vide, ce qui signifie que a, b et c sont efficaces.*

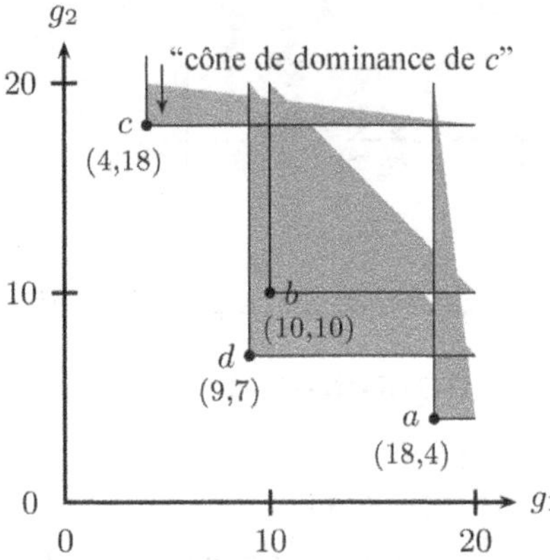

Fig. 12.4 Cônes de dominance associés aux différents points – Exemple 1

Considérant maintenant l'exemple 3, l'examen de la figure 12.3(b) permet de constater que les seuls points qui ont un cône de dominance vide sont ceux situés sur les segments $[z^a, z^d]$ *et* $[z^d, z^c]$*. L'ensemble des solutions efficaces correspond à l'image inverse de ces segments dans l'espace des décisions, à savoir l'ensemble des solutions situées sur les segments* [*a,d*] *et* [*d,c*] *(cf. figure 12.3(a)).*

La relation de dominance est le plus souvent trop pauvre pour guider le choix comme le montrent les exemples précédents. Afin de progresser vers la recommandation d'une meilleure action, il convient de prendre parti vis-à-vis des conflits entre critères. Pour celà, il faut recueillir et utiliser de l'information sur les préférences du décideur (par exemple des poids) et les intégrer dans un mécanisme d'agrégation. On peut distinguer deux grandes familles de mécanismes d'agrégation :

– les fonctions d'agrégation, telles que la somme pondérée.
– les relations de préférence globale telles que la méthode ELECTRE.

12.3 La somme pondérée

12.3.1 Présentation

La façon la plus naturelle d'agréger différents critères est de recourir à une *somme pondérée*. Il s'agit alors de construire un critère unique g agrégeant les p critères $g_1, \ldots, g_p$. L'évaluation de toute action $a \in A$ est donnée par :

$$g(a) = \sum_{j=1}^{p} \lambda_j \cdot g_j(a) \quad \text{avec } \lambda_j > 0 \ (j = 1, \ldots, p) \ \text{(et, éventuellement, } \sum_{j=1}^{p} \lambda_j = 1)$$

où λ_j est le « *poids* » associé au critère g_j $(j = 1, \ldots, p)$.

Dans un contexte de choix, il suffit alors de sélectionner l'action a^* telle que :

$$g(a^*) \geqslant g(a) \quad \forall a \in A$$

c'est-à-dire l'action dont l'évaluation, au sens de g, est la meilleure.

12.3.2 Avantages de la somme pondérée

1. Il s'agit de la façon la plus connue et la plus simple d'agréger différents critères.

2. Toute solution optimale selon une somme pondérée est *efficace* :
En effet, soit a^* une solution optimale pour un jeu de poids particulier $(\lambda'_1, \ldots, \lambda'_p)$. Supposons que a^* ne soit pas efficace. Il existerait alors $b \in A$ telle que $b \Delta a^*$. On a alors $\sum_{j=1}^{p} \lambda'_j g_j(b) > \sum_{j=1}^{p} \lambda'_j g_j(a^*)$; puisque pour tout j on aurait : $g_j(b) > g_j(a)$, ce qui contredit l'optimalité de a^*.

12.3.3 Limites de la somme pondérée

1. L'interprétation des poids n'est pas très claire car ils intègrent à la fois la notion d'*importance relative* des critères et un facteur de *normalisation* des échelles des critères. Un poids plus élevé ne correspond donc pas nécessairement à un critère plus important, comme l'illustrent les exemples ci-dessous.

Exemple 2 « Choix d'un logement » (suite)

Supposant que les critères Prix (g_1) et Temps de trajet (g_2) soient jugés d'importance semblable et que le critère Superficie (g_3) soit considéré deux fois moins important. Comment traduire cette information préférentielle par un jeu de poids ? L'intuition naturelle consistant à attribuer une valeur identique à chacun des deux premiers critères et une valeur deux fois plus petite au troisième *critère (par exemple* $\lambda_1 = 0{,}4$, $\lambda_2 = 0{,}4$ *et* $\lambda_3 = 0{,}2$*) ne convient pas. Cela conduirait en effet à accorder un rôle prépondérant au critère* g_1 *dans la somme pondérée simplement parce que celui-ci est exprimé sur une échelle comportant des valeurs beaucoup plus élevées que celles des échelles des deux autres critères. Il conviendrait donc de normaliser ces poids pour prendre en compte l'hétérogénéité des échelles. Il existe néanmoins de nombreuses façons d'effectuer cette normalisation, dont aucune ne s'impose et qui, chacune, conduirait à un jeu de poids différent.*

2. La logique d'agrégation sous-jacente est *totalement compensatoire*. Une très mauvaise note sur un critère peut être compensée par une ou plusieurs bonnes notes sur d'autres critères. On préfère souvent utiliser des mécanismes d'agrégation qui tolèrent les compensations lorsque les écarts sont faibles et les rejettent lorsque les écarts sont forts (logique d'agrégation *partiellement compensatoire*).
3. Certaines solutions efficaces peuvent ne pas apparaître comme solutions optimales d'une somme pondérée, quel que soit le jeu de poids choisi. Il s'agit là d'une limite très importante, car certaines solutions qui pourraient s'avérer intéressantes sont éliminées *a priori par la démarche de la somme pondérée.*

Exemple 1 « Choix d'un produit » (fin)

Considérons les trois produits a, b et c qui restent candidats après l'élimination de d (qui est dominé). Nous allons montrer qu'il n'existe aucun jeu de poids qui permette de faire apparaître b comme solution optimale d'une somme pondérée. En effet pour que b soit optimal, on devrait avoir simultanément $g(b) \geq g(a)$ *et* $g(b) \geq g(c)$*, c'est-à-dire respectivement* $10\lambda_1 + 10\lambda_2 \geqslant 18\lambda_1 + 4\lambda_2$ *et* $10\lambda_1 + 10\lambda_2 \geq 4\lambda_1 + 18\lambda_2$ *ou encore* $\lambda_2 \geqslant \frac{4}{3}\lambda_1$ *et* $\lambda_2 \leqslant \frac{3}{4}\lambda_1$*, ce qui est clairement incompatible (car* $\lambda_1 > 0$*). En fait, on observera en se reportant à la figure 12.2 que si* $\lambda_1 \geq \lambda_2$ *alors a est le choix suggéré par la somme pondérée et que si* $\lambda_2 \geq \lambda_1$ *alors c est le choix suggéré par la somme pondérée (et donc a ou b si* $\lambda_1 = \lambda_2$*). Pourtant de nombreuses personnes pourraient préférer b à a et c, car b est plus équilibré. Une fonction d'agrégation de type somme pondérée ne peut modéliser ce type de préférence pour cet exemple.*

4. De très légères variations sur les valeurs des poids peuvent conduire à des solutions radicalement différentes. Ainsi, dans l'exemple précédent, le jeu de poids (0,51 ; 0,49) conduit à choisir *a* alors que le jeu de poids (0,49; 0,51) conduit à choisir *c*. Deux jeux de poids fort proches, et en pratique équivalents, conduisent ici à des solutions radicalement opposées !
5. Il n'y a pas de correspondance intuitive entre les valeurs des poids et la solution optimale proposée par une somme pondérée. Le résultat peut même apparaître très contre-intuitif. Dans l'exemple précédent, les jeux de poids très équilibrés ($\lambda_1 \simeq \lambda_2 \simeq 0{,}5$) conduisent à choisir soit *a* soit *c* qui sont fort déséquilibrés.

En dépit des avantages de la somme pondérée, les limites précédemment citées conduisent à envisager d'autres mécanismes d'agrégation.

12.4 MÉTHODES DE SURCLASSEMENT (ELECTRE)

Ces méthodes ont été introduites dans les années 60 par B. Roy *et al.* :

- à l'occasion de nombreuses applications réelles,
- pour dépasser les limites de la somme pondérée.

Ces méthodes ne concernent que le cas où l'ensemble des actions A est défini explicitement par une liste.

Nous présenterons ici une version légèrement simplifiée de la méthode ELECTRE I qui permet de sélectionner un sous-ensemble aussi restreint que possible des actions les meilleures.

Soulignons que d'autres méthodes de surclassement furent ensuite développées sur des principes similaires (autres méthodes ELECTRE, méthodes PROMETHEE, MELCHIOR, ORESTE, TACTIC,...).

12.4.1 Le concept de relation de surclassement

Considérons deux actions a et b de A. On dira que aSb (*a surclasse b*) est établi si on peut trouver des arguments suffisamment probants pour accepter, en accord avec les préférences du décideur, l'assertion suivante :

« a est au moins aussi bon que b »

Les raisons pour accepter aSb sont fondées sur :

- les vecteurs de performance des deux actions :

$$(g_1(a), \dots, g_p(a)) \quad \text{et} \quad (g_1(b), \dots, g_p(b))$$

- l'*information préférentielle* qui permet de relativiser le rôle joué par chaque critère (poids, seuils).

Remarques :

- S peut être perçue comme résultant d'un enrichissement de la relation de dominance : en effet $a\Delta b$ entraîne aSb (c'est-à-dire $\Delta \subseteq S$)
- S est réflexive : $\forall a \in A, aSa$
- S n'est pas nécessairement transitive : aSb et bSc n'entraînent pas nécessairement aSc

Dans certains cas, on ne pourra établir ni aSb ni bSa, ce qui conduit à une situation d'*incomparabilité*. Ainsi, lorsqu'on compare deux actions, quatre situations peuvent survenir (cf. figure 12.5). Soulignons que l'introduction de la situation d'incomparabilité est une spécificité importante des approches fondées sur la construction d'une relation de préférence globale. En effet, les approches fondées sur une fonction d'agrégation conduisent à toujours comparer deux actions à travers les évaluations de ces actions sur cette fonction. Les approches relationnelles conduisent donc à des modèles de préférence plus fins dans la mesure où ils n'imposent pas de comparer des actions qui seraient trop dissemblables. En revanche, ces modèles sont plus difficiles à exploiter pour dégager une recommandation.

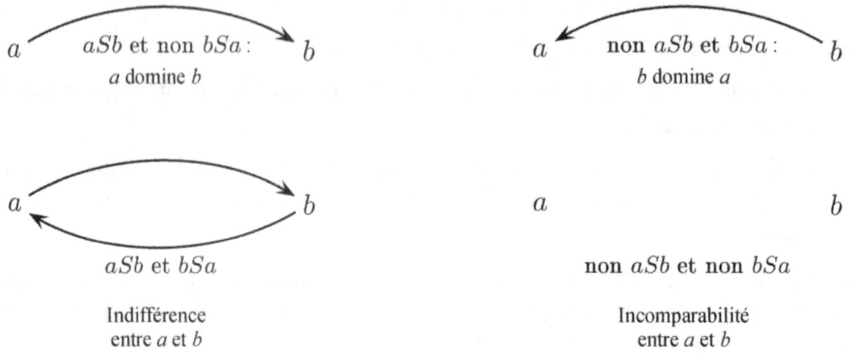

Fig. 12.5 4 situations de comparaison

Les méthodes de surclassement peuvent généralement se décomposer en deux phases :

1. construction de la relation de surclassement,
2. exploitation de la relation de surclassement pour déterminer une recommandation.

12.4.2 Construction de la relation de surclassement

Afin d'établir la probance de l'assertion *aSb*, on s'appuiera sur les deux principes fondamentaux suivants :

Principe de concordance : Une majorité de critères, compte-tenu de leur importance, doit supporter l'assertion *aSb* (principe majoritaire),

Principe de non discordance : Parmi les critères qui ne supportent pas l'assertion *aSb*, aucun ne doit exprimer un désaccord trop fort (principe de respect des minorités).

Concordance

Pour chaque critère g_j, on examine sa contribution à l'assertion *aSb* en bâtissant un *indice de concordance partielle* $c_j(a,b) \in [0,1]$ ($j = 1, \ldots, p$) tel que :

- $c_j(a,b) = 1$ lorsque le critère g_j supporte totalement l'assertion *aSb*
- $c_j(a,b) = 0$ lorsque le critère g_j ne supporte pas du tout l'assertion *aSb*
- $0 < c_j(a,b) < 1$ dans les cas intermédiaires

Plus précisément, on a (cf. figure 12.6) :

$$c_j(a,b) = \begin{cases} 1 & \Leftrightarrow \quad g_j(b) \leq g_j(a) + q_j \\ 0 & \Leftrightarrow \quad g_j(b) \geq g_j(a) + p_j \\ \dfrac{p_j - (g_j(b) - g_j(a))}{p_j - q_j} & \Leftrightarrow \quad g_j(a) + q_j \leq g_j(b) \leq g_j(a) + p_j \end{cases}$$

où q_j et p_j représentent respectivement les seuils d'indifférence et de préférence associés au critère g_j.

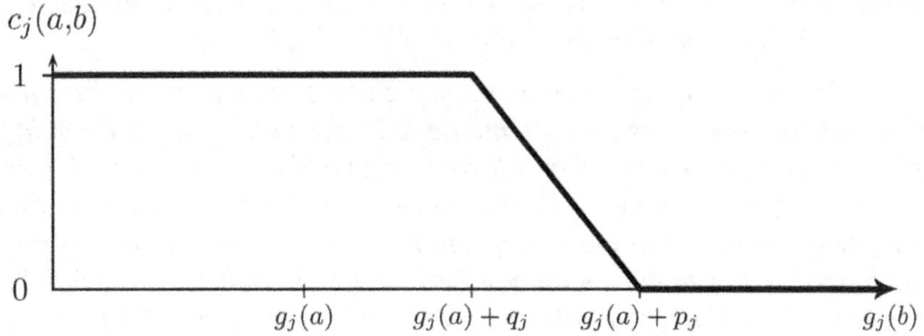

Fig. 12.6 Indice de concordance partiel

Pour évaluer la contribution globale de l'ensemble des critères à l'assertion *aSb*, on construit un *indice de concordance globale* $C(a,b) \in [0,1]$ défini par :

$$C(a,b) = \sum_{j=1}^{p} k_j \cdot c_j(a,b)$$

où k_j est le poids associé à g_j, avec : $\sum_j k_j = 1$.

> ***Remarque :*** Les poids k_j sont appliqués à des « *indices* » définis sur une échelle commune variant entre 0 et 1. Ils reflètent donc uniquement l'*importance relative* des critères, ce qui rend leur signification claire. On notera que les poids λ_j utilisés dans la somme pondérée sont de nature différente car ils intègrent à la fois l'*importance relative* des critères et un facteur de *normalisation* des échelles des critères (cf. remarque 1 de la section 12.3.3).

Exemple 2 « Choix d'un logement » (suite)

Les indices de concordance partielle sont reportés dans les trois matrices (cf. tableaux 12.3). Ils sont, ici, égaux à 0 ou 1 car les seuils de préférence p_j ont été choisis égaux aux seuils d'indifférence q_j. Rappelons que nous avons fixé ces seuils d'indifférence comme suit : $q_1 = 50$, $q_2 = 5$ *et* $q_3 = 3$. *Nous avons également définitivement écarté* ℓ_6 *qui est dominé par* ℓ_4.

	ℓ_1	ℓ_2	ℓ_3	ℓ_4	ℓ_5
ℓ_1	1	1	1	1	0
ℓ_2	1	1	1	1	0
ℓ_3	0	0	1	0	0
ℓ_4	1	0	1	1	0
ℓ_5	1	1	1	1	1

Critère g_1 (Loyer)

	ℓ_1	ℓ_2	ℓ_3	ℓ_4	ℓ_5
ℓ_1	1	1	0	0	1
ℓ_2	0	1	0	0	1
ℓ_3	1	1	1	1	1
ℓ_4	1	1	1	1	1
ℓ_5	0	1	0	0	1

Critère g_2 (Temps de trajet)

	ℓ_1	ℓ_2	ℓ_3	ℓ_4	ℓ_5
ℓ_1	1	0	0	0	1
ℓ_2	1	1	0	1	1
ℓ_3	1	1	1	1	1
ℓ_4	1	0	0	1	1
ℓ_5	0	0	0	0	1

Critère g_3 (Superficie)

Tab. 12.3 Matrices de concordance partielle

Observons, par exemple, que l'on a $c_1(\ell_4,\ell_1) = 1$, *ce qui signifie que le critère* g_1 *supporte l'assertion* $\ell_4 S \ell_1$. *En effet, bien que le coût du logement* ℓ_4 *soit supérieur à celui du logement* ℓ_1 *(720 € contre 700 € – cf. tableau 12.2), la différence de 20 € est jugée négligeable compte tenu du seuil d'indifférence* $q_1 = 50$.

Afin de construire l'indice de concordance globale, il convient de fixer les poids. Rappelons que lorsque nous avons tenté de fixer des poids pour utiliser la somme pondérée pour ce même exemple, nous avons considéré que les critères Loyer (g_1) *et Temps de trajet* (g_2) *étaient jugés d'importance semblable et que le critère Superficie* (g_3) *était considéré deux fois moins important. Nous pouvons ici fixer les poids sans difficulté à partir de cette information préférentielle :* $k_1 = 0{,}4$, $k_2 = 0{,}4$ *et* $k_3 = 0{,}2$. *La matrice de concordance globale en découle immédiatement (cf. Figure 12.4).*

	ℓ_1	ℓ_2	ℓ_3	ℓ_4	ℓ_5
ℓ_1	1	0,8	0,4	0,4	0,6
ℓ_2	0,6	1	0,4	0,6	0,6
ℓ_3	0,6	0,6	1	0,6	0,6
ℓ_4	1	0,4	0,8	1	0,6
ℓ_5	0,4	0,8	0,4	0,4	1

TAB. 12.4 MATRICE DE CONCORDANCE GLOBALE

Discordance

Parmi les critères qui ne sont pas concordants avec l'assertion *aSb*, certains peuvent exprimer une forte opposition, un *veto*, conduisant à rejeter *aSb*. Un critère g_j pourra ainsi opposer son veto à l'assertion *aSb* lorsque $g_j(a)$ est beaucoup plus faible que $g_j(b)$. On définit donc pour chaque critère g_j un *seuil de veto* v_j où $v_j \geq p_j$ $(j = 1, \ldots, p)$. Dès qu'il existe un critère g_j tel que $g_j(b) \geq g_j(a) + v_j$, l'assertion *aSb* est rejetée. Notons que plus le seuil v_j est faible, plus le pouvoir de veto de g_j est grand.

Exemple 2 « Choix d'un logement » (suite)

Supposons que l'on associe respectivement à chaque critère les trois seuils de veto suivants : $v_1 = 400$, $v_2 = 20$ *et* $v_3 = 40$. *Cela signifie en particulier pour le critère Loyer* (g_1) *qu'un logement qui coûterait 400 € de plus qu'un autre ne peut pas être jugé globalement « au moins aussi bon » que cet autre logement,* indépendamment *des performances, éventuellement très bonnes, qu'il atteint sur les autres critères. Ainsi, en se reportant au tableau 12.2, on constate que le critère* g_1 *oppose son veto à l'assertion «* $\ell_3 S \ell_5$ *»* (car $g_1(\ell_3) = 1000 \geq g_1(\ell_5) + v_1 = 600 + 400$), *même si* ℓ_3 *est significativement meilleur que* ℓ_5 *sur les deux autres critères. Le choix d'une valeur élevée* $v_3 = 40$ *pour le critère Superficie* (g_3) *indique que, compte tenu de l'écart maximum de superficie qui n'est que de 25* m^2 *dans le tableau de performances, on ne souhaite pas donner à ce critère un pouvoir de veto. La matrice de discordance présentée au tableau 12.5 indique par la valeur 1 toutes les situations de discordance.*

	ℓ_1	ℓ_2	ℓ_3	ℓ_4	ℓ_5
ℓ_1	0	0	0	0	0
ℓ_2	0	0	1	1	0
ℓ_3	0	0	0	0	1
ℓ_4	0	0	0	0	0
ℓ_5	0	0	1	0	0

Tab. 12.5 Matrice de discordance

Test de surclassement

Afin d'accepter *aSb* on doit vérifier les deux conditions suivantes :

1. une condition de **concordance** : $C(a,b) \geqslant s$
2. une condition de **non discordance** : $g_j(b) < g_j(a) + v_j \quad \forall j \in \{1, \ldots, p\}$

où s représente le seuil de concordance. La condition de concordance s'inspirant d'un principe de type majoritaire, il est légitime d'imposer $s > 0.5$. En pratique, on prend des valeurs entre 0,6 et 0,9.

> ***Remarque :*** ELECTRE I utilise en fait une condition de non discordance un peu plus complexe. Cette condition étant d'autant moins exigeante que $C(a,b)$ est grand.

Exemple 2 « Choix d'un logement » (suite)

Choisissons un seuil de concordance $s = 0{,}8$. *On en déduit la matrice de surclassement et le graphe de surclassement correspondant présentés en figure 12.7.*

	ℓ_1	ℓ_2	ℓ_3	ℓ_4	ℓ_5
ℓ_1	1	1	0	0	0
ℓ_2	0	1	0	0	0
ℓ_3	0	0	1	0	0
ℓ_4	1	0	1	1	0
ℓ_5	0	1	0	0	1

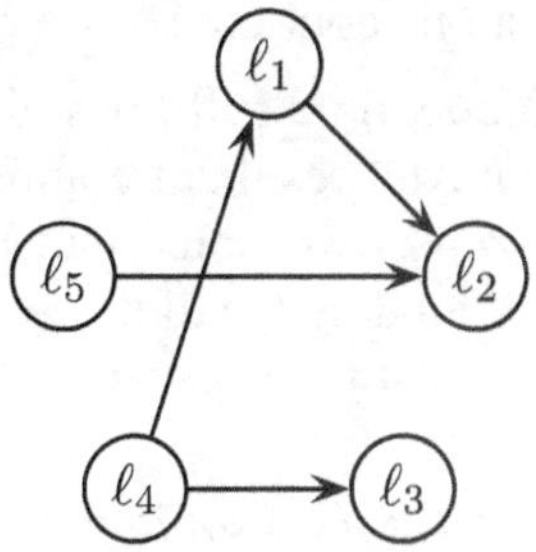

Fig. 12.7 Matrice et graphe de surclassement

12.4.3 Exploitation de la relation de surclassement

Une fois que la relation de surclassement est construite, il convient de l'exploiter afin de dégager le sous-ensemble des actions les meilleures. Considérant le graphe correspondant, on s'intéressera à un sous-ensemble d'actions $N \subset A$, appelé *noyau* du graphe, vérifiant les deux propriétés suivantes :

– deux sommets quelconques d'un noyau ne peuvent pas être adjacents :

$$\forall a \in N, \forall b \in N, \quad \text{non}(aSb) \quad \text{et} \quad \text{non}(bSa)$$

– pour tout sommet hors du noyau, il existe un arc depuis un sommet du noyau vers ce sommet :

$$\forall b \notin N \quad \exists a \in N : aSb$$

Un noyau est donc un sous-ensemble d'actions incomparables tel que toute action ne faisant pas partie du noyau est surclassée par au moins une action du noyau.

Tout graphe *sans circuit* admet un noyau unique. Un graphe *avec circuit* peut admettre aucun, un ou plusieurs noyaux.

L'algorithme suivant permet de détecter le noyau d'un graphe G sans circuit.

(0) Représenter G par son « *dictionnaire des précédents* » (ce dictionnaire associe à chaque sommet la liste de ses précédents ou « prédécesseurs »)

Tant que possible **faire**

(1) Marquer tout sommet dont la liste est vide (sans prédécesseurs)

(2) Barrer tout sommet qui contient au moins un sommet marqué dans sa liste

(3) Supprimer des listes les sommets barrés

L'ensemble des sommets marqués à l'issue de l'algorithme constitue le noyau.

Lorsque le graphe contient des circuits, on peut, par exemple, réduire les circuits (c'est-à-dire contracter en un sommet unique tous les sommets faisant partie d'un même circuit et préserver les arcs avec les sommets extérieurs au circuit). Cette opération de réduction revient à considérer que les sommets d'un même circuit sont indifférents. On peut alors déterminer le noyau sur le graphe réduit (qui, par construction, ne contient pas de circuit).

En pratique, il ne suffit pas d'exécuter une fois l'ensemble de ce processus et de prendre le noyau résultant comme recommandation. Il convient de procéder à une *analyse de robustesse* consistant à répéter le processus en faisant varier les paramètres critiques du modèle (seuil de concordance, poids, seuils de veto...). La recommandation sera constituée des actions apparaissant régulièrement dans le noyau.

Exemple 2 « Choix d'un logement » (fin)

L'application de l'algorithme de détection du noyau au graphe de surclassement de la figure 12.7 conduit au noyau (unique) $N = \{\ell_4, \ell_5\}$. *Afin d'esquisser une analyse de robustesse, on peut envisager de modifier le seuil de concordance. En fixant ce seuil s à 0,6 on obtient un graphe de surclassement beaucoup plus riche. Le lecteur vérifiera qu'après avoir réduit les circuits du graphe précédent, on obtient comme noyau de ce nouveau graphe l'ensemble* $N' = \{\ell_3, \ell_4\}$. *Il semble donc que le logement* ℓ_4*, qui reste présent dans chacun des noyaux, constitue un choix intéressant. (pour les trois critères choisis par le décideur) :*

12.5 Optimisation multiobjectif[1]

Nous nous intéressons ici au cas où l'ensemble A des actions potentielles est défini *implicitement* (cf. section 12.2.1). Nous nous restreindrons au cas de la programmation linéaire multiobjectif, sans considérer par exemple les problèmes d'optimisation combinatoire multiobjectif (plus court chemin multiobjectif, affectation multiobjectif, etc.). De plus, nous ne présenterons qu'une façon (parmi bien d'autres) de rechercher un meilleur compromis dans ce contexte.

Soit donc le programme linéaire multiobjectif suivant, exprimé sous forme matricielle (on note, ici, $\boldsymbol{D}$ la matrice notée A aux chapitres 8 et 9) :

$$\begin{cases} \max z_1 = \boldsymbol{c}^1 \cdot \boldsymbol{x}, \quad \max z_2 = \boldsymbol{c}^2 \cdot \boldsymbol{x}, \ldots, \quad \max z_p = \boldsymbol{c}^p \cdot \boldsymbol{x} \\ \boldsymbol{D} \cdot \boldsymbol{x} \leqslant \boldsymbol{b} \\ \boldsymbol{x} \geqslant \boldsymbol{0} \end{cases}$$

où $\boldsymbol{x} = (x_1, \ldots, x_n)^t$ est le vecteur-colonne des variables de décision, et $z^j = c^j \cdot x = \sum_{i=1}^{n} c_i^j x_i$ représente la j^{e} fonction objectif $(j = 1, \ldots, p)$, **D** est la matrice des contraintes et **b** est le vecteur-colonne des seconds membres.

Dans la suite, on notera X plutôt que $\mathcal{D}$ le domaine (convexe) des solutions admissibles :

$$X = \{\boldsymbol{x} : \boldsymbol{x} > \boldsymbol{0} \text{ et } \boldsymbol{D} \cdot \boldsymbol{x} \leqslant \boldsymbol{b}\}.$$

> ***Remarque :*** La notation « max », ici quelque peu abusive, signifie en fait que l'on recherche un meilleur compromis en regard de p fonctions objectifs, chacune étant à maximiser.

12.5.1 Tableau des gains, point idéal

Une première idée naturelle pour progresser vers la recherche de ce compromis consiste à optimiser indépendamment chacun des p programmes linéaires suivants :

$$(PL_j) \begin{cases} \max z_j = \boldsymbol{c}^j \cdot \boldsymbol{x} \qquad (j = 1, \ldots, p) \\ \boldsymbol{x} \in X \end{cases}$$

Soit $\boldsymbol{x}^{*j}$ une solution optimale du programme (PL_j) et z_j^* la valeur optimale de sa fonction objectif $(j = 1, \ldots, p)$. On constitue le *tableau des gains* en donnant la valeur de chacune des solutions $\boldsymbol{x}^{*i}$ sur chaque fonction objectif $z_k = \boldsymbol{c}^k \cdot \boldsymbol{x}\ (i = 1, \ldots, p; k = 1, \ldots, p)$ – cf. tableau 12.6.

Le point $z^* = (z_1^*, \ldots, z_p^*)$, dont les coordonnées correspondent aux valeurs optimales de chaque fonction objectif est appelé *point idéal* (ou *zénith*). Ces coordonnées se situent donc sur la diagonale du tableau des gains.

1. Conseil au lecteur : lire auparavant le chapitre 8 sur la programmation linéaire.

	z_1	$\ldots$	z_j	$\ldots$	z_p
x^{*1}	$c^1.x^{*1} = z_1^*$		$c^j.x^{*1}$		$c^p.x^{*1}$
$\vdots$		$\ddots$			
x^{*j}	$c^1.x^{*j}$		$c^j.x^{*j} = z_j^*$		$c^p.x^{*j}$
$\vdots$				$\ddots$	
x^{*p}	$c^1.x^{*p}$		$c^j.x^{*p}$		$c^p.x^{*p} = z_p^*$

Tab. 12.6 Tableau des gains

Soit $n_j = \min_{k=1,\ldots,p}\{c^j \cdot x^{*k}\}$ la valeur minimale de la $j^{\text{ème}}$ colonne du tableau des gains, l'intervalle $[n_j, z_j^*]$ constitue une bonne approximation, facile à calculer, des valeurs prises par le $j^{\text{ème}}$ critère. En pratique, il sera intéressant de fournir au décideur ces intervalles pour chaque fonction objectif afin qu'il appréhende mieux le domaine des valeurs possibles. Le point $(n_1, n_2, \ldots, n_p)$ est appelé *nadir*.

Exemple 3 « Plan de production » (suite)

Considérons chacun des deux problèmes

$$(PL_1)\begin{cases} \max z_1 = 2x_1 + 3x_2 \\ \textit{sous les contraintes:} \\ x_1 + 4x_2 \leqslant 40 \\ 3x_1 + 2x_2 \leqslant 60 \\ x_1 \geqslant 4 \\ x_1, x_2 \geqslant 0 \end{cases} \qquad (PL_2)\begin{cases} \max z_2 = -x_1 - 3x_2 \\ \textit{s.c.} \\ x_1 + 4x_2 \leqslant 40 \\ 3x_1 + 2x_2 \leqslant 60 \\ x_1 \geqslant 4 \\ x_1, x_2 \geqslant 0 \end{cases}$$

dont les solutions optimales sont $x_1^{*1} = 16, x_2^{*1} = 6, z_1^* = 50$, *pour* (PL_1) *et* $x_1^{*2} = 4, x_2^{*2} = 0, z_2^* = -4$, *pour* (PL_2). *Le tableau des gains est présenté au tableau 12.7. Le point idéal* $\mathbf{z}^* = (50, -4)$ *et le point nadir* $\mathbf{n} = (n_1, n_2) = (8, -34)$ *sont représentés à la figure 12.8.*

	z_1	z_2
x^{*1}	50	-34
x^{*2}	8	-4

Tab. 12.7 Tableau des gains – Exemple 3

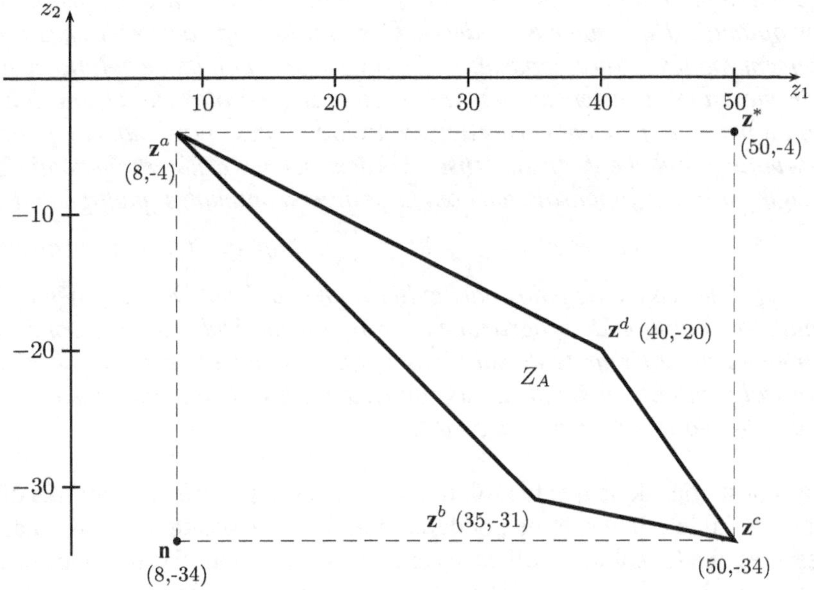

Fig. 12.8 Point idéal $\mathbf{z}^*$ et point nadir **n** – Exemple 3

12.5.3 Solutions efficaces extrêmes et non extrêmes

Afin de guider le choix d'une solution de meilleur compromis, on pourrait, malgré les limites soulignées en section 12.3.3, utiliser une fonction d'agrégation de type somme pondérée. Ceci reviendrait à maximiser une fonction objectif de type $\sum_{j=1}^{p} \lambda_j z_j$, ce qui présenterait l'avantage de n'avoir à résoudre qu'un programme linéaire. De plus, dans le cas particulier de la programmation linéaire multiobjectif, l'une des limites essentielles de la somme pondérée (celle qui exprime que certaines solutions efficaces ne peuvent pas apparaître comme solution optimale d'une somme pondérée – cf. remarque 3 de la section 12.3.3) ne s'applique pas. Ceci tient au fait que l'image de l'ensemble des solutions dans l'espace des critères est un ensemble convexe (ce qui n'était pas le cas de notre exemple présenté en figure 12.2). Nous montrons cependant sur notre exemple que l'utilisation de la somme pondérée n'est guère adaptée.

Exemple 3 « Plan de production » (suite)

Nous avons observé précédemment que l'ensemble des solutions efficaces correspond à l'ensemble des points situés sur les segments $[\mathbf{z}^a, \mathbf{z}^d]$ et $[\mathbf{z}^d, \mathbf{z}^c]$ (cf. figure 12.8). Il est clair que chacun de ces points peut apparaître comme solution optimale d'une somme pondérée $\lambda_1\mathbf{z}_1 + \lambda_2\mathbf{z}_2$ pour un jeu de poids particulier (λ_1,λ_2). Pour les solutions efficaces correspondant à des sommets du polyèdre – à savoir a, c et d dont les images respectives dans l'espace des critères sont les sommets $\mathbf{z}^a$, $\mathbf{z}^c$ et $\mathbf{z}^d$ –

il existe une infinité de jeux de poids qui permettent de les faire apparaître comme solution optimale d'une somme pondérée. Ces solutions efficaces extrêmes sont donc relativement faciles à faire apparaître. En revanche, l'infinité de solutions efficaces non extrêmes qui se trouvent sur une arête (ou plus généralement à l'intérieur d'une facette) du polyèdre peuvent certes apparaître optimales, mais chacune pour un jeu de poids unique seulement. Ainsi, l'ensemble des vecteurs critères non dominés situés sur le segment $]z^d, z^c[$ *apparaissent comme solutions optimales (multiples) d'un seul jeu de poids (en l'occurrence* $\lambda_1 = \frac{7}{12}, \lambda_2 = \frac{15}{12}$*). Il apparaît fort peu vraisemblable de faire exprimer ce jeu de poids particulier à un décideur! De plus, même si l'on y parvenait, la résolution du programme linéaire qui en résulterait ne permettrait pas d'explorer finement l'infinité de solutions optimales ; les algorithmes de résolution tels que l'algorithme du simplexe ne donneraient d'ailleurs comme solution optimale que l'un des deux sommets c ou d...*

Nous constatons donc que les solutions efficaces non extrêmes sont très difficiles à explorer à l'aide d'une somme pondérée. Pourtant ces solutions ne sont pas moins intéressantes que les solutions efficaces extrêmes. Nous nous fixons donc comme but de pouvoir explorer l'ensemble de *toutes* les solutions efficaces, et ceci sans devoir résoudre des problèmes plus complexes que des programmes linéaires.

12.5.5 Méthodes fondées sur des points d'aspiration

Dans ce type de méthodes, le décideur doit fournir de l'information préférentielle s'exprimant sous forme de *niveaux d'aspiration* sur chacun des critères. Ces niveaux d'aspiration correspondent, pour chaque critère, à des valeurs souhaitées par le décideur. Soit donc $\bar{z}_j$ la valeur souhaitée sur le $j^{\text{ème}}$ critère ($j = 1, \ldots, p$) et $\bar{\mathbf{z}} = (\bar{z}_1, \ldots, \bar{z}_p)$ le *point d'aspiration* associé.

Nous allons chercher à déterminer, dans l'espace des critères, le point non dominé le plus « proche » possible de ce point d'aspiration $\bar{\mathbf{z}}$. Autrement dit, nous allons projeter $\bar{\mathbf{z}}$ sur la frontière des points non dominés. Pour ce faire, nous allons résoudre le problème suivant formulé dans l'espace des critères (rappelons que Z_A est l'ensemble des points admissibles dans cet espace) :

$$\min_{z \in Z_A} \max_{j=1,\ldots,p} \{\lambda_j(\bar{z}_j - z_j)\} \qquad \text{où : } \mathbf{z} = (z_1, \ldots, z_j, \ldots, z_p)$$

Il reste maintenant à déterminer la valeur des zpoids λ_j. Ces poids visant à normaliser les écarts $\bar{z}_j - z_j$, nous allons fixer $\lambda_j = \frac{1}{z_j^* - n_j}$ ($j = 1, \ldots, p$). La résolution du problème précédent en utilisant ce choix de valeur des poids revient, géométriquement, à projeter $\bar{\mathbf{z}}$ sur la frontière des points non dominés selon la direction indiquée par les points $\mathbf{z}^*$ (zenith) et $\mathbf{n}$ (nadir), c'est-à-dire parallèlement à la droite joignant $\mathbf{z}^*$ et $\mathbf{n}$.

Dans l'espace des décisions, le problème précédent s'écrit :

$$\min_{X \in X} \max_{j=1,\ldots,p} \{\lambda_j (\bar{z}_j - \mathbf{c}^j \cdot \boldsymbol{x})\}$$

Les contraintes $\mathbf{x} \in X$ sont linéaires. Seule la fonction objectif est non linéaire. Ce programme peut cependant être reformulé de façon équivalente par le programme linéaire suivant :

$$\begin{cases} \min \quad \mu \\ \text{s.c.} \\ \qquad \mu \geqslant \lambda_j(\bar{z}_j - \mathbf{c}^j \cdot \mathbf{x}) \quad (j = 1, \ldots, p) \\ \qquad \mathbf{x} \in X \end{cases}$$

En effet, on introduit ici une nouvelle variable μ que l'on contraint à prendre une valeur supérieure à chacun des p arguments du max (dans la formule $\max_{j=1,\ldots,p}\{\lambda_j(\bar{z}_j - \mathbf{c}^j \cdot \mathbf{x})\}$). Cette variable étant minimisée, elle représente bien le maximum de ces arguments.

Soulignons finalement que ces méthodes fondées sur des points d'aspiration sont utilisées le plus souvent de façon *interactive.* Ainsi, l'utilisateur fixe un premier point d'aspiration. Observant la réponse du modèle, il ajuste ses préférences en fixant un second point d'aspiration. Il poursuit ainsi son exploration de l'ensemble des solutions efficaces, appréhendant de mieux en mieux les solutions candidates intéressantes. Ce processus interactif se termine lorsqu'il estime avoir trouvé un bon compromis.

Exemple 3 « Plan de production » (fin)

Supposons que le décideur, au vu des informations fournies par le tableau des gains (cf. tableau 12.7), décide de fixer un premier point d'aspiration $\bar{\mathbf{z}}^1 = (30, -10)$. *Ces niveaux correspondent, sur le critère économique, à une valeur souhaitée pour la marge totale égale à 300 000 € et, sur le critère écologique, à une consommation souhaitée de matière toxique égale à* M_1 *de 10 unités.*

Les poids à utiliser sont $\lambda_1 = \dfrac{1}{z_1^* - n_1} = \dfrac{1}{42}$ *et* $\lambda_2 = \dfrac{1}{z_2^* - n_2} = \dfrac{1}{30}$. *Le programme linéaire à résoudre est alors :*

$$\begin{cases} \min \ \mu \\ \text{s.c.} \\ \qquad \mu \geqslant \dfrac{1}{42}(30 - (2x_1 + 3x_2)) \\ \qquad \mu \geqslant \dfrac{1}{30}(-10 - (-x_1 - 3x_2)) \\ \qquad x_1 + 4x_2 \leqslant 40 \\ \qquad 3x_1 + 2x_2 \leqslant 60 \\ \qquad x_1 \geqslant 4 \\ \qquad x_1, x_2 \geqslant 0 \end{cases}$$

dont la solution optimale est $x_1 \approx 12{,}94$, $x_2 = 0$ *et* $\mu \approx 0{,}1$ *correspondant aux valeurs suivantes sur les critères :* $z_1 \approx 25{,}88$ *et* $z_2 \approx -12{,}94$. *La réponse du modèle, quand on lui fournit le point d'aspiration* $\bar{z}^1$, *est donc le point non-dominé* $z^1 = (25{,}88\,;\,-12{,}94)$. *Comme on peut le vérifier sur la figure 12.9, cela correspond bien à projeter ce point* $\bar{z}^1$ *sur la frontière des points non-dominés, selon la direction indiquée par les points* z^* *et n.*

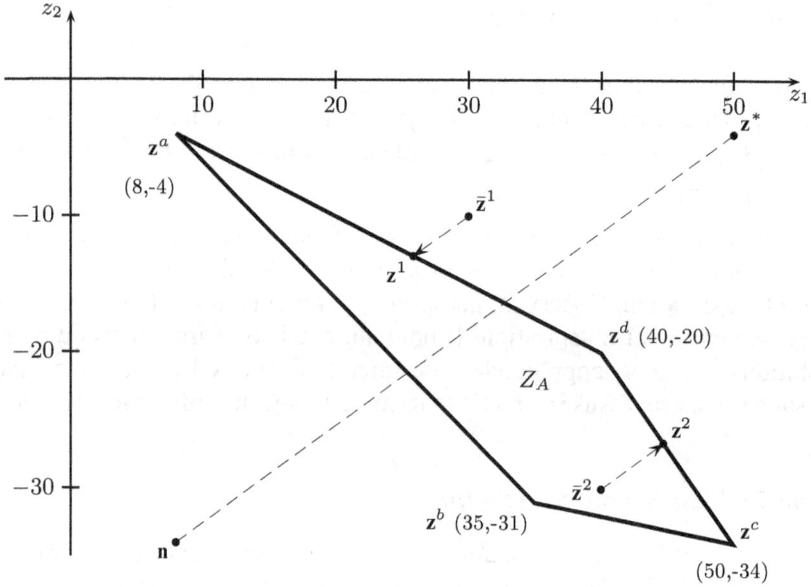

Fig. 12.9 Exploration des points non dominés – Exemple 3

Supposons que le décideur souhaite explorer un autre type de solutions et exprime un second point d'aspiration $\bar{\mathbf{z}}^2 = (40, -30)$. *La résolution du nouveau programme linéaire fournit la solution optimale* $x_1 \approx 18{,}11, x_2 \approx 2{,}84$ *et* $\mu \approx -0{,}11$ *correspondant aux valeurs suivantes sur les critères :* $z_1 \approx 44{,}73$ *et* $z_2 \approx -26{,}62$. *La réponse du modèle, quand on lui fournit le point d'aspiration* $\bar{\mathbf{z}}^2$, *est donc le point non-dominé* $\mathbf{z}^2 = (44{,}73;\,-26{,}62)$ *(cf. figure 12.9). On constate ici que le point d'aspiration fourni est sous-estimé car il correspond à un vecteur critère dominé. Le modèle projette donc ce point (dans l'autre sens) sur la frontière non dominée c'est-à-dire sur le segment* $[\mathbf{z}^c, \mathbf{z}^d]$. *Cette situation de sous-estimation peut se détecter en observant que la variable* μ *prend une valeur négative à l'optimum.*

12.6 Conclusion

Ce chapitre ne constitue qu'une introduction à l'aide multicritère à la décision. Nous y avons présenté les concepts fondamentaux et introduit quelques méthodes multicritères représentatives. L'une des idées principales à retenir est que l'agrégation de plusieurs critères par une somme pondérée, bien que fort utilisée en pratique du fait de sa simplicité, présente de gros inconvénients comme indiqué en section 12.3.3. Cela justifie de s'intéresser à d'autres méthodes pour prendre en compte des critères multiples.

Parmi les domaines que nous n'avons pas abordés figure l'optimisation combinatoire multiobjectif. Il s'agit, par exemple, de rechercher dans un graphe représentant un réseau de communication un chemin joignant deux sommets identifiés et réalisant le meilleur compromis entre différents critères (coût, durée). Dans ce même contexte, on peut également souhaiter engendrer l'ensemble des chemins efficaces afin de permettre au décideur d'appréhender les arbitrages possibles entre les différents critères. Cette extension multiobjectif du problème du plus court chemin s'applique également aux autres problèmes d'optimisation combinatoire classiques (arbre couvrant, affectation, flots,...).

Le lecteur souhaitant approfondir le domaine de l'aide multicritère à la décision trouvera ci-après les références de quelques ouvrages généraux.

BIBLIOGRAPHIE

BOUYSSOU D., MARCHANT T., PIRLOT M., TSOUKIÁS A. et VINCKE Ph. – *Evaluation and decision models with multiple criteria : Stepping stones for the analyst,* Springer, Berlin, 2006.

COLLETTE Y. et SIARRY P. – *Optimisation multiobjectif* Eyrolles, Paris, 2002.

EHRGOTT M. – *Multicriteria Optimization,* Springer, Berlin, 2005.

POMEROL J.Ch. et BARBA-ROMERO S. – *Choix multicritère dans l'entreprise,* Hermès, Paris, 1993.

ROY B. – *Méthodologie Multicritère d'Aide à la Décision : Méthodes et Cas,* Economica, Paris, 1985. english translation : Multicriteria Methodology for Decision Aiding, Kluwer Academic Publishers, 1996.

ROY B. et BOUYSSOU D. – *Aide Multicritère à la Décision : Méthodes et Cas,* Economica, Paris, 1993.

STEUER R.E. – *Multiple criteria optimization : theory, computation, and application,* Wiley, New York, 1986.

VALLIN Ph. et VANDERPOOTEN D. – *Aide à la décision : une approche par les cas,* Ellipses, Paris, 2000. 2e édition 2002.

VINCKE Ph. – *L'aide multicritère à la décision,* Ellipses, Paris, 1989. english translation : Multicriteria decision-aid, Wiley, 1992.

SOLUTIONS

SOLUTIONS DES EXERCICES DU CHAPITRE 1

1.1 (1) entraîne : $A+B=1$: (2) entraîne : $C \oplus D = 1$ soit $\overline{C}\cdot D + C\cdot\overline{D} = 1$; (3) est l'implication : $E \Rightarrow C$, soit $\overline{E} + C = 1$; (4) entraîne $A\cdot D + \overline{A}\cdot\overline{D} = 1$; (5) est l'implication

$$B \Rightarrow E \text{ et } A, \text{ soit } \overline{B} + A\cdot E = 1.$$

Chacune de ces équations booléennes sera égale à 1 si et seulement si leur produit est égal à 1 :

$$(1)\cdot(2)\cdot(3)\cdot(4)\cdot(5) = 1.$$

Il est plus rapide, en utilisant l'associativité et la commutativité du produit booléen, de calculer comme suit ce produit :

$(1)\cdot(5) = 1$, soit $(A + B)\cdot(\overline{B} + A\cdot E) = 1$, entraîne $A\cdot\overline{B} + A\cdot E = 1$, c'est-à-dire $A\cdot(\overline{B} + E) = 1$: A étant en facteur du produit est nécessairement égal 1 ; alors (4) entraîne $D = 1$; en reportant dans (2), il vient $\overline{C} = 1$, soit $C = 0$; enfin en reportant dans (3), il vient $\overline{E} = 1$, soit $E = 0$, puis avec (5) $\overline{B} = 1$, soit $B = 0$.

La liste des cadeaux respectant les exigences de ce joyeux bambin (mais est-ce bien raisonnable ?) est associée à $A = D = 1$ et $B = C = E = 0$: elle comporte le jeu électronique et le Playmobil.

1.2 On introduit les cinq variables booléennes : D, S, T, I, C ; chacune est égale à 1 si le personnage associé dit la vérité (ainsi $D = 1$ si le directeur de secteur dit la vérité), ou à 0 s'il ment (alors $D = 0$, soit $\overline{D} = 1$).

Le dialogue comporte trois déclarations (et le début d'une quatrième, interrompue par le général), soit d_1, d_2 et d_3.

- d_1 entraîne : $S\cdot\overline{C}\cdot D + \overline{S}\cdot C\cdot\overline{D} = 1$.
- d_2 est plus compliqué à coder :

– soit le directeur et la secrétaire disent la vérité ; alors selon que l'inspecteur dit la vérité ou, au contraire, ment, il vient :

$$D\cdot S\cdot I\cdot\overline{T} + D\cdot S\cdot\overline{I}\cdot T = 1$$

– soit le directeur et la secrétaire mentent tous deux :

$$\overline{D}\cdot\overline{S}\cdot I\cdot\overline{T} + \overline{D}\cdot\overline{S}\cdot\overline{I}\cdot T = 1$$

mais pour que $\overline{D}\cdot\overline{S}\cdot I\cdot\overline{T}$, ou bien $\overline{D}\cdot\overline{S}\cdot\overline{I}\cdot T$, soit égal à 1, il faudrait avoir 3 des 4 variables nulles et donc 3 menteurs ; or l'on sait qu'il y en a au plus 2 ...

On n'aura donc pas à tenir compte de cette relation.

– soit un seul des deux ment :

$$(D\cdot\overline{S} + \overline{D}\cdot S)\cdot\overline{(I\cdot\overline{T} + \overline{I}\cdot T)} = 1$$

soit $(D\cdot\overline{S} + \overline{D}\cdot S)\cdot(\overline{I} + T)\cdot(I + \overline{T}) = 1$, qui donne : $(D\cdot\overline{S} + \overline{D}\cdot S) + (\overline{I}\cdot\overline{T} + I\cdot T) = 1$

mais si $\overline{I}\cdot\overline{T} = 1$, alors $I = 0$ et $T = 0$; compte tenu de ce qu'en outre soit le directeur soit la sécrétaire ment, on aurait alors 3 menteurs; on abandonne ces deux cas; il reste : $(D\cdot\overline{S} + \overline{D}\cdot S)\cdot I\cdot T = 1$, soit :

$$D\cdot\overline{S}\cdot I\cdot T + \overline{D}\cdot S\cdot I\cdot T = 1.$$

Au total, d_2 se formule par :

$$D\cdot S\cdot I\cdot\overline{T} + D\cdot S\cdot\overline{I}\cdot T + D\cdot\overline{S}\cdot I\cdot T + \overline{D}\cdot S\cdot I\cdot T = 1,$$

(que l'on pourrait simplifier en tenant compte de d_1).

- d_3 entraîne : $I\cdot\overline{S} + \overline{I}\cdot S = 1$.

Pour la résolution, on exprime que les équations booléennes traduisant d_1, d_2 et d_3 sont simultanément vraies; chaque équation étant égale à 1, le produit de ces équations doit être égal à 1 :

$$(S\cdot\overline{C}\cdot D + \overline{S}\cdot C\cdot\overline{D})\cdot(D\cdot S\cdot I\cdot\overline{T} + D\cdot S\cdot\overline{I}\cdot T + D\cdot\overline{S}\cdot I\cdot T + \overline{D}\cdot S\cdot I\cdot T)\cdot(I\cdot\overline{S} + \overline{I}\cdot S) = 1;$$

en développant et en éliminant les monômes booléens nuls ou associés à des combinaisons de 3 menteurs, il reste :

$$1 = \overline{C}\cdot D\cdot S\cdot\overline{I}\cdot T,$$

soit : $D\cdot S\cdot T = 1$ et $\overline{C}\cdot\overline{I} = 1$.

La solution est unique (car on a obtenu un seul monôme booléen après développement et réduction du produit ci-dessus) :

$$D = S = T = 1 \quad \text{et} \quad C = I = 0.$$

Seuls le conseiller et l'inspecteur mentent...

1.3 1) $T_{11}^1 = A_1\cdot L_1$; $T_{12}^1 = T_{12}^2 = T_{11}^3 = T_{12}^4 = 0$; $T_{13}^1 = A_1\cdot\overline{L_1}$, etc.

- À $t = 2$, conflit possible pour les séries 1 et 2 sur la machine 1 :

  $A_1L_1 + \overline{A}_1\cdot L_1 + A_2\cdot L_2 \leqslant 1$, or $(A_1 + \overline{A}_1)\cdot L_1 = L_1$, soit : $\boxed{L_1 + A_2\cdot L_2 \leqslant 1}$ (1).

- À $t = 3$, conflit possible pour les séries 1 et 2 sur la machine 1 :

  $\overline{A}_1\cdot L_1 + A_2\cdot L_2 + \overline{A}_2\cdot L_2 \leqslant 1$ soit : $\boxed{\overline{A}_1\cdot L_1 + L_2 \leqslant 1}$ (2),

  et pour les séries 2 et 3 sur la machine 2 :

  $A_2\cdot\overline{L}_2 + \overline{A}_2\cdot\overline{L}_2 + A_3\cdot B_3\cdot L_3 \leqslant 1$ soit : $\boxed{\overline{L}_2 + A_3\cdot B_3\cdot L_3 \leqslant 1}$ (3);

  ainsi que pour les séries 1 et 3 sur la machine 3 :

  $$\boxed{\overline{A}_1\cdot\overline{L}_1 + A_3\cdot B_3\cdot\overline{L}_3 \leqslant 1} \quad (4).$$

- À $t = 4$, conflit possible entre les séries 2 et 4 sur la machine 1 :

  $$\boxed{\overline{A}_2\cdot L_2 + A_4\cdot L_4\cdot M_4 \leqslant 1} \quad (5),$$

et pour les séries 2, 3, 4 sur la machine 2 :

$$\boxed{\overline{A_2}\cdot\overline{L_2} + A_3\cdot\overline{B_3}\cdot L_3 + A_4\cdot L_4\cdot\overline{M_4} \leqslant 1} \quad (6),$$

ainsi que pour les séries 3, 4 sur la machine 3 :

$$\boxed{A_3\cdot\overline{B_3}\cdot\overline{L_3} + A_4\cdot\overline{L_4}\cdot M_4 \leqslant 1} \quad (7).$$

- À $t = 5$, conflit possible pour les séries 3, 4 sur la machine 2 :

$$\boxed{\overline{A_3}\cdot B_3\cdot L_3 + \overline{A_4}\cdot L_4\cdot\overline{M_4} \leqslant 1} \quad (8),$$

et pour les séries 3, 4 sur la machine 3 :

$$\boxed{\overline{A_3}\cdot B_3\cdot\overline{L_3} + \overline{A_4}\cdot\overline{L_4}\cdot M_4 \leqslant 1} \quad (9).$$

2) En posant $\boxed{A_1 = A_3 = B_3 = L_2 = L_1 = 1 \text{ et } A_2 = 0}$, il vient :

(1) $\Rightarrow 1 + 0 \leqslant 1$: oui

(2) $\Rightarrow 0 + 1 \leqslant 1$: oui

(3) $\Rightarrow 0 + L_3 \leqslant 1$: oui

(4) $\Rightarrow 0 + \overline{L_3} \leqslant 1$: oui

(5) $\Rightarrow 1 + A_4\cdot L_4\cdot M_4 \leqslant 1$ soit $\boxed{A_4\cdot L_4\cdot M_4 = 0}$.

(6) $\Rightarrow 0 + 0 + A_4\cdot L_4\cdot\overline{M_4} \leqslant 1$: oui

(7) $\Rightarrow 0 + A_4\cdot\overline{L_4}\cdot M_4 \leqslant 1$: oui

(8) $\Rightarrow 0 + \overline{A_4}\cdot L_4\cdot M_4 \leqslant 1$: oui

(9) $\Rightarrow 0 + \overline{A_4}\cdot\overline{L_4}\cdot M_4 \leqslant 1$: oui

$\begin{cases} L_1 = 1 \\ A_1 = 1 \end{cases}$: la 1ère série est exécutée sur la machine 1 lors de $t = 1$ et $t = 2$.

$\begin{cases} L_2 = 1 \\ \overline{A_2} = 1 \end{cases}$: la 2e série est exécutée sur la machine 1 lors de $t = 3$ et **4**.

$A_3 = B_3 = 1$: la 3e série est exécutée au temps $t = 3$ sur les machines 2 ou 3 (2 solutions).

$$A_4\cdot L_4\cdot M_4 = 0 ;\ \text{soit : } A_4 = 0 \begin{cases} L_4 = 1 & M_4 = 1 \\ L_4 = 0 & M_4 = 1 \\ L_4 = 1 & M_4 = 0 \end{cases}$$

la 4e série est exécutée au temps $t = 5$ sur la machine 1, ou 2, ou 3.

$$\text{soit : } A_4 = 1 \begin{cases} L_4 = 0 & M_4 = 1 \\ L_4 = 1 & M_4 = 0 \end{cases}$$

la 4e série est exécutée au temps $t = 4$ sur la machine 2 ou 3.

Au total, 10 solutions : 2 (pour la série 3) $\times$ 5 (pour la série 4).

3) La machine 1 est utilisée pour les séries 1 et 2 ($t = 1$, 2 puis 3 et 4).

Si $L_3 = 1$, la machine 2 est utilisée pour la série 3 : il faut alors utiliser M_3 pour la série A_4.

2 solutions : $A_4 = 0$, $L_4 = 0$, $M_4 = 1$: s_4 sur M_3 à $t = 5$;

$A_4 = 1$, $L_4 = 0$, $M_4 = 1$: s_4 sur M_3 à $t = 4$.

Si $L_3 = 0$ ($\overline{L_3} = 1$) : la machine 3 est utilisée pour la série 3 : il faut alors utiliser la machine 2 pour la série 4.

2 solutions : $A_4 = 0, L_4 = 1, M_4 = 0$: s_4 sur M_2 à $t = 5$;

$A_4 = 1, L_4 = 1, M_4 = 0$: s_4 sur M_2 à $t = 4$.

On trouve 4 solutions au total dans ce cas.

4) On fixe $L_3 = 0$; de plus on veut finir à $t = 4$.

Il reste la solution unique : $A_4 = 1, L_4 = 0, M_4 = 1$: on effectuera

s_1 sur M_1 à $t = 1$ et 2, s_2 sur M_2 à $t = 3$ et 4, s_3 sur M_3 à $t = 3$, s_4 sur M_2 à t_4.

1.4 1) En développant F sous forme canonique disjonctive, il vient 9 minterms :

$$F = abcd + abc\bar{d} + ab\bar{c}d + \bar{a}b\bar{c}d + a\bar{b}c\bar{d} + \bar{a}bc\bar{d} + \overline{ab}c\bar{d} + \bar{a}\overline{bc}d + \bar{a}bcd$$

Utilisons, par exemple, la méthode de Quine pour trouver les monômes (ou constituants) premiers :

Initialement ($k = 0$), on forme un tableau à double entrée ; chacune des ses 4 lignes et de ses 4 colonnes est associée à l'un des monômes de F figurant dans l'énoncé. Puis on forme leur consensus 2 à 2 (lorsqu'il existe) et on l'ajoute s'il n'est pas contenu dans (absorbé par) un des 4 monômes de F : on en trouve deux : *abd* et *bc*.

		$k = 0$				$k = 1$		$k = 2$
		abc	$b\bar{c}d$	$c\bar{d}$	$\bar{a}b$	abd	bc	bd
$k = 0$	abc		abd	–	bc	–	–	–
	$b\bar{c}d$			–	–	–	bd	–
	$c\bar{d}$				–	abc	–	bc
	$\bar{a}b$					bd	–	–
$k = 1$	abd						–	–
	bc							–
$k = 2$	bd							

N.B. : toutes les cases de la diagonale sont hachurées car un monôme ne peut pas former un consensus avec lui-même ; on hachure aussi les cases qui correspondraient à une répétition : si l'on a déjà formé le consensus de *abc* et de $b\bar{c}d$, il est inutile de former celui de … $b\bar{c}d$ et *abc*.

Puis ($k = 1$) on associe une ligne et une colonne à chaque consensus retenu (ici : *abd* et *bc*) et l'on recommence : on trouve un seul consensus à retenir : *bd*. Finalement ($k = 2$) on crée une ligne et une colonne associées à *bd* ; on forme les consensus comme ci-dessus : on trouve *bc*, mais qui a déjà été obtenu : FIN.

On supprime ensuite les monômes absorbés par un autre : ainsi *abc* est absorbé par *bc* ; $b\bar{c}d$, par *bd* ; *abd*, par *bd*. Les monômes restants sont les monômes premiers de F :

$$F = \bar{a}b + bc + bd + c\bar{d}.$$

Ensuite formons un tableau dont les lignes sont associées aux monômes premiers et les colonnes, aux minterms. Ceci pour reconnaître quels sont les minterms couverts (absorbés) par les monômes premiers.

	$abcd$	$abc\bar{d}$	$ab\bar{c}d$	$\bar{a}b\bar{c}d$	$a\bar{b}c\bar{d}$	$\bar{a}bc\bar{d}$	$\bar{a}\bar{b}c\bar{d}$	$\bar{a}bcd$	$\bar{a}b\bar{c}\bar{d}$
$\bar{a}b$				●		●		●	⊙
bc	●	●				●		●	
bd	●		⊙	●				●	
$c\bar{d}$		●			⊙	●	⊙		

Nous reconnaissons tout de suite les monômes premiers « *essentiels* » : $\bar{a}b, bd$ et $c\bar{d}$, car chacun d'eux couvre un minterm (au moins) qui n'est couvert par aucun autre monôme premier (cf les points gras cerclés dans le tableau ci-dessus). En revanche, le monôme premier bc est redondant car il est le consensus des monômes premiers essentiels : bd et $c\bar{d}$.

La forme minimale de F est (unique ici) :

$$\boxed{F = a\bar{b} + bd + c\bar{d}.}$$

2) Il est absolument inutile de recommencer les calculs pour G. En effet, dans la forme canonique de G, seul le minterm $\bar{a}b\overline{cd}$ (le dernier du tableau précédent) aura disparu. En conséquence, $\bar{a}b$ ne sera plus un monôme premier. Or bc, qui reste monôme premier pour G, continuera à être couvert par $bd + c\bar{d}$, d'où la forme minimale (à nouveau unique) :

$$\boxed{G = bd + c\bar{d}.}$$

1.5 1) On commence par substituer à toute variable x_i ayant un coefficient négatif dans l'une des inégalités et dans la fraction économique, $1-\overline{x_i}$:

$$
\begin{aligned}
&2x_1 + 3x_2 + x_3 + \overline{x_4} \leq 5\\
&3x_1 + 2\overline{x_2} + 2x_3 + x_4 \leq 7\\
&x_1 + x_2 + x_3 + x_4 \leq 3\\
&2x_1 + 4\overline{x_2} + x_3 + 3x_4 - 4 = F[\text{MAX}]
\end{aligned}
$$

2) Rangeons les coefficients de la fonction de la fraction économique dans l'ordre décroissant de leur contribution à la valeur de :

$F = 4\overline{x_2} + 3x_4 + 2x_1 + x_3 - 4$ (d'où $F \leq 6 = 4 + 3 + 2 + 1 - 4$).
Posons : $4\overline{x_2} + 3x_4 + 2x_1 + x_3 = F'$

c'est cet ordre que nous allons tenter de donner aux variables de valeur 1.

Ci-dessous nous présentons les calculs à l'aide d'une arborescence (ce qui est équivalent au calcul en tableau de la page 33).

Première phase : obtention d'une « bonne » solution admissible

a. $\overline{x_2}$ ayant le plus grand coefficient dans *F*, on a intérêt semble-t-il, à prendre $\overline{x_2} = 1$ (et donc $x_2 = 0$) si c'est possible (c'est-à-dire si les contraintes sont respectées). Les contraintes deviennent :

$$
\begin{aligned}
2x_1 + x_3 + \overline{x_4} &\leq 5 \\
3x_1 + 2x_3 + x_4 &\leq 5 \\
x_1 + x_3 + x_4 &\leq 3
\end{aligned}
$$

et F' :

$$3x_4 + 2x_1 + x = F'$$

On remarque que dans chaque contrainte ci-dessus, le coefficient de toute variable est inférieur au second membre : le choix de $\overline{x_2} = 1$ n'a pas d'implication sur les valeurs des autres variables. (Si l'on avait : $2x_1 + 7x_3 + \overline{x_4} \leq 5$ puisque 7 > 5, une implication serait $x_3 = 0$; mais ce n'est pas le cas ici.)

b. x_4 ayant le second plus grand coefficient dans F : 3, on prend $x_4 = 1$. Les contraintes deviennent :

$$
\begin{aligned}
2x_1 + x_3 &\leq 5 \\
3x_1 + 2x_3 &\leq 4 \\
x_1 + x_3 &\leq 2
\end{aligned}
$$

et F' :

$$2x_1 + x_3 + 3 = F'.$$

À nouveau on n'a pas d'implication.

c. x_1 ayant alors le plus grand coefficient dans *F*, on prend $x_1 = 1$. Les contraintes deviennent :

$$
\begin{aligned}
x_3 &\leq 3 \\
2x_3 &\leq 1 \\
x_3 &\leq 2
\end{aligned}
$$

et F :

$$x_3 + 5 = F'$$

La seconde contrainte implique : $x_3 = 0$.

Finalement on a obtenu la solution $x_4 = x_1 = 1, \quad x_2 = x_3 = 0$ de valeur $F = 5$. Mais nous ne savons pas, pour l'instant, si cette solution est optimale ou non.

Deuxième phase : recherche de la solution optimale

On va remettre en cause les choix effectués, en partant du dernier, puis de l'avant dernier, etc.

c'. Si on prend $x_1 = 0$ (en gardant $\overline{x_2} = x_4 = 1$), les contraintes deviennent :

$$\begin{aligned} &x_3 \leq 5 \\ &2x_3 \leq 4 \\ &x_3 \leq 3 \end{aligned}$$

et F' :

$$x_3 + 3 = F'$$

Manifestement $F' \leq 4$ (au mieux ; si $x_3 = 1$) alors qu'on connaît une solution de valeur $F' = 5$: il n'existe pas de meilleure solution avec $x_1 = 0$. On va remonter alors à la mise en cause du choix précédent.

b'. Si on prend $x_4 = 0$ (en gardant $\overline{x_2} = 1$), les contraintes deviennent :

$$\begin{aligned} &2x_1 + x_3 \leq 4 \\ &3x_1 + 2x_3 \leq 5 \\ &x_1 + x_3 \leq 3 \end{aligned}$$

et F' :

$$2x_1 + x_3 = F'$$

Manifestement $F' \leq 3$. On va alors alors remonter alors à la mise en cause du premier choix.

a'. Si on prend $\overline{x_2} = 0$ (c'est-à-dire $x_2 = 1$) :

$$\begin{aligned} &2x_1 + x_3 + \overline{x_4} \leq 1 \\ &3x_1 + 2x_3 + x_4 \leq 7 \\ &x_1 + x_3 + x_4 \leq 2 \end{aligned}$$

et F' :

$$2x_1 + x_3 + x_4 - 4 = F'.$$

Manifestement désormais $F' \leq 0$. La deuxième phase s'achève sans qu'on n'ait trouvé une meilleure solution que notre « bonne » solution de la phase 1, qui s'avère ici être optimale :

$$F'^{*} = 5, \quad x_1 = x_4 = 1, \quad x_2 = x_4 = 0$$

En revenant à $F = F' - 4$, on obtient la valeur optimale $F^* = 1$.

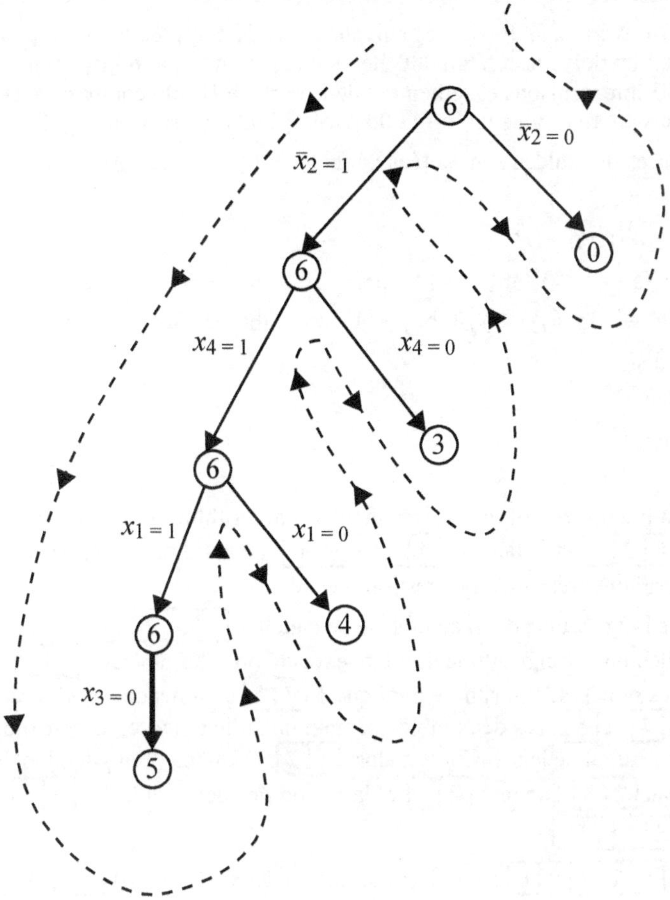

NB : la gestion de cette arborescence peut s'effectuer à l'aide d'une pile.

SOLUTIONS DES EXERCICES DU CHAPITRE 2

2.1 1) On effectue $n - 1$ comparaisons lors de la 1ère phase, $n - 2$ comparaisons lors de la 2ème, ..., 1 comparaison lors de la $(n - 1)$ème phase.

La complexité est : $(n - 1) + (n - 2) + \cdots, + 1 = n(n - 1)/2$, soit en $O(n^2)$.

Le lecteur trouvera dans l'exercice suivant un tri de complexité moindre, en O(n log n). Supposons que l'on doive trier $n = 1\,000$ éléments : par un tri par transpositions on effectuera plus de 500 000 comparaisons et seulement de l'ordre de 10 000 comparaisons pour un tri en O(n log n) (nous approximons ici log 1 000 par log 1 024, c'est-à-dire $\log 2^{10} = 10$).

2) Les n cases du tableau sont notées : Tab(1), Tab(2), ..., Tab(n).

```
pour i = 1 à n − 1
  pour j = 1 à n − i
     si Tab(j) > Tab(j + 1) alors
     élt ← Tab(j + 1) ; Tab(j + 1) ← Tab(j) ; Tab(j) ← élt ;
     fin si
  fin pour
fin pour
```

2.2 1) Le nombre d'éléments du tableau étant 9, l'algorithme commence par trier d'une part le tableau [7|5|2|8] et le tableau [4|1|3|9|6] avant de fusionner ces deux tableaux en utilisant l'algorithme présenté à la question précédente.

Appliquons l'algorithme de tri au tableau de gauche : [7|5|2|8]. Ce tableau comportant plus de deux éléments, l'algorithme doit être exécuté pour les tableaux [7|5] et [2|8] avant qu'ils soient fusionnés. L'algorithme appliqué à [7|5] commence par séparer ce tableau en deux tableaux [7] et [5]. Ces deux tableaux étant de taille unitaire, ils constituent chacun un tableau trié ; le résultat de leur fusion est alors [5|7]. De même, l'application de l'algorithme de tri au tableau [2|8] donnera [2|8] et la fusion des deux tableaux [5|7] et [2|8] aura pour résultat [2|5|7|8].

Le tableau [4|1|3|9|6] est d'abord scindé en deux tableaux : [4|1] et [3|9|6]. Pour le tableau [4|1], après une nouvelle séparation et une fusion, le tableau résultat est [1|4]. Le tableau [3|9|6] est lui séparé en [3] et [9|6]. L'algorithme de tri est appliqué à ce dernier tableau de deux éléments et le tableau résultant est [6|9] ; sa fusion avec [3] donne [3|9|6], qui lui même fusionné avec [1|4] fournit le tableau [1|3|4|6|9].

Finalement, la fusion des deux tableaux [2|5|7|8] et [1|3|4|6|9] donne comme résultat [1|2|3|4|5|6|7|8|9].

2) Montrons qu'après k passages dans la boucle de l'instruction 2, les k premiers éléments du tableau T ont été correctement insérés. Notons premièrement qu'à chacun des passages un et un seul élément est inséré dans le tableau. Soit a le dernier élément inséré et supposons qu'à cette étape $T1(i_1) \leq T2(i_2)$ (le raisonnement est évidemment identique dans le cas

contraire), $T1(i_1)$ est donc inséré en position k de T : si a est un élément de $T1$, c'est-à-dire $a = T1(i_1 - 1)$, puisque $T1$ est trié, on a $a \leqslant T1(i_1)$; si a est un élément de $T2$ c'est-à-dire l'élément $T2(i_2 - 1)$, à l'étape précédente on avait $T1(i_1) > T2(i_2 - 1) = a$, ainsi l'élément $T1(i_1)$ est donc bien correctement inséré dans T. La boucle de l'instruction 2 se termine lorsque tous les éléments de l'un des deux tableaux (mais pas des deux) ont été insérés. Supposons que ce soit l'ensemble des éléments de $T2$ qui soit dans T avant que tous les éléments de $T1$ soient insérés (ici aussi, l'autre cas est analogue). Le premier élément non encore inséré de $T1$ a une valeur supérieure au dernier élément de $T2$, sinon il aurait été inséré avant celui-ci. T est donc trié, et contient tous les éléments de $T1$ et $T2$.

L'insertion d'un élément dans T demande un nombre constant d'opérations élémentaires, que se soit dans le corps dans la boucle de l'instruction 2 ou dans l'instruction de la ligne 6, n éléments sont insérés, la complexité est donc $O(n)$ que se soit dans le pire des cas, dans le meilleur des cas ou dans le cas moyen.

3) Supposons dans un premier temps que n, la taille du tableau, soit de la forme $n = 2^k$, k étant un entier. Dans ce cas, à chaque étape, un tableau est séparé en deux tableaux de tailles égales. Ainsi, au premier niveau, le tableau est séparé en 2 tableaux de taille 2^{k-1}, au deuxième niveau, il y aura $2^2 = 4$ tableaux de taille 2^{k-2}, et ainsi de suite jusqu'au moment où chaque tableau est de taille 1 et n'est donc plus séparé. À ce stade nous sommes arrivés au niveau $k = \log_2 n$ de séparation et il y a n tableaux.

À tout niveau b il y a donc 2^b tableaux de taille 2^{k-b} ; nous avons vu que la fusion de deux tableaux de taille $\frac{t}{2}$ nécessitait $O(t)$ opérations ; à chaque niveau, les opérations de fusion nécessitent donc $O(2^b 2^{k-b}) = O(2^k)$. Puisque il y a k niveaux, l'ensemble des opérations de fusion nécessite $O(k2^k) = O(n \log n)$ opérations élémentaires. Le nombre d'opérations nécessaires à la séparation du tableau est $O(n)$ puisque la séparation s'arrête quand chaque tableau est de taille unitaire. Le nombre d'opérations pour l'ensemble de l'algorithme est donc $O(n \log n) + O(n) = O(n \log n)$.

Lorsque n n'est pas de la forme $n = 2^k$, soit k l'entier tel que $2^{k-1} < n < 2^k$. Le nombre d'opérations exécutées par l'algorithme est moindre que celui nécessaire pour un tableau de taille 2^k. La complexité de l'algorithme est donc $O(n \log n)$.

SOLUTIONS DES EXERCICES DU CHAPITRE 3

3.1 1) $\Gamma^+(A) = \{F, C\}; \Gamma^+(B) = \{A, B, C, D\}; \Gamma^-(A) = \{B, F\}; \Gamma^-(B) = \{B\}$

2) $d_A^- = 2; d_B^- = 1; d_C^- = 3; d_D^- = 2; d_E^- = 2; d_F^- = 2$

$d_A^+ = 2; d_B^+ = 4; d_C^+ = 1; d_D^+ = 3; d_E^+ = 0; d_F^+ = 2;$

E est une "*sortie*" car le sommet E n'a pas de successeur : $d_E^+ = 0$ car $\Gamma^+_{(E)} = \varnothing$.

Si l'on supprime la boucle (B, B), alors B devient une *entrée*.

NB : la somme des demi-degrés intérieurs (resp. extérieurs) de tous les sommets est égale au nombre d'arcs : en effet cette somme revient à compter les arcs par leur extrémité initiale (resp. terminale), ici $m = 12$.

3) (B, D, C, D, E) est un chemin simple : aucun de ses arcs n'est emprunté plusieurs fois ; mais ce chemin n'est pas élémentaire : il passe deux fois par D.

4) Puisque le graphe comporte une sortie, le sommet E qui est sans successeur, aucun circuit ne peut passer par E ; en particulier, pas un circuit hamiltonien.

Si G comporte un chemin hamiltonien, celui-ci doit partir de l'entrée B (supprimer la boucle) pour arriver à la sortie E. On trouve alors facilement le chemin hamiltonien (B, A, C, D, F, E).

5) G comportant une sortie, il n'est pas fortement connexe : depuis E il n'existe pas de chemin vers les autres sommets. Mais l'ajout de l'arc (E, B) le rendrait fortement connexe.

6) B est nécessairement la racine des arborescences cherchées. En voici deux :

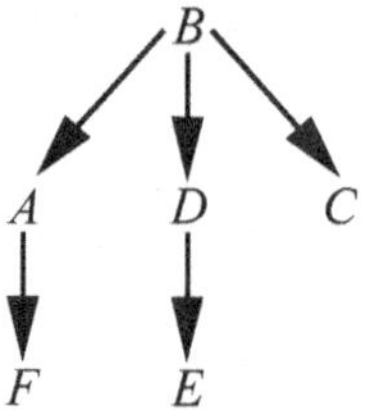

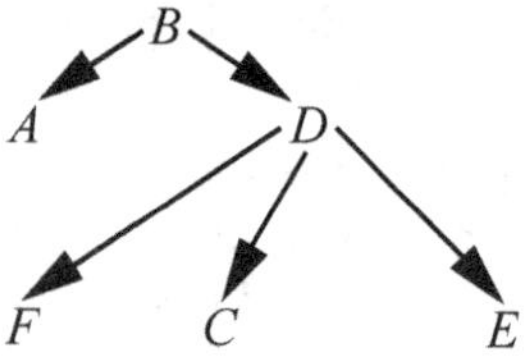

Une troisième arborescence (particulière, car sans ramification) est le chemin hamiltonien du 4.

3.2 On cherche un parcours (non orienté) passant par tous les points une fois et une seule.

En termes de graphes : une chaîne (ou un cycle) eulérienne.

Supposons le problème possible avec le point (sommet) de départ d différent du point (sommet) d'arrivée a. Dans le diagramme les degrés de d et de a seraient alors impairs ; les autres sommets étant des points de passage, leur degré serait pair. Si d et a étaient confondus, tous les sommets du diagramme auraient un degré pair. Bref le problème est possible si ce diagramme comporte au plus 2 sommets de degré impair. Or dans le diagramme des 7 ponts, les 4 sommets ont un degré impair ($d_A = d_C = d_D = 3$ et $d_B = 5$) : le problème est impossible. Avec un huitième pont ajouté entre A et D, le problème est possible en partant de B et en finissant en C (ou l'inverse).

3.3 1) Toute arête a deux extrémités : si l'on somme tous les degrés des sommets on compte chaque arête deux fois ; cette somme vaut donc 2m (rappel : m désigne le nombre d'arêtes du graphe)

2) Supposons, par l'absurde, qu'il existe un graphe comportant un seul sommet (noté x_1) de degré impair (noté d_1), tandis que les degrés des autres sommets sont pairs : $d_2 + d_3, ..., d_n$. On vient de montrer que : $d_1 + (d_2 + d_3 + ... + d_n)$ est pair car égal à 2m ; or $(d_2 + d_3 + ... + d_n)$ étant une somme de nombres tous pairs est paire ; par suite, la somme $d_1 + (d_2 + d_3 + ... + d_n)$ est impaire, ce qui contredit le résultat du 1) : « $d_1 + d_2 + ... + d_n$ » est pair. Il est donc impossible d'avoir un seul sommet de degré impair.

Plus généralement, on peut montrer que, pour tout graphe, le nombre de sommets de degré impair, est pair.

3.4 On a tracé le graphe non orienté associé à la matrice :

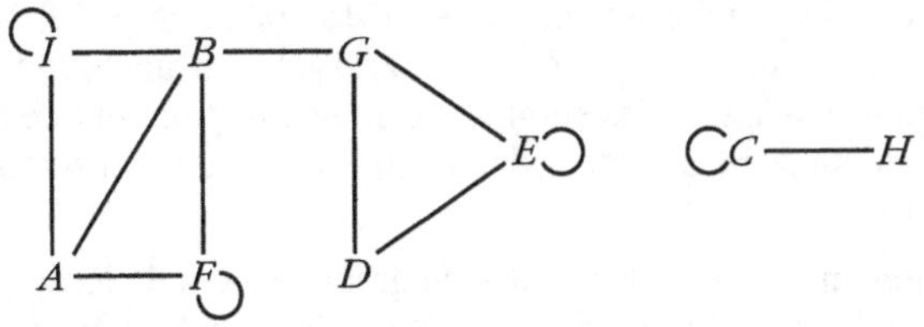

Figure 3.7

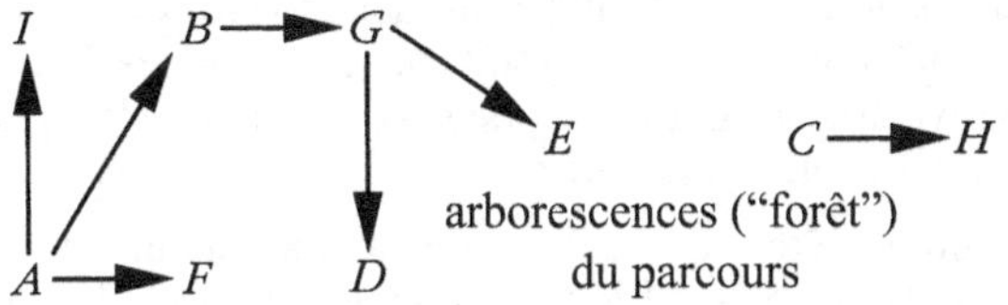

Figure 3.8

1) En nommant $A, B, \cdots, I$ les sommets suivant l'ordre des lignes et colonnes de la matrice, la figure 3.7 suivante correspond à un tracé du graphe. La suite des opérations suivantes correspond à un parcours possible de ce graphe : A est ouvert, B est ouvert à partir de A, F est ouvert à partir de A, F est fermé, G est ouvert à partir de B, I est ouvert à partir de A, D est ouvert à partir de G, E est ouvert à partir de G, C est ouvert, H est ouvert à partir de C. L'ordre de Prévisite est alors $(A, B, F, G, I, D, E, C, H)$. La forêt correspondant à ce parcours est représentée par la figure 3.2. Cette forêt comprenant deux arborescences, le nombre de composantes connexes du graphe est donc deux.

2) Pour déterminer les sommets d'articulation, nous effectuons un parcours en profondeur du graphe, et calculons les valeurs *prévisite* et *hauteur* pour chacun des sommets de la manière décrite dans la partie dédiée à ce problème.

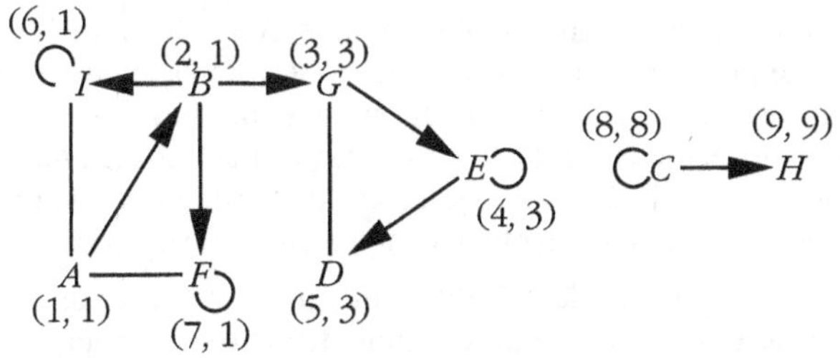

Figure 3.9

En initialisant le parcours par l'ouverture du sommet A, nous aboutissons aux numérotations de la figure 3.9. Les racines A et C de la forêt que nous avons obtenue ont un unique successeur dans leur arborescence et ne sont donc pas par conséquent des sommets d'articulation. Le sommet B, qui a pour ordre de prévisite 2, a pour successeur le sommet G pour lequel la hauteur calculée est 3; or $3 \geqslant 2$ donc B est un sommet d'articulation. G est aussi un sommet d'articulation puisque son successeur E dans l'arborescence a une hauteur 3 égale à la valeur de prévisite de G. Les autres sommets du graphe ne sont pas des sommets d'articulation puisque tous leurs successeurs dans l'arborescence ont des hauteurs inférieures au rang du sommet dans la liste de prévisite.

3.5 1) Supposons que le graphe ait un cycle de longueur impaire. Nous pouvons noter $[x_1, x_2, \cdots, x_{2n+1}, x_1]$ ce cycle. Si $x_1 \in X$ alors $x_2 \in Y$ puisqu'une arête relie x_1 et x_2. Alors $x_3 \in X$, et ainsi de suite. Donc tous les sommets d'indice impair sont des élément de X. Mais $\{x_1, x_{2n+1}\}$ est une arête du cycle ayant ses deux extrémités dans l'ensemble X, donc le graphe ne peut pas être biparti.

Supposons maintenant que tous les cycles du graphe soient de longueur paire. Effectuons un parcours de ce graphe en colorant les sommets de la manière suivante : le sommet initialisant le parcours est coloré en bleu. À chaque fois qu'un sommet est ouvert, il est coloré en bleu si le sommet ayant permis son ouverture est coloré en rouge, et réciproquement le sommet est coloré en rouge si le sommet ayant permis son ouverture est coloré en bleu. Ainsi à la fin du parcours chaque sommet est soit bleu soit rouge. Les arêtes du graphe correspondant à un arc de la forêt relative au parcours ont leurs deux extrémités de couleurs différentes étant donné la manière dont les sommets ont été colorés.

Considérons les autres arêtes $[x, y]$: il y a une chaîne reliant x et y dans la forêt relative au parcours. L'ajout de l'arête $[x, y]$ à cette chaîne correspond à un cycle, de longueur paire par hypothèse. La chaîne reliant x et y dans la forêt a donc un nombre impair d'arêtes. Cette chaîne appartenant à la forêt, ses sommets sont colorés alternativement en bleu et rouge, les deux sommets extrémités de cette chaîne ont donc des couleurs différentes. Donc pour toute arête du graphe, l'une de ses extrémités est rouge et l'autre est bleue. En partitionnant l'ensemble des sommets suivant leur couleur, nous vérifions alors que le graphe est biparti.

2) Nous venons de voir dans la démonstration précédente comment un parcours permet de colorer avec deux couleurs les sommets d'un graphe biparti. Pour vérifier qu'un graphe est biparti, il suffit donc d'effectuer un parcours et de vérifier que chaque arête a ses deux extrémités de couleurs différentes.

3.6 1) Si (y, x) est un arc arrière, en ajoutant cet arc au chemin allant de x à y dans l'arborescence du parcours nous obtenons un circuit dans le graphe donné.

Réciproquement, considérons un circuit du graphe. Soit x le premier sommet visité de ce circuit dans l'ordre de prévisite et y le prédécesseur de x dans ce circuit. Le sommet y étant aussi un descendant de x il y a nécessairement un chemin de x à y dans l'arborescence du fait que le parcours s'effectue en profondeur (cette propriété a été montrée dans le cas des graphes non orientés, il est laissé le soin au lecteur de vérifier que la démonstration donnée est encore valide pour les graphes orientés), et de ce fait (y, x) est un arc arrière.

2) Nous avons vu que la complexité d'un parcours en profondeur est $O(\max(m, n))$. La détection d'un arc arrière (y, x) peut se faire simultanément au parcours sans ajouter d'opération supplémentaire. Il suffit lors de la visite du sommet y, au cours de l'examen du sommet x (successeur de y) de vérifier que x est ouvert.

3) (*E*, *G*) et (*F*, *A*) sont des arcs-*arrière* : ils ferment respectivement les circuits (*E*, *G*, *C*, *D*, *E*) et (*F*, *A*, *B*, *F*).

3.7 Voici le parcours en profondeur du graphe de l'application, depuis *A*, puis dans une seconde phase depuis *E*, donné par les 2 arborescences (ou « forêt ») et aussi par les différents états de la pile associée à ce parcours :

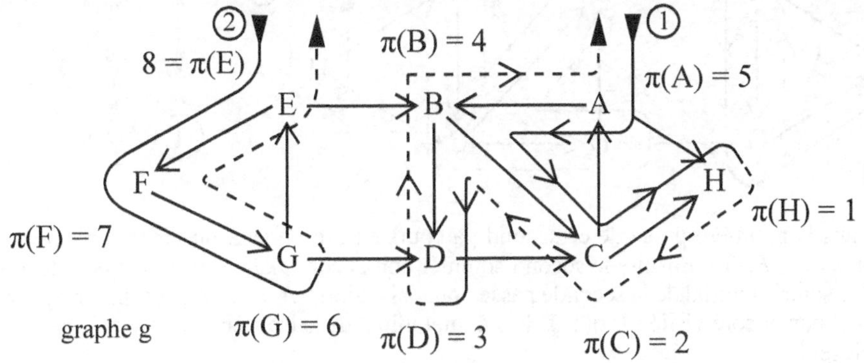

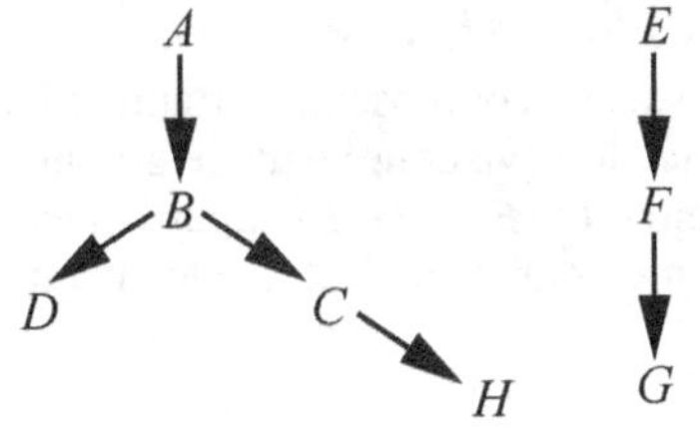

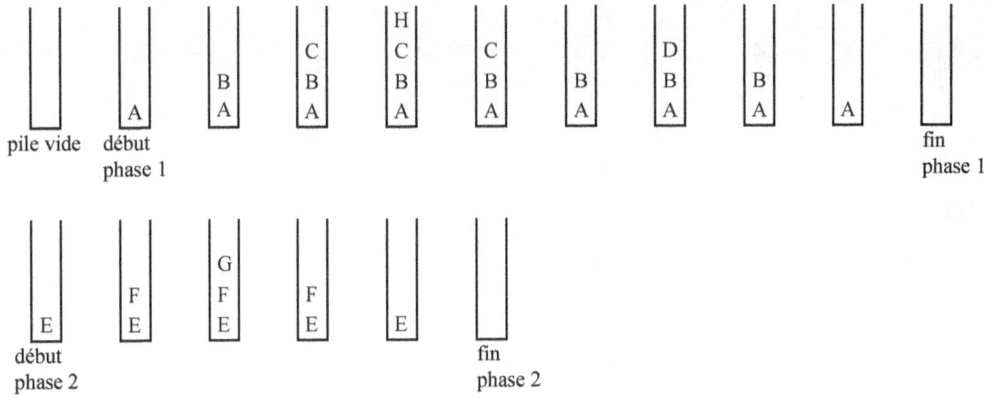

NB Ici (*G*, *E*) et (*C*, *A*) sont des arcs-arrières : ils ferment les circuits (*G*, *E*, *F*, *G*) et (*C*, *A*, *B*, *C*).

(*A*, *H*) est un arc-avant. (*D*, *C*), (*E*, *B*) et (*G*, *D*) sont des arcs-transverses.

Voici maintenant g^t, le graphe-miroir de g et la forêt constituée de 3 arborescences de son parcours en profondeur ; le sommet initial est celui de plus fort rang dans le premier parcours en profondeur : c'est E puisque $\pi(E) = 8$.

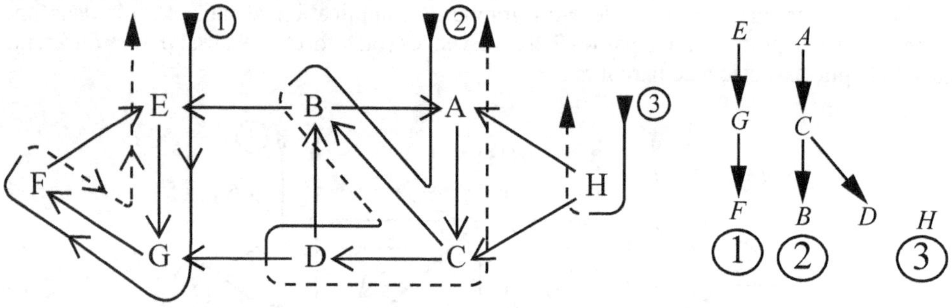

Dans la première passe de ce second parcours en profondeur, on visite seulement les 3 sommets $\{E, F, G\}$. Ensuite le second sommet non encore visité est A puisque $\pi(A) = 5$: A est le sommet initial de la seconde passe ; on visite alors $\{A, B, C, D\}$. Enfin il reste un seul sommet non encore visité : H qui est le sommet initial de la troisième passe... et final puisque il était seul.

Le graphe initial comporte donc 3 composantes fortement connexes :

$K_1 = \{E, F, G\}$, $K_2 = \{A, B, C, D\}$, $K_3 = \{H\}$

Le sommet H est le seul dans sa composante fortement connexe car H est une sortie du graphe initial. À titre de vérification (visuelle) dans le graphe initial : les trois sommets E, F et G appartenant à un même circuit : (E, F, G, E) appartiennent à la même composante fortement connexe; il en va de même pour A, B, C et D avec le circuit (A, B, D, C, A).

SOLUTIONS DES EXERCICES DU CHAPITRE 4

4.1 1) Chaque phase k fait intervenir le sous-ensemble de variables $x_1, \cdots, x_k$, la phase n fait donc intervenir l'ensemble des variables du problème. Les valeurs $z_k(d)$ correspondent aux problèmes pour lesquels le second membre de l'inégalité a pour valeur d : ainsi pour $d = b$ et $k = n$, nous retrouvons le problème initial, donc $z(b) = z_k(b)$.

2) Les problèmes de la phase $k = 1$ sont de la forme : $z_1(d) = \max c_1x_1$ avec $a_1x_1 \leqslant d$ où c_1 est positif et où d est un paramètre entier variant de 0 à b. Lorsque $a_1 > d$, la seule valeur possible de la variable x_1 est $x_1 = 0$ et alors $z_1(d) = 0$; inversement, lorsque $a_1 \leqslant d$, les deux valeurs 0 ou 1 sont possibles pour x_1, donc c_1x_1 est maximal lorsque $x_1 = 1$ et a pour valeur $z_1(d) = c_1$.

3) À la phase k, si $x_k = 1$, on a $\sum_{i=1}^{k} a_i x_i = \sum_{i=1}^{k-1} a_i x_i + a_k \leqslant d$. Les coefficients a_1 ainsi que les variables x_i étant positifs, on a bien $a_k \leqslant d$. Nous avonc donc d'une part $\sum_{i=1}^{k-1} a_i x_i \leqslant d - a_k$, et d'autre part $\max \sum_{i=1}^{k} c_i x_i = \max \left(\sum_{i=1}^{k-1} c_i x_i \right) + c_k$. La valeur de x_k étant fixée, les variables sont $x_1, \cdots, x_{k-1}$, ce qui correspond à résoudre les problèmes (paramétrés par d) :

$$\max \sum_{i=1}^{k-1} c_i\, x_i = z_{k-1}(d - a_k);$$

ainsi nous avons bien : $z_k(d) = z_{k-1}(d - a_k) + c_k$.

4) Durant la phase k, si $x_k = 0$, on a : $\sum_{i=1}^{k} a_i x_i = \sum_{i=1}^{k-1} a_i x_i \leqslant d$ et d'autre part :

$$\max \sum_{i=1}^{k} c_i x_i = \max \sum_{i=1}^{k-1} c_i x_i.$$

Les variables étant $x_1, \cdots, x_{k-1}$, les problèmes (paramétrés par d) à résoudre sont : $\max \sum_{i=1}^{k-1} c_i x_i = z_{k-1}(d)$ et nous obtenons $z_k(d) = z_{k-1}(d)$.

5) Lorsque $a_k > d$, nécessairement $x_k = 0$ et, ainsi que nous venons de le voir dans la question précédente, $z_k(d) = z_{k-1}(d)$; si $a_k \leqslant d$, x_k peut a priori prendre l'une des deux valeurs 0 ou 1 ; si $x_k = 0$, alors comme nous venons de le voir, $z_k(d) = z_{k-1}(d)$; dans le cas contraire, lorsque $x_k = 1$, nous avons vu que : $z_k(d) = c_k + z_{k-1}(d - a_k)$; en comparant ces deux possibilités, il vient : $z_k(d) = \max(z_{k-1}(d), c_k + z_{k-1}(d - a_k))$.

6) Nous devons déterminer $z_4(7)$.

Commençons par effectuer la phase k = 1, c'est-à-dire calculer $z_1(0), z_1(1), \cdots, z_1(7)$; $a_1 = 2$, nous obtenons alors $z_1(0) = z_1(1) = 0$ avec $x_1 = 0$ et $z_1(2), \cdots, z_1(7) = 16$ avec $x_1 = 1$.

Effectuons la phase k = 2 : puisque $a_2 = 3$, nous obtenons $z_2(0) = z_1(0) = 0$, $z_2(1) = z_1(1) = 0$, et $z_2(2) = z_1(2) = 16$ avec $x_2 = 0$; calculons $z_2(3)$, nous avons :

$z_2(3) = \max(z_1(3), 19 + z_1(3-3=0)) = \max(16, 19) = 19$, ce maximum étant obtenu pour $x_2 = 1$; de la même manière, nous obtenons :

$z_2(4) = \max(z_1(4), 19 + z_1(1)) = \max(16, 19) = 19$, avec $x_2 = 1$;

$z_2(5) = \max(z_1(5), 19 + z_1(2)) = \max(16, 19 + 16) = 35$, ce maximum étant obtenu avec $x_1 = x_2 = 1$;

de même nous obtenons :

$z_2(6) = \max(z_1(6), 19 + z_1(3)) = \max(16, 35) = 35$ et

$z_2(7) = \max(z_1(7), 19 + z_1(4)) = \max(16, 35) = 35$, obtenu avec $x_1 = x_2 = 1$.

Effectuons maintenant la phase k = 3 :

Puisque $a_3 = 4$, nous obtenons $z_3(0) = z_2(0) = 0$, $z_3(1) = z_2(1) = 0$, $z_3(2) = z_2(2) = 16$, et $z_3(3) = z_2(3) = 19$ avec $x_3 = 0$; nous avons :

$z_3(4) = \max(z_2(4), 23 + z_2(0)) = \max(19, 23) = 23$, obtenu avec $x_3 = 1$;

$z_3(5) = \max(z_2(5), 23 + z_2(1)) = \max(35, 23) = 35$, obtenu avec $x_3 = 0$;

$z_3(6) = \max(z_2(6), 23 + z_2(2)) = \max(35, 23 + 16) = 39$, obtenu pour $x_3 = 1$;

$z_3(7) = \max(z_2(7), 23 + z_2(3)) = \max(35, 23 + 19) = 42$, obtenu pour $x_3 = 1$;

Pour finir, la phase k = 4 consistera uniquement au calcul de $z_4(7) = z(7)$, la solution du problèmew nous obtenons, puisque $a_4 = 5 \leqslant 7$:

$$z_4(7) = \max(z_3(7), 28 + z_3(2)) = \max(42, 28 + 16) = 44,$$

et cette solution est obtenue avec $x_4 = 1$, $x_3 = 0$ venant du calcul de $z_3(2) = 16$, $x_2 = 0$ car pour le calcul de $z_2(2)$ nous avions $z_2(2) = z_1(2)$, et $x_1 = 1$ venant du calcul $z_1(2) = 16$.

Le tableau et le graphe de décisions suivants résument l'ensemble des calculs (on y ajoute les z_4(d) pour d < 7) :

$z_k(d)$	$k = 1$	$k = 2$	$k = 3$	$k = 4$
$d = 0$	0	0	0	0
$d = 1$	0	0	0	0
$d = 2$	16	16	16	16
$d = 3$	16	19	19	19
$d = 4$	16	19	23	23
$d = 5$	16	35	35	35
$d = 6$	16	35	39	39
$d = 7$	16	35	42	**44**

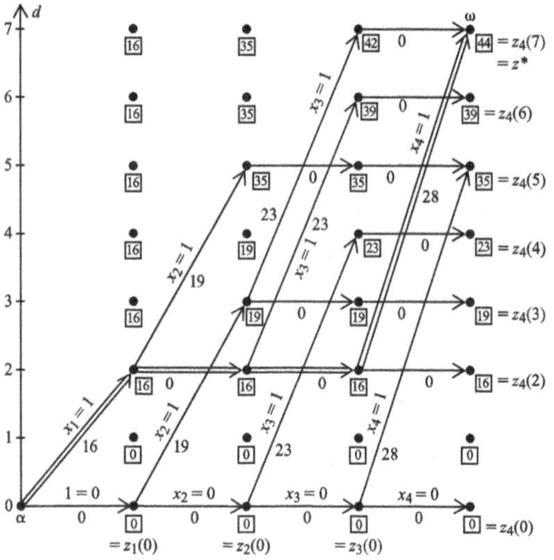

En résumé, l'optimum est : $x_1 = 1$, $x_2 = x_3 = 0$, $x_4 = 1$ et $z^* = 44$. Le lecteur se convaincra aisément que résoudre ce problème est équivalent à chercher un chemin de valeur maximale du sommet α au sommet ω dans le « graphe de décisions » ci-dessus (il est formé des arcs figurés par un trait double). L'alpiniste emportera donc seulement les aliments 1 et 4.

4.2 1) Chaque caractère d'une séquence de longueur n peut être soit conservé soit supprimé pour former une sous-séquence. Il y a donc 2^n sous-séquences possibles.

Tester si deux séquences de longueur x sont identiques peut se faire avec un algorithme de complexité, dans le pire des cas, $O(x)$. Ainsi un algorithme consistant à énumérer les 2^n sous-séquences de A et les 2^m sous-séquences B et à les comparer deux à deux serait de complexité $O(\min(m,n) \,.\, 2^{n+m})$, prohibitive : **ne pas énumérer dans le combinatoire !**

2) Si z_k, la dernière lettre de la plus longue sous-séquence commune Z, n'était pas $a_i = b_j$, on pourrait ajouter z_i après z_k dans Z et on obtiendrait une sous-séquence commune Za_i plus longue que Z, ce qui est contradictoire. Donc $z_k = a_i = b_j$ et $z_1 \cdots z_{k-1}$ est une sous-séquence commune à A_{i-1} et B_{j-1}. Elle est de longueur maximale car s'il existait S une sous-séquence commune à A_{i-1} et B_{j-1} de longueur supérieure, la séquence Sa_i serait une sous-séquence commune *à* A_i et B_j de longueur supérieure à Z qui est de longueur maximale : contradiction.

3) z_k, la dernière lettre de Z, ne peut pas être la dernière lettre de A_i et de B_j puisque $a_i \neq b_j$. Alors Z est une plus longue sous-séquence commune de A_{i-1} et B_j ou de A_i et B_{j-1}.

4) Si $i = 0$ ou $j = 0$ l'une des séquences A_i ou B_j est la séquence vide qui est de longueur 0 ; il est donc évident que $f(i, j) = 0$.

Lorsque $a_i = b_j$, nous avons vu en 2) que $z_1 \cdots z_{k-1}$ est une plus longue sous-séquence commune de A_{i-1} et B_{j-1}. Comme $f(i-1, j-1)$ est la longueur de $z_1 \cdots z_{k-1}$, il s'en suit que $z_1 \cdots z_{k-1}\, z_k$ est la plus longue sous-séquence commune à A_i et B_j; elle est de longueur $f(i, j) = f(i-1, j-1) + 1$.

Nous avons montré en 3) que lorsque $a_i \neq b_j$, la plus longue sous-séquence commune de A_i et B_j est une plus longue sous-séquence commune de A_{i-1} et B_j de longueur $f(i-1, j)$, ou de A_i et B_{j-1} de longueur $f(i, j-1)$. Il s'en suit donc que :

$$f(i, j) = \max\,(f(i-1, j), f(i, j-1)).$$

5) Si $a_i = b_j$, alors $T(i, j) = 1 + T(i-1, j-1)$.

Si $a_i \neq b_j$, alors $T(i, j) = \max\,(T(i-1, j), T(i, j-1))$.

6) L'algorithme suivant, de complexité $O(mn)$, permet de calculer les valeurs $T(i, j)$:

```
Pour j ← 1 à n faire T(0, j) ← 0
pour i ← 1 à m faire T(i, 0) ← 0
pour j ← 1 à n faire
    si a_i = b_j alors T(i, j) ← 1 + T(i – 1, j – 1)
    sinon T(i, j) ← max (T(i – 1, j), T(i, j – 1))
```

7) Nous obtenons le tableau suivant :

	A		*p*	*a*	*r*	*i*	*t*	*e*
B			a_1	a_2	a_3	a_4	a_5	a_6
		0	0	0	0	0	0	0
a	b_1	0	0	1	1	1	1	1
r	b_2	0	0	1	2	2	2	2
r	b_3	0	0	1	2	2	2	2
e	b_4	0	0	1	2	2	2	3
t	b_5	0	0	1	2	2	3	3

La plus longue sous-séquence commune est donc de longueur 3. C'est : *art*, comme nous le montrons dans la question suivante.

8) En partant de l'élément $T(n, m)$ du tableau, la détermination d'une sous-séquence commune de longueur maximale se fait à rebours, depuis le dernier caractère jusqu'au premier, de la manière suivante; si $a_i = b_j$ alors on conserve la lettre a_i et on se place dans la position (case) $T(i-1, j-1)$; si $a_i \neq b_j$, on se place dans la position du tableau $T(i-1, j)$ ou $T(i, j-1)$ de valeur maximale.

Ainsi dans notre exemple en partant de $T(6, 5)$ on suit la trajectoire suivante (cette trajectoire n'est pas unique) : on se positionne en $T(5, 5)$ puisque $a_6 = e \neq b_5 = t$ (on aurait aussi bien pu se positionner en $T(6, 4)$ car $T(5, 5) = T(6, 4) = 3$), ensuite $a_5 = b_5$ et le caractère *t* est conservé et l'on se positionne en $T(4, 4)$, puis en $T(3, 4)$, puis en $T(3, 3)$ où la lettre *r* est conservée; ensuite on se positionne en $T(2, 2)$ puis en $T(2, 1)$, le caractère *a* est conservé et l'on arrive en $T(0, 0)$ et l'algorithme s'arrête. La plus longue sous-séquence commune reconnue est donc : *art.*

4.3 Ce problème connu depuis l'Antiquité, jouit d'un certain regain d'actualité, car il est analogue à celui de l'étagement des fusées. Les anciens le traitaient par des méthodes arithmétiques, voire géométriques. Mais il peut constituer aussi une application de la programmation dynamique.

1) Nous remarquerons simplement que le nombre de voyages effectués par l'animal décroît de deux chaque fois que la charge disponible diminue de 100 kg. Cela peut permettre de décomposer le problème en « phases », selon qu'après $2n + 1$ voyages il reste $n \times 100$, $(n-1) \times 100$, $\cdots$, 100 kg de nourriture disponible.

- Partant du point A où 500 kg de nourriture sont disponibles, on va chercher le point B où l'on peut apporter 400 kg : pour cela la bête parcourra (500 – 400)/0,5 = 200 km constitués de 4 allers-retours entre A et B, suivis d'un aller AB ; soit au total 9 fois la distance AB ; ainsi la distance de A à B vaut : 200/9 = 22,22 km.
- Partant de B, on va chercher le point C où on peut apporter 300 kg : pour cela la bête parcourra (400 – 300)/0,5 = 200 km constitués de 3 allers-retours entre B et C, suivis d'un aller BC ; soit au total 7 fois la distance BC ; ainsi la distance de B à C vaut : 200/7 = 28,56 km.
- Puis pour constituer un stock de 200 kg en D, la bête fera 2 allers-retours ente C et D, suivis d'un aller CD ; ainsi CD = 200/5 = 40 km.

- Puis pour constituer un stock de 100 kg en E, la bête fera 1 aller-retour ente C et D, suivis d'un aller DE ; ainsi DE = 200/3 = 66,67 km.
- Finalement de E, la bête ira en un seul voyage à F, parcourant ainsi EF = 200 km. Arrivée en F, elle aura consommé tout le stock initial de nourriture, soit 500 kg.
- La distance totale entre A et F vaut 22,22 + 28,56 + 40 + 66,67 + 200 = 357,45 km.

La distance maximale : 357,45 km , est illustrée par la figure ci-dessous:

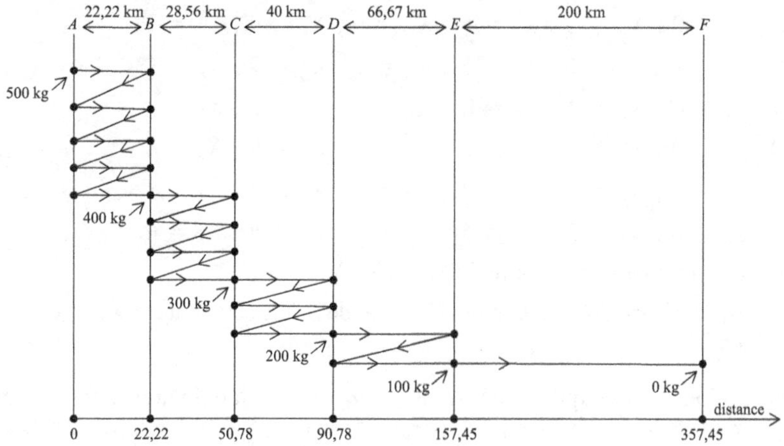

2) Une fois cette question résolue, celle de la deuxième question en découle, en effet, la route *ABCDEF* est optimale, qu'elle soit ou non tronquée avant son extrémité; comme c'est la route « économique », elle continuera d'être empruntée par l'animal.

À une distance de 90,78 km, il peut apporter au maximum 200 kg de nourriture, d'où 3 voyages de 100 – 90,78 = 9,21 km et une consommation de 13,81 kg.

À une distance de 100 km, il apportera donc une réserve de 200 $-$ 13,81 $=$ 186,19 kg au plus (point T).

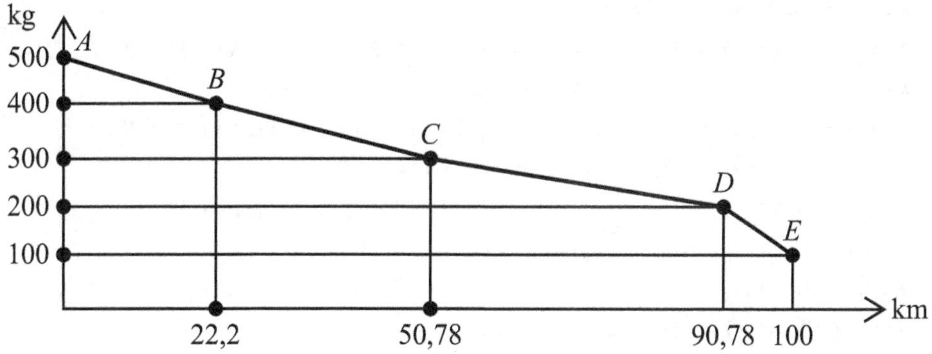

4.4 Appliquons l'algorithme de Ford :

Initialement, $\lambda_A = 0, \lambda_B = \lambda_C = \lambda_D = \lambda_E = \lambda_F = +\infty$

puis examinons tour à tour les arcs permettant de faire décroître les λ_i :

$(A,D) : \lambda_A = 0, \lambda_D = 6, \lambda_B = \lambda_C = \lambda_E = \lambda_F = +\infty$

$(A,B) : \lambda_A = 0, \lambda_B = 3, \lambda_C = +\infty, \lambda_D = 6, \lambda_E = \lambda_F = +\infty$

$(B,E) : \lambda_A = 0, \lambda_B = 3, \lambda_C = +\infty, \lambda_D = 6, \lambda_E = 9, \lambda_F = +\infty$

$(D,F) : \lambda_A = 0, \lambda_B = 3, \lambda_C = +\infty, \lambda_D = 6, \lambda_E = 9, \lambda_F = 13$

$(A,C) : \lambda_A = 0, \lambda_B = 3, \lambda_C = 8, \lambda_D = 6, \lambda_E = 9, \lambda_F = 13$

$(B,D) : \lambda_A = 0, \lambda_B = 3, \lambda_C = 8, \lambda_D = 1, \lambda_E = 9, \lambda_F = 13$

$(D,F) : \lambda_A = 0, \lambda_B = 3, \lambda_C = 8, \lambda_D = 1, \lambda_E = 9, \lambda_F = 8$

$(D,C) : \lambda_A = 0, \lambda_B = 3, \lambda_C = 3, \lambda_D = 1, \lambda_E = 9, \lambda_F = 8$

$(C,E) : \lambda_A = 0, \lambda_B = 3, \lambda_C = 3, \lambda_D = 1, \lambda_E = 4, \lambda_F = 8$

$(D,F) : \lambda_A = 0, \lambda_B = 3, \lambda_C = 3, \lambda_D = 1, \lambda_E = 4, \lambda_F = 6$

Aucun arc ne permet plus de faire décroître les λ,

(A, B, D, C, E, F) est alors un chemin minimal de A à F, son coût est $\lambda_F = 6$. C'est aussi un chemin hamiltonien.

4.5 1) Nous allons vérifier qu'il existe N, une numérotation topologique des sommets de G : $N(x_1) = 1$, $N(x_2) = 2$, $N(x_5) = 3$, $N(x_3) = 4$, $N(x_6) = 5$, $N(x_8) = 6$, $N(x_4) = 7$, $N(x_7) = 8$, $N(x_9) = 9$, $N(x_{10}) = 10$, est bien une telle numérotation (le numéro de l'origine de tout arc est inférieur au numéro de son extrémité). G est donc sans circuit. (Cf la fin du paragraphe 3. 2 du cours).

2) Initialement, $\lambda(x_1) = 0, \lambda(x_2) = \cdots = \lambda(x_{10}) = -\infty$.

Examinons tout à tour les sommets **suivant l'ordre topologique** :

$x_1 : \lambda(x_1) = 0, \lambda(x_2) = 3, \lambda(x_3) = 5, \lambda(x_4) = 4, \lambda(x_5) = \cdots = \lambda(x_{10}) = -\infty$

$x_2 : \lambda(x_1) = 0, \lambda(x_2) = 3, \lambda(x_3) = 6, \lambda(x_4) = 4, \lambda(x_5) = 11,$
$\lambda(x_6) = \cdots = \lambda(x_{10}) = -\infty$

$x_5 : \lambda(x_1) = 0, \lambda(x_2) = 3, \lambda(x_3) = 13, \lambda(x_4) = 4, \lambda(x_5) = 11, \lambda(x_6) = \lambda(x_7) = -\infty$
$\lambda(x_8) = 16, \lambda(x_9) = \lambda(x_{10}) = -\infty$

$x_3 : \lambda(x_1) = 0, \lambda(x_2) = 3, \lambda(x_3) = 13, \lambda(x_4) = 15, \lambda(x_5) = 11, \lambda(x_6) = 20,$
$\lambda(x_7) = 16, \lambda(x_8) = 16, \lambda(x_9) = \lambda(x_{10}) = -\infty$

$x_6 : \lambda(x_1) = 0, \lambda(x_2) = 3, \lambda(x_3) = 13, \lambda(x_4) = 15, \lambda(x_5) = 11, \lambda(x_6) = 20,$
$\lambda(x_7) = 16, \lambda(x_8) = 22, \lambda(x_9) = 29, \lambda(x_{10}) = -\infty$

$x_8 : \lambda(x_1) = 0, \lambda(x_2) = 3, \lambda(x_3) = 13, \lambda(x_4) = 15, \lambda(x_5) = 11, \lambda(x_6) = 20,$
$\lambda(x_7) = 16, \lambda(x_8) = 22, \lambda(x_9) = 29, \lambda(x_{10}) = 23$

$x_4 : \lambda(x_1) = 0, \lambda(x_2) = 3, \lambda(x_3) = 13, \lambda(x_4) = 15, \lambda(x_5) = 11, \lambda(x_6) = 20,$
$\lambda(x_7) = 19, \lambda(x_8) = 22, \lambda(x_9) = 29, \lambda(x_{10}) = 23$

$x_7 : \lambda(x_1) = 0, \lambda(x_2) = 3, \lambda(x_3) = 13, \lambda(x_4) = 15, \lambda(x_5) = 11, \lambda(x_6) = 20,$
$\lambda(x_7) = 19, \lambda(x_8) = 22, \lambda(x_9) = 29, \lambda(x_{10}) = 23$

$x_9 : \lambda(x_1) = 0, \lambda(x_2) = 3, \lambda(x_3) = 13, \lambda(x_4) = 15, \lambda(x_5) = 11, \lambda(x_6) = 20,$
$\lambda(x_7) = 19, \lambda(x_8) = 22, \lambda(x_9) = 29, \lambda(x_{10}) = 34$

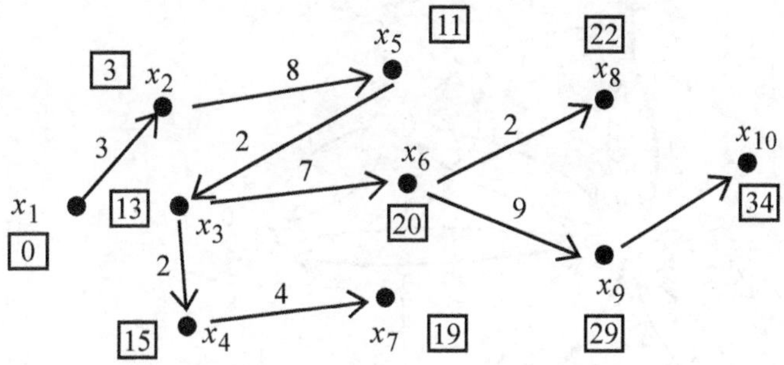

Ci-dessus : l'arborescence des chemins de valeur maximale de x_1 vers les autres sommets.

NB : Nous avons détaillé à l'extrême les calculs ; en pratique il vaut mieux les présenter en tableau.

4.6 1) Le problème du livreur consiste à trouver un plus court chemin de *A* à *H*. Chacune des arêtes du graphe d'origine est dédoublée en deux arcs d'orientations opposées qui sont valués par les durées de trajets entre les carrefours correspondants (sauf pour les arcs issus de A et ceux aboutissant en H). Le graphe obtenu est donc orienté et avec des valuations positives.

2) Appliquons l'algorithme :

Initialement, $\lambda_A = 0, \lambda_B = \lambda_C = \lambda_D = \lambda_E = \lambda_F = \lambda_G = \lambda_H = +\infty$

puis examinons tour à tour les sommets (λ_X est une valeur provisoire ; $\overline{\lambda}_x$, définitive) :

$\overline{\lambda}_A = 0 , \lambda_B = 2 , \lambda_C = +\infty , \lambda_D = 5 , \lambda_E = 7 , \lambda_F = \lambda_G = \lambda_H = +\infty$

$\overline{\lambda}_A = 0 , \overline{\lambda}_B = 2 , \lambda_C = 11 , \lambda_D = 5 , \lambda_E = 6 , \lambda_F = \lambda_G = \lambda_H = +\infty$

$\overline{\lambda}_A = 0 , \overline{\lambda}_B = 2 , \lambda_C = 11 , \overline{\lambda}_D = 5 , \lambda_E = 6 , \lambda_F = 9 , \lambda_G = \lambda_H = +\infty$

$\overline{\lambda}_A = 0 , \overline{\lambda}_B = 2 , \lambda_C = 10 , \overline{\lambda}_D = 5 , \overline{\lambda}_E = 6 , \lambda_F = 9 , \lambda_G = 10, \lambda_H = +\infty$

$\overline{\lambda}_A = 0 , \overline{\lambda}_B = 2 , \lambda_C = 10 , \overline{\lambda}_D = 5 , \overline{\lambda}_E = 6 , \overline{\lambda}_F = 9 , \lambda_G = 10, \lambda_H = 14$

$\overline{\lambda}_A = 0 , \overline{\lambda}_B = 2 , \overline{\lambda}_C = 10 , \overline{\lambda}_D = 5 , \overline{\lambda}_E = 6 , \overline{\lambda}_F = 9 , \lambda_G = 10, \lambda_H = 14$

$\overline{\lambda}_A = 0 , \overline{\lambda}_B = 2 , \overline{\lambda}_C = 10 , \overline{\lambda}_D = 5 , \overline{\lambda}_E = 6 , \overline{\lambda}_F = 9 , \overline{\lambda}_G = 10, \lambda_H = 14$

$\overline{\lambda}_A = 0 , \overline{\lambda}_B = 2 , \overline{\lambda}_C = 10 , \overline{\lambda}_D = 5 , \overline{\lambda}_E = 6 , \overline{\lambda}_F = 9 , \overline{\lambda}_G = 10, \overline{\lambda}_H = 14$

Ainsi en prenant le trajet *A, B, E, F, H* la livraison sera faite en 14 mn.

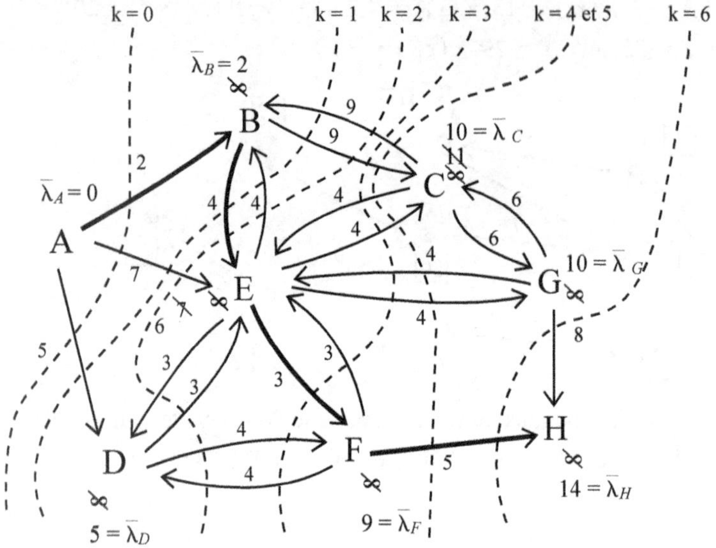

4.7 Voici le résultat final :

	1	2	3	4	5	6	7	8	9	10	11	12	13	14	15	16
1	0	5	9	4	8	7	10	12	10	16	13	17	20	15	15	18
2		0			3	2	5	7	5	11	8	12	15	10	10	13
3			0	4		1	4	19	16	10	7	19	15	9	9	12
4				0			7				14			16	12	15
5					0			4	2	9		9	12	10		14
6						0	3	18	15	9	6	18	14	8	8	11
7							0				7			9	5	8
8								0				5				14
9								3	0			8	10	13		17
10								9	6	0		9	5	1		5
11											0			2		6
12												0				9
13												4	0	3		7
14														0		4
15														4	0	3
16																0

La première ligne de ce tableau, associée à x_1, donne pour tout descendant x_j de x_1 (j = 2, 3, ..., 16) la valeur minimale (coût) des chemins de x_1 à x_j. En particulier le chemin optimal de x_1 à x_{16} a pour coût $\lambda_{16} = 18$, c'est le chemin : $(x_1, x_4, x_7, x_{15}, x_{16})$.

4.8 Pour tracer le graphe PERT, définissons d'abord les événements du programme.

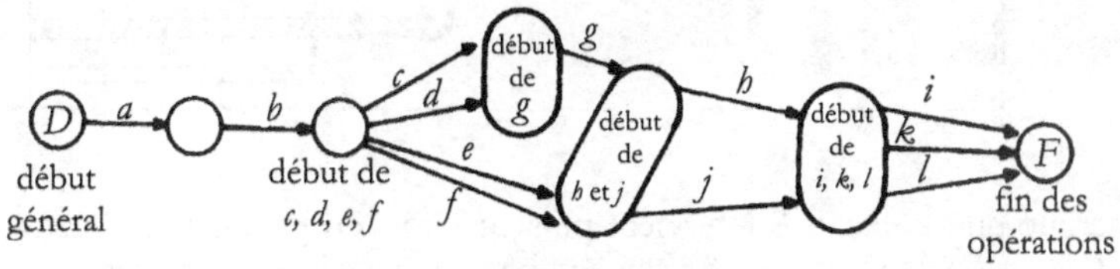

Mais nous ne pouvons admettre des arcs différents de même origine et de même extrémité, d'où l'introduction des opérations fictives. La tâche fictive (5,6) ci-dessous n'est pas indispensable ; elle a été introduite pour une meilleure lisibilité.

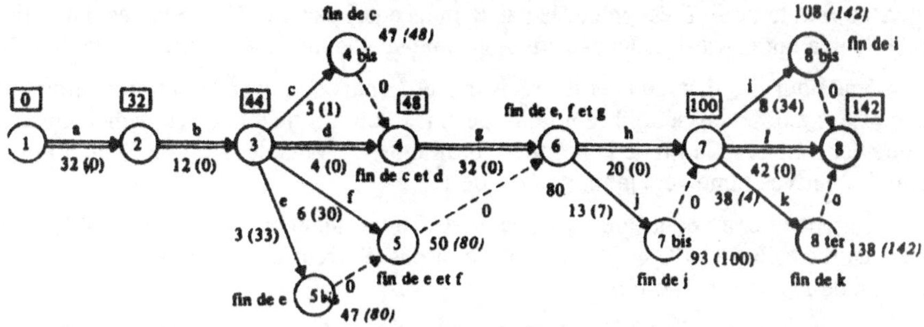

Les opérations critiques sont : *a, b, d, g, h, ℓ*. La durée totale est de 142 semaines.

Les intervalles de flottement et marges sont portés sur la figure, ainsi que les dates demandées.

Le tableau utilisé dans la méthode des potentiels se présente de la façon suivante :

0	*a*	32	*b*	44	*c*	44	*d*	44	*e*	44	*f*
0	*D* : 0	0	*a* : 32	32	*b* : 12	32	*b* : 12	32	*b* : 12	32	*b* : 12

48	*g*	80	*h*	100	*i*	80	*j*	100	*k*	100	*ℓ*	142	Fin
44	*c* : 3	44	*e* : 3	80	*h* : 20	44	*e* : 3	80	*h* : 20	80	*h* : 20	100	*i* : 8
44	*d* : 4	44	*f* : 6	80	*j* : 13	44	*f* : 6	80	*j* : 13	80	*j* : 13	100	*k* : 38
		48	*g* : 32			48	*g* : 32					100	*ℓ* : 42

On retrouve bien le chemin critique : (D, a, b, d, g, h, f, Fin) de durée 142 semaines.

Le diagramme de GANTT ci-dessous permettrait de réaliser l'étalement du personnel :

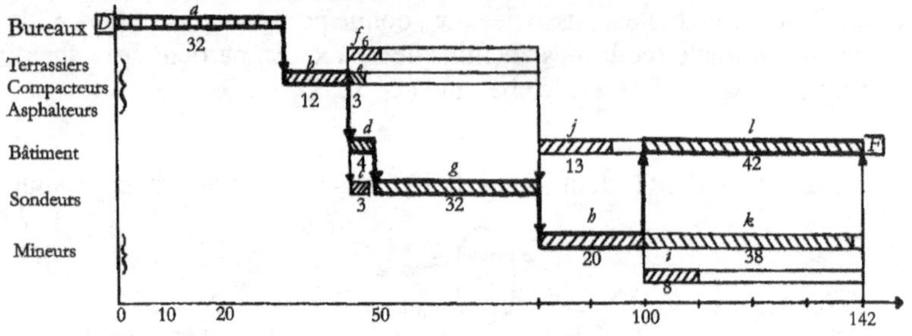

4.9 On remarque que la tâche B intervient plusieurs fois en préalable à d'autres tâches (ici 3 fois; avec D, E et F), mais chaque fois en compagnie de tâches différentes :

ainsi B, avec A, précède D; B seule précède E; B, avec C, précède F.

Pour éviter toute erreur, il faut alors ne pas fusionner l'événement « fin de B » avec l'événement « fin de A » et l'événement « fin C »; si on le faisait, alors on introduirait une contrainte étrangère au problème; « E est précédée par B, mais aussi par A et C » ce qui est faux. Puis de la fin de B, on a fait partir des tâches fictives φ : une vers la fin de A, l'autre vers la fin de C.

De même pour E qui, avec D et F, précède G et I, mais qui, avec la première moitié de C, précède H; on a donc laissé « libre » la fin de E (i.e. on n'a fusionné cet événement ni avec la fin de D et F ni avec la fin de la première moitié de C). Puis de la fin de E, on a fait partir deux tâches fictives : une vers la fin de D et de F.

Remarquons que, au contraire, puisque D et F interviennent toujours ensemble en préalable à d'autres tâches (ici G et I), on n'introduit pas d'erreur en fusionnant les deux événements « fin de D » et « fin de F ».

D'autre part la tâche C a dû être découpée en 2 tâches C_1 et C_2, chacune de durée 10 : C_1 désigne la première moitié de C et C_2, la seconde.

Enfin deux tâches différentes (comme ici G et I) ne peuvent pas être représentées par deux arcs ayant le même sommet initial et le même sommet terminal (si on le faisait, elles deviendraient confondues, indistinguables). Il convient alors de laisser libre soit le début de G soit la fin de G, ou encore le début de I ou la fin de I. On a choisi ici arbitrairement, la fin de G.

Chaque sommet du graphe PERT a été représenté par un disque comportant trois champs (parties) : en haut, on trouve le numéro de l'événement, en bas à gauche sa date au plus tôt et en bas à droite sa date au plus tard (qui, sur le chemin critique, égale la date au plus tôt). Enfin de même qu'il y a un sommet « début du projet », il faut créer un sommet unique « fin du projet », qui est précédé par les tâches terminales : celles qui ne sont préalables à aucune autre.

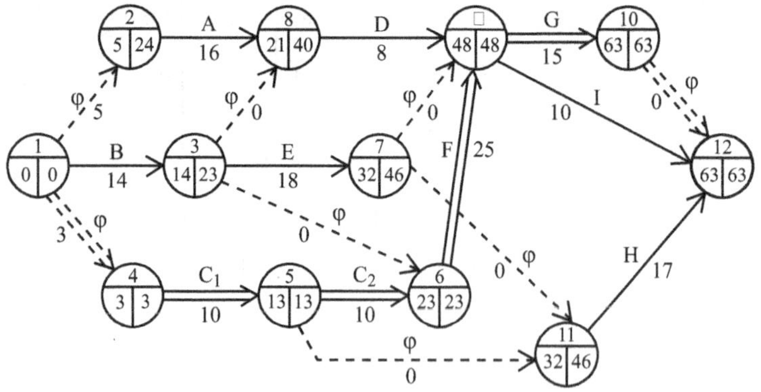

Le chemin critique est (1, 4, 5, 6, 9, 10, 12) ; les tâches C_1 et C_2 (c'est-à-dire C), F et G sont critiques. Le projet dure au minimum 63 jours.

4.10 Voici le graphe PERT, avec le chemin critique ;

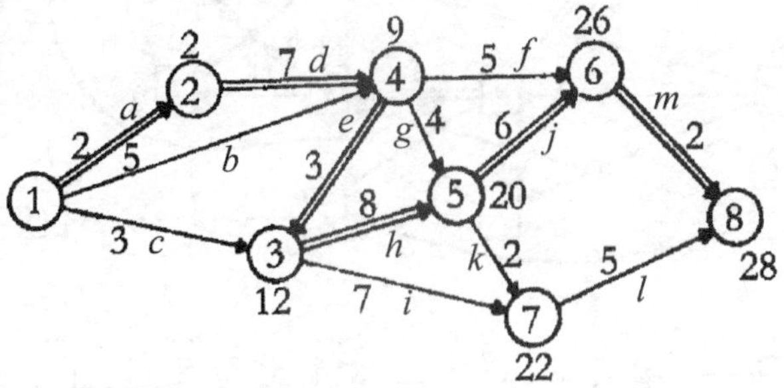

puis, moyennant la liste des tâches antérieures :

$$a < d\,;\, b, d < e, f, g\,;\, f, j < m\,;\, c, e < h, i\,;\, g, h < j, k\,;\, i, k < \ell,$$

le tableau des potentiels (avant modifications) :

0	*a*	0	*b*	0	*c*	2	*d*	9	*e*	9	*f*	9	*g*
0	*D* : 0	0	*D* : 0	0	*D* : 0	0	*a* : 2	0	*b* : 5	0	*b* : 5	0	*b* : 5
								2	*d* : 7	2	*d* : 7	2	*d* : 7

12	*h*	12	*i*	20	*j*	20	*k*	22	*ℓ*	26	*m*	28	*F*
0	*c* : 3	0	*c* : 3	9	*g* : 4	9	*g* : 4	12	*i* : 7	9	*f* : 5	22	*ℓ* : 5
9	*e* : 3	9	*e* : 3	12	*h* : 8	12	*h* : 8	20	*k* : 2	20	*j* : 6	26	*m* : 2

Les modifications sont immédiates dans le tableau des potentiels :

0	*a*	3	*b*	1	*c*	2	*d*	9	*e*	9	*f*	9	*g*
0	*D* : 0	0	*D* : 0	0	*D* : 1	0	*a* : 2	3	*b* : 5	3	*b* : 5	3	*b* : 5
		1	*c* : 2					2	*d* : 7	2	*d* : 7	2	*d* : 7

11	*h*	12	*i*	19	*j*	21	*k*	23	*ℓ*	25	*m*	28	*F*
9	*e* : 2	1	*c* : 3	9	*g* : 4	9	*g* : 4	21	*k* : 2	19	*j* : 6	25	*m* : 2
1	*c* : 3	9	*e* : 3	11	*h* : 8	11	*h* : 8	12	*i* : 7	9	*f* : 7	23	*ℓ* : 5
						19	*j* : 2						

Elles sont aussi évidentes dans le graphe relatif à cette méthode (en pratique, on n'a pas besoin de tracer de graphe et on utilise le tableau).

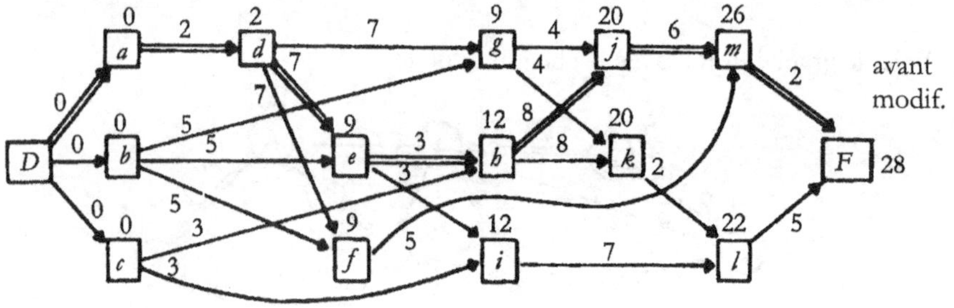

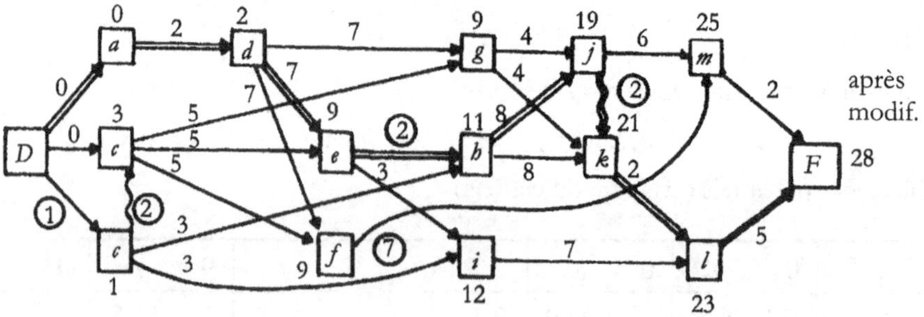

On voit qu'avec la méthode de MPM il suffit de modifier trois chiffres et d'ajouter deux arcs. ...

La modification du graphe *événements-opérations* PERT n'est pas aussi aisée : elle nécessite l'adjonction de six nouveaux événements et porte le nombre d'arcs à vingt (au lieu de treize) ; plusieurs des anciens arcs ont dû être effacés :

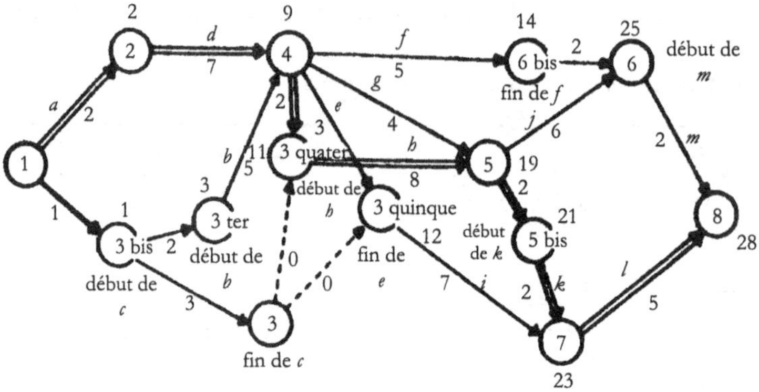

En conclusion la méthode des potentiels est supérieure à la méthode PERT : le calcul de l'ordonnancement y est plus aisé, de même que la prise en compte de modifications (qui, en pratique, surviennent toujours lors de l'exécution de tout projet !).

4.11 Traçons le réseau de transport, puis établissons d'abord un flot complet, c'est-à-dire pour lequel tout chemin allant de la source O au puits S, comporte au moins un arc saturé :

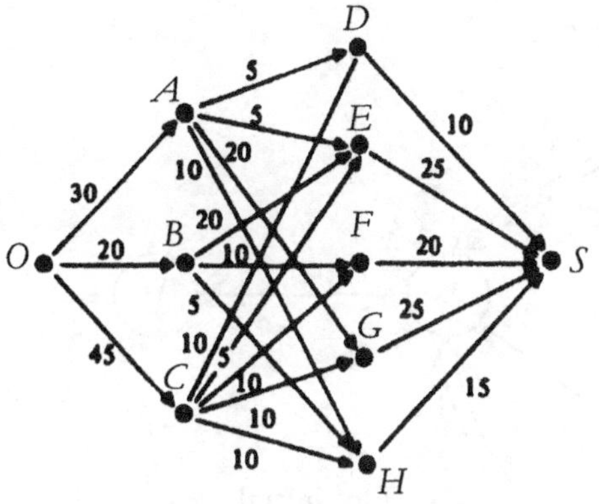

Réseau de transport initial

Procédons ensuite au marquage qui, dans le cas de figure ci-dessus, aboutit à marquer le puits *S* du réseau. On sait que, dans ces conditions, on n'a pas obtenu le flot maximal.

On voit que la chaîne *OCHAEBFS* ci-dessous, extraite du graphe, se prête à des modifications. En respectant la loi de Kirchhoff, on pourra augmenter le flot total de 5 unités (le transport de certains arcs est augmenté de 5, celui des arcs dirigés dans le sens inverse du parcours *OS* de la chaîne est diminué de 5).

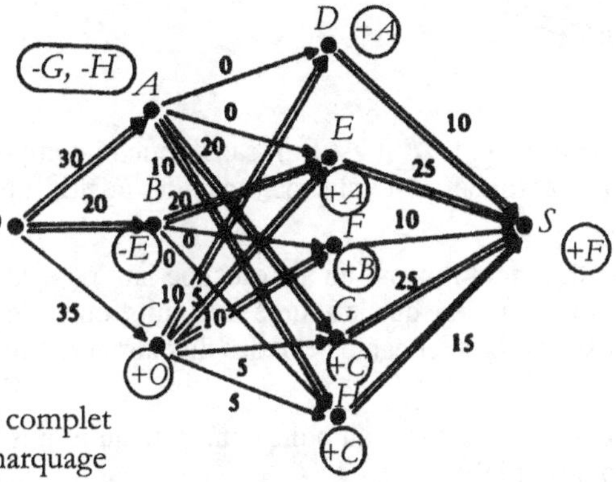

Flot complet et marquage

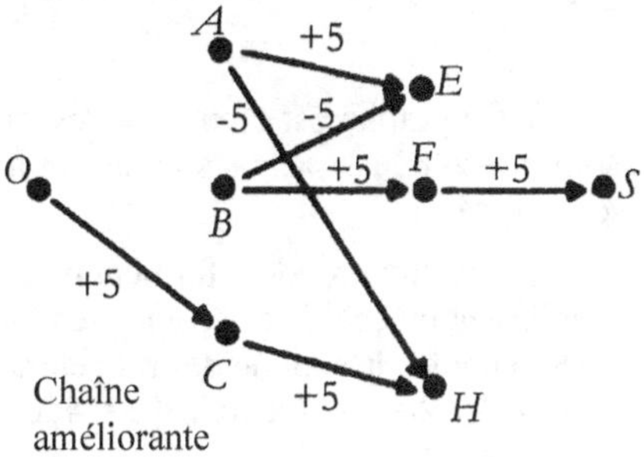

Chaîne améliorante

La figure en bas de cette page tient compte des modifications effectuées sur la chaîne; la procédure de marquage n'aboutit plus à *S*. On a donc une solution optimale (une autre solution optimale évidente sature toutes les destinations sauf *E*), de valeur 90.

On remarquera que la coupe (Γ), dont font partie tous les sommets non marqués, reçoit bien un flot optimal : tous les arcs allant de sommets marqués vers des sommets non marqués sont saturés; le seul arc allant d'un sommet non marqué à un sommet marqué transporte un flot nul : c'est (*B*, *H*).

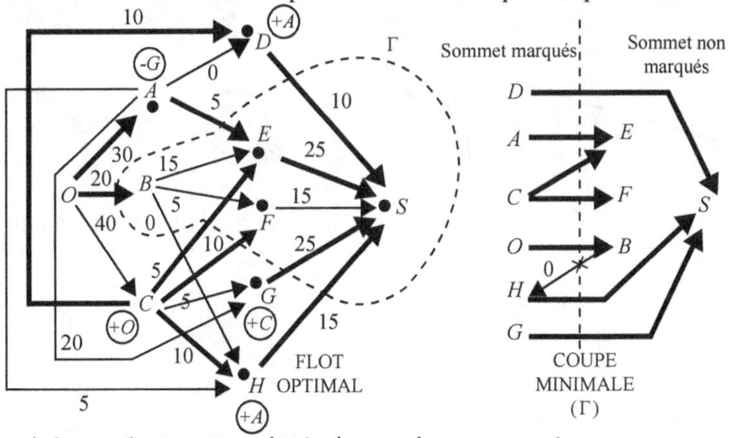

NB : ci-dessus, les arcs en traits épais sont des arcs saturés.

4.12 Voici le tracé du graphe :

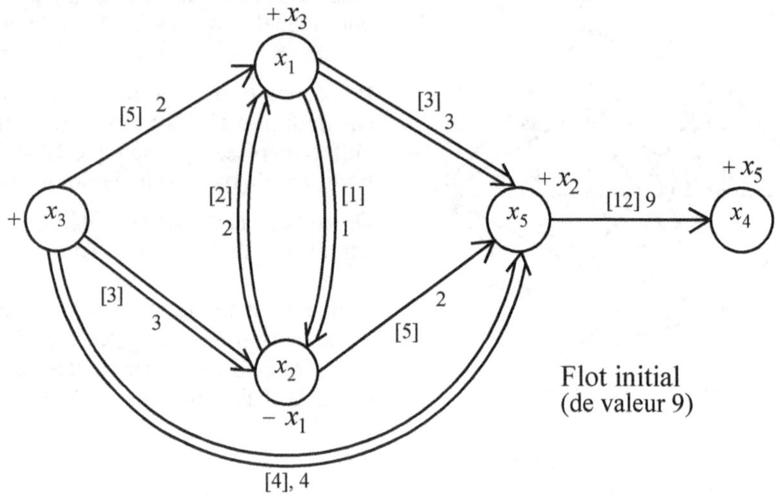

1) Ce graphe est bien un « réseau de transport » : il est fini, sans boucle, comporte un sommet-source (x_3) et un sommet-puits (x_4) et tout arc est valué par un entier positif (nommé : « capacité »).

2) Les flux proposés forment bien un flot : tout flux sur un arc est supérieur ou égal à zéro et inférieur ou égal à sa capacité : en tout sommet autre que la source et le puits, on vérifie la loi de Kirchhoff : la somme des flux entrant sur le sommet égale celle des flux sortant ; ainsi en x_1 il entre $2 + 2 = 4$ et repart $1 + 3 = 4$, etc.

Le flot proposé est *complet*: tout chemin de la source au puits comporte au moins un arc saturé (il n'est donc pas trivialement améliorable).

Appliquons la procédure de marquage de Ford-Fulkerson : on l'initialise en marquant la source x_3 du signe + ; puis x_1 est marqué $+x_3$, car l'arc (x_3, x_1) n'est pas saturé ; puis x_2 est marqué $-x_1$ car l'arc (x_2, x_1) est de flux non nul ; puis x_5 est marqué $+x_2$ car l'arc (x_2, x_5) n'est pas saturé ; enfin x_4 est marqué $+x_5$. Puisque le puits est marqué, le flot proposé n'est pas optimal. Voici la chaîne améliorante μ (qu'on trouve en remontant le marquage, depuis le puits).

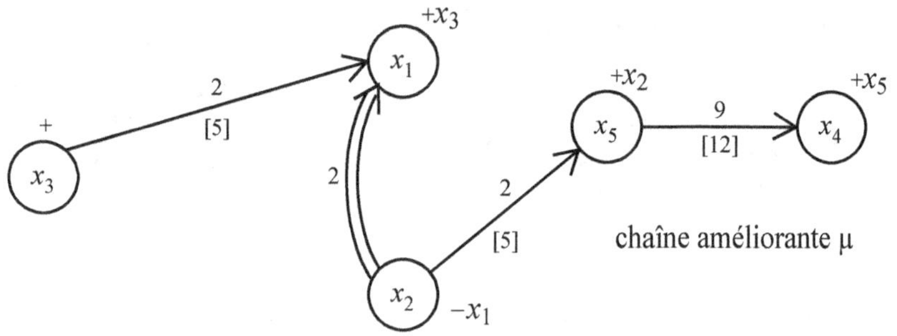

Les arcs « directs » de μ sont ceux qu'on rencontre dans le sens de leur orientation lorsqu'on parcourt la chaîne de la source jusqu'au puits ; ce sont : (x_3, x_1), (x_2, x_5), (x_5, x_4) (ces arcs ont donné lieu à un marquage +). Ici il y a un seul arc « indirect » : (x_2, x_1) (qui a donné lieu à un marquage −).

Les capacités résiduelles des arcs directs sont : 5−2, 5−2, 12−9 : la plus petite capacité résiduelle est donc $\delta^+ = 3$; le flux de l'arc indirect (x_2, x_1) est : 2, donc $\delta^- = 2$. Le flot peut être amélioré de $\delta = \min(\delta^+, \delta^-)$: sur tout arc direct, le flux est augmenté de δ, soit ici de 2 unités ; sur tout arc indirect, le flux est diminué de δ (−2 unités sur (x_2, x_1)).

Le flot amélioré, de valeur $9 + \delta = 11$, est le suivant :

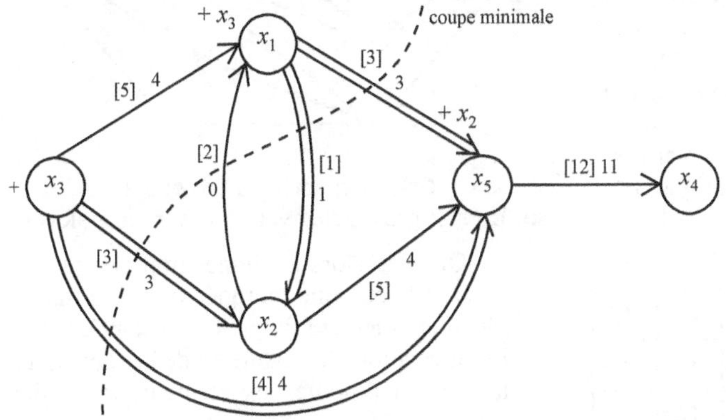

Appliquons lui la procédure de marquage : on marque la source x_3 puis x_1 : aucun autre sommet ne peut être marqué (x_2 ne peut pas être marqué $-x_1$, car le flux sur l'arc (x_2, x_1) est désormais nul). Le puits n'étant pas marqué ce flot est optimal ; il a pour valeur $v^* = 11$.

La coupe minimale est constituée des arcs dont l'extrémité initiale est marquée : x_1 ou x_3, et l'extrémité terminale est non marquée ; elle constitue le *goulet d'étranglement* du réseau de transport ; voici la raison intuitive de l'optimalité du flot final : tous les arcs qui traversent la coupe dans le sens direct (de la source vers le puits) sont saturés ; ceux dans le sens indirect sont de flux nul (ici, un seul (x_2, x_1)).

*** 4.13** Soustrayons des éléments de chaque ligne le plus petit élément de celle-ci : on obtient le tableau 1 ; puis opérons de même pour les colonnes *b* et *e* ne contenant pas encore de zéro ; il vient le tableau 2.

	a	*b*	*c*	*d*	*e*	*f*
A	0	80	17	4	29	42
B	16	11	66	77	10	0
C	15	41	60	0	71	68
D	52	8	0	12	10	57
E	0	26	63	29	58	55
F	0	19	56	11	58	55
		↑8			↑10	

Tableau 1

	a	*b*	*c*	*d*	*e*	*f*
A	[0]	72	17	4	19	42
B	16	3	66	77	~~0~~	[0]
C	15	33	60	[0]	61	68
D	52	[0]	~~0~~	12	~~0~~	57
E	~~0~~	18	63	29	48	55
F	~~0~~	11	56	11	48	55

Tableau 2

Essayons alors d'affecter le maximum de zéros. On obtient le tableau 2.

Avant de continuer à appliquer l'algorithme hongrois, il faut vérifier que l'on a bien obtenu un couplage maximal.

À cet effet, on peut établir un réseau de transport, dont la capacité de tout arc est 1.

On constate que la procédure de marquage échoue ; on a donc un flot maximal et, partant, un couplage maximal. Dans ces conditions, on applique à la matrice précédente l'algorithme hongrois. On marque les lignes *E* et *F*, ce qui conduit à marquer ensuite la colonne *a*, puis la ligne *A*.

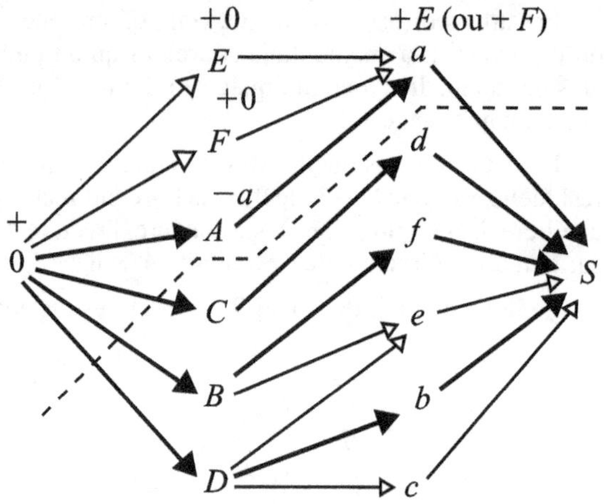

Graphe associé au tableau 2
sur les arcs gras le flux vaut 1 (0 sur les maigres)

	a	*b*	*c*	*d*	*e*	*f*	
A	0	72	17	4	19	42	×
B	16	3	66	77	0	0	
C	15	33	60	0	61	68	
D	52	0	0	12	0	57	
E	0	18	63	29	48	55	×
F	0	11	56	11	48	55	×
	×						

Tableau 2 bis

On raye alors les lignes non marquées *B*, *C*, *D* et la colonne marquée *a* (tab. 2 bis). Le plus petit élément du tableau restant est 4 ; on l'enlève à tous les éléments de ce tableau restant et on l'ajoute aux éléments rayés deux fois (Tab. 3).

On fait ainsi apparaître un nouveau zéro (ligne *A*, colonne *d*) mais l'affectation reste la même ; il est facile de vérifier que le couplage est encore maximal ; le sommet *d* de la deuxième colonne du réseau de transport peut être marqué +*A*, le sommet *c* de la première colonne, –*D*, mais le marquage s'arrête là :

	a	*b*	*c*	*d*	*e*	*f*	
A	0	68	13	0	15	38	×
B	20	3	66	77	0	0	
C	19	33	60	0	61	68	×+
D	56	0	0	12	0	57	
E	0	14	59	25	44	51	×
F	0	7	52	7	44	51	×
	×			×			

Tableau 3

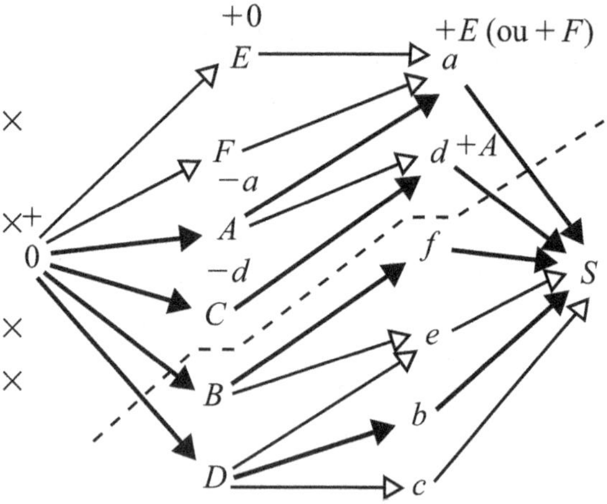

Graphe associé au tableau 3

L'algorithme hongrois permet de marquer les lignes E et F, puis la colonne a, ensuite la ligne A, puis la colonne d et enfin, la ligne C (cf. Tab. 3). Après avoir rayé les lignes non marquées B et D, ainsi que les colonnes marquées a et d, le plus petit élément du tableau restant est 7 ; on le soustrait des éléments non rayés et on l'ajoute aux éléments rayés 2 fois (Tab. 4). L'affectation, telle qu'elle est réalisée sur le tableau 4 constitue un couplage maximal, comme on le vérifie sur le graphe associé ou tableau 4 :

	a	b	c	d	e	f	
A	[0]	61	6	0	8	31	×
B	27	3	66	94	0	[0]	
C	19	26	53	[0]	54	61	×
D	63	0	[0]	19	0	57	
E	0	7	52	25	37	44	×
F	0	[0]	45	7	37	44	×
	×			×			

Tableau 4

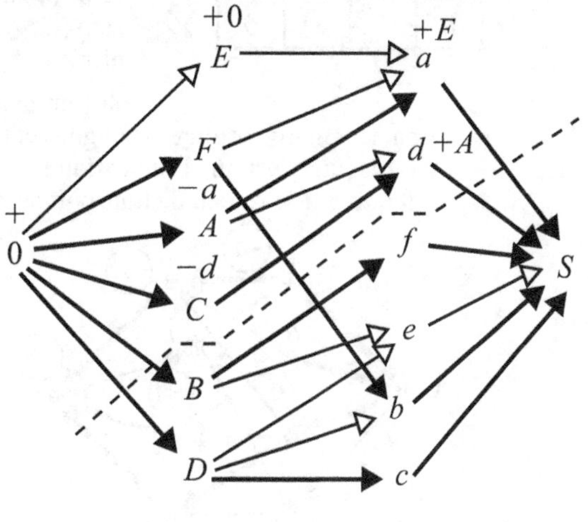

Graphe associé au tableau 4

Le couplage ne portant que sur cinq lettres, on applique donc, une nouvelle fois, l'algorithme hongrois.

L'élément non rayé plus petit est maintenant 6.

On obtient sans difficulté le tableau 5 ci-dessous :

Ce tableau permet d'obtenir une affectation d'un zéro par ligne et par colonne. Elle donne donc la solution optimale qui, ici, est unique.

L'affectation optimale est : $A \to c$; $B \to f$; $C \to d$; $D \to e$; $E \to a$; $F \to b$

En revenant à la matrice de l'énoncé, on voit qu'elle a pour valeur :

$$V^* = 27 + 13 + 02 + 16 + 15 + 44 = 117.$$

Remarque 1.

En affectant par ordre croissant des coûts (« *méthode gourmande* »), on obtiendrait une solution de coût : $V = 172$.

En employant une *méthode de regret* une solution de coût : $V = 154$;

On constate la supériorité de l'algorithme hongrois, le coût de la solution optimal n'étant que : $V^* = 117$.

	a	b	c	d	e	f
A	0	55	[0]	0	2	25
B	33	3	66	100	0	[0]
C	19	20	47	[0]	48	55
D	69	0	0	19	[0]	57
E	[0]	1	46	25	31	38
F	6	[0]	45	13	37	44

Tableau 5

Remarque 2.

Montrons sur un exemple 4 × 4 la nécessité de vérifier, avant application de l'algorithme hongrois, que l'on a un couplage maximal.

La matrice ci-dessous contient deux zéros par ligne, sauf sur la ligne C où elle en possède 3, et au moins un zéro par colonne.

	a	b	c	d	
A	[0]①	0			×
B	0		[0]②		×
C	0		0	[0]③	×
D	0			0	×
	×	×	×	×	

On peut donc affecter le zéro (*A, a*) marqué ①, ce qui entraîne la suppression de quatre zéros. Il reste alors un seul zéro dans les lignes *B* et *D*.

On peut alors affecter le zéro (*B, c*) marqué ②, ce qui entraîne la suppression d'un autre zéro. Il ne reste plus alors qu'un zéro sur chacune des lignes *C* et *D*. On peut donc affecter le zéro (*C, d*) marqué ③, ce qui entraîne la suppression du dernier zéro figurant encore dans la matrice.

Si l'on applique alors le marquage hongrois, on voit que l'on peut marquer toutes les lignes et toutes les colonnes... alors que le problème n'est pas résolu. C'est que l'on a affaire à un couplage non maximal, ainsi que le prouve le fait que, sur le réseau de transport associé à ce tableau, on peut marquer *S* :

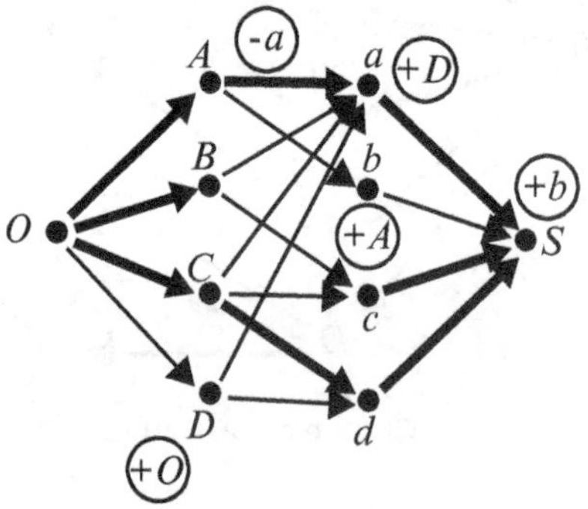

couplage amélioré :

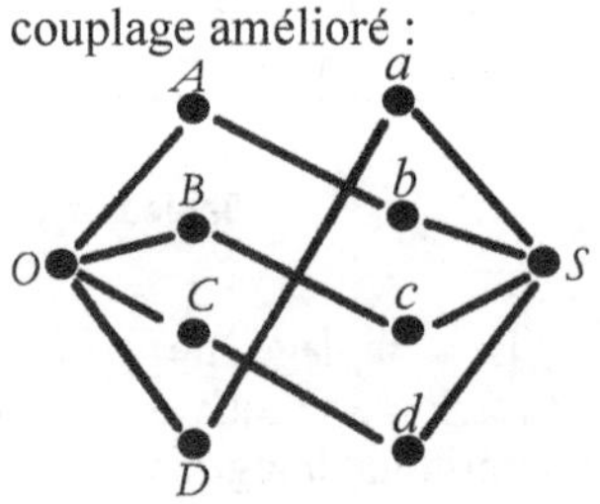

L'amélioration du couplage, par la chaîne *ODaAbS* donne l'une des trois solutions optimales équivalentes : $A \to b; B \to c; C \to d; D \to a$. Les 2 autres solutions optimales sont : $[Ab; Ba; Cc; Dd]$ et $[Ab; Bc; Ca; Dd]$.

4.14 1) Il s'agit d'un problème de transport classique. On prend comme unité la centaine de tonnes. On rappelle que, si ;

$$x_{11}, x_{12}, \cdots, x_{16}, x_{21}, x_{22}, \cdots, x_{26}, \cdots, x_{41}, x_{42}, \cdots, x_{46}$$

sont les quantités à transporter des origines 1, 2, $\cdots$, 4 aux destinations 1, 2, 3, $\cdots$, 6 on a :

4 équations en ligne :

$$\begin{array}{l} x_{11} + x_{12} + \cdots + x_{16} = 5 \\ x_{21} + x_{22} + \cdots + x_{26} = 6 \\ \cdots\cdots\cdots\cdots\cdots\cdots \\ x_{41} + x_{42} + \cdots + x_{46} = 9 \end{array}$$

6 équations en colonne :

$$\begin{array}{l} x_{11} + x_{21} + x_{31} + x_{41} = 4 \\ x_{12} + x_{22} + x_{32} + x_{42} = 3 \\ \cdots\cdots\cdots\cdots\cdots\cdots \\ x_{16} + x_{26} + x_{36} + x_{46} = 2 \end{array}$$

et l'on doit minimiser :

$$F = 9x_{11} + 12x_{12} + 9x_{13} + \cdots + 7x_{21} + \cdots + 6x_{31} + \cdots + 6x_{41} + \cdots + 10x_{46}.$$

La théorie des équations linéaires nous apprend que le système de solutions comportera au moins $24 - (4 + 6 - 1) = 15$ valeurs nulles.

Si nous employons la méthode de Balas-Hammer, nous tombons sur la solution de base indiquée par le tableau 1.

$i \backslash j$	1	2	3	4	5	6	Δ_l					
1	9	12	9	6	9	10	3	3	0	0	0	0
2	7	3	7	7	5	5	2	2	2	(4)$_{\text{IV}}$	0	0
3	6	5	9	11	3	11	2	2	2	1	3	(3)$_{\text{VI}}$
4	6	8	11	2	2	10	0	0	(4)$_{\text{III}}$	2	(5)$_{\text{V}}$	-
Δ_c	0	2	2	4	1	(5)$_{\text{I}}$						
	0	2	2	(4)$_{\text{II}}$	1	-						
	0	2	2	-	1	-						
	0	-	2	-	-	-						

	1	2	3	4	5	6	a_i
1			**5**$_{\text{VIII}}$				5
2		**3**$_{\text{IV}}$	**1**$_{\text{VII}}$			**2**$_{\text{I}}$	6
3	**1**$_{\text{VI}}$		**1**$_{\text{IX}}$				2
4	**3**$_{\text{V}}$			**2**$_{\text{II}}$	**4**$_{\text{III}}$		9
b_j	4	3	7	2	4	2	

Coût total : 116

Tableau 1

Le détail du calcul des δ_{ij} est traité dans l'exercice suivant 4.16

On obtient ici :

$$\delta_{11} = 3 ; \delta_{12} = 7 ; \delta_{14} = 4 ; \delta_{15} = 7 ; \delta_{16} = 3 ; \delta_{21} = 3 ; \delta_{24} = 7 ; \delta_{25} = 5 ;$$
$$\boxed{\delta_{32} = 0} ; \delta_{34} = 9 ; \delta_{35} = 1 ; \delta_{36} = 4 ; \delta_{42} = 3 ; \delta_{43} = 2 ; \delta_{46} = 3.$$

La solution obtenue est optimale car tous les δ_{ij} sont positifs ou nuls, mais elle n'est pas unique, car $\delta_{32} = 0$ permet d'en obtenir une seconde solution de base (tableau 2) de même coût : 116.

	1	2	3	4	5	6	
I			5				5
II		2	2			2	6
III	1	1					2
IV	3			2	4		9
	4	3	7	2	4	2	

Tableau 2

4.15 On vérifie que ; offre = demande = 3 549

1) a) La règle du coin nord-ouest donne la solution de base ci-dessous ;

il s'agit bien d'une solution de base, puisqu'elle comporte exactement :

$mn - (n + m - 1) = 5 \times 4 - (5 + 4 - 1) = 12$ x_{ij} nuls (cases non affectées).

Cette solution sera désignée par la dénomination : tableau 1.

Le calcul des coûts marginaux des substitutions unitaires possibles à partir de cette solution de base, fournit (voir l'arbre 1) les résultats suivants (nous nous bornons à indiquer les δ_{ij} négatifs) :

	1	2	3	4	5	
1	800	96				896
2		343	50	389		782
3				401	542	943
4					928	928
	800	439	50	790	1 470	

Coût total : 181 721

Tableau 1

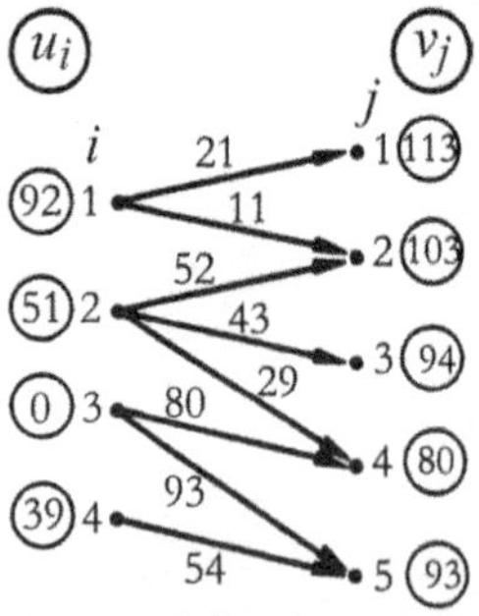

Arbre 1

Pour le calcul des potentiels des sommets de l'arbre associé à la solution de base (Tab. 1), on a posé $a_3 = 0$, puis calculé les autres potentiels de proche en proche : $v_j - u_i = c_{ij}$ pour tout arc de l'arbre.

Rappel : $\delta_{ij} = C_{ij} - (v_j - u_i)$

$\delta_{21} = 51 + 27 - 113 = -35$

$\delta_{31} = 0 + 11 - 113 = -102$

$\delta_{32} = 0 + 47 - 103 = -56$

$\delta_{33} = 0 + 14 - 94 = -80$

$\delta_{41} = 39 + 52 - 113 = -22$

		Nombre d'unités déplaçables (v)	Influence sur le coût total (ρ)
liaison	(2, 1)	343	– 12 005
liaison	(3, 1)	343	– 34 986
liaison	(3, 2)	343	– 19 208
liaison	(3, 3)	50	– 4 000
liaison	(4, 1)	343	– 7 546

On peut supposer qu'il est indiqué d'effectuer d'abord la substitution dont l'influence sur le coût total est la plus forte : (3, 1) – cf tableau 2 – et l'on peut constater immédiatement que la substitution (3, 3) peut être exécutée aussitôt après – cf tableau 3.

Le tableau 3 (arbre 2) présente deux substitutions utiles : $\delta_{14} = 0 + 49 - 90 = -41$ et $\delta_{15} = 0 + 13 - 103 = -90$

	1	2	3	4	5
1	457	439			
2			50	732	
3	343			58	542
4					928

Tableau 2

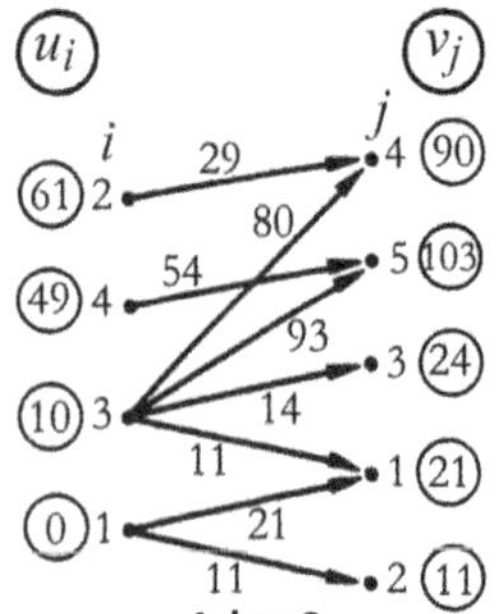

Arbre 2

	v	ρ
(1, 4)	8	–328
(1, 5)	457	–41 130

	1	2	3	4	5
1	457	439			
2				782	
3	343		50	8	542
4					928

Tableau 3

On tombe sur le tableau 4 après avoir effectué la seconde de ces substitutions. Il ne comporte (arbre 3) qu'une substitution intéressante: $\delta_{12} = 0 + 47 - 91 = -44$, avec $v = 85$ et $\rho = -3\,740$

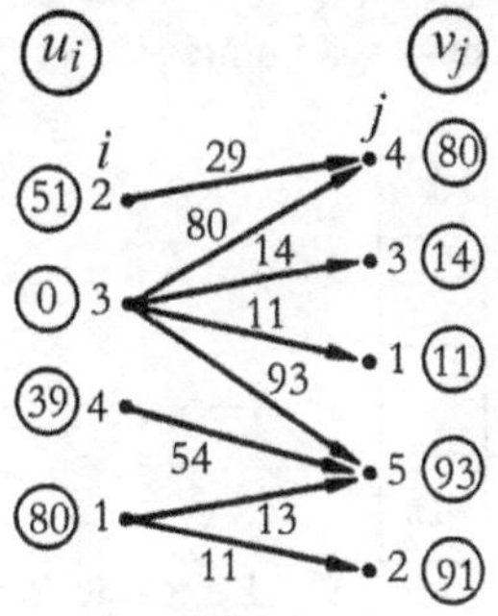

Arbre 3

	1	2	3	4	5
1		439			457
2				782	
3	800		50	8	85
4					928

Tableau 4

Après avoir effectué cette substitution, on obtient le tableau 5, dans lequel apparaît (arbre 4) une seule relation de coût marginal négatif : $\delta_{44} = 0 + 77 - 85 = -11$, avec $\nu = 8$ et $\rho = -88$

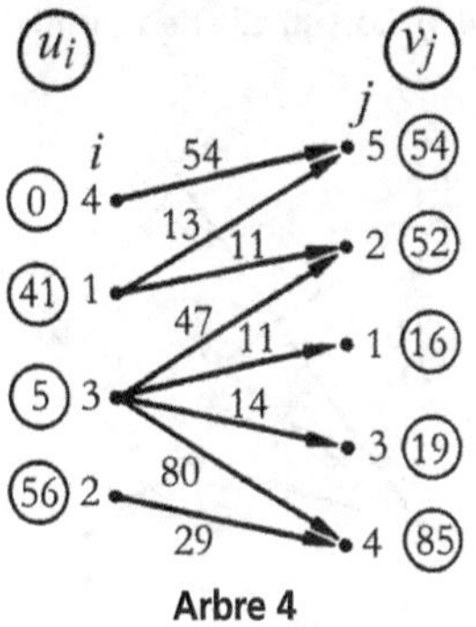

Arbre 4

	1	2	3	4	5
1		354			542
2				782	
3	800	85	50	8	
4					928

Tableau 5

	1	2	3	4	5
1	+46	346	+106	+16	550
2	+46	+45	+17	782	+33
3	800	93	50	+11	+44
4	+36	+42	+57	8	920

Tableau 6
(coût : 97 777)

On obtient finalement le tableau 6, pour lequel on vérifie que les coûts marginaux δ_{ij} donnés en petits chiffres sont tous *strictement positifs* ; il s'agit donc de l'*unique* solution optimale.

b) La règle de la différence maximale donne évidemment une solution de base initiale bien meilleure que la règle du coin nord-ouest.

	1	2	3	4	5		Δ_{max}			
1	21	11	84	49	13	896	2	8	(36) IV	
2	27	52	43	29	42	782	2	2	13	
3	11	47	14	80	93	943	3	3	(69) III	(13) VII et VIII
4	52	94	76	74	54	928	2	2	2	20
	800	439	50	790	1470					
	10	(36) I	(29) II	20	(29) II					
				(45) V	12					
				6	(39) VI					

On obtient ainsi le tableau 7, dont le coût total est seulement 101 605, c'est-à-dire à moins de 4 % de l'optimum :

	1	2	3	4	5
1		439 – I			457 + II
2				782 III	
3	800 V	+	50 IV	8 VII	85 – VIII
4					928 VI

Tableau 7

On calcule $\delta_{32} = c_{32} - c_{12} + c_{15} - c_{35} = -44$
La substitution porte sur $v = 85$ unités :

	1	2	3	4	5
1		354–			542+
2					
3	800	85+	50	8–	
4				+	928–

Pour cette solution $\delta_{44} = -11$. Le cycle de substitution est donné ci-dessus. Cette substitution, avec $v = 8$, fournit le tab. 6 : l'optimum.

En conclusion : la méthode de la différence maximale (Bales-Hammer) est bien supérieure à la méthode du coin Nord-Ouest (et aux méthodes «gourmandes» décrites en 4.9). Lorsqu'elle ne fournit pas l'optimum, elle donne une solution qui en est proche.

***4.16** 1) Pour appliquer l'algorithme de Prim, choisissons arbitrairement le sommet *A* comme sommet initial. L'arête [*A, B*] est celle de poids le moins élevé issue de *A,* elle est donc retenue dans la solution. L'arête [*H, B*] est retenue dans la solution car elle est de poids minimal parmi celles ayant une et une seule extrémité dans {*A, B*}. Ensuite [*F, B*] est sélectionnée, puis [*F, E*], [*I, E*], [*I, D*], [*E, G*] et finalement [*C, G*]. La figure ci-contre représente l'arbre optimal de poids 22 obtenu. Il n'est pas unique.

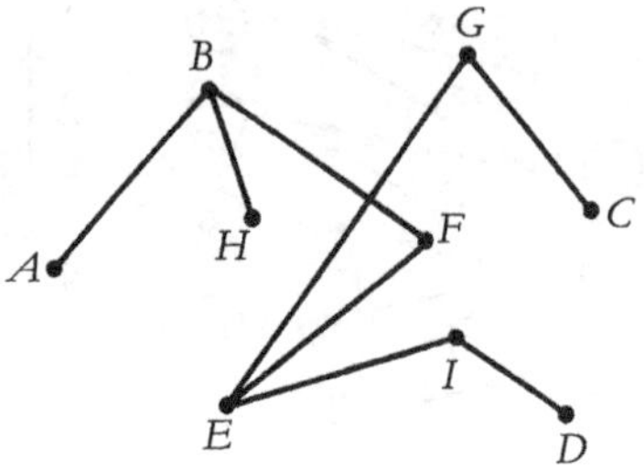

2) Passons à l'algorithme de Kruskal. À cet effet, établissons la liste des arêtes par ordre de valeurs croissantes : (pour simplifier : [X,Y] est noté XY)

BH	: 1	:	*EI*	: 1	:	*BF*	: 2	:	*AB*	: 2
CG	: 3	:	*EG*	: 3	:	*AH*	: 4	:	*FH*	: 4
DI	: 5	:	*EF*	: 5	:	*CD*	: 5	:	*DG*	: 6
DE	: 6	:	*FI*	: 7	:	*BG*	: 7	:	*CI*	: 8
AE	: 8	:	*EH*	: 9	:	*CF*	: 9	:	*FG*	: 10

On prend successivement, dans l'ordre ci-dessus, les arêtes qui ne forment pas de cycle avec les précédentes : *BH*, *EI*, *BF*, *AB*, *CG*, *EG*, puis on élimine *AH* et *FH,* qui forment des cycles avec les précédentes ; enfin, on retient *DI* et *EF.*

On retrouve la même solution que ci-dessus, mais on peut aussi remplacer *DI* par *CD,* de même valeur : il existe plusieurs arbres optimaux.

***4.17** Appliquons l'algorithme de Prim.

Choisissons le sommet *A* comme sommet initial. L'arête [*A, E*] est celle de poids le plus élevé issue de *A*, elle est donc retenue dans la solution. L'arête [*H, E*] est retenue dans la solution car elle est de poids maximal parmi celles ayant une et une seule extrémité dans {*A, E*}. Ensuite [*E, D*] est sélectionnée, puis [*G, D*], [*G, F*], [*F, C*], [*C, I*] et finalement [*B, G*]. Nous obtenons ainsi un arbre optimal, de poids 63.

4.18

Il s'agit du problème du voyageur de commerce (en anglais : *travelling salesman problem,* « TSP ») qu'on résout par l'algorithme de LITTLE et al. (historiquement une des premières méthodes de recherche arborescente, nommée « *Branch and Bound* »). Plus bas on écrit : « C.H. » pour circuit hamiltonien.

• *Initialisation*

Partant du tableau initial des coûts, on commence par faire apparaître un « zéro » (coût réduit nul) dans chaque ligne en retranchant à chaque ligne son plus petit élément ; puis un « zéro » dans chaque colonne en retranchant, à chaque colonne du tableau obtenu, son plus petit élément. On dit alors que le tableau des coûts est « réduit ».

Ainsi on retranche 1 à tous les éléments de la ligne D, puis 1 à tous ceux de la colonne B. Le coût de tout C.H. est au moins égal à la somme des éléments retranchés, soit 2 : la borne b_0 associée à la racine s_0 de l'arborescence est $b_0 = 2$.

On obtient le tableau « réduit » suivant :

	A	*B*	*C*	*D*	*E*
A	∞	0	0	1	2
B	0	∞	4	3	5
C	1	0	∞	4	0
D	3	5	1	∞	0
E	0	0	2	0	∞

Tableau initial après réduction

	A	*B*	*C*	*D*	*E*
A	∞	0^0	0^1	1	2
B	0^3	∞	4	3	5
C	1	0^0	∞	4	0^0
D	3	5	1	∞	0^1
E	0^0	0^0	2	0^1	∞

Tab. 0

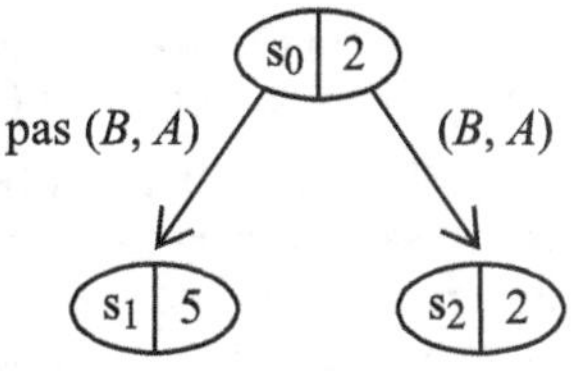

Arb. 1

• *1ère itération*

Puis on calcule le regret de chaque « zéro » (cf Tab. 0) et l'on considère l'arc de coût réduit nul dont le regret est maximal, c'est ici (B,A) ; son regret vaut : $c^0_{BD} + c^0_{EA} = 3 + 0 = 3$

On va alors séparer l'ensemble s_0 de tous les C.H. en deux sous-ensembles s_1 et s_2. Ceux qui n'empruntent pas l'arc (B,A) forment le sous-ensemble s_1 ; la borne inférieure de leur coût b_1, est égale à la borne inférieure précédente $b_0 = 2$, augmentée du regret de (B,A) : 3, soit $b_1 = 5$.

Les C.H. qui empruntent l'arc (B,A) forment le sous-ensemble s_2. Les implications du choix de (B,A) sont de supprimer la ligne B et la colonne A et d'interdire l'arc parasite (A,B) (on pose donc $c^2_{AB} = \infty$, cf Tab. 2) et de faire apparaître (au moins) un zéro par ligne et par colonne si le tableau restant n'est pas réduit ; mais, ici, on constate qu'il est réduit).

Par suite $b_2 = b_0 = 2$: l'arborescence Arb. 1 illustre cette séparation.

	B	*C*	*D*	*E*
A	[∞]	0^2	1	2
C	0^0	∞	4	0^0
D	5	1	∞	0^1
E	0^0	2	0^1	∞

Tab. 2

• *2ème itération*

On va séparer s_2 car il a la plus faible borne parmi les sommets pendants ; son tableau de coûts réduits est donné ci-dessous (Tab. 2) ; on y a indiqué aussi le regret de chaque « zéro », le regret maximal est 2, relatif à l'arc (A,C). On sépare donc s_2 en deux sous-ensembles s_3 et s_4. s_3 est l'ensemble des C.H. passant par (B,A) mais évitant (A, C), de borne $b_3 = b_2 + r^2_{AC} \pi\, ^4_{AC} = 2 + 2 = 4$; s_4 est l'ensemble des C.H. passant par (B,A) et (A,C).

On supprime alors dans le tableau de s_2 (Tab. 2) la ligne A, la colonne C et on interdit l'arc parasite (C,B) qui formerait avec les deux arcs déjà retenus, un circuit de longueur 3 : pas un C.H. (on pose donc $c^4_{CB} : = \infty$) ce qui donne le nouveau tableau (Tab.4). L'arborescence Arb. 2 illustre cette nouvelle séparation :

	B	D	E
C	[∞]	4	0^4
D	5	∞	0^5
E	0^5	0^4	∞

Tab. 4

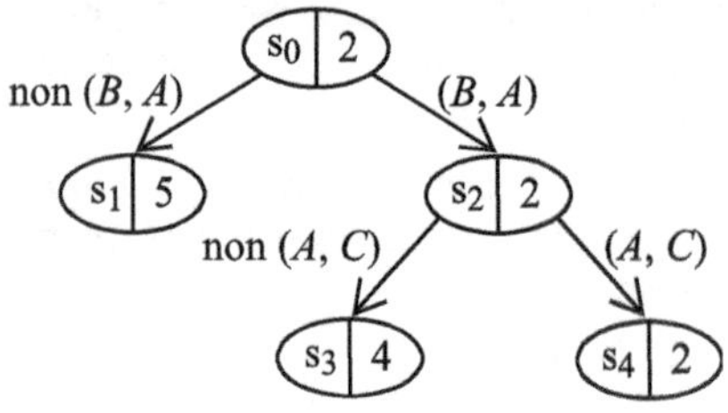

Arb. 2

	B	D
C	∞	4
E	0	∞

Tab. 6

	B	D
C	∞	0^∞
E	0^∞	[∞]

Tab. 6′

Le tableau restant (Tab. 4) étant réduit, on a $b_4 = b_2 = 2$.

- *3ème itération*

On va séparer le sommet qui a la plus faible borne parmi les sommets pendants, soit s_4. L'arc (D,E) a le plus fort regret (il vaut 5) : on va séparer s_4 en s_5 et s_6 ; $b_5 = b_4 + r^4_{DE} = 2 + 5 = 7$.

Le tableau associé à s_6 (Tab. 6) est obtenu en supprimant la ligne D et la colonne E et en interdisant l'arc parasite (E,D) ; mais, cette fois, le tableau restant (Tab. 5) n'est pas réduit (il ne comporte pas un « zéro » dans chaque ligne et chaque colonne) : il faut retrancher 4 aux éléments de sa ligne C (pour le réduire) ; par suite : $b_6 = b_4 + 4 = 6$: cf Tab. 6′.

Remarquons qu'on n'a alors plus le choix ; les arcs (C,D) et (E,B) doivent être pris ; avec ceux précédemment pris ils forment le C.H. (B,A,C,D,E,B), de coût 6. Mais il n'est pas nécessairement optimal.

- *4ème itération*

Cette fois le sommet pendant de plus faible borne (s_3) n'est pas le fils (s_6) du sommet qu'on vient de séparer (s_4) d'où un SAUT vers le sommet s_3 (dans le nom anglais "Branch and Bound", Bound a les deux sens : borne et bond/saut).

Le tableau relatif à s_3 s'obtient à partir de celui de s_2, simplement en posant $c^3_{A,C} = \infty$, puis en le réduisant : on retranche 1 en ligne A et 1 en colonne C ; la somme des éléments retranchés (1+1) est précisément le regret de l'arc (A,C), qui a déjà été pris en compte pour évaluer la borne de s_3 ($= b_2 + r^3_{AC}$) qui vaut bien 2.

Il serait donc faux de l'ajouter à nouveau à b_3.

	B	C	D	E
A	∞	[∞]	0^1	1
C	0^0	∞	4	0^0
D	5	0^1	∞	0^0
E	0^0	1	0^0	∞

Tab. 3

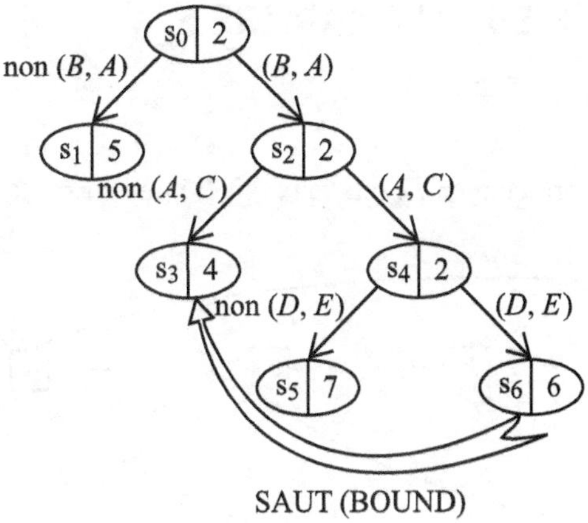

Arb. 3

	B	C	E
C	0^0	∞	0^0
D	[∞]	0^1	0^0
E	0^1	1	∞

Tab. 8

- *5ème itération*

On sépare s_3, qui est le sommet pendant de plus faible borne, à l'aide de l'arc (A,D), qui a le plus fort regret parmi les « zéros » ($r_{AD}^3 = 1$, cf Tab. 3), en s_7 (refus de (A,D)), avec ($b_7 = b_3 + r_{AD}^3 = 4 + 1 = 5$), et en s_8 (on accepte (A,D)) ; après suppression de la ligne A et de la colonne D et l'interdiction de l'arc parasite (D,B) obtenue en faisant $c_{DB}^8 = +\infty$, on obtient le tableau Tab. 8, qui se trouve être « réduit » ; par suite $b_8 = b_3 = 4$.

- *6ème itération*

On sépare le sommet pendant de plus faible borne : s_8, à l'aide de (D,C) de regret 1, en s_9 (refus de (D,C), avec $b_9 = b_8 + r_{DC}^3 = 4 + 1 = 5$) et en s_{10} (après suppression de la ligne D et de la colonne C dans le tableau Tab. 8, et de l'arc parasite (C,B) obtenu en posant $c_{CB}^{10} = +\infty$, on obtient le tableau 10 qui se trouve être réduit ; par suite $b_{10} = b_8 = 4$). On constate alors le choix forcé de (C,E) et (E,B) ; on obtient le C.H. (B,A,D,C,E,B) de coût 4 : il est optimal car tous les sommets de l'arborescence ont une borne supérieure à 4. On arrête-là la recherche arborescente.

	B	E
C	[∞]	0^∞
E	0^∞	∞

Tab. 10

Le C. H. optimal est : (B, A, D, C, E, B) de coût 4. L'optimum est unique ; tout autre C.H. a un coût au moins égal à 5.

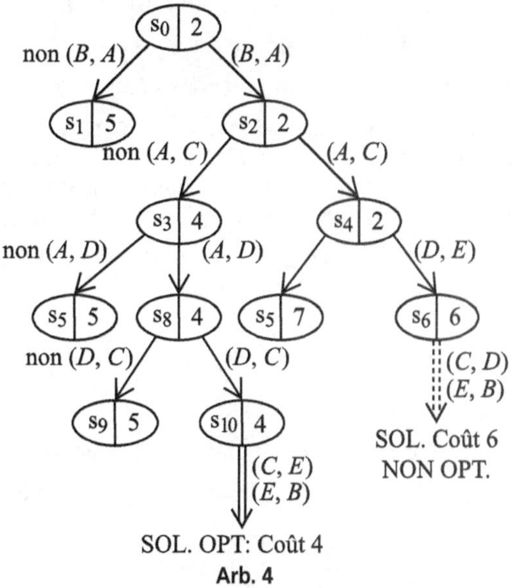

Arb. 4

SOLUTIONS DES EXERCICES DU CHAPITRE 5

5.1 1) État E_k : depuis le dernier bit transmis correctement, k bits faux ont été transmis.

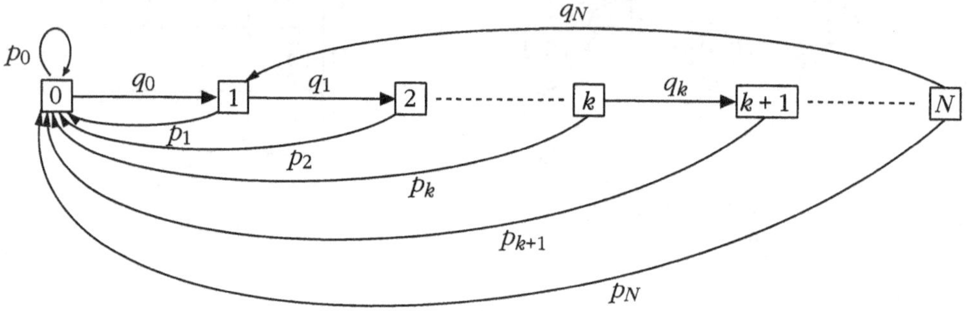

Réinitialisation : arc (N, 1) ; si cet arc n'existait pas ($p_N = 1$), on aurait affaire à un graphe d'un problème de renouvellement.

2) a)

M=	0	1	2	3
0	0,95	0,05	0	0
1	0,20	0	0,80	0
2	0,15	0	0	0,85
3	0,10	0,90	0	0

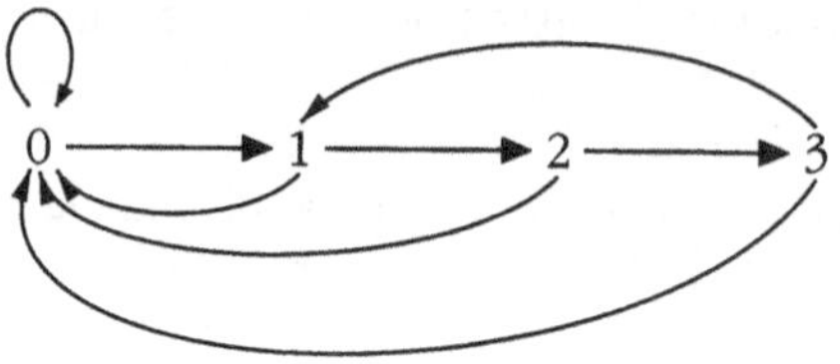

b) $\mathbf{\Pi}(0) = [1;0;0;0]$, $\mathbf{\Pi}(1) = [0{,}95;0{,}05;0;0] = \mathbf{\Pi}(0)\cdot \mathbf{M}$

$\mathbf{\Pi}(2) = [0{,}91;0{,}05;0{,}04;0] = \mathbf{\Pi}(1)\cdot \mathbf{M}$

La probabilité cherchée est $\pi_2(2) = 0{,}04$.

(En fait, c'est $q_0 \cdot q_1$: on pouvait ainsi l'obtenir plus rapidement.)

3) a) Cette chaîne de Markov est régulière. En effet, son graphe est fini fortement connexe (il comporte un circuit hamiltonien (0, 1, 2, 3, 0)) : la chaîne comporte une seule classe d'états, donc récurrents ; de plus cette classe est apériodique car le graphe comporte une boucle en E_0. D'où : $\mathbf{\Pi}^* = \mathbf{\Pi}^*\cdot\mathbf{M}$, soit en posant $\mathbf{\Pi}^* = [a, b, c, d]$:

$$\begin{array}{lllllllll} 0{,}95a & + & 0{,}2b & + & 0{,}15c & + & 0{,}1d & = & a \quad (1)\\ 0{,}05a & & & & & + & 0{,}9d & = & b \quad (2)\\ & & 0{,}8b & & & & & = & c \quad (3)\\ & & & & 0{,}85c & & & = & d \quad (4)\\ a & + & b & + & c & + & d & = & 1 \quad (5) \end{array}$$

d'où $c = 0{,}8b$, puis $d = 0{,}68b$; en reportant dans (2) :

$$0{,}05a = b(1 - 0{,}612) = 0{,}388 \quad \text{d'où } a = 7{,}76b.$$

(5) fournit alors b : $b(7{,}76 + 1 + 0{,}8 + 0{,}68) = 1$, d'où $b = 1/10{,}24$.

Finalement $\mathbf{\Pi}^* = [0{,}7578\,;\,0{,}0977\,;\,0{,}0781\,;\,0{,}0664]$.

c) La probabilité p cherchée est : $p = \pi_0^* \cdot p_0 + \pi_1^* \cdot p_1 + \pi_2^* \cdot p_2 + \pi_3^* \cdot p_3$, or $\mathbf{\Pi}^* = \mathbf{\Pi}^* \cdot \mathbf{M}$ s'écrit :

$$[\pi_0^*\,;\,\pi_1^*\,;\,\pi_2^*\,;\,\pi_3^*] \cdot \begin{bmatrix} p_0 & q_0 & 0 & 0 \\ p_1 & 0 & q_1 & 0 \\ p_2 & 0 & 0 & q_2 \\ p_3 & q_3 & 0 & 0 \end{bmatrix}, \text{ d'où : } \pi_0^* \cdot p_0 + \pi_1^* \cdot p_1 + \pi_2^* \cdot p_2 + \pi_3^* \cdot p_3 = \pi_0^*.$$

Donc $p = \pi_0^* = 0{,}7578$: cette valeur est beaucoup trop faible : un canal qui ne transmettrait correctement que 3 bits sur 4 serait à réformer d'urgence ! Dans un cas réel, le cahier des charges imposerait que p = 0,999... (en fixant le nombre de 9 après la virgule).

5.2 On montre aisément que G est fortement connexe ; en outre G comporte 4 boucles : la chaîne est donc régulière puisque comportant une seule classe d'états, apériodique. On a donc $\mathbf{\Pi}^* = \mathbf{\Pi}(0) \cdot \mathbf{M}^*$ et $\mathbf{\Pi}^* = \mathbf{\Pi}^* \cdot \mathbf{M}$. Cette relation peut s'écrire $\mathbf{\Pi}^* \cdot (\mathbf{M} - \mathbf{I}) = 0$.

Pour obtenir $\mathbf{\Pi}^* = [\pi_1^*, \pi_1^*, \cdots, \pi_n^*]$, il suffit de résoudre le système :

$$\begin{cases} \mathbf{\Pi}^* \cdot (\mathbf{M} - \mathbf{I}) = 0 \\ \pi_0^* + \pi_1^* + \cdots + \pi_n^* = 1, \end{cases}$$

qui s'écrit ici :

$$\begin{cases} -0{,}8\pi_0^* & & & + & 0{,}1\pi_2^* & + & 0{,}6\pi_3^* & = & 0 \\ 0{,}2\pi_0^* & - & 0{,}9\pi_1^* & & & + & 0{,}2\pi_3^* & = & 0 \\ 0{,}3\pi_0^* & + & 0{,}8\pi_1^* & - & 0{,}8\pi_2^* & + & 0{,}1\pi_3^* & = & 0 \\ 0{,}3\pi_0^* & + & 0{,}1\pi_1^* & + & 0{,}7\pi_2^* & - & 0{,}9\pi_3^* & = & 0 \\ \pi_0^* & + & \pi_1^* & + & \pi_2^* & + & \pi_3^* & = & 1 \end{cases}$$

qui a bien pour solution :

$$\pi_0^* = \frac{457}{1\,668}, \pi_1^* = \frac{220}{1\,668}, \pi_2^* = \frac{458}{1\,668}, \pi_3^* = \frac{553}{1\,668}.$$

Rappelons que pour une chaîne régulière, $\mathbf{M}^* = \lim_{n \to \infty} \mathbf{M}^n$ est une matrice dont toutes les lignes sont identiques, chacune étant égale au vecteur-ligne $\mathbf{\Pi}^*$.

5.3 Construisons d'abord le graphe représentatif. Nous constatons aisément qu'il n'est pas connexe. Il existe, en réalité, une décomposition des états en deux classes d'états disjointes : la première comprend les états 1 et 3 ; la seconde, les états 0,2 et 4. Il n'y a pas de passage possible entre états qui appartiennent à deux classes différentes. Ces classes sont évidemment les composantes connexes du graphe.

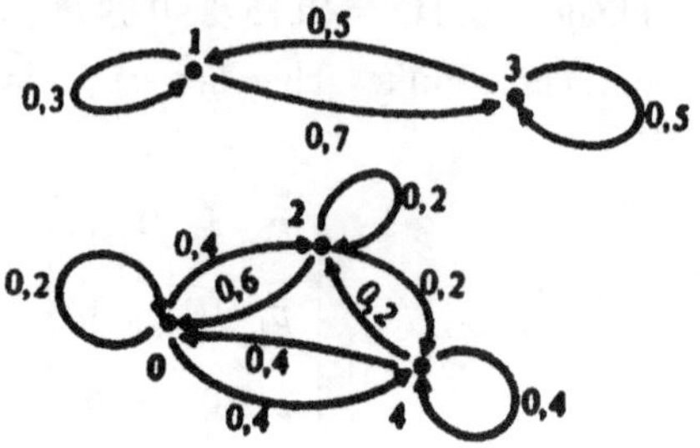

Si l'on regroupe lignes et colonnes, comme le montre la matrice suivante, apparaissent deux matrices carrées non nulles, s'appuyant sur la diagonale principale : les autres éléments sont nuls.

$$\mathbf{M} = \begin{array}{c} \\ 1 \\ 3 \\ 0 \\ 2 \\ 4 \end{array} \begin{bmatrix} 1 & 3 & 0 & 2 & 4 \\ 0{,}3 & 0{,}7 & 0 & 0 & 0 \\ 0{,}5 & 0{,}5 & 0 & 0 & 0 \\ 0 & 0 & 0{,}2 & 0{,}4 & 0{,}4 \\ 0 & 0 & 0{,}6 & 0{,}2 & 0{,}2 \\ 0 & 0 & 0{,}4 & 0{,}2 & 0{,}4 \end{bmatrix}$$

On verrait, en calculant :

$$\lim_{n\to\infty} [\mathbf{M}]^n$$

que les sous-matrices carrées sont séparément ergodiques :

$$\lim_{n\to\infty} [\mathbf{M}] = \begin{bmatrix} \frac{5}{12} & \frac{7}{12} & 0 & 0 & 0 \\ \frac{5}{12} & \frac{7}{12} & 0 & 0 & 0 \\ 0 & 0 & \frac{11}{29} & \frac{8}{29} & \frac{10}{29} \\ 0 & 0 & \frac{11}{29} & \frac{8}{29} & \frac{10}{29} \\ 0 & 0 & \frac{11}{29} & \frac{8}{29} & \frac{10}{29} \end{bmatrix}$$

Remarque. Plus généralement, les matrices stochastiques de la forme :

$$\begin{bmatrix} \mathbf{A} & \mathbf{0} \\ \mathbf{0} & \mathbf{B} \end{bmatrix}$$

où **A** et **B** sont des matrices carrées, se décomposent d'une manière analogue ; c'est pourquoi on les dit *réductibles.* On a évidemment :

$$\begin{bmatrix} \mathbf{A} & \mathbf{0} \\ \mathbf{0} & \mathbf{B} \end{bmatrix}^n = \begin{bmatrix} \mathbf{A}^n & \mathbf{0} \\ \mathbf{0} & \mathbf{B}^n \end{bmatrix}$$

car **A** et **B** sont des matrices stochastiques.

5.4 Dès que l'on a tracé le graphe représentatif, on s'aperçoit qu'il comporte deux composantes fortement connexes : le passage de tout état de l'ensemble d'états transitoire $\mathscr{E}_2$, à un état de l'ensemble des états récurrents $\mathscr{E}_1$ est possible, l'inverse ne l'étant pas.

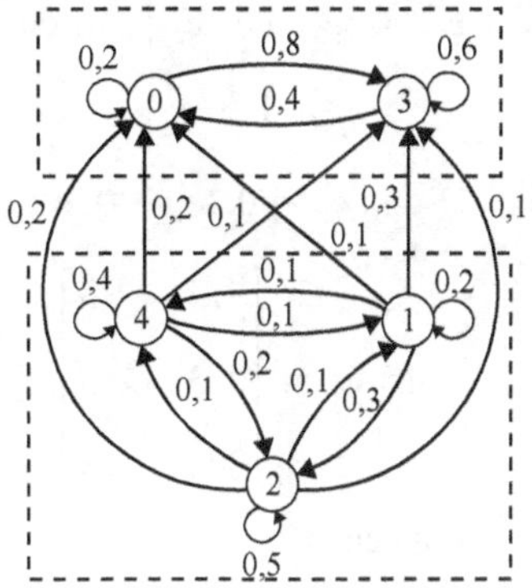

Bien entendu, un rangement convenable des lignes et colonnes de **M** fait apparaître aussi la propriété :

$$\mathbf{M} = \begin{array}{c} \\ 0 \\ 3 \\ 1 \\ 2 \\ 4 \end{array} \begin{array}{c} \begin{array}{ccccc} 0 & 3 & 1 & 2 & 4 \end{array} \\ \left[\begin{array}{cc:ccc} 0{,}2 & 0{,}8 & 0 & 0 & 0 \\ 0{,}4 & 0{,}6 & 0 & 0 & 0 \\ \hdashline 0{,}1 & 0{,}3 & 0{,}2 & 0{,}3 & 0{,}1 \\ 0{,}2 & 0{,}1 & 0{,}1 & 0{,}5 & 0{,}1 \\ 0{,}2 & 0{,}1 & 0{,}1 & 0{,}2 & 0{,}4 \end{array}\right] \end{array}$$

Plus généralement, toute matrice stochastique de la forme : $\begin{bmatrix} \mathbf{A} & \mathbf{0} \\ \mathbf{C} & \mathbf{D} \end{bmatrix}$ est décomposable d'une manière analogue. On a :

$$\begin{bmatrix} \mathbf{A} & \mathbf{0} \\ \mathbf{C} & \mathbf{D} \end{bmatrix}^n = \begin{bmatrix} \mathbf{A}^n & \mathbf{0} \\ \mathbf{E}_n & \mathbf{D}^n \end{bmatrix} \quad \text{avec : } \mathbf{E}_n = \mathbf{E}_{n-1} \cdot \mathbf{A} + \mathbf{D}^{n-1} \cdot \mathbf{C} \text{ et } \mathbf{E}_1 = \mathbf{C}.$$

La matrice stochastique **A** a une limite $\mathbf{A}^*$ lorsque n augmente indéfiniment ; on a aussi : $\lim\limits_{n \to \infty} \mathbf{D}^n = \mathbf{0}$; comme la puissance n^e d'une matrice stochastique est encore une matrice stochastique, si $\mathbf{D}^n \to \mathbf{0}$ lorsque n augmente indéfiniment, $\mathbf{E}_n$ est une matrice stochastique (la somme des termes de chacune de ses lignes égale à 1).

$$\lim_{n \to \infty} \begin{bmatrix} 0{,}2 & 0{,}8 \\ 0{,}4 & 0{,}6 \end{bmatrix}^n = \begin{bmatrix} 1/3 & 2/3 \\ 1/3 & 2/3 \end{bmatrix}$$

Dans l'exemple précédent $\mathbf{A}^* = \lim\limits_{n \to \infty} \mathbf{A}^n = \lim\limits_{n \to \infty}.$

On montre aisément que $\lim_{n \to \infty} \mathbf{D}^n = \mathbf{0}$ (en effet, la probabilité – partant d'un état transitoire – de trouver le système dans un état transitoire après n transitions tend vers 0 quand $n \to \infty$).

Prenons la limite pour $n \to \infty$ de chaque membre de : $\mathbf{E}_n = \mathbf{E}_{n-1} \cdot \mathbf{A} + \mathbf{D}^{n-1} \cdot \mathbf{C}$.

Il vient, en posant $\mathbf{E}^* = \lim_{n \to \infty} \mathbf{E}^n$ il vient : $\mathbf{E}^* = \mathbf{E}^* \cdot \mathbf{A} + \mathbf{0}$, puisque $\lim_{n \to \infty} \mathbf{D}^n = \mathbf{0}$ et que $\lim_{n \to \infty} \mathbf{E}_n = \lim_{n \to \infty} \mathbf{E}_{n-1}$.

$\mathbf{E}^*$ est aussi une matrice stochastique ; on peut donc poser :

$$\mathbf{E}^* = \begin{bmatrix} e_1^* & 1 - e_1^* \\ e_2^* & 1 - e_2^* \\ e_4^* & 1 - e_4^* \end{bmatrix} \text{ ; d'où } \begin{bmatrix} e_1^* & 1 - e_1^* \\ e_2^* & 1 - e_2^* \\ e_4^* & 1 - e_4^* \end{bmatrix} = \begin{bmatrix} e_1^* & 1 - e_1^* \\ e_2^* & 1 - e_2^* \\ e_4^* & 1 - e_4^* \end{bmatrix} \cdot \begin{bmatrix} 0{,}2 & 0{,}8 \\ 0{,}4 & 0{,}6 \end{bmatrix}$$

D'où : $e_1^* = 0{,}2e_1^* + 0{,}4(1 - e_1^*)$ et $e_1^* = 1/3$. De même, on trouve $e_2^* = e_4^* = 1/3$.

$$\text{Ainsi } \mathbf{E}^* = \begin{bmatrix} 1/3 & 2/3 \\ 1/3 & 2/3 \\ 1/3 & 2/3 \end{bmatrix}.$$

Finalement :

$$\mathbf{M}^* = \lim_{n \to \infty} \mathbf{M}^n = \begin{array}{c} \\ 0 \\ 3 \\ 1 \\ 2 \\ 4 \end{array} \begin{array}{c} \begin{array}{ccccc} 0 & 3 & 1 & 2 & 4 \end{array} \\ \begin{bmatrix} 1/3 & 2/3 & 0 & 0 & 0 \\ 1/3 & 2/3 & 0 & 0 & 0 \\ 1/3 & 2/3 & 0 & 0 & 0 \\ 1/3 & 2/3 & 0 & 0 & 0 \\ 1/3 & 2/3 & 0 & 0 & 0 \end{bmatrix} \end{array}$$

Cette chaîne est "simplement ergodique" car elle comporte des états transitoires de probabilité-limite nulle, et on a : $\Pi_{(\infty)} = [1/3 \quad 2/3 \quad 0 \quad 0 \quad 0]$.

NB. Une propriété analogue peut être montrée pour les matrices de la forme $\begin{bmatrix} \mathbf{A} & \mathbf{B} \\ \mathbf{0} & \mathbf{D} \end{bmatrix}$, qui sont aussi décomposables (ou « réductibles »).

5.5 Sur le graphe représentatif, on voit clairement que tout état de $\mathscr{E}_1$ (0 ou 3) est suivi d'un état de $\mathscr{E}_2$ (1, 2 ou 4) ; cela veut dire que le système oscille perpétuellement entre $\mathscr{E}_1$ et $\mathscr{E}_2$.

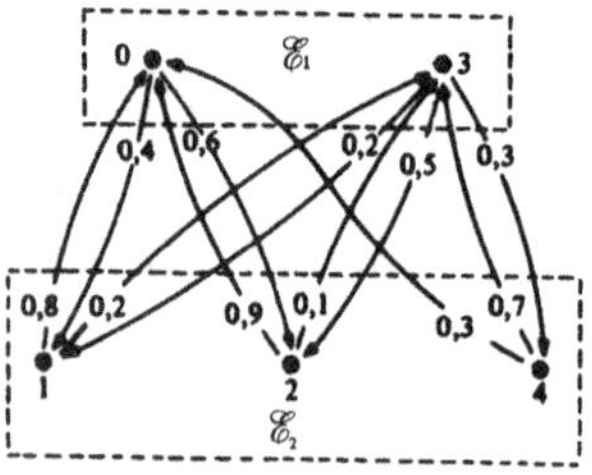

La matrice **M** peut être sous la forme :

$$\mathbf{M} = \begin{array}{c} \\ 3 \\ 0 \\ 1 \\ 2 \\ 4 \end{array} \begin{array}{c} \begin{array}{ccccc} 3 & 0 & 1 & 2 & 4 \end{array} \\ \begin{bmatrix} 0 & 0 & 0{,}2 & 0{,}5 & 0{,}3 \\ 0 & 0 & 0{,}4 & 0{,}6 & 0 \\ 0{,}2 & 0{,}8 & 0 & 0 & 0 \\ 0{,}1 & 0{,}9 & 0 & 0 & 0 \\ 0{,}7 & 0{,}3 & 0 & 0 & 0 \end{bmatrix} \end{array}$$

par rangement convenable des lignes et colonnes, la matrice est du type : $\begin{bmatrix} \mathbf{0} & \mathbf{A} \\ \mathbf{B} & \mathbf{0} \end{bmatrix}$ où les matrices nulles s'appuyant sur la diagonale sont carrées ; les matrices de ce type sont dites périodiques.

On calculerait facilement :

$$\begin{bmatrix} \mathbf{0} & \mathbf{A} \\ \mathbf{B} & \mathbf{0} \end{bmatrix}^{2n} = \begin{bmatrix} (\mathbf{AB})^n & \mathbf{0} \\ \mathbf{0} & (\mathbf{BA})^n \end{bmatrix}$$

et

$$\begin{bmatrix} \mathbf{0} & \mathbf{A} \\ \mathbf{B} & \mathbf{0} \end{bmatrix}^{2n+1} = \begin{bmatrix} \mathbf{0} & (\mathbf{AB})^n\mathbf{A} \\ (\mathbf{AB})^n\mathbf{A} & \mathbf{0} \end{bmatrix}$$

Numériquement, dans l'exemple précédent :

$$\lim_{n\to\infty} \mathbf{M}^{2n} = \begin{array}{c} \begin{array}{ccccc} 3 & 0 & 1 & 2 & 4 \end{array} \\ \begin{bmatrix} \frac{1}{6} & \frac{5}{6} & 0 & 0 & 0 \\ \frac{1}{6} & \frac{5}{6} & 0 & 0 & 0 \\ 0 & 0 & \frac{22}{60} & \frac{35}{60} & \frac{3}{60} \\ 0 & 0 & \frac{22}{60} & \frac{35}{60} & \frac{3}{60} \\ 0 & 0 & \frac{22}{60} & \frac{35}{60} & \frac{3}{60} \end{bmatrix} \end{array} \begin{array}{c} \\ 3 \\ 0 \\ 1 \\ 2 \\ 4 \end{array} \quad \text{et :}$$

$$\lim_{n\to\infty} \mathbf{M}^{2n+1} = \begin{array}{c} \begin{matrix} 3 & 0 & 1 & 2 & 4 \end{matrix} \\ \begin{bmatrix} 0 & 0 & \frac{22}{60} & \frac{35}{60} & \frac{3}{60} \\ 0 & 0 & \frac{22}{60} & \frac{35}{60} & \frac{3}{60} \\ \frac{1}{6} & \frac{5}{6} & 0 & 0 & 0 \\ \frac{1}{6} & \frac{5}{6} & 0 & 0 & 0 \\ \frac{1}{6} & \frac{5}{6} & 0 & 0 & 0 \end{bmatrix} \end{array} \begin{matrix} 3 \\ 0 \\ 1 \\ 2 \\ 4 \end{matrix}$$

Il n'y a donc pas, à proprement parler, de limite de **M** lorsque n tend vers l'infini.

5.6 1) $\mathbf{M} = \begin{bmatrix} 0 & 1 & 0 \\ 0 & 0 & 1 \\ 1 & 0 & 0 \end{bmatrix}$ est une matrice dite de « permutation ».

Par récurrence : supposons que $\mathbf{M}^n$ ait la forme donnée dans l'énoncé; montrons que $\mathbf{M}^{n+1}$ a alors la forme analogue :

$$\mathbf{M}^{n+1} = \mathbf{M}^n \cdot \mathbf{M} = \begin{bmatrix} a_n & a_{n-1} & a_{n+1} \\ a_{n+1} & a_n & a_{n-1} \\ a_{n-1} & a_{n+1} & a_n \end{bmatrix} \cdot \begin{bmatrix} 0 & 1 & 0 \\ 0 & 0 & 1 \\ 1 & 0 & 0 \end{bmatrix} = \begin{bmatrix} a_{n+1} & a_n & a_{n-1} \\ a_{n-1} & a_{n+1} & a_n \\ a_n & a_{n-1} & a_{n+1} \end{bmatrix}$$

En remarquant que $a_{n-1} = a_{n+2}$ (car $\cos\frac{2\pi(n-1)}{3} = \cos\frac{2\pi(n+1)}{3}$, puisque $\frac{2\pi(n+2)}{3} = \frac{2\pi(n+1)}{3} + 2\pi$ et que $\cos x = \cos(x + 2\pi)$), il vient :

$$\mathbf{M}^{n+1} = \begin{bmatrix} a_{n+1} & a_n & a_{n+2} \\ a_{n+2} & a_{n+1} & a_n \\ a_n & a_{n+2} & a_{n+1} \end{bmatrix} = \begin{bmatrix} a_m & a_{m-1} & a_{m+1} \\ a_{m+1} & a_m & a_{m-1} \\ a_{m-1} & a_{m+1} & a_m \end{bmatrix}, \text{ où } m = n+1.$$

$$\mathbf{M}^{3k} = \begin{bmatrix} 1 & 0 & 0 \\ 0 & 1 & 0 \\ 0 & 0 & 1 \end{bmatrix} = \mathbf{I} \,;\, \mathbf{M}^{3k+1} = \mathbf{M} = \begin{bmatrix} 0 & 1 & 0 \\ 0 & 0 & 1 \\ 1 & 0 & 0 \end{bmatrix} ;\, \mathbf{M}^{3k+2} = \begin{bmatrix} 0 & 0 & 1 \\ 1 & 0 & 0 \\ 0 & 1 & 0 \end{bmatrix}.$$

2) $\mathbf{\Pi}(3k) = [1, 0, 0]$; $\mathbf{\Pi}(3k+1) = [0, 1, 0]$; $\mathbf{\Pi}(3k+2) = [0, 0, 1]$.

On observe que $\mathbf{\Pi}(n)$ oscille entre ces trois vecteurs, selon que $n = 3k$ ou $n = 3k + 1$ ou $n = 3k + 2$: $\mathbf{\Pi}(n)$ n'a pas de limite dans ce cas.

3) Avec ce choix très particulier de $\mathbf{\Pi}(0)$, il vient :

$$\left[\frac{1}{3}\,\frac{1}{3}\,\frac{1}{3}\right] = \mathbf{\Pi}(0) = \mathbf{\Pi}(1) = \mathbf{\Pi}(2) = \cdots = \mathbf{\Pi}(\infty)$$

ce vecteur de probabilités est un « point fixe » de $\mathbf{M}$.

5.7 ***Indications.*** On a les équations caractéristiques respectives suivantes :

1) $(\lambda - 1)(\lambda^3 + 0{,}4\,\lambda^2 + 0{,}23 + 0{,}038) = 0$;

2) $(\lambda - 1)^2(\lambda^3 + 0{,}4\,\lambda^2 - 0{,}008) = 0$;

3) $\lambda\,(\lambda - 1)(\lambda + 1)(\lambda^2 - 0{,}16) = 0$;

4) $(\lambda - 1)(\lambda^2 + \lambda + 1) = 0$.

Dans le premier cas, outre les racines réelles 1 et $-0{,}2 \cdots$, et on a deux racines imaginaires : $-0{,}1 + 0{,}3i\sqrt{2}$ et $-0{,}1 + 0{,}3i\sqrt{2}$.

Dans le deuxième, toutes les racines sont réelles : 1 ; 1 ; $-0{,}2$; $-0{,}1(1 + \sqrt{5})$; $-0{,}1(1 - \sqrt{5})$; $-0{,}1(1 - \sqrt{5})$. Noter que $\lambda = 1$ est racine double.

Dans le troisième, les racines sont également réelles : 1 ; -1 ; 0,4 ; $-0{,}4$ et 0.

Dans le dernier cas, la seule racine réelle est : 1, les deux autres sont imaginaires conjuguées : $j = -\frac{1}{2} + i\frac{\sqrt{3}}{2}$ et $j^2 = \bar{j} = -\frac{1}{2} - i\frac{\sqrt{3}}{2}$. Le polynôme caractéristique est : $\lambda^3 - 1 = 0$; ses racines sont les *racines cubiques* de l'unité, soit : 1, j et j^2. Rappelons que cette chaîne est périodique, de période 3.

D'une manière générale, pour une chaîne de Markov comportant une classe d'états récurrents périodiques, (de période d), dans les racines de l'équation caractéristiques figurent les racines $d^{\text{ièmes}}$ de l'unité : $e^{i.2k\pi/d}$ où : $k = 0, 1, \cdots, d-1$.

En outre, si une chaîne de Markov possède p classes d'états récurrents, $\lambda = 1$ est racine d'ordre p de l'équation caractéristique (c'est-à-dire que l'on peut mettre $(\lambda - 1)^p$ en facteur dans cette équation).

5.8 1) $\pi_4(t) = \dfrac{(\alpha t)^4}{4!} \cdot e^{-\alpha t}$: car la longueur de l'intervalle $[t, 2t]$ est t.

$\pi_4(2t) = \dfrac{(2\,\alpha\, t)^4}{4!} \cdot e^{-2\alpha t}$: car la longueur de l'intervalle $[3t, 5t]$ est $2t$.

2) $\pi_0(\Delta t) = \dfrac{(\Delta t)^0}{0!} e^{-\alpha \cdot \Delta t} = 1 - \alpha\, \Delta\, t + o(\Delta t)$, car le développement de e^{-x} en série : $e^{-x} = 1 - \dfrac{x^1}{1!} + \dfrac{x^2}{2!} - \dfrac{x^3}{3!} + \cdots$ fournit pour x petit le développement limité : $e^{-x} = 1 - x + o(x)$.

La probabilité d'avoir un événement entre o et $o + \Delta t$ est :

$\pi(\Delta t) = \dfrac{\Delta t}{1!} e^{-\alpha \Delta t} = \alpha \Delta t + 0(\Delta t)$

La probabilité d'avoir deux événements entre θ et $\theta + \Delta t$ est :

$$\pi_2(\Delta t) = \frac{(\Delta t)^2}{2!} e^{-\alpha \Delta t} = \frac{(\Delta t)^2}{2}[1 - \alpha \Delta t + o(\Delta t)] = \frac{(\Delta t)^2}{2} + o(\Delta t^2) = o(\Delta t^2)$$

cette probabilité, du second ordre en Δt, est négligeable.

3) $\bar{n}(t) = E(X_t) = \alpha t$, où X_t est la variable aléatoire « nombre d'événements sur un intervalle de temps de longueur t. » Par définition : $\sigma^2_{X_t} = \text{var}(X_t) = E(X_t^2) - (E(X_t))^2$.

$E(X_t)$ étant connu, il reste à évaluer $E(X_t^2)$:

$$E(X_t^2) = \sum_{n=1}^{\infty} n^2 \cdot \pi_n(t) = \sum_{n=1}^{\infty} n(n-1) \cdot \pi_n(t) + \sum_{n=1}^{\infty} n \cdot \pi_n(t).$$

Le premier sigma vaut : $\displaystyle\sum_{n=2}^{\infty} n(n-1) \frac{(\alpha t)^n}{n!} e^{-\alpha t}$, soit $\displaystyle(\alpha t)^2 e^{-\alpha t} \sum_{n=2}^{\infty} \frac{(\alpha t)^{n-2}}{(n-2)!}$;

en effet on a : $n! = n \cdot (n-1) \cdot (n-2)!$.

Or : $\displaystyle\sum_{n=2}^{\infty} \frac{(\alpha t)^{n-2}}{(n-2)!} = \sum_{m=0}^{\infty} \frac{(\alpha t)^m}{m!} = e^{\alpha t}$ (en posant $m = n - 2$); on reconnaît la série qui définit l'exponentielle (rappelons que $\displaystyle e^x = 1 + \frac{x^1}{1!} + \frac{x^2}{2!} + \cdots = \sum_{m=0}^{\infty} \frac{x^m}{m!}$).

Finalement : $E(X^2 t) = [(\alpha t)^2 e^{-\alpha t} \cdot e^{\alpha t} + E(X_t)]$ et :

$$\sigma^2_{X_t} = [(\alpha t)^2 + \alpha t - (\alpha t)^2] = \alpha t.$$

4) La durée T séparant deux événements consécutifs est régie par la loi exponentielle de taux α; elle vaut donc en "moyenne" (espérance) : $1/\alpha$.

$\displaystyle \text{var}\, T = E(T^2) - \left[\frac{1}{\alpha}\right]^2 = \int_0^{\infty} t^2 \cdot (\alpha e^{-\alpha t})\, dt - \frac{1}{\alpha}$. Posons $\alpha t = u$, il vient :

$$\text{var}\, T = \frac{1}{\alpha^2} \int_0^{\infty} u^2 \cdot e^{-u} \cdot du - \frac{1}{\alpha^2} = \frac{2!}{\alpha^2} - \frac{1}{\alpha^2} = \frac{1}{\alpha^2}.$$

5.9 1) Il s'agit du processus de naissance dit de « Yule ».

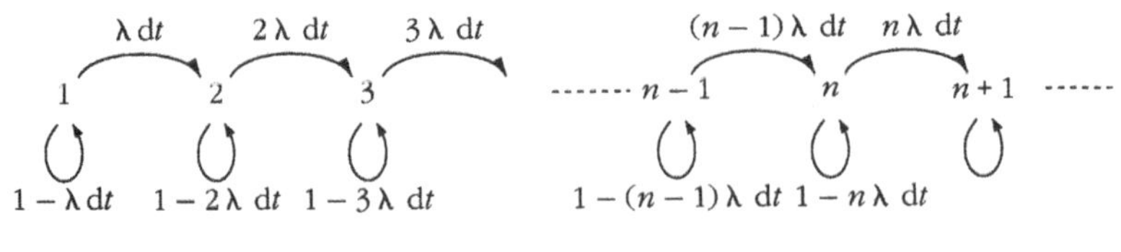

On reconnaît un processus de naissance ouvert. D'où :

$$\begin{cases} \pi_1(t + dt) = (1 - \lambda\, dt)\cdot\pi_1(t) \\ \pi_n(t + dt) = (n - 1)\lambda\, dt\cdot\pi_{n-1}(t) + (1 - n\lambda\, dt)\cdot\pi_n(t) \quad \text{pour } n \geqslant 2 \end{cases}$$

$$\begin{cases} \pi'(t) = -\lambda\cdot\pi_1(t) & (1) \\ \pi'_n(t) = (n - 1)\lambda\cdot\pi_{n-1}(t) + n\lambda\cdot\pi_n(t) & (2) \end{cases}$$

D'où : $\pi_1(t) = e^{-\lambda t}$, puis $\pi_2'(t) - 2\lambda\,\pi_2(t) = \lambda\, e^{-\lambda t}$, qui a pour solution :

$\pi_1(t) = e^{-\lambda t} - e^{-2\lambda t}$ (sachant que $\pi_2(0) = 0$). Soit: $\pi_2(t) = e^{-\lambda t}(1 - e^{-\lambda t})$: $\pi_2(t)$ a bien la forme donnée dans l'énoncé.

Par récurrence : supposons que l'on ait $\pi_{n-1}(t) = e^{-\lambda t}(1 - e^{-\lambda t})^{n-1}$. En reportant cette valeur dans (2), puis en intégrant cette équation différentielle on trouve effectivement :

$\pi_n(t) = e^{-\lambda t}\,(1 - e^{-\lambda t})^n$.

On vérifie alors que le nombre moyen de micro-organismes présents à t est : $E(X_t) = e^{\lambda t}$.

On retrouve l'idée commune de croissance « exponentielle » pour une population (biologique).

2) Lorsqu'il y a initialement N micro-organismes présents à $t = 0$, il vient :

$$\pi_{N+n}(t) = C_{n+N-1}^{n}\, e^{-N\lambda t}\cdot(1 - e^{-\lambda t})^n$$

(le calcul est plus commode si l'on utilise une transformée, comme celle de Laplace ou de Carson-Laplace).

5.10 1) Supposons, pour simplifier, que de E_i on ne puisse atteindre que deux états, soit E_1 et E_2. On note, alors, $\lambda_{i1} = \alpha$ et $\lambda_{i2} = \beta$. On a ici $q_i = \alpha + \beta$.

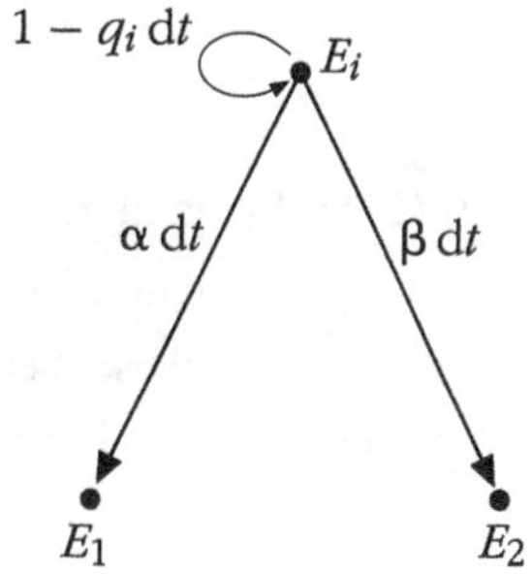

Soient les deux variables aléatoires Y_1 et Y_2 telles que :

$P[Y_1 > t] = e^{-\alpha t}$ et $P[Y_2 > t] = e^{-\beta t}$;

par conséquent :

$F_1(t) = P[Y_1 \leqslant t] = 1 - e^{-\alpha t}$, et

$F_2(t) = P[Y_2 \leqslant t] = 1 - e^{-\beta t}$

sont les fonctions de répartition de ces deux variables aléatoires.

Leurs densités de probabilité sont respectivement :

$f_1(t) = F'(t) = \alpha e^{-\alpha t}$ et $f_2(t) = \beta e^{-\beta t}$.

La probabilité p_{i1} cherchée, est la probabilité que la valeur de Y_1 soit inférieure à celle de Y_2 : $p_{i1} = P[Y_1 < Y_2]$.

Détaillons cette probabilité : supposons que Y_1 ait une valeur comprise entre $t - dt$ et t, alors Y_2 doit avoir une valeur supérieure à t. D'où $p_{i1} = \int_0^\infty P[t - dt < Y_1 \leqslant t \text{ et } Y_2 > t]$.

Les deux variables aléatoires Y_1 et Y_2 étant indépendantes, il vient :

$$p_{i1} = \int_0^\infty P[t - dt < Y_1 \leqslant t]\cdot P[Y_2 > t] = \int_0^\infty f_1(t)\,dt\cdot[1 - F_2(t)]$$

$$p_{i1} = \int_0^\infty \alpha e^{-\alpha t}\,\mathrm{d}t \cdot e^{-\beta t} = \alpha \int_0^\infty e^{-(\alpha+\beta)t} \cdot \mathrm{d}t = \frac{\alpha}{\alpha+\beta} = \frac{\lambda_{i1}}{\lambda_{i1}+\lambda_{i2}}.$$

De même, on calculerait $p_{i2} = \dfrac{\beta}{\alpha+\beta} = \dfrac{\lambda_{i2}}{\lambda_{i1}+\lambda_{i2}}$.

Plus généralement on a : $p_{ij} = \lambda_{ij} \Big/ \left(\sum_{j \neq i} \lambda_{ij}\right) = \lambda_{ij} / q_i$.

2) Désignons par A l'événement : « $X_{t_n} = E_{i_n}$ » et par B, l'événement :

« $X_{t_{n-1}} = E_{i_{n-1}}$ et $X_{t_{n-2}} = E_{i_{n-2}}$ et $\cdots$ et $X_{t_0} = E_{i_0}$ ».

La probabilité q_n de la trajectoire est alors $P[A \text{ et } B]$. Or, par définition d'une probabilité conditionnelle : $P[A \text{ et } B] = P[A \mid B] \cdot P[B]$. Ainsi :

$$q_n = P\left[X_{t_n} = E_{i_n} \mid X_{t_0} = E_{i_0}, \cdots, X_{t_{n-1}} = E_{i_{n-1}}\right] \cdot q_{n-1}$$

Par application de la propriété sans mémoire : $q_n = P\left[X_{t_n} = E_{i_n} \mid X_{t_{n-1}} = E_{i_{n-1}}\right] \cdot q_{n-1}$,

soit $q_n = p_{i_{n-1}, i_n} \cdot q_{n-1}$; finalement : $q_n = p_{i_{n-1}, i_n} \cdot p_{i_{n-2}, i_{n-1}} \cdot \cdots \cdot p_{i_0 i_1} \cdot q_0$.

Or $q_0 = P[X_0 = E_{i_0}] = \pi_{i_0}(0)$. Soit :

$$p_n = \pi_{i_0}(0) \cdot p_{i_0, i_1} \cdot p_{i_1, i_1} \cdot \cdots \cdot p_{i_{n-1}, i_n}.$$

avec (cf. question précédente) :

$$p_{i_k, i_{k+1}} = \frac{\lambda_{i_k i_{k+1}}}{\sum_{j \neq i} \lambda_{i_k j}} = \frac{\lambda_{i_k, i_{k+1}}}{q_{i_k}}$$

5.11 1) E_0 : la ligne de l'abonné est libre ;

E_1 : phase 1 en cours (l'abonné compose un numéro) ;

E_2 : phase 2 en cours.

Voici le graphe simplifié du processus de Markov associé :

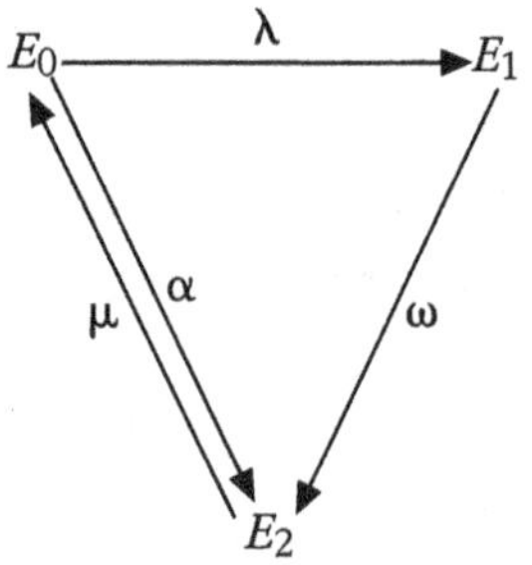

2) Ce graphe étant fini et fortement connexe, le processus de Markov associé est fortement ergodique.

3) La durée moyenne d'une phase 1 est $\frac{1}{\omega}$ (puisque cette durée est régie par une loi exponentielle de taux ω).

$\frac{1}{\omega} = \frac{20}{3\,600}$ h, d'où : $\omega = 180\ \text{h}^{-1}$; $\frac{1}{\mu} = \frac{3}{60}$ h, d'où $\mu = 20\ \text{h}^{-1}$.

Appliquons le théorème des coupes à $\{E_0\}$, puis à $\{E_1\}$:

$$\begin{cases} \mu \cdot \pi_2^* = (\lambda + \alpha)\cdot \pi_0^* \\ \lambda \cdot \pi_0^* = \omega \cdot \pi_1^* \\ \pi_0^* + \pi_1^* + \pi_2^* = 1 \end{cases} \qquad \text{d'où: } \pi_0^* \cdot \left[1 + \frac{\lambda}{\omega} + \frac{\lambda + (\alpha)}{\mu}\right] = 1 .$$

Numériquement : $\pi_0^* = \frac{60}{79}$, $\pi_1^* = \frac{1}{79}$, $\pi_2^* = \frac{18}{79}$.

La ligne est libre dans l'état E_0, soit avec la probabilité en régime permanent : $\pi_0^* = \frac{60}{79}$, soit $3\,600 \times \frac{60}{79} = 2\,734$ secondes par heure (soit environ 46 mn/h) : environ les 3/4 du temps.

5.12 1) On a, en tout, $N = 4$ terminaux ; il y a donc $N + 1 = 5$ états (E_k, $0 \leqslant k \leqslant 4$).

Le graphe des transitions entre t et $t + \mathrm{d}t$ est fini et fortement connexe : le processus est fortement ergodique.

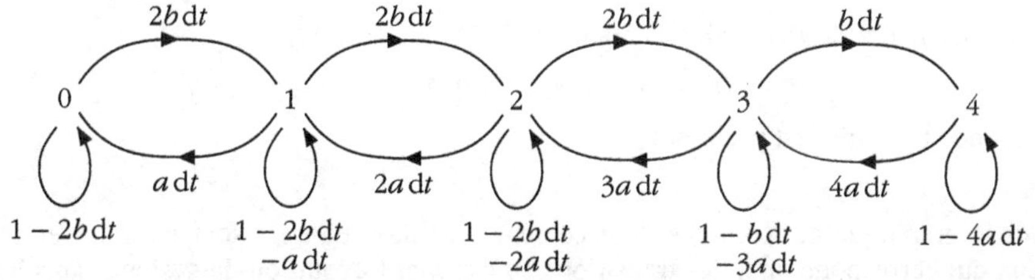

2) En notant p_i^* la probabilité de l'état E_i en régime permanent :

$$p_1^* = \frac{2b}{a} p_0^* = 12 p_0^*,\quad p_2^* = \frac{2b}{2a} p_1^* = 72 p_0^*,\quad p_3^* = \frac{2b}{3a} p_2^* = 288 p_0^*,\quad p_4^* = \frac{b}{4a} p_3^* = 432 p_0^* .$$

$p_0^* \cdot (1 + 12 + 72 + 288 + 432) = 1$ d'où : $p_0^* = 1/805$

et $p_1^* = \frac{12}{805}$, $p_2^* = \frac{72}{805}$, $p_3^* = \frac{288}{805}$ et $p_4^* = \frac{432}{805}$.

3) $\bar{\rho} = 1 \cdot p_3^* + 2 p_4^* = \frac{288 + 864}{805} = 1{,}4311$ réparateurs inoccupés

$\bar{r} = 4 p_0^* + 3 p_1^* + 2 p_2^* + p_3^* = \frac{4 + 36 + 144 + 288}{805} = 0{,}5863$ terminaux en panne.

4) En tout $N + S = 6$ terminaux ; il y a donc 7 états (notés F_k, $0 \leqslant k \leqslant 6$)

a) graphe simplifié :

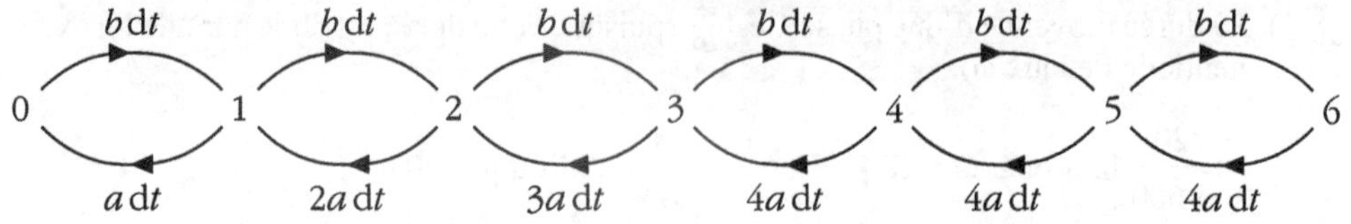

b) $q_1^* = \dfrac{b}{a} q_0^* = 6q_0^*$, $q_2^* = \dfrac{b}{2a} q_1^* = 18q_0^*$, $q_3^* = \dfrac{b}{3a} q_2^* = 36q_0^*$, $q_4^* = \dfrac{b}{4a} q_3^* = 54q_0^*$,

$q_5^* = \dfrac{b}{4a} p_0^* = 81q_0^*$, $q_6^* = \dfrac{b}{4a} q_5^* = \dfrac{243}{2} q_0^*$.

$$q_0^* \cdot \left(\frac{2 + 12 + 36 + 72 + 108 + 162 + 243}{2} \right) = 1, \text{ d'où : } q_0^* = \frac{2}{635}.$$

c) $\overline{\rho}' = 0 \cdot (q_0^* + \cdots + q_5^*) + 1 \cdot q_6^* = \dfrac{243}{635} = 0{,}3827$

NB $\overline{\rho} \neq \overline{\rho}' + 1$.

$$\bar{r}' = 6q_0^* + 5q_1^* + 4q_2^* + 3q_3^* + 2q_4^* + 1q_5^* = \frac{810}{635} = 1{,}2756$$

$$\bar{t} = 4q_0^* + 3q_1^* + 2q_2^* + q_3^* = \frac{8 + 36 + 72 + 72}{635} = \frac{188}{635} = 0{,}2961.$$

3) Coût journalier de P_1 : $500\overline{\rho} + 2000\bar{r} + 300N = 3\,088$ €/j

P_2 : $500\overline{\rho}' + 2000\bar{t} + 300(N + S) = 2\,584$ €/j.

La seconde politique est préférable.

5.13 Sur le graphique ci-après, les déplacements dus aux réglages sont indiqués en traits gras, ceux qui correspondent à des transitions concernant l'évolution du système sans intervention extérieure sont figurés en traits ponctués ; les probabilités de transfert et les gains sont indiqués sur les arcs.

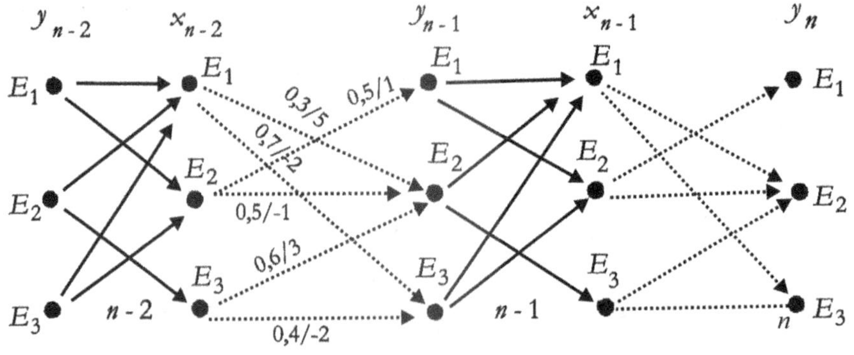

Les variables de décision sont les x_i, les variables de position les y_i; les espérances mathématiques de gain seront désignés par $\overline{Z}$. On a, en unités monétaires (u.m.) :

$\overline{z_{n-1}}(E_1,E_1) = 0{,}3 \times 5 + 0{,}7 \times (-2) = \boxed{0{,}1}$ $\overline{z_{n-1}}(E_1,E_2) = 0{,}5 \times 1 + 0{,}5 \times (-0) = 0$	$\overline{z_{n-2}}(E_1,E_1) = 0{,}3 \times (5+1) + 0{,}7 \times (-2+0{,}1) = 0{,}47$ $\overline{z_{n-2}}(E_1,E_2) = 0{,}5 \times (1+0{,}1) + 0{,}5 \times (-1\ +1) = \boxed{0{,}55}$
$\overline{z_{n-1}}(E_2,E_1) = 0{,}1$ $\overline{z_{n-1}}(E_2,E_3) = 0{,}6 \times 3 + 0{,}4\,(-2) = \boxed{1}$	$\overline{z_{n-2}}(E_2,E_1) = 0{,}47$ $\overline{z_{n-2}}(E_2,E_3) = 0{,}6 \times (3+1) + 0{,}4 \times (-2+0{,}1) = \boxed{1{,}64}$
$\overline{z_{n-1}}(E_3,E_1) = \boxed{0{,}1}$ $\overline{z_{n-1}}(E_3,E_2) = 0$	$\overline{z_{n-2}}(E_3,E_1) = 0{,}47$ $\overline{z_{n-2}}(E_3,E_2) = \boxed{0{,}55}$

Puis pour $n-3$, $n-4$, …, $n-10$:

$\max \overline{z_{n-3}}(E_1) = 1{,}095$ $\quad E_1 \to E_2$ $\qquad \max \overline{z_{n-3}}(E_2) = 2{,}204$ $\quad E_2 \to E_3$ $\qquad \max \overline{z_{n-3}}(C) = 1{,}095$ $\quad E_3 \to E_2$,

représentent les décisions optimales à $n-3$.

$\max \overline{z_{n-4}}(E_1) = 1{,}6495$ $\quad E_1 \to E_2$ $\qquad \max \overline{z_{n-4}}(E_2) = 2{,}7604$ $\quad E_2 \to E_3$ $\qquad \max \overline{z_{n-4}}(C) = 1{,}6495$ $\quad E_3 \to E_2$

$\max \overline{z_{n-10}}(E_1) = 4{,}982\,7$ $\quad E_1 \to E_2$ $\qquad \max \overline{z_{n-10}}(E_2) = 6{,}093\,8$ $\quad E_2 \to E_3$ $\qquad \max \overline{z_{n-10}}(E_3) = 4{,}982\,7$ $\quad E_3 \to E_2$

d'où l'on tire la politique optimale :

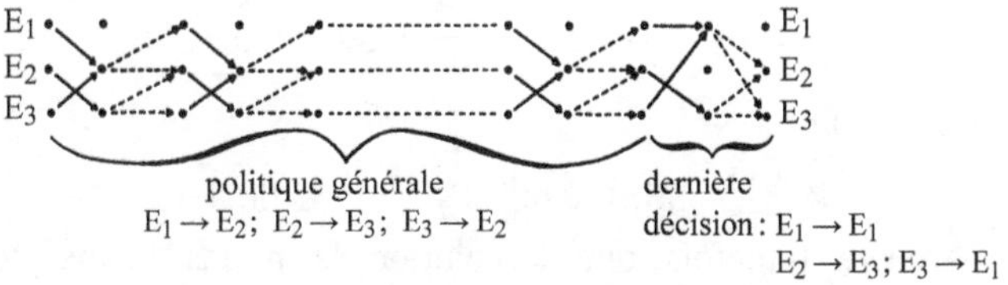

Remarquons maintenant que :

$$V_{E_1}^{n-k} = [0{,}5\ 0{,}5\ 0] \cdot \begin{bmatrix} 1 + V_{E_2}^{n-k+1} \\ -1 + V_{E_3}^{n-k+1} \\ 0 + V_{E_2}^{n-k+1} \end{bmatrix} = 0{,}5\left(V_{E_2}^{n-k+1} + V_{E_3}^{n-k+1}\right)$$

$$V_{E_1}^{n-k} = [0\ 0{,}6\ 0{,}4] \cdot \begin{bmatrix} 0 + V_{E_2}^{n-k+1} \\ 3 + V_{E_3}^{n-k+1} \\ -2 + V_{E_2}^{n-k+1} \end{bmatrix} = 1 + 0{,}6V_{E_3}^{n-k+1} + V_{E_3}^{n-k+1}$$

$$V_{E_1}^{n-k} = V_{E_1}^{n-k}$$

d'où l'on a :

$$\delta^{n-k} = V_{E_2}^{n-k} - V_{E_1}^{n-k} = 1 + 0{,}1\left(V_{E_2}^{n-k+1} - V_{E_1}^{n-k+1}\right) = 1 + 0{,}1\delta^{n-k+1}$$

Si n est assez grand :

$$\delta^{n-k} = 1 + 0{,}1 + 0{,}01 + 0{,}001 + \cdots \approx \frac{10}{9}.$$

De plus,

$$V_{E_2}^{n-k} = 0{,}5\left(V_{E_2}^{n-k+1} + V_{E_3}^{n-k+1}\right) = 0{,}5\left(2V_{E_2}^{n-k+1} + \delta^{n-k+1}\right) = V_{E_2}^{n-k+1} + \frac{1}{2}\delta^{n-k+1},$$

Par suite :

$$V_{E_2}^{n-k} \approx 0{,}55 + (k-2)\frac{5}{9}$$

$$V_{E_3}^{n-k} \approx 0{,}55 + k\cdot\frac{5}{9}$$

On vérifie que :

pour $k = 10$:

$$V_{E_3}^{n-k} = 0{,}55 + \frac{50}{9} \approx 6{,}10 \text{ u.m.}$$

$$V_{E_2}^{n-k} = 0{,}55 + \frac{40}{9} \approx 5{,}00 \text{ u.m.}$$

et l'on a, pour $k = 100$:

$$V_{E_3}^{n-k} \approx 56{,}10 \text{ u.m.};\ V_{E_2}^{n-k} \approx 55{,}00 \text{ u.m.}$$

NB. On remarquera toutefois que l'évolution la moins bonne donne une perte de 1,1 unité monétaire par période.

SOLUTIONS DES EXERCICES DU CHAPITRE 6

6.1 1) $i(t) \cdot dt = P[t < T \leqslant t + dt] = dF(t)$ où : $F(t) = P[T \leqslant t]$.

Or $F(t) = 1 - v(t)$. Donc $i(t) = -v'(t)$.

Ici $i(t) = (a) \cdot e^{-at} + (1 + at)(-ae^{-at}) = a^2 \cdot t \cdot e^{-at}$.

$MTTF = \bar{t} = \int_0^\infty t \cdot i(t) = \int_0^\infty v(t) \cdot dt$; ici: $\bar{t} = \int_0^\infty a^2 \cdot t^2 \cdot e^{-at}\, dt = \frac{1}{a}\int_0^\infty x^2 \cdot e^{-x} \cdot dx$, en posant $x = at$.

On montre aisément que : $\int_0^\infty x^n \cdot e^{-x} \cdot dx = n!$ (pour n entier). D'où $\bar{t} = \frac{2!}{a} = \frac{2}{a}$.

Le taux d'avarie est $\lambda(t) = -\frac{v'(t)}{v(t)} = \frac{a^2 t}{1 + at}$. Pour $t \to \infty, \lambda(t) \to a$.

2) $p_m(t) = \int_0^t p_{m-1}(u) \cdot i(t - u) \cdot du$, avec $p_0(t) = v(t)$.

On calcule d'abord $P_1(t) = \int_o^t p_o(u) \cdot i(t - u) \cdot du$:

$$p_1(t) = \int_0^t (1 + au) \cdot e^{-au} \cdot a^2(t - u) \cdot e^{-a(t-u)} \cdot du$$

$$= e^{-at}\int_0^t a^2 (1 + au)(t - u)du = e^{-at}\int_0^t a^2[-au^2 + u(at - 1) + t] \cdot du$$

Soit $p_1(t) = e^{-at} \cdot a^2 \cdot \left[-a\frac{t^3}{3} + a\frac{t^3}{2} - \frac{t^2}{2} + t^2\right] = \left[\frac{a^2t^2}{2} + \frac{a^3t^3}{6}\right] \cdot e^{-at}$.

De même on calcule :

$$p_2(t) = \left[\frac{a^4t^4}{24} + \frac{a^5t^5}{120}\right] \cdot e^{-at} = \left[\frac{(at)^4}{4!} + \frac{(at)^5}{5!}\right] \cdot e^{-at}$$

Puis par récurrence, on fait l'hypothèse que :

$$p_n(t) = \left[\frac{(at)^{2m}}{2m!} + \frac{(at)^{2m+1}}{(2m + 1)!}\right] \cdot e^{-at}$$

et l'on montre que $p_{m+1}(t)$ a la forme analogue (obtenue en remplaçant m par $m + 1$ dans l'expression de $p_m(t)$).

NB. L'expression $p_m(t) = \int_0^t p_{m-1}(u) \cdot i(t-u) \cdot du$ étant un produit de convolution, la résolution de cette récurrence serait facilitée si l'on utilisait la transformée de Laplace (ou celle de Carson-Laplace).

On trouve ici une **loi d'Erlang-2**, obtenue en regroupant par « paquets » de deux événements consécutifs, les événements se produisant dans un processus de Poisson de taux a : $p_m(t) = \pi_{2m}(t) + \pi_{2m+1}(t)$, où : $\pi_{2m}(t) = \frac{(at)^{2m}}{2m!} \cdot e^{-at}$ est la probabilité d'occurence de $2m$ événements entre 0 et t dans ce processus de Poisson de taux a (et paramètre at).

6.2

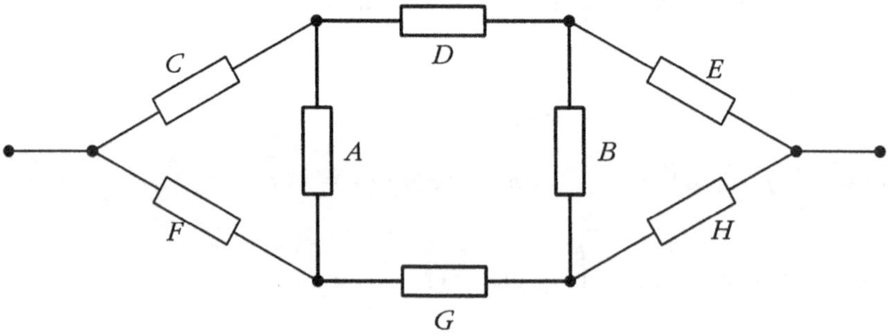

$$V(t) = P[T > t] = P[T > t \mid T_A > t] \cdot P[T_A > t] + P[T > t \mid T_A \leqslant t] \cdot P[T_A \leqslant t].$$

Pour évaluer le premier terme de cette somme, on peut remplacer A par un « court-circuit ». On a alors C et F en parallèle, suivis d'un pont simple (dont la fiabilité a été calculée au chapitre 6, paragraphe 6.4) :

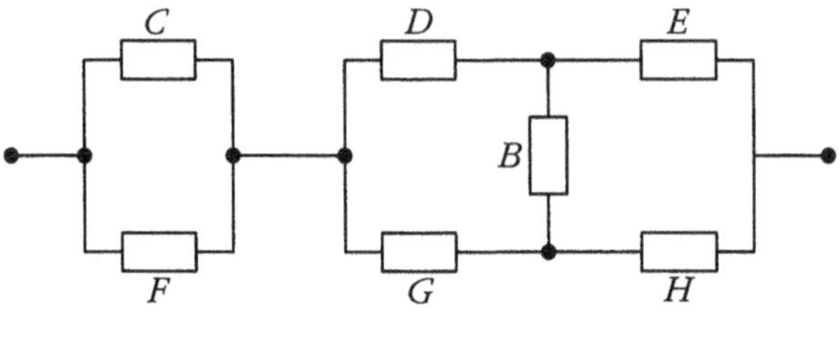

Posons pour simplifier $v_A(t) = a, v_B(t) = b, \ldots, v_H(t) = h$.

La fiabilité du montage en parallèle de C et F vaut : $c + f - cf$. D'où l'expression (1) :

$$P[T < t \mid T_A > t]$$
$$= (c + f - cf) \cdot [(de + gh - degh)(1 - b) + (d + g - dg) \cdot (e + h - eh)\, b] \quad (1)$$

Pour évaluer le second terme de $V(t)$, on supprime A ; on retrouve alors un pont simple, en regroupant C et D qui sont en série, de même que F et G.

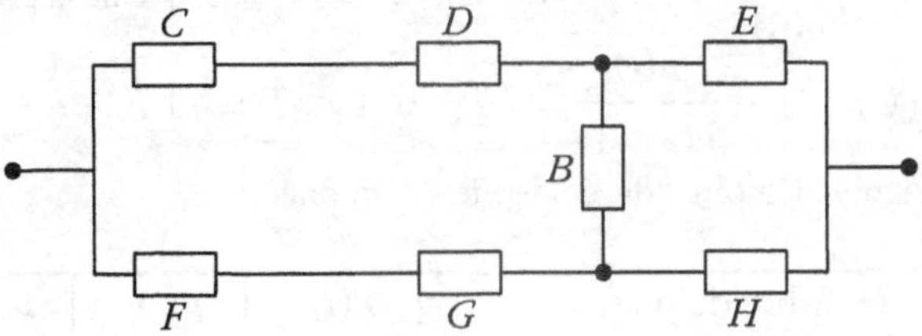

$P[T > t \mid T_A \leqslant t]$
$=[cde + fgh - cdefgh](1 - b) + [cd + fg - cdfg] \cdot [cd + fg - cdfg] \cdot$
$[e + h - eh] \cdot b$ (2)

Finalement $V(t)$ est la somme des expressions (1) et (2). Si $v(t) = v$ pour chacun des 8 composants, il vient $V = v^3(2 + 4v - 10v^2 + 7v^3 + 12v^4 - 4v^5)$.

Si $v = 1$ (fiabilité parfaite), on obtient $V = 1$ comme attendu. Si $v = 0$, évidemment on a $V = 0$.

6.3 1) $i_\theta(t)\cdot \mathrm{d}t = P[t < X \leqslant t + \mathrm{d}t \mid X > \theta\,]$. Or $P[A \mid B] = P[A \text{ et } B] / P[B]$.

Donc $i_\theta(t)\cdot \mathrm{d}t = P[t < X \leqslant t + \mathrm{d}t] / P[X > \theta]$: car on sait qu'ici : $t > \theta$.

Soit: $i_\theta(t)\cdot \mathrm{d}t = i(t)\cdot \mathrm{d}t \;/\; v(\theta) = -v'(t)\cdot \mathrm{d}t \;/\; v(\theta)$.

$$\bar{r}_\theta = E[X - \theta \mid X > \theta\,] = E[X \mid X > \theta] - \theta$$
$$= \int_\theta^\infty [t \cdot i_\theta(t)\ \mathrm{d}t] - \theta = \int_\theta^\infty v(t)\cdot \mathrm{d}t \;/\; v(\theta)$$

NB Si $\theta = 0$, on retrouve $\bar{r}_0 = \bar{t} = \int_0^\infty v(t)\cdot dt$

2) Si $v(t) = e^{-\lambda t}$, $\bar{r}_\theta = \int_\theta^\infty e^{-\lambda t}\cdot \mathrm{d}t \;/\; e^{-\lambda\theta} = \left[-\frac{e^{-\lambda t}}{\lambda}\right]_\theta^\infty \Big/ e^{-\lambda\theta}$ soit :

$$\bar{r}_\theta = \frac{e^{-\lambda\theta}}{\lambda} \Big/ e^{-\lambda\theta} = \frac{1}{\lambda}.$$

On retrouve la propriété “sans mémoire” de la loi exponentielle : peu importe la durée de vie écoulée, tout se passe comme si, à chaque instant, le matériel était neuf et donc l'espérance de la durée de vie résiduelle est égale à l'espérance de la durée de vie depuis $t = 0$, soit : $\frac{1}{\lambda}$.

6.4 1) Il est facile de compléter le tableau initial par le calcul de $n(t)$, et celui de la mortalité relative : $p(t) = \dfrac{n(t-1) - n(t)}{n(0)} = P[t - 1 < T \leq t]$ ainsi que de la probabilité d'avarie :

$$p_c(t) = 1 - \frac{n(t)}{n(t-1)}. = P[t - 1 < T \leq t \mid T > t - 1]$$

où T est la variable aléatoire "durée de vie" d'un pneu.

t	Nombre de pneus ayant duré		$n(t)$	$p(t)$	$p_c(t)$
0			1000		
1	moins d'un mois	5	995	0,005	0,005
2	de 1 à 2 mois	10	985	0,010	0,010
3	de 2 à 3 mois	40	945	0,040	0,041
4	de 3 à 4 mois	80	865	0,080	0,085
5	de 4 à 5 mois	130	735	0,130	0,151
6	de 5 à 6 mois	250	485	0,250	0,341
7	de 6 à 7 mois	200	285	0,200	0,413
8	de 7 à 8 mois	120	165	0,120	0,422
9	de 8 à 9 mois	70	95	0,070	0,435
10	de 9 à 10 mois	50	45	0,050	0,527
11	de 10 à 11 mois	25	20	0,025	0,556
12	de 11 à 12 mois	15	5	0,015	0,750
13	de 12 à 13 mois	3	2	0,003	0,600
14	de 13 à 14 mois	2	0	0,002	1

La durée de vie moyenne :

$$\bar{t} = \sum_{t=1} t\, p_t$$

vaut 6,62 mois.

On pourrait en déduire la consommation moyenne (au bout d'un temps très long) :

$$\frac{1000}{6{,}62} = 151 \text{ pneus/mois.}$$

2) On peut définir une chaîne de Markov homogène, de matrice $\mathbf{M}$, telle que si $\mathbf{\Pi}(0)$ représente la distribution des âges à la date 0 :

$$\mathbf{\Pi}(1) = \mathbf{\Pi}(0) \cdot \mathbf{M}$$

$$\mathbf{\Pi}(2) = \mathbf{\Pi}(1) \cdot \mathbf{M} = \mathbf{\Pi}(0) \cdot \mathbf{M}^2$$

....

$$\mathbf{\Pi}(n) = \mathbf{\Pi}(0) \cdot \mathbf{M}^n$$

Voici cette matrice :

$$\begin{bmatrix}
0{,}005 & 0{,}995 \\
0{,}010 & 0 & 0{,}990 \\
0{,}041 & 0 & 0 & 0{,}959 \\
0{,}085 & 0 & 0 & 0 & 0{,}915 \\
0{,}151 & 0 & 0 & 0 & 0 & 0{,}849 \\
0{,}341 & 0 & 0 & 0 & 0 & 0 & 0{,}659 \\
0{,}413 & 0 & 0 & 0 & 0 & 0 & 0 & 0{,}587 \\
0{,}422 & 0 & 0 & 0 & 0 & 0 & 0 & 0 & 0{,}578 \\
0{,}435 & 0 & 0 & 0 & 0 & 0 & 0 & 0 & 0 & 0{,}565 \\
0{,}527 & 0 & 0 & 0 & 0 & 0 & 0 & 0 & 0 & 0 & 0{,}473 \\
0{,}556 & 0 & 0 & 0 & 0 & 0 & 0 & 0 & 0 & 0 & 0 & 0{,}444 \\
0{,}750 & 0 & 0 & 0 & 0 & 0 & 0 & 0 & 0 & 0 & 0 & 0 & 0{,}250 \\
0{,}600 & 0 & 0 & 0 & 0 & 0 & 0 & 0 & 0 & 0 & 0 & 0 & 0 & 0{,}400 \\
1 & 0 & 0 & 0 & 0 & 0 & 0 & 0 & 0 & 0 & 0 & 0 & 0 & 0
\end{bmatrix} = \mathbf{M}$$

La matrice **M** étant ergodique, on aura, en régime permanent :

$$\mathbf{\Pi}^* \cdot \mathbf{A} = \mathbf{0} \qquad (1)$$

avec $\mathbf{A} = \mathbf{M} - \mathbf{I}$.

On peut se servir des relations (1), auxquelles on ajoute : $\pi_0^* + \pi_1^* + \cdots + \pi_n^* = 1$ pour calculer π_0^*, et de là, tous les π_i^*. Il vient :

$$\pi_0^* \times 0{,}995 = \pi_1^* \ ; \ \pi_1^* \times 0{,}990 = \pi_2^* \ ; \ \cdots \ ; \ \pi_{12}^* \times 0{,}400 = \pi_{13}^*,$$

d'où :

$$\pi_0^* + 0{,}995\pi_0^* + (0{,}995 \times 0{,}990)\pi_0^* + \cdots + (0{,}995 \times 0{,}990 \times \cdots \times 0{,}400)\pi_0^* = 1$$

et : $$\pi_0^* = \frac{1}{1 + 0{,}995 + (0{,}995 \times 0{,}990) + \cdots + (0{,}995 \times 0{,}990 \times \cdots \times 0{,}400)}$$

$$\approx \frac{1}{6{,}62} \approx 0{,}151.$$

On peut en déduire :

$$\mathbf{\Pi}^* = [0{,}151 \ 0{,}150 \ 0{,}149 \ 0{,}143 \ 0{,}130 \ 0{,}111 \ 0{,}073 \ 0{,}043 \ 0{,}025 \ 0{,}014 \ 0{,}007 \ 0{,}003 \ 0{,}0007 \ 0{,}0003]$$

Il ne suffit pas de prendre le taux d'approvisionnement en régime permanent, égal à :

$$1000\pi_0^* = 151 = \frac{N(0)}{\bar{t}}.$$

Car on va voir que ce taux oscille d'abord fortement avant de se stabiliser.

N(0) =	[1000	0···]												
N(1) =	[5	99,5	0···]											
N(2) =	[9,975	4,975	985,05	0···]										
N(3) =	[40,487	9,925	4,925	944,663	0···]									
N(4) =	[80,8	40,285	9,826	4,723	864,366	0···]								
N(5) =	[132,13	80,396	39,882	9,423	4,322	733,847	0···]							
N(6) =	[254,795	131,469	79,592	38,247	8,622	3,670	483,605	0···]						
N(7) =	[211,385	253,521	130,154	76,329	34,996	7,320	2,419	283,876	0···]					
N(8) =	[143,991	210,328	250,986	124,818	69,841	29,712	4,824	1,420	146,080	0···]				
N(9) =	[118,367	143,271	208,225	240,696	144,208	59,295	19,580	2,832	0,821	92,705	0···]			
N(10)=	[137,231	126,346	116,597	136,023	182,705	186,896	63,899	22,937	6,643	0,925	0,219	14,469	0···]	
N(11)=	[168,802	136,545	125,711	111,817	124,461	155,117	123,164	37,509	13,238	3,753	0,438	0,097	4,863	0]
N(12)=	[166,199	162,983	135,180	120,557	102,313	105,667	92,222	72,297	21,680	7,479	1,775	0,194	0,014	1,945]
N(19)=	[151,799	151,924	150,273	137,845	123,558	104,205	74,770	47,180	28,877	17,712	5,596	2,304	0,701	0,392]
N(20)=	[149,178	151,040	150,405	144,113	126,128	104,901	68,671	43,890	27,270	15,186	6,013	2,485	0,576	0,280]

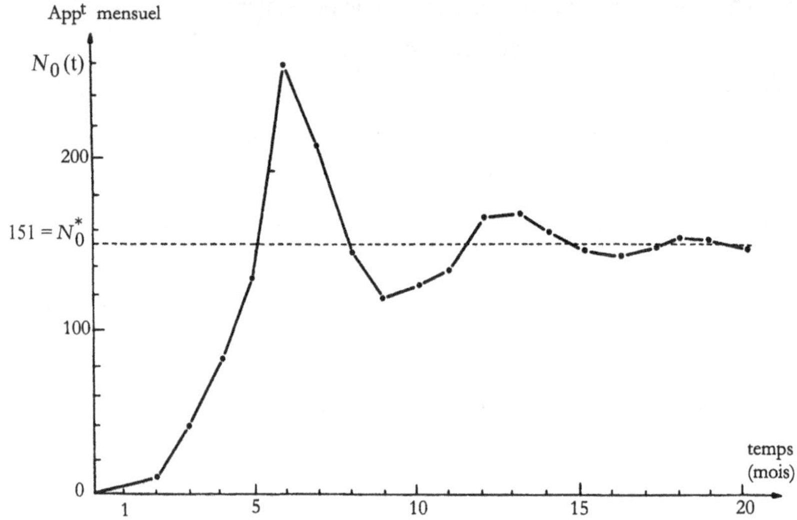

Les quantités à approvisionner sont, en effet, les $N_0(t)$ des vecteurs précédents, obtenus par récurrence ($N_0(t)$ étant la première composante du vecteur $N(t)$) :

$$[N_0(t)\ ,N_1(t)\ ,\cdots] = [N_0(t-1)\ ,N_1(t-1)\ ,\cdots]\cdot \mathbf{M}.$$

Ainsi : $[N_0(1)\ ,\ N_1(1)\ ,\cdots] = [1000,\ 0,\ 0\cdots]\cdot \mathbf{M} = [5 \quad 995 \quad 0\cdots]$, etc.

que l'on pourra comparer, pour $t = 20$, avec :

$$\mathbf{N}^* = [151\ \ 150\ \ 149\ \ 143\ \ 130\ \ 111\ \ 73\ \ 43\ \ 25\ \ 14\ \ 7\ \ 3\ \ 0{,}7\ \ 0{,}3]$$

Il est utile de faire une représentation graphique des taux mensuels d'approvisionnement, on voit ainsi que c'est seulement au bout d'environ dix-huit mois que l'on peut prendre $N_0^* = 151$ comme valeur du renouvellement mensuel. Mais, au bout d'un tel délai, le matériel risque d'être obsolescent...

6.5 Calculons les quantités $\frac{\Delta v}{\Delta\theta}$, $\bar{t}_\theta$, $\bar{t}_\theta / v$, $\bar{\tau}_\theta$, $v/\bar{\tau}_\theta$ et $-\frac{\bar{t}_\theta}{v}\cdot\frac{\Delta v}{\Delta\theta}+v$, étant donné que le minimum de $c_2(t)$ (coût par unité de temps, en cas de remplacement) a lieu pour une valeur $t = \theta$ telle que :

$$-\frac{\bar{t}_\theta}{v}\cdot\frac{\Delta v}{\Delta\theta}+v=\frac{p+P}{P}$$, (où on écrit : v au lieu de : $v(\theta)$) .

De plus, calculons les valeurs de c_2, soient $\frac{1,2-v}{\bar{t}_\theta}$ et $\frac{1,5-v}{\bar{t}_\theta}$, respectivement, en posant $P = 1.$ et $p = \frac{1}{5}P$ (resp. $\frac{1}{2}P$) . Elles son notées c_2^1 et c_2^2.

On obtient le tableau suivant :

θ	v	$1-v$	$\frac{\Delta v}{\Delta\theta}$	$\bar{t}_\theta$	$\frac{\bar{t}_\theta}{v}$	$\bar{\tau}$	$\frac{v}{\bar{\tau}_\theta}$	$-\frac{\bar{t}_\theta}{v}\cdot\frac{\Delta v}{\Delta\tau}+v$	$c_2^1=\frac{1,2-v}{\tau_\theta}$	$c_2^2=\frac{1,5-v}{\bar{t}_\theta}$	$c_2^3=\frac{2-v}{\bar{\tau}_\theta}$
1	0,95	0,05	−0,05	0,975	1,026	3,150	0,302	1,0013	0,256	0,564	1,076
2	0,85	0,15	−0,10	1,875	2,206	2,250	0,378	1,0706	0,187	0,346	0,613
3	0,70	0,30	−0,15	2,650	3,786	1,475	0,475	1,269	0,188*	0,302	0,491
4	0,50	0,50	−0,20	3,250	7,500	0,875	0,571	2,000	0,185	0,308*	0,462*
5	0,30	0,70	−0,20	3,650	12,167	0,475	0,633	2,733	0,246	0,328	0,465
6	0,15	0,85	−0,15	3,875	25,833	0,250	0,600	4,025	0,271	0,348	0,477
7	0,10	0,90	−0,05	4,000	40,000	0,125	0,800	2,100	0,275	0,350	0,475
8	0,05	0,95	−0,05	4,075	81,500	0,050	1	4,125	0,282	0,355	0,477
9	0,025	0,975	−0,025	4,113	164,520	0,012	2	4,138	0,285	0,358	0,480
10	0	1	−0,025	4,125	–	0	–	–	0,291=c_1^1	0,361=c_1^2	0,485=c_1^3

1) Dans le premier cas, on a : $-\frac{\bar{t}_\theta}{v}\frac{\Delta v}{\Delta\theta}+v\approx\frac{p+P}{P}=1,2$ pour $\theta = 3$ et la valeur de c_2^1 est de l'ordre de 0,188 , en effectuant l'entretien préventif, on peut espérer un gain de l'ordre de 30 %.

Comme on a $c_1^1 < \frac{v}{\tau\theta}$ pour tout θ, aucune erreur grossière n'est à craindre.

2) Dans le second cas, on a : $-\frac{\bar{t}_\theta}{v}\cdot\frac{\Delta v}{\Delta\theta}+v\approx\frac{p+P}{P}=1{,}5$ pour $3 < \theta < 4$; si l'on choisit d'effectuer le remplacement pour $\theta = 4$, le gain n'est plus que de l'ordre de 15 %.

Comme $c_1^2 < \frac{v}{\bar{\tau}_\theta}$ dès que $\theta = 2$, on n'a pas, non plus, à craindre une erreur grossière.

Si l'on prenait $\dfrac{p+P}{P} = 2$, il faudrait remplacer à $\theta = 4$ (cf colonne C_2^3 du tableau), mais le gain ne serait plus que de l'ordre de 4 %. Dans ces conditions, étant donnée l'imprécision des mesures et la dispersion des caractéristiques, on tomberait sur un cas sûrement non rentable d'entretien préventif.

6.6 Calculons les coûts actualisés des deux matériels sur n années d'utilisation, afin de pouvoir les comparer (on note α le taux d'actualisation) :

$$C_A(n) = 25000 + \frac{3000}{1+\alpha} + \frac{3000}{(1+\alpha)^2} + \frac{3000}{(1+\alpha)^3} + \frac{4000}{(1+\alpha)^4} + \frac{5000}{(1+\alpha)^5} + \frac{6000}{(1+\alpha)^6} + \cdots + \frac{1000n}{(1+\alpha)^n}$$

$$C_B(n) = 17000 + \frac{5000}{1+\alpha} + \frac{5000}{(1+\alpha)^2} + \frac{5000}{(1+\alpha)^3} + \frac{5000}{(1+\alpha)^4} + \frac{6000}{(1+\alpha)^5} + \frac{7000}{(1+\alpha)^6} + \cdots + \frac{1000(n+1)}{(1+\alpha)^n}$$

$$C_A(n) - C_B(n) = 8000 - \frac{2000}{1+\alpha} - \frac{2000}{(1+\alpha)^2} - \frac{2000}{(1+\alpha)^3} - \frac{1000}{(1+\alpha)^4} - \frac{1000}{(1+\alpha)^5} - \frac{1000}{(1+\alpha)^6} - \cdots - \frac{1000}{(1+\alpha)^n}$$

Posons $q = \dfrac{1}{1+\alpha}$; rappelons que pour $q \neq 1$, on a :

$$q + q^2 + q^3 = q(1+q+q^2) = q \cdot \frac{1-q^3}{1-q}\text{ ; de même : } q^4 + q^5 + \ldots + q^n = q^4 \cdot \frac{1-q^{n-3}}{1-q}.$$

Il vient : $C_A(n) - C_B(n) = 1000\left[8 - 2q \cdot \dfrac{1-q^3}{1-q} - q^4 \cdot \dfrac{1-q^{n-3}}{1-q}\right].$

L'achat du matériel A sera plus avantageux si : $C_A(n) - C_B(n) < 0$,

soit : $\left[8(1-q) - 2q(1-q^3) - q^4(1-q^{n-3})\right] / [1-q] < 0.$

Numériquement $\alpha = 0{,}1$ et $q = 1/1+\alpha$: q est inférieur à 1. La condition ci-dessus équivaut à $8(1-q) - 2q(1-q^3) - q^4(1-q^{n-3}) < 0$,

La durée d'utilisation n doit être telle que : $q^{n+1} < 10q - 8 - q^4$, soit en divisant par q^4 chaque membre :

$$q^{n-3} \leq 10/q^3 - 8/q^4 - 1 \approx 13{,}3 - 11{,}7 - 1 = 0{,}6$$

On vérifie que $q^{n-3} = (1/1{,}1)^{n-3}$ devient inférieur à 0,6 dès que $n - 3 = 6$ (sachant que n est entier). D'où, pour $n = 9$ années.

Le matériel le plus cher à l'achat se révèle plus avantageux que le moins cher, si la durée d'utilisation atteint 3 ans.

6.7 Établissons les matrices de transition dans les deux hypothèses :

1)

$$\begin{array}{c} \text{États} \\ \text{pas de travail} \\ R_1 \\ R_2^{(1)} \\ R_2^{(2)} \\ R_2^{(3)} \end{array}
\begin{array}{c} \\ \left[\begin{array}{cccccc} & \text{pas de travail} & R_1 & R_2^{(1)} & R_2^{(2)} & R_2^{(3)} \\ & \left(1-\frac{1}{2}\right)\cdot\left(1-\frac{1}{3}\right) & \frac{1}{2}\left(1-\frac{1}{3}\right) & \frac{1}{3} & 0 & 0 \\ & \left(1-\frac{1}{2}\right)\cdot\left(1-\frac{1}{3}\right) & \frac{1}{2}\left(1-\frac{1}{3}\right) & \frac{1}{3} & 0 & 0 \\ & 0 & 0 & 0 & 1 & 0 \\ & 0 & 0 & 0 & 0 & 1 \\ & \left(1-\frac{1}{2}\right)\cdot\left(1-\frac{1}{3}\right) & \frac{1}{2}\left(1-\frac{1}{3}\right) & 0 & 0 & 0 \end{array}\right] \end{array}
= \begin{bmatrix} \frac{1}{3} & \frac{1}{3} & \frac{1}{3} & 0 & 0 \\ \frac{1}{3} & \frac{1}{3} & \frac{1}{3} & 0 & 0 \\ 0 & 1 & 0 & 1 & 0 \\ 0 & 0 & 0 & 0 & 1 \\ \frac{1}{3} & \frac{1}{3} & \frac{1}{3} & 0 & 1 \end{bmatrix} = \mathbf{M}_1$$

2)

$$\begin{array}{c} \text{États} \\ \text{pas de travail} \\ R_1 \\ R_2^{(1)} \\ R_2^{(2)} \\ R_2^{(3)} \end{array}
\left[\begin{array}{ccccc} \text{pas de travail} & R_1 & R_2^{(1)} & R_2^{(2)} & R_2^{(3)} \\ \left(1-\frac{1}{2}\right)\cdot\left(1-\frac{1}{3}\right) & \frac{1}{2} & \frac{1}{3}\left(1-\frac{1}{2}\right) & 0 & 0 \\ \left(1-\frac{1}{2}\right)\cdot\left(1-\frac{1}{3}\right) & \frac{1}{2} & \frac{1}{3}\left(1-\frac{1}{2}\right) & 0 & 0 \\ 0 \quad 0 & 0 & 0 & 1 & 0 \\ 0 \quad 0 & 0 & 0 & 0 & 1 \\ \left(1-\frac{1}{2}\right)\cdot\left(1-\frac{1}{3}\right) & \frac{1}{2} & \frac{1}{3}\left(1-\frac{1}{3}\right) & 0 & 0 \end{array}\right]
= \begin{bmatrix} \frac{1}{3} & \frac{1}{2} & \frac{1}{6} & 0 & 0 \\ \frac{1}{3} & \frac{1}{2} & \frac{1}{6} & 0 & 0 \\ 0 & 0 & 0 & 1 & 0 \\ 0 & 0 & 0 & 0 & 1 \\ \frac{1}{3} & \frac{1}{2} & \frac{1}{6} & 0 & 0 \end{bmatrix} = \mathbf{M}_2$$

Calculons les $\pi_i(\infty)$, notés π_i^*. La matrice $\mathbf{M}_1$ est fortement ergodique car le graphe associé est fini, fortement connexe (il existe une seule classe d'états, donc tous récurrents) et comporte une boucle (cette classe est apériodique).

$$[\pi_0^* \, \pi_1^* \, \pi_2^* \, \pi_3^* \, \pi_4^*] \cdot \mathbf{M_1} = [\pi_0^* \, \pi_1^* \, \pi_2^* \, \pi_3^* \, \pi_4^*]$$

$\pi_0^* = \frac{1}{3}\pi_0^* + \frac{1}{3}\pi_1^* + \frac{1}{3}\pi_4^*$; $\pi_1^* = \frac{1}{3}\pi_0^* + \frac{1}{3}\pi_1^* + \frac{1}{3}\pi_4^*$; $\pi_2^* = \frac{1}{3}\pi_0^* + \frac{1}{3}\pi_1^* + \frac{1}{3}\pi_4^*$;
$\pi_3^* = \pi_2^*$; $\pi_4^* = \pi_3^*$.

On voit immédiatement que :

$$\pi_0^* = \pi_1^* = \pi_2^* = \pi_3^* = \pi_4^*$$

comme $\pi_0^* + \pi_1^* + \pi_3^* + \pi_4^* = 1$, il vient :

$$\mathbf{\Pi}^* = \mathbf{\Pi}(\infty) = [\pi_0^* \, \pi_1^* \, \pi_2^* \, \pi_3^* \, \pi_4^*] = \begin{bmatrix} \frac{1}{5} & \frac{1}{5} & \frac{1}{5} & \frac{1}{5} & \frac{1}{5} \end{bmatrix}.$$

Passons à la matrice $\mathbf{M}_2$

On trouve :

$$\mathbf{\Pi}'(\infty) = \frac{1}{4/3}\begin{bmatrix} \frac{1}{3} & \frac{1}{2} & \frac{1}{6} & \frac{1}{6} & \frac{1}{6} \end{bmatrix} = \begin{bmatrix} \frac{1}{4} & \frac{3}{8} & \frac{1}{8} & \frac{1}{8} & \frac{1}{8} \end{bmatrix}.$$

Comparant les probabilités de chômer dans l'un et l'autre cas, on constate qu'elle est plus élevée si l'on suit la deuxième politique et, en conséquence, on choisit la première : entreprendre la réparation R_2 plutôt que la réparation R_1 si toutes deux se présentent en même temps.

NB. Le lecteur pourra vérifier que $\mathbf{\Pi}'(\infty)$ vérifie : $\mathbf{\Pi}'(\infty) = \mathbf{\Pi}'(\infty) \cdot \mathbf{M}_2$.

6.8 On modélise le fonctionnement de cet appareil par un processus de Markov ; l'ensemble des états est $\mathscr{E} = \{E_F, E_I, E_A, E_R\}$.

Voici le graphe des transitions entre états, entre t et $t + \mathrm{d}t$:

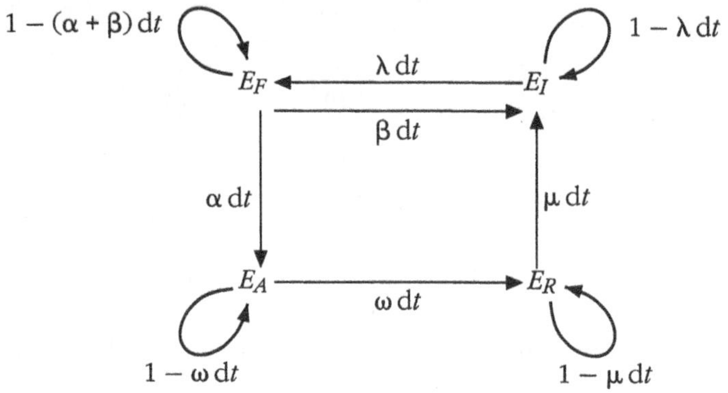

$$\mathbf{G} = \begin{array}{c} \\ F \\ I \\ A \\ R \end{array} \begin{array}{c} \begin{array}{cccc} F & I & A & R \end{array} \\ \begin{bmatrix} -(\alpha+\beta) & \beta & \alpha & 0 \\ \lambda & -\lambda & 0 & 0 \\ 0 & 0 & -\omega & \omega \\ 0 & \mu & 0 & -\mu \end{bmatrix} \end{array}$$

Le graphe est fini et fortement connexe (en effet, il comporte un circuit hamiltonien : (F, A, R, I, F), ce qui est une condition suffisante de forte connexité). Le processus de Markov est donc « fortement ergodique », c'est-à-dire qu'il existe une limite $\mathbf{\Pi}^*$ au vecteur des probabilités des états $\mathbf{\Pi}(t) = [\pi_F(t), \pi_I(t), \pi_A(t), \pi_R(t)]$, positive et indépendante des « conditions initiales », c'est-à-dire de $\mathbf{\Pi}(0)$, quand t tend vers l'infini. Cette limite $\mathbf{\Pi}^*$ peut se calculer en appliquant le théorème des coupes successivement à E_F, puis E_I, puis E_A et enfin E_R (ou, ce qui est équivalent ici en écrivant que $\mathbf{\Pi}^* \cdot \mathbf{G} = \mathbf{0}$: on a noté $\mathbf{G}$ le générateur infinitésimal de ce processus de Markov). Soit :

$$(\alpha + \beta)\cdot\pi_F^* = \lambda\cdot\pi_I^* \ ; \ \lambda\cdot\pi_I^* = \beta\cdot\pi_F^* + \mu\cdot\pi_R^* \ ; \ \omega\cdot\pi_A^* = \alpha\cdot\pi_F^* \ ; \ \mu\cdot\pi_R^* = \omega\cdot\pi_A^*.$$

Exprimons chaque probabilité en fonction de π_F^* :

$$\pi_I^* = \frac{\alpha + \beta}{\lambda}\pi_F^* \ , \ \pi_F^* = \frac{\alpha}{\omega}\pi_F^* \ , \ \pi_R^* = \frac{\alpha}{\mu}\pi_F^*.$$

Comme $\pi_F^* + \pi_I^* + \pi_A^* + \pi_R^* = 1$, il vient pour l'utilisation U^* :

$$\pi_F^*\left(1 + \frac{\alpha + \beta}{\lambda} + \frac{\alpha}{\omega} + \frac{\alpha}{\mu}\right) = 1, \text{soit } U^* = \pi_F^* = 1/\left(1 + \frac{\alpha + \beta}{\lambda} + \frac{\alpha}{\omega} + \frac{\alpha}{\mu}\right).$$

NB : en l'absence de pannes, on a $\alpha = 0$ d'où $\pi_F^* = 1\Big/\left(1 + \dfrac{\beta}{\lambda}\right)$.

6.9 1) L'état E_k désigne l'état pour lequel k machines sont en panne ($k = 0, 1, \cdots, N$). Dans cet état k réparateurs sont actifs : le taux global de réparation est : $\mu_k = k\cdot\mu$; de même $N - k$ machines sont en fonctionnement : le taux global de pannes est : $\lambda_k = (N - k)\cdot\lambda$. Voici le graphe des transitions entre états, entre t et $t + dt$:

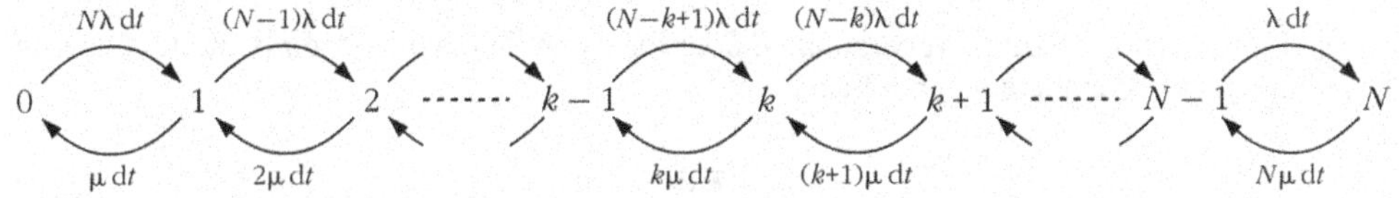

2) On reconnaît un processus de « naissance » (occurrence d'une panne) et de « mort » (fin de réparation) fermé (c'est-à-dire comportant un nombre fini d'états) : ce processus est fortement ergodique (sachant que λ et μ sont strictement positifs). Pour un processus de naissance et de mort fortement ergodique, en régime permanent (les états étant numérotés 0, 1, 2, etc.), on a :

$$\pi_k^* = \frac{\lambda_0\cdot\lambda_1\cdot\lambda_2\cdot\cdots\cdot\lambda_{k-1}}{\mu_1\cdot\mu_2\cdot\mu_2\cdot\cdots\cdot\mu_k}\cdot\pi_0^*.$$

Ici :

$$\pi_k^* = \frac{N(N-1)(N-2)\cdots(N-k+1)}{1\cdot2\cdot3\cdot\cdots\cdot k}\cdot\frac{\lambda^k}{\mu^k}\cdot\pi_0^* = C_N^k\left(\frac{\lambda}{\mu}\right)^k\cdot\pi_0^*.$$

Calculons π_0^* en écrivant que : $\sum_{k=0}^{N}\pi_k^* = 1$; il vient :

$$\pi_0^*\left[1 + C_N^1\frac{\lambda}{\mu} + C_N^2\left(\frac{\lambda}{\mu}\right)^2 + \cdots + C_N^N\left(\frac{\lambda}{\mu}\right)^N\right] = 1.$$

Rappelons la formule du binôme de Newton : $1 + C_N^1 x + C_N^2 x^2 + \cdots + C_N^N x^N = (1 + x)^N$.

D'où : $\pi_0^*\left[1 + \dfrac{\lambda}{\mu}\right]^N = 1$ et $\pi_0^* = \dfrac{\mu^N}{(\lambda + \mu)^N}$, puis $\pi_k^* = C_N^k \left(\frac{\lambda}{\mu}\right)^k \frac{\mu^N}{(\lambda + \mu)^N}$ soit $\pi_k^* = C_N^k \left(\frac{\lambda}{\lambda + \mu}\right)^k \left(\frac{\mu}{\lambda + \mu}\right)^{N-k}$.

$$\bar{n} = \sum_{k=0}^{N} (N - k)\cdot\pi_k^* = N - \sum_{k=0}^{N} k\pi_k^*.$$

$$\text{Or} \sum_{k=0}^{N} k\cdot\pi_k^* = \pi_0^*\left[0 + 1\cdot C_N^1 \frac{\lambda}{\mu} + C_N^2\left(\frac{\lambda}{\mu}\right)^2 + \cdots + N\, C_N^N\left(\frac{\lambda}{\mu}\right)^{N}\right]$$

$$= \pi_0^*\cdot\frac{\lambda}{\mu}\left[1\cdot C_N^1 + 2\,C_N^2\frac{\lambda}{\mu} + 3\,C_N^2\left(\frac{\lambda}{\mu}\right)^2 + \cdots + N\,C_N^N\left(\frac{\lambda}{\mu}\right)^{N-1}\right].$$

Dérivons la formule du binôme de Newton rappelée ci-dessus, par rapport à x, membre à membre :

$$1\cdot C_n^1 + 2\cdot C_N^2\, x + 3\cdot C_N^3\, x^2 + \cdots + N\, C_N^N\, x^{N-1} = N(1 + x)^{N-1}$$

Soit : $\bar{n} = N - \pi_0^*\cdot\frac{\lambda}{\mu}\cdot\left[N\left(1 + \frac{\lambda}{\mu}\right)^{N-1}\right] = N\cdot\left[1 - \frac{\lambda}{\mu}\Big/\left(1 + \frac{\lambda}{\mu}\right)\right] = N\cdot\frac{\mu}{\lambda + \mu}.$

On peut expliquer la simplicité de ces résultats en introduisant le processus de Bernoulli ci-dessous.

3) Puisqu'il y a autant de réparateurs disponibles que de machines, on peut modéliser le fonctionnement de chaque machine isolément :

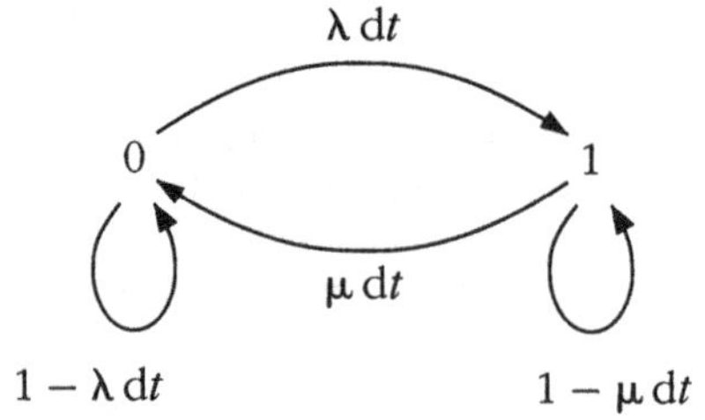

où E_0 désigne l'état de marche et E_1, celui de panne.

On a vu au chapitre 5 que : $q = \pi_0^* = \frac{\mu}{\lambda + \mu}$ et $p = \pi_1^* = \frac{\lambda}{\mu + \lambda}$.

Le problème revient à répéter N fois l'expérience élémentaire « voir si une machine donnée est en panne ». On a une probabilité $p = \frac{\lambda}{\lambda + \mu}$ de « succès » et $q = \frac{\mu}{\lambda + \mu}$ d'« échec » $(p + q = 1)$. Attention : ici un « succès » consiste à trouver... une machine en panne.

On reconnaît alors un schéma de Bernoulli. La probabilité de k succès pour N répétitions d'une expérience aléatoire admettant seulement deux résultats : « succès » (avec la probabilité p) et « échec » (avec la probabilité $q = 1 - p$), donnée par la loi binomiale, est $\pi_k^* = C_N^k p^k\cdot q^{N-k} = C_N^k\left(\frac{\lambda}{\lambda + \mu}\right)^k\cdot\left(\frac{\mu}{\lambda + \mu}\right)^{N-k}$: on retrouve la valeur de π_k^* du 3).

Pour la loi binomiale, le nombre moyen de succès est : $\overline{m} = N{\cdot}p$ d'où $\overline{m} = N{\cdot}p$ et le nombre moyen d'échecs : $\overline{n} = Nq$; on retrouve $\overline{n} = N{\cdot}\dfrac{\mu}{\lambda + \mu}$ (en effet ici un « échec » consiste à trouver qu'une machine est en marche).

4) La « disponibilité asymptotique » D^* est ici la probabilité qu'au moins une machine soit en état de marche :

$$D^* = \pi_0^* + \pi_1^* + \pi_2^* + \cdots + \pi_{N-1}^* = 1 - \pi_N^* = 1 - \left(\frac{\lambda}{\lambda + \mu}\right)^N$$

N.B. En l'absence de pannes ($\lambda = 0$), on vérifie que D*=1; de même si $\mu \rightarrow +\infty$: alors les réparations sont infiniment rapides.

la durée moyenne de disponibilité sur un intervalle de temps τ (pris en régime permanent) est : $\overline{d} = \tau \cdot D^*$.

Au contraire, l'indisponibilité asymptotique est $I^* = \pi_0^* = 1 - D^* = \left(\dfrac{\lambda}{\lambda + \mu}\right)^N$, et la durée moyenne d'indisponibilité sur un tel intervalle τ est : $\overline{d'} = \tau \cdot I^*$.

Évidemment : $\overline{d} + \overline{d'} = \tau$.

6.10 1) Voici la signification des 7 états du processus de Markov associé :

E_1 : fonctionnement normal, les 2 modems, l'U.C. et les 2 bacs fonctionnent;

E_2 : liaison PC-PA sur une seule voie : un modem en panne;

E_3 : liaison PA-EAP sur une seule voie : un bac en panne;

E_4 : liaison PC-PA et liaison PA-EAP sur une seule voie : un modem et un bac en panne;

E_5 : fonctionnement en mode local : les deux modems en panne, mais les 2 bacs fonctionnent;

E_6 : fonctionnement en mode local, mais un seul bac fonctionne;

E_7 : panne paralysante : l'U.C. et/ou les deux bacs d'E/S en panne.

2)

$E_1 \xrightarrow[2\lambda_2]{B} E_2$	$E_1 \xrightarrow[2\lambda_1]{A} E_3$	$E_1 \xrightarrow[\lambda_3]{C} E_7$	
$E_2 \xrightarrow[\lambda_2]{B} E_5$	$E_2 \xrightarrow[2\lambda_1]{A} E_4$	$E_1 \xrightarrow[\lambda_3]{C} E_7$	$E_2 \xrightarrow[\mu]{D} E_1$
$E_3 \xrightarrow[2\lambda_2]{B} E_4$	$E_3 \xrightarrow[\lambda_1+\lambda_3]{A \text{ ou } C} E_7$		$E_3 \xrightarrow[\mu]{D} E_1$
$E_4 \xrightarrow[\lambda_2]{B} E_6$	$E_4 \xrightarrow[\lambda_1+\lambda_3]{A \text{ ou } C} E_7$		$E_4 \xrightarrow[\mu]{D} E_1$
$E_5 \xrightarrow[2\lambda_1]{B} E_6$	$E_5 \xrightarrow[\lambda_3]{C} E_7$		$E_5 \xrightarrow[\mu]{D} E_1$
	$E_6 \xrightarrow[\lambda_1+\lambda_3]{A \text{ ou } C} E_7$		$E_6 \xrightarrow[\mu]{D} E_1$
			$E_7 \xrightarrow[\mu]{D} E_1$

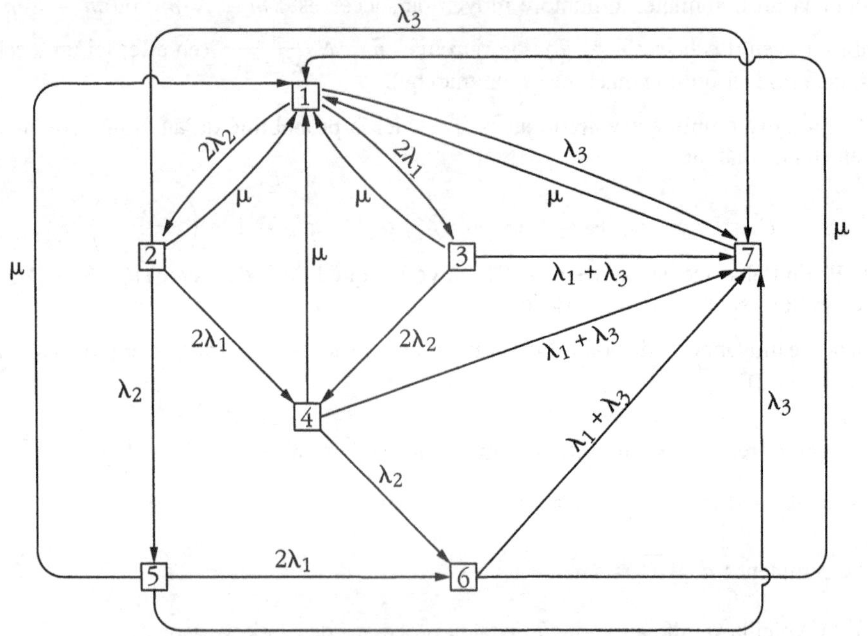

Ce graphe (simplifié) étant *fortement connexe* (par ex., il comporte les circuits (1, 2, 5, 6, 7, 1) et (1, 3, 4, 1), passant par tous les sommets du graphe et ayant au moins un sommet en commun, ici E_1) et *fini*, le processus est fortement ergodique.

3) $A = \{E_1, E_2, E_5\}$; le théorème des coupes avec A fournit :

$$(\lambda_3 + 2\lambda_1) \cdot \pi_A^* = \mu \cdot (\pi_3^* + \pi_4^* + \pi_6^* + \pi_7^*) = \mu \cdot (1 - \pi_A^*) .$$

D'où : $\pi_A^* = \dfrac{\mu}{\mu + \lambda_3 + 2\lambda_1}$.

Soit $B = \{E_3, E_4, E_6\}$; ce théorème avec B fournit :

$$(\mu + \lambda_1 + \lambda_3) \cdot \pi_B^* = 2\lambda_1 \cdot (\pi_1^* + \pi_2^* + \pi_5^*) = 2\lambda_1 \cdot \pi_A^* \text{ et } \pi_B^* = \frac{\mu}{\mu + \lambda_3 + 2\lambda_1} \cdot \frac{2\lambda_1}{\mu + \lambda_3 + 2\lambda_1}.$$

$$D^* = \pi_A^* + \pi_B^* = 1 - \pi_7^* = \pi_A^* \cdot \left(1 + \frac{2\lambda_1}{\mu + \lambda_1 + \lambda_3}\right) = \frac{\mu}{\mu + \lambda_3 + 2\lambda_1} \cdot \frac{\mu + 3\lambda_1 + \lambda_3}{\mu + \lambda_1 + \lambda_3}.$$

Remarquons que si $\mu \to +\infty$ (réparations très rapides), on a $D^* \to 1$: le système serait toujours disponible si les réparations étaient de durée nulle ! Inversement si $\mu = 0$, l'on entreprend pas de réparations : au bout d'un certain temps le système se retrouverait dans l'état E_7 de panne paralysante et y resterait indéfiniment, donc $D^* = 0$.

On remarque que D^* ne dépend pas de λ_2, le système pouvant fonctionner en mode local. On pourrait alors, pour le calcul de D^*, utiliser la modélisation plus simple ci-dessous :

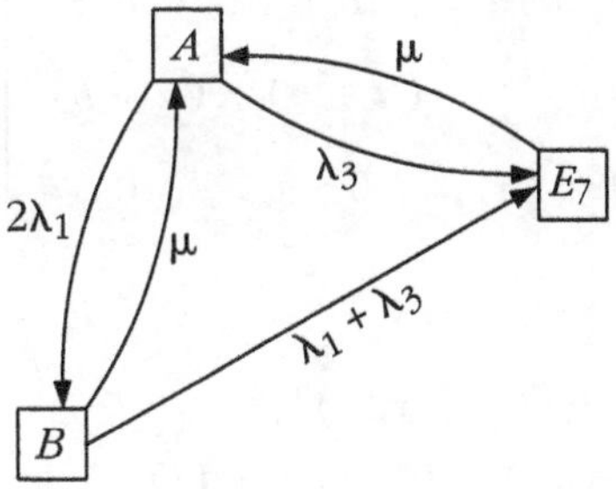

$$\begin{cases} (A)\ \ (2\,\lambda_1 + \lambda_3)\cdot\pi_A^* = \mu\cdot(\pi_B^* + \pi_7^*) = \mu\cdot(1 - \pi_A^*) \\ (B)\ \ (\lambda_1 + \lambda_3 + \mu\,)\cdot\pi_B^* = 2\,\lambda_1\cdot\pi_A^* \\ \qquad \pi_A^* + \pi_B^* + \pi_7^* = 1 \end{cases}$$

On retrouve : $\pi_A^* = \dfrac{\mu}{\mu + 2\,\lambda_1 + \lambda_3}$ et : $\pi_B^* = \dfrac{\mu}{\mu + 2\,\lambda_1 + \lambda_3}\cdot\dfrac{2\lambda_1}{\lambda_1 + \lambda_3 + \mu}$.

6.11 1) La fiabilité de B_1 et B_2 en parallèle est :

$$R_{B_1B_2}(t) = R_{B_1}(t) + R_{B_2}(t) - R_{B_1}(t)\cdot R_{B_2}(t) \text{ soit, ici, } 2R_B(t) - R_B^2(t)\,;$$

A étant placé en série avec B_1B_2 , il vient : $R(t) = R_A(t)\cdot[2R_B(t) - R_B^2(t)]$.

Le MTTF est : $\text{MTTF} = \displaystyle\int_0^\infty R(t)\cdot dt.$

Application : $R(t) = e^{-at}[2e^{-bt} - e^{-2bt}] = 2e^{-(a+b)t} - e^{-(a+2b)t}$.

D'où $\text{MTTF} = \dfrac{2}{a+b} - \dfrac{1}{a+2b}$. (On rappelle que : $\displaystyle\int_0^\infty e^{-at}\cdot dt = \frac{1}{a}$, avec $a > 0$.)

2)

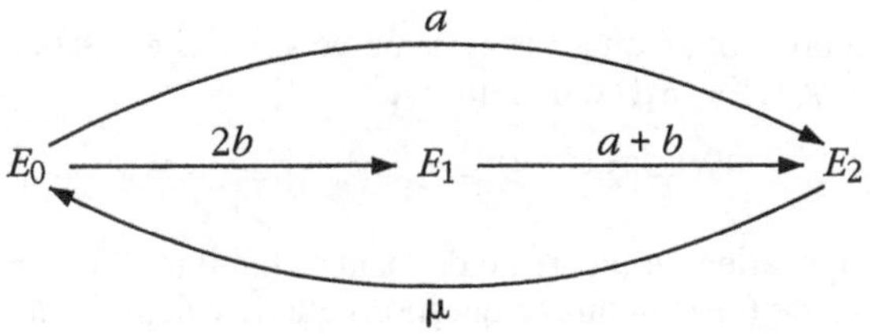

Etat E_0 : A, B_1 et B_2 fonctionnent ; état E_1: un processeur (B_1 ou B_2) est en panne, l'autre ainsi que A fonctionnent ; état E_3 : panne paralysante.

Le graphe est fini et fortement connexe : il comporte le circuit hamiltonien (E_0, E_1, E_2, E_0) : le processus est fortement ergodique. On peut alors appliquer le théorème des coupes pour évaluer les probabilités des états en régime permanent :

$$(a + 2b)\cdot\pi_0^* = \mu\cdot\pi_2^*\,;\ (a+b)\cdot\pi_1^* = 2b\cdot\pi_0^*\,;\ \mu\cdot\pi_2^* = a\cdot\pi_0^* + (a+b)\cdot\pi_1^* \text{ et}$$
$$\pi_0^* + \pi_1^* + \pi_2^* = 1\,.$$

Numériquement : $3\cdot\pi_0^* = 10\cdot\pi_2^*\,;\ 2\cdot\pi_1^* = 2\cdot\pi_0^*$,

d'où : $\pi_0^*\cdot\left(1 + 1 + \dfrac{3}{10}\right) = 1$, et : $\pi_0^* = \dfrac{10}{23} = \pi_1^*$, $\pi_2^* = \dfrac{3}{23}$. D'où $D^* = \pi_0^* + \pi_1^* = \dfrac{20}{23}$.

3)

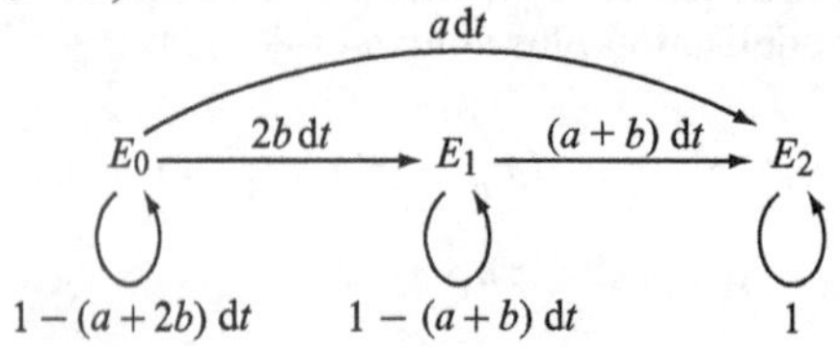

$$\mathbf{G} = \begin{array}{c} \\ 0 \\ 1 \\ 2 \end{array} \begin{array}{c} \begin{array}{ccc} 0 & 1 & 2 \end{array} \\ \begin{bmatrix} -(a+2b) & 2b & a \\ 0 & -(a+b) & (a+b) \\ 0 & 0 & 0 \end{bmatrix} \end{array}$$

E_2 est alors absorbant.

On sait que : $\mathbf{\Pi}'(t) = \mathbf{\Pi}(t) \cdot \mathbf{G}$, où $\mathbf{\Pi}(t) = [\pi_0(t)\,,\ \pi_1(t)\,,\ \pi_2(t)]$.

D'où $\pi_0'(t) = -(a+2b) \cdot \pi_0(t)$; $\pi_1'(t) = -2b \cdot \pi_0(t) - (a+b) \cdot \pi_1(t)$;

$\pi_2'(t) = a \cdot \pi_0(t) + (a+b) \cdot \pi_1(t)$.

En intégrant ces équations différentielles, il vient : $\pi_0(t) = K \cdot \exp[-(a+2b)t]$.

Or à $t = 0, \pi_0(0) = 1$, d'où $K = 1$.

La seconde équation différentielle fournit alors :

$$\pi_1'(t) + (a+b)\,\pi_1'(t) = 2b \cdot e^{-(a+2b)t}$$

L'intégrale générale sans le second membre est : $C_1 \cdot e^{-(a+b)t}$.

Une intégrale particulière avec le second membre est à rechercher, de la forme :

$$\pi_1(t) = C_2 \cdot e^{-(a+2b)t},$$

d'où : $-(a+2b)C_2 + (a+b)C_2 = 2b$, d'où $C_2 = -2$. Ainsi, on a :

$$\pi_1(t) = C_1 \cdot e^{-(a+b)t} - 2e^{-(a+2b)t};\ \text{or}\ \pi_1(0) = 0\text{, d'où } C_1 = 2 \text{ et}$$

$$\pi_1(t) = 2e^{-(a+b)t} - 2e^{-(a+2b)t}.$$

La fiabilité est la probabilité qu'à t le système ne soit pas en état de panne paralysante : $R(t) = 1 - \pi_2(t) = \pi_0(t) + \pi_1(t)$; on retrouve :

$$R(t) = e^{-(a+2b)t} + [2e^{-(a+b)t} - 2e^{-(a+b)t}] = 2e^{-(a+b)t} - e^{-(a+2b)t}.$$

Évidemment l'application du théorème donnant la fiabilité d'un montage série-parallèle est beaucoup plus rapide (cf la première question) que le calcul de $R(t)$ déduit de la modélisation markovienne. Mais, notons que pour le calcul de la disponibilité asymptotique (cf. question précédente), la modélisation markovienne est incontournable.

4) Voici le réseau de Petri associé à ce système ; le marquage initial est : $M_0(A) = 1, M_0(B) = 2, M_0(B') = M_0(F) = 0$; il est noté en abrégé :

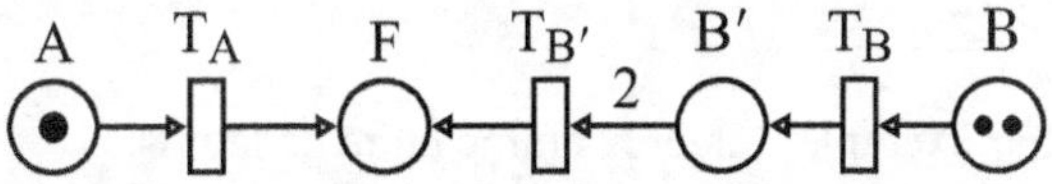

Lorsque la place F est marquée, le système est en panne. Voici le graphe des marquages accessibles (G.M.A.) depuis le marquage initial :

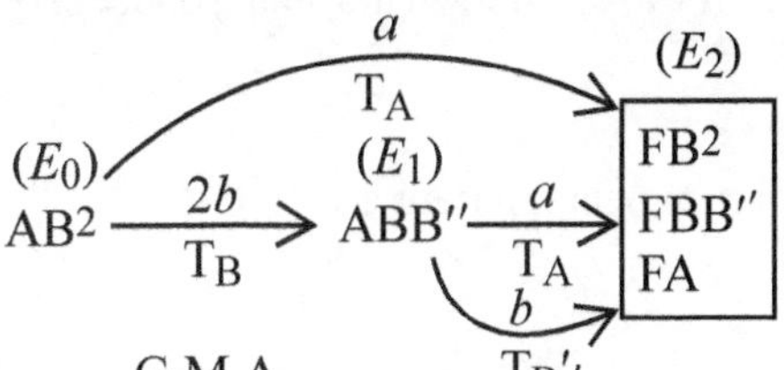

G.M.A.

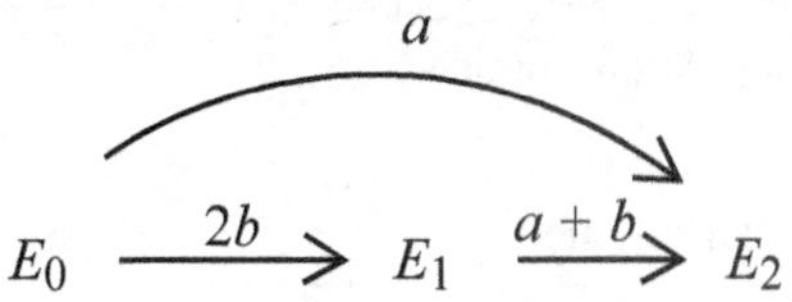

graphe simplifié du processus de Markov

En fusionnant les 3 marquages : FB^2, FBB' et FA en un seul état : celui de panne fatale, on retrouve le graphe simplifié du 3) a).

Cette démarche est générale : ainsi, si un système est modélisable par un processus de Markov, son graphe simplifié est identique au graphe des marquages du réseau de Petri modélisant le système. L'avantage apparaît lorsque le nombre d'états du processus de Markov devient grand : alors, le plus souvent, le réseau de Petri associé est de taille sensiblement inférieure ; de plus, étant donnés un réseau de Petri et son marquage initial, on sait engendrer par algorithme son graphe des marquages accessibles depuis le marquage initial.

SOLUTIONS DES EXERCICES DU CHAPITRE 7

7.1 1) Choisissons, par exemple, l'heure comme unité de temps.

Le nombre moyen de clients, pour six heures, étant de 54, le taux horaire des arrivées est :

$$\lambda = 54 / 6 = 9.$$

Le taux du service est égal à : $\mu = \frac{60}{5} = 12$ (il y a, en effet, en moyenne, douze services possibles en 60 minutes).

Il s'ensuit que : $\frac{\lambda}{\mu} = \frac{9}{12} = \frac{3}{4}$ qui est bien strictement inférieur à 1.

On sait que :

$$\bar{n} = \frac{\lambda/\mu}{1 - \lambda/\mu} = \frac{\lambda}{\mu - \lambda} = \frac{9}{12 - 9} = 3 \text{ personnes dans le système}$$

$$\text{et que : } \bar{t}_f = \frac{1}{\mu}\frac{\lambda/\mu}{1 - \lambda/\mu} = \frac{\bar{n}}{\mu} = \frac{3}{12} = \frac{1}{4} \text{ d'heure, soit 15 mn.}$$

D'autre part, en régime permanent, on a évidemment :

$$\bar{t}_f = \frac{\bar{n}}{\mu} = \frac{\bar{v}}{\lambda},$$

puisqu'il y a alors, en moyenne, autant de personnes qui entrent que de personnes qui sortent du système d'attente; ainsi :

$$\bar{v} = \lambda \cdot \bar{t}_f = 9 \cdot \frac{1}{4} = \frac{9}{4}, \text{ soit 2,25 personnes en attente}$$

2) Le lecteur se reportera au paragraphe 7 du chapitre 7, où l'on a montré que la probabilité pour qu'une personne attende plus de τ est :

$$\Pr\left[T_f > \tau\right] = \int_\tau^\infty f(\tau)\mathrm{d}\tau = \int_\tau^\infty \lambda \cdot \left(1 - \frac{\lambda}{\mu}\right) \cdot e^{(-\mu-\lambda)\tau}\,\mathrm{d}\tau = \frac{\lambda}{\mu} \cdot e^{-(\mu-\lambda)\tau}.$$

Dans le problème, on a $\lambda = 9$, $\mu = 12$, $\tau = \frac{1}{2}$ (une demi-heure).

Ainsi :

$$\Pr\,[\text{attente} > 30 \text{ mn}] = \frac{3}{4}e^{-\frac{3}{2}} = \frac{3}{4e^{\frac{3}{2}}} \approx \frac{1}{6} = 0{,}167.$$

7.2 1) On commence par examiner le tableau des arrivées et l'on vérifie que l'on ne commet pas une grave erreur en assimilant la loi des entrées à une loi poissonnienne de taux $\lambda = 5{,}15$ (par 1/4 d'heure) :

$$\lambda = \frac{1}{100}(1.4 + 2.7 + 3.13 + 4.18 + 5.18 + 6.15 + 7.9 + 8.8 + 9.4 + 10.2 + 11.1 + 12.1) = 5{,}15$$

en pratiquant, par exemple, un test en χ^2 :

N	F_{obs}	F_{th} (*)	Δ	Δ^2	Δ^2/F_{th}
$0-2$	11	11,2	0,2	0,04	0,004
3	13	13,2	0,2	0,04	–
4	18	16,9	1,1	1,21	0,07
5	18	17,4	0,6	0,36	0,02
6	15	14,9	0,1	0,01	–
7	9	11,0	2	4	0,36
8	8	7,1	0,9	0,81	0,11
$9-12$	8	8	0	0	0,11

(*) par interpolation. On calcule : $\chi^2 = \sum \Delta^2/F_{th} = 0{,}57$

NB. En regroupant les trois premières classes (nombre d'individus attendus supérieur à 5), on a : $F_{obs} = 11$, $F_{tb} = 11{,}2$; en regroupant les dernières, à partir de 9, il vient : $F_{obs} = 8$, $F_{th} = 8$.

Comme pour $8 - 2 = 6$ degrés de liberté, on a : $\chi^2_{0,99} = 0{,}87$, on accepte l'hypothèse d'une loi poissonnienne de taux $5{,}15 \times 4 = 20{,}6$/heure, puisque $0{,}57 < 0{,}87$.

Modélisation :

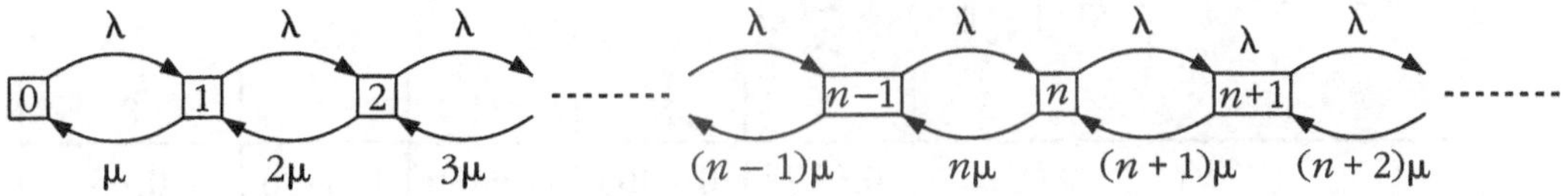

On reconnaît un processus de naissance et de mort pour lequel $\lambda_n = \lambda$ ($n = 0, 1, 2, \cdots$) et $\mu_n = n \cdot \mu$ ($n = 1, 2, 3, \cdots$).

En régime permanent on a : $\pi_n^* = \dfrac{\lambda_0 \cdot \lambda_1 \cdot \cdots \cdot \lambda_n - 1}{\mu_1 \cdot \mu_2 \cdot \cdots \cdot \mu_n} \pi_0^* = \dfrac{\lambda^n}{n!\mu^n} \pi_0^*$.

Calculons π_0^* en écrivant que : $\sum_0^\infty \pi_n^* = 1$. D'où :

$$\pi_0^* \cdot \left[1 + \frac{\lambda}{1!\mu} + \frac{\lambda^2}{2!\mu^2} + \cdots + \frac{\lambda^n}{n!\mu^n} + \cdots \right] = 1 \text{ soit } \pi_0^* \cdot e^{\lambda/\mu} = 1.$$

En effet, le crochet est la série entière définissant l'exponentielle $e^{\lambda/\mu}$. Comme cette série converge quelle que soit la valeur de $\frac{\lambda}{\mu}$, on en déduit qu'il n'y a pas de condition de non-engorgement pour cette file d'attente (ce qui se comprend aisément : il y a, à tout moment, autant de serveurs actifs que de clients présents).

Ainsi $\pi_0^* = e^{-\lambda/\mu}$ et $\pi_n^* = \frac{\lambda^n}{n!\mu^n} e^{-\lambda/\mu}$.

On reconnaît, pour π_n^*, une loi de Poisson de paramètre $\psi = \lambda/\mu$; ici $\psi = \frac{20{,}6}{6{,}86} \approx 3$.

On obtient :

n	0	1	2	3	4	5	6	7	8	9
π_n^*	0,05	0,15	0,22	0,22	0,17	0,10	0,05	0,02	0,01	0

Un service de sept personnes permet d'obtenir environ 99 % de services immédiats (sans attente) ; on est certain de réaliser un tel service pour $n = 8$ (il va de soi que π_9^* n'est nul ici que parce que nous n'avons retenu que deux décimales dans nos calculs).

2) Si l'on trouve la solution précédente coûteuse, il faut revenir à un bilan de l'opération lorsque S est compris entre 4 et 8 ($S \geqslant 4$ car $\frac{\lambda}{\mu} = 3$).

On calculera pour $S = 4, 5, 6, 7$, et 8 :

$$\pi_0^* = \frac{1}{\frac{\psi^S}{S!\,(1 - \psi/s)} + \sum_0^{S-1} \frac{\psi^n}{n!}} \quad \text{et} \quad \bar{t}_f = \frac{\psi^2}{S\,S!\,(1 - \psi/S)^2} \cdot \pi_0^*$$

S	4	5	6	7	8
π_0^*	0,0377	0,0466	0,0489	0,0496	0,05
$\bar{t}_f$ (en mn)	4,452	1,032	0,289	0,0888	ordre 10^{-3}
Temps perdu par les clients (heures)	12,36	2,82	0,79	0,24	0
Temps perdu par les stations	8	16	24	32	40
Coût total	498,8	448,9	415,6	519,2	540

Le nombre optimal de stations (et aussi de serveurs) est de six.

7.3 1) Voici le schéma de ce système :

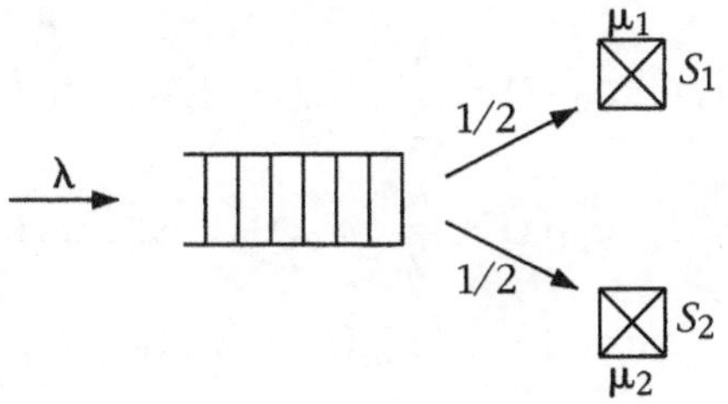

On le modélise par le processus de Markov ci-dessous (on a posé : $\mu = \mu_1 + \mu_2$).

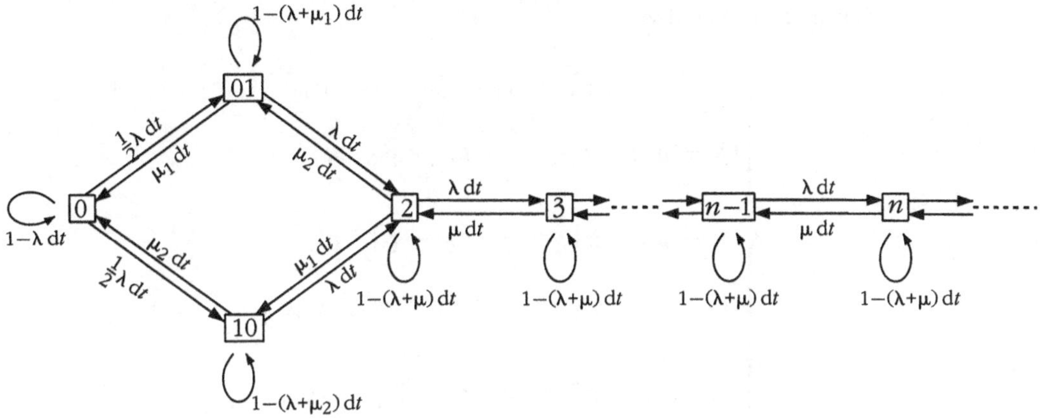

$$\begin{cases} \pi_0(t + dt) = (1 - \lambda dt)\cdot\pi_0(t) + \mu_1\cdot\pi_{01}(t) + \mu_2\cdot\pi_{10}(t) + o(dt) \\ \pi_{01}(t + dt) = [1 - (\lambda + \mu_1)dt]\cdot\pi_{01}(t) + \frac{1}{2}\lambda\, dt\cdot\pi_0(t) + \mu_2\cdot\pi_2(t) + o(dt) \\ \pi_{10}(t + dt) = [1 - (\lambda + \mu_2)dt]\cdot\pi_{10}(t) + \frac{1}{2}\lambda\, dt\cdot\pi_0(t) + \mu_1\cdot\pi_2(t) + o(dt) \\ \pi_2(t + dt) = [1 - (\lambda + \mu_1 + \mu_2)\, dt]\cdot\pi_2(t) + \lambda dt\cdot[\pi_{01}(t) + \pi_{10}(t)] \\ \qquad + (\mu_1 + \mu_2)\cdot\pi_3(t) + o(dt) \\ \dots \qquad \dots \\ \pi_n(t + dt) = [1 - (\lambda + \mu)\, dt]\cdot\pi_n(t) + \lambda\, dt\cdot\pi_{n-1}(t) + \mu\, dt\cdot\pi_{n+1}(dt) + o(dt), \text{ où } n \geqslant 3 \end{cases}$$

D'où :

$$\begin{cases}\pi'_0(t) = -\lambda\cdot\pi_0(t) + \mu_1\cdot\pi_{01}(t) + \mu_2\cdot\pi_{10}(t)\\ \pi'_{01}(t) = -(\lambda+\mu_1)\cdot\pi_{01}(t) + \dfrac{\lambda}{2}\cdot\pi_0(t) + \mu_2\cdot\pi_2(t)\\ \pi'_{10}(t) = -(\lambda+\mu_2)\cdot\pi_{01}(t) + \dfrac{\lambda}{2}\cdot\pi_0(t) + \mu_1\cdot\pi_2(t)\\ \pi'_2(t) = -(\lambda+\mu)\cdot\pi_2(t) + \lambda[\pi_{01}(t)+\pi_{10}(t)] + \mu\cdot\pi_3(t)\\ \dots \qquad \dots\\ \pi'_n(t) = -(\lambda+\mu)\cdot\pi_n(t) + \lambda\cdot\pi_{n-1}(t) + \mu\cdot\pi_{n+1},\ \text{où } n\geqslant 3\end{cases}$$

2) En régime permanent, il vient :

$$\begin{cases}\lambda\pi^*_0 = \mu_1\cdot\pi^*_{01} + \mu_2\cdot\pi^*_{10}\\ (\lambda+\mu_1)\cdot\pi^*_{01} = \dfrac{\lambda}{2}\cdot\pi^*_0 + \mu_2\cdot\pi^*_2\\ (\lambda+\mu_2)\cdot\pi^*_{10} = \dfrac{\lambda}{2}\cdot\pi^*_0 + \mu_1\cdot\pi^*_2\\ (\lambda+\mu)\cdot\pi^*_2 = \lambda\cdot[\pi^*_{01}+\pi^*_{10}] + \mu\cdot\pi^*_3\\ \dots \qquad \dots\\ (\lambda+\mu)\cdot\pi^*_n = \lambda\cdot\pi^*_{n-1} + \mu\cdot\pi^*_{n+1}\end{cases}$$

En appliquant le théorème des coupes on montre aisément que :

$$\pi^*_n = \left(\frac{\lambda}{\mu}\right)^{n-2}\cdot\pi^*_2,\ \text{où } n\geqslant 3. \qquad (1)$$

Avec la coupe $\{E_0, E_{01}, E_{10}\}$, il vient :

$$\mu\cdot\pi^*_2 = \lambda\cdot(\pi^*_{01}+\pi^*_{10}) \qquad (2)$$

Avec la coupe $\{E_0\}$, on retrouve :

$$\lambda\cdot\pi^*_0 = \mu_1\cdot\pi^*_{01} + \mu_2\cdot\pi^*_{10} \qquad (3)$$

En outre avec la coupe $\{E_{01}\}$, on retrouve :

$$(\lambda+\mu_1)\cdot\pi^*_{01} = \frac{\lambda}{2}\cdot\pi^*_0 + \mu_2\cdot\pi^*_2 \qquad (4)$$

Le système de trois équations : (2), (3) et (4), permet d'exprimer π^*_0, π^*_{01} et π^*_{02} en fonction de π^*_2 soit :

$$\pi^*_0 = \alpha\cdot\pi^*_2,\quad \pi^*_{01} = \beta\cdot\pi^*_2,\quad \pi^*_{10} = \gamma\cdot\pi^*_2.$$

On trouve $\alpha = \dfrac{2\mu_1\mu_2}{\lambda^2}$; $\beta = \dfrac{\mu_2}{\lambda}$; $\gamma = \dfrac{\mu_1}{\lambda}$

Puisque (1) permet d'exprimer π_n^* en fonction de π_2^* on peut alors obtenir π_2^* en écrivant que la somme des probabilités des états égale 1 :

$$\pi_2^* \cdot \left[\alpha + \beta + \gamma + \left(1 + \frac{\lambda}{\mu} + \frac{\lambda^2}{\mu^2} + \cdots \right) \right] = 1.$$

On reconnaît dans la parenthèse la série géométrique de raison $q = \dfrac{\lambda}{\mu} = \dfrac{\lambda}{\mu_1 + \mu_2}$; cette série converge pour $\dfrac{\lambda}{\mu_1 + \mu_2} < 1$: on retrouve ainsi la condition d'existence d'un régime permanent, alors :

$$\pi_2^* = 1 \Big/ \left[\alpha + \beta + \gamma + \left(\frac{1}{1 - \lambda/\mu} \right) \right].$$

Le nombre moyen de clients présents dans le système est :

$$\begin{aligned} \overline{n} &= 0 \cdot \pi_0^* + 1 \cdot (\pi_{01}^* + \pi_{10}^*) + 2 \cdot \pi_2^* + 3 \cdot \pi_3^* + \cdots \\ &= \pi_2^* \cdot \left[\beta + \gamma - \frac{\mu}{\lambda} + \frac{\mu}{\lambda} \left(1 + 2 \cdot \frac{\lambda}{\mu} + 3 \cdot \frac{\lambda^2}{\mu^2} + \cdots \right) \right] \end{aligned}$$

On reconnaît dans la parenthèse la série dérivée de la série géométrique ; convergente pour $\dfrac{\lambda}{\mu} < 1$, elle a alors pour somme : $\dfrac{1}{(1 - \lambda/\mu)^2}$.

Remarquons aussi que $\beta + \gamma = \dfrac{\mu}{\lambda}$.

D'où : $\overline{n} = \pi_2^* \cdot \left[\dfrac{\mu/\lambda}{(1 - \lambda/\mu)^2} \right]$.

N.B. Même si $\mu_1 = \mu_2 = \mu/2$, ce système n'est pas équivalent à la file *M/M/*1.

7.4 $\lambda = \dfrac{1}{6} \text{h}^{-1}$, $\mu = \dfrac{1}{4} \text{h}^{-1}$ et $\dfrac{\lambda}{\mu} = \dfrac{2}{3}$.

Avec 2 mécaniciens

Soit E_k le nombre de machines en panne. Voici le graphe simplifié du processus de naissance et de mort modélisant cet atelier :

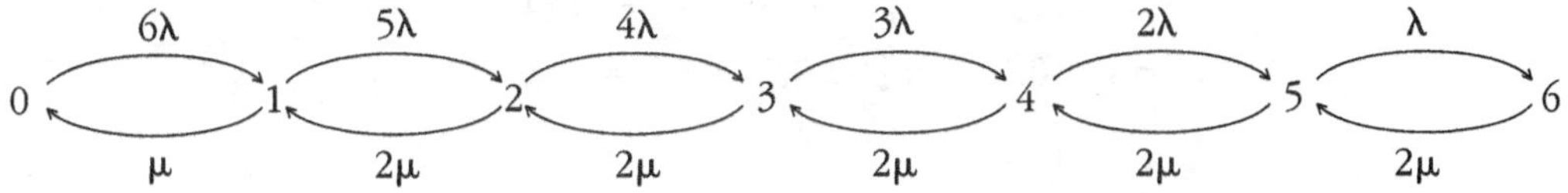

Ce processus étant fini et son graphe fortement connexe, est fortement ergodique (quelles que soient les valeurs relatives de λ et μ). Il vient :

$$\pi_1^* = \frac{6\lambda}{\mu}\pi_0^* \; ; \; \pi_2^* = \frac{30\lambda^2}{2\mu^2}\pi_0^* \; ; \; \pi_3^* = \frac{120\lambda^3}{4\mu^3}\pi_0^* \; ;$$

$$\pi_4^* = \frac{360\lambda^4}{8\mu^4}\pi_0^* ; \; \pi_5^* = \frac{720\lambda^5}{16\mu^5}\pi_0^* ; \; \pi_6^* = \frac{720\lambda^3}{36\mu^6}\pi_0^* .$$

Numériquement :

$$\pi_0^* = \frac{81}{3025} ; \; \pi_1^* = \frac{324}{3025} ; \; \pi_2^* = \frac{540}{3025} ; \; \pi_3^* = \pi_4^* = \frac{720}{3025} ;$$

$$\pi_5^* = \frac{480}{3025} \; ; \; \pi_6^* = \frac{160}{3025} .$$

Le nombre moyen de machines en état de marche est :

$$\overline{m}(2) = 6 \cdot \pi_0^* + 5 \cdot \pi_1^* + 4 \cdot \pi_2^* + 3 \cdot \pi_3^* + 2 \cdot \pi_4^* + 1 \cdot \pi_5^* = 2,759.$$

Avec 3 mécaniciens :

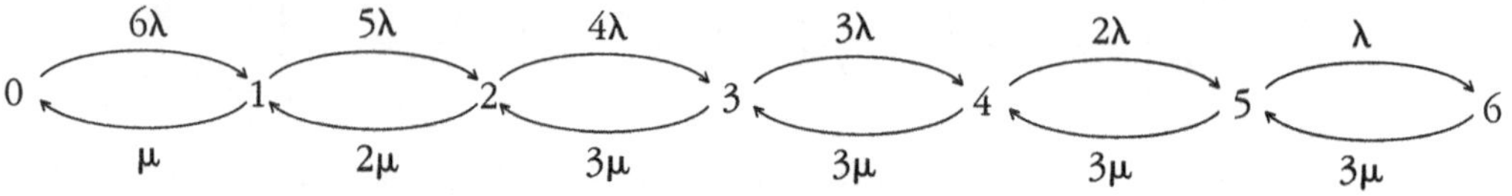

Un calcul analogue fournit : $\overline{m}(3) = 3,381$.

Avec 4 mécaniciens, puis 5, puis 6 :

On trouve : $\overline{m}(4) = 3{,}563$; $\overline{m}(5) = 3{,}597$; $\overline{m}(6) = 3{,}600$

On remarque que le nombre moyen de machines opérationnelles croît sensiblement (+20 %) quand on passe de deux à trois mécaniciens : il s'améliore encore (de +5 %) si l'on passe de trois à quatre mécaniciens. Au-delà, les améliorations sont marginales. Pour optimiser le nombre de mécaniciens il faudrait connaître le manque à gagner horaire provoqué par une machine en panne ainsi que le coût horaire (salaire + charges) d'un mécanicien.

7.5 1) $\lambda = 3$ arrivées/h ; $\mu = 4$ consultations/h.

En supposant la salle d'attente suffisamment vaste, on peut modéliser ce cabinet médical par une file *M/M/*1. Alors $\bar{t}_f = \dfrac{\lambda}{\mu(\mu - \lambda)} = \dfrac{3}{4}$ d'heure et $\pi_n^* = \left(\dfrac{\lambda}{\mu}\right)^n \cdot \pi_0^*$; d'où :

$$\pi_0^* = 0{,}25 \; ; \; \pi_1^* = 0{,}19 \; ; \; \pi_2^* = 0{,}14 \; ;$$

$$\pi_3^* = 0{,}11 \; ; \; \pi_4^* = 0{,}08 \; ; \; \pi_5^* = 0{,}06.$$

2) $P[T_f > t] = \dfrac{\lambda}{\mu} e^{-(\mu - \lambda)t}$.

Pour $t = 1$ heure, cette probabilité vaut 0,276 ;
pour $t = 2$ heures, elle vaut 0,101 : 10 % des patients attendent en moyenne plus de deux heures : c'est énorme. Ils méritent bien d'être appelés « patients » !

3) a) Alors $\lambda' = \dfrac{60}{25} = 2{,}4$ arrivées par heure, μ étant inchangé ; $\bar{t}'_f = 22{,}5$ minutes : l'attente moyenne est moitié moindre... mais le médecin reçoit moins de patients ; d'ailleurs la probabilité qu'il soit inoccupé passe de $\pi_0^* = 0{,}25$ à $\pi_0'^* = 0{,}4$; autrement dit il n'est plus occupé que 36 minutes par heure (au lieu de 45) et un patient arrivant aura une attente nulle avec la probabilité 0,4.

b) En résolvant $\dfrac{\lambda'}{\mu} e^{-(\mu - \lambda')t} = 0{,}1$, on trouve $t = 68$ mn. : irréaliste.

4) a) On a alors une file $M/M/2$:

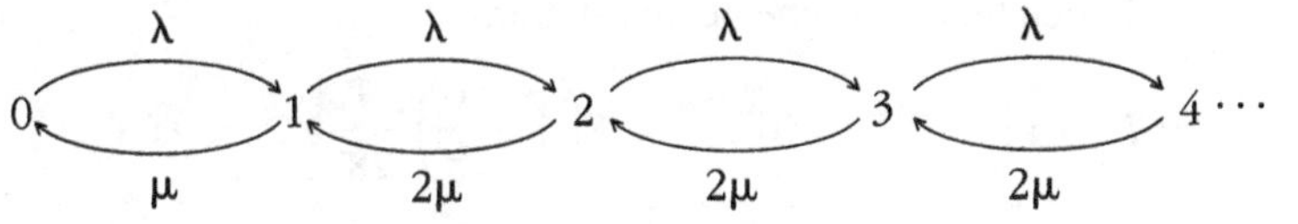

$$\pi_1^* = \frac{\lambda}{\mu}\pi_0^* \,;\, \pi_2^* = \frac{\lambda}{2\mu}\pi_1^* \text{ et } \pi_n = \left(\frac{\lambda}{2\mu}\right)^{n-1} \cdot \pi_1^* \text{ pour } n \geqslant 2.$$

En exprimant toutes les probabilités en fonction de π_1^* (plutôt que de π_0^*), il vient :

$$\pi_1^* \cdot \left[\frac{\mu}{\lambda} + \left(1 + \frac{\lambda}{2\mu} + \left(\frac{\lambda}{2\mu}\right)^2 + \left(\frac{\lambda}{2\mu}\right)^3 + \cdots\right)\right] = 1$$

La série géométrique est convergente pour $\dfrac{\lambda}{2\mu} < 1$, ce qui est vérifié ici : $\dfrac{3}{8} < 1$. D'où :

$$\pi_1^* = 1 \Big/ \left[\frac{\mu}{\lambda} + \frac{1}{1 - \lambda/2\mu}\right].$$

Numériquement :

$$\pi_0^* = \frac{5}{11} = 0{,}45 \;\; ; \;\; \pi_1^* = 0{,}34 \;\; ; \;\; \pi_2^* = 0{,}13 \;\; ; \;\; \pi_3^* = 0{,}05$$

$\bar{t}'_f$ s'obtient en faisant $S = 2$ dans la formule donnant l'attente moyenne pour la file $M/M/S$:

$$\bar{t}'_f = \left(\frac{\lambda}{\mu}\right)^S \frac{1}{S!\, S\,\mu\,(1 - \lambda/S\mu)^2}\,\pi_0^*.$$

Il vient : $\bar{t}'_f = 2{,}28 \text{ mn} \left(= \dfrac{9}{220}\text{ h}\right)$.

$P[T_f > t] = P[T_f > 0] \cdot e^{-(\mu S - \lambda)t}$ où :

$$P[T_f > 0] = \sum_{n=S}^{\infty} \pi_n^* = \frac{1}{S!(1 - \lambda/S\mu)} \cdot \left(\frac{\lambda}{\mu}\right)^n \cdot \pi_0^* = S\,\mu \cdot (1 - \lambda/S\mu) \cdot \bar{t}_f.$$

Pour $S = 2$ et $t = 1$ heure, il vient :

$$P[T_f > 0] = 8\left(1 - \frac{3}{8}\right)\frac{9}{220} = \frac{9}{44}$$

$$\text{et } P[T_f > 1] = \frac{9}{44} \cdot e^{-5} = 0{,}0014 : \text{probabilité négligeable.}$$

b) $\lambda'' = 6$ arrivées par heure ; $\pi_0^* = \dfrac{\mu/\lambda''}{\left[\mu/\lambda'' + 1/(1 - \lambda''/2\mu)\right]} = \dfrac{1}{7}$

$$\overline{t''}_f = \left(\frac{6}{4}\right)^2 \frac{1}{16(1/4)^2} \cdot \frac{1}{7} = \frac{9}{28}\,\text{h}, \text{ soit } 19{,}29 \text{ mn}.$$

La probabilité d'attendre plus d'une heure est alors :

$$P[T_f > 1] = P[T_f > 0] \cdot e^{-2} = 8\left(1 - \frac{6}{8}\right) \cdot \frac{9}{28} \cdot e^{-2} = 0{,}087.$$

c) On veut réaliser $\bar{t}_f \leqslant \dfrac{1}{6}$ d'heure. On va chercher λ pour qu'il en soit ainsi.

On sait que pour $\lambda = 3$, on a : $\bar{t}_f = 3{,}27$ mn et que pour $\lambda = 6$, on a $\bar{t}_f = 19{,}29$ mn.

Essayons $\lambda = 5$, il vient : $\pi_0^* = \dfrac{4/5}{[4/5 + 8/3]} = \dfrac{3}{13}$ et :

$$\bar{t}_f = \left(\frac{5}{4}\right)^2 \cdot \frac{1}{16(3/8)^2} \cdot \frac{3}{13} = \frac{25}{156} < \frac{1}{6} \text{ car } \bar{t}_f = \lambda \text{ (9,62 mn).}$$

Les deux médecins recevront alors 5 patients en moyenne par heure.

La probabilité d'attendre plus d'une heure est alors :

$$P[T_f > 1] = P[T_f > 0] \cdot e^{-3} = 8\left(1 - \frac{5}{8}\right) \cdot \frac{25}{156} \cdot e^{-3} = 0{,}024.$$

7.6 1) a) Condition de non-engorgement : $\dfrac{\lambda}{2\mu} < 1$

(Rappelons que le taux des arrivées : λ, doit être inférieur au taux maximal du service : 2μ.)

b)

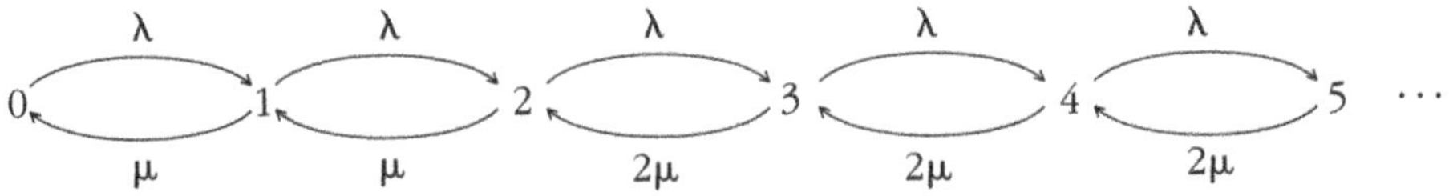

On reconnaît un processus de naissance et de mort avec : $\lambda_k = \lambda$ (pour $k = 0, 1, 2, \cdots$) et $\mu_1 = \mu_2 = \mu$, mais $\mu_k = 2\mu$ pour $k = 3, 4, 5, \cdots$

2) a) On a $\pi_1^* = \dfrac{\lambda}{\mu}\pi_0^*$, $\pi_2^* = \dfrac{\lambda}{\mu}\pi_1^*$ puis $\pi_k^* = \left(\dfrac{\lambda}{2\mu}\right)^{k-2} \cdot \pi_2^*$ pour $k \geqslant 2$, soit :

$$\pi_k^* = \left(\frac{\lambda}{\mu}\right)^2 \cdot \left(\frac{\lambda}{2\mu}\right)^{k-2} \cdot \pi_0^* = 4 \cdot \left(\frac{\lambda}{2\mu}\right)^k \cdot \pi_0^*$$

b) On a : $1 = \pi_0^* \cdot \left[1 + \dfrac{\lambda}{\mu} + \dfrac{\lambda^2}{\mu^2}\left(1 + \dfrac{\lambda}{2\mu} + \left(\dfrac{\lambda}{2\mu}\right)^2 + \cdots\right)\right]$, car : $1 = \sum\limits_{k=0}^{\infty} \pi_k^*$.

D'où : $\pi_0^* = 1 \Big/ \left[1 + \psi + \psi^2\left(\dfrac{1}{1 - \psi/2}\right)\right] = \dfrac{2 - \psi}{2 + \psi + \psi^2}$.

3) a)
$$\begin{aligned}\overline{d} &= 0 \cdot \pi_0^* + 1 \cdot (\pi_1^* + \pi_2^*) + 2 \cdot (\pi_3^* + \pi_4^* + \pi_5^* + \cdots) \\ &= (\pi_1^* + \pi_2^*) + 2[1 - (\pi_0^* + \pi_1^* + \pi_2^*)] = 2 - 2\pi_0^* - \pi_1^* - \pi_2^*\end{aligned}$$

$$\overline{d} = \frac{2(2 + \psi + \psi^2) - (2 + \psi + \psi^2)(2 - \psi)}{2 + \psi + \psi^2} = \frac{2\psi + \psi^2 + \psi^3}{2 + \psi + \psi^2} = \psi :$$

résultat simple, bien connu pour la file *M/M/S* : cf son interprétation en 3) b).

b) En régime permanent, le taux des arrivées des voitures à la douane (soit λ) est égal au taux de départ des voitures contrôlées ; celui-ci est égal au nombre moyen de douaniers actifs ($\overline{d}$), multiplié par le taux de contrôle de chaque douanier (μ) :

$$\lambda = \overline{d} \cdot \mu \text{ , soit } \psi = \overline{d}.$$

7.7 1) Etat E_k : k jobs présents (un en traitement, $k - 1$ en attente si $k \geqslant 1$). Ici une naissance est l'arrivée d'un job et une mort, la fin de traitement d'un job.

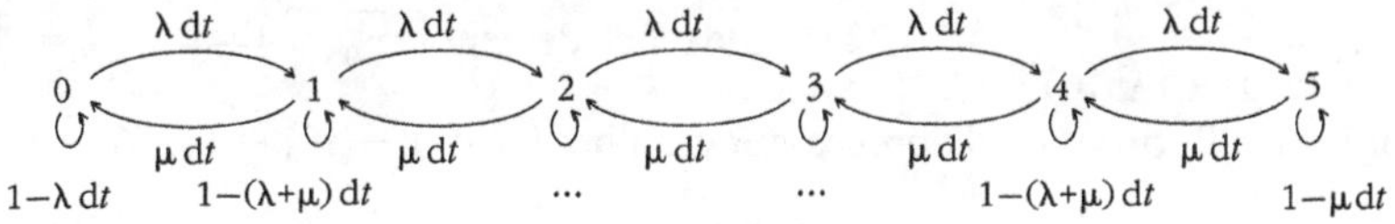

Il s'agit d'une file *M/M*/1/5. Le processus est fortement ergodique car il a un nombre fini d'états et son graphe est fortement connexe.

2) $\pi_k^* = \dfrac{\lambda_0 \cdot \lambda_1 \cdot \lambda_2 \cdot \cdots \cdot \lambda_{k-1}}{\mu_1 \cdot \mu_2 \cdot \mu_3 \cdot \cdots \cdot \mu_k} \cdot \pi_0^* = \left(\dfrac{\lambda}{\mu}\right)^k \cdot \pi_0^*$

La somme des probabilités des états est égale à 1 :

$$\pi_0^* \cdot \left[1 + \frac{\lambda}{\mu} + \left(\frac{\lambda}{\mu}\right)^5\right] = 1, \text{ soit } \pi_0^* : \frac{1 - \left(\dfrac{\lambda}{\mu}\right)^6}{1 - \dfrac{\lambda}{\mu}} = 1 \cdot (\text{si } \lambda \neq \mu).$$

et $\pi_0^* = \left(1 - \frac{\lambda}{\mu}\right) \Big/ \left[1 - \left(\frac{\lambda}{\mu}\right)^6\right]$ (*si* $\lambda = \mu$, on aurait $\pi_0^* = \frac{1}{6}$.)

3) A.N. $\lambda = 24$ arrivées/mn ; $\mu = 30$ traitements/mn ; $\frac{\lambda}{\mu} = 0{,}8$.

D'où : $\pi_0^* = 0{,}271$ et $U = 1 - \pi_0^* = 0{,}729$.

Le temps moyen d'U.C. perdu par heure est $0{,}271 \times 1$ h, soit 16mn 16s par heure.

Le déchet : $\bar{r} = 1440 \cdot \pi_5^*$ (en effet il arrive $24 \times 60 = 1\,440$ jobs par heure refusés dans la proportion égale à π_5^*), soit $\bar{r} = 127$ jobs refusés par heure, en moyenne.

Notons que $\lambda\,(1 - \pi_5^*)$ est le taux de jobs acceptés dans le système ; μ est le débit maximal du système et $\mu \cdot U$ est le débit réel du système (U étant la probabilité que l'U.C. soit active). En régime permanent le taux des entrées dans le système, soit $\lambda(1 - \pi_5^*)$ est égal au taux des sorties du système, soit $U \cdot \mu$.

On peut vérifier algébriquement la relation $\lambda(1 - \pi_5^*) = \mu \cdot U$ comme suit :

Posons $\alpha = \frac{\lambda}{\mu}$, ceci revient à vérifier que :

$$\frac{\lambda}{\mu}\left[1 - \alpha^5 \cdot \frac{1 - \alpha}{1 - \alpha^6}\right] \overset{?}{=} 1 - \frac{1 - \alpha}{1 - \alpha^6}.$$

Soit $\alpha[(1 - \alpha^6) - (\alpha^5 - \alpha^6)] \overset{?}{=} [1 - \alpha^6 - (1 - \alpha)]$: cette égalité est vérifiée puisque chaque membre est égal à $\alpha - \alpha^6$.

4) a) Si l'on double la mémoire de réserve, on peut modéliser le système par la file *M/M/1/9* ; les dix états sont : E_k ($k = 0, 1, \cdots, 9$), E_k étant associé à k jobs présents dans le système.

Alors $\pi_0^* = \frac{1 - \lambda/\mu}{1 - (\lambda/\mu)^{10}} = 0{,}224$; le déchet devient : $\overline{r'}_1 = 1440 \cdot \pi_9^* = 43{,}3$ jobs refusés par heure ; l'utilisation du processeur est alors $U'_1 = 1 - \pi_0^* = 0{,}776$.

b) On a la file *M/M/2/6* : le graphe simplifié du processus de naissance et de mort associé est le suivant :

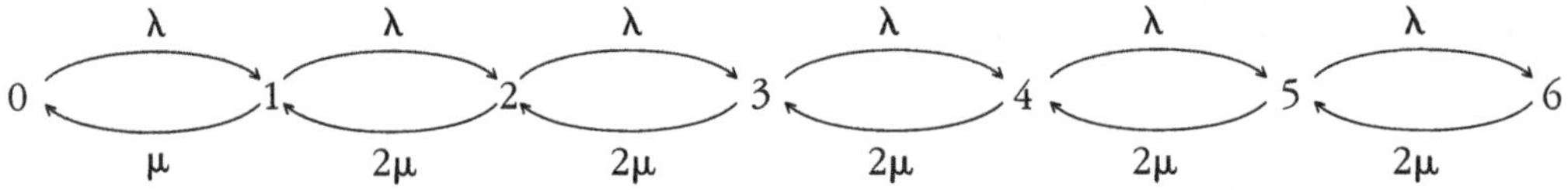

$$\pi_k^* = \left(\frac{\lambda}{2\mu}\right)^{k-1} \cdot \pi_1^* \quad \text{et} \quad \pi_0^* = \frac{\mu}{\lambda} \cdot \pi_1^*.$$

$$\sum_{k=0}^{6} \pi_k^* = 1 \text{ entraîne : } \pi_1^* \cdot \left[\frac{\mu}{\lambda} + \left(1 + \frac{\lambda}{2\mu} + \left(\frac{\lambda}{2\mu}\right)^2 + \cdots + \left(\frac{\lambda}{2\mu}\right)^5\right)\right] = 1.$$

$$\text{Soit } \pi_1^* \cdot \left[\frac{\mu}{\lambda} + \frac{1 - (\lambda/2\mu)^6}{1 - \lambda/2\mu}\right] = 1 \text{, d'où :}$$

$$\pi_1^* = 0{,}3437,\ \pi_0^* = 0{,}4296 \text{ et } \pi_6^* = 0{,}0035.$$

Le déchet est $\bar{r}'_2 = 1440 \cdot \pi_6^* \simeq 5$ jobs/h.

L'utilisation des processeurs est :

$U'_2 = 0 \cdot \pi_0^* + 1 \cdot \pi_1^* + 2(\pi_2^* + \cdots + \pi_6^*) = \pi_1^* + 2(1 - \pi_0^* - \pi_1^*)$, soit $U'_2 = 0{,}7971$.

Le déchet est nettement plus faible avec cette seconde architecture ; mais elle est plus chère que la précédente.

U'_2 est voisin de U'_1, car la charge globale de travail est voisine dans chacun des deux cas.

5) a) On a la file $M/M/2/10$.

$$\text{À nouveau : } \pi_1^* = 1 \Big/ \left[\frac{\mu}{\lambda} + \frac{1 - (\lambda/2\mu)^{10}}{1 - (\lambda/2\mu)}\right] \text{ et } \pi_0^* = \frac{\mu}{\lambda} \cdot \pi_1^*.$$

$\pi_1^* = 0{,}3429,\ \pi_0^* = 0{,}4286$ *et* $\pi_{10}^* = 0{,}00009$;

le déchet $\bar{r}''$ est très faible : $\bar{r}'' = 0{,}13$ jobs/h.

L'utilisation des processeurs est $U'' = \pi_1^* + 2(1 - \pi_0^* - \pi_1^*) = 0{,}7999$: valeur très voisine de 0,8 : la valeur maximale.

b) En effet, avec une mémoire illimitée, on a la file $M/M/2$ $(/\infty)$ qui admet un régime permanent si $\frac{\lambda}{2\mu} < 1$ (vérifié ici, car $\frac{\lambda}{2\mu} = 0{,}4$). Alors le déchet est nul : $\bar{r}''' = 0$. On obtient :

$$\pi_1^* = 1 \Big/ \left[\frac{\mu}{\lambda} + \frac{1}{1 - (\lambda/2\mu)}\right] \ et\ \pi_0^* = \frac{\mu}{\lambda}\pi_1^*. \text{ Soit : } \pi_1^* = \frac{12}{35}\ et\ \pi_0^* = \frac{15}{35}. \text{ D'où :}$$

$$U''' = \frac{28}{35} = 0{,}8.$$

En régime permanent le taux des entrées dans le système (ici égal aux taux λ des arrivées, car il n'y a plus de déchet) est égal au taux des sorties du système ; celui-ci est égal au nombre moyen de processeurs actifs, soit U''', multiplié par le taux de service de chaque processeur, soit μ. D'où :

$$\lambda = U''' \cdot \mu \text{ et } U''' = \frac{\lambda}{\mu} = 0{,}8.$$

SOLUTIONS DES EXERCICES DU CHAPITRE 8

8.1 1) On note x_1 (resp. x_2) le nombre de tonneaux de bière blonde (resp. brune) fabriqués par le brasseur :

$$\begin{cases} 2{,}5x_1 + 7{,}5x_2 \leqslant 240 \\ 0{,}125x_1 + 0{,}125x_2 \leqslant 5 \\ 17{,}5x_1 + 10x_2 \leqslant 595 \\ x_1 \ , \ x_2 \geqslant 0 \\ 65x_1 + 115x_2 = Z \ [\max] \end{cases} \quad \text{soit} \quad \begin{cases} x_1 + 3x_2 \leqslant 96 & (1) \\ x_1 + x_2 \leqslant 40 & (2) \\ 7x_1 + 4x_2 \leqslant 238 & (3) \\ x_1 \ , \ x_2 \geqslant 0 \\ 13x_1 + 23x_2 = Z' \ [\max] \end{cases}$$

NB. *Stricto sensu,* les variables x_1 et x_2 doivent être entières ; mais nous constaterons en fin de résolution, qu'à l'optimum du programme linéaire continu, les variables se trouvent être entières...

Ci-dessus, on a multiplié la première contrainte par 0,4 ; la deuxième par 8, et la troisième par 0,4. De même la fonction économique a été multipliée par 0,2 : $Z' = 0{,}2Z$. Ceci afin d'avoir des coefficients plus simples.

On résout alors le programme linéaire équivalent ci-dessus. Puisqu'il ne comporte que deux variables, on peut le résoudre aisément graphiquement.

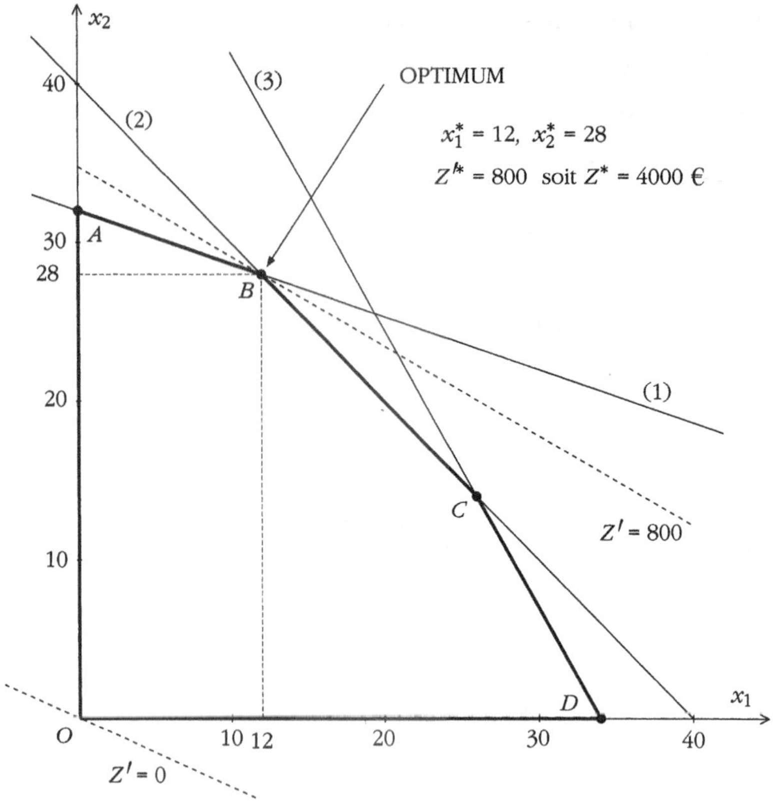

Après introduction des variables d'écart : x_3, x_4 et x_5, on peut poser le premier tableau de la résolution par l'algorithme du simplexe : la base initiale est composée des $m = 3$ variables d'écart, elle est associée au sommet O.

	i	1	2	3	4	5	$\beta_i^{(0)}$	$\beta_i^{(0)} / \alpha_{ie}^{(0)}$
$s=3$ ⟵	3	1	(3)	1	0	0	96	96/3= 32 (*)
	4	1	1	0	1	0	40	40/1 = 40
	5	7	4	0	0	1	238	238/4 = 59,5
	$\Delta_j^{(0)}$	13	23	0	0	0	$Z'-0$	
			↑ $e=2$					

	i	1	2	3	4	5	$\beta_i^{(1)}$	$\beta_i^{(1)} / \alpha_{ie}^{(1)}$	
	2	1/3	1	1/3	0	0	32	96	
$s=4$ ⟵	4	(2/3)	0	−1/3	1	0	8	12	(*)
	5	17/3	0	−4/3	0	1	110	19,4	
	$\Delta_j^{(1)}$	16/3	0	−23/3	0	0	$Z'-736$		
		↑ $e=1$							

i	1	2	3	4	5	$\beta_i^{(2)}$
2	0	1	1/2	−1/2	0	28
1	1	0	−1/2	3/2	0	12
5	0	0	3/2	−17/2	1	42
$\Delta_j^{(2)}$	0	0	−5	−8	0	$Z'-800$

Fin : les Δ_j des variables hors base sont négatifs : l'optimum est atteint.

Les variables de base, à l'optimum, sont égales aux seconds membres (ici, $\beta_i^{(2)}$). On a donc :

$$x_2^* = 28 \ , \ x_1^* = 12 \ , \ x_5^* = 42 \ , \ z'^* = 800 \ (\text{soit } Z^* = 5 \cdot Z'^* = 4000)\,.$$

Les variables hors base sont nulles : $x_3^* = x_4^* = 0$.

Le brasseur maximisera son bénéfice en produisant 12 tonneaux de bière blonde, 28 de bière brune, son bénéfice sera alors de 4 000 €.

À l'optimum, $x_3 = x_4 = 0$: ceci signifie qu'il épuisera ses stocks de maïs et de houblon ; par contre $x_5 = 42$: il aura un stock résiduel de 42 kg de malt.

2) Le brasseur n'aura plus que 2,5 kg de houblon ; la seconde contrainte devient : $x_1 + x_2 \leqslant 20$; le nouvel optimum est $x_1 = 0$ et $x_2 = 20$ et $Z = 2\,300$ €.

D'où un manque à gagner de $4\,000 - 2\,300 = 1\,700$ € ; pour le compenser le brasseur *A* devrait vendre 2,5 kg de houblon pour 1 700 €, soit 680 € par kg : prohibitif !

8.2 1) Le programme linéaire consiste à maximiser :

$$Z = 4x_1 + 5x_2 + 6x_3$$

sous les contraintes :

$$\begin{array}{lllll}
x_1 & & & \leqslant 200 & (1)\\
& x_2 & & \leqslant 500 & (2)\\
& & x_3 & \leqslant 300 & (3)\\
\frac{1}{80}x_1 + & \frac{1}{90}x_2 + & \frac{1}{100}x_3 & \leqslant 10 & (4)\\
1{,}8x_1 + & 2x_2 + & 2{,}2x_3 & \leqslant 1800 & (5)\\
x_1, & x_2, & x_3 & \geqslant 0 &
\end{array}$$

si x_1, x_2 et x_3 sont les quantités à extraire des tailles t_1, t_2 et t_3.

On multiplie chaque membre de (4) par 3 600, et de (5) par 5 pour chasser les dénominateurs et les nombres fractionnaires.

Avec les variables d'écart convenables, on a alors :

$$\begin{array}{lllllllll}
x_1 & & & + x_4 & & & & & = 200\\
& x_2 & & & + x_5 & & & & = 500\\
& & x_3 & & & + x_6 & & & = 300\\
45x_1 & + 40x_2 & + 36x_3 & & & & + x_7 & & = 36000\\
9x_1 & + 10x_2 & + 11x_3 & & & & & + x_8 & = 9000
\end{array}$$

d'où la solution obtenue en trois itérations (qu'on pourra suivre sur le polyèdre, cf deux pages plus loin) :

	c_i	i	1	2	3	4	5	6	7	8	$\beta_i^{(0)}$
	0	4	1	0	0	1	0	0	0	0	200
	0	5	0	1	0	0	1	0	0	0	500
(0) $\overset{s}{\leftarrow}$	0	6	0	0	(1)	0	0	1	0	0	300
	0	7	45	40	36	0	0	0	1	0	36 000
	0	8	9	10	11	0	0	0	0	1	9 000
			4	5	6						
	Sommet O		4	5	6 ↑ e	0	0	0	0	0	$Z = 0$

(1)

	c_i	i	1	2	3	4	5	6	7	8	$\beta_i^{(1)}$
	0	4	1	0	0	1	0	0	0	0	200
$\overset{s}{\leftarrow}$	0	5	0	(1)	0	0	1	0	0	0	500
	6	3	0	0	1	0	0	1	0	0	300
	0	7	45	40	0	0	0	−36	1	0	25 200
	0	8	9	10	0	0	0	−11	0	1	5 700
Sommet A			4	5 $\underset{e}{\uparrow}$	0	0	0	−6	0	0	$Z = 1800$

(2)

	c_i	i	1	2	3	4	5	6	7	8	$\beta_i^{(2)}$
	0	4	1	0	0	1	0	0	0	0	200
	5	2	0	1	0	0	1	0	0	0	500
	6	3	0	0	1	0	0	1	0	0	300
	0	7	45	0	0	0	−40	−36	1	0	5 200
$\overset{s}{\leftarrow}$	0	8	(9)	0	0	0	−10	−11	0	1	700
Sommet B			4 $\underset{e}{\uparrow}$	0	0	0	−5	−6	0	0	$Z = 4300$

En motant désormais $\bar{x_1}, \bar{x_2}, \bar{x_3}, \bar{x_4}$ et $\bar{x_5}$ les variables d'écart :

(3)

c_i	i	1	2	3	$\bar{1}$	$\bar{2}$	$\bar{3}$	$\bar{4}$	$\bar{5}$	$\beta_i^{(3)}$
0	4	0	0	0	1	$\frac{10}{9}$	$\frac{11}{9}$	0	$-\frac{1}{9}$	$\frac{1100}{9}$
5	2	0	1	0	0	1	0	0	0	500
6	3	0	0	1	0	0	1	0	0	300
0	7	0	0	0	0	10	19	1	−5	1 700
4	1	1	0	0	0	$-\frac{10}{9}$	$-\frac{11}{9}$	0	$\frac{1}{9}$	$\frac{700}{9}$
Sommet C		0	0	0	0	$-\frac{5}{9}$	$-\frac{10}{9}$	0	$-\frac{4}{9}$	$Z^* = \frac{41500}{9}$

L'optimum est : $x_1^* = \frac{700}{9} = 77,78$, $x_2^* = 500$, $x_3^* = 500$ et $Z^* = \frac{41500}{9} = 461,11$ unités monétaires : au sommet C.

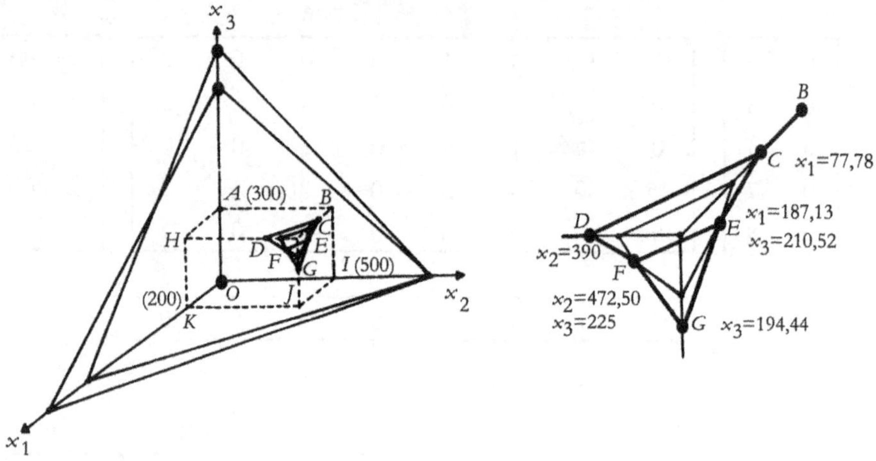

	B	C	D	E	F	G
	0	77,78	200	187,13	200	200
	500	500	390	500	472,5	500
	300	300	300	210,52	225	194,44

On suit avec facilité la progression de sommet en sommet du polyèdre des contraintes. Les tableaux 0, 1, 2 et 3 correspondent respectivement aux sommets *O, A, B* et *C*.

2) Dans le tableau optimal (3), on remplace $c_1 = 4$ par : $4(1 + \lambda)$.

		1	2	3	4	5	6	7	8		
0	4	0	0	0	1	$\frac{10}{9}$	$\frac{11}{9}$	0	$-\frac{1}{9}$	$\frac{1\,100}{9}$	$\simeq$ 122,22
5	2	0	1	0	0	1	0	0	0	500	
6	3	0	0	1	0	0	1	0	0	300	sommet *C*
0	7	0	0	0	0	10	19	1	−5	1 700	du polyèdre
$4(1+\lambda)$	1	1	0	0	0	$-\frac{10}{9}$	$-\frac{11}{9}$	0	$\frac{1}{9}$	$\frac{700}{9}$	$\simeq$ 77,78
	c_j	$4(1+\lambda)$	5	6	0	0	0	0	0		
	Δ_j	0	0	0	0	$-\frac{5}{9}+\frac{40}{9}\lambda$	$-\frac{10}{9}+\frac{44}{9}\lambda$	0	$-\frac{4}{9}-\frac{4}{9}\lambda$		$Z=\frac{41\,500}{9}+\frac{2800}{9}\lambda$

La ligne des Δ_j se trouve modifiée et, comme ils dépendent désormais de λ, il faut examiner leurs signes respectifs.

λ	-1	0	$\frac{1}{8}$		$\frac{5}{22}$		$\frac{5}{4}$		$+\infty$
$\Delta_5 = -\frac{5}{9} + \frac{40}{9}\lambda$		$-$	$-$	0	$+$		$+$		$+$
$\Delta_6 = -\frac{10}{9} + \frac{44}{9}\lambda$		$-$	$-$		$-$	0	$+$		$+$
$\Delta_8 = -\frac{4}{9} - \frac{4}{9}\lambda$	0	$-$	$-$		$-$		$-$		$-$
Conclusions	Solution antérieure			La colonne 5 entre dans la base				La colonne 6 entre dans la base (*)	

(*) En effet $\Delta_6 > \Delta_5$ pour $\lambda > \frac{5}{4}$.

• 1er *cas* : $\frac{1}{8} \leqslant \lambda \leqslant \frac{5}{4}$.

En faisant entrer la variable x_5 dans la base et sortir la variable x_4, on obtient :

c_i	i	j : 1	2	3	4	5	6	7	8		
0	5	0	0	0	$\frac{9}{10}$	1	$\frac{11}{10}$	0	$-\frac{1}{10}$	110	sommet D
5	2	0	1	0	$-\frac{9}{10}$	0	$-\frac{11}{10}$	0	$\frac{1}{10}$	390	du polyèdre
6	3	0	0	1	0	0	1	0	0	300	
0	7	0	0	0	-9	0	8	1	0	600	
$4(1+\lambda)$	1	1	0	0	1	0	0	0	0	200	
	c_j	$4(1+\lambda)$	5	6	0	0	0	0	0		
	Δ_j	0	0	0	$\frac{5}{10}-4\lambda$	0	$-\frac{1}{2}$	0	$-\frac{1}{2}$	$Z=4\,250+800\lambda$	

L'optimum est atteint, puisque tous les Δ_j sont négatifs $\left(\frac{5}{10} - 4\lambda \leqslant 0 \text{ pour } \lambda \geqslant \frac{1}{8}\right)$.

On est alors au sommet D du polyèdre des contraintes.

- 2e*cas* : $\lambda \geqslant \frac{5}{4}$.

L'entrée de la variable x_6 dans la base donne les résultats suivants :

c_i	i	j: 1	2	3	4	5	6	7	8	
0	4 (Δ ←)	0	0	0	1	$\left(\frac{80}{171}\right)$ (cerclé)	0	$-\frac{11}{171}$	$\frac{4}{49}$	$\frac{2\,200}{171}$
5	2	0	1	0	0	1	0	0	0	500
6	3	0	0	1	0	$-\frac{10}{19}$	0	$-\frac{1}{19}$	$\frac{5}{19}$	$\frac{4\,000}{19}$
0	6	0	0	0	0	$\frac{10}{19}$	1	$\frac{1}{19}$	$-\frac{5}{19}$	$\frac{1\,700}{19}$
$4(1+\lambda)$	1	1	0	0	0	$-\frac{80}{171}$	0	$\frac{11}{171}$	$-\frac{4}{19}$	$\frac{32\,000}{171}$
c_j		$4(1+\lambda)$	5	6						
Δ_j		0	0	0	0	$\frac{5}{171}+\frac{320}{171}\lambda$	0	$\frac{10}{171}-\frac{44}{171}\lambda$	$-\frac{14}{19}+\frac{16}{19}\lambda$	$Z = 4\,511{,}64 + 748{,}52\lambda$
						↑ *e*				

sommet E du polyèdre

et une étude des Δ_j permet de constater que la variable x_5 doit maintenant entrer dans la base à la place de la variable x_4.

Ayant réalisé cet échange, on obtient :

c_i	i	j: 1	2	3	4	5	6	7	8	
0	5	0	0	0	$\frac{17}{80}$	1	0	$-\frac{11}{80}$	$\frac{9}{20}$	$\frac{55}{2}$
5	2	0	1	0	$-\frac{171}{80}$	0	0	$\frac{11}{80}$	$-\frac{9}{20}$	$\frac{945}{2}$
6	3	0	0	1	$\frac{9}{8}$	0	0	$-\frac{1}{8}$	$\frac{1}{2}$	$\frac{4\,275}{19}$
0	6 (Δ ←)	0	0	0	$-\frac{9}{8}$	0	1	$\left(\frac{1}{8}\right)$ (cerclé)	$-\frac{1}{2}$	$\frac{1\,425}{19}$
$4(1+\lambda)$	1	1	0	0	1	0	0	0	0	200
Δ_j		0	0	0	$-\frac{1}{16}-4\lambda$	0	0	$\frac{1}{16}$	$-\frac{3}{4}$	$Z = 4\,512{,}5 + 800\lambda$
								↑ *e*		

sommet F du polyèdre

ici : $x_3 = \dfrac{4\,275}{19} = 225; x_2 = \dfrac{945}{2} = 472{,}5; x_1 = 200.$

$\Delta_7 = \dfrac{1}{16}$ signifie que, la variable x_7 devant entrer dans la base et la variable x_6 en sortant, on est ramené à la base $\{x_5, x_2, x_3, x_7, x_1\}$, c'est-à-dire au 1er cas.

De cette discussion, il résulte que si $\lambda \geqslant \frac{1}{8}$, le point D du polyèdre est solution optimale avec les valeurs suivantes :

$$x_1 = 200, x_2 = 390, x_3 = 300, x_5 = 110, x_7 = 600,$$

avec :

$$Z = 4250 + 800\lambda.$$

3) Pour poursuivre le problème, il faut d'abord donner le tableau optimal du dual; on sait que l'on peut obtenir directement à partir de celui du primal, mais, à titre d'exercice, on pourra le reconstituer.

Étant donné le tableau ci-après :

	x_1	x_2	x_3		
y_1	1	0	0		200
y_2	0	1	0		500
y_3	0	0	1	$\leqslant$	300
y_4	45	40	36		36 000
y_5	9	10	11		9 000
		$\geqslant$			
	4	5	6		

On écrit immédiatement le programme dual :

$$\begin{cases} y_1 + 45y_4 + 9y_5 \geqslant 4 \\ y_2 + 40y_4 + 10y_5 \geqslant 5 \\ y_3 + 36y_4 + 11y_5 \geqslant 6 \\ [\min]Z' = 200y_1 + 500y_2 + 300y_3 + 36\,000y_4 + 9\,000y_5. \end{cases}$$

Pour nous ramener à une maximisation, nous multiplions par -1 la fonctionnelle Z' :

$$-Z' = -200y_1 - 500y_2 - 300y_3 - 36000y_4 - 9000y_5.$$

L'introduction des variables d'écart, pour ramener les contraintes à des égalités, fournit :

$$\begin{cases} y_1 + 45y_4 + 9y_5 - y_{\bar{1}} = 4 \\ y_2 + 40y_4 + 10y_5 - y_{\bar{2}} = 5 \\ y_3 + 36y_4 + 11y_5 - y_{\bar{3}} = 6 \\ -200y_1 - 500y_2 - 300y_3 - 36000y_4 - 9000y_5 + 0y_{\bar{1}} + 0y_{\bar{2}} + 0y_{\bar{3}} = -Z'\ [\max] \end{cases}$$

Pour résoudre le programme dual, il serait maladroit (et long !) d'introduire trois variables artificielles (après celle des variables d'écart).

En effet, on remarque que les trois variables y_1, y_2 et y_3 forment une base évidente (de matrice $B = I$). Pour dresser le tableau associé à cette base, il suffit d'exprimer $-Z'$ en fonction des variables qui sont alors hors-base, soit $y_4, y_5, y_{\bar{1}}, y_{\bar{2}}, y_{\bar{3}}$; il vient :

$$-Z' = -5\,100 + 3\,800y_4 + 1\,100y_5.$$

			1	2	3	4	5	$\bar{1}$	$\bar{2}$	$\bar{3}$	
s ←	−200	1	1	0	0	45	(9)	−1	0	0	4
	−500	2	0	1	0	40	10	0	−1	0	5
	−300	3	0	0	1	36	11	0	0	−1	6
			−200	−500	−300	−36 000	−9 000	0	0	0	
		Δ'_j	0	0	0	3 800	1 100	−200	−500	−300	$-Z' = -5$
							↑ e				

−9000	5	$\frac{1}{9}$	0	0	5	1	$-\frac{1}{9}$	0	0	$\frac{4}{9}$
−500	2	$-\frac{10}{9}$	1	0	−10	0	$\frac{10}{9}$	−1	0	$\frac{5}{9}$
−300	3	$-\frac{11}{9}$	0	1	−19	0	$\frac{11}{9}$	0	−1	$\frac{10}{9}$
		−200	−500	−300(1+μ)	−36 000	−9 000	0	0	0	
	Δ'_j	$-\frac{1100}{9}$	0	0	−1 700	0	$-\frac{700}{9}$	−500	−300	$-Z' = -\frac{41\,500}{9}$

$$y_1^* = y_4^* = y_5^* = 0, y_2^* = 5/9, y_3^* = 10/9, y_{\bar{1}}^* = y_{\bar{2}}^* = y_{\bar{3}}^* = 0$$

L'optimum du dual est atteint : le lecteur pourra vérifier ce tableau à l'aide de la règle de correspondance (donnée dans ce chapitre) entre le tableau optimal d'un primal et celui de son dual.

On sait alors paramétrer l'un des coefficients de la fonction économique. Faisons-le pour le troisième tableau.

		1	2	3	4	5	$\bar{1}$	$\bar{2}$	$\bar{3}$	
−9 000	5	$\frac{1}{9}$	0	0	5	1	$-\frac{1}{9}$	0	0	$\frac{4}{9}$
−500	2	$-\frac{10}{9}$	1	0	−10	0	$\frac{10}{9}$	−1	0	$\frac{5}{9}$
300(1+μ)	3	$-\frac{11}{9}$	0	1	−19	0	$\frac{11}{9}$	0	−1	$\frac{10}{9}$
		−200	−500	−300(1+μ)	−36 000	−9000	0	0	0	
	Δ'_j	$-\frac{1\,100}{9}$ $-\frac{3\,300}{9}\mu$	0	0	−1 700 −5 700μ	0	$-\frac{700}{9}$ $+\frac{3\,300}{9}\mu$	−500	−300 −300μ	$-Z' = -\frac{41\,500}{9}$ $-\frac{3\,000}{9}\mu$

Le tableau ci-dessous conduit à la discussion en fonction de la valeur de μ :

μ	-1		$-\frac{1}{3}$		$-\frac{17}{57}$		0		$\frac{7}{33}$		$+\infty$
$\Delta'_1 = -\frac{1\,100}{9} - \frac{3\,300}{9}\mu$		+	0	−				−		−	
$\Delta'_4 = -1\,700 - 5\,700\mu$		+		+	0			−		−	
$\Delta'_{\bar{1}} = -\frac{700}{9} + \frac{3\,300}{9}\mu$		−		−				−	0	+	
$\Delta'_{\bar{3}} = -300 - 300\mu$		−		−				−		−	
		entrée variable y_4 car : $-1\,700-5\,700\mu > -\frac{1\,100}{9} - \frac{3\,300}{9}\mu$ pour $\mu < -\frac{71}{240}$						solution courante		entrée variable $y_{\bar{1}}$	

La solution du primal appelée «courante» étant :

$$x_1 = -\Delta'_{\bar{1}} = \frac{700}{9} - \frac{3300}{9}\mu$$
$$x_2 = -\Delta'_{\bar{2}} = 500$$
$$x_3 = -\Delta'_{\bar{3}} = 300 + 300\mu$$
$$x_{\bar{1}} = -\Delta'_1 = \frac{1100}{9} - 3300\mu$$
$$x_{\bar{4}} = -\Delta'_{\bar{4}} = 1700 + 5700\mu$$

Examinons le premier cas : $-1 \leqslant \mu \leqslant -\frac{15}{57}$; après fait entrer y_4 en base, il vient :

		1	2	3	4	5	$\bar{1}$	$\bar{2}$	$\bar{3}$	
$-36\,000$	4	$\frac{1}{45}$	0	0	1	$\frac{1}{5}$	$-\frac{1}{45}$	0	0	$\frac{4}{45}$
-500	2	$-\frac{8}{9}$	1	0	0	2	$\frac{8}{9}$	-1	0	$\frac{13}{9}$
$-300-300\mu$	3	$-\frac{4}{5}$	0	1	0	$\frac{19}{5}$	$\frac{4}{5}$	0	-1	$\frac{14}{5}$
		-200	-500	$-300-300\mu$	-36000	-9000	0	0	0	

Δ'_j	$-\frac{760}{9} - 240\mu$	0	0	0	$340 + 1\,140\mu$	$-\frac{1\,040}{9} + 240\mu$	-500	$-300 - 300\mu$

Deux sous-cas se présentent alors :

a) ou bien $-\frac{19}{54} \leqslant \mu \leqslant -\frac{17}{57}$ et alors la solution optimale est atteinte, soit :

$$x_1 = +\frac{1040}{9} + 240\mu \ ; \ x_2 = 500 \ ; \ x_3 = 300 + 300\mu \ ; \ z = \ +\frac{42860}{9} + 840\mu$$

b) ou bien $\mu \leqslant -\frac{19}{54}$ et il faut alors faire entrer la variable y_1 dans la base car on a alors $\Delta'_1 \geqslant 0$.

Cette itération conduit au tableau :

		1	2	3	4	5	$\bar{1}$	$\bar{2}$	$\bar{3}$	
−200	1	1	0	0	45	9	−1	0	0	4
−500	2	0	1	0	40	10	0	−1	0	5
−300−300μ	3	0	0	1	36	11	0	0	−1	6
	Δ'_j	0	0	0	3 800 −10 800μ	1 100 +3 300μ	−200	−500	−300 −300μ	

qui devient définitif (optimal), puisque $\mu \leqslant -\frac{19}{54}$. Δ'_4

On a donc par dualité :

$$x_1 = 200 \ , \ x_2 = 500 \ , \ x_3 = 300 + 300\mu \ , \ z = 5100 + 1800\mu.$$

Examinons le second cas : où $\mu \geqslant \frac{7}{33}$, ce qui conduit à l'entrée de la variable $y_{\bar{1}}$ dans la base :

		1	2	3	4	5	$\bar{1}$	$\bar{2}$	$\bar{3}$	
−9 000	5	0	$\frac{1}{10}$	0	4	1	0	$-\frac{1}{10}$	0	$\frac{1}{2}$
0	$\bar{1}$	−1	$\frac{9}{10}$	0	−9	0	1	$-\frac{9}{10}$	0	$\frac{1}{2}$
−300−300μ	3	0	$-\frac{11}{10}$	1	−8	0	0	$\frac{11}{10}$	−1	$\frac{1}{2}$
		−200	−500	−300−300μ	−36 000	−9 000	0	0	0	
	Δ_j	−200	70 −330μ	0	−2 400 −2 400μ	0	0	−570 +330μ	−300 −300μ	

On constate, d'après les valeurs des Δ_j, que la variable $y_{\bar{2}}$ doit entrer dans la base si $\mu \geqslant \frac{57}{33}$. En effet :

μ	$\frac{7}{33}$	$\frac{57}{33}$	$+\infty$
$\Delta_{\bar{2}} = -570 + 330\mu$	$-$	0	$+$
	Solution précédente		entrée variable $y_{\bar{2}}$

La solution appelée « *solution précédente* » est donc, par dualité :

$$x_1 = 0 \,, \; x_2 = 570 - 330\mu \,, \; x_3 = 300 + 300\mu \,, \; z = 4650 + 150\mu \,.$$

Si $\mu \geqslant \frac{57}{33}$:

			1	2	3	4	5	$\bar{1}$	$\bar{2}$	$\bar{3}$	
-9000	5		0	0	$\frac{1}{11}$	$\frac{36}{11}$	1	0	0	$-\frac{1}{11}$	$\frac{6}{11}$
0	$\bar{1}$		-1	0	$\frac{9}{11}$	$-\frac{17}{11}$	0	1	0	$-\frac{9}{11}$	$\frac{10}{11}$
0	$\bar{2}$		0	-1	$\frac{10}{11}$	$-\frac{1600}{99}$	0	0	1	$-\frac{10}{11}$	$\frac{5}{11}$
		Δ_j	-200	-500	$\frac{5700}{11} - 300\mu$	$\frac{72000}{11}$	0	0	0	$-\frac{9000}{11}$	

Tous les Δ_j sont alors négatifs et, par conséquent il vient par dualité :

$$x_1 = 0 \,, \; x_2 = 0 \,, \; x_3 = \frac{9000}{11} \,, \; z = \frac{54000}{11} \,.$$

On peut regrouper les résultats de la discussion en fonction des valeurs de μ dans le tableau suivant :

μ	-1	$-\frac{19}{54}$	$(-\frac{1}{3})$	$-\frac{17}{57}$	(0)	$\frac{7}{33}$	$\frac{57}{33}$	$+\infty$
e_3	0	≈194,4		≈210,5	300	≈363,7	≈818,2	
		≈4 467		≈4 512	(4 611)	≈4 681	≈4 909	

Sol.	$x_1=200$	$x_1=\frac{1\,040}{9}-240\mu$	$x_1=\frac{700}{9}-\frac{3\,300}{9}\mu$	$x_1=0$	$x_1=0$
	$x_2=500$	$x_2=500$	$x_2=500$	$x_2=570-330\mu$	$x_2=0$
	$x_3=300+300\mu$	$x_3=300+300\mu$	$x_3=300+300\mu$	$x_3=300+300\mu$	$x_3=\frac{9\,000}{11}$
	$z=5\,100+1\,800\mu$	$z=\frac{42\,860}{8}+840\mu$	$z=\frac{41\,500}{9}+\frac{3\,000}{9}\mu$	$z=4\,650+150\mu$	$z=\frac{54\,000}{11}$

4) On doit maintenant exécuter un paramétrage d'un coefficient de la matrice et cette démarche n'est pas toujours aisée, en raison de la nécessité de maintenir la non-négativité des coefficients du second membre, qui sont les valeurs des variables de base.

Aucun changement dans le calcul du tableau optimal ne se produit avant la troisième itération. De ce fait, le tableau 4 peut s'écrire (primal) si $\nu \leqslant \frac{17}{35}$:

	i	1	2	3	$\bar{1}$	$\bar{2}$	$\bar{3}$	$\bar{4}$	$\bar{5}$	β_i
0	$\bar{1}$	0	0	0	1	$\frac{10}{9}$	$\frac{11}{9}$	0	$-\frac{1}{9}$	$\frac{1\,100}{9}$
5	2	0	1	0	0	1	0	0	0	500
6	3	0	0	1	0	0	1	0	0	300
0	$\bar{4}$	0	0	0	0	$10+50\nu$	$19+55\nu$	1	$-5-5\nu$	$1\,700-3\,500\nu$
4	1	1	0	0	0	$-\frac{10}{9}$	$-\frac{11}{9}$	0	$\frac{1}{9}$	$\frac{700}{9}$
		0	0	0	0	$-\frac{5}{9}$	$-\frac{10}{9}$	0	$-\frac{4}{9}$	

et c'est seulement la variable d'écart $x_{\bar{4}}$ qui change de valeur en fonction de celle de ν.

Au contraire si $\nu \geqslant \frac{17}{35}$, comme dans le tableau 2 au tout début de ce corrigé, lorsque l'on fait entrer la variable x_1, on calcule les quotients $\frac{\beta_i}{\alpha_{ie}}$ (où $e = 1$) :

$$\frac{\beta_{\bar{1}}}{\alpha_{\bar{1}1}} = \frac{200}{1} = 200\,,\quad \frac{\beta_{\bar{4}}}{\alpha_{\bar{4}1}} = \frac{5\,200}{45(1+\nu)}\,,\quad \frac{\beta_{\bar{5}}}{\alpha_{\bar{5}1}} = \frac{700}{9}\,,$$

si $\nu \geqslant \frac{17}{35}$, on a :

$$\frac{5200}{45(1+\nu)} \leqslant \frac{700}{9} < 200$$

et c'est donc la variable $x_{\bar{4}}$ qui sort de la base. De ce fait, on obtient :

	i									
0	$\bar{1}$	0	0	0	1	$\dfrac{8}{9(1+v)}$	$\dfrac{4}{5(1+v)}$	$\dfrac{-1}{45(1+v)}$	0	$\dfrac{760+1\,800v}{9(1+v)}$
5	2	0	1	0	0	1	0	0	0	500
6	3	0	0	1	0	0	1	0	0	300
4	1	1	0	0	0	$\dfrac{-8}{9(1+v)}$	$\dfrac{-4}{5(1+v)}$	$\dfrac{1}{45(1+v)}$	0	$\dfrac{1\,040}{9(1+v)}$
0	$\bar{5}$	0	0	0	0	$\dfrac{-210v}{1+v}$	$\dfrac{-19-55v}{5(1+v)}$	$\dfrac{-1}{5(1+v)}$	1	$\dfrac{700v-340}{1+v}$
	Δ_j	0	0	0	0	$-\dfrac{13+45v}{9(1+v)}$	$-\dfrac{14+30v}{5(1+v)}$	$-\dfrac{4}{45(1+v)}$	0	

ce qui modifie la valeur de x_1 : $x_1 = \dfrac{1040}{9(1+v)}$.

On peut suivre graphiquement l'évolution des solutions, lorsque λ, μ et v varient.

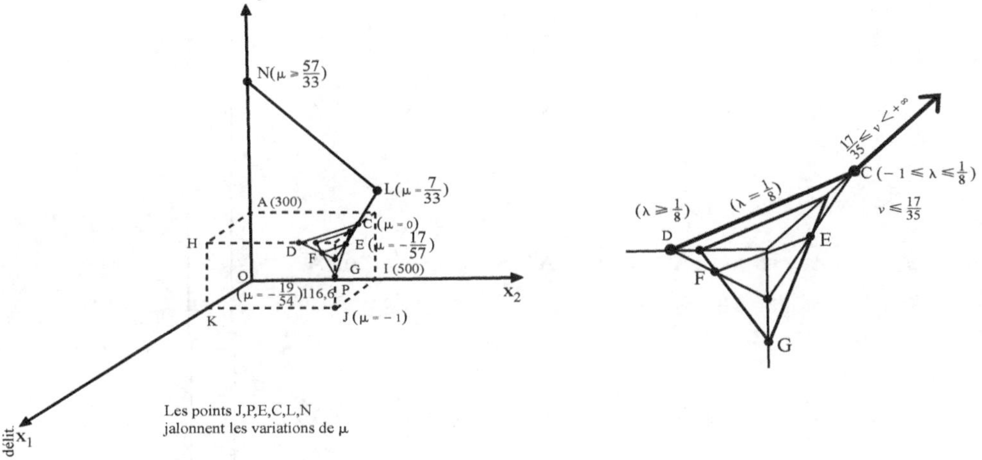

8.3 Dans ce corrigé, on présente une forme vectorielle de l'algorithme du simplexe, au lieu d'utiliser la méthode des tableaux : en première lecture, passer directement à la fin du corrigé de la question 1.

1) Sous la forme matricielle, les contraintes s'écrivent, compte tenu de l'addition des variables d'écart x_5, x_6 et x_7 :

$$\begin{array}{ccccccc}(1) & (2) & (3) & (4) & (5) & (6) & (7)\end{array}$$
$$\begin{bmatrix} 1 & 1 & 1 & 1 & 1 & 0 & 0 \\ 3 & 2 & 3 & 1 & 0 & 1 & 0 \\ 2 & 1 & 1 & 4 & 0 & 0 & 1 \end{bmatrix} \cdot \begin{bmatrix} x_1 \\ x_2 \\ x_3 \\ x_4 \\ x_5 \\ x_6 \\ x_7 \end{bmatrix} = \begin{bmatrix} 12 \\ 5 \\ 7 \end{bmatrix}, \text{ soit } \mathbf{A} \cdot \mathbf{x} = \mathbf{b}.$$

Les colonnes 5, 6 et 7 de la matrice constituent une matrice unité **I** (d'ordre 3). En prenant comme base les vecteurs unitaires 5, 6 et 7, on peut écrire :

$$\mathbf{A}^j = \sum_{i=5,6,7} \alpha_{ij} \cdot \mathbf{A}_i \quad (j = 1, 2, 3, 4),$$

où $\mathbf{A}^j$ désigne le vecteur-colonne extrait de la matrice **A**.

Ainsi :

$$\mathbf{A}^1 = \alpha_{51} \cdot \mathbf{A}^5 + \alpha_{61} \cdot \mathbf{A}^6 + \alpha_{71} \cdot \mathbf{A}^7, \quad \text{où } \mathbf{A}^1 = \begin{bmatrix} 1 \\ 3 \\ 2 \end{bmatrix}$$

$$\mathbf{A}^2 = \alpha_{52} \cdot \mathbf{A}^5 + \alpha_{62} \cdot \mathbf{A}^6 + \alpha_{72} \cdot \mathbf{A}^7, \quad \text{où } \mathbf{A}^2 = \begin{bmatrix} 1 \\ 2 \\ 1 \end{bmatrix}$$

$$\mathbf{A}^3 = \alpha_{53} \cdot \mathbf{A}^5 + \alpha_{63} \cdot \mathbf{A}^6 + \alpha_{73} \cdot \mathbf{A}^7, \quad \text{où } \mathbf{A}^3 = \begin{bmatrix} 1 \\ 3 \\ 1 \end{bmatrix}$$

$$\mathbf{A}^4 = \alpha_{54} \cdot \mathbf{A}^5 + \alpha_{64} \cdot \mathbf{A}^6 + \alpha_{74} \cdot \mathbf{A}^7, \quad \text{où } \mathbf{A}^4 = \begin{bmatrix} 1 \\ 1 \\ 4 \end{bmatrix},$$

soit :

$$\underset{m \times (n-m)}{\underset{\mathbf{N}}{\begin{bmatrix} 1 & 1 & 1 & 1 \\ 3 & 2 & 3 & 1 \\ 2 & 1 & 1 & 4 \end{bmatrix}}} = \underset{m \times m}{\underset{\mathbf{B}}{\begin{bmatrix} 1 & 0 & 0 \\ 0 & 1 & 0 \\ 0 & 0 & 1 \end{bmatrix}}} \cdot \underset{m \times (n-m)}{\underset{\boldsymbol{\alpha}}{\begin{bmatrix} \alpha_{51} & \alpha_{52} & \alpha_{53} & \alpha_{54} \\ \alpha_{61} & \alpha_{62} & \alpha_{63} & \alpha_{64} \\ \alpha_{71} & \alpha_{72} & \alpha_{73} & \alpha_{74} \end{bmatrix}}}$$

où $\boldsymbol{\alpha}$ est la matrice des colonnes hors-base, pour la base courante : la base initiale étant associée au sommet O (admissible pour ce PL), on a : $\mathbf{B} = \mathbf{I}$, sinon pour connaître $[\boldsymbol{\alpha}]$, il faut résoudre le système ci-dessus (si l'on connaît B^{-1}, la solution en est : $\boldsymbol{\alpha} = \mathbf{B}^{-1} \cdot \mathbf{N}$).

Soit la fonction économique $Z = \boldsymbol{c} \cdot \boldsymbol{x} = \boldsymbol{c}_B \cdot \boldsymbol{x}_B + \boldsymbol{c}_N \cdot \boldsymbol{x}_N$; rappelons que son expression en fonction des variables hors base s'obtient en substituant aux variables de base (soit $\boldsymbol{x}_B$) leur expression en fonction des variables hors base (soit $\boldsymbol{x}_N$) : $\mathbf{A} \cdot \boldsymbol{x} = \mathbf{b}$ s'écrit $\mathbf{B} \cdot \boldsymbol{x}_B + \mathbf{N} \cdot \boldsymbol{x}_B = \mathbf{b}$ d'où : $\boldsymbol{x}_B = \mathbf{B}^{-1} \cdot \mathbf{b} + \mathbf{B}^{-1} \cdot \mathbf{N} \cdot \boldsymbol{x}_N$. Ainsi :

$$Z = \boldsymbol{c}_B \cdot (\mathbf{B}^{-1} \cdot \mathbf{N} \cdot \boldsymbol{x}_N) + \boldsymbol{c}_N \cdot \boldsymbol{x}_N = \boldsymbol{c}_B \cdot \mathbf{B}^{-1} \cdot \mathbf{N} + (\boldsymbol{c}_N - \boldsymbol{c}_B \cdot \mathbf{B}^{-1} \cdot \mathbf{N}) \boldsymbol{x}_N$$

le vecteur des Δ_j (pour x_j hors base) n'est autre que :

$$\Delta_N = \boldsymbol{c}_N - \boldsymbol{c}_B \cdot \mathbf{B}^{-1} \cdot \mathbf{N} = \boldsymbol{c}_N - \boldsymbol{c}_B \cdot \boldsymbol{\alpha} \ \text{ et } \ \Delta_j = c_j - \sum_i c_i \cdot \alpha_{ij} ,$$

où la sommation est étendue à toutes les variables x_i de la base.

Revenons à notre exemple; les variables d'écart constituent la base initiale; puisque le coefficient de chacune dans Z est nul, il vient : $\mathbf{c}_B = \underset{(4)\ (5)\ (6)\ (7)}{[\ 0,\quad 0,\quad 0,\quad 0\ ]}$ et, ainsi, $\Delta_N = \mathbf{c}_N$ ici, c'est-à-dire que $\Delta_j = c_j \ (j = 1, 2, 3, 4)$. Numériquement : $\Delta_N = \underset{(1)\ (2)\ (3)\ (4)}{[\ 5,\quad 4,\quad 3,\quad 1\ ]}$ d'où l'on déduit, d'après le premier critère de Dantzig, que la colonne $\mathbf{A}^1$ (cf la variable x_1) doit entrer dans la base.

Calculons alors les rapports $\dfrac{\beta_i}{\alpha_{i1}}$; on a : $\dfrac{\beta_5}{\alpha_{51}} = \dfrac{12}{1} = 12$; $\dfrac{\beta_6}{\alpha_{61}} = \dfrac{5}{3}$; $\dfrac{\beta_7}{\alpha_{71}} = \dfrac{7}{2}$;

le plus petit positif d'entre eux est le second, ce qui, d'après le deuxième critère de Dantzig, indique que la colonne A^6 (cf la variable x_6) doit sortir de la base.

Calculons les nouvelles coordonnées du vecteur $\boldsymbol{\beta}$, on a :

$$\beta_1' = \theta_0 = \frac{5}{3} \ ; \ \beta_5' = \beta_5 - \theta_0 \cdot \alpha_{51} = 12 - \frac{5}{3} \cdot 1 = \frac{31}{3} .$$

$$\beta_7' = \beta_7 - \theta_0 \cdot \alpha_{71} = 7 - \frac{5}{3} \cdot 2 = \frac{11}{3} .$$

On vérifie bien que :

$$\underset{(1)\ (2)\ (3)\ (4)\ (5)\ (6)\ (7)}{\begin{bmatrix} 1 & 1 & 1 & 1 & 1 & 0 & 0 \\ 3 & 2 & 3 & 1 & 0 & 1 & 0 \\ 2 & 1 & 1 & 4 & 0 & 0 & 1 \end{bmatrix}} \cdot \begin{bmatrix} 5/3 \\ 0 \\ 0 \\ 0 \\ 31/3 \\ 0 \\ 11/3 \end{bmatrix} = \begin{bmatrix} 12 \\ 5 \\ 7 \end{bmatrix} .$$

En fonction de la nouvelle base, la nouvelle expression de $\mathbf{N} = \mathbf{B}\cdot\boldsymbol{\alpha}$ s'écrit :

$$\begin{bmatrix} 1 & 1 & 1 & 0 \\ 2 & 3 & 1 & 1 \\ 1 & 1 & 4 & 0 \end{bmatrix} = \begin{bmatrix} 1 & 1 & 0 \\ 0 & 3 & 0 \\ 0 & 2 & 1 \end{bmatrix} \begin{bmatrix} \alpha_{52} & \alpha_{53} & \alpha_{54} & \alpha_{56} \\ \alpha_{12} & \alpha_{13} & \alpha_{14} & \alpha_{16} \\ \alpha_{72} & \alpha_{73} & \alpha_{74} & \alpha_{76} \end{bmatrix}$$

$$\begin{matrix}(2) & (3) & (4) & (6)\end{matrix} \qquad \begin{matrix}(5) & (1) & (7)\end{matrix}$$

puisque la matrice de la nouvelle base est $\mathbf{B} = (\mathbf{A}^5, \mathbf{A}^1, \mathbf{A}^7)$.

La matrice inverse de $\begin{bmatrix} 1 & 1 & 0 \\ 0 & 3 & 0 \\ 0 & 2 & 1 \end{bmatrix}$, n'est autre que $\begin{bmatrix} 1 & -1/3 & 0 \\ 0 & 1/3 & 0 \\ 0 & -2/3 & 1 \end{bmatrix}$. Le lecteur montrera, à titre de vérification, que $\mathbf{B}\cdot\mathbf{B}^{-1} = \mathbf{I}$. Rappelons que l'inverse d'une matrice s'obtient par :

$$\mathbf{B}^{-1} = \frac{1}{\text{dét } \mathbf{B}} \cdot \begin{bmatrix} \text{matrice transposée} \\ \text{des cofacteurs} \end{bmatrix}.$$

La matrice des cofacteurs est : $\begin{bmatrix} 3 & 0 & 0 \\ -1 & 1 & -2 \\ 0 & 0 & 3 \end{bmatrix}$; la matrice transposée des cofacteurs : $\begin{bmatrix} 3 & -1 & 0 \\ 0 & 1 & 0 \\ 0 & -2 & 3 \end{bmatrix}$; le déterminant de B ayant la valeur 3, on a :

$$\begin{bmatrix} 1 & 1 & 0 \\ 0 & 3 & 0 \\ 0 & 2 & 1 \end{bmatrix}^{-1} = \frac{1}{3} \cdot \begin{bmatrix} 3 & -1 & 0 \\ 0 & 1 & 0 \\ 0 & -2 & 3 \end{bmatrix} = \begin{bmatrix} 1 & -1/3 & 0 \\ 0 & 1/3 & 0 \\ 0 & -2/3 & 1 \end{bmatrix}$$

En multipliant, à gauche, chaque membre de la relation $\mathbf{N} = \mathbf{B}\cdot\boldsymbol{\alpha}$ ci-dessus, par $\mathbf{B}^{-1}$, il vient :

$$\boldsymbol{\alpha} = \begin{bmatrix} \alpha_{52} & \alpha_{53} & \alpha_{54} & \alpha_{56} \\ \alpha_{12} & \alpha_{13} & \alpha_{14} & \alpha_{16} \\ \alpha_{72} & \alpha_{73} & \alpha_{74} & \alpha_{76} \end{bmatrix} = \begin{bmatrix} 1 & -1/3 & 0 \\ 0 & 1/3 & 0 \\ 0 & 2/3 & 1 \end{bmatrix} \cdot \begin{bmatrix} 1 & 1 & 1 & 0 \\ 2 & 3 & 1 & 1 \\ 1 & 1 & 4 & 0 \end{bmatrix} = \begin{bmatrix} \frac{1}{3} & 0 & \frac{2}{3} & -\frac{1}{3} \\ \frac{2}{3} & 1 & \frac{1}{3} & \frac{1}{3} \\ -\frac{1}{3} & 1 & \frac{10}{3} & -\frac{2}{3} \end{bmatrix}$$

puis, en posant $z_j = \sum c_i \cdot \alpha_{ij}$ (ou A^i est une colonne de base) :

$$[z_2\, z_3\, z_4\, z_6] = [z_5\, z_1\, z_7] \cdot \boldsymbol{\alpha} = [0\,5\,0] \cdot \boldsymbol{\alpha} = \begin{bmatrix} \frac{10}{3} & 5 & \frac{5}{3} & \frac{5}{3} \end{bmatrix};$$

d'où l'on tire :

$$\Delta_2 = c_2 - z_2 = \frac{2}{3}\ ;\ \Delta_3 = c_3 - z_3 = -2\ ;\ \Delta_4 = c_4 - z_4 = -\frac{2}{3}\ ;\ \Delta_6 = c_6 - z_6 = -\frac{5}{3};$$

la seule valeur positive étant Δ_2, on fera entrer A^2 dans la base. On calcule alors :

$$\frac{\beta_5}{\alpha_{52}} = \frac{31/3}{1/3} = 31\ ;\ \frac{\beta_1}{\alpha_{12}} = \frac{5/3}{2/3} = \frac{5}{2}\ ;\ \frac{\beta_7}{\alpha_{72}} = \frac{11/3}{-1/3} = -11\ ,$$

d'où le choix de $\mathbf{A}^1$ comme colonne sortante.

Les nouvelles coordonnées de β sont (« vecteur » second membre) :

$$\beta_2' = \frac{5}{2}\ ;\ \beta_5' = \frac{19}{2}\ ;\ \beta_7' = \frac{9}{2}.$$

En fonction de la nouvelle base, on peut poser :

$$\begin{bmatrix} 1 & 1 & 1 & 0 \\ 3 & 3 & 1 & 1 \\ 2 & 1 & 4 & 0 \end{bmatrix} = \begin{bmatrix} 1 & 1 & 0 \\ 2 & 0 & 0 \\ 1 & 0 & 1 \end{bmatrix} \cdot \begin{bmatrix} \alpha_{21} & \alpha_{23} & \alpha_{24} & \alpha_{26} \\ \alpha_{51} & \alpha_{53} & \alpha_{54} & \alpha_{56} \\ \alpha_{71} & \alpha_{73} & \alpha_{74} & \alpha_{76} \end{bmatrix}$$

(1) (3) (4) (6) (2) (5) (7)

puis après calcul de la matrice inverse :

$$\boldsymbol{\alpha} = \begin{bmatrix} \alpha_{21} & \alpha_{23} & \alpha_{24} & \alpha_{26} \\ \alpha_{51} & \alpha_{53} & \alpha_{54} & \alpha_{56} \\ \alpha_{71} & \alpha_{73} & \alpha_{74} & \alpha_{76} \end{bmatrix} = \begin{bmatrix} 0 & \frac{1}{2} & 0 \\ 1 & -\frac{1}{2} & 0 \\ 0 & -\frac{1}{2} & 1 \end{bmatrix} \cdot \begin{bmatrix} 1 & 1 & 1 & 0 \\ 3 & 3 & 1 & 1 \\ 2 & 1 & 4 & 0 \end{bmatrix} = \begin{bmatrix} \frac{3}{2} & \frac{3}{2} & \frac{1}{2} & \frac{1}{2} \\ -\frac{1}{2} & -\frac{1}{2} & \frac{1}{2} & -\frac{1}{2} \\ \frac{1}{2} & -\frac{1}{2} & \frac{7}{2} & -\frac{1}{2} \end{bmatrix}$$

Dans ces conditions :

$$[z_1\, z_2\, z_4\, z_6] = [z_2\, z_5\, z_7] \cdot \alpha = [4\,0\,0] \cdot \alpha = [6\,6\,2\,2]$$

et :

$$\Delta_1 = c_1 - z_1 = -1; \Delta_3 = c_3 - z_3 = -3; \Delta_4 = c_4 - z_4 = -1; \Delta_6 = c_6 - z_6 = -2.$$

On voit que l'on ne peut plus faire entrer aucun vecteur dans la base sans diminuer la valeur de la fonction économique.

NB. Connaissant $\mathbf{B}^{-1}$, on peut vérifier le vecteur $\boldsymbol{\beta}$, par $\boldsymbol{\beta} = \mathbf{B}^{-1} \cdot \mathbf{b}$ où $\mathbf{b}$ est le vecteur initial des seconds membres.

On a donc la solution :

$$x_1^* = 0 \;;\; x_2^* = \frac{5}{2} \;;\; x_3^* = 0 \;;\; x_4^* = 0 \;;\; x_5^* = \frac{19}{2} \;;\; x_6^* = 0 \;;\; x_7^* = \frac{9}{2} \;;\; z^* = 10.$$

2) En considérant le tableau initial des contraintes, on obtient immédiatement le programme dual :

	x_1	x_2	x_3	x_4	
y_1	1	1	1	1	12
y_2	3	2	3	1	5
y_3	2	1	1	4	7
	5	4	3	1	

$$\text{PRIMAL I}\begin{cases} x_1 + x_2 + x_3 + x_4 \leqslant 12 & (1)\\ 3x_1 + 2x_2 + 3x_3 + x_4 \leqslant 5 & (2)\\ 2x_1 + x_2 + x_3 + 4x_4 \leqslant 7 & (3)\\ x_1, x_2, x_3, x_4 \geqslant 0 \end{cases}$$

$$[\max]z = 5x_1 + 4x_2 + 3x_3 + x_4$$

$$\text{DUAL II}\begin{cases} y_1 + 3y_2 + 2y_3 \geqslant 5 & (1)\\ y_1 + 2y_2 + y_3 \geqslant 4 & (2)\\ y_1 + 3y_2 + y_3 \geqslant 3 & (3)\\ y_1 + y_2 + 4y_3 \geqslant 1 & (4)\\ y_1, y_2, y_3 \geqslant 0 \end{cases}$$

$$[\min]z' = 12y_1 + 5y_2 + 7y_3$$

et l'on sait que l'on peut passer des solutions du primal à celles du dual : (on a posé $y_4 = y_{\bar{1}}$, $y_5 = y_{\bar{2}}$, $y_6 = y_{\bar{3}}$, $y_7 = y_{\bar{4}}$ et $x_5 = x_{\bar{1}}$, $x_6 = x_{\bar{2}}$, $x_7 = x_{\bar{3}}$).

	$-y_{\bar{1}}$	$-y_{\bar{2}}$	$-y_{\bar{3}}$	$-y_{\bar{4}}$			
Variables duales	$-y_4$	$-y_5$	$-y_6$	$-y_7$	y_1	y_2	y_3
Variables primales	x_1	x_2	x_3	x_4	x_5	x_6	x_7
					$x_{\bar{1}}$	$x_{\bar{2}}$	$x_{\bar{3}}$
Solutions du dual (Δ_j du primal au signe près)	1	0	3	1	0	2	0
Solutions du primal (Δ'_i du dual au signe près)	0	$\frac{5}{2}$	0	0	$\frac{19}{2}$	0	$\frac{9}{2}$

3) Il est évident que l'équation (1) est redondante dans le système I (primal) car (2) implique (1) ; dans ces conditions, on pourrait résoudre le primal en ne tenant compte que des inéquations (2) et (3). En effet : $x_1 + x_2 + x_3 + x_4 \leqslant 3x_1 + 2x_2 + 3x_3 + x_4 \leqslant 5 < 12$.

Le dual se présenterait alors sous la forme suivante (on supprime la contrainte (1) du primal, ou bien – ce qui est équivalent – on pose $y_1 (= 0$ dans le dual ci-dessus) :

$$\begin{aligned} 3y_2 + 2y_3 &\geqslant 5 \quad (1) \\ 2y_2 + y_3 &\geqslant 4 \quad (2) \\ 3y_2 + y_3 &\geqslant 3 \quad (3) \\ y_2 + 4y_3 &\geqslant 1 \quad (4) \\ y_2 \ , \ y_3 &\geqslant 0 \\ 5y_2 + 7y_3 &= Z' \quad [\min] \end{aligned}$$

NB ce dual comportant seulement 2 variables, on peut le résoudre graphiquement

De plus, l'inéquation la plus contraignante du dual est la contrainte (2); on a en effet :

$5 \times (2) \Rightarrow [10y_2 + 5y_3 \geqslant 20] \ (2') \Rightarrow [12y_2 + 8y_3 \geqslant 20] \ (1')$ où $(1') = 4 \times (1)$; on a donc $(2) \Rightarrow (1)$ puisque $12y_2 + 8y_3 \geqslant 10y_2 + 5y_3 \geqslant 20$.

$[3y_2 + y_3 \geqslant 3] \ (3) \Rightarrow [3y_2 + 12y_3 \geqslant 3] \ (4')$, où $(4') = 3 \times (4)$. Donc $(3) \Rightarrow (4)$

$3 \times (2) \Rightarrow [6y_2 + 3y_3 \geqslant 13] \ (2') \Rightarrow [12y_2 + 4y_3 \geqslant 12] \ (3')$; où $(3') = 4 \times (3)$. Donc $(2) \Rightarrow (3)$

On a donc : $(2) \Rightarrow (1)$ et, par transitivité, $(2) \Rightarrow (3)$ et $(2) \Rightarrow (4)$. Ainsi les contraintes (1), (3) et (4) sont redondantes.

La solution $(y_1 = 0 ; y_2 = 2 ; y_3 = 0)$, pour minimiser : $Z' = 12y_1 + 5y_2 + 7y_3$ est alors évidente au sommet A, où $Z' = 10$.

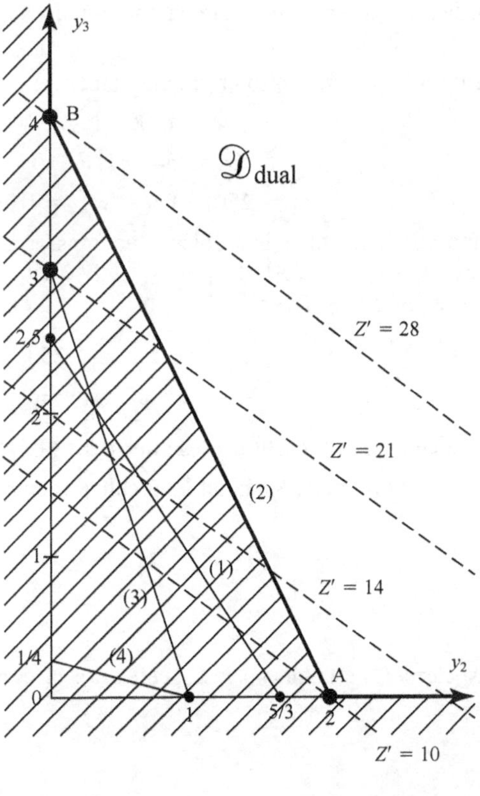

On remarque que les contraintes dominées : (1), (3) et (4) sont représentées par des segments de droite situés au dessous de BA qui est associé à la contrainte (2) plus contraignante que les trois autres.

8.4 1) Les équations et inéquations exprimant ce problème s'écrivent :

$$x_1 + x_2 + x_3 = 250 \quad (1)$$

$$\frac{7x_1 + 5x_2 + 2x_3}{250} \leqslant 3 \Rightarrow 14x_1 + 10x_2 + 4x_3 \leqslant 1\,500 \quad (2)$$

$$2{,}2 \leqslant \frac{x_1 + 2x_2 + 6x_3}{250} \leqslant 2{,}6 \Rightarrow \begin{cases} x_1 + 2x_2 + 6x_3 \leqslant 650 & (3') \\ x_1 + 2x_2 + 6x_3 \geqslant 550 & (3'') \end{cases}$$

$$\frac{x_3}{250} \leqslant 0{,}28 \Rightarrow x_3 \leqslant 70 \quad (4)$$

$$x_1\ ,\ x_2\ ,\ x_3 \geqslant 0$$

$$12x_1 + 36x_2 + 10x_3 = z\ [\min]$$

les x_1, x_2 et x_3 représentant les volumes des trois gaz en milliers de m^3.

Pour résoudre on peut simplifier en utilisant la première équation, pour ne plus laisser subsister que les variables x_2 et x_3, par exemple : on substituera à x_1, la quantité $250 - (x_2 + x_3)$; mais il faut alors rendre explicite la contrainte $x_1 \geqslant 0$, c'est-à-dire rajouter au PL la contrainte $x_2 + x_3 \leqslant 250$.

On obtient facilement (et l'on peut contrôler graphiquement) :

$$x_2 = 1200/11$$

et $$x_3 = 640/11.$$

Par suite : $$x_1 = 250 - (x_2 + x_3) = 910/11.$$

Mais on peut aussi aborder directement le problème, en transformant la première équation en deux inéquations : $x_1 + x_2 + x_3 \geqslant 250$ et $x_1 + x_2 + x_3 \leqslant 250$. Soit après introduction des variables d'écart* respectives : $x_{\bar{1}}$ et $x_{\bar{2}}$:

$$x_1 + x_2 + x_3 - x_{\bar{1}} = 250 \quad (1')$$

$$x_1 + x_2 + x_3 + x_{\bar{2}} = 250 \quad (1'')$$

Il faut ensuite utiliser deux variables artificielles : une dans (1′), l'autre dans (3″).

On obtient alors la matrice optimale, après un long calcul (comportant l'élimination des deux variables artificielles).

* la variable d'écart associée à (2) est alors notée $x_{\bar{3}}$; celles associées à (3′) et (3″), resp. $x_{\bar{4}}$ et $x_{\bar{5}}$, celle associée à (4), $x_{\bar{6}}$.

		1	2	3	$\overline{1}$	$\overline{2}$	$\overline{3}$	$\overline{4}$	$\overline{5}$	$\overline{6}$	
-12	1	1	0	0	$-\frac{2}{55}$	0	$\frac{4}{55}$	$-\frac{3}{55}$	0	0	$\frac{910}{11}$
-36	2	0	1	0	$-\frac{16}{11}$	0	$-\frac{1}{11}$	$-\frac{2}{11}$	0	0	$\frac{1\,200}{11}$
-10	3	0	0	1	$\frac{27}{55}$	0	$\frac{1}{55}$	$\frac{13}{55}$	0	0	$\frac{640}{11}$
0	$\overline{2}$	0	0	0	1	1	0	0	0	0	0
0	$\overline{5}$	0	0	0	0	0	0	1	1	0	100
0	$\overline{6}$	0	0	0	$-\frac{27}{55}$	0	$-\frac{1}{55}$	$-\frac{13}{55}$	0	1	$\frac{130}{11}$
		-12	-36	-10	0	0	0	0	0	0	
	Δj	0	0	0	$-\frac{2\,634}{55}$	0	$-\frac{122}{55}$	$-\frac{266}{55}$	0	0	$\frac{60\,520}{11}$

2) La deuxième question est relative au système :

$$\begin{cases} x_1 + x_2 + x_3 = v & (1) \\ 14x_1 + x_2 + 4x_3 \leqslant 6v & (2) \\ x_1 + 2x_2 + 6x_3 \leqslant 2{,}6v & (3) \\ x_1 + 2x_2 + 6x_3 \geqslant 2{,}2v & (4) \\ x_3 \leqslant \lambda & (5) \end{cases}$$

Si l'on fait une figure, on constate que tout se passe comme si l'on n'avait à choisir qu'entre quatre points (C, D, E, F), compte tenu de la cinquième égalité.

Dès lors, étant donné la fonction économique, le point solution se trouve :

1) en C lorsque λ excède la cote de C ;

2) entre C et D lorsque λ est compris entre la cote de C et la cote de D ;

3) n'existe pas si λ est inférieur à la cote de D.

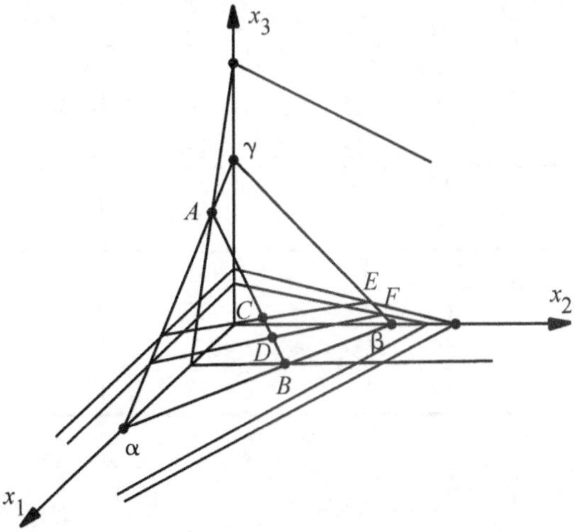

Ce que l'on retrouve par la considération du problème **dual**, dont la matrice optimale tirée du calcul de la question 1, s'écrit :

		1	2	3	4	5	6	$\overline{1}$	$\overline{2}$	$\overline{3}$	
v	1	1	-1	0	0	0	$\frac{27}{55}$	$\frac{2}{55}$	$\frac{16}{11}$	$-\frac{27}{55}$	$\frac{2\,634}{55}$
$-6v$	3	0	0	1	0	0	$\frac{1}{55}$	$-\frac{4}{55}$	$\frac{1}{11}$	$-\frac{1}{55}$	$\frac{122}{55}$
$-\frac{13}{5}v$	4	0	0	0	1	-1	$\frac{13}{55}$	$-\frac{3}{55}$	$\frac{2}{11}$	$-\frac{13}{55}$	$\frac{266}{55}$
		v	$-v$	$-6v$	$-\frac{13}{5}v$	$\frac{11}{5}v$	$-\lambda$	0	0	0	
Δ'		0	0	0	0	$-\frac{2}{5}$	$-\lambda + \frac{64}{275}v$	$-\frac{91}{275}v$	$-\frac{120}{275}v$	$-\frac{64}{275}v$	

En effet, ce tableau n'est optimal que si $\lambda - \frac{64}{275}v < 0$, c'est-à-dire : $\lambda < \frac{64}{275}v$. La solution du primal, obtenue par dualité est alors

$$x_1 = \frac{91}{275}v \ ; \ x_2 = \frac{120}{275}v \ ; \ x_3 = \frac{64}{275}v \ ; \ z = \frac{1210{,}4}{44}v \simeq 22{,}007v.$$

C'est le point C de la figure précédente.

Bien entendu si $\lambda > \frac{64}{275}v$, la variable x_6 entre dans la base.

On obtient :

		1	2	3	4	5	6	$\overline{1}$	$\overline{2}$	$\overline{3}$	
v	1	1	-1	0	$-\frac{27}{13}$	$\frac{27}{13}$	0	$-\frac{1}{13}$	$-\frac{14}{13}$	0	$\frac{492}{13}$
$-6v$	3	0	0	1	$-\frac{1}{13}$	$\frac{1}{13}$	0	$-\frac{1}{13}$	$\frac{1}{13}$	0	$\frac{24}{13}$
$-\lambda$	6	0	0	0	$\frac{55}{13}$	$-\frac{55}{13}$	1	$\frac{3}{13}$	$\frac{10}{13}$	-1	$\frac{266}{13}$
		v	$-v$	$-6v$	$-\frac{13}{5}v$	$-\frac{11}{5}v$	$-\lambda$	0	0	0	
Δ'		0	0	0	$-\frac{64}{65}v + \frac{55}{12}\lambda$	$\frac{38}{65}v - \frac{55}{13}\lambda$	0	$-\frac{5}{13}v + \frac{2}{13}\lambda$	$-\frac{8}{13}v + \frac{10}{13}\lambda$	$-\lambda$	

d'où : $x_1 = \dfrac{5}{13}v - \dfrac{2}{13}\lambda$; $x_2 = \dfrac{8}{13}v - \dfrac{10}{13}\lambda$; $x_3 = \lambda$

et : $\quad z = \dfrac{348}{13}v - \dfrac{266}{13}\lambda$.

Cette solution n'est optimale d'après Δ_4' et Δ_5' que si : $\dfrac{38}{275}v < \lambda < \dfrac{64}{275}v$.

Si l'on fait entrer en base variable y_5, la solution obtenue n'est optimale que si : $\lambda = \dfrac{38}{475}v$.

On a alors le point D de la figure.

8.5 On écrira :

$2x_1 +$	$2x_2 -$	x_3	$- \quad x_4$			$+ \quad x_7$	$= 2$	
$3x_1 -$	$4x_2$			$+ \quad x_5$			$= 3$	
	$x_2 +$	$3x_3$			$+ \quad x_6$		$= 5$	
variables principales			variables d'écart			variable artificielle		
$x_1,$	$x_2,$	$x_3,$	$x_4,$	$x_5,$	$x_6,$	$x_7,$	$\geqslant 10$	

$$[\max]\ Z = 5x_1 - 2x_2 + 3x_3 + 0x_4 + 0x_5 + 0x_6 - Mx_7.$$

D'où le tableau initial :

	c_i	i	j	1	2	3	4	5	6	7	β_i	β_i/α_{ie}
$s \leftarrow$	$-M$	7 ■		(2)	2	−1	−1	0	0	1	2	2/2 *
	0	5		3	−4	0	0	1	0	0	3	3/3
	0	6		0	1	3	0	0	1	0	5	−
			c_j	5	−2	3	0	0	0	$-M$		
			Δ_j	$2M+5$ ↑	$2M-2$	$-M+3$	$-M$	0	0	0	$Z = -2M$	

Partant de ce tableau, on fera entrer la variable x_1 dans la base et sortir la variable x_7, puisqu'il importe de se débarrasser de la variable artificielle x_7. Cette itération fournit un nouveau tableau dans lequel $x_5 = 0$ bien que x_5 soit dans la base.

On est conduit à remplacer le 0 de la colonne β par ε, afin de pouvoir poursuivre le calcul (dégénérescence). On pourrait supprimer définitivement la colonne 7 car, désormais, la variable artificielle x_7 est nulle et ne pourra jamais entrer en base.

c_i	i	j	1	2	3	4	5	6	7	β_i	β_i/α_{ie}
5	1		1	1	$-\frac{1}{2}$	$-\frac{1}{2}$	0	0	$\frac{1}{2}$	1	<0
0	5 ($s \leftarrow$)		0	-7	$\frac{3}{2}$ (circled)	$\frac{3}{2}$	1	0	$-\frac{3}{2}$	$0 \leftarrow \varepsilon$	$\frac{2\varepsilon}{3}$ *
0	6		0	1	3	0	0	1	0	5	$\frac{5}{3}$
		c_j	5	-2	3	0	0	0	$-M$		
		Δ_j	0	-7	$\frac{11}{12}$	$\frac{5}{2}$	0	0	$-M=\frac{5}{2}$		$Z=5$
					$\uparrow e$						

N.B. ε est un nombre très petit, positif.

Dans la suite on a effectivement éliminé la colonne 7.

Notons que nous n'appliquons pas, ici, pour le choix de la variable entrante, le premier critère de Dantzig; nous nous contentons de faire entrer en base une variable hors base (x_3) dont le Δ_j (Δ_3) est positif ; ceci afin de faire sortir de la base la variable x_5 (nulle à cause de la dégénerescence).

En faisant entrer dans la base la variable x_3, on obtient :

c_i	i	j	1	2	3	4	5	6	β_i	β_i/α_{ie}
5	1		1	$-\frac{4}{3}$	0	0	$\frac{1}{3}$	0	1	<0
3	3		0	$-\frac{14}{3}$	1	1	$\frac{3}{2}$	0	$\frac{2}{3}\varepsilon$	<0
0	6 ($s \leftarrow$)		0	15 (circled)	0	-3	-2	1	5	5/15
		Δ_j	0	$\frac{56}{3}$	0	-3	$-\frac{11}{3}$	0	$Z=5+2\varepsilon$	
				$\uparrow e$						

Le calcul demande alors deux itérations de plus ; dès la première on peut éliminer la valeur ε introduite plus haut :

	c_i	i	j	1	2	3	4	5	6	β_i
	5	1		1	0	0	$-\frac{4}{15}$	$\frac{7}{45}$	$\frac{4}{45}$	$\frac{13}{9}$
$\Delta \leftarrow$	3	3		0	0	1	($\frac{1}{15}$)	$\frac{2}{45}$	$\frac{14}{45}$	$\frac{14}{9}$
	−2	2		0	1	0	$-\frac{1}{5}$	$-\frac{2}{15}$	$\frac{1}{15}$	$\frac{1}{3}$
			c_j	5	−2	3	0	0	0	
			Δ_j	0	0	0	$\frac{11}{15}$	$-\frac{53}{45}$	$-\frac{56}{45}$	$Z=\frac{101}{9}$
							$\uparrow$ e			

La seconde itération fournit :

c_i	i	j	1	2	3	4	5	6	β_i
5	1		1	0	4	0	$\frac{1}{3}$	$\frac{4}{3}$	$\frac{23}{3}$
0	4		0	0	15	1	$\frac{2}{3}$	$\frac{14}{3}$	$\frac{70}{3}$
−2	2		0	1	3	0	0	1	5
		c_j	5	−2	3	0	0	0	
		Δ_j	0	0	−11	0	$-\frac{5}{3}$	$-\frac{14}{3}$	$Z=\frac{85}{3}$

Les Δ_j des variables hors base (x_3, x_5 et x_6) étant négatifs, l'optimum est atteint ; les variables de base sont égales au second membre, soit $x_i = \beta_i$. Ainsi :

$$x_1^* = 23/3 \,;\, x_4^* = 70/3 \,;\; x_2^* = 5 \,;\; x_3^* = x_5^* = x_6^* = 0.$$

En outre : $$Z^* = 85/3.$$

NB. Lors de la deuxième itération, si l'on avait fait entrer en base $x_4\left(\Delta_4 = \frac{5}{2}\right)$ plutôt que $x_3\left(\Delta_3 = \frac{11}{2}\right)$, respectant ainsi le premier critère de Dantzig, on aurait économisé une itération ; en effet, l'optimum aurait été obtenu en trois itérations au lieu de quatre.

8.6 1) On a laissé implicite la non-négativité de x_1, x_2 et x_3 (qui sera vérifiée a posteriori). Pour l'élimination de x_1, on isole x_1 dans le membre de gauche de toute inégalité :

$$\begin{array}{lcccccccl} x_1 & \geqslant & -3 & + & \frac{3}{5}x_2 & - & \frac{3}{4}x_3 & (1') \\ x_1 & \leqslant & 6 & - & 2x_2 & + & 3x_3 & (2') \\ x_1 & \leqslant & 4 & - & 2x_2 & - & \frac{4}{3}x_3 & (3') \\ x_1 & \geqslant & -3 & - & \frac{3}{4}x_2 & + & \frac{3}{20}x_3 & (4') \\ x_1 & \geqslant & 1 & - & \frac{1}{2}x_2 & + & \frac{1}{5}x_3 & (5') \\ x_1 & \geqslant & 7 & - & \frac{7}{6}x_2 & - & 7x_3 & (6') \end{array}$$

et l'on voit que $(3')$ entraîne $(2')$, car :

$$x_1 \leqslant \left[4 - 2x_2 - \frac{4}{3}x_3\right] < \left[4 - 2x_2 - \frac{4}{3}x_3\right] + \left(2 + \frac{13}{3}x_3\right) = 6 - 2x_2 + 3x_3 ;$$

l'inéquation stricte $<$ est vraie car $x_3 \geqslant 0$ et donc $\left(2 + \frac{13}{3}x_3\right)$ est positif.

Pour éliminer x_1 on écrit que chacun de ses majorants (cf $2'$ et $3'$) est supérieur à chacun de ses minorants.

2) Lorsque l'on a supprimé $(2')$, on peut écrire que le second membre de $(3')$, borne supérieure de x_1, est supérieur ou égal au second membre des inégalités $(1')$, $(4')$, $(5')$ et $(6')$.

Ainsi x_1 est « éliminé » :

$$\left\{\begin{array}{lcccccccccc} -3 & + & \frac{3}{5}x_2 & - & \frac{3}{4}x_3 & \leqslant & 4 & - & 2x_2 & - & \frac{4}{3}x_3 \\ -3 & - & \frac{3}{4}x_2 & + & \frac{3}{20}x_3 & \leqslant & 4 & - & 2x_2 & - & \frac{4}{3}x_3 \\ 1 & - & \frac{1}{2}x_2 & + & \frac{1}{5}x_3 & \leqslant & 4 & - & 2x_2 & - & \frac{4}{3}x_3 \\ 7 & - & \frac{7}{6}x_2 & - & 7x_3 & \leqslant & 4 & - & 2x_2 & - & \frac{4}{3}x_3 , \end{array}\right.$$

ce qui fournit :

$$\left\{\begin{array}{lccccl} \frac{13}{5}x_2 & + & \frac{7}{12}x_3 & \leqslant & 7 & (1'') \\ \frac{5}{4}x_2 & + & \frac{89}{60}x_3 & \leqslant & 7 & (2'') \\ \frac{3}{2}x_2 & + & \frac{23}{15}x_3 & \leqslant & 3 & (3'') \\ \frac{5}{6}x_2 & - & \frac{17}{3}x_3 & \leqslant & -3 & (4''). \end{array}\right.$$

On constate sans peine que $(3'')$ entraîne $(2'')$; car $\frac{3}{2} > \frac{5}{4}$ et $\frac{23}{15} > \frac{89}{60}$ en multipliant $(1'')$ par 3 et $(3'')$ par 7, on voit que $(3'')$ entraîne aussi $(1'')$ car $\frac{21}{2} > \frac{39}{5}$ et $\frac{161}{15} > \frac{21}{12}$.

3) Il reste donc :

$$\begin{cases} \frac{3}{2}x_2 + \frac{23}{15}x_3 \leqslant 3 \\ \frac{5}{6}x_2 - \frac{17}{3}x_3 \leqslant -3 \end{cases} \quad \text{D'où :} \begin{cases} x_3 \leqslant \frac{45}{23} - \frac{45}{46}x_2 \\ x_3 \geqslant \frac{9}{17} + \frac{5}{34}x_2. \end{cases}$$

L'élimination de x_3 conduit à :

$$\frac{9}{17} + \frac{5}{34}x_2 \leqslant \frac{45}{23} - \frac{45}{23}x_2,$$

d'où :

$$0 \leqslant x_2 \leqslant \frac{279}{220}.$$

4) Comme on veut minimiser $F = x_1 + x_2 + x_3$, il faudra faire $x_2 = 0$, ce qui entraîne :

$$\frac{9}{17} \leqslant x_3 \leqslant \frac{45}{23}.$$

5) Mais l'on a un certain nombre d'inéquations qui ne contiennent donc plus x_2 :

$$x_1 \geqslant -3 - \frac{3}{4}x_3 \,;\; x_1 \leqslant 4 - \frac{4}{3}x_3 \,,\; x_1 \geqslant -3 + \frac{3}{20}x_3 \,;\; x_1 \geqslant 1 + \frac{1}{5}x_3 \,;\; x_1 \geqslant 7 - x_3 \,.$$

La première est toujours vérifiée, ainsi que la troisième, puisque l'on connaît des bornes de x_3 : $x_3 \leq \frac{45}{23}$ et $x_3 \geqslant \frac{9}{17}$.

De la deuxième et l'avant-dernière, on tire :

$$\frac{94}{85} \leqslant x_1 \leqslant \frac{56}{17}.$$

Mais, de plus, on a :

$$x_3 \geqslant 1 - \frac{1}{7}x_1 \text{ et } x_1 \geqslant 1 + \frac{1}{5}\left(1 - \frac{1}{7}x_1\right),$$

d'où :

$$x_1 \geqslant \frac{7}{6}.$$

Comme on doit minimiser x_1, on prendra la plus petite borne possible dans l'intervalle $\left[\frac{7}{6}, \frac{56}{17}\right]$, soit $\frac{7}{6}$, puis $x_3 = \frac{5}{6}$, qui est également la plus petite valeur possible, compte tenu de la valeur imposée à x_1 :

$$x_3 \geqslant 1 - \frac{1}{7}x_1 = \frac{5}{6}.$$

Finalement : $x_1^* = \frac{7}{6}$; $x_2^* = 0$; $x_3^* = \frac{5}{6}$ et $\min F = x_1^* + x_2^* + x_3^* = 2$.

8.7 Dans 215 cm, on peut disposer :

– deux fois la largeur A, avec une chute : $215 - 2 \times 95 = 25$ cm ;
– une fois A et une fois B, avec une chute : $215 - (95 + 84) = 36$ cm ;
– une fois A et deux fois C, avec une chute : $215 - (95 + 2 \times 60) = 0$: pas de chute ;
– il n'est donc pas intéressant de considérer seulement une fois A et une fois C ;
– deux fois B, ce qui donne une chute de $215 - 2 \times 84 = 47$ cm ;
– deux fois B et deux fois C, ce qui donne une chute de $215 - (84 + 2 \times 60) = 11$ cm ;
– trois fois C, ce qui donne une chute de $215 - (3 \times 60) = 35$ cm.

En résumé :

Plan de coupe j		« Chute » ou perte (en cm)	Longueur découpée selon ce plan
1	*AA*	25	x_1
2	*AB*	36	x_2
3	*ACC*	0	x_3
4	*BB*	47	x_4
5	*BCC*	11	x_5
6	*CCC*	35	x_6

On a noté x_j, la longueur de rouleau découpée suivant le plan de coupe j.

$$\begin{cases} 2x_1 + x_2 + x_3 \geqslant 180 & (A) \\ x_2 + 2x_4 + x_5 \geqslant 90 & (B) \\ 2x_3 + 2x_5 + 3x_6 \geqslant 90 & (C) \\ x_1, x_2, x_3, x_4, x_5, x_6 \geqslant 0 & \\ \min 25x_1 + 36x_2 + 0x_3 + 47x_4 + 11x_5 + 35x_6 = z & (\text{« coût »}); \end{cases}$$

On peut satisfaire (A) à coût nul, en prenant $x_3 = 180$; alors (C) est satisfaite. Le « moins cher » pour satisfaire (B) est de prendre $x_5 = 90$, car x_5 a le plus petit coût parmi les variables figurant dans B. Dans la suite on retranche une variable d'écart à chacune des trois contraintes ci-dessus : x_1^- dans (A), x_2^- dans (B) et x_3^- dans (C).

Ce raisonnement reste valable si, au lieu de prendre $x_3 = 180$, on prend $x_3 \geqslant 180$: cela vient du fait que les longueurs découpées en excédent de la commande, ne sont pas considérées comme des chutes (mais utilisées pour des commandes ultérieures...).

La solution générale est donc :

$$\begin{cases} x_3 = 180 + \theta & z = 990 \\ x_5 = 90 & \theta \geqslant 0 \end{cases}$$

$$\underset{\mathbf{B}}{\begin{bmatrix} 1 & 0 & 0 \\ 0 & 1 & 0 \\ 2 & 2 & -1 \end{bmatrix}} \cdot \underset{\mathbf{x}_B}{\begin{bmatrix} x_3 \\ x_5 \\ x_{\bar{3}} \end{bmatrix}} + \underset{\mathbf{N}}{\begin{bmatrix} 2 & 1 & 0 & 0 & -1 & 0 \\ 0 & 1 & 2 & 0 & 0 & -1 \\ 0 & 0 & 0 & 3 & 0 & 0 \end{bmatrix}} \cdot \underset{\mathbf{x}_N}{\begin{bmatrix} x_1 \\ x_2 \\ x_4 \\ x_6 \\ x_{\bar{1}} \\ x_{\bar{2}} \end{bmatrix}} = \underset{\mathbf{b}}{\begin{bmatrix} 180 \\ 90 \\ 90 \end{bmatrix}}.$$

$$\text{dét}\,\mathbf{B} = -1, \quad \mathbf{B}^{-1} = \frac{1}{\text{dét}\,\mathbf{B}} \begin{pmatrix} -1 & 0 & 0 \\ 0 & -1 & 0 \\ -2 & -2 & 1 \end{pmatrix} = \begin{pmatrix} 1 & 0 & 0 \\ 0 & 1 & 0 \\ 2 & 2 & -1 \end{pmatrix}.$$

Remarque. Ici on a $\mathbf{B}^{-1} = \mathbf{B}$, mais c'est une coïncidence ! ($\mathbf{B}$ est une matrice « involutive »).

Multiplions à gauche par $\mathbf{B}^{-1}$; il vient : $\mathbf{x}_B + \mathbf{B}^{-1} \cdot \mathbf{N} \cdot \mathbf{x}_N = \mathbf{B}^{-1} \cdot \mathbf{b}$:

$$\begin{bmatrix} x_3 \\ x_5 \\ x_{\bar{3}} \end{bmatrix} + \begin{bmatrix} 2 & 1 & 0 & 0 & -1 & 0 \\ 0 & 1 & 2 & 0 & 0 & -1 \\ 4 & 4 & 4 & -3 & -2 & -2 \end{bmatrix} \cdot \begin{bmatrix} x_1 \\ x_2 \\ x_4 \\ x_6 \\ x_{\bar{1}} \\ x_{\bar{2}} \end{bmatrix} = \begin{bmatrix} 180 \\ 90 \\ 450 \end{bmatrix}.$$

Passons à la fonction économique :

$Z' = \mathbf{c}_B \cdot \mathbf{x}_B + \mathbf{c}_N \cdot \mathbf{x}_N$, or $\mathbf{x}_B = \mathbf{B}^{-1} \cdot \mathbf{b} - \mathbf{B}^{-1} \cdot \mathbf{N} \cdot \mathbf{x}_N$

$Z' = (\mathbf{c}_B \cdot \mathbf{B}^{-1}) \cdot \mathbf{b} + (\mathbf{c}_N - \mathbf{c}_B \cdot \mathbf{B}^{-1} \cdot \mathbf{N})\mathbf{x}_N = \overline{Z} + \mathbf{\Delta}_N \cdot \mathbf{x}_N.$

Ici : $\mathbf{c}_B = (\overset{3}{0}, \overset{5}{-11}, \overset{\bar{5}}{0})$ et $\mathbf{c}_N = (\overset{1}{-25}, \overset{2}{-36}, \overset{4}{-47}, \overset{6}{-35}, \overset{\bar{1}}{0}, \overset{\bar{2}}{0})$. D'où :

$$Z' = [0, -11, 0] \cdot \begin{bmatrix} 180 \\ 90 \\ 450 \end{bmatrix} + (\textit{voir en page suivante})$$

$$\left([-25,-36,-47,-350,0,0]-[0,-11,0]\cdot\begin{bmatrix}2&1&0&0&-1&0\\0&1&2&0&0&-1\\4&4&4&-3&-2&-2\end{bmatrix}\right)\cdot\begin{bmatrix}x_1\\x_2\\x_4\\x_6\\x_{\bar{1}}\\x_{\bar{2}}\end{bmatrix}$$

$Z' = -990 + ([-25,-36,-47,-35,0,0] + [0,11,22,0,0,-11])\cdot \mathbf{x}_N$, soit :

$Z' = -990 - 25x_1 - 25x_2 - 25x_4 - 35x_6) + 0x_{\bar{1}} - 11x_{\bar{2}}$.

Le tableau associé est le suivant :

c_i	i	1	2	3	4	5	6	$\bar{1}$	$\bar{2}$	$\bar{3}$	
0	x_3	2	1	1	0	0	0	−1	0	0	180
11	x_5	0	1	0	2	1	0	0	−1	0	90
0	$x_{\bar{3}}$	4	4	0	4	0	−3	−2	−2	1	270
		−25	−25	0	−25	0	−35	0	−11	0	
								↑ e			

Puisque $\Delta_{\bar{1}} = 0$ (et $x_{\bar{1}}$ hors base), en faisant entrer $x_{\bar{1}}$ dans la base on obtiendrait une solution équivalente ; mais les coefficients de la colonne $\bar{1}$ sont tous négatifs ou nuls : la solution est alors rejetée à l'infini : ceci est dû à la chute nulle pour le plan de coupe 3 : ACC.

L'énoncé du problème est critiquable ; on pourrait le compléter en exigeant de ne pas découper plus de 20 % en excédent de chaque commande.

L'introduction de $x_{\bar{1}}$ en base conduit à poser $x_{\bar{1}} = \theta \geqslant 0$; il vient :

$$\begin{cases} x_3 = 180 + \theta \\ x_5 = 90 \qquad \text{(avec } \theta \geqslant 0\text{) et } Z = -Z' = 990. \\ x_{\bar{3}} = 270 + 2\theta \end{cases}$$

On retrouve ainsi la forme générale des solutions, obtenue par un raisonnement direct, plus haut.

8.8 1) On vérifie d'abord que la solution proposée est "admissible" : elle vérifie bien les contraintes. La solution proposée comporte $m = 3$ variables positives : x_2, x_3 et x_5. Vérifions que la matrice **B** associée est régulière (**B** est formée des colonnes 2, 3 et 5), donc que son déterminant est non nul :

$$\text{dét } \mathbf{B} = \begin{vmatrix}1&-1&0\\1&3&1\\7&0&2\end{vmatrix} = 1$$

2) Rappelons que $\mathbf{B}^{-1} = \dfrac{1}{\text{dét } \mathbf{B}}\cdot\begin{bmatrix}\text{matrice transposée}\\\text{des cofacteurs}\end{bmatrix}$.

On pourrait aussi calculer $\mathbf{B}^{-1}$ en résolvant le système littéral de 3 équations à 3 inconnues :

$$\mathbf{B}\cdot\begin{bmatrix}x\\y\\z\end{bmatrix}=\begin{bmatrix}a\\b\\c\end{bmatrix}\quad\text{soit}\quad\begin{cases}x-y=a\\x+3y+z=b\\7x+2z=c\end{cases}$$

On exprime alors x, y et z en fonction de a, b, c. Or :

$$\begin{bmatrix}x\\y\\z\end{bmatrix}=\mathbf{B}^{-1}\cdot\begin{bmatrix}a\\b\\c\end{bmatrix}$$

Ainsi dans l'expression obtenue de x, y et z, les coefficients sur a, b et c sont ils les coefficients de $\mathbf{B}^{-1}$.

On trouve : $\mathbf{B}^{-1}=\begin{bmatrix}6&2&-1\\5&2&-1\\-21&-7&4\end{bmatrix}$.

L'expression des variables de base en fonction des variables hors-base s'écrit matriciellement :

$$\mathbf{x}_B=\mathbf{B}^{-1}\cdot\mathbf{b}-\mathbf{B}^{-1}\cdot\mathbf{N}\cdot\mathbf{x}_N\text{, où }\mathbf{N}=\begin{matrix}1&4\end{matrix}\begin{bmatrix}1&1\\3&3\\2&1\end{bmatrix}\text{ ; d'où :}$$

$$x_B = B^{-1}\cdot b - B^{-1}\cdot N\cdot x_N$$

$$\begin{bmatrix}x_2\\x_3\\x_5\end{bmatrix}=\begin{bmatrix}2\\1\\3\end{bmatrix}-\begin{bmatrix}10&11\\9&10\\-34&-38\end{bmatrix}\cdot\begin{bmatrix}x_1\\x_4\end{bmatrix}\quad\text{car }\mathbf{B}^{-1}\cdot\mathbf{N}=\begin{bmatrix}6&2&-1\\5&2&-1\\-21&-7&4\end{bmatrix}\cdot\begin{bmatrix}1&1\\3&3\\2&1\end{bmatrix}$$

$$\text{Soit : }\begin{cases}x_2=2-10x_1-11x_4\\x_3=1-9x_1-10x_4\\x_5=3+34x_1+38x_4\end{cases}$$

3) En remplaçant dans Z les variables hors base par leur expression ci-dessus, il vient :

$$Z=23+62x_1+70x_4.$$

Puisque $\Delta_1=62$ et $\Delta_4=70$ sont positifs, la solution de base courante n'est pas optimale.

4) Voici le tableau correspondant à cette solution de base :

		x_1	x_2	x_3	x_4	x_5	β	β_i/α_{ie}
	x_2	10	1	0	11	0	2	2/11
$\overset{s}{\leftarrow}$	x_3	9	0	1	(10)	0	1	1/10 *
	x_5	−34	0	0	−38	1	3	<0
		62	0	0	70	0	$Z-23$	
					$\uparrow$ e			

En faisant entrer x_4 en base (d'après le 1er critère de Dantzig), x_3 sort de la base. La nouvelle base ainsi obtenue est optimale :

	x_1	x_2	x_3	x_4	x_5	
x_2	0,1	1	−1,1	0	0	0,9
x_4	0,9	0	0,1	1	0	0,1
x_5	0,2	0	3,8	0	1	6,8
	−1	0	−7	0	0	$Z-30$

La solution optimale est :

$$x_1 = 0\ ,\ x_2 = 0{,}9\ ,\ x_3 = 0\ ,\ x_4 = 0{,}1\ ,\ x_5 = 6{,}8 \text{ et } Z = 30.$$

8.9 1) La solution optimale de PL_2 est $x_2^* = 100$, $x_1^* = 0$, $Z_2^* = 100$. Elle est obtenue après 3 itérations (si l'on applique le premier critère de Dantzig pour déterminer la variable entrante). Celle de PL_3 est $x_3^* = 100^2$, $x_1^* = x_2^* = 0$ et $Z_3^* = 10\,000$, obtenue après 7 itérations.

2) La solution optimale de PL_n est $x_n^* = 100^{n-1}$; $x_1^* = x_2^* = \cdots = x_{n-1}^* = 0$, obtenue après $2^n - 1$ itérations, avec $Z_n^* = 100^{n-1}$.

3) En faisant entrer en base initialement x_n , c'est-à-dire la variable qui a le coefficient Δ_j le plus PETIT positif (contrairement au 1er critère de Dantzig qui fait choisir le Δ_j le plus GRAND positif), on obtient l'optimum... en une seule itération !

En effet la base optimale est formée des variables $x_{\bar{1}}, x_{\bar{2}}, \cdots, x_{\overline{n-1}}$ et de x_n.

L'expression de x_n en fonction des variables hors base est :

$$x_n = 100^{n-1} - \left(2 \cdot \sum_{j=1}^{n-1} 10^{n-j} \cdot x_j\right) - x_{\bar{n}}$$

Exprimons alors $Z = \sum_{j=1}^{n-1} 10^{n-j} \cdot x_j + x_n$, en fonction des variables hors base : $x_1, x_2, \cdots,$ x_{n-1} et $x_{\bar{n}}$.

$$\text{Il vient : } Z = -\sum_{j=1}^{n-1} 10^{n-j} \cdot x_j - x_{\bar{n}} + 100^{n-1}$$

Ainsi $\Delta_j = -10^{n-j}$ pour $j = 1, 2, \cdots, n-1$ et $\Delta j = -1$ pour $j = \bar{n}$.
Les Δ_j des variables hors base étant négatifs, on est bien à l'optimum de PL_n.

SOLUTIONS DES EXERCICES DU CHAPITRE 9

9.1 1) Les minimums en ligne sont 3, −7 et −2 ; le maximin est 3 (= a_{12}).

Les maximums en colonne sont 6, 3, 5 et 4 ; le minimax est 3 (= a_{12}).

Ce jeu comporte un point-selle : $a_{12} = 3$ (on vérifie que cet élément est le plus petit dans sa ligne et le plus grand dans sa colonne). La valeur du jeu est donc $g = 3$.

A a intérêt à toujours jouer la ligne du maximin, donc sa stratégie 1.

B a intérêt à toujours jouer la colonne du minimax, donc sa stratégie 2.

2) Le jeu comporte quatre points-selle : $a_{12} = a_{14} = a_{32} = a_{34} = 3$. Dans le cas de points-selle multiples, ceux-ci sont disposés comme les sommets d'un quadrillage. On montre que si n lignes et m colonnes comportent des points-selle, le tableau comportent $m \times n$ points-selle. Le joueur A a intérêt à jouer chaque ligne comportant un point-selle avec la fréquence $\frac{1}{m}$ (ici : $\frac{1}{2}$) et B chaque colonne comportant un point-selle avec la fréquence $\frac{1}{n}$ (ici : $\frac{1}{2}$).

9.2 1)

A \ B	q_1	q_2	q_3
p_1	2	−1	3
p_2	−2	3	−1
p_3	−1	0	2

On s'aperçoit tout de suite que la troisième colonne correspond à une stratégie récessive ; en effet en la comparant avec la première colonne :

$$3 > 2 ; -1 > -2 ; 2 > -1.$$

Par suite $q_3 = 0$.

Il suffira donc de résoudre le jeu réduit ci contre :

A \ B	q_1	q_2	maximin ↓
p_1	2	−1	−1
p_2	−2	3	−2
p_3	−1	0	−1
minimax ↑	2	3	

Or maximin = −1 < minimax = 2 : ce jeu est sans point-selle.

2) Le programme, pour B, est :

$$B \begin{cases} \min g \\ 2q_1 - q_2 \leqslant g \\ -2q_1 + 3q_2 \leqslant g \\ -q_1 \leqslant g \\ q_1 + q_2 = 1 \\ q_1 \, , \, q_2 \geqslant 0 \end{cases}$$

Comme : $q_1 + q_2 = 1$, on remplacera q_2 par $1 - q_1$ dans les inéquations précédentes, d'où :

$$B \begin{cases} 2q_1 - (1 - q_1) \leqslant g \\ -2q_1 + 3(1 - q_1) \leqslant g \\ -q_1 \leqslant g \\ 0 \leqslant q_1 \leqslant 1 \end{cases} \Rightarrow \begin{cases} 3q_1 - 1 \leqslant g \\ -5q_1 + 3 \leqslant g \\ -q_1 \leqslant g \\ 0 \leqslant q_1 \leqslant 1 \end{cases}$$

L'objectif de B étant toujours de minimiser g.

Une méthode graphique peut être utilisée avec avantage (voir figure ci-contre) : en abcisse on a figuré q_1, en ordonnée : g. En grisé on a figuré le domaine des points non admissibles.

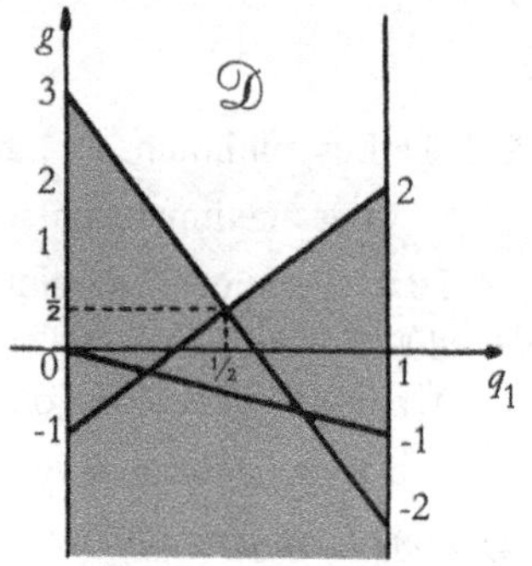

On trace les droites :

$$\begin{array}{rcl} 3q_1 - 1 &=& g \\ -5q_1 + 3 &=& g \\ -q_1 &=& g \end{array}$$

dans le plan (q_1, g) et pour $0 \leqslant q_1 \leqslant 1$.

On en déduit immédiatement le minimum de g : en prenant le point le plus bas de $\mathcal{D}$:

$$q_1 = \frac{1}{2}, g = \frac{1}{2} \text{ et } q_2 = \frac{1}{2}.$$

2) On peut alors revenir au programme qui, pour A, s'écrit connaissant $g = \frac{1}{2}$:

$$\begin{cases} 2p_1 - 2p_2 - p_3 \geqslant \frac{1}{2} \\ -p_1 + 3p_2 \geqslant \frac{1}{2} \\ p_1 + p_2 + p_3 = 1 \\ p_1, p_2, p_3 \geqslant 0. \end{cases}$$

En remplaçant p_3 par $1 - p_1 - p_2$, on obtient : $\begin{cases} 3p_1 - p_2 \geqslant \frac{3}{2} \\ -p_1 + 3p_2 \geqslant \frac{1}{2}, \\ p_1, p_2, (1 - p_1 - p_2) \geqslant 0 \end{cases}$

d'où, par addition des deux premières inégalités (de même sens) :

$$2p_1 + 2p_2 \geqslant 2$$

ou : $$p_1 + p_2 \geqslant 1 \text{ (a)}.$$

Mais : $p_1 + p_2 + p_3 = 1$ et $p_1, p_2, p_3 \geqslant 0$ montrent que :

$$p_1 + p_2 \leqslant 1 \text{ (b)}.$$

En comparant les inégalités (a) et (b), il vient :

$$p_1 + p_2 = 1.$$

Il s'ensuit que $p_3 = 0$.

On a alors, en remplaçant p_2 par $1 - p_1$:

$$\begin{cases} 3p_1 - (1 - p_1) \geqslant \frac{3}{2} \\ -p_1 - 3(1 - p_1) \geqslant \frac{1}{2} \end{cases} \Rightarrow \begin{cases} 4p_1 \geqslant \frac{5}{2} \\ -4p_1 \geqslant -\frac{5}{2} \end{cases}$$

d'où : $p_1 \geqslant \frac{5}{8}$ et $p \leqslant \frac{5}{8}$,

soit : $p_1 = \frac{5}{8}$,

On a alors : $p_2 = \frac{3}{8}$.

Ainsi : $p_1 = \frac{5}{8}$; $p_2 = \frac{3}{8}$; $p_3 = 0$.

Le fait que $p_3 = 0$ ne signifie pas, ici, qu'il y a une dominance en ligne : on ne peut pas dire que la ligne 1 ou bien la ligne 2 domine la ligne 3. Cependant si l'on fait la combinaison linéaire : $\frac{1}{2} \times \boxed{\text{ligne 1}} + \frac{1}{2} \times \boxed{\text{ligne 2}}$, après suppression de la colonne 3 (qui est une stratégie récessive), on trouve : $\boxed{0 \quad 1}$. Cette nouvelle ligne domine la ligne 3 restante, soit : $\boxed{-1, 0}$.

9.3 1) Première méthode de résolution

Écrivons le programme relatif au joueur B :

$$\text{Syst. I} \begin{cases} 2q_1 + 3q_2 - 2q_3 - q_4 \leqslant g \\ -q_1 + 5q_2 + 4q_3 - 2q_4 \leqslant g \\ 2q_1 - 5q_2 \qquad + 3q_4 \leqslant g \\ q_1 + q_2 + q_3 + q_4 = 1 \\ q_1, q_2, q_3, q_4 \geqslant 0 \end{cases}$$

		B			
		q_1	q_2	q_3	q_4
	p_1	2	3	−2	−1
A	p_2	−1	5	4	−2
	p_3	2	−5	0	3

et remplaçons q_4 par $1 - q_1 - q_2 - q_3$. On obtient :

$$\begin{cases} q_1 + q_2 + q_3 \leqslant 1 \quad (\Leftrightarrow q_4 = 1 - q_1 - q_2 - q_3 \geqslant 0) \\ 3q_1 + 4q_2 - q_3 - 1 \leqslant g \\ q_1 + 7q_2 + 6q_3 - 2 \leqslant g \\ -q_1 - 8q_2 - 3q_3 + 3 \leqslant g \\ q_1, q_2, q_3 \geqslant 0 \end{cases}$$

Pour la résolution, nous omettrons la première contrainte, pour la vérifier seulement *a posteriori* (en relâchant cette contrainte, on pourrait avoir à l'optimum $q_1 + q_2 + q_3 > 1$, ce qui impliquerait que q_4 serait... négatif; comme nous le verrons ce n'est pas le cas ici, avec le tableau du jeu ci-dessus).

Ajoutons les variables d'écart q_5, q_6 et q_7, non-négatives; il vient :

$$\begin{cases} 3q_1 + 4q_2 - q_3 + q_5 - 1 = g \\ q_1 + 7q_2 + 6q_3 + q_6 - 2 = g \\ -q_1 - 8q_2 - 3q_3 + q_7 + 3 = g \end{cases}$$

d'où, en soustrayant la dernière équation des deux premières :

$$\begin{cases} 4q_1 + 12q_2 + 2q_3 + q_5 - q_7 - 4 = 0 \\ 2q_1 + 15q_2 + 9q_3 + q_6 - q_7 - 5 = 0. \end{cases}$$

On aura donc à résoudre le programme linéaire :

$$\begin{cases} 4q_1 + 12q_2 + 2q_3 + q_5 - q_7 = 4 \\ 2q_1 + 15q_2 + 9q_3 + q_6 - q_7 = 5 \\ \min\,[-q_1 - 8q_2 - 3q_3 + q_7] = g - 3 \end{cases}$$

Il revient au même de chercher le maximum de $Z = [q_1 + 8q_2 + 3q_3 - q_7]$ sous les mêmes contraintes, qui est l'opposé de $g - 3$.

La méthode des tableaux donne (notez l'absence d'une colonne 4 : q_4 a été substituée) :

c_i	i	j	1	2	3	$\bar{1}$ 5	$\bar{2}$ 6	$\bar{3}$ 7		
0	5		4	12	2	1	0	−1	4	4/12 = 1/3 *
← s 0	6		2	(15)	9	0	1	−1	5	5/15 = 1/3 *
		c_j	1	8	3	0	0	−1		
		Δ_j	1	8	3	0	0	−1		$Z = 0$
				↑ e						

Noter l'égalité des deux rapports 4/12 et 5/15 : une dégénérescence de deuxième espèce (cf 8.3.2) va apparaître.

c_i	i	j	1	2	3	$\bar{1}$ 5	$\bar{2}$ 6	$\bar{3}$ 7	
0	5		$\frac{36}{15}$	0	$-\frac{78}{15}$	1	$-\frac{12}{15}$	$-\frac{3}{15}$	0
8	2		$\frac{2}{15}$	1	$\frac{9}{15}$	0	$\frac{1}{15}$	$-\frac{1}{15}$	$\frac{1}{3}$
		c_j	1	8	3	0	0	−1	
		Δ_j^*	$-\frac{1}{15}$	0	$-\frac{27}{15}$	0	$-\frac{8}{15}$	$-\frac{7}{15}$	$Z = \frac{8}{3}$

d'où $q_2 = \frac{1}{3}$ et $q_1 = q_3 = (q_5 = q_6 = q_7) = 0$; on voit donc que : $q_4 = \frac{2}{3}$ (qui est bien positif !) et que $g = \frac{1}{3}$ car $Z = -(g - 3)$, c-à-d $g = 3 - Z$.

NB. On observe qu'à l'optimum, la variable de base q_5 est nulle : il s'agit d'une dégénérescence (de deuxième espèce).

Pour obtenir les valeurs de p_1, p_2 et p_3, on pourrait résoudre le programme :

$$\text{Syst. II}\begin{cases} 2p_1 - p_2 + 2p_3 \geqslant \dfrac{1}{3} \\ 3p_1 + 5p_2 - 5p_3 \geqslant \dfrac{1}{3} \\ -2p_1 + 4p_2 \geqslant \dfrac{1}{3} \\ -p_1 - 2p_2 + 3p_3 \geqslant \dfrac{1}{3} \\ p_1 + p_2 + p_3 = 1 \\ p_1 \ , \ p_2 \ , \ p_3 \geqslant 0. \end{cases}$$

On pourrait aussi se servir du fait que q_1 et q_3 sont nuls, d'où la simplification :

$$\begin{cases} 3p_1 + 5p_2 - 5p_3 \geqslant \dfrac{1}{3} \\ -p_1 - 2p_2 + 3p_3 \geqslant \dfrac{1}{3} \\ p_1 + p_2 + p_3 = 1 \\ p_1 \ , \ p_2 \ , \ p_3 \geqslant 0. \end{cases}$$

On peut aussi, plus simplement, utiliser les propriétés de la dualité. En revenant au tableau optimal, on voit que : $p_1 = -\Delta_{\bar{1}}^* = 0 \ ; \ p_2 = -\Delta_{\bar{2}}^* = \dfrac{8}{15} \ ; \ p_3 = -\Delta_{\bar{3}}^* = \dfrac{7}{15}$.

Mais ce n'est qu'une solution de base. L'autre $\left(p_1 = \dfrac{9}{26}; p_2 = \dfrac{10}{39}; p_3 = \dfrac{31}{78}\right)$ serait fournie en faisant sortir de la base la variable 5 au lieu de la variable 6 lors de la 1ère itération ci-dessus. Tous les points de l'arête joignant les deux sommets associés à ces deux solutions de base sont des solutions optimales.

Voici d'ailleurs le détail des deux itérations (le premier tableau de la page précédente est inchangé : il suffit d'y cercler 12, le pivot cette fois, au lieu de 15) :

c_i	i	j	1	2	3	5	6	7	
8	2		1/3	1	1/6	1/12	0	−1/12	1/3
0	6 ← s		−3	0	(13/2)	−5/4	1	1/4	0
		c_j	1	8	3	0	0	−1	
		Δ_j	−5/3	0	5/3 ↑ e	−2/3	0	−1/3	$Z=\dfrac{8}{3}$

c_i	i	j	1	2	3	5	6	7	
8	2		16/39	1	0	3/26	−1/39	−7/78	1/3
3	3		−6/13	0	1	−5/26	2/13	1/26	0
		c_j	1	8	3	0	0	−1	
		Δ_j	−35/39	0	0	−9/26	−10/39	−31/78	$Z=\frac{8}{3}$

Pour bien comprendre ce qui se passe, considérons le triangle *PQR* représentant la partie utile du plan $p_1 + p_2 + p_3 = 1$, car c'est dans cette partie du plan que se trouvent toutes les solutions.

La trace du plan $2p_1 - p_2 + 2p_3 = \frac{1}{3}$ sur le plan *PQR* est *CD*. Comme il limite le demi-espace fermé situé du côté opposé à l'origine par rapport à ce plan, la partie convenable de *PQR* est désormais située à gauche de *CD*.

La trace du plan *vertical* $-2p_1 + 4p_2 = \frac{1}{3}$ sur le plan *PQR* est *EF* et la partie utile du triangle est à droite de *EF*.

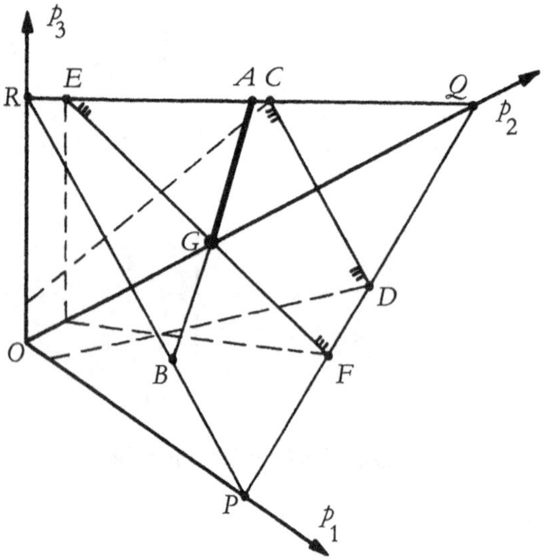

Les traces des plans $3p_1 + 5p_2 - 5p_3 = \frac{1}{3}$ et $-p_1 - 2p_2 + 3p_3 = \frac{1}{3}$ sont confondues et constituées par le segment *AB*.

Du fait que l'un des demi-espaces fermés permis serait *vers le haut* et l'autre *vers le bas*, les solutions sont sur *AB*, dont la partie à retenir, compte tenu des limitations apportées ci-dessus, est le segment *AG*.

Il n'y a donc que deux solutions de base : l'une au point $A\left(p_1 = 0; p_2 = \frac{8}{15}; p_3 = \frac{7}{15}\right)$, l'autre au point $G\left(p_1 = \frac{9}{26}; p_2 = \frac{10}{39}; p_3 = \frac{31}{78}\right)$.

Les coordonnées de tous les points de l'arête *AG* (fermeture convexe des sommets *A* et *G*) satisfont aux relations du système II. Posons $u \geqslant 0, v \geqslant 0$ avec $u + v = 1$

La solution générale est : $p_1 = 0u + \frac{9}{26}v,\ p_2 = \frac{8}{15}u + \frac{10}{39}v,\ p_3 = \frac{7}{15}u + \frac{31}{78}v.$

2) Deuxième méthode de résolution

On peut aussi résoudre, par la méthode de division par la valeur du jeu (après s'être ramené à un jeu à valeur *positive* g'). L'avantage en est que les deux programmes linéaires associés aux joueurs A et B sont en dualité : on transforme le problème en ajoutant 5 à tous les éléments de la matrice du jeu, afin d'être certain d'avoir une valeur de jeu modifié, g', qui soit positive :

$$g' = g + 5 > 0.$$

On cherche alors $\max \frac{1}{g'} = q'_1 + q'_2 + q'_3 + q'_4$: après avoir divisé tous les éléments des lignes par g', de sorte que, quel que soit i :

$$q'_i = \frac{q_i}{g'}.$$

$$\text{Syst. I}\begin{cases} 7q'_1 + 8q'_2 + 3q'_3 + 4q'_4 \leqslant 1 \\ 4q'_1 + 10q'_2 + 9q'_3 + 3q'_4 \leqslant 1 \\ 7q'_1 + 5q'_3 + 8q'_4 \leqslant 1 \\ Z' = q'_1 + q'_2 + q'_3 + q'_4 = \frac{1}{g'}[\max] \end{cases}$$

	B			
A	7	8	3	4
	4	10	9	3
	7	0	5	8

jeu modifié

$a'_{ij} = a_{ij} + 5$

D'où après ajout des variables d'écart q'_5, q'_6 et q'_7 :

			1	2	3	4	5	6	7	
	0	5	7	8	3	4	1	0	0	1
s ←	0	6	4	(10)	9	3	0	1	0	1
	0	7	7	0	5	8	0	0	1	1
			1	1	1	1	0	0	0	$Z'=0$
				↑ e						

On obtient après une itération :

			1	2	3	4	5	6	7		
	0	5	19/5	0	−21/5	8/5	1	−4/5	0	1/5	(1/5) / (8/5) = 1/8 *
	1	2	2/5	1	9/10	3/10	0	1/10	0	1/10	(1/10)/(3/10) = 1/3
s ←	0	7	7	0	5	(8)	0	0	1	1	1 / 8 = 1/8 *
			3/5	0	1/10	7/10	0	−1/10	0	$Z'=1/10$	
						↑ e					

puis en faisant entrer la variable 4′ en base, on a le choix de faire sortir 5′ ou bien 7′. En choisissant 7′ il vient l'optimum :

		1	2	3	4	5	6	7	
0	5	12/5	0	−26/5	0	1	−4/5	−1/5	0
1	2	11/80	1	57/80	0	0	1/10	−3/80	1/16
1	4	7/8	0	5/8	1	0	0	1/8	1/8
		−1/80	0	−27/80	0	0	−1/10	−7/80	$Z'=\frac{3}{16}$ $\left(g'=\frac{16}{3}\right)$

Comme pour la méthode utilisée plus haut, on tombe sur une dégénérescence de deuxième espèce. Par dualité il vient : $p'_1 = -\Delta_{5'} = 0$; $p'_2 = -\Delta_{6'} = \frac{1}{10}$; $p'_3 = -\Delta_{7'} = \frac{7}{80}$. Or : $p'_i = \frac{p_i}{g'}$, d'où : $p_i = g' \cdot p'_i$ et : $p_i = 0$, $p_2 = \frac{16}{3} \cdot \frac{1}{10} = \frac{8}{15}$, $p_3 = \frac{16}{3} \cdot \frac{7}{80} = \frac{7}{15}$.

En faisant sortir de la base la variable 5′ (au lieu de 7′) dans le tableau obtenu après une itération, il vient :

			1	2	3	4	5	6	7	
	1	4	19/8	0	−21/8	1	5/8	−1/2	0	1/8
	1	2	−5/16	1	27/16	0	−3/16	1/4	0	1/16
← *s*	0	7	−12	0	(26)	0	−5	4	1	0
			−17/16	0	31/16	0	−7/16	1/4	0	$Z'=\frac{3}{16}$
					↑ *e*					

et après une itération où l'on fait entrer en base 3′ et sortir 7′, il vient l'autre optimum :

		1	2	3	4	5	6	7	
1	4	$\frac{121}{104}$	0	0	1	$\frac{25}{208}$	$-\frac{5}{52}$	$\frac{21}{208}$	$\frac{1}{8}$
1	2	$\frac{97}{208}$	1	0	0	$\frac{57}{416}$	$-\frac{1}{104}$	$-\frac{27}{416}$	$\frac{1}{16}$
1	3	$-\frac{6}{13}$	0	1	0	$-\frac{5}{26}$	$\frac{2}{13}$	$\frac{1}{26}$	0
		$-\frac{35}{208}$	0	0	0	$-\frac{27}{416}$	$-\frac{5}{104}$	$-\frac{31}{416}$	$Z'=\frac{3}{16}$ $\left(g'=\frac{16}{3}\right)$

On retombe évidemment sur les deux solutions de base optimales (déjà obtenues par la 1re méthode) :

① $q_2 = \frac{16}{3} \cdot \frac{1}{16} = \frac{1}{3}$; $q_4 = \frac{16}{3} \cdot \frac{1}{8} = \frac{2}{3}$; $q_1 = q_3 = 0$; (car $q_j = g' \cdot q_j'$).

$p_1 = 0$; $p_2 = \frac{16}{3} \cdot \frac{1}{10} = \frac{8}{15}$; $p_3 = \frac{16}{3} \cdot \frac{7}{80} = \frac{7}{15}$: comme déjà vu plus haut.

$$g = \frac{1}{Z'} - 5 = \frac{16}{3} - \frac{15}{3} = \frac{1}{3} .$$

② $q_2 = \frac{16}{3} \cdot \frac{1}{16} = \frac{1}{3}$; $q_4 = \frac{16}{3} \cdot \frac{1}{8} = \frac{2}{3}$; $q_1 = q_3 = 0$.

$p_1 = \frac{16}{3} \cdot \frac{27}{416} = \frac{9}{26}$; $p_2 = \frac{16}{3} \cdot \frac{5}{104} = \frac{10}{39}$; $p_3 = \frac{16}{3} \cdot \frac{31}{416} = \frac{31}{78}$;

car $p_1 = g' \cdot (-\Delta_5)$, $p_2 = g' \cdot (-\Delta_6)$ et $p_3 = g' \cdot (-\Delta_7)$, par dualité.

On retrouve : $g = g' - 5 = \frac{16}{3} - 5 = \frac{1}{3}$.

Bibliographie générale

Nous fournissons ici, outre les références bibliographiques citées tout au long de ce précis de recherche opérationnelle, une liste d'ouvrages dans lesquels le lecteur pourra approfondir les notions élémentaires de recherche opérationnelle que les auteurs se sont essayés de transmettre dans les différentes parties constituant ce document.

Les références bibliographiques relatives aux chapitres 10, 11 et 12 sont situées à la fin de chacun de ces chapitres.

R.K. Ahuja, T.L. Magnanti et J.B. Orlin, *Networks Flows,* Prentice Hall, 1993.

A. Alj et R. Faure, *Guide de la recherche opérationnelle,* tome 1 : les fondements, 1986, tome 2 : les applications, Masson, 1997.

C. Berge, *Graphes,* Dunod, 1983.

V. Chvatal, *Linear programming,* Freeman, 1983.

E. Cinlar, *Introduction to stochastic process,* Prentice Hall, 1975.

T. Cormen, C. Leiserson, R. Rivest et C. Stein, *Introduction à l'algorithmique,* Dunod, 2002.

M.R. Garey and D.S. Johnson, *Computers and intractability, a guide to the theory of NP-completeness,* Freeman, 1979.

M. Gondran et M. Minoux, *Graphes et algorithmes,* Tec et Doc, 2009.

Groupe Gotha, *Modèles et Algorithmes en Ordonnancement,* Ellipses, 2004.

D.S. Hochbaum, *Approximation algorithms for NP-hards, Problems,* PWS Publishing Compagny, 1997.

R. Jain, *The art of computer systems performance analysis,* Wiley, 1991.

L. Kleinrock, *Queueing systems, volume 1 : theory, volume 2 : computers applications,* Wiley, 1976.

M. Minoux, *Programmation mathématique, théorie et algorithmes, 2 tomes,* Tec et Doc, 2008.

A. Pagès et M. Gondran, *Fiabilité des systèmes,* Eyrolles, 1980.

Roseaux, *Exercices et problèmes résolus de recherche opérationnelle, tome 1 : graphes, leurs usages, leurs algorithmes, 3e édition,* 2005 ; *tome 2 : phénomènes aléatoires en recherche opérationnelle, 2e édition,* 2004 ; *tome 3 : programmation linéaire et extensions, problèmes classiques, 3e édition,* 2009, Dunod.

INDEX

70612 – (I) – (1) – OSB 80° – DAT – CDD
Dépôt légal : avril 2014

Achevé d'imprimer par Dupli-Print
N° d'impression : 2014021676
www.dupli-print.fr

Imprimé en France